Nachhaltiges Management

Marco Englert · Anabel Ternès
(Hrsg.)

Nachhaltiges Management

Nachhaltigkeit als exzellenten Managementansatz entwickeln

Springer Gabler

Hrsg.
Marco Englert
Leidersbach, Deutschland

Anabel Ternès
International Institute for Sustainability
Management (IISM) und GetYourWings gGmbH
Berlin, Deutschland

ISBN 978-3-662-57692-2 ISBN 978-3-662-57693-9 (eBook)
https://doi.org/10.1007/978-3-662-57693-9

Die Deutsche Nationalbibliothek verzeichnet diese Publikation in der Deutschen Nationalbibliografie; detaillierte bibliografische Daten sind im Internet über http://dnb.d-nb.de abrufbar.

Springer Gabler

Springer Gabler ist ein Imprint der eingetragenen Gesellschaft Springer-Verlag GmbH, DE und ist ein Teil von Springer Nature
Die Anschrift der Gesellschaft ist: Heidelberger Platz 3, 14197 Berlin, Germany

Vorwort

Chancen nutzen – Nachhaltigkeit gezielt einsetzen

Vor einigen Jahren wurde nachhaltiges Management oftmals in einem Atemzug mit hohen Kosten und Unrentabilität genannt. Ressourcenorientiert denken und in langen Zeiträumen planen, das passte für viele Unternehmen mit Erfolg nicht zusammen.

Seitdem hat sich einiges getan – viele Unternehmen haben umgedacht. Das ist zum einen sicher Organisationen wie B.A.U.M. oder dem Rat für Nachhaltige Entwicklung zu verdanken, die mit ihrer Öffentlichkeitsarbeit viele Unternehmen für eine Vision nachhaltigen Wirtschaftens sensibilisiert haben. Andererseits spielt auch der digital aktive Verbraucher eine nicht unerhebliche Rolle, der engagierte Consumer und Prosumer, der zunehmend honoriert, wenn ein Unternehmen nachhaltig wirtschaftet, der kritisiert und der Änderungen einfordert. Das Internet hat dem Kunden eine starke Stimme gegeben, die, wenn man nicht auf sie hört, schnell zum geschäftsschädigenden Shitstorm auswachsen kann. Und nicht zuletzt gibt es zunehmend Unternehmenslenker, die nachhaltiges Management aus Überzeugung umsetzen.

Das sind großartige und vor allem wichtige Entwicklungen. Denn bei den globalen Umwälzungen, die im ökologischen, ökonomischen und sozialen Bereich anstehen, kann nachhaltiges Management Zukunft sichern. Und zwar nicht nur die der nächsten Jahre. Die Lebensverhältnisse aller Menschen in lebenswerter Qualität zu gewährleisten und den Schutz des Planeten Erde hat die UN-Generalversammlung 2015 mit der „Agenda 2030 für nachhaltige Entwicklung" zum zentralen Ziel erklärt. Nachhaltiges Management ist aber schon im Kleinen wichtig – zum Zeichen setzen, zum Umdenken anregen und um einfach einen Anfang zu machen.

Somit beschäftigt sich das vorliegende Buch mit einem zentralen wie umfassenden Thema. Aus verschiedenen Blickwinkeln setzen sich die Verfasser der einzelnen Beiträge mit dem Thema nachhaltiges Management auseinander. Sie geben wichtige Grundlageninformationen, vermitteln praxistaugliche Konzepte wie Strategien und geben mit hilfreichen Impulsen und Beispielen eine solide Unterstützung für die Praxis.

Marco Englert
Anabel Ternès

Inhaltsverzeichnis

Herausgeber- und Autorenverzeichnis

Über die Herausgeber

Marco Englert (MSc, MBA) ist Manager, Coach und Consultant. Er ist Experte für nachhaltiges und digitales Management und steht für ein Excellence-Mindset, das Menschlichkeit, Gleichgewicht bzw. Balance, Innovation und Nachhaltigkeit fördert. Dabei sieht er die Menschen mit ihren Potenzialen und die damit verbundenen Aspekte als die zentralen Treiber für nachhaltig profitables Wachstum.

Er ist der Überzeugung, dass wir aufgrund der digitalen Revolution und dem exponentiellen Innovationswachstum in einer epochalen Zeit leben, dessen Auswirkungen wir noch nicht vollständig erahnen. Mit Begeisterung blickt er auf die aktuellen und zukünftigen Chancen, denn es war noch nie so einfach, gute innovative Geschäftsmodelle, Services und Produkte zu entwickeln. Mit seinem Managementkonzept „Nachhaltige Digitalisierung", das den Menschen in den Mittelpunkt stellt, verbindet er die Kernthemen Digitalisierung und Nachhaltigkeit und macht Organisationen zukunftsfähig.

Herr Englert verfügt über exzellentes Research- und Consulting-Know-How in den Bereichen Unternehmensführung, Marketing, Personalmanagement sowie Projekt-, Qualitäts- und Nachhaltigkeitsmanagement. Als systemischer Business Coach und Managementberater hat er Erfahrung in der Begleitung von Entscheidungsträgern bei komplexen Fragestellungen des beruflichen Alltags. Er ist u. a. zertifizierter Spezialist für Markenkommunikation, Online Marketing Manager, Digital Sales Manager, Employer Brand Manager, Spezialist für HR Compliance, Spezialist für Personalentwicklung und Manager für agile Organisationsentwicklung (Quadriga University) sowie Betrieblicher Gesundheitsmanager (IHK).

Prof. Dr. Anabel Ternès von Hattburg ist Unternehmerin und Mutter, Social-Impact-Gründerin und Forscherin, Autorin und Speaker. Anabel Ternès unterstützt Unternehmen und Organisationen im digitalen Wandel, um ihre Mitarbeiter, Kunden, Produkte und Geschäftsmodelle zukunftsfähig zu machen.

Anabel Ternès ist Geschäftsführerin und Gründerin des Instituts für Nachhaltigkeits- management (IISM) und hält eine Professur in Berlin für Internationale Betriebswirtschaftslehre in den Schwerpunktstudiengängen E-Business und Kommunikationsmanagement. Seit 2012 ist sie Visiting Professor für Marketing an der German University in Cairo. 2012 bis 2016 war Anabel Ternès Visiting Professor an der Tongji University Shanghai. Sie lehrte unter anderem an der Europa Universität Viadrina, der Universität Magdeburg und der Universität der Künste Berlin.

Anabel Ternès ist Gründerin und Geschäftsführerin mehrerer Tech-Unternehmen und sozialer Initiativen, u. a. der gemeinnützigen Organisation GetYourWings, die sich für die Vermittlung ganzheitlicher digitaler Kompetenzen durch Workshops, Computerspiele und eLearning einsetzt.
Ternès engagiert sich als Vorstandsmitglied von NFTE Deutschland, als Mentorin von StartupTEENS sowie als Botschafter für Ms. AI, Same Sky und Make-A-Wish. Von 2012 bis 2018 war sie Co-Veranstalterin des Impact Forums Deutschland. Anabel Ternès ist Mitglied im Editorial Board mehrerer internationaler Fachmagazine, Autorin zahlreicher Publikationen und schreibt Beiträge für verschiedene Fachmagazine. Sie ist MA, Diplom-Kauffrau, Diplom-Pädagogin, Gesundheitsauditorin und wurde mehrfach mit Forschungspreisen ausgezeichnet.

Über die Autoren

Prof. Dr. Bernhard Allmann, Jahrgang 1968, legte 1996 seinen Abschluss als Dipl.-Sportlehrer mit dem Studienschwerpunkt Präventions- und Rehabilitationssport ab. 2005 Promotion zum Dr. phil. in den Fächern Informationswissenschaften, Sportmedizin und Sportpsychologie an der Universität des Saarlandes und der Johann-Wolfgang-Goethe Universität in Frankfurt am Main.

Seit 1998 arbeitet Prof. Dr. Allmann für die BSA-Akademie, seit 2007 für die Deutsche Hochschule für Prävention und Gesundheitsmanagement als Dozent. Er ist der Initiator von BGM bei der BSA-Akademie und der DHfPG.

Kathrin Ankele, Dipl.-Biologin, ist seit August 2013 als Senior Consultant und Mitgründerin von SUSTAINUM Consulting in Berlin tätig. Ihre Schwerpunkte liegen einerseits in der Beratung zu Nachhaltigkeit und Zukunftsfähigkeit, andererseits in der kreativen Prozessgestaltung und -begleitung sowie in der Teamentwicklung. Ihre langjährige Erfahrung sammelte sie zunächst als Leiterin des Forschungsfeldes Ökologische Unternehmenspolitik am Institut für ökologische Wirtschaftsforschung (IÖW). Anschließend verantwortete sie den Bereich Corporate Responsibility bei Vodafone Deutschland und leitete schließlich von Juli 2012 bis Juni 2015 beim WWF Deutschland die strategische Partnerschaft für Nachhaltigkeit zwischen WWF und EDEKA. Sie ist Organisations- und Strukturaufstellerin sowie KODE® Lizenztrainerin. Ferner war sie mehrfach als Lehrbeauftragte tätig, z. B. an der Universität St. Gallen, der Hochschule für Wirtschaft und Recht und der Freien Universität Berlin. Sie publizierte u. A. „Zur Legitimität standardisierter Bewertungsverfahren" (2016), „Erfolgsvoraussetzungen für Corporate Citizenship in Deutschland" (2008), „Unternehmen und gesellschaftliche Verantwortung" (2006), „The influence of different characteristics of the EU environmental management and auditing scheme on technical environmental innovations and economic performance" (2006) und „The Role of Voluntary Initiatives in a Sustainable Corporate Governance" (2005).

Dr. Annette Braun begleitet das Thema Nachhaltigkeit seit ihrem Studium der Forstwissenschaften an der Universität Freiburg – wo sie 1999 auch promovierte. Als Leiterin der Servicegruppe „Neue Technologien und Patente" am Fraunhofer-Institut für Physikalische Messtechnik IPM beschäftigte sie unter anderem das Marktpotenzial von Umwelttechnologien. Die Abteilungsleitung für „International Business Development" in der Zentrale der Fraunhofer-Gesellschaft in München erweiterte das Spektrum dann um die internationale Perspektive. 2010 wechselte sie als Referentin für Forschung und Technikfolgenabschätzung zur Fraktion von Bündnis 90/Die Grünen im Deutschen Bundestag. Nach einigen Jahren der Projektleitung beim Fraunhofer-Institut für System und Innovationsforschung ISI zu Industrie- und Technologiethemen ist Dr. Annette Braun heute im wissenschaftlichen Stab der Institutsleitung tätig.

Prof. Dr. Georg Müller-Christ ist Professor für Nachhaltiges Management an der Universität Bremen. Er verwendet moderne Theorien und Tools wie Spiral Dynamics, Theorie U oder Systemaufstellungen, um die Anschlussfähigkeit von Nachhaltigkeit an vorherrschendes Entscheidungsverhalten von Unternehmen und Personen verstehen und erklären zu können. Sein Ziel ist es, mithilfe von Systemaufstellungen eine transdisziplinäre Sprache zu entwickeln, um co-kreative Prozesse für eine nachhaltigere Gesellschaft zu entwickeln.

Martin Cordsmeier ist Jahrgang 1984 und hat die gebündelte Erfahrung von über 12.000 Tagen Realität. Nach seiner Geburt ist er unerwartet zum Gründer der gemeinnützigen Stiftung millionways geworden. Wie? Vor zehn Jahren begann er aus persönlichem Interesse, mit unterschiedlichen Menschen über ihre Biografien zu sprechen. Daraus entstand im Laufe von Jahren die Idee einer Organisation, die Menschen hilft, das eigene Potenzial zu entfalten. Grundsätzlich glaubt er daran, dass viel zu viel gedacht wird. Die Menschen denken sich selber schlecht. Die Wahrheit ist oft nicht das, was man sagt, sondern das, was man fühlt. Im Februar 2017 erschien sein Buch „Nimm dir das Leben (das du wirklich willst)" im ECON Verlag.

Prof. Dr. Christina Dornack ist Professorin für Abfall- und Kreislaufwirtschaft an der TU Dresden. Sie hat Wasserwirtschaft an der TU Dresden studiert und mit dem Thema „Thermophile Vergärung von Mischsubstraten" promoviert.

Lisa Fiedler ist in der Stabstelle der Geschäftsführung für Unternehmensentwicklung tätig und Mitglied des Nachhaltigkeits-Teams bei VAUDE. Die VAUDE Sport GmbH & Co. KG entwickelt, produziert und vertreibt nachhaltige Outdoor-Ausrüstung: funktionelle Bekleidung für draußen, Rucksäcke und Taschen, Schlafsäcke, Zelte, Schuhe, Campingzubehör. Lisa Fiedler ist für die Strategieentwicklung und die Nachhaltigkeitsberichterstattung zuständig.

Sie hat Volks- und Betriebswirtschaft mit den Schwerpunkten Entwicklungsökonomik und nachhaltige Entwicklung an den Universitäten Bayreuth, Göttingen und Groningen studiert. Als Lehrbeauftragte an der Hochschule Ravensburg-Weingarten vermittelt Sie den Studierenden Grundlagen nachhaltigen Wirtschaftens. Darüber hinaus ist Sie Sprecherin der Agenda-Gruppe „Eine Welt" der Stadt Ravensburg und engagiert sie sich ehrenamtlich in der nachhaltigen und entwicklungspolitischen Bildungsarbeit.

Dr. Rüdiger Fox ist Unternehmenslenker, Krisenmanager, Autor und innovativer Querdenker. In über 20 Jahren als CEO von mittleren und großen, internationalen Konzernunternehmen in den unterschiedlichsten Branchen entwickelte er ein eigenes, ganzheitliches Führungsmodell, welches eine nachhaltige Transformation von Organisationen „von innen" ermöglicht: den „Gross Corporate Happiness®"-Ansatz.

Nach Studien der Luft- und Raumfahrttechnik und der Betriebswirtschaft wurde er in Kulturwissenschaften promoviert. Mit dem GCH-Institute unterstützt er heute weltweit als Interimsmanager und Berater Unternehmen und staatliche Organisationen bei der digitalen Transformation, kulturellen Integrationsprozessen und der Nachhaltigkeits-Strategieplanung. Daneben lehrt er als Gastprofessor für Wirtschaftspsychologie an Hochschulen in Hamburg, Berlin und Innsbruck.

Prof. Dr. Henning Friege ist Gründer der N³ Nachhaltigkeitsberatung Dr. Friege & Partner, die u. a. im Bereich des strategischen Managements von Ressourcen tätig ist. Nach seinem Chemiestudium hat Henning Friege in verschiedenen Dienststellen der Länder berufliche Erfahrungen im Umweltschutz gesammelt, vor allem in Abfallwirtschaft, Wasserwirtschaft, Anlagengenehmigung, Umweltanalytik, Altlastensanierung und Stoffbewertung. Von 1990 bis 1998 verantwortete er als Beigeordneter der Landeshauptstadt Düsseldorf das Dezernat für Umweltschutz und öffentliche Einrichtungen. Von 1998 bis 2013 leitete er das Geschäftsfeld Umwelt und Entsorgung der Stadtwerke Düsseldorf AG und war u. a. Geschäftsführer der AWISTA GmbH. Der Deutsche Bundestag berief ihn in zwei Enquête-Kommissionen, die sich vor allem mit der Operationalisierung nachhaltiger Entwicklung beschäftigten. 2013 habilitierte Henning Friege an der TU Dresden im Fach Abfallwirtschaft. 2015 wurde er von der Leuphana Universität Lüneburg zum Honorarprofessor für Nachhaltigkeitswissenschaften ernannt. Er nimmt an beiden Hochschulen Lehraufgaben wahr.

Bror Giesenbauer ist seit 2017 wissenschaftlicher Mitarbeiter im BMBF geförderten Projekt Hoch^N an der Universität Bremen und darin zuständig für die Vernetzung deutscher Hochschulen zum Thema Nachhaltigkeit. Derzeit promoviert er zu den Herausforderungen des Diversity Managements aus systemischer Perspektive und verknüpft dabei mithilfe von Spiral Dynamics die integrale Perspektive mit dem Diversity- und Nachhaltigkeitsdiskurs.

Boris Gloger beschäftigt sich seit rund 20 Jahren mit agilen Arbeits- und Managementmethodenund ist Autor zahlreicher Bücher und gefragter Keynote Speaker zu diesem Thema. Als weltweiterster von Ken Schwaber ausgebildeter Certified Scrum Trainer hat er wesentlich zur Verbreitungagiler Arbeitsweisen im deutschsprachigen Raum beigetragen. 2008 hat er borisgloger consultinggegründet und begleitet mit inzwischen 40 Kollegen zahlreiche DAX$_®$-Unternehmen bei der Einführungagiler Managementmethoden und bei der agilen Transformationen.

Prof. Dr. Anja Grothe ist seit 1993 Professorin für Umweltmanagement und seit 2009 für Nachhaltigkeitsmanagement an der Hochschule für Wirtschaft und Recht (HWR) Berlin (Nachfolgerin der FHW). Sie hat die Studiengänge Wirtschaftsingenieurwesen Umwelt und Nachhaltigkeit (Bachelor) sowie den Masterstudiengang Nachhaltigkeit und Qualitätsmanagement (NaQM) verantwortlich aufgebaut und wurde (auch) dafür schon 1997 mit dem BAUM Umweltpreis geehrt. Sie ist Mitgründerin des Instituts für Nachhaltigkeit (INa) in der HWR und von SUSTAINUM Consulting, in dem Beratungsprojekte zur unternehmerischen Nachhaltigkeit und Organisationsentwicklung durchgeführt werden. Ihre Forschungs- und Beratungsschwerpunkte umfassen die Bewertung unternehmerischer Nachhaltigkeit, partizipative Prozessgestaltung im Rahmen von Leitbild und Strategieprozessen sowie Kompetenzentwicklung – und Bewertung für Veränderungsprozesse. Ihre letzten Publikationen waren u. a. als Mitherausgeberin und als Autorin u. a. der Jahrbücher *Nachhaltige Ökonomie mit dem Schwerpunkt „Nachhaltigkeitsmanagement" (2013/14) mit dem Schwerpunkt* „Ressourcenwende" (2016) sowie als Herausgeberin und als Autorin „*Nachhaltiges Wirtschaften für* KMU" (2012) „Bewertung unternehmerischer Nachhaltigkeit" (2016), sowie 2018 Kompetenz-Perspektiven – Kompetenz-Aufstellungen für die Digitalisierung im Mittelstand.

Korina Gutsche ist seit 2011 freiberuflich als Productionmanagerin und Beraterin für ökologische Nachhaltigkeit bei Film/TV in der Medienregion Berlin-Brandenburg tätig. Diplom-Ing. für Umwelttechnologie, mehr als 25 Jahre Berufserfahrung als Projektleiterin, Kommunikationsreferentin und Social Entrepreneurin. Leitet Jugendfilmworkshops zu Nachhaltigkeit und Bestpractice Fachseminare zur umweltfreundlichen Filmproduktion, u. a. für das Medienboard/Filmcommission, isff Berlin, Filmhaus Babelsberg, Produzentenallianz, Filmuniversität Babelsberg, Zieglerfilm, auf diversen Natur- und Umweltfilmfestivals und vertritt das Land Brandenburg bei der Deutsche Film- und Medienbewertung (FBW). Darüber hinaus kuratiert sie das Intern. Meeresfilmfestival Cinemare Kiel. Seit April 2018 Koordinatorin des vom Umweltbundesamt geförderten Projektes „Grünes Kino" der AG Kino Gilde mit Sitz in Berlin.

Stefan Haver ist Leiter des Zentralbereichs Corporate Responsibility bei dem Essener Spezialchemieunternehmen Evonik Industries AG. In vorausgegangenen Stationen bei Evonik verantwortete er zunächst die Abteilung Interne Kommunikation & Konzernmedien, später dann den Zentralbereich Kommunikation & Vorstandsbüro. Während dieser Zeit hat er die Integration der Degussa AG in die vormalige RAG Aktiengesellschaft sowie Neuaufstellung und Börsengang der daraus hervorgegangenen Evonik Industries AG begleitet. In seiner vorherigen Tätigkeit arbeitete der gelernte Bankkaufmann und Kommunikationswissenschaftler über sechs Jahre für die Düsseldorfer Kommunikationsberatung Deekeling Identity & Change. Dort betreute er verschiedene große Konzerne in der Kommunikation komplexer Veränderungsprozesse.

Dr. Isabella Heidinger hat als Erziehungswissenschaftlerin 2008 zum sozialen Nachhaltigkeitsthema „Fürsorglichkeit als geschlechterübergreifende Ressource" promoviert und war nach Weiterbildungen in der Personal- und Organisationsentwicklung viele Jahre freiberuflich als Unternehmensberaterin mit dem Schwerpunkt „Nachhaltige Personal- und Organisationsentwicklung – diversitäts- und lebenszyklensensibel" tätig. Seit 2012 ist sie verantwortlich für das HR Competence Center der Weleda Gruppe. Berufliches wie privates Herzensanliegen ist die Förderung von Selbstverantwortung und individueller Entwicklung im gemeinsamen Wertschöpfungsprozess.

Prof. Stefan Hilbert studierte an der Universität Mannheim Volkswirtschaftslehre sowie Bank- und Versicherungsbetriebslehre. Nach beruflichen Stationen in der Finanzbranche, unter anderem als Leiter des Controllings eines börsennotierten Versicherers und als CFO eines luxemburger Beteiligungskonzerns, lehrt Prof. Hilbert seit Oktober 2005 an der Dualen Hochschule Baden-Württemberg Mannheim (vormals: Berufsakademie Mannheim). Schwerpunkte seiner Lehre bilden die Fächer Unternehmensführung und Controlling, Volkswirtschaftslehre sowie Verhaltensökonomie. Prof. Hilbert leitet an der DHBW Mannheim die Studienrichtung BWL-Finanzdienstleistungen und ist Studiendekan für die Studienrichtungen Bank, Versicherung und Finanzdienstleistungen.

Sebastian Jenensch ist Gründer und Geschäftsführer der JPS Software GmbH. Seit über 10 Jahren beschäftigt er sich intensiv mit den Themen Prozessmanagement, Ideen- und Innovationsmanagement sowie Change Management. Mit seinem Unternehmen „JPS“ begleitet er Organisationen bei der Einführung und Festigung einer nachhaltig gelebten Verbesserungskultur.

Dr. Saskia Juretzek gehört zu Deutschlands Gesichtern der Nachhaltigkeit. Sie ist seit 2015 als Senior Managerin Sustainability für das gruppenweite Sustainability Reporting, dessen Auditierung sowie für strategische Nachhaltigkeitsthemen der Allianz SE verantwortlich. Als Corporate Responsibility (CR) Manager war sie bei dem Telekommunikationsanbieter Telefónica Deutschland u. a. für die Themenfelder CR-Strategie, CR-Reporting und Spenden verantwortlich. Für die internationale Unternehmensberatung Accenture hat sie für Kunden aus dem Automobil- und Banken-Sektor in Italien, England, der Schweiz, USA und Deutschland mit den Schwerpunkten Vertriebsstrategie, Produktstrategie und After Sales gearbeitet. Zudem hat sie den Aufbau des Beratungsbereichs Sustainability Services begleitet.

Bereits im Studium und ihrer Beratertätigkeit hat Dr. Saskia Juretzek sich mit dem Konzept der nachhaltigen Entwicklung beschäftigt und dies in ihrer Promotion vertieft. Darin hat Sie untersucht, über welche Kompetenzen Corporate Sustainability Manager verfügen sollten, um dilemmatische Entscheidungssituationen zu bewältigen und damit Nachhaltigkeitsstrategien erfolgreich umsetzen zu können. Sie hält ein Diplom in Internationaler Betriebs- und Außenwirtschaft und lehrt an verschiedenen deutschen Hochschulen, u. a. der TU München.

Ludwig Karg studierte von 1975 bis 1981 Informatik mit Schwerpunkt Wirtschaftswissenschaften an der TU München. Seit 1994 ist er Geschäftsführer der B.A.U.M. Consult GmbH und seit 2005 Chairman des International Network of Environmental Management (INEM). Seine Arbeitsschwerpunkte umfassen Vortrags- und Seminartätigkeit sowie Politikberatung, strategisches Management im Bereich Nachhaltige Entwicklung von Unternehmen, Kommunen und Regionen. Zusammen mit Expertenteams von B.A.U.M. erstellt er regionale Entwicklungskonzepte und baut nachhaltige regionale Versorgungs- und Marktsysteme auf. Herr Karg leitet nationale und internationale Forschungs- und Entwicklungsprojekte in den Bereichen Energieversorgung, Mobilität sowie Umwelt- und Klimaschutz.

Birgit Klesper startete ihre Kariere als gelernte Hörfunk-Journalistin bei der Deutschen Welle, bevor sie in die Unternehmenskommunikation wechselte. Nach Stationen bei Philip Morris, Tchibo, Wella und Procter & Gamble folgte im Jahr 2006 der Einstieg bei der Deutschen Telekom AG. Der Wechsel zur Telekom ermöglichte ihr, berufliche Expertise mit ihrem Engagement für Gesellschaft und Ökologie zu verbinden. Als Senior Vice President ist sie heute konzernweit verantwortlich für Group Corporate Responsibility. Ehrenamtlich ist sie unter anderem im Kuratorium des Bündnisses „Aktion Deutschland Hilft", im Wirtschaftsbeirat der Deutschen Gesellschaft für Internationale Zusammenarbeit (GIZ) und als stellvertretende Vorstandsvorsitzende im Verein Charta digitale Vernetzung engagiert.

Cornelia Felicia Krämer ist Gründerin und Geschäftsführerin der proventis consult, eines Netzwerks für Unternehmensberatung. Als Organisationsentwicklerin, Coach und Mediatorin begleitet sie Führungskräfte und Mitarbeitende eng bei der konstruktiven Gestaltung und Umsetzung anstehender Veränderungen. Sie leistet „Übersetzungsarbeit" zwischen den Wertewelten vielfältiger Generationen in Teams und coacht Führungskräfte in der Gestaltung einer zunehmend von Technik bestimmten Arbeitswelt. Zu ihren Kunden zählt insbesondere der Mittelstand auf dem Weg zur Digitalisierung in Deutschland und in Polen.

Dipl. Ing. Christian Kröplin ist nach 20 Jahren in verschiedenen Managementstationen im In- und Ausland im Bereich Qualitätsmanagement, Entwicklung, Produktion nun als Unternehmensberater für Strategie- und Organisationsentwicklung tätig. Er begleitet und berät Unternehmen auf ihrem Weg in den Bereichen, Qualitäts- & Prozessmanagement, KVP, Innovation, Struktur und Effizienz.

Prof. Dr. Magdalène Lévy-Tödter hat ein Studium der Germanistik und Sprachlehrforschung absolviert. Seit 2012 ist sie Professorin für Interkulturelle Kompetenzen an der FOM Hochschule für Oekonomie und Management, Standort Hamburg. Forschungs- und Lehreschwerpunkte: (Interkulturelle) Unternehmenskommunikation, Personalmanagement, Ethik. Co-Leitung des KompetenzCentrums für nachhaltige Entwicklung an der FOM.

Prof. Dr. Bertram Lohmüller ist Professor für Innovationsmanagement an der Steinbeis-Hochschule Berlin. Er leitet den berufsintegrierten Masterstudiengang „Globales Innovations- und Technologiemanagement" und erforscht die Erfolgsfaktoren bei der Anbahnung und Umsetzung von internationalen Forschungs- und Entwicklungskooperationen. Mit der Export-Akademie Baden-Württemberg setzt er weltweit Leadershipprogramme um und begleitet Unternehmen bei Innovationsprojekten.

Susi Lotz hat sich als Diplom-Biologin in ihrer Diplomarbeit mit dem Thema Biodiversität auseinandergesetzt. Seit 1998 arbeitet sie als Redakteurin und Pressereferentin in der Biobranche. Von 2002 bis 2017 war sie als Corporate Communications Managerin bei dem Arzneimittel- und Naturkosmetikhersteller Weleda tätig. Zu ihrer Hauptaufgabe gehörte das Projektmanagement und die Redaktion des internationalen Geschäfts- und Nachhaltigkeitsbericht der Weleda Gruppe. Seit Januar 2018 ist Susi Lotz selbstständig für Text, Redaktion und Lektorat.

Dr. Jutta Tobias Mortlock ist Sozialpsychologin an der City University of London, und erforscht, unterrichtet und berät Unternehmen zum Thema Veränderungsmanagement, Führungskräfte- und Organisationsentwicklung. Ihr derzeitiger Forschungsschwerpunkt liegt darin, wie Achtsamkeitstraining nachhaltig in Unternehmen eingebettet werden kann. In dieser Arbeit hat sie in den letzten Jahren Tausende von Führungskräften an Achtsamkeit herangeführt. Vor ihrer akademischen Karriere arbeitete Jutta als Beraterin kreuz und quer durch Europa für Kunden wie McKinsey und Goldman Sachs, und als Lobbyistin für das Gesundheitsreformgesetz von Präsident Obama in Washington D.C.

Prof. Dr. Erik Müller-Schoppen studierte Psychologie, Pädagogik, Geografie und ev. Theologie in Köln und Bonn, wo er auch die jeweils 1. und 2. Staatsexamina ablegte und später über das Thema Erziehungswissenschaften und Psychoanalyse promovierte. Seit 1969 entwickelt er Lerntechniken auf der Basis der Reformpädagogik insbesondere der Montessori-Pädagogik und hält Vorträge und Seminare als freier Trainer und Coach bei großen Konzernen wie Coca-Cola, Hella, VW wie auch mittelständischen Unternehmungen und Institutionen wie Heinemann, Caritas oder der Michael Skopp-Stiftung. Er führt eine psychologische Beratungspraxis bei Bonn und hält seit Jahren erfolgreich im gesamten deutschsprachigen Raum Gastdozenturen durch, sowie in den Niederlanden und den USA. Viele Jahre war er Studienleiter der Düsseldorfer Paracelsus Schule und ist seit langem Dozent für Psychotherapie und Managementtraining. Ebenfalls ist Herr Müller-Schoppen

Gründer und didaktischer Leiter der gemeinnützigen Stiftung für Erziehung, Bildung, Wissenschaft und Kultur und didaktischer Leiter von STEINBEIS COMET. Als Business-Expert und Keynote-Speaker fasziniert er die Zuhörer mit motivierenden und begeisternden Vorträgen, in denen es immer um das Wesentliche und um das Ganze geht – das Leben und das Lebensglück jedes Einzelnen. Er ist Vorsitzender des Stiftungsrates der Stiftung EBWK und Gründer sowie Vizepräsident der Gemeinnützigen Gesellschaft für Hochschulkultur & Hochschul-Change-Management.

Prof. Dr. Sibylle Olbert-Bock ist Professorin an der Fachhochschule St.Gallen, leitet das Kompetenzzentrum für Leadership & Personalmanagement und ist Co-Leiterin des Leuchtturms „Nachhaltige Unternehmensentwicklung". In ihrer aktuellen Forschung fokussiert sie Fragestellungen einer nachhaltigen Unternehmensentwicklung und Personalpolitik im digitalen Wandel, der Personal- und Karriereentwicklung sowie Facetten des demografischen Wandels.

Dr. Klaus-Stephan Otto ist Diplompsychologe und Geschäftsführer der EVOCO GmbH mit über 30-jähriger Erfahrung in der Begleitung von komplexen Veränderungsprozessen in renommierten Unternehmen, Ministerien und Non-Profit-Organisationen. Er hat den Managementansatz des Evolutionsmanagements, dessen Kern die Übertragung von Prozessen der Natur auf das Handeln in der Wirtschaft bildet, und gemeinsam mit Dr. Stefan Rösler und anderen Experten die darauf aufbauende Weiterbildung Evolutionsmanagement für Berater und Führungskräfte entwickelt. Er hat mehrere Bücher zu diesem Thema geschrieben, u. a. das Grundlagenbuch „Evolutionsmanagement". Er ist Dozent an mehreren Universitäten und hält zahlreiche Vorträge. Klaus-Stephan Ottos Schwerpunkte liegen in der Organisations-, Innovations- und Personalentwicklung sowie der Steuerung von großen Projekten. Zurzeit beschäftigt er sich mit der Weiterentwicklung des Ökosystemansatzes und seiner praktischen Anwendung in Changeprozessen und Strategieentwicklungen in Unternehmen.

Prof. Dr. Roland Pfennig ist Professor für Wirtschaftsinformatik im Studiengang Verkehrsbetriebswirtschaft und Logistik an der Hochschule Heilbronn. Er lehrt und forscht u. a. im Bereich Nachhaltigkeitsmanagement für Unternehmen und Nachhaltigkeit durch Digitalisierung und ist Senatsbeauftragter für Ethik und Nachhaltige Entwicklung.

Johannes Pföhler ist selbstständiger Nachhaltigkeitsberater für kleine und mittlere Unternehmen. Nach seinem Studium zum Sustainability Manager M. Sc. an der Bergischen Universität Wuppertal war er verantwortlich für die Erstellung des ersten Nachhaltigkeitsberichts der OSWALD Elektromotoren GmbH, dem späteren Gewinner des Deutschen Umweltpreises. Anschließend beriet er mehrere Unternehmen bei der Einführung einer Nachhaltigkeitsstrategie bzw. Veröffentlichung eines Nachhaltigkeitsberichts. Er ist Initiator des Nachhaltigkeitsnetzwerks *Sustainable Management Circle,* welches Unternehmen vernetzen und die Einführung eines Nachhaltigkeitsmanagements erleichtern soll.

Karin Pretzel war seit 2008 verantwortlich für die Nachhaltigkeitskommunikation des Babynahrungsherstellers HiPP. Als studierte Germanistin war sie über lange Jahre auch journalistisch tätig. Nach fünf Jahren Tätigkeit in Wissenschaft und Marktforschung, übernahm sie 1990 die Aufgabe der Persönlichen Referentin im Präsidium der Hochschule für bildende Künste, Hamburg. Ab 1997 baute sie dort eine Presse- und Öffentlichkeitsabteilung auf, deren Leitung sie bis 2008 innehatte. 1997 wurde sie auch Mitglied im VRdS (Verband der Redenschreiber deutscher Sprache). Mit den Zusatzqualifikationen als Arbeits- und Organisationspsychologin und Business-Coach, trat Karin Pretzel 2008 in das Unternehmen HiPP ein. Gemeinsam mit dem HiPP Nachhaltigkeitsteam und in Zusammenarbeit mit vielen engagierten Kolleginnen und Kollegen aus den unterschiedlichen Unternehmensbereichen, kommunizierte sie erfolgreich die vielfältigen Maßnahmen im Nachhaltigkeitsmanagement, betreute die Nachhaltigkeits-Projekte von HiPP und vertrat das Unternehmen in verschiedenen Initiativen. Seit 2018 ist sie freiberuflich tätig, unter anderem auch weiterhin für das Unternehmen HiPP.

Prof. Dr. André Reichel ist Professor für International Management & Sustainability an der International School of Management (ISM). Er ist Diplom-Kaufmann und hat an der Universität Stuttgart in Wirtschafts- und Sozialwissenschaften promoviert. Vor seiner Tätigkeit an der ISM war er Professor an der Karlshochschule International University, Research Fellow an der Zeppelin Universität und Gastdozent am Environmental Change Institute der University of Oxford. Er ist zudem ehrenamtlicher Vorstand der elobau-Stiftung in Leutkirch im Allgäu. Seine Forschungsschwerpunkte liegen im Bereich einer nachhaltigen Entwicklung in Wirtschaft und Gesellschaft, den betriebswirtschaftlichen Implikationen einer Postwachstumsökonomie, der Verschmelzung von Nachhaltigkeit und Digitalisierung sowie einer systemtheoretischen Betrachtung gesellschaftlicher Transformationsprozesse.

Prof. Dr. Ortwin Renn ist Wissenschaftlicher Direktor am Institut für Transformative Nachhaltigkeitsforschung (*Institute for Advanced Sustainability Studies,* IASS) in Potsdam und Professor für Umwelt und Techniksoziologie an der Universität Stuttgart. Darüber hinaus leitet Renn gemeinsam mit Frau Dr. Marion Dreyer und Frau Agnes Lampke das Forschungsinstituts *DIALOGIK,* eine gemeinnützige GmbH zur Erforschung und Erprobung innovativer Kommunikations- und Partizipationsstrategien. Dazu kommen Honorar- und Ehrenprofessuren in Stavanger, Beijing und München. Seine Hauptforschungsfelder sind: Risikoanalyse (Governance, Wahrnehmung und Kommunikation), Theorie und Praxis der Bürgerbeteiligung bei öffentlichen Vorhaben, Transformationsforschung sowie sozialer und technischer Wandel in Richtung einer nachhaltigen Entwicklung.

Renn studierte Volkswirtschaftslehre, Soziologie und Sozialpsychologie und promovierte anschließend an der Universität Köln. Er arbeitete als Wissenschaftler und Hochschullehrer in Deutschland, den USA und der Schweiz. Renn erhielt viele Auszeichnungen, darunter das Bundesverdienstkreuz erster Klasse, den Ehrendoktor der ETH Zürich, die Ehrenprofessur der Technischen Universität München, den „Oustanding Research Award“ der Internationalen Gesellschaft für Integrierte Katastrophenforschung und Risikomanagement (International Society for Integrated Disaster and Risk Management) sowie den „Distinguished Achievement Award“ der Internationalen Gesellschaft für Risikoanalyse (Society for Risk Analysis).

Renn ist Mitglied im Präsidium der Deutschen Akademie für Technikwissenschaften (Acatech) und der Berlin-Brandenburger Akademie der Wissenschaften (BBAW). Er gehört zahlreichen weiteren wissenschaftlichen Beiräten, Kuratorien und Kommissionen an.

Dr. Stefan Rösler ist studierter Förster, Landschaftsplaner und Landschaftsökologe und war von 1997 bis 2007 erster hauptamtlicher NABU-Landesvorsitzender in Baden-Württemberg. Seit 2008 bietet er mit seiner Agentur Ökosystemberatung, Biodiversitätsmanagement und Naturcoaching. Als innovatives Format hat er die Outdoor-Workshops „Von der Natur lernen für Management, Strategie und Teamentwicklung“ entwickelt, bei denen Strategien und Erfolgsrezepte der Natur entschlüsselt und durch Erkenntnistransfer für Unternehmen, Organisationen und Teams verfügbar gemacht werden. Dieses Format ist vom Deutschen Rat für nachhaltige Entwicklung als „Projekt Nachhaltigkeit 2017“ ausgezeichnet. Neben seiner Beratertätigkeit ist er Dozent an verschiedenen Hochschulen, Experte für Stakeholderdialoge und NGOs sowie gefragter Trainer, Moderator, Speaker und Coach. Er kooperiert mit der Unternehmensberatung EVOCO (Berlin-Schöneiche) und ist Mitglied des bundesweit tätigen EVOCO-Beraternetzwerks.

Sandra Röstel Managerin für KVP, Projekte und Prozesse, ist durch Ihre langjährige Berufserfahrung, national wie international, sehr praxisorientiert. Durch Ihre Tätigkeit in mehreren Unternehmen jeder Größenordnung, in den verschiedensten Bereichen, versteht Sie es, Verbesserungspotenziale zu erkennen und diese maßgeschneidert zu implementieren. Im Projekt- und Business Prozess Management sind Ihre Fach- und Methodenkompetenzen sowie die als Trainerin und Moderatorin gefragt.

Lisa Schlindwein hält einen Bachelor in Internationalem Kommunikationsmanagement. Kommunikationsmanagement interessiert sie im internationalen Kontext nicht erst, seitdem sie ein Jahr in den USA gelebt hat. Sie war mehrere Jahre im Vertrieb der IchMachMit gGmbh tätig, dann bei der PR Agentur Bettertrust GmbH im Bereich Public Relations, um anschließend zur A00 GmbH in die strategische Beratung zu wechseln. Ihr besonderes Forschungsinteresse gilt Reputationsmanagement, Storytelling und den Auswirkungen von automatisierter Kommunikation auf die menschliche Kommunikation.

Prof. Dr. Benno Schmidt ist Informatiker und hat langjährige Erfahrung als Entwickler professioneller Softwarelösungen zur Kommunikation und Visualisierung georäumlicher Umweltinformation. Seit 2009 deckt er als Professor an der Hochschule Bochum verschiedene Lehrgebiete der Informatik und Geoinformatik ab. Seine aktuellen Forschungsaktivitäten gelten der Modellierung von Nachhaltigkeitswissen sowie ausgewählten Themen aus dem Umfeld der Geovisualisierung.

Prof. Dr. Holger J. Schmidt studierte Marketing in Mannheim und Barcelona und promovierte zum Thema Markenführung für erklärungsbedürftige Produkte an der Leibnitz Universität Hannover. Er verfügt über mehr als 20 Jahre Erfahrung in Theorie und Praxis der Markenführung und arbeitete in der Beratung, Werbung und auf Direktorenebene beim Paketdienstleister TNT Express. Seit 2011 ist er Professor für Marketing an der Hochschule Koblenz. Seine Forschungsschwerpunkte liegen in den Bereichen Internal Branding, Markenorientierung, Markenstrategien sowie der Markenführung von Sozial- und Technologieunternehmen. Er ist Autor zahlreicher Bücher und Fachpublikationen, Mitglied in der Denkfabrik Medinge, Initiator des Expertenrats Technologiemarken sowie Beirat der Generationsbrücke Deutschland.

Gina Schöler leitet die bundesweite Initiative „Ministerium für Glück und Wohlbefinden", um mit bunten Aktionen und Angeboten wie Workshops und Vorträgen dazu aufzurufen, aktiv zu werden und gemeinsam das Bruttonationalglück zu erarbeiten. Alltagsnah, auf Augenhöhe und mit viel Spaß lädt sie dazu ein, Teil dieser positiven Bewegung zu werden. Auf vielfältige und kreative Weise regt sie zum Umdenken und Handeln an: Wie wollen wir leben? Was zählt wirklich und was macht uns glücklich? Ned babbeln, mache – Als waschechte „Monnemerin", Macherin und leidenschaftliche Weltverbesserin hat sie sich ihren eigenen Beruf erfunden: Glücksministerin.

Durch ihren Masterabschluss an der Fakultät für Gestaltung/ Hochschule Mannheim und die langjährige Erfahrung als Kommunikationsdesignerin weiß sie, wie man kreative Lösungen generiert und komplexe Themen bearbeitet. Gestaltung bedeutet für sie auch die Arbeit an einer besseren Gesellschaft hin zu einem guten und gelingenden Leben für alle.

Durch greifbare Ansätze, die Spaß machen und sofort in den (Arbeits-)Alltag übertragbar sind, fasziniert sie damit bereits seit Jahren europaweit tausende Menschen, Unternehmen, Bildungseinrichtungen und sogar Bundesministerien.

Zu ihren begeisterten Kunden gehören unter anderem: DB Bahn, Mercedes me Store, Bundesministerium der Justiz und für Verbraucherschutz, Roche Diagnostics GmbH, VGH Versicherungen, XING AG, Saint Gobain Building Distribution GmbH, BTC Europe GmbH, Lotto Baden Württemberg, Stadt Mannheim.

Dr. Pia-Johanna Schweizer studierte Soziologie und Anglistik/Amerikanistik an der Universität Stuttgart und der University of Aberdeen (Großbritannien). 2008 promovierte Pia-Johanna Schweizer an der Universität Stuttgart (Dr.rer. pol. mit Auszeichnung) im Fachbereich Soziologie zur diskursiven Risikoregulierung. Von 2002 bis 2003 war sie als wissenschaftliche Mitarbeiterin an der Akademie für Technikfolgenabschätzung in Baden-Württemberg tätig. Von 2003 bis 2008 war sie wissenschaftliche Mitarbeiterin am Institut für Sozialwissenschaften, Abteilung für Technik- und Umweltsoziologie der Universität Stuttgart. Von 2008 bis 2012 war Pia-Johanna Schweizer Senior Researcher und Projektleiterin am Interdisziplinären Forschungsschwerpunkt

Risiko und Nachhaltige Technikentwicklung (ZIRN) der Universität Stuttgart. Pia-Johanna Schweizer war von 2009 bis 2016 Bereichssprecherin „Risk Governance" der gemeinnützigen Gesellschaft für Kommunikations- und Kooperationsforschung (DIALOGIK gGmbH). Von 2013 bis 2014 war sie Visiting Scholar an der Michigan State University am Center for Systems Integration and Sustainability (CSIS). Von 2012 bis 2016 war sie Senior Researcher und Projektleiterin am Zentrum für interdisziplinäre Risiko- und Innovationsforschung (ZIRIUS) der Universität Stuttgart. Dort koordinierte sie das Forschungsfeld „Planning Governance" der Helmholtz Allianz ENERGY-TRANS. Seit September 2016 leitet Pia-Johanna Schweizer am Institute for Advanced Sustainability Studies Potsdam das Projekt „Systemische Risiken", das sich mit den Wechselwirkungen zwischen Wissenschaft, Wirtschaft und Gesellschaft beschäftigt und dabei insbesondere den gesellschaftlichen Umgang mit systemischen Risiken und wissenschaftlichen Ungewissheiten analysiert. Pia-Johanna Schweizer ist zudem Vorstandsmitglied der Society for Risk Analysis Europe. 2015 erhielt sie den Chauncey Starr Distinguished Young Risk Analyst Award der Society for Risk Analysis.

Tina Teucher ist Autorin, Moderatorin und Rednerin für nachhaltiges Wirtschaften. Fasziniert von ganzheitlichen Lösungen der Circular Economy (Kreislaufwirtschaft, Cradle to Cradle, Blue Economy) und Management-Ansätzen des Sustainable Leadership verbreitet sie nachhaltige Innovationen und Geschäftsmodelle durch Publikationen und Vorträge. Zudem begleitet sie Unternehmen und Institutionen bei den wesentlichen Fragen des Wandels im Bereich Corporate Social Responsibility (CSR) und Sustainable Entrepreneurship. Tina Teucher ist aktiv u. a. im Think Tank 30, dem jungen Netzwerk der Deutschen Gesellschaft Club of Rome und hält Lehraufträge u. a. „Sustainability Marketing & Leadership" der Fresenius Hochschule. Die Kulturwissenschaftlerin absolvierte den MBA Sustainability Management der Leuphana Universität Lüneburg und war 2009 bis 2014 leitende Redakteurin des Entscheider-Magazins forum Nachhaltig Wirtschaften.

Prof. Dr. Christoph Tiebel ist Dekan des Studienganges Betriebswirtschaftslehre und Sozialmanagement mit dem Forschungsschwerpunkt Emotionale Intelligenz. Gefördert durch Reinhold Würth Stiftung wurde ein mehrjähriges Forschungsprojekt mit Partnerhochschulen aus dem Ausland zum Thema „Trainierbarkeit emotionaler Intelligenz – Eine Antwort auf den Fachkräftemangel des demographischen Wandels" umgesetzt. Spezifisch ist dabei die Integration von Rettungshunden in die Trainings.

Dr. Ilga Vossen leitet das Profit Center „Inhouse Training und Beratung" der Akademie für Führungskräfte der Wirtschaft GmbH in Köln. Die promovierte Psychologin berät sowohl mittelständische Unternehmen als auch Konzerne in der Konzeption und im Design von nachhaltigen Führungskräfteentwicklungsmaßnahmen. Dabei ist sie sowohl in Deutschland als auch in den USA, Osteuropa und China unterwegs. Ilga Vossen begleitet als systemischer Coach Führungskräfte aller Ebenen in individuellen Coachings und führt Teams und Bereiche durch Konfliktklärungsworkshops.

Prof. Dr. Torsten Weber ist Professor für Marketing und Nachhaltigkeitsmanagement sowie Dekan für den Bereich General Management an der Cologne Business School in Köln. Während der Promotion an der Universität zu Köln zum Thema „Sozial-inhärente Produkte" arbeitete Torsten Weber als Wissenschaftlicher Mitarbeiter am Seminar für Beschaffung und Produktpolitik bei Prof. Dr. Koppelmann sowie am Seminar für Marketing und Markenmanagement bei Prof. Dr. Franziska Völckner. Im Anschluss war er mehre Jahre als Unternehmensberater u. a. für die Firma Rölfs RP Management Consultants GmbH in Düsseldorf tätig und hat in diesem Zusammenhang bspw. im Bereich Umweltmanagement für die DFL Deutsche Fußball Liga GmbH gearbeitet. Neben der Funktion als Vizepräsident der „Fördergesellschaft Produktmarketing e. V." ist er Speaker auf Seminar- und Konferenzveranstaltungen, insbes. zu den Themenfeldern Marketing- und Nachhaltigkeitsmanagement.

Univ.-Prof. Dr. Marion A. Weissenberger-Eibl, Dipl.-Kffr. (Univ.) Dipl.-Ing. (FH), leitet das Fraunhofer-Institut für System- und Innovationsforschung ISI. Das Institut erarbeitet Orientierungswissen für Entscheider aus Politik und Wirtschaft, wobei ein zentraler Fokus auf Themen der Nachhaltigkeit liegt. Zudem ist Univ.-Prof. Dr. Marion A. Weissenberger-Eibl Inhaberin des Lehrstuhls Innovations- und Technologie-Management am Institut für Entrepreneurship, Technologie-Management und Innovation (ENTECHNON) am Karlsruher Institut für Technologie (KIT). Schwerpunkt ihrer Arbeit zu Entstehungsbedingungen von Innovationen und deren Auswirkungen bilden das Management von Innovationen und Technologien, Roadmapping, die strategische Technologie-Vorausschau und -Planung, Unternehmensnetzwerke sowie Wissensmanagement. Sie ist Mitglied in verschiedenen Aufsichtsräten, Kuratorien und Gremien wie dem Lenkungskreis der SDG-Wissenschaftsplattform „Nachhaltigkeit 2030", dem Gesprächskreis „Wirtschaft und Innovation" des Ministerpräsidenten von Baden-Württemberg und der Deutschen Bundesstiftung Umwelt (DBU). Mit Nachhaltigkeit befasste sich Univ.-Prof. Dr. Marion A. Weissenberger-Eibl bereits in ihrer Habilitationsschriftzum Thema „Unternehmensentwicklung und Nachhaltigkeit".

Hannah Witting hat sich als Diplom-Geografin im Studium schwerpunktmäßig mit produktbezogenen Treibhausgasbilanzen auseinandergesetzt. Seit 2011 arbeitet sie als Beraterin zur Einführung und Integration von Managementsystemen (ISO 14001, 50001, Nachhaltigkeitsmanagement). Bei B.A.U.M. ist sie seit 2014 als Projektleiterin zur Förderung von nachhaltiger Entwicklung in Unternehmen tätig. Dies umfasst sowohl strategische Fragestellungen (Leitbild, Wesentlichkeit, Bestandsaufnahmen) als auch umsetzungsorientierte Beratung zu unterschiedlichen Themen der Nachhaltigkeit (CO2, Umwelt, Energie, Familie, Mobilität).

Michael Wühle wurde 1960 in München geboren und ist ein begeisterter Ingenieur und überzeugter Nachhaltigkeits-Manager. 2013 machte er sich selbstständig und berät seitdem Organisationen aller Art auf den Gebieten Nachhaltigkeitsmanagement, Umweltschutz, Energie-Effizienz, Erneuerbare Energien, Facility-Management und Inbetriebnahme-Management. Michael Wühle ist Gründer und gewählter Vorstand des Luftfahrtverbandes IASA e.V. Er entwickelte das Zertifizierungssystem Sustainability. Now.®, das auf der ISO 26000 „Leitfaden zur gesellschaftlichen Verantwortung" basiert, sowie das Gütesiegel IASA Certified Sustainability®. Für die TÜV-Rheinland-Akademie entwickelt er Seminare im Bereich Nachhaltigkeitsmanagement, die er mit Freude auch selbst hält.

Bettina Wyciok ist Bankkauffrau, Diplom- Kauffrau und Diplom-Volkswirtin sowie Heilpraktikerin. Ihre Berufstätigkeiten führte sie durch verschiedene Aufgabengebiete und Unternehmen, während einiger Jahre auch in den USA. Seit Ende 2013 ist sie bei Weleda und seit Mitte 2015 als Leiterin Corporate Sustainability für die Weleda Gruppe tätig. Ihr persönliches wie berufliches Interesse gilt dem „guten Leben", nah am Menschen und im Einklang mit der Natur. Seit 2018 ist sie für die Primavera Life GmbH tätig.

Prof. Dr. Andreas Wytzisk ist Professor für Geoinformatik und Informatik am Fachbereich Geodäsie der Hochschule Bochum und Geschäftsführer der 52°North Initiative for Geospatial Open Source Software GmbH. Prof. Dr. Wytzisk widmet sich in Forschung und Lehre den Arbeitsbereichen Geodateninfrastrukturen sowie der verteilten und interoperablen Prozessierung georeferenzierter (Echtzeit-) Daten. Er verfügt über eine mehr als 15-jährige Erfahrung im Management von Softwareentwicklungsprojekten. In seiner Funktion als Geschäftsführer der 52°North GmbH koordiniert er den Aufbau von Communities zur kollaborativen Entwicklung innovativer Open-Source-Projekte.

Teil I
Einleitung

Road to Excellence: Potenzial des Sustainable Management im 21. Jahrhundert

1

Marco Englert

1.1 Einleitung

Die Herausforderungen, denen sich Unternehmen stellen müssen, sind vielfältiger Art. Dabei zeigt sich, dass gerade ökologische Gesichtspunkte in den letzten Jahren stark an Bedeutung gewonnen haben. Unternehmen stehen seit Langem aufgrund ihrer sozialen und ökologischen Verantwortung bzw. Corporate Responsibility (CR) in der öffentlichen Kritik. Ihnen wird in einigen Fällen vorgeworfen, Arbeitskräfte in der Dritten Welt auszubeuten, für die Umweltverschmutzung verantwortlich zu sein oder Naturkatastrophen auszulösen (Weinrich 2015, S. 11). Diese Thematik steht dabei im Zusammenhang mit der Begrifflichkeit der Nachhaltigkeit. Die aktuell im unternehmerischen Handeln und in der Literatur vorherrschende Umsetzbarkeit dieser Nachhaltigkeit in Unternehmen steht dabei nicht mehr im Mittelpunkt volkswirtschaftlich orientierter Kapitelansätze,nach denen unternehmerisches Handeln als nachhaltig galt, wenn das eingesetzte Kapital mindestens konstant blieb (Schaltegger und Sturm 1994, S. 47 ff.). Relevant ist vielmehr eine Übernahme von gesellschaftlicher Verantwortung, was in der Begrifflichkeit einer Corporate Social Responsibility (CSR) zum Ausdruck kommt. Die Bedeutung dieses Zusammenhangs von Nachhaltigkeit und CSR ist in den letzten Jahren stetig vorangeschritten, denn es wird davon ausgegangen, dass sich die Umsetzung von Nachhaltigkeit und CSR positiv auf den wirtschaftlichen Erfolg des Unternehmens auswirkt (Rabbe 2010, S. 4). Um eine derartige Umsetzbarkeit zu gewährleisten, hat sich die Ansicht durchgesetzt, dass das Thema Nachhaltigkeit mehr und mehr Aufgabe des Managements ist. Dies impliziert, ein Sustainable Management im Unternehmen zu implementieren. Dabei ist eine derartige organisatorische Umsetzung von Nachhaltigkeit im Unternehmen allerdings

M. Englert (✉)
Leidersbach, Deutschland

M. Englert und A. Ternès (Hrsg.), *Nachhaltiges Management*,
https://doi.org/10.1007/978-3-662-57693-9_1

unter anderen Gesichtspunkten zu sehen als noch vor der Jahrtausendwende. Hinzuweisen ist dabei auf neue Organisationsformen und Herausforderungen, die gerade für unternehmerisches Handeln im 21. Jahrhundert relevant sind. Dies ist deshalb entscheidend, um Unternehmen auch zukunftsfähig zu machen und entsprechende Erfordernisse zu berücksichtigen. Diese Thematik steht im Mittelpunkt dieses Beitrags. Dabei geht es um die zentrale Fragestellung: „Welches Potenzial entwickelt das Sustainable Management im 21. Jahrhundert?“

1.2 Definition und Einführung in die Thematik des Sustainable Management

Relevant für die Implikationen eines Sustainable Management ist zunächst einmal die Begrifflichkeit der Nachhaltigkeit. Das Prinzip der Nachhaltigkeit impliziert, die Bedürfnisse der aktuellen Generation zu befriedigen, ohne die Bedürfniserfüllung zukünftiger Generationen zu gefährden (Binder 2013, S. 20). Die Dimensionen der Nachhaltigkeit lassen sich dabei im Hinblick auf die ökologische, ökonomische und soziale Dimension von Entwicklung, die miteinander verbunden werden sollen, unterscheiden. Dies impliziert, den Grundsatz der Nachhaltigkeit nicht nur im Sinne der ökologischen Herausforderung zu verstehen, sondern als „Handlungsanleitung für eine umfassende zukunftsfähige Politik, um der Generationen übergreifenden Verantwortung für eine ökonomisch, ökologisch und sozial tragfähige Entwicklung gerecht zu werden“ (Bundesregierung 2007, S. 4).

Übertragen auf unternehmerisches nachhaltiges Handeln bedeutet dies die gleichzeitige Berücksichtigung bzw. die Einbindung der drei Dimensionen Ökonomie, Ökologie und Soziales, woraus sich spezielle Implikationen für ein Sustainable Management für das Unternehmen ergeben, die erfüllt werden müssen (Wilkens 2008, S. 7). Gleichzeitig sind Unternehmen weiterhin an die Erhaltung der Leistungsfähigkeit und Prosperität gebunden. Die drei Dimensionen der Nachhaltigkeit implizieren dabei für Unternehmen spezielle Potenziale von Wertschaffung und -steigerung (Hardtke und Prehn 2001, S. 73).

Unter einem daran angelehnten Sustainable Management wird dann die Integration von Konzepten und Instrumenten in die Organisationsleitung verstanden, die zur Verbesserung der sozialen, ökologischen und ökonomischen Aspekte dienen soll. Dabei ist es die Aufgabe des Managements, die Bemühungen um Nachhaltigkeit im Unternehmen zu verankern und systematisch in den internen Strukturen und Prozessen umzusetzen (Ahlsen et al. 2015, S. 383). Eine derartiges Sustainable Management im Unternehmen lässt sich dabei sowohl funktional als auch institutionell beschreiben. Die Funktion des Sustainable Management besteht darin, ökologische, soziale und ökonomische Auswirkungen unternehmerischen Handels so zu gestalten, dass eine nachhaltige Unternehmensentwicklung entsteht und das Unternehmen außerdem einen positiven Einfluss auf die Nachhaltigkeit, bezogen auf Wirtschaft und Gesellschaft, hat. Institutionell verstanden, impliziert die Implementierung eines Sustainable Management die Zusammenführung von verschiedenen Akteuren, die ihr Handeln auf die Organisationsstruktur des Unternehmens beziehen, indem sie soziale und ökologische Aspekte in das unternehmerische Handeln integrieren und auf die strategischen Implikationen des Unternehmens beziehen (Rabbe 2010, S. 5).

Die Bedeutung des Sustainable Management ist vor dem Hintergrund zu sehen, dass ein Unternehmen mit einem sorgfältigen und schonenden Umgang mit den vorhandenen Ressourcen nicht nur Kosten reduzieren kann, sondern sich ein unternehmerisches nachhaltiges Handeln auch positiv auf das Image des Unternehmens auswirkt (Hansen 2004, S. 62 ff.).

Entscheidend ist dabei die Berücksichtigung der mit den drei Dimensionen der Nachhaltigkeit verbundenen Werte und Werthaltungen. Eine Strategie entsprechender im Rahmen des Sustainable Management umgesetzter Anforderungen eines Unternehmens ist Bestandteil der vom Unternehmen entworfenen gesellschaftlichen Grundwerte und Leitbilder, die die Wertvorstellungen des Unternehmens widerspiegeln und einen gewissen Handlungsrahmen vorgeben (Noll 2002, S. 116). Leisinger charakterisiert diese Inhalte als „ethische Orientierungs- und Handlungsleitlinien, die von einem Unternehmen aus eigener Initiative, d. h. ohne gesetzlichen Zwang, aber dennoch für alle Mitarbeiter bindend in Kraft gesetzt werden" (Leisinger 1997, S. 115).

1.3 Konzepte des Sustainable Management

1.3.1 Nachhaltige Unternehmensführung

Zwar hat sich die nachhaltige Unternehmensführung aus der Notwendigkeit des Umweltschutzes entwickelt, sie zielt jedoch auf die Erfüllung der Anforderungen nach dem 3-Säulen-Modell ab (Binder 2013, S. 24). Grundlegend für dieses 3-Säulen-Modell sind die Bestandteile Ökonomie, Ökologie und Soziales. Die ersten Diskussionen um dieses Modell erfolgten bereits Mitte der 1990er-Jahre. Kritik an der generellen Form der Nachhaltigkeit existiert in keinem entscheidenden Maße, allerdings bereitet die Umsetzung der drei Säulen Probleme, da diese sich in einem Spannungsfeld befinden. Soll beispielsweise der Umweltschutz realisiert werden, dann müssen gleichzeitig wirtschaftliche Nachteile berücksichtigt werden. Im Rahmen der nachhaltigen Unternehmensführung geht es darum, dieses Spannungsfeld zu meistern (Binder 2013, S. 23).

Die Umsetzung des Nachhaltigkeitsprinzips kann in Unternehmen mithilfe von integrierten Managementsystemen erfolgen. Diese wirken bereichsübergreifend und vereinen damit alle Ressourcen, Ziele und Möglichkeiten eines Unternehmens. Im Gegensatz zu Insellösungen, die sich nur auf einen Bereich beschränken, können durch integrierte Managementsysteme übergeordnete Ziele erreicht werden. In einem Unternehmen sollten nicht mehrere Managementsysteme nebeneinander existieren, sondern es sollte ein integriertes Management vorhanden sein, das das normative, das strategische und das operative Management umfasst. Im Unternehmen kann dann vor diesem Hintergrund ein nachhaltiges Wertschöpfungsverständnis aufgebaut werden. Das nachhaltige Qualitätsmanagement führt zu einer dauerhaften Optimierung der Vorgänge (Buchenau et al. 2016, S. 40).

In der DIN EN ISO 9000:2015 sind in diesem Zusammenhang diverse Begriffe, beispielsweise die Qualität, definiert. Die Qualität bezieht sich nicht nur auf die Funktion der Produkte, sondern auch auf den Nutzen, der durch die Kunden wahrgenommen wird. Das Qualitätsmanagement ist laut ISO 9000:2015 entscheidend, um das Erreichen der Unternehmensziele zu fördern (Eckart 2016, S. 152).

Eine ähnliche Grundhaltung wird mit dem QHSE-Ansatz verfolgt. Dieser bezieht sich auf: Quality (Qualität), Health (Gesundheit), Safety (Sicherheit), Environment (Umwelt). Zur Umsetzung dieses QHSE-Ansatzes müssen diese Grundsätze bei allen Prozessen im Unternehmen berücksichtigt werden, was ein einheitliches Management voraussetzt (Rudow 2004, S. 228).

Zu den Handlungsfeldern der nachhaltigen Unternehmensführung gehört das Compliance Management, das die Einhaltung von Richtlinien, Ethiken und Gesetzen voraussetzt (Sailer 2015, S. 166).

Weitere Handlungsfelder sind die Unternehmensführung, die soziale Verantwortung und der Arbeits- sowie Gesundheitsschutz. Die Unternehmen haben in den letzten Jahren mehr und mehr ihre Verantwortung für die Mitarbeiter, die Kunden und die Umwelt entdeckt. Durch das Nachhaltigkeitsmanagement werden für alle beteiligten Gruppen Vorteile erhofft: Die Unternehmen profitieren von Kostensenkungen und einem verbesserten Image. Das Management muss sicherstellen, dass die Maßnahmen optimal geplant werden, um die Vorteile zu erreichen (Sailer (2015, S. 54).

Laut dem TÜV-Standard für nachhaltige Unternehmensführung beinhaltet die nachhaltige Unternehmensführung im Sinne eines umfassenden, integrierten Nachhaltigkeitsmanagements bzw. Total Sustainability Management (TSM) folgende Handlungsfelder und kann zu Umsatzsteigerungen führen:

1. Unternehmensführung,
2. soziale Verantwortung,
3. Arbeits- und Gesundheitsschutz,
4. Qualität,
5. Energie und Umwelt,
6. Informationssicherheit,
7. Compliance (Borck und Tachkov 2016; Abschn. 4.7).

1.3.2 Die neue Organisationsform des 21. Jahrhunderts: Sustainable Business Excellence und ExOs

Nach Ismail handelt es sich bei einer exponentiellen Organisation (ExO) um ein Unternehmen, das durch ein hohes Potenzial und ein schnelles Wachstum gekennzeichnet ist. Es zeichnet sich durch Nachhaltigkeit, Innovation und Agilität aus. Der erzielte Gewinn beträgt ein Vielfaches des durchschnittlichen Gewinns vergleichbarer Unternehmen. Um dieses Ziel zu erreichen, ist es erforderlich, dass Unternehmen neuartige Strukturen aufbauen. Sie müssen dazu unter anderem interne Transaktionskosten senken. Es wird davon ausgegangen, dass es sich bei den ExOs um die entscheidende Organisationsform des 21. Jahrhunderts handelt. In den letzten zehn Jahren wurden Unternehmen gegründet, die innerhalb kürzester Zeit enorme Erfolge verzeichnen konnten und deren Unternehmensgeschichte wegweisend für andere Unternehmen sein wird (Ismail et al. 2017, S. 35–36).

Eine ExO kann durch Neugründung in Form eines Start-ups entstehen. Es ist aber auch möglich, bestehende Unternehmen in exponentielle Unternehmen umzuwandeln. Allerdings existiert in diesen Fällen das Problem, dass vorhandene und traditionelle Strukturen des Managements umformuliert werden müssen. Oft wird ein Verharren in alten Strukturen festgestellt, was den grundlegenden Wandel erschwert (Ismail et al. 2017, S. 145).

Exponentielle Unternehmen sollten in großen Dimensionen denken. Würden sie sich kleine Ziele setzen, dann könnten sie keine großen Fortschritte erreichen. Der Ausdruck MTP steht dabei für Massive Transformative Purpose bzw. den höheren Unternehmenszweck, was auf die grundlegenden Veränderungen verweist, die mit der Unternehmenstätigkeit von ExOs im Gegensatz zu anderen Unternehmen verbund sind. In ExOs sind mit Blick auf die angestrebten außerordentlichen Entwicklungen Bereiche zu identifizieren, die zu dieser Entwicklung beitragen.

Es handelt sich dabei vor allem um die Verbindung von externen Attributen (vgl. SCALE) und internen Attributen (vgl. IDEAS; siehe Abb. 1.1).

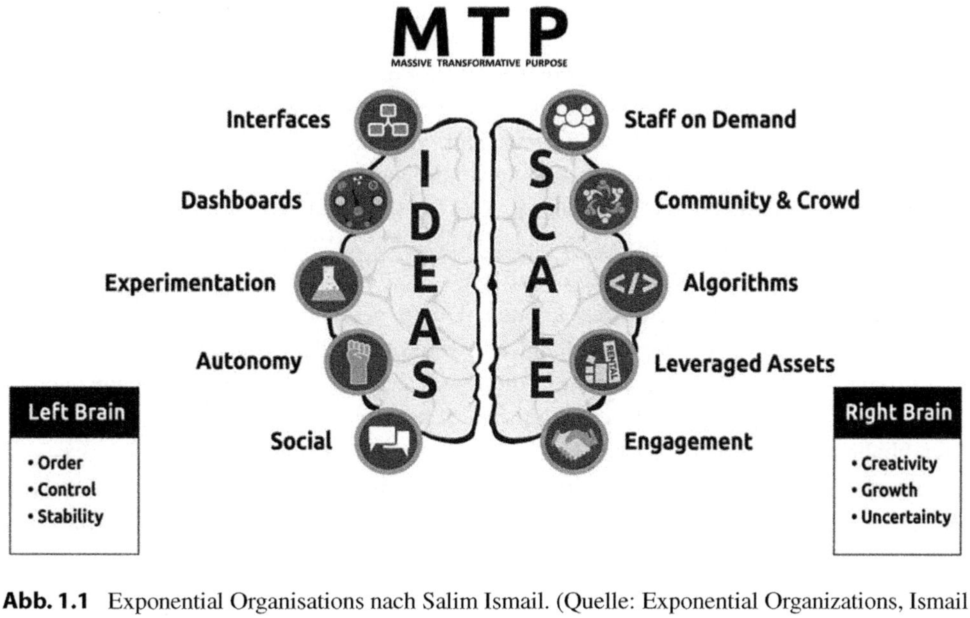

Abb. 1.1 Exponential Organisations nach Salim Ismail. (Quelle: Exponential Organizations, Ismail et al. 2017)

Dabei ist es erforderlich, Ordnung, Kontrolle und Stabilität in Einklang mit Kreativität, Wachstum und Unsicherheit zu bringen (Ismail et al. 2017, S. 37).

Das EFQM-Modell für Business Excellence unterstützt die Umsetzung einer derartigen auf das Sustainable Management bezogenen Excellence in Unternehmen (Hohmann 2008, S. 1). EFQM kann als Umsetzungs- und Bewertungsmodell für das Total Quality Management (TQM) betrachtet werden. TQM basiert auf verschiedenen Bausteinen, wobei die Basis durch die folgenden drei Ansichten geprägt ist:

- Der Kunde steht im Mittelpunkt.
- Die Mitarbeiter sind die Haupterfolgsfaktoren.
- Missionen, Visionen und Ziele müssen aufgestellt werden (Hohmann 2008, S. 4).

Das EFQM-Modell zielt dabei auf die Bewertung der Performance des gesamten Unternehmens ab. Das Modell wurde deshalb so strukturiert, dass alle relevanten Elemente eines Unternehmens abgebildet werden können. Auf diese Weise können die Inhalte des Sustainable Management auf alle Bereiche des Unternehmens bezogen werden (Blankenburg 1999, S. 37).

1.3.3 Integriertes Nachhaltigkeitsmanagement: Management by Sustainability und bereichsübergreifender Beitrag zur Wertschöpfung

Eine nachhaltige Unternehmensführung kann in einem Unternehmen nur erreicht werden, wenn proaktives Management betrieben wird. Dazu sollten sich Unternehmen ihrer Verantwortung für die Umwelt, die Mitarbeiter und die Kunden bewusst sein. Es müssen Veränderungen vorangetrieben werden und das gesamte Handeln muss langfristig orientiert sein. Im Unternehmen muss die Bereitschaft für große Veränderungen vorhanden sein. Oft entstehen durch das Changemanagement Unsicherheiten und Risiken, die nicht zur Beendigung des Vorhabens führen dürfen. Ein Management by Sustainability impliziert dabei die Ausrichtung an langfristigen Zielen (Matuszek 2013, S. 24).

Nachhaltig arbeitende Unternehmen müssen ihre Rentabilitätsvorstellungen dabei trotz des erhöhten Aufwandes erreichen können. Durch geeignetes Controlling kann dabei sichergestellt werden, dass die Ziele langfristig erreicht werden (Matuszek 2013, S. 30).

Oft sind erfolgreiche Unternehmen, die durch ein hohes Wachstum gekennzeichnet sind, auf internationalen Märkten tätig. Sie zeichnen sich durch Nachhaltigkeit und Durchhaltevermögen aus. Wichtig ist dabei, dass eine Orientierung an langfristigen Erfolgen erfolgt und nicht kurzfristige Einsparungen in den Mittelpunkt gestellt werden. Dazu ist es auch erforderlich, Zeitreserven einzuplanen, um nicht auf kurzfristige Erfolge angewiesen zu sein (Binckebanck und Belz 2012, S. 327).

Relevant ist dabei, dass Unternehmen üblicherweise als offene Systeme geführt werden, da sie sich in einem ständigen Austausch mit ihrer Umwelt befinden. Die Umgebung des

Unternehmens ist nicht statisch, sondern dynamisch. Die ständig wechselnden Einflüsse, mit denen ein Unternehmen zu tun hat, führen dazu, dass es sich beim Management von Unternehmen um einen komplexen Vorgang handelt. Nicht nur die Umwelt des Unternehmens, sondern auch das Unternehmen selbst entwickelt sich hierbei dynamisch weiter, wodurch auch das Nachhaltigkeitsmanagement dynamisch verändert werden muss (Züger 2007, S. 35). Im neuen St. Galler Managementmodell wird diese Dynamik berücksichtigt. Dabei steht das Unternehmen selbst im Mittelpunkt seiner Umwelt (Gesellschaft, Natur, Technologie etc.) und ist selbst vielschichtig aufgebaut (Managementprozesse, Geschäftsprozesse, Unterstützungsprozesse etc.) (Züger 2007, S. 36). Im neuen St. Galler Modell wird dargestellt, wie die Rahmenbedingungen das Verhalten des Unternehmens beeinflussen. Das Unternehmen kann nicht getrennt von seiner Umwelt betrachtet werden. Es ist Teil der Lösung und zum Erfolg führender unternehmerischer Strategien. Von der unternehmerischen Wertschöpfung sind unter anderem die Kunden, die Kapitalgeber und die Mitarbeiter betroffen. Die unternehmerischen Ressourcen sollten deshalb in Einklang mit den Unternehmenszielen und den übergeordneten Zielen genutzt werden (Züger 2007, S. 37).

Wie in allen Unternehmen kann die Gefahr von Krisen auch in nachhaltigen Unternehmen nicht verhindert werden. Erforderlich ist dabei ein proaktives Handeln, um Nachteile zu reduzieren und der Entstehung von Krisen vorzubeugen (Fürst et al. 2007, S. 35).

Wirtschaftliche Überlegungen sollten in modernen Unternehmen nicht nur auf betriebswirtschaftlicher Ebene betrachtet werden, sondern es sollte auch die gesellschaftliche Verantwortung miteinbezogen werden. Relevant ist in diesem Zusammenhang das Konzept der Corporate Social Responsibility (CSR) (Hardtke und Kleinfeld 2010, S. 13). Der Begriff Corporate Social Responsibility (CSR) bezieht sich auf eine freiwillige Selbstverpflichtung von Unternehmen, soziale Verantwortung innerhalb der Gesellschaft wahrzunehmen und diese zu kommunizieren. Es setzt voraus, dass sich beispielsweise eine Organisation mit einem Problem auseinandersetzt, das in erster Linie nicht ihren Zielen entspricht. Das zu lösende Problem sollte hierbei von gesamtgesellschaftlicher Relevanz sein (Dubielzig 2005, S. 240). Grundlegend für CSR ist demnach das Bewusstsein, dass sich Unternehmen neben der Herstellung von Produkten und Dienstleistungen in der Zivilgesellschaft auch solidarisch verhalten sollten (Berndt 2005, S. 118). Wesentlich für CSR ist das Bewusstsein, „soziale und ökologische Belange in ihre Unternehmenstätigkeit und die Wechselbeziehung mit Stakeholdern zu integrieren" (Dausend 2008, S. 16). CSR kann dabei ein Beitrag von Unternehmen zur Verbesserung der Lebensqualität sein. Um dies zu erreichen, impliziert die Umsetzung von CSR eine Berücksichtigung von Menschenrechten, den Interessen der Mitarbeiter und Lieferanten sowie Verpflichtungen gegenüber der Gesellschaft. Meffert und Münstermann verstehen CSR als ein integrierendes Unternehmenskonzept, das ausgehend vom Wertegerüst und den Zielen des Unternehmens die Rolle des Unternehmens in der Gesellschaft und die damit einhergehende Verantwortung konkretisiert. Die Integration dieses Engagements in inhaltlicher, zeitlicher und kommunikativer Hinsicht und die strukturell prozessuale Implementierung in die Unternehmenstätigkeit sowie die Sicherstellung langfristiger Wechselbeziehungen mit den relevanten Stakeholdern sind zentrale Inhalte des CSR-Konzepts (Meffert und Münstermann 2005, S. 22).

Um CSR zu realisieren, haben sich in den letzten Jahren wesentliche Grundprinzipien herausgebildet. Die Grundpfeiler sind:

- Transparenz des unternehmerischen Handelns gegenüber den Anspruchsgruppen,
- Rechenschaftspflicht,
- ethisches Verhalten von Mitarbeitern und Führung,
- Einhaltung von Gesetzen,
- Achtung der Menschenrechte,
- Beachtung von internationalen Regeln und Konventionen (Hardtke und Kleinfeld 2010, S. 14).

Eine Berücksichtigung der CSR im Zusammenhang mit einer Umsetzung des Sustainable Management impliziert, dass Unternehmen eine komplette Neuausrichtung durchlaufen, wodurch ein wertvoller Beitrag zur nachhaltigen Entwicklung der Gesellschaft geleistet wird. Erforderlich ist dabei der offene Dialog mit allen Anspruchsgruppen. Auch müssen die Mitarbeiter in Einklang mit der Unternehmensethik handeln und die Konzepte müssen im Einklang mit der Produktqualität, der sozialen Verträglichkeit, dem Umweltschutz und allen weiteren wichtigen Bereichen stehen (Hardtke und Kleinfeld 2010, S. 14).

Die Nachhaltigkeit sollte dabei in alle Aktivitäten des Unternehmens integriert werden. Sie muss entlang der gesamten Wertschöpfungskette vorhanden sein. Der Sustainable-Value-Ansatz dehnt die Wertorientierung auf die Bereiche Gesellschaft und Ökologie aus. Vor dem Hintergrund der von Unternehmen zu verwirklichenden Wettbewerbsfähigkeit geht es dann darum, diese nicht nur im Hinblick auf monetäre Faktoren oder die klassische Definition von Qualität bei Produkten zu erreichen, sondern relevant ist die Umweltverträglichkeit von Unternehmen. Kann ein Unternehmen pro ausgestoßener Tonne CO_2 die beste Rendite erzielen, dann wird dies als ein wichtiger, positiver Aspekt eines gelungenen Managements bewertet (D'heur 2014, S. 103).

Für die einzelnen Bereiche werden in der Literatur verschiedene Konzepte und Ansätze beschrieben. Im Konzept der Sustainable Corporate Governance beispielsweise werden die Erkenntnisse des St. Galler Managementmodells und der nachhaltigen Unternehmensführung berücksichtigt.

Auch sollte die technischen Erfordernisse des Unternehmens nachhaltig gestaltet werden, was im Rahmen des integrierten Managements kontrolliert und gefördert wird. Dazu kann im Bereich Finance & Compliance ein Nachhaltigkeitsreporting implementiert werden. Dies impliziert, die Chancen, den Nutzen und die Bedeutung der Nachhaltigkeit zu berücksichtigen und die daran ausgerichtete Unternehmensleistung zu messen (Kazaman 2015, S. 86–87). Eine Messung von Nachhaltigkeit ist dabei z. B. möglich über den belastungsorientierten Ansatz. Dabei messen die Unternehmen, welche ökologischen und sozialen Belastungen mit ihrem unternehmerischen Handeln verbunden sind. Die Belastungen werden dann im Zusammenhang mit eventuellen Entlastungen betrachtet. Wichtige Ansatzpunkte sind Vermeidungskosten und Ansatzkosten (Ludwikowski 2010, S. 42). Der Sustainable-Value-Added-Ansatz hingegen bezieht sich auf die erreichten

Werte. Grundlegend ist der Gedanke, dass die Berechnung nicht mit Blick auf die Belastungen der Umwelt durch den Ressourceneinsatz erfolgt, sondern mit Blick darauf, wie viel Wert durch die ökonomische Aktivität des Unternehmens geschaffen wird (Figge 2001, S. 190–191). Wesentlich für diese Schaffung von Wert ist ein effizienter Einsatz von Ressourcen. Im Sinne des Sustainable-Value-Ansatzes schaffen Unternehmen immer dann Wert, wenn sie Ressourcen effizienter einsetzen als andere Unternehmen (Figge und Hahn 2008, S. 10). Effizienz ist eine Verhältnisgröße, die sich auf das Verhältnis von Input zu Output und damit von Einsatz zu Ergebnis bezieht. Sie ist ein Maß für die Ergiebigkeit, die Leistungsfähigkeit der Ressourcennutzung bzw. des Mitteleinsatzes, eine Form von Optimalität, bei der keine Verschwendung von Ressourcen vorliegt (Ahn und Dyckhoff 2004, S. 519). Konkret ist Effizienz der Wertschöpfung gegeben, wenn ein Mehrwert für das aufgewendete Kapital geschaffen wurde oder wenn ein geringerer Kapitalaufwand benötigt wurde für einen festgelegten Wertschöpfungsbetrag (Figge und Hahn 2005, S. 48).

Für das Nachhaltigkeitsreporting existieren verschiedene Richtlinien, beispielsweise die ISO 26000, die OECD Leitlinien für multinationale Unternehmen und der UN Global Compact. Auch das Operationsmanagement (OM) ist im Sustainable Management ein wichtiges Element. Betroffene Bereiche sind die Logistik, die Produktion und die Qualität. Zu berücksichtigen sind die Ökobilanz und das Carbon Footprinting (HSE) (Kazaman 2015, S. 86–87). Kommuniziert werden kann dies im Rahmen einer Nachhaltigkeitsberichterstattung (Hofmann 2011, S. 2). Dabei handelt es sich um „die Ermittlung, die Veröffentlichung und die Rechenschaftslegung der unternehmerischen Leistung gegenüber internen und externen Stakeholdern im Hinblick auf die Ziele einer nachhaltigen Entwicklung“ (GRI 2006, S. 3). Wesentliches Merkmal der Nachhaltigkeitsberichterstattung ist eine ausgewogene Darstellung, die neben positiven auch negative Aspekte umfassen soll (GRI 2006, S. 3) und sich somit von der üblichen Berichterstattung, die überwiegend oder ausschließlich positiv formuliert ist, unterscheidet. Die Nachhaltigkeitsberichterstattung selbst kann als Maßnahme im Rahmen der CSR betrachtet werden, mit der das Unternehmen dazu beiträgt, gesellschaftliche Verantwortung zu übernehmen (BMU 2009, S. 3).

Ein weiterer Bestandteil eines auf Nachhaltigkeit ausgerichteten unternehmerischen Handelns ist eine nachhaltige Markenführung, die für Unternehmen durch den zunehmenden Wettbewerb immer wichtiger wird. Nachhaltigkeit trägt zur Verbesserung des Images der Unternehmen bei und sollte entsprechend kommuniziert werden. Bestandteil dieser Kommunikation ist, dass durch nachhaltiges Handeln Kundennutzenversprechen eingelöst werden. Dies schafft Vertrauen, was wiederum zu einer erhöhten Kundenbindung führt (Griese 2015, S. 204).

Darüber hinaus sollten die Mitarbeiter in das Konzept des Sustainable Management eingebunden werden. Verwirklicht werden kann dabei ein Sustainable HRM. Das 5-Säulen-Konzept des Sustainable HRM impliziert, dass die Nachhaltigkeit von der Unternehmensleitung initiiert und implementiert wird. Die Grundlagen für die Umsetzung im Unternehmen bilden folgende Säulen:

- Umsetzung, Messung und Berichterstattung,
- Identifizierung von beteiligten Gruppen,
- Auswahl und Priorisierung von relevanten Aspekten,
- Überprüfung und Bearbeitung aller Richtlinien,
- Entwicklung eines Aktionsplans (Karazman 2015, S. 26).

1.3.4 Total Sustainability Management: Human Sustainability Management als zentrales Konzept

Drucker führt in seinen Managementprinzipien an, dass der Mensch im Mittelpunkt jeder Managementtätigkeit steht. Das Ziel des Managements ist es, Menschen dazu zu befähigen, gemeinsam eine Leistung zu erbringen. Die Potenziale und die Stärken der Menschen müssen erkannt und genutzt werden. Drucker erkennt an, dass jeder Mensch Schwächen hat, diese Schwächen dürfen die Arbeit des Menschen jedoch nicht negativ beeinflussen. Drucker geht von der menschlichen Komponente des Managements aus. Die Unternehmen würden auf der einen Seite Gewinn erzielen wollen. Dieses Ziel kann nur dann erreicht werden, wenn die Bedürfnisse und die Chancen der Menschen berücksichtigt werden. Jede unternehmerische Tätigkeit hat Auswirkungen auf den Menschen. Selbst wenn es nicht die primäre Aufgabe von Unternehmen ist, Arbeitsplätze zu schaffen, so führen sie diese Aufgabe dennoch aus. Es ist entscheidend, die Arbeitsplätze bestmöglich zu gestalten und die entstehende Arbeitskraft zu fördern, zu optimieren und sozial verträglich zu nutzen. Drucker weist den Unternehmen in diesem Bereich eine große Verantwortung zu (Haas Edelheim 2007, S. 14).

Das Human Quality Management berücksichtigt verschiedene Eckpunkte:

- Kultur und Führung,
- Struktur und Prozesse,
- Team und Mitarbeiter,
- Familie und Privatleben.

Der Mitarbeiter wird vor diesem Hintergrund als Ressource betrachtet, die gefördert werden muss. Er stellt einen wichtigen Teil des Potenzials des Unternehmens dar. Dies impliziert auch, dass Talente erkannt und gefördert werden. Die Mitarbeiter müssen für die Unternehmensziele motiviert und begeistert werden. Im Idealfall können sie durch die Aktivitäten des Unternehmens inspiriert werden und in ihrer Tätigkeit einen übergeordneten Sinn sowie Glück finden (Karazman 2015, S. 89).

Das im Folgenden vorgestellte Konzept des Human Sustainability Management ist dabei das umfassende Leitbild und Konzept strategischer, verantwortungsvoller beziehungsweise menschenorientierter Unternehmensführung und Zusammenarbeit, welches die Mitarbeiter als Quelle der Wertschöpfung versteht. Es basiert auf den biologischen, psychischen, personalen und sozialen Gesetzmäßigkeiten der Menschen und der menschlichen Arbeit.

Nachhaltigkeit bzw. Sustainability bezieht sich allgemein auf Systeme, Verhalten und Aktivitäten, um Ressourcen zu schonen bzw. angemessen damit umzugehen. Human Sustainability ist dabei eine Kategorie, welche spezifische Ziele, Strategien und Methoden beinhaltet, um die Qualität des menschlichen Lebens bzw. die Lebensqualität zu erhalten und zu verbessern. Soziologische, ökologische und ressourcenbasierte Faktoren tragen zur menschlichen Nachhaltigkeit bei.

Das Human-Sustainability-Managementkonzept für Unternehmen orientiert sich an den Überlegungen von Drucker sowie am Human Quality Management: Danach kann das Potenzial der Mitarbeiter besser genutzt werden, wenn eine persönliche Life Balance berücksichtigt wird. Dies erfordert die Herstellung einer passenden, lebensphasenorientierten Balance bzw. Lebensqualität, damit Mitarbeiter motiviert und gestärkt die optimale Leistung erbringen können. Zudem können qualifizierte Mitarbeiter gewonnen werden, wenn Organisationsprobleme behoben werden. Beispielsweise muss es für Frauen möglich sein, die Kinderbetreuung unkompliziert zu organisieren. Unterstützen Unternehmen Eltern dabei, eine flexible und angemessene Betreuung zu realisieren, dann steht den Unternehmen die Arbeitskraft der Mitarbeiter in einem höheren Maße zur Verfügung (Esslinger und Tuna 2007, S. 1).

Relevant ist auch die Umsetzung von modernen Arbeitszeitmodellen. Auf diese Weise kann dem drohenden Fachkräftemangel vorgebeugt werden und es können hoch qualifizierte Mitarbeiter für das Unternehmen gewonnen werden. Erkennen die potenziellen Bewerber, dass sie durch die Tätigkeit im Unternehmen ihre persönlichen Ziele erreichen können und dies gleichzeitig zu einer Verbesserung ihrer Lebensqualität führt, dann steigt ihr Interesse an der Arbeitsstelle. Entlastende Arbeitszeitmodelle können dabei auch der Verbesserung der Kreativität dienen. Hochzufriedene Mitarbeiter leisten dann nicht nur einen Dienst nach Vorschrift, sondern entwickeln aus Eigeninitiative heraus wertvolle Beiträge für das Unternehmen. Ihr Mehrwert für das Unternehmen steigt. Der Fortschritt in der Technologie hat in den letzten Jahren die Entstehung und den Ausbau von immer neuen Arbeitszeitmodellen gefördert (Hellert 2014, S. 11).

Die Erhöhung der Motivation der Mitarbeiter ist dabei entscheidend für eine optimale Arbeitsleistung. Zeitgleich kann die Zufriedenheit der Mitarbeiter durch geeignete Maßnahmen erhöht werden. In der Praxis werden oftmals Anreizsysteme genutzt, um Mitarbeiter zu motivieren. Man unterscheidet zwischen der intrinsisch und extrinsisch begründeten Motivation. Die intrinsische Motivation entsteht durch die Arbeit selbst. Führt die Tätigkeit zur Befriedigung der Mitarbeiter, da sie sich mit den Unternehmenszielen identifizieren oder der Arbeitsplatz interessant gestaltet ist, dann sind keine weiteren Anreize notwendig. Belohnungssysteme werden dem Bereich der extrinsischen Motivation zugeordnet (Nowka 2013, S. 78).

Damit das Potenzial der Mitarbeiter langfristig optimal genutzt werden kann, sind entsprechende Weiterbildungen und Fortbildungen wichtig. Es ist für die Unternehmen oftmals von Vorteil, existierendes Personal zu schulen und dadurch das Wissen und die Kompetenz im Unternehmen zu mehren. Regelmäßige und zielgerichtete Weiterbildungen sind daher für die Existenz des Unternehmens entscheidend. Die Nachwuchsförderung muss gezielt geplant werden. Bereits beim Eintritt in das Unternehmen können die Ziele der Bewerber erfragt werden. Die Förderung der Mitarbeiter setzt das Engagement und die Bereitschaft der Angestellten voraus. Regelmäßige Gespräche und eine gelungene Personalführung unterstützen die Nutzung des Humanpotenzials im Unternehmen. Die Förderung der Mitarbeiter darf nicht zufällig entstehen, sondern muss sich an dem wahrscheinlichen Mehrwert für das Unternehmen und dem individuellen Potenzial der Menschen orientieren. Nur wenn in diesem Punkt Einklang herrscht, kann das Konzept erfolgreich umgesetzt werden (Weißer 2013, S. 30).

1.4 Die Potenziale und Zukunft des Sustainable Management

Im 21. Jahrhundert haben sich die Anforderungen an die Arbeitswelt und die Unternehmen stark gewandelt. Dies hat unter anderem mit der voranschreitenden Globalisierung, Forderungen nach Mobilität und Flexibilität sowie einer veränderten Einstellung der Mitarbeiter zur Arbeit zu tun. Der Erwerb und die Förderung der Beschäftigungsfähigkeit werden in Zukunft mehr und mehr den Mittelpunkt der Beziehung zwischen Unternehmen und Mitarbeiter bilden, was zu einer neuen sozialen Beziehung führt. In der Vergangenheit konnten Unternehmen die Loyalität ihrer Mitarbeiter gewinnen, indem sie eine lebenslange Beschäftigung in Aussicht stellten. Heute möchten Bewerber für sich selbst die bestmöglichen Berufschancen auswählen und sind gewillt, sich nach dem Berufsabschluss weiterzubilden. Lebenslanges Lernen und die Eigenvermarktung der eigenen Arbeitskraft sind in diesem Zusammenhang wichtige Stichwörter (Papmehl und Tümmers 2013, S. 19).

Da die Implementierung des Sustainable Management erfordert, den Menschen als wichtige Ressource für das Unternehmen in den Mittelpunkt zu stellen, gilt es, zum einen neue und hoch qualifizierte Mitarbeiter auszuwählen. Zum anderen müssen vorhandene Human Resources gefördert werden. Geeignete Mitarbeiter müssen weitergebildet werden, sodass im Unternehmen existierendes Potenzial genutzt wird (Papmehl und Tümmers 2013, S. 20). Diese Sichtweise des Sustainable Management drückt sich in der Integration von Life-Balance-Maßnahmen, z. B. der Gesundheitsförderung, aus. Die Mitarbeiter sollen dadurch in ihrer Leistungsfähigkeit und der Motivation gestärkt werden. Durch entsprechende Maßnahmen können hoch qualifizierte Mitarbeiter für das Unternehmen gewonnen und an das Unternehmen gebunden werden (Binder 2013, S. 49).

Auch ist das 21. Jahrhundert in vielen westlichen Gesellschaften durch einen fortschreitenden demografischen Wandel gekennzeichnet. Die Zahl der Geburten nimmt ab, gleichzeitig steigt das durchschnittliche Alter der Beschäftigten. Ohne geeignete Maßnahmen würde es zu Problemen mit den zur Verfügung stehenden Arbeitskräften kommen. Die Unternehmen müssen sich auf die veränderte Situation einstellen und Möglichkeiten umsetzen, durch welche die benötigten Arbeitskräfte der Organisation zur Verfügung stehen (Sailer 2015, S. 130).

Moderne Unternehmen müssen auf diese veränderten Situationen reagieren und neue Strukturen aufbauen. Kommunikation kann beispielsweise auch auf die Distanz hin erfolgen (Bogott et al. 2017, S. 97). Dadurch können externe Kräfte für bestimmte Aufgaben engagiert werden. Generell ist in Zukunft von einer Ressourcenknappheit auszugehen. Für Organisationen ist es entscheidend, mit den vorhandenen Ressourcen optimal umzugehen. Das Management der Ressourcen ist Teil des nachhaltigen Managements und somit des Sustainable Management. Das Potenzial des Sustainable Management liegt in der Fähigkeit, Innovationen zu bewirken. Die Nachhaltigkeit der Unternehmensführung wird als Chance erachtet, auf Gegebenheiten, wie den demografischen Wandel, die Ressourcenknappheit und die Globalisierung zu reagieren. In der Vergangenheit haben marktgetriebene und technikspezifische Innovationen überwogen. Viele Entwicklungen sind aus der Notwendigkeit heraus entstanden und mussten innerhalb kürzester Zeit geplant werden. Für moderne Unternehmen von heute kommt es darauf an, dass Innovationen vor allem nachhaltig sind. Sie dürfen sich nicht nur an der kurzfristigen Situation orientieren, sondern sie müssen zukunftsweisend und langfristig angelegt sein. Im Rahmen des Sustainable Management kann dieser Punkt berücksichtigt werden, was die Voraussetzung für den langfristigen Erfolg der Unternehmen ist (Sailer 2015, S. 42).

Durch eine optimale Führung erreichen Unternehmen ein schnelles und nachhaltiges Wachstum. In der modernen Zeit wird davon ausgegangen, dass Führung verschiedene Aspekte beinhaltet. Es genügt nicht mehr, eine charismatische Führungspersönlichkeit einzusetzen und eine einheitliche Führungsrolle zu gestalten. Vielmehr müssen im Rahmen der Führung diverse Aspekte berücksichtigt und situationsabhängig gestaltet werden. Mit einer so umgesetzten optimalen Führung können selbst kleine Unternehmen ein schnelles Wachstum umsetzen, vorausgesetzt, die Rahmenbedingungen stimmen (Raisch et al. 2007, S. 125).

Die Herausforderung für moderne Unternehmen hat vor allem mit dem Schlagwort VUKA zu tun. VUKA steht für volatil, unsicher, komplex und ambivalent. Ursprünglich wurde der Begriff im US-Militär genutzt. Er bezog sich auf eine unscharfe und sich zügig verändernde Umweltsituation. In der Wirtschaft steht VUKA für einen disruptiven Wandel. Die damit verbundenen Veränderungen haben mit dem demografischen Wandel, der Digitalisierung und der Globalisierung zu tun. Die Kunden wissen oftmals noch nicht, welche Wünsche und Anforderungen sie an ein Produkt stellen. Die Unternehmen müssen die Bedürfnisse und Kundenwünsche kennen, bevor sie die Kunden realisieren. Erfüllt ein Unternehmen die unausgesprochenen Wünsche der Kunden, dann profitiert es von Vorteilen auf dem Markt und verschafft sich eine ausgezeichnete Marktstellung (Landes und Steiner 2017, S. 337). Diese Herausforderungen der VUKA-Welt kann ein Unternehmen im Rahmen des Sustainable Management durch die Nutzung des Lean Managements im Rahmen des agilen Managements bewältigen. Die Leistungserbringung erfolgt kundenorientiert unter Minimierung des Aufwandes. Das Unternehmen sucht die Nähe zum Kunden und zur Wertschöpfungskette. Die Unternehmensstruktur und die Prozesse können schlank und effizient erfolgen. Dieses Grundprinzip ermöglicht es kleinen Unternehmen, ein schnelles Wachstum zu erreichen (Weinreich 2016, S. 17).

Infolge der Herausforderungen der VUKA-Welt ist Agilität eine wichtige Eigenschaft moderner Unternehmen. Nach Highsmith kann Agilität wie folgt charakterisiert werden:

1. „Agility is the ability to both create and respond to change in order to profit in a turbulent business environment.
2. Agility is the ability to balance flexibility and stability.“[1]

Nach Highsmith können Unternehmen in der heutigen Zeit nur dann erfolgreich sein, wenn sie bereit sind, sich auf Veränderungen einzulassen und diese auch tatsächlich durchführen. Veränderungen im eigenen Unternehmen können dazu beitragen, einen Vorsprung gegenüber den Wettbewerbern zu erzielen. Sich auf Veränderungen einzulassen schützt vor höherem Wettbewerbsdruck. Vor allem aber können durch das Schaffen von Veränderungen Innovationen hervorgerufen werden: Entwicklung neuer Produkte, Schaffung neuer Absatzkanäle, Reduzierung der Entwicklungszeit für neue Produkte sowie kundenspezifische Anpassungen der Produkte.[2] Entscheidend für den Erfolg eines agilen Unternehmens ist dabei, dass ein agiles Unternehmen besser in der Lage ist, sich an sich dynamisch ändernden Marktbedingungen und flexiblen Kundenwünschen auszurichten (Kirner et al. 2007, S. 183). Nur wenn sich die Unternehmen flexibel an die sich ändernde Umgebung anpassen, dann können sie wettbewerbsfähig bleiben. Allerdings muss die Agilität mit traditionellen Mustern verbunden werden. Die Unternehmen dürfen in der VUKA-Welt nicht ihre grundlegenden und bewährten Eigenschaften vernachlässigen, sondern müssen ihr Handeln auf ein stabiles und durchdachtes Grundgerüst zurückführen können (Redmann 2017, S. 211).

Die Agilität lässt sich im Rahmen von ExOs als Beispiel für erfolgreich umgesetztes Sustainable Management umsetzen. Dabei geht es darum, Stabilität, Kontrolle und Ordnung in Einklang mit Unsicherheit, Wachstum und Kreativität zu bringen. Diese Aufgabe ist eine wichtige Herausforderung in der VUKA-Welt und wird durch das Sustainable Management unterstützt (Ismail et al. 2017, S. 37).

Die Erfordernisse der VUKA-Welt haben unter anderem mit der fortschreitenden Digitalisierung und neuartigen Arbeitsmodellen zu tun. Unternehmen, die sich erfolgreich an die neuen Herausforderungen angepasst haben, sind zudem durch eine hohe Risikobereitschaft gekennzeichnet. In Deutschland wird tendenziell von einer geringen Innovationsbereitschaft und geringen Risikobereitschaft ausgegangen. Die technischen Möglichkeiten der Digitalisierung sollen umgesetzt werden, ohne an bewährter Sicherheit zu verlieren. Diese Ausgangssituation entspricht aber nicht den Anforderungen in der VUKA-Welt. Moderne Unternehmen müssen neue Wege beschreiten, um neue Erfolge erreichen zu können. Hierfür sind umfangreiche Strukturänderungen notwendig (Redmann 2017, S. 9).

[1]Vgl. http://jimhighsmith.com/what-is-agility/.

[2]Vgl. http://jimhighsmith.com/what-is-agility/.

Das Sustainable Management kann damit in Einklang gebracht werden. Unternehmen können durch das Sustainable Management in ihrer Ausrichtung auf die VUKA-Welt unterstützt werden, da unkonventionelle Wege gegangen werden und moderne Technologie unternehmensangepasst integriert wird. Die Technologie und der Grad an Digitalisierung sollten dabei aber mit den Unternehmenszielen übereinstimmen, sodass ein Abgleich zwischen der Umwelt und dem Unternehmen stattfindet (Bogott et al. 2017, S. 97).

VUKA beinhaltet auch die Berücksichtigung der technologischen Nachhaltigkeit. Aktuell wird von einer Überlastung der Biosphäre von 20 % ausgegangen. Deshalb sollten im Rahmen des Nachhaltigkeitsmanagements von Unternehmen technische Innovationen umgesetzt werden, durch welche die Belastungen für die Umwelt reduziert werden können (Ministerium für Umwelt 2005, S. 12).

Zu den Nachteilen des Sustainable Management gehört die Umsetzung der erforderlichen Veränderungen in den Unternehmen. Es ist nicht immer möglich beziehungsweise einfach, Anpassungen vorzunehmen. Dadurch vergrößert sich die Differenz zwischen den einzelnen Unternehmen: Während es einigen Unternehmen gelingt, die neuen Anforderungen gut zu erfüllen, können sich andere Unternehmen nicht von den bisherigen Strukturen lösen. In mittelständischen Unternehmen herrschen oftmals traditionelle Unternehmensstrukturen vor. Die betreffenden Betriebe nutzen häufig keine der modernen Strukturen, da sie nicht genügend Ressourcen besitzen, um Veränderungen umzusetzen. Innovationsprozesse scheitern in mittelständischen Unternehmen oftmals an der Überforderung beziehungsweise der Auslastung der Verantwortlichen. Obgleich die Optimierung von Strukturen zur Verbesserung der Unternehmensleistung führen könnte, steht die Ausführung von Routine- und Organisationsaufgaben im Mittelpunkt. Gelingt es nicht allen Unternehmen, die notwendigen Veränderungen umzusetzen, dann vergrößert sich die Distanz zwischen Unternehmen und viele Traditionsunternehmen sind in ihrem Fortbestand gefährdet (Siemers 1997, S. 12).

Nachteile ergeben sich nicht nur durch die Unterschiede zwischen Unternehmen eines Landes, sondern auch zwischen Unternehmen unterschiedlicher Länder. Global agierende Unternehmen bewegen sich auf mehreren Märkten. Aktuell werden nicht in allen Ländern Nachhaltigkeitskonzepte in einem gleichen Maß umgesetzt. Orientieren sich einige Unternehmen an der Nachhaltigkeit im Rahmen des Sustainable Management, während andere Unternehmen keine nachhaltige Unternehmensführung umsetzen, dann entstehen Unterschiede in Bezug auf die Wettbewerbsfähigkeit. Es liegen keine gleichen Voraussetzungen für die Organisationen vor, wodurch die Leistungsfähigkeit im internationalen Raum beeinträchtigt werden kann. Auf vielen Märkten ist es für die Unternehmen allerdings wichtig, Nachhaltigkeit vorweisen zu können. Beispielsweise werden Siegel und Zertifikate vergeben, die für die Wettbewerbsfähigkeit entscheidend sind (Saal 2017, S. 1).

Ein weiterer Nachteil der nachhaltigen Unternehmensführung sowie des Sustainable Management ist die kurzfristige Erhöhung der Kosten. Die Unternehmen müssen Investitionen tätigen, welche keine unmittelbaren, sondern langfristige Ersparnisse zur Folge haben. Entsteht eine solch hohe Belastung für die Organisationen, dass in der Folge Arbeitsplätze eingespart werden müssen, dann sinkt die soziale Akzeptanz der Unternehmen und das Image wird geschädigt. Die Unternehmen müssen daher eine sorgfältige Planung vornehmen, welche Maßnahmen zu welchem Zeitpunkt umgesetzt werden können und welche langfristigen und nachhaltigen Erfolge erreicht werden sollen. Diese Prognose muss jedes Unternehmen individuell tätigen, eine Erfolgsgarantie besteht jedoch nicht, weswegen die nachhaltige Unternehmensführung mit Unsicherheiten verbunden ist (Dyckhoff und Souren 2008, S. 121).

Für die Zukunft wird für das Sustainable Management von einem großen Potenzial ausgegangen. Vor allem das Human Resource Management soll zu einer verbesserten Ausnutzung der im Unternehmen vorhandenen Ressourcen führen. Evolutionsbedingt ist der Mensch eng mit seiner Arbeit verbunden und kann in ihr Erfüllung finden. Geeignete Führung ermöglicht es, das Leistungspotenzial der Mitarbeiter zu verbessern. Die Wertschöpfung resultiert in Vorteilen für das Unternehmen und die Mitarbeiter. Somit besteht von vielen Seiten Interesse am Human Resource Management und am Sustainable Management. Die soziale Komponente der Arbeit wird ebenso entscheidend sein wie die Verbindung der Unternehmen zu ihrer Umwelt (Karazman 2015, S. 6).

1.5 Fazit

In diesem Beitrag ging es um die Umsetzung des Sustainable Management vor dem Hintergrund eines nachhaltigen unternehmerischen Handelns und eines darauf bezogenen Human Resource Management. Hauptargument für die notwendigen Veränderungen in Unternehmen sind die Herausforderungen des 21. Jahrhunderts. Dabei kann darauf hingewiesen werden, dass im 21. Jahrhundert keine umfangreichen Organisationsstrukturen mehr notwendig sind. Moderne Unternehmen sind in der Lage, mit einer einfachen Struktur und einem nachhaltigen Arbeiten innerhalb kürzester Zeit ein großes Wachstum zu erreichen. Die sogenannten ExOs, die exponentiellen Organisationen, sind durch Innovation, Nachhaltigkeit und Agilität gekennzeichnet. Aber auch in anderen Organisationen kann und sollte nach der Grundidee des Sustainable Management Nachhaltigkeit erreicht werden. Um sich im internationalen Vergleich gegen Wettbewerber durchsetzen zu können, müssen die Unternehmen nachhaltig arbeiten. Sie müssen sich ihrer Verantwortung gegenüber der Umwelt, dem Menschen und der Gesellschaft bewusst sein. Wird diese Aufgabe nicht wahrgenommen, dann sinkt das Vertrauen der Kunden und es kommt zu Einbußen.

Nachhaltigkeit ist in diesem Sinne eine Notwendigkeit des Sustainable Management, die jedoch mit Investitionen verbunden ist. Unternehmen können nicht alle Maßnahmen umsetzen. Sie müssen langfristige Investitionen tätigen und genau abwägen, welche Vorteile und welche Nachteile sich aus den einzelnen Maßnahmen ergeben. Das Human Resource Management im Sinne eines Human Sustainability Management ist ein wichtiger Bestandteil des Sustainable Management bzw. eines umfassenden integralen Total Sustainability Management (TSM) und kann zu Umsatzsteigerungen führen. Der Mitarbeiter wird dabei als ein bedeutender Faktor für den Unternehmenserfolg erachtet. Die Mitarbeiter müssen gezielt ausgewählt, qualifiziert und motiviert werden. Durch geeignete Maßnahmen muss der Wert des Mitarbeiters für das Unternehmen gesteigert werden.

Diese Vorgehensweise ist unter anderem aufgrund der demografischen Entwicklung und des drohenden Fachkräftemangels wichtig. Eng mit dieser Thematik verbunden ist das Total Quality Management (TQM). Hierbei wird von drei Grundansichten ausgegangen: Die Mitarbeiter sind die Haupterfolgsfaktoren, die Kunden müssen im Mittelpunkt stehen und es sollten Visionen sowie Ziele entwickelt werden. Die Orientierung an den Bedürfnissen der Kunden ist ebenso wie die Nutzung des Potenzials der Mitarbeiter wichtig. Grundlegend für die Handlungen der Unternehmen ist die Dynamik. Sowohl aufseiten des Unternehmens als auch aufseiten der Kunden und der Umwelt liegt im 21. Jahrhundert ein hoher Grad an Dynamik vor. Die Marktanforderungen verändern sich stetig und auch die Wünsche der Kunden ändern sich schnell. Um erfolgreich zu sein, müssen die Unternehmen die neuen Anforderungen schnellstmöglich erkennen und geeignete Konzepte entwerfen. Im neuen St. Galler Managementmodell wird diese Dynamik berücksichtigt. Im Modell wird das Unternehmen als offenes System dargestellt und es wird gefordert, die Kapitalgeber, die Kunden und die Mitarbeiter in den Wertschöpfungsprozess einzubinden. Die vorhandenen Ressourcen müssen dabei im Einklang mit den kurz- und langfristigen Zielen stehen. Dabei sind die Unternehmen auch im 21. Jahrhundert mit Krisen konfrontiert, die auch durch das Sustainable Management nicht verhindert werden können. Umso wichtiger ist es, Krisen erfolgreich zu meistern beziehungsweise die Auswirkungen auf das Unternehmen zu minimieren. Proaktives Handeln dient dazu, Krisen vorauszuahnen und ihnen bereits im Ansatz entgegenzuwirken.

Insgesamt betrachtet ist das Sustainable Management zukunftweisend. Es integriert entscheidende Faktoren, wie beispielsweise den Wert von Mitarbeitern, die globale Entwicklung und den demografischen Wandel, was wesentlich ist für den Erfolg des Unternehmens. Da es sich um ein breites Spektrum an Aspekten handelt, sollten Unternehmen individuelle Konzepte erstellen. Sie müssen sich als Teil ihrer Umwelt betrachten und die richtigen Schlussfolgerungen ziehen. Die oft notwendigen tief greifenden Veränderungen in den Unternehmen können den Erfolg vergrößern. Allerdings bedeutet die Durchsetzung von Nachhaltigkeit, Human Sustainability Management und Sustainable Management auch die Umsetzung von umfangreichen Veränderungen, die nicht von allen Beteiligten gewünscht sind. Müssen Strukturen in Unternehmen verändert werden, dann sind traditionelle Unternehmen oftmals nicht agil, zu starr und die Mitarbeiter tragen die Veränderungen nicht mit. Diese Problematik wird in Zukunft zu Nachteilen für herkömmliche Unternehmen führen.

Literatur

Ahlsen, A. v., et al. (2015). Umweltmanagementsysteme. In M. Kaltschmitt & L. Schebek (Hrsg.), *Umweltbewertung für Ingenieure: Methoden und Verfahren* (S. 359–402). Wiesbaden: Springer Vieweg.

Ahn, H., & Dyckhoff, H. (2004). *Übungsbuch Produktionswirtschaft* (4. Aufl.,). Berlin: Springer.

Berndt, R. (2005). *Erfolgsfaktor Innovation*. Berlin: Springer.

Binckebanck, L., & Belz, C. (2012). *Internationaler Vertrieb: Grundlagen, Konzepte und Best Practices für Erfolg im globalen Geschäft*. Wiesbaden: Gabler.
Binder, U. (2013). *Nachhaltige Unternehmensführung: Radikale Strategien für intelligentes, zukunftsfähiges Wirtschaften*. Freiburg: Haufe Lexware.
Blankenburg, D. A. (1999). *Evaluation von Performance Measurement Systemen. Eine empirische Analyse*. Regensburg: Transfer-Verlag.
BMU. (2009). Nachhaltigkeitsberichterstattung: Empfehlungen für eine gute Unternehmenspraxis. http://www.4sustainability.de/fileadmin/redakteur/Publikationen/BMU_Nachhaltigkeitsberichterstattung_Empfehlungen_Unternehmenspraxis_2008.pdf. Zugegriffen: 05. Aug. 2017.
Bogott, N., Rippler, S., & Woischwill, B. (2017). *Im Startup die Welt gestalten: Wie Jobs in der Gründerszene funktionieren*. Wiesbaden: Gabler.
Borck, C., & Tachkov, P. (2016). Zertifizierte nachhaltige Unternehmensführung als Wettbewerbsinstrument in Industriegütermärkten. In D. Thomaschewski & R. Völker (Hrsg.), *Nachhaltige Unternehmensentwicklung* (Kapitel 4.7). Stuttgart: Kohlhammer.
Buchenau, P., et. al. (2016). *Chefsache Nachhaltigkeit: Praxisbeispiele aus Unternehmen*. Wiesbaden: Springer.
Bundesregierung. (2007). Perspektiven für Deutschland, Berlin. http://www.bundesregierung.de/nsc_true/Content/DE/__Anlagen/2006-2007/perspektiven-fuer-deutschland-kurzfassung,templateId=raw,property=publicationFile.pdf/perspektiven-fuer-deutschland-kurzfassung. Zugegriffen: 25. Juli 2017.
Dausend, J. (2008). *Unternehmenskultur und Corporate Responsibility*. Norderstedt: Igel Verlag.
D'heur, M. (2014). *CSR und Value Chain Management: Profitables Wachstum durch nachhaltig gemeinsame Wertschöpfung*. Berlin: Springer.
Dubielzig, F. S. (2005). Corporate social responsibility. In M. Althaus, M. Geffken, & S. Rawe (Hrsg.), *Handlexikon Public Affairs* (S. 240–243). Münster: LIT.
Dyckhoff, H., & Souren, R. (2008). *Nachhaltige Unternehmensführung: Grundzüge industriellen Umweltmanagements*. Berlin: Springer.
Eckart, M. (2016). *Das Qualitäts-Checkheft für Trainer zu DIN EN ISO 9001:2015 und DVWO QM*. Berlin: Beuth.
Edersheim, E. H. (2007). *Peter F. Drucker. Alles über Management*. München: Redline Wirtschaft.
Esslinger, A. S., & Tuna, D. (2007). *Erfolgreiche Umsetzung von Work-Life-Balance in Organisationen: Strategien, Konzepte, Maßnahmen*. Wiesbaden: Deutscher Universitäts-Verlag.
Figge, F. (2001). Environmental Value Added- Ein neues Maß zur Messung der Öko-Effizienz. *Zeitschrift für Angewandte Umweltforschung, 14*(1–4), 184–197.
Figge, F., & Hahn, T. (2005). The cost of sustainability capital and the creation of sustainable value by companies. *Journal of Industrial Ecology, 9*(5), 47–58.
Figge, F., & Hahn, T. (2008). Sustainable Value in der Automobilproduktion, Berlin, Belfast. http://www.sustainablevalue.com/downloads/sustainablevalueinderautomobilproduktion.pdf. Zugegriffen: 08. Aug. 2017.
Fürst, R. A., Sattelberger, T., & Heil, O. P. (2007). *3D-Krisenmanagement: Bewältigung von Krisen in Krisen*. München: Oldenbourg.
GRI. (2006). Leitfaden zur Unternehmensberichterstattung, Version 3.0. https://www.globalreporting.org/resourcelibrary/GRI-G3-German-Reporting-Guidelines.pdf. Zugegriffen: 11. Aug. 2016.
Griese, K-M. (2015). *Nachhaltigkeitsmarketing: Eine fallstudienbasierte Einführung*. Wiesbaden: Springer.

Hansen, U. (2004). Gesellschaftliche Verantwortung als Business Case. In U. Schneider, & P. Steiner (Hrsg.), *Betriebswirtschaftslehre und gesellschaftliche Verantwortung: Mit Corporate Social Responsibility zu mehr Engagement* (S. 60–72). Wiesbaden: Gabler.

Hardtke, A. & Kleinfeld, A. (2010). *Gesellschaftliche Verantwortung von Unternehmen.* Wiesbaden: Springer.

Hardtke, A., & Prehn, M. (2001). *Perspektiven der Nachhaltigkeit.* Wiesbaden: Gabler.

Hellert, U. (2014). *Arbeitszeitmodelle der Zukunft – Inkl. Arbeitshilfen online.* Freiburg: Haufe.

Hoffmann, T. (2011). *Unternehmerische Nachhaltigkeitsberichterstattung: Eine Analyse des GRI G3.I-Berichtsrahmens.* Lohmar: BoD – Books on Demand.

Hohmann, K. (2008). *Unternehmens Excellence Modelle EFQM.* Hamburg: Diplomica.

Ismail, S., Malone, M. S., & Geest, Y. (2017). *Exponentielle Organisationen: Das Konstruktionsprinzip für die Transformation von Unternehmen im Informationszeitalter.* München: Vahlen.

Karazman, R. (2015). *Human Quality Management: Menschengerechte Unternehmensführung.* Berlin: Springer.

Kirner, E., Kunkel, S., & Jäger, A. (2007). Innovationspfade von Low-, Medium- und High-Unternehmen. In J. Abel, H. Hirsch-Kreinsen, & H. Hirsch (Hrsg.), *Lowtech-Unternehmen am Hightech-Standort* (S. 165–192). Berlin: Edition Sigma.

Landes, M., & Steiner, E. (2017). *Leistungsorientierte Vergütung: Anreizsysteme wirkungsvoll gestalten.* Freiburg: Haufe-Lexware.

Leisinger, K. (1997). *Unternehmensethik: Globale Verantwortung und modernes Management.* München: Beck.

Ludwikowski, J. (2010). *Das Nachhaltigkeits-Konzept in Deutschen Unternehmen.* Hamburg: Diplomica.

Matuszek, G. (2013). *Management der Nachhaltigkeit.* Wiesbaden: Gabler.

Meffert, H., & Münstermann, M. (2005). Corporate social responsibility in Wissenschaft und Praxis: eine Bestandsaufnahme. na. https://www.econbiz.de/Record/corporate-social-responsibility-in-wissenschaft-undpraxis-eine-bestandsaufnahme-meffert-heribert/10003212176.

Ministerium für Umwelt. (2005). *Erde 2.0 – Technologische Innovationen als Chance für eine nachhaltige Entwicklung.* Berlin: Springer.

Noll, B. (2002). *Wirtschafts- und Unternehmensethik in der Marktwirtschaft.* Köln: Kohlhammer.

Nowka, M. (2013). *Mitarbeitermotivation durch Bonus- und Anreizsysteme.* Hamburg: Diplomica.

Papmehl, A., & Tümmers, H. J. (2013). *Die Arbeitswelt im 21. Jahrhundert: Herausforderungen, Perspektiven, Lösungsansätze.* Wiesbaden: Gabler.

Rabbe, S. (2010). *Strategisches Nachhaltigkeitsmanagement in der Deutschen Stahlindustrie.* Frankfurt a. M.: Lang.

Raisch, S., Probst, G. J. B., & Gomez, P. (2007). *Wege zum Wachstum: Wie Sie nachhaltigen Unternehmenserfolg erzielen.* Wiesbaden: Gabler.

Redmann, B. (2017). *Agiles Arbeiten im Unternehmen: Rechtliche Rahmenbedingungen und gesetzliche Anforderungen.* Freiburg: Haufe.

Rudow, B. (2004). *Das gesunde Unternehmen: Gesundheitsmanagement, Arbeitsschutz und Personalpflege in Organisationen.* München: Oldenbourg.

Saal, M. (2015). *Eco-Labelling und Länderunterschiede: Voraussetzungen für ein effektives Eco-Label-System.* Wiesbaden: Gabler.

Sailer, U. (2015). *Nachhaltige Unternehmensführung.* Norderstedt: BoD–Books on Demand.

Schaltegger, S., & Sturm, A. (1994). *Ökologieorientierte Entscheidungen in Unternehmen. Ökologisches Rechnungswesen statt Ökobilanzierung: Notwendigkeit, Kriterien, Konzepte* (2. Aufl., S. 47 ff.). Bern: Haupt.

Siemers, S. H. A. (1997). *Innovationsprozeß im Mittelstand: Teamorientierte Arbeitsformen zur Förderung von Innovationen.* Wiesbaden: Deutscher Universitätsverlag.

Weinreich, U. (2016). *Lean Digitization: Digitale Transformation durch agiles Management.* Berlin: Gabler.

Weinrich, K. (2015). *Nachhaltigkeitsorientierte Unternehmensführung: Employer Branding als Ansatz zur Gewinnung geeigneter Mitarbeiter.* Wiesbaden: Gabler.

Weißer, H. P. (2013). *Richtlinien der Personalführung.* Wiesbaden: Gabler.

Wilkens, S. (2008). *Effizientes Nachhaltigkeitsmanagement.* Wiesbaden: Deutscher Universitätsverlag.

Züger, R-M. (2007). *Betriebswirtschaft – Management-Basiskompetenz.* Zürich: Compendio Bildungsmedien.

Internetseiten

http://jimhighsmith.com/what-is-agility/. Zugegriffen: 05. Aug. 2017.

Marco Englert (MSc, MBA) ist Manager, Coach und Consultant. Er ist Experte für nachhaltiges und digitales Management und steht für ein Excellence-Mindset, das Menschlichkeit, Gleichgewicht bzw. Balance, Innovation und Nachhaltigkeit fördert. Dabei sieht er die Menschen mit ihren Potenzialen und die damit verbundenen Aspekte als die zentralen Treiber für nachhaltig profitables Wachstum.

Er ist der Überzeugung, dass wir aufgrund der digitalen Revolution und dem exponentiellen Innovationswachstum in einer epochalen Zeit leben, dessen Auswirkungen wir noch nicht vollständig erahnen. Mit Begeisterung blickt er auf die aktuellen und zukünftigen Chancen, denn es war noch nie so einfach, gute innovative Geschäftsmodelle, Services und Produkte zu entwickeln. Mit seinem Managementkonzept „Nachhaltige Digitalisierung“, das den Menschen in den Mittelpunkt stellt, verbindet er die Kernthemen Digitalisierung und Nachhaltigkeit und macht Organisationen zukunftsfähig.

Herr Englert verfügt über exzellentes Research- und Consulting-Know-How in den Bereichen Unternehmensführung, Marketing, Personalmanagement sowie Projekt-, Qualitäts- und Nachhaltigkeitsmanagement. Als systemischer Business Coach und Managementberater hat er Erfahrung in der Begleitung von Entscheidungsträgern bei komplexen Fragestellungen des beruflichen Alltags. Er ist u. a. zertifizierter Spezialist für Markenkommunikation, Online Marketing Manager, Digital Sales Manager, Employer Brand Manager, Spezialist für HR Compliance, Spezialist für Personalentwicklung und Manager für agile Organisationsentwicklung (Quadriga University) sowie Betrieblicher Gesundheitsmanager (IHK).

Bionische Unternehmensführung – Schwimmstil für einen neuen Blauen Ozean

2

Rüdiger Fox

2.1 Schluss mit Illusionen

Wie kaum ein anderes Wort hat sich der Begriff „Nachhaltigkeit“ in den vergangenen Jahren im allgemeinen Sprachgebrauch aus einem Nischendasein emanzipiert und seit Ende der 1970er-Jahre eine weltweite Verbreitung gefunden. Inzwischen werden nicht nur forst- und landwirtschaftliche Bewirtschaftungsansätze als „nachhaltig“ charakterisiert, sondern auch Konsumprodukte wie Bekleidung, Putzmittel, Fahrzeuge, Finanzinvestitionen oder gar Werbung mit diesem Label versehen. Nachhaltigkeit ist inzwischen zu einem omnipräsenten Qualitätssiegel mutiert, welches dem Nutzer einen Konsum frei von Schuldgefühlen zu suggerieren versucht – ein Hoffnung verheißender Leuchtturm in einem Ozean der sonst häufig widersprüchlichen Entscheidungsfaktoren und widerstrebenden Kräfte zwischen Wachstumsdruck und Ressourcenverantwortung in einer immer komplexeren Welt.

Hierbei ist zunächst positiv hervorzuheben, dass sich der Begriff im allgemeinen Verständnis von seiner ursprünglich weitgehend anthropozentrischen Bedeutung emanzipiert und zu einem deutlich systemischeren Verständnis weiterentwickelt hat. Während er zunächst lediglich zum Ausdruck zu bringen versuchte, dass eine positive Wirkung – in der Regel für den Menschen – nicht nur temporär, sondern auch längerfristig aufrechterhalten werden kann, so ist Nachhaltigkeit heute im allgemeinen Verständnis ein Synonym für einen Strategieansatz, der nicht ausschließlich den Fokus auf das kurzfristige Ergebnis legt, sondern insbesondere die kontinuierliche Verfügbarkeit der hierfür notwendigen Ressourcen in den Vordergrund der Betrachtung rückt. Es gilt inzwischen als allgemein anerkannt, dass erst durch eine ausgewogene Bewirtschaftung der Eingabefaktoren die Funktionalität des jeweiligen Systems dauerhaft sichergestellt werden kann.

R. Fox (✉)
GCH-Institute, Zell am Moos, Österreich
E-Mail: ruediger.fox@t-online.de

M. Englert und A. Ternès (Hrsg.), *Nachhaltiges Management*,
https://doi.org/10.1007/978-3-662-57693-9_2

Unserem rapide zunehmenden gesellschaftlichen Verständnis für die gegenseitige Abhängigkeit der meisten Systeme voneinander ist es sicherlich dabei zu verdanken, dass dieser Erkenntnisprozess nicht ebenso lange dauerte, wie in der menschlichen Geschichte vergleichbare Glaubensfragen benötigten, um sich durchzusetzen. Während das heliozentrische Weltbild von Johannes Keppler noch mehrere Jahrhunderte benötigte, um Anerkennung dafür zu gewinnen, dass der Mensch entgegen unserer Selbstwahrnehmung nicht das Zentrum des physischen Universums ist, so war es nicht nur das Verständnis der Systemzusammenhänge, das die Erkenntnis reifen ließ, dass ein hemmungsloser Zugriff des Menschen selbst auf die noch so üppigen natürlichen Ressourcen letztendlich auf Grenzen treffen muss. Inzwischen ist es schlicht die Tatsache, dass viele Kollateralschäden exzessiven menschlichen Handelns nicht mehr zu übersehen sind, die dazu geführt hat, dass nur noch wenige Unbeirrbare daran zweifeln, dass eine Fortsetzung unseres uneingeschränkt selbstfokussierten ökonomischen Handelns – die tragende Säule des von Adam Smith inspirierten liberalen Wirtschaftssystems – die terrestrischen Lebensbedingungen zumindest für den Homo sapiens bereits mittelfristig stark beeinträchtigen wird.

Grundsätzlich ist daher ein solches Verständnis aus der Systemperspektive, das in der naturnahen Forstwirtschaft und dem Agrarsektor seinen Ursprung hatte, inzwischen in alle anderen menschlichen Lebensbereiche und somit auch in die Wirtschaftsbereiche diffundiert.

Dabei ist es allerdings wichtig festzuhalten, dass diese perspektivische Verschiebung von einer Innensicht (d. h., wie kann ich *für mich/uns* einen Vorteil dauerhaft sicherstellen) zu einer Außensicht (d. h., wie kann ich *das System* dauerhaft erhalten) keineswegs einer emergierenden altruistischen Einsicht der Gesellschaft entsprungen ist. Die Einnahme einer „transzendenten“ Perspektive im Zusammenhang mit Nachhaltigkeit wurde schlichtweg notwendig durch die Erkenntnis, dass in den meisten wirtschaftlichen und gesellschaftlichen Subsystemen begrenzende Faktoren *außerhalb* des Systems einen entscheidenden Einfluss auf den Erfolg haben. So half die Einsicht, dass eine maximale Ausbeute in der Holzwirtschaft nicht nur dann dauerhaft möglich ist, wenn kollektiv in einer Region ein bilanzielles Gleichgewicht zwischen der Geschwindigkeit, mit der die Bäume nachwachsen konnten, und der geschlagenen Holzmenge sichergestellt wurde, sondern auch wenn durch eine ausgewogene Artenvielfalt in der Region beispielsweise die Ausbreitung von Schädlingen oder Buschfeuern eingedämmt bleibt.

Dank einer zunehmenden globalen Vernetzung, die in den vergangenen Jahrzehnten nicht nur die Handelswege, sondern auch Energie, Logistik, Versorgung, Datenverkehr und Kommunikation umfasst und dadurch fast alle Lebens- und Wirtschaftsbereiche miteinander verbindet, gilt inzwischen ausnahmslos für sämtliche Aspekte des menschlichen Lebens: Sie können nicht mehr als weitgehend unabhängige geschlossene Systeme betrachtet werden, die nur Einflüssen innerhalb der eigenen Grenzen unterliegen, sondern folgen den Gesetzen von offenen Systemen, deren Variablen einer Vielzahl äußerer Einflüsse ausgesetzt sind.

Umso befremdlicher ist es, dass der Schwerpunkt der bisherigen Diskussion um die Notwendigkeit von nachhaltigem Management insbesondere in der Wirtschaft in der

Regel auf moralischen Argumenten basiert. Ganz in der Tradition des Grundsatzpapiers des Club of Rome, der uns 1972 bezüglich der „Grenzen des Wachstums" aufzurütteln versuchte, in dem er uns mithilfe der Extrapolation der Auswirkungen unseres aktuellen Handelns die zukünftigen katastrophalen Konsequenzen ausmalte, dominiert die heutige Debatte in der Regel die Mahnung, sich der Verantwortung für zukünftige Generationen bewusst zu werden und den sich immer weiter beschleunigenden Wirtschaftsprozess zu verlangsamen.

Eine solche Diskussion hat gleich zwei Schwachpunkte. Sie unterstellt zum einen stillschweigend, dass es keine hinreichende systemimmanente Begründung für nachhaltiges Wirtschaften gibt – denn sonst würden diese primär ins Feld geführt –, und verfestigt damit den unmittelbaren Fundamentalkonflikt zwischen Homo Economicus und Homo Ecologicus. Zum anderen verschreibt man sich gleichzeitig der Illusion, dass eine moralische Argumentation in einem System wie der weltweiten Wirtschaft jemals eine Wirkung entfalten kann, die über oberflächliche Kosmetik und Scheinrechtfertigungen für ein darunter weiterhin aktives „Weiter-so" hinausgeht. Dabei hat die menschliche Geschichte ausreichend gezeigt, dass immer nur eine Minderheit bereit war, sich von moralischen Argumenten so weit überzeugen zu lassen, dass sie dafür auch persönliche Nachteile in Kauf genommen hat.

Dies soll keineswegs respektlos gegenüber all denjenigen sein, die den Mut hatten, ihren eigenen Handlungsspielraum zu nutzen, um mit gutem Beispiel voranzugehen, oder die gar ihre eigene Zukunft aufs Spiel gesetzt haben, um gegen gesellschaftliche Kollektivtrends aufzubegehren, die mit humanistischen Moralvorstellungen kollidieren. So haben einzelne Verbraucher, die versuchen, die Konsequenzen ihres persönlichen Konsums zu minimieren, Manager, die ihren Einfluss nutzen, um Veränderungen in ihren Unternehmen zur Ressourcenschonung umzusetzen, und Organisationen, die im Namen zukünftiger Generationen gegen das aktuelle System aufbegehren, überhaupt erst aufgezeigt, welche Möglichkeiten alternativen Handelns bereits heute bestehen. Sie verdienen nicht nur Respekt für ihren Mut, sondern sind die notwendigen Musterbrecher, die uns erlauben, in einen notwendigen Dialog einzusteigen.

Jedoch sind dies bis heute noch immer Minderheiten, die in der Regel in der Masse lediglich Befremden oder bestenfalls Neugierde und moralische Zustimmung, allerdings keine umfangreichen kollektiven Verhaltensänderungen auslösen. Angesichts der rapide zunehmenden existenzbedrohlichen Auswirkungen menschlichen Handelns wird dies keinesfalls ausreichen, um Systemveränderungen in einem Maße zu initiieren, die diesen Tendenzen zeitgerecht entgegenzusteuern vermögen. So könnte laut aktuellsten Hochrechnungen bis 2050 u. a. mehr Plastik als Fische in den Ozeanen schwimmen, die Erdtemperatur um über +4 °C ansteigen, 25 % der weltweiten Artenvielfalt verschwinden und die Weltbevölkerung noch einmal um ein Drittel auf 10 Mrd. zunehmen.

Dies liegt unter anderem daran, dass es unserer unverändert präsenten evolutionären Programmierung entspricht, zumindest tendenziell unsere unmittelbaren Eigeninteressen über die kollektive Verantwortung zu stellen – und darüber hinaus in unserer kognitiven Bilanzierung in der ferneren Zukunft liegende negative Effekte instinktiv stark gegenüber heutigen Vorteilen mental zu diskontieren.

Die aktuelle moralische Diskussion mag zwar den unermüdlichen Mahnern das gute Gefühl geben, zumindest auf die Probleme nach besten Kräften hingewiesen zu haben. Gleichzeitig sichert sie den Verteidigern der Wirtschaft den Rückzugsraum, dass sie in Anbetracht ihrer eigenen eingeschränkten systemischen Handlungsspielräume gepaart mit der Notwendigkeit von wirtschaftlichem Erfolg für den gesellschaftlichen Fortschritt den inhärenten Zwangsmechanismen machtlos ausgeliefert sind – denn Moral hat in der aktuellen ökonomischen Formelsammlung bisher keinen Platz gefunden.

Ein gemeinsamer Lösungsweg kann allerdings aus einer solchen Konfrontation der Systeme nicht ernsthaft erwartet werden, denn hier treffen Glaubensprinzipien aufeinander, die sich fundamental widersprechen. Faktisch basiert unser aktuelles Wirtschaftssystem nicht nur auf dem von Milton Friedman formulierten Glaubenssatz, dass die einzige soziale Verantwortung von Wirtschaft die Gewinnmaximierung im Rahmen des rechtlich Erlaubten ist, sondern diese Überzeugung ist auch in vielen gesetzlichen Regelungen zum Schutz des Shareholder-Values entsprechend verankert[1]. Selbst das im Deutschen Corporate Governance Kodex verankerte Prinzip, dass „Vorstand und Aufsichtsrat" dazu verpflichtet sind, „im Einklang mit den Prinzipien der sozialen Marktwirtschaft für den Bestand des Unternehmens und seine nachhaltige Wertschöpfung zu sorgen"[2], mag vordergründig überzeugend klingen, erfordert aber mangels Erfassung der Kollateralschäden an Umwelt und Gesellschaft in unserer Kosten- und Leistungsrechnung häufig unternehmerische Entscheidungen, die diametral einer gesellschaftlichen und ökologischen Gesamtverantwortung entgegenstehen.

In unserer realen ökonomischen Wirklichkeit kann Nachhaltigkeit daher nur zu einer zeitnahen flächendeckenden Umsetzung finden, wenn es gelingt, ausreichend *systemimmanente* Gründe zu finden, um konsequent nachhaltiges Wirtschaften zu rechtfertigen beziehungsweise kurzfristig notwendig zu machen, um die Dynamik des Wirtschaftssystems selbst für die Lösung nutzen zu können. Eine schwerpunktmäßig moralisch geführte Diskussion verhindert gerade, dies als eine realistische Option in Erwägung zu ziehen. So versuchen die Vertreter einer liberalen Wirtschaftspolitik weiterhin vehement, die Fundamente unseres aktuellen Wirtschaftsdenkens gegen Forderungen nach einer zusätzlichen gesellschaftlichen Unternehmensverantwortung als unabdingbar zu verteidigen. Gleichzeitig erscheint es vielen Vertretern der Wirtschaftsethik wie ein „Pakt mit dem Bösen", wenn die bisherigen Systemmechanismen des kapitalistischen Systems, die einvernehmlich als Ursache der Probleme gelten, plötzlich als Teil der Lösung neu verstanden werden sollen. Nicht selten kommen daher gute Initiativen ohne nähere Prüfung direkt in den Verdacht von Augenwischerei.

Stellt man allerdings ca. 250 Jahre Entwicklungsgeschichte unseres dominant kapitalistischen Wirtschaftssystems sowie eine bereits seit über 45 Jahren bekannte Erkenntnis von Grenzen des materiellen Wachstumsmantras den vielleicht 35 Jahren bis 2050 gegenüber,

---

[1]Siehe u. a. §93 AktG.

[2]Deutscher Corporate Governance Kodex, Fassung vom 05.05.2015.

in denen wir mit irreversiblen Schäden konfrontiert sein werden, so muss unmittelbar klar werden, dass eine zeitgerechte Veränderung nicht konfrontativ erkämpft werden kann, sondern nur möglich ist, wenn sie den Interessen *beider* Seiten entspricht und das Engagement *beider* Seiten für ein gemeinsames Ziel genutzt werden kann. Erst wenn nicht mehr, wie aktuell in der Diskussion um die „richtige" Einstellung, der Großteil der investierten Energie als Reibungswärme nutzlos verpufft, wird es möglich werden, einen flächendeckenden Transformationsprozess zu initiieren, der die erforderlichen Veränderungen zeitnah erzielen kann.

Für diesen Weg ist es nicht nur notwendig, die fundamentalen Kriterien und Mechanismen für Nachhaltigkeit korrekt zu verstehen, sondern auch die mentalen Modelle unseres aktuellen Wirtschaftssystems einmal grundsätzlich und gründlich auf mögliches Verbesserungspotenzial zu überprüfen – ein im Kontext der Globalisierung, Digitalisierung und Vernetzung der Systeme sowieso längst überfälliger Schritt. Während nämlich die wesentlichen Basiskonzepte unseres aktuellen Wirtschaftsdenkens vor einem Viertel Jahrtausend in einem Umfeld von lokalen Kleinstunternehmen und der Notwendigkeit der primären Grundversorgung der Bevölkerung abgeleitet wurden, erfordert die Komplexität der heutigen Wirtschaftsrealität an vielen Stellen längst einen Upgrade des Homo Economicus – der bei näherer Betrachtung die Chance eröffnet, dass beide Interessenströme konstruktiv zusammengeführt werden können.

2.2 Keine halben Sachen

Bei aller Euphorie über die zunehmende Diskussion um Nachhaltigkeit muss man zunächst einschränkend feststellen, dass die grundsätzlich positive Konnotation des Begriffs in der Gesellschaft in der jüngsten Zeit immer häufiger dazu verführt, ihn zunehmend auch in Kontexten zu missbrauchen, die zumindest dem Anspruch einer ganzheitlichen Betrachtung nicht standhalten. Auf der Basis einer selektiven Symptomauswahl, in der bereits ein reduzierter Ressourcenverbrauch als ausreichende Rechtfertigung für ein „Nachhaltigkeitslabel" herangezogen wird, ruht der Schwerpunkt häufig weniger auf dem immanenten ganzheitlichen Kern des Ansatzes von Nachhaltigkeit als auf einer demonstrativ zur Schau gestellten Außenhülle. So arbeitet beispielsweise der Dow Jones Sustainability Index nach dem Prinzip der Best-in-Class-Bewertung, d. h., unter den 2000 größten Börsenunternehmen werden für jede Branche die jeweils Besten in Bezug auf ihr ökologisches und soziales Engagement ausgewählt. Dass hierdurch auch Erdöl- und Bergbaukonzerne ausgezeichnet werden, deren Geschäftsmodell auf der Nutzung von fossilen Brennstoffen basiert, während deutlich engagiertere Kleinunternehmen oder Start-ups in ihren Sektoren schon durch die Größenvorauswahl scheitern, ist geradezu grotesk. Es führt dazu, dass die Referenz für Nachhaltigkeit bei Aktienunternehmen nicht durch die für ein ausgewogenes Wirtschaften notwendige oder technologische bestmögliche Unternehmensleistung bestimmt wird, sondern durch die maximal realisierte Leistung von gerade denjenigen Unternehmen, die unter dem größten Shareholder-Value-Druck stehen.

In dieser inflationären Verwässerung manifestiert sich allerdings primär eine rein linguistische Diskrepanz, die sich durch selektiv ausgewählte Halbwahrheiten ein darunterliegendes unstrittiges gesellschaftliches Allgemeinverständnis von Nachhaltigkeit in Form eines ganzheitlichen Ansatzes zunutze zu machen versucht. Dies wird klar, wenn man sich die wesentlichen Kriterien von Nachhaltigkeit zunächst vergegenwärtigt, bevor man sich unvoreingenommen einer Übertragung in denjenigen Kontext annähern kann, der sich wohl aktuell am stärksten einer ganzheitlichen Verantwortung widersetzt: der globalen Wirtschaft.

Auf der Suche nach einer möglichst allgemeinen Definition lässt sich Nachhaltigkeit am ehesten als ein Einsatz von Ressourcen definieren, der dahin gehend begrenzt wird, dass die jeweilige Kapitalbasis langfristig nicht verkleinert wird. Dies kann einerseits durch eine Reduktion oder gar Vermeidung von Ressourcenverbräuchen geschehen oder durch eine Erhöhung der entsprechenden Regenerationsfähigkeit der Quellen ebendieser Ressourcen. Hierbei ist es nicht relevant, ob moralische oder ökonomische Argumente als Motivation eine primäre Rolle spielen.

Ein offensichtliches Beispiel hierfür ist die Nutzung von fossilen Brennstoffen. Inzwischen ist die Erkenntnis gereift, dass ihre Verbrennung in Summe zu einer Erhöhung von CO_2 in der Atmosphäre führt, die mittlerweile die natürliche Kompensation beispielsweise durch Fotosynthese deutlich überschreitet und dadurch das globale Klima durch Erwärmung zu verändern beginnt. Um hier wieder ein „nachhaltiges" Niveau zu erreichen, können sowohl Ansätze zur Reduktion der Emissionen durch Effizienzsteigerung beim Verbrauch als auch eine adäquate Vergrößerung der terrestrischen Waldbestände durch Wiederaufforstung als gleichberechtigt zielführend angesehen werden.

Aus diesem Kontext ergibt sich sachlogisch, dass Nachhaltigkeit bezüglich der in die Betrachtung einzubeziehenden Faktoren kein relativer, sondern ein absoluter Begriff ist. Er ist keine Beschreibung einer inkrementellen Verbesserung einer Mangelbilanz, sondern fordert eine dauerhafte und *vollständige* bilanzielle Kompensation möglicher Unausgewogenheit ein.

Aufgrund der Abhängigkeit der meisten Systeme von einer Vielzahl an Faktoren bezieht er sich auch nicht nur auf selektiv auswählbare Einzelfaktoren, sondern erfordert eine ganzheitliche Bilanzierung *aller* essenziellen Verbrauchsgrößen. Daher hat er weiterhin zur Voraussetzung, alle für das System wesentlichen Ressourcen und Verbräuche zu betrachten und mit einzubeziehen.

Erst bei der Erfüllung dieser Bedingungen – sowohl dem Absolutheits- als auch dem Vollständigkeitskriterium bei der Bilanzierung – wird man einem allgemeinen Verständnis von Nachhaltigkeit tatsächlich gerecht.

Bei einer Ökobilanzierung erscheint dies inzwischen selbstverständlich, da das Verständnis für die Zusammenhänge der unterschiedlichen Teilsysteme innerhalb der irdischen Biosphäre ausreichend weit ausgeprägt ist. Nicht erst seit es möglich ist, die Luft- und Meeresströmungen aus geostationären Umlaufbahnen via Satelliten zu beobachten, ist es uns bewusst, dass ein Ungleichgewicht von einzelnen Teilsystemen, sei es in der Nahrungskette, im Wasserkreislauf oder in regionalen Klimazonen, ab einem bestimmten Grenzwert Kettenreaktionen in anderen Systemen auslösen kann.

Ein solcher Grenzwert ergibt sich aus der Resilienz des Systems gegenüber Störungen bzw. seiner Fähigkeit zur Regeneration. So kann ein gewisser Grad an Verschmutzung von Gewässern durch Bakterien, Ablagerung oder Verwässerung kompensiert werden, bevor es zu einer dauerhaften Schädigung führt. Während stehende Gewässer hier allerdings eher einem geschlossenen System entsprechen und insofern bilanziell leichter zu erfassen sind, suggerieren Fließgewässer häufig lediglich eine scheinbare Problemlösung, während das Problem lediglich aus dem unmittelbaren Betrachtungsfenster abtransportiert wird, um an anderer Stelle – häufig kumuliert – neu aufzutauchen. Die erst jüngst entdeckten gigantischen Plastikinseln in den Ozeanen, die zum Teil heute schon die Größe von Mitteleuropa angenommen haben, sind nur ein Beispiel dafür, was passiert, wenn wir der Versuchung unterliegen, das Betrachtungsfensters bei offenen Systemen auf den eigenen „Schrebergarten“ zu beschränken.

An dieser Stelle zeigt sich eine erste wesentliche Diskrepanz bei der Übertragung des Konzeptes der Nachhaltigkeit auf die Wirtschaft. Ganz in der Tradition von Adam Smith beschränken sich unsere betriebswirtschaftlichen Bilanzierungsmethoden bis heute ausschließlich auf die jeweiligen Teilsysteme – in der Regel ein einzelnes Unternehmen oder ein zusammengehöriger Konzern. Dieser perspektivische Ansatz, der in der Physik als „geschlossene Systembetrachtung“ bezeichnet wird, geht von der Annahme aus, dass sämtliche wesentlichen Faktoren innerhalb des jeweiligen Teilsystems gefunden werden können und nur diese strategisch berücksichtigt werden müssen.

In diesem Geiste ist unsere heutige betriebswirtschaftliche Bilanzierungsmethode nur auf den eigenen „Teich“ beschränkt. Von außen bezogene Ressourcen werden nach ihren Gestehungskosten bzw. den aktuellen Marktpreisen bewertet, während der Abfluss aus dem System nur bezüglich seiner unmittelbaren Konsequenzen für das eigene System berücksichtigt wird.

Diese „Froschperspektive“, die in den Jugendjahren der heutigen Betriebswirtschaft entwickelt wurde, als noch kaum global vernetzte Handels- und Supply-Chain-Beziehungen bestanden, hatte zu dieser Zeit durchaus ihre Daseinsberechtigung. Dic Gründe, warum sie allerdings auch heute noch – trotz einer in den letzten Jahrzehnten explosionsartigen Vernetzung der wirtschaftlichen Beziehungen – unverändert beibehalten wird, sind vielschichtig.

Sie liegen zunächst in dem Bedürfnis der Beteiligten, die Komplexität der Betrachtungsweise und der damit einhergehenden Mathematik möglichst übersichtlich zu halten. Während die Mathematik der geschlossenen Systeme bilanziell überschaubar ist, zeichnen sich offene Systeme durch deutlich komplexere Mechanismen aus, die schwer in Algorithmen zu fassen sind.

Zum Zweiten würde die Einbeziehung von Außenwirkungen – insbesondere in Bezug auf soziale oder ökologische Konsequenzen unternehmerischen Handelns – tendenziell deutlich negativ die jeweilige Unternehmensbilanz belasten. Dass dies in einer Zeit globalen Wettbewerbs an den Kapitalmärkten von den handelnden Akteuren so weit wie irgend möglich herausgezögert wird, ist systemisch betrachtet nachvollziehbar.

Allerdings liegt in Bezug auf Nachhaltigkeit ein weiterer Grund in der Schwierigkeit, die Auswirkungen wirtschaftlichen Handelns auf unsere Allgemeingüter wie Luft- und Wasserqualität, Biodiversität oder nur landschaftliche Unversehrtheit adäquat den einzelnen handelnden Akteuren zuzuteilen. Während es für jeden offensichtlich ist, dass bei einem globalen Fußabdruck[3] oberhalb von 1, der seit Mitte der 1960er-Jahre global überschritten wird, wir als Menschheit begonnen haben, unsere und die Lebensgrundlage zukünftiger Generationen übermäßig zu zerstören, so stellt die Frage, wem der Beteiligten welche Teilmengen zugestanden werden sollen bzw. wer für diesen Effekt mit welchem Anteil verantwortlich gemacht werden kann, ein zumindest objektiv unlösbares Problem dar. Mangels klarer Verteilungsregeln für die Verantwortung für Schäden an gesellschaftlichen und ökologischen Systemen – den sogenannten Commons – baut daher bis heute unser Wirtschaftssystem unverändert zwar auf dem Prinzip der Privatisierung der Profite, allerdings der Sozialisierung ihrer Kollateralschäden auf.

Allein die Diskussion um die in Paris gerade erst vereinbarten Klimaziele, die durch die politischen Verschiebungen unter anderem in den USA erneut zur Diskussion gestellt wurden, zeigt, dass selbst bei hohem Goodwill der Beteiligten lediglich eine temporäre und sehr labile Einigung gefunden werden kann. Während der Raubbau an unseren Ressourcen immer mehr Fahrt aufnimmt, werden wir daher auch zukünftig kaum darauf hoffen können, dass ein kollektiver Erkenntnisprozess dazu führen wird, diesen Trend noch zeitgerecht umzukehren, indem eine Einigung bei der Frage der Zuteilung von Verantwortung hierfür gesucht wird.

Selbstverständlich wäre es bereits heute möglich, Faktoren wie den Ausstoß von Klimagasen, den Verbrauch von Ressourcen oder die Erzeugung von Abfall auch für Unternehmen mengenmäßig zu quantifizieren. Allerdings bleibt der Streitpunkt, wie diese Folgeschäden monetär bewertet werden müssen, um sie in unsere bisherige, monofaktorielle Betriebswirtschaft zu integrieren – und wer der Empfänger dieser Finanzströme wäre. Klimazertifikate sind hier ein erster richtiger Ansatz, allerdings benötigen auch diese einen kollektiven Konsens in den erwähnten noch offenen Fragen.

Sämtliche Formen regulatorischer Eingriffsmöglichkeiten bleiben daher für eine global agierende Wirtschaft allein durch die Notwendigkeit einer staatsübergreifenden Einigung eine zeitintensive Herausforderung.

Anstatt unsere Energie in immer neuen Versuchen zu verlieren, die ein kollektives Maß an gesellschaftlicher Vernunft bei allen Beteiligten als Voraussetzung haben, oder unermüdlich an die moralische Verantwortung einzelner Akteure zu appellieren, ist es daher an der Zeit zu prüfen, ob nicht vielleicht bisher übersehene systemimmanente

[3]Siehe Global Footprint Network.

Gründe dafür sprechen, dass die Wirtschaft die Sichtweise einer offenen Systemperspektive und damit einhergehend auch einer Systemverantwortung auch aus eigenem Interesse übernimmt.

2.3 Zeit für Wirtschaftsdialektik

Betrachten wir einmal unvoreingenommen unser aktuelles Wirtschaftssystem, so sollte allen Beteiligten längst bewusst sein, dass wir uns in einer Spirale befinden, die sich immer schneller drehen muss, um ihrem zugrunde liegenden Bedürfnis, immer neues Optimierungspotenzial zu aktivieren, Genüge zu tun. Um diesen Prozess zu managen, haben wir stillschweigend spätestens seit den 80er-Jahren des vergangenen Jahrhunderts jegliches wirtschaftliche Handeln auf eine singuläre, monetäre Kenngröße – den Preis – standardisiert und in der Folge die operativen Unternehmensstrategien auf drei wesentliche Ziele ausgerichtet: kontinuierliches Wachstum, immer kürzere Produktlebenszyklen sowie eine maximal mögliche Standardisierung (vgl. Abb. 2.1).

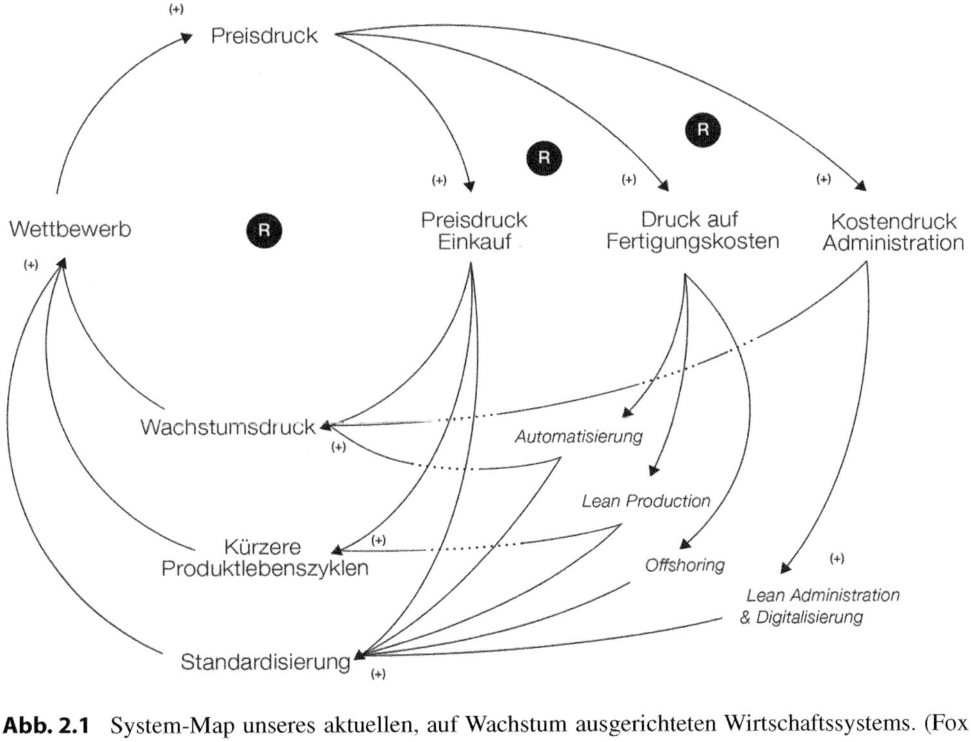

Abb. 2.1 System-Map unseres aktuellen, auf Wachstum ausgerichteten Wirtschaftssystems. (Fox 2017)

Allerdings sollten wir einmal innehalten und uns die Frage stellen, wie lange wir diesen Prozess noch fortsetzen können. Werden wir auch in Zukunft wie bisher immer wieder neue Wege der Optimierung finden, die uns aufs Neue auf den nächsten Geschwindigkeitslevel anheben – ähnlich wie das Moor'sche Gesetz[4] uns seit einem halben Jahrhundert suggeriert, dass wir alle ein bis zwei Jahre durch höhere Integration der Schaltkreise die Leistungsfähigkeit unserer Computerchips verdoppeln können?

Oder folgen solche Entwicklungszyklen nicht vielmehr eher einem s-förmigen Verlauf, in dem sie sich nach einer initialen Steigerung irgendwann zwangsläufig einer Sättigungslinie annähern, ab der kaum noch nennenswertes Potenzial zur Verfügung steht – während wir in unserer Rückwärtsbetrachtung lediglich auf die initiale Anlaufphase schauen?

Auf den ersten Blick vermittelt insbesondere die jüngste Geschichte der Menschheit in der Tat den Eindruck, dass Technologiesprünge uns immer wieder ermöglichen, als fundamental angenommene Grenzen der Entwicklung zu überwinden. So hat die Erfindung der Mobiltelefonie die gerade einmal 125 Jahre alte kabelgestützte Kommunikation nicht nur fundamental revolutioniert, sondern eine atemberaubende Entwicklung initiiert, bei der die Geräte immer kleiner und leistungsfähiger werden, während die Datenübertragung mit jeder Generation sich alle paar Jahre selbst übertrifft.

Ähnliches konnten wir bei der individuellen Mobilität beobachten, bei der das Pferd schrittweise durch immer leistungsfähigere Fahrzeuge abgelöst wurde, ganz zu schweigen von der zeitgleichen Leistungssteigerung im Luftverkehr, der erst kürzlich durch die Einführung von Kohlefasermaterialien in Primärstrukturen eine weitere fundamentale Effizienzsteigerung gelungen ist.

Und selbst im Bereich der Rohstoffversorgung scheint es uns immer wieder dank des technischen Fortschritts zu gelingen, auftauchende Systemgrenzen zu verschieben. So haben die Entdeckung und Nutzung von Tiefseeölfeldern, der Einsatz von Fracking sowie die Möglichkeit der Ausbeutung von Ölsand immer wieder aufs Neue den Peak-Oil-Zeitpunkt[5] verschoben. Dadurch ist es uns gelungen, trotz rapide steigender Nachfrage die Preise fossiler Brennstoffe, einen der wichtigsten „Schmierstoffe" unseres Wirtschaftssystems, auf einem wirtschaftlich tragfähigen Niveau zu halten.

In diesem Geiste sprießen auch immer wieder Managementschulen aus dem Boden, die uns neue Wege zu bisher unerreichbar erscheinenden Leistungslevels unserer Organisationen in Aussicht stellen. Auf die Erfolgsgeschichte von Lean in den 80er-Jahren des letzten Jahrhunderts folgt jetzt dank der exponentiell wachsenden Möglichkeiten der Informationstechnologie die Magie der Digitalisierung, während uns neue „agile" Ansätze des Projektmanagements versprechen, die nächste Schallgrenze zur Verkürzung von Entwicklungsprozessen zu durchstoßen. Gleichzeitig suggeriert eine zunehmende Zahl an Konzepten für „Hochleistungsorganisationen", dass unsere Unternehmen noch in umfangreichem Maße über Optimierungspotenzial verfügen, das es nur zu heben gilt.

---

[4]Nach Gordon (*1929).

[5]Der Zenit der Ölförderung nach Marion King Hubbert (1903–1989).

Und warum sollen wir nicht immer wieder angesichts der beeindruckenden Errungenschaften der jüngsten Menschheitsgeschichte diesen Heilsversprechen folgen und auf die nächste Welle warten, um sie reiten zu lernen? Warum sollten wir uns nicht an der so verführerischen Aussicht festklammern, dass auch in Zukunft weiter das funktionieren wird, was bisher erfolgreich war, und dem Mythos der Unbesiegbarkeit der menschlichen Spezies huldigen?

Erst bei näherer Betrachtung dieser Technologiesprünge wird offensichtlich, dass sich nicht nur jede Form von Spirale zwangsläufig selbst irgendwann überhitzen muss, sondern dass auch alle Beispiele menschlichen Fortschritts charakteristische Gemeinsamkeiten haben, die notwendigerweise zu einem s-kurvenförmigen Verlauf führen werden, bei dem ein Sättigungspunkt unausweichlich wird – die wir in unserer euphorischen Zukunftserwartung aber in der Regel übersehen:

a) Viele technische Grenzen werden in jedem Schritt lediglich verschoben, aber nie außer Kraft gesetzt, während der Prozess sich zunächst beschleunigt. So erreicht dieser sich selbst immer weiter verstärkende Kreislauf unvermeidlich, trotz mehrfacher Verschiebung, eine faktische Grenze, bei der der zusätzlich notwendige Aufwand beginnt, jeden Nutzen zu übersteigen.
b) Die Leistungssteigerungen erreichen irgendwann einen Bereich, ab dem sie für die tatsächlichen menschlichen Bedürfnisse längst nicht mehr sinnstiftend wirken und an dem eine grundsätzliche Trendwende ausgelöst wird, die das gesellschaftliche Koordinatensystem für Prioritäten und Wertesysteme kurzfristig fundamental verschiebt. Dies führt dann zwangsläufig zu einer Neubewertung der Leistungskriterien.
c) Die wiederholte Überwindung von Systemgrenzen erzeugt zunehmend unerwünschte Nebenwirkungen, die mit jeder neuen Stufe eine neue Qualität erreichen. Diese Effekte werden oft lange nicht wahrgenommen, da ihre Auswirkungen mangels Relevanz zu Beginn der Entwicklung vernachlässigt werden konnten und daher nicht standardmäßiger Bestandteil unseres „Radarsystems“ sind.

Und während bei ersterem Punkt noch Gegenargumente ins Feld geführt werden können, die dem Glauben an die Unbesiegbarkeit der menschlichen Innovationsfähigkeit entspringen, so sind es die beiden anderen Faktoren, die in der üblichen Wirtschaftsbetrachtung bisher keinen Einzug gefunden haben.

Betrachtet man nämlich einige fundamentale Marktveränderungen nicht als zufällige Einzelereignisse, sondern versucht in ihnen eine Systematik zu erkennen, so findet man eine Reihe von neuen, irritierenden Phänomenen, die nicht mit unserem bisherigen Wirtschaftsverständnis eines Homo Economicus vereinbar sind.

So tauchen inzwischen mit der zunehmenden Verbreitung von Social Media und digitaler Gamification der Freizeitgestaltung kritische Stimmen auf, die vor zunehmender gesellschaftlicher Vereinsamung bis hin zum Anstieg der Selbstmordrate bei Jugendlichen warnen (NBC 2017) – das genau Gegenteil dessen, was die Technologieentwicklung ursprünglich versprach.

Ähnliche Widersprüche lassen sich aktuell bei einer ganzen Reihe an ökonomischen Grundannahmen beobachten, die das Fundament ganzer Industrien bilden. Bestes Beispiel hierfür ist die inzwischen in immer mehr Bereiche der Wirtschaft vordringende Sharing Economy, deren Siegeszug nicht mit ausschließlich wirtschaftlichen Überlegungen nachvollziehbar gemacht werden kann. Denn das Teilen von privatem Wohnraum mit Fremden (z. B. Airbnb) ist kaum alleine durch den ökonomischen Vorteil für den Vermieter und angesichts oft vergleichbarer Hotelpreise auch nicht durch die Einsparmöglichkeiten für den Mieter erklärbar.

In einer Gesellschaft, bei der unter anderem die weitgehend tayloristische Arbeitswelt, der zunehmende Leistungsdruck sowie die fragmentierten Familiensysteme zu einer zunehmenden sozialen Vereinsamung führen, deutet vieles darauf hin, dass der Kontakt mit anderen (oder auch nur mit ihrem privaten Umfeld) für eine beschränkte Zeit einen attraktiven positiven Zusatznutzen repräsentiert.

Keines dieser Bedürfnisse, die grundsätzlich eine soziale Bereicherung darstellen und erst aufzutauchen scheinen, wenn die jeweilige Technologie ein exzessiveres Leistungsniveau erreicht, vermag unsere vereinfachte Wirtschaftstheorie allerdings monetär zu bewerten, weshalb sie zunächst nur Unverständnis auslösen.

Noch offensichtlicher wird das Defizit der aktuellen Wirtschaftstheorien, wenn man von der individuellen betriebswirtschaftlichen Betrachtung eines „geschlossenen Systems" auf die Systemperspektive herauszoomt und die Nebenwirkungen betrachtet, die außerhalb der Unternehmensgrenzen kollektiv verursacht werden. Denn während sich Investoren angesichts der neuen Fähigkeiten der Digitalisierung sowie Big Data vor Begeisterung emotional förmlich überschlagen, steigt der Energieverbrauch dieser neuen digitalen Welt mehr als doppelt so schnell wie der Weltenergieverbrauch. Erste Prognosen sagen bereits für das 3. Jahrzehnt dieses Jahrhunderts voraus, dass ihr Anteil am globalen Stromverbrauch 20–25 % erreichen wird – und dies noch ohne vollständige Berücksichtigung der neuesten Technologien wie Block Chain oder dem „Internet of Things" (Guardian 2017).

Ähnliche Werte erreicht auch eine Industrie, bei der das ökologisch überkritische Thema des Energieverbrauches noch weniger offensichtlich ist: die weltweite Bekleidungsindustrie, die sich in den vergangenen 15 Jahren über die Verdoppelung ihres Outputs freuen durfte. Während wir uns inzwischen an immer neue Shoppingwelten in immer kürzeren Zeitabschnitten gewöhnt haben, gilt diese sich hinter der schillernden Fassade verbergende Branche inzwischen als eine der schmutzigsten Industrien der Welt (Ellen McArthur 2017). So ist sie bereits heute für nahezu 10 % der globalen Erwärmung verantwortlich, verteilt allein die Baumwollindustrie fast ¼ der weltweiten Pestizide und Insektizide auf ihren Feldern und verursacht einen schwindelerregenden Wasserverbrauch in den oft wasserarmen Herstellerländern – ganz zu schweigen von den Müllbergen, die rund 100 Mrd. jährlich produzierte Kleidungsstücke hinterlassen, wenn sie auf Deponien landen oder ihre chemisch kritischen Verbindungen in offenen Feuern in Drittländern in die Atmosphäre verteilen.

Selbst wenn sich ein erster Widerstand in den unmittelbar von den Kollateralschäden der Energiegewinnung betroffenen Regionen regt, die überproportional die ökologischen Konsequenzen ertragen müssen, um der Allgemeinheit die Vorteile einer scheinbar unbegrenzten Verfügbarkeit von fossilen Rohstoffen zu ermöglichen, und die offensichtlichsten Hauptverursacher, wie z. B. die Mobilitätsindustrie, versuchen, ihr Wachstumsstreben zumindest mit ökologischer Effizienzsteigerung zu dekorieren, wähnen sich die meisten Industrien noch in der vermeintlichen Sicherheit ihrer Wachstumshistorie – und steigern ihren Raubbau an ökologischen und sozialen Gemeingütern mit Verweis auf unvermeidliche Zwangsmechanismen des finanzgetriebenen Wirtschaftssystems unbeirrbar weiter.

Weil diese Faktoren in der Vergangenheit selbst in Summe vernachlässigt werden konnten, sind sie auch heute – trotz ihrer zunehmenden Relevanz – noch bei vielen Fortschrittsbewertungen unterrepräsentiert. Tritt man jedoch aus der unternehmerischen Einzelbetrachtung ein paar Schritte zurück und schaut mit etwas Abstand auf die kumulierten Nebenwirkungen unseres wirtschaftlichen Gesamtsystems, so werden überall die zuvor erwähntendrei charakteristischen Anzeichen einer S-Kurve offensichtlich, die bereits begonnen haben, die entscheidenden Erfolgsfaktoren einzubremsen, und somit statt auf eine unbefristete Fortsetzung auf ein nahes Ende der Steigerungsmöglichkeiten hindeuten.

Unübersehbare und exponentiell zunehmende Klimaveränderungen, Umweltschäden oder Rohstoffverknappung sind keinesfalls nur Menetekel für Umweltaktivisten, sondern Symptome, die uns zunehmend bewusst machen sollten, dass die Lebenszeit unseres auf konstantem Wachstum aufgebauten Wirtschaftssystems tatsächlich unvermeidbar endlich ist und wir – in der Summe aller Akteure – seinen Grenzen immer schneller näher kommen. Auch wenn ursprünglich nicht die Notwendigkeit bestand, die noch vergleichsweise geringen Auswirkungen menschlicher Aktivitäten auf unsere ökologischen Gemeingüter zu berücksichtigen, und sie daher auch heute noch in einer betriebswirtschaftlichen Bilanzierung fehlen, wird ihr kumulierter Effekt zwangsläufig zeitnah zu Verknappung von entscheidenden Ressourcen führen – und ebenfalls, so ist zumindest zu hoffen, zu unvermittelten Änderungen in den bisherigen treibenden Marktfaktoren führen.

Während hierdurch die Grenze von jeglicher Form an Wachstumsstrategien im Zeitraffertempo näher kommt, kommen auch die beiden anderen in Abb. 2.1 identifizierten Basisstrategien für die kontinuierliche Optimierung unseres aktuellen Wirtschaftssystems an ihre Sättigungsgrenzen. So erreicht das Streben nach immer kürzeren Produktionslebenszyklen immer häufiger nicht nur eine technische, sondern auch eine wirtschaftliche Grenze. Immer kürzere Entwicklungszeiten erhöhen den Koordinationsaufwand sowie das Fehlerrisiko und treiben damit die Kosten nach oben, während der Markt immer seltener die volle Amortisation dieser Investitionen während der Lebenszeit der Produkte erlaubt. Und selbst wenn immer mehr Produkte in einer Zero Marginal Cost Economy am Markt zu minimalen Flatrates angeboten werden können, da ihre Vervielfältigung keine relevanten Zusatzkosten mehr erzeugt, so löst dies nicht das ökonomische Problem von hohen initialen Entwicklungskosten.

In ähnlicher Weise bekommt der Versuch, Effizienz durch Standardisierung weiter zu steigern, durch die Nachfrage nach Produkten und Dienstleistungen mit unternehmerischer Identität sowie das zunehmende Kundenbedürfnis nach individuell zugeschnittenen Lösungen immer stärkeren Gegenwind. Was in geschlossenen, lokal begrenzten Märkten noch attraktiv war zu besitzen, erhöht in einer offenen, globalen Gesellschaft bei Massenverfügbarkeit lediglich die „Entropie" – das Maß des gleichmäßig verteilten „Grundrauschens". Dann steigern neue Produkte lediglich zeitnah das als selbstverständlich vorausgesetzte Minimum an Lebensstandard und tragen durch Verschiebung der Referenzmaßstäbe nicht mehr zu einer nachhaltigen Lebenszufriedenheit auf der Basis von materiellen Besitzständen bei.

Wird es unserer Wirtschaft also eines Tages so gehen wie den Dinosauriern, die trotz ihrer Größe mangels Anpassungsfähigkeit an massive Veränderungen ausstarben? Werden wir bis dahin einen immer härter werdenden Überlebenskampf führen müssen, der uns zu immer weiteren Leistungssteigerungen antreibt, bis nur noch die Besten überleben – und die kommende Generation sich mit den Überbleibseln unserer Exzesse auseinandersetzen muss?

Die Antwort hängt entscheidend davon ab, ob wir die Fähigkeit entwickeln können, die vorstellbare Zukunft nicht mehr wie bisher lediglich als optimierte Fortsetzung der Vergangenheit zu extrapolieren. An ihrer Stelle müssen wir Managementwerkzeuge entwickeln, die es uns erlauben, innovative und gegebenenfalls disruptive Szenarien auf der Basis von offensichtlich näher kommenden Grenzen sowie neuen Bewusstseinstrends und technologischen Möglichkeiten zu evaluieren. Denn während die meisten großen Unternehmen noch ostentativ an ihrer Optimierungsstrategie für ihre bisher erfolgreichen Produkte und Strategien festhalten, zeigt sich in immer mehr Industriezweigen, dass die Globalisierung, Vernetzung und Digitalisierung uns längst völlig neue Möglichkeiten der Produkt- und Dienstleistungserstellung beziehungsweise letztendlich der Bedürfniserfüllung eröffnen, die durch ihre „diskontinuierlichen" neuen Lösungen allerdings grundlegende Annahmen unseres aktuellen Wirtschaftsverständnisses aus den Angeln heben.

So haben wir beispielsweise bisher in unserer Wirtschaftstheorie „Eigentum" als ein unverrückbares Grundbedürfnis des Kunden angenommen; inzwischen schafft die Sharing Economy in immer mehr Lebensbereichen Geschäftsmodelle, die tektonische Verschiebungen in etablierten Märkten verursachen. Büro- und Wohnraum, Investitionsgüter und Transportmittel sind nur erste Bereiche, in denen eine rasant steigende Zahl an Menschen das Teilen nicht nur als wirtschaftlich vorteilhaft, sondern auch als sozial bereichernd erfahren und immer offener für neue Varianten dieses Modells werden.

Gleichzeitig erschüttern immer häufiger die zunehmende „Virtualisierung" bisheriger Dienstleistungsmärkte sowie die Verschiebung von industriell exklusiv beherrschten physischen Produktionsprozessen hin zu neuen „Prosumern" eine bisher klare Rollenverteilung in der wirtschaftlichen Nahrungskette. Konsumenten konfigurieren inzwischen ihre Produkte immer häufiger selbst oder übernehmen die Vor- oder Nachbearbeitung in Eigenregie.

Zuletzt entstehen immer mehr neue Unternehmen, die ihr Geschäftsmodell auf einem geschlossenen Rohstoffkreislauf aufbauen und Nachhaltigkeit nicht als lästige Störung oder Bedrohung interpretieren, sondern gezielt als Geschäftschance begreifen und erschließen. Dies geht inzwischen so weit, dass einige Konzepte sogar die unerwünschten Hinterlassenschaften anderer Marktteilnehmer als Geschäftsgrundlage nutzen und durch gezielte Weiterverwertung von Abfall nicht nur eine positive Umweltbilanz aufweisen, sondern an beiden Enden des Prozesses betriebswirtschaftliche Vorteile erlösen (z. B. Blue Economy).

Allein diese Tendenzen machen bei näherer Betrachtung in immer mehr Industrien jede Planung auf der Basis bisheriger Produkte und Dienstleistungen zur Makulatur. Immer neue solcher „Schwarzen Schwäne" (Taleb 2007) tauchen an unserem Wirtschaftshimmel auf, die allerdings – systemisch betrachtet – eine Gemeinsamkeit haben: Sie stellen bisherige Grundannahmen unseres auf dem Homo Economicus aufbauenden Wirtschaftssystems infrage und ersetzen sie durch Faktoren, die einem deutlich ausgewogeneren Menschenbild entsprechen – und dabei gleichzeitig einem zunehmenden Bewusstsein für gesellschaftliche Notwendigkeiten und Verantwortung näherkommen. Tagtäglich widerlegen sie dabei den bisher unseren betriebswirtschaftlichen Überlegungen zugrunde liegenden fundamentalen Glaubenssatz, dass ausschließlich der zunehmende Besitz von immer neuen technologischen Möglichkeiten, die unser Leben leichter und komfortabler machen, der effizienteste Weg für eine gesellschaftliche Bedürfnisbefriedigung ist.

Während bereits hier ein erstes entferntes Echo der Rahmenbedingungen für eine nachhaltige Wirtschaft anklingt, ist dies zuvorderst der Schlüssel für die Wirtschaft, um auch zukünftig noch in einer digital vernetzten Wissensgesellschaft erfolgreich zu sein. Nur dadurch, dass sie bisherige, auf unbeschränktes Wachstum basierende Strategiemodelle ablegt und sich proaktiv der Zukunft stellt, kann sie sich innerhalb der neuen Rahmenbedingungen sowie mithilfe der technologischen Möglichkeiten neu erfinden. Denn während die fehlende Einigung über eine individuelle Zuordnung der Grenzwerte für nachhaltiges wirtschaftliches Handeln heute noch verhindert, dass staatliche Regulierung ein nachhaltiges Wirtschaften bei den einzelnen Akteuren zeitnah erzwingen kann, wird der *kumulierte* Effekt in jedem Fall das gesellschaftliche Verständnis bereits in den unmittelbar vor uns liegenden Jahren massiv prägen und somit auch die Märkte fundamental beeinflussen.

Angesichts der globalen ökologischen Faktenlage anzuerkennen, dass sich der Zyklus unserer bisherigen Wirtschaftslogik unvermeidlich seinem Ende zuneigt und Wachstum, Standardisierung und weitere Verkürzung von Entwicklungszyklen in unseren aktuellen mentalen Modellen nur noch begrenzt steigerungsfähig sind, ist alternativlos.

Für unsere Strategieprozesse bedeutet dies, dass gezielt die Neuentwicklung von solchen Geschäftsmodellen vorangetrieben werden muss, in denen die neuen technologischen Möglichkeiten auf ein adäquates Niveau an globalem Lösungsbewusstsein treffen – auch wenn dies das Aussterben bisher erfolgsverwöhnter wirtschaftlicher Geschäftsmodelle geradezu beschleunigen kann –, denn sonst werden es andere tun.

Denn während „Schwarzen Schwänen“ noch der Mythos anhängt, dass sie vollkommen unterwartet auftauchen und nicht vorhersehbar sind, so zeigt sich bei näherer Betrachtung, dass diese Überraschungen lediglich dadurch verursacht werden, dass sie die Grenzen unserer bisherigen „mentalen Modelle“ sprengen. In Wirklichkeit verkörpern sie lediglich das Eintreten eines Ereignisses, welches wir bisher aus Prinzip ausgeschlossen haben, für das jedoch bereits frühzeitig Indikatoren beobachtet werden können.

Während wir traditionell noch von einer Reihe an theoretischen Annahmen ausgehen, die für eine Wirtschaft der geschlossenen Systeme galten, haben wir uns angewöhnt, trotz des Auftauchens fundamentaler gesellschaftlicher Veränderung diese aus unseren Strategieüberlegungen auszublenden. Doch es sind gerade diese Entwicklungen, die fundamentale Marktveränderungen verursachen, sobald sie einmal eine kritische Schwelle überschritten haben.

Offensichtlich wird dies, wenn Unternehmen sich beispielsweise einmal für zwei beliebige, für sie relevante Megatrends die mittelfristige Überlebenswahrscheinlichkeit ihres bisherigen Geschäftsmodells (Crossed-Fingers-Szenario) – angesichts unbestreitbarer Wachstumsgrenzen und unübersehbarer gesellschaftlicher Trends – vor Augen führen. So gehen viele Bekleidungshersteller immer noch davon aus, dass der Endkunde sich lediglich für die neuesten Modetrends interessiert, unabhängig von den sozialen und ökologischen Konsequenzen in den Herstellerländern; gleichzeitig baut ihr Geschäftsmodell auf der Annahme auf, dass eine nachhaltige Entsorgung von Bekleidung nicht in ihrer unternehmerischen Verantwortung liegt – zwei Grundannahmen, die für ihren aktuellen wirtschaftlichen Erfolg existenziell sind.

Angesichts der massiven Kollateralschäden dieser Industrie in Bezug auf Rohmaterialeinsatz, Klimagaserzeugung, Wasserverbrauch und chemische Umweltbelastung sowie ihres rapide wachsenden Textilabfallberges, der dank eines ungehemmten Materialmix kaum recyclingfähig ist und daher fast vollständig auf Deponien oder in meist unkontrollierter thermischer Verbrennung landet, kann man allerdings bei beiden Annahmen nicht mehr mit 100 % Sicherheit davon ausgehen, dass sie als Fundament des Geschäftsmodells auch in Zukunft fortbestehen werden. Ganz im Gegenteil ist man in der heutigen Realität von immer neuen Publikationen zu diesen Themen zunehmend mit einer durchaus nicht unrealistischen Wahrscheinlichkeit konfrontiert, dass sie recht kurzfristig ihre Gültigkeit verlieren.

Ähnliche Szenarien sind für die meisten heutigen Industrien leicht vorstellbar. Dennoch fokussieren auch heute noch viele Automobilhersteller auf den Verkauf von Großlimousinen und Nahrungsmittelhersteller auf kostenoptimierte Massenherstellung bzw. den Einsatz preisgünstiger künstlicher Ersatzstoffe.

Schätzt man einmal ehrlich für eine zukünftige Planungsperiode für die wichtigsten strategischen Geschäftsannahmen der jeweiligen Industrie die Überlebenswahrscheinlichkeit plausibel ab, so erkennt man schnell, dass jede von ihnen zunehmend von alternativen Trends bedroht wird, deren Eintretenswahrscheinlichkeit selbst in einem mittelfristigen Planungshorizont nicht mehr ignoriert werden kann (siehe Abb. 2.2).

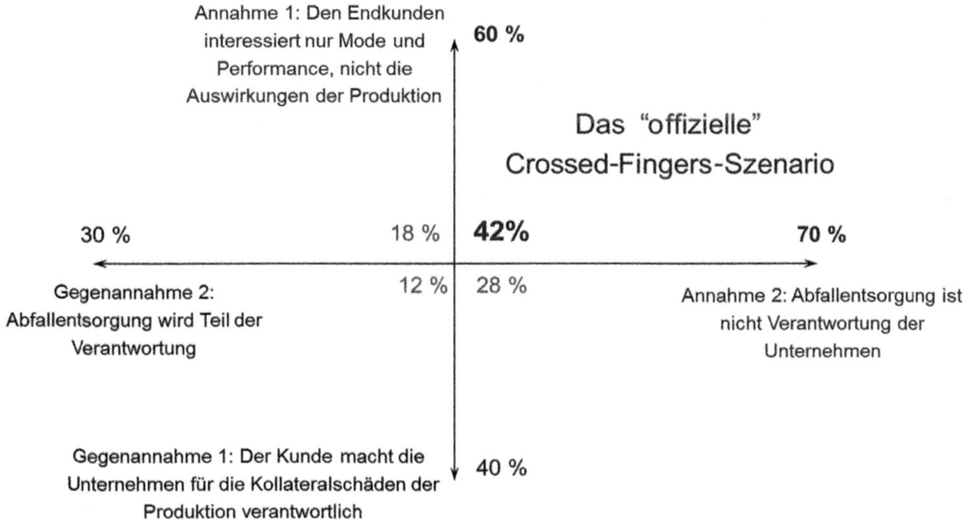

Abb. 2.2 Beispiel für eine 2-dimensionale Strategieanalyse eines Herstellers in der Bekleidungsindustrie. (Eigene Darstellung 2018)

So hat allein in den letzten beiden Jahren die öffentliche Diskussion um eine „saubere" Bekleidungsindustrie exponentiell zugenommen. Und spätestens die Grenzschließung von China zum Jahresanfang 2018 für weltweiten Kunststoff- und Bekleidungsabfall – bisher Abnehmer von ca. 85 % des europäischen Plastikmülls – muss jedem Hersteller klarmachen, dass seine ökologische Verantwortung in naher Zukunft nicht mehr nach dem Verkauf im Laden endet.

Bereits durch die Überlagerung von lediglich zwei dieser Abschätzungen miteinander ergibt sich angesichts heute offensichtlicher globaler Megatrends inzwischen in nahezu allen Wirtschaftszweigen eine Überlebenswahrscheinlichkeit des aktuellen Geschäftsmodells, welche kaum noch über 50 % liegt, sodass das Eintreten von fundamentalen, existenzgefährdenden Marktveränderungen bereits mittelfristig nicht mehr ausgeschlossen werden kann.

Und genau hier liegt der erste Schlüssel zu einem kurzfristigen Zwangsmechanismus, um die seit mehreren Jahrzehnten bereits bekannten Grenzen unseres wirtschaftlichen Wachstums in die Unternehmensstrategie einzubauen. Denn im Rahmen der unternehmerischen Verantwortung der Führung ist eine solche Risikobetrachtung nicht nur Pflichtprogramm für die Leitung, sondern macht es zwangsläufig notwendig, bereits heute entsprechende Weichen für die Entwicklung komplett neuer Geschäftsmodelle zu stellen.

Statt also zu versuchen, durch verstärkte Regulierung und die Prognose volkswirtschaftlicher Katastrophenszenarien Schutzzonen für die bisherigen Wirtschaftsmodelle zu errichten, sollten wir die Erkenntnis fördern, dass längst die ersten Keimlinge eines neuen Wirtschaftssystems sichtbar sind, welches globale Trends und Werteverschiebungen frühzeitig integriert und hierauf erfolgreich reagiert.

Dann liegt genau in der von der Wirtschaft postulierten unternehmerischen Freiheit, für etablierte Unternehmensterritorien innovative Konzepte zu entwickeln, der fruchtbare Boden für Konzeptideen, die unsere bisherige Ordnung in den betriebswirtschaftlichen Schrebergärten konstruktiv durcheinanderzubringen und die längst überfälligen Veränderungen zu initiieren vermögen. Unternehmen, die schon jetzt proaktiv Konzepte verfolgen, die für das zukünftige Funktionieren des Gesamtsystems notwendig sind, stellen die richtigen Weichen für ihre Zukunft – selbst wenn sie dabei riskieren, ihr bisheriges Geschäftsmodell komplett infrage zu stellen.

Diese disruptive Kreativität, die wir bisher eher wie ein Charakteristikum von neuerdings immer häufiger aus dem Boden sprießenden Start-up-Unternehmen angesehen haben und deren Gründer wir als eine bisher in dieser Form unbekannte Spezies fasziniert beobachten, beinhaltet ein um Faktoren größeres Potenzial für finanziell und ressourcenmäßig deutlich besser ausgestattete Konzerne und mittelständische Unternehmen, wenn sie systematisch erschlossen wird.

Und genau an dieser Stelle treffen sich die Bedürfnisse der Wirtschaft mit den Erfordernissen einer nachhaltigen Wirtschaft. Wer heute Nachhaltigkeit als Blue-Ocean-Markt begreift, der angesichts der global eskalierenden Faktenlage unvermeidbar in den kommenden Jahren entstehen wird, und sich daher frühzeitig auf diese neuen Geschäftschancen fokussiert, wird nicht nur einer ökologischen und sozialen Verantwortung gerecht, sondern stellt sich an die Spitze des zukünftigen wirtschaftlichen Erfolges. Dann ist Nachhaltigkeit nicht mehr eine moralische Frage, sondern ein Wirtschaftsmodell für einen bisher kaum erschlossenen Markt, der gerade erst zu entstehen beginnt.

2.4 Drehen wir uns doch im Kreis

Wahrscheinlich gefriert spätestens an dieser Stelle den meisten ökologisch Engagierten das Blut in den Adern bei dem Gedanken, Nachhaltigkeit als einen neuen Markt zu begreifen, auf den sich eine nimmersatte und nicht zu bändigende Wirtschaft mit neuem Hunger nach Wachstum stürzt.

Doch wie erwähnt müssen nicht nur die liberalen Verteidiger der freien Wirtschaft ihre mentalen Modelle überarbeiten, sondern auch die unermüdlichen Mahner der Grenzen unseres bisherigen Wachstums. Denn unsere berechtigten Befürchtungen, dass der Raubbau an unseren Ressourcen in zunehmendem Maße irreversible Schäden verursacht, beziehen sich lediglich auf materielle Faktoren.

Betrachtet man demgegenüber einmal näher die wesentlichen Differenzierungsmerkmale der gerade neu entstehenden Wirtschaftsmodelle, so wird unmittelbar deutlich, dass sie bezüglich ihres Rohstoffeinsatzes durchgängig neue Wege beschreiten.

So werden zum einen Dienstleistungen zunehmend digitalisiert mit der Folge, dass sie – abgesehen von der notwendigen Rechnerleistung im Hintergrund – immer weniger auf irdische Rohstoffquellen angewiesen sind. Auch wenn dies bisher im Gesamtvergleich nur in geringem Umfang unseren Rohstoffraubbau verlangsamt, so hat die Digitalisierung nicht nur viele Transaktionsprozesse wie die Buchung von Reisen, die Abwicklung von Zahlungsprozessen oder die persönliche Kommunikation durch Videokommunikation virtualisiert, sondern bereits erste traditionelle Industrien, wie beispielsweise die papierbasierte Fotoindustrie oder die Zeitungsindustrie, begonnen zu marginalisieren.

Ebenso basiert auch der Großteil der neuen Welle von Start-ups auf digitalen Geschäftsmodellen, die nicht nur recht geringe physische Anfangsinvestitionen erfordern, sondern zusätzlich ganz neue Synergiepotenziale auch in der klassischen materiellen Wirtschaft erschließen.

Ob im Handel Volumen gebündelt werden, Logistik durch den Einsatz freier vorhandener Kapazitäten günstiger wird, in der Sharing Economy schlichtweg Besitz zwischen mehr Nutzern geteilt wird oder in den sozialen Medien ganz neue Formen der Sozialkontakte möglich sind, so ist die Start-up-Szene bis auf wenige Ausnahmen (die man früher wahrscheinlich als Unternehmensgründungen bezeichnet hätte) außerhalb der physischen Produkterzeugung aktiv gewesen.

Während sich traditionelle Unternehmen auf die Herstellung von Produkten und Dienstleistungen konzentrieren, optimieren elf der zwölf laut Wall Street Journal wertvollsten, in 2016 mit mindestens 10 Mrd. US$ bewerteten Start-ups den Verteilungsprozess: Uber und Didi Kuaidi vernetzen Menschen, die eine Transportmöglichkeit suchen, mit freien Fahrzeugkapazitäten; Airbnb, WeWork und Meituan-Dianping vermitteln freie Wohn- und Arbeitsmöglichkeiten, Restauranttische und Theaterplätze; Dropbox, Snapchat und Pinterest stellen Plattformen für Datenaustausch zur Verfügung; Palantir bietet komplexe Datenanalyse und Xiaumi sowie Flipkart haben die Optimierung des Handelsprozesses im Fokus. Lediglich SpaceX sticht aus dieser Reihe heraus, verdankt seinen Erfolg aber eher den umfangreichen Finanzmitteln seines Gründers als einem grundsätzlich neuen Geschäftsmodell.

Sicherlich ist die primäre Motivation dieser Geschäftsmodelle nicht die Ressourcenschonung – dies ist bisher nur ein positiver Nebeneffekt. Doch die Voraussetzung für ein erfolgreiches Geschäftsmodell von Start-ups ist zunächst die Möglichkeit, ihre Produkte oder Dienstleistungen bereits schon in kleinen Volumen erfolgreich erstellen und vermarkten zu können. Erst in der Folge wird es dann wichtig, dass das Geschäftsmodell später auch nach oben skaliert werden kann. Daher sind eine der Kerntätigkeiten der meisten Start-ups der Aufbau und das Betreiben von Netzwerken, die Kunden ebenso wie Lieferanten auf eine neue Weise integrieren.

Natürlich ist aus dieser Übersicht die unveränderte Erfolgsabhängigkeit mit den traditionellen Industrien offensichtlich, auch wenn viele dieser Unternehmen in den letzten Jahren massiv Märkte verändert haben. Denn ohne Fahrzeuge, Gebäude, Waren, Digitalkameras oder sonstige Geräte zur Datengenerierung wäre keines dieser Geschäftsmodelle möglich gewesen. Doch zunächst erhöhen sie stark die Effizienz der jeweiligen traditionellen Märkte und haben daher bereits einen eingebauten Fokus auf optimale Ressourcennutzung.

Weniger offensichtlich sind die ersten Keimzellen neuer Wirtschaftsmodelle in der immer noch dominanten physischen Wirtschaft wahrzunehmen. Denn hier ist der

Umstellungsaufwand ungleich höher und bedarf umfangreicherer Finanzierungsmöglichkeiten, die selten für Neugründungsinitiativen zur Verfügung stehen.

Doch auch hier zeigen sich erste disruptive Ansätze, indem gesellschaftliche Bedarfe auf der Ebene offener Systeme verstanden und Geschäftsmodelle entwickelt werden, die sich von dem bisherigen Verständnis von linearen Wertschöpfungsketten verabschieden und geschlossene Kreisläufe zur Grundlage haben. In einem ersten Schritt werden häufig zunächst Systemabfälle bestehender Industrien als Rohstoffquellen genutzt und entweder über einen werterhaltenden Recyclingprozess oder durch die direkte Nutzung zu neuen Bedarfslösungen kombiniert.

Der Grundansatz ist auch hier, bereits im Wirtschaftsprozess befindliche Rohstoffe nicht nach ihrer einmaligen Nutzung zu entsorgen, sondern diese Stoffe im Kreislauf zu halten und somit den Bedarf an Rohstoffen ebenso wie die Entsorgungsherausforderung zu reduzieren. Die technologischen Möglichkeiten bestehen hierfür längst, um beispielsweise in der Textilindustrie, die bisher fast ausschließlich auf neue produzierte, zu 2/3 synthetische Rohstoffe zurückgreift, den Rohstoffkreislauf durch gezieltes Materialdesign zu schließen, ohne wesentliche Abstriche an der Performance machen zu müssen (siehe z. B. Sympatex, Closing-the-Loop-Strategie).

Alternativ kombiniert man ganz unterschiedliche wirtschaftliche Einzelsysteme auf eine Weise, dass die Abfallstoffe des einen Prozesses direkt als Rohstoffe im Folgeprozess des Geschwistersystems zur Verfügung stehen. Ein Beispiel hierfür ist Aquaterraponics. Hier werden die Abwässer aus einer Fischzucht biologisch zerlegt, um direkt als Dünger für eine angeschlossene Nutzpflanzenzucht zu dienen. Das von den Pflanzen von Nährstoffen weitgehend gereinigte Wasser fließt dann im geschlossenen Kreislaufsystem zurück zu den Fischen. Während dieser Prozess weiterhin in beschränktem Maße Rohstoffe in Form von Fischfutter und Wasser benötigt, ist seine Effizienz gegenüber herkömmlicher Fisch- bzw. Pflanzenzucht um ein Vielfaches überlegen. So können im Vergleich zu konventionellem Anbau bis zu 80 % des Wassers, 80 % der Fläche und 90 % der Treibhausgase eingespart und gleichzeitig aufgrund des geschlossenen Anlagesystems komplett auf Hormone, Antibiotika, chemischen Dünger und Pestizide verzichtet werden (siehe z. B. Topfarmers.de bzw. Stadtfarm.de).

Was zunächst wie ein Ernährungsmodell für Ökoidealisten erscheint, ist in Wirklichkeit ein hoch profitables Geschäftsmodell, da bereits bei der Erzeugung umfangreiche Einsparungen bei den Roh- und Hilfsstoffen realisiert werden können – und zugleich die Attraktivität des Endprodukts durch seine hohe Bioqualität auch deutlich höhere Verkaufspreise ermöglicht.

Der Sprung zu einer Vielzahl an ähnlichen Geschäftsmodellen ist lediglich groß in Bezug auf unsere traditionellen mentalen Modelle. Anstatt den Blick von Plastikinseln in den Ozeanen abzuwenden und die Verantwortung von sich zu weisen, wäre es viel sinnvoller, diese Abfallberge als unschätzbare und kostengünstige Rohstoffquellen zu verstehen, ihre Entstehung zurückzuverfolgen und bereits direkt nach Ende der Nutzungszeit Kunststoffe wieder einer werterhaltenden Nutzung zuzuführen.

Würden wir recycelte Wertstoffe als Standard und neu abgebaute Rohstoffe als Ausnahme verstehen, würden ganz natürlich deutlich nachhaltigere Geschäftsmodelle entstehen, die zeitnah von dem Vorteil günstigerer Rohstoffquellen profitieren könnten. Gleichzeitig würden die Endverbraucher ein steigendes Bewusstsein der Werthaltigkeit von Abfallstoffen kollektiv entwickeln, sodass die Abfallsammlung und -trennung ein gesellschaftlich und wirtschaftlich anerkannter wertschöpfender Wirtschaftsprozess würde, der nicht mehr vom Idealismus des einzelnen Verbrauchers abhängen würde.

Wenn diese Gedanken dann in einem nächsten Schritt bereits in den Designprozess eines Produktes integriert werden, sind den Möglichkeiten einer werterhaltenden Wiederverwertung kaum noch Grenzen gesetzt.

2.5 Existenzielle Ressource ohne Grenzen

Angenommen, wir würden kollektiv einsehen, dass eine strategische Weichenstellung, die nicht nur den eigenen Teich optimiert, sondern auch den Kontext der offensichtlichen globalen Megatrends aktiv mit einbezieht, in der Wirtschaft zukünftig existenziell ist. Welche Ressourcen, wenn nicht materielle, benötigen dann Unternehmen noch für wirtschaftlichen Erfolg in einer solchen zunehmend digitalisierten Zukunft?

Während sich Unternehmensberatungen zurzeit förmlich dabei überstürzen, ihre Kompetenz bei der „digitalen Transformation“ auf den Markt zu bringen, werden häufig lediglich bewährte Methoden der Prozessoptimierung kurzfristig in neue Gewänder gekleidet. Immer mehr Dienstleister bieten gar – als akquisitorisches Eintrittstor – die unterschiedlichsten Formen von Digitalisierungsreifechecklisten an. Allerdings wird hierbei „auf erweiterte Anforderungen im Management in keinem Digital Maturity Model bzw. Assessment ausreichend eingegangen“, wie Prof. Dr. Dino Schwaferts vom Institut für Wirtschaftsinformatik bei einem Wirtschaftsforum noch im September 2016 feststellte.[6]

Auch in der öffentlichen Diskussion um die Wirtschaft 4.0 scheint die dominierende Ansicht vorzuherrschen, dass es mit Einzug der Digitalisierung im Wesentlichen auf die Fähigkeit der Unternehmen ankommt, bisher von Mitarbeitern ausgeübte Tätigkeiten durch Softwarealgorithmen zu ersetzen, um den nächsten Level an organisatorischer Effizienz zu erreichen. Der Schwerpunkt hierbei liegt einerseits auf den internen Geschäftsprozessen, andererseits auf den Schnittstellen der Kundenbeziehung.

Allerdings ist dies nur eine Dimension der Digitalisierung – und die weitaus weniger wichtige. Denn wenn in wenigen Jahren die anfängliche Euphorie der Pioniere abklingt, wird bei der Umsetzung digitaler Geschäftsprozesse das eintreten, was wir bisher in jeder Welle der Automatisierung von transaktionalen, d. h. durch Algorithmen beschreibbaren Tätigkeiten, erlebt haben: eine fortschreitende Standardisierung, die

---

[6] „Digital Maturity Assessment“, Wirtschaftsforum I 07.09.16 I Olten.

die Digitalisierung von Geschäftsprozessen zu Commodities werden lässt. Denn trotz industriespezifischer Unterschiede sind die meisten Abläufe in Organisationen einander sehr ähnlich.

Ebenso wie die Prozessautomation durch Roboter und CNC-gesteuerte Maschinen weitgehend standardisiert ist, existieren heute nicht nur eine überschaubare Zahl an ERP-Systemen, die weitgehend industrieabhängig mit vergleichbaren Funktionalitäten die vollständig integrierte Ressourcenplanung in Unternehmen übernehmen, sondern ebenfalls bereits längst einfach zu erlernende Metasprachen für die Erstellung von Webseiten oder Applikationen, mit denen digitale Schnittstellen gestaltet werden können. Mit zunehmender Standardisierung der digitalen Prozessoptimierung werden daher in der Folge die Möglichkeiten schnell zusammenschmelzen, sich durch die Digitalisierung von Geschäftsprozessen von anderen Wettbewerbern zu differenzieren. Diese Dimension der Digitalisierung wird in nicht allzu ferner Zukunft lediglich ein Hygienefaktor sein.

Wirklich erfolgsentscheidend wird in der Zukunft die zweite Dimension der Digitalisierung sein, die in der öffentlichen Diskussion häufig nur gestreift wird: die Entwicklung von neuen, bisher nicht vorstellbaren Geschäftsmodellen, die erst durch die Möglichkeiten moderner Kommunikationsmittel und der Verarbeitung umfangreicher Datenmengen möglich werden. Diese digitale Innovationsfähigkeit ist es, die in den kommenden Jahrzehnten darüber entscheiden wird, ob Unternehmen sich am Markt durchsetzen können. Doch genau diese organisatorische Kompetenz lässt sich nicht automatisieren, denn die Fähigkeit einer Organisation, die hierfür notwendige Kreativität freizusetzen, lässt sich trotz aller Euphorie für sogenannte „Artificial Intelligence" nicht in digitalen Algorithmen erfassen.

Versteht man diese Innovationsleistung einer Organisation als die erfolgreiche Manifestation von Kreativität in Form von Produkten, Prozessen und Handlungen, so wird sie laut der Harvard-Professorin Teresa Amabile durch drei Faktoren entscheidend bestimmt, die sich multiplikativ verstärken: dem Niveau der sachbezogenen Kompetenzen, dem Beherrschen von kreativitätsfördernden Methoden sowie der individuellen Motivation für die Aufgabe (Amabile et al. 1996).

Während in unserer bisherigen Führungskultur – ganz in der Tradition unserer Managementkultur der kontinuierlichen Verbesserung – üblicherweise die Fachkompetenz der Beteiligten als Erfolgsfaktor für Innovation in den Vordergrund gestellt wird, die man durch eine Vielzahl an Kreativitätsmethoden zu fördern versucht, hat Amabile in einer systematischen Analyse von Innovationsprozessen nachgewiesen, dass der entscheidende Faktor für Kreativleistung die *intrinsische Motivation* der Beteiligten ist. Dieser innere Antrieb, der unabhängig von externen Belohnungssystemen wirksam wird, fördert zunächst die Offenheit gegenüber der ursprünglichen Fragestellung sowie aus dieser inneren Haltung die Qualität des kreativen Inputs, der die Voraussetzung für mögliche Problemlösungen bildet. Darüber hinaus ist er die Grundlage für einen natürlichen Lernwillen, sich neues Wissen anzueignen, und motiviert gleichzeitig, selbst im Falle von Fehlschlägen den Innovationsprozess immer wieder neu aufzunehmen (Amabile 1983).

Ganz im Gegensatz zu den meisten Ranglisten der angeblich innovativsten Unternehmen der Welt, die sich immer noch im Wesentlichen an den leicht ermittelbaren

Ausgaben für Forschung und Entwicklung orientieren, wird laut der Faktorenanalyse von Amabile auch die Innovationsleistung von Organisationen von drei, in Abb. 2.3 dargestellten Faktoren bestimmt. Analog zu den wesentlichen Ursachen von Kreativitätsleistung sind auch hier nicht die verfügbaren Ressourcen oder eine innovationsfreundliche Managementkultur entscheidend, sondern der Grad der vorherrschenden Selbstmotivation der Organisation.

Dies allein wird allerdings nicht ausreichen. Angesichts immer komplexerer technischer Herausforderungen kann eine solche Leistung heute nicht mehr von einzelnen Leistungsträgern innerhalb der Grenzen des eigenen Unternehmens erbracht werden, sondern bedarf zusätzlich der Systemgrenzen überschreitenden Zusammenarbeit sowohl innerhalb der Unternehmensorganisation als auch mit Lieferanten, Partnern und Kunden, um alle notwendigen Aspekte von Innovation in ein attraktives neues Geschäftsmodell adäquat zu integrieren.

Betrachtet man auch die hierfür notwendigen Randbedingungen näher, so zeigt sich unmittelbar, dass es nicht nur geeigneter Produkte und Dienstleistungen sowie einer grundsätzlichen Kooperationskultur innerhalb (und in einem weiteren Schritt auch außerhalb) der Organisation bedarf, um durch rationales Abwägen möglicher Verhaltensalternativen in einem Netzwerk unterschiedlicher Partner erfolgreich zu arbeiten. Um möglichst für alle Parteien als positiv wahrgenommene Lösungen zu finden, ist die Fähigkeit entscheidend, kognitiv die unterschiedlichen Beziehungen reflektieren zu können und Empathie zu entwickeln, um zunächst möglichst gut die Wahrnehmungswelt der anderen beteiligten Parteien nachvollziehen zu können. Nur auf diese Weise können für alle Beteiligten akzeptable Lösungen gefunden werden und dadurch Netzwerkbeziehungen dauerhaft erhalten werden.

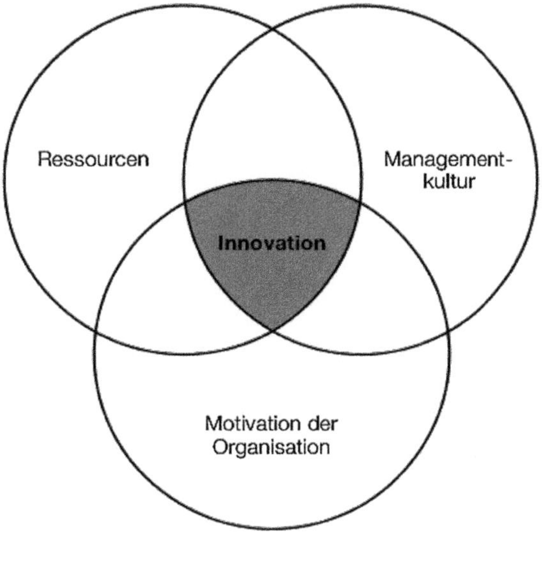

Abb. 2.3 Die drei für Innovation entscheidenden Hauptfaktoren nach Prof. T. Amabile, Harvard. (Fox 2017)

Grundvoraussetzung für das erfolgreiche Agieren in Netzwerken ist daher – wie in Abb. 2.4 dargestellt – ein von den eigenen Interessen losgelöstes, authentisches Interesse an einer Fremdwahrnehmung (Fox 2017).

Während Innovationsleistung und Kooperationsbereitschaft die wesentlichen Baumaterialien für zukünftigen Unternehmenserfolg sind, bedarf es allerdings darüber hinaus noch eines hohen Maßes an organisatorischer Reaktionsfähigkeit, um den Anforderungen eines sich immer schneller verändernden wirtschaftlichen Umfeldes gerecht werden zu können. Nachdem wir in den letzten Jahrzehnten innerhalb unserer traditionell strukturierten Organisationen durch Standardisierung und Verschlankung (Lean) unseren Fokus darauf gelegt haben, eine möglichst effiziente Prozesslandschaft festzulegen und hierdurch auch die Leistung kontrollieren zu können, muss inzwischen als entscheidendes Fundament für eine erfolgreiche Digitalisierung eine allgemein als „agil" bezeichnete Unternehmenskultur angestrebt werden.

Hierbei handelt es sich allerdings nicht um eine Variante bisheriger hierarchischer Kontrollorganisationen, die durch eine partielle Lockerung von Struktur, eine Vereinheitlichung von Governance-Mechanismen sowie ein Redesign der Kernprozesse zügig umsetzbar ist, wie es manche renommierte Beratungshäuser versprechen (McKinsey 2015). Denn dafür haben sich die meisten Organisationen zu lange an eine Kultur der Entmündigung, Vorgabe und Kontrolle gewöhnt. Lockert man in einem solchen Umfeld die gewohnte geregelte Grundstruktur – und sei es nur partiell –, erzeugt man hierdurch zunächst lediglich ein Regelungsvakuum gegenüber dem zuvor gewohnten Zustand. Für eine agile Handlungskultur, die sich aktiv an sich dynamisch ändernde Umfeldbedingungen anpasst, bedarf es zusätzlich eines entsprechenden eigenen Antriebes sowie zusätzlich eines Richtungsimpulses, der autonom entstehende Initiativen im Sinne

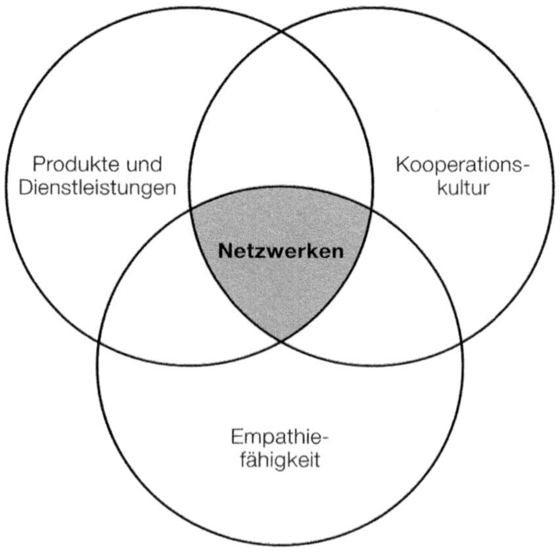

Abb. 2.4 Die drei für Netzwerkfähigkeit notwendigen Hauptfaktoren. (Fox 2017)

der Unternehmensstrategie ausrichtet. Ansonsten entsteht in den weniger geregelten Strukturbereichen lediglich eine riskante Instabilität, in der man weder zuverlässiges proaktives noch zwangsläufig sinnvolles Verhalten erwarten kann.

Agilität benötigt zeitgleich mit den neu geschaffenen strukturellen Freiheitsgraden die Entwicklung einer Organisationskultur, die den Mitarbeiter aus *inneren* Motiven dazu motiviert, eigenverantwortliche Handlungen zu entwickeln und gleichzeitig ein hohes Maß an Kollaboration anzustreben – ganz im Gegensatz zu bisherigen Führungsmodellen, die auf hierarchisch organisierter Anweisung oder Anleitung basieren.

Darüber hinaus müssen die Mitarbeiter befähigt werden, in solchen Räumen reduzierter Regelungsvorgaben eigenständig ihre Richtung, ihren Inhalt und adäquate Prioritäten zu finden. Solche autonome Selbstbestimmtheit wird neben einem verinnerlichten Verständnis für die Gesamtstrategie nachweislich intensiv von den persönlichen Überzeugungen und Grundeinstellungen beeinflusst, die möglichst kongruent mit den Unternehmenszielen sein müssen, um Letztere bestmöglich zu unterstützen. Dass dies im Kontext einer – wie in Abschn. 2.3 beschriebenen – neu ausgerichteten Unternehmensstrategie, die gesellschaftliche sowie soziale Gesamtanforderungen mit berücksichtigt, besser gelingt als in einem rein der Shareholder-Value-Maximierung verpflichteten Führungsumfeld, ist angesichts einer im Menschen natürlich verankerten Suche nach Sinnhaftigkeit leicht nachvollziehbar (Frankl 2006).

Um agile Organisationsstrukturen zu schaffen, reicht es also nicht aus, strukturelle Lockerungen vorzunehmen, sondern es muss in gleichem Umfang auf der Basis einer starken Identifikation mit der Unternehmensmission die intrinsische Motivation gesteigert werden, damit die Organisation nicht instabil wird.

Doch wie kann man bestmöglich organisatorische Motivation, Empathiefähigkeit, Agilität sowie Zusammenarbeit in bisher in der Regel stark hierarchie- und kontrollorientierten Unternehmenskulturen erzielen? Naheliegend wäre es, diese Kompetenzen in bewährte Methoden der Zielvereinbarung zu integrieren. Allerdings zeigt ein näherer Blick auf die Motivationsforschung, dass die aktuell den Arbeitskontext dominierenden Mittel hier in eine Sackgasse führen.

Während wir in den letzten Jahrzehnten unsere Führungsmethoden auf der Basis finanzieller Leistungsentlohnungsmodelle immer weiter perfektioniert haben, verdeutlicht Abb. 2.5, dass wir uns hierbei ausschließlich in *einem* möglichen Paradigma menschlicher Motivation bewegt haben – dem der extrinsischen Motivation. In diesem Bereich wird das Individuum bzw. der Mitarbeiter aus einem angenommenen Ausgangszustand der Amotivation heraus dadurch zu Aktivitäten motiviert, dass ihm eine unmittelbare, in der Regel monetäre Kompensation angeboten wird. Allerdings fällt er unmittelbar nach Erbringung einer – aus seiner individuellen Sicht – adäquaten Arbeitsleistung wieder zurück in einen nichtmotivierten Zustand, sodass erneut Anreize notwendig werden, um diesen Kreislauf in Gang zu halten.

Kritisch ist an diesem System nicht nur die immer wieder aufs Neue entstehende Notwendigkeit eines externen Anreizes, sondern auch die Tatsache, dass diese Anreize sowohl durch Gewöhnung als auch durch externen Sozialvergleich dem Risiko einer

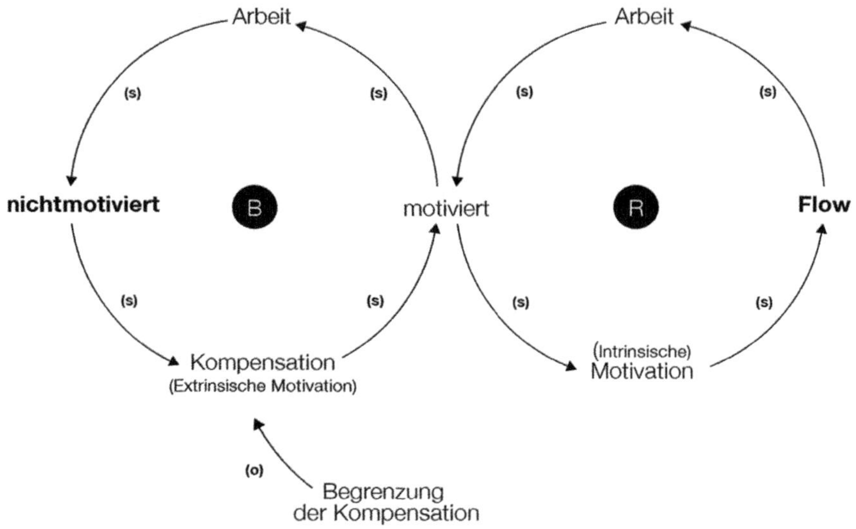

Abb. 2.5 Bandbreite der menschlichen Motivation im Arbeitskontext. (Fox 2017)

Inflationierung ausgesetzt sind. Dieser Effekt wirkt unidirektional, d. h., er schafft kontinuierlich die Notwendigkeit einer Anreizerhöhung und kennt in der Regel kaum ein Korrektiv nach unten – eine gerade im Umfeld von hohem Wettbewerbsdruck immer schwieriger lösbare unternehmerische Konstellation, die im Wesentlichen in den schriftlich fixierten, sogenannten physischen Arbeitsverträgen verankert ist.

Im Kontext der Digitalisierung kommt allerdings noch ein weiteres Problem erschwerend hinzu: Laut den jüngsten Erkenntnissen der Motivationsforschung ist die Wirksamkeit von solchen Leistungsanreizsystemen lediglich auf transaktionale Tätigkeiten beschränkt, das heißt Aufgaben, deren grundsätzlicher Handlungsablauf bereits festgelegt ist und die nur wenig kognitive Leistung erfordern. Während es gerade diese Tätigkeiten sind, die zunehmend digitalisiert werden, steigt der proportionale Anteil derjenigen Aufgaben in Organisationen, für die gerade kein Handlungsablauf vorgegeben werden kann – und bei diesen sind extrinsische Motivationsanreize wirkungslos beziehungsweise häufig kontraproduktiv.

Wie Abb. 2.5 verdeutlicht, existiert allerdings ein weiterer Bereich der menschlichen Motivation, der im Kontext traditioneller Arbeitsverhältnisse bislang weitgehend ignoriert wird: der der *intrinsischen* Motivation, die in ihrer intensivsten Form von Mihaly Csikszentmihalyi als „Flow“ bezeichnet wurde, einem Zustand vollständigen Aufgehens in einer Aufgabe (Csikszentmihalyi 2004).

Eine intrinsisch motivierte Handlung wird nicht durch einen äußeren Reiz ausgelöst, sondern aus einem inneren Antrieb der handelnden Person selbst heraus ausgeübt, der sich immer wieder selbst verstärkt.

Und es ist genau dieser Antrieb, der die wesentliche Quelle für jede Form der *kognitiven* und insbesondere *kreativen* Leistungserbringung darstellt.

Essenzielle Voraussetzung für intrinsische Motivation im Arbeitsumfeld ist vornehmlich die Erfüllung des *psychologischen* Arbeitsvertrages, einer in der Regel nicht dokumentierten und dennoch stillschweigend beidseitig vorausgesetzten Vereinbarung über die gegenseitigen Erwartungen (Fox 2017).

Beleuchtet man nun mit dieser Erkenntnis die drei für die zweite Dimension der Digitalisierung notwendigen Fähigkeiten, die in der Wirtschaft zukünftig erfolgsentscheidend sein werden, nämlich die digitale Innovationsleistung, die Kollaborationsfähigkeit sowie die Agilität der Organisation, so ergibt sich aus den vorgenannten Überlegungen bereits, dass alle drei vital von dem Level der *intrinsischen* Motivation der involvierten Mitarbeiter abhängen.

Da darüber hinaus bei extrinsischen Anreizsystemen die in Aussicht gestellte Gegenleistung in der Regel ergebnisabhängig gewährt wird, führen diese notwendigerweise dazu, dass die Handlung in einem Umfeld starker Kontrolle stattfinden muss – eine Kultur, die das Entstehen von intrinsischer Motivation gerade verhindert. Gleichzeitig verführt ein solches, im Vergleich zu der Unternehmensrealität stark vereinfachtes Zielkoordinatensystem häufig dazu, den jeweils kürzesten Weg dorthin zu suchen, wodurch zwar formell die Ziele erfüllt werden, jedoch die eigentlich beabsichtigte Strategie deutlich (faktisch bzw. moralisch) verfehlt werden kann.

Denn in der Regel birgt unser bisheriger Ansatz, rein durch extrinsische Anreize zu versuchen, Motivation zu induzieren, ein hohes Risiko, lediglich für die Dauer der Belohnung zu einem spezifisch vorgegebenen Verhalten zu führen. Gleichzeitig motiviert er dazu, die vorgegebenen formalen Ziele mit möglichst wenig Aufwand zu erreichen. Hierbei gewählte mögliche „Abkürzungen" können dabei in unerwünschtem Maße von dem eigentlich erhofften Handlungsspektrum abweichen. Diese Gefahr besteht besonders in unserem modernen Arbeitsumfeld, in dem selbst komplexere Zielvereinbarungen selten vollständig alle Rahmenbedingungen erfassen können und gleichzeitig erwünschte (moralische) Handlungsgrenzen stillschweigend unterstellt, allerdings selten explizit dokumentiert werden. Die zunehmende Zahl an moralischen Fehlhandlungen und Compliance-Skandalen, die in Unternehmen aufgedeckt werden, ist in den seltensten Fällen durch besonders unmoralische Mitarbeiter verursacht, sondern ein deutliches Symptom für ein überhitztes Belohnungssystem.

Während also die Digitalisierung im Bereich der Geschäftsprozesse die nach der Industrialisierung verbliebenen letzten transaktionalen Tätigkeiten zu ersetzen begonnen hat, so verschwinden mit ihnen nicht nur die Wirkungsbereiche unserer bisherigen, hierfür konzipierten Führungsmethoden. Zeitgleich entsteht durch die Notwendigkeit von Kollaboration, Agilität und Innovationsfähigkeit das dringende Erfordernis, diese durch geeignete Führungsmodelle zu ersetzen, die die hierzu notwendige intrinsische Motivation maximal zu fördern vermögen.

Um die entscheidenden Chancen der Digitalisierung erfolgreich zu nutzen, werden Organisationen daher gezwungen sein, ihren Führungsfokus von transaktionaler

Leistungssteigerung und intensiver Kontrolle grundsätzlich zu überdenken. Hauptaufgabe der Führung muss es zukünftig notwendigerweise werden, die wesentlichen Randbedingungen für das Entstehen von intrinsischer Motivation zu schaffen – und dadurch Zugang zu einer Ressource zu schaffen, die im Gegensatz zu bisherigen materiellen Ressourcen bisher kaum im Fokus stand und gleichzeitig keine erkennbaren Grenzen des Wachstums besitzt: die intrinsische Motivation der Mitarbeiter, die dank des unerschöpflichen Potenzials persönlichen Wachstums lebenslang steigerungsfähig bleibt.

Welches Potenzial hier brach liegt, darüber sprechen aktuelle Statistiken über die weltweite Arbeitsmoral Bände. So engagieren sich laut Gallup 72 % der Mitarbeiter amerikanischer Unternehmen nicht bei der Arbeit, sondern „schlafwandeln" durch den Tag – ein wirtschaftlicher Schaden von geschätzten 500 Mrd. US$ jährlich allein in den USA.[7]

2.6 Gross Corporate Happiness

Aus den vorangegangenen Überlegungen sollte bereits offensichtlich sein, dass bei nüchterner Betrachtung der Endlichkeit unseres aktuellen Wachstumsmythos nur eine konsequente Nachhaltigkeitsstrategie noch eine realistische Erfolgsperspektive für die Wirtschaft des 21. Jahrhunderts darstellen kann.

Weiterhin erleichtert eine hierauf glaubwürdig aufbauende Strategie die Identifizierung der Mitarbeiter mit den Unternehmenszielen und unterstützt auf diese Weise massiv die autonome zielführende Ausrichtung einer agilen Organisationsstruktur – eine notwendige Organisationsform, um mit den sich immer dynamischer verändernden Randbedingungen unseres wirtschaftlichen Umfeldes mithalten zu können.

Auch wenn diese beiden Faktoren bereits substanziell dem Thema Nachhaltigkeit eine Schlüsselrolle für zukünftigen Unternehmenserfolg zuweisen, so wird ein dritter Effekt ersichtlich, wenn man sich näher mit den treibenden Faktoren für intrinsische Motivation im Arbeitskontext beschäftigt – eine Führungsnotwendigkeit für das postdigitale industrielle Zeitalter, wie bereits dargelegt.

Insbesondere die von den Professoren Edward Deci und Richard Ryan von der Universität Rochester in den 1980er-Jahren begründete Selbstbestimmungstheorie bildet ein erstes robustes und inzwischen umfassend belegtes Theoriegerüst für die Frage, warum Menschen, die eigentlich von Natur aus danach streben, sich persönlich weiterzuentwickeln, und grundsätzlich befähigt sind, im Leben aktiv Entscheidungen zu treffen, im heutigen Arbeitsumfeld häufig zu passiv reaktiven Verhaltensmustern neigen, aus denen sie mühsam mit extrinsischen Anreizen herausgelockt werden müssen.

Aus ihrer Forschung haben sie die Erkenntnis abgeleitet, dass Motivation grundsätzlich ein Kontinuum umfasst, welches von Amotivation bis zu Flow reicht, und

[7]Gallup, *„State of American Workplace Report", 2013.*

diesem Spektrum, wie bereits in Abb. 2.5 skizziert, zwei fundamental unterschiedliche Stimulationsmechanismen zugrunde liegen. Um einen Zustand der Passivität zu verlassen, sind zunächst die bekannten externen Stimuli hilfreich. Sie führen allerdings lediglich zu einem dominant reaktiven Verhalten – dauerhaft nur geeignet für transaktionale Wiederholtätigkeiten. Hieraus emanzipiert sich der Mensch erst dann, wenn das kontextuale Umfeld zusätzlich drei entscheidende, im Menschen natürlich verankerte Grundbedürfnisse befriedigt: das Streben nach Autonomie gegenüber strikten Vorgaben (Autonomy), das Bedürfnis nach Bezogenheit mit anderen (Relatedness) sowie das Gefühl der Anerkennung der eigenen Kompetenz (Competence). Erst wenn diese drei Faktoren durch das Handlungsumfeld ausreichend erfüllt werden, kann ein intrinsisch motivierter aktiver Handlungsantrieb entstehen.

Während unsere klassischen mentalen Modelle der Arbeitsbeziehung davon ausgehen, dass sich das Engagement von Mitarbeitern lediglich noch durch eine Vergrößerung der „Karotten" (oder der „Stöcke") steigern lässt, existiert faktisch am Übergangspunkt von extrinsischer zu intrinsischer Motivation eine fundamentale Regeländerung: Extrinsische Stimuli werden zu „Hygienefaktoren", während die hinreichende Befriedigung der drei genannten Antriebsfaktoren eine vollkommen neue Welt eröffnet, in der Wohlbefinden und Selbstantrieb nicht mehr umgekehrt proportional zu zunehmender Leistung stehen, sondern diese sich gegenseitig unterstützen.

Intrinsische Motivation bildet dabei nicht nur das „Herz von Kreativität, Verantwortung, gesundem Verhalten und nachhaltiger Veränderung" in Organisationen (Deci und Flaste 1995), sondern wird begleitet von einem zunehmend subjektiv empfundenen Wohlbefinden, welches zeitgleich sowohl eher kurzfristige, überwiegend hedonistische Glücksgefühle (Subjective Well-Being) als auch das Gefühl der Erfüllung eines mittel- und langfristig angestrebten eudaimonischen „guten Lebens" (Good Life) auslöst (Ryan und Deci 2002).

Gerade im Kontext der Digitalisierung, in der die für den Menschen verbleibenden Aufgaben zunehmend komplexe kognitive Anforderungen umfassen, bedeutet dies, dass die Befriedigung der genannten drei Grundbedürfnisse Kompetenz, Bezogenheit und Autonomie den Schlüssel zur Lösung von zwei bisher als janusköpfig antizipierten Herausforderungen in unserer modernen Arbeitswelt darstellt: die zunehmende Notwendigkeit von Selbstmotivation zur Leistung sowie die Schaffung eines Umfeldes für zunehmende Mitarbeiterzufriedenheit. Denn intrinsische Motivation führt erfreulicherweise nicht nur zu hoher Leistung insbesondere bei kreativen, intellektuellen und konzeptionellen Aufgaben, Durchhaltevermögen sowie organisatorischem Bürgerverhalten, sondern fördert gleichzeitig auch Arbeitszufriedenheit, positive Arbeitseinstellung sowie eine allgemeine psychologische Zufriedenheit (Gagné und Deci 2005) – eine für einen Homo Laborius bisher unvorstellbare Kombination von wirtschaftlicher Leistungserbringung mit einem hohen Maß an persönlicher Lebenszufriedenheit.

Während sich die Selbstbestimmungstheorie weitgehend auf diejenigen Faktoren konzentriert, die den einzelnen Mitarbeiter unmittelbar betreffen, hat Robert Vallerand, Professor an der Universität in Montréal, darauf hingewiesen, dass sich die persönliche

Befriedigung der Bedürfnisse nach Autonomie, Bezogenheit und Kompetenz – und damit das Niveau der intrinsischen Motivation – nicht nur aus der individuellen Arbeitssituation ergibt. Laut dem von ihm postulierten Hierarchiemodell der Motivation beeinflussen zusätzlich sowohl der unmittelbare soziale Kontext als Referenzsystem als auch die allgemeinen globalen Systembedingungen die subjektive Motivation (Vallerand und Ratelle 2002).

Die individuelle, die kontextuelle sowie die globale Abstraktionsebene beeinflussen sich dabei gegenseitig, sodass der dreiteiligen Struktur der Selbstbestimmungstheorie eine zweite Dimension hinzugefügt werden muss. Laut Vallerand entstehen motivatorische Effekte nur dann, wenn eine Kongruenz der vom Mitarbeiter wahrgenommenen Realitäten auf allen drei hierarchischen Ebenen nachhaltig sichergestellt werden kann.

Verknüpft man nun die Tatsache, dass die wichtigsten für eine erfolgreiche Digitalisierung relevanten Fähigkeiten in Unternehmen sämtlich von dem Level der intrinsischen Motivation der beteiligten Mitarbeiter abhängen, mit diesen umfangreichen psychologischen Forschungsergebnissen, so ergibt sich zwangsläufig, dass zukunftsfähige Organisationen den Schwerpunkt auf die adäquate Förderung von Autonomie, Bezogenheit und Kompetenz ihrer Mitarbeiter legen, um ein hinreichendes Niveau intrinsischer Motivation zu erzielen. Aufgrund der Anforderungen an die Konsistenz aus dem Hierarchiemodell muss dies eingebettet sein in einen unternehmerischen Kontext, der eben diese drei Faktoren nicht nur auf individuellem Level, sondern gleichzeitig auch in der Beziehung mit dem unmittelbaren Arbeitsteam sowie im gesamten Kontext der Organisation adäquat priorisiert.

Durch Verschmelzung der dreiteiligen Selbstbestimmungstheorie mit dem dreistufigen Hierarchiemodell der Motivation ergibt sich somit für ein in einer Industrie 4.0 erfolgreiches Organisationsmodell eine Grundstruktur aus neun Feldern, die das Potenzial hat, bestmöglich intrinsische Motivation zu fördern (siehe Abb. 2.6).

Genau diese Struktur liegt dem Gross-Corporate-Happiness®-Modell („Bruttounternehmensglück" beziehungsweise GCH) zugrunde. Dieses wurde inspiriert von den Erkenntnissen von Mihaly Csikszentmihalyi über den höchstmöglichen Motivationszustand von Flow, der sich entfaltet, wenn die Anforderungen einer ausreichend herausfordernden Aufgabe mit den persönlichen Fähigkeiten ausgewogen in Überdeckung kommen und dabei zu einer Glückserfahrung im völligen Aufgehen in der Tätigkeit führen können. Arbeit ist dann nicht mehr ein vom „Leben" abgetrennter Bereich, wie dies die Diskussionen um Work-Life-Balance stillschweigend unterstellen, sondern wird ebenfalls zu einer „bevorzugten Tätigkeit", die „psychisches Kapital" aufbaut. Sie fördert im Idealfall persönliches Wachstum verbunden mit der aktiven Bereitschaft, immer neue Herausforderungen in der Aufgabe zu suchen (Csikszentmihalyi 1991).

Seine Basisstruktur verdankt das GCH-Konzept dem Gross-National-Happiness-Modell (GNH) des Staates Bhutan, einem in über 40 Jahren entstandenen Staatsmodell, das 2011 von den Vereinten Nationen in ihrer 65. Generalversammlung allen Mitgliedsstaaten als Rollenvorbild für ausgewogene Staatsführung anempfohlen wurde und das einzige in der realen Anwendung validierte Konzept von Rahmenbedingungen für ein ausgewogenes menschliches Glücksempfinden darstellt.

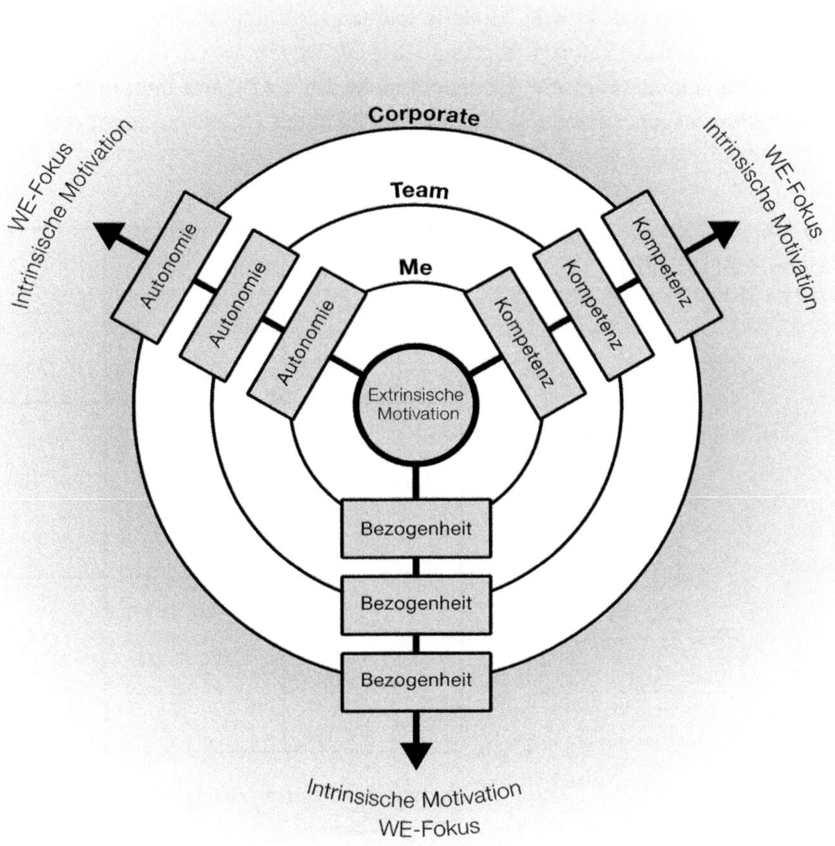

Abb. 2.6 Intrinsische Motivation mit We-Fokus entsteht durch Überlagerung des Hierarchiemodells mit der Selbstbestimmungstheorie. (Fox 2017)

Anders als traditionelle Wirtschaftskonzepte, die auf den mechanistischen Modellen aus den Anfängen der Wirtschaftstheorie basieren und in denen der Homo Economicus als berechnendes, nur auf seinen eigenen Vorteil fokussiertes, rational abwägendes Wesen angenommen wird, das ständig zwischen persönlichen Grenzkosten und abnehmendem subjektiven Grenznutzen optimiert, baut das GNH-Modell auf einem *ganzheitlichen* Menschenbild mit einer komplexen Bedürfnisstruktur auf. Materielle Elemente repräsentieren darin lediglich einen Faktor unter vielen, da unterstellt wird, dass noch ganz andere Aspekte entscheidend für persönliche Lebenszufriedenheit sind.

Es besteht, ebenso wie das in Abb. 2.6 skizzierte Anforderungsmodell an ein intrinsisch motivierendes Arbeitsumfeld, aus neun Einzelbereichen, die originär auf menschlichen

Schlüsselbedürfnissen aufbauen (Ura et al. 2012) und sich in ihren Wurzeln nicht von denen eines Mitarbeiters im Arbeitskontext unterscheiden.

Für die Entwicklung des GCH-Modells wurden sämtliche philosophischen Konzepte, die den GNH-Einzelindikatoren zugrunde liegen, systematisch in die Unternehmenswelt übertragen (makroskopische Übersicht siehe Abb. 2.7), um hierdurch eine analoge Rahmenstruktur zu generieren, die einen vergleichbaren Effekt in einem Arbeitskontext erzielen kann.

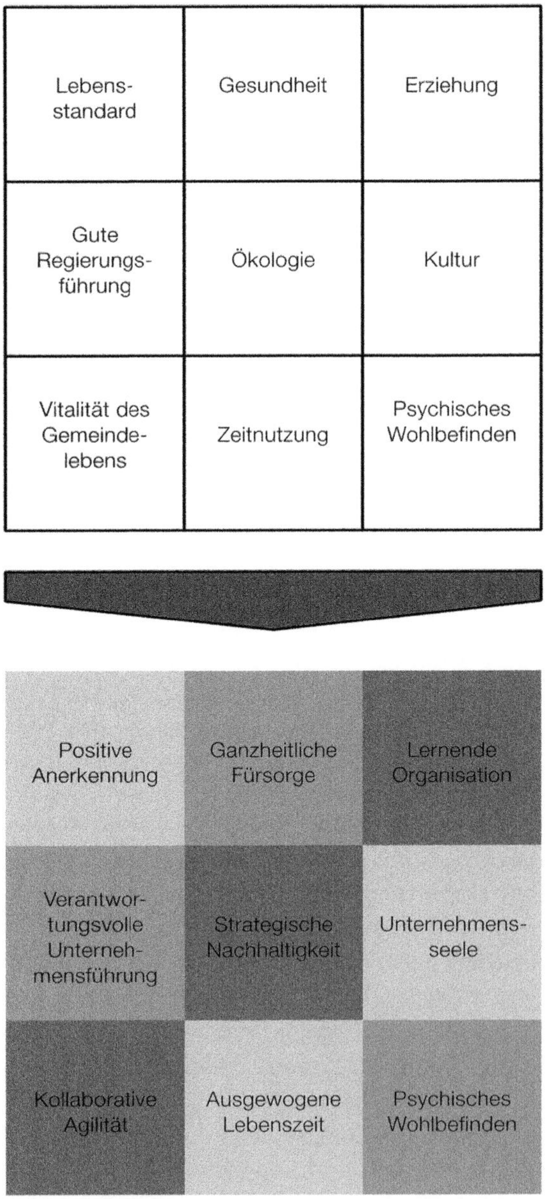

Abb. 2.7 Überleitung des GNH-Modells auf das GCH-Modell. (Fox 2017)

Bei einer Gegenüberstellung mit denjenigen neun Schlüsselelementen, die zuvor aus der Selbstbestimmungstheorie bzw. dem Hierarchiemodell hierfür als essenziell hergeleitet wurden (siehe Abb. 2.6), kann man feststellen, dass die neun Hauptkategorien des hieraus abgeleiteten GCH-Modells exakt mit diesen Feldern übereinstimmen.

Spiegelt man es nämlich an den drei von Vallerand beschriebenen relevanten Abstraktionsebenen für Motivation, so wird deutlich, dass jeweils drei der neun Dimensionen des GCH-Modells auf jeder der drei Ebenen wirksam sind:

Die „Unternehmensseele", die „strategische Nachhaltigkeit" sowie die „verantwortungsvolle Unternehmensführung" wirken als universelle Systemfaktoren des gesamten Unternehmens;

die „lernende Organisation", die „kollaborative Agilität" sowie das „psychische Wohlbefinden" sind die entscheidenden Faktoren des kontextuellen Umfeldes (wozu allgemein Lernen, zwischenmenschliche Beziehungen sowie Freizeit gezählt werden);

und zuletzt sind „positive Anerkennung" und „ganzheitliche Fürsorge" zusammen mit der „ausgewogenen Lebenszeit" die wesentlichen Determinanten für die Qualität der individuellen Arbeitssituation.

Insofern repräsentiert der GCH-Ansatz eine für das Hierarchiemodell der Motivation optimal ausgewogene Primärstruktur.

Gleichzeitig bezieht sich auf jeder dieser drei Ebenen jeweils eine Dimension auf Kompetenz, eine auf Bezogenheit und eine auf Autonomie, was genau den drei Grundbedürfnissen für intrinsische Motivation der Selbstbestimmungstheorie von Deci und Ryan entspricht:

Bezüglich des Bedürfnisses nach Kompetenz bietet die „Unternehmensseele", sofern sie auf einen höheren Zweck ausgerichtet ist, einen universellen, sinnstiftenden Rahmen, die „lernende Organisation" fördert die postformale Weiterbildung, während die „positive Anerkennung" für individualisiertes Feedback sorgt;

als Bezogenheitsfaktoren reflektieren die „strategische Nachhaltigkeit" den allgemeinen Bezug zum ökologischen System, in das die Organisation eingebettet ist, die „kollaborative Agilität" den Bezug zu den Arbeitskollegen, während die „ganzheitliche Fürsorge" die individuelle Beziehungsebene im Unternehmen entscheidend bestimmt;

und zuletzt determiniert „verantwortungsvolle Unternehmensführung" den Autonomierahmen auf gesamtunternehmerischer Ebene, „psychisches Wohlbefinden" ist die Voraussetzung für autonomes Verhalten im direkten Beziehungsumfeld und „ausgewogene Lebenszeit" bestimmt das subjektive Autonomiegefühl.

Damit reflektiert der GCH-Ansatz ebenfalls eine für die Selbstbestimmungstheorie optimal ausgewogene Sekundärstruktur.

Hieraus kann man unmittelbar ableiten, dass die neun Kategorien des GCH-Modells den neun Feldern der organisatorischen Anforderungsstruktur für Unternehmen repräsentieren, wie sie in Abb. 2.8 hergeleitet wurde.

Somit repräsentiert das Gross-Corporate-Happiness-Modell, wie dies Abb. 2.8 zeigt, einen ganzheitlichen Organisationsrahmen für ein intrinsisch motivierendes Arbeitsumfeld bzw. einen systematischen und ganzheitlichen Ansatz, um die bestmöglichen Voraussetzungen für

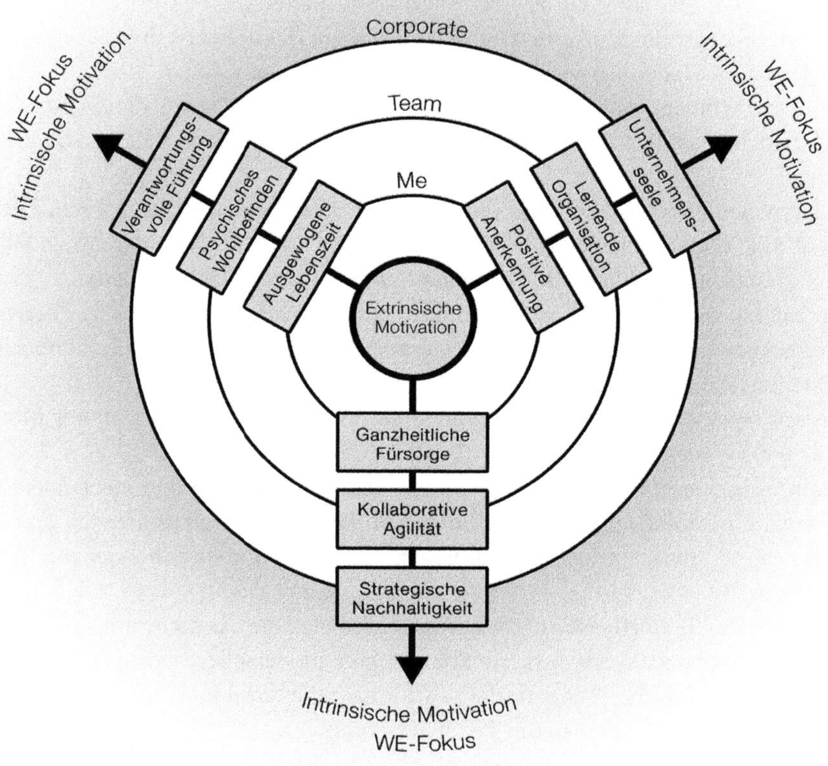

Abb. 2.8 Die neun Dimensionen des GCH-Modells erfüllen exakt die Anforderungsstruktur für zukünftige Organisationen. (Fox 2017)

Agilität, Kreativität und Kollaboration in einer Organisation zu schaffen – das Fundament und die entscheidenden Baumaterialien für digitale Innovationsleistung (Fox 2017).

Betrachtet man im Kontext von Nachhaltigkeit speziell den Aspekt der Bezogenheit, so wird offensichtlich, dass dieses essenzielle Bedürfnis nicht bereits dadurch befriedigt werden kann, dass für den einzelnen Mitarbeiter ein Umfeld der „ganzheitlichen Fürsorge" durch gesunde Mittagsküche oder Sporteinrichtungen geschaffen wird, wie dies viele Unternehmen versuchen. Auch eine Förderung der Zusammenarbeit unmittelbar zwischen Kollegen ist lediglich ein notwendiger, allerdings noch kein hinreichender Aspekt.

In Übereinstimmung mit Forschungsarbeiten von Vallerand kann nämlich erst eine ganzheitliche Nachhaltigkeitsstrategie, die verantwortungsbewusste Bezogenheit zum

„nächstkomplexeren" System außerhalb der Organisation attestiert, einen glaubwürdigen globalen Bezugsrahmen für das Bedürfnis nach Bezogenheit innerhalb von Organisationen bilden.

Hieraus ergibt sich zwangsläufig, dass erst eine Unternehmensausrichtung, die die Anforderungen an eine nachhaltige Erhaltung der umgebenden ökologischen (und sozialen) Systeme vollständig mit einbezieht, die Entfaltung von intrinsischer Motivation in Organisationen ermöglicht. Fehlt diese, so wird der Mitarbeiter jede auf ihn persönlich beschränkte Fürsorgestrategie – häufig bereits unbewusst – als unglaubwürdig uminterpretieren und als einen Versuch entlarven, ihn lediglich zur Erbringung einer höheren Arbeitsleistung manipulieren zu wollen. Erst die authentische Bezogenheit auf gesamtunternehmerischer Ebene, die sich in einer strategischen Nachhaltigkeitsausrichtung manifestiert, gibt Maßnahmen zur Unterstützung von Bezogenheit auf individueller sowie auf Teamebene die notwendige Glaubwürdigkeit und lässt sie in Bezug auf intrinsische Motivation wirksam werden.

Somit ergibt sich aus den Erkenntnissen der Grundfaktoren für intrinsische Motivation ein drittes Argument für die Schlüsselrolle von Nachhaltigkeit für zukünftigen Unternehmenserfolg in der Wirtschaft des 21. Jahrhunderts.

2.7 Schwimmen lernen im Blauen Ozean

Während wir seit Jahrzehnten ohne nennenswerten Konsens eine – angesichts der Konsequenzen immer stärker eskalierende – moralische Debatte führen um die Frage, inwieweit individuelle Wirtschaftsakteure die Verantwortung für die kollektive Gefährdung unserer ökologischen und gesellschaftlichen Gemeingüter übernehmen sollten, haben die vorangegangenen Abschnitte zu zeigen versucht, dass der Globalisierung der Wirtschaft gleich in drei Aspekten das Potenzial innewohnt, Nachhaltigkeit zu einem strategischen Erfolgsfaktor zu machen.

In einem Umfeld zunehmend vernetzter Systeme ist es längst nicht mehr möglich, Wirtschaftsunternehmen als unabhängig handelnde Akteure zu verstehen, wie dies unsere heutigen betriebswirtschaftlichen Ansätze uns noch suggerieren. Für die somit unvermeidliche Erweiterung des Managementansatzes von einem geschlossenen zu einem offenen Systemverständnis wird die Einbeziehung globaler Auswirkungen von wirtschaftlichem Handeln schlichtweg alternativlos sein. Mit diesem Schritt werden nicht nur unsere Wirtschaftstheorien dem Niveau einer längst begonnenen Realität angepasst, sondern nachhaltiges Handeln als eine Systembedingung von Wirtschaft integriert.

Je früher Unternehmen hiermit beginnen, umso eher können sie sich noch einen Platz am Tisch der Zukunft verdienen.

Zugleich ist die Übernahme von Verantwortung für das kontextuell übergeordnete System eine der notwendigen Voraussetzungen, um im Zeitalter der Digitalisierung diejenigen Schlüsselfähigkeiten innerhalb einer Organisation zu aktivieren, die nicht nur zu transaktionaler Effizienz führen, sondern insbesondere erfolgsentscheidend für die digitale Innovationsfähigkeit sind.

Für die Wirtschaft ist es dabei notwendig, unser Bewusstsein für Zusammenhänge in zwei Richtungen zu erweitern: durch eine Systembetrachtung im Großen, indem die tatsächlichen Interdependenzen in offenen Systemen in unsere unternehmerischen Strategiewerkzeuge integriert werden, sowie durch ein besseres Verständnis der Details der Motivationsdynamiken innerhalb unserer Organisationen. Denn hier liegt eine zukünftig noch deutlich wichtiger werdende Ressource, die wir bisher in unserer transaktionalen Wirtschaftsanalytik lediglich als Kostenfaktor interpretiert haben, deren Potenzial bei adäquatem Einsatz und entsprechenden Randbedingungen jedoch sogar zunimmt und nicht durch Grenzen beschränkt ist: das kognitive Potenzial der Mitarbeiter.

Wirtschaftsunternehmen werden zukünftig keine Alternative mehr haben, als ihren gewohnten betriebswirtschaftlichen Teich zu verlassen und in einem „Blauen Ozean“[8] mit neuen Führungskonzepten schwimmen zu lernen.

Gleichzeitig sollten wir als Gesellschaft einsehen, dass die globale Wirtschaft trotz ihrer aktuell verursachten Kollateralschäden in einem solchen Prozess keine grundsätzliche „Inkarnation des Bösen“ ist, sondern der entscheidende Partner, der in ausreichender Geschwindigkeit eine Veränderung einleiten kann, bevor die Wellen der negativen Konsequenzen kollektiven menschlichen Handelns global über uns zusammenschlagen.

Die Verfechter einer nachhaltigen Wirtschaft müssen sich hierbei von ihrer bisherigen – kulturell zweifellos berechtigten – moralischen Argumentation emanzipieren und für eine solche Partnerschaft ebenfalls die Hand reichen.

Anmerkung: Teile dieses Kapitels basieren auf dem Werk „Bionische Unternehmensführung“ von Rüdiger Fox, Springer Gabler 2017.

Literatur

Amabile, T. M. (1983). The social psychology of creativity: A component conceptualization *Journal of Personality and Social Psychology, 45*(2), 357–376.

Amabile, T. M. (1996). *Creativity and innovation in organizations* (9-396-239). Cambridge: Harvard Business School.

Csikszentmihalyi, M. (1991). *Flow: The psychology of optimal experience.* New York: Harper Perennial ModernClassics, HarperCollins.

Csikszentmihalyi, M. (2004). *Flow im Beruf: Das Geheimnis des Glücks am Arbeitsplatz.* Stuttgart: Klett-Cotta.

Deci, E. L., & Flaste, R. (1995). *Why we do what we do. Understanding self-motivation.* London: Penguin Books.

Ellen McArthur Foundation. (2017). *„A new textile economy: Redesigning fashion's future“.*

Fox, R. (2017). *Bionische Unternehmensführung.* Wiesbaden: Springer.

Frankl, V. E. (2006). *Man's search for meaning.* Boston: Beacon Press (Erstveröffentlichung 1959).

[8] Blue-Ocean-Strategie nach W.C. Kim & R. Mauborgne, INSEAD Business School.

Gagné, M., & Deci, E. L. (2005). Self-determination theory and work motivation. *Journal of Organizational Behavior, 26*(4), 331–362.

McKinsey. (2015). *„Agility: It rhymes with stability"*, by Wouter Aghina, Aaron De Smet, and Kirsten Weerda, Dezember 2015.

Ryan, R. M., & Deci, E. L. (2002). *Handbook of self determination research*. Rochester: University of Rochester Press.

Taleb, N. N. (2007). *The black swan – The impact of the highly improbable*. London: Penguin Books.

Ura, K., Alkire, S., Zangmo, T., & Wangdi, K. (2012). *A short guide to gross national happiness index*. Thimphu: The Center of Bhutan Studies

Vallerand, R. J., & Ratelle, C. F. (2002). *Intrinsic and extrinsic motivation: A hierarchical model in Handbook of self determination research*. Rochester: University of Rochester Press.

Presse

NBC News. (2017). *„Is social media contributing to rising teen suicide rate?"*, by Elisabeth Chuck, 22. Oktober 2017

The Guardian. (2017). *„‚Tsunami of data' could consume one fifth of global electricity by 2025"*, 11. Dezember 2017

Dr. Rüdiger Fox ist Unternehmenslenker, Krisenmanager, Autor und innovativer Querdenker. In über 20 Jahren als CEO von mittleren und großen, internationalen Konzernunternehmen in den unterschiedlichsten Branchen entwickelte er ein eigenes, ganzheitliches Führungsmodell, welches eine nachhaltige Transformation von Organisationen „von innen" ermöglicht: den „Gross Corporate Happiness®"-Ansatz.

Nach Studien der Luft- und Raumfahrttechnik und der Betriebswirtschaft wurde er in Kulturwissenschaften promoviert. Mit dem GCH-Institute begleitet er heute weltweit als Interimsmanager und Berater Unternehmen und staatliche Organisationen bei der digitalen Transformation, kulturellen Integrationsprozessen und der Nachhaltigkeitsstrategieplanung. Daneben lehrt er als Gastprofessor für Wirtschaftspsychologie an Hochschulen in Hamburg, Berlin und Innsbruck.

Nachhaltigkeit als Erfolgsfaktor

3

Michael Wühle

3.1 Ein neuer unternehmerischer Ansatz

Nachhaltigkeit als neuer unternehmerischer Ansatz und Alleinstellungsmerkmal? Ist das möglich? Ja, denn inzwischen spielt das verstärkte Umwelt- und Verantwortungsbewusstsein der Konsumenten eine große Rolle für deren Kaufentscheidungen. Wir Verbraucher gehen Produkten und Dienstleistungen inzwischen auf den Grund, um herauszufinden, wie viel Nachhaltigkeit hinter dem Produkt, hinter der Dienstleistung und dessen Unternehmen steckt. Wer seine Kunden mit „grünen" Slogans zu täuschen versucht, wird diese Kunden verlieren, anstatt sie an sich zu binden.

Unternehmen müssen ihr Alleinstellungsmerkmal, ihren USP[1], in Sachen Nachhaltigkeit kennen und ihre Strategie klar danach ausrichten – nach innen und außen. Sehr oft wird dabei vergessen diesen USP auch an die Anspruchsgruppen des Unternehmens zu kommunizieren nach dem Motto: „Tue Gutes und rede darüber."

Nachhaltigkeit schafft Werte und Vertrauen. Die Bedenken, ob nachhaltiges, enkeltaugliches Handeln einen dauerhaften Unternehmenserfolg möglich macht, sind geringer geworden. Viele Unternehmen und Organisationen haben inzwischen erkannt, dass sie deutlich Kosten sparen können, indem sie ihre Wertschöpfungsketten durchleuchten, Abläufe optimieren, Abfälle reduzieren und auf Ressourceneffizienz setzen. Dieses nachhaltige Verhalten wird von den Konsumenten registriert und positiv gewertet.

[1]USP steht für Unique Selling Proposition (Alleinstellungsmerkmal).

M. Wühle (✉)
PlusB Consulting – Michael Wühle, Hohenlinden, Deutschland
E-Mail: mw@nachhaltigkeit-management.de

M. Englert und A. Ternès (Hrsg.), *Nachhaltiges Management*,
https://doi.org/10.1007/978-3-662-57693-9_3

Nachhaltigkeit ist zur neuen Businessmoral geworden. Nachhaltigkeit ist für die Kundenbindung bestens geeignet. Sie löst positive Emotionen aus und ist keine Eintagsfliege. Wer also Nachhaltigkeitsthemen mit seiner Marke besetzt, verschafft sich damit einen USP und so auch einen Wettbewerbsvorteil. Damit wird Nachhaltigkeit zu einem Erfolgsfaktor für Organisationen aller Art. Grundlage für diesen Erfolg ist die umfassende Methodik der Nachhaltigkeit, die ich gerne mit dem „Tempel der Nachhaltigkeit" veranschauliche.

3.2 Nachhaltigkeit – dreidimensional

Nachhaltigkeit ist eine Methodik, die aus den drei Dimensionen Ökonomie, Ökologie und Soziales/Gesellschaftliches besteht. Dabei sind die Dimensionen der Nachhaltigkeit völlig gleichwertig und in der Reihenfolge der Anwendung beliebig austauschbar. Ein Projekt, ein Produkt, eine Dienstleistung, ein Prozess, eine Strategie ist dann nachhaltig, wenn alle drei Dimensionen berücksichtigt und gleichwertig eingesetzt wurden.

Der Tempel der Nachhaltigkeit steht auf dem stabilen Untergrund unseres Fachwissens zu den kaufmännischen, technischen und organisatorischen Belangen unserer Tätigkeit. Die Säulen des Tempels sind gleich hoch und gleich stark und ermöglichen damit das stabile und schützende Dach des Nachhaltigkeitsmanagements, das erst die so wichtige Verbindung zwischen den Säulen der Ökonomie, der Ökologie und des Sozialen/Gesellschaftlichen ermöglicht (Abb. 3.1).

Die Reihenfolge der drei Säulen ist wie gesagt (theoretisch) völlig beliebig, da das Resultat unabhängig von der Reihenfolge immer das Gleiche ergibt, wenn nur alle drei Dimensionen gleichwertig angewendet werden. Doch wie so oft gibt es auch bei der Nachhaltigkeit einen Unterschied zwischen Theorie und Praxis, der über Erfolg oder Misserfolg einer Maßnahme, eines Projekts entscheidet.

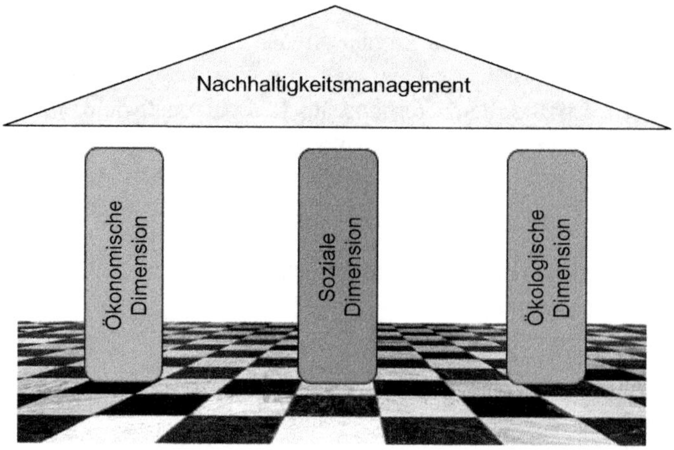

Abb. 3.1 Tempel der Nachhaltigkeit

Seit nun über zehn Jahren beschäftige ich mich beruflich und privat mit dem Thema Nachhaltigkeit und habe dabei immer wieder erleben müssen, dass (Nachhaltigkeits-)Projekte, die die ökologische oder soziale/gesellschaftliche Dimension in den Vordergrund stellen, früher oder später scheitern. Warum ist das so? Nach meiner Wahrnehmung in vielen Projekten kommt dies zum einen aus der klassisch betriebswirtschaftlichen Sichtweise, die wir alle in Schule, Ausbildung, Studium gelernt und verinnerlicht haben und daher soziale oder ökologische Projekte als weniger wichtig, teuer und nur dem Zeitgeist geschuldet sehen. Zum anderen stehen gerade Projekte, die primär durch die ökologischen Ziele getrieben werden, oftmals nicht auf einer gesunden wirtschaftlichen Basis.

Ich habe Energiegenossenschaften kennengelernt, die völlig von dem bewundernswerten Wunsch durchdrungen waren, einen Beitrag zur Energiewende und zur Dekarbonisierung unserer Wirtschaft zu leisten. Dabei haben sie ihre Projekte so kalkuliert, dass sie wirtschaftlich auf eine schwarze Null kommen oder Renditen zwischen ein und zwei Prozent erwirtschaften. Organisationen, die so arbeiten, können keine Rücklagen bilden und überleben in der Regel nicht die ersten technisch notwendigen Austauschmaßnahmen oder Marktschwankungen.

Aus diesem Grund habe ich in meinen Projekten und bei der Beratung meiner Mandanten inzwischen eine Reihenfolge in die drei Dimensionen der Nachhaltigkeit eingeführt, mit der ich recht erfolgreich unterwegs bin. Ich beginne immer mit der ökonomischen Komponente und mache meinen Gesprächspartnern als Allererstes klar, dass Nachhaltigkeit für das Unternehmen Kosteneinsparungen und Erlössteigerung bringt. Dies mache ich an einigen Kennzahlen deutlich, die ich mir im Vorfeld des Gesprächs zu dem jeweiligen Unternehmen gebildet habe, und erlange dadurch die volle Aufmerksamkeit und das Interesse am weiteren Gespräch. Erst danach erläutere ich die weiteren Vorteile und Möglichkeiten, die sich in der sozialen/gesellschaftlichen und der ökologischen Dimension ergeben.

Man könnte jetzt sagen, dass ich meinem eigenen Verständnis von Nachhaltigkeit widerspreche, jedoch ist dies nicht wirklich so. Mir ist die absolute Notwendigkeit einer ausbalancierten und gleichwertigen Anwendung aller drei Dimensionen der Nachhaltigkeit sehr wohl bewusst. Dennoch muss ich die Denk- und Sichtweise berücksichtigen, die immer noch in den meisten Köpfen von Menschen mit unternehmerischer Verantwortung fest verankert ist, und das ist die wirtschaftliche Komponente allen Handelns.

An diesem Punkt angekommen stelle ich dann drei entscheidende Fragen, die alle bejaht werden müssen, damit ich das Gespräch weiterführe. Zunächst frage ich: „Sind Sie nun/noch sicher, dass Sie dieses Projekt brauchen und durchführen wollen?" Wenn dies bejaht wurde, frage ich: „Können Sie sich dieses Projekt leisten, haben Sie entsprechendes Budget dafür?" Wird auch diese Frage bejaht. frage ich schließlich: „Sind Sie bereit mich/uns mit der Durchführung zu beauftragen?"

Erst wenn der nachhaltige Ansatz erläutert und verstanden wurde und zudem die drei Kernfragen zur Durchführung des Projektes positiv beantwortet wurden, kann die Umsetzung beginnen.

Eines der wichtigsten Projekte, die ein Unternehmen im Kontext der Nachhaltigkeit durchführen kann, ist die Transformation der eigenen Organisation zu einem nachhaltigen Unternehmen in dem Bewusstsein, dass nachhaltige Unternehmen auch erfolgreiche Unternehmen sind.

3.3 Vorteile eines nachhaltigen Unternehmens

Warum sollte eine Organisation, ein Unternehmen sich in Richtung Nachhaltigkeit transformieren? Vielleicht aus dem Grund, dem wachsenden Konsumentenverhalten in puncto Nachhaltigkeit nachzukommen, um mit den Mitbewerbern mithalten zu können? Das wäre meiner Ansicht nach der falsche Weg, denn es würde nur eine oberflächliche Transformation bewirken.

Die Transformation von einem klassisch betriebswirtschaftlich geprägten Unternehmen zu einem nachhaltigen Unternehmen ist der Übergang von einem eindimensionalen zu einem dreidimensionalen Gebilde. Anstatt aus dem rein betriebswirtschaftlichen Blickwinkel sehen wir nun das Unternehmen aus drei verschiedenen Blickwinkeln an. Für jeden Prozess, für jede Aktivität des Unternehmens werden uns die ökonomischen, ökologischen und sozialen/gesellschaftlichen Auswirkungen unseres Handelns bewusst. Auch die Wechselwirkungen zwischen den drei Dimensionen der Nachhaltigkeit werden dann klar erkennbar.

Etwas theoretisch, nicht wahr? Zugegeben, doch die Mächtigkeit eines nachhaltigen unternehmerischen Ansatzes wird allen Beteiligten sehr schnell klar, wenn wir konkret die Prozesse und Aktivitäten des jeweiligen Unternehmens beleuchten. Ich arbeite seit vier Jahren mit dem von mir selbst entwickelten System „Sustainability. Now.®", das auf der ISO 26000[2] aufbaut und mit dem ich sehr schnell die Handlungsfelder für einen Prozess in Richtung Nachhaltigkeit identifizieren kann. Die ISO 26000 wurde auf Basis eines Multi-Stakeholder-Ansatzes erarbeitet und enthält alle notwendigen Bestandteile, um eine Organisation anhand von Nachhaltigkeitskriterien auszurichten. Ich empfehle Ihnen, mit diesem Leitfaden zu arbeiten.

Wenn ich meinen Gesprächspartnern damit die Handlungsfelder aufzeige und die Chancen beschreibe, die sich aus dem jeweiligen Nachhaltigkeitsansatz ergeben, dann erlebe ich immer wieder, mit welcher Verblüffung der neue Blickwinkel von den Beteiligten aufgenommen wird. Meine Gesprächspartner sehen sich dann meist erstaunt an und ich höre es förmlich klicken, wie sich in ihren Gehirnen bisher isolierte Gedanken zu einem neuen und Erfolg versprechenden Ansatz verbinden. Es ist dieses dreidimensionale Gebilde der Nachhaltigkeit, das ein plastisches Bild des Unternehmens erzeugt und die Enge des rein betriebswirtschaftlichen Ansatzes weit hinter sich lässt.

[2] Leitfaden zur gesellschaftlichen Verantwortung (ISO 26000:2010).

Da ich aus psychologischen Gründen anfangs immer über die ökonomische Schiene komme, werden zunächst meist technische Prozesse und Maßnahmen identifiziert, die zu Kostenminimierungen und Erlössteigerungen führen.

Eigenstromversorgung aus erneuerbaren Energien, Energieeffizienzmaßnahmen, Wärmerückgewinnung und Elektromobilität gehören oft zu den Handlungsfeldern, die identifiziert werden. Durch den neuen dreidimensionalen Blickwinkel werden jedoch unmittelbar danach auch die Chancen und der Nutzen im ökologischen und sozialen/gesellschaftlichen Bereich erkannt, wie beispielsweise Verringerung von Treibhausgasemissionen und Luftschadstoffen, Ressourceneffizienz, Imagesteigerung bei den Kunden, Abbau von Vorbehalten im Unternehmensumfeld.

Bald nach den technisch geprägten Maßnahmen ist die Bereitschaft vorhanden, Unternehmensprozesse wie Lieferketten, Arbeitszeitmodelle, Recruiting, Qualifizierung, aber auch die strategische Ausrichtung in Richtung Nachhaltigkeit zu verändern.

Ist erst mal dieser Punkt im Transformationsprozess erreicht, dann können wir sicher sein, dass die Verantwortlichen des Unternehmens verstanden und verinnerlicht haben, dass ein nachhaltiges Unternehmen auch ein sehr stabiles und erfolgreiches Unternehmen ist. Effizienz, Kostenminimierung und das Bewusstsein einer gesellschaftlichen Verantwortung versprechen eine gesunde, eine nachhaltige weitere Entwicklung des Unternehmens.

Sehen wir uns nun die Ansätze und Methoden für ein nachhaltiges Unternehmens etwas genauer an.

3.4 Ansätze für ein nachhaltiges Unternehmen

Ressourceneffizienz

Der schonende und effiziente Umgang mit den vom Unternehmen benötigten Ressourcen, wie Wasser, Energie und Material, rückt automatisch ins Blickfeld, wenn ein Unternehmen sich in Richtung Nachhaltigkeit transformiert. Die Vorteile im ökonomischen, ökologischen und sozialen/gesellschaftlichen Bereich, die sich aus mehr Ressourceneffizienz ergeben, liegen auf der Hand. Unter dem Slogan „Aus weniger mehr machen" wird bereits an vielen Stellen die Entkopplung von Ressourcenverbrauch und Wachstum beschrieben. Dabei wird gerade in Unternehmen zunehmend erkannt, dass Ressourceneffizienz und die damit verbundene Kostenreduzierung die Performance des Unternehmens steigern und zu mehr Wirtschaftlichkeit und Stabilität führen. Dies gilt insbesondere auch für kleine und mittlere Unternehmen (KMU).

In all meinen Projekten der letzten Jahre mit KMU konnte ich mindestens 30 % Kostenreduzierung durch Ressourceneffizienz erzielen (meist sogar deutlich über 50 %), was gerade bei einem KMU oft entscheidend für den künftigen Erfolg oder Misserfolg des Unternehmens ist. Mit den erzielten Kostenreduzierungen entstehen dann Möglichkeiten für Investitionen in innovative, hocheffiziente Querschnittstechnologien, wie z. B. Wärmerückgewinnungssysteme, die wiederum die Performance des Unternehmens steigern. Der Einsatz von hocheffizienten Querschnittstechnologien wird in Deutschland in Form von nichtrückzahlbaren Investitionszuschüssen beachtlich gefördert.

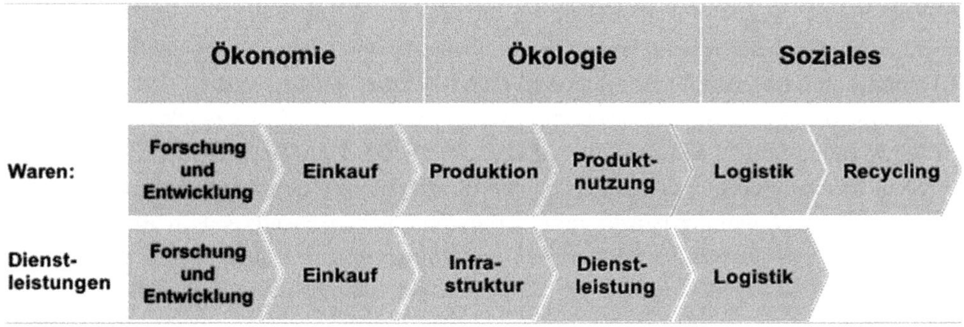

Abb. 3.2 Nachhaltige Lieferkette. (Eigene Darstellung nach Schulz 2012)

Oft ergab sich bei den KMU, denen ich beratend zur Seite stand, die Möglichkeit, neue Mitarbeiter einzustellen, da die Kostenreduzierung aus den Ressourceneffizienzmaßnahmen auch hier die finanziellen Spielräume eröffnet hat. In Deutschland werden Maßnahmen zu einer höheren Energieeffizienz und die Investition in hocheffiziente Querschnittstechnologien vom BAFA[3] in Form von nichtrückzahlbaren Investitionszuschüssen[4] erheblich gefördert[5]. Dort finden Sie auch eine Liste mit zugelassenen Energieberatern (wie zum Beispiel mich), die Ihnen dabei helfen können, einfach an die Fördermittel zu kommen.

▶ Erfolgsfaktor Nr. 1 → Ressourceneffizenz

Lieferkette

In jedem Unternehmen gibt es Lieferketten. Dabei spielt es keine Rolle, ob es ein produzierendes Unternehmen ist oder ob es sich um ein Dienstleistungsunternehmen handelt.

Auf jeder Stufe der Lieferkette gibt es Auswirkungen auf die Umwelt, die Gesellschaft und die Wirtschaft. Davon ausgehend ist für ein nachhaltiges Unternehmen die Nachhaltigkeit in der Lieferkette (Sustainable Supply Chain) ein unverzichtbares Kernelement des unternehmerischen Handelns.

Nachhaltigkeit in der Lieferkette bedeutet das Management der ökologischen, sozialen und wirtschaftlichen Auswirkungen sowie die Förderung guter Unternehmensführung über den gesamten Lebenszyklus von Produkten und Dienstleistungen. Das Ziel einer nachhaltigen Lieferkette ist es, für alle an der Herstellung und Vermarktung beteiligten Akteure langfristig einen ökologischen, sozialen und wirtschaftlichen Nutzen zu schaffen (Abb. 3.2).

[3]Bundesamt für Wirtschaft und Ausfuhrkontrolle (BAFA).

[4]http://www.bafa.de/DE/Energie/energie_node.html.

[5]http://www.bafa.de/DE/Energie/Energieeffizienz/Querschnittstechnologien/querschnittstechnologien_node.html.

Eine nachhaltige Lieferkette sollte schon aus eigener Überzeugung zur gesellschaftlichen Verantwortung jedes Unternehmens und jeder Organisation implementiert werden. Darüber hinaus gibt es weitere triftige Gründe für die Einführung einer nachhaltigen Lieferkette:

- Verbesserung der Effizienz,
- Kosten- und Energieeinsparungen,
- Gewinnung neuer Kunden,
- Reputationsverbesserung → zu Recht befürchtet wird ein Imageverlust, wenn die eigene Lieferkette nicht nachhaltig gestaltet wird, da der Kunde darauf zunehmend Wert legt,
- Aufbau und Entwicklung nachhaltiger Lieferbeziehungen,
- Wettbewerbsvorteile: Was machen andere und wo/wie kann ich mich abheben?
- Erfüllung von Anforderungsprofilen von Kunden und/oder Geschäftspartnern: Entwicklung und/oder Ausbau.

▶ Erfolgsfaktor Nr. 2 → nachhaltige Lieferkette

Lieferantenmanagement

Im Zusammenhang mit dem Aufbau einer nachhaltigen Lieferkette ist der Aufbau/Umbau eines nachhaltigen Lieferantenmanagements gleichfalls sehr sinnvoll. Je nach Größe und Möglichkeiten des Unternehmens sollten Lieferantenmanager für bestimmte Kontinente, Länder oder Ländergruppen verantwortlich sein. Durch den permanenten Umgang mit „ihren" Lieferanten sind die Mitarbeiter in der Lage, spezielles Wissen über Land und Leute zu entwickeln und mit ihren Kontaktpartnern auf Augenhöhe offen über Probleme und Tagesgeschäfte zu sprechen. Das erhöht nicht nur die Sicherheit beim Einkauf, es ermutigt auch die Lieferanten, offen über Mängel zu sprechen oder gar um Hilfe zu bitten. Gemeinsam kann so eine Weiterentwicklung der Nachhaltigkeit vorangebracht werden.

- Aufbau von Know-how ist dringend erforderlich. Wichtig sind beispielsweise:
  - Hintergrundwissen zu den einzukaufenden Produkten,
  - das Vorhandensein oder Erlernen der entsprechenden Sprachkenntnisse,
  - kulturelle Gepflogenheiten,
  - Hintergrundwissen zu kritischen und unkritischen Ländern und Lieferanten.
- Optimierung der Beschaffungsprozesse durch:
  - regelmäßige Preisverhandlungen mit langjährigen Lieferanten,
  - Lieferantenkonsolidierung und -bündelung,
  - Transparenz – Rückverfolgbarkeit,
  - Produktspezifikation und Kenntnis der erforderlichen Bedarfe,
  - Entwicklung von Waren- und/oder Materialgruppen.

Ein ganzheitliches, ein nachhaltiges Lieferantenmanagement bindet die einzelnen Lieferanten in das eigene Nachhaltigkeitskonzept ein und führt oft dazu, dass die Lieferanten sich selbst in Richtung Nachhaltigkeit aufmachen (Abb. 3.3).

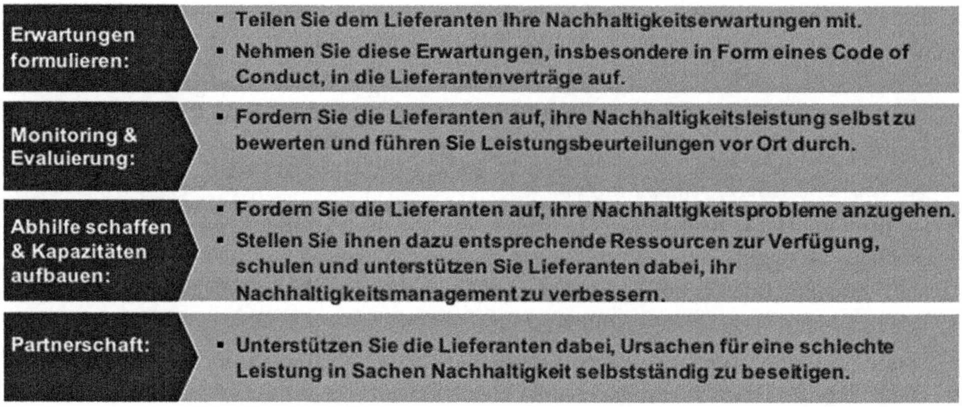

Abb. 3.3 Schritte zu einem nachhaltigen Lieferantenmanagement

Der eigene Code of Conduct, die eigene Firmenphilosophie ist Basis einer nachhaltigen Lieferkette und eines nachhaltigen Lieferantenmanagements. Am einfachsten beruht der Code of Conduct auf den Prinzipien des Global Compact der Vereinten Nationen und der Internationalen Arbeitsorganisation (ILO) und spiegelt sich in den Unternehmensleitlinien wider, die für die eigenen Mitarbeiter und auch für alle Lieferanten verbindlich sein sollten.

Die Inhalte des Code of Conduct sollten in jedem Fall folgende Elemente enthalten:

Einhaltung der Gesetze,
Verbot von Korruption und Bestechung,
Achtung der Grundrechte der Mitarbeiter,
Verbot von Kinderarbeit,
Gesundheit und Sicherheit der Mitarbeiter,
Umweltschutz,
Lieferkette.

▶ Erfolgsfaktor Nr. 3 → Lieferantenmanagement und Code of Conduct

CO_2-Bilanz

Der CO_2-Fußabdruck oder die CO_2-Bilanz ist das Gesamtmaß von CO_2-Emissionen und/oder Treibhausgasemissionen (THG) in CO_2-Äquivalenten (CO_{2eq}). Der CO_2-Fußabdruck ist ein hilfreiches Mittel, um die Klimaauswirkungen von Produkten, Dienstleistungen und Organisationen zu ermitteln, und sollte bei keinem Unternehmen fehlen, das sich in Richtung Nachhaltigkeit entwickeln will.

Generell unterscheiden wir den CO_2-Fußabdruck für Produkte (PCF: Product Carbon Footprint) und Unternehmen (CCF: Corporate Carbon Footprint). Der **CO_2-Fußabdruck eines Produktes** bezeichnet die Bilanz der THG-Emissionen entlang des gesamten

Lebenszyklus eines Produkts (Cradle to Cradle). Der Produktzyklus umfasst dabei die gesamte Wertschöpfungskette:

1. Herstellung, Gewinnung und Transport der Rohstoffe und Vorprodukte,
2. Produktion und Distribution,
3. Nutzung und ggf. Nachnutzung,
4. Entsorgung bzw. Recycling.

Der **CO_2-Fußabdruck einer Organisation** wird meistens erstmals für den Nachhaltigkeitsbericht eines Unternehmens erstellt. Der Corporate Carbon Footprint erfasst den gesamten CO_2-eq-Ausstroß in den spezifischen Systemgrenzen[6] des Unternehmens. Wie die Systemgrenzen, die sogenannten Scopes, definiert sind, ist im Greenhouse Gas Protocol beschrieben.

► Erfolgsfaktor Nr. 4 → CO_2-Bilanz

Nachhaltige Führungs- und Unternehmenskultur

Die Führungs- und Unternehmenskultur ist das gemeinsam geteilte Werte- und Normensystem eines Unternehmens und zeigt, wie ein Unternehmen „tickt". Sie zeigt sich daran, wie im Unternehmen kommuniziert wird, wie das Unternehmen strukturiert ist, und sie zeigt sich am Führungsverhalten.

Für ein Unternehmen, das eine nachhaltige Führungs- und Unternehmenskultur installieren und integrieren möchte, sind daher die Aktionsfelder Unternehmensleitbild, das symbolische Management, die Personalentwicklung und entsprechende Anreizsysteme wichtig:

1. Unternehmensleitbild

Zusammenfassung der handlungsbegleitenden Werte und Orientierungspunkte, die den Mitarbeitern einen Denk- und Bezugsrahmen vorgeben. Nachhaltigkeit als Bestandteil des Leitbildes erfüllt in diesem Zusammenhang eine wichtige Orientierungsfunktion – vor allem in ökologisch und sozial relevanten Entscheidungssituationen. Das beste Leitbild bleibt jedoch unbedeutend, wenn es nicht von der Führung täglich vorgelebt wird auch durch eine nachhaltige Führungskräfteentwicklung.

2. Symbolisches Management

Die bewusste Gestaltung der sogenannten Unternehmensartefakte. Darunter sind Erzählungen zu verstehen, die im Unternehmen kreisen, typische Sprechweisen, eingespielte Rituale usw. Es spiegelt die Haltung zur Umwelt und zu den Beschäftigten wider.

---

[6]Siehe: http://www.ghgprotocol.org/standards/scope-3-standard, Supporting Documents, Diagram of Scopes and Emissions Across the Value Chain.

3. Wertschätzende Kommunikation
Veröffentlichung von Nachhaltigkeitserfolgsstorys im Unternehmen. Regelmäßige gemeinsame Aktionen und Wettbewerbe von Führung und Beschäftigten zum Thema Umwelt- und Sozialverantwortung. Damit folgen Taten den Worten und Postulaten der Unternehmensführung.

▶ Erfolgsfaktor Nr. 5 → Nachhaltige Führungs- und Unternehmenskultur

Nachhaltigkeitsstrategie
Mit der Ressourceneffizienz, einer nachhaltigen Lieferkette mit integriertem Lieferantenmanagement, der CO_2-Bilanzierung unserer Produkte und unserer Organisation sowie mit einer nachhaltigen Führungs- und Unternehmenskultur haben wir die wichtigsten Elemente identifiziert, die benötigt werden, um einen Ansatz für ein nachhaltiges Unternehmen zu formulieren. Dieser Ansatz ist die Grundlage für die Nachhaltigkeitsstrategie in unserem Unternehmen.

Bei der Entwicklung einer Nachhaltigkeitsstrategie steht ganz am Anfang eine Analyse des Unternehmens. Welche Stärken und welche Schwächen weist unser Unternehmen auf? Diese Frage ist mit einer SWOT[7]-Analyse sehr einfach und schnell zu beantworten.

Die SWOT-Analyse eines Unternehmens zu erstellen ist wie gesagt nicht schwierig und auch nicht zeitintensiv. Wichtig ist nur die Bereitschaft, das eigene Unternehmen so weit wie möglich realistisch und objektiv zu betrachten (Abb. 3.4).

Nun haben wir die SWOT-Analyse durchgeführt und kennen insbesondere die speziellen Stärken unserer Organisation. Als Nächstes brauchen wir Nachhaltigkeitsziele und eine entsprechende Mission. Diese werden unser Leitbild sein, an dem wir uns orientieren, mit dem wir uns identifizieren können und an dem wir alle unsere weiteren Aktionen ausrichten. Die Mission beantwortet dabei die Fragen:

Was tun wir heute?
Warum machen wir das?
Was wollen wir in der Zukunft machen?
Was wollen wir in 10, 15, 20 Jahren erreicht haben?

Die Antworten darauf zu finden, ist sicherlich nicht immer einfach. Es müssen Antworten sein, die Ziele beschreiben, die uns begeistern, motivieren und uns das entsprechende Durchhaltevermögen geben. Nehmen Sie sich deshalb die nötige Zeit.

Ich habe selbst einmal erlebt, wie sich ein Unternehmen auf die Schnelle eine Mission gegeben hat. Im Rahmen eines Workshops der Führungskräfte hat der Vorstand in einer Kaffeepause so ganz nebenbei eine Vision und Ziele definiert, die dann in eine Nachhaltigkeitsstrategie überführt werden sollten.

---

[7]SWOT-Analyse, engl. für Strengths (Stärken), Weaknesses (Schwächen), Opportunities (Chancen) und Threats (Bedrohungen).

Abb. 3.4 SWOT-Analyse

Die Nachhaltigkeitsstrategie aufzustellen, war noch das kleinere Problem. Die Umsetzung ist gescheitert, weil es vorher keine Diskussion gab, keine Möglichkeit, die nach Gutsherrenart vorgegebenen Ziele den eigenen Vorstellungen anpassen zu können. Als der Vorstand dann Vision und Ziele seinen Führungskräften bekannt gab, war der Unmut sehr deutlich spürbar und es gab viel Protest. Ohne Gesichtsverlust konnte der Vorstand nicht mehr zurück und so blieb es dabei. Das Resultat in der Umsetzung können Sie sich vorstellen.

Also, nehmen Sie sich Zeit. Diskutieren Sie eine begeisternde Vision und formulieren Sie anspruchsvolle und gleichzeitig auch erreichbare Ziele!

In unserer Nachhaltigkeitsstrategie kann das Leitbild zum Beispiel die Entwicklung eines neuen innovativen Produkts sein, dessen kompletter Lebenszyklus von der Entwicklung bis zum Recyclingprozess anhand von umgesetzten Nachhaltigkeitskriterien geprägt ist. Mit so einem Cradle-to-Cradle-Produkt[8] ist dann auch ein Alleinstellungsmerkmal möglich und bedient so den ökonomischen Aspekt sehr gut.

Wir könnten in unserer Vision auch die Reduzierung von Treibhausgasen aufnehmen, so und so viele Tonnen an CO_2-Äquivalenten bis zum Jahr 20xx reduzieren, die durch die Aktivitäten unserer Organisation verursacht sind. Mit der Einführung neuer und energieeffizienter Technologien können diese Reduzierungsziele erreicht werden. Gleichzeitig wird unseren Anspruchsgruppen signalisiert, dass wir zu neuen Ufern aufbrechen.

[8] Cradle to Cradle: „von der Wiege bis zur Bahre“, zyklische Ressourcennutzung.

Ein anderer strategischer Ansatz wäre eine neue Struktur in der Organisation des Unternehmens, die neben einer größeren Effizienz in den Prozessen einen geringeren Energie- und Ressourcenverbrauch ergibt und den beschäftigten Menschen ein höheres Maß an Flexibilität von Arbeit und Freizeit ermöglicht.

Es finden sich bestimmt unzählige Möglichkeiten für eine begeisternde und motivierende Vision und Sie werden das passende Leitbild für Ihre Organisation sicher finden. Vielleicht habe Sie ja gerade hier beim Lesen eine zündende Idee dazu gehabt?

Aus den identifizierten Ansätzen für ein nachhaltiges Unternehmen ist nun eine Nachhaltigkeitsstrategie entwickelt worden und wir stehen vor der großen Herausforderung, diesen strategischen Ansatz im Unternehmen umzusetzen. Die Umsetzung ist deswegen eine große Herausforderung, da die Transformation zu einem nachhaltigen Unternehmen keinen Bereich unberührt lässt. Viele Menschen haben Angst vor Veränderungen und diese Ängste müssen wir ernst nehmen, wenn die Transformation gelingen soll. Ich habe es selbst erlebt, was passiert, wenn Nachhaltigkeit von oben verordnet und in den Unternehmensbereichen durchgesetzt wird. Die Widerstände sind enorm!

Hier hilft der Aufbau eines Nachhaltigkeitsmanagements im Unternehmen, das mit erprobter Methodik und Raffinesse die Bedenken und Ängste abbaut und die Transformation erfolgreich durchführt.

3.5 Der Nachhaltigkeitsmanager

Als Nachhaltigkeitsmanager müssen Sie stark innovativ ausgeprägt sein, sowohl auf der technischen Seite wie im Prozessmanagement.

Ein Nachhaltigkeits-/CSR-Manager braucht auch eine hohe Frusttoleranz, denn es ist gerade in diesem Bereich schwierig, verkrustete Strukturen aufzubrechen und Erfolge zu erzielen. Und noch schwieriger ist es, das Erreichte zu halten gegen die immer wieder aufbrechende Diskussion über die Sinnhaftigkeit von Nachhaltigkeitsmaßnahmen, gerade wenn Vorstände wechseln oder eine neue Führungskraft in die Organisation kommt.

Zunächst müssen wir uns unsere Rolle als Nachhaltigkeitsmanager vor Augen führen.

Wir sind keine Missionare, die ihr Glaubensbekenntnis der Menschheit aufdrücken wollen. Wir bieten Lösungen für sehr komplexe Problemstellungen. Als Vermittler zwischen Technik, wirtschaftlichen Anforderungen und den beteiligten Menschen finden wir die richtigen Ansätze von Fall zu Fall. Wir sind jedoch keine Prediger, die andere Menschen von ihren Lösungsansätzen überzeugen wollen. Wenn Sie die Rolle als Vermittler annehmen, dann ist Ihnen der Erfolg sicher.

Wir müssen uns darüber im Klaren sein, dass die Menschen, mit denen wir es in unseren Projekten zu tun haben, auch unsere größte Ressource sind. Wenn diese Menschen durch unsere Arbeit, unser Auftreten und unser Konzept von selbst zu der Überzeugung kommen, dass Nachhaltigkeit für ihre Organisation der richtige Weg ist, und sie sich damit identifizieren, dann ist das Rennen schon halb gewonnen.

Umgekehrt gilt das Gleiche. Für uns Nachhaltigkeitsmanager bedeutet das, mit möglichst allen Beteiligten zu reden, sie von Anfang an eng in das Projekt einzubinden und ihnen vor allem aufmerksam zuzuhören. Hören Sie genau zu und merken Sie sich, wer Ihnen hauptsächlich von Problemen und Schwierigkeiten erzählt und wer sich bereits über Lösungsansätze Gedanken gemacht hat. Die Menschen der ersten Gruppe brauchen noch Zeit. Wir können und wollen sie nicht von etwas überzeugen, das ihrem Glaubensbekenntnis entgegensteht. Manche Menschen dieser Gruppe werden im weiteren Prozess von sich aus ihr Glaubensbekenntnis ändern und dann sind sie für uns bereit.

Die Menschen der zweiten Gruppe sind diejenigen, die wir gerade am Anfang suchen und finden müssen. Diese zweite Gruppe ist zahlenmäßig weitaus geringer als die erste. Es gibt sie jedoch in jeder Organisation und manchmal muss man sie nur herauslocken. Das geht zum Beispiel damit, dass die Leitung der Organisation (Vorstand, Geschäftsführer, Bürgermeister usw.) ein spezielles Projektteam bildet, das direkt an die Leitung berichtet und von dort auch seine Aufträge bekommt. Dies führt zu einem Statusgewinn für die Mitglieder des Projektteams, was wiederum weitere potenzielle Projektmitglieder anlockt. Wenn Sie von Anfang an auch klarmachen, dass dieses Projektteam engagiert und lösungsorientiert arbeiten wird, dann kommen in der Regel auch nur die Personen der zweiten Gruppe in das Team.

Ein Nachhaltigkeitsmanager bringt immer Neues in die Organisation, für die er gerade tätig ist. Das liegt in der Natur der Sache, denn bis heute sind nahezu alle Organisationen streng nach betriebswirtschaftlichen Regeln aufgestellt. Das hat in der Vergangenheit gut funktioniert und nun kommen wir und behaupten, dass Organisationen sich künftig anhand von Nachhaltigkeitskriterien aufstellen müssen, wenn sie sich auch zukünftig behaupten und bestehen bleiben wollen. An dieser Stelle brauchen wir viel Verständnis für das menschliche Verhalten, das jetzt kommt.

Für die Mehrheit bedeutet Neues eine Bedrohung der täglichen Routine. Neues macht Angst, Angst vor Veränderungen generell, Angst um den Arbeitsplatz, Angst um den erlangten Status, Angst wohin man blickt. Diese Ängste müssen wir Nachhaltigkeitsmanager sehr ernst nehmen, wenn wir erfolgreich sein wollen. Auch und gerade dann, wenn uns diese Ängste völlig unsinnig erscheinen, müssen wir uns damit auseinandersetzen und versuchen sie abzubauen. Machen wir das nicht, dann werden diese Menschen mit all ihrer Kraft, mit all ihrer Intelligenz gegen uns arbeiten und aller Wahrscheinlichkeit nach schlussendlich unsere Arbeit völlig blockieren.

Denken Sie immer daran, Menschen sind unsere größte Ressource. Sie müssen im Mittelpunkt unserer Arbeit stehen, auch und gerade dann, wenn wir uns lieber um technische Lösungen und spannende Innovationen kümmern wollen.

Die Macht der Fragen

Mit Fragen können wir unsere Mitmenschen beeinflussen. Erinnern Sie sich daran, was wir über die vielen Bedenkenträger und Inhaber von Glaubensbekenntnissen gesagt haben? Wir können und wir wollen sie nicht von irgendetwas überzeugen, geschweige denn vom Sinn der Nachhaltigkeit. Diesen Fehler habe ich früher oft begangen und bin damit immer gescheitert. Das sollten wir also vermeiden.

Wir können diesen Menschen jedoch Fragen stellen nach dem Muster:

Was meinen Sie, wie könnten wir dieses Problem lösen?
Was wäre Ihrer Meinung nach die bessere Lösung?
Was glauben Sie, ist die Ursache, warum sich andere Organisationen mit dem Thema Nachhaltigkeit beschäftigen?
Was denken Sie, wie können wir unsere Energiekosten reduzieren?
Haben Sie eine Idee, wie wir unsere Belegschaft mehr motivieren können im Zusammenhang mit Umwelt- und Ressourcenschutz?
Sehen Sie Alternativen zum bisherigen Projektansatz, die uns zum gleichen Ziel führen?

Ahnen Sie, was durch diese und ähnliche Fragen passiert? Fragen produzieren Antworten, das liegt in der menschlichen Natur. Wenn Sie sich für dieses Thema interessieren, dann empfehle ich Ihnen sich mit der sogenannten Neurolinguistischen Programmierung[9] (NLP) zu beschäftigen.

Fragen produzieren also automatisch Antworten. Wenn sich die so gefragten Menschen selbst gut unter Kontrolle haben, dann werden sie Ihnen die Antworten vielleicht nicht gleich geben, aber das Programm, das Sie mit diesen Fragen gestartet haben, kann so einfach auch nicht mehr gestoppt werden. Nicht, wenn Sie immer wieder nachfragen, denn dann läuft der Prozess ähnlich automatisch wie bei Ihnen selbst. Damit erhöhen Sie die Wahrscheinlichkeit, dass mehr Menschen konstruktiv mit Ihnen und Ihrem Projekt zusammenarbeiten ganz erheblich.

Sie sehen also, das es neben dem ganzen Faktenwissen und den Methoden entscheidend darauf ankommt, wie wir mit den beteiligten Menschen in dem Transformationsprozess zu einem nachhaltigen Unternehmen umgehen. Wir brauchen viel Einfühlungsvermögen und Verständnis, um hier erfolgreich zu sein. Daneben helfen uns die kleinen Tricks, die Menschen dazu bringen können, sich selbst von der Notwendigkeit zu mehr Nachhaltigkeit zu überzeugen.

Zum dauerhaften Erfolg brauchen wir jedoch auch ein geeignetes Steuerinstrument für unser Nachhaltigkeitsmanagement. Ein hervorragendes Steuerinstrument ist hier der Nachhaltigkeitsbericht.

3.6 Steuerungsinstrument Nachhaltigkeitsbericht

Es gibt inzwischen viele gute Nachhaltigkeitsberichte, leider aber auch immer noch viele schlechte Berichte. Was unterscheidet einen schlechten von einem guten Nachhaltigkeitsbericht? Ein schlechter Bericht ist ein aufgeblähtes Werk, das hauptsächlich nur aus Hochglanzbildern besteht und sich überwiegend im Unverbindlichen bewegt. Der Zahlenteil

[9]Literaturhinweis: Reframing, Neurolinguistisches Programmieren und die Transformation von Bedeutung, Richard Bandler & John Grinder.

und die so wichtigen Kennzahlen sind nur spärlich oder gar nicht enthalten. Ein schlechter Nachhaltigkeitsbericht lässt schnell den Verdacht aufkommen, dass es sich hier nur um Greenwashing handelt.

Ein guter Nachhaltigkeitsbericht dagegen ist eher schlicht aufgebaut, übersichtlich, transparent, ehrlich und verschweigt auch nicht die Schwierigkeiten und Herausforderungen des Unternehmens im ökonomischen, ökologischen und gesellschaftlichen/sozialen Bereich. Er stellt natürlich auch die Erfolge, Verbesserungen und Maßnahmen des Unternehmens im Bereich Nachhaltigkeit dar. Oft sind prinzipiell gute Nachhaltigkeitsberichte hier zu bescheiden. Wenn Ihr Unternehmen Erfolge auf dem Weg in Richtung Nachhaltigkeit erzielt hat und diese auch belegen kann, dann sollten Sie auch darüber berichten nach dem Motto: „Tue Gutes und rede darüber."

Ich werde natürlich hier keine Nachhaltigkeitsberichte nennen, die nach meiner Beurteilung schlecht sind, aber eine kleine Auswahl[10] von guten Beispielen möchte ich doch aufführen:

- Lufthansa-Group „Balance",
- Siemens,
- Memo,
- Flughafen Stuttgart,
- Südzucker.

Von guten Berichten können Sie viel lernen, um Ihren eigenen guten Nachhaltigkeitsbericht zu erstellen.

Lassen Sie uns über die Bedeutung und die Chancen aus einer Nachhaltigkeitsberichterstattung nachdenken. Aus eigener Erfahrung kann ich sagen, dass der Nachhaltigkeitsbericht der „Kitt" ist, der dafür sorgt, dass ein Unternehmen in puncto Nachhaltigkeit über die Jahre auf Kurs bleibt. Er ist die Basis für jedes Nachhaltigkeitsmanagement, auf dessen Grundlage die Nachhaltigkeitsziele, -projekte und -maßnahmen definiert und überwacht werden. Der Nachhaltigkeitsbericht ist eine hervorragende Kommunikationsebene zu den Stakeholdern einer Organisation, mit dem Erfolge und Herausforderungen offen und transparent dargelegt werden. Verbraucher, Kunden und Lieferanten orientieren sich zunehmend an nachhaltig agierenden Organisationen und machen dies nicht zuletzt auch an der Existenz eines regelmäßigen Nachhaltigkeitsberichts fest. Der Nachhaltigkeitsbericht hilft der Organisation dabei, Ziele zu setzen, Leistungen zu messen und Veränderungen zu schaffen, um die eigene Geschäftstätigkeit nachhaltig gestalten zu können.

Meiner Überzeugung nach wird ein Nachhaltigkeitsbericht in wenigen Jahren für jede Organisation, die international tätig sein will, eine alternativlose Maßnahme für

[10] Sie finden die Onlineversion der nachstehenden Berichtsbeispiele im Internet, wenn Sie nach dem Unternehmensnamen und dem Begriff „Nachhaltigkeitsbericht" suchen.

ein Bestehen am Markt sein. Zudem sind in der EU und in Deutschland klare Tendenzen erkennbar, dass früher oder später eine Nachhaltigkeitsberichterstattung für jedes Unternehmen genauso verpflichtend wird wie der Geschäftsbericht. Für große Unternehmen mit mehr als 500 Mitarbeitern gilt bereits jetzt in der gesamten Europäischen Union die Pflicht zur sogenannten nichtfinanziellen Berichterstattung (nfB). In Deutschland wird die Umsetzung der entsprechenden EU-Richtlinie durch das CSR-Richtlinie-Umsetzungsgesetz[11] geregelt. Unabhängig davon, ob Ihr Unternehmen nun berichtspflichtig ist oder nicht, empfehle ich Ihnen einen Nachhaltigkeitsbericht zu erstellen, denn Sie haben davon beträchtlichen Nutzen:

- Die Aufmerksamkeit der Kunden zu Organisation und Produkten/Dienstleistung erhöht sich.
- Die Mitarbeitermotivation und -identifikation mit der Organisation steigt.
- Eine einfachere Rekrutierung von Nachwuchs und Experten für die Organisation wird möglich.
- Investoren sind leichter zu finden. Für börsennotierte Unternehmen sind Nachhaltigkeitsberichte die Eintrittskarte für spezielle Nachhaltigkeits-/Ethikfonds.
- Ein verbesserter Zugang zu politischen Entscheidungsträgern.
- Ein gutes Einvernehmen mit Behörden und Nachbarschaft.
- Er bietet Orientierung im Management und ist Ihr Steuerinstrument für das Nachhaltigkeitsmanagement im Unternehmen.

Verbraucher, Kunden und Lieferanten orientieren sich zunehmend an nachhaltig agierenden Organisationen und machen dies nicht zuletzt auch an der Existenz eines regelmäßigen Nachhaltigkeitsberichts fest. Ich empfehle Ihnen, sich an den GRI-Standards[12] der Global Reporting Initiative (GRI) zu orientieren, da diese Leitlinien zum internationalen Quasistandard geworden sind. Sie können die GRI-Standards sowohl für Ihren Nachhaltigkeitsbericht verwenden als auch für die nichtfinanzielle Berichterstattung.

3.7 Der Schlüssel zum Erfolg

Wir haben nun über alle Erfolgsfaktoren gesprochen, die notwendig sind, um ein Unternehmen herkömmlicher Art in ein nachhaltiges Unternehmen zu transformieren. Die sozialen Fähigkeiten und die psychologischen Tricks, die ein Nachhaltigkeitsmanager braucht, um erfolgreich tätig zu sein, haben wir auch kennengelernt. Wir wissen, dass

[11] Siehe: https://www.bmjv.de/SharedDocs/Gesetzgebungsverfahren/DE/CSR-Richtlinie-Umsetzungsgesetz.html.

[12] Siehe: https://www.globalreporting.org/standards/.

die Menschen unsere größte Ressource in jedem Nachhaltigkeitsprojekt darstellen. Die Ängste und Glaubensbekenntnisse der betroffenen Menschen nehmen wir daher sehr ernst. Glaubensbekenntnisse von Bedenkenträgern versuchen wir nicht zu verändern, denn das ist völlig sinnlos. Vielmehr versuchen wir diese Menschen auf einen Pfad zu setzen, in dessen Verlauf sie sich selbst von der Sinnhaftigkeit der Nachhaltigkeit überzeugen.

Und dennoch, bei all unserem fachlichen Wissen und unserer Menschenkenntnis, reicht dies oft nicht ganz aus, um ein erfolgreiches Nachhaltigkeitsprojekt durchzuführen oder unser Unternehmen auf den Pfad der Nachhaltigkeit zu setzen.

Warum ist das so?

Ich hatte gerade in den ersten Jahren meiner Selbstständigkeit Projekte im Kontext der Nachhaltigkeit, die völlig gescheitert sind. Projekte, bei denen eigentlich alle finanziellen, organisatorischen, strategischen und teilweise auch politischen Voraussetzungen für einen Erfolg gegeben waren. Trotzdem bin ich mehr als einmal gescheitert, bevor ich in die Umsetzung gekommen bin.

Nun ja, man könnte sagen, dass ich in dieser Zeit noch zu unerfahren war und deshalb gescheitert bin. Daran ist viel Wahres. Es hat mir zwar nicht an den fachlichen Fähigkeiten gefehlt, auch hatte ich bereits eine 25-jährige Berufserfahrung als erfolgreicher Projektmanager und auch sehr große Projekte erfolgreich durchgeführt.

Mir fehlte jedoch das Wissen, das ich gerne als „den Schlüssel zum Erfolg“ bezeichne.

Ich habe mir dann meine erfolgreichen und meine nicht erfolgreichen Projekte aus dem Blickwinkel der Nachhaltigkeit angesehen und bin zu erstaunlichen Erkenntnissen gekommen. Es war unübersehbar, dass Projekte immer dann erfolgreich waren, wenn (auch ungezielt und unbeabsichtigt) alle drei Dimensionen der Nachhaltigkeit gleichwertig vertreten waren und gleichwertig gewichtet wurden. Wenn dagegen eine oder zwei Dimensionen fehlten oder ein Ungleichgewicht in der Gewichtung vorlag, dann sind die entsprechenden Projekte fast immer gescheitert. Vor allem dann, wenn ein Übergewicht auf der ökologischen Säule vorhanden war und die soziale/gesellschaftliche Säule keine oder nur eine geringe Wertigkeit hatte.

Ein weiterer entscheidender Erfolgsfaktor war und ist die Zeit. Es kann vorkommen, dass Sie alle Umgebungsbedingungen hinsichtlich Nachhaltigkeit vorgeklärt und abgestimmt haben. Die drei Säulen der Nachhaltigkeit sind im Projekt gleichwertig und gleichwichtig vorhanden. Trotzdem scheitert das Projekt. Grund dafür ist höchstwahrscheinlich die zu große Anzahl an Bedenkenträgern im Projektteam. Bedenkenträger sind immer vorhanden, darüber haben wir schon gesprochen. Wenn jedoch Anzahl und Einfluss der Bedenkenträger zu groß ist, dann wird Ihr Projekt früher oder später blockiert. Wie groß oder wie klein die Anzahl der Bedenkenträger sein kann oder muss, dafür werden Sie selbst ein Gefühl bekommen. Erkennen können Sie die Bedenkenträger wie schon erläutert an ihren Glaubensbekenntnissen, die sich in Aussagen wie: „ich glaube nicht, dass das funktioniert, weil …“, erkennbar machen. Wenn Sie also das Gefühl haben, dass diese Widerstände zu groß sind, dann gebe ich Ihnen einen Rat:

▶ Hören Sie auf! Sie sind zur falschen Zeit am richtigen Ort.

Sie können eine große Anzahl von Bedenkenträgern auch mit den beschriebenen Tricks nicht dazu bringen, sich selbst von der Richtigkeit des Projekts zu überzeugen. Wenn Sie an dieser Stelle weitermachen, werden Sie sich selbst schaden und unnütz eine Menge Energie in eine verlorene Sache stecken. Ich sage Ihnen das mit großer Eindringlichkeit, denn ich habe an mir selbst und bei Kollegen die Folgen gesehen und zu spüren bekommen. Daher warne ich Sie an dieser Stelle.

Wenn Sie allerdings erkennen, dass Sie zur richtigen Zeit am richtigen Ort sind, d. h., die Anzahl der Bedenkenträger ist gering und nicht besonders einflussreich, dann ist die Voraussetzung gegeben, ein Nachhaltigkeitsprojekt erfolgreich umzusetzen.

Dann wird Nachhaltigkeit zum Erfolgsfaktor. – Der Schlüssel zum Erfolg liegt dann „nur" noch in der gleichwertigen und gleichgewichteten Anwendung der drei Säulen der Nachhaltigkeit, der Ökonomie (die immer zuerst), der Ökologie und des Sozialen/Gesellschaftlichen.

▶ Der Schlüssel zum Erfolg ist der bewusste, gezielte und gleichzeitige Einsatz aller drei Dimensionen der Nachhaltigkeit zur richtigen Zeit.

Ich wünsche Ihnen viel Erfolg bei Ihren Aktivitäten als Nachhaltigkeitsmanager. Die Erfordernisse dieser Zeit werden Sie zu einem gefragten Projektleiter und Nachhaltigkeitsmanager machen. Der finanzielle Erfolg wird sich genauso einstellen, wie die Anerkennung durch Ihre Mitbürger und die jeweiligen Projektbeteiligten. Die Tatsache, dass Sie mit Ihrer Arbeit einen bedeutenden Beitrag zum Erhalt unserer Umwelt leisten, mit dabei helfen die Schöpfung für unsere Nachkommen zu bewahren, das wird Ihnen Kraft geben, wenn der Weg einmal steinig werden sollte.

Alle Ihre kleinen und großen Erfolge auf dem Feld der Nachhaltigkeit werden Sie immer öfters in einen schöpferischen Modus versetzen, in einen Flow, der Sie trägt und zu Leistungen befähigt, die Ihnen selbst unglaublich erscheinen werden.

> Das große Ziel des Lebens ist nicht Wissen,
> sondern Handeln!
> (Thomas Henry Huxley)

Michael Wühle geboren 1960 in München, ist ein begeisterter Ingenieur und überzeugter Nachhaltigkeitsmanager. 2013 machte er sich selbstständig und berät seitdem Organisationen aller Art auf den Gebieten Nachhaltigkeitsmanagement, Umweltschutz, Energieeffizienz, Erneuerbare Energien, Facility-Management und Inbetriebnahmemanagement. Michael Wühle ist Gründer und gewählter Vorstand des Luftfahrtverbandes IASA e. V. Er entwickelte das Zertifizierungssystem Sustainability. Now.®, das auf der ISO 26000 „Leitfaden zur gesellschaftlichen Verantwortung" basiert, sowie das Gütesiegel IASA Certified Sustainability®. Für die TÜV-Rheinland-Akademie entwickelt er Seminare im Bereich Nachhaltigkeitsmanagement, die er mit Freude auch selbst hält. Zur Umsetzung seiner Ziele im Bereich Energiewende gründete Michael Wühle im Sommer 2018 die genossenschaftliche EnergieAgentur Oberbayern.

4 Nachhaltigkeit und Digitalisierung als Chance für Unternehmen

Anabel Ternès

4.1 Nachhaltigkeit in Unternehmen – Eine Blockade für Digitalisierung?

Der Begriff Nachhaltigkeit wird in den unterschiedlichsten Zusammenhängen genutzt, ohne dass es bislang eine einheitliche Definition gäbe. Dabei werden die Ursprünge des Nachhaltigkeitsgedankens bereits im 17. Jahrhundert verortet, als der Oberberghauptmann Hans Carl von Carlowitz (1645–1714) aus Freiberg seinen Grundgedanken für eine nachhaltige Waldwirtschaft formulierte und die heute noch gültigen Maßstäbe setzte: Es sollten nur so viele Bäume abgeholzt werden, dass der Wald sich in einer angemessenen Zeit von selbst regenerieren könne. Ihm ging es also darum, das natürliche System auch auf lange Sicht zu erhalten (Aachener Stiftung Kathy Beys 2015b).

Dieses Prinzip fand in den letzten Jahren Einzug in die Agenden der Politik, der Wirtschaft und der Gesellschaft insgesamt, allerdings fehlt noch immer eine Definition, die als allgemeingültig für die unterschiedlichen Bereiche anerkannt wird. Eine der häufig genutzten Erklärungen stammt aus dem sogenannten Brundtland-Bericht, den die Weltkommission für Umwelt und Entwicklung (WCED) der Vereinten Nationen nach vierjähriger Arbeit im Jahr 1987 vorlegte. Dieser Perspektivbericht Our Common Future befasst sich mit auf lange Sicht tragfähigen und umweltschonenden Entwicklungsstrategien für den Weltmaßstab und weit über das Jahr 2000 hinaus (Aachener Stiftung Kathy Beys 2015c).

A. Ternès (✉)
International Institute for Sustainability Management (IISM) und GetYourWings gGmbH, Berlin, Deutschland
E-Mail: info@getyourwings.de

M. Englert und A. Ternès (Hrsg.), *Nachhaltiges Management*,
https://doi.org/10.1007/978-3-662-57693-9_4

Hier heißt es zum Thema Nachhaltigkeit: „Humanity has the ability to make development sustainable – to ensure that it meets the needs of the present without compromising the ability of future generations to meet their own needs" (Hardtke und Prehn 2001, S. 58). Künftige Generationen sollen demnach in Bezug auf die Möglichkeit, ihre Bedürfnisse befriedigen zu können, durch das gegenwärtige Verhalten nicht schlechter gestellt werden. Die Zukunft sollte also nicht aus dem Fokus verloren werden, wenn es um aktuelles Handeln geht. Schon die sehr allgemeine Formulierung bietet Anlass für Diskussionen und unterschiedliche Auslegungen, was zur Formulierung unterschiedlicher Definitionen für die einzelnen Teilaspekte dieses komplexen Themas führte (Hardtke und Prehn 2001, S. 58).

Auf die Wirtschaft ausgelegt wird Nachhaltigkeit zum Beispiel damit beschrieben, dass ein Umdenken erforderlich ist, um „… nicht Gewinne zu erwirtschaften, die dann in Umwelt- und Sozialprojekte fließen, sondern Gewinne bereits umwelt- und sozialverträglich zu erwirtschaften" (Pufé 2014, S. 16). Es kann also nicht darum gehen, die Entwicklung in Richtung Nachhaltigkeit durch finanzielle Mittel zu fördern, vielmehr ist die Herangehensweise grundsätzlich zu ändern: Werden die finanziellen Ressourcen für Investitionen generiert, indem dem Nachhaltigkeitsgedanken zuwidergehandelt wird, konterkariert das diesen Ansatz. Eine nachhaltige Entwicklung muss sich demnach selbst finanzieren (Aachener Stiftung Kathy Beys 2015a).

Große Einigkeit besteht in der Darstellung der nachhaltigen Entwicklung als Dreisäulenmodell (siehe Abb. 4.1). Demnach kann eine nachhaltige Entwicklung nur durch das gleichzeitige Umsetzen von umweltbezogenen, wirtschaftlichen und sozialen Zielen zu gleichen Teilen erfolgen (Bundestag 2004).

Herman Daly, einst Senior Economist beim Environment Department der Weltbankgruppe, präzisierte die Erklärungsversuche in ökologischer Hinsicht, indem er drei grundlegende Ansprüche formulierte:

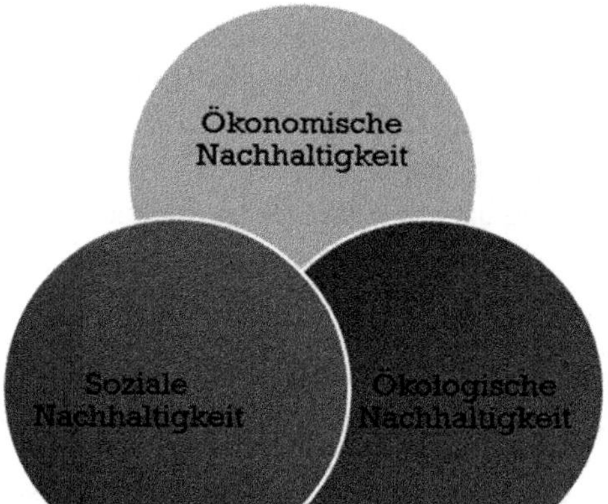

Abb. 4.1 Nachhaltigkeitstrias. (BiomassMuse 2017)

1. Es dürfen nicht mehr erneuerbare Ressourcen abgebaut werden, als sich regenerieren können.
2. Die Emissionen dürfen die Assimilationskapazität nicht übersteigen.
3. Der Verbrauch der nicht regenerierbaren Ressourcen muss durch einen entsprechend erhöhten Bestand an regenerierbaren ausgeglichen werden (Hardtke und Prehn 2001, S. 58).

Daly stellt also die Natur in den Fokus, macht aber auch klar, dass die menschlichen und natürlichen Kapazitäten generell begrenzt sind.

Vor diesem Hintergrund wird deutlich, dass die Definitionsversuche je nach Herkunft unterschiedliche Schwerpunkte setzen. In der Mehrheit dieser Ansätze wird der umsichtige Einsatz von Ressourcen ausgedrückt, um den Fortbestand der Wirtschaft, aber vor allem der Umwelt für künftige Generationen zu sichern – und damit wird wiederum der Brundtland-Grundsatz für die unterschiedlichsten Disziplinen aufgegriffen. Daraus ergeben sich sowohl wirtschaftliche und ökologische als auch soziale Aspekte. Zur sozialen Nachhaltigkeit liefert das Institut für sozial-ökologische Forschung (ISOE) mit fünf Grundanforderungen Orientierung:

- eine menschenwürdige Existenz durch Sicherung materieller und immaterieller Grundbedürfnisse gewährleisten
- die Existenzsicherung durch gerechte Arbeit in ganzheitlicher Auffassung realisieren
- ein Verständnis der Sozialressourcen als Handlungschancen und -potenziale entwickeln
- Chancengleichheit sichern
- Partizipation unterstützen

(Empacher und Wehling 2002, S. 38 ff.).

Eine klare Definition des Begriffs Nachhaltigkeit in sozialer Hinsicht ist also ebenso schwer zu umreißen. Allerdings gibt es in den unterschiedlich gewichteten Definitionen des Begriffs Nachhaltigkeit gemeinsame Schnittmengen, die sich folgendermaßen auf den Punkt bringen lassen: „Die Grundidee basiert also auf der einfachen Einsicht, dass ein System dann nachhaltig ist, wenn es selber überlebt und langfristig Bestand hat. Wie es konkret auszusehen hat, muss im Einzelfall geklärt werden" (Carnau 2011, S. 14).

Nachhaltigkeit wird somit mit Beständigkeit gleichgesetzt, aber auch mit Stabilität und Zukunftsfähigkeit. Wirtschaften soll darauf ausgerichtet sein, auf lange Sicht ein Gleichgewicht zu erzielen und dauerhaft zu halten. Im Gegensatz dazu verbirgt sich hinter dem Begriff Digitalisierung vor allem die disruptive Veränderung der unterschiedlichsten wirtschaftlichen und gesellschaftlichen Prozesse (Englert 2017). Es besteht Konsens dazu, dass die Digitalisierung im Vergleich zu gängigen Businesstransformationen eine neue Dimension erreichen wird: Wurden die Informationstechnologien im 20. Jahrhundert in erster Linie zur Optimierung von Prozessen bis hin zur Automatisierung genutzt, werden für das 21. Jahrhundert deutlich weitergehende Entwicklungen erwartet. Es entstehen nicht nur vollkommen neue Geschäftsmodelle auf der Grundlage der disruptiven Technologien. Es ist vielmehr davon auszugehen, dass die vierte industrielle Revolution auch die Gesellschaft von Grund auf ändern wird – von der Industrie 4.0 über Arbeiten 4.0 bis hin zur Gesellschaft 4.0 (Bendel o. J.). Und dieser Prozess hat in fast allen Bereichen des Lebens schon begonnen.

Diese dynamische Entwicklung wirft auch Fragen auf – in erster Linie ethische, wie zum Beispiel nach Gewinn oder Verlust an persönlicher oder informationeller Autonomie oder nach der zunehmenden Abhängigkeit von IT-Unternehmen, die die Big Data verwalten und ganz gezielt ausnutzen (siehe Abb. 4.2, 4.3 und 4.4).

Selbst die Verantwortung im Umgang mit Daten bedarf einer grundsätzlichen Klärung (siehe Abb. 4.5) – ebenso wie die Übernahme der Verantwortung für automatisierte Fertigungsprozesse oder auch der Umgang von Konsumenten mit digitalen Dienstleistungen und Gütern. Der Diskurs umfasst demnach sowohl die Rechtswissenschaft als auch die Soziologie, Psychologie und Medizin, muss sich aber darüber hinaus in neue Regionen, wie etwa die Maschinenethik, ausdehnen. Werden Maschinen mehr und mehr selbsttätig für strategische Themen eingesetzt, sollte sicher sein, dass sie auch im Sinne der Menschenrechte agieren und in bestimmten Fällen aus menschlicher Sicht verantwortungsbewusst fatale Konsequenzen vermeiden können, zumindest so gut wie ein Mensch. Allein das Thema Arbeit 4.0, das als Schwerpunkt den Ersatz menschlicher Arbeit durch Roboter beinhaltet (siehe Abb. 4.6), bedarf einer konstruktiven Auseinandersetzung und Entwicklung tragfähiger Konzepte, die der sozialen Gerechtigkeit und einer Förderung des gesellschaftlichen Zusammenhalts Rechnung tragen (Bendel o. J.).

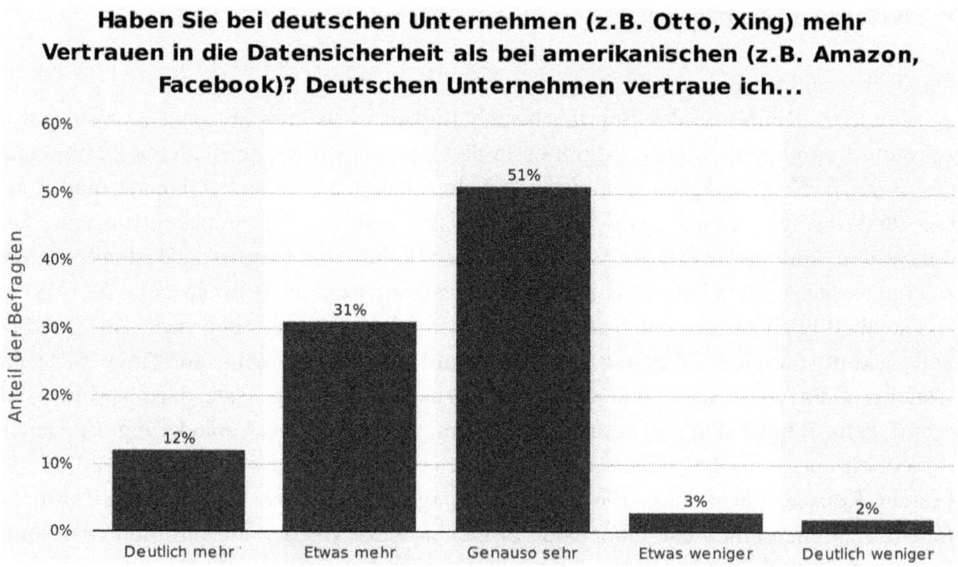

Abb. 4.2 Umfrage zum Vertrauen in den Datenschutz bei deutschen Unternehmen 2017. (Statista 2017a)

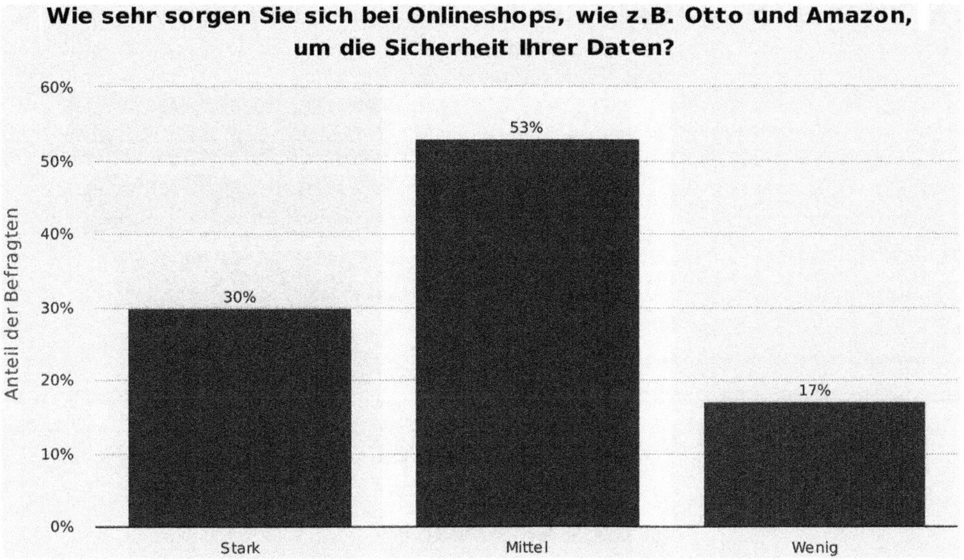

Abb. 4.3 Umfrage zum Vertrauen in den Datenschutz bei Onlineshops in Deutschland 2017. (Statista 2017c)

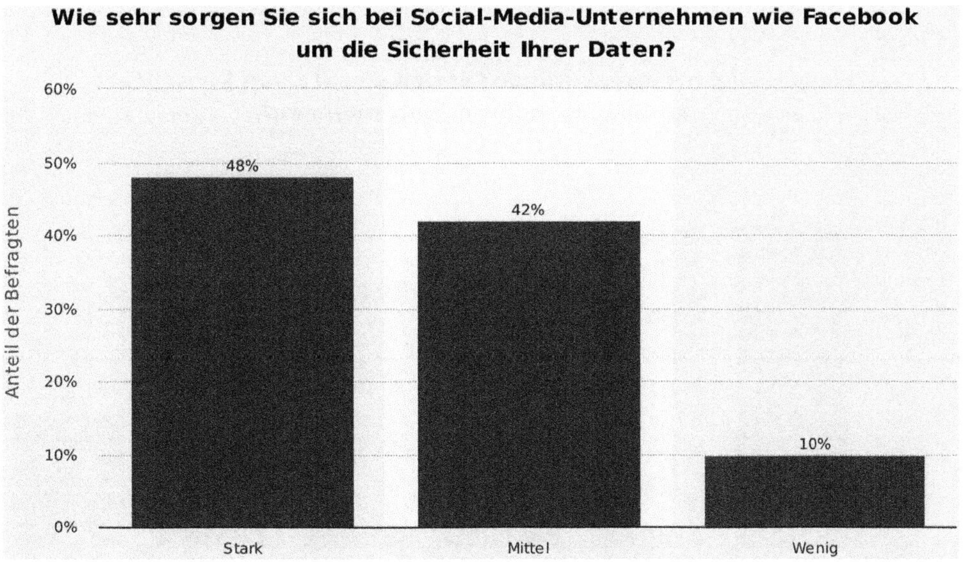

Abb. 4.4 Umfrage zum Vertrauen in den Datenschutz bei Social-Media-Unternehmen 2017. (Statista 2017d)

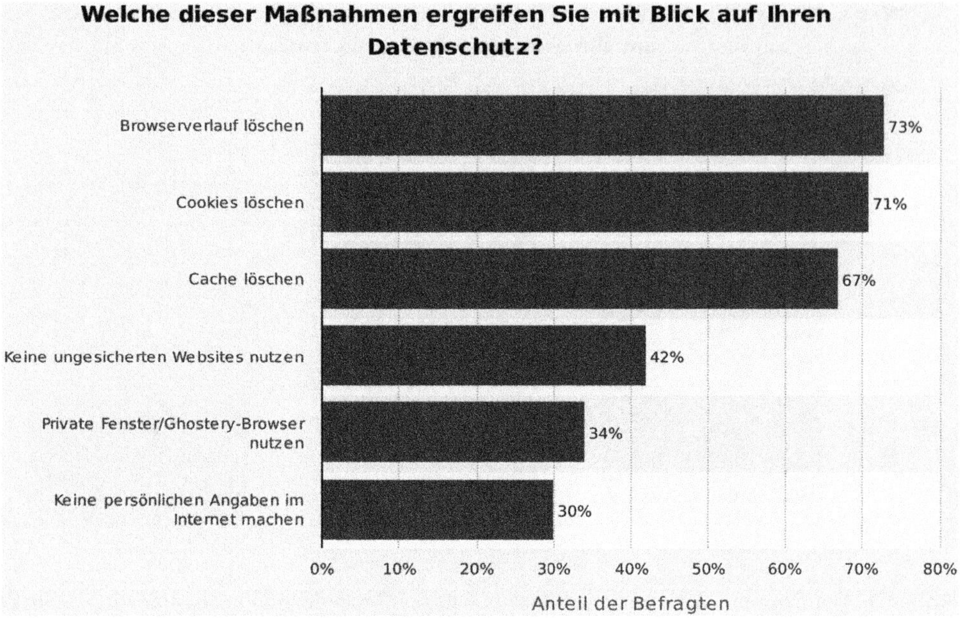

Abb. 4.5 Umfrage zu Maßnahmen für den Datenschutz in Deutschland 2017 (Statista 2017b)

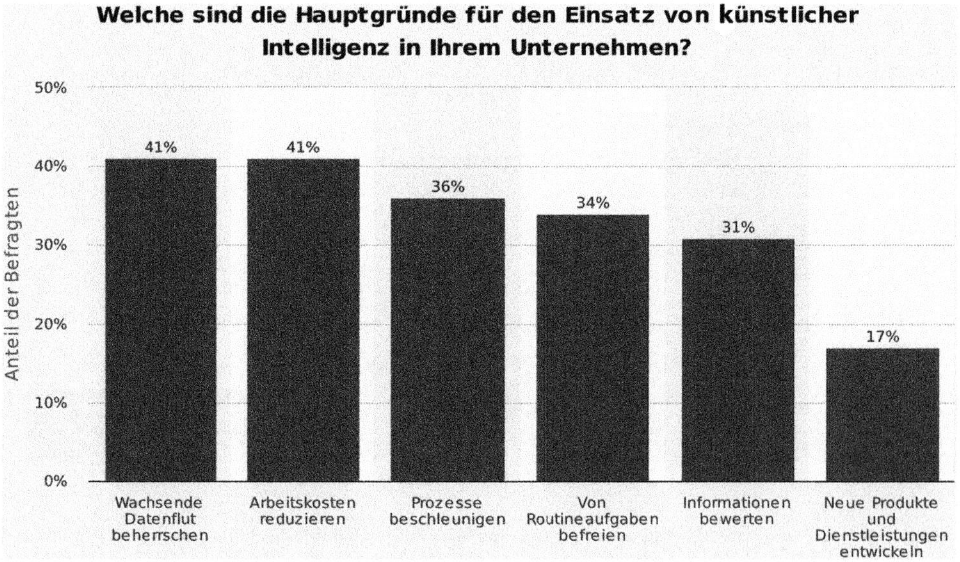

Abb. 4.6 Umfrage zu Gründen für den Einsatz von künstlicher Intelligenz in Deutschland 2017. (Horizont 2017)

Digitalisierung steht demnach für einen Prozess, der nicht nur dynamisch ist und aktuell von der Wirtschaft getrieben wird, sondern dessen Ende noch gar nicht abzusehen ist und neu gedacht werden muss. Vor allem aber braucht dieser Prozess klare Regeln, um ihn in gesellschaftlich sinnvolle sowie nachhaltige Bahnen zu lenken. Ungezähmte Digitalisierung verstärkt vorhandene Entwicklungstendenzen wie Reichtum oder Armut, sie fördert somit Ungleichheit und kann in der Folge zur gesellschaftlichen Destabilisierung führen, aber auch zu einer Reduzierung der Entscheidungsfähigkeit und Autonomie des Menschen. Dies stellt den kompletten Gegensatz zum Nachhaltigkeitsprinzip dar. Es ist nicht weniger als die Quadratur des Kreises (Englert 2017) erforderlich, um Nachhaltigkeit und Digitalisierung zu Erfolgsfaktoren zu verbinden. Nur das Zusammenwirken in einem klar zu definierenden Wertesystem macht dies überhaupt möglich – und eröffnet gleichzeitig große Potenziale.

4.2 Nachhaltigkeit als Vertrauensgeber im Zeitalter der Digitalisierung

Das Thema Nachhaltigkeit ist längst in der Gesellschaft angekommen: Einerseits sieht sich die Menschheit mit existenzbedrohenden Problemen wie dem Klimawandel, Knappheit endlich vorkommender Ressourcen, darunter vor allem auch Trinkwasser, Verlusten in der biologischen Vielfalt sowie dem demografischen Wandel, zunehmender Armut und immer noch existierenden Hungersnöten konfrontiert (siehe Abb. 4.7).

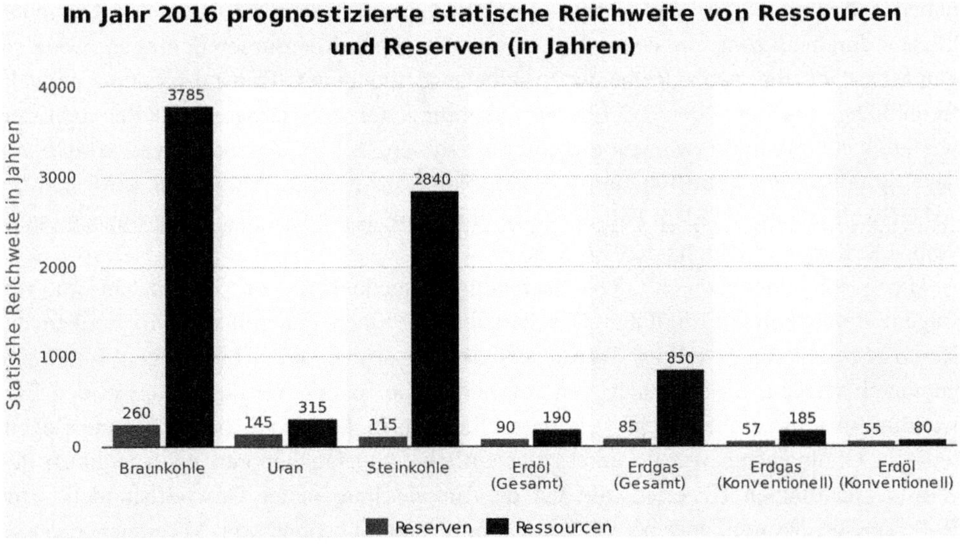

Abb. 4.7 Prognostizierte statische Reichweite von Ressourcen und Reserven. (VGB PowerTech 2017)

Im Zuge der Verbreitung innovativer Informationstechnologien entwickelt sich zwar ein neues Bewusstsein für die globalen Probleme, allerdings müssen diese sich auch in den Lebensstilen der Konsumenten der Industriestaaten niederschlagen – und vor allem in der Wirtschaft. Diese übt nämlich im Zuge der Globalisierung einen wachsenden Einfluss auf die wirtschaftlichen, ökologischen und sozialen Verhältnisse weltweit aus. Oftmals übersteigt dieser sogar die Möglichkeiten der Politik, da Unternehmen die Infrastruktur für Produktion und Logistik erstellen, Menschen sowie Zulieferbetriebe vor Ort und bei Bedarf in aller Welt beschäftigen. Das Wirken ist also bei Weitem nicht auf die nationalen Volkswirtschaften begrenzt, insbesondere sozial und ökologisch reicht es weit über unsere Grenzen hinaus (Aachener Stiftung Kathy Beys 2015a).

Es wäre nun fatal, sich auf Plattitüden auszuruhen:

> Künstliche Intelligenz wird helfen, die Umwelt zu schonen. Smart Home Systeme wissen, wann ich daheim bin, lernen meine Verhaltensmuster und regulieren die Energie so, dass ich mich wohlfühle. Das spart Geld und schont die Umwelt. Und es lässt sich auch Geld damit verdienen. Es ist also ökonomisch. Es ist ökologisch, weil es Ressourcen spart. Es ist sozial, weil es mir hilft. Es dürfte also ein Beitrag zur Nachhaltigkeit sein (Karg und Oldeland 2017, S. 8).

Die Herausforderungen sind komplex und betreffen alle Bereiche der Gesellschaft, soll diese den enormen Kräften der Digitalisierungswelle nicht hilflos ausgeliefert sein, sondern das große Potenzial, auch in Bezug auf die Nachhaltigkeit, effektiv als Chance begreifen und nutzen. Neue Kommunikationstechnologien, das Internet of Things, Intelligent Cities und selbstfahrende Fahrzeuge werden nicht nur zum Wegfall von Arbeitsplätzen führen, sondern auch neue schaffen. Diese werden jedoch eine andere Qualität haben und dementsprechend höhere Qualifikationen erfordern. Roboter und Computer können durchaus zum sorgsamen Umgang mit knappen Ressourcen beitragen, wenn sie den Menschen eine ganze Reihe der Arbeitsgänge abnehmen, Transportsysteme umweltfreundlicher machen oder die Energieversorgung aus erneuerbaren Quellen realisiert werden kann. Ob und inwieweit die prognostizierten 18 Mio. Arbeitsplätze wirklich von der Digitalisierung betroffen sein werden, bleibt abzuwarten. Verändern wird sich die Arbeitswelt jedoch in jedem Fall drastisch, davon muss die Gesellschaft ausgehen (siehe Abb. 4.8; Karg und Oldeland 2017, S. 9).

Umso wichtiger ist es, den Nachhaltigkeitsgedanken von Beginn an zu verfolgen. Beinhalten die digitalen Geschäftsmodelle doch generell die Möglichkeit der Ressourcenschonung, sollten Waren vollständig ersetzt oder Leistungen intelligent gebündelt werden. So ließe sich von vornherein die soziale Verträglichkeit in den Entwicklungsprozess einbeziehen – zumindest theoretisch. Die Praxis belegt bislang Gegenteiliges: Ökologische, soziale und wirtschaftliche Aspekte gehören noch nicht zu den selbstverständlichen Kriterien, die bei der Entwicklung neuer Geschäftsmodelle eine Rolle spielen. Wurden aber bereits Innovationen eingeführt und vom Verbraucher akzeptiert, ist eine Korrektur jedoch nur noch schwer umzusetzen – und dies gilt sowohl im B2C- als auch im B2B-Bereich (Oertel 2017, S. 13).

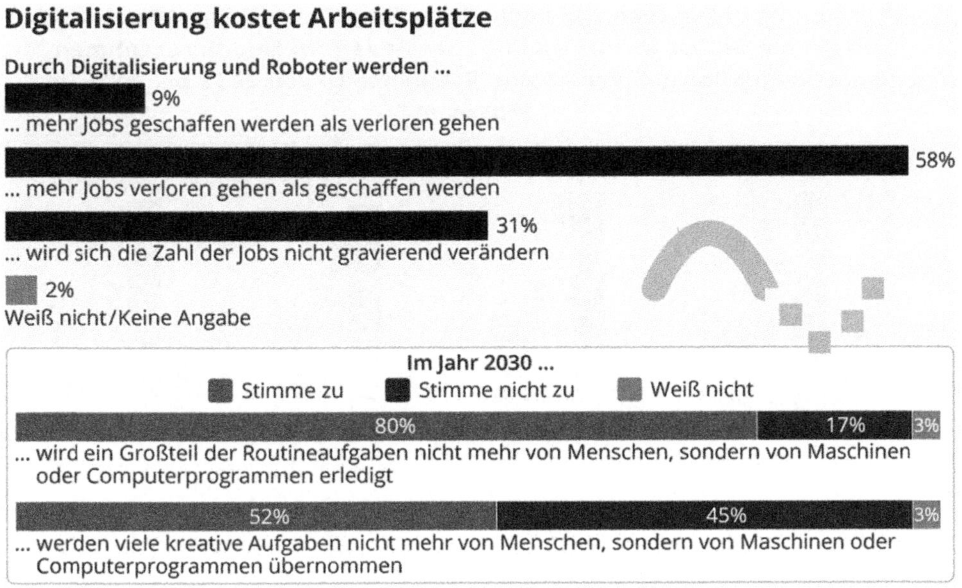

Abb. 4.8 Auswirkungen der Digitalisierung auf den Arbeitsmarkt. (Brandt 2017)

Als prägnantes Beispiel mögen die vielfältigen Lebensmittel gelten, die heutzutage mit dem Etikett „light" versehen werden. Sie implizieren einen bedenkenlosen Genuss, weil sie weniger an konventionellem Zucker oder Fett enthalten. Nicht zuletzt aufgrund der eingängigen Werbung mit schlanken und aktiven Menschen verwenden Verbraucher diese Produkte insbesondere bei einer gewünschten Gewichtsreduktion: Ohne Bedenken konsumieren sie gerne auch mal mehr – schließlich sind diese Lebensmittel zucker- oder fettarm. Das Ergebnis ist dann enttäuschend, denn mit Lightprodukten abzunehmen, stellt sich in der Regel als der falsche Weg heraus (Dietz 2015). Hier entstehen Reboundeffekte: Es wird nämlich vollkommen verkannt, dass sich Fett und Zucker nicht ersatzlos streichen lassen, ohne den Geschmack zu beeinträchtigen. Es müssen also andere Stoffe verwendet werden, die als Bindemittel oder Geschmacksträger fungieren – und die haben ebenfalls Kalorien. Viele Verbraucher haben aber nur das schlanke Model aus der Werbung und die Angabe „0,2 % Fett" im Kopf, die Botschaft, dass Lightprodukte nicht per se schlank machen, sondern nur der maßvolle und bewusste Umgang mit ihnen, setzt sich nur Schritt für Schritt durch (siehe Abb. 4.9).

Mit Tilman Santarius formuliert ein Nachhaltigkeitsforscher, der sowohl am Institut für ökologische Wirtschaftsforschung (IÖW) als auch an der Technischen Universität Berlin tätig ist, die gegeneinanderlaufenden Effekte: „Daher wird der Rebound Effekt definiert als Effizienzsteigerung, die zuerst Energie und Ressourcen einspart, aber damit die Möglichkeit schafft, dass die Nachfrage steigt und wiederum mehr Energie- und Ressourcennachfrage stattfindet. Heraus kommt eine Art Nullsummenspiel" (Santarius 2017). So würden durch die Digitalisierung Zeiteinsparungen generiert, da sich viele Tätigkeiten direkt vom heimischen PC oder per Smartphone erledigen ließen. Diese

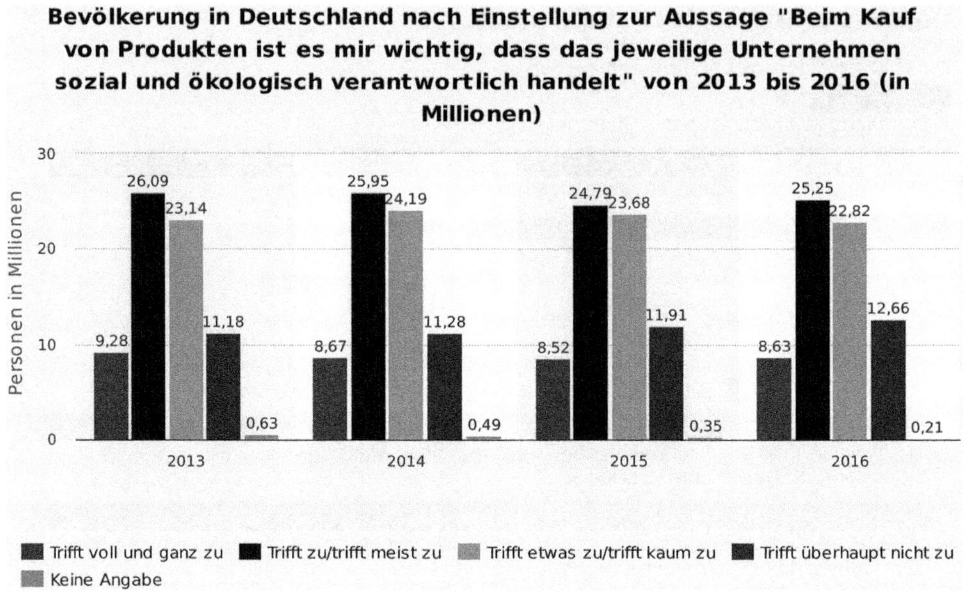

Abb. 4.9 Umfrage zu sozialer und ökologischer Verantwortung als Kaufkriterium bis 2016. (VuMA 2017)

frei gewordene Zeit könne aber eben auch zum verstärkten Konsum führen: Obwohl die TV-Einschaltquoten gleich bleiben, werden auch die Onlinemedien verstärkt genutzt – die Energiebilanz fällt unter dem Strich schlechter aus (Santarius 2017).

Es treffen also zwei Prozesse aufeinander: Der eine setzt sich langsam im Bewusstsein der Bürger und Unternehmen fest und somit ein Umdenken in Richtung Nachhaltigkeit in Gang, der andere ist als technologischer Prozess präsent, aber nicht zu verhindern, allerhöchstens zu ignorieren. Nachhaltigkeit befeuert jedoch nicht den Megatrend Digitalisierung, es ist umgekehrt: Die Digitalisierung kann, muss aber nicht zwangsläufig, einen Beitrag zur Nachhaltigkeit leisten. Es gilt also, die sich immer schneller entwickelnden neuen Technologien in die richtigen Bahnen zu lenken, um Nachhaltigkeitsziele zu erreichen – und diese sind vielfältig. So lassen sich mit der Smart Factory die günstige Massenproduktion einerseits und die individuellen Ansprüche andererseits in Einklang bringen. Kunden und Geschäftspartner können sich virtuell in Wertschöpfungsprozesse einbringen, um auf diese Weise die Produktion passgenau zu steuern. Mechanische Arbeiten werden von Robotern erledigt, reale und virtuelle Produktionsräume verschmelzen und Menschen können sich auf die wichtige kreative Rolle konzentrieren. Gleichzeitig lassen sich die internen Material- und Energieströme nicht nur in Echtzeit messen, sondern auch optimieren. Dieses Einsparpotenzial eröffnet sich in den unterschiedlichsten Bereichen. Die Effizienz in puncto Ressourcenverbrauch lässt sich durch schlanke Strukturen, hohe Qualität und damit die Vermeidung von Abfällen und von Überproduktionen steigern (Schaltegger und Petersen 2017, S. 18).

Zur Entwicklung des notwendigen politischen Rahmens hat die Bundesregierung bereits 2001 den Rat für Nachhaltige Entwicklung ins Leben gerufen. Die Mitglieder rekrutieren sich aus Politik, Wirtschaft, Wissenschaft sowie Umweltschutzverbänden und -organisationen, sodass die unterschiedlichsten Sichtweisen in die Vorschläge an die Bundesregierung Eingang finden. Im Mittelpunkt steht vor allem, Zielsetzungen und Indikatoren zur Fortentwicklung einer Nachhaltigkeitsstrategie zu definieren und diese mit konkreten Projekten zu untersetzen. Gleichzeitig soll der gesellschaftliche Dialog zum Thema verstärkt werden, um mit der Diskussion konkreter Lösungsansätze die Verankerung der Nachhaltigkeitspolitik in der gesamten Gesellschaft zu verbessern. Nicht umsonst wird als eines der zentralen Themen des aktuellen Programms ausgegeben: „Digitalisierung und ihre Gestaltungsmöglichkeiten für die nachhaltige Entwicklung unserer Gesellschaft" (Rat für Nachhaltige Entwicklung 2017).

Allerdings befasst sich der Rat für Nachhaltige Entwicklung mit den theoretischen Ansätzen, die von der Politik in die Praxis umgesetzt werden müssten. Eine Studie, die von Harald Heinrichs, der als Professor für Nachhaltigkeit an der Leuphana Universität Lüneburg wirkt, und Norman Laws, seinem Mitstreiter, im Jahr 2012 für den World Wide Fund for Nature (WWF) Deutschland erstellt wurde, bescheinigte den auf Bundesebene aktiven Institutionen jedoch viel zu wenig konkreten Einfluss. Ministerien würden Nachhaltigkeitsthemen an das Umweltministerium delegieren, Länder und Kommunen hätten keine Strategien, interdisziplinäre Zusammenarbeiten fehlten – die Nachhaltigkeitsagenda sei im Sande verlaufen (Endres 2012).

Eine ambitionierte Nachhaltigkeitspolitik hatte schon auf der 11. Jahreskonferenz des Rates für Nachhaltige Entwicklung (RNE) auf dem Programm gestanden: „Welches andere Land, wenn nicht Deutschland, kann auf dem Weg zu mehr Nachhaltigkeit mutig vorangehen? Wann, wenn nicht jetzt, wollen wir damit beginnen?", fragte Bundeskanzlerin Angela Merkel (Rat für Nachhaltige Entwicklung 2011).

Das Potenzial geht jedoch weit über den schonenden Umgang mit Ressourcen hinaus, insbesondere aus dem intelligenten Verknüpfen mit der digitalen Transformation können langfristige Erfolgsstrategien entwickelt werden.

4.3 Nachhaltigkeit und Digitalisierung für langfristige Erfolge intelligent verbinden

Als Voraussetzung für alle spezifischen Ansätze, mithilfe der Digitalisierung die Nachhaltigkeit zu stärken, sind zunächst die Rahmenbedingungen zu schaffen: Einerseits betrifft dies „... die Sicherheit und Zuverlässigkeit der Datensysteme, insoweit diese eine Voraussetzung für moderne Infrastrukturen sind und zu der schlichten Aufrechterhaltung von staatlichen und demokratischen Strukturen zwingend erforderlich sind" (Banthien und Bode 2016, S. 2). Wie gefährdet die freiheitliche Grundordnung ist, zeigte sich in den mannigfaltigen Diskussionen um eventuelle Manipulationen der Wahl zum US-Präsidenten Ende 2016 sowie rund um die Bundestagswahl am 24.09.2017 (siehe Abb. 4.10; Vaut und Forbrig 2017).

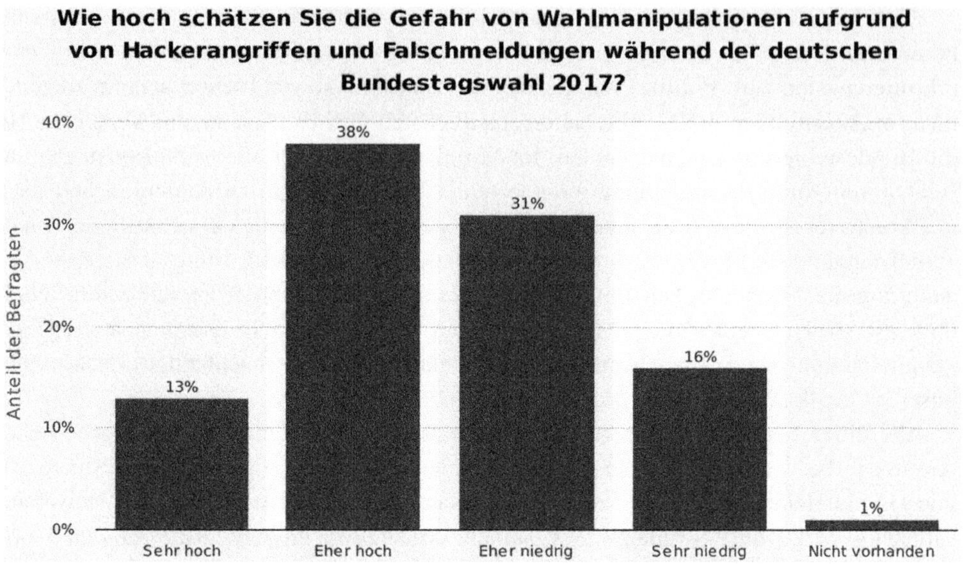

Abb. 4.10 Umfrage zur Gefahr von Wahlmanipulationen bei der Bundestagswahl 2017. (Statista 2016)

In dem Zuge, wie die Gesellschaft abhängiger von zuverlässigen Datenströmen wird, steigen die Anforderungen an die Infrastruktur und vor allem an die Regularien, die die Missachtung von Menschenrechten ebenso ausschließen müssen wie den Missbrauch von Daten, um kriegerischen Aggressionen Vorschub zu leisten (Banthien und Bode 2016, S. 2).

Gleichzeitig dürfen diese regulatorischen Rahmenbedingungen den Raum für Innovationen nicht beschneiden, obwohl sie die Richtung der technologischen Entwicklung vorgeben sollten. Zur Verknüpfung von Digitalisierung und Nachhaltigkeit sind demnach innovative Formen der Zusammenarbeit notwendig, aber eben auch die Beantwortung wichtiger Fragen, wie beispielsweise nach der Art und Weise einer smarten Regulierung,

- die mit den sich immer schneller ändernden technologischen Bedingungen Schritt halten kann,
- die der Nachhaltigkeit dient, ohne der Wirtschaftlichkeit zu schaden,
- die ein Wirtschaftssystem nachhaltig verändern kann,
- die auf verschiedenen Ebenen des Staates einer globalen Zielsetzung folgt

(Banthien und Bode 2016, S. 3).

Schon das Wirtschaftssystem selbst muss also verändert werden, um die Potenziale der Digitalisierung und Automatisierung überhaupt erfolgreich ausschöpfen zu können und das Prinzip der Nachhaltigkeit in der Gesellschaft zu verankern. Ob nun rein „grünes Wachstum", „inklusives Wachstum" oder „Degrowth-Ansätze", die sich auf ein qualitatives Wachstum beziehen – die Bandbreite der Möglichkeiten ist enorm und muss diskutiert werden. Und das umso mehr, als dass sich Wertschöpfung künftig nicht mehr nur aus dem Zusammenspiel von Kapital, Arbeit und Ressourcen, sondern auch aus Daten generieren wird. Es bedarf in der Folge auch einer neuartigen Erfolgsmessung, soll der Nachhaltigkeitsansatz konsequent verwirklicht werden (Banthien und Bode 2016, S. 2 f.).

Besondere Herausforderungen ergeben sich einerseits aus der Veränderung der Wertschöpfungsprozesse: Statt der bisher bevorzugt linearen Ketten entwickeln sich sukzessive Wertschöpfungsnetzwerke, die ausgesprochen flexibel und damit kaum planbar sind. Aber auch vollkommen neue und agile Geschäftsmodelle lassen sich kaum mit den auf Langfristigkeit ausgelegten Nachhaltigkeitsprinzipien vereinbaren. Andererseits wird die künstliche Intelligenz neue Maßstäbe setzen: Entwickeln sich Algorithmen ohne menschlichen Einfluss permanent weiter, bedürfen sie einer Steuerung in Richtung Nachhaltigkeit. Der Forschungsbedarf ist demnach enorm und bezieht sich nicht nur auf die Technologien selbst, sondern vor allem auf die nachhaltigkeitspolitischen Konsequenzen und die daraus resultierenden notwendigen Regularien (Banthien und Bode 2016, S. 3 f.).

Bislang lassen sich einige Zielkonflikte bei der Verknüpfung von Digitalisierung/ Automatisierung und Nachhaltigkeit ausmachen, wie beispielsweise:

- Es können Reboundeffekte entstehen, wenn Produkte permanent verfügbar sind, vom Konsumenten selbst mitgestaltet und nach Bedarf abgerufen werden.
- Die zunehmende Flexibilisierung steht dem langfristigen Nutzen generell entgegen.
- Hohe Ansprüche in Bezug auf den Datenschutz lassen sich naturgemäß schwer mit der ebenfalls geforderten Transparenz vereinbaren.
- Nachhaltige Technologien sind oft genug nicht wirtschaftlich im herkömmlichen Sinne, wenn zum Beispiel sehr preiswerte Güter kostenintensiv recycelt werden sollen

(Banthien und Bode 2016, S. 6).

Einige Ansätze lassen sich aber bereits verwirklichen und vor allem dazu nutzen, den Nachhaltigkeitsgedanken im Bewusstsein der gesamten Gesellschaften zu verankern.

4.3.1 Transparenz durch Digitalisierung – Lösungen zur Information von Verbrauchern

Bereits seit 2005 ist die Rückverfolgbarkeit im Lebensmittelbereich per Gesetz vorgeschrieben, ohne dass deswegen die Skandale um verseuchte Sojasprossen oder Eier sowie die missbräuchliche Verwendung von Pferdefleisch hätten verhindert werden können. Umso größer sollten die Bemühungen von Produzenten- und Händlerseite aus sein, mit einem Höchstmaß an Transparenz das Verbrauchervertrauen zurückzugewinnen (siehe Abb. 4.11). Hier empfehlen sich die innovativen Informationstechnologien, um sowohl die Herstellungs- als auch die Lieferwege von Lebensmittelprodukten lückenlos, in Echtzeit und somit transparent abzubilden (PwC Market Communications 2014, S. 3).

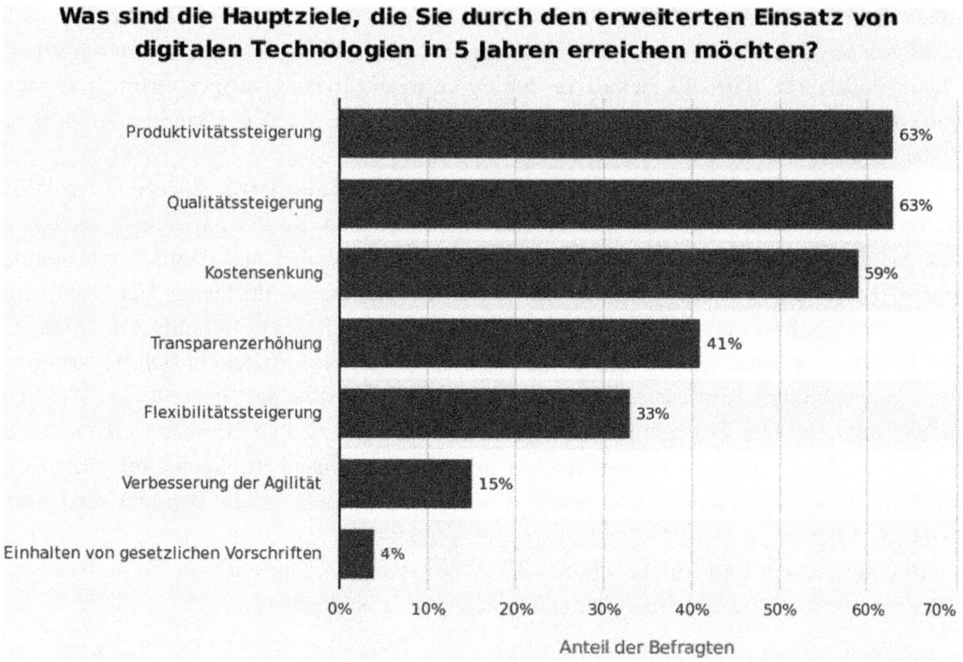

Abb. 4.11 Umfrage zu den Zielen der Digitalisierung der Transportlogistik in Deutschland 2016. (Frauenhofer SCS 2017)

Laut einer Umfrage von PwC Market Communications aus dem Jahr 2014 planten drei Viertel der teilnehmenden Unternehmen Investitionen in digitale Lösungen, die eine bessere Verbraucherinformation zu den Produkteigenschaften sicherstellen sollen:

- 78 % wollten ihren diesbezüglichen Service ausbauen,
- 69 % wollten die Rückverfolgbarkeit innerhalb der Lieferkette abbilden,
- 70 % sahen hier in puncto Transparenz und Herkunftsnachweis das Potenzial eines Imagegewinns,
- 64 % erhofften sich einen Wettbewerbsvorteil

(PwC Market Communications 2014, S. 3).

Gleichzeitig setzen die stetigen Veränderungen im Verbraucherverhalten die Lebensmittelbranche unter Zugzwang: Kunden wollen zunehmend nachvollziehen, woher Lebensmittel stammen und ob die Produktion umwelt- und sozialverträglich erfolgte (siehe Abb. 4.12 und Abb. 4.13) – nachhaltige Lebensmittel gewinnen an Zuspruch. Daraus leiteten die befragten Unternehmen aus Lebensmittelproduktion und -handel eine wachsende Bedeutung der Digitalisierung ab, auf der anderen Seite benannten sie aber auch klar die enormen Herausforderungen, die sich aus der Verknüpfung der Erfolgsfaktoren Nachhaltigkeit und Digitalisierung ergeben: Probleme beim Datenschutz, bei der Implementierung in ein Qualitätsmanagement und vor allem in puncto Kosten (PwC Market Communications 2014, S. 4).

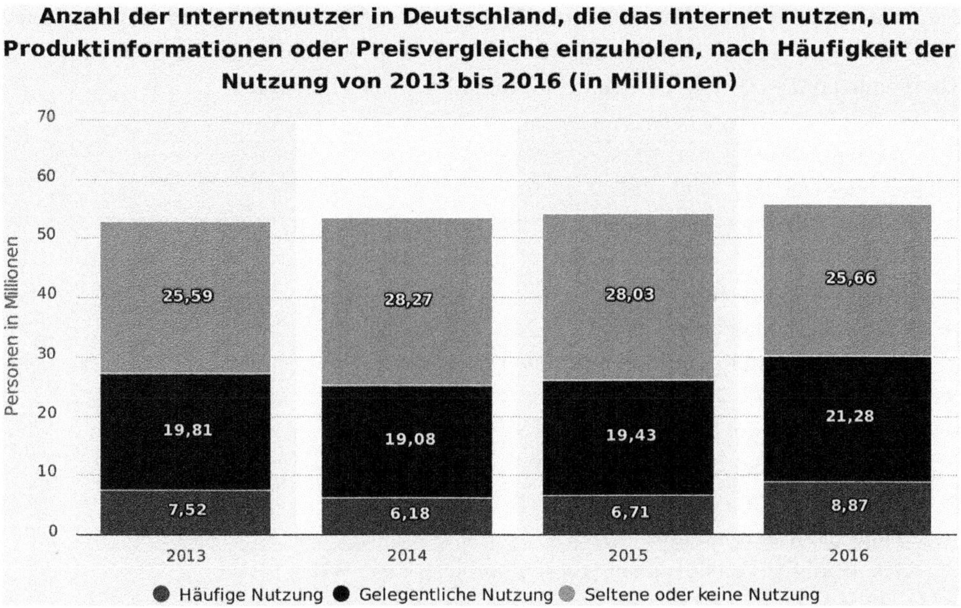

Abb. 4.12 Umfrage zur Nutzung des Internets für Produktinformationen und Preisvergleiche 2016. (IfD Allensbach 2016)

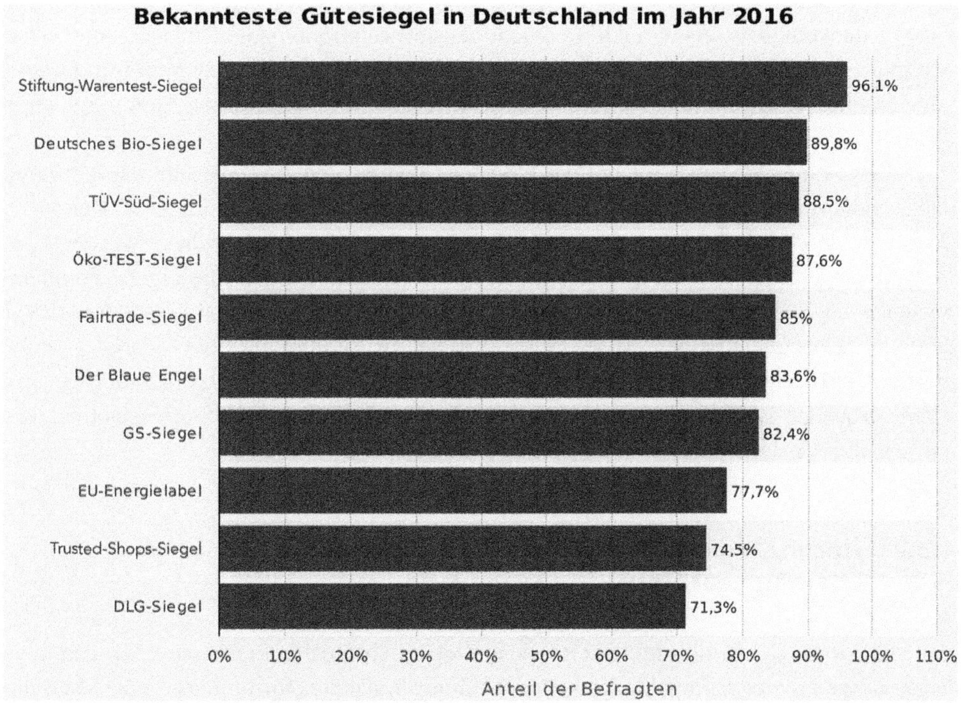

Abb. 4.13 Bekanntheit von Gütesiegeln in Deutschland 2016. (Markant Magazin 2016)

Während rund neun Prozent der befragten Unternehmen zum Zeitpunkt der Datenerhebung noch gar nicht über die Herkunft ihrer Produkte informierte (PwC Market Communications 2014, S. 5), setzt ein Großteil der Entscheider auf

- Gütesiegel (93 %),
- Barcodes (85 %),
- Webseiten des Herstellers oder Unternehmens (81 %),
- QR-Code (75 %),
- E-Mail und Software (74 %),
- Produktstammdatenmanagement (73 %),
- Flyer oder Aufsteller am Point of Sale (73 %),
- Social Media (72 %),
- klassische Medien (71 %),
- eigene Onlinerückverfolgung (70 %),
- Lieferantenportal (69 %),
- digitale Transaktionen (66 %),
- Rückverfolgbarkeitslösungen von Drittanbietern (66 %),
- Label (65 %)

(PwC Market Communications 2014, S. 7).

Die Unternehmen halten sich an die gesetzlichen Vorgaben in Bezug auf Zutaten, Nährwertangaben oder Hinweise für Lebensmittelallergiker – allerdings gehen sie nach wie vor meist nicht so weit, auch die wichtigen Informationen zum Einsatz gentechnisch manipulierter Lebensmittel zu transportieren. Nur 43 % der Lebensmittelproduzenten und -händler veröffentlichen überhaupt diese Angaben (PwC Market Communications 2014, S. 3).

Inwieweit die Konzentration auf den Code of Conduct, den die Lebensmittelproduzenten und -händler mit ihren Lieferanten vereinbaren, ausreicht, bleibt zu diskutieren. Rund 81 % der befragten Unternehmen sehen die Risiken in ihrer Lieferkette auf diese Weise als ausgeschlossen an. Für 71 % ist die Qualifizierung der Lieferanten über das eigene Portal ausreichend, 55 % nutzen einen Fragebogen – nur 45 % führen eine bilaterale Auditierung durch, 14 % setzen auf einen externen Dienstleister zur Auditierung (PwC Market Communications 2014, S. 14). Hier eröffnet sich noch Potenzial, auch wenn das natürlich mit Aufwand verbunden ist. Allerdings reichen die bisherigen Bemühungen ja offensichtlich nicht aus, wie die o. a. Lebensmittelskandale eindeutig belegen.

4.3.2 Nachhaltig digital weiterbilden – neue Wege zum Lifelong Learning

Seit die UNESCO-Weltkonferenz in den 1960er-Jahren die Permanent Education als Notwendigkeit zur Entwicklung neuer Bildungskonzepte formulierte, um Menschen auf die gesellschaftlichen und technologischen Veränderungen der Welt vorzubereiten, sind eine ganze Reihe von gleichlautenden Studien erschienen und Empfehlungen auf Konferenzen beschlossen worden. Allein in Deutschland befassten sich die Enquetekommission (1990) mit dem Thema „Zukünftige Bildungspolitik – Bildung 2000" sowie die Bund-Länder-Kommission für Bildungsplanung und Forschungsförderung (BLK 2004) mit den tragfähigen „Strategien für Lebenslanges Lernen in der Bundesrepublik Deutschland" (elearning-kompetenzzentrum o. J.).

Auch in diesem eminent wichtigen Bereich überwiegen immer noch die Probleme, die nicht zuletzt in der bislang geringen Motivation und den fehlenden Rahmenbedingungen begründet sind. Bisher existiert für das große Thema nur eine EU-Richtlinie, die jedoch in jedem einzelnen Mitgliedsland selbst gesetzgeberisch verankert und organisatorisch umgesetzt werden muss. Dass dabei die unterschiedlichen nationalen, politischen sowie kulturellen Bedingungen und daraus abzuleitende Ansprüche zu berücksichtigen sind, erweist sich als zusätzliche Herausforderung. Wie in vielen anderen Bereichen, die die Digitalisierung gravierend verändern wird, ist noch Forschung notwendig: Es fehlt an konkreten Vorschlägen oder gar Vorstellungen in Bezug auf eine stringente Umsetzung des Anspruchs Lifelong Learning, zu den notwendigen Ausprägungen und vor allem ein Abgleich von Theorie und Realität (siehe Abb. 4.14) (elearning-Kompetenzzentrum o. J.).

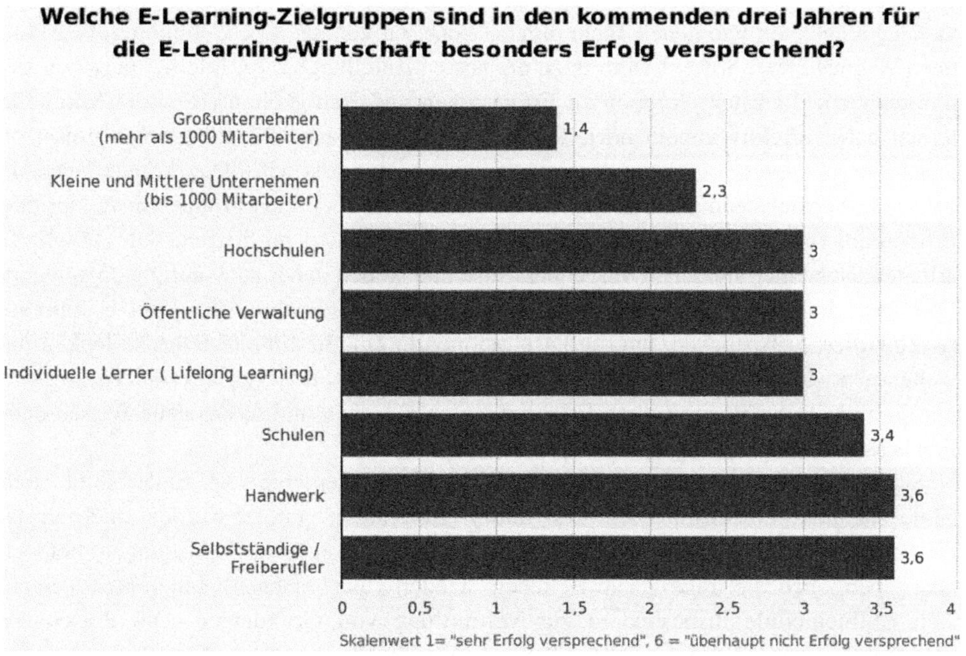

Abb. 4.14 Umfrage zu Erfolg versprechenden Zielgruppen für die E-Learning-Wirtschaft 2016. (MMB – Institut für Medien- und Kompetenzforschung 2017)

Die Anforderungen beschränken sich jedoch nicht auf die Rahmenbedingungen, sondern erfordern über die Entwicklung von Umsetzungsstrategien hinaus naturgemäß auch die Einplanung von ausreichend Zeit zur Maßnahmendefinition, die Sicherstellung eines entsprechenden Budgets sowie die Entwicklung einer wissenschaftlichen Basis. Zugangsbarrieren in den Strukturen, aber auch in den Institutionen selbst müssen abgebaut werden, um die Flexibilität, beispielsweise bei den Vorlesungsterminen für Teilzeitstudenten oder der 24/7-Verfügbarkeit von Bibliotheken, zu gewährleisten. Nicht zu vergessen sind die Barrieren bei den Studierenden selbst, nämlich die Einstellungen oder Meinungen, die durch eine effektive und klar kommunizierte Einbindung des E-Learning in Hochschulen und Universitäten positiv beeinflusst werden können. Digitale Lernformen sollten allerdings die gesellschaftlichen Normen und rechtlichen Rahmenbedingungen ebenso berücksichtigen wie die bereits erworbenen beruflichen Qualifikationen – und bei alldem selbstverständlich auch die Qualität im europäischen Maßstab sicherstellen (elearning-Kompetenzzentrum o. J.).

Bei all den vielschichtigen Herausforderungen gibt es doch bereits spannende Ansätze, die insbesondere Unternehmen intelligent zur Fortbildung der Mitarbeiter ausnutzen können. Ausschlaggebend ist dabei, dass sich die digitalen Lernwelten an die realen und vor allem subjektiven Bedürfnisse der Lernenden anpassen – sowohl in Bezug auf den idealen Lernzustand als auch auf die optimale Präsentation der Inhalte. Die Digitalisierung erlaubt es, kollaborative Tools und Methoden einzusetzen, die sich beispielsweise mit teamspezifischen Themen wie Kommunikation, aber auch mit der Vermittlung spezieller Fähigkeiten wie neuen Technologien befassen können. Die Communities of Practice (Magnus 2001, S. 97) liefern dazu die besten Anleitungen: Im Internet tauschen sich die unterschiedlichsten Gruppen zu Erfahrungen und Neuigkeiten aus – die Mitglieder lernen dabei effektiv voneinander. Dieser Ansatz lässt sich in Unternehmen umsetzen, wenn eine Gruppe mit gleichen Interessen zusammengefasst wird. Dies könnte beispielsweise ein Vertriebsteam sein, das global aufgestellt ist, aber auch Produktentwickler oder Programmierer könnten von den Communities of Practice profitieren: Alle Mitglieder arbeiten nach einer ähnlichen Vorgehensweise und stoßen daher auch auf gleich gelagerte Probleme. Informelle Gruppen existieren in der Regel ohnehin, diese mit bestimmten Lerninhalten zu bestücken, um die Diskussionen in eine bestimmte Bahn zu lenken und weiterzuentwickeln, ist dann nur noch ein kleiner Schritt. Im Gegensatz zum Vortrag können sich die Teilnehmer zu ihren Erfahrungen austauschen und so das neue Wissen deutlich besser etablieren (Magnus 2001, S. 98).

Seit geraumer Zeit finden vielfältige E-Learning-Elemente, die zunächst in erster Linie zur unternehmensinternen Aus- und Weiterbildung genutzt wurden, auch an den Hochschulen Anwendung. So können Podcasts einerseits die Vorlesungen beleben, aber eben auch Vorträge nach Belieben wiederholbar machen, andererseits eignen sich Onlinemodule insbesondere zur Vermittlung von Grundlagen. Die Präsenzveranstaltungen bauen dann auf dem selbst erarbeiteten Wissen auf und können sich in der Folge stärker auf die praktischen Anwendungen konzentrieren. Die Vorlesungen werden auf diese Weise nicht nur gestrafft, sondern auch spannender (Dittler 2011, S. 37 f.).

Die interne strategische Studie eines Dax-30-Unternehmens zum Thema E-Learning sollte die Rahmenbedingungen für eine optimale Strategie zur Entwicklung und Implementierung neuer Lernsysteme ermitteln. Der Schwerpunkt des Projektes von 2017 lag auf der Förderung der intrinsischen Motivation der Mitarbeiter, sich in eigener Initiative fort- und weiterzubilden.

Die teilnehmenden Mitarbeiter sagten zu 89 % aus, dass es ihnen sehr wichtig sei, im Rahmen ihrer Beschäftigung etwas Neues zu lernen – 11 % sahen es als wichtig an. Ebenso eindeutig waren die Ergebnisse in Bezug auf das E-Learning selbst, denn 92 % sprachen sich allgemein dafür aus, 68 % präferierten Mobile Learning. Rund 60 % der Befragten wollten bevorzugt zu Hause lernen, 50 % am liebsten alleine, wobei ihnen ein anschließender Austausch mit anderen Lernenden wichtig ist.

Bei all den Herausforderungen eröffnen sich für die Praxis also große Spielräume, aber eben auch Notwendigkeiten: Die technologischen Entwicklungen gehen immer schneller vonstatten, nicht zuletzt die für das Fortschreiten des Digitalisierungs- und Automatisierungsprozesses prognostizierte Freisetzung eines Großteils der heute Beschäftigten macht das Lifelong Learning umso wichtiger: Nur die bedarfsgerechte Qualifikation wird die Chance auf eine interessante Tätigkeit vergrößern (Karg und Oldeland 2017, S. 9).

4.3.3 Die digitale Verwaltung – schneller, zuverlässiger und ressourcenschonend

Als eine der zukunftsorientierten Initiativen nimmt Städte und Gemeinden 4.0 – Future Communities in Baden Württemberg Fahrt auf: Mithilfe von Fördermitteln stellen sich die Kommunen darauf ein, die Digitalisierung zur Vereinfachung verwaltungstechnischer Prozesse zu nutzen. Die Bandbreite der im Baukastenprinzip konzipierten Maßnahmen und Produkte ist breit gefächert, wie zum Beispiel

- Bürger-Apps verschiedener Anbieter, wie beispielsweise die City-App Tuttlingen (Krebs 2018),
- e-mobil der Landesagentur für Elektromobilität und Brennstoffzellentechnologie Baden-Württemberg GmbH,
- digitale Gesundheitsförderung und -prävention der Uni Heidelberg
  - Standortcheck zur Unternehmensbefragung (GEFAK),
  - E-Government – Instrumente auf dem Portal des Landes Baden-Württemberg (Gemeindetag 2017).

Allerdings gibt es auch hier noch Luft nach oben: Das Kompetenzzentrum Öffentliche IT des Fraunhofer-Institutes für Offene Kommunikationssysteme (FOKUS) hatte noch im Jahr 2016 im Rahmen einer Studie den untersuchten 68 Gemeinden und Städten überschaubare Erfolge auf dem Weg in Richtung E-Government attestiert. Dabei wurden die kommunalen Portale durchaus als ansehnlich und gut bedienbar bezeichnet, selbst das

Ranking in den Suchmaschinen ist offenbar sehr gut. Ausgestattet mit intelligenten Suchfunktionen ermöglichen es die Onlineauftritte der untersuchten Kommunen, mit wenigen Klicks zum gesuchten Formular zu gelangen. Dann allerdings fehlt die konsequente Fortführung, es werden lediglich Informationen oder der Download der PDF-Formulare angeboten (Fromm et al. 2016).

Angesichts der weitreichenden digitalen Kommunikations- und Transaktionstechnologien musste konstatiert werden, dass 17 der untersuchten 68 Kommunen gar keine Onlinedienste parat hatten, weitere 23 boten maximal drei Dienste an. Dazu zählten neben dem Onlinefundbüro vor allem die Beantragung von Urkunden beim Standesamt, von Führungszeugnissen oder Dienstleistungen der Kfz-Zulassungsstellen. Echtes E-Government, das nicht nur die Bürger, sondern vor allem auch die Verwaltungen selbst entlastet, fand nicht statt. Dabei könnten sowohl Papier als auch Zeit eingespart werden, wie die nähere Untersuchung von fünf Verwaltungsleistungen bestätigte. Es handelte sich um

- Gewerbemeldungen,
- Wohngeldanträge,
- Melderegisterauskünfte,
- Baugenehmigungen und
- Kfz-Meldungen,

die allesamt zum gängigen Spektrum der öffentlichen Leistungen zählen. Allerdings machte sich bemerkbar, dass nicht nur die Zuständigkeiten und Komplexitätsgrade divergieren, sondern auch unterschiedliche Verfahren und Prozesse genutzt werden.

Die Ergebnisse waren ernüchternd: Im Durchschnitt aller fünf Leistungen bietet rund ein Drittel der kommunalen Portale keinerlei Informationen zu diesen Themen. Werden die einzelnen Leistungen als Grundlage genutzt, halten nur zwischen 25 % und 50 % der Portale sowohl Informationen als auch Vordrucke bereit und schaffen so die Grundlage für E-Government (Fromm et al. 2016).

Doch auch in diesen Fällen gibt es große Unterschiede: Ob sich die Formulare elektronisch ausfüllen lassen oder nicht – sie müssen in der Regel weiterhin ausgedruckt, ausgefüllt und verschickt werden. Selbst die digitale Kommunikation mit den Verwaltungsstellen ist nur in geringem Umfang möglich, bislang müssen Bürger persönlich erscheinen oder ihre Anliegen auf dem Postweg erledigen. Einzelne Projekte können demzufolge gar nicht die prognostizierten Effekte entfalten, was angesichts der technologischen Entwicklungen befremdlich wirkt: Jeder Onlineshop, der seinen Bestellvorgang in einem PDF münden ließe, wäre von vornherein zum Scheitern verurteilt (Fromm et al. 2016).

Das Einsparpotenzial wird demnach und in Abhängigkeit von der jeweiligen Verwaltungsleistung auf bis zu 75 % der aktuellen Kosten in puncto Melderegisterauskunft (Fromm et al. 2016) geschätzt. Im Durchschnitt über alle fünf genannten Leistungsbereiche liegen die Erwartungen bei rund einem Drittel der derzeitigen Kosten (Fromm et al. 2016).

Der Schlüssel zum Erfolg liegt auch hier in den Regularien: E-Government lässt sich nur mithilfe einer intensiven Kooperation aller Verwaltungsebenen umsetzen. Dazu sollte der

Bund nicht nur deutschlandweit die „... einheitlichen Komponenten zur Verfügung stellen, die von den Ländern angepasst und um Fachkomponenten ergänzt werden müssen" (Fromm et al. 2016), sondern auch europaweit. So ließe sich eine Art Baukasten entwickeln, mit dem die Kommunen ein wirklich effizientes E-Government nach Bedarf zusammenstellen können.

4.3.4 Strategische Führung: Mit Nachhaltigkeit langfristigen Erfolg sichern

Digitalisierung ist Chefsache – oder sollte sie zumindest sein. Schließlich betreffen die tief greifenden Änderungen alle Bereiche der Unternehmensorganisationen: Prozessgeschwindigkeiten steigen, innovative Technologien setzen sich durch, vollkommen neue Geschäftsmodelle entstehen. Aber auch die Hierarchien in Unternehmen und die Rolle der Führungskräfte verändern sich, was ein komplettes Um- und Neudenken notwendig macht: Über Erfolg oder Misserfolg der Digitalisierung im Unternehmen entscheidet die Weichenstellung – und die ist abhängig von der Einstellung (siehe Abb. 4.15 und 4.16; Ferenz und Varona 2017, S. 16).

So ist es sinnvoll, von vornherein ein konsequentes Nachhaltigkeitsmanagement zu implementieren, wenn die Steuerung interner Prozesse oder auch Modernisierungs- und Baumaßnahmen geplant werden: Das Pflichtenheft für Hard- und Software sollte demnach auch Raum für die Anmerkungen und Anforderungen des Nachhaltigkeitsmanagers lassen.

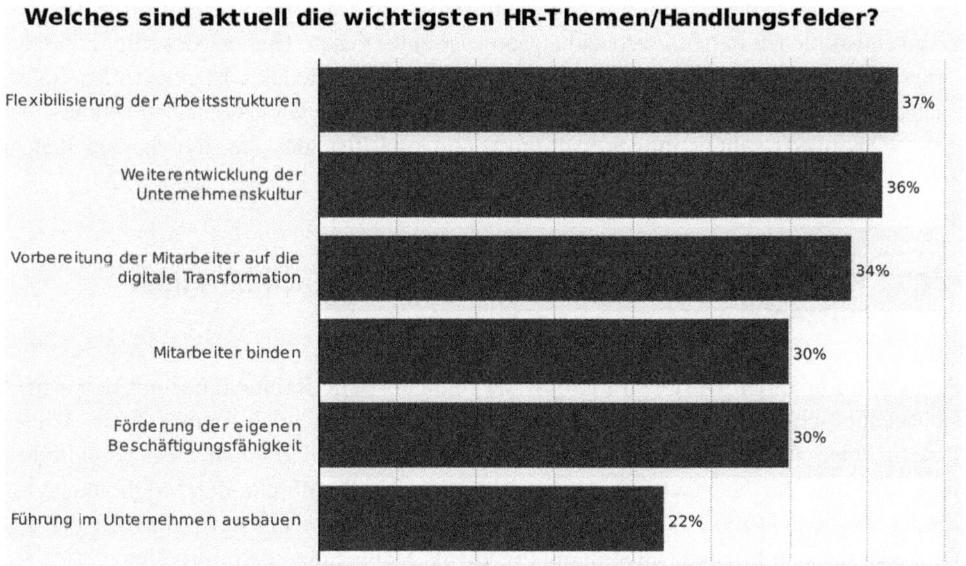

Abb. 4.15 Umfrage unter Führungskräften zu den wichtigsten HR-Themen 2016. (Hays 2017b)

Abb. 4.16 Umfrage zu Herausforderungen der digitalen Transformation für die Organisation 2016. (Hays 2017a)

Das setzt jedoch voraus, dass Unternehmen sich zum aktuellen Stand der Technik umfassend informieren und dabei sowohl das Nachhaltigkeits- und Qualitätsmanagement als auch die IT-Verantwortlichen in den Entscheidungsprozess einbeziehen. Und es ist wichtig, über den Tellerrand hinauszublicken: Nicht nur die Gestaltung des Produkts ist relevant, es sollten auch die Gefahren und Potenziale der jeweiligen Entwicklung vorausschauend beurteilt werden. Nicht zuletzt geht es immer auch um neue Geschäftsfelder, die sich aus den strategischen Überlegungen heraus eröffnen können (Schaltegger und Petersen 2017, S. 20).

4.4 Fazit: Digitalisierung zur Stärkung der Nachhaltigkeit nutzen

Auch wenn in vielen Belangen faktisch der regulatorische Rahmen, der mit den schnellen technologischen Entwicklungen Schritt halten kann, noch immer fehlt, können Unternehmen sich bereits heute intelligent aufstellen, um das Potenzial der Digitalisierung im Sinne der Nachhaltigkeit auszuschöpfen. Die Bandbreite der Möglichkeiten ist ebenso enorm wie die Effekte, die sich erzielen lassen. Unabhängig von Branche und Größe lassen sich folgende allgemeine Punkte als Maßnahmenplan festhalten:

1. Potenzial für Digitalisierung und Automatisierung analysieren
Die Unterschiede in den Wirkungen sind gewaltig, führen aber alle zum Erfolg: Implementiert ein kleines Dienstleistungsunternehmen ein passendes Kundenmanagementsystem,

um auf diese Weise Kundenbestände zu aktualisieren und Kommunikation sowie Marketing Schritt für Schritt auf digitale Medien umzustellen, kann das unter dem Strich schon beim Versand von Werbematerialien enorme Mengen an Zeit, Aufwand und Papier einsparen. Digitalisieren Unternehmen im produzierenden Gewerbe sämtliche betrieblichen Abläufe inklusive Warenwirtschaft und Logistik, lassen sich Warenbestände minimieren, Transporte optimieren und der Energieverbrauch reduzieren.

Ansätze könnten zum Beispiel sein:

- vorausschauende Steuerung und Wartung von Geräten und Maschinen,
- Güter gemeinsam nutzen, statt sie zu besitzen,
- interne Unternehmenskommunikation sowie Transporte optimieren,
- Betriebsprozesse flexibilisieren (On-Demand-Ansatz),
- Angebot und Nachfrage effektiv zusammenbringen,
- digitales Schulungs- und Weiterbildungsprogramm für Mitarbeiter.

2. Nachhaltigkeit als Kriterium in die Entwicklung digitaler Instrumente einbeziehen
Schon in der Entwicklungsphase von Digitalisierungs- und Automatisierungsprojekten wird der Grundstein dafür gelegt, ob und inwieweit Digitalisierung die Nachhaltigkeit stärken kann. Hier ist ein mutiger Ansatz erforderlich, um bei Bedarf auch disruptive Technologien zum Einsatz zu bringen – oder auf bereits vorhandene Lösungen zurückzugreifen. Werden jedoch die Prozesse von vornherein so gestaltet, dass sie sowohl in ökologischer als auch in ethischer und sozialer Hinsicht einen Mehrwert darstellen, profitiert das Unternehmen gleich mehrfach – nicht zuletzt in Bezug auf das eigene Image, um sich erfolgreich vom Wettbewerb abzugrenzen.

3. Reboundeffekte konsequent vermeiden
Bewirken die Ressourceneinsparungen an der einen Stelle, dass sie an einer anderen zum verstärkten Verbrauch führen, wird der Nachhaltigkeitsansatz verfehlt.

4. Transparenz schaffen und nachhaltige Entwicklungen kommunizieren
Um den Nachhaltigkeitsgedanken in der Gesellschaft zu verstärken – und auch die für die regulatorischen Rahmenbedingungen Verantwortlichen in Zugzwang zu bringen –, ist eine konsequente Kommunikation der verfolgten Nachhaltigkeitsansätze wichtig. Zudem gewinnt das Unternehmen an Renommee, insbesondere qualifizierte Fachkräfte wählen ihre potenziellen Arbeitgeber nicht zuletzt nach deren Corporate Social Responsibility aus.

Literatur

Aachener Stiftung Kathy Beys. (Hrsg.). (2015a). Herausforderungen für Unternehmen. Lexikon der Nachhaltigkeit. https://www.nachhaltigkeit.info/artikel/mega_herausforderungen_fuer_unternehmen_nachhalti_1496.htm. Zugegriffen: 26. Okt. 2017.

Aachener Stiftung Kathy Beys. (Hrsg.). (2015b). Nachhaltigkeit Definition. Lexikon der Nachhaltigkeit. https://www.nachhaltigkeit.info/artikel/definitionen_1382.htm?sid=i3o1sc5e510h2h4qhsa0hm6sm2. Zugegriffen: 25. Okt. 2017.

Aachener Stiftung Kathy Beys. (Hrsg.). (2015c). Weltkommission für Umwelt und Entwicklung. Brundtland Bericht, Brundtland Report. Lexikon der Nachhaltigkeit. https://www.nachhaltigkeit.info/artikel/brundtland_report_1987_728.htm. Zugegriffen: 25. Okt. 2017.

Banthien, H., & Bode, A. (2016). Bericht. Rat für Nachhaltige Entwicklung (RNE). Industrie 4.0 und Nachhaltigkeit: Chancen und Risiken für die Nachhaltige Entwicklung. Nachhaltigkeitsrat. https://www.nachhaltigkeitsrat.de/wp-content/uploads/migration/documents/20161230_IFOK_Bericht_Industrie_4-0_und_Nachhaltige_Entwicklung.pdf. Zugegriffen: 10. Jan. 2018.

Bendel, O. (o. J.). Digitalisierung. Gabler Wirtschaftslexikon. Hrsg. Springer Gabler Verlag. http://wirtschaftslexikon.gabler.de/Archiv/-2046143105/digitalisierung-v3.html. Zugegriffen: 26. Okt. 2017.

BiomassMuse. (Hrsg.). (2017). Nachhaltigkeits-Trias. BiomassMuse.de. http://www.biomassenutzung.de/biosprit-nachhaltigkeit-biokraftstoffe/. Zugegriffen: 10. Jan. 2018.

Brandt, M. (2017). Arbeitswelt 2030. Digitalisierung kostet Arbeitsplätze. Statista. https://de.statista.com/infografik/8480/auswirkungen-der-digitalisierung-auf-den-arbeitsmarkt/. Zugegriffen: 10. Jan. 2018.

Bundestag. (2004). Der aktuelle Begriff Nachhaltigkeit. Wissenschaftliche Dienste des Deutschen Bundestages 06, S. 1–2. http://webarchiv.bundestag.de/archive/2008/0506/wissen/analysen/2004/2004_04_06.pdf. Zugegriffen: 09. Dez. 2017.

Carnau, P. (2011). *Nachhaltigkeitsethik – Normativer Gestaltungsansatz für eine global zukunftsfähige Entwicklung in Theorie und Praxis*. München: Hampe.

Dietz, U. (2015). Light Produkte – Die Lügen der Lebensmittelindustrie. Gesundheits-Magazin. https://www.gesundheits-magazin.net/5306-light-produkte-die-luegen-der-lebensmittelindustrie.html/. Zugegriffen: 31. Okt. 2017.

Dittler, U. (2011). *E-Learning. Einsatzkonzepte und Erfolgsfaktoren des Lernens mit interaktiven Medien* (3. Aufl.). München: Oldenbourg.

Empacher, C., & Wehling, P. (2002). Soziale Dimensionen der Nachhaltigkeit. Theoretische Grundlagen und Indikatoren. Studientexte des Instituts für sozial-ökologische Forschung 11. Frankfurt: ISOE.

Endres, A. (13. Juni 2012). Nachhaltigkeit: Deutschland, Vorbild im Reden. *Zeit*. http://www.zeit.de/wirtschaft/2012-06/nachhaltigkeit-deutschland-wwf. Zugegriffen: 26. Okt. 2017.

Englert, M. (2017). Die Quadratur des Kreises: Digitalisierung mit Nachhaltigkeit verbinden. Huffington Post 19. März 2017. http://www.huffingtonpost.de/marco-englert/digitalisierung-nachhaltigkeit_b_15450500.html. Zugegriffen: 26. Okt. 2017.

Ferenz, A., & Varona, M. (2017). Digitalisierung verändert Unternehmenskultur. B.A.U.M. e. V. Jahrbuch 2017. http://www.forumcsr.net/downloads/BJB/2017/BAUM_Jahrbuch_2017_9Zhb65dcX.pdf. Zugegriffen: 26. Okt. 2017.

Fraunhofer SCS. (2017). Was sind die Hauptziele, die Sie durch den erweiterten Einsatz von digitalen Technologien in 5 Jahren erreichen möchten. Statista. https://de.statista.com/statistik/daten/studie/762911/umfrage/ziele-der-digitalisierung-der-transportlogistik-in-deutschland/. Zugegriffen: 10. Jan. 2018.

Fromm, J., Weber, M., & Welzel, Chr. (2016). Staat 4.0: Kommune 1.0. Kommune21 vom 8. März 2016. http://www.kommune21.de/meldung_23315_Kommune+1.0.html. Zugegriffen: 06. Nov. 2017.

Gemeindetag Baden-Württemberg. (2017). Städte und Gemeinden 4.0 – Future Communities: 98 Projekte werden gefördert. Gemeindetag BW. https://www.gemeindetag-bw.de/internet/themen/f%C3%B6rdermittel-f%C3%BCr-st%C3%A4dte-und-gemeinden-40-%E2%80%93-future-communities. Zugegriffen: 05. Nov. 2017.

Hardtke, A., & Prehn, M. (2001). *Perspektiven der Nachhaltigkeit – Vom Leitbild zur Erfolgsstrategie*. Wiesbaden: Springer Gabler.

Hays. (2017a). Was sind Ihrer Meinung nach die größten Herausforderungen der digitalen Transformation für die Arbeitsorganisation? Statista. https://de.statista.com/statistik/daten/studie/682289/umfrage/umfrage-zu-herausforderungen-der-digitalen-transformation-fuer-die-arbeitsorganisation/. Zugegriffen: 10. Jan. 2018.

Hays. (2017b). Welches sind aktuell die wichtigsten HR-Themen/Handlungsfelder. Statista. https://de.statista.com/statistik/daten/studie/682236/umfrage/umfrage-unter-fuehrungskraeften-zu-den-wichtigsten-hr-themen/. Zugegriffen: 10. Jan. 2018.

Horizont. (2017). Welche sind die Hauptgründe für den Einsatz von Künstlicher Intelligenz in Ihrem Unternehmen. Statista. https://de.statista.com/statistik/daten/studie/717566/umfrage/gruende-fuer-den-einsatz-von-ki-in-unternehmen-in-deutschland/. Zugegriffen: 10. Jan. 2018.

IfD Allensbach. (2016). Anzahl der Internetnutzer in Deutschland, die das Internet nutzen, um Produktinformationen oder Preisvergleiche einzuholen, nach Häufigkeit der Nutzung von 2013 bis 2016 (in Millionen). Statista. https://de.statista.com/statistik/daten/studie/171732/umfrage/nutzung-des-internets-fuer-produktinformationen-und-preisvergleiche/. Zugegriffen: 10. Jan. 2018.

Karg, L., & Oldeland, M. (2017). Aufbruch ins (nachhaltige) digitale Zeitalter. B.A.U.M. e. V. Jahrbuch 2017. http://www.forumcsr.net/downloads/BJB/2017/BAUM_Jahrbuch_2017_9Zhb65dcX.pdf. Zugegriffen: 26. Okt. 2017.

Kompetenzzentrum für E-Learning, Weiterbildung und Lebenslanges Lernen Dr. Sitzmann (o. J.). Lebenslanges Lernen – Idee und Realität. E-Learning Kompetenzzentrum. http://www.elearning-kompetenzzentrum.de/lebenslanges-lernen/idee-und-realitaet/. Zugegriffen: 31. Okt. 2017.

Krebs, Stefan. (2018). Digitalisierung als Chance: Urban und digital auf dem Land? Behörden-Spiegel 2. Juli 2018. https://www.behoerden-spiegel.de/2018/07/02/digitalisierung-als-chance-urban-und-digital-auf-dem-land/. Zugegriffen: 14. Dec. 2018.

Magnus, St. (2001). *E-Learning: Die Zukunft des digitalen Lernens im Betrieb*. Wiesbaden: Gabler.

Markant Magazin. (2016). Bekannteste Gütesiegel in Deutschland im Jahr 2016. Statista. https://de.statista.com/statistik/daten/studie/273322/umfrage/gestuetzte-bekanntheit-von-guetesiegeln-in-deutschland/. Zugegriffen: 10. Jan. 2018.

MMB – Institut für Medien- und Kompetenzforschung. (2017). Welche E-Learning-Zielgruppen sind in den kommenden drei Jahren für die E-Learning-Wirtschaft besonders Erfolg versprechend. Statista.https://de.statista.com/statistik/daten/studie/164930/umfrage/zielgruppen-von-elearning-in-deutschen-unternehmen/. Zugegriffen: 10. Jan. 2018.

Oertel, B. (2017). Digitalisierung verantwortlich gestalten. B.A.U.M. e.V. Jahrbuch 2017. http://www.forum-csr.net/downloads/BJB/2017/BAUM_Jahrbuch_2017_9Zhb65dcX.pdf. Zugegriffen: 26. Okt. 2017.

Pufé, I. (2014). Was ist Nachhaltigkeit? Dimensionen und Chancen. In Bundeszentrale für politische Bildung. Aus Politik und Zeitgeschichte (APuZ) 64, S. 16.

PwC Market Communications. (2014). Digitalisierung als Schlüssel für nachhaltige Wertschöpfungsketten. PWC.de September 2014. http://www.pwc.de/de/nachhaltigkeit/assets/pwc-studie-rueckverfolgbarkeit-von-lebensmitteln-2014.pdf. Zugegriffen: 31. Okt. 2017.

Rat für Nachhaltige Entwicklung. (2011). Merkel: Deutschland muss bei Nachhaltigkeit Vorreiter sein. Nachhaltigkeitsrat 30. Juni 2011. https://www.nachhaltigkeitsrat.de/aktuelles/nachhaltigkeitspolitik/detailansicht/artikel/merkel-deutschland-muss-bei-nachhaltigkeit-vorreiter-sein/. Zugegriffen: 26. Okt. 2017.

Rat für Nachhaltige Entwicklung. (2017). Kurz und bündig: Der Rat für Nachhaltige Entwicklung. Nachhaltigkeitsrat. https://www.nachhaltigkeitsrat.de/der-rat/fact-sheet/. Zugegriffen: 26. Okt. 2017.

Santarius, T. (2017). Digitalisierung: Chancen und Risiken für die Nachhaltigkeit? N21 vom 30. Mai 2017. Rubrik Gesellschaft – Ressourcen – Wissenschaft. http://n21.press/digitalisierung-chancen-und-risiken-fuer-die-nachhaltigkeit/. Zugegriffen: 31. Okt. 2017.

Schaltegger, St., & Petersen, H. (2017). Die Rolle des Nachhaltigkeitsmanagements in der Digitalisierung. B.A.U.M. e.V. Jahrbuch 2017. http://www.forum-csr.net/downloads/BJB/2017/BAUM_Jahrbuch_2017_9Zhb65dcX.pdf. Zugegriffen: 26. Okt. 2017.

Statista. (2016). Wie hoch schätzen Sie die Gefahr von Wahlmanipulationen aufgrund von Hackerangriffen und Falschmeldungen während der deutschen Bundestagswahl 2017. Statista. https://de.statista.com/statistik/daten/studie/653791/umfrage/umfrage-zur-gefahr-von-wahlmanipulationen-bei-der-bundestagswahl/. Zugegriffen: 10. Jan. 2018.

Statista. (2017a). Haben Sie bei deutschen Unternehmen (z. B. Otto, Xing) mehr Vertrauen in die Datensicherheit als bei amerikanischen (z. B. Amazon, Facebook)? Deutschen Unternehmen vertraue ich… Statista. https://de.statista.com/statistik/daten/studie/712759/umfrage/vertrauen-in-den-datenschutz-bei-deutschen-unternehmen/. Zugegriffen: 10. Jan. 2018.

Statista. (2017b). Welche dieser Maßnahmen ergreifen Sie mit Blick auf Ihren Datenschutz. Statista. https://de.statista.com/statistik/daten/studie/712775/umfrage/massnahmen-zum-datenschutz-in-deutschland/. Zugegriffen: 10. Jan. 2018.

Statista. (2017c).Wie sehr sorgen Sie sich bei Online-Shops, wie z.B. Otto und Amazon, um die Sicherheit Ihrer Daten. Statista. https://de.statista.com/statistik/daten/studie/712755/umfrage/vertrauen-in-den-datenschutz-bei-online-shops-in-deutschland/. Zugegriffen: 10. Jan. 2018.

Statista. (2017d). Wie sehr sorgen Sie sich bei Social-Media-Unternehmen wie Facebook um die Sicherheit Ihrer Daten. Statista. https://de.statista.com/statistik/daten/studie/712740/umfrage/vertrauen-in-den-datenschutz-bei-social-media-unternehmen-in-deutschland/. Zugegriffen: 10. Jan. 2018.

Vaut, S., & Forbrig, J. (14. Februar 2017). Bundestagswahl: Wie wir die Wahl vor russischem Einfluss schützen können. *Zeit*. http://www.zeit.de/politik/deutschland/2017-02/bundestagswahl-russland-beeinflussung-demokratie-parteien. Zugegriffen: 31. Okt. 2017.

VGB PowerTech. (2017). Im Jahr 2016 prognostizierte statische Reichweite von Ressourcen und Reserven (in Jahren). Statista. https://de.statista.com/statistik/daten/studie/152334/umfrage/statische-reichweite-von-ressourcen/. Zugegriffen: 10. Jan. 2018.

VuMA (Arbeitsgemeinschaft Verbrauchs- und Medienanalyse). (2017). Bevölkerung in Deutschland nach Einstellung zur Aussage "Beim Kauf von Produkten ist es mir wichtig, dass das jeweilige Unternehmen sozial und ökologisch verantwortlich handelt" von 2013 bis 2016 (in Millionen). Statista. https://de.statista.com/statistik/daten/studie/182042/umfrage/kaufkriterium—soziale-verantwortung-oekologische-verantwortung/. Zugegriffen: 10. Jan. 2018.

Prof. Dr. Anabel Ternès von Hattburg ist Unternehmerin und Mutter, Social-Impact-Gründerin und Forscherin, Autorin und Speaker. Anabel Ternès unterstützt Unternehmen und Organisationen im digitalen Wandel, um ihre Mitarbeiter, Kunden, Produkte und Geschäftsmodelle zukunftsfähig zu machen.

Anabel Ternès ist Geschäftsführerin und Gründerin des Instituts für Nachhaltigkeits- management (IISM) und hält eine Professur in Berlin für Internationale Betriebswirtschaftslehre in den Schwerpunktstudiengängen E-Business und Kommunikationsmanagement. Seit 2012 ist sie Visiting Professor für Marketing an der German University in Cairo. 2012 bis 2016 war Anabel Ternès Visiting Professor an der Tongji University Shanghai. Sie lehrte unter anderem an der Europa Universität Viadrina, der Universität Magdeburg und der Universität der Künste Berlin.

Anabel Ternès ist Gründerin und Geschäftsführerin mehrerer Tech-Unternehmen und sozialer Initiativen, u. a. der gemeinnützigen Organisation GetYourWings, die sich für die Vermittlung ganzheitlicher digitaler Kompetenzen durch Workshops, Computerspiele und eLearning einsetzt.

Ternès engagiert sich als Vorstandsmitglied von NFTE Deutschland, als Mentorin von StartupTEENS sowie als Botschafter für Ms. AI, Same Sky und Make-A-Wish. Von 2012 bis 2018 war sie Co-Veranstalterin des Impact Forums Deutschland. Anabel Ternès ist Mitglied im Editorial Board mehrerer internationaler Fachmagazine, Autorin zahlreicher Publikationen und schreibt Beiträge für verschiedene Fachmagazine. Sie ist MA, Diplom-Kauffrau, Diplom-Pädagogin, Gesundheitsauditorin und wurde mehrfach mit Forschungspreisen ausgezeichnet.

5 Sustainability 4.0 – Über die Konvergenz von Nachhaltigkeit und Digitalisierung

André Reichel

5.1 Einleitung

Mit dem Schlagwort einer Sustainability 4.0 soll eine Spurensuche zur Konvergenz von Nachhaltigkeit und Digitalisierung unternommen werden. Digitalisierung wird in erster Linie als soziales Phänomen aufgefasst und praxistheoretisch rekonstruiert. Dabei wird auch der Begriff der sozialen Innovation als praxistheoretisches Konzept hergeleitet, dem ein Wandel sozialer Praktiken in Bedeutungszuschreibungen, individuellen Fähigkeiten und technischen Materialitäten zugrunde liegt. Nachhaltigkeit bekommt so eine zentrale Rolle als Bedeutungs- und Wertelieferant und gibt technologischen Entwicklungen und deren sozialen Aneignungen Richtungssicherheit. Gleichzeitig bestehen vielfältige Wechselbeziehungen zwischen Nachhaltigkeit und Digitalisierung, die das Potenzial zu einer tief-greifenden sozialen Transformation des Wirtschaftens, des Managements und der Gesellschaft besitzen. Vor allem der Aspekt der kollaborativen und co-kreativen Wertschöpfung in Netzwerken aus aktiven Prosumierenden zeigt sich bei den Betrachtungen von Phänomenen wie der Sharing Economy und der Commons Economy. Zum Abschluss wird ein Schlaglicht auf die Auswirkungen einer Sustainability 4.0 – verstanden als co-kreative Selbstermächtigungswirtschaft mittels digitaler Werkzeuge und Praktiken zur sozialökologischen Transformation von Wirtschaft, Management und Gesellschaft – auf das Nachhaltigkeitsmanagement gegeben.

A. Reichel (✉)
International School of Management GmbH, Stuttgart, Deutschland
E-Mail: andre.reichel@ism.de

M. Englert und A. Ternès (Hrsg.), *Nachhaltiges Management*,
https://doi.org/10.1007/978-3-662-57693-9_5

5.2 Digitalisierung als soziales Phänomen

Wenn von Digitalisierung gesprochen wird, fällt der Blick zunächst auf deren technische Aspekte. Die Internetinfrastrukturen, Zugangsgeräte wie Smartphones, Software und Plattformarchitekturen dominieren das Bild, aber auch technische Paradigmen wie Standardisierung und Automatisierung. Gerade der Fokus auf die deutsche Wortschöpfung der Industrie 4.0 im Digitalisierungsdiskurs führt recht eng auf technologische Fragestellungen und damit auch zu technologischen Antworten (Kagermann et al. 2011). So faszinierend die Verschmelzung von virtualisierten Fabrik-, Produktions- und Produktdaten mit ihren realen Entsprechungen auch ist, sie bleibt doch stark in einer Automatisierungslogik verhaftet. Solchermaßen technisch verstanden, ist Digitalisierung dann aber nichts weiter als die Fortschreibung von Entwicklungen, die es wenigstens seit den 1970er-Jahren gibt. Damals wurde das Electronic Data Interchange (EDI) eingeführt und vereinfachte, gerade und vor allem in der Automobilindustrie, den Austausch von Produktdaten zwischen Herstellern und Zulieferern. Hier entstand bereits eine Dualität von virtuellen Daten und realen Vorgängen. Ist die Digitalisierung also schon mehr als vierzig Jahre alt und insofern nichts Neues?

So wichtig die technologischen Entwicklungen auch sind, Digitalisierung ist nicht nur ein rein technologisches Phänomen. Keine neue Technologie ist das. Digitalisierung ist auch und vielleicht in viel größerem Maße ein soziales Phänomen. Sie beeinflusst Gesellschaft und Wirtschaft und wird wiederum von diesen angeeignet, in neue Anwendungsfelder überführt, die dann wieder neue Technologieentwicklungen zur Folge haben. Im Englischen kann hier zwischen ‚Digitization' und ‚Digitalization' unterschieden werden (Brennen und Kreiss 2014). Ersteres ist die Umwandlung analoger in digitale Daten, also die Durchdringung und Abbildung realer Prozesse mit digitalen Technologien; Letzteres meint die Transformation von Wirtschaft und Gesellschaft durch digitale Technologien. Damit ist dann auch die Sozialität des Technischen angesprochen. Es soll hier kein technikdeterministisches Bild gezeichnet werden, nachdem Gesellschaft (und vor allem ihr rechtlich-moralischer Rahmen) der Technik immer hinterherhinkt und deren Entwicklungen letztlich nur nachvollziehen kann, sondern ein durchaus rekursiver Zusammenhang von wechselseitigen Beeinflussungen zwischen sozialen und technischen Prozessen. Die alte technische Neuerung des Short Message Services bei Mobiltelefonen, eigentlich ein Nebenprodukt, um Telekommunikationsnetzwerke zu überprüfen, hat große soziale Veränderungen im Kommunikationsverhalten ermöglicht und dafür gesorgt, dass wohl noch nie so viel geschrieben wurde wie heute – wenn auch in immer kunstfertigeren Abkürzungen und Abbildungen (Taylor und Vincent 2005). Gleichzeitig konnte sich diese spezielle Technik nur durchsetzen, weil Telekommunikationsunternehmen mit der Einführung von Prepaidtarifen das Mobiltelefon erst für die dafür geeignete Konsumierendenzielgruppe attraktiv gemacht haben, nämlich Teenager und junge Erwachsene. Technische Neuerungen, Änderungen im sozialen Verhalten, organisatorische und Geschäftsmodellneuerungen bedingen sich wechselseitig und schaukeln sich aneinander hoch.

Soziale Innovationen

Mit der Perspektive auf Digitalisierung als soziales Phänomen sollen gerade die Veränderungen im sozialen Verhalten und neue Geschäftsmodelle stärker in den Vordergrund gerückt werden. Ein Begriff, der sich seit einigen Jahren großer Beliebtheit erfreut und hier Anwendung finden kann, ist die soziale Innovation (Mulgan 2006; Osburg und Schmidpeter 2013). Als Gegenstück zu technischen Innovationen, aber auch vielfach als Komplement und Voraussetzung für deren Erfolg, können soziale Innovationen als neue, zeitstabile soziale Praktiken verstanden werden. Der Bezug zur Praxistheorie, die ihren Ausgang bei Anthony Giddens und Pierre Bourdieu nimmt, verspricht eine größere analytische Schärfe beim Verstehen von sozialen Innovationsdynamiken (Hargreaves et al. 2013; Reckwitz 2002). Eine soziale Praktik kann konstituiert werden durch einen Dreiklang aus

- *Bedeutungszuweisungen* (was diese Praktik soll und warum sie sinnhaft ist),
- eigenen *Fähigkeiten* zur Ausübung der Praktik (wie diese Praktik ausgeführt werden kann und was dabei zu beachten ist),
- technisch bedingten *Materialitäten* (mit welchen Werkzeugen diese Praktik ausgeführt werden kann und auf welche Infrastrukturen sie zurückgreift).

Die soziale Praktik des mobilen Individualverkehrs greift auf die Bedeutung des Automobils als Freiheitsgarant und Statussymbol zurück, benötigt die praktischen Fähigkeiten des Autofahrens und setzt das Auto und seine gesamte physische, aber auch institutionelle Infrastruktur voraus. Symbolische Bedeutungen, Fahrkenntnisse, eine Tankstelleninfrastruktur und die Straßenverkehrsordnung (sowie deren bezeugte Kenntnisse in Form des Führerscheins) sind alle notwendig, um die soziale Praktik des mobilen Individualverkehrs ausüben zu können. Gewisse Elemente dieser Praktik, nämlich Fahrkenntnisse und die materielle Infrastruktur, können auch für eine andere soziale Praktik eingesetzt werden, nämlich die des Carsharing. Die eine Praktik ist also verschränkt mit anderen Praktiken und so baut sich eine ganze soziale Welt auf.

Soziale Innovationen als stabiler Wandel von sozialen Praktiken können dann verschiedene Formen annehmen. Zum einen kann eine Veränderung in einem Element einer Praktik auftauchen, welche dann einen generellen Praktikwandel herbeiführt (Schweighofer 2015). Ein Beispiel hierfür wäre die Veränderung in der Bedeutungszuweisung vom Auto als Symbol individueller Freiheit und Status hin zu einer Gefahr für die Gesundheit und zu einer Last für flexible Mobilitätsbedürfnisse. Der Aufschwung des Carsharing ruht nicht zuletzt auf einem Bedeutungswandel des Autos, das in Städten immer mehr als Ärgernis und Belastung betrachtet wird. Eine neue soziale Praktik wie das Carsharing fällt dabei nicht vom Himmel, sondern ruht auf den Voraussetzungen der vorhandenen Praktik des mobilen Individualverkehrs, gerät aber in einen Wettstreit mit dieser. Ob das Carsharing eine soziale Nischeninnovation bleibt oder in den „Massenmarkt" sozialer Praktiken vordringen kann, bleibt bis auf Weiteres abzuwarten (Firnkorn und Müller 2011). Zum anderen können sich Elemente bestehender Praktiken neu zusammensetzen und damit eine neue Praktik konstituieren. Die Bedeutungszuweisung für gesunde Lebensmittel, die aus dem Konsumierendenverhalten für regional erzeugte und/oder biologisch angebaute Lebensmittel bekannt sind, kann sich verbinden mit den Fähigkeiten, diese Lebensmittel selbst zu erzeugen (z. B. der Anbau von eigenem Gemüse), und der materiellen Bedingung eines Gemüsebeets. Diese neue soziale Praktik der Subsistenzproduktion von Lebensmitteln zeigt sich in Initiativen solidarischer Landwirtschaft, in Jahrgärten und in Urban-Farming/Gardening-Initiativen (Müller 2011; Müller-Plantenberg und Gawora 2010).

Wem das zu alternativ und wenig technisch erscheint, der kann sich den Wandel sozialer Praktiken auch als Wandel von Managementpraktiken verdeutlichen. Der gute alte Taylorismus, mit seinem Fokus auf Effizienz durch Arbeitsteilung und Hierarchisierung der Arbeitsorganisation, ist so eine soziale Praktik des Managements (Scheiber 2012). Die Bedeutungszuweisung ist durch den Effizienzbegriff gegeben und die Vorstellung, dass es beim Management um den rationalen Ziel-Mittel-Einsatz unter einem ökonomischen Profitmotiv geht. Die Fähigkeiten zum Management ruhen dann auf dem Verständnis der Aufteilung von Arbeit, der Gestaltung von Hierarchien in Organisationen und der Führung von Menschen in diesen arbeitsteiligen Systemen. Die notwendigen Materialitäten sind die (Stopp- und Stich-)Uhr, die einsehbare Fabrik bzw. das Großraumbüro und jede Menge Papier in Form von Arbeitszeitbögen und anderen Akten. Eine eher behavioristisch orientierte Managementpraktik würde dann in ihrer Bedeutungszuweisung einen Ausgleich zwischen Effizienz und menschlichen Bedürfnissen im Vordergrund haben. Dies wäre dann der eigentliche Zweck des Managements. Die Fähigkeiten des tayloristischen Managements sind dann nicht völlig entwertet, genauso wenig wie das Autofahren beim Carsharing entwertet ist, sondern eher erweitert um Empathie und Coaching von Mitarbeitenden. Auch an der Materialität hat sich nichts wesentlich geändert, aber insgesamt ist eine neue soziale Praktik entstanden.

Wandel sozialer Praktiken

Wie kommt es nun zu solchen Veränderungen und Neukombinationen von Elementen sozialer Praktiken? Zum einen sind die Bedeutungszuweisungen sozialer Praktiken zwar individuell gewusst und akzeptiert, liegen aber meist überindividuell vor. Gesamtgesellschaftlich erscheinen diese Bedeutungszuweisungen als soziale Erzählungen oder Vorstellungen. Charles Taylor spricht von „Social Imaginaries" und meint damit nicht unbedingt einzelne Ideen, wie z. B. Freiheit oder Demokratie, sondern eher einen sinnstiftenden Zusammenhang, der eine moralische Ordnung in einer Gesellschaft konstituieren hilft (Taylor 2004). Sinnstiftung und moralische Ordnung gehen dabei wechselseitig auseinander hervor, sie sind im Gidden'schen Sinne rekursiv aufeinander angewiesen. Moralische Werte sind geronnene Sinnzusammenhänge, während sie gleichzeitig die Schaffung neuer und die Veränderung bestehender Sinnzusammenhänge prägen und ihnen eine Richtung vorgeben. Die individuellen Bedeutungszusammenhänge sozialer Praktiken beziehen sich auf diese größeren Sinnkomplexe und ziehen daraus ein normatives Verständnis, warum das, was man tut, auch richtig ist. Verändern sich diese Imaginaries in der

Gesellschaft, verändern sich auch diejenigen sozialen Praktiken, die daraus ihre Bedeutung beziehen. Aber es gilt auch umgekehrt: Finden sich neue Bedeutungszusammenhänge in neuen sozialen Praktiken, können sich auch neue Imaginaries etablieren. Die Do-it-yourself-Mentalität, die vielen der vorher beschriebenen Initiativen bei der Subsistenzproduktion von Lebensmitteln zu eigen ist, aber sich ebenso bei allen zeigt, die schon einmal ein IKEA-Regal auf-, ab- und wieder aufgebaut haben, kann ein soziales Imaginary der „Selbstproduktion" schaffen. Früher hätte das natürlich einfach „Heimwerken" geheißen.

Neben den Social Imaginaries spielen ebenso die technisch bedingten Materialitäten eine große Rolle. Erst die reale Existenz des Verbrennungsmotors hat die Vorstellung massenhafter Mobilität möglich gemacht. Gleichzeitig haben infolge mehrere ökonomische und politische Entwicklungen ineinandergegriffen und die materiell wie institutionell notwendigen Voraussetzungen zur Massenautomobilisierung geschaffen (Reichel 2011). Die Medialität des Technischen ist in der Tat ein starker Treiber sozialer Veränderungen: Wer einen Hammer hat, nimmt die Welt als Nagelprobe wahr. Niklas Luhmann geht in seiner Gesellschaftstheorie soweit und spricht den Veränderungen bei sogenannten gesellschaftlichen Verbreitungsmedien eine starke soziale Irritationskraft zu (Luhmann 1997). Der mechanische Buchdruck war in dieser Lesart eine technische Innovation mit katastrophalen sozialen Folgen für die bestehende Gesellschaft des ausgehenden europäischen Mittelalters. War vorher die Schriftproduktion streng limitiert, sowohl was die Fähigkeiten zur Erzeugung von Schrift wie auch deren Rezeption durch eine Lesendenschaft anging, konnten ab dann Bücher in beliebiger Anzahl geschaffen werden. Auch hier griffen gesellschaftliche, wirtschaftliche und technische Neuerungen ineinander. Ohne Reformation und die damit notwendig gewordene persönliche Bibelexegese sowie das Auftauchen moderner Wirtschaftsorganisationen – zuerst Verlage, später aber auch globale Unternehmen wie die East India Company (Clegg 2017) – hätte sich diese Technik weder durchsetzen noch die Gesellschaft sich tief greifend wandeln können. Dirk Baecker hat zur Einführung des Computers und des Internets diese Gedanken weitergesponnen und unter dem Begriff der „Nächsten Gesellschaft" nachgefragt, was nun wohl mit der heutigen Gesellschaft geschehen mag (Baecker 2007). Aus seiner systemtheoretischen Perspektive ändert sich dabei vor allem die Strukturierung sozialer Prozesse und der Gesellschaft insgesamt. Bei den sozialen Praktiken des Managements lässt sich das sehr einleuchtend beschreiben. Wo einst Hierarchie und Aufgabenerfüllung zentrale Mittel waren, werden es nun Heterarchie und Aushandlungsprozesse. Die vielen Studien zu den Erwartungen und der Haltung der Millennial-Generation legen dazu beredt Zeugnis ab, denn es ist nicht nur die Technologie, die neue Formen des Managements und der Organisation ermöglicht (Anderson et al. 2017); es sind auch und in viel stärkerem Maße die veränderte Werthaltung und Selbstverständnisse derjenigen, die mit diesen Technologien und ihren dahinterliegenden Erzählungen wie Open Source oder Collaborative Production groß geworden sind (Bauwens 2005). Als soziales Phänomen erscheint dann der Kern der Digitalisierung im kollaborativen, vernetzten Erschaffen von Werten jenseits der alten Dichotomie aus Produzierenden hier,

Konsumierenden dort. Die digitale Wirtschaft ist dann eine Wirtschaft der vernetzten Prosumierenden (Toffler 1984) und Co-Produzierenden und kann mit dem Begriff einer Next Economy beschrieben werden (Reichel und Scheiber 2009; Reichel 2015).

Soziale Transformation

Die gleichzeitig massenhafte Übernahme neuer Imaginaries und neuer technischer Materialitäten in verschiedene soziale Praktiken wandelt Gesellschaft auf fundamentale Weise. Immer wenn heterogene und diverse soziale Praktiken in verschiedenen Lebens- und Gesellschaftsbereichen in zeitlich enger Formation einen Wandel erleben, kann auch von sozialer Transformation gesprochen werden. Damit ist eine Referenz an Karl Polanyi gemacht und seiner „Great Transformation", mit der er die Entstehung der Spätmoderne und des Markts als ihrer zentralen Denkfigur nachzeichnet (Polanyi 1944). Polanyi hat dies allerdings nicht optimistisch und affirmativ gemeint, sondern eher kulturskeptisch und auf die inneren Widersprüche des Transformationsprozesses hin orientiert. Der Transformationsbegriff hat in den letzten Jahren wieder eine Renaissance erfahren, nicht zuletzt durch das WBGU-Gutachten von 2011 zu „Welt im Wandel: Gesellschaftsvertrag für eine Große Transformation" (WBGU 2011). Dabei steht vor allem der globale Wandel hin zu einer klimaverträglichen Wirtschaftsweise im Vordergrund, auf die später noch eingegangen wird. Transformation meint in dieser Lesart einen geplanten Wandel von Wirtschaftsweisen und Lebensstilen, an dem alle gesellschaftlichen Anspruchsgruppen so weit wie möglich beteiligt sind und gehört werden, während gleichzeitig die hohe Unsicherheit und Unwägbarkeit des Wandels berücksichtigt wird.

Auf die Digitalisierung angewendet bedeutet soziale Transformation dann den Wandel vielfältiger sozialer Praktiken

- durch neue digitale Technologien in Gütern, Dienstleistungen, Prozessen, technischen wie politisch-rechtlichen Infrastrukturen,
- durch neue Fähigkeiten im Umgang mit digitalen Technologien, die nicht nur technisch bestimmt, sondern insbesondere sozial und experimentell erst herausgefunden werden müssen,
- durch die Veränderung bestehender und Schaffung neuer sozialer Imaginaries von Kollaboration, Prosumtion und Koproduktion zwischen Nischenakteuren, Zivilgesellschaft, Unternehmen und Politik.

5.3 Hegemoniale Nachhaltigkeit

Nachhaltigkeit mag in aller Munde sein, aber seit fast dreißig Jahren wird um die Operationalisierung dieses Konzepts gerungen. Es soll hier nicht so sehr darum gehen, was Nachhaltigkeit *ist,* also eine Definition gegeben werden, sondern eher darum, was aus Nachhaltigkeit *geworden* ist. Der moderne Nachhaltigkeitsdiskurs lässt sich in vier

Phasen einteilen (Pfister et al. 2016). Am Beginn war er klar ökologie- und ressourcenorientiert. Die alte forstwirtschaftliche Deutung von Nachhaltigkeit dominiert hier, nämlich nur so viele (erneuerbare) Ressourcen zu nutzen, wie im Nutzungszeitraum wieder neu zur Verfügung stehen. Verallgemeinert lässt sich daraus ein kategorischer Imperativ der Nachhaltigkeit ableiten: *Nutze eine Ressource stets so, dass sie auch in Zukunft für Dich und andere zur Verfügung steht.* Dabei kann es sich durchaus auch um soziale Ressourcen handeln, z. B. um Vertrauen in Personen und Institutionen. Publikationen wie *Limits to growth* (Meadows et al. 1972) oder der Global-2000-Report (Barney 1980) sind Wegmarken einer so verstandenen Nachhaltigkeit, die wissenschaftlich begründet wurde, allerdings noch nicht viel Prägekraft auf andere gesellschaftliche Bereiche aufwies. Die zweite Phase der Nachhaltigkeit wird mit dem Brundtland-Bericht markiert und der wohl berühmtesten Auffassung von Nachhaltigkeit als nachhaltige Entwicklung (WCED 1987). Hier wurden ökologische und soziale Diskurse zum ersten Mal zusammengeführt und Nachhaltigkeit wandelte sich zu einem Konzept globaler Gerechtigkeit, nämlich die Bedürfnisbefriedung der Gegenwart so zu gestalten, dass die Bedürfnisbefriedigung der Ärmsten (Gerechtigkeit im Raum) und die der zukünftigen Generationen (Gerechtigkeit in der Zeit) nicht gefährdet wird. Nachhaltigkeit springt hier also aus einem wissenschaftlichen Expertendiskurs auf die politische Bühne der globalen Entwicklungs- und Umweltpolitik. In der dritten Phase, die nach dem Erdgipfel von Rio de Janeiro 1992 beginnt, wird Nachhaltigkeit zunehmend für Wirtschaft und Unternehmen übersetzt und operationalisiert. Mit dem Triple Bottom Line Accounting von John Elkington von 1997 festigt sich das immer noch dominierende Verständnis von Nachhaltigkeit als integrative Betrachtung von ökologischen, sozialen und ökonomischen Aspekten wirtschaftlicher und gesellschaftlicher Aktivitäten (Elkington 1997, 1998). Vor allem mit den durch Nicholas Stern ausgelösten Diskussionen um den ökonomischen Nutzen des Klimaschutzes und dem Konzept einer Green Economy etabliert sich Nachhaltigkeit als ökonomisches Paradigma (Borel-Saladin und Turok 2013; Stern 2007). Die vierte Phase der Nachhaltigkeit lässt sich erst in Umrissen erkennen, hat aber mit dem Pariser Klimaabkommen und der Verabschiedung der Sustainable Development Goals (SDG) von 2015 einen klaren Startpunkt (Le Blanc 2015). Nachhaltigkeit erscheint hier als letztes großes globales Gesellschaftskonzept, hinter dem sich eine Mehrheit von staatlichen, wirtschaftlichen und zivilgesellschaftlichen Akteuren versammeln und das handlungsleitende Ziele zur „Weltenbesserung“[1] geben kann. Kennzeichen dieser vierten Phase ist dabei eine zunehmende Hegemonalisierung des Diskurses: Alles wird unter dem Aspekt der Nachhaltigkeit betrachtet und bewertet, es kann niemand mehr offen nichtnachhaltig sein, ohne sich großen Rechtfertigungszwängen ausgesetzt zu sehen. Unternehmen müssen z. B. Aussagen zu ihren Nachhaltigkeitsbeiträgen liefern, auch ohne rechtlichen

[1]Der Begriff wurde von Stephan A. Jansen im Rahmen seiner Antrittsvorlesung am 09.03.2016 an der Karlshochschule geprägt und beschreibt das Zusammenwirken der „kalifornischen Ideologie“ des Silicon Valley mit sozialem Unternehmertum.

Zwang. Nachhaltigkeitsberichte sind in der Zwischenzeit nicht mehr optional, wenn Unternehmen an guten Stakeholder-Beziehungen und ihrer Reputation gelegen ist. Nachhaltigkeit als hegemonialer Diskurs ist eine Lesart einer Nachhaltigkeit 4.0, die durchaus als großes soziales Imaginary betrachtet werden kann.

Digitalisierung und Nachhaltigkeit
Der klassische Blick auf Digitalisierung und Nachhaltigkeit hat sich auf die technischen Lösungsbeiträge digitaler Produkte und Leistungen für ökologische Problemlagen beschränkt. Seit den 1980ern existiert der Diskurs zur ökologischen Modernisierung der Wirtschaft, der auf eine Effizienzrevolution setzt, bei der Umweltverbrauch von wirtschaftlichen Aktivitäten mithilfe neuer Technologien entkoppelt werden soll. Ernst Ulrich von Weizsäcker und Friedrich Schmidt-Bleek sprachen und sprechen von einer Dematerialisierung der Wirtschaft und einer Senkung der Materialintensität pro Serviceinheit (Schmidt-Bleek 2000; Weizsäcker et al. 2010). Vorstellungen wie die vom „papierlosen Büro" oder der Substitution von Produkten durch Dienstleistungen wie beim Carsharing waren die großen Verheißungen. Bei der Digitalisierung tauchen dann Begriffe auf wie Green IT oder Smart Cities, die Hoffnung auf eine technologische Lösung von ökologischen Nachhaltigkeitsproblematiken machen. Wer sich allerdings den Strombedarf einer Google-Suche oder des Minings eines Bitcoins anschaut, darf zweifeln, inwiefern dieser Weg wirklich die notwendigen ökologischen Reduktionen realisieren hilft (Malone und O'Dwyer 2014). Dabei hat es ohne Frage Entkopplungserfolge gegeben, Energie- und Materialbedarfe bei Produkten haben sich in den letzten Jahrzehnten deutlich verringert; allerdings sind die Gesamtbedarfe durch Wachstumseffekte meist gestiegen, zum Teil sehr deutlich. Dieser seit dem späten 19. Jahrhundert bekannte Reboundeffekt erschwert den Erfolg einer technologisch geprägten Nachhaltigkeitsstrategie (Binswanger 2001; Polimeni et al. 2008). Jede Effizienzsteigerung wirkt wie eine Preissenkung und unter sonst gleichen Bedingungen wird das gesparte Einkommen für Mehrkonsum ausgegeben. In der Zwischenzeit plädiert z. B. von Weizsäcker für eine Effizienzsteuer, um den Reboundeffekt einzudämmen und eine stärkere Entkopplung von Umweltverbrauch und wirtschaftlichen Aktivitäten zu ermöglichen (Weizsäcker et al. 2010).

Interessant wird die Konvergenz von Digitalisierung und Nachhaltigkeit erst dann, wenn Digitalisierung als soziales Phänomen in den Vordergrund rückt, als Transformationszusammenhang sozialer Praktiken. Dabei wird dann zum einen die Rolle von Nachhaltigkeit deutlich. Als global akzeptiertes soziales Imaginary liefert sie einen Sinnhintergrund, aus dem sich digitale Praktiken bedienen können. Die Aufforderung, Wirtschaften und Leben so zu gestalten, dass eine lebenswerte natürliche Mitwelt, aber auch eine menschenwürdige soziale Mitwelt dauerhaft erhalten und immer wieder neu erzeugt wird, kann dabei sowohl der technologischen Digitalisierung eine Richtung vorgeben wie auch neue digitale soziale Praktiken in ihrer Bedeutung verstärken. Die bereits angesprochenen sozialen Praktiken bei Mobilität und Ernährung rücken damit in den Rang eines sozialen Projekts zum Wandel, aus dem sich auch neue gesellschaftliche

Leitideen und „Regime“ bilden können (Geels 2002, 2014). Ein soziales Projekt ist dabei ein Bündel neuer sozialer Praktiken, das auf Transformation und Wandel der Gesellschaft insgesamt zielt. In dieser Kombination – Nachhaltigkeit als Imaginary und Sinnzusammenhang für neue digitale soziale Praktiken – wird der durch die Digitalisierung angestoßene Wandlungsprozess werthaltig und wertegetrieben. Mit anderen Worten: Er bekommt eine moralische Grundlage. Dies wäre dann auch eine völlig andere soziale Aneignung neuer Technologien, bei der die Wertvorstellungen eben nicht den technologischen Entwicklungen hinterherhinken, sondern diese proaktiv und prospektiv prägen. Genau dies ist der zweite Aspekt der Konvergenz von Digitalisierung und Nachhaltigkeit. In dieser Doppelfunktion der Nachhaltigkeit für Digitalisierung – Nachhaltigkeit als Sinn- und Wertehintergrund – kann eine andere Nachhaltigkeit 4.0 entstehen, die zur besseren Abgrenzung mit dem englischen Begriff einer Sustainability 4.0 bezeichnet werden soll.

5.4 Die doppelte (R)Evolution der Sustainability 4.0

Der Begriff einer Sustainability 4.0 lässt sich am einfachsten verdeutlichen, in dem die Kernelemente der Digitalisierung als soziales Phänomen noch einmal herangezogen werden. Diese beinhalten Sinnzusammenhänge der Kollaboration, der Prosumtion und Koproduktion zwischen Nischenakteuren, Zivilgesellschaft, Unternehmen und Politik sowie eines unternehmerisch experimentellen Herangehens an die Aneignung neuer Technologien. Gerade der ökologische und soziale Auftrag der Nachhaltigkeit – nutze Natur- und Gesellschaftsressourcen so, dass sie für dich und andere auch in Zukunft nutzbar bleiben – in Verbindung mit dem kollaborativen, koproduktiven und co-kreativen Wirtschaften impliziert eine Wirtschafts- und Gesellschaftsordnung, die am ehesten als emanzipatorisch und inklusiv bezeichnet werden kann. Dabei greifen technologische und soziale Aspekte der Digitalisierung ineinander mit ökologischen und sozialen Aspekten der Nachhaltigkeit. Es soll hier auch kein Gegensatz konstruiert werden, ganz im Gegenteil. So reichen die Bemühungen um Smart Cities, die informationstechnische Vernetzung und Optimierung von Teilsystemen einer Stadt wie Mobilität und Energie, sicherlich nicht aus, um so etwas wie ein nachhaltiges Gemeinwesen entstehen zu lassen. Aber durch z. B. optimierte Verkehrslenkung und informationsgestützte intermodale Mobilitätsketten werden auf einmal Straßenräume frei und Stadtviertel entlastet, die dann wiederum für gemeinschaftliche und gemeinwohlorientierte Initiativen wie urbane Gärten oder neue Wohn- und Arbeitsformen in Stadtquartieren genutzt werden können. Dieses Zusammendenken von technologischer Digitalisierung als Mittel zum Zweck einer sozialen Digitalisierung für mehr Nachhaltigkeit ist das Herzstück einer Sustainability 4.0 – eine doppelte oder sogar vierfache (R)Evolution: hier die zweifache Bedeutung des Zusatzes 4.0 bei Nachhaltigkeit – als hegemonialer Diskurszusammenhang und als Sinn- und Wertehintergrund der Digitalisierung –, dort die zweifache Bedeutung der Digitalisierung – als technologisches wie als soziales Phänomen einer co-kreativen und koproduktiven Wirtschaft. Diese (R)Evolution lässt sich empirisch anhand zweier Phänomene sehr konkret beobachten: der Sharing Economy und der Commons Economy.

Sharing Economy als Zwischenschritt

Ob die Sharing Economy wirklich etwas mit Nachhaltigkeit zu tun hat, ob sie helfen kann, den ökologischen Fußabdruck zu senken, oder ob sie letztlich nur eine neue Häutung des Kapitalismus ist, der prekäre Arbeitsverhältnisse verstärkt, kann nicht abschließend beantwortet werden (Heinrichs 2013; Martin 2016). Im Sinne einer praxistheoretischen Perspektive soll hier vielmehr auf die Auswirkungen der Sharing Economy auf soziale Praktiken scharfgestellt werden. Im Kern steht das Sharing selbst, was in kommerzialisierten Sharing-Formen in erster Linie Zugangsrechte zur Nutzung von Produkten beinhaltet wie beim Carsharing zu Autos oder bei Airbnb zu Übernachtungsmöglichkeiten. Sharing kommt dabei zum einen als reale wie digitale Materialität zum Vorschein: die geteilt genutzten Produkte, die nicht mehr im eigenen Besitz sind, sowie die Internetplattformen, über die der Zugang erst ermöglicht und organisiert wird. Zum anderen ist Sharing auch Teil einer individuellen Fähigkeit, die entsprechenden Plattformen zu bedienen, aber auch die jeweiligen Produkte so zu nutzen, dass eine „Nachnutzung" für andere ohne Probleme möglich ist. Beim Carsharing zum Beispiel das Tanken bei weniger als einem Viertel Füllhöhe an Treibstoff. Schließlich ist Sharing auch Teil eines neuen sozialen Imaginaries, bei dem Bedeutungsmuster und Werthaltungen zusammenfinden. Es ist genau jene Verschiebung von Besitz zum Zugang und zur geteilten Nutzung, die hier eine andere ökonomische Logik erzeugt. Eine massenhafte Verbreitung von sharing-basierten Geschäftsmodellen lässt im Rahmen einer praxistheoretischen Perspektive vermuten, dass auch für andere Praktiken, die nicht im Sharing-Bereich ablaufen, ein neuer Bedeutungspool entsteht, d. h. dass die Wahrscheinlichkeit einer sozialen Transformation weg vom Besitz hin zum Zugang und zum Teilen in der gesamten Gesellschaft zunimmt. Es ist Aufgabe der empirischen Sozialforschung, hier Hinweise zu finden, in welchen Bedarfsbereichen wir so eine Verschiebung beobachten können, welche Barrieren eventuell auftreten und welche weiteren Wirkungen die Sharing Economy haben kann. Aus Nachhaltigkeitssicht ist hier in erster Linie die Auswirkung auf die ökologischen Fußabdrücke der Einzelnen entscheidend. Unsere eigenen Studien was das Carsharing angeht zeigen ein großes Potenzial z. B. bei der CO_2-Reduktion von 80 % und mehr, ausgelöst durch den Verdrängungseffekt von Fahrzeugen im Privatbesitz (Reichel und Seeberg 2013). Dies hat dann wiederum Auswirkungen auf die Geschäftsmodelle der Automobilindustrie, will sie weiterhin ihre Wertschöpfung aufrechterhalten. Gleichzeitig ist klar, dass die Sharing Economy eher ein Testfeld, ein Experimentallabor in marktwirtschaftlichen, profitorientierten Zusammenhängen ist, in dem ein neues Imaginary samt neuen Fähigkeiten und Materialitäten einen Lernzusammenhang für aktivere Konsumierende darstellt, die dabei zu Prosumierenden werden. In dieser Sichtweise ist Sharing also ein Zwischenschritt und nicht das Ende einer sozialen Transformation, wenngleich auch ein wichtiger Zwischenschritt, der durchaus neue Geschäftsfelder für Unternehmen erzeugt, in denen sie den neuen Prosumierenden suffiziente Lebensstile ermöglichen helfen (Reichel 2013).

Commons Economy als Zivilökonomie

Der nächste Schritt nach dem Zwischenschritt der Sharing Economy ist das, was in Anlehnung an Elinor Ostrom als Commons Economy bezeichnet werden kann (Ostrom 2010). Die Commons Economy ist die Wirtschaft bzw. die Bewirtschaftung von Gemeingütern (Helfrich und Bollier 2012). Hier verlassen wir auch in Teilen die kommerzielle Sphäre der Marktwirtschaft und treten in eine kooperative und gemeinwohlorientierte Logik des Wirtschaftens ein. Genossenschaftlich organisierte wirtschaftliche Aktivitäten gehören dazu, aber auch das bereits erwähnte urbane Gärtnern, die neue Welle des Do it Together aus Makerspaces und Repair-Cafés, aber auch lokale Tauschringe und alternative Regionalwährungssysteme. Das Teilen gehört hier ebenso zu den sozialen Praktiken, es kann also in der Sharing Economy bereits geübt werden bzw. die Commons Economy wird massentauglich und massenverständlich, wenn sich kommerziell orientierte Sharing-Ansätze verbreiten. Gleichzeitig tritt zum Teilen die Sorge und Pflege der Gemeingüter hinzu. Die Commons Economy ist also auch eine Caring Economy (nicht zu verwechseln mit der Care Economy, bei der es um die Sorge um Mitmenschen geht, von der Kindererziehung bis zur Altenpflege, wohl aber mit Berührungspunkten). Das transformative Potenzial kann hier ungleich höher ausfallen als bei der Sharing Economy, da die zugrunde liegenden Imaginaries über die gemeinschaftliche Nutzung hinausgehen und die gemeinschaftliche, kooperative und demokratische Organisation der Nutzung mitbeinhalten. Dazu sind dann auch neue Fähigkeiten notwendig, nämlich Diskussions-, Koordinations- und Kompromissfähigkeit. Es braucht also politisches Gespür und Konsensfindung, um die Commons Economy als Projekt sozialen Praktikwandels erfolgreich umzusetzen. Digitale Technologien wie offene Internetplattformen und Software spielen hier eine zentrale Rolle, um diese gemeinschaftlich orientierten Netzwerke über rein persönliche Kontakte und räumliche Nähe hinaus zu stabilisieren. Auch hier besteht ein großer empirischer Forschungsbedarf, um zu erspüren, inwiefern die Commons Economy als „Zivilwirtschaft" eine zweite, komplementäre Säule zur Marktwirtschaft werden kann.

Beide zusammen, Sharing Economy und Commons Economy, existieren bislang nebeneinander, bilden aber die Kerne einer nachhaltigen digitalen Wirtschaft aufbauend auf verantwortungsvoller Ressourcennutzung und -organisation. Mit diesen Ausführungen liegen dann auch empirisch überprüfbare Ausgangspunkte für weitere Forschung vor, aber auch Anregungen für die Praxis, was die Genese neuer Geschäftsmodelle und neue Formen wirtschaftlicher Zusammenarbeit angeht.

5.5 Nachhaltigkeitsmanagement und Sustainability 4.0

Zum Abschluss soll noch ein Blick auf die Zukunft des Nachhaltigkeitsmanagements gewagt werden. Management selbst ist, wie bereits angemerkt, ebenso eine soziale Praktik. Eine Sustainability 4.0, verstanden als kollaborative, co-kreative Selbstermächtigungswirtschaft zur sozialökologischen Transformation gesellschaftlicher Praktiken, kann das Management nicht unverändert lassen. Nachhaltigkeit als soziales Imaginary hat bereits neue Elemente in die Managementausbildung und Praxis gebracht: ökologische und soziale Unternehmensstandards, Nachhaltigkeitsberichterstattung, die Bedeutung von Unternehmensethik und gesellschaftlicher Verantwortung. Die SDGs werden diesen Prozess eher verstärken. Die Digitalisierung ermöglicht auf der anderen Seite die Realisierung der „grenzenlosen Unternehmung", eines Klassikers in der deutschen Betriebswirtschaftslehre aus den 1990ern (Picot et al. 2003), was dann aber gleich zwei Fragen aufwirft: zum einen, wie so eine Unorganisation geführt und gemanagt werden kann, zum anderen, wozu es bei Transaktionskosten von nahezu null überhaupt noch Unternehmen braucht, um Produkte und Dienstleistungen zu erzeugen. Es ist die alte Frage von Ronald Coase, die auf einmal wieder akut wird (Coase 1937). Sicherlich werden Produkte und Dienstleistungen auch in Zukunft nicht ausschließlich auf Basis von Armlängentransaktionen geschaffen werden, aber sie müssen dank digitaler Technologien, wie z. B. dem 3-D-Druck, auch nicht mehr auf Großorganisationen mit Skaleneffekten angewiesen bleiben. Was die Materialitäten des Managements angeht – und dazu gehören heute vor allem digitale Technologien, aber auch Organisationsformen samt ihrer vielfältigen Verträge –, so zwingen Smartphones, Internetplattformen und offene Schnittstellen das Management zu einer Doppelbewegung. Es muss agiler werden und in Echtzeit auf Anforderungen reagieren können; es muss aber auch gleichzeitig sich mehr verlassen auf verteilte Prozesse, seien sie algorithmisiert in cloud-basierten Datenbanken oder lokalisiert in mehr oder weniger unabhängigen Personen, die nicht mehr direkt durch Manager kontrolliert werden können. Eine Kernfähigkeit der neuen Managementpraktik einer Sustainability 4.0 ist dann Vertrauen: Vertrauen zu anderen aufbauen zu können, aber auch Vertrauen zu haben (Hartmann und Offe 2001). Ein radikaler Wandel von einem tayloristischen wie von einem behavioristischen Managementbild, bei denen immer noch den Managern eine dominierende Rolle zugewiesen wurde, sei es als Planende oder Motivierende. Auf der Ebene der Imaginaries brechen nichtökonomische Logiken ins Management hinein. Nachhaltigkeit weitet den Blick für ökologische und soziale Problemlagen, für Gerechtigkeitsfragen in Zeit und Raum und führt zu etwas, was wir hier mit „activist turn" im Management beschreiben wollen. Manager werden zu Aktivisten der Weltenbesserung und dies muss dann auch folgenreich für die Managementausbildung und die Hochschulen werden. Die Kollaborations- und Co-Kreationslogik der Digitalisierung reichert diesen „activist turn" noch an und öffnet das Management für co-managerielle Prozesse, für kollaborative Führung, kurz: Es macht aus Prosumierenden Mitmanager und umgekehrt (Li 2010). Diese ineinander verwobenen Imaginaries können dabei sowohl in der durch Sharing transformierten marktwirtschaftlichen Sphäre Anwendung finden wie auch in der oben skizzieren Zivilwirtschaft der Commons Economy. Für die Managementforschung sind hier vor allem Social Start-ups und Social Businesses interessant, in denen sich dieser Praktikwandel in Teilen bereits zeigt (Reichel und Fröhlich 2017).

5.6 Fazit

Die Konvergenz von Nachhaltigkeit und Digitalisierung ist die doppelte „Große Transformation" der nächsten Jahre und Jahrzehnte. Mit dem Konzept einer Sustainability 4.0 liegt ein Versuch vor, den realen Digitalisierungsprozessen und -diskursen einen normativen Überbau und Richtung beizugeben. Gleichzeitig soll damit auch der Blick innerhalb des Nachhaltigkeitsdiskurses auf die sozialen Implikationen und Chancen der Digitalisierung für ökologischen und sozialen Mehrwert geschärft werden, und zwar jenseits einseitiger technologischer Heilsversprechungen einer ökologischen Modernisierung. Die hier skizzierten Ausprägungen und Möglichkeiten einer Sustainability 4.0 sind natürlich in Teilen affirmativ beschwörend, aber auch durchaus empirisch konzeptionell fundiert. Sustainability 4.0 ist damit eine abduktive Wette im Sinne von Charles Sanders Peirce und selbst ein soziales Imaginary, das Diskurse orientieren und Horizonte öffnen helfen soll.

Literatur

Anderson, H. J., Baur, J. E., Griffith, J. A., & Buckley, M. R. (2017). What works for you may not work for (Gen) me: Limitations of present leadership theories for the new generation. *The Leadership Quarterly, 28*(1), 245–260.

Baecker, D. (2007). *Studien zur nächsten Gesellschaft*. Frankfurt a. M.: Suhrkamp.

Barney, G. O. (Hrsg.). (1980). *The global 2000 report to the President of the U.S., entering the 21st century: A report*. New York: Pergamon Press.

Bauwens, M. (2005). The political economy of peer production. *CTheory, 1*. http://www.informatik.uni-leipzig.de/~graebe/Texte/Bauwens-06.pdf. Zugegriffen: 16. Apr. 2015.

Binswanger, M. (2001). Technological progress and sustainable development: What about the rebound effect? *Ecological Economics, 36*(1), 119–132.

Borel-Saladin, J. M., & Turok, I. N. (2013). The green economy: Incremental change or transformation? *Environmental Policy and Governance, 23*(4), 209–220.

Brennen, S., & Kreiss, D. (2014). Digitalization and digitization. *Culture Digitally*. http://culturedigitally.org/2014/09/digitalization-and-digitization/. Zugegriffen: 19. Sept. 2017.

Clegg, S. (2017). The East India Company: The first modern multinational? In C. Dörrenbächer & M. Geppert (Hrsg.), *Research in the sociology of organizations* (Bd. 49, S. 43–67). Bingley: Emerald Publishing Limited.

Coase, R. H. (1937). The nature of the firm. *Economica, 4*(16), 386–405.

Elkington, J. (1997). *Cannibals with forks: Triple bottom line of 21st century business*. Oxford: Capstone.

Elkington, J. (1998). Partnerships from cannibals with forks: The triple bottom line of 21st-century business. *Environmental Quality Management, 8*(1), 37–51.

Firnkorn, J., & Müller, M. (2011). What will be the environmental effects of new free-floating car-sharing systems? The case of car2go in Ulm. *Ecological Economics, 70*(8), 1519–1528.

Geels, F. W. (2002). Technological transitions as evolutionary reconfiguration processes: A multi-level perspective and a case-study. *Research Policy, 31*(8–9), 1257–1274.

Geels, F. W. (2014). Regime resistance against low-carbon transitions: Introducing politics and power into the multi-level perspective. *Theory, Culture & Society, 31*(5), 21–40.

Hargreaves, T., Longhurst, N., & Seyfang, G. (2013). Up, down, round and round: Connecting regimes and practices in innovation for sustainability. *Environment and Planning A, 45*(2), 402–420.

Hartmann, M., & Offe, C. (2001). *Vertrauen: Die Grundlage des sozialen Zusammenhalts*. Frankfurt a. M.: Campus.

Heinrichs, H. (2013). Sharing economy: A potential new pathway to sustainability. *Gaia, 22*(4), 228.

Helfrich, S., & Bollier, D. (Hrsg.). (2012). *Wealth of the commons: A world beyond market and state*. Amherst: Levellers Press.

Kagermann, H., Lukas, W.-D., & Wahlster, W. (2011). Industrie 4.0: Mit dem Internet der Dinge auf dem Weg zur 4. industriellen Revolution. *VDI nachrichten, 13*, 11.

Le Blanc, D. (2015). Towards integration at last? The sustainable development goals as a network of targets: The sustainable development goals as a network of targets. *Sustainable Development, 23*(3), 176–187.

Li, C. (2010). *Open leadership: How social technology can transform the way you lead*. San Francisco: Jossey-Bass.

Luhmann, N. (1997). *Die Gesellschaft der Gesellschaft*. Frankfurt a. M.: Suhrkamp.

Malone, D., & O'Dwyer, K. J. (2014). Bitcoin mining and its energy footprint (S. 280–285). Institution of Engineering and Technology.

Martin, C. J. (2016). The sharing economy: A pathway to sustainability or a nightmarish form of neoliberal capitalism? *Ecological Economics, 121,*149–159.

Meadows, D. H., Meadows, D. L., & Randers, J. (1972). *The limits to growth: A report for the club of Rome's project on the predicament of mankind*. New York: Universe Books.

Mulgan, G. (2006). The process of social innovation. *innovations, 1*(2), 145–162.

Müller, C. (Hrsg.). (2011). *Urban Gardening: Über die Rückkehr der Gärten in die Stadt*. München: Oekom.

Müller-Plantenberg, C., & Gawora, D. (2010). *Solidarische Netze und solidarische Ketten. Komplexe solidarische Wirtschaftsunternehmen*. Kassel: Kassel University Press GmbH.

Osburg, T., & Schmidpeter, R. (2013). *Social innovation: Solutions for a sustainable future*. New York: Springer.

Ostrom, E. (2010). Beyond markets and states: Polycentric governance of complex economic systems. *The American Economic Review*, S. 641–672.

Pfister, T., Schweighofer, M., & Reichel, A. (2016). *Sustainability*. London: Routledge.

Picot, A., Reichwald, R., & Wigand, R. T. (2003). *Die grenzenlose Unternehmung: Information, Organisation und Management; Lehrbuch zur Unternehmensführung im Informationszeitalter* (5., aktualisierte Aufl.). Wiesbaden: Gabler.

Polanyi, K. (1944). *The great transformation: The political and economic origins of our time*. Boston: Beacon Press.

Polimeni, J. M., Mayumi, K., Giampietro, M., & Alcott, B. (2008). *The Jevons paradox and the myth of resource efficiency improvements*. London: Earthscan.

Reckwitz, A. (2002). Toward a theory of social practices: A development in culturalist theorizing. *European Journal of Social Theory, 5*(2), 243–263.

Reichel, A. (2011). Technology as system: Towards an autopoietic theory of technology. *International Journal of Innovation and Sustainable Development, 5*(2/3), 105–118.

Reichel, A. (2013). Das Geschäftsmodell des Weniger: Maß haltendes Wirtschaften in Betrieben. In *Vom rechten Maß: Suffizienz als Schlüssel zu mehr Lebensglück und Umweltschutz* (Bd. 135, S. 92–98). München: oekom.

Reichel, A. (2015). What's Next? Wirtschaften jenseits des Wachstums. *Zukunftsreport 2016* (S. 110–135). Frankfurt a. M.: Zukunftsinstitut.

Reichel, A., & Fröhlich, M. (2017). Ausgewachsen: Postgrowth Startups. *ZukunftsInstitut*. http://www.zukunftsinstitut.de/artikel/ausgewachsen-postgrowth-startups/.

Reichel, A., & Scheiber, L. (2009). What's next? Die Organisation der nächsten Organisation. In R. Wetzel (Hrsg.), *Die Organisation in unruhigen Zeiten* (S. 209–230). Heidelberg: Carl-Auer.

Reichel, A., & Seeberg, B. (2013). Ökologische Allowance: Eine Bewertung der absoluten Grenzen der Betriebswirtschaft. *Ökologisches Wirtschaften, 28*(2), 35–41.

Scheiber, L. (2012). *Next Taylorism: A calculus of knowledge work* (Aufl. 1). Frankfurt a. M.: Lang.

Schmidt-Bleek, F. (2000). *Das MIPS-Konzept: Weniger Naturverbrauch – Mehr Lebensqualität durch Faktor 10*. München: Droemer Knaur.

Schweighofer, M. (2015). Die Elimination sozialer Praktiken. Eine Herausforderung auf dem Weg zu suffizienten Alltagskulturen. In A. Arnold, M. David, G. Hanke, & M. Sonnberger (Hrsg.), *Innovation – Exnovation. Prozesse des Abschaffens und Erneuerns in der Nachhaltigkeitstransformation* (S. 127–144). Marburg: Metropolis.

Stern, N. (2007). *The economics of climate change: The stern review*. Cambridge: Cambridge University Press.

Taylor, A. S., & Vincent, J. (2005). An SMS history. In L. Hamill, A. Lasen, & D. Diaper (Hrsg.), *Mobile world* (S. 75–91). New York: Springer.

Taylor, C. (2004). *Modern social imaginaries*. Durham: Duke University Press.

Toffler, A. (1984). *The third wave: The classic study of tomorrow* (Aufl. Reissue.). New York: Bantam.

WBGU. (Hrsg.). (2011). *Welt im Wandel: Gesellschaftsvertrag für eine Große Transformation; [Hauptgutachten]* (2., veränd. Aufl.). Berlin: Wiss. Beirat der Bundesregierung Globale Umweltveränderungen (WBGU).

WCED. (1987). *Our common future*. Oxford: Oxford University Press.

von Weizsäcker, E. U., Hargroves, K., Smith, M., Desha, C., & Stasinopoulos, P. (2010). *Faktor Fünf die Formel für nachhaltiges Wachstum*. München: Droemer.

Prof. Dr. André Reichel ist Professor für International Management & Sustainability an der International School of Management (ISM). Er ist Diplom-Kaufmann und hat an der Universität Stuttgart in Wirtschafts- und Sozialwissenschaften promoviert. Vor seiner Tätigkeit an der ISM war er Professor an der Karlshochschule International University, Research Fellow an der Zeppelin Universität und Gastdozent am Environmental Change Institute der University of Oxford. Er ist zudem ehrenamtlicher Vorstand der elobau-Stiftung in Leutkirch im Allgäu. Seine Forschungsschwerpunkte liegen im Bereich einer nachhaltigen Entwicklung in Wirtschaft und Gesellschaft, in den betriebswirtschaftlichen Implikationen einer Postwachstumsökonomie, der Verschmelzung von Nachhaltigkeit und Digitalisierung sowie einer systemtheoretischen Betrachtung gesellschaftlicher Transformationsprozesse.

6 Nachhaltig leben: Sinn, Beziehungen und Potentialismus

Martin Cordsmeier

Lassen Sie uns einen Schritt zurückgehen, weg von „Nachhaltigkeit in HR“ oder „Nachhaltigkeit in Bezug auf Ökologie“ … Ich würde gern bei uns selbst beginnen. Meine Ausführungen stammen nämlich nicht von einem gut ausgebildeten und spezialisierten Wissenschaftler, sondern von jemandem, der sein Leben lang die Gesellschaft vom Rand her beobachtet hat. Ich habe niemals eine Ausbildung oder ein Studium absolviert, sondern habe mich, seit ich Anfang 20 war, einfach mit den unterschiedlichsten Menschen über ihre Biografien, verschütteten Talente und vergessenen Wünsche unterhalten. Damals war ich nur neugierig und wollte über andere herausfinden, wer ich selber bin. Ein weiteres Ziel hatte ich zu der Zeit nicht. Dass aus diesen Gesprächen irgendwann die Grundlage für mein eigenes Leben entstehen würde, war weder geplant noch realistisch.

Was ich machen möchte, ist Punkte auf einer geistigen Landkarte miteinander zu verbinden. So entsteht ein Bild. Und ich hoffe, dieses Bild regt den einen oder anderen zum Nachdenken an.

Mich haben Lebensläufe schon immer interessiert – und die Frage, warum so wenige das Leben leben, das sie wirklich wollen. Gerade in Gesprächen mit alten Menschen wurde klar, dass sich unsere Leben oft an ganz wenigen Punkten entscheiden und neu ordnen. Das Fehlen bei einer wichtigen Klassenarbeit, das Verpassen der einen U-Bahn und der Sitznachbar in der nächsten, die Stimmung die wir zufällig an dem Tag hatten, als wir uns final für unser Studium entscheiden sollten … jeder kennt diese Momente, die nur im Nachhinein bedeutsam sein werden. Während wir sie erleben, erscheinen sie uns vollkommen normal.

Oft heißt es dann, jemand hätte „Glück“ gehabt – zum Beispiel weil er zum richtigen Zeitpunkt den richtigen Leuten begegnet ist und dadurch auf eine Geschäftsidee oder

M. Cordsmeier (✉)
Von Wegen GmbH, Hamburg, Deutschland
E-Mail: mc@millionways.org

M. Englert und A. Ternès (Hrsg.), *Nachhaltiges Management*,
https://doi.org/10.1007/978-3-662-57693-9_6

einen Arbeitsplatz gekommen ist. Ich fragte mich irgendwann, ob man diese „Glücksfälle" nicht vermehren kann, diese scheinbaren „Zufälle" multiplizieren.

Gleichzeitig berührten mich immer jene Geschichten, in denen Menschen nach einem schweren Schicksalsschlag, wie dem Verlust eines nahen Angehörigen oder einer eigenen ernsten Erkrankung, ihr Leben verändern und davon sprechen, endlich wieder „etwas Sinnhaftes" tun zu wollen. Was bedeutet das? Dass sie vorher ganz offensichtlich aus eigener subjektiver Wahrnehmung nichts Sinnhaftes getan haben. Oder nicht genug davon. Warum ist das so? Aus meiner Beobachtung liegt es meistens daran, dass wir uns von geraden Straßen leiten lassen, von Konventionen und von Gemütlichkeit. Wenn wir uns einmal für einen Job, ein Studium oder eben ganz allgemein für einen Lebensweg entschieden haben, dann bleiben wir meist dabei. Was ja auch okay wäre, wenn es unsere wirklich ehrliche Entscheidung war.

Wie oft ist sie genau das nicht? Wie oft hat einfach die Welt um uns herum entschieden, ohne dass wir es merken? Wie oft sind wir einfach unserer fremdgeprägten Lebenslinie auf den Leim gegangen und sind ihr einfach gefolgt, und eben nicht unserer inneren Stimme. Diese Linie, die von Eltern, Lehrern, zufällig kennengelernten Freunden (schließlich wohnten sie in unserer Straße oder gingen in unsere Klasse) und anderen gebaut wurde. Und wie oft nehmen wir uns im Anschluss – in unserem erwachsenen Leben – noch die Zeit, ernsthaft, mutig und grundsätzlich darüber nachzudenken, ob das, was wir „unseren Alltag" nennen, wirklich das Leben ist, das wir uns wünschen und das uns entspricht.

Von solchen Gedanken liest man in den letzten Jahren immer mehr. Es wird viel über Individualismus, Zukunft der Arbeit und eben Nachhaltigkeit geredet. Aber genau diese abstrakte Ebene war mir nie genug, was letztlich auch zur Gründung von millionways geführt hat. Es hilft doch niemandem, wenn man Texte wie diesen liest, dann denkt: „ja, das stimmt schon, ich denk dann jetzt mal über mein Leben nach", und am nächsten Tag aber trotzdem wieder zur Arbeit gehen muss? Es hilft nicht. Wir müssen direkte Möglichkeiten bilden, dass jeder Mensch die Chance bekommt, sich selber wieder zuzuhören und aus dem, was er da hört, dann etwas Reales zu erschaffen.

Wäre das nicht echte Nachhaltigkeit?

Wenn man Nachhaltigkeit in Wikipedia eingibt, lautet der erste Satz des Eintrags so:

> Nachhaltigkeit ist ein Handlungsprinzip zur Ressourcen-Nutzung, bei dem die Bewahrung der wesentlichen Eigenschaften, der Stabilität und der natürlichen Regenerationsfähigkeit des jeweiligen Systems im Vordergrund steht (Wikipedia 02.11.2017 – 11:30).

Bei der Nachhaltigkeit geht es nach dieser Definition also darum, Ressourcen richtig zu nutzen, und zwar so, dass sie auch in Zukunft verfügbar sind. Was sich noch daraus lesen lässt, ist, dass die Stabilität eines Systems davon abhängt, wie man mit seinen Ressourcen umgeht. Das ist interessant! Denn diese Aussage hat zwei Seiten: erstens den Bezug auf das System, in dem sich die Ressourcen selbst befinden, und zweitens den Bezug auf jenes System, das die Ressourcen nutzt. Das bedeutet: Wenn man nicht verantwortungsvoll mit

Ressourcen umgeht, wird eben nicht nur das System mit den Ressourcen beschädigt, sondern zugleich auch das System, das die Ressourcen nutzen könnte.

Das Funktionieren eines Systems hängt also immer vom Umgang mit den angedockten Ressourcen ab. Bewusst merken wir das momentan zum Beispiel stark in Bezug auf Energieträger wie Öl und Kohle. Da die Menschen über das letzte Jahrhundert ganz offenbar nicht ausreichend gelernt haben, verantwortungsvoll damit umzugehen, stehen wir gerade vor einer dramatischen Situation. Diese Situation betrifft nicht nur die (oft als von uns getrennt erlebte) „Umwelt", in der die Ressource sich befindet und abgebaut wird, also beispielsweise die verpesteten Landstriche, in denen sich Bergbau und Ölindustrie befinden. Es betrifft auch unmittelbar die Konsequenzen für Lebensräume, Gesellschaften und Kulturkreise, in denen wir leben. Denn auch sie nehmen irreparablen Schaden durch unseren Umgang mit den Ressourcen, die unser Leben erst in dieser Form ermöglichen.

In der wissenschaftlichen Auseinandersetzung mit Ressourcen findet sich neben diesem Altbekannten auch ganz Neues, zum Beispiel das des „Humankapitals". Für unsere Zukunft ist der richtige Umgang mit der „Ressource Mensch" und seinen Fähigkeiten mindestens genauso entscheidend wie der mit allen anderen natürlichen Ressourcen.

Wenn man es von außen betrachtet, leben wir in einem Zeitalter der unglaublichsten Wunder. Wir können es uns in einem Stuhl bequem machen und über den Wolken rund um den Erdball fliegen. Wir sind zu allen Zeiten vernetzt mit Inhalten und Wissen, von deren Menge und Tiefe keine der fortschrittlichsten Kulturen der Vergangenheit jemals zu träumen gewagt hätte. Wir schlafen in den komfortabelsten und sichersten Höhlen der Geschichte, fahren mit fossilbetriebenen Kutschen über teergedeckte Straßen. Und bei jedem zu Hause liegen Luxusgegenstände, die noch vor 100 Jahren undenkbar gewesen wären, achtlos und unbenutzt herum. Zugleich dringt unser Blick tief in die Geheimnisse der Existenz vor. Sterne und Planeten, die unvorstellbar weit weg liegen, holen wir mit selbst entwickelten Instrumenten in beobachtbare Nähe.

Und doch ist der Weg zu dem, was direkt in uns selbst ist, oft am längsten. Ist das nicht erstaunlich? Wo in unserer Entwicklung haben wir verlernt, uns selbst erst mal kennenzulernen, dann ernst zu nehmen und dann ganz intrinsisch etwas aus uns zu machen. Sollte es nicht vollkommen normal sein, unser Leben in erster Linie an unserem eigenen Charakter, an unseren Wünschen, Talenten und Zielen auszurichten?

Aber die Geschwindigkeit unserer Entwicklung verläuft heute nicht mehr linear, sondern exponentiell. Technologische Fortschritte überschlagen sich, Anwendungsgebiete unseres rasant wachsenden Wissens explodieren. Wir können heute quasi täglich neu anfangen, mit allem. Mit Partnerschaften, Berufen, Gründungen, Wohnungen, Reisen … und Selbstbildern. Aber: So verlieren wir den Überblick, die Klarheit, das Bewusstsein dafür, was wichtig ist oder was wichtig sein sollte. Die ständige Reizüberflutung wurde viel beschrieben, aber anschließend meist nur die pathologischen Folgen davon (wie Burn-out). Dabei liegt die Ursache doch viel tiefer. Wenn wir unsere sprichwörtliche „innere Stimme", die Kinder ja unbestreitbar noch haben, gar nicht erst verlieren oder unterdrücken würden, dann könnten im Außen so viele Reize sein, wie sie wollen.

Funktionierende Filter würden wir dann schon entwickeln. Aber die Entwicklung eines Filters, für das, was – ganz individuell für jeden von uns – wichtig ist, wird einem eben gar nicht beigebracht.

Von all dieser Geschwindigkeit könnte einem schwindelig werden. Und das tut es auch. Die Konsequenz ist eine geteilte Welt mehrerer Geschwindigkeiten, in der die langsameren Parts immer weiter abgehängt werden und die schnelleren bei ihrem rastlosen Lauf das eigentliche Ziel aus den Augen verlieren: ein besseres Leben für alle.

Während in der westlichen Welt materielle Werte wie Verfügbarkeit von Technologie und Kaufkraft steigen, fallen zugleich jene, die sich nicht mit einem finanziellen Wert beziffern lassen: Zufriedenheit, Glück, Zugehörigkeitsgefühl, Familie.

Individuelle Menschen müssen den Preis für kollektiven Fortschritt bezahlen.

Und das mag ein Stück weit auch okay sein, denn auch, wenn wir die natürliche Evolution (im Sinne von Anpassung der Lebewesen an die Umwelt) größtenteils umgekehrt haben (Anpassung der Umwelt an uns, koste es, was es wolle), so leben wir eben in einem großen System, zu dem wir alle unsere Ressourcen beisteuern sollten. In einem großen System könnte man fast von einer Verpflichtung sprechen, die eigenen Fähigkeiten und Möglichkeiten dem „großen Ganzen" zur Verfügung zu stellen.

Die Frage ist nur: Sind *wir in erster Linie* Ressourcen oder in erster Linie fühlende Wesen mit Zielen, Wünschen und Eigenschaften, die immer auch Talente sind?

Die Lösung soll „Potenzialentfaltung" heißen. Doch das war für mich immer ein sehr theoretisches Wort. Genau wie Nachhaltigkeit. Was meinen wir damit? Was bedeutet es wirklich, im Generellen und nicht im Speziellen? Ist Nachhaltigkeit nicht eine generelle Denk- und Vorgehensweise? Eine Achtsamkeit für sich, das persönliche Netzwerk und das weitere Umfeld?

Meine These ist, dass echte Nachhaltigkeit nur erreicht werden kann, wenn man eine Zufriedenheit bei jedem Einzelnen herstellt. Wer sich selbst wertschätzt, schätzt auch andere eher Wert und schlussendlich auch seine Umwelt. Es ist nur meine These, die aus Beobachtungen eines Einzelnen entstanden ist. Aber es erscheint mir auch logisch: Wenn wir das Gefühl „Achtsamkeit" an sich verloren haben, dann können wir es weder uns selbst gegenüber noch gegenüber der Umwelt ganz natürlich empfinden.

Dass jeder Mensch dieses Gefühl (wieder-)findet, mag wie eine Utopie klingen. Aber dieser Utopie näherzukommen, sollte aus meiner Sicht Aufgabe der gesellschaftlichen Strukturen sein, nicht das Verwalten der bisherigen Konventionen. Ich glaube fest daran, dass Zufriedenheit durch Selbstverwirklichung möglich ist und dass Menschen, die diesem Ziel näherkommen, weniger krank, weniger kriminell und mehr produktiv sind.

Als wir mit dem über die Jahre entstandenen millionways-Team überlegten, wie man diese Form der „Verwirklichung seiner selbst" in einem neuen Wort zusammenfassen könnte, entstand im Laufe von vielen Monaten die Idee zum „Potentialismus". Er soll zeigen, wie es gehen kann, eine neue Art von Lebenslinie zu schaffen: vom ersten Schritt der Selbstentdeckung über die Vernetzung mit komplementären Talenten bis hin zum gemeinsamen Realisieren von Projekten oder Unternehmen, die uns dann ganz natürlich entsprechen.

Warum findet das bisher nicht normalerweise statt? Warum finden so viele ihren Weg nicht oder kommen davon ab? Eine mögliche Antwort: Bereits in der Schule lernt man Konventionen, Verleugnung, Gruppenzwang und Regeln. Aber nicht, etwas aus sich zu machen. Daher bleibt es abstrakt und wird später sogar eher esoterisch und vorgeblich „unrealistisch". Denn dann versteckt man bei Vorstellungsgesprächen seine wahre Persönlichkeit, weil „man das eben so machen muss", und in der Arbeitswelt setzt sich die Fremdbestimmung fort.

Was auch auffiel in all den Biografien: In jedem Menschen stecken Talente. Aus meiner Sicht sollte man „Talent" so definieren, dass es auch z. B. Disziplin, Eloquenz, Empathie oder strukturiertes Denken umfasst. Ich bin überzeugt davon, dass jede Eigenschaft in den richtigen Konstellationen eine notwendige Fähigkeit sein kann. Und da jeder Mensch Eigenschaften hat, hat auch jeder Mensch Talente.

Wenn ich darüber nachdenke, was für mich Talent bedeutet, dann mag ich die Formulierung: „das, was von selbst da ist", also das, was man als Kind schon von Natur aus kann, was einen glücklich macht, während man es tut. Bei einigen Kindern ist das das Ausdenken von immer neuen Spielen, das Malen, das absolute Gehör bei Musik oder das „In-sich-Versinken-und-Denken". Einige lernen extrem schnell lesen, andere können spielend mit Zahlen umgehen, wieder andere haben eine außergewöhnliche Sprachbegabung oder sind physisch und mental quasi von Geburt an Sportler.

All diese Naturtalente sind auch im Erwachsenenalter noch da. Wenn man sich das bewusst macht oder wieder darauf gestoßen wird, dann fallen einem schnell Dinge ein, die man daraus machen könnte: Eloquente Menschen mit angeborenem Charme moderieren Veranstaltungen, disziplinierte idealistische Handwerker bauen gemeinsam mit anderen einen Biohof auf und introvertierte belesene Denker werden zu der perfekten Ergänzung zu all den extrovertierten Impulsmenschen bei der Entwicklung einer Vertriebsstrategie.

Wenn man Erwachsene nach ihren Talenten fragt, und das habe ich ja unzählige Male getan, dann wissen nur die wenigsten eine schnelle Antwort. Meist wissen sie nicht einmal, dass es Talente, Fähigkeiten oder Stärken sind – denn was man selbst gut kann, kommt einem oft einfach „normal" vor. Allein die Art, wie die meisten Menschen sprechen, wenn sie ihre Stärken hervorheben sollen, ist bezeichnend: eher mit „wegwischenden" Handbewegungen und Sätzen wie: „Aber das ist ja nur ein Hobby" oder „das ist ja nichts Besonderes."

Das mag klingen wie ein kleines Luxusproblem. Die Dekadenz einer Gesellschaft, die schon alles hat und die nun auch noch das letzte bisschen Glück herauspressen will. Aber ich sehe es genau andersherum. Für mich ist dieses Thema das elementarste von allen: die Auseinandersetzung jedes Einzelnen mit sich selbst. Und mit diesem neuen Selbstbewusstsein würde aus meiner Sicht eine Gesellschaft entstehen, in der sich Menschen auf der emotionalen Ebene nicht mehr so machtlos und allein fühlen und auf der produktiven Ebene wissen, wofür sie jeden Morgen tätig werden. Und mit so einer gefühlten und gelebten Basis fallen auch die – zweifellos weiterhin vorhandenen – „nervigen Arbeiten" leichter.

Zwischen 2013 und 2016 haben wir mit unserer gemeinnützigen Stiftung in Telefoninterviews herausgefunden, dass es meistens nicht oder nur vordergründig das Geld ist, was für die Verwirklichung der eigenen Träume fehlt, sondern Mut, Wege und vor allem: andere Menschen, mit denen zusammen man etwas aufbauen kann, die einen verstehen und gleichzeitig ergänzen, ähnliche Ziele, komplementäre Talente – das war die Methodik, die sich im Laufe der Zeit entwickelt hat. Wir haben in der Testphase mehrere Tausend Menschen interviewt und mit anderen vernetzt, daraus entstanden nicht nur ganz besondere Freundschaften, sondern auch gemeinsame Projekte und Unternehmen.

Eine Frage kam immer wieder auf: Ist all das nicht längst online möglich? Und genau das glaube ich nicht. Online-Communitys bestehen bislang meist aus flüchtigen Selbstdarstellungen, die man – im Gegensatz zum echten Charakter – jederzeit ändern kann. Das ist das Gegenteil von Nachhaltigkeit. Wie soll man hier ein ehrliches Bild vermitteln, wenn man sich selbst nicht kennt? Und selbst wenn: Nach was sollte ich jetzt gleich googeln, um Menschen zu finden, die mich verstehen und gleichzeitig ergänzen?

Facebook als prominentestes Beispiel ist eine virtuelle Abbildung des menschlich-sozialen Mikrokosmos. Allerdings eine, die von jedem Mitglied gesteuert wird. So entsteht im Profil eine selbst kreierte Reflexion dessen, was der- oder diejenige in den eigenen und den Augen anderer gerne sehen möchte. Inhalte, Postings, Konversationen und die meisten „Freundschaften" im Netzwerk sind oberflächlich und dienen der Zerstreuung von Aufmerksamkeit, anstatt diese zu lenken oder zu schärfen. Im Gegensatz zur virtuellen Person „verdurstet" die echte quasi „vor dem Brunnen". Indem wir unseren Geist mit virtuellen Freundschaften, Interessen und hoch polierten Selbstbildnissen füttern, verarmt unsere Seele. Die konsumierten Inhalte fühlen sich dabei zunächst echt an, stellen sich beim „Verdauen" allerdings als hohl heraus. Es ist, als würde man versuchen das körperliche Bedürfnis nach Nahrung mit luftgefüllten Gebilden zu decken. Anfangs mag sich der Geist vielleicht täuschen lassen, irgendwann macht sich der Mangel allerdings bemerkbar – spätestens am körperlichen und seelischen Verfall. Die größte Gefahr besteht aber vielleicht darin, auch im realen Leben die Unterscheidungsfähigkeit einzubüßen zwischen dem, was echt ist, und dem, was nicht.

Alles Virtuelle ist substanzlos. Unser Geist, unser Körper, unsere Seele brauchen jedoch Substanz, um sich zu ernähren, zu reiben und zu entwickeln. Dazu gehört auch Ablenkung und Zerstreuung, aber aus meiner Sicht nicht in dem Maßstab, wie das gerade passiert. Indem wir uns von Luft ernähren, bekommen wir nie wirklich das, was wir brauchen, und konsumieren daher immer mehr davon – nie zufrieden, niemals satt.

Aber selbst wenn man sich aus den Communitys verabschiedet, hat man noch nichts gelöst. Meist löscht man sein virtuelles Profil aufgrund von dort geschlossenen Freundschaften ohnehin nicht wirklich. Man hat Angst davor, Freunde zu verlieren. Weil andere Menschen unser Leben bereichern. Dabei bauen die meisten virtuellen Freundschaften nur auf sporadischem Austausch ohne wirklichen Wert auf. Wenn uns ein Mensch wirklich erreichen will, in der „Realität" mit uns kommunizieren will, dann geht das genauso über jeden anderen Kanal. Die Konversation geht dann meistens tiefer und fühlt sich realer an. Initial benötigt es vielleicht etwas mehr Anstrengung, aber spätestens, wenn man eine echte Konversation anstatt 50 oberflächlicher geführt hat, hat sich das bereits ausgezahlt. Ganz zu schweigen von der Energie die man durch 49 nichtgeführte Gespräche einspart. Und Zeit ist bekanntlich unsere wichtigste Ressource und dann auch noch eine, deren Endlichkeit wir nicht kennen.

Wie verbringen wir also unsere Zeit? Dummerweise teilen auch heute viele von uns noch den Alltag in „Beruf" und „Freizeit" ein. Was ja auch der tatsächlichen Struktur entspricht, aber meiner Ansicht nach überhaupt nicht natürlich ist. Die Start-up-Mentalität, einfach nur noch im Beruf zu leben und das dann „Selbstentfaltung" zu nennen, kann aber auch kein langfristig gesunder Weg sein.

Schön und natürlich wäre doch ein Leben, in dem verschiedene Facetten der eigenen Persönlichkeit Platz finden. Ein Beispiel: Man kann gut rechnen, Menschen beraten und Bilanzen erstellen – also verdient man sein Geld als Steuerberater. Gleichzeitig ist man aber Familienvater, der einen Versand für Geburtstagsboxen für Kinder erfunden hat, und ein leidenschaftlicher Maler, der gern von Zeit zu Zeit mal eine Illustration für Zeitschriften machen würde. Irgendwann wird jede dieser Facetten gebraucht.

Stellen wir uns also eine Gesellschaft vor, in der ein solcher Lebensinhalt die Normalität und nicht die Ausnahme wäre. Wäre sie nachhaltiger?

Es würde bei der Erziehung beginnen, die ganz von selbst anders wäre, weil die Eltern ja auch bereits Selbstwirksamkeit und Selbstverwirklichung als normal erlebt hätten. Sie würden ihr Kind nicht im Wortsinn „erziehen", sondern eher seine Facetten kennenlernen und diese dann fördern. Kindergarten und Schule wären die logische Fortsetzung dieser Philosophie, sie würden zwar weiterhin wertvolle neue Einflüsse von außen und das nötige Wissen und Grundbildung liefern, aber in erster Linie die Zeit damit verbringen, die Mitglieder ihrer Gemeinschaft individuell zu fördern. Die Studiumswahl würde dann schon fast zwangsläufig anders verlaufen als heute, denn man würde sie weitaus weniger an rationalen Gesichtspunkten ausrichten, sondern an dem, was man die Jahre zuvor über sich und seinen Einfluss auf und mit der Umwelt kennengelernt hat. Ich denke nicht, dass es dann noch „einen Beruf" gäbe, sondern vielmehr verschiedene realisierte Facetten, wobei einige davon Geld bringen (im Beispiel oben: „ich liebe Zahlen und Unternehmen und arbeite als Steuerberater") und andere eventuell sogar Geld kosten (Fotografie), aber alle wären real und gleichberechtigt vorhanden. Möglicherweise wird sich langfristig das Geldsystem auch einfach auflösen und durch etwas Neues, Natürlicheres ersetzt.

Unternehmen wären ein Mikrokosmos, in dem sich die neue Gesellschaftsform fortsetzt, große Teams, die aufgabenbasiert und stärkenorientiert an Projekten arbeiten und diese gemeinsam fertigstellen – in vielen Konzernen geht die „neue Form von Arbeit" ja heute schon in diese Richtung: weniger feste Aufgaben, für die man täglich zur selben Zeit ins selbe Gebäude kommt, sondern wechselnde, talentorientierte Aufgaben in ständig wechselnden Konstellationen.

Aber bis diese Art zu leben als grundsätzlich normal gilt und vor allem in unseren Köpfen verwurzelt ist, ist noch viel Umdenken nötig. Das Schöne an *dieser* Utopie ist aber, das jeder für sich sofort damit anfangen kann. Es gibt absolut nichts, was uns daran hindern kann. Was daran ist unrealistisch? Es ist möglich, sich heute Abend hinzusetzen und einfach nur zu reflektieren, was man in der Schule oder vor der Studiumswahl für Lebensziele hatte und wie nah man diesen gekommen ist. Und wenn sie weit entfernt sind, könnte man sich die ehrliche Frage stellen, warum das so ist. Gibt es *wirklich* sachlich unverrückbare Zwänge, die uns davon abhalten? Oder sind diese Zwänge und Grenzen eher in unserem Kopf?

Man könnte reflexartig einwerfen, dass es „so einfach ja in der Realität nunmal nicht geht“, und das stimmt ja auch. Aber wer sagt denn, dass wir diese Realität nicht ändern können? Und sollten?

Wir leben heute in einer Zeit, in der Selbstentfaltung Normalität werden kann. Die glücklichen Menschen, die sich und ihre Facetten im Alltag ausleben können, sollten nicht länger die Ausnahme sein. Das wäre früher nicht möglich gewesen, denn in den vergangenen Jahrzehnten der Nachkriegszeit und der Industrienation mussten die Menschen ihre eigentlichen Ziele, Träume, Antriebe und Talente vernachlässigen, um der Gesellschaft zu dienen. Dieser Zwang ist lange vorbei – und wir leben trotzdem bis heute so weiter. Das ist kein Luxusproblem: Unzufriedenheit und Unnatürlichkeit haben Folgen wie Kriminalität, Krankheit oder zumindest ein vergeudetes Potenzial.

Wir müssen den Begriff „Talent“ neu definieren, um eine echte Nachhaltigkeit in der künftigen Form des Lebens und „Arbeitens“ – aber vor allem in unseren Köpfen – zu ermöglichen. Solange wir nicht davon ausgehen, dass jede Eigenschaft und jede Facette des Charakters in den passenden Konstellationen auch ein Talent sein können, haben wir unser Potenzial nicht verstanden und verleugnen damit, was möglich wäre, für jeden von uns.

Alles ist eins. Wir, unser Charakter, unser Leben, unsere Schritte, unsere Ängste und unsere Zukunft, die auf all dem basiert. Seit wir durch die digitale Welt und die globale Vernetzung so viele Möglichkeiten bekommen haben, fühlen wir uns frei. Aber das ist eine Illusion, eine Scharade, so lange wir diese Freiheit nicht auch individuell für uns und andere nutzen. All das, was uns durch unsere Überforderung, unsere Selbstlimitierung und unsere Faulheit verloren geht, fehlt schließlich auch als Ressource der Gesellschaft. Denn unsere Ressourcen sind nicht nur die 8-h-Arbeitskraft, die wir über Jahrzehnte sein mussten, sondern die ganz besondere, einzigartige Kombination aus Eigenschaften, Fähigkeiten und Zielen, die uns zu dem Menschen macht, der wir sind. Das können wir wiederentdecken. Jeder, der diesen Text liest, kann mit winzigen ersten Schritten anfangen. Und wenn das dann immer mehr Menschen tun, leben wir in nicht allzu ferner Zukunft vielleicht in der hier beschriebenen „Utopie“.

Martin Cordsmeier ist Jahrgang 1984 und hat die gebündelte Erfahrung von über 12.000 Tagen Realität. Nach seiner Geburt ist er unerwartet zum Gründer der gemeinnützigen Stiftung millionways geworden. Wie? Vor zehn Jahren begann er aus persönlichem Interesse mit unterschiedlichen Menschen über ihre Biografien zu sprechen. Daraus entstand im Laufe von Jahren die Idee einer Organisation, die Menschen hilft, das eigene Potenzial zu entfalten. Grundsätzlich glaubt er daran, dass viel zu viel gedacht wird. Die Menschen denken sich selber schlecht. Die Wahrheit ist oft nicht das, was man sagt, sondern das, was man fühlt. Im Februar 2017 erschien sein Buch *Nimm dir das Leben (das du wirklich willst)* im ECON Verlag.

Happiness Management: Nachhaltig erfolgreich durch Glückskompetenz

7

Gina Schöler

7.1 Was ist Glück?

Allgegenwärtig und doch schwer greifbar

Glück taucht überall auf, jeder spricht darüber, jeder sucht es, Philosophen beschäftigen sich seit Jahrhunderten damit, die Werbung hat es schon lange für sich entdeckt, die Ratgeber stapeln sich. Doch was hat es damit auf sich? Was bedeutet Glück? Ich möchte es gerne aus einer alltagstauglichen und praxisorientierten Sicht beleuchten, Beispiele geben, Fragen stellen und zu Perspektivwechseln und Experimenten motivieren. Ich möchte aufzeigen, dass Glück Nebenwirkungen hat. Denn wenn man sich damit beschäftigt und es aktiv fördert, dann wirkt es auf das eigene Leben, auf die Arbeitswelt und auf die Gesellschaft. Und genau das brauchen wir mehr denn je!

Zunächst muss ich Sie aber enttäuschen:

Von mir gibt es keine allgemeingültige Definition für Glück.

Ich bin der festen Überzeugung, dass es in Deutschland über 80 Mio. Definitionen davon gibt. Nehmen wir das Beispiel des Glücksrezepts: Hier gibt es Grundnahrungsmittel wie Sicherheit, Freiheit, ein Dach über dem Kopf, die dazu beitragen, dass es uns gut geht. Aber die einzelnen Zutaten, die das Rezept abrunden und ihm die nötige Würze geben, sind sehr individuell. Es kommt auf die Geschmacksrichtung an – mag man es ein bisschen salziger oder braucht es mehr Schärfe? Geschmäcker verändern sich auch im Laufe des Lebens – genauso wie das Glücksempfinden – und so sollten wir nie damit aufhören, freudig zu experimentieren und immer wieder neue Zutaten auszuprobieren. Schließlich muss jeder sein eigener Chefkoch des Glücks werden – und seine Suppe letztlich auch selbst auslöffeln.

G. Schöler (✉)
Ministerium für Glück und Wohlbefinden, Mannheim, Deutschland
E-Mail: Gina@MinisteriumFuerGlueck.de

M. Englert und A. Ternès (Hrsg.), *Nachhaltiges Management*,
https://doi.org/10.1007/978-3-662-57693-9_7

Was macht dich glücklich?

Eine kleine Frage mit großer Wirkung. Probieren Sie es aus! Fragen Sie sich in erster Linie selbst, fragen Sie Ihre Mitmenschen, Nachbarn, Mitarbeiter, fragen Sie Ihren Chef und die Leute an der Supermarktkasse. Kommen Sie miteinander ins Gespräch und Sie werden staunen, wie Sie sich selbst und die Menschen um sich herum ganz neu kennenlernen! Denn die Antworten sind so unterschiedlich wie die Menschen selbst. Oft kommen Geschichten und Anekdoten zutage, die sich auf die Themenbereiche rund um „Zeit und Ruhe", „Familie und Freunde" und „Abenteuer und Natur" zusammenfassen lassen (Abb. 7.1 und Abb. 7.2).

Auch das sogenannte Flow-Gefühl ist laut dem Psychologieprofessor Mihaly Csikszentmihalyi (Autor Flow: Das Geheimnis des Glücks) ein Grundbaustein des Glücks:

> Glück ist flow. Jeder hat dieses Gefühl schon erlebt: über sich selbst zu verfügen, im Einklang mit sich und der Welt zu sein und sein Schicksal in die eigene Hand nehmen zu können. Bei diesen seltenen Gelegenheiten spürt man ein Gefühl von Hochstimmung, von tiefer Freude, das lange anhält und zu einem Maßstab dafür wird, wie das Leben aussehen sollte.

Glück = Verbundenheit

So lautet meine persönliche Formel.

Verbundenheit mit mir selbst: Gesunde Selbstfürsorge, das Kennenlernen von eigenen Bedürfnissen und Gefühlen, liebevolle Grenzen setzen.

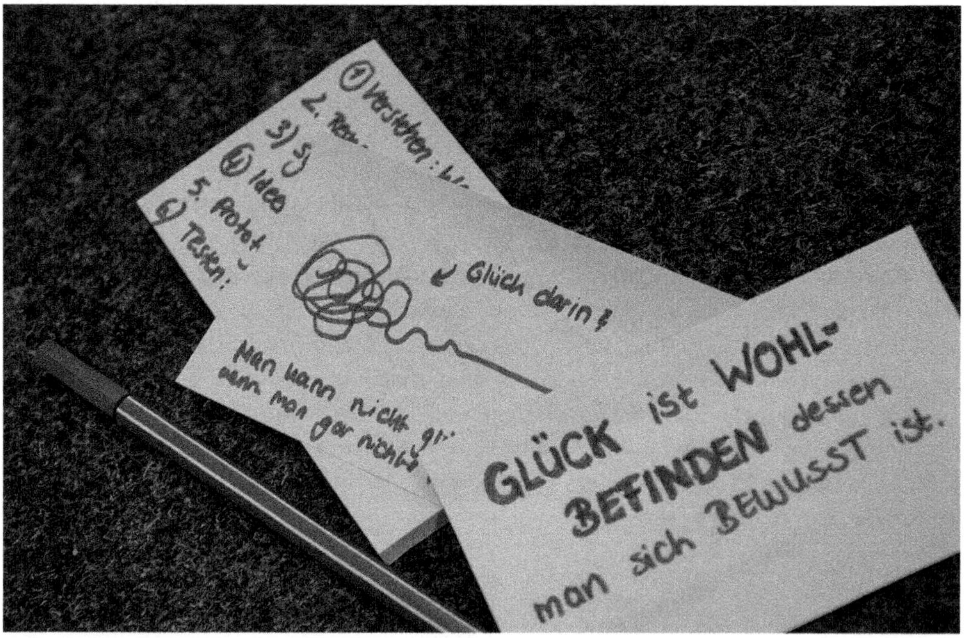

Abb. 7.1 Glück ist Wohlbefinden, dessen man sich bewusst ist. Workshopteilnehmer nähern sich ihren eigenen Definitionen. (Foto-Credit: Gina Schöler)

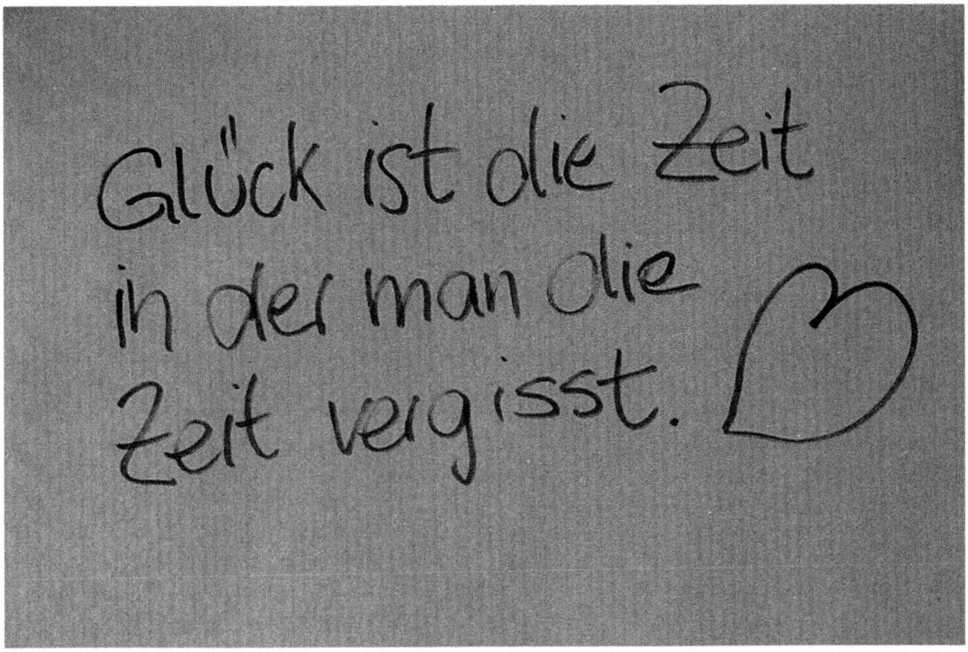

Abb. 7.2 Wann sind Sie ganz bei der Sache und voll im Flow? (Foto-Credit: Gina Schöler)

Verbundenheit mit meinen Mitmenschen: Hilfsbereitschaft, Toleranz, offene Kommunikation, Wertschätzung, Stärkung des sozialen Umfelds, Altruismus.

Verbundenheit mit der Umwelt: Natur, Achtsamkeit, Auszeit, bewusster Konsum und Reduktion, Ruhe.

Und wie lautet Ihre?

Ich kann Sie beruhigen: Glück und Wohlbefinden haben nichts mit Wellness zu tun und erst recht nichts mit Esoterik. Es ist ein handfestes Thema, das jeden betrifft und Auswirkungen auf alle Lebensbereiche hat. Seit einigen Jahren gibt es auch die Glückswissenschaft, die seelische Gesundheit und das gute Leben untersucht. Jährlich werden weltweit Umfragen gemacht, ausgewertet und Statistiken erhoben. Nehmen wir den World Happiness Report oder den Glücksatlas der Deutschen Post als Beispiel.

Es geht also nicht darum, die rosarote Brille aufzusetzen und Probleme zu ignorieren, sondern es geht vielmehr darum, genau hinzusehen und zu untersuchen, was uns gut tut und was wir fördern können, um ein glückliches und zufriedenes Leben zu ermöglichen.

Das Zauberwort heißt hier unter anderem Resilienz! Das bedeutet, eine seelische Widerstandskraft zu entwickeln und somit psychisch stark zu sein, um Schicksalsschläge, Krisen, Stress und Veränderungen zu meistern.

Lassen Sie uns also unsere Kräfte bündeln und mit gutem Beispiel vorangehen, andere inspirieren und somit der Dominostein sein, der Bewegung ins System bringt.

Letztlich geht es darum, nicht einfach auszuharren in Situationen oder Konstellationen, die uns unglücklich machen. Abwarten und darauf hoffen, dass es besser wird, hat noch niemanden voran- und erst recht keine innovativen Lösungen hervorgebracht. Also heißt es hier: Gestalter des Glücks werden! Privat, beruflich und als Beitrag zu einer nachhaltig gesunden und glücklichen Gesellschaft (Abb. 7.3).

Wir sollten uns viel öfter darauf konzentrieren, was gut läuft, und Positives bestärken, Lob und Wertschätzung aussprechen, Gutes fördern, statt unserem Image gerecht zu werden und nur zu meckern und zu mosern.

Genau das hat auch die Wissenschaft der Positiven Psychologie erkannt:

Prof. Dr. Martin E. P. Seligman rief mit seinem Antritt als Präsident der American Psychological Association im Jahre 1998 dazu auf, mit der Positiven Psychologie eine „neue Wissenschaft menschlicher Stärken" zu fördern. Die Positive Psychologie stellt dabei keine neue Disziplin dar, sondern einfach nur als eine Verlagerung des Brennpunktes in der Psychologie: „Von der Erforschung schlimmster Erscheinungen im Leben zur Forschung darüber, was ein Leben lebenswert macht." Die wissenschaftliche Erforschung sollte wieder vermehrt Augenmerk auf die Grundlagen eines guten Lebens und jener Eigenschaften, welche Lebenszufriedenheit begünstigen und zum Aufblühen des Menschen führen (Flourishing) lenken. Einer der Argumente, weshalb man sich wieder auf das Wohlbefinden und deren Förderung konzentrieren sollte war, dass sich durch den Wegfall von Unglück

Abb. 7.3 Auch Teilnehmer des Glücksseminars „redesign YOU – Das eigene Glück finden und gestalten" haben erkannt: Ausharren und zu langes Warten führen zu nichts – wir müssen aktiv werden, um glücklich zu sein. (Foto-Credit: Gina Schöler)

bzw. Krankheit nicht automatisch Glück einstellt, d. h. dass Glück bzw. subjektives Wohlbefinden aktiv angestrebt werden müssen.

Die Positive Psychologie widmet sich somit der Aufgabe, zu erforschen und zu kultivieren, was das Leben am meisten lebenswert macht. Dabei richtet sie den Blick gezielt darauf, welche Eigenschaften und welche Rahmenbedingungen mit Wohlbefinden und Lebenszufriedenheit zusammenhängen, wobei „die Korrektur von Defiziten" in den Hintergrund rückt (Seligman Europe 2017).

Haben Sie sich schon einmal gefragt, was Sie wirklich glücklich macht?

Immer wieder begegnen mir Menschen unterschiedlichsten Alters, verschiedenster Herkunft, aus allen Schichten und Branchen, die merken, dass sie die wichtigste Frage des Lebens vor lauter To-dos, Meetings und Terminen vernachlässigt und gar vergessen haben, und sich nun auf den Weg machen möchten. Denken Sie dran: Es ist nie zu spät!

Was brauchen wir wirklich (um glücklich zu sein)? Wenn man sich diese Frage einmal ernsthaft beantwortet und ehrlich zu sich selbst ist, wird wenig Materielles dabei herauskommen. Alles andere ist ein kurzer Kick, aber nichts für das nachhaltige Glück, das grundsätzliche Wohlbefinden. Gleichzeitig wird einem bewusst, dass man all das, was man denkt zu brauchen, letztlich doch überhaupt gar nicht benötigt. Ganz nach dem Filmzitat aus Fight Club:

„Von dem Geld, das wir nicht haben, kaufen wir Dinge, die wir nicht brauchen, um Leuten zu imponieren, die wir nicht mögen."

Hier gilt es, aus diesem selbst gemachten Hamsterrad auszusteigen, das einem suggeriert, dass man ständig zu funktionieren und erfolgreich zu sein hat. Wobei auch die Definition von Erfolg in den heutigen schnelllebigen Zeiten überdacht werden sollte. Wie wäre es mit dieser von Ralph Waldo Emerson, US-amerikanischer Geistlicher, Philosoph und Schriftsteller:

> Erfolg im Leben zu haben bedeutet: Oft und viel zu lachen; die Achtung intelligenter Menschen und die Zuneigung von Kindern zu gewinnen; die Anerkennung aufrichtiger Kritiker zu verdienen und den Verrat falscher Freunde zu ertragen; Schönheit zu bewundern, in anderen das Beste zu finden; die Welt ein wenig besser zu verlassen, ob durch ein gesundes Kind, einen bestellten Garten oder einen kleinen Beitrag zur Verbesserung der Gesellschaft; zu wissen, dass wenigstens das Leben eines Menschen leichter war, weil Du gelebt hast – das bedeutet, nicht umsonst gelebt zu haben.

Das Thema Glück hat also sowohl mit ökologischer als natürlich auch mit sozialer Nachhaltigkeit zu tun. Und wissen Sie was? Jeder hat die Fähigkeit, das eigene Glück zu steigern.

Laut einer Glücksstudie von Sonja Lyubomirsky (Professorin für Psychologie an der University of California) ist das eigene Glück zu 50 % genetisch vorherbestimmt, 10 % sind äußere Einflüsse wie Einkommen und Gesundheit, aber 40 % haben wir selbst in der Hand, denn das sind unsere persönliche Haltung, unsere Werte und unser Handeln: Wie gehen wir mit uns und unserem Umfeld um?

Die Aktivitäten innerhalb dieser 40 % können wir aktiv fördern und steigern (Lyubomirsky 2008).

Abb. 7.4 Haben Sie sich diese Frage schon einmal gestellt? (Foto-Credit: Daniel Clarens)

Diese Kompetenz haben wir also alle in uns. Manchmal ist sie etwas versteckt und im Eifer des Gefechts vor lauter Terminen, Meetings und all der Hamsterradrennerei geht es unter. Deshalb braucht es ab und zu einen kleinen Reminder, einen Mutmacher, der Wege aufzeigt, was man mal ausprobieren könnte, um dem Glück ein Stück näherzukommen (Abb. 7.4).

Haben Sie nun Lust bekommen, tiefer in das Thema einzutauchen?

Nun haben Sie einen kleinen Ein- und Überblick bekommen, was Glück bedeuten kann. In den folgenden Abschnitten möchte ich darauf eingehen, welche Auswirkungen Glück auf das persönliche Leben, die Wirtschaft und auf gesellschaftliche Strukturen hat.

Außerdem sind auch Sie dran!

Wie lautet Ihr persönliches Glücksrezept? Stellen Sie Ihre Zutaten und Gewürze einmal zusammen und schauen Sie sich an, was Ihnen schmeckt und wen Sie zum Essen einladen möchten.

7.2 Das gute Leben selbst in die Hand nehmen

Glück als persönlicher Antrieb

Die Themen Glück und Lebensfreude sind in aller Munde und das Interesse und vor allem das Bedürfnis danach scheinen immer weiter zu wachsen. Die Menschen realisieren – manchmal durch Reflexion, Sinnsuche oder in einer Krise –, dass es nicht nur darum geht, zu funktionieren und das ganze Leben lang im Hamsterrad zu rennen. Sie beginnen immer mehr, sich wichtige Fragen zu stellen: Wie geht es mir? Was bedeutet gutes und gelingendes Leben? Und was kann ich aktiv tun, um dieses zu fördern und zu gestalten? Die Menschen wünschen sich mehr Entschleunigung, Ruhe und Entspannung. Zeit für sich und das persönliche Umfeld zu finden scheint heutzutage immer seltener zu werden, umso größer wird der Wunsch danach.

Ein erfülltes Leben führen bedeutet nicht, dauerhaft glücklich zu sein

Es geht nicht darum, wie ein Honigkuchenpferd durch die Gegend zu laufen, Probleme zu ignorieren und Everybody's Darling zu sein. Im Gegenteil. Es hat mit Reflexion, Offenheit, Verletzlichkeit, Mut und Ehrlichkeit sich selbst und anderen gegenüber zu tun und das kann auch Nebenwirkungen haben. Wer sich intensiv mit dem Thema Glück auseinandersetzt, kann das Leben stark verändern.

Und jeder von uns weiß: Veränderung kann auch weh tun. Hier gilt es, achtsam mit sich umzugehen, Gefühlen Raum zu schaffen, sie sich einzugestehen, zu äußern, sie zuzulassen. Im Guten wie im Schlechten. Es geht nicht darum, nonstop gut drauf zu sein, es geht um Authentizität und Echtheit – lassen Sie uns Emotionen (er)leben.

Es gibt von Anfang an sehr viele Erwartungen an sich und von außen, wir müssen vielen Rollen entsprechen, Leistungen erbringen, Aufgaben erfüllen – das Leben ist voller Regeln und Konventionen.

Wir studieren etwas, was andere sich so vorstellten, oder sind im Job geblieben, obwohl er nicht wirklich Spaß macht. Wir funktionieren, arbeiten, entsprechen der Norm, haben vielleicht den perfekten Lebenslauf – und dann? Die Zeit vergeht und plötzlich merkt man, dass man doch eigentlich etwas anderes machen wollte – wo ist der eigene Traum geblieben? Lebt man das Leben nach den Vorstellungen anderer oder die eigene Vision eines glücklichen Lebens? Die Erkenntnis kann ernüchternd sein. Aber Hauptsache, sie kommt!

In unserem Bildungssystem und in der Arbeitswelt spielen Themen wie Selbstmanagement, Selbstfürsorge und Lebensgestaltung kaum eine Rolle. Die meisten Menschen kennen sich selbst und ihre Wünsche und Stärken gar nicht. Wenn man aber glücklich (sowohl im Privat- als auch im Berufsleben) sein möchte, muss man erst einmal zu sich selbst finden.

In jedem Menschen stecken einzigartige wertvolle und zumeist ungenutzte Talente und Potenziale, aber die meisten Menschen führen ein Leben zwischen purer Pflichterfüllung, mäßiger Zufriedenheit und seltener Begeisterung.

Um dem entgegenzuwirken, muss man auch ein Risiko eingehen, die Komfortzone verlassen und sich in unbekannte Höhen wagen. Dann riskiert man natürlich auch den freien Fall – aber nur so kommt man voran und kann Neues entdecken.

Durch die ministerialen Impulse, die ich innerhalb der letzten Jahre nach draußen geben durfte – in Form von Aktionen, Events, Workshops, Vorträgen, Coachings, Onlineinspirationen –, haben sich sehr viele Geschichten ergeben. Zuschauer, Fans und Teilnehmer haben sich des Themas angenommen, realisiert, dass sie in Richtung glückliches

Leben aktiv werden und eine Veränderung anstoßen möchten. Koffer packen und ab auf Weltreise, Eingeständnisse und Trennungen, Entschuldigungen, offene Worte und Versöhnungen, neue Ziele und den Job kündigen, Nervenkitzel und Fallschirmsprung, Umzug und Neuorientierung, Weiterbildung und Teamwechsel, Ruhe und Auszeiten, Pilgern und Tattoos stechen lassen, Trauer und Verluste verarbeiten, Feste feiern und Neues lernen … All das und noch viel mehr. Glück hat in der Tat Nebenwirkungen.

Das mag manchmal schwierig erscheinen, weil sich Prioritäten verschieben, Entscheidungen getroffen werden, Situationen sich verändern, das ist aber auf Dauer dem Glück nachhaltig zuträglich!

Glück hat keine Zielgruppe. Glück ist für jeden

Oder kennen Sie etwa jemanden, der kein gutes Leben anstrebt mit möglichst wenig Leid und möglichst viel Freude?

Jeder von uns stellt sich früher oder später die Frage nach dem Sinn, sucht nach Orientierung – privat oder beruflich. Jeder merkt an einem Punkt, dass alte Muster irgendwann ausgedient haben, dass all die Erwartungen von außen, der Leistungs- und Zeitdruck nicht nachhaltig sind und auf lange Sicht hin zu nichts führen. Wir sollten uns viel öfter fragen, wer wir wirklich sind und was wir wirklich wollen – fernab des „Macht-man-halt-so". Und dazu benötigt es eine gute Portion Achtsamkeit sich selbst und anderen gegenüber. Sich selbst nähern, seine eigenen Gedanken erforschen, seine Gefühle wieder wahrnehmen und kennenlernen: Zu oft verlieren wir den Kontakt zu uns selbst.

Halten Sie mal kurz inne und fragen sich: Wie geht es mir?

Beschreiben Sie Ihre Gefühlslage in einem Wort.

Druck, Verspannung, Leichtigkeit, Wut, Erleichterung, Vorfreude … Da gibt es so viel zu erforschen, fangen wir an! Denn wer sollte uns nicht am besten kennen, wenn nicht wir selbst? Und letztlich geht es darum, sein eigener bester Freund zu werden, denn wir müssen mit uns selbst eben ein ganzes Leben lang aushalten, daher sollte diese Beziehung gelingend und wohltuend sein.

Wertschätzung und Dankbarkeit sind Schlüssel zum Glück

Und dabei hilft die „Bohnenübung": Drei Bohnen werden morgens in eine Hosentasche getan und pro positives Erlebnis wandert ein Böhnchen in die andere Tasche. Am Abend holt man die Bohnen hervor und lässt die schönen Augenblicke Revue passieren. Das hilft dabei, einen fokussierten Blick auf das Positive zu erhalten und die kleinen Glücksmomente zu erleben, die man sonst vielleicht nicht erkennt.

Genau dieses Phänomen habe ich auch beim Schreiben meines ersten Buchs *Das kleine Glück möchte abgeholt werden* erlebt. Ich sammelte gemeinsam mit vielen anderen Menschen unterschiedlichste Glücksmomente in Form von Kurzgeschichten und kann nun sagen: Glück macht auch süchtig. Wenn man einmal damit anfängt, darauf zu achten und diese Situationen, Momente, Sinneswahrnehmungen und Begegnungen zu suchen, dann findet man sie überall. Worauf wir unsere Aufmerksamkeit richten, das vermehrt sich. Und das ist bei Glück natürlich besonders schön (Abb. 7.5)!

Abb. 7.5 Die kleinen Böhnchen erinnern uns mit einem Lächeln daran, dass es viele schöne Dinge zu entdecken gibt. (Foto-Credit: Gina Schöler)

Zauberwort Selbstfürsorge

Wie gehen wir mit uns selbst um? Achten wir auf uns, unsere körperliche und seelische Gesundheit? Oft bekommen wir vor lauter Gedankenkarussell einen Drehwurm. Die ganz eigene Balance zu finden, zu bremsen, um sich Ruhephasen zu gönnen und dann aber auch wieder Gas zu geben, wenn man für etwas brennt, ist wichtig!

Aber auch hier gilt: für etwas brennen, ohne zu verbrennen!

Wir alle haben verschiedene Energielevel und können mal mehr und mal weniger Stress vertragen. Zudem gibt es ja auch „positiven" Stress, der einem Auftrieb verleiht, in den Flow-Zustand versetzt und motiviert. Hier ist eine gesunde Selbstwahrnehmung gefragt! Für das persönliche Glück ist es sehr wichtig, für sich herauszufinden, wann etwas „zu viel" wird, wann es genau richtig ist, wann wir Chancen nutzen und durchstarten oder wann wir auch mal Nein sagen und uns die Ruhe gönnen, um uns zurückzuziehen und wieder aufzutanken.

Es bringt keinem Beteiligten etwas, wenn man sich auspowert. Wenn man viel leisten möchte, muss man gut auf sich aufpassen und persönliche Ressourcen schonend und mit Bedacht einsetzen.

Hier ist Achtsamkeit mit sich und seinen Gefühlen und Bedürfnissen gefragt. Wahrnehmen, was ist, Anzeichen ernst nehmen, auf sich achten und liebevoll Grenzen setzen.

Das Leben ist ein Fluss. Mal sind wir im Flow und alles läuft, mal kommen Strömungen auf, mal ist das Wasser seicht und ruhig oder auch aufbrausend und abenteuerlich. Das macht es spannend und lebenswert – nur sollten wir eben gut darauf achten, in den Gezeiten des Lebens nicht unterzugehen, sondern die perfekte Welle zu finden (Abb. 7.6).

Ein ganzheitlicher und gesunder Lebensstil ist daher wichtig für das persönliche Wohlbefinden. Hier spielen Faktoren wie Ernährung, Bewegung, aber auch „Seelenarbeit“ mit hinein. Weiterbildungen, Seminare, aber auch Yoga, Meditation, Achtsamkeit, Schweige-Retreats und Pilgerreisen boomen nicht umsonst, sondern haben maßgeblichen Einfluss auf unser Glücksempfinden! Moderne Spiritualität könnte man das nennen, wobei das nichts mit Klimbim und Hokuspokus zu tun hat, sondern greifbar und alltagstauglich sein darf. Aber auch hier gilt es, die ganz eigene Balance und Dosis zu finden, natürlich ist nicht alles passend für jeden. Denken Sie dran: Glück ist individuell. Und Glück darf Spaß machen – wir müssen nicht päpstlicher sein als der Papst. Also gönnen Sie sich etwas, gehen Sie raus und feiern Sie, dass Sie am Leben sind. Probieren Sie sich aus, wagen Sie Neues, bleiben Sie neugierig und denken Sie dabei an diese Aussage:

> Erwarte nichts und sei offen für alles (Osho, indischer Philosoph).

Vieles, was ich im Bereich des Life-Designs in Form von Workshops und Coachings gemacht, erlebt und gelernt habe, lässt sich insofern zusammenfassen, dass es das Wichtigste ist, selbst über das eigene Leben zu bestimmen, aktiv anzupacken, Träume ernst zu

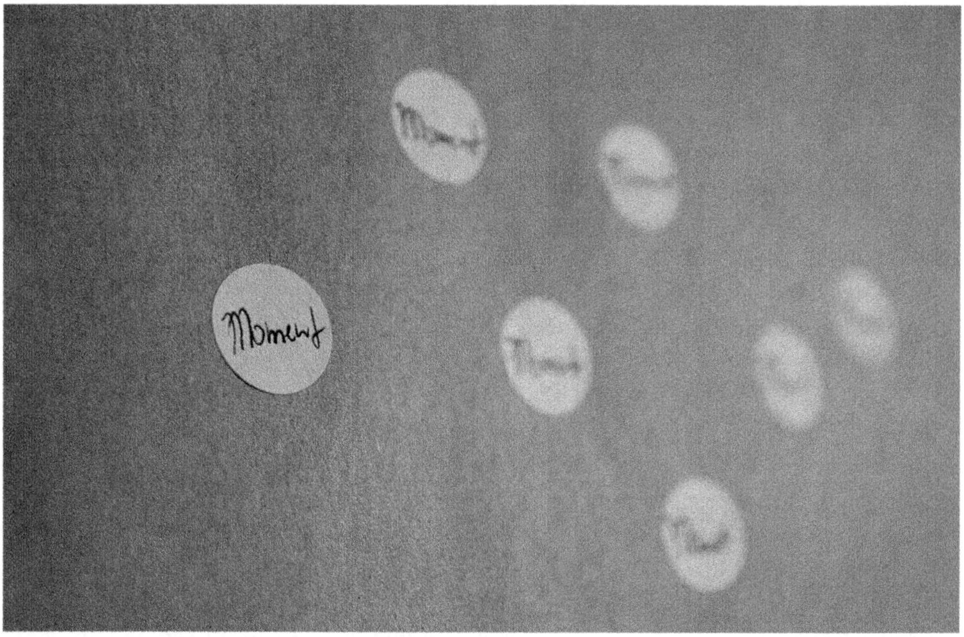

Abb. 7.6 Kleine Glücksmomente wahrzunehmen, wertzuschätzen, wachsen zu lassen und weiterzugeben: Hierfür braucht es eine gute Portion Achtsamkeit. Es lohnt sich, probieren Sie es aus! (Foto-Credit: Gina Schöler)

nehmen und kreativ an der Umsetzung zu arbeiten. Gestalter sein, anstatt das Leben und seine Umstände lethargisch zu ertragen.

Genau darum geht es auch in ministerialen Formaten, wie z. B. dem Workshop „redesign YOU – Das eigene Glück finden und gestalten" (in Kooperation mit Jochen Gürtler). Hier werden kleine und große Lebensfragen bearbeitet, Unausgesprochenes kommt zur Sprache, Aha-Momente entstehen, offene Gespräche werden gefördert und Raum für Stille wird eröffnet. So sucht jeder für sich und alle zusammen kreativ nach Lösungsansätzen. Und das alles mit der Innovationsmethode Design Thinking, bei der viel mit den „Händen gedacht", gelacht und gemacht wird. Gedanken werden visualisiert, in Gesprächen reflektiert und im Laufe des Prozesses konkretisiert und somit in konkrete Handlungsschritte umgewandelt. Die Ergebnisse sind genial und das Feedback emotional.

Wenn man Menschen zusammenbringt, kann Großartiges geschehen. Ein Workshopteilnehmer gab einmal als Feedback, dass er begeistert davon war, was geschehen kann, wenn man anderen Leuten ohne Vorurteile und offen entgegentritt und sich auf Augenhöhe austauscht.

> Begegnung schafft Wachstum.

Aber denken Sie auch dran: Wer verkrampft nach dem Glück sucht, wird tendenziell eher unglücklicher. Wir sollten uns nicht unter Druck setzen und ungeduldig werden. Also besser mit einer gesunden Gelassenheit drangehen, das Ziel nicht aus den Augen verlieren, aber uns genug Raum und Zeit für Experimente, Spielen und Ausprobieren gönnen. Und wo sollte man beginnen? Bei sich selbst natürlich (Abb. 7.7)!

Jeder muss für sich herausfinden, was erfülltes Leben für einen bedeutet, was einem wichtig ist, wie man selbst gestrickt ist, was man erreichen möchte, wie das Leben, das einen selbst glücklich macht, aussehen soll. Machen Sie sich also auf die Suche und werden Sie zu Ihrem persönlichen Sherlock „Happiness" Holmes:

Recherchieren Sie, was Glück für Sie alles bedeuten kann, verabreden Sie sich mit sich selbst, um sich besser kennenzulernen und entfalten zu können. Saugen Sie alles auf, was Sie finden können, und erweitern Sie somit Ihren Horizont.

Nun heißt es auch aussortieren: Was tut gut, was hilft weiter, worauf möchte man sich fokussieren und die Energie bündeln?

Der nächste Schritt ist es dann, erste Experimente zu wagen: Dinge ausprobieren, Pilotprojekte starten, erste Gehversuche machen, adaptieren, implementieren, reflektieren.

Glück ist kein stringenter Weg von A nach B, es ist ein stetes Auf und Ab, Vor und Zurück. Halten Sie auch mal inne, schnaufen durch, atmen tief ein.

Genießen Sie die Aussicht

Welchen „Bohnenmoment" hatten Sie heute schon?

Wann war das letzte Mal, dass Sie etwas zum ersten Mal gemacht haben?

Überlegen Sie sich, was Sie als Kind glücklich gemacht hat, und gehen Sie einer dieser Aktivitäten mal wieder nach!

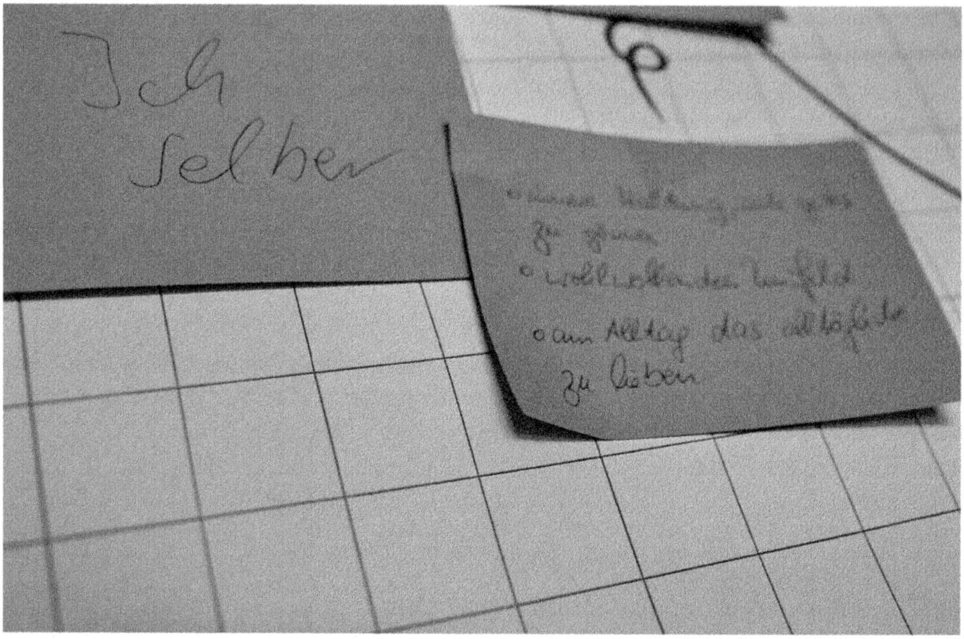

Abb. 7.7 Je tiefer man in das Thema Glück eintaucht, desto mehr realisiert man: Man hat es selbst in der Hand. „Ich selber" kann etwas zum Positiven hin verändern. (Foto-Credit: Gina Schöler)

7.3 Wohlbefinden als Wirtschaftsfaktor

Wie Zufriedenheit die Unternehmenswelt verändern kann
Nachhaltigkeit hat viele Facetten und soziale Nachhaltigkeit ist ein großer Teil davon.

Wir sollten uns eindringlicher Gedanken darüber machen, was wirklich zählt und dem allgemeinen Wohlbefinden und nicht nur dem wirtschaftlichen Wachstum zuträglich ist.

Ganz nach dem Vorbild Bhutan, welches als einziges Land das Bruttonationalglück misst. Ja, Sie haben richtig gelesen: Es gibt bereits eine Regierung, welche das Glück ihrer Bewohner evaluiert und diese Ergebnisse dem sonstigen Wohlstandsindikator des Bruttoinlandsprodukts entgegenstellt.

Glück für die Welt!

> Wie sehr genießen Sie Ihr Leben? Es gibt nicht viele Staaten, die ihren Bürgern solche Fragen stellen. Bhutan tut es. Mit einem dicken Fragebogen misst das Himalaya-Königreich sein "Bruttonationalglück", das seit dem Jahr 2008 als Ziel in der Verfassung verankert ist. Den Begriff hat in den siebziger Jahren der damalige König Jigme Singye Wangchuck geprägt – als Alternative zum Bruttoinlandsprodukt (Süddeutsche Zeitung 2012).

Ein äußerst wichtiger Ansatz, von dem wir uns in der westlichen Welt durchaus inspirieren lassen dürfen. Mit diesem Gedanken entstand übrigens auch die Metapher der Initiative „Ministerium für Glück und Wohlbefinden“ (Abb. 7.8).

Der ganzheitliche Ansatz des Bruttonationalglücks ist es, was es so interessant macht!

Wie können Rahmenbedingungen für ein gutes Leben geschaffen werden, in denen jeder seine Möglichkeiten ausschöpfen kann? Das kann man auf politischer, aber auch auf wirtschaftlicher Ebene verstehen.

Wirtschaftliches Wachstum über alles?

Wir leben in einer Leistungsgesellschaft, der Zeitdruck steigt, Überstunden scheinen selbstverständlich, wir müssen flexibel und allzeit bereit sein, Personal wird abgebaut, das bedeutet Mehrarbeit und auch ansonsten gibt es überall in der Wirtschaft Maßnahmen zur Kostensenkung.

Abb. 7.8 Ist auch bei uns ein Ministerium für Glück und Wohlbefinden denkbar? Wie sähe es aus und welche Aufgaben würde es übernehmen? (Foto-Credit: Gina Schöler)

Der Druck steigt im Allgemeinen und damit auch die Zahl von psychischen Erkrankungen.

Wenn wir uns nicht gut und gestresst fühlen, leidet die Motivation und das Wohlbefinden nimmt ab. Symptome und Krankheiten wie Stress, Überforderung, Burn-out, Erschöpfung, Depression, Schlafstörungen oder Angstzustände können die schwerwiegenden Folgen sein und haben natürlich enormen Einfluss auf das Leistungsniveau.

Dass dieses „Höher-schneller-weiter-mehr" nicht nachhaltig ist und dass es so auf Dauer nicht weiter gehen kann, wird an den Ausfallzahlen ganz deutlich, welche – übrigens natürlich parallel mit den dazugehörigen Kosten für die Unternehmen – in den letzten Jahren durch solche psychische Krankheiten immens gestiegen sind.

Die Bundesanstalt für Arbeitsschutz bestätigt, dass die Fälle von Arbeitsunfähigkeit aufgrund psychischer Erkrankungen enorm gestiegen ist, ebenso sind diese heutzutage mit 43 % auch der häufigste Grund für Frühverrentungen (Deutsche Rentenversicherung 2016).

Besondere Bedeutung und Brisanz erhalten psychische Erkrankungen auch durch die Krankheitsdauer: Die durchschnittliche Dauer psychisch bedingter Krankheitsfälle ist mit 36 Tagen dreimal so hoch wie bei anderen Erkrankungen mit 12 Tagen (Knieps und Pfaff 2016, S. 47).

Diese Zahlen zeigen eine Krise, die auf Veränderungen drängt! Hier muss schnellstmöglich gehandelt werden und Glück und Wohlbefinden in den Mittelpunkt zu stellen, ist der erste essenzielle Schritt!

Glück wird immer wichtiger

Die Faktoren Glück, Zufriedenheit und seelische Gesundheit spielen also verständlicherweise eine immer größere Rolle in der Wirtschaft, das Interesse, die Offenheit und Neugierde steigen.

Viele merken: Positive Emotionen können enorm hilfreich sein, wenn wir in stressigen Zeiten oder mitten in Veränderungsprozessen Leistung erbringen sollen. Sie ermöglichen uns Auszeiten, relativieren negative Gedanken und auch alltägliche Routinen im (Arbeits-)Leben werden durch Dankbarkeit und Optimismus positiver wahrgenommen.

Wie erhalten wir Motivation und schaffen Resilienz?

Es ist bekannt, dass positive Emotionen dabei helfen, anstrengende Unternehmenssituationen wie Personalknappheit oder Veränderungsprozesse zu überstehen. Sie ermöglichen eine Art Auszeit in Stressphasen, relativieren negative Gedanken, indem sie positive stärken. Offene Kommunikation, ein wertschätzendes Miteinander, Dankbarkeit oder Optimismus helfen dabei, normale Alltagsroutinen positiver wahrzunehmen. Zufriedene Mitarbeiter sorgen dafür, dass häufiger gut gesprochen und interpretiert wird. Das fördert das allgemeine Wohlbefinden und hilft bei der Leistungsfähigkeit auch in stressigen Zeiten.

Sie erkennen also: Wirtschaft und seelische Gesundheit gehören eng zusammen. Wir sollten gut auf die Ressource Mensch aufpassen und sie nicht achtlos verheizen, denn sie ist die wertvollste, die wir haben.

Vom Ich zum Wir

Wenn man sich die „alten“ Strukturen ansieht, welche geprägt sind von Unnahbarkeiten, Rollenverhältnissen, Sachlichkeit und Konkurrenzdenken, dann wird einem schnell klar, dass das nicht auf Dauer zukunftsfähig ist. Wirtschaft und Unternehmertum sollten definitiv auch das menschliche Glück als Ziel verfolgen und wir alle sollten Glück und Wohlbefinden als gemeinsame Währung ansehen.

Lassen Sie uns auf Augenhöhe begegnen, Grenzen durchbrechen, Hierarchien überdenken und uns gegenseitig dabei helfen, eine positive Veränderung herbeizuführen. Ich stelle mir eine (Arbeits-)Welt vor, in der jeder sein Potenzial entfalten und seine Stärken einsetzen kann, Sinn im privaten wie im beruflichen Umfeld erfährt, wir unsere unterschiedlichen Kräfte bündeln, teilen und uns gegenseitig unterstützen und bestärken – weg vom Ich und hin zum Wir.

In der heutigen Zeit voller Dynamik und Digitalisierung kann man zwischen Arbeit und Leben kaum noch unterscheiden, deshalb ist das Konstrukt der Work-Life-Balance auch überholt. Unterm Strich ist alles unsere Lebenszeit und diese sollte so viel Sinn und Freude machen, wie es möglich ist.

Dazu müssen wir Bestehendes infrage stellen und mutig genug sein, Neues auszuprobieren. Weg von „das war schon immer so“ und rein in eine neue, sozial nachhaltige Zukunft. Das mag utopisch erscheinen, aber:

> Menschen mit einer neuen Idee gelten so lange als Spinner, bis sich die Sache durchgesetzt hat (Mark Twain).

Ich möchte Ihnen ein Beispiel geben:

Bei einer großen Konferenz zum Thema New Work/neues Arbeiten durfte ich einen Impuls gestalten und Einblicke geben, warum die Themen Glück und Arbeit eng miteinander verknüpft und nicht voneinander zu trennen sind.

Um das „neue Denken“ auch in „neues Handeln“ zu transformieren, ein Anders- und Umdenken zu provozieren und im wahrsten Sinne des Wortes eine Bewegung anzustoßen, wagte ich ein Experiment. Ich löste mich von den gegebenen Strukturen. Baute den Workshopraum um. Stellte Stühle zur Seite, verzichtete auf eine Beamerpräsentation, agierte spontan und durchbrach somit die komplette Hierarchie eines solchen Inputs: Es gab keinen Referenten mehr, der vorne steht, redet und „weiß, wie es geht“, dem still zugehört wird und man sich letztlich ein paar Schlagworte mitnimmt. Ich wollte, dass die Teilnehmer selbst erfahren und erleben, was es bedeutet, nicht „von oben“, nicht frontal gesagt zu bekommen, was zu machen ist, sondern dass sie selbst aktiv werden und sich einbringen. Also ließ ich alle sich auf den Boden setzen. Allgemeine Verwunderung. Ich setzte mich mitten rein in die Menge. Strahlende Augen, neugierige Blicke. Nun waren wir alle auf einer Ebene, auf Augenhöhe. Mittendrin statt nur dabei. Ich stellte Fragen, lud zum Gespräch ein, ich schuf Raum für das wichtige Thema. Und was soll ich sagen? Die Dynamik, die Begeisterung und das Feedback waren umwerfend! Für mich wieder einmal ein Beweis, dass es sich lohnt, neu zu denken und anders zu handeln.

Letztlich zählt, dass der Mensch im Mittelpunkt steht (oder sitzt), wahrgenommen, wertfrei angenommen und stärkenorientiert eingesetzt wird (Abb. 7.9).

Happiness Hacking, Gamification und Design Thinking

Wenn man sich um die seelische Gesundheit kümmern möchte, sind Themen wie Kommunikation, Inspiration und Motivation äußerst wichtig!

Hier gilt es auch, präventiv zu agieren und die Menschen bereits im gesunden Stadium daran zu erinnern, dass es wichtig ist (und Spaß macht!), sich um das Glück und Wohlbefinden zu kümmern. Aber bitte ohne Zeigefinger, denn es soll leicht sein und sich gut in den sowieso schon stressigen Alltag integrieren lassen. Intrinsische Motivation ist hier das Zauberwort. Durch spielerische Aktionen und kreative Herangehensweisen wird Lust darauf gemacht, sich diese Fragen zu stellen und aktiv nach Antworten und Lösungen zu suchen.

Happiness Hacking kann ein Lösungsansatz sein: Dies ist die experimentelle Praxis, wesentliche Erkenntnisse der Glücksforschung und Positiven Psychologie mit spielerischen Elementen (Gamification) zu verbinden und sie auf diese Weise mit alltagsnahen und interaktiven Aktionen und Installationen in einen größeren, sozialen Kontext zu setzen. Hier geht es um ein spielerisches und interaktives Auseinandersetzen sowie um die Vermittlung von Informationen zu wichtigen Themen.

Abb. 7.9 Angebote und Aktionen vom Ministerium für Glück und Wohlbefinden entsprechen nicht der Norm. Kreative Lösungsansätze werden gefördert und Raum für ein wertschätzendes Miteinander eröffnet. (Foto-Credit: Gina Schöler)

Übrigens: „Als Gamification wird die Anwendung spieltypischer Elemente in einem spielfremden Kontext bezeichnet. ... Durch die Integration dieser spielerischen Elemente soll im Wesentlichen eine Motivationssteigerung der Personen erreicht werden, die ansonsten wenig herausfordernde, als zu monoton empfundene oder zu komplexe Aufgaben erfüllen müssen" (Wikipedia 2018).

Auch innovative Methoden wie Design Thinking können bei kreativen Problemlösungen äußerst hilfreich sein. Denken Sie an mein Workshopformat „redesign YOU", welches diese Methode mit Persönlichkeitsentwicklung und Lebensgestaltung erfolgreich verbindet und bereits Hunderte Menschen inspiriert hat, ihr Leben zu verändern und glücklicher zu sein!

Manchmal braucht es inspirierende, wertschätzende Rahmenbedingungen, die den Menschen dabei helfen, sich zu öffnen. Das muss nicht zwangsläufig innerhalb der Arbeitszeit passieren, aber die Möglichkeit sollte gegeben sein. Türen öffnen und das Gespräch anbieten. Gleichzeitig Situationen fördern, in denen es den Mitarbeitern leichter fällt, sich selbst und einander kennenzulernen und miteinander zu sprechen. Das baut Hürden ab und das gegenseitige Verständnis kann Wunder bewirken.

Wir brauchen mehr Kompetenz im Happiness Management!

Hier muss definitiv auch zum Thema Führungskompetenz nach- und umgedacht werden!

Es braucht eine aufgaben- und mitarbeiterorientierte Führung, Unterstützung und Wertschätzung. Oftmals bergen die Unklarheit über Arbeitsziele und -zweck sowie die Rollenverteilung das Risiko für Unwohlsein und Stressempfinden. Auf der anderen Seite fördern Handlungs- und Entscheidungsspielraum, abwechslungsreiche, realistische und sinnvolle Aufgaben die Gesundheit.

Kontrolle und Top-down haben als Führungsmethoden ausgedient. Mitarbeiter möchten miteinbezogen, ernst genommen und auf Augenhöhe wahrgenommen werden. So verbessert sich das interne Klima und es folgen positive Nebenwirkungen wie Gesundheit, Loyalität, Zusammenhalt, Kreativität und Innovationskraft (Abb. 7.10).

Sinn, Spaß und Selbstentfaltung

Auch angesichts der demografischen Entwicklung und des Fachkräftemangels in Deutschland wird das Gewinnen und Halten von qualifizierten Mitarbeitern durch ein gutes und authentisches Image und Klima zum entscheidenden Faktor der Konkurrenzfähigkeit. Wer zufrieden ist mit und bei der Arbeit, wird eher bereit sein, gute Leistung und Innovationskraft zu liefern. Wo der Mensch samt seiner Bedürfnisse im Mittelpunkt steht, fühlt er sich wohl. Zudem stärkt es die Bindung an das Unternehmen und die Fluktuation geht zurück.

Wertschätzung bringt Wertschöpfung!

Viele Mitarbeiter, vor allem von der jüngeren Generation, erwarten heutzutage, dass der Job über das Monetäre hinausgehen muss: Er soll Spaß machen, Selbstentfaltung ermöglichen, ideelle Werte verfolgen und Sinn stiften.

Immer weniger Menschen sind dazu bereit, einer Arbeit nachzugehen, die sie krank macht oder in einer Arbeitskultur zu arbeiten, die Stress fördert.

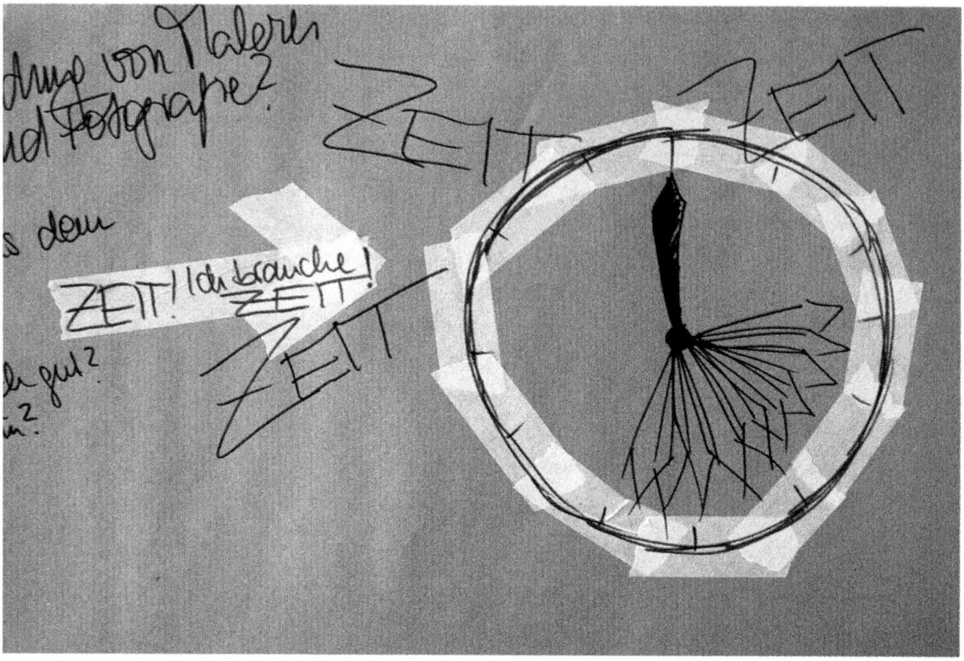

Abb. 7.10 Laut einer Studie der Technischen Krankenkasse zur „Stresslage der Nation 2013" geht der Stress primär vom Beruf aus. (Foto-Credit: Gina Schöler)

Wer Mitarbeiter halten will, muss etwas tun und bieten: nämlich gesunde Rahmenbedingungen schaffen, die es ermöglichen, Glück im Unternehmen zu fördern (Abb. 7.11).

> Ich fand es total toll, dass alle so offen waren. Ich habe ganz neue Seiten an den Kollegen kennengelernt. Ich sehe, dass jeder sein Päckchen zu tragen hat und dadurch kann ich bestimmte Dinge besser verstehen. Ich finde es toll, dass alle so ehrlich sind. Im Team gibt es so viele unterschiedliche Menschen mit großartigen Charakteren, die das Ganze so vielfältig machen und sich gegenseitig ergänzen – das ist mir heute besonders aufgefallen und bewusst geworden. Das Thema Glück so intensiv zu beleuchten tat richtig gut (Workshopteilnehmer nach einem Glücksseminar von Gina Schöler).

Wohlbefinden und Glück sollten immer Unternehmensziele sein
Glückliche Mitarbeiter sind engagierter, kreativer, produktiver, teamfähiger, loyaler, kooperativer und fühlen sich zudem noch gesünder. Zufriedene Mitarbeiter verbessern die betrieblichen Ergebnisse – während unter einem Burn-out nicht nur der Betroffene selbst, sondern auch das Umfeld und natürlich die Leistung leiden. Daher liegt es auf der Hand, dass Glück und seelische Gesundheit definitiv Faktoren sind, welche die Wirtschaft voranbringen können.

Schenken Sie Ihren Kollegen, Mitarbeitern oder Vorgesetzten ein liebes Wort oder ein Lob, machen Sie ein ernst gemeintes Kompliment!

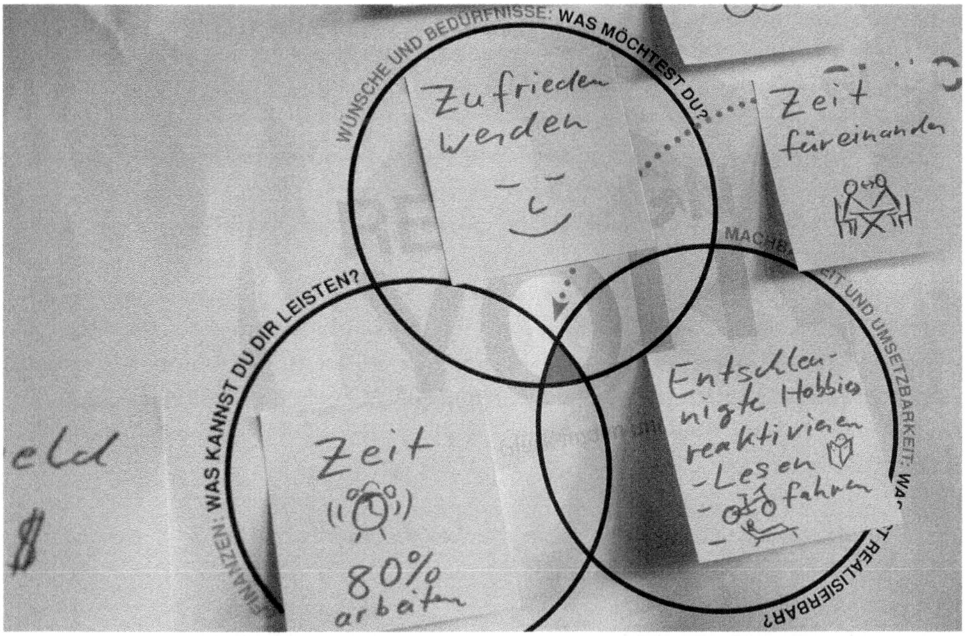

Abb. 7.11 Zufriedenheit, Zeitwohlstand und Selbstverwirklichung stehen hoch im Kurs, wenn man Menschen nach Glück und Wohlbefinden befragt. (Foto-Credit: Gina Schöler)

Binden Sie Ihre Mitarbeiter aktiv mit ein, lassen Sie sie zur Sprache kommen und haben Sie stets ein offenes Ohr. Seien Sie bereit für neue Herangehensweisen und offen für eine gute Portion Glück in Ihrem Unternehmen. Es wird sich mehr als lohnen!

7.4 Glück für alle!

Gemeinsam die Welt gestalten

Wenn man sich die heutige (Arbeits-)Welt anschaut, dann ist sie in vielen Bereichen geprägt von Schnelligkeit, Stress, Leistungsdruck, Missgunst und Unsicherheit. Wie steht es um den Altruismus und die Hilfsbereitschaft in unserer Gesellschaft? Zwei Themen, die definitiv und bewiesenermaßen glücksfördernd sind. Die Ellenbogen scheinen oft ausgefahren, es herrscht ständiger Vergleich und die Suche nach Erfolg, Anerkennung, Perfektion und Glück setzt viele Menschen unter Druck. Dazu kommt, dass die fortwährenden Veränderungen – gesellschaftlich, wirtschaftlich, politisch oder privat – uns zur Flexibilität und Transformation zwingen, ob wir dazu bereit sind oder nicht. Das gilt es ganz genau anzuschauen und vor allem auch Dinge in Bewegung zu setzen, die uns dabei helfen, damit umzugehen, „Unsicherheiten" auszuhalten und etwas zum Positiven hin zu verändern.

Mission Menschlichkeit!
Wir müssen uns trotz all der Herausforderungen und Gegebenheiten vor Augen führen, dass letztlich nur eines zählt: Menschlichkeit! Ein achtsamer Umgang mit uns selbst, mit unseren Mitmenschen und unserer Umwelt.

Mehr Miteinander statt Gegeneinander, mehr Austausch und Offenheit, Ehrlichkeit und Verletzlichkeit – mehr Verständnis und Wertschätzung.

Es gibt ein schönes Zitat von Buddha: „Hass wird nicht durch Hass, sondern durch Liebe besiegt."

Das ist ein entscheidender Ansatz in Zeiten wie diesen. Wenn Fronten sich verhärten und Krisen entstehen, dann kann man das nicht verändern und verbessern, indem man weiter „draufhaut", sondern indem man reflektiert und menschlich mit den Situationen umgeht. Ehrliches Interesse, eine Begegnung auf Augenhöhe, Wahrnehmung, offene Kommunikation, ein Funken Verständnis und ein respektvolles Miteinander können Wunder bewirken (Abb. 7.12)!

Wie sieht die Gesellschaft aus? Und in welcher möchten wir leben?
Wie können wir gemeinsam ein Umfeld erschaffen, in dem ein gutes Leben ermöglicht wird und nachhaltig Bestand hat?

Was können wir tun und ändern, dass wir ein funktionierendes, gelingendes Zusammenleben kreieren, das dazu beiträgt, glücklich zu sein?

Abb. 7.12 Glück findet man überall. Das Smartphone beiseite legen und die Sinne schärfen, kann dabei helfen. (Foto-Credit: Daniel Clarens)

Lassen Sie uns einmal reflektieren, wie wir mit unseren Mitmenschen umgehen.

Wir bewerten und interpretieren gerne, weil wir Strukturen erschaffen und andere Sicht- und Lebensweise einordnen und verstehen wollen. Doch ist das richtig? Wie würde sich ein wertfreies Miteinander anfühlen? Ein Miteinander, bei dem man sich keine Gedanken darüber machen muss, was andere über einen denken, ob man etwas falsch machen, sondern einfach man selbst sein kann? Wünschen wir uns das nicht alle? Wenn wir anerkennen, dass jeder anders ist, anders empfindet, denkt und fühlt, jeder seine Geschichte und sein Päckchen hat, wenn man ehrlich und vorurteilsfrei nachfragt, sich gegenseitig zuhört und unterstützt, dann würde sich schon sehr viel in Bewegung setzen innerhalb unserer Gesellschaft.

Schauen wir einander noch an auf der Straße, an der Supermarktkasse oder im Treppenhaus? Oft rennen wir anonym und verstrickt im Gedankenwirrwarr oder in Onlinewelten tippend, telefonierend, grübelnd aneinander vorbei. Viel öfter sollten wir versuchen, mehr im Hier und Jetzt zu sein, mit offenen Augen, Ohren und Herzen durch das Leben zu gehen und einander wahrzunehmen. Blickkontakt suchen, grüßen, lächeln, gegenseitig helfen, freundlich sein – ganz einfach: Mensch(lich) sein. Das klingt selbstverständlich, ist es im stressigen Alltag allerdings oftmals nicht. Wenn man es mal ausprobiert und offen auf andere zugeht, wird man erstaunt feststellen, dass das mit ganz viel Glück verbunden ist. Und es kommt zurück, trägt sich gleichzeitig weiter. Also lassen Sie uns hier und heute und jetzt der Stein des Anstoßes sein, der die ganze positive Bewegung in Gang setzt. Es lohnt sich – nachhaltig (Abb. 7.13).

> Das Glück ist das einzige, das sich verdoppelt, wenn man es teilt (Albert Schweitzer).

Jeder muss herausfinden, was man selbst zum großen Ganzen beitragen kann und möchte. Wir können alle im Rahmen unserer Möglichkeiten handeln. Es erwartet niemand, dass wir die Welt von heute auf morgen verändern, aber man sollte zumindest damit anfangen – im ganz Kleinen.

Sie müssen nicht gleich ein Superheld werden oder die nächste Revolution ausrufen, wichtig ist nur, überhaupt irgendwo zu beginnen! Der Entschluss, sich mit dem Thema Glück auseinander- und für das Gute einzusetzen, wichtige Fragen in den Raum zu stellen und sich auf den Weg zu machen, ist der Grundbaustein für alles Weitere.

Glück ist eine Reise und diese beginnt immer mit dem ersten Schritt. Und der darf auch klein sein. Wichtig ist nur, dranzubleiben. Jeden Tag ein bisschen. Ganz nach dem afrikanischen Sprichwort:

> Viele kleine Leute in vielen kleinen Orten, die viele kleine Dinge tun, können das Gesicht der Welt verändern.

Welchen kleinen Schritt können Sie heute noch tun? Helfen Sie jemandem oder tun Sie jemandem einen Gefallen. Welche Projekte finden Sie interessant und unterstützenswert und wo können Sie sich vielleicht selbst mit einbringen?

Abb. 7.13 Kreative Guerillainstallationen im öffentlichen Raum wie diese ministerialen Erste-Hilfe-Glücks-Sets regen zum Nachdenken an, bringen Menschen miteinander ins Gespräch und sorgen für gute Stimmung. (Foto-Credit: Gina Schöler)

7.5 Was bleibt und wo geht es hin?

Ausblick und Ermutigung

Glück ist kein Zufallsprodukt

Es fällt nicht vom Himmel und es klopft nicht an die Tür. Es ist aber auch nicht etwas, das nur anderen widerfährt, sondern man hat es selbst in der Hand. Man muss schon selbst den Schritt über die Schwelle wagen, sich hinaustrauen, die Komfortzone verlassen und Neues wagen. Ist es die Suche nach dem Glück oder doch das Glück beim Suchen?

Das Interesse am Mitmachen und Gestalten des eigenen Lebens und der Gesellschaft wächst und so können wir gemeinsam das Bruttonationalglück erarbeiten. Die Bereitschaft, neue Wege einzuschlagen und Veränderung zuzulassen, ist sehr wichtig für das

Glück. Manchmal verläuft man sich, fällt hin, Weggefährten kommen und gehen – dann muss man sich ab und zu neu orientieren, den Kompass richten und andere Richtungen ausprobieren. Aber das ist nicht schlimm, denn der Weg ist das Ziel: Die kleinen Abenteuer des Alltags warten jeden Tag darauf, von uns gelebt zu werden. Lassen Sie uns gemeinsam losziehen und auf den Weg machen, Entdecker des guten Lebens werden und uns aktiv für positive Dinge, Situationen, Gefühle und ein gesundes Miteinander einsetzen (Abb. 7.14)!

Erfolgreiche und glückliche Menschen sind keine passiven Erdulder, sondern aktive Schöpfer ihrer Lebenssituationen und somit Gestalter des eigenen Lebens.

Ich wünsche Ihnen ganz viel Spaß auf diesem Weg und viele schöne Momente des kleinen und großen Glücks.

Infos zu Workshops, Vorträgen, Coachings, Veranstaltungen und Aktionen: www.MinisteriumFuerGlueck.de.

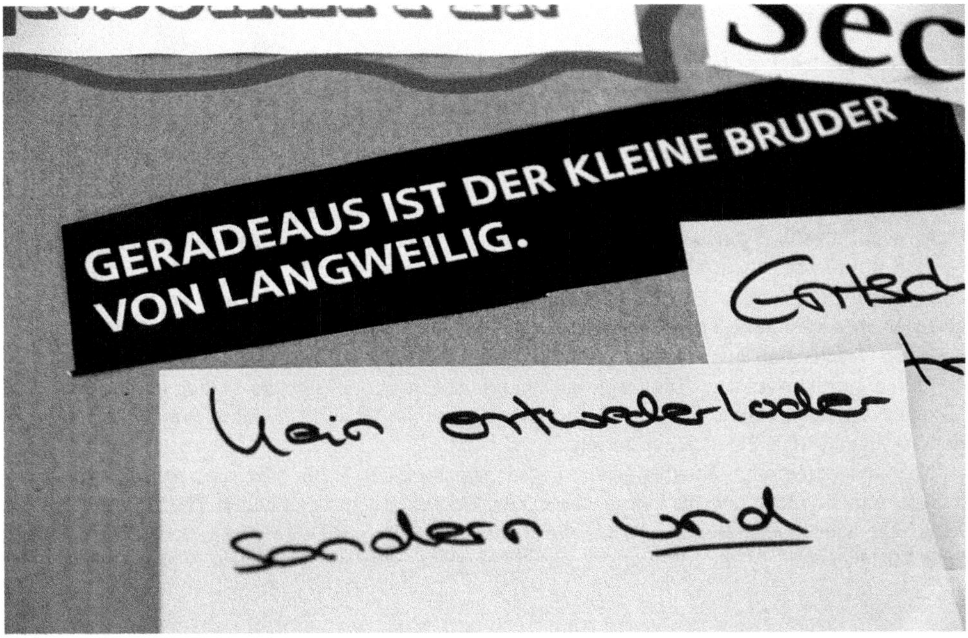

Abb. 7.14 Der Weg zum Glück ist niemals linear, sondern geprägt von Abzweigungen und unbekanntem Terrain fernab der Komfortzone! (Foto-Credit: Gina Schöler)

Literatur

Deutsche Rentenversicherung. (2016). Rentenversicherung in Zahlen 2016. http://www.deutsche-rentenversicherung.de/Allgemein/de/Navigation/6_Wir_ueber_uns/02_Fakten_und_Zahlen/03_statistiken/Statistiken_index_node.html. Zugegriffen: 17. Okt. 2017.

Knieps, F., & Pfaff, H. (Hrsg.). (2016). *Gesundheit und Arbeit: Zahlen, Daten, Fakten-mit Gastbeiträgen aus Wissenschaft, Politik und Praxis. BKK Gesundheitsreport 2016* (S. 47). Stuttgart: MWV Medizinisch Wissenschaftliche Verlagsgesellschaft.

Lyubomirsky, S. (2008). *The how of happiness: A scientific approach to getting the life you want.* Westminster: Penguin.

Seligman Europe. (2017). Positive Psychologie. http://www.seligmaneurope.com/positive-psychologie-2/. Zugegriffen: 24. Okt. 2017.

Süddeutsche Zeitung. (2012). http://www.sueddeutsche.de/wirtschaft/bhutan-glueck-fuer-die-welt-1.1323930. Zugegriffen: 24. Okt. 2017.

Wikipedia. (2018). Gamification. https://de.wikipedia.org/wiki/Gamification. Zugegriffen: 24. Okt. 2017.

Gina Schöler leitet die bundesweite Initiative „Ministerium für Glück und Wohlbefinden", um mit bunten Aktionen und Angeboten wie Workshops und Vorträgen dazu aufzurufen, aktiv zu werden und gemeinsam das Bruttonationalglück zu erarbeiten. Alltagsnah, auf Augenhöhe und mit viel Spaß lädt sie dazu ein, Teil dieser positiven Bewegung zu werden. Auf vielfältige und kreative Weise regt sie zum Umdenken und Handeln an: Wie wollen wir leben? Was zählt wirklich und was macht uns glücklich? Ned babbeln, mache! – Als waschechte „Monnemerin", Macherin und leidenschaftliche Weltverbesserin hat sie sich ihren eigenen Beruf erfunden: Glücksministerin.

Durch ihren Masterabschluss an der Fakultät für Gestaltung/Hochschule Mannheim und die langjährige Erfahrung als Kommunikationsdesignerin weiß sie, wie man kreative Lösungen generiert und komplexe Themen bearbeitet. Gestaltung bedeutet für sie auch die Arbeit an einer besseren Gesellschaft hin zu einem guten und gelingenden Leben für alle.

Durch greifbare Ansätze, die Spaß machen und sofort in den (Arbeits-)Alltag übertragbar sind, fasziniert sie damit bereits seit Jahren europaweit Tausende Menschen, Unternehmen, Bildungseinrichtungen und sogar Bundesministerien.

Zu ihren begeisterten Kunden gehören unter anderem: DB Bahn, Mercedes me Store, Bundesministerium der Justiz und für Verbraucherschutz, Roche Diagnostics GmbH, VGH Versicherungen, XING AG, Saint Gobain Building Distribution GmbH, BTC Europe GmbH, Lotto Baden Württemberg, Stadt Mannheim.

(Keine) Nachhaltigkeit durch Managementm(eth)oden

8

Oder warum das Märchen „Des Kaisers neue Kleider" so aktuell ist wie eh und je

Cornelia Felicia Krämer

1. **Nachhaltigkeit** ist in **Mode.** Jedes verantwortungsbewusste Management strebt eine nachhaltige Unternehmensentwicklung an. Als Mittel zum Zweck werden **Managementmethoden** eingesetzt, die von der **Wissenschaft** entwickelt wurden. Berichte über Unternehmen, die mithilfe einer bestimmten Managementmethode erfolgreich waren, laden als **Best Practice** zur **Nachahmung** ein.
2. **Manager in Not** erhoffen sich von **erfolgreichen Praxisbeispielen** eine schnelle **Auflösung** von Problemen, die ihr Unternehmen aktuell bedrohen. Erfolgreiche **Lösungen** auf den eigenen Kontext zu **übertragen,** entspricht dem **Denkmuster** einer wissensorientierten Gesellschaft und Wirtschaft. Haben wir nicht in Schule und Studium gelernt, dass Erfolg auf der **Reproduktion** von Wissen beruht? Ein Ansatz, der Unternehmen angesichts der Arbeitswelt 4.0 gefährlich werden kann, insbesondere den kleinen und mittleren Unternehmen (KMU).
3. Der Denkfehler liegt in dem **unreflektierten** Einsatz von Managementmethoden in der **Praxis.** Die Hoffnung auf schnelle Problemlösung durch Übertragung **verführt** dazu, das erfolgreiche Praxisbeispiel – nicht die Methode an sich – dem Unternehmen zu verordnen. Wenn erfolgreiche Praxisbeispiele, die gerade dem Zeitgeist zu entsprechen scheinen, als Technik zum Einsatz kommen, verkommt die Methode zur Mode und mutiert zur Managementm(eth)ode.

C. F. Krämer (✉)
proventis consult, Berlin, Deutschland
E-Mail: c.kraemer@proventis-consult.eu

M. Englert und A. Ternès (Hrsg.), *Nachhaltiges Management*,
https://doi.org/10.1007/978-3-662-57693-9_8

Krise schafft keine Nachhaltigkeit

Solange in Unternehmen alles rund läuft, bedarf es keiner Veränderungen. Anlässe hingegen, warum sich das Management auf die Suche nach Methoden begibt, sind z. B.:

- die eigene Karriereentwicklung (der Change als Karrierekick),
- der neuen Funktion gerecht werden („neue Besen kehren gut"),
- Konkurrenzdruck von innen (interpersonell) oder von außen (Markt, Kunde, Wettbewerb),
- Bedrohung durch Krise.

Die Krise kommt selten von jetzt auf gleich, sie hat zahlreiche Vorboten. Werden diese vom Management „übersehen" und trotz eindeutiger Warnzeichen, z. B. aus dem Controlling, hartnäckig negiert, ist es nur eine Frage der Zeit, bis es eng wird und eine hektische Stimmung im Managementboard ausbricht. In der Krise gibt es keine Zeit für Planung. Schnelle Lösungen müssen her, am besten praxiserprobte, das spart Überzeugungsarbeit beim Aufsichtsrat, Vorstand usw. – also Zeit und Geld. Externe Berater mit dem entsprechenden Konzept samt Referenzen sind schnell gefunden und es geht zügig los – das Management atmet auf und richtet seine Aufmerksamkeit auf andere „Baustellen". Schließlich verfügen die für viel Geld eingekauften Berater über verbriefte Expertise. *Was* zu tun ist, damit das Unternehmen in kürzester Zeit an Fahrt aufnimmt, wird logisch und schlüssig auf aufwendig gestalteten Slides erklärt. In der hektischen Atmosphäre der Krise jedoch hat niemand nachgefragt, *wie* das Ganze vonstattengehen

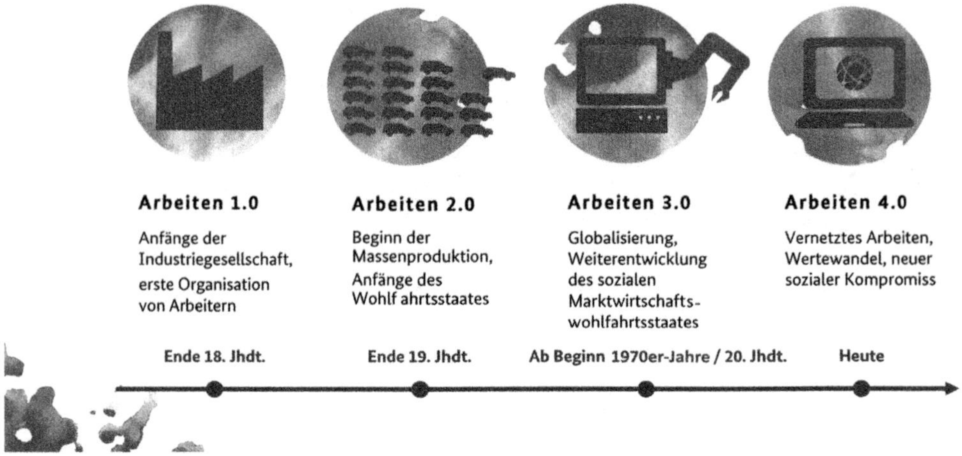

Abb. 8.1 Auf dem Weg zu „Arbeiten 4.0". (uW:M plus Schulung 2017)

soll und ob Strukturen und Manpower für einen eilig durchzuziehenden Veränderungsprozess überhaupt vorhanden sind. In der Rolle des Getriebenen, in welcher sich das Management in der Krise befindet, steht der Rettungsgedanke über allem, auch über dem analytischen Hinterfragen der Sinnhaftigkeit anderweitig erfolgreicher Konzepte für die eigene Organisation (RBB Abendschau 2017). Schließlich sind wir durch Schule, Ausbildung und Studium darauf trainiert, für die Reproduktion wissenschaftlich überprüften Wissens belohnt zu werden.

Methoden sind i. d. R. wissenschaftlich entwickelt und überprüft. Gerade deswegen braucht es ein Verstehen der komplexen Zusammenhänge, der Ursache-Wirkungs-Mechanismen, die zur Entwicklung einer Methode geführt haben und ihr zugrunde liegen. Die Auswahl von Methoden zur Überwindung einer kritischen Situation sollte generell erst **nach** Analyse der Ausgangssituation und Formulierung von Veränderungszielen erfolgen – nicht umgekehrt. Der psychologische Druck und Versagensängste des Managements in der Krise verführen dazu, *schnell* den erfolgreichen Best-Practice-Fall und Berater auszuwählen, um in vermeintlich lösungsorientiertes Handeln zu kommen.

Eine andere Variante, eine Managementmethode auf eine Mode zu reduzieren, stellt das Verkürzen des methodischen Vorgehens dar, indem der Prozess nach ersten Umsetzungserfolgen durch das Managementboard für erfolgreich beendet erklärt wird. Ein prominentes Beispiel dafür lieferte die DaimlerChrysler AG, deren Post Merger Integration (PMI) als Beratungsansatz die Bedeutung der kulturellen Integration zu wenig bearbeitet hat (Michler 2011).

Die – vermeintlich – erfolgreichen Beispiele werden leider gern als Best Practice in Publikationen, in Blogs usw. beschrieben, oft abgeschrieben und wiederholt zitiert. So entstehen Best-Practice-„Zombies", die durch die Literatur geistern, obwohl die Firma an sich vielleicht gar nicht mehr existiert (Hofert 2016).

Etymologische Wortbedeutung: (Management-)Methode

In der Erkenntnistheorie meint „Methode" ein systematisches Verfahren zur Gewinnung von Erkenntnissen (Wikipedia 2017a). Die definierte Vorgehensweise dient demnach als Mittel zum Zweck, um etwas zu erreichen und/oder eine Wirkung zu erzielen.

„Managementmethoden" sind *Managementkonzepte,* die *Führung* systematisieren, indem sie bestimmte Prinzipien für das *Führungsverhalten* vorgeben, insbesondere die *Management*-by-Konzepte (Wirtschaftslexikon 2017). Management soll Sicherheit durch Berechenbarkeit und Transparenz des Handelns vermitteln.

Wenn das „Mittel zum Zweck" zu dem Zweck selbst mutiert, wird das Mittel nicht mehr überprüft und nicht auf das jeweilige System/die jeweilige Persönlichkeit, d. h. auf die individuell vorhandenen Voraussetzungen/Neigungen/Talente angepasst. Damit kann die beabsichtigte Wirkung logischerweise nicht erreicht werden.

Etymologische Wortbedeutung: Mode

„Mode" (aus dem Französischen „mode", lat. „modus", „Maß" bzw. „Art", eigentlich „Gemessenes" bzw. „Erfasstes") bezeichnet die in einem bestimmten Zeitraum geltende

Regel, Dinge zu tun, zu tragen oder zu konsumieren, die sich mit den Ansprüchen der Menschen im Laufe der Zeit geändert haben. Moden sind Momentaufnahmen eines Prozesses kontinuierlichen Wandels. Mit Moden werden also in der Regel eher kurzfristige Äußerungen des Zeitgeistes assoziiert (Wikipedia 2017b).

Mode spiegelt den Zeitgeist im Wandel, sie ist nicht der Wandel selbst. Mode zieht Menschen in den Bann. Wer einer Mode folgt, möchte als innovativ gelten und dazugehören. Er hat kein Problem damit, in der nächsten Saison auf ganz andere Farben, Muster und Schnitte zu setzen. Einer inneren Auseinandersetzung bedarf dieser (schnelle) Wechsel nicht, Verbindlichkeit ist nicht das Ziel. Man folgt einem modischen Konzept in der Hoffnung auf eine „versprochene" Wirkung.

Methode und Mode sind letztlich beide Mittel zum Zweck. Jede Organisation und jeder Mensch sollte zu sich selbst in Bezug setzen und überprüfen, welcher Teil der Methode und welcher Teil der Mode zu einem passt. Als Entscheidungshilfe können Leitfragen dienen:

1. Ist Weiterentwicklung der Organisation an sich und/oder von Individuen das erklärte Ziel? Soll Nachhaltigkeit erreicht werden?
   Managementmethoden sollen die Balance in der Entwicklung von Systemen und Menschen sicherstellen. Komplexität ist damit vorprogrammiert, ebenso die Mittel- und Langfristigkeit der angestrebten Wirkungen. Methoden sind nicht technokratisch anzuwenden, sie stellen keine „Wenn-dann-Korrelation" her.
2. Soll punktuell Aufmerksamkeit für jemanden oder etwas erzielt oder eine Appellwirkung erreicht werden?
   Kampagnen sind das geeignete Mittel, um aufzurütteln. Bei richtiger Planung und Wahl der Mittel stellt sich die Wirkung sofort ein, verpufft jedoch fast genauso schnell wieder. Der Überraschungseffekt kann genutzt werden, um Aufmerksamkeit für einen anstehenden Veränderungsprozess zu wecken. Die Maßnahmen zur Erreichung von Nachhaltigkeit sollten zeitlich direkt an die Kampagne angeschlossen werden. Werden sie zu spät gestartet, kann die Aufmerksamkeit i. d. R. nicht wieder aktiviert werden, indem die Kampagne wiederholt oder eine neue Aktion gestartet wird. Ähnlich wie bei Moden lässt sich die kurzfristige Wirkung nicht durch Wiederholung der Aktion wiederherstellen.

„Des Kaisers neue Kleider"

In dem Märchen von Hans Christian Andersen fällt der Kaiser auf das Versprechen falscher Schneider herein, ihm für sehr viel Geld ganz besondere Kleider zu weben, die nur sehen kann, wer nicht dumm ist. Bei einer der „Anproben" erkennt der Kaiser sehr wohl, dass er nichts anhat. Da er jedoch nicht nur eitel, sondern auch unsicher ist, hält er das Trugbild weiter aufrecht. Ebenso die Minister und Untertanen, die ihrem nackten Kaiser während der Prozession zujubeln. Erst der unverstellte Blick eines arglosen Kindes hat der Realität Raum verschafft (Wikipedia 2017c).

Überträgt man die *Archetypen* aus dem Märchen auf das unternehmerische Geschehen, kommen bekannte Rollen heraus:

- Vorstand, Aufsichtsrat, Managementboard, Executive Management *(der Kaiser, die Minister, die Leichtgläubigkeit, die unreflektierte Akzeptanz von Expertiseversprechen),*
- externe Berater *(die Schneider/Berater liefern, was von ihnen verlangt wird, jedoch im Unterschied zum Märchen, ohne Betrugsabsichten; hier hinkt das Beispiel),*
- Mitarbeiter *(die Untertanen, das Kind).*

Was war schief gelaufen, wie konnte es zu diesem lächerlichen und bei klarem Blick sehr wohl erkennbaren Trugschluss kommen? Den Boden dafür, dass sich das Phänomen „Des Kaisers neue Kleider" entwickeln konnte, haben die Akteure selbst bereitet. Mit Eigenschaften und inneren Haltungen wie Eitelkeit, Selbstüberschätzung, Mangel an Kompetenz, Konfliktvermeidung, unbedingtem Gehorsam und selektiver Wahrnehmung haben sich die Akteure ihre Komfortzonen erhalten. Komfortzonen verhindern die Übernahme von Verantwortung, z. B. für das Äußern einer unliebsamen Botschaft.

Lessons Learned

Es sind die Menschen, die die Umstände (er)schaffen. Mut zur Klarheit, Verantwortungsbewusstsein, Respekt, Einsicht in die eigene Fehlbarkeit usw. gehören zu den Werten, aus denen das Fundament funktionierender sozialer Systeme besteht. Es schützt vor selbstgemachten wie auch vor (kollektiv) suggerierten Trugbildern. Jede Veränderung des sozialen Systems betrifft sowohl die individuelle wie auch die systemische Ebene und sollte zur Überprüfung und Feinjustierung der Werte im konkreten Verhalten von Individuen und Gruppen genutzt werden. Das ist Beziehungsarbeit im System und Arbeit am System. Sie kann nicht durch Regelwerke von außen („Der Kaiser hat immer recht") ersetzt werden. Vorgegebene Regeln führen zur Erstarrung des Systems. Trugbilder erhalten sich logischerweise besonders gut in starren Systemen – werden doch Klarheit und Verantwortung möglichst vermieden.

Unternehmen können viel Positives aus dem Märchen ziehen und sich zukunftsgerecht aufstellen, indem sie 1) anerkennen, dass es sich bei jedem Unternehmen, in welchem Menschen arbeiten, um soziale Systeme handelt – das gilt auch für Produktionsstätten –, und 2) sie Ursachenforschung standardmäßig in ihr Managementsystem integrieren. Zielsetzung hierbei sollte sein, die sicht- und spürbaren Probleme erst einmal in ihrer Wurzel zu verstehen, um dann gezielt adäquate Lösungen zu suchen und erst im letzten Schritt geeignete Methoden für anstehende Veränderungsprozesse auszuwählen. Die ausgewählten Methoden sind konsequent anzuwenden, bis die Ziele der Veränderung erreicht sind. Feedbackschleifen im Prozessverlauf ermöglichen ggf. erforderliche Kurskorrekturen für den weiteren Verlauf. Greift eine Methode gar nicht, muss dieser Prozess für beendet und ein neuer erst nach Analyse der vorausgegangenen Fehleinschätzung in der Methodenauswahl gestartet werden. So geschehen bei der Deutschen Bahn. Angesichts der Zugausfälle, die gravierende Wetterschäden v. a. im 2. Halbjahr 2017 verursacht haben, hat das Management die Undurchführbarkeit des in früheren Jahren gesetzten Pünktlichkeitsziels anerkannt und es von kurz- auf mittelfristig gesetzt (Tagesthemen Mediathek 2017).

Wird hingegen ein in der Vergangenheit – wenn möglich in einem ganz anderen Kontext – erfolgreiches Best-Practice-Beispiel auf eine aktuelle Krisensituation projiziert, kommt am Ende eine Managementmode heraus.

11 Gründe, warum Methoden nicht eins zu eins in die Praxis übertragbar sind (nach Eschenbach 2003, ergänzt)

1. Illusion der Formalisierbarkeit – Unternehmensentwicklung ist stets individuell auf Basis aktueller Daten zu planen. Leitfragen: Wie ist die Marktstellung heute und wie zukünftig angestrebt? Wie werden Geschäftsprozesse gelebt, wann wurde zuletzt in Arbeitsmittel investiert? Welche Management- und Personalsteuerungs-/-entwicklungsinstrumente sind gebräuchlich? Wie wird Führung gelebt? Wie stellt sich die Personalsituation dar, z. B. Altersstruktur, Nachwuchsrekrutierung, Fluktuation, Krankenstand? Welches Image hat das Unternehmen bei Kunden und Lieferaten (SWOPS 2016)?
2. Mangelnde Flexibilität bei der Umsetzung – es fehlt an Zeit, an der Notwendigkeit, bereichsübergreifend zusammenzuarbeiten, an Mut und an Changekompetenz.
3. Illusion der Kontrolle aller Parameter – das gilt für strukturierte Veränderungsprozesse und erst recht in der Krise.
4. Ausblendung unbeabsichtigter Nebeneffekte – das gelingt besonders gut, wenn Stammesfürstentümer im Unternehmen das Sagen haben.
5. Glaube an die Vorhersehbarkeit der Zukunft – holt ganz besonders Manager ab, die das traditionelle Schul- und Ausbildungssystem verinnerlicht haben und festen Glaubens sind, dass neues Wissen durch die Reproduktion altbewährter Erfahrungen entsteht.
6. Trennung von strategischem und operativem Management – der Übergang von Theorie in die Praxis braucht Brücken, die auf Grundlage der aktuellen Situation, der Zukunftsausrichtung, zur Verfügung stehender Ressourcen und der tragenden Werte gebaut werden.
7. Motivations-, Akzeptanz- und Durchsetzungsprobleme – Veränderungen wecken Befindlichkeiten, die zulasten des Vertrauens gehen. Vertrauen, Motivation und Akzeptanz lassen sich nicht verordnen. Der Mensch an sich findet immer eine Nische, vor der Arroganz eines „Durchsetzers“ unterzutauchen.
8. Verwechslung idealtypischer Ansätze mit Praxisorientierung (Weber) – idealtypische Ansätze sind theoretische Modelle und Herangehensweisen. Die Praxis ist niemals idealtypisch, sondern immer einzigartig.

9. Ausblendung der Entstehungsgeschichte (von strategischen Konzepten) – Anlass für die Entwicklung strategischer Konzepte bilden meist Phänomene und Fragestellungen, die (plötzlich) verbreitet auftreten oder tiefe Einschnitte in die bisherige Denk- und Lebensordnung bringen, damit ggf. Krisen auslösen. Die Beschreibung von Modellen und Lösungen erfolgt auf der Metaebene und ist damit weit von der Praxis entfernt.
10. Pars-pro-Toto-Illusion – die menschliche Sehnsucht, besser mit Komplexität klarzukommen, verführt zu der Annahme, man könnte von einem Teil auf das große Ganze schließen, gern auch umgekehrt, indem Komplexität reduziert wird, bevor sie in Gänze erfasst worden war. Strategische Konzepte sind für Veränderungen in komplexen Strukturen erdacht.
11. Illusion revolutionärer Innovationen – die Wirkung von Revolutionen verpufft schnell. Nachhaltiges Management braucht evolutionäre Entwicklung und Evolution braucht Zeit.

Methoden sind nachrangig auszuwählen, erst NACH dem selbstkritischen Hinterfragen der Situation:

- Haben wir die Ursachen für unsere aktuellen Probleme klar erfasst?
- Haben wir Sinn und Zweck für anstehende Veränderungen definiert?
- Hat sich das Leadership zu diesem Zweck vereinbart?
- Bedeutet der anstehende Veränderungsprozess, sich selbst zu reflektieren, die eigene Persönlichkeit zu hinterfragen? Wenn Ja, ist das gewollt? Ist dem Management wirklich klar, dass sich die Kultur der Führung und Zusammenarbeit verändern wird – verändern muss – und dass jeder sein persönliches Verhalten auf den Prüfstand zu stellen haben wird?

Diese Fragen sollten jedem Veränderungsprozess zugrunde liegen. Das Hinterfragen sollte der Auswahl von Methoden vorausgehen. Wurden alle Fragen mit „Ja" beantwortet, steigen die Chancen für eine Auswahl von Methoden, die mit den Ursachen der Krise matchen. Damit steigt auch die Chance auf Nachhaltigkeit in der Umsetzung.

Industrie 4.0 und Aussichten für „Managementm(eth)oden"

Die Abb. 8.1 weist auf, dass die Wirtschaft an der Schwelle zur 4. industriellen Revolution steht. Digitalisierung und Internet bewirken, dass reale und virtuelle Welten zu dem „Internet der Dinge" zusammenwachsen (BMBF 2017).

Der 3-D-Drucker – eine Technologie aus den 1980er-Jahren – ist dabei, die Regeln der Produktion neu zu schreiben (ZukunftsInstitut 2015). Wo 3-D-Drucker zum Einsatz kommen, verändern sich Arbeitsabläufe und Logistikketten. Dementsprechende

Konsequenzen für Produktionsstandorte werden vermutlich demnächst folgen. Weitere gravierende Veränderungen wird der Einsatz künstlicher Intelligenz bis hin zum Computer als Teammitglied herbeiführen (Galileo 2016). Vernetzte Produktion und gemeinschaftliche Nutzung singulärer Güter, wie z. B. Carsharing, setzen auf Kooperation anstatt auf Wettbewerb und eröffnen ökonomische wie auch ökologische Chancen.

Der Prozess des Umdenkens und der Neuverortung ist angelaufen, mit ungewissem Ausgang. Klar ist, dass die Industrie 4.0, die Digitalisierung und das Internet der Dinge keine rein technischen Herausforderungen darstellen. Produktion und Organisation sind gleichermaßen betroffen, mit Auswirkung auf Kultur und Zusammenarbeit.

Vorausschauend geführte Unternehmen sind längst dabei, den Einsatz neuer technischer Möglichkeiten zu pilotieren, vorhandene Strukturen und Prozesse zu überprüfen und flexible Arbeitsformen zu verproben. Konzerne und großer Mittelstand haben dabei die Nase vorn. Sie sollten es nicht bei den Erkenntnissen aus der Pilotierung bewenden lassen, sondern diese für die Weiterentwicklung der strategischen Zukunftskonzepte nutzen und – ganz ohne Krise – adäquate Methoden für die anstehenden Veränderungsprozesse auswählen. Treiber zu sein, ist die beste Versicherung gegen Krisen – gegen Vergeudung wertvoller Zeit-, Kapital- und Vertrauensressourcen im fliegenden Wechsel von Managementmoden.

KMU verfügen selten über die notwendigen Kapazitäten, um neben dem Tagesgeschäft Konzepte zu entwickeln und die Zukunft zu verproben. Sie sind eingeladen, Förderprogramme des Bundes und der Länder zu nutzen, um die intern fehlenden Kompetenzen durch Externe mit verbriefter Prozesskompetenz aufzufüllen. Gefragt ist eine Beratung, die das Unternehmen in seinem *Ist* erfasst und gemeinsam mit der Unternehmensleitung einen individuellen Masterplan der Veränderung erstellt, mit den Mitarbeitenden verprobt und die Umsetzung begleitet (uW:M 2017). „Preiswert", weil mit den eigenen Bordmitteln reproduzierte Best-Practice-Beispiele funktionieren in KMU ebenso wenig wie in Konzernen. Die Folgen von Managementmoden sind für KMU jedoch weitaus gravierender. Sie können ein Unternehmen leicht die Existenz kosten. Angestellte Manager mit Konzernerfahrung finden einen neuen Job. Gescheiterte Inhaber hingegen kommen in Erklärungsnöte: Sie haben eine Insolvenz im Lebenslauf.

New Work, demografischer Wandel, Digitalisierung, Arbeiten 4.0 erfordern proaktives Handeln, bedarfsgerechte Konzepte und konsequente Umsetzung inkl. Lessons Learned. Der Weg führt weg von reiner Wissensorientierung hin zur Steuerung auf messbare Ergebnisse, weg von der Sehnsucht nach einfachen Lösungen und hin zu bewusstem Erkennen und Heben von Chancen.

Literatur

BMBF. (2017). Digitale Wirtschaft und Gesellschaft. Industrie 4.0. https://www.bmbf.de/de/zukunftsprojekt-industrie-4-0-848.html. Zugegriffen: 06. Nov. 2017.

Eschenbach, R. (2003). Eschenbach, R. in Rust, H.: Die Mode ist tot, es lebe das Individuum. *Personal-Magazin Management, Recht und Praxis,* (07), 18–25.

Galileo. (2016). Das japanische Roboterhotel. ProSieben. https://www.youtube.com/watch?v=IojnB-JccpOM&t=443s. Zugegriffen: 03. Nov. 2017.

Hofert, S. (2016). 6 Anzeichen für eine Managementmode. Huffingtonpost 2016. http://www.huffingtonpost.de/svenja-hofert/6-anzeichen-fur-eine-managementmode_b_12186560.html. Zugegriffen: 11. Okt. 2017.

Michler, I. (2011). Warum große Firmenfusionen immer wieder scheitern. Die Welt 21.04.2011. https://www.welt.de/wirtschaft/karriere/leadership/article12878747/Warum-grosse-Firmen-fusionen-immer-wieder-scheitern.html. Zugegriffen: 29. Nov. 2017.

RBB Abendschau. (2017). RBB Abendschau vom 20.11.2017. Siemens: Menschenkette gegen Stellenabbau, Katharina Usadel 00:06:10. http://mediathek.rbb-online.de/tv/Abendschau/Abendschau-vom-20-11-2017/rbb-Fernsehen/Video?bcastId=3822076&documentId=47720768. Zugegriffen: 21. Nov. 2017.

SWOPS. (2016). StrukturWandelOrientierte PersonalStrategie SWOPS-HR-Beratungstool. http://website.swops.eu/wp-content/uploads/2016/08/SWOPS_hr-tool_2016.pdf. Zugegriffen: 06. Nov. 2017.

Tagesthemen Mediathek. (2017). Bahn gibt Pünktlichkeitsziel auf. Tagesschau, Stand: 28.11.2017. https://www.tagesschau.de/wirtschaft/bahn-puenktlichkeit-101.html. Zugegriffen: 29. Nov. 2017.

uW:M plus. (2017). unternehmensWert:Mensch plus. http://www.unternehmens-wert-mensch.de/uwm-plus/uebersicht/. Zugegriffen: 29. Nov. 2017.

uW:M plus Schulung. (2017). Auf dem Weg zu „Arbeiten 4.0". Bundesministerium für Arbeit und Soziales (BMAS), Initiative Neue Qualität der Arbeit (INQA), Institut für Sozialwissenschaftliche Forschung e. V. (ISF). Handouts zur Schulung am 26. Okt. 2017 in Hannover.

Wikipedia. (2017a). Methode. https://de.wikipedia.org/wiki/Methode. Zugegriffen: 03. Nov. 2017.

Wikipedia. (2017b). Mode. https://de.wikipedia.org/wiki/Mode. Zugegriffen: 03. Nov. 2017.

Wikipedia. (2017c). Des Kaisers neue Kleider. https://de.wikipedia.org/wiki/Des_Kaisers_neue_Kleider. Zugegriffen: 06. Nov. 2017.

Wirtschaftslexikon. (2017). Wirtschaftslexikon 24. http://www.wirtschaftslexikon24.com/d/managementmethoden/managementmethoden.htm. Zugegriffen: 03. Nov. 2017.

ZukunftsInstitut. (2015). 3D-Druck: Die stille Revolution. Quelle: Trend Update 04/2015. https://www.zukunftsinstitut.de/artikel/technologie/3d-druck-die-stille-revolution/. Zugegriffen: 06. Nov. 2017.

Cornelia Felicia Krämer ist selbstständige Unternehmensberaterin in den Themen Organisationsführung, Strategieentwicklung, Begleitung von Veränderungsprozessen und Unternehmenskultur. Sie berät sowohl die Old Economy wie auch Start-ups in der Initiierung und Bewältigung der individuellen Changeherausforderungen. Nähere Informationen unter: www.proventis-consult.eu.

Agile Inception – ein Gedanke revolutioniert die Wirtschaft

9

Boris Gloger

9.1 Einleitung

Am Anfang der Agilität stand die Unzufriedenheit. Sie seien „organizational anarchists" gewesen, schreibt Jeff Sutherland in *The secret history of agile innovation* (Rigby et al. 2016a), jene 17 Softwareentwickler, die sich 2001 in Snowbird, Utah, trafen, um im Agile Manifesto ihre Prinzipien und Werte für nachhaltigere Wege in der Softwareentwicklung festzuhalten. Die meisten von ihnen hatten bereits in den Jahren zuvor an eigenen Methoden gearbeitet, mit denen sich die Qualität von Software und die Responsivität auf Kundenanforderungen verbessern ließ: Kent Beck, Ron Jeffries und Ward Cunningham hatten eXtreme Programming (XP) entworfen, Alistair Cockburn hatte Crystal entwickelt, Ken Schwaber und Jeff Sutherland hatten 1995 Scrum erstmals präsentiert und Arie van Bennekum vertrat die Verfechter der Dynamic Systems Development Method (DSDM). All den verschiedenen Ansätzen auch anderer, nicht in Utah anwesender Entwickler (z. B. Feature Driven Development von Jeff De Luca) waren bestimmte Prinzipien und Praktiken gemeinsam, etwa ein abgespecktes Set an Regeln, das eine rasche Anpassungsfähigkeit an geänderte Anforderungen ermöglichte. So schien es nur folgerichtig, für die einzelnen Ansätze einen Dachbegriff zu finden. Auch wenn die 17 Unterzeichner des Manifests mit dem festen Willen zusammengekommen waren, ihre Ideen in die Welt zu tragen, war wohl kaum einem davon das Ausmaß bewusst, in dem das kleine Wort „agile" die Arbeits- und Wirtschaftswelt erfassen sollte. Ende 2017, zu dem Zeitpunkt, zu dem ich diesen Beitrag schreibe, ist die Wahrnehmung von agilen Management-Frameworks wie Scrum oder Kanban schon lange nicht mehr auf IT-Teams

B. Gloger (✉)
borisgloger consulting GmbH, Baden-Baden, Deutschland
E-Mail: boris.gloger@borisgloger.com

M. Englert und A. Ternès (Hrsg.), *Nachhaltiges Management*,
https://doi.org/10.1007/978-3-662-57693-9_9

beschränkt, die den Druck von oben besser kanalisieren und einfach gute Produkte liefern wollen. Allmählich verblasst das Bild von Scrum, dem erfolgreichsten und am weitesten verbreiteten der genannten Ansätze, als agile *Software*entwicklungsmethode – und das ist gut so, denn das war es nie. Es war immer ein Aufstand von Wissensarbeitern gegen die pyramidale Managementkultur des Command and Control, die das Erarbeiten innovativer Lösungen behindert und den Menschen die Freude an ihrem Tun genommen hat.

„Agile" wird mit seinem Wertekanon heute als ein Managementprinzip verstanden, mit dem sich selbst große, weltumspannende Organisationen auf fordernde, anspruchsvolle Märkte und Nutzer ausrichten können. Scrum und Kanban, ergänzt um weitere Ideen wie Lean, Design Thinking und Prototyping, liefern den Rahmen für Produktentwicklungs- und Arbeitsprozesse, die den Kunden in die Ausarbeitung von Lösungen einbeziehen und durch kurze Iterationen beim Liefern dessen helfen, was wirklich gebraucht (und gekauft) wird. Doch die Kraft agiler Arbeitsweisen liegt nicht in erster Linie in ihren Prozessen, sondern im Mindset. Agile Arbeitsweisen, wie zum Beispiel Scrum, spiegeln eine ganz andere Einstellung zum Umgang mit Mitarbeitern, Kunden und dem Management wider. Es ist eine innere Haltung, die sich durch Selbstverantwortung und den (freiwilligen) Willen zur Leistung auszeichnet. Innerhalb von knapp 15 Jahren ist aus vier kurzen Sätzen des Agile Manifesto eine moderne Management- und Organisationsphilosophie gewachsen, die durch das Entstehen neuer Technologien gefördert wurde und wiederum selbst zum Antrieb für das geworden ist, was wir heute als „Digitalisierung" beschreiben – die technologisch bedingte Transformation von Unternehmen bzw. ganzen Branchen, die „weitreichende strategische, organisatorische sowie soziokulturelle Veränderungen mit sich bringt" (Petry 2016, S. 22).

9.2 Das Agile Manifesto – mehr Wert den Menschen

Gehen wir noch mal einen Schritt zurück. Was ist denn das „Nachhaltige" an agilen Arbeitsweisen und Management-Frameworks und wo bitteschön versteckt es sich im Agile Manifesto? Es sind diese vier Sätze, die die Wirtschafts- und Arbeitswelt zunächst in Aufruhr und schließlich in einen fundamentalen Wandel versetzt haben:

Individuen und Interaktionen stehen über Prozessen und Werkzeugen.
Funktionierende Software steht über umfangreicher Dokumentation.
Die Zusammenarbeit mit dem Kunden steht über der Verhandlung von Verträgen.
Das Reagieren auf Veränderungen steht über dem Befolgen eines Plans.

Diese vier Sätze waren 2001 der Kulminationspunkt einer bereits längeren, negativen Entwicklung in der Softwareindustrie. Obwohl wissensintensive Aufgaben wie die Softwareentwicklung anderen Gesetzen folgen und andere Rahmenbedingungen brauchen als manuelle und repetitive Arbeit, wurde auch diese im historischen Vergleich sehr junge Disziplin lange Zeit nach tayloristischen Grundsätzen gemanagt. Seit den 1970er-Jahren hatte sich das lineare Wasserfallmodell als idealtypische Vorgehensweise durchgesetzt, die den Entwicklungsprozess in aufeinanderfolgende Projektphasen einteilt: Erst wenn die vorgelagerte Projektphase abgeschlossen ist, kann die nächste gestartet werden. Die Anforderungen für riesige, mehrere Jahre dauernde Projekte werden in diesem Modell zu Beginn einmalig festgelegt und dann kaum noch infrage gestellt, obwohl sich mit hoher Wahrscheinlichkeit in der Laufzeit des Projekts einiges ändern wird.

Durch diese sequenzielle Abarbeitung von Entwicklungsschritten bildeten sich in den IT-Abteilungen von Unternehmen funktionale Silos, die eine dysfunktionale Kommunikation pflegten, denn was für die eigene Abteilung einmal abgeschlossen war, war aus den Augen und damit auch aus dem Sinn. All das führte dazu, dass IT- und Softwareprojekte meistens wesentlich teurer als geplant, wesentlich später als geplant und mit wesentlich mehr Druck auf die Mitarbeiter als nötig über die Ziellinie gebracht wurden – wenn überhaupt. Kunde und Nutzer der Software kamen in den meisten Fällen nur am Anfang und am Ende des Entwicklungsprozesses ins Spiel und erst am Ende fiel dann auch auf, wie weit die tatsächlichen Bedürfnisse der Nutzer vom finalen Softwareprodukt entfernt lagen. Und der Druck auf die Softwareentwickler wurde stärker, je öfter ihr Know-how als Embedded Software zum integralen Bestandteil von immer mehr Produkten und das Internet zur Commodity wurde. Die klassisch ingenieurwissenschaftliche Herangehensweise an Softwareprojekte schuf mit ihrer Schwerfälligkeit ein Projektdesaster nach dem anderen, machte Softwareentwickler zu den Fließbandarbeitern des Informationszeitalters und passte einfach nicht mehr zu der Dynamik, die sich ab dem Ende der 1990er-Jahre zusehends verstärkte.

Hier liegt die Keimzelle, aus der innerhalb von etwas mehr als 15 Jahren Agilität nicht nur zu einer neuen Rahmenmethodik der innovationsorientierten Produktentwicklung, sondern genau genommen selbst zu einer sozialen Innovation – und darin beziehe ich auch die Sphäre des Managements ein – erwachsen ist. Schon 1982 schrieb der Ingenieur und Harvard-Professor Harvey Brooks angesichts der fundamentalen Veränderungen, die durch den zunehmenden Einsatz von Computern allmählich erkennbar wurden, dass die Abkehr von tayloristisch geprägten Arbeitssystemen unumgänglich sei und an deren Stelle ein „sociotechnical design" rücken müsse, das den einzelnen Mitarbeiter auf allen Ebenen stärker in die Planungs- und Entscheidungsprozesse einbezieht:[1]

> Increasingly, however, it is becoming necessary to replace this philosophy by one of ‚sociotechnical design', the matching of the human and technological system, not by forcing humans to adapt to the imperatives of a pre-designed technology, but by mutual accommodation of human and technological aspects which fully respects the aspirations, personal dignity, and self-development of all the people engaged in the process from the lowest to the highest. It almost certainly involves a departure from rigid hierarchies and greater involvement of all levels of the workforce in the planning of the work process (Brooks 1982, S. 17).

[1]Auch Peter Drucker hatte schon in den 1950er-Jahren angemerkt, dass postmoderne Organisationen andere, nicht an der Arbeitsteilung ausgerichtete Modelle des Zusammenarbeitens kreieren müssen, wenn sie das Wissen ihrer Spezialisten nutzbar machen wollen.

Brooks führt weiter aus, dass dieses soziotechnische Design immer dann scheitert, wenn höhere Produktivität das ausschließliche Ziel ist. Höhere Produktivität sei – nicht zwingend, aber in den meisten Fällen – das Ergebnis von parallelen Innovationen im Management, die darauf abzielen, den menschlichen Aspekt der Arbeitsorganisation nach anderen Kriterien als lediglich jenem der Effizienz zu verbessern.

Genau das erleben meine Kollegen und ich, wenn in Unternehmen das Thema Agilität ausschließlich unter dem Gesichtspunkt der Produktivitätssteigerung betrachtet oder als das Wundermittel verstanden wird, das Projekte aus der Schieflage wieder ins Lot bringt. Es gibt nur eine kurze Performancesteigerung, die agile Transformation bleibt aber insgesamt unter ihren Möglichkeiten oder scheitert ganz.

Ja, klar, qualitativ hochwertige Produkte rasch zu liefern, steht etwa bei Scrum ganz klar im Fokus. Auch in meinen Trainings, Büchern und Vorträgen sage ich immer wieder: „Es geht bei Scrum ums Liefern!" Kent Beck hat allerdings bereits im Rahmen seines eigenen Entwicklungs-Framework „eXtreme Programming" den Begriff „sustainable pace"[2] eingebracht. Was meint er damit? Ein (Entwicklungs-)Team sollte eine Arbeitsgeschwindigkeit anpeilen, die es unendlich aufrechterhalten könnte. Wie in der Definition auf der Website der Agile Alliance weiter zu lesen ist, bedeutet das in letzter Konsequenz ein klares Ende dessen, was in der Softwareindustrie gang und gäbe war und auch heute noch in vielen Unternehmen bzw. selbst in der Eigenwahrnehmung vieler Mitarbeiter als ein Zeichen für Produktivität gewertet wird: Überstunden, Wochenendarbeit, ständige Erreichbarkeit – ein Leben immer knapp am Rande des Burn-outs. Inzwischen ist durch zahlreiche Studien hinreichend belegt, dass gerade in der Wissensarbeit mehr investierte Stunden kaum mit mehr Produktivität korrelieren – diese Korrelation gibt es auch in der traditionellen Produktionsarbeit nicht.[3] Im Gegenteil: Ein höherer Output ist meistens dort zu beobachten, wo kürzer gearbeitet wird.

Also betone ich in meinen Trainings, Büchern und Vorträgen spätestens nach dem vierten oder fünften Satz: „Es muss Spaß machen." Das ist nämlich genau der Punkt, der das agile Arbeiten nachhaltig macht. Nehmen wir, ungeachtet aller existierenden Nachhaltigkeitskonzepte, die ganz einfache Definition des Dudens für das Wort „nachhaltig" zur Hand: Unter „nachhaltig" ist etwas zu verstehen, das sich auf längere Zeit auswirkt. Frustration am Arbeitsplatz zum Beispiel wirkt sich sehr lange aus: Aus der Perspektive des Unternehmens leiden Produktivität und Qualität und langfristig der Ruf. Vergessen wir aber für einen Augenblick alle betriebswirtschaftlichen Kennzahlen und schauen wir nur auf den einzelnen Menschen: Der verliert nicht weniger als seine Lebensfreude, seinen Selbstwert und einen großen Teil seiner Lebenszeit, die selbst mit noch so vielen Incentives und Boni nicht wettgemacht werden kann. Sowohl für den Einzelnen als auch für das Unternehmen entstehen bessere Arbeitsergebnisse schlichtweg durch Freude,

[2]https://agilealliance.org/glossary/sustainable.

[3]Siehe dazu zum Beispiel die Metastudie „The effects of working time on productivity" des International Labour Office (2012).

durch die Identifikation mit dem, was ich tue. Das ist es, worum es den Unterzeichnern des Agile Manifesto ging: Sie hatten ganz einfach keine Lust mehr darauf, ihre Lebenszeit in Projekte zu investieren, an deren Ende nichts als Frust rauskommt. Sie wollten sich bei etwas einbringen, das für sie selbst einen Mehrwert hat. Sie wollten sich in ihrer Arbeit wieder als wertschaffend und sinnstiftend und sinnerfahrend erleben. Sie wollten erreichen, dass das Ziel und die Lösung wieder wichtiger werden als das starre Einhalten von Prozessen und dass das Finden der Lösung von einem lebendigen Austausch begleitet wird. Auf diesem Weg darf man versuchen und ausprobieren, man muss nicht am Anfang die Lösung für alle Eventualitäten wissen, sondern darf sich annähern.

Das alles steckt schon im ersten Satz des Agile Manifesto:

Individuen und Interaktionen stehen über Prozessen und Werkzeugen.

Aus diesem Grundgedanken ergeben sich die übrigen drei Leitsätze des Agile Manifesto als logische Konsequenz und ich möchte sie an dieser Stelle etwas anders formulieren – nämlich gemäß ihren Effekten. Den Menschen in Produktentwicklungsprozessen die Selbstverantwortung und Entscheidungsbefugnis zurückzugeben, wirkt sich darauf aus,

- wie Menschen (im Team) miteinander arbeiten,
- wie Entwicklungsteams und Kunden interagieren,
- wie sich das Management einbringt,
- wie Organisationen in Zukunft aufgestellt sein werden.

Diese vier Konsequenzen sind wie Zahnräder, die ineinandergreifen. Beginnt man an einem davon zu drehen, wird auch das nächste dazu gezwungen, sich zu bewegen und in dieser Kaskade wird die Kraft der Bewegung immer größer. Angefangen hat alles damit, dass Menschen in kleinen, vereinzelten Teams die traditionellen Produktentwicklungsmodelle und Projektmanagementmethoden infrage gestellt und damit begonnen haben, ihre Herangehensweise an komplexe Aufgaben anders zu organisieren – und heute erleben wir, wie selbst traditionsreiche deutsche Großkonzerne ihre alten Hierarchien einreißen.

9.3 Wie Menschen miteinander arbeiten

Ich hatte es ebenfalls satt. In meinem früheren Leben habe ich als Projektmanager in der Softwareentwicklung und in der Telekommunikation gearbeitet und ich war es leid, dass so viele meiner Kollegen die Arbeit in erster Linie als Belastung empfanden. Auf meiner Suche nach Antworten, wie man die Freude an den Arbeitsplatz zurückbringen könnte, stieß ich auf Scrum – seitdem ist es als Unternehmer und Berater mein Ziel, dass Menschen ihre Arbeit als Bereicherung empfinden, sie gerne tun und dadurch ein erfülltes Leben führen können. Weil in den westlichen Gesellschaften der Wandel im Management nicht mit dem raschen Anstieg des Anteils der Wissensarbeit an der Wertschöpfung

Schritt halten konnte, wurden Wissensarbeiter lange Zeit in das starre Korsett von Command and Control gezwängt und bekamen von mikromanagenden, Druck ausübenden und Angst verbreitenden Führungsverantwortlichen Entscheidungen zu Sachverhalten vorgesetzt, über die sie selbst wesentlich besser Bescheid wussten. Gegen dieses System haben sich die agilen „Gründerväter" aufgelehnt.

Das andere große Problem der Wissensarbeit war und ist deren Unsichtbarkeit. Gerade wenn Projekte nach den klassischen Methoden abgewickelt werden, sieht man die Früchte der geistigen Arbeit erst am Schluss. Zwischendurch gibt es nur wenige Anhaltspunkte, an denen sich festmachen lässt, ob denn die ganze Arbeit sinnvoll ist und ob man sich überhaupt in die richtige Richtung bewegt. Nun ist es so, dass die meisten Menschen in wissensintensiven Berufen gerne arbeiten und das schon mal bis zur Erschöpfung. Warum die Zahl der Burn-out-Fälle im letzten Jahrzehnt so massiv in die Höhe geschnellt ist, hat neben veralteten Führungsstilen mit der empfundenen Ergebnislosigkeit und Sinnentleerung der eigenen Arbeit zu tun. Ein Tischler zum Beispiel erfährt sich am Ende des Tages durch sein Werkstück als bestätigt, es ist da, es ist entstanden, es signalisiert einen Fortschritt und vor allem die persönliche Leistung. Diese sichtbare, physische Bestätigung fehlt in der Wissensarbeit. Teresa Amabile hat untersucht, was kreativ geforderte Wissensarbeiter motiviert weiterzumachen:

> Of all the things that can boost emotions, motivation, and perceptions during a workday, the single most important is making progress in meaningful work. And the more frequently people experience that sense of progress, the more likely they are to be creatively productive in the long run. Whether they are trying to solve a major scientific mystery or simply produce a high-quality product or service, everyday progress – even a small win – can make all the difference in how they feel and perform (Amabile und Kramer 2011).

Um sich als produktiv wahrzunehmen, um sich geschätzt und gewürdigt zu fühlen, brauchen Wissensarbeiter also Feedback über ihre Fortschritte – und das nicht nur einmal im Jahr beim Mitarbeitergespräch, sondern so oft wie möglich.

Agile Entwicklungs- und Management-Frameworks wie Scrum oder Kanban haben in ihrem Prozessmodell auf zwei Arten sehr wirksame Feedbackmechanismen eingebaut:

1. Sowohl Scrum als auch Kanban arbeiten mit Visualisierung. Auf physischen Task- bzw. Kanban-Boards wird durch die Darstellung der Arbeitsschritte und das Aufschreiben der Tätigkeiten auf verschiedenfarbige Zettelchen deutlich, wie die Wertschöpfung in der Wissensarbeit verläuft, woran gerade gearbeitet wird, was noch zu tun ist, wo es Hindernisse gibt und vor allem: was bereits abgeschlossen ist. Da sich die Zettel im Laufe des Arbeitsprozesses von Spalte zu Spalte weiterbewegen, weckt die Visualisierung in den Teammitgliedern das – von Amabile als so wichtig erachtete – Gefühl, Fortschritte zu machen. Ich habe selbst immer wieder den immensen Unterschied zwischen solchen Teams erlebt, die mit Visualisierung arbeiten, und jenen, die nicht damit arbeiten. Erstere kommen wesentlich motivierter und besser gelaunt zur Arbeit. Die plötzliche Sichtbarkeit der eigenen Arbeit ist der eine positive

Effekt, den man durch ein simples Instrument wie ein Task-Board erreichen kann, dazu kommt noch die kommunikative Komponente. Wenn die Dinge klar auf dem Tisch liegen bzw. an der Wand kleben, kann man auch leichter darüber reden. Eines der zwölf Prinzipien, die hinter den vier Kernsätzen des Agile Manifesto stehen, lautet:
The most efficient and effective method of
conveying information to and within a development
team is face-to-face conversation.
Dahinter steckt keine große Wissenschaft – ein Austausch von Angesicht zu Angesicht ist in den meisten Fällen effizienter und zielführender als eine endlose Mailkonversation, die ein ganzes Arsenal an Missverständnissen und Unverbindlichkeiten aufbietet. Über den Weg der Visualisierung werden direkte Gespräche angestoßen, nämlich über die eine Sache, die sich da am Board zeigt. Die Visualisierung hilft, aus der Spirale von Schuldzuweisungen und Fehlerdenken zu kommen und sich darauf zu konzentrieren, wie etwas gelöst werden kann. Und das durch die einfache Tatsache, dass man das geistige „Werkstück" plötzlich sieht und es für sich selbst betrachten kann.

2. Es gibt noch ein weiteres unter den zwölf Prinzipien, das genau beschreibt, wie die Mitarbeiter eines *Teams* jenes Feedback bekommen können, das ihnen zeigt, ob sie noch auf dem richtigen Kurs sind:
At regular intervals, the team reflects on how
to become more effective, then tunes and adjusts
its behavior accordingly.

Das markanteste prozessuale Merkmal von Frameworks wie Scrum ist ihr kurzzyklischer, iterativer Charakter. Man erarbeitet in „Sprints", also in Zeiträumen von wenigen Wochen, gezielt jene Inkremente eines Produkts, zu denen man sich am Anfang eines Sprints „committet" hat. Im Laufe des gesamten Sprints gibt es – neben anderen – drei Meetingformate, die darauf ausgerichtet sind, Feedback zu geben und zu bekommen:

- Beim *Daily Scrum* geht es um die tägliche Standortbestimmung, die ich im Zusammenhang mit dem Task-Board bereits angesprochen habe. Die Teammitglieder treffen sich, um den Tag zu besprechen, die Zusammenarbeit zu koordinieren und um Hindernisse aufzuzeigen, die gelöst werden müssen. Das Daily Scrum ist für das einzelne Teammitglied eine Möglichkeit, seinen Anteil in das Ganze eingebettet zu sehen und sich als Beitragenden zu erleben.
- Im *Review* am Ende eines Sprints präsentiert das Team das Produktinkrement dem Kunden bzw. Anwendern. Dieses Meeting ist aber kein Statusreport. Es geht ums Ausprobieren und um spielerisches Lernen, es geht um das allenfalls nötige Verändern oder völlige Verwerfen bisheriger Thesen über das zu entwickelnde Produkt. Ein gutes Reviewmeeting ist ein lebendiger Austausch und eine kleine Feier dessen, was bisher erreicht wurde.

- In der *Retrospektive* findet das Team – ebenfalls am Ende des Sprints – zusammen, um gemeinsam zu lernen. Markante Ereignisse des letzten Sprints werden gesammelt, es wird besprochen, was gut gelaufen ist, was das Team am Weiterkommen behindert hat und was das Team im kommenden Sprint besser machen will. Und tatsächlich: Das kann ohne Schuldzuweisungen passieren, wenn eine Retrospektive der Prime Directive folgt, dass jeder zu jedem Zeitpunkt entlang des vorhandenen Wissensstandes sein Bestes gegeben hat.

Wer selbst bereits mit diesen Meetingformaten und mit Visualisierung gearbeitet hat, weiß, dass sie in den seltensten Fällen von Anfang an besonders toll funktionieren oder auf große Gegenliebe stoßen, obwohl sie dem Wissensarbeiter zeigen, wo er steht. Oft funktionieren sie gerade deswegen nicht, weil sie eben offenlegen, was gerade Sache ist. Das liegt zum einen an der Art und Weise, wie achtsam man die Veränderung hin zur agilen Arbeitsweise anstößt, zum anderen liegt es aber an unserer tiefen Verankerung in einer Kultur, die Fehler nicht als Chance sieht, sondern sie anprangert. Auch das Gefühl des Kontrolliertwerdens ist in einem Meeting wie dem Daily Scrum sehr präsent, weil die Menschen in der Vergangenheit die Erfahrung gemacht haben, dass ihnen aus offenen Gesprächen über den tatsächlichen Stand der Dinge ein Strick gedreht werden kann. Deshalb stehen Projektampeln auch meistens sehr lange auf Grün, bevor sie plötzlich kurz vor dem geplanten Abschluss auf Rot springen – weil die Menschen aus Angst vor den Folgen die Wahrheit möglichst lange zurückhalten. Wenn man mit Frameworks wie Scrum zu arbeiten beginnt, ist daher in den Anfängen eine gute – am besten externe – Moderation sehr wichtig, um die alten Kommunikations- und Verhaltensmuster aufzubrechen.

In diesen drei Meetings sowie in den übrigen Meetings des Scrum-Prozesses, in denen es um die Auswahl, Schätzung und Priorisierung von Aufgaben für einen Sprint geht, wird das Prinzip der Selbstorganisation von Teams deutlich, das für das agile Arbeiten kennzeichnend ist. Auch in diesem Punkt werden mir diejenigen, die es bereits ausprobiert haben, zustimmen: Das ist gar nicht so leicht. Tatsächlich ist es für viele eine furchterregende Sache, plötzlich in die Entscheidungsfreiheit entlassen zu werden. Noch dazu wird der Aspekt der Selbstorganisation in vielen Unternehmen falsch interpretiert: Die Mitarbeitenden verstehen darunter: „Endlich darf ich tun, was ich will", und das Management versteht darunter manchmal: „Endlich bin ich die Verantwortung los." Tatsächlich brauchen in einem Unternehmen auch selbstorganisierte Teams nach wie vor Führung – zwar in anderer Form, aber sie wird in agilen Organisationen nicht obsolet. Ob nun aber im Team oder in der Rolle des Führungsverantwortlichen: Selbstorganisation beginnt immer mit Selbstführung und das ist ein ständiger, intensiver Prozess der Selbstreflexion. Ken Schwaber und Mike Beedle haben für Scrum fünf zentrale Werte gefunden, die eine gute Basis dafür sind und auch Teil des offiziellen Scrum Guide sind:[4] Offenheit, Fokus, Commitment, Respekt und Mut. Hier kommen wir wieder zurück zur Nachhaltigkeit: Welche Unternehmenskultur, welche Arbeitsatmosphäre und schlussendlich welche Gesellschaft kann entstehen, wenn wir lernen, diese Werte zu leben?

[4]Beedle und Schwaber (2001) sowie Schwaber und Sutherland (2017).

9.4 Wie (Entwicklungs-)Teams und Kunden interagieren

Eine weitere Maxime des Agile Manifesto ist es, einem Kunden bzw. dem Nutzer eines Produkts ein funktionierendes und passendes Produkt zu liefern – und das in häufigen, inkrementellen Schritten, damit allfällige Änderungen sofort berücksichtigt werden können. Das verlangt nach einer größeren Nähe zwischen den Entwicklern und den Kunden/Nutzern. In klassischen Produktentwicklungsprozessen leidet die Qualität vor allem durch Informationsverluste und Instanzen, die zwischen Anwender und Entwicklungsteams „vermitteln". In der Softwareentwicklung wurden jahrzehntelang Pflichtenhefte geschrieben, die am Anfang eines Projekts ein für alle Mal festhielten, was der Kunde wollte und wie das Produkt auszusehen habe. Mit dem tatsächlichen Anwender der Software kamen die Entwickler kaum in Kontakt und das erklärt auch, warum Software bei ihren Usern nicht immer auf große Begeisterung stieß. Wenn man heute im Vergleich dazu Apps, Websites oder andere Benutzeroberflächen ansieht, wird deutlich, dass sich in der Herangehensweise an die Entwicklung etwas geändert haben muss.

Auch agile Arbeitsweisen wie Scrum haben lange Zeit ein verfälschtes Bild des Entwicklungsprozesses gezeichnet. Vielleicht kennen Sie die Darstellungen, mit denen Scrum üblicherweise erklärt wird: Links sieht man das sogenannte Product Backlog, in dem die abzuarbeitenden Tasks gesammelt werden, in der Mitte präsentiert sich der Sprintablauf und rechts sieht man als Ergebnis dieses Ablaufs das fertige Produktinkrement. Diese Darstellung zementiert den Eindruck, dass es eine Person gibt, die das Backlog befüllt, das anschließend vom Team abgearbeitet wird. Wenn wir mit der Rollenverteilung von Scrum sprechen, entsteht so die Vorstellung, dass der Product Owner die Anforderungen für das Team aufstellen muss – das Backlog wäre also nichts anderes als ein Pflichtenheft mit einem cooleren Namen. In Kundenprojekten habe ich die Erfahrung gemacht, dass diese Darstellung viele Entwicklungsteams tatsächlich daran hindert, Verantwortung zu übernehmen. Statt die Teams zu ermutigen, die eigene Kreativität walten zu lassen, werden sie auf der Abarbeitungsstraße nach wie vor gesteuert.

Tatsache ist: Wirklich erfolgreiche Entwicklungsteams befüllen ihr Backlog selbst. Moment, das würde dann aber bedeuten, dass sie an irgendeinem Punkt mit dem Kunden oder dem Anwender direkt in Berührung gekommen sind? Das ist für das Management in vielen Unternehmen nach wie vor eine beinahe ungeheure Vorstellung. Die Gegenargumente sind seltsam: Da müssten die Entwickler ja wissen, wie das Business funktioniert; es gebe nicht genügend Know-how in den Teams; was die Fachbereiche machen, sei zu komplex. Kurz gesagt: Man traut Menschen, die eine hochkomplexe schöpferische Leistung vollbringen, nicht zu, den Ausgangskontext selbstständig zu erheben, zu verstehen und in Aufgaben zu übersetzen. Man mutet ihnen aber durchaus zu, aus Secondhandinformationen ein tolles Produkt zu machen. Bei der Entwicklung von Produkten sprechen wir heute nicht mehr davon, einfach ein Rezept abzuarbeiten. Produkte müssen ständig neue Businessprozesse bedienen können.

Nun sind agile Management-Frameworks kein Garant dafür, die zündende Produktidee zu finden, und wenn sich zum Beispiel Scrum-Teams selbst mit den Bedürfnissen der Anwender auseinandersetzen sollen, brauchen sie dafür Werkzeuge. Mit Design Thinking wurde von IDEO schon vor rund 30 Jahren ein passendes Instrument entwickelt. Um eine Produktidee zu entwickeln, durchläuft ein Team dabei immer wieder die sich überlappenden Phasen „Inspiration", „Ideation" und „Implementation". Durch Beobachtung des Anwenders in der zu verbessernden Situation und durch Gespräche mit den Anwendern versuchen die Teammitglieder, den Menschen in seinen Bedürfnissen in verschiedenen Anwendungskontexten tatsächlich zu verstehen und auch das herauszufinden, was dem Anwender gar nicht bewusst ist, aber die Nützlichkeit eines Produkts wesentlich beeinflusst. Diese Vorgehensweise unterscheidet sich wesentlich von klassischen Untersuchungsdesigns wie Fokusgruppen und Befragungen, in denen lediglich zutage tritt, was die Anwender wollen – nicht aber, was sie brauchen. Mit den Ergebnissen aus der Interaktion geht es in die Ideensammlung und schließlich in die Entwicklung von Prototypen, die den Kern des Lösungsansatzes für den Anwender bereits erprobbar machen. Wieder beobachtet das Team, wie der Anwender mit dem Prototyp umgeht, und verfeinert anhand dieses Feedbacks die Lösung.

Mit dem Beginn des Digitalisierungszeitalters entstandene, jüngere Unternehmen haben diese Form der Produktentwicklung bereits im Blut. Deren Mitarbeiter scheuen sich nicht, mit Prototypen aus Papier und Pappe in das nächste Café zu gehen und sich dort von den Gästen Feedback zu den Ideen für Nutzeroberflächen und Funktionalitäten zu holen. In Großunternehmen wird diese lockere Art der Entwicklung noch oft in Innovation Labs ausgelagert, weil neue Ideen und Vorgehensweisen in der etablierten Organisation unter den gesetzten Vorschriften, Regeln und Gepflogenheiten zusammenbrechen würden. Mit ihren Erfolgen sollen die agilen Schnellboote langfristig die riesigen Dampfer auf einen neuen Kurs bringen und diese Spillover-Effekte lassen sich bei einigen Unternehmen bereits beobachten.

Alles deutet also darauf hin, dass wir es auch in der Beziehung zwischen Kunde, Anwender und Entwicklungsteam mit einem nachhaltigen Paradigmenwechsel zu tun haben, der beidseitig wirkt: Kunden und Anwender bekommen durch die direkte Interaktion Produkte, die einen wirklichen Mehrwert für sie haben. Das Team wiederum entwickelt ein Produkt, das wirkliche Chancen am Markt hat und sich damit nachhaltig auf den wirtschaftlichen Erfolg des Unternehmens auswirkt. Dieses Erfolgserlebnis wiederum beeinflusst die Selbstwahrnehmung des einzelnen Teammitglieds: Es erlebt seine Arbeit als sinnvoll und sieht sich in seinen Fähigkeiten bestätigt.

Das heißt allerdings auch, dass sich in der Beziehung zwischen Kunde und Anbieter einiges ändern wird. Es läuft auf ein vertrauensvolleres Verhältnis hinaus, bei dem vor allem in großen Projekten das gemeinsame Ziel im Vordergrund steht und nicht das Taktieren. Diese Form der Zusammenarbeit lässt sich sogar durch neue Vertragsformen wie den agilen Festpreisvertrag (Opelt et al. 2017). stützen, die nicht in erster Linie auf Sanktion, sondern auf Interaktion aufbauen. Unter dem Nachhaltigkeitsaspekt betrachtet, haben wir dadurch die Chance, dass Projekte in Zukunft in einem Klima der Offenheit ausgeführt werden, in dem Probleme rechtzeitig angesprochen werden können und nicht erst dann, wenn das Desaster schon eingetreten ist.

9.5 Wie sich das Management einbringt

Scrum bzw. Agilität waren lange Zeit Grassroot-Bewegungen. Und sie waren lange Zeit vor allem Antimanagementbewegungen – der Manager war der natürliche Feind des Entwicklers. Allerdings passierte auch das, was Harvey Brooks gesagt hat: Die Innovation im Management passierte nicht im gleichen Tempo wie die soziotechnische Innovation auf den unteren Hierarchieebenen der Unternehmen. Wenn dieses Scrum die Teams schneller machen würde (und man ihnen dadurch noch mehr Projekte zumuten könnte), dann sollten sie es eben tun. Umso besser, wenn diese Teams auch noch selbstorganisiert arbeiteten, denn dann konnte man die Verantwortung noch besser und sogar offiziell abwälzen. Darrell Rigby, Jeff Sutherland und Hirotaka Takeuchi schreiben in ihrem Artikel „Embracing Agile", dass die größte Hürde für den Erfolg agiler Ansätze jene Topmanager sind, die zwar mit agilen Begrifflichkeiten um sich werfen, aber das Konzept in Wahrheit nicht richtig verstehen – weil sie es selbst gar nicht ausprobieren, sondern den Wandel lediglich delegieren (Rigby et al. 2016b). Die klassische Misere von zu vielen gestarteten Projekten, zu engen Zeitplänen, sinnlosen Meetings und übermäßiger Kontrolle bekommt lediglich einen neuen, agilen Anstrich.

Was die drei Autoren beschreiben, habe ich selbst in vielen Kundenprojekten erlebt. Am Übergang zum Hype werden neue Methoden und Ansätze oft auf das reduziert, was – bei der richtigen Herangehensweise – als Ergebnis herauskommen kann: schnellere Lieferung von kundenorientierten, innovativen und/oder qualitativ hochwertigen Produkten. Ausgeklammert wird dabei der herausfordernde Teil: Es wird nicht mitbedacht, dass der Ausgangspunkt für solche Ergebnisse Menschen sind, die sich mit ihrer Arbeit identifizieren, und dass sich das grundlegende Mindset mitändern muss, sofern man einen dauerhaften – nachhaltigen – Wandel anstrebt. Allen voran betrifft dieses neue Mindset die Menschen an der Spitze eines Unternehmens: Sie prägen die Kultur maßgeblich, denn sie sind die Orientierungspunkte. Alles an ihnen wirkt kulturstiftend: was sie tun, wie sie sprechen, wie sie mit Menschen umgehen, wie sie Krisen meistern, ja, sogar wie sie sich anziehen.

Heute wissen wir: Führung ist auch im Kontext der agilen Selbstorganisation notwendig. Selbstorganisation ohne Richtung, ohne Führung endet immer in der Unordnung und nicht in der Selbstordnung. Management wird als wertschöpfender Faktor in einer Organisation also nur dann erfolgreich bleiben, wenn es die Kräfte der Selbstorganisation durch Führung stimulieren und ausrichten kann. Führung ist ein ständiges Arbeiten, denn es braucht eine wirkende Kraft, damit Selbstorganisation immer wieder neu passieren kann. Wie schafft man eine Kultur des Gelingens, also ein Umfeld, in dem sich Menschen einbringen wollen und das sie anspornt, mit vereinten Kräften etwas aufzubauen?

Wie könnte es anders sein, alles beginnt beim Menschen: Jeder Mensch strebt danach, sich zu verbessern. Jeder Mensch braucht soziale Anerkennung und Sicherheit. Wenn Manager Menschen führen sollen, haben sie also zwei grundlegende Aufgaben:

1. Manager sorgen dafür, dass sich die Menschen im Unternehmen durch ihre Arbeit „spüren" und sich dadurch als erfolgreich wahrnehmen.
2. Manager sorgen dafür, dass sich die Menschen im Unternehmen anerkannt fühlen.

Wie es funktionieren kann, steht – wenn man sich mit dem agilen Gedanken wirklich beschäftigt – bereits in den zwölf Prinzipien des Agile Manifesto zu lesen[5]:

Build projects around motivated individuals.
Give them the environment and support they need,
and trust them to get the job done.

Gebraucht werden Manager, die den Menschen in der Krise beistehen und für sie Räume schaffen, in denen sie autonom, selbstverantwortlich und mit Leidenschaft arbeiten können. Manager, die tatsächlich führen – die brauchen wir. Nun ist das leicht gesagt, wo doch in den letzten Jahrzehnten durch ständig neue Managementansätze immer schwieriger zu begreifen war, was gute Führung eigentlich ausmacht. Viele Manager machen auf dem Weg in die Agilität einen gravierenden Fehler: Sie überfordern ihre Mitarbeiter, indem sie ihnen auf alle Fragen ab sofort die Antwort geben: „Das müsst ihr doch selbst wissen!" Das ist mit Selbstorganisation nicht gemeint und ich habe in meinem Unternehmen genau den gleichen Fehler gemacht. Wie bringe ich meinen Kollegen etwas bei, ohne „anzusagen"? Ich habe sogar den größten aller Fehler gemacht, denn ständig sagte ich zu meinem Team: „Ich vertraue euch. Ihr werdet die Anforderungen schon meistern." Und dann ließ ich sie machen oder vielmehr: Ich ließ sie damit allein. Statt grenzenloser Freude über so viel Freiraum löste ich extreme Panik aus. Zuerst sah ich diese Panik nicht und dann verstand ich sie nicht. Sie hatten doch alle Freiheiten und wenn sie etwas nicht wüssten, würden sie schon fragen – so meine Haltung. Es brauchte zwei Jahre und die Erkenntnis, dass

- ein Mensch nicht nach etwas fragen kann, das er nicht kennt,
- ein Mensch sich nicht selbst organisieren kann, wenn er nicht weiß, wie die Aufgabe zu lösen ist,
- ein Teammitglied dem Chef gegenüber selten bis nie zugeben wird, dass es etwas nicht kann,

bis mir endlich klar wurde: Ich erhöhte ständig den Druck durch mein überhebliches: „Das ist doch eure Verantwortung und ihr seid selbst völlig in der Lage, die Dinge zu

[5] http://agilemanifesto.org/principles.html.

tun.“ Am Ende konnte nur Versagen stehen. Erst als mir klar wurde, dass ich vor allem meinen jüngeren Kollegen zeigen musste, wie der Job funktioniert, konnten sie sich selbst organisieren und dadurch selbst erfolgreich machen. Der Schlüssel war: Führen durch Anleiten.

Dafür braucht ein Manager ein ordentliches Maß an Reflexionsvermögen, zuallererst über sich selbst. Anders gesagt: Führung beginnt immer mit Selbstführung, denn Manager bestimmen durch ihr ganzes Auftreten, durch ihr Wesen, durch ihre Sprache und ihre Aufmerksamkeit für gewisse Dinge direkt und indirekt die Verhaltensweisen und Einstellungen ihrer Kollegen. Manager können ihren Kollegen so viele Visionen und Mission Statements vorsetzen, wie sie wollen, und beständig das Hohelied der Agilität vorsingen: Wenn sie den Weg nicht selbst gehen, wird es nichts mit dem agilen Unternehmen. Agilität ist dann nichts anderes als ein weiteres Changeprogramm, das man über sich ergehen lässt. Als ich aufgehört habe, über meine Vision für unsere Firma zu reden, und stattdessen einfach tat, was ich im Sinne dieser Vision für richtig hielt, und vorausging, wich die Unsicherheit in unserer Organisation und ich kann heute behaupten, dass wir mit allen üblichen Höhen und Tiefen eine wirklich agile Organisation sind. Das respektvolle Zuhören hat sich in unserem Unternehmen etabliert, weil das Führungsteam es selbst zunächst mithilfe einer Moderatorin gelernt hat.

Wer eine neue Haltung zum Thema Führung entwickeln will, muss in erster Linie wissen, *warum* er das will. Und wenn er sein Warum gefunden hat, dann muss er es glaubhaft vertreten, indem er tut, was er sagt, zu seinen Fehlern steht, verlässlich ist und ein gewisses Maß an Verbundenheit mit jenen Menschen verspürt, für die er verantwortlich ist. Agile Führung heißt demnach nicht, bei jedem Widerstand einzuknicken, und Anleitung bedeutet auch nicht, alles besser zu wissen. Es bedeutet: da sein, zu den Menschen gehen, sie wahrnehmen, mitmachen, mitdenken, zuhören. Gute agile Manager lösen die Probleme des Kunden nicht für ihre Kollegen, sondern mit ihnen.

Diese Verbundenheit ist vielleicht die schwierigste Übung auf dem Weg vom klassischen zum agilen Manager. Im vorhin genannten Prinzip zur Führung im Agile Manifesto finden wir zwei sehr wichtige Wörter: „motivated“ und „trust“. Man solle Projekte rund um Menschen aufsetzen, die motiviert sind, und dann solle man darauf vertrauen, dass sie ihren Job ordentlich erledigen. Wie soll das funktionieren, wenn man mehr als einmal die Erfahrung gemacht hat, wie schwer Projekte entgleisen können? Im klassischen Projektmanagement werden Menschen selten gefragt, ob sie tatsächlich an einem bestimmten Projekt mitarbeiten wollen. Sie werden Projekten einfach zugeteilt und wenn sie vielleicht auch noch das Pech haben, gefragte Spezialisten zu sein, werden sie gleich mehreren Projekten zugeteilt. Da ist es schwer, für alles das gleiche Maß an Motivation zu entwickeln. Ist ein Unternehmen noch dazu auf der Suche nach Innovationen, braucht es dazu nicht weniger als Begeisterung. Begeisterung wiederum wird wesentlich vom Setting (den Rahmenbedingungen) bestimmt, in dem man sich als – potenzieller – Mitarbeiter eines Projekts bewegt, und dieses Setting wird bestimmt: vom zuständigen

Management. Ich habe die Erfahrung gemacht, dass für ein gutes Setting die folgenden Kriterien gelten (Gloger 2017b, S. 56):

1. Es gelten *faire Bedingungen* für die Teilnahme. Das heißt, die Bedingungen sind für alle Teilnehmenden klar und transparent. Im Idealfall können die Mitarbeiter die Bedingungen in bestimmten Punkten sogar mitgestalten, es muss aber anhand nachvollziehbarer Gründe auch deutlich werden, wenn Bedingungen nicht verhandelbar sind – auch das gehört zur Führung.
2. Das *Setting* sollte so gewählt sein, dass niemand ausgeschlossen wird, der für das Projekt oder das Team wichtig ist. Aber auch hier gilt: Die Führung entscheidet. Gibt es gute Gründe, jemanden nicht mit an Bord zu nehmen, soll das genau so kommuniziert werden.
3. Ein gut gewähltes Setting schafft *Orientierung und Sicherheit.* Die Teilnehmer wissen, was von ihnen erwartet wird und was mit den Arbeitsergebnissen geschieht. Die Menschen wollen einfach wissen: „Wozu das Ganze?"
4. Das Setting sollte es möglich machen, dass alle Teilnehmenden *selbst entscheiden können,* wobei sie mitmachen und wie sie sich einbringen können.

Punkt 4 löst bei Managern sehr oft ungläubiges Staunen aus. Denken wir diese Aussage nämlich konsequent weiter, landen wir bei „Freiwilligkeit" als Führungsprinzip und das ruft Zweifel hervor: Wenn sich die Menschen plötzlich aussuchen können, was sie machen und was sie nicht machen, werden dann die unangenehmen Aufgaben nicht mehr erledigt? Da bricht wieder das Paradigma der industriellen Revolution durch: Menschen machen etwas nicht aus Freude. Nein, sie müssen gezwungen werden, damit gemacht wird, was gemacht werden muss. Doch genau darauf beruht Selbstorganisation, so wie wir Agilisten sie uns wünschen, doch schlussendlich: auf einem intrinsischen Antrieb – auf Freiwilligkeit.

Aber seien Sie beruhigt: Ich habe selbst drei Jahre gebraucht, um mich mit der Freiwilligkeit als Führungsprinzip anzufreunden. Es war ein Prozess, in dem ich lernen musste, klare Einladungen zur Mitarbeit auszusprechen bzw. niederzuschreiben, aus denen das Ziel meiner Initiative deutlich hervorgeht. An das tatsächliche Ziel muss man sich oft in mehreren Runden annähern und man sollte sich auch nicht zu schade sein, das Team für die Klärung des eigentlich zu lösenden Problems um Hilfe zu bitten. Doch ein Ziel zu haben, ist wesentlich: Es ist der Orientierungspunkt, an dem für Mitarbeiter die Entscheidung fällt, ob sie mitmachen wollen oder nicht.

Freiwilligkeit ist die Grundlage des Neuen, des Kreativen und der Leistung. Außerdem ist es ein menschliches Grundbedürfnis, autonom entscheiden zu können. Auch im agilen Kontext und unter den Vorzeichen der Selbstorganisation schaffen Manager weiterhin die Strukturen, mit denen das Unternehmen seine Aufgaben bewältigen kann. Doch das Führen selbst verändert sich: Es wird zu einer Dienstleistung für die Kollegen, die dem Einzelnen und der Organisation hilft, Leistung zur erbringen. Manager bauen diese Strukturen gemeinsam mit ihren Mitarbeitern, sie bändigen die Komplexität durch die Verschiedenheit der Individuen und die Möglichkeiten der Selbstorganisation. Es entsteht eine neue Form der Zusammenarbeit, die die Individualität des Einzelnen nicht nur zulässt, sondern sie fördert und ausbaut. Daher muss es in einem agilen Unternehmen eben auch Strukturen geben, in denen sich die Mitarbeiter immer wieder zur Teilnahme entscheiden können.

9.6 Wie Organisationen in Zukunft aufgestellt sein werden

Software bestimmt heute die Wirtschaft. Kaum ein Lebensbereich bleibt davon unberührt und kein Unternehmen kann es sich leisten, seine Produkte, Leistungen und Geschäftsmodelle nicht auf digitale Potenziale abzuklopfen und gegebenenfalls neu auszurichten. Agile Management-Frameworks hatten ihren Ursprung in der Softwareentwicklung – doch heute ist jedes Unternehmen ein Softwareunternehmen. Hardwareprodukte – zum Beispiel Fertigungsmaschinen oder medizintechnische Geräte – bestehen manchmal zur Hälfte aus Embedded-Software und sogar Versicherungsprodukte müssen daraufhin untersucht werden, wie sie zum Beispiel mit Entwicklungen wie dem autonomen Fahren kombinierbar sein könnten. Dieser fundamentale Sprung verändert mittel- bis langfristig zwei wesentliche Konstituenten einer Organisation: die Struktur und die Kultur. Die Ideen, die in agilen Management-Frameworks wie Scrum bereits angelegt waren und zunächst nur auf Teamebene in der Softwareentwicklung praktiziert wurden, wachsen nun in die Organisationen hinein und verändern sie radikal – und nachhaltig.

Von den mobilen Utopien von Softwareunternehmen wie Google und Apple oder disruptiven Strategien à la Tesla unter Innovationsdruck gesetzt, sind selbst die traditionellsten deutschen Autobauer in die Gänge gekommen und haben die agile Organisation für sich entdeckt. Die klassische Pyramide hat als Organisationsstruktur endgültig ausgedient, da sie viel zu oft nur mit der internen Kontrolle beschäftigt ist, statt den Blick nach außen zu richten. So spricht der Daimler-Vorstandsvorsitzende Dieter Zetsche etwa von der „Schwarmorganisation", in der die Mitarbeiter abseits der Hierarchien themenbezogen miteinander vernetzt arbeiten sollen.[6] Sinnvoll sei das, so sagt Prof. Dr. Roland Eckert von der Hochschule für Oekonomie und Management in Düsseldorf, weil man es im digitalen Hyperwettbewerb mit multidimensionalen Innovationen zu tun habe, die nicht nur das Produkt selbst, sondern meistens auch gleich die Geschäftsmodelle betreffen (Eckert 2017).

Das bedeutet das Ende für Strukturen, die rund um strikte Prozesse, Routinen und funktionale Silos gebaut wurden. Denn die Pyramide, an deren Spitze wenige alles wissen und nach unten die Befehle ausgeben, kommt mit der heutigen Komplexität und Geschwindigkeit nicht zurecht. Die Entscheidungsbefugnisse müssen näher an

[6] http://bit.ly/2c05UP0.

den Markt, dorthin, wo das Wissen über Produkt und User liegt und die Arbeit gemacht wird. Eine agile Organisation ist eine Organisation, die alle internen Prozesse darauf ausrichtet, das richtige Produkt dann zu liefern, wenn es gebraucht wird. Deshalb ist sie so strukturiert, dass sie auf die Anforderungen von außen sofort reagieren kann. Sie bewegt sich immer schneller, als die Kundenbedürfnisse wachsen können, und denkt, was sich der Kunde noch gar nicht vorstellen kann. Dazu muss aber die Arbeitsumgebung menschengerecht gestaltet sein – also kreativ, anregend und sozial.

An dieser Stelle muss ein – ohnehin nicht mehr ganz so geheimes – Geheimnis gelüftet werden. Die Idee zu Scrum stammt gar nicht aus der Softwareentwicklung. Jeff Sutherland fand die Inspiration dazu in einem 1986 veröffentlichten Artikel der beiden Organisationstheoretiker Hirotaka Takeuchi und Ikujiro Nonaka. In „The new new product development game" (Takeuchi und Nonaka 1986) hatten sie anhand von Unternehmen wie Fuji-Xerox, Canon und Honda beschrieben, wie sich in der Produktentwicklung Geschwindigkeit und Flexibilität erreichen lassen. Eine der Ingredienzen dafür sind selbstorganisierte, multidisziplinäre Teams, die – mit einem herausfordernden Auftrag und Autonomie ausgestattet – nicht sequenziell, sondern in einander überlappenden Phasen das Produkt entwickeln. Schon in diesem Artikel wird die Rolle des Managements darin gesehen, dafür die richtigen Leute auszuwählen („einzuladen"), die idealen („einladenden") Arbeitsbedingungen zu schaffen und sich dann weitgehend auf die Lösung eventuell auftretender Probleme zurückzuziehen – also den Ausführenden einfach unterstützend zur Seite zu stehen. Die Idee der flachen bis nichtvorhandenen Hierarchieebenen und der Selbstorganisation – mit allen ihren Auswirkungen auf die Freude an der Arbeit – ist also alles andere als neu und es gibt viele Unternehmen, die seit Jahrzehnten auf diese Weise erfolgreich geführt werden.

Wir sehen in unserer täglichen Arbeit in agilen Transformationsprojekten, dass die Idee des weitgehend autonom agierenden Teams nicht nur in kleinen Projekten funktioniert, sondern auch in großen – skalierten – Projekten, an denen mehrere Teams beteiligt sind, die gemeinsam liefern müssen. Ohne hier näher darauf eingehen zu können, setzt das auch neue, in erster Linie modulare Produktarchitekturen voraus, die es zulassen, dass Teams zum Beispiel den Bedürfnissen ihres Marktsegments (oder ihrer User) entsprechend selbst Entwicklungen vorantreiben können. Das erzeugt natürlich einen Kommunikations- und Informationsbedarf zwischen den Teams, der durch entsprechende technische Infrastrukturen unterstützt werden muss (hier zeigt sich, warum sich Digitalisierung und Agilität gegenseitig bedingen und immer weiter vorantreiben). Jedes einzelne Team weiß, was jedes andere Team macht. Es gibt also eine lose Kopplung und doch sind alle Teil einer Gemeinschaft. Die Teams sind ein Verbund, weil sie sich als solcher fühlen und wahrnehmen.

Durch das Zusammenspiel dieser eigenständigen Teams oder Zellen, die – wenn wir an die Beziehung zum Kunden zurückdenken – selbst die Anforderungen erheben und Problemstellungen lösen, entsteht ein fraktales System. Im Gegensatz zu einem Netzwerk sind Fraktale so gestaltet, dass jede Zelle (Einheit) in sich und für sich ganz, also vollständig ist. Jede Einheit weiß alles über das Ganze und gleichzeitig weiß sie genau, was ihre Aufgabe darin ist. Ein sich selbst organisierendes, selbstreferenzielles System ist entstanden. Um mit Frederic Laloux zu sprechen: Es ist ein lebendiges System, weil man nicht erst auf die Befehle warten muss, die von einer weit entfernten Spitze ausgegeben werden. Denn, so führt Laloux ins Treffen, kein erfolgreiches System, das komplexe Aufgaben bewältigen muss, ist als Pyramide organisiert – ein Blick in die Natur genügt. „Stellen Sie sich vor, wie sich Organisationen verändern könnten, wenn wir sie nicht länger wie seelenlose Maschinen gestalten. Was könnten Organisationen erreichen und wie könnte sich die Arbeit anfühlen, wenn wir Organisationen als Lebewesen behandeln und sich in ihnen die evolutionäre Kraft des Lebens entfaltet?“ (Laloux 2017, S. 54).

Um kohärent eine gemeinsame Aufgabe zu erfüllen, braucht dieses System – die fraktal skalierte Organisation – allerdings genau eine Richtung. Die Elemente dieser Organisation müssen immer wieder dazu gebracht werden, zusammenzuarbeiten, damit ein Ganzes entsteht und bestehen bleibt. Im Falle von Organisationen gelingt das durch ein gemeinsames Interesse und ein gemeinsames Wertesystem. Wie bringt man die einzelnen Zellen dazu, auf diese Weise als Organisation zusammenzuarbeiten?

Eine Organisation ist kleineren Einheiten überlegen, weil die Transaktionskosten reduziert werden – interne Zulieferungen und Absprachen sind einfach günstiger. Es muss nicht immer alles neu verhandelt werden, was bei einer Organisation, die aus vielen kleinen Einheiten besteht, notwendig wäre. Was hier eigentlich dahintersteckt, ist Vertrauen. Neben der emotionalen Komponente kann man Vertrauen rein wirtschaftlich betrachten: Es ist ein Faktor, der wie ein Katalysator eine Organisation effektiver und damit erfolgreicher macht, weil er die operativen Kosten senkt. Vertrauen ist aber im Kontext einer Organisation nicht der naive Glaube an die Ehrlichkeit anderer Akteure, sondern die aus Erfahrung abgeleitete Wahrscheinlichkeit, dass implizite oder explizite Übereinkommen verletzt werden. Wiederholte Interaktionen geben die Möglichkeit, zu überprüfen, ob Vertrauen angebracht ist (Gloger 2017a, S. 191 f.). Und Vertrauen herzustellen, ist nicht sehr kostenintensiv: Im Wesentlichen ist es eine Frage des Verhaltens. Damit wird klar, wann Organisationen – ob traditionell oder agil in kleinen Einheiten strukturiert – funktionieren: Genau dann, wenn es der Führung gelingt, das grundlegende Vertrauen aufzubauen. Dazu braucht es ein Ziel, das Sinn stiftet und gemeinsame Werte. Vertrauen aufzubauen und zu entwickeln, ist eine Kulturleistung der einzelnen Menschen in einem Unternehmen, die von „Kuratoren“ in einer Organisation – sagen wir ruhig: von „der Führung“ – aber auch vorangetrieben wird.

Dafür gibt es ein recht traditionelles und sehr einfaches Mittel, das in der Organisationstheorie dennoch noch nicht allzu lange berücksichtigt wird. „Communication constitutes organization“, heißt diese Sichtweise, auch als CCO-Perspektive bezeichnet. Dieser Ansatz geht davon aus, dass Organisationen und deren Identität emergent durch die Kommunikationsbeziehungen entstehen, die zwischen den Organisationsmitgliedern untereinander und mit den Stakeholdern ablaufen, ob in Form direkter

Konversationen oder in schriftlicher Form. Wenn man diesem Prinzip folgt, dass eine Organisation ein System von Konversationen ist, dann ist die Kultur eine Ausprägung dieser Konversationen und es ist nicht nur entscheidend, was kommuniziert wird, sondern vor allem *wie* kommuniziert wird. Schaut man ganz genau hin, wird unter dieser Prämisse auch klar: Mit klassischen Aktionen der Organisationsentwicklung, die Veränderung im Grunde erzwingen wollen, erreicht man gar nichts. Genau das ist in vielen Unternehmen aber passiert und passiert immer noch: Die Parole: „wir werden jetzt eine agile Organisation", wird ausgegeben und damit wird implizit alles degradiert, was bisher an Kulturen im Unternehmen vorhanden war und die wesentlich dazu beigetragen haben, dass ein Unternehmen überhaupt bis zu diesem Zeitpunkt überleben konnte.

Diese Erschütterung der bisher stabilen Ordnung aus Gemeinsamkeiten erzeugt Widerstand bei allen, die noch gar keine Nähe zu agilem Denken und Handeln empfinden. Als Führungskraft kann man lediglich Ideen in Form von neuen Konversationen in die Organisation bringen. Im besten Fall entsteht eine Folgekonversation über diese Idee und wird von Early Adopters durch Ausprobieren verstärkt, die ihre Erfahrungen weitertragen. Im Laufe der Zeit arbeitet das Organisationssystem für sich heraus, wie es mit der Idee weiter umgeht. Kommunikative Verstärkungen seitens der Führungskräfte – und idealerweise des Topmanagements – durch Bestätigungen wie: „finde ich gut, dass ihr das macht", helfen dabei, dass eine Idee angenommen wird und sich weiter verbreitet. Das funktioniert in unserem Unternehmen zum Beispiel wunderbar mit dem Broadcasting auf allen zugänglichen Kanälen wie etwa Microsoft-Teams – von Kommunikation per E-Mail rate ich hingegen ab. Erreicht die Verbreitung eine kritische Menge, entsteht eine implizite Regel innerhalb der Organisation und die ursprüngliche Neuerung wird zum Bestandteil des Handlungsrepertoires. Aber es ist nicht sinnvoll, Menschen vorzuschreiben, dass sie etwas tun müssen, und man braucht auch gar kein großes Implementierungstheater zu veranstalten. Will man eine Organisation in eine neue Richtung bewegen, in unserem Fall in die agile Richtung, kann man das nur über neue Arten von Konversationen erreichen. Wichtigster Bestandteil dieser Konversation ist das eigene Verhalten, denn das eigene Auftreten selbst ist bereits eine Form der Konversation. Alles an einem Menschen spricht und für Führungskräfte gilt das gleich doppelt. Die persönliche Kultur, also die Werte und Glaubenssätze der Führungskraft, kann die Organisationskultur verändern. Manchmal reicht es schon, dass der Vorstand plötzlich Turnschuhe zum Anzug trägt und schon merken alle: „Aha, hier tut sich etwas." Die Art und Weise, wie Führungskräfte ihre Werte – persistent und konsistent – kommunizieren und wie sie selbst agieren, ist der eigentliche Hebel, um eine Kultur nachhaltig zu verändern.

Und damit sind wir wieder am Anfang angelangt, bei dem, was das Agile Manifesto so nachhaltig gemacht und dazu geführt hat, dass sich gerade die Welt des Arbeitens völlig umkrempelt: ein Ziel, Werte und Prinzipien. Schon immer waren jene Unternehmen erfolgreich, in denen es die Führung verstanden hat, auf nachhaltige Weise – etwa durch die Art des Umgangs und der Kommunikation miteinander – Werte und Normen zu etablieren, die Menschen zusammenarbeiten lassen. Das wird in den Unternehmen der Zukunft, in agilen – fraktalen – Organisationen, die sich in kleine, autonome Einheiten gliedern, nicht anders sein. Menschen glauben selbst an etwas Bestimmtes und gehen in jene Organisationen, in denen sie es am besten repräsentiert sehen.

Das große Verdienst der Unterzeichner des Agile Manifesto ist es, dass sie bei aller Technologiegetriebenheit den Menschen nicht als Zahnrädchen einer gut geölten Maschine, sondern mit allen seinen kreativen Fähigkeiten und Wünschen nach einer erfüllenden Arbeit wieder in einem menschlichen System sehen wollten. Wir scheinen einen Weg gefunden zu haben, wie sich die Menschen wieder selbst als wirksam und sinnerfüllt erleben können und dafür keine Incentives und überschießenden Boni brauchen, die lediglich Neid und kontraproduktives Konkurrenzdenken fördern. Die agilen Pioniere hatten zwar das Ziel, ihr Arbeitsumfeld zu verändern, aber ich denke nicht, dass sie sich im Entferntesten vorstellen konnten, welche Auswirkungen ihre Entschlossenheit haben würde. Das agile Prinzip durchdringt gerade Unternehmen in allen Branchen – ich glaube allerdings nicht, dass dann damit Schluss ist. Das neue Arbeiten wird noch weite Kreise ziehen und wir werden vieles neu denken müssen: die Art, wie wir an Kooperationen zwischen Unternehmen herangehen, das Arbeitsrecht, die Rolle der Gewerkschaften, unsere Bildungssysteme – um nur wenige Punkte zu nennen.

Steve Denning, mehrere Jahrzehnte in Führungspositionen für die Weltbank tätig und ein leidenschaftlicher Verfechter des agilen Managements, schrieb bereits 2011: „If there was a Nobel Prize for Management, and if there was any justice in the world, I believe that the prize would be awarded, among others, to Jeff Sutherland, Ken Schwaber and Mike Cohn for their contributions to the invention of Scrum" (Denning 2011). Viele Manager hätten gedacht, dass Scrum und Agile nur eine etwas andere Arbeitsweise sei, die im Keller bei den seltsamen Leuten in der IT ausprobiert werde. Und nun greift es um sich – als regelrechtes „Gegengift", wie Denning sagt, zum Konzept des Shareholder-Value (Denning 2016), der den Fokus des Managements völlig von den Kunden, noch mehr von den Mitarbeitern mit ihrem innovativen Potenzial und schlussendlich von der gesellschaftlichen Verantwortung abgelenkt hat. Wir erleben in dieser Hinsicht bereits jetzt einen Sinneswandel bei vielen CEOs und wir erleben eine neue Generation, die anders arbeiten und wirksam sein will. Wenn die Intensität des agilen Wandels anhält und sich das agile Mindset verfestigt, werden wir möglicherweise noch den Aufstieg des „Stakeholder-Value" erleben: das Verantwortungsgefühl von Unternehmen gegenüber Kunden, Mitarbeitenden, Partnern, Lieferanten, Bürgern und Umwelt als Richtschnur des Handelns. Doch selbst wenn vom Agile Manifesto nur der Gedanke weiterleben sollte, dass in Organisationen Menschen und ihr wertschätzender Umgang miteinander in jeder Beziehung das Wichtigste sind, hat es sich seinen Platz unter den nachhaltigsten Ideen des 21. Jahrhunderts verdient.

Literatur

Amabile, T., & Kramer, S. J. (2011). The power of small wins. Harvard Business Review, May 2011. https://hbr.org/2011/05/the-power-of-small-wins.

Beedle, M., & Schwaber, K. (2001). *Agile software development with scrum. Alan R. Apt.* Upper Saddle River: Prentice Hall PTR.

Brooks, H. (1982). Social and technological innovation. In S. B. Lundstedt, E. W. Colglazier, & E. William (Hrsg.), *Managing innovation. The social dimensions of creativity, invention and technology,* S. 16 (S. 1–30). New York: Pergamon Press.

Denning, S. (2011). Scrum is a major management discovery. Forbes Online, April 29, 2011. http://bit.ly/2j2ngh1.

Denning, S. (2016). HBR's embrace of agile. Forbes Online, April 21, 2016. http://bit.ly/2ArTE6E.

Eckert, R. (2017). Warum Daimler auf die Schwarm-Organisation setzt. Springer Professional, 25.01.2017. http://bit.ly/2jwRDvu.

Gloger, B. (2017a). *Scrum Think b!g. Scrum für wirklich große Projekte, viele Teams und viele Kulturen.* München: Carl Hanser.

Gloger, B. (2017b). *Selbstorganisation braucht Führung. Die einfachen Geheimnisse agilen Managements.* München: Carl Hanser.

International Labour Office. (2012). The effects of working time on productivity: A research synthesis paper. *Conditions of Work and Employment, 1*(33).

Laloux, F. (2017). *Reinventing Organizations visuell. Ein illustrierter Leitfaden sinnstiftender Formen der Zusammenarbeit.* München: Vahlen.

Opelt, A., Gloger, B., Mittermayr, R., & Pfarl, W. (2017). *Der agile Festpreis. Leitfaden für wirklich erfolgreiche IT-Projekt-Verträge.* München: Carl Hanser.

Petry, T. (2016). Digital Leadership – Unternehmens- und Personalführung in der Digital Economy. In T. Petry (Hrsg.), *Digital Leadership. Erfolgreiches Führen in Zeiten der Digital Economy.* Bielefeld: Haufe.

Rigby, D. K., Sutherland, J., & Takeuchi, H. (2016a). The secret history of agile innovation. Harvard Business Review, April 20 2016. https://hbr.org/2016/04/the-secret-history-of-agile-innovation.

Rigby, D. K., Sutherland, J., & Takeuchi, H. (2016b). Embracing agile. Harvard Business Review, May 2016. https://hbr.org/2016/05/embracing-agile.

Schwaber, K., & Sutherland, J. (2017). The Scrum Guide™. The definitive guide to scrum: The rules of the game. November 2017. http://bit.ly/2yEMJY1.

Takeuchi, H., & Nonaka, I. (1986). The new new product development game. Harvard Business Review, January 1986. https://hbr.org/1986/01/the-new-new-product-development-game.

Boris Gloger beschäftigt sich seit rund 20 Jahren mit agilen Arbeits- und Managementmethoden und ist Autor zahlreicher Bücher und gefragter Keynote Speaker zu diesem Thema. Als weltweit erster von Ken Schwaber ausgebildeter Certified Scrum Trainer hat er wesentlich zur Verbreitung agiler Arbeitsweisen im deutschsprachigen Raum beigetragen. 2008 hat er borisgloger consulting gegründet und begleitet mit inzwischen 40 Kollegen zahlreiche DAX®-Unternehmen bei der Einführung agiler Managementmethoden und bei der agilen Transformationen.

Denken und Handeln in Ökosystemen – ein strategischer Ansatz für Wirtschaft und Gesellschaft

10

Klaus-Stephan Otto, Stefan Rösler und Tina Teucher

In der Natur ist alles mit allem verbunden, alles durchkreuzt sich, alles wechselt mit allem, alles verändert sich eines in das andere
(Gotthold Ephraim Lessing).

10.1 Einleitung

Als in Japan die Erde bebte, kam Deutschland in Bewegung. Die Atomkatastrophe von Fukushima hatte weitreichende Folgen – für die Ökosysteme und Menschen vor Ort, aber auch politisch: Deutschland beschloss den endgültigen Ausstieg aus der Atomkraft. Die Schnelligkeit, mit der ein Tsunami im Ostpazifik die deutsche Energiepolitik auf den Kopf gestellt hat, zeigt: Ein Unternehmen kann sein Sichtfeld nicht nur auf seine bestehenden Produkte und sein engeres Umfeld beschränken. Die Energiekonzerne E.ON, RWE, EnBW und Vattenfall kamen durch die Folgen dieses einen Tsunamiereignisses so sehr in Schwierigkeiten, dass ihre jahrzehntelang lukrativen Geschäftsmodelle nicht mehr tragfähig waren. Lange wehrten sie sich, die gesellschaftlich gewollte und

K.-S. Otto (✉)
Evoco GmbH, Schöneiche, Deutschland
E-Mail: mail@evoco.de

S. Rösler
Oecoach, Stuttgart, Deutschland
E-Mail: roesler@oecoach.de

T. Teucher
Sustainable Matchmaker, München, Deutschland
E-Mail: yes@tinateucher.com

M. Englert und A. Ternès (Hrsg.), *Nachhaltiges Management*,
https://doi.org/10.1007/978-3-662-57693-9_10

politisch beschlossene Energiewende zu akzeptieren. Noch Mitte der 1990er-Jahre betonten sie, dass der Anteil an Strom aus regenerativen Energien langfristig vier Prozent nicht übersteigen könne.

Das dominierende Wirtschaftssystem ist primär auf quantitatives Wachstum und damit Ausweitung des Ressourcenverbrauchs ausgerichtet. Seine über Jahrzehnte hinweg etablierten linearen Planungssysteme mit den rein ökonomisch gesteuerten Vorgehensweisen sind nicht mehr zukunftsfähig, denn sie ignorieren die ökologischen Grenzen des Planeten. Obwohl diese Form des Wirtschaftens auf kurzfristige Gewinne hin optimiert ist, sind seine Akteure kaum in der Lage, auf kurzfristige Veränderungen zu reagieren. Genau die nehmen aber zu: durch die Globalisierung und ein zunehmend volatiles Umfeld. Die gängigen wirtschaftlichen Erfolgsindikatoren blenden aus, dass der Mensch die begrenzten Ressourcen seines Planeten plündert und damit den Kapitalstock reduziert, anstatt von den Erträgen zu leben.

Zukunftsorientierte Unternehmen fokussieren sich nicht allein auf ihren Markt und ihre bisherigen Produktionsweisen, sondern verstehen sich als Teil eines umfassenden Ökosystems. Die Welt vernetzt sich rasant und so wird es zur Überlebensfrage, ob man das eigene Ökosystem in seiner ganzen Komplexität erfassen kann und bereit ist, sich schnell an Veränderungen in diesem Ökosystem und an neue Entwicklungen von außen anzupassen.

Mit dem Begriff Ökosystem (griech: „oikós", „Haus" und „sýstema", „das Verbundene") beschreibt man in der Biologie die Wechselwirkung von Lebewesen und Lebensraum in einem räumlich abgegrenzten Ausschnitt der Biosphäre. Die Natur erweist sich als guter Lehrer: Ihre Ökosysteme funktionieren seit knapp vier Milliarden Jahren, mit hochkomplexen Lebensformen und Vernetzung sowie vielfachen Rückkoppelungsprozessen. Dort hat sich Leben immer wieder erfolgreich entwickelt und bewahrt. Gerade deshalb lässt sich viel aus den Gesetzmäßigkeiten dieser evolutionär bewährten Systeme übertragen, um wirtschaftliche und gesellschaftliche Prozesse dauerhaft erfolgreicher zu gestalten.

Der Erfolg natürlicher Ökosysteme basiert im Wesentlichen auf fünf Prinzipien: 1) dem Wirtschaften in Stoffkreisläufen, 2) der Nutzung von Sonne, Wind und Biomasse, 3) einem guten Zusammenspiel von Kooperation und Konkurrenz, 4) der ständigen Weiterentwicklung von Prozessen und Innovationen und somit 5) dem Aufbau von Komplexität, die Bewährtes bewahrt und eine hohe Vielfalt des Lebens entstehen ließ: die Biodiversität. Wer sein eigenes Wirtschaften an diesem seit Jahrmillionen bewährten Erfolgsrezept ausrichtet, kommt dem Ziel einer dauerhaft nachhaltigen Entwicklung einen großen Schritt näher. Evolutionäre Entwicklung und nachhaltige Entwicklung hängen eng zusammen. Letztere dient dazu, menschliches Leben und Wirtschaften an den evolutionär entwickelten Kreisläufen der Natur und der Biosphäre auszurichten und sie so einzupassen, dass das System dauerhaft funktionieren kann. Die Vereinten Nationen verabschiedeten 2015 in New York als politische Zielsetzung zur Sicherung einer nachhaltigen Entwicklung die 17 „Ziele für nachhaltige Entwicklung" (Sustainable Development Goals – SDGs) unter dem offiziellen Titel „Transformation unserer Welt: die Agenda 2030 für nachhaltige Entwicklung". Zentrale Aspekte in den SDGs sind ein nachhaltiges Wirtschaftswachstum, die Reduzierung von Disparitäten im Lebensstandard und die Schaffung von Chancengleichheit sowie ein nachhaltiges Management von natürlichen Ressourcen, das den Erhalt von Ökosystemen gewährleistet und darüber hinaus deren Resilienz stärkt (vgl. Vereinte Nationen 2017).

Überblick

Evolution: eine kontinuierlich fortschreitende Entwicklung. Der Begriff kommt aus dem Lateinischen „evolvere": hervor- oder hinauswälzen, -winden, -wickeln, -rollen, und beschreibt, dass sich etwas entfaltet. Etwas spezifischer ist die Evolution das fortlaufende Entstehen neuer und das Wachstum bereits entstandener Muster in Richtung aufsteigender Komplexität und gegenseitiger Vernetzung.

Die Entwicklung erfolgt vom Einfachen zum Komplexeren, von der unbelebten Erde über die Einzeller zu Pflanzen und Tieren bis zum Menschen. Sie erfolgte vom Jäger und Sammler über die Ackerbauern und die Industrialisierung bis hin zu einer immer stärkeren Digitalisierung und Vernetzung. Durch eine stetige Differenzierung entsteht eine immense Vielfalt. Die Beschreibung vom Einfachen zum Komplexeren impliziert noch keine Wertung: Weder das eine noch das andere ist besser (vgl. Otto et al. 2007, S. 3).

Evolutionsmanagement bzw. evolutionäres Management bezeichnet die Herangehensweise an das Management von Organisationen, bei der die Vorgänge in der Organisation als Lebensprozesse betrachtet werden, die nach den gleichen oder ähnlichen Prinzipien und Gesetzmäßigkeiten wie andere Prozesse in der Natur ablaufen. Die Gestaltung von Organisationsprozessen nutzt dabei das Wissen aus vergleichbaren Naturprozessen.

Der Begriff „Evolutionsmanagement" meint nicht, dass wir die Evolution als Ganzes gestalten können – sie passiert. Gleichzeitig hat der Mensch durch seine Bewusstseinsentwicklung die Möglichkeit, Evolutionsprozesse zu begleiten, sie zu gestalten, zu managen und weiterzuentwickeln. Aufgabe von Managern ist es, ein Unternehmen erfolgreich zu machen. Dabei müssen sie in der Lage sein zu unterscheiden, wo sie gestalten können und wo Evolution geschieht, ohne dass sie das verhindern können. Es geht nun um die Bereitschaft, die Planung immer wieder umzuwerfen und anzupassen, wenn ein abiotischer oder biotischer Faktor sie durcheinanderwirbelt. Evolutionär denkende Führungspersonen beziehen neue Chancen oder Risiken schnell in ihre strategischen Entscheidungen ein und entwickeln ihre Planungen permanent weiter.

Menschen, die zum Wachstum regenerativer Energien und einer reduzierten Nutzung fossiler Brennstoffe beitrugen, haben die evolutionäre Entwicklung in diesem Feld mitgestaltet. Die Manager der großen Energieunternehmen haben lange Zeit geglaubt, dass sie die evolutionäre Entwicklung in Deutschland weg von Atomenergie und fossilen Brennstoffen verhindern können. Viele ihrer Probleme heute sind darauf zurückzuführen, dass sie die Entwicklung falsch eingeschätzt haben.

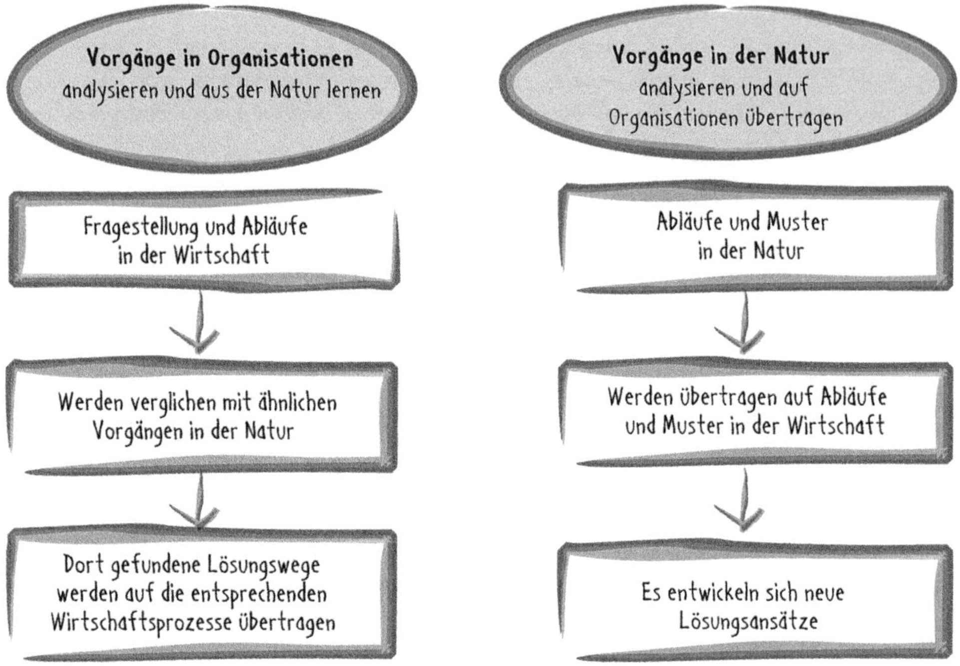

Abb. 10.1 Vorgehensweisen im Evolutionsmanagement. (Otto et al. 2007, S. 5)

Ökosystemdenken bezieht sich auf Komplexität, Wirknetz und Interaktion: Wie agiert das Unternehmen (als Organismus) in seinem Ökosystem? Wann befindet es sich z. B. in Konkurrenz, wann in Kooperation? Welche Anpassungsprozesse sind notwendig? Was müssen wir tun, um selber erfolgreich zu sein und gleichzeitig die Entwicklung unseres Ökosystems zu unterstützen (Abb. 10.1)?

10.2 Ökosysteme in der Natur und ihre Übertragung auf Ökosysteme in Wirtschaft und Gesellschaft

Natürliche Ökosysteme sind Lebensgemeinschaften von Organismen verschiedener Arten, die in einem räumlich abgegrenzten Ausschnitt ihrer Umwelt existieren. Im großen Ökosystem Erde sind dies z. B. Großlebensräume wie Meere, Wälder, Wüsten oder Seen. In jedes Ökosystem kann man immer weiter „hineinzoomen“. So stellt z. B. jeder einzeln stehende Baum bzw. die Rinde eines Baumes ein eigenes Ökosystem dar.

Wissenschaftler haben erkannt, dass sie die Komplexität der natürlichen Ökosysteme und ihre Entwicklung nur verstehen können, wenn sie das komplexe Zusammenspiel von biotischen und abiotischen Faktoren darstellen können. Die Biologie unterscheidet zwischen biotischen Faktoren (Lebewesen) und abiotischen Faktoren (z. B. Wind, Wetter, Ozeane, Geografie). Ein Beispiel: Vor 300 Mio. Jahren gab es Libellen mit einer Flügelspannweite von über 70 Zentimetern. Damals betrug der Sauerstoffgehalt der Luft (abiotischer Faktor) 35 %. Die Luftdichte war höher, den Tieren stand mehr Energie zur Verfügung. Heute liegt er nur noch bei 21 %. Deswegen, und auch weil danach die Vögel als neue Jäger aufkamen (biotischer Faktor), sind die Libellen heute sehr viel kleiner.

Auch der Mensch ist Teil der Natur. Als Art hat er im Laufe seiner Geschichte fast alle natürlichen Ökosysteme besiedelt, genutzt und verändert. Im übertragenen Sinn sind auch die dabei entstandenen Soziostrukturen lebendige Ökosysteme, in denen Unternehmen und Organisationen als Organismen verschiedene ökologische Nischen einnehmen bzw. nutzen. Diese Parallele findet immer öfter Anwendung in der Wirtschaft. Gerade der IT-Bereich lebt von schnellen Prozessen und hochgradiger Vernetzung. Dort sprechen Manager häufig von ihrem Ökosystem, in dem sie mit ihrem Unternehmen tätig sind. Auch Mobilitäts- und Finanzdienstleister sowie Kfz-Zulieferer stellen ihre komplexen Beziehungen mit Anspruchsgruppen inzwischen als Ökosysteme dar. Im Internet finden sich häufig Begriffe wie „Firmenökosystem", „Start-up-Ökosystem", „Partnerökosystem", „IT-Ökosystem" oder „EQ-Ökosystem", mit denen Unternehmen und Dienstleister in der Regel komplexe Beziehungen in mehrdimensionalen Systemen vor dem Hintergrund der Digitalisierung bezeichnen.

Seit Anfang der 1970er-Jahre gibt es zahlreiche Ansätze, die Wirtschaft an den Funktionsweisen der Natur auszurichten bzw. ökosystemares Denken auf die Wirtschaft zu übertragen. Vester war mit seinen Büchern *Das kybernetische Zeitalter. Neue Dimensionen des Denkens* und *Neuland des Denkens. Vom technokratischen zum kybernetischen Zeitalter* Pionier dieses Denkansatzes und hat auch den Begriff „Vernetztes Denken" geprägt (vgl. Vester 1974 und 1984). In der Literatur gibt es eine Reihe von Ansätzen, Ökosystemdenken auf die Wirtschaft zu übertragen. So hat z. B. Laszlo schon 1992 als Merkmal für ein neues Bewusstsein formuliert, die Menschheit als einen organischen Bestandteil des sich selbst erhaltenden und entwickelnden Systems der Natur im planetaren Zusammenhang der Biosphäre zu sehen (vgl. Laszlo 1992, S. 191). Moore hat 1993 die verschiedenen Stadien von Wirtschaftsökosystemen dargestellt (vgl. Moore 1993). Berkes und Folke diskutierten 1998 die Verbindung von sozialen und Ökosystemen zum Aufbau von Resilienz (vgl. Berkes und Folke 1998). Reeves, Levin und Ueda von Boston Consulting entwickelten sechs Prinzipien zum Lernen von der Natur für das Überleben von Unternehmen. Sie verglichen das geschäftliche Umfeld von Unternehmen mit den Ökosystemen, in denen Arten leben. Dabei versuchten sie eine Verbindung zwischen dem systemischen Ansatz und dem Ökosystemdenken herzustellen (vgl. Reeves et al. 2016, S. 39). Konzepte wie Zero Emissions bzw. Blue Economy plädieren für die Integration von Produkten, Prozessen und Systemen nach dem Vorbild und im Einklang mit der Natur (vgl. Pauli 2011, S. 11). Zahlreiche Initiativen, Kommunen und Unternehmen weltweit orientieren sich an diesem Leitbild.

In den wirtschaftlich-gesellschaftlichen Ökosystemen sind die Menschen die entscheidenden biotischen Faktoren. Sie prägen abiotische Faktoren wie Infrastruktur (Gebäude), Finanzen und Technik (Maschinen und Softwaresysteme). Weniger stark, aber immer noch deutlich mehr als die meisten anderen Spezies, beeinflusst der Mensch bestimmte abiotische Faktoren wie die Geografie, das Wetter und die Ozeane.

Der französische Philosoph Bruno Latour hat mit seiner Akteur-Netzwerk-Theorie die Sozialwissenschaften wesentlich mitgeprägt. Demnach sind Akteure nicht nur Menschen, sondern es gibt auch „Aktanten" – Dinge – sowie die Interaktion von Lebendem und Nichtlebendem (vgl. Latour 2007). Latour findet es einen großen Fehler, „sich eine soziale Welt ohne Objekte zu imaginieren und eine natürliche Welt ohne Menschen" (Latour 2017, S. 16).

Solche Wechselwirkungen von biotischen und abiotischen Faktoren zu verstehen, gehört zu den größten Herausforderungen in der heutigen Wirtschaftsentwicklung. Im „Internet der Dinge" wird versucht, das Zusammenspiel zwischen Mensch und Geräten über IT-Systeme zu optimieren. Heizung, Software und Hausbesitzer treten dabei in Interaktion. Auch die Industrie 4.0 beschäftigt sich damit, wie Menschen mit Robotern und Maschinen in der Fabrik der Zukunft besser interagieren können. Während vorher auf eine strikte Abgrenzung von Mensch und Roboter geachtet wurde – zum Beispiel zum Schutz vor Arbeitsunfällen –, geht es jetzt um eine engere Kooperation von Mensch und Roboter, die „Hand in Hand" miteinander arbeiten.

10.3 Dynamik und Zyklen in Ökosystemen

Naturschutz wird oft sehr statisch verstanden: Natürliche Ökosysteme gelten dann als idealtypisch, wenn sie von Konstanz und Stabilität geprägt sind. Doch evolutionär gesehen sind Ökosystemprozesse durch ausgesprochene Dynamik und große Veränderungen gekennzeichnet. Abiotische Faktoren wie die Gebirgsfaltung der Alpen, das Einbrechen des Oberrheingrabens, aktive Vulkane sowie Meteoriteneinschläge haben die Landschaft immer wieder grundlegend verändert. Auch das sich verändernde Klima hat schon immer die Ökosysteme beeinflusst, sodass Mitteleuropa zeitweise von tropischen Meeren, Schachtelhalmwäldern und Steppen geprägt war. Nach der letzten Eiszeit vor ca. 10.000 Jahren konnten Pflanzen und Tiere das Gebiet wieder neu besiedeln und es entwickelte sich ein flächendeckender Urwald. Seit rund 500 Jahren ist die Landschaft von menschlichem Wirtschaften geprägt. Die Art der Nahrungsmittelproduktion, der Energienutzung, der Mobilität und des Freizeitverhaltens der jeweiligen Generation prägt das Aussehen der Landschaft und ist entscheidend für den Grad der Veränderung (vgl. Rösler 2005, S. 15).

Diese Dynamik zieht sich ebenfalls durch Wirtschaft und Gesellschaft. Ihre Geschwindigkeit nimmt mit wachsender Komplexität und Vernetzung zu. Ihre langen

Linien und Perioden beschreibt die Wirtschaftswissenschaft mit den Kondratjew-Zyklen. Nach den Phasen Industrialisierung, Gründerzeit, Elektrotechnik, Automatisierung und IT beginnt nun der sechste Kondratjew-Zyklus. Welche Basisinnovation für diesen Zyklus maßgeblich ist, lässt sich im Augenblick noch nicht genau sagen. Starke Trends wie Globalisierung, beschleunigte technische Entwicklung, Digitalisierung, Volatilität, Internet der Dinge und soziale Netzwerke treiben das Leben mit einer enormen Dynamik an und verändern damit auch die Ökosysteme in Wirtschaft und Gesellschaft.

Dass man Zyklen unterschiedlich nutzen kann, zeigt das Beispiel des Fichtenkreuzschnabels. Diese Vogelart brütet mitten im Winter und füttert ihre Jungen mit den dann vorhandenen nährstoffreichen Samen der Fichtenzapfen. Auf die Wirtschaft übertragen zeigt das Beispiel, dass es sinnvoll sein kann, antizyklisch in die Produktion einzusteigen, wenn dadurch ein Vorteil bei der Ressourcennutzung entsteht.

Auch zwischen den Populationszyklen von Nagetieren und der Reproduktion von Greifvögeln, die sich von diesen Nagetieren ernähren, besteht eine enge Korrelation. So brüten Schneeeulen nur, wenn eine ausreichende Lemmingpopulation besteht. Und die Gelegegröße von Mäusebussarden hängt auch von der Feldmauspopulation ab. In der Natur wie in der Wirtschaft ist es sinnvoll, aus Gründen der Ressourceneffizienz die Reproduktion bzw. die Produktion vorausschauend zu drosseln oder zu steigern, um sie so an das Vorhandensein der notwendigen Ressourcen anzupassen.

10.4 Konkurrenz und Kooperation – zwei Seiten einer Medaille

In Ökosystemen stehen verschiedene Organismen zueinander in Konkurrenz und Kooperation. Während die Evolutionsbiologen früher vor allem die Konkurrenz als prägend für die Entwicklungen in der Natur wahrnahmen, betonen Forscher inzwischen v. a. die Bedeutung von Kooperation bei der Entwicklung der Komplexität des Lebens. Heute ist bekannt, dass mehr als 50 % der Biomasse auf der Erde in symbiotischen Beziehungen zusammenlebt (Abb. 10.2).

In der Natur und speziell im Wald findet man für diese Erfolgsstrategien viele Beispiele (vgl. Rösler 2013, S. 67). Die bekannteste Kooperation ist die Symbiose von Bäumen und Pilzen, die sich im Laufe der Evolution entwickelt, diese gestaltend mitgeprägt hat und heute eine strategische Win-win-Partnerschaft darstellt. Die Pilzgeflechte um die Wurzeln der Bäume liefern dem Baum notwendige Mineralien und zusätzliches Wasser und erhalten dafür vom Baum durch die Fotosynthese erzeugte Kohlenhydrate. Fielen die Bäume als Zuckerlieferanten der Pilze aus, würde der Pilz erheblich geschwächt, im Falle einer Abhängigkeit von einer einzigen Baumart sogar absterben. Umgekehrt können viele Bäume nur mithilfe von Pilzen an bestimmten Standorten wachsen und wären ohne die Symbiose mit ihnen deutlich anfälliger gegen Frost und Krankheiten.

Ähnliche Kooperationen und gegenseitige Abhängigkeiten bestehen zwischen Automobilproduzenten und ihren Zulieferern: Ein komplexes Produkt (Fahrzeug) kann nicht ohne Zusammenarbeit entstehen und erfolgreich sein. Auch in solchen

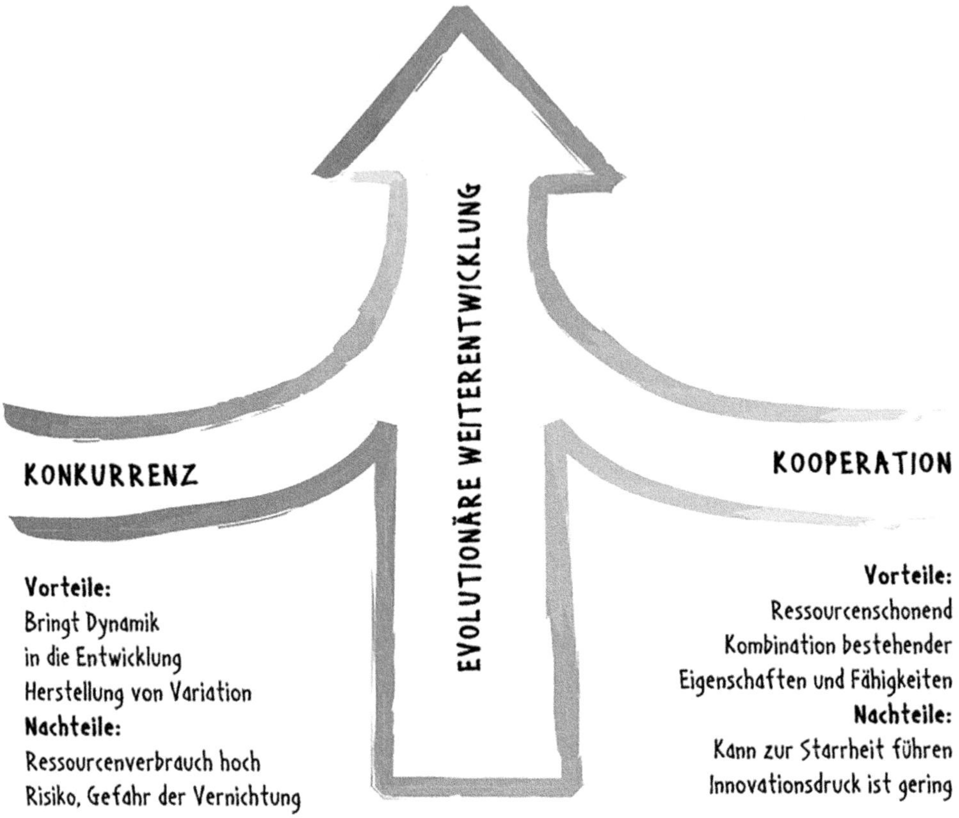

Abb. 10.2 Konkurrenz und Kooperation beeinflussen die evolutionäre Entwicklung. (Otto et al. 2007, S. 19)

Wirtschaftskooperationen kann es zur Schwächung oder sogar zum Absterben eines Partners führen, wenn das Verhältnis nicht symbiotisch gelebt wird bzw. die Rahmenbedingungen einseitig verändert werden. Beispiele dafür sind die Produktionskrisen bei VW im Sommer 2016 und bei BMW im Sommer 2017. Im Falle VW wurde die eingespielte Partnerschaft zwischen VW und zwei Zulieferern ausgesetzt, weil unabgestimmte Preisforderungen seitens VW von den Zulieferern mit Lieferstopp beantwortet wurden. Erst als sich beide Seiten auf die Spielregeln zur Fortsetzung ihrer „Symbiose“ verständigt hatten, konnte die Kooperation weitergehen und die Fertigung in den Produktionslinien wieder aufgenommen werden. Im Falle BMW waren es die ausbleibenden Zulieferungen von Gussteilen eines Unterlieferanten aus Italien an den Zulieferer Bosch, die zu Produktionsausfällen führten. Während früher eher die Problematik diskutiert wurde, dass Produzenten ihre Zulieferer unter Druck setzten bzw. kurzfristig austauschten, haben zunehmende Spezialisierung und Arbeitsteilung v. a. in technischen Branchen mittlerweile zu einer deutlich stärkeren Position der Zulieferer geführt.

Starke Konkurrenz kann die Innovationsgeschwindigkeit in Ökosystemen erhöhen. Das bekannteste Beispiel dafür sind die Darwinfinken. Sie lebten nach ihrer Neuankunft auf den Galapagosinseln zunächst ohne Konkurrenz und konnten sich dank bester Bedingungen stark vermehren und ausbreiten. Die entstehende hohe Population erhöhte die intraspezifische Konkurrenz und den Selektionsdruck, der zur Abwanderung auf andere Inseln und dort zu geografischen Separationen führte. Aus einer einzigen Ursprungsart entstanden letztlich 14 verschiedene Finkenarten. Mit ihren unterschiedlichen Schnäbeln haben diese sich bzgl. der Nahrungssuche hochgradig spezialisiert und dadurch sowohl die Konkurrenz reduziert als auch die Ressourcennutzung optimiert (vgl. ESEB 2012).

Konkurrenz kann auch die Innovationsbereitschaft ganzer Branchen befördern. Mindesteffizienzstandards wie das Top-Runner-Programm aus Japan führen zu einer höheren Ressourceneffizienz. Dabei wird das beste im Markt befindliche Gerät zum Standard erhoben. In den Folgejahren müssen alle neuen Geräte mindestens die Effizienzstufe erfüllen, die das beste Produkt am Markt vor z. B. drei oder fünf Jahren erreichte (vgl. BMUB 2016b). Auch bei Ausschreibungen für Architektenwettbewerbe oder Designwettbewerbe sorgt Konkurrenz für Innovationen und Vielfalt.

Das lebendige Wechselspiel zwischen Konkurrenz und Kooperation erhält aufgrund der großen Herausforderungen vor allem in der Automobilbranche viele neue Impulse. Dass die Autobauer Tesla und Toyota zusammenarbeiten, war vor einigen Jahren noch undenkbar. Heute zeigen sie, wie sich Konkurrenz erfolgreich mit Kooperation verbinden lässt. Beide Firmen haben ihren Mitbewerbern eigene Patente im Bereich der Wasserstofftechnologie und der Elektromobilität zugänglich gemacht und zur Nutzung freigegeben. Sie wissen, dass sie alleine den Umstieg in die Elektromobilität und die Wasserstofftechnologie nicht schaffen können. Es braucht starke Wettbewerber, die den Ausbau der Infrastruktur mit unterstützen und dadurch den Ausstieg aus Antrieben mit fossilen Brennstoffen beschleunigen. Dieser Paradigmenwechsel trägt dazu bei, Synergien zu nutzen, Entwicklungszeiten zu verkürzen, Kosten zu senken und damit das eigene Geschäft langfristig erfolgreich zu machen.

Die Politik erlebt heute eine Renaissance des Konkurrenzdenkens, wofür teils sogar die Evolution als Begründung herangezogen wird. Doch die Evolutionstheorie besagt gerade nicht, dass der Stärkere siegt: Der Untergang der großen Dinosaurier und die Erfolgsgeschichte der damals mausgroßen Säugetiere – der Vorfahren des Menschen – machen das deutlich. Politiker wie der US-Präsident Donald Trump nutzen gezielt emotionale Botschaften, um die evolutionären Urängste der Menschen anzusprechen und sie so für ihre Interessen zu gewinnen. Der Konkurrenzkampf wird dabei durch Ingroup-Outgroup-Zuschreibungen (z. B. „wir als Nation" – „die anderen Nationen") in eine Perspektive der Notwendigkeit und Alternativlosigkeit gerückt. Deshalb sollte sich „evolutionäre Politik" – also eine Politik, die an die Prinzipien des evolutionären Managements angelehnt ist – nicht nur auf dem schmalen Pfad des Vernunftdenkens bewegen, sondern auch die Grundbedürfnisse und Ängste der Menschen einbeziehen und hierfür Antworten, Zuversicht und alternative Wege aufzeigen.

10.5 Absterbeprozesse sind Innovationstreiber

Die Evolution zeigt uns, dass Wachstum nur eine Form des Lebens ist. Stagnation, Schrumpfung oder Absterben sind ebenfalls elementare Phasen des Lebenszyklus. Oftmals macht erst das Absterben zukünftiges Wachstum überhaupt möglich, wie beim Laubbaum, der seine Blätter abwirft, um dann im Frühling neu auszutreiben. In der Natur erfolgen Wachstum und Absterben in einem bestimmten Rhythmus, in hiesigen Breitegraden z. B. in Orientierung an den Jahreszeiten. Dass Winter und Kälte Absterbeprozesse mit sich bringen, ist offensichtlich. Sie sind aber auch Innovationstreiber, denn viele Arten haben im Laufe der Evolution erstaunliche Anpassungsstrategien entwickelt, um die Zeiten der Ressourcenknappheit gut zu überstehen: schrumpfende Schädel und Organe sowie Winterruhe oder Winterschlaf bei vielen Säugetieren, Energiespeicherung von Nektar bei Hummeln und in Speicherorganen bei Geophytenpflanzen, Frostschutzeinlagerung bei Insekten, Anlegen von Nahrungsdepots bei Hamstern, Eichelhähern und Eichhörnchen, reduzierte Stoffwechselprozesse bei Amphibien und Reptilien. Analog dazu haben auch die in den Wüsten der Erde lebenden Pflanzen und Tiere vielfältige Überlebensstrategien entwickelt, um Hitze- und Trockenheit zu überstehen. Viele Pflanzenarten reduzieren bei Trockenheit fast sämtliche Lebensaktivitäten nahezu auf den Nullpunkt, um nach dem nächsten Regen in eine rasante Wachstumsphase überzugehen.

Auch die zerstörende Kraft des Feuers fördert viele Pflanzen- und einige Tierarten (Pyrophile). So profitieren z. B. Mammutbäume und Eukalyptus von der Hitze des Feuers. Ohne diesen abiotischen Faktor können sich die Pflanzen nicht regenerieren. Erst durch einen Waldbrand öffnen sich ihre Früchte, weil dann die Chancen für junge Pflanzen besser stehen: Sie konkurrieren weniger um Wurzelraum und Licht, die Asche nährt sie mit mehr Mineralien (vgl. Otto und von Ondarza 2009, S. 46). In der Betriebswirtschaft spiegelt sich dieses Prinzip in der schöpferischen Zerstörung von Joseph Schumpeter (vgl. Schumpeter 2005): Eine Innovation – also eine Neukombination von Produktionsfaktoren – setzt sich durch und verdrängt bzw. vernichtet damit alte Strukturen. Diese Zerstörung ist nicht rein destruktiv, sondern kreativ: Sie ermöglicht die Neuordnung des Systems.

So geschah es am Yukon River in Kanada: Wo heute Naturtouristen durch idyllische Baum- und Gestrüpplandschaften paddeln, brach Anfang des 20. Jahrhunderts der Goldrausch aus. Dem Besucher heute begegnen auf seiner Reise die Reste des alten Schaufelraddampfers „Evelyn“. Sein Wrack steht als Symbol für den rasanten Aufstieg und genauso schnellen Wiederabstieg menschlicher Aktivitäten in einer Region. Lange war das Gebiet um den Yukon River nur von den Ureinwohnern besiedelt, die nomadisch lebten und vorrangig über den Fluss Handel mit Fellen, getrocknetem Fleisch und Perlen trieben. 1896 entdeckten zwei Natives am Klondike River, einem Nebenfluss des Yukon, das glänzende Element, was damals alle suchten: Gold. Dieser einzelne abiotische Faktor veränderte die Gesellschaft und Landschaft grundlegend: Die Region wuchs um 100.000 Goldsucher, die vor allem aus Kalifornien kamen. Die Infrastruktur explodierte. Dawson

City beispielsweise hatte bis zum Goldrausch ca. 1500 Einwohner, innerhalb eines Jahres kamen 30.000. Heute leben in der Stadt wieder nur noch ca. 2000 Menschen. Denn während des zweiten Weltkriegs bauten die USA den Alaska Highway, wodurch sich das gesamte Leben vom Fluss weg an den Highway (abiotischer Faktor) verlagerte. Am Yukon gewann die Natur Raum zurück, mit überwucherten Blockhütten, regelmäßigen natürlichen Waldbränden und wachsendem Wildtierbestand. Mittlerweile gibt es in der Region genauso viele Grizzlys wie Menschen.

Aus dem Wald kennt man eine idealtypische Kreislaufwirtschaft: Bäume keimen und wachsen, später sterben sie ab und ihr Holz wird zersetzt – und bietet damit Nährboden für das Keimen neuer junger Bäume. Gleichzeitig tummelt sich in toten Baumteilen die Vielfalt des Lebens, von Käfern und Würmern bis hin zu Pilzen. Rund ein Viertel aller in Deutschland vorkommenden 6500 Käferarten lebt in absterbendem, totem oder zerfallendem Holz. Absterbeprozesse schaffen Raum für Innovationen – auch in der Wirtschaft. Dort hat z. B. der Atomausstieg einen ungeheuren Forschungs- und Innovationsschub zugunsten der erneuerbaren Energien ausgelöst, der im Prinzip auch vorher schon möglich gewesen wäre, aber mangels Absterbeprozess nicht stattgefunden hat. Schrumpfungsphasen und das Aussterben von Arten ermöglichen neues Wachstum. 99 % aller Arten, die es jemals auf der Erde gab, sind wieder ausgestorben.

In der vernetzten und beschleunigten Wirtschaft nimmt das Absterben Fahrt auf: Unternehmen aus dem Aktienindex Standard & Poor's 500, der die Wertpapiere der 500 größten Unternehmen der USA umfasst, wurden vor 50 Jahren im Schnitt 62 Jahre alt. Heute sind es nur noch 18 Jahre. Auch in Deutschland beträgt die durchschnittliche Lebensdauer von Unternehmen nach Angaben der Creditreform nur 18 Jahre. Aber die Unternehmen lösen sich nicht einfach auf. So wie Totholz Nährboden für neues Leben ist, so bereichern die Mitarbeiter gescheiterter oder fusionierender Unternehmen ihre neuen Arbeitgeber mit ihrem Know-how. Als der Stahlkonzern Preussag zum Touristikkonzern TUI wurde und der Stahlkonzern Mannesmann im Mobilfunkunternehmen D2 aufging, das später von Vodafone gekauft wurde, veränderten sich ganze Branchen.

10.6 Diversität stärkt Risikomanagement und Überlebensfähigkeit

Ökosysteme mit einer hohen Biodiversität sind produktiver und stabiler gegenüber Schwankungen der Umweltbedingungen als solche mit geringerem Artenreichtum (vgl. Universität Zürich 2017). Die Vorteile von Vielfalt (Diversität) lassen sich besonders gut am Ökosystem Wald darstellen. Urwälder und naturnahe Wälder sind vergleichsweise stabile, sich weitgehend selbst regulierende Ökosysteme mit gut funktionierenden Kreislaufprozessen: Hier gibt es keinen Abfall, sondern nur Wertstoffe, die wiederverwertet werden. Wälder sind besonders robust gegen Krisen und Schädlinge, wenn sie über Artenvielfalt, Strukturreichtum und Vielschichtigkeit, also eine möglichst gute Mischung aus jungen, mittelalten und alten Bäumen, verfügen. Im Gegensatz zu Monokulturen und Altersklassenwäldern (alle Bäume sind gleich alt) zeichnen sich

Urwälder durch eine hohe Diversität aus. Hier sind viele Baumarten vom Sämling bis zum abgestorbenen Baumriesen sowie unzählige andere Organismen vertreten. Dieses Diversity-Management trägt zur effizienten Ressourcennutzung sowie zur Risikovorsorge und Anpassungsfähigkeit bei und ermöglicht ein breiteres Reaktionsspektrum auf dynamische Entwicklungen und Veränderungen. Im Kontrast dazu stellen Monokulturen aus einer Baumart und einer Altersklasse eine Art von Risikowirtschaft dar: Sie können zwar im Idealfall sehr rentabel sein, sind aber andererseits sehr anfällig gegenüber Stürmen, Schadorganismen, Trockenheit und anderen externen Einflüssen, weil keine alternativen Entwicklungsmöglichkeiten zur Verfügung stehen.

Auch in Unternehmen wächst die Erkenntnis, dass Diversity ein Erfolgsfaktor ist. Während früher eher der uniforme Mitarbeiter gewünscht wurde, suchen Unternehmen heute eher eine Belegschaft mit verschiedenen Potenzialen, um besser auf die unterschiedlichsten Herausforderungen reagieren zu können. Immer mehr Führungskräfte erkennen, dass heterogene Teams besser als homogene Teams dazu in der Lage sind, Ideen zur Lösung komplexer Probleme zu entwickeln – was auch für die Führungsebene selbst gilt. Die Topmanagerin Regine Stachelhaus sagt dazu: „Man braucht ganz unterschiedliche Mitarbeiter: junge, alte, Frauen, Männer, Deutsche, Migranten – umso gemischter eine Gruppe ist, desto höher ist die Chance, dass sie gute Ideen entwickelt" (Stachelhaus 2017, S. 28).

Kunden schätzen die Vielfalt von Produkten. Zwar erfordert ein großer Variantenreichtum eine höhere Prozesskomplexität, er hilft aber beim Umgang mit Marktschwankungen: Während der Absatz des einen Produkts schwächelt, hat vielleicht das andere eine Boomphase und kann die Umsatzzahlen in Balance bringen. Zwar fordern Finanzinvestoren nicht selten eine Beschränkung der Produktanzahl oder -komplexität („Konzentration auf die Kernkompetenz"), weil dadurch das Unternehmen besser kontrollierbar und einschätzbar erscheint. Doch die Lebensfähigkeit und Robustheit wird langfristig durch Diversität gestärkt.

Mangelnde Vielfalt kann ganze Branchen bedrohen. Der Klimawandel hat die Wassertemperatur der Ostsee seit 1990 um 1,5 °C erhöht (abiotischer Faktor). Der Hering ist hieran nicht angepasst, seine Bestände leiden unter der Veränderung (biotischer Faktor). Diese Entwicklung stellt gleichzeitig eine massive Gefahr für die Ostseefischer dar (soziale Auswirkungen): Sie haben sich auf ein Produkt konzentriert und sind nicht genügend diversifiziert, um sich schnell anzupassen. Ihnen droht politisch eine Kürzung der Fangmenge für Hering um 54 % im Vergleich zu 2017. Zudem werden weitere Teile des Ökosystems laut Angaben des zuständigen Ministeriums stark beeinflusst: „Aufgrund der zentralen Stellung des Herings im Ökosystem der Ostsee sind drastische Veränderungen im gesamten Nahrungsnetz, einschließlich der Auswirkungen auf andere Fischbestände, Meeressäugetiere und Seevögel, zu erwarten" (DIE ZEIT/dpa 2017). Die Fischer in Island standen vor einem ähnlichen Problem: Die großen Fabrikschiffe der Industriefischer dezimierten die Bestände, einige Arten starben sogar aus. Daraufhin wurde die Fischerei im großen Umfang verboten. Heute fangen wieder lokale Fischer mit kleinen Motorbooten und mithilfe von Leinen, was Beifang ausschließt. Sie sind damit in ihrem Ökosystem erfolgreich angepasst und die Bestände haben sich stabilisiert.

10.7 Klein, mittel, groß – mehr Optionen durch Strukturvielfalt

Ökosysteme sind durch das Nebeneinander und Miteinander von großen und kleinen Organismen geprägt. In der Natur gibt es winzige Bakterien und tonnenschwere Blauwale, einen 900 ha großen Pilz und einen 116 m hohen Baum. Unterschiedliche Bein- und Schnabellängen ermöglichen Wattvögeln ein konkurrenzärmeres Nebeneinander bei der Nahrungssuche im Watt. Auch die Huftiere in der afrikanischen Savanne, von der winzigen Dikdik-Gazelle bis zur sechs Meter hohen Giraffe, teilen sich die Nahrung. Große und kleine Akteure ermöglichen auf Basis unterschiedlicher Strategien und Spezialisierungen eine optimale Ressourcennutzung und ergänzen sich in vielfältiger Weise.

Bakterien sind die einfachsten und kleinsten Organismen der Erde – und vielleicht auch die erfolgreichsten: Seit Millionen Jahren finden sie ihren Platz in den unterschiedlichsten Ökosystemen. Während viele höher entwickelte Arten, wie z. B. die großen Formen der Dinosaurier, ausgestorben sind, haben Bakterien überlebt und sich auch an schwierige Umfeldbedingungen bestens angepasst.

Das Erfolgsrezept der Bakterien entwickelt sich nun zum Problem in den Krankenhäusern – denn ihre Anpassung verläuft auch schneller, als alle Erkenntnisse der Pharmaindustrie greifen können. Die Entwicklung neuer Antibiotika ist teuer und wenig attraktiv für die stark shareholder-getriebene Branche. So bleibt die Subvention der Forschung am Staat und letztlich am Steuerzahler hängen. Auch eine andere Branche verhilft den Krankheitserregern zum Erfolg: die Landwirtschaft. Bakterien profitieren davon, dass viele Antibiotika bei der Intensivtierhaltung zum Einsatz kommen, was die Resistenzbildung der Keime stärkt. Viele Schweine- und Putenmastbetriebe gleichen heute einem Hochsicherheitstrakt und dürfen nicht betreten werden, weil die Tiere in Quarantäne gehalten werden müssen. Solche Herausforderungen entwickelten sich erst mit dem Aufkommen von intensiv und konventionell bewirtschafteten Großbetrieben. Doch die kleinen Erreger finden ihren Weg. Allein in Deutschland sterben laut Gesundheitsministerium mindestens 10.000 Menschen pro Jahr infolge von Krankenhausinfektionen. Nach Aussagen von Professor Walter Popp, Vizepräsident der Deutschen Gesellschaft für Krankenhaushygiene, dürfte die Zahl mit „mindestens einer Million Infektionen und mehr als 30.000 bis 40.000 Todesfällen" pro Jahr noch weit höher liegen (Biermann et al. 2014).

Im Wirtschaftsdiskurs setzt man meist noch auf schnelles Wachstum und Größe. Anhänger von Monopolen glauben, dass es gut wäre, das Ökosystem zu dominieren. Doch bringen gerade die Kleinen – vor allem auch Start-ups – größere Innovationen ins Rollen. Es waren die kleinen Bioläden, die Biosupermärkten wie Alnatura das Feld bereiteten. Es ist Tesla, der die großen Automobilhersteller hinsichtlich der Entwicklung und Einführung der E-Mobilität zum Handeln zwingt. Es waren die kleinen Energieversorger und Stadtwerke, die unabhängig von den großen Monopolisten die Entwicklung und Nutzung regenerativer Energien vorantrieben. Solche Vorreiter gleichen der Ausreißergruppe im Fahrradrennen: Sie fahren auf eigenes Risiko voran und sorgen dafür, dass sich auch das Hauptfeld bewegt. Noch fördert die Politik viel zu wenig die Innovateure und damit auch eine belebende Diversität. Dabei zeigt gerade die deutsche Wirtschaft, dass eine ihrer Stärken die gesunde Mischung aus Selbstständigen, Familienbetrieben, Start-ups, KMU, DAX-Unternehmen und internationalen Konzernen ist. Das entspricht der evolutionären Erfolgsgeschichte, die ganz wesentlich auf der permanenten Entwicklung von Diversität von Arten und Strukturen basiert.

10.8 Wirtschaft braucht ökosystemares Denken und Handeln

Unternehmen sollten das Wissen aus ökosystemaren Zusammenhängen für sich nutzen, denn die ständig wachsende Komplexität der wirtschaftlichen Geschehnisse ist mit den traditionellen Analysemethoden nicht mehr erfassbar. Herkömmliche Umfeldanalysen engen das Unternehmen ein, indem sie – wenn überhaupt – die Beziehungen zwischen Unternehmen und ihren Stakeholdern (also Interessengruppen, z. B. Kunden oder Lieferanten) betrachten und damit nur die biotischen Faktoren. Oder sie fokussieren sich auf Technikanalysen und damit nur auf die abiotischen Faktoren, statt beide Faktorengruppen in einer Analyse zu verbinden. Sie denken in linearen Prozessketten statt in komplexeren Wirknetzen. In Zeiten hoher Volatilität, Unsicherheit, Komplexität und Ambivalenz – kurz VUKA genannt – braucht es aber die komplexe Analyse der vielfältigen Ökosystemfaktoren in all ihren Wirkzusammenhängen. Damit lassen sich Handlungsoptionen besser bewerten und die Leistungsfähigkeit von Unternehmen steigern.

Eine große Behörde führte den Digitalfunk neu ein – ein hochkomplexes Projekt, weil die Umstellung bei laufendem Betrieb durchzuführen war und diesen nicht beeinträchtigen durfte. In der Ökosystemanalyse wurde die Komplexität reduziert, um dadurch praktische Handlungshilfen zu bekommen. Die kritischen Wirkfaktoren beinhalteten im Bereich der biotischen Faktoren das Zusammenspiel der Mitarbeiter in der Behörde mit den externen Projektbeteiligten. Hier gab es viele Reibungspunkte, weshalb man Maßnahmen zur Verbesserung der Kommunikation entwickelte. Bei den abiotischen Faktoren stellte sich heraus, dass die kritischste Beziehung besteht zwischen der neuen Technologie und den weiterhin zu nutzenden Komponenten (Bestandskomponenten) aus der alten Technologie. Auch hierfür ließen sich Maßnahmen zur Reduzierung möglicher Fehler herausarbeiten. Diese biotischen und abiotischen Wirkfaktoren waren eng miteinander verknüpft, daher ließen sich die technischen Risiken nur durch eine engere Zusammenarbeit von internen und externen Projektbeteiligten lösen.

Die Klärung solcher komplexen Zusammenhänge ermöglicht es Organisationen außerdem, in ihrem Wirken nachhaltiger zu werden. Weder Gesellschaft noch Wirtschaft können es sich leisten, die Natur durch ihre Art des Wirtschaftens zu zerstören. Denn dadurch wird letztendlich auch der Lebensgrundlage des Menschen der Boden entzogen. Deshalb gehört zu einer modernen Wirtschaftsethik, wirtschaftliches Handeln durch eine ökosystemare Denk- und Handlungsweise mit der Natur in Einklang zu bringen.

Die Realisierung nachhaltigen Wirtschaftens führt zwangsläufig auch zu einer Neubewertung der volkswirtschaftlichen Bedeutung des Natur-, Umwelt- und Klimaschutzes.

Unterlassene Investitionen in diesem Bereich verteuern künftig das Leben und Wirtschaften aufgrund der enormen, bisher versteckten (externalisierten) Folgekosten. Um diese Kosten transparent zu machen, sollten künftig ergänzende Indikatoren wie Ressourcenverbrauch, Umweltbelastung und soziale Folgekosten in einen „Wohlstandsindikator" einbezogen werden. Ziel ist es, dass künftig Klimaneutralität und Naturverträglichkeit als Schlüsselindikatoren bei der Bewertung von Wirtschafts- und Produktionsweisen einbezogen werden (vgl. MLR 2015, S. 40). Vor allem die TEEB-Studien belegen eindrucksvoll den hohen volkswirtschaftlichen Wert der Leistungen der Ökosysteme und der Biodiversität und damit gleichzeitig auch die unkalkulierbaren Folgekosten eines zerstörerischen Umgangs mit der Natur.[1]

Untersuchungen zeigen, dass für die Langlebigkeit von Unternehmen vor allem ihre Agilität und schnelle Anpassungsfähigkeit in ihrem Ökosystem wichtig sind (vgl. De Geus 1998, S. 23). Die Vorteile ökosystemaren Denkens und Handelns zeigen sich an der Entwicklung des Mobiltelefonmarktes. Lange Zeit war Nokia der Goliath unter den Geräteherstellern. Bis der große Einbruch kam: Plötzlich eröffnete Apples iPhone dem Nutzer völlig neue Möglichkeiten und generierte einen Hype. Nokia verlor rapide Marktanteile. „Unsere Wettbewerber nehmen uns nicht über ihre Geräte Marktanteil ab, sie nehmen ihn uns mit einem kompletten Ökosystem ab", stellte der damalige Nokia-Vorstandsvorsitzende Stephen Elop fest. Was genau war passiert? Apple brachte 2007 mit dem iPhone ein Gerät auf den Markt, das mehr war als ein Telefon: Es war Teil eines komplexen Ökosystems mit vielen neuen Anwendungsmöglichkeiten. Es ließ neue Techniken entstehen und verband unterschiedliche Menschengruppen: App-Entwickler, Musikproduzenten, Verkäufer, Kunden. Apples Wettbewerber auf dem Smartphonemarkt standen vor einer großen Herausforderung: Nur durch die Kooperation von ehemaligen Konkurrenten konnten sie eine Alternative auf den Markt bringen. So kam es zum Schulterschluss von Google (Betriebssystem), Verizon (Netzbetreiber) und unterschiedlichsten Geräteherstellern (z. B. Samsung, Motorola). Verizon verzichtete darauf, kontrollieren zu wollen, welche Netze die Kunden auswählten, Google verzichtete darauf zu steuern, welche Hersteller sein Betriebssystem Android in ihren Geräten nutzten. Deshalb gibt es heute nicht das eine Android-Smartphone, sondern viele unterschiedliche Smartphones im Android-Ökosystem. Hinzu kommt, dass die Programmierung der App-Software für Android quelloffen ist und nicht von Google reglementiert wird.

[1]TEEB (The Economics of Ecosystems and Biodiversity) wurde 2007 als internationale Forschungsinitiative ins Leben gerufen, um den ökonomischen Wert der Dienstleistungen von Ökosystemen und der Biodiversität erfassbar zu machen. Die zwischen 2007 und 2010 erschienenen Berichte führten zu einer verstärkten Wahrnehmung der bis dahin in der Regel als kostenlos wahrgenommenen „Dienstleistungen" der Natur. Bekanntestes Beispiel ist der mit 153 Mrd. US$ bezifferte Wert der jährlichen Bestäubungsleistung von Insekten. Auf nationaler Ebene wird TEEB in Deutschland im Rahmen des Projekts TEEB DE – Naturkapital Deutschland fortgesetzt (vgl. BMUB 2016a).

Die Konkurrenzfähigkeit von Google erhöhte sich dadurch, dass das Unternehmen vielen ermöglichte, sich in dieses Ökosystem zu integrieren. Die Beteiligten haben so ein stimmigeres Verhältnis von Geben und Nehmen innerhalb ihres Ökosystems gefunden als Apple. Entsprechend wuchs der Anteil des Betriebssystems Android am Smartphonemarkt viel stärker als der des iOS von Apple. Aufgrund einer erfolgreichen Markenentwicklung und hoher Margen fährt Apple weiterhin hohe Gewinne ein. Wenn Google seine Marktmacht nun zu sehr ausnutzt und seine Datensammlung übertreibt, kann sich auch diese Erfolgsgeschichte schnell wenden.

Handlungsstrategien in ökosystemaren Zusammenhängen

In der Ökosystemdiskussion und in der Nachhaltigkeitsdebatte spielt heute eine Reihe von Zuständen eine wichtige Rolle, die angestrebt werden sollen und für die Gestaltung von Ökosystemen relevant sind:

Persistenz: Im Ökosystem gibt es wenige Veränderungen über lange Zeit. Dies gilt z. B. für Wüsten, die sehr lange bestehen. Positives Beispiel sind die Kreisläufe in einem Mischwald. In der Wirtschaft ist bei der hohen Veränderungsdynamik Vorsicht geboten. Es gibt zwar Nischen mit wenigen Veränderungen, aber in der Regel sind heute immer schnellere Anpassungen eines Unternehmens an sein Umfeld notwendig, um zu überleben.

Resilienz: Das Ökosystem kehrt nach Störungen in seinen Ausgangszustand zurück, vergleichbar mit einer Pendelbewegung. Nach einem Waldbrand kehrt der Wald nach mehreren Jahrzehnten wieder zu seiner alten Form zurück. Die Resilienzfähigkeit gewinnt sowohl bei einzelnen Personen als auch in sozialen und wirtschaftlichen Systemen an Bedeutung. Dazu gehört auch die Fähigkeit von Unternehmen, sich auf die Veränderungen des Klimawandels rechtzeitig einzustellen.

Resistenz: Das Ökosystem ist weitestgehend unempfindlich gegenüber schädlichen äußeren Einflüssen. Beim Körper ist hierfür vor allem das Immunsystem zuständig. In der Wirtschaft kommt dieser Begriff vor allem in der Pharmaindustrie vor, die sich hilflos konfrontiert sieht mit der schnellen Resistenz von Krankheitserregern gegenüber z. B. Antibiotika oder Malariamitteln. Im Zuge der Digitalisierung gewinnt dieser Zustand auch Bedeutung gegenüber Angriffen im Internet, wie Schadsoftware, Viren oder Würmern.

Suffizienz: Dieser Begriff aus der Nachhaltigkeitsdebatte meint die Fähigkeit, den Konsum besonders ressourcenintensiver Produkte zu reduzieren. Parallelen dazu finden sich in natürlichen Ökosystemen. Die Lebewesen in der Wüste haben eine Vielzahl von Strategien und Prozessen entwickelt, wie sie in Zeiten der Trockenheit ihren Wasserverbrauch und Energieeinsatz sowie ihre Stoffwechselprozesse radikal reduzieren können.

Effizienz: Die Entwicklung der Komplexität des Lebens auf der Erde geht häufig mit effizienteren Prozessen einher. In der Nachhaltigkeitsdebatte zielt die Strategie darauf ab, Energie- und Ressourcenverbrauch zu reduzieren durch einen effizienteren Einsatz. In der Wirtschaft gelingen Produktivitätssteigerungen oft über Effizienzsteigerungen. Die Effizienzdiskussion klammert die Frage nach der Sinnhaftigkeit bestimmter Produkte oder Dienstleistungen zunächst aus: Auch wenn große Autos (SUVs) in den letzten Jahren sehr viel effizienter geworden sind, so hat der Trend, fast jeden Großstädter mit einem SUV zu versorgen, sich massiv nachteilig auf die CO_2-Bilanz im Feld der individuellen Mobilität ausgewirkt (sogenannter Reboundeffekt).

10.9 Ökosystemanalyse statt Umfeldanalyse: Überblick schafft Durchblick

Die gesellschaftspolitische Diskussion ist stark durch interessensgeleitete Sichtweisen geprägt. Große Teile der Tagespolitik stellen den Menschen mit seiner Rationalität, seinem Bewusstsein und seiner Zielorientierung in den Mittelpunkt und konzentrieren sich einseitig auf die Interessen der Menschen.[2] Im Gegensatz dazu fokussieren sich viele Ingenieure und Techniker stark auf die Digitalisierung als *die* Zukunft und begleiten unkritisch alle Entwicklungen, die aus dem Silicon Valley kommen, insbesondere die der großen Hightechfirmen wie Apple, Google und Facebook. Eine dritte Perspektive nehmen viele Naturschützer ein, die das Ideal einer „reinen" Natur verfolgen, die vom Menschen möglichst nicht gestört und beeinflusst werden darf und sich nicht verändern soll.

Bei allen drei Sichtweisen besteht das Problem darin, die Entwicklung der Organismen (Menschen, Tiere, Pflanzen) nicht mit der Entwicklung des Gesamtökosystems (Wirtschaft, Gesellschaft, Natur) in Deckung zu bringen. Ökosystemares Denken und Handeln zielt darauf ab, die drei Elemente (Mensch, Technik und Natur) zusammenzudenken und zusammenzufügen. Damit wird die Komplexität der Welt besser verständlich und gestaltbar, die verschiedenen Interessen können integriert und Folgeprobleme reduziert werden.

Mittel- und langfristig versagt die bisherige Planungstechnologie von Unternehmen, weil sie die Komplexität evolutionärer Entwicklung nicht mehr erfassen kann. Analysen in der Wirtschaft untersuchen in der Regel biotische (Stakeholder-Analyse, HR-Analysen) *oder* abiotische (Technikanalysen) Faktoren. Wichtig ist aber, das Zusammenwirken dieser Faktoren zu verdeutlichen, zu verstehen und zu interpretieren. Dies ermöglicht die Ökosystemanalyse. Mit ihrer Hilfe lässt sich eine Organisation als ein Ökosystem mit Menschen, Produkten, Rohstoffen, Kunden etc. analysieren. Ebenso

[2]Die Zentrierung auf den Menschen spiegelt sich z. B. im Begriff Anthropozän, der von einigen Forschern definiert wird als neues erdgeschichtliches Zeitalter, das wesentlich durch den Menschen und die Auswirkungen seines Handelns geprägt wird (vgl. Spektrum der Wissenschaft 2017).

lässt sich aber auch das Ökosystem darstellen, in welchem das Unternehmen als Organismus agiert.

Ökosystemares Denken findet seine praktische Anwendung in der Strategiearbeit von Unternehmen und Organisationen. Hier braucht es ein Instrument, um die Komplexität des jeweiligen Ökosystems abzubilden und seine Dynamik für Prognosen handhabbar zu machen. Als konkretes Anschauungsbeispiel für komplexe Ökosysteme sowie darin gelebte Prozesse, Strategien und Interaktionen bietet sich der Wald an. In diesem lebendigen Reallabor finden sich erstaunliche Parallelen zu Themen, die üblicherweise im Zusammenhang mit Innovations- und Krisenmanagement sowie bei Strategie- und Teambuilding-Prozessen diskutiert werden. Die Autoren dieses Beitrags nutzen den Wald gezielt als Ideenbörse, um aufbauend auf konkrete Naturbeispiele nutzwertorientierte Impulse für eine Transferdiskussion geben zu können (vgl. Rösler 2017). Zudem unterstützen sie Unternehmen, Organisationen und Teams im Rahmen von Workshops bei der Durchführung von Ökosystemanalysen. Daraus erarbeiten die Teilnehmer Handlungsstrategien für die evolutionäre Weiterentwicklung ihres Unternehmens oder von Unternehmensteilen (vgl. Evoco 2017).

Der Vorteil der Ökosystemanalyse gegenüber einer klassischen Umfeldanalyse liegt in der systematischeren Herangehensweise und der umfassenderen, ganzheitlichen Untersuchung. Herangezogen werden:

- externe und interne Einflüsse und Betrachtungsweisen,
- lebende Akteure und nichtlebende Faktoren (biotisch/abiotisch),
- die evolutionäre Entwicklung: Betrachtungen von Vergangenheit, Gegenwart und Zukunft (Dimensionalität der Analyse und der Handlungsperspektiven).

Die Ökosystemanalyse schafft Überblick, indem man zuerst die unterschiedlichen Faktoren und Entwicklungen zusammenträgt und im Anschluss daran die Komplexität reduziert. Diese Vereinfachung unterstützt die Anwender darin, die Kernstrukturen klar und übersichtlich darzustellen. Sie trägt dazu bei, Chancen zu erkennen (z. B. neue Märkte, neue Nischen, Innovationen, Trends) und Risiken zu identifizieren (z. B. neue Technologien, neue Produkte und Vorgehensweisen von Mitbewerbern, abiotische Faktoren, die sich z. B. aus dem Klimawandel ergeben). Das Wechselspiel zwischen Chancen und Gefahren zu erkennen, schärft gleichzeitig das Bewusstsein für die strategische Bedeutung von Konkurrenz und Kooperation und für die in diesem Spannungsfeld steckenden Entwicklungspotenziale.

Der Outdoorhersteller VAUDE kommuniziert ein eigenes „VAUDE Ecosystem“: „VAUDE engagiert sich für (D)eine lebenswerte Welt – ganzheitlich und systematisch. Um sicherzustellen, dass wir alle wesentlichen Aspekte und Themen der sozialen und ökologischen Verantwortung am Firmenhauptsitz und in der kompletten Lieferkette identifiziert und adressiert haben, haben wir das VAUDE Ecosystem entwickelt“ (vgl. Vaude 2017). Als VAUDE Ecosystem bezeichnet das Unternehmen seine ganzheitliche Nachhaltigkeitssystematik, die sich wie ein „grüner Faden“ durch alle Phasen des

Produktlebenszyklus zieht. Sie zeigt, wie im Unternehmen systematisch Verantwortung für Mensch und Natur wahrgenommen wird. Das VAUDE Ecosystem basiert auf dem Unternehmensleitbild und den Unternehmenswerten. Über sein vielfältig prämiertes Nachhaltigkeitsengagement hinaus ist VAUDE ein Pionierunternehmen der Gemeinwohl-Ökonomie (GWÖ) und veröffentlicht eine auditierte Gemeinwohl-Bilanz.

Der Kondomhersteller Einhorn bezieht das komplexe Ökosystem in seine Firmenpolitik ein. Kondome werden oft aus synthetischem Kautschuk hergestellt. Er ist billiger als Naturkautschuk, erhöht aber gleichzeitig den Verbrauch von fossilen Brennstoffen. Naturkautschuk gilt nicht automatisch als ökologisch besser: Für die riesigen Plantagen werden Wälder abgeholzt, die Kulturen werden mit Pestiziden behandelt und die Bezahlung der Landarbeiter ist meistens sehr gering. Einhorn hat deshalb mit der Universität Hohenheim ein Projekt aufgesetzt, um Naturkautschuk ökologisch zu produzieren. Aus Monokulturen sollen Mischwälder entstehen, die die Biodiversität in der Region stärken und den Einsatz von Pestiziden reduzieren. Außerdem will das Unternehmen für faire Entlohnung sorgen und 50 % seiner Gewinne in soziale Projekte geben (vgl. Einhorn 2017). Auch der Verein „Fair Rubber" von anderen Herstellern arbeitet in diese Richtung.

Der Biobrothersteller „Märkisches Landbrot" möchte sein regionales Ökosystem stärken. Er bevorzugt regionale Bauern als Lieferanten und wickelt die Vorprozesse in der Wertschöpfung überwiegend regional ab. Zudem unterstützt das Unternehmen Biobauern dabei, den Anbau alter vergessener standortangepasster Getreidesorten, wie z. B. Bergroggen, Champagnerroggen, Einkorn und Emmer, zu rekultivieren. So fördert „Märkisches Landbrot" die soziale, aber auch die ökologische Diversität in seinem regionalen Ökosystem (vgl. Märkisches Landbrot 2017).

Viel zu oft reagieren Unternehmen nur auf ein Ereignis, statt proaktiv tätig zu sein. Wenn Unternehmen dagegen einen aktiven Part in ihrem Ökosystem spielen und sich bewusst sind, wie die anderen Akteure in ihrem Ökosystem agieren, können sie Problemen besser vorbeugen und ihre eigenen Handlungen vorausschauender steuern. Die Durchführung einer Ökosystemanalyse stellt die Basis für ein solch zielgerichtetes Vorgehen dar.

10.10 Volatile Märkte erfordern Vorausschau und Anpassungsfähigkeit

Risiken wachsen, wenn man sich den Veränderungen im eigenen Ökosystem nicht schnell genug anpassen kann: Der Kuckuck etwa leidet unter dem Klimawandel. Als netzschmarotzender Zugvogel ist er hundertprozentig auf ein abgestimmtes Brutverhalten mit seinen Wirtsvögeln angewiesen. Kehrt er nun erst im Mai aus Afrika zurück, um seine Eier in fremden Nestern zu platzieren, kommt er dafür immer häufiger zu spät: Aufgrund des Klimawandels brüten seine Ökosystempartner wärmebedingt früher. Für den Kuckuck ergeben sich zwei Auswege: Entweder er kehrt früher aus Afrika zurück, um die Synchronisation mit seinen Wirtsvögeln nachzujustieren. Oder die günstigen

Klimabedingungen führen zu späteren Zweitbruten bei den Wirtsvögeln, sodass sich für den Kuckuck ohne sein eigenes Zutun eine zweite Chance ergibt.

Erfolgreich in seiner Anpassung an die veränderten Bedingungen seines Ökosystems war bereits der Graureiher. Früher jagten die Menschen den damals noch Fischreiher genannten Vogel an Seen und Flüssen, weil er die gemeinsame Ressource Fisch verknappte und deshalb ein Konkurrent war. Doch der Vogel erweiterte sein Nahrungsspektrum, indem er sein Jagdrevier zunehmend aufs Feld ausdehnte und dort nun unbehelligt Mäuse und Maulwürfe dezimiert. Seitdem gilt er für viele Landwirte eher als Nützling statt als Schädling.

Der Dieselskandal in der Autoindustrie ist ein Beispiel für das komplexe Zusammenspiel technischer und menschlicher Faktoren und eine geringe Anpassungsfähigkeit dieses für Deutschland enorm wichtigen Wirtschaftszweiges. Die Autoindustrie hat weder die Gefahren des Klimawandels noch die Problematik der Feinstaub- und Gesundheitsbelastung in den Städten ernst genug genommen. Sie musste von der Politik gezwungen werden, dafür zu sorgen, die Schadstoffemissionen signifikant zu reduzieren. Als dies beim Diesel technisch zu aufwendig schien, entwickelten und installierten verschiedene Unternehmen eine sogenannte Schummelsoftware. Tarnen und Täuschen ist ein altes evolutionäres Überlebenskonzept (Mimikry), das aber nicht mehr funktioniert, wenn die Getäuschten das merken. Anstatt neue Chancen, Märkte und Nischen zu erkennen und vorausschauend zu agieren, wurde Energie in eines der größten Täuschungsmanöver der Industriegeschichte investiert – mit heute unabsehbaren ökonomischen Folgen und einem unschätzbaren Reputationsverlust. Dieses Reaktionsmuster der deutschen Automobilindustrie erinnert an die Wollhaarmammuts, die auch deshalb ausgestorben sind, weil sie nicht in der Lage waren, mit der Erderwärmung nach der Eiszeit umzugehen.

Veränderungen im eigenen Ökosystem möglichst früh zu erkennen hilft auch in der Wirtschaft, Anpassungsprozessen eine Richtung zu geben, sie zu beschleunigen und vorausschauende Entwicklungen einzuleiten. Die Beobachtung des Ökosystems ist jedoch nicht alleinige Aufgabe der Chefetage oder der Marketingabteilung: Um die Potenziale der Schwarmintelligenz zu nutzen, sollten möglichst viele und unterschiedliche Akteure aus dem Unternehmen und seinem Umfeld aktiv einbezogen werden. Sie können nicht nur eigene Erfahrungen einbringen und das Ökosystem umfassender beobachten, sondern zeigen infolge ihrer frühzeitigen Beteiligung auch eine höhere Bereitschaft, notwendige Anpassungsprozesse aktiv zu unterstützen und weiterzuentwickeln (vgl. Otto 2010, S. 9 f.).

Die Kooperation von Rehen und Gänsen zeigt auf beeindruckende Weise das Prinzip symbiotischer Anpassungsprozesse an veränderte Rahmenbedingungen. Erst seit knapp zwei Jahrhunderten bestehen in Deutschland große und strukturarme Feldschläge. Hier findet man beide Tierarten, die hier Nahrung suchen, verdauen, rasten und schlafen. Im Herbst und Frühwinter werden diese Flächen bejagt. Die Gänse landen oft nach langem, anstrengendem Flug dort, wo Rehe in Rudeln stehen und in der Wintersaat äsen. Während die Mehrzahl der Gänse grast oder ruht, suchen andere mit ihren guten Augen und gereckten Hälsen beständig das Gelände bis zum Horizont auf verdächtige Bewegungen ab. Die Rehe hören sehr gut und sie „wittern" noch besser. Während einige Rehe stehen und das Gelände beobachten, wiederkäuen und verdauen die anderen. Beide Tierarten reagieren bei nahender Gefahr aufeinander und haben so innerhalb weniger Jahrzehnte ein gemeinsames Frühwarnsystem entwickelt. Ihre Adaptionsfähigkeit an das vom Menschen veränderte Ökosystem basiert ganz wesentlich auf ihrer kollektiven Intelligenz. Mögliche Feinde frühzeitig zu erkennen, ohne gleich mit hohem Energieaufwand flüchten zu müssen, spart Ressourcen und ist ein klarer Vorteil für beide Partner (vgl. Brandstetter und Reichholf 2016, S. 52 ff.).

Anpassungsprozesse betreffen vielfach auch das Umfeld und den Lebensraum. Der Mensch hat über Jahrhunderte hinweg die Landschaft seinen Bedürfnissen entsprechend verändert. Aktuell prägen z. B. die Konversion von Militärflächen, die Folgenutzung von Kohlegruben und -bergwerken, der Ausbau der Verkehrsinfrastruktur, der Auf- und Ausbau von Windkraftanlagen sowie der Anbau von Biomasse vielerorts die Debatte um Landschaftsveränderung. Dabei ist der Mensch bei Weitem nicht das einzige Lebewesen, das sein Umfeld gestaltet. Der Biber baut zum Beispiel aktiv Dämme, um seine Jungen vor Feinden und Wasser zu schützen. Die südamerikanischen Blattschneideameisen züchten in ihren Nestern Pilze und verändern dadurch die Bodenstruktur. Die großen Huftierherden Afrikas prägen im Rahmen ihrer Wanderungen durch Fraß und Huftritt die Vegetation der Savannen. Und Spechte zimmern jährlich eine oder mehrere neue Höhlen und betreiben dadurch „sozialen Wohnungsbau für Nachmieter".

10.11 Fallstudie: Der Aufbau eines „eigenen" Ökosystems am Beispiel von Taifun

Vor gut 30 Jahren trat der Tofu seinen Siegeszug in Europa an. Das Produkt aus fermentierten Sojabohnen ist Teil eines eigenen Ökosystems und beeinflusste die bestehende Lebensmittelbranche, insbesondere in Deutschland. Tofu traf auf den Nährboden der Ökobewegung. Kleine Bioläden nahmen die Sehnsucht der Menschen auf, mit dem, was sie tun, was sie kaufen und was sie essen, einen Beitrag zu leisten: für gesunde, natürliche Lebensmittel, möglichst wenig Verpackung, gegen Atomstrom. Das Versprechen der Anbieter an ihre Kunden lautete: Wir entscheiden uns aktiv, welchem Ökosystem wir angehören möchten.

Tofu ist ein Einwanderer aus Asien, dem es sehr gut gelang, sich im europäischen Markt zurechtzufinden. Zwar musste er anfangs gegen geschmacklich negative Ersterfahrungen ankämpfen. Doch schon bald traf er auf experimentierfreudige Hobbyköche und konnte sich mit der Zunahme von Bioläden, der wachsenden Kritik an Massentierhaltung und dem Interesse von Familien an gesunder Ernährung in ganz Deutschland ausbreiten. Parallel feierte Tofu erste Erfolge von Großbritannien, Frankreich, Spanien, Benelux bis Skandinavien.

Erfolgsrelevant waren dabei nicht nur die Kunden, sondern auch die Lieferanten mit ihren Rohwaren. Der Tofupionier Wolfgang Heck wollte auf Bioqualität setzen. Allerdings steckte die Biodefinition noch in den Kinderschuhen. Also engagierte sich Heck mit seiner Firma Taifun in eigenen Anbauprojekten. 1996 tauchte das „Schreckgespenst" gentechnisch veränderter Sojabohnen erstmals in den Medien auf. Taifun war damals abhängig von Importen aus Kanada. Heck schaute sich nach lokalen Beschaffungsalternativen um und fand eine Handvoll experimentierfreudiger Landwirte aus Südbaden, mit denen er Anbauversuche startete. Beharrlich sammelten sie Erfahrungen, forschten und ließen ihre Erkenntnisse in den Anbau einfließen. Heute umfasst das europäische Anbauprojekt rund 100 Landwirte auf 1600 ha. Damit ist auch das europäische Ökosystem um eine Leguminose bereichert: Soja liefert dem Boden wertvollen Stickstoff und ist durch den hohen Eiweißgehalt eine begehrte Rohware.

Taifun hat sein Ökosystem über die Jahre immer weiter ausgedehnt, sich der Saatgutvermehrung und dann sogar der Züchtung zugewandt. Dafür nutzte das Biounternehmen auch die Vorteile der Schwarmintelligenz: Zusammen mit der Universität Hohenheim initiierte Taifun eine Suche nach 1000 Gärten – und gewann sage und schreibe 2400 Hobbygärtner für kleine Züchtungsprojekte. Hier wird der Vorteil von vernetztem, ökosystemarem Denken besonders sichtbar. Wozu einzelne Züchter viele Jahre gebraucht hätten, konnte im Crowd Gardening innerhalb eines Jahres erreicht werden. Die Kooperationspartner identifizierten drei sehr vielversprechende, kälteresistentere, frühreife Stämme, die das Potenzial in sich trugen, echte Tofubohnen zu werden. Damit lässt sich das Ökosystem für die Sojabohnen noch weiter ausdehnen. Denn bisher waren es vor allem die sonnigen Regionen – überall dort, wo auch Wein angebaut werden kann –, wo sich die Sojabohne heimisch fühlte. Die Vision von Taifun lautet aber: Sojaanbau vom Alpenrand bis zur Waterkant. Diesem Traum sind die „Taifunies" mit dem Züchtungsprojekt ein kleines Stückchen näher gekommen.

In all den Jahren wuchs das Unternehmen Taifun-Tofu kontinuierlich. Waren es 1996 noch 20 Mitarbeiter, die sich in kleinteiliger Handarbeit dem Herstellungsprozess widmeten, so waren es 2016 bereits 230 Beschäftigte. Stück für Stück wurde die Infrastruktur erweitert, neue Maschinen wurden teilweise entwickelt, teilweise adaptiert. Das einst kleine und übersichtliche Ökosystem gewann an Komplexität. Eine der Grundherausforderungen in dieser Entwicklung war es, den „Taifun-Spirit" zu bewahren. Gerade in Zeiten überproportionalen Wachstums wie in der BSE-Krise 2002 galt es, dafür zu sorgen, dass die vielen „Zuwanderer" zum Ökosystem die Ursprungsart – den Ur-Taifunie – nicht ausrotteten, sondern durch neue Sichtweisen stärker und überlebensfähiger machten.

Das Unternehmen beschäftigt sich auch weiterhin mit Zukunftsfragen im ökosystemaren Kontext: Wie kommen wir von der Organisation hin zum lebendigen Organismus? Welche Sichtweise hilft uns dabei, Mitarbeitenden Platz für ihre Selbstverantwortung einzuräumen, Selbstführung zu ermöglichen? Nach 30 Jahren wachsender Organisation sehen die Taifunies diese Fragen als bedeutende Veränderungsschritte in ihrem Ökosystem. Kleine, agile Einheiten in hoher Eigenverantwortlichkeit sollen künftig der Komplexität zu Leibe rücken. Führung und Hierarchien spielen in diesem

Rahmen eine abnehmende Rolle: Lebendige Ökosysteme sind nicht starr. Status ist eine Illusion – ebenso das Bild, dass alle gleich sind. Vielmehr geht es darum, jeden Einzelnen zu ermächtigen, sodass er zum gesündesten Ausdruck seiner selbst wird.[3]

10.12 Ausblick: Evolutionäres Denken und Handeln als Wettbewerbsvorteil

Die zweifellos großen Erfolge der Industrialisierung und der Technik für die Weiterentwicklung der Menschheit haben zu einer ausgeprägten Technikfixierung bei Problem- und Zukunftsfragen geführt. In einer Gesamtbilanz können die Vorteile der gegenwärtigen technischen Entwicklungen inzwischen nicht mehr eindeutig positiv gesehen werden, weder für das gesamte Ökosystem noch volkswirtschaftlich: Viele Probleme, wie z. B. Schadstoffemissionen, werden von den Organismen der Wirtschaft – den Unternehmen – kurzerhand ausgelagert und belasten dann als sogenannte externalisierte Folgekosten die Umwelt und damit zukünftige Generationen. Deshalb bedarf es einer verstärkten Diskussion darüber, ob und wie sich die Produktions- und Wirtschaftsprozesse an die ökosystemaren Prozesse und Kreisläufe angleichen lassen. Zentrale Stichworte in der Industrie sind in diesem Zusammenhang der Umstieg auf erneuerbare Energien, die Reduzierung des Ressourcenverbrauchs, der Einstieg in eine Kreislaufwirtschaft gemäß dem Cradle-to-Cradle-Konzept der Verzicht auf sich akkumulierende toxische Substanzen und eine Digitalisierung für den Menschen.

Das technische Systemdenken kann die Komplexität von lebenden Ökosystemen nicht erfassen. Daher enthält auch die Vielfalt technischer Systemlösungen nur einen Bruchteil der in den Ökosystemen der Natur bewährten Lösungen. In deren weiteren Entdeckung steckt viel Potenzial. Es ist daher sinnvoll, wirtschaftliches Handeln an den Ökosystemen der Erde auszurichten und deren Erfolgsrezepte für den nötigen Umbau hin zu einem dauerhaft naturverträglichen Wirtschaften zu nutzen. Dies erfordert vor allem die zukunftstaugliche Gestaltung der Symbiose zwischen Menschen und Menschen und zwischen Mensch und Natur (vgl. Brandstetter und Reichholf 2016, S. 40).

Für Unternehmen und Organisationen entwickeln sich das bewusste Kennen, aktive Ergründen und die Reflexion des eigenen Ökosystems zunehmend zu einem Wettbewerbsvorteil. Denn diese Denkweise ist die Voraussetzung dafür, sich im eigenen Ökosystem gezielt zu vernetzen sowie auf schnelle äußere Veränderungen flexibel reagieren zu können. Gleichzeitig bringt sie die eigene evolutionäre Entwicklung durch schnellere Lernprozesse in einer kreativen Weise voran. Das ist die Grundlage für langfristig erfolgreiches Handeln und Wirtschaften, das gleichzeitig die Vielfalt des Lebens auf der Erde unterstützt.

[3]Die Autoren danken Elisabeth Huber, Geschäftsführerin der Life Food GmbH/Taifun-Tofuprodukte, für ihren Input zu diesem Kapitel.

15 Leitsätze zum Handeln in Ökosystemen

1. Ökosysteme sind komplexe Systeme mit stark verknüpften Einflussgrößen, die eine große Eigendynamik entwickeln und nicht in Ketten, sondern in Wirknetzen verbunden sind.
2. Wenn Sie sich erfolgreich im Ökosystem bewegen wollen, ist es wichtig, dass Sie die Komplexität der verschiedenen Faktoren des Ökosystems erfassen. Sie können nicht alle Faktoren erfassen, aber die wichtigsten fördernden und hemmenden Faktoren und ihre Wechselwirkung herausarbeiten.
3. Sie sind langfristig nur erfolgreich, wenn Sie nicht nur auf den eigenen Erfolg schauen, sondern auch den Erfolg des gesamten Ökosystems und seiner Partner verfolgen.
4. Beziehen Sie sowohl die biotischen (lebenden) Faktoren ein (Personen, Stakeholder, dort lebende Organismen) als auch die abiotischen (nichtlebenden) Faktoren (geografische Gegebenheiten, Klima, Gebäude, Maschinen, Software, Infrastruktur).
5. Viele Menschen erfassen die Komplexität ihres Ökosystems besser als einer alleine. Beziehen Sie die Erfahrung und kollektive Intelligenz der Beschäftigten, der Kunden und der Lieferanten in Weiterentwicklungen mit ein.
6. Eine dominierende Übermacht im Ökosystem führt in der Regel zu einer nicht wünschenswerten Entwicklung.
7. Vielfalt führt zu stabileren Ökosystemen. Fördern und erhalten Sie Vielfalt in Ihrem Ökosystem.
8. Denken und Handeln in Ökosystemen bedeutet Denken in Prozessen, Kreisläufen, Spiralen und Feedbackschleifen.
9. Je intensiver Sie in Ihrem Ökosystem vernetzt sind, umso höher ist die Überlebensfähigkeit Ihres Unternehmens.
10. Lernen Sie, stärker in Zusammenhängen zu denken. Beziehen Sie auch scheinbar weiter entfernt liegende und zufällige Einflüsse mit ein.
11. In einem Ökosystem gibt es Konkurrenz und Kooperation. Agieren Sie flexibel in Konkurrenz- und Kooperationssituationen. Seien Sie zu einem schnellen Wechsel zwischen beiden bereit, aber konzentrieren Sie sich auf den Aufbau symbiotischer Beziehungen.
12. Welche Kreislauffaktoren mit Stabilität existieren in Ihrem Ökosystem und wo findet die Weiterentwicklung/Veränderung des Systems statt?
13. In welche Richtung wollen Sie ihr Ökosystem entwickeln, was kennzeichnet die nächste Entwicklungsphase?
14. Welche Faktoren im Ökosystem sollten wachsen, welche sollten oder werden schrumpfen oder absterben?
15. Ihr Ökosystem ist dynamisch: Aktualisieren Sie Ihr Ökosystembild regelmäßig und seien Sie offen für Unvorhergesehenes. Manche Chancen sind nicht zu planen, sondern ergeben sich ungeplant – greifen Sie sie auf.

Literatur

Berkes, F., & Folke, C. (Hrsg.). (1998). *Linking social and ecological systems: Management Practices and SocialMechanisms for Building Resilience*. New York: Cambridge University Press.

Biermann, et al. (04. Dezember 2014). Multiresistente Keime. Das bringt uns noch um. DIE ZEIT. http://www.zeit.de/2014/48/massentierhaltung-bakterien. Zugegriffen: 29. Sept. 2017.

BMUB (Bundesministerium für Umwelt, Naturschutz, Bau und Reaktorsicherheit). (2016a). Studie "Die Ökonomie von Ökosystemen und der Biodiversität" (The Economics of Ecosystems and Biodiversity – TEEB). Zuletzt geändert: 17. Okt. 2016. www.bmub.bund.de/P453/. Zugegriffen: 6. Okt. 2017.

BMUB (Bundesministerium für Umwelt, Naturschutz, Bau und Reaktorsicherheit). (2016b). Top Runner Prinzip. Zuletzt geändert: 30. Mai 2016. www.bmub.bund.de/P414/. Zugegriffen: 6. Okt. 2017.

Brandstetter, J., & Reichholf, J. (2016). *Symbiosen. Das erstaunliche Miteinander in der Natur*. Berlin: Matthes & Seitz.

DIE ZEIT/dpa. (23. September 2017). Erwärmung der Ostsee könnte Heringsfischer hart treffen. http://www.zeit.de/news/2017-09/23/umwelt-erwaermung-der-ostsee-koennte-heringsfischer-hart-treffen-23180812. Zugegriffen: 6. Okt. 2017.

Einhorn. (2017). Fairstainability Ansatz. https://einhorn.my/fairstainabilityansatz/. Zugegriffen: 5. Okt. 2017.

ESEB (European Society for Evolutionary Biology). (2012). Die Darwinfinken auf Galapagos. http://www.eseb2011.de/die-darwinfinken-auf-galapagos. Zugegriffen: 10. Okt. 2017.

Evoco. (2017). Evoco website. http://www.evoco.de/. Zugegriffen: 05. Okt. 2017.

Geus, A. De (1998). *Jenseits der Ökonomie. Die Verantwortung der Unternehmen*. Stuttgart: Klett-Cotta.

Laszlo, E. (1992). *Evolutionäres Management. Globale Handlungskonzepte*. Fulda: Paidia-Verlag.

Latour, B. (2007). *Eine neue Soziologie für eine neue Gesellschaft*. Frankfurt a. M.: Suhrkamp.

Latour, B. (2017). *Kampf um Gaia. Das neue Klimaregime*. Berlin: Suhrkamp.

Märkisches Landbrot. (2017). Landwirte. http://www.landbrot.de/oekonomie/marktpraesenz/geschaeftspolitik-zu-auslieferung/landwirte.html. Zugegriffen: 6. Okt. 2017.

MLR. (2015). Naturschutzstrategie Baden-Württemberg. Biologische Vielfalt und naturverträgliches Wirtschaften – Für die Zukunft unseres Landes. Ministerium für Ländlichen Raum und Verbraucherschutz Baden-Württemberg (Hrsg.), Stuttgart.

Moore, J. F. (1993). Predators and prey: A new ecology of competition. *Havard Business Review, 71*, 75–86.

Otto, K.-S. (2010). Schwarmintelligenz. *BQB Magazin, 5*. Köln: QSC.

Otto, K.-S., & von Ondarza, M. (2009). *Darwin meets Business. Ein neues Wirtschaften – Von der Natur lernen*. Berlin: Dr. Otto Training & Consulting.

Otto, K.-S., Nolting, U., & Bässler, C. (2007). *Evolutionsmanagement: Von der Natur lernen: Unternehmen entwickeln und langfristig steuern*. München: Hanser.

Pauli, G. (2011). From deep ecology to the blue economy. A review of the main concepts related to environmental, social and ethical business that contributed to the creation of the blue economy. http://www.zeri.org/ZERI/Home_files/From%20Deep%20Ecology%20to%20the%20Blue%20Economy%202011.pdf. Zugegriffen: 6. Okt. 2017.

Reeves, M., Levin, S., & Ueda, D. (2016). Von der Natur lernen. *Havard Business Manager, 9*, 34–48.

Rösler, S. (2005). Biodiversität im Wandel. Zur Veränderung der Diversität im ländlichen Raum. In *Umweltindikatoren – Mythos oder Wirklichkeit?* (S. 14–33). Stuttgart: Wissenschaftliche Verlagsgesellschaft.

Rösler, S. (2013). Der Wald als Berater und Coach. *Forum Nachhaltig Wirtschaften, 1*, 66–68.

Rösler, S. (2017). Wald-Workshop „Von der Natur lernen für Management, Strategie und Teamentwicklung". http://www.oecoach.de/dienstleistungen/wald-workshop-von-der-natur-lernen-fuer-management-strategie-und-teamentwicklung/. Zugegriffen: 5. Okt. 2017.

Schumpeter, J. A. (2005). *Kapitalismus, Sozialismus und Demokratie*. Stuttgart: UTB.

Spektrum der Wissenschaft. (2017). Das Anthropozän. Ein neuer Abschnitt der Erdgeschichte beginnt. *Spektrum der Wissenschaft, 1*.

Stachelhaus, R. (19. September 2017). Ich lebte in zwei Welten. Interview mit Regine Stachelhaus. *Stuttgarter Zeitung*.

Universität Zürich. (2017). Vielfältige Landschaften sind produktiver und anpassungsfähiger. Medienmitteilung vom 4.9.2017. http://www.media.uzh.ch/de/medienmitteilungen/2017/Biodiversitaet-Landschaften.html. Zugegriffen: 05. Okt. 2017.

Vaude. (2017). Nachhaltigkeitsbericht. http://nachhaltigkeitsbericht.vaude.com/gri/vaude/vaude-ecosystem.php. Zugegriffen: 29. Sept. 2017.

Vereinte Nationen. (2017). Sustainable development goals. https://sustainabledevelopment.un.org/?menu=1300. Zugegriffen: 05. Okt. 2017.

Vester, F. (1974). *Das kybernetische Zeitalter. Neue Dimensionen des Denkens*. Frankfurt: Fischer Verlag.

Vester, F. (1984). *Neuland des Denkens. Vom technokratischen zum kybernetischen Zeitalter*. München: dtv-Verlag.

Weiterführende Literatur

Altner, G. (1991). *Naturvergessenheit. Grundlagen einer umfassenden Bioethik*. Darmstadt: Wissenschaftliche Buchgesellschaft.

Beck, U. (1986). *Risikogesellschaft. Auf dem Weg in eine andere Moderne*. Frankfurt: Suhrkamp.

BMUB & UBA (Bundesministerium für Umwelt, Naturschutz, Bau und Reaktorsicherheit & Umweltbundesamt). (2017). Umweltbewusstsein in Deutschland 2016. In *Ergebnisse einer repräsentativen Bevölkerungsumfrage*. Berlin: BMUB & UBA.

Gorke, M. (1999). *Artensterben. Von der ökologischen Theorie zum Eigenwert der Natur*. Stuttgart: Klett-Cotta.

Loske, R. (2016). *Politik der Zukunftsfähigkeit. Konturen einer Nachhaltigkeitswende*. Frankfurt: Fischer.

Lutz, R. (1987). *Die sanfte Wende. Aufbruch ins ökologische Zeitalter*. Frankfurt: Ullstein.

Markl, H. (1986). *Natur als Kulturaufgabe. Über die Beziehung des Menschen zur lebendigen Natur*. Stuttgart: Deutsche Verlagsanstalt.

Nöllke, M. (2009). *Von Bienen und Leitwölfen. Strategien der Natur im Business nutzen*. München: Haufe.

Nöllke, M. (2011). *In den Gärten des Managements. Für eine bessere Führungskultur*. München: Haufe.

Precht, R. D. (2016). *Tiere Denken. Vom Recht der Tiere und den Grenzen des Menschen*. München: Goldmann.

Reichholf, J. (2016). *Evolution. Eine kurze Geschichte von Mensch und Natur*. München: Hanser.

Scholz, F. (2014). *Bio-Logisch Managen. Die Wirtschafts- und Managementprinzipien der Natur*. Berlin: Nicolai-Verlag.

Transport Intelligence. (2016). Ökosysteme in der Lieferkette: Ein Ti Whitepaper in Zusammenarbeit mit Kewill.

Uexküll, J. von, & Kriszat, G. (1956). *Streifzüge durch die Umwelten von Tieren und Menschen. Ein Bilderbuch unsichtbarer Welten. Bedeutungslehre*. Hamburg: Rowohlt.

Wilson, E. O. (2016). *Die Hälfte der Erde. Ein Planet kämpft um sein Leben*. München: Beck.

Dr. Klaus-Stephan Otto ist Diplompsychologe und Geschäftsführer der EVOCO GmbH mit über 30-jähriger Erfahrung in der Begleitung von komplexen Veränderungsprozessen in renommierten Unternehmen, Ministerien und Non-Profit-Organisationen. Er hat den Managementansatz des Evolutionsmanagements, dessen Kern die Übertragung von Prozessen der Natur auf das Handeln in der Wirtschaft bildet, und gemeinsam mit Dr. Stefan Rösler und anderen Experten die darauf aufbauende Weiterbildung Evolutionsmanagement für Berater und Führungskräfte entwickelt. Er hat mehrere Bücher zu diesem Thema geschrieben, u.a. das Grundlagenbuch „Evolutionsmanagement". Er ist Dozent an mehreren Universitäten und hält zahlreiche Vorträge. Klaus-Stephan Ottos Schwerpunkte liegen in der Organisations-, Innovations- und Personalentwicklung sowie der Steuerung von großen Projekten. Zurzeit beschäftigt er sich mit der Weiterentwicklung des Ökosystemansatzes und seiner praktischen Anwendung in Changeprozessen und Strategieentwicklungen in Unternehmen.

Dr. Stefan Rösler ist studierter Förster, Landschaftsplaner und Landschaftsökologe und war von 1997 bis 2007 erster hauptamtlicher NABU-Landesvorsitzender in Baden-Württemberg. Seit 2008 bietet er mit seiner Agentur Ökosystemberatung, Biodiversitätsmanagement und Naturcoaching. Als innovatives Format hat er die Outdoor-Workshops „Von der Natur lernen für Management, Strategie und Teamentwicklung" entwickelt, bei denen Strategien und Erfolgsrezepte der Natur entschlüsselt und durch Erkenntnistransfer für Unternehmen, Organisationen und Teams verfügbar gemacht werden. Dieses Format ist vom Deutschen Rat für nachhaltige Entwicklung als „Projekt Nachhaltigkeit 2017" ausgezeichnet. Neben seiner Beratertätigkeit ist er Dozent an verschiedenen Hochschulen, Experte für Stakeholderdialoge und NGOs sowie gefragter Trainer, Moderator, Speaker und Coach. Er kooperiert mit der Unternehmensberatung EVOCO (Berlin-Schöneiche) und ist Mitglied des bundesweit tätigen EVOCO-Beraternetzwerks.

Tina Teucher ist Autorin, Moderatorin und Rednerin für nachhaltiges Wirtschaften. Fasziniert von ganzheitlichen Lösungen der Circular Economy (Kreislaufwirtschaft, Cradle to Cradle, Blue Economy) und Management-Ansätzen des Sustainable Leadership verbreitet sie nachhaltige Innovationen und Geschäftsmodelle durch Publikationen und Vorträge. Zudem begleitet sie Unternehmen und Institutionen bei den wesentlichen Fragen des Wandels im Bereich Corporate Social Responsibility (CSR) und Sustainable Entrepreneurship. Tina Teucher ist aktiv u. a. im Think Tank 30, dem jungen Netzwerk der Deutschen Gesellschaft Club of Rome und hält Lehraufträge u. a. „Sustainability Marketing & Leadership" der Fresenius Hochschule. Die Kulturwissenschaftlerin absolvierte den MBA Sustainability Management der Leuphana Universität Lüneburg und war 2009 bis 2014 leitende Redakteurin des Entscheider-Magazins forum Nachhaltig Wirtschaften.

Systemische Risiken und Transformationsprozesse auf dem Weg zu einer nachhaltigen Wirtschafts- und Gesellschaftsentwicklung

11

Pia-Johanna Schweizer und Ortwin Renn

11.1 Einleitung

Unsere Welt ist in einer großen Transformation begriffen. Globale Umweltveränderungen gehen mit gesellschaftlichen und wirtschaftlichen Veränderungen einher. Ökologische Megatrends des Erdsystems werden von demografischen, soziopolitischen und ökonomischen Megatrends begleitet (WBGU 2011). Einer der wesentlichen Gründe für die Entstehung einer neuen komplexen gesellschaftlichen Konstellation ist die Überlappung von drei global wirkenden Transformationswellen: der Globalisierung, der Digitalisierung und der „Sustainabilisierung". Diese drei globalen Transformationsprozesse sind gleichzeitig Schicksal wie Gestaltungsmasse für kollektive Entscheidungen. Darüber hinaus sind die mit den drei Wellen verbundenen Ziele und Implikationen nicht deckungsgleich. Von daher kommt es immer wieder zu Brüchen, Inkonsistenzen und Diskrepanzen zwischen Intention und Handlungsweisen. Dies ist besonders auffällig im Bereich der nachhaltigen Entwicklung, bei der die Rückbesinnung auf regionale Stärken und geschlossene Kreisläufe zum Teil im Widerspruch zu Ansprüchen und Kontextgestaltungen aus der Globalisierung und Digitalisierung stehen.

Die angestrebte Transformation zur nachhaltigen, klimaneutralen Gesellschaft ist daher ein konfliktgeladener und riskanter Prozess, der technologische Innovationen, den gravierenden Wandel des Ökosystems und gesellschaftliche Modernisierungsprozesse umfasst. Der durch die fortschreitende Digitalisierung ausgelöste Wandel von

P.-J. Schweizer (✉) · O. Renn
Institute for Advanced Sustinability Studies (IASS), Potsdam, Deutschland
E-Mail: pia-johanna.schweizer@iass-potsdam.de

O. Renn
E-Mail: ortwin.renn@iass-potzsdam.de

M. Englert und A. Ternès (Hrsg.), *Nachhaltiges Management*,
https://doi.org/10.1007/978-3-662-57693-9_11

sozialen Interaktionssystemen und Lebensstilen löst zudem vielerorts neue politische Bewegungen aus, die wiederum auf soziopolitische und ökonomische Strukturen sowie Institutionen Einfluss nehmen. Die „Große Transformation“ ist somit durch Hyperkomplexität und funktionale Differenzierung gekennzeichnet. Zudem lässt sich keiner der Transformationsprozesse – weder einzeln noch im Zusammenspiel – eindeutig prognostizieren. Ein weiteres Merkmal dieser Prozesse ist folglich ein hohes Maß an Unsicherheit.

Transformationen erfordern ein neues Zusammenspiel von Politik, Gesellschaft, Wirtschaft und Wissenschaft, das Governance-Bemühungen auf lokaler, nationaler und globaler Ebene umfasst. Den Bürgern werden dabei vonseiten des Staats oft erweiterte Partizipationsmöglichkeiten angeboten, um mehr Unterstützung für das politische System zu sichern. Dies stellt große Herausforderungen an alle Akteure der Gesellschaft auf sämtlichen Governance-Ebenen. Die Transformationsprozesse bieten große Chancen, zugleich bergen sie viele, zum Teil versteckte Risiken, die von Regierungen, Wirtschaftsunternehmen und zivilgesellschaftlichen Gruppen nur schwerlich angegangen werden können. Transformationsprozesse dieser Größenordnung sollten daher aus der Perspektive der Risikoforschung, insbesondere jener, die sich mit systemischen Risiken beschäftigt, betrachtet werden.

In den folgenden Abschnitten werden zunächst einmal die Merkmale systemischer Risiken beschrieben, dann am Beispiel des Klimawandels illustriert. Auf der Basis dieser Beschreibung folgen grundlegende Überlegungen zur Governance von systemischen Risiken im Transformationsprozess zu einer nachhaltigen Gesellschafts- und Wirtschaftsstruktur.

11.2 Merkmale von systemischen Risiken

Die diversen Herausforderungen ihres Forschungsgebiets machen die Risikoforschung zu einem interdisziplinären Forschungsfeld. Deshalb lassen sich je nach wissenschaftlicher Provenienz unterschiedliche Definitionen von Risiko finden. Die folgende Definition halten wir im Zusammenhang mit Transformationsprozessen für angemessen.

> Risk is uncertainty about and severity of the consequences (or outcomes) of an activity with respect to something that humans value (Aven und Renn 2010, S. 17).

Gemäß dieser Definition werden die Konsequenzen von Schadensfällen, wie z. B. Todesfälle, als real angesehen. Die Bewertung dieser Schadensfälle erfolgt jedoch als Resultat eines sozialen Konstruktionsprozesses (Johnson und Covello 1987). Risiken sind demnach mentale Konstrukte, die in einer kontingenten Welt Orientierung über mögliche Gefahren, Verluste oder Bedrohungen bieten. Die komplexen Prozesse der Risikowahrnehmung und sozialen Mobilisierung spielen dabei eine ausschlaggebende Rolle (Slovic 1987; Sjöberg 2000). Somit wird im Folgenden davon ausgegangen, dass Risiken etwas bedrohen, dem Menschen Wert zuschreiben und dass diese Zuschreibungsprozesse das Resultat von sozialen Interaktionen sind (Pidgeon et al. 2003).

Was verbirgt sich nun hinter dem Konzept der „systemischen Risiken" und welchen Vorteil hat dieses Konzept gegenüber anderen Konzeptionen von Risiken für die Analyse von Transformationsprozessen? Der Begriff systemische Risiken wird in verschiedenen wissenschaftlichen Disziplinen verwendet. Der Begriff wurde ursprünglich in der Finanzwissenschaft verwendet. Aus ökonomischer Perspektive wird er definiert als „the risk that i) an economic shock triggers through panic or otherwise either the failure of a chain of markets or institutions or a chain of significant losses to financial institutions, ii) resulting in increases in the cost of capital or decreases in its availability, often evidences by substantial financial-market volatility" (Schwarcz 2008, S. 204). Dieses Konzept geht von einer Verbindung zwischen Systemelementen aus, zum Beispiel Märkten, wo der Zusammenbruch einer Systemeinheit oder eines Clusters Kaskadeneffekte in anderen Systemeinheiten auslöst. Diese Kaskadeneffekte führen zu einem Versagen des gesamten Systems. Kaskaden- oder Dominoeffekte werden von einem „trigger event" ausgelöst, z. B. in Form eines ökonomischen Schocks, der letztlich zu komplettem Systemversagen führt (Schwarcz 2008, S. 198). Systemische Risiken können folglich dann eintreten, wenn der Schadensfall nicht nur in Teilbereichen des Systems zu negativen Effekten führt, sondern das System als Ganzes gestört wird (Kaufmann und Scott 2003, S. 372).

Ausgehend von diesen Einsichten unterbreitet der OECD-Report *Emerging Systemic Risks in the 21st Century* von 2003 ein interdisziplinäres, kohärentes Konzept systemischer Risiken. Der Report postuliert, dass ein systemisches Risiko dann vorliegt, wenn die unabdingbaren Systeme einer Gesellschaft – z. B. Telekommunikation, Infrastruktur, Gesundheitsversorgung – Schaden nehmen könnten (OECD 2003, S. 30). Diese auf die Gesellschaft fokussierte Perspektive impliziert, dass systemische Risiken durch Kontextfaktoren aus den Domänen der Demografie, der Umwelt, der Technologie und der sozioökonomischen Strukturen maßgeblich beeinflusst werden.

In einer Welt, die an Komplexität stetig zunimmt, sind Chancen und Risiken technologischer und gesellschaftlicher Entwicklungen immer weniger prognostizierbar. Insbesondere systemische Risiken zeichnen sich durch mangelnde Prognostizierbarkeit aus. Systemische Risiken können, bei aller Heterogenität, durch eine Reihe von Eigenschaften charakterisiert werden, die sie von herkömmlichen Risiken unterscheiden. Welche Eigenschaften zeichnen systemische Risiken aus (Lucas et al. 2017; Renn 2014a, 2016)?

Erstens sind systemische Risiken äußerst komplex. Diese Hyperkomplexität betrifft zum einen die Einflussfaktoren, die die Entstehung und Entwicklungsmodi von systemischen Risiken bedingen. Zum anderen sind systemische Risiken eng untereinander und mit herkömmlichen Risiken vernetzt. Diese komplexe Interdependenz strahlt auf unterschiedliche Wirtschafts- und Lebensbereiche aus.

Zweitens überschreiten systemische Risiken die Systemgrenzen etablierter Beobachtungsweisen. Systemische Risiken überschreiten in ihrer Wirkweise Grenzen der wissenschaftlichen, politischen und sozialen Subsysteme sowie von nationalen und internationalen Regelsystemen.

Komplexität und Interdependenz führen drittens dazu, dass systemische Risiken nicht durch lineare Modelle von Ursache-Wirkungs-Kausalitäten beschreibbar sind, sondern stochastischen Wirkungsbeziehungen folgen.

Viertens sind Bifurkationspunkte bzw. Bifurkationsflächen kennzeichnend für systemische Risiken. Ein System kann bis zu einem bestimmten Zeitpunkt ohne Veränderung existieren. Mit dem Erreichen eines solchen Bifurkationspunktes verändert das System jedoch abrupt seinen Zustand, Systemversagen ist möglicherweise eingeschlossen. Häufig werden Gleichgewichtszustände verlassen, was im Laufe der Systementwicklung zu einem neuen veränderten Gleichgewicht führen kann.

Fünftens werden systemische Risiken von Politik und Gesellschaft häufig unterschätzt, da große Unsicherheit über den Zeitpunkt des Schadenseintritts herrscht. Viele systemische Risiken, z. B. der Klimawandel, sind wohlbekannt und werden auch als relevant eingeschätzt. Jedoch wird wenig getan, um diese Risiken einzugrenzen.

Diese phänomenologische Eingrenzung[1] beschreibt die Eigenschaften systemischer Risiken. Der phänomenologische Zugang hat in diesem Zusammenhang die Aufgabe, das Verstehen all jener Prozesse zu gewährleisten, die zum „Phänomen systemische Risiken" beitragen. Insofern sind die fünf Charakteristika systemischer Risiken als erster Schritt zu einer Theorie systemischer Risiken zu verstehen. Die – noch zu erbringende – Theorie systemischer Risiken ermöglicht die kausal-analytische Erklärung der beobachteten Phänomene. Bis dato lässt sich noch keine solche „grand theory" systemischer Risiken ausmachen. Dies mag auf zweierlei Ursachen zurückzuführen sein. Erstens ist der Beobachtungsgegenstand selbst höchst volatil. Systemische Risiken zeichnen sich aufgrund ihrer Komplexität und Interdependenz durch ein hohes Maß an Unsicherheit aus, das den empirischen Zugang erschwert. Synchrone deskriptive Studien liefern im Falle systemischer Risiken äußert unterschiedliche Resultate, je nachdem an welchem Entwicklungsabschnitt – vor dem Bifurkationspunkt, am Bifurkationspunkt oder danach – gemessen wurde. Synchrone Studien müssen demnach durch diachrone Langzeitstudien ergänzt werden, um verlässliche Schlüsse ziehen zu können.

Zweitens sind systemische Risiken ganzheitliche Phänomene, deren adäquate Deskription und Analyse die disziplinären Grenzen akademischer Versäulung sprengen. Genuine transdisziplinäre Forschung ist demnach gefragt, um ausgehend von den jeweiligen Heimatdisziplinen in einem hermeneutischen Zirkelprozess zu einem Verständnis systemischer Risiken und ihrer phänomenologischen Manifestationen zu gelangen.

[1]Phänomenologie, vom griechischen Partizip „phainomenon" (das Erscheinende) abgeleitet, soll hier in seiner rudimentären Form als „das (den Sinnen, der Erkenntnis) Erscheinende" verstanden werden. Damit wird keine erkenntnisphilosophische Positionierung vorgenommen. Allenfalls soll die Auffassung von „Phänomenologie … [als] eine streng sachliche, vorurteilsfreie, methodisch genaue Denkweise" (Störig 1999, S. 662) geteilt werden.

Ausgehend von den disziplinär geprägten Theorien- und Methodenkonvoluten der Wissenschaftszweige sind dabei insbesondere drei Fragestellungen forschungsleitend.

- Welche Phänomene werden von allen Disziplinen als kritisch identifiziert und welche Entwicklungen sind also über alle Domänen hinweg gleich kritisch?
- Mit welchen Beobachtungsmethoden lassen sich diese Konstanten systemischer Risiken identifizieren?
- Welche Theorien können zur ursächlichen Erklärung dieser Konstanten herangezogen werden?

In einem ersten Schritt zur Beantwortung dieser drei Forschungsfragen bietet sich die Hinwendung zur Mathematik und zu den Naturwissenschaften an. Die Naturwissenschaften haben grundlegende Erkenntnisse über Prozesse der dynamischen Strukturbildung erlangt, die mittels mathematischer Methoden empirisch zutreffend modelliert werden können (Lucas et al. 2017). Insbesondere Physik und Chemie haben einen Theorien- und Methodenbestand entwickelt, die abstrahiert in einem Analogieschluss auch auf soziale, sozioökonomische und sozioökologische Phänomene angewendet werden können. Erkenntnisleitend ist die Analyse der komplexen Wechselwirkungen von Molekülen, biologischen Zellen, technischen Apparaten oder Akteuren in sozialen Verbünden, die dynamische Strukturen entstehen lassen. Die dynamischen Strukturen treten in Wechselwirkung miteinander. Diese interaktiven Interdependenzen können zu einer grundlegenden Veränderung des beobachteten Systems, einschließlich des funktionalen Kollapses, führen. Ausgehend von dieser Perspektive können qualitative und quantitative Modellanalysen durchgeführt werden, die nach einem iterativen Validierungsprozess einen umfassenden interdisziplinären Methodenbestand zur Analyse und Modellierung systemischer Risiken bereitstellen (Renn et al. 2017).

11.3 Transformationsprozesse als systemische Risiken: Eine neue Perspektive

Die im Hauptgutachten des Wissenschaftlichen Beirats der Bundesregierung Globale Umweltveränderungen (WBGU) aus dem Jahr 2011 angestrebte „Große Transformation“ hat zum Ziel, eine weltweite Transformation zu einer klimaverträglichen Gesellschaft ohne Nutzung fossiler Brennstoffe in Gang zu setzen. Diese Transformation ist demnach als bewusst gesellschaftlich initiierter und gesteuerter Prozess zu verstehen, mit dem Ziel eines sozialen, ökonomischen, technologischen und ökologischen Gesellschaftswandels hin zu mehr Nachhaltigkeit. Durch diese konkrete Zielsetzung der Nachhaltigkeit unterscheidet sich diese „Große Transformation“ von anderen Transformationsprozessen, im Sinne von Modernisierungs-, Globalisierungs-, Säkularisierungs- bzw. Differenzierungsprozessen und Wertewandel, in denen die Gesellschaft immer schon eingebunden war. Generell lassen sich Transformationsprozesse als sich beschleunigende und sich verselbstständigende Prozesse beschreiben, die die Gesellschaft grundlegend und dauerhaft verändern.

Die drei zentralen, von gesellschaftlichen Kräften vorangetriebenen Transformationswellen umfassen die Globalisierung, die Digitalisierung und die nachhaltige Entwicklung. Alle drei sind einerseits gesellschaftlich gewollt, also keine unbeabsichtigte Nebenwirkung eines komplexen sozialen Wandels, anderseits aber auch konfliktgeladen und umstritten. Vor allem die „Große Transformation" in Richtung Nachhaltigkeit lässt sich als ein vorsätzlich initiierter Prozess begreifen, der sich gegen die selbstzerstörerischen unintendierten Nebenfolgen des „Anthropozäns" richtet. Das Anthropozän ist das erste Zeitalter der Erdgeschichte, in dem eine Spezies selbst grundlegende geoökologische Prozesse beeinflusst (vgl. Crutzen 2002). Die unintendierten Nebenfolgen dieser Einflussnahme auf geoökologische Prozesse haben zur Folge, dass die Planetary Boundaries, d. h. die Grenzen der Reversibilität im Bereich des Klimawandels, der Biodiversität und von vitalen Nahrungs- und Wasserkreisläufen, in Gefahr sind, überschritten zu werden. Sind diese Grenzen erst einmal überschritten, ist der Fortbestand der menschlichen Spezies bedroht (vgl. Rockström et al. 2009). Die „Große Transformation" ist demnach ein gesamtgesellschaftlicher Imperativ der nachhaltigen Entwicklung, aus dem „der Menschheit eine ganz neue Gesellschaftsverantwortung [erwächst, Anmerkung der Autoren], die weit über ein reines ökonomisches und gesellschaftliches ‚Weiter so' hinausreicht" (Schneidewind und Singer-Brodowski 2014, S. 21).

Die Berührungspunkte zwischen der „Großen Transformation" und dem Konzept der systemischen Risiken liegen auf der Hand. Wie oben beschrieben, können systemische Risiken an fünf Charakteristika festgemacht werden:

1. Komplexität und Interdependenz,
2. systemische Grenzüberschreitung,
3. Nichtlinearität,
4. Bifurkationspunkte und
5. mangelnde gesellschaftliche Aufmerksamkeit.

Werden diese Charakteristika nun auf die „Große Transformation" angewendet, so zeigt sich, dass alle Charakteristika zutreffend sind. Erstens sind die Prozesse der „Großen Transformation" und der ihr zeitlich voranschreitenden unintendierten Nebenfolgen des Anthropozäns höchst komplex und interdependent. Im Anthropozän läuft eine Vielzahl von Prozessen gleichzeitig und miteinander verschränkt ab. So bedingen z. B. Klimawandel und Umweltverschmutzung ein zunehmendes Artensterben, was wiederum zur Störung von Nahrungskreisläufen führt. Dieses Beispiel verdeutlicht zugleich das zweite Charakteristikum, die systemische Grenzüberschreitung, von Prozessen des Anthropozäns. Die Komplexität und Verschränkung dieser Prozesse erzwingt eine interdisziplinäre und transdisziplinäre Zusammenarbeit zu deren Analyse und Abschätzung. Das dritte Charakteristikum, bestehend aus nichtlinearen Entwicklungspfaden, die sich aus der komplexen Interdependenz ihrer bedingenden Faktoren ergeben, trifft ebenfalls auf die Prozesse des Anthropozäns zu. Zudem sind die Prozesse des Anthropozäns durch Bifurkationspunkte, dem vierten Charakteristikum, gekennzeichnet. Simulationen des Klimas, von Nahrungsketten und den Wasserkreisläufen zeigen, dass sich das dynamische Geosystem durch Bifurkationspunkte auszeichnet, die dann auftreten, wenn eine geringfügige Änderung der Parameterwerte einen plötzlichen Systemwandel zur Folge hat. Das fünfte Charakteristikum systemischer Risiken besteht darin, dass die Auswirkungen der Phänomene des Anthropozäns von der Gesellschaft größtenteils in ihrer Dramatik unterschätzt werden. Zum Beispiel herrscht in der Bevölkerung seit Langem ein Bewusstsein über die Auswirkungen des Klimawandels, jedoch fehlt es an tief greifenden Verhaltensänderungen eines jeden Individuums (Umstieg auf Elektromobilität, Vermeidung von Flugreisen und Reboundeffekten etc.). Die „Große Transformation", so wie es der WBDU beschrieben hat, soll dem gegensteuern und ein neues Verständnis von Wirtschaft, Wissenschaft, Zivilgesellschaft und Staat in einem Gesellschaftsvertrag implementieren, der die Wende von der fossilen zur postfossilen, nachhaltigen Gesellschaft herbeiführen soll.

11.4 Analyse empirischer Transformationsprozesse am Beispiel des Klimawandels

Der vom Menschen verursachte Klimawandel ist ein Paradebeispiel für alle oben genannten Merkmale systemischer Risiken. Die Klimarisiken sind erstens globaler Natur. Unabhängig davon, wo die Emissionen stattfinden, sind die Auswirkungen weltweit spürbar. Jeder Einzelne trägt nur marginal zur Emission von klimaschädlichen Gasen bei, aber insgesamt ist der Ausstoß so hoch, dass er die Senkenkapazität der Natur bei Weitem übersteigt (Rosa und Dietz 2010).

Die Klimarisiken sind zweitens eng mit anderen wirtschaftlichen und sozialen Krisenerscheinungen vernetzt. Sie verstärken auftretende Dürren und Hungersnöte, führen zu einer Zunahme extremer Wetterereignisse und bedrohen wegen des ansteigenden Meeresspiegels tiefer liegende Siedlungen (National Research Council 2010). Diese Zunahme von sekundären Lebensrisiken kann Wanderungsbewegungen, soziale Unruhen und die Entwicklung neuer fundamentalistischer Strömungen beschleunigen. Populisten finden immer dort großes Gehör, wo die Situation als ungerecht empfunden wird und man sonst keinen Weg mehr sieht, an diesem Missstand etwas zu ändern. Diese Voraussetzung liegt beim Klimawandel vor, denn am meisten leiden diejenigen Menschen, die zur Entstehung des Klimawandels wenig oder gar nichts beigetragen haben.

Die Klimarisiken sind drittens exemplarisch für stochastische und nichtlineare Wirkungsketten mit Bifurkationspunkten. Da die Atmosphäre wesentlich komplexer reagiert als das Treibhaus im Garten, gibt es eine Menge an intervenierenden, d. h. die Kausalkette beeinflussenden Variablen, die den Klimaeffekt entweder verstärken oder abschwächen. Komplexe Computermodelle sind die einzige Möglichkeit, diese Vielzahl von Einflussfaktoren in ihrer Dynamik zu erfassen und ihren jeweiligen Nettoeffekt zu berechnen (WBGU 1999). Dabei müssen auf der einen Seite stochastische Wirkungsbeziehungen mithilfe der Wahrscheinlichkeitsrechnung einbezogen und auf der anderen Seite nichtlineare Beziehungsmuster in der Vielzahl der simulierten Funktionsverläufe berücksichtigt werden. Dies führt wie bei allen Risiken dazu, dass man Bedrohungen nicht mit Sicherheit beweisen kann und gelegentlich auch Scheinkorrelationen vorliegen können.

Viertens wird sich der grundlegende Charakter der systemischen Risiken des Klimawandels, komplex, unsicher und nicht genau vorherbestimmbar zu sein, auch dann nicht ändern, wenn Wissenschaftler mehr Klimaforschung betreiben. Die Gesellschaft wird mit einem Rest an Unsicherheit und einem hohen Maß an Ungewissheit über plötzliche Kippeffekte im Klimabereich leben müssen. Gewissheiten wird es hier nie geben (Spiegelhalter und Riesch 2011). Diese Tatsache wird von den Personen, die den Klimawandel leugnen, gerne als Beweis dafür gesehen, dass die These vom anthropogen verursachten Klimawandel auf tönernen Füßen steht (vgl. z. B. Vahrenholt und Lüning 2012). Diese Behauptung ist jedoch wenig überzeugend. Immer dann, wenn Forschung auf komplexe und nichtlineare Systeme ausgerichtet ist, wird es, gleichgültig, wie viel Geld und wissenschaftlichen Sachverstand man auch investieren mag, zu Aussagen mit entsprechenden Unsicherheitsbereichen und mehrdeutigen Interpretationsmöglichkeiten kommen. Ihre grundsätzliche Relevanz wird davon jedoch nicht berührt.

Dies führt zum fünften und letzten Merkmal: der faktischen Unterschätzung systemischer Risiken beim Klimawandel. Warum werden systemische Risiken, wenn sie doch ein echtes Bedrohungspotenzial beinhalten, in unserer Gesellschaft als nicht so dringlich bewertet wie andere Risiken, die kaum ein Bedrohungspotenzial darstellen? Zum Ersten sind diese Risiken schleichender Natur, d. h., wir nehmen die Auswirkungen nur als marginale Veränderungen unserer Umwelt wahr. Die intuitive Wahrnehmung ist beim Menschen darauf ausgerichtet, plötzliche Veränderungen und Ereignisse ins Visier zu nehmen, wohingegen kontinuierliche Verschlechterungen kaum bemerkt werden (Renn 2014b, S. 178 ff.). Diese Tendenz zur Unterbewertung kontinuierlich wirkender Risikoquellen wird auch durch die Mechanismen der Risikowahrnehmung unterstützt, bei denen plötzlich auftretende Katastrophen immer mehr persönliche und soziale Resonanz erzeugen als kontinuierliche Schadensfälle, selbst wenn die Zahl der Opfer in beiden Fällen gleich hoch ist.

Zum Zweiten sind systemische Risiken durch komplexe Strukturen miteinander vernetzt, sodass scheinbar nicht zusammenhängende Lebensbereiche über die komplexen Ursache-Wirkungs-Beziehungen an irgendeinem Glied der langen Kette aufeinander einwirken. Unsere intuitiven kausalen Denkformen sind nicht auf die Analyse komplexer Ursache-Wirkungs-Ketten ausgerichtet. Gerade weil systemische Risiken oft örtlich und zeitlich weit voneinander entfernt auftreten, erscheint für unser Wahrnehmungsbewusstsein eine solche Verbindung als wenig plausibel.

Zum Dritten eignen sich viele der systemischen Risiken nicht für eine aufrüttelnde und emotional ansprechende Berichterstattung in den Medien. Dadurch, dass sich die Veränderungen nur marginal abzeichnen, fehlt der attraktive Nachrichtenwert. Nur wenn es große Konferenzen über systemische Risiken gibt, wird darüber mehr oder weniger ausführlich berichtet. Auch hier sticht der Klimaschutz besonders hervor. Im Mittelpunkt der Berichterstattung stehen aber dabei fast immer Berichte über Konflikte zwischen den Teilnehmenden, vor allem den staatlichen Akteuren, der Wirtschaft und Vertretern der Zivilgesellschaft, etwa der Umweltverbände. Hier können die Medien wieder die typischen Muster des Dramas einbringen. Oft genug wird darüber der eigentliche Anlass, das systemische Risiko, vergessen.

Zum Vierten lernen Menschen überwiegend durch Versuch und Irrtum (Levitt und March 1988). Dies ist aber im Falle des Klimawandels nicht möglich. Seine Globalität führt dazu, dass jedes Individuum, das zum Risiko beiträgt, davon ausgeht, dass es nur marginal an dem Risiko beteiligt sei und sich gar nichts ändere, wenn es diesen Beitrag (etwa in der Form, dass es durch Autofahren Kohlendioxid in die Luft entlässt) unterlassen würde. Es fehlt dann der Glaube an die Selbstwirksamkeit des eigenen Handelns. Dies wird durch die Nichtlinearität der Prozesse noch verstärkt. Es geschieht lange so gut wie nichts, bis es zu einem, dann schwer zu beherrschenden Schadensfall kommt.

Zum Fünften spielen auch die Entwicklungslinien des technischen und sozialen Wandels eine wichtige Rolle. Globale Vernetzung, Unübersichtlichkeit der kausalen Zusammenhänge, Pluralisierung von Meinungen und Bewertungen sowie der Vertrauensverlust in wissenschaftliche Expertisen und politische Rationalität sind hier die entscheidenden Stichworte. Die meisten systemischen Risiken sind nicht sinnlich wahrnehmbar und können nur durch wissenschaftliche Expertisen in das Bewusstsein der Menschen gebracht werden. Von daher ist man auf Vertrauen in Experten angewiesen (Renn 2017). Niemand kann aus persönlicher Erfahrung entscheiden, ob das Ozonloch das Ausmaß der Schädigung vorweist, das uns die Wissenschaft berichtet, und ob der Klimawandel tatsächlich aufgrund der Emissionen von klimaschädlichen Gasen erfolgt oder doch natürlichen Ursprungs ist oder ob wir durch unser wirtschaftliches Verhalten die Ressourcen unserer Welt über Gebühr in Anspruch nehmen. In einer Gesellschaft, in der aber wissenschaftliche Evidenz zunehmend als Ausdruck von Interessen bzw. persönlicher oder sozialer Überzeugungen gesehen wird, findet man immer genügend Stimmen, die diese systemischen Risiken verharmlosen, während andere versuchen, sie offensiv in die Öffentlichkeit zu bringen. In diesem „Konzert" der verstärkenden und verharmlosenden Kommentare von echten oder vermeintlichen Experten neigen die meisten Menschen dazu, eine Strategie des „Sowohl-als-auch" einzunehmen. Wenn es darum geht, sich über die Unfähigkeit der Politik und über die Profitorientierung der Wirtschaft auszulassen, dann wählt man die Botschaften aus, die von einem hohen Bedrohungspotenzial der systemischen Risiken ausgehen. Wenn aber die Implikationen solcher Botschaften Rückwirkungen auf die Gestaltung des eigenen Lebens, der eigenen Handlungen oder der Beziehungen zur Umwelt nahelegen, dann bevorzugen die meisten solche Expertisen, die bestätigen, dass all diese Bedrohungen rein theoretischer Natur seien und man besser abwarten solle, ob sich die langfristig befürchteten Konsequenzen auch in der Realität einstellen. Auf diese Weise kann man mit gutem Gewissen auf die

Unfähigkeit der anderen verweisen und gleichzeitig unbeschwert so leben, wie man es immer schon getan hat.

Diese fünf Prozesse der Aufnahme von Informationen führen also zu einer sehr ambivalenten Wahrnehmung von systemischen Risiken in der Gesellschaft. Sie werden nicht grundsätzlich verharmlost, aber die für die meisten Menschen relevanten Deutungsmuster erzeugen keine unmittelbare Handlungsrelevanz. Die Kommunikation über diese Risiken bleibt weitgehend wirkungslos. Einschneidende Verhaltensänderungen sind kaum zu erwarten und der Druck auf effektive Risikoregulierungen durch die Politik verharrt in engen Grenzen.

Natürlich gibt es auch Ausnahmen. Die erst jüngst eingeleitete Energiewende in Deutschland ist ein mutiger Versuch, einen Gegenentwurf zu den systemischen Risiken der Kernenergienutzung und der Nutzung fossiler Energieträger zu entwerfen und umzusetzen. Allerdings ist es wiederum für die Wahrnehmung dieser Risiken bezeichnend, dass der Enthusiasmus der deutschen Bevölkerung für diese Energiewende bereits erlahmt, wenn die Menschen merken, dass dieser Wandel in der Energieerzeugung nicht zum Nulltarif zu bekommen ist (Setton et al. 2017). Mit steigenden Strompreisen steigt auch der Widerstand gegen eine Politik, die sich im Bereich Energieversorgung beherzt gegen die weitere Duldung systemischer Risiken ausgesprochen hat.

11.5 Governance systemischer Risiken und Transformationsprozesse

Die „Große Transformation" postuliert das normative Ideal einer umfassenden Gesellschaftsentwicklung hin zur Nachhaltigkeit als einzigen Ausweg aus den für die Menschheit katastrophalen Folgen des Anthropozäns. Die obigen Ausführungen haben die systemischen Risiken von Transformationsprozessen aufgezeigt. Moderne Gesellschaften werden demnach „aufgrund ihrer Komplexität und Ausdifferenzierung immer mehr von den von ihnen produzierten Nebenfolgen eingeholt. Darauf muss sich die institutionelle Ausgestaltung moderner Gesellschaften einstellen" (Schneidewind und Singer-Brodowski 2014, S. 83). Doch welcher Weg führt aus der Krise? Wie lässt sich eine nachhaltige Gesellschaftsentwicklung vorantreiben, die die Chancen der Modernisierung, Digitalisierung und Globalisierung ergreift, aber deren Fallstricke vermeidet? Und wie lässt sich dieser Weg so arrangieren, dass alle Teile der Bevölkerung an dessen Gestaltung beteiligt sind?

Mit diesen Fragen beschäftigt sich die Governance-Forschung. Der Begriff Governance umfasst in seiner allgemeinsten Form die Steuerung oder Regelung gesellschaftlicher Prozesse und Organisationen – von der Leitung eines Betriebes bis hin zur Forschungsförderung. Der Governance-Begriff hebt sich vom klassischen Verständnis des hierarchischen Regierens durch vier fundamentale Unterschiede ab (zum Folgenden vgl. Bröchler und von Blumenthal 2006, S. 8 f.).

- Erstens treten an die Stelle der Regulierung durch formelle Beschlussfassung „weichere" Formen der Regulierung, die Elemente von Verständigung und Verhandlung aufweisen.
- Zweitens bezieht Governance nicht nur staatliche oder korporativ organisierte Akteure, sondern auch private Akteure in den Governance-Prozess mit ein. Governance lässt einen zweigleisigen Informations- und Energiefluss zwischen den Hierarchieebenen zu.
- Drittens werden private Akteure gleichberechtigt in den Governance-Prozess einbezogen, wodurch netzwerkartige Governance-Formen entstehen können.
- Viertens bewirken diese Veränderungen eine Neubildung von formell nicht verfestigten Institutionen, die den Governance-Prozess unterstützen können.

Der Wandel vom Regieren hin zu Governance wird durch die vermehrt zu vernehmende gesellschaftliche Forderung nach Partizipation an Entscheidungsfindungsprozessen unterstützt. Dabei hat Governance zweierlei Funktion. Zum einen wird der angesprochene Bedarf an Inklusion und Teilhabe gedeckt. Zum anderen stellt – so die Erwartung – Governance in modernen Gesellschaften, die durch Säkularisierung, Individualisierung und Differenzierung gekennzeichnet sind, die erforderliche gesellschaftliche Kohäsion her.

Die Governance systemischer Risiken ist dringend erforderlich, da ohne Governance-Bemühungen kein einzelner Akteur Anreiz hat, zum Wohle anderer die eigenen Handlungen in den Dienst einer nachhaltigen Entwicklung zu stellen und die eigene Risikobereitschaft zu reduzieren (Schwarcz 2008, S. 198). Diese Prozesse zeigen sich vornehmlich im Allmendeproblem als „tragedy of the commons", bei dem freie, aber begrenzt verfügbare Ressourcen übernutzt werden, wodurch die Existenz aller bedroht wird (vgl. Hardin 1968; Renn 2014b, S. 395 ff.). Der nachhaltige Umgang mit knappen öffentlichen Ressourcen wurde von Elinor Ostrom umfassend in einem Framework sozioökologischer Systeme thematisiert. Das Framework setzt zur Lösung des Problems im Umgang mit Allmendegütern maßgeblich auf kollektive, selbstorganisierte Governance (vgl. Ostrom 2009, 2015).

Im Falle systemischer Risiken potenzieren sich die Governance-Herausforderungen durch die Interdependenzen zwischen den Parametern eines systemischen Risikos und die wechselseitige Einflussnahme verschiedener systemischer Risiken aufeinander, z. B. im Falle von Biodiversitätsverlust und Klimawandel (Renn und Klinke 2004, S. 41). Somit gilt es, das Verständnis von systemischen Risiken auf ein möglichst breites Fundament zu stellen.

Allerdings behindern drei epistemologische Eigenschaften von Risiken, bestehend aus Komplexität, Unsicherheit und Ambiguität, die erschöpfende Analyse und Abschätzung von Risiken (Renn et al. 2011).

Komplexität kommt besonders dann zum Tragen, wenn innerhalb der Expertengemeinschaft Dissens über Ursache-Wirkungs-Zusammenhänge besteht. Die Systemkomplexität systemischer Risiken wird insbesondere durch deren vielfältige Interdependenzen und unübersichtliche Wirkungszusammenhänge potenziert. Ebenso haben Kaskadeneffekte von systemischen Risiken negative Auswirkungen auf weitere Risikobereiche und -arenen, die es zu berücksichtigen gilt. Governance-Bemühungen bei Risiken, die durch ein hohes Maß an Komplexität gekennzeichnet sind, sollten daher einen epistemologischen Expertendiskurs umfassen, der es zum Ziel hat, Klarheit über die Ursache-Wirkungs-Ketten zu erlangen.

Jedoch wird in Fällen, die durch hohe Unsicherheit gekennzeichnet sind, selbst ein hochkarätig besetzter Expertendiskurs die Governance-Bemühungen nicht zielführend unterstützen können. Die klassische Risikoanalyse und -abschätzung funktionieren dann am besten, wenn alle Parameter bekannt sind oder zumindest sinnvoll probabilistisch abgeschätzt werden können. Falls dies nicht möglich sein sollte und aufgrund von etablierten wissenschaftlichen Methoden keine sicheren Aussagen getroffen werden können, herrscht Unsicherheit vor. Unsicherheit tritt in vielerlei Formen auf, von denen hier nur zwei der bekanntesten angesprochen werden sollen. In der Ökonomie bezeichnet Unsicherheit grundlegendes Unwissen und die Unvorhersehbarkeit zukünftiger Ereignisse (Knight 1921). Im subatomaren Bereich ist Unsicherheit ein basaler Faktor der Quantenmechanik und gehört somit unabdingbar zu unserem Verständnis der Wirkungsmechanismen des Universums. So postuliert die Heisenberg'sche Unschärferelation, dass je genauer die Position eines Partikels bestimmt ist, desto weniger präzise dessen Impuls bestimmt werden kann und umgekehrt (Heisenberg 1927). Unsicherheit fordert Governance insbesondere hinsichtlich der Unvorhersehbarkeit von Entwicklungen jenseits eines Bifurkationspunktes heraus. Vor dem Bifurkationspunkt lässt sich die Zukunft aus den bisherigen Entwicklungen extrapolieren (z. B. mittels „technology foresight" im Bereich der Technikfolgenabschätzung). Kommt beim zu analysierenden systemischen Risiko wie so oft noch das intentionale Handeln von menschlichen Subjekten ins Spiel, trägt die bedingte Willensfreiheit (vgl. Ayer 2013) der Akteure ebenfalls zu der mit den Parametern des systemischen Risikos assoziierten Unsicherheit bei. Die Politik fokussiert ihre Aufmerksamkeit ebenfalls auf Unsicherheiten. Die auf Donald Rumsfeld zurückgehende Unterscheidung in „known knowns", „known unknowns" und „unknown unknowns"[2] erfuhr weitläufige Beachtung. Dabei sind vor allem die „unknown unknows" aus Sicht der Governance von großem Interesse. Dies trifft insbesondere dann zu, wenn diese unbekannten Unsicherheiten ein großes Katastrophenpotenzial bergen (vgl. Taleb 2010).

[2]United States Secretary of Defense Donald Rumsfeld in einer Pressekonferenz am 12.02.2002: „Reports that say something hasn't happened are always interesting to me, because as we know, there are known knowns; there are things we know we know. We also know there are known unknowns; that is to say we know there are some things we do not know. But there are also unknown unknowns – the ones we don't know we don't know. And if one looks throughout the history of our country and other free countries, it is the latter category that tend to be the difficult ones."

Im Umgang mit Unsicherheit haben sich bislang zwei Governance-Strategien bewährt: zum einen das in der Europäischen Union zum Tragen kommende Vorsorgeprinzip, das die Ursachen von Unsicherheit bzw. Risiko fokussiert (Klinke et al. 2006). Das Vorsorgeprinzip impliziert dabei die ethische Norm der Schutzbefohlenheit der Bevölkerung und deren Bewahrung vor Schadensexposition. Governance, die durch das Vorsorgeprinzip geleitet ist, favorisiert folglich inkrementelle Strategien. Irreversibilität sollte möglichst vermieden werden (vgl. Klinke und Renn 2002). Zum anderen die auf das absorbierende System fokussierte Strategie der Resilienz. Resilienz lenkt den Blick darauf, welche Eigenschaften das System aufweisen muss, um mit unvorhergesehenen Schadensfällen adäquat umzugehen bzw. sich im Schadensfall zügig zu regenerieren (Linkov et al. 2014; Renn 2008, S. 39).

Ambiguität kann im Hinblick auf die Governance von Risiken in zweierlei Gestalt auftreten. Im Falle der interpretativen Ambiguität sind unterschiedliche Standpunkte hinsichtlich der Interpretation von Daten und deren Ergebnissen sowie von Managementoptionen möglich. Normative Ambiguität tritt dann auf, wenn in der Bevölkerung divergierende ethische Prinzipien und deren praktische Anwendung in Form von Moral tangiert werden (Renn et al. 2011). Governance hat in beiden Fällen die konsensstiftende Aufgabe, einen partizipativen Diskurs anzustoßen, der Kompromisse findet hinsichtlich Zielkonflikten, die auf heterogenen, aber gleichermaßen legitimen Interpretationen des Risikos und dessen Implikationen für die Gesellschaft basieren.

11.6 Fazit und Ausblick

Seinen Ursprung hat der Begriff des systemischen Risikos in der Finanzwissenschaft. Zunächst wurden damit eher allgemein Risiken bezeichnet, die ein Finanzsystem oder die Ökonomie insgesamt und nicht nur spezifische Marktteilnehmer betreffen. Während das individuelle Anlagerisiko – als Folge der bloßen Marktbewegungen wie etwa Schwankungen des Aktienmarkts – durch Diversifikation des Investmentportfolios verringert werden kann, ist dieser Ausgleich bei systemischen Risiken nicht mehr oder nur in beschränktem Maße möglich, da hier miteinander verbundene Finanzinstitutionen bis hin zu gesamten Märkten in ihrem Bestand und damit potenziell alle Marktteilnehmer betroffen sind. Es gibt in den Finanzwissenschaften bisher keinen analytischen Zugang, durch den systemische Ereignisse charakterisiert und Systemkomponenten oder Systemeigenschaften, welche die Risikoausbreitung begünstigen, identifiziert werden könnten (Kaufman und Scott 2003; Schwarcz 2008).

Systemische Risiken können jedoch nicht alleine in der Ökonomie auftreten, sondern auch in der Welt der physischen und sozialen Risiken. Sie werden darin allgemein auf solche Ereignisse oder Prozesse bezogen, die die Funktionsfähigkeit des betroffenen Systems grundlegend infrage stellen und die weit über den Ort ihres Ursprungs oder ihrer unmittelbaren Wirkung hinaus negative Effekte in anderen Bereichen oder Systemen haben (OECD 2003; Renn et al. 2007, S. 176). Auch in diesem Verständnis sind systemische Risiken Folge einzelner Ereignisse oder einer Verkettung von Ereignissen, wie Naturkatastrophen, Störfälle, Terrorangriffe, menschliches Versagen oder Instabilitäten von Systemkomponenten. Ähnlich wie in der Finanzwelt breiten sich die Folgen dieser Ereignisse wie Wellen auf alle damit vernetzten Bereiche aus, die inhaltlich nicht oder nur indirekt mit dem Ursprungsereignis verbunden sind.

Systemische Risiken betreffen also ganze Systeme und können deren materielle oder symbolische Grenzen überschreiten. Sie nehmen dabei vielfältige Formen an, wie die Schädigung von Ökosystemen, Markteinbrüche oder -verschiebungen, Kapitalentwertung, Handelskonflikte, institutionelle Umbrüche oder politische Vertrauensverluste: „A systemic risk … is one that affects the systems on which society depends – health, transport, environment, telecommunications, etc." (OECD 2003, S. 30). Verdichtungs- und Vernetzungsprozesse spielen dabei eine wesentliche Rolle.

Der eingespielte Prozess von Risikoabschätzung (wissenschaftliche Charakterisierung des Risikos nach Gefährdungspotenzial, Exposition und Dosis-Wirkungs-Beziehung) und Risikomanagement (Feststellung eines politischen Handlungsdrucks sowie Wahl der geeigneten Instrumente zur Risikominderung) behandelt traditionell die direkten physischen Folgen für Mensch und Umwelt in den jeweiligen Systemgrenzen. Durch die bereits beschriebenen zentralen Eigenschaften systemischer Risiken versagen die herkömmlichen Mittel des Risikomanagements und der Regulierung. Von daher sind neue Ansätze der Risiko-Governance gefragt, die den gesamten Interaktionsprozess zwischen den beteiligten Organisationen, Gruppen und Individuen unter die Lupe nehmen.

Aufgrund ihres dynamischen Ausbreitungsverhaltens sind systemische Risiken schwer zu erfassen und in Governance Strukturen einzuordnen. Sie verlangen nach neuen Institutionen und Verfahren, die sich gezielt der sekundären und tertiären Schadenswirkungen in den Auslagerungsbereichen annehmen. Damit verbunden ist die Notwendigkeit zur Ausbildung neuer Bewertungsprozesse, die auf die zentralen Eigenschaften systemischer Risiken wie (soziale) Verstärkung, Komplexität, Ungewissheit und Ambiguität zugeschnitten sind. Diese Anforderungen können Systeme der Governance aber nur übernehmen, wenn die Wissenschaft gute Modelle für die Erfassung und Steuerung systemischer Risiken an die Hand gibt. Das können keine Rezeptbücher sein, aber dennoch formal nachvollziehbare und empirisch validierbare Orientierungen, die zum einen eine Früherkennung von nichtlinearen Wirkungsbeziehungen erlauben und zum anderen Schlüsselvariablen identifizieren helfen, die in einer Krisensituation zentrale Funktionen für das weitere Systemverhalten ausüben. Diese Anforderungen müssen in ein auf systemische Risiken abgestimmtes Modell von Risiko-Governance eingespeist werden (Hood et al. 2001; Hutter 2006; Renn 2008). Risiko-Governance betont die Notwendigkeit innovativer Koordinations- und Kooperationsprozesse, die die Grenzen der traditionellen hierarchisch-dirigistischen Interventionsformen überwinden und neue institutionelle Verfahren der Problemdefinition und Steuerung begünstigen. Solche Prozesse sind Ausdruck einer horizontalen Politik, bei der Kooperation zwischen den Akteuren sowie eine systematische Rückkopplung und Koordination der staatlichen Akteure mit gesellschaftlichen Akteuren stattfinden muss. Damit steht Risiko-Governance paradigmatisch für einen Multi-Level-Stakeholder-Ansatz, bei dem systemische Risiken in Wechselwirkung zwischen physischen Konsequenzen, finanziellen Absicherungen und ihren psychologischen, sozialen und kulturellen Auswirkungen betrachtet werden (Zinn und Taylor-Gooby 2006). Nur eine solche Politik kann den besonderen Gegebenheiten systemischer Risiken gerecht werden.

Literatur

Aven, T., & Renn, O. (2010). *Risk management and governance. Concepts, guidelines and applications*. Heidelberg: Springer.

Ayer, A. J. (2013). Freedom and necessity. In R. Shafer-Landau (Hrsg.), *Ethical theory: An anthology* (2. Aufl., S. 317–321). New York: Wiley.

Bröchler, S., & von Blumenthal, J. (2006). Von Government zu Governance Analysen zu einem schwierigen Verhältnis. In J. von Blumenthal & S. Bröchler (Hrsg.), *Von Government zu Governance Analysen zum Regieren im modernen Staat* (S. 7–22). Hamburg: Lit Verlag.

Crutzen, P. (2002). The "Anthropocene". *Journal de Physique IV France, 12*(10), 1–5.

Hardin, G. (1968). The tragedy of the commons. *Science, 162,*1243–1248.

Heisenberg, W. (1927). Über den anschaulichen Inhalt der quantentheoretischen Kinematik und Mechanik. *Zeitschrift für Physik, 43*(3–4), 172–198. https://doi.org/10.1007/BF01397280.

Hood, C., Rothstein, H., & Baldwin, R. (2001). *The government of risk.* Oxford: Oxford University Press.

Hutter, B. M. (2006). Risk, regulation, and management. In P. Taylor-Gooby & J. Zinn (Hrsg.), *Risk in social science* (S. 202–227). Oxford: Oxford University Press.

Johnson, B. B., & Covello, V. T. (1987). *The social and cultural construction of risk.* New York: Reidel Publishing.

Kaufmann, G., & Scott, K. E. (2003). What is systemic risk, and do bank regulators retard or contribute to it? *The Independent Review, 7*(3), 371–391.

Klinke, A., & Renn, O. (2002). A new approach to risk evaluation and management: Risk-based, precaution-based and discourse-based management. *Risk Analysis, 22*(6), 1071–1094.

Klinke, A., Dreyer, M., Renn, O., Stirling, A., & van Zwanenberg, P. (2006). Precautionary risk regulation in european governance. *Journal of Risk Research, 9*(4), 373–392.

Knight, F. H. (1921). *Risk, uncertainty, and profit.* Boston: Hart, Schaffner & Marx.

Levitt, B., & March, J. G. (1988). Organizational learning. *Annual Review of Sociology, 14*(1), 319–340.

Linkov, I., Bridges, T., Creutzig, F., Decker, J., Fox-Lent, C., Kröger, W., Lambert, J. H., Levermann, A., Montreuil, B., Nathwani, J., Nyer, R., Renn, O., Scharte, B., Scheffler, A., Schreurs, M., & Thiel-Clemen, T. (2014). Changing the resilience paradigm. *Nature Climate Change, 4,* 407–409.

Lucas, K., Jaeger, C. C., & Renn, O. (2017). *Systemische Risiken und Dynamische Strukturen.* IASS Discussion Paper. Potsdam: Institute for Advanced Sustainability Studies.

National Research Council. (2010). *Advancing the science of climate change.* Washington D. C.: The National Academies Press.

OECD. (2003). *Global shocks: Improving risk governance.* Paris: OECD.

Ostrom, E. (2009). A general framework for analyzing sustainability of social-ecological systems. *Science, 325*(5939), 419–422. https://doi.org/10.1126/science.117213.

Ostrom, E. (2015). *Governing the commons. The evolution of institutions for collective action.* Cambridge: Cambridge University Press.

Pidgeon, N., Kasperson, R. E., & Slovic, P. (2003). *The social amplification of risk*. Cambridge: Cambridge University Press.

Renn, O. (2008). *Risk governance. Coping with uncertainty in a complex world*. Earthscan: London.

Renn, O. (2014a). New challenges for risk analysis: Systemic risks. *Japanese Journal of Risk Analysis, 24*(3), 157–160.

Renn, O. (2014b). *Das Risikoparadox. Warum wir uns vor dem Falschen fürchten*. Frankfurt a. M.: Fischer.

Renn, O. (2016). Systemic risks: The new kid on the block. *Environment Science and Policy for Sustainable Development, 58*(2), 26–36. https://doi.org/10.1080/00139157.2016.1134019.

Renn, O. (2017). *Zeit der Verunsicherung*. Frankfurt a. M.: Rowohlt.

Renn, O., & Klinke, A. (2004). Systemic risks: A new challenge for risk management. *EMBO Reports, 5*(Special Issue), 41–46.

Renn, O., Schweizer, P.-J., Dreyer, M., & Klinke, A. (2007). *Risiko. Über den gesellschaftlichen Umgang mit Unsicherheit*. München: ÖEKOM Verlag.

Renn, O., Klinke, A., & van Asselt, M. (2011). Coping with complexity, uncertainty and ambiguity in risk governance: A synthesis. *AMBIO, 40*(2), 231–246.

Renn, O., Lucas, K., Haas, A., & Jaeger, C. (2017). Things are different today: The challenge of global systemic risks. *Journal of Risk Research*. https://doi.org/10.1080/13669877.2017.1409252.

Rockström, J., Steffen, W., Noone, K., Persson, A., Chapin, F. S., Lambin, E. F., Lenton, T. M., Scheffer, M., Folke, C., Schellnhuber, H. J., Nykvist, B., Wit, C. A. de, Hughes, T., Leeuw, S. van der, Rodhe, H., Sörlin, S., Snyder, P. K., Costanza, R., Svedin, U., Falkenmark, M., Karlberg, L., Corell, R. W., Fabry, V. J., Hansen, J., Walker, B., Liverman, D., Richardson, K., Crutzen, P., & Foley, J. A. (2009). A safe operating space for humanity. *Nature, 461*, 472–475.

Rosa, E. A., & Dietz, T. (2010). Global transformations: Passage to a new ecological era. In E. Rosa, A. Diekmann, T. Dietz, & C. C. Jaeger (Hrsg.), *Human footprints on the global environment* (S. 1–45). Cambridge: MIT Press.

Schneidewind, U., & Singer-Brodowski, M. (2014). *Transformative Wissenschaft. Klimawandel im deutschen Wissenschafts- und Hochschulsystem* (2. Aufl.). Marburg: Metropolis.

Schwarcz, S. L. (2008). Systemic risk. *The Georgetown Law Journal, 97*(1), 93–249.

Setton, D., Matuschke, I., & Renn, O. (2017). *Soziales Nachhaltigkeitsbarometer der Energiewende 2017: Kernaussagen und Zusammenfassung der wesentlichen Ergebnisse*. Potsdam: Institute for Advanced Sustainability Studies. https://doi.org/10.2312/iass.2017.019.

Sjöberg, L. (2000). Factors in risk perception. *Risk Analysis, 20*(1), 1–12.

Slovic, P. (1987). Perception of risk. *Science, 236*(4799), 280–285.

Spiegelhalter, D. J., & Riesch, H. (2011). Don't know, can't know: Embracing deeper uncertainties when analysing risks. *Philosophical Transactions of the Royal Society, A 369*, 4730–4750.

Störig, H. J. (1999). Kleine Weltgeschichte der Philosophie (17. überarbeiteteund erweiterte Aufl.). Stuttgart: Kohlhammer.

Taleb, N. N. (2010). *The black swan: The impact of the highly improbable* (2. Aufl.). London: Penguin.

Vahrenholt, F., & Lüning, S. (2012). *Die kalte Sonne: Warum die Klimakatastrophe nicht stattfindet*. Hamburg: Hoffmann & Campe.

WBGU: Wissenschaftlicher Beirat der Bundesregierung Globale Umweltveränderungen. (1999). *Welt im Wandel. Strategien zur Bewältigung globaler Umweltrisiken*. Jahresgutachten 1998. Heidelberg: Springer.

WBGU: Wissenschaftlicher Beirat der Bundesregierung Globale Umweltveränderungen. (2001). *Welt im Wandel – Gesellschaftsvertrag für eine Große Transformation*. Hauptgutachten 2011. Heidelberg: Springer.

Zinn, J. O., & Taylor-Gooby, P. (2006). Risk as an interdisciplinary research area. In P. Taylor-Gooby & J. Zinn (Hrsg.), *Risk in social science* (S. 20–53). Oxford: Oxford University Press.

Dr. Pia-Johanna Schweizer studierte Soziologie und Anglistik/Amerikanistik an der Universität Stuttgart und der University of Aberdeen (Großbritannien). 2008 promovierte Pia-Johanna Schweizer an der Universität Stuttgart (Dr.rer.pol. mit Auszeichnung) im Fachbereich Soziologie zur diskursiven Risikoregulierung. Von 2002 bis 2003 war sie als wissenschaftliche Mitarbeiterin an der Akademie für Technikfolgenabschätzung in Baden-Württemberg tätig. Von 2003 bis 2008 war sie wissenschaftliche Mitarbeiterin am Institut für Sozialwissenschaften, Abteilung für Technik- und Umweltsoziologie der Universität Stuttgart. Von 2008 bis 2012 war Pia-Johanna Schweizer Senior Researcher und Projektleiterin am Interdisziplinären Forschungsschwerpunkt Risiko und Nachhaltige Technikentwicklung (ZIRN) der Universität Stuttgart. Pia-Johanna Schweizer war von 2009 bis 2016 Bereichssprecherin „Risk Governance" der gemeinnützigen Gesellschaft für Kommunikations- und Kooperationsforschung (DIALOGIK gGmbH). Von 2013 bis 2014 war sie Visiting Scholar an der Michigan State University am Center for Systems Integration and Sustainability (CSIS). Von 2012 bis 2016 war sie Senior Researcher und Projektleiterin am Zentrum für interdisziplinäre Risiko- und Innovationsforschung (ZIRIUS) der Universität Stuttgart. Dort koordinierte sie das Forschungsfeld „Planning Governance" der Helmholtz Allianz ENERGY-TRANS. Seit September 2016 leitet Pia-Johanna Schweizer am Institute for Advanced Sustainability Studies Potsdam, IASS, das Projekt „Systemische Risiken", das sich mit den Wechselwirkungen zwischen Wissenschaft, Wirtschaft und Gesellschaft beschäftigt und dabei insbesondere den gesellschaftlichen Umgang mit systemischen Risiken und wissenschaftlichen Ungewissheiten analysiert. Pia-Johanna Schweizer ist zudem Vorstandsmitglied der Society for Risk Analysis Europe. 2015 erhielt sie den Chauncey Starr Distinguished Young Risk Analyst Award der Society for Risk Analysis. Seit 2018 ist Pia-Johanna Schweizer Councilor der Society for Risk Analysis.

Prof. Dr. Dr. h.c. Ortwin Renn ist Geschäftsführender Wissenschaftlicher Direktor am Institut für Transformative Nachhaltigkeitsforschung (*Institute for Advanced Sustainability Studies,* IASS) in Potsdam und Professor für Umwelt und Techniksoziologie an der Universität Stuttgart. Darüber hinaus leitet Renn gemeinsam mit Frau Dr. Marion Dreyer und Frau Agnes Lampke das Forschungsinstituts *DIALOGIK*, eine gemeinnützige GmbH zur Erforschung und Erprobung innovativer Kommunikations- und Partizipationsstrategien. Dazu kommen Honorar- und Ehrenprofessuren in Stavanger, Beijing und München. Seine Hauptforschungsfelder sind: Risikoanalyse (Governance, Wahrnehmung und Kommunikation), Theorie und Praxis der Bürgerbeteiligung bei öffentlichen Vorhaben, Transformationsforschung sowie sozialer und technischer Wandel in Richtung einer nachhaltigen Entwicklung.

Renn studierte Volkswirtschaftslehre, Soziologie und Sozialpsychologie und promovierte anschließend an der Universität Köln. Er arbeitete als Wissenschaftler und Hochschullehrer in Deutschland, den USA und der Schweiz. Renn erhielt viele Auszeichnungen, darunter das Bundesverdienstkreuz erster Klasse, den Ehrendoktor der ETH Zürich, die Ehrenprofessur der Technischen Universität München, den „Oustanding Research Award" der Internationalen Gesellschaft für Integrierte Katastrophenforschung und Risikomanagement (International Society for Integrated Disaster and Risk Management) sowie den „Distinguished Achievement Award" der Internationalen Gesellschaft für Risikoanalyse (Society for Risk Analysis).

Renn ist Mitglied im Präsidium der Deutschen Akademie für Technikwissenschaften (Acatech), der Nationalen Akademie der Wissenschaften Leopoldina und der Berlin-Brandenburger Akademie der Wissenschaften (BBAW). Er gehört zahlreichen weiteren wissenschaftlichen Beiräten, Kuratorien und Kommissionen an.

Teil II

Neue Konzepte aus Wissenschaft und Praxis in den einzelnen Managementdisziplinen bzw. Handlungsfeldern

Konturen eines integralen Nachhaltigkeitsmanagements

12

Georg Müller-Christ und Bror Giesenbauer

12.1 Einleitung

Es muss einen Grund dafür geben, warum die Anforderung einer nachhaltigeren Ausrichtung von Unternehmen seit ca. 20 Jahren eher an den Oberflächen des Unternehmensgeschehens abgearbeitet wird als in den Kernprozessen. Eine wirklich nachhaltigere Entwicklung der Wirtschaft lässt sich gegenwärtig nur in Ansätzen beobachten: Es dominieren Ökoeffizienzpostulate, deren Wirkungen durch die Reboundeffekte kompensiert werden; es gibt zahlreiche Versuche, Managementsysteme und standardisierte Berichterstattungen einzuführen, oder es werden Stakeholder-Dialoge über verantwortlicheres Verhalten in der globalen Supply Chain geführt. Was sich nicht beobachten lässt, ist eine deutliche Reduzierung des Ressourcen- und Energieverbrauchs von Produzenten und Konsumenten und eine engagierte Vermeidung von Nebenwirkungen des wirtschaftlichen Handelns auf Mensch und Natur.

Mögliche Erklärungen für die zögerliche und effektive Umsetzung von Nachhaltigkeit können entwicklungstheoretische Konzepte liefern. Seit einiger Zeit versuchen immer mehr Autoren, das Konzept von Spiral Dynamics in die Managementlehre einzuführen. Wir halten die Unterscheidungen der verschiedenen Entwicklungsphasen von Spiral Dynamics für ausgesprochen hilfreich, um aufzeigen zu können, warum der Wert „Nachhaltigkeit“ erst in der integralen Entwicklungsstufe von Unternehmen in einem umfassenden Sinne handlungsleitend werden kann. Die meisten Unternehmen agieren noch in einer

G. Müller-Christ (✉) · B. Giesenbauer
Universität Bremen, Bremen, Deutschland
E-Mail: gmc@uni-bremen.de

B. Giesenbauer
E-Mail: giesenbauer@uni-bremen.de

M. Englert und A. Ternès (Hrsg.), *Nachhaltiges Management*,
https://doi.org/10.1007/978-3-662-57693-9_12

modernen Logik, deren bevorzugtes Problemlösungsmuster Unterscheidungen wie Substanzerhaltung und Verantwortung nur beschränkt erkennen kann. Wir wollen im Rahmen der Möglichkeiten eines solchen Beitrags zeigen, dass erst nach einer Transformation von einer postmodernen in eine integrale Entwicklungsstufe von Unternehmen die Widersprüchlichkeit von Nachhaltigkeit und Effizienz erkannt, akzeptiert und bewältigt werden kann. Die Herausforderung für die Leser liegt darin, dass wir den Spiral-Dynamics-Ansatz und die integrale Perspektive nur skizzenhaft einführen können.

12.2 Eine klare Unterscheidung über Nachhaltigkeit

Wir gehen davon aus, dass sich das Wesen oder der Kern des Nachhaltigkeitsverständnisses klar umreißen lässt als eine Herausforderung, die zwar nicht neu, aber unter den heutigen Bedingungen neuartig ist. Dies in wenigen Sätzen zu umreißen, ist sicherlich mutig. In unserer Perspektive wird der Begriff der Nachhaltigkeit für die Lösung zwei sehr unterschiedlicher, aber eng miteinander verbundener Probleme verwendet (Müller-Christ 2014).

1. Das Ressourcenproblem: Die materiellen und immateriellen Ressourcen der Welt sind absolut knapp. Damit wir Menschen dauerhaft unsere Bedürfnisse befriedigen können, dürfen wir nicht mehr verbrauchen, als die Erde und die Gesellschaftssysteme an materiellen und immateriellen Ressourcen produzieren können. Die ökologische Tragfähigkeit der Erde ist dabei genauso eine Ressource wie die soziale Belastbarkeit der Gesellschaft wie auch die ökonomische Entwicklungsfähigkeit der Wirtschaft. Aus dieser Ressourcenperspektive lebt eine Gesellschaft dann nachhaltig, wenn alle ressourcenverbrauchenden Systeme sich haushaltsökonomisch verhalten: Sie erhalten die Substanz, aus der heraus sie wirtschaften, oder – anders ausgedrückt – sie pflegen die Ressourcenquellen, von denen sie leben, und verbrauchen nicht mehr als nachkommt. Im Übrigen ist dies auch die Essenz des englischen Begriffs Sustainable Development; eine erhaltende Entwicklung ist eine Entwicklung, die die Substanz erhält und sich mit dem Vorhandenen beständig qualitativ weiterentwickelt. Mit Ökoeffizienz, mithin mit einem immer sparsameren Einsatz von Ressourcen pro Produkt- und Nutzeneinheit, lässt sich diese Entwicklung nicht erreichen. Denn Ökoeffizienz verlangsamt nur den Anstieg des Ressourcenverbrauchs und führt nicht dazu, dass auch nur eine Einheit Ressource regeneriert wird. Gleichwohl reduziert ein sparsamer Einsatz von Ressourcen deren Reproduktionsnotwendigkeit, sodass Ökoeffizienz eine wichtige Bedeutung hat. Wir verstehen Nachhaltigkeit im engeren Sinne als Substanzerhaltung oder die Erhaltung der Ressourcenbasis, so wie es der Erfinder des Begriffs Carl von Carlowitz auch formuliert hat: Schlage nicht mehr Holz aus dem Wald als nachwächst! Mit anderen haushälterischen Worten: Verbrauche nicht mehr Ressourcen als sich im überschauten Zeitraum regenerieren können und pflege die Ressourcenquellen, um deren Produktivität zu erhalten.

2. Das Nebenwirkungsproblem: In vielen Diskussionen wird Nachhaltigkeit mit Verantwortung gleichgesetzt und Corporate Social Responsibility (CSR) wird als Begriff wahrscheinlich häufiger verwendet als „nachhaltiges Management". Der Verantwortungsbegriff verweist deutlich auf das zu lösende Problem: Alle wirtschaftenden Einheiten sollen auf die Haupt- und Nebenwirkungen ihres Handelns angemessen antworten. In einer vollen Gesellschaft, in der sehr viele Institutionen und Unternehmen ihre Zwecke (ihre beabsichtigten Hauptwirkungen) erreichen wollen, potenzieren sich die Nebenwirkungen auf Mensch und Natur. Menschliche Gesundheit und Klimaschutz sind in diesem Kontext die großen Themen. Schwieriger, aber ähnlich gravierend, ist die Problematik der unbeabsichtigten Umverteilung von Kapital und Vermögen. Die jetzige Logik der erwerbswirtschaftlichen Wirtschaftsweise führt dazu, dass große Kapitalbestände überproportional auf Kosten kleiner Bestände wachsen und damit immer weniger Menschen übermäßig reich werden. Die Lösung des Verantwortungsproblems liegt vielfach in einer veränderten moralischen Haltung, in der Menschen und Institutionen bereit sind, die Nebenwirkungen ihres Handelns zu reparieren oder auszugleichen – bis hin zu der Haltung, auf Hauptwirkungen zu verzichten, die nicht ohne erhebliche Nebenwirkungen zu erzielen wären.

Während es in der Ressourcenperspektive um einen rationalen, substanzerhaltenden Umgang mit materiellen und immateriellen Ressourcen geht, geht es in der Nebenwirkungsperspektive um einen normativen Ansatz: Menschen auf allen Ebenen von Gesellschaft müssen sich Normen dafür setzen, welche Haupt- und welche Nebenwirkungen sie mit ihren Handlungen akzeptieren möchten. Diese Aufgabe ist nicht neu und war auch schon vor der Einführung des Nachhaltigkeitsbegriffs hoch relevant. An sich ist es das Hauptthema der Gesellschaftsentwicklung: Wie schaffen wir es, eine lebenswerte Gesellschaft zu gestalten, in der nicht Einzelne ihre Hauptwirkungen (Geld, Macht, Zugänge) auf Kosten von Nebenwirkungen auf andere erzielen können? In einer modernen Industriegesellschaft mit ihrer Tendenz, Kapital, Arbeit und gesunde Lebensverhältnisse ungerecht zu verteilen, ist die Abarbeitung der Nebenfolgen auf Mensch, Gesellschaft und Natur der Normalfall geworden (Beck 1986). Die Themen, die heute unter Corporate Social Responsibility oder offener unter Verantwortung diskutiert werden, sind genau diese Nebenwirkungen einer intensivierten erwerbswirtschaftlichen Logik. Durch diese normative Debatte über Verteilung werden aber die Ressourcenthemen einer Nachhaltigkeitsrationalität stärker in den Hintergrund gestellt.

12.3 Spiral Dynamics als evolutionärer Bezugsrahmen

Der Entwicklungspsychologe Clare Graves hat in den 1960er- und 1970er-Jahren mit Bezug auf vorhandene Entwicklungstheorien ein erfahrungsgeleitetes System von aufeinanderfolgenden Entwicklungsstufen von Menschen und Systemen beschrieben (Krumm und Parstorfer 2014). Dieses Graves-Value-System wurde dann von Beck und

Cowan (1996) zum Konzept der Spiral Dynamics weiterentwickelt. Es geht von der empirischen Beobachtung aus, dass Systeme, Institutionen und Menschen ein vorrangiges Wertesystem oder einen Problemlösungsmodus haben, welches bzw. welcher stimmig zur Komplexität des Kontextes ist oder einmal gewesen ist. Ändert sich die Komplexität des Kontextes oder des Umfeldes, werden Menschen, Institutionen und Systeme angeregt, sich auf die nächste Stufe von Wertsystemen oder Problemlösungsmodi zu bewegen. Wandel bedeutet in diesem Konzept, dass entweder innerhalb eines Problemlösungsmodus (horizontal) nach neuen Verfahrensweisen gesucht wird oder aber vertikal auf der nächsthöheren Stufe. Zudem sind Rückgriffe auf ältere Stufen möglich, was je nach Perspektive als „Wiederherstellung der Tradition" oder als kultureller Rückschritt wahrgenommen werden kann.

Eine wesentliche Beobachtung der Stufenfolge ist die Erkenntnis, dass es nicht gute oder schlechte Stufen gibt, sondern nur zur jeweiligen Situation stimmige oder weniger stimmige Problemlösungsmodi. Um zu verhindern, dass das Modell zu hierarchisch interpretiert wird im Sinne einer Entwicklung von fehlender Stimmigkeit zu höchster Stimmigkeit, wurden die einzelnen Phasen oder Stufen mit Farben belegt. Für die Reproduzierbarkeit in Schwarz-Weiß, sind die Farben in der Abb. 12.1 in Schriftform angegeben.

Aus Platzgründen skizzieren wir im Weiteren nur die vier Stufen, die wir für unsere Unterscheidungen für relevant halten, und illustrieren die zu diesen vier Wertesystemen passenden Ausrichtungen des Nachhaltigkeitsmanagements. Die ersten drei Stufen, die archaische, die magisch-animistische und die egozentrische Stufe, sind zwar in Unternehmen noch vorhanden, kommen jedoch in der rational-analytischen Wirtschaftswelt kaum zum Tragen. Die holistische Stufe wird von so wenigen Unternehmen

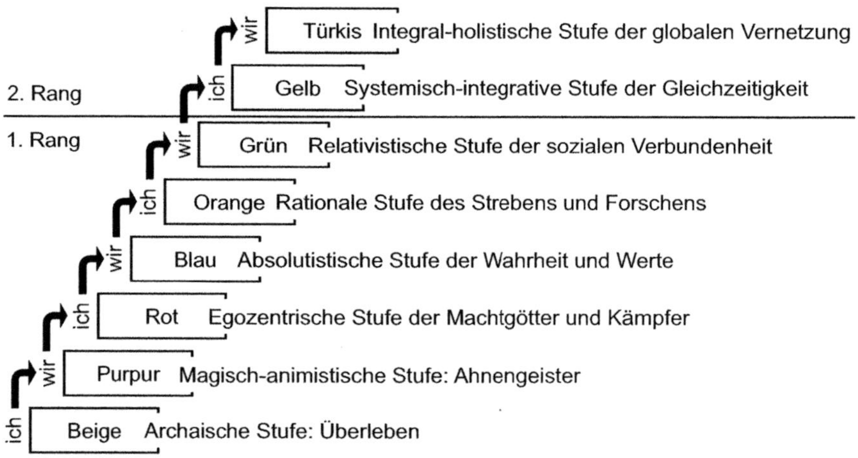

Abb. 12.1 Entwicklungsebenen nach Spiral Dynamics. (Quelle: eigene Abbildung nach Beck und Cowan 1996)

erreicht, dass wir für diese noch kaum Vorstellungen eines nachhaltigen Managements 5.0 entwickeln können. Relevant für die Betrachtung von heutigen Unternehmen sind die absolutistische (blaue), die rationale (orange), die relativistische (grüne) und die systemisch-integrative (gelbe) Stufe. Sie werden im Folgenden kurz skizziert. Die Leser machen wir bei aufkommendem Interesse auf die Werke von Beck und Cowan (1996), Laloux (2015), Bär et al. (2014) aufmerksam, in denen diese Entwicklung mit teilweise unterschiedlichen Begriffen, aber immer in derselben Logik beschrieben werden.

Die vier relevanten Stufen im Kurzprofil

Die *blaue Bewusstseinsstufe* stellt die vierte Ebene im Modell der Spiral Dynamics dar und ist von Absolutismus und Gehorsam gekennzeichnet. Auf dieser Ebene findet der Mensch den Sinn im Leben, der von einer allmächtigeren Ordnung bestimmt ist. Verhaltenskodexe, die auf unveränderliche Prinzipien von Recht und Unrecht beruhen, bestimmen das Handeln der Menschen und geben ihnen Ordnung und Stabilität. Struktur und Ordnung durch feststehende Regeln sind die vorrangigen Lösungsmuster für alle Probleme der Gesellschaft.

Die *orange Bewusstseinsstufe* ist geprägt von der Suche nach Rationalität aller Ordnungen sowie von den Prinzipien der Effizienz und des Gewinnstrebens. Aus den Lösungsmustern der Ordnung und der Struktur werden die Lösungsmuster von Autonomie, Unabhängigkeit und Neoliberalismus. Nutzenmaximierung von Mensch und Institution steht im Vordergrund und durch Wissenschaft werden große technische Fortschritte erzielt.

Auf der *grünen Entwicklungsstufe* reduziert sich der Materialismus mit seiner trennenden Wirkung und es kommt zu gesellschaftlichem Zusammenhalt sowie einer Sensibilitätsentwicklung für soziale Belange und Wertschätzung des Planeten Erde. Das vorherrschende Problemlösungsmuster wandelt sich von Konkurrenz zu Kooperation; in der Vernetzung von Institutionen und Menschen liegt die Innovationskraft dieser Phase.

Die *gelbe Bewusstseinsstufe,* als die siebte Entwicklungsstufe, steht für die Fähigkeit, eine hohe Komplexität und Widersprüchlichkeit bewältigen zu können. Auf dieser systemisch-integrativen Stufe können Menschen die Unausweichlichkeit der Strömungen und Formen von Natur und Gesellschaft akzeptieren. Sie lernen innerhalb der Unvereinbarkeiten von konfligierenden Wahrheiten und Unsicherheiten ihre persönlichen Freiheiten zu finden, ohne andere zu schädigen oder das Eigeninteresse zu übertreiben.

Drei weitere Aspekte von Spiral Dynamics sind besonders interessant für unsere Argumentation:

1. Die ersten sechs Phasen stellen den 1. Rang dar. Alle Systeme, die auf einer der Stufen verortet sind, weisen sich zumeist dadurch aus, dass sie die unteren Stufen ablehnen und die höheren noch nicht sehen können. Daher resultieren auch die zahlreichen Missverständnisse in den Abstimmungen von Systemen auf verschiedenen Stufen: Sie sind jeweils blind oder ablehnend für andere Problemlösungsmodi. Erst im 2. Rang ab der gelben Stufe sind Systeme, Menschen oder Institutionen in der

Lage, alle vorangegangenen Stufen zugleich sehen und akzeptieren zu können. Dies erfordert eine hohe Ambiguitätstoleranz und ein Bewusstsein dafür, als ganzes System zugleich Teil eines größeren ganzen Systems zu sein (Perspektive eines Holons).
2. Entsprechend einem Holon lässt eine Stufe den gerade überwundenen Problemlösungsmodus nicht hinter sich, sondern transzendiert ihn: Sie überschreitet ihn in der Form, dass ein neuer Modus hinzugefügt wird und die konstruktiven Teile des alten Modus mitgenommen werden (Wilber 2001). Systeme stehen damit mit einem Schwerpunkt auf einer Stufe, alle anderen Muster sind aber noch präsent. Menschen, Unternehmen und Systeme haben alle unteren Phasen in sich und können sie je nach Kontext wieder aktivieren. Die meisten Unternehmen befinden sich auf der orangen Ebene, streben nach Effizienz und Innovation in einem Kontext intensiven Wettbewerbs und werden von ihren Stakeholdern mit Anforderungen der grünen Phase konfrontiert.
3. Graves hat beobachtet, dass sich die Wertesysteme zwischen einer *Ich-* und einer *Wir*-perspektive hin und her auf höhere Niveaus der Komplexitätsbewältigung schrauben. Phasen des Selbstausdrucks und der *Ich*-kontrolle wechseln sich mit Phasen der Selbstaufopferung und der Erkundung der Außenwelt, mithin des *Wir*-raums ab. Diese Unterscheidung ist relevant für die Erschließung des *Wir*-raums von Unternehmen.

Diese Pendelbewegung zwischen einer *Ich*-phase und einer *Wir*-phase wird schon länger als eine grundlegende dialektische Bewegung zwischen Differenzierung und Integration beschrieben, zwischen einer auf die Innenwelt und dann wieder auf die Außenwelt gerichteten Aufmerksamkeit, die sich spiralförmig und dialektisch nach oben auf Stufen höherer Komplexität schraubt (Csikszentmihalyi 2005, S. 304 ff.). Bezogen auf Unternehmen auf der orangen Stufe bedeutet dies, dass der Gegendruck durch die Verfolgung ihrer selbstbezogenen Gewinnziele sich nun logischerweise modifizieren wird und das Interesse für den *Wir*-raum der grünen Stufe wieder größer wird. Unternehmen können sich gemäß diesem Ansatz vielleicht einige Zeit für den anstehenden Wandel blockieren und verschließen, sie können ihn aber nicht aufhalten. Je länger die Unternehmen die Nichtbalance mit ihrer Umwelt fördern, umso größer ist die Wahrscheinlichkeit ihrer Systemauflösung.

12.4 Die Entwicklungslogik zu einem integralen Nachhaltigkeitsmanagement 4.0

Die Denkmuster der Wertesysteme finden sich in allen Organisationsformen wieder und eignen sich daher, um verschiedene Strömungen des nachhaltigen Managements (NM) zu ordnen und in einen Entwicklungszusammenhang zu stellen. In der dargestellten Tabelle der Abb. 12.2 werden die vier für diesen Beitrag relevanten Entwicklungsstufen verdichtet vorgestellt und anschließend einzeln beschrieben.

	Nachhaltiges Management 1.0	Nachhaltiges Management 2.0	Nachhaltiges Management 3.0	Nachhaltiges Management 4.0
Gesellschaftliche Einordnung	traditionell	modern	post-modern	integral
Spiral Dynamics Farbcode	blau	orange	grün	gelb
Logik des Denkens	Ordnungsdenken	Erfolgsdenken	Rücksichtsdenken	Systemisches Denken
Organisationsart	Loyales Unternehmen	Strategisches Unternehmen	Soziales Netzwerk	Generatives Gefüge
Nachhaltigkeitsbezogene Schwerpunkte	Compliance mit Schutzgesetzen, soziale Gemeinschaft pflegen	Öko-Effizienz, Arbeitsfähigkeit erhalten	Rücksicht auf Mensch und Natur, Erhalt von Kultur und Ressourcen	Wirksamkeit, Eigenverantwortung erleichtern
Typische Handlungsfelder	Umweltschutz, Arbeitsschutz, Schwerbehindertenreglun gen, Betriebsrenten	Energie und Ressourcen sparen, marketingwirksame Benefits	Familienfreundlichkeit, partizipative Prozesse, Fair Trade, Bio, Quoten	Selbstorganisation, systemischer Ausgleich, globale Vernetzung
Nachhaltigkeits logiken	Verantwortungsübernahm e nach Gesetzes- oder Normenvorgaben	Öko-Effizienz und Win-Win-Logik, Effizienzrationalität	Aushandlung von Verantwortungsübernahme in Stakeholderdialogen, erste Investitionen in die Substanzerhaltung	Volle Widersprüchlichkeit von Verantwortung und Substanzerhaltung versus Effizienzorientierung
Kriterien der Erfolgsmessung eines nachhaltigen Managements	Anzahl an punktuellen Aktivitäten (Input)	Effizienterer Einsatz von teuren Ressourcen (Verwendung; finanzieller Output)	Reduktion von Nebenwirkungen; Unbeschadetheit von Mensch & Natur (Output)	Substanzerhaltende Kernprozesse und Nebenwirkungen (Input bis Output)
Umgang mit Haupt- und Nebenwirkungen	Hauptwirkungen (Profitorientierung) werden als gesetzt gesehen, Nebenwirkungen nur dann wahrgenommen, wenn deren Bewältigung gesetzlich geregelt ist	Hauptwirkungen (Profitorientierung) wird intensiviert, zusätzliche Nebenwirkungsvermeidung en werden durch Lobbyismus mit Verweis auf Wettbewerbsverzerrungen verhindert	Hauptwirkungen werden reflektierbar, es beginnt eine „Purpose-Debatte“	Hauptwirkungen stehen zur Disposition, Nebenwirkungen sind unvermeidbar und müssen bewältigt werden
Nachhaltigkeitsnarrativ	Wir halten uns an die Gesetze und Normen!	Der Konsument muss Nachhaltigkeit wollen, damit der Wettbewerb sie aufnimmt!	Wir sind gesprächsbereit und sehen uns als Dialogpartner auf Augenhöhe mit NGO!	Trade-offs sind der Normalfall, die wir konstruktiv bewältigen
Entscheidungsprinzipien	Regeln, Hierarchie, äußerer Druck	Wirtschaftlichkeit, Schnelligkeit	Konsens, ethische Korrektheit	Sinnhaftigkeit, Pragmatismus

Abb. 12.2 Die Unterscheidungen der Entwicklungsstufen im Vergleich. (Eigene Darstellung auf Basis von Hedlund-de Witt 2014a; Devaney 2015; Laloux 2015; Beck und Cowan 1996)

12.5 Nachhaltiges Management 1.0: Ordnung und Gesetze

Auf dieser Stufe des nachhaltigen Managements steht gemäß der blauen Stufe des Ordnungsdenkens die Einhaltung der gesetzlichen Vorgaben im Vordergrund. Die Stufe 1.0 ist geprägt durch ein starkes Ordnungsdenken und einen Fokus auf Regeln und Hierarchie. In der Regel gibt es auf dieser Stufe kein nachhaltiges Management an sich, sondern die nachhaltigkeitsbezogenen Aktivitäten werden reaktiv durch Bereiche wie Umweltschutz oder Arbeitssicherheit abgedeckt. Müll soll ordnungsgemäß entsorgt werden, die Regeln zu Abwasserentsorgung oder etwa Grundwasserschutz sollen eingehalten und die klaren Schwerbehindertenregelungen akzeptiert werden. Insgesamt liegt der Fokus auf Aspekten der Sicherheit und der Katastrophenvermeidung auf Basis von Pflichtgefühl (van Marrewijk und Werre 2003). Allerdings stehen dabei nicht die Ergebnisse oder die Wirksamkeit der Maßnahmen im Vordergrund, denn der Pflicht ist im eigenen Selbstverständnis bereits dadurch Genüge getan, dass es überhaupt sichtbare Maßnahmen gibt.

Teilweise gibt es auf dieser Stufe Stellen für konkrete Anspruchsgruppen, d. h. beispielsweise Frauenbeauftragte oder Projekte zur Eingliederung von Geflüchteten in der Ausbildung. Soziale Nachhaltigkeit wird dabei vor allem durch den Betriebsrat oder die Gewerkschaften vertreten. Dabei kann sogar die Haltung dominieren, dass das Unternehmen einseitig zum Vorteil der Angestellten entscheiden sollte und diese sich bequem am Büffet der Möglichkeiten bedienen können. Mit sozialen Werten verknüpft kann es den Mitarbeitenden in solchen Unternehmen daher sehr gut gehen, denn die Sozialregelungen wie extra Urlaubstage, Weihnachtsgeld, günstige Firmenfitnessangebote, Betriebsrenten usw. werden meist selbst dann nicht angetastet, wenn sie sich als unwirtschaftlich oder unwirksam erweisen sollten. In kleineren Betrieben kann sich das Denken des nachhaltigen Managements 1.0 darin ausdrücken, dass bspw. auch in schlechten Zeiten auf betriebsbedingte Kündigungen verzichtet wird, da „man sich kennt“ und „sowas nicht macht“. Entscheidungen werden dann nicht auf Basis von ökonomisch rationalen Überlegungen getroffen, sondern auf Basis von Tradition und sozialen Regeln.

Das nachhaltige Management 1.0 hat insgesamt wenig Potenzial, die Kernprozesse der Unternehmung zu verändern, und basiert auf einem eher einfacheren Nachhaltigkeitsverständnis. Widersprüche im Handeln werden nicht reflektiert. Gleichwohl kann auf dieser Stufe teilweise viel bewirkt werden, da Maßnahmen nicht automatisch wirtschaftlich legitimiert werden müssen. Vielmehr steht das Befolgen von formalen und informellen Regeln im Vordergrund. Wenn es also gelingt, eben diese Regeln zum Vorteil von Mensch und Umwelt zu gestalten, so kann das nachhaltige Management 1.0 eine starke Ressourcenschonung bewirken.

12.6 Nachhaltiges Management 2.0: Ökoeffizienz und Wettbewerbsvorteile

Beim nachhaltigen Management 2.0 steht gemäß der orangen Stufe des Erfolgsdenkens die Ausrichtung auf Erfolg, Effizienz und ökonomischen Gewinn im Vordergrund (van Marrewijk und Werre 2003). Dementsprechend wird nachhaltiges Management auf dieser Stufe zumeist als Gestaltung von Win-win-Szenarien verstanden und die Kostenersparnispotenziale von Ökoeffizienz werden betont. Kernthema ist somit das Einsparen von Ressourcen wie Energie, Wasser und anderen Rohstoffen in der Produktion und im Betrieb. Zudem gelten „grüne Technologien" als Mittel der Wahl, um die Herausforderungen der Nachhaltigkeit zu lösen. Diese Produktinnovationen folgen der klassischen Erfolgslogik der Marktwirtschaft und sind mit der Hoffnung verknüpft, „Nachhaltigkeit" als weiteres Mittel für Gewinnsteigerungen einsetzen zu können. Zudem sollen die technischen Neuentwicklungen die Nebenwirkungen des Wirtschaftens möglichst so weit reduzieren, dass das wirtschaftliche Handeln nicht zugunsten von Mensch und Natur angepasst werden muss.

Auch soziale Themen der Nachhaltigkeit werden auf der Stufe 2.0 bearbeitet – solange sie dazu führen, dass das Unternehmen wettbewerbsfähig bleibt. Im Kampf um High Potentials werden daher vielfach attraktive Benefits eingeführt. Darüber hinaus werden auch die Produktionsbedingungen dann verbessert, wenn der Druck der Öffentlichkeit oder mögliche Sanktionen Umsatzeinbußen bewirken könnten. Auf dieser Stufe werden viele Inhalte von anderen Unternehmen angeeignet – häufig bleibt es jedoch bei einem rein instrumentellen Kopieren. So wird dann aus Gründen des Personalmarketings beispielsweise eine Tischtennisplatte angeschafft, da das hoch erfolgreiche Google schließlich auch ebensolche zur Verfügung stellt. Häufig staubt die Tischtennisplatte danach jedoch ein, da das *Spielen* nicht zur Kultur der Effizienz passt.

Auf der Stufe des nachhaltigen Managements 2.0 werden teilweise auch komplexere Zusammenhänge der Nachhaltigkeit erkannt – jedoch wird es nicht für realistisch angesehen, sie im eigenen Handeln zu berücksichtigen, solange dadurch nicht die Wirtschaftlichkeit vorhersagbar gesteigert wird. Da die Stufe 2.0 mit einer allgegenwärtigen Effizienzorientierung verknüpft ist, werden vielerorts die Bedingungen für Angestellte sogar verschlechtert und Sozialregelungen wie Betriebsrenten oder zusätzliche Urlaubstage gestrichen, wenn sie dem Management als zu teuer und zu ineffizient erscheinen.

Insgesamt ist die Stufe 2.0 einerseits zwar sehr anschlussfähig an gängige Denkmuster von Betrieben und kann daher das Thema der Nachhaltigkeit an vielen Stellen im Bewusstsein verankern. Anderseits führt diese Nähe zur reinen Effizienzlogik auch dazu, dass die Rücksichts- und Verzichtslogik von Nachhaltigkeit geschwächt werden. In der Folge kann das nachhaltige Management 2.0 häufig nicht verhindern, dass die betreffenden Organisationen weiterhin in Summe zahlreiche negative Nebenwirkungen für Mensch und Natur produzieren – bspw. in Form von ständigen Überstunden oder hohem Ressourcenverbrauch durch aufwendige Verpackungen und Marketing-Give-aways – jeweils gerechtfertigt durch sogenannte Sachzwänge oder Argumente der Wirtschaftlichkeit und der Wettbewerbsfähigkeit. Derlei Widersprüche werden dabei auf der Stufe 2.0 in der Regel unter den Teppich gekehrt und stattdessen auf die Verheißungen von Ökoeffizienz und grüner Technologie gebaut. Unternehmen, die auf dieser Stufe in dieser Logik agieren, müssen sich zuweilen denn auch dem Vorwurf des Greenwashings gefallen lassen, ein Vorwurf, den Vertreter der grünen Bewusstseinsstufe gerne nach unten senden.

12.7 Nachhaltiges Management 3.0: Rücksicht aus Überzeugung

Beim nachhaltigen Management 3.0 rücken gemäß der grünen Stufe des Rücksichtsdenkens Mensch und Natur ins Zentrum der Aufmerksamkeit und sind im Selbstverständnis wichtiger als wirtschaftliche Prozesse. Die Grundhaltung dieser Stufe ist eine Haltung der Rücksicht – besonders hinsichtlich gesellschaftlich machtloser Akteure. Sie ist damit eine Reaktion auf die negativen Folgen neoliberaler Leistungsorientierung. Dementsprechend ist das nachhaltige Management 3.0 vor allem in NGOs und solchen Unternehmen anzutreffen, deren Kernprodukt nachhaltigkeitsnah ist und die sich dabei beispielsweise Themen wie Biozertifizierung, fairem Handel oder veganer Produktion schon allein durch ihren Unternehmenszweck widmen.

Auf der Stufe 3.0 wird im Gegensatz zur Stufe 2.0 der Aspekt der Wirtschaftlichkeit in den Hintergrund gestellt. Vielmehr gibt es ein grundlegendes Bewusstsein für soziale und ökologische Verantwortung sowie Ressourcenerhaltung. Diese Themen werden dabei offensiv vorangetrieben – im Gegensatz zu den eher defensiven Ansätzen von Stufe 1.0 und 2.0 – und werden aus Überzeugung im Unternehmensleitbild verankert (Schallhart 2011). Die Arbeit ist geprägt von einer kollegialen, kooperativen Führungskultur, welche die Bedürfnisse der Gruppe betont.

Diese Art des nachhaltigen Managements ist in Unternehmen seltener in Reinform anzutreffen und tritt meist in Kombination mit Stufe 2.0 auf. Häufig sind es einzelne Akteure und Abteilungen (wie etwa der Personalentwicklung oder Nachhaltigkeitsabteilungen), welche diese Wertehaltung vertreten und ihren Gestaltungsspielraum innerhalb der effizienzorientierten Rahmenordnung aushandeln.

Entscheidungen sollen im nachhaltigen Management 3.0 unter Berücksichtigung verschiedenster Stakeholder und möglichst im Gruppenkonsens getroffen werden, denn klassische Machtstrukturen werden als Ausdruck von Unterdrückung und Missbrauch angesehen. Machstrukturen und Karriereorientierung werden daher aufgeweicht. In der Folge sind Matrixorganisation und Projektstruktur typische organisationale Ausprägungen der Stufe 3.0 innerhalb von Wirtschaftsorganisationen (Brandt-Biesler und Krumm 2015).

Inhaltlich widmet sich das nachhaltige Management 3.0 häufig ernst gemeinten CSR-Projekten und zeichnet sich durch eine starke Personalorientierung aus. Die Stufe 3.0 hat eine hohe Affinität zu Themen wie Partizipation, Familienfreundlichkeit oder Quotenregelungen für bislang unterrepräsentierte Gruppen. In Wirtschaftsbetrieben ist diese Haltung häufig abhängig von einer wohlwollenden und humanistischen Unternehmensleitung und/oder -eigentümern. In NGOs oder einigen alternativ geführten Unternehmen kann sie auch durch eine Organisation der Basisdemokratie getragen werden.

Innerhalb der Nachhaltigkeitsszene hat die Haltung des nachhaltigen Managements 3.0 eine breite Basis und ihre Vertreter setzen sich gemeinsam für das Gute in der Gesellschaft ein. Dabei kann es durchaus zu Konflikten und Missverständnissen mit Unternehmensvertretern kommen und die idealistische Haltung der 3.0-Vertreter wird ihnen zuweilen als weltfremdes „Gutmenschentum" vorgeworfen. Die Rhetorik von Schuld und Verantwortung ist zudem wenig anschlussfähig an die Sprach- und Argumentationswelt von Wirtschaftsbetrieben. Darüber hinaus können die demokratischen Entscheidungsprozesse des nachhaltigen Managements 3.0 teilweise als unnötig langwierig und ermüdend empfunden werden. Zudem werden durch den starken Fokus auf eine ideale Welt der Gleichberechtigung und der Rücksicht vielfach die Trade-offs und Widersprüche ausgeblendet, die in der Umsetzung entstehen.

Insgesamt kann das nachhaltige Management 3.0 durch seine idealistische und überzeugte Haltung viel zu einer menschenwürdigeren und naturfreundlicheren Wirtschaftsweise beitragen. Bei allem Idealismus mangelt es der Stufe 3.0 zuweilen jedoch an Pragmatismus, Handlungsorientierung sowie einer Berücksichtigung ökonomischer Prinzipien.

12.8 Nachhaltiges Management 4.0: Systemisches Widerspruchsmanagement

Das nachhaltige Management 4.0 verkörpert gemäß der gelben Stufe des systemischen Denkens die integrale Perspektive und löst sich als erste Stufe von der Tendenz, Extrempositionen einzunehmen. Erstmals werden Widersprüche zwischen den Rationalitäten der Effizienz und der Substanzerhaltung (Müller-Christ 2014) offen thematisiert und als essenziell empfunden. Der Übergang von Stufe 3.0 zu 4.0 wird in der systemtheoretischen Literatur auch als ein Wechsel vom ersten zum zweiten Rang innerhalb der Evolution von Wertesystemen beschrieben, da es die erste Stufe darstellt, die sich selbst nicht absolut setzt und den relativen Wert aller Entwicklungsstufen reflektiert – die Entwicklungsspirale wird damit erstmals selbst zum Handlungsgegenstand (Wilber 2001; Beck und Cowan 1996; Laloux 2015). An dieser Stelle sei abermals darauf hingewiesen, dass die Entwicklung der Wertesysteme nicht sprunghaft, in Reinform und linear verläuft. Vielmehr treten die Wertesysteme in Mischformen auf, sodass Vertreter der Stufe 3.0 durchaus situativ integrale Erkenntnisse haben können, ohne dass sich dies durch das gesamte Denken und Handeln ziehen muss.

Vertreter der Stufe 4.0 vertrauen nicht auf die Lösung der Nachhaltigkeitsfrage durch Win-win-Situationen (d. h. im Wesentlichen der Ökoeffizienz), sondern sehen diese als Ausnahmeerscheinung innerhalb des nachhaltigen Managements an. Dieses Misstrauen in „einfache Lösungen" führt auf der Stufe 4.0 jedoch nicht zu einer Haltung des Verzichts oder der Polarisierung – vielmehr herrscht hier das Vertrauen vor, dass systemisch komplexere Lösungen sowohl zu mehr Wirtschaftlichkeit als auch zu mehr Nachhaltigkeit führen können, ohne dass dabei die Trade-offs aufgelöst werden.

Dieser transparente Umgang mit Widersprüchen und Komplexität wird dabei erst möglich durch die emotionale und kognitive Fähigkeit von Einzelpersonen, Spannungen bewusst auszuhalten. Im nachhaltigen Management 4.0, dem integralen Nachhaltigkeitsmanagement, haben grundsätzlich alle Perspektiven relativ gesehen ihre Berechtigung und werden dann je nach Situation unterschiedlich gewichtet. Dieses Sowohl-als-auch-Denken ist dabei nicht beliebig, sondern lösungs- und handlungsorientiert: Es geht darum, die jeweils beste Lösung für das System zu finden, ohne sich dabei in ideologischen Positionskämpfen zu verstricken. Insgesamt versuchen Vertreter der Stufe 4.0 die polarisierenden Fliehkräfte unserer Gesellschaft (Extremismus und Radikalisierung) einzufangen und ihnen eine einende Anziehungskraft (integrale Philosophie und systemisches Denken) entgegenzustellen (van Egmond und de Vries 2011).

Der empirischen Arbeit von Frederic Laloux (2015) zufolge zeichnen sich Unternehmen der Stufe 4.0 durch drei Aspekte aus: ein hohes Maß an Selbstorganisation (flache Hierarchien, hohe Eigenverantwortung, effiziente und innovative Prozesse, Entscheidungen nach Kompetenz), Ganzheitlichkeit (Suche nach Ganzheit, Kombination von Rationalität mit Emotion, Intuition und Persönlichkeit) sowie eine ausgeprägte Sinnorientierung. Diese Aspekte gibt es teilweise bereits in Ansätzen auf anderen Stufen, sie werden hier jedoch durch systemisches Denken neuartig und effektiv kombiniert. Nachhaltigkeit soll im integralen Nachhaltigkeitsmanagement dann auf Basis der Ganzheitlichkeit und Sinnorientierung Teil der Hauptwirkung eines Unternehmens sein und in den Kernprozessen integriert sein (Schallhart 2011).

Auf Basis der Selbstorganisation übernimmt zudem jedes Individuum innerhalb der Organisation Verantwortung für die Prozesse und Wirkungen des Ganzen und damit auch für die Nachhaltigkeit der Organisation. Dies setzt voraus, dass einerseits alle Personen viel Handlungsspielraum erhalten und formale und informelle Macht dezentralisiert sind und andererseits die Einzelnen ihr Ego zurückstellen können und proaktiv im Sinne der Gesamtorganisation und! ihrer Umwelt handeln können (Laloux 2015). Dies steht im Kontrast zur Denkweise der Stufe 3.0, auf der Fehler vor allem bei anderen gesucht, erkannt und kritisiert werden. Diese Denkweise ist im Falle von NGOs sicherlich ein wichtiger gesellschaftlicher Durchbruch, führt bei Unternehmen jedoch dazu, dass sie in ihrem eigenen Handeln meist zu wenig nachhaltige Wirkungen erzeugen (Laloux 2015). Erst auf der Stufe 4.0 können unserer Einschätzung nach die Herausforderungen der Nachhaltigkeit mit all ihrer Komplexität und ihren Trade-offs im eigenen Handeln berücksichtigt werden. Dies wird ermöglicht durch die emotionale Reife der Individuen, Schwierigkeiten und Fehler selbstbewusst zuzugeben, sich durch Widersprüche nicht lähmen zu lassen und offen ihr Nichtwissen anzuerkennen (Brown 2012). In diesem Sinne wird die Stufe 4.0 als postrational und emotional beschrieben (Hedlund-de Witt 2014b).

12.9 Nachhaltigkeitsmanagement 4.0 und die integrale Theorie nach Wilber

Um das Nachhaltigkeitsmanagement 4.0 weiter greifbar werden zu lassen, soll an dieser Stelle das Erklärungsmodell von Spiral Dynamics durch das Vier-Quadranten-Modell (auch AQAL genannt, „all quadrants, all lines") aus der integralen Theorie von Ken Wilber (2001) vertieft werden (siehe Abb. 12.3). Im diesem Modell werden alle Entwicklungszusammenhänge innerhalb von vier Quadranten dargestellt: Alles, was sich entwickelt, entwickelt sich sowohl im Innen als auch im Außen, sowohl im Individuum als auch im Kollektiv (Wilber 2007). Die Integration der grundlegenden abstrakten Polaritäten von Innen-Außen und Individuum-Kollektiv ist dabei sehr hilfreich, um die Gleichzeitigkeit von Entwicklungslogiken aufzuzeigen und die Komplexität des integralen Ansatzes greifbarer zu machen. Jede Entwicklung hat demnach eine Entsprechung in den Bereichen individuelle Erfahrung, Verhalten, Kultur sowie in den Rahmenbedingungen von Systemen (McEwen und Schmidt 2007). Alle vier Bereiche müssen gemeinsam berücksichtigt werden, um eine stabile Transformation zu einer

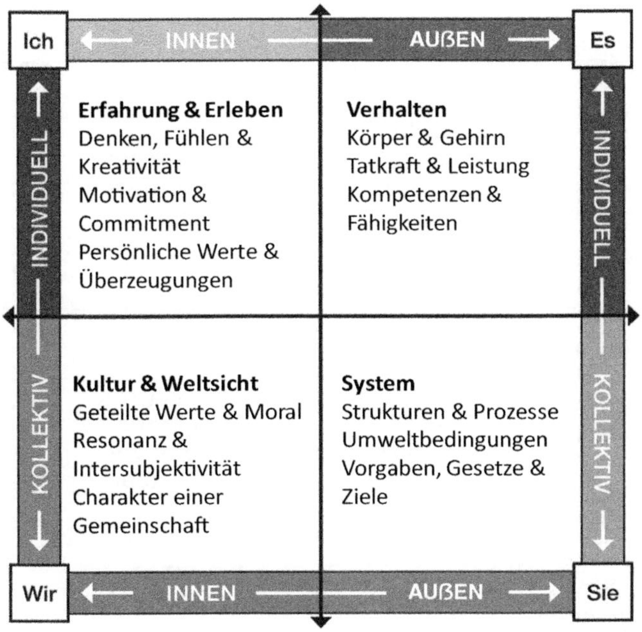

Abb. 12.3 Das Vier-Quadranten-Modell. (Abbildung auf Basis von Wilber 2007; McEwen und Schmidt 2007)

nachhaltigeren Gesellschaft zu ermöglichen, da die vier Quadranten in wechselseitiger Beziehung stehen.

Der Schwerpunkt der Nachhaltigkeitsdiskussion liegt bislang auf dem Systemquadranten Kollektiv/Außen und am meisten vernachlässigt wird der Erfahrungsquadrant Individuell/Innen – wie sich auch deutlich in einer Literaturanalyse von Brown (2007) zeigt. Alle Quadranten sind jedoch gleichermaßen nötig für systemischen Wandel. Jeder Quadrant kann nur durch seine ihm eigene Sichtweise voll verstanden werden – die Sicht von anderen Quadranten aus kann zu Verzerrungen führen. Aus dieser Erkenntnis heraus wäre es daher unstimmig, den Nachhaltigkeitsbegriff den drei weniger stark bespielten Quadranten überzustülpen. Vielmehr gilt es, die jeweilige Eigenlogik herauszuarbeiten (s. Abb. 12.4).

Die Unterscheidung des Vier-Quadranten-Modells hilft uns dabei, die unterschiedlichen Bühnen der ressourcenorientierten Nachhaltigkeitsherausforderung präziser herauszuarbeiten. Ein nachhaltiger Umgang mit materiellen und immateriellen Ressourcen erfordert daher folgende Bedingungen:

1. *Quadrant Kollektiv/Außen: Nachhaltigkeit heißt Regeln für die Reproduktion von Ressourcen zu schaffen*
   Die Einflussfaktoren von Tragfähigkeit und Produktivkraft natürlicher und sozialer Systeme werden in den Regeln von Wirtschaft und Gesellschaft berücksichtigt. Die Eigengesetzlichkeiten der materiellen (Natur, Finanzen) Ressourcenquelle

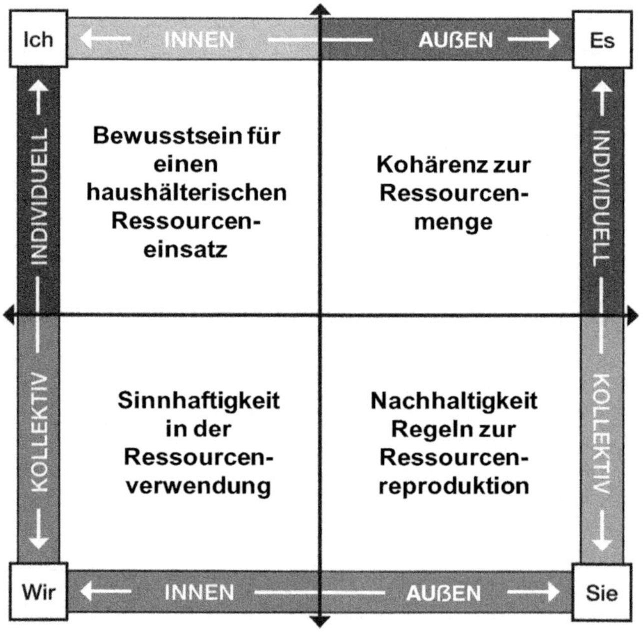

Abb. 12.4 Ressourcenorientierte, integrale Perspektive. (Quelle: eigene Darstellung)

sind genauso bekannt wie die der immateriellen (Vertrauen, Legitimation, Bildung, Rechtssicherheit u. a. m.) und in den Normen und Gesetzen berücksichtigt. Insbesondere die Abstimmungen zwischen den widersprüchlichen Anforderungen von Rücksicht der verschiedenen Ressourcenquellen finden in intelligenten Dialogprozessen statt. Eine Kreislaufwirtschaft auf der Basis von Solarenergie ist weitgehend realisiert.

2. *Quadrant Kollektiv/Innen: Sinnhaftigkeit in der Ressourcenverwendung*
   Sinn, Werte und Ressourcenverwendung werden zu einem großen Narrativ verbunden: Knappe Ressourcen werden für sinnvolle Zwecke eingesetzt, über die die Gemeinschaft entscheidet. Die Widersprüchlichkeit einer einzelnutzenorientierten Gemeinwohlökonomie ist als ständiges moralisches Dilemma im Wertesystem der Gesellschaft verankert.
3. *Quadrant Individuell/Außen: Kohärenz zur Ressourcenmenge*
   Menschen und Institutionen können die Widersprüchlichkeit in der Gestaltung gesunder Geld- und der Ressourcenströme durch geeignete Tools und Bewertungsverfahren für alle sichtbar auf effiziente und professionelle Weise bewältigen. Informationen über die Relevanz von Konsum und Produktion für die vorhandene materielle und immaterielle Ressourcenmenge ermöglichen ein kohärentes Verhalten aller Beteiligten
4. *Quadrant Individuell/Innen: Bewusstsein für einen haushälterischen Ressourceneinsatz*
   Menschen und Institutionen haben das Bewusstsein dafür, dass sie als Ganzheit zugleich ein Teil eines größeren Ganzen sind, dessen Gesundheit von den Beiträgen seiner Teile abhängt und auf diese zurückwirkt. Ambiguitätstoleranz, Weltzentrik (im Gegensatz zur Egozentrik) und Spiritualität sind die Voraussetzung von Bewusstseinsstufen zweiter Ordnung (Stufe 4.0 und mögliche weitere Stufen), die einen haushälterischen Ressourceneinsatz auf allen Ebenen ermöglicht.

Diese vier Bühnen eines integralen Nachhaltigkeitsmanagements sind an dieser Stelle mit ihrem Zielbegriff benannt. In der gelebten Praxis gibt es in jedem Quadranten mehrere Entwicklungslinien, die unterschiedlich weit entwickelt sein können (Wilber 2007). Die Dialektik der Spiralentwicklung gilt somit für alle vier Aspekte und die Herausforderung des integralen Nachhaltigkeitsmanagements besteht zu einem großen Teil darin, auf allen vier Bühnen den Nährboden für eine schrittweise Weiterentwicklung zu schaffen, damit schließlich ein systemisch ganzheitliches Management der materiellen und immateriellen Ressourcen möglich wird.

12.10 Nachhaltigkeit als Geburtshelfer eines integralen Gesundheitsverständnisses

In einem integralen Nachhaltigkeitsmanagement geht es durch die Öffnung des Blicks auf alle Quadranten nicht mehr primär um „Nachhaltigkeit", sondern um die Gesundheit des Gesamtsystems, welche sich in der Ausprägung der Aspekte Nachhaltigkeit, Kultur der Sinnhaftigkeit, Bewusstsein und Kohärenz des Verhaltens widerspiegelt. Gesundheit bedeutet auf der integralen Stufe, eine angemessene dilemmasensible Regulation aller ressourcenbezogenen Transaktionen in allen Quadranten gestalten zu können. Ein integrales Ressourcenmanagement dient nicht allein dazu, die Zwecke des Unternehmens zielstrebiger zu verfolgen. Ein solches Ressourcenmanagement hat vielmehr in derselben Intensität die Aufgabe, die Bestandssicherung des Unternehmens zu gewährleisten, indem es den Blickwinkel auf den permanenten Zufluss an Ressourcen richtet, welche aus den Umwelten des Unternehmens kommen.

Umwelten sind somit nicht mehr nur die äußeren Gegebenheiten des Unternehmens, die eher restriktiv als fördernd wirken. Umwelten sind aus dieser Perspektive vielmehr andere existenziell verbundene Systeme, sodass eigentlich nur noch von System-System-Beziehungen gesprochen werden kann. Der Unterschied ist gravierend: Wenn von System-Umwelt-Beziehungen die Rede ist, wird intuitiv eine Hierarchisierung mitgedacht. Das System ist die zu entwickelnde Einheit, die Umwelt ein Mittel oder eine Restriktion dazu. Diese Hierarchisierung verliert ihre Logik bei der Rede von System-System-Beziehungen. Hier stehen die Eigengesetzlichkeiten und Eigenwertigkeiten der Systeme erst einmal gleichberechtigt nebeneinander und fordern ihre Berücksichtigung ein.

Gleichberechtigte Systeme können ihren eigenen Ressourcenzufluss nur sichern, wenn sie den der anderen immer mitdenken. Damit muss jedes System bei seinem Agieren stets die Existenzvoraussetzungen aller anderen Systeme (als potenzielle und indirekte „Lebensmittellieferanten") mitberücksichtigen. Niemand darf sich nur aus dem gemeinsamen Ressourcenhaushalt (z. B. qualifizierte Arbeitskräfte, Luft, Energie) bedienen, ohne in irgendeiner Weise selbst oder über Dritte für den Ressourcennachschub zu sorgen (Remer 2004, S. 328). Ein derartiges Ressourcenmanagement hat den Vorteil, dass es Rücksichtnahme auf andere Systeme nicht mehr normativ begründet, sondern rational: Um den eigenen Überlebensbedingungen gerecht zu werden, muss ein System die Überlebensbedingungen der ressourcenaufnehmenden und ressourcenliefernden Systeme beachten, um deren Funktionsfähigkeit nicht zu gefährden.

Das Grundproblem ist indes, dass hier nicht über direkte und sichtbare Auswirkungen auf andere Systeme gesprochen wird, sondern über die indirekten und unsichtbaren, die die Funktionsfähigkeit und Stabilität anderer Systeme in multidimensionalen Ursache-Wirkungs-Beziehungen negativ beeinflussen. Gerade aufgrund dieser Komplexität gehen wir davon aus, dass erst auf der Stufe 4.0 Nachhaltigkeitsmanagement im ganzheitlichen Sinne möglich wird, da erst hier die kognitiven, emotionalen und volatilen Voraussetzungen geschaffen sind, um auch auf schwer sichtbare Ressourcenströme in System-System-Geflechten einzugehen. Das ressourcenorientierte Nachhaltigkeitsverständnis kann dabei zu einer Öffnung des Blicks führen, sodass die integrale Perspektive von gesunden System-System-Beziehungen möglich wird.

Die integrale Stufe zeichnet sich nun im Gegensatz zur postmodernen Stufe 3.0 konkret dadurch aus, dass sie die gesellschaftliche positive Funktion von Wirtschaft und Arbeit stärker anerkennt. Integral Denkende teilen zwar die postmoderne Ansicht, dass Unternehmen und Konzerne Verantwortung für ihre Nebenwirkungen übernehmen müssen, sehen jedoch auch das transformative Potenzial unternehmerischen Handelns

(McIntosh 2009). Denn wenn Nachhaltigkeit im integralen Denken als Gesundheit des Gesamtsystems und seiner Teilsysteme verstanden werden kann, dann ist diese Haltung mit einem salutogenetischen Gesundheitsverständnis verknüpft (Antonovsky 1997; Müller-Christ 2014). Auf der Stufe 3.0 herrscht dagegen häufig noch die Ansicht vor, dass Nachhaltigkeit primär bedeutet, keine destruktiven Nebenwirkungen zu erzeugen – was einem pathogenetischen Gesundheitsverständnis entspricht.

Auf der Stufe 4.0 wird jedoch davon ausgegangen, dass Wirtschaftsprozesse und Arbeit auch aktiv zur Gesundheit und Entwicklung aller beteiligten Systeme beitragen können. Die materiellen und immateriellen Ressourcen werden im Rahmen eines integralen Nachhaltigkeitsmanagements im Idealfall also nicht nur genutzt oder verbraucht, sondern auch gefördert, weiterentwickelt und zur Blüte gebracht. Übertragen auf vier Quadranten würde dies beispielsweise bedeuten, dass sich die Mitarbeitenden in ihrem Sosein in die Arbeit einbringen können, dabei sinnhaftes Handeln erleben und sich durch die Arbeit persönlich, fachlich und methodisch weiterentwickeln können (Bewusstsein und Kohärenz in den Quadranten der Individualität; Laloux 2015). Das Unternehmen würde zudem die Ideale der Aufklärung durch seine Unternehmenskultur und seine ethischen Kernprozesse stärken (Sinnhaftigkeit im Kulturquadranten) und durch wirtschaftliche Produktivität und Innovationen zu Wohlstand, Frieden und Stabilität der Gesellschaft und ihrer Ökosysteme beitragen (Nachhaltigkeit im Systemquadranten; McIntosh 2009).

Nachhaltigkeitsmanagement 4.0 geht damit tendenziell im Gesamtmanagement der Organisation auf, weil es in alle Kern- und Nebenprozesse eingebunden ist. Da es an dieser Stelle wenige Erfahrungen damit gibt, welche Formen das Nachhaltigkeitsmanagement 4.0 einnehmen kann, ist derzeit sowohl denkbar, dass Nachhaltigkeit dabei zum selbstverständlichen Leitgedanken aller Abteilungen wird, als auch, dass es weiterhin eine Spezialfunktion für nachhaltiges Management geben wird, welche den anderen Bereichen einer Organisation dabei hilft, die komplexe Herausforderung der Nachhaltigkeit in ihrem konkreten fachlichen Handeln zu berücksichtigen.

Literatur

Antonovsky, A. (1997). *Salutogenese: zur Entmystifizierung der Gesundheit*. Tübingen: dgvt.

Bär, M., Krumm, R., & Wiehle, H. (2014). *Unternehmen verstehen, gestalten, verändern. Das Graves-Value-System in der Praxis* (3. Aufl.). Wiesbaden: Gabler.

Beck, D. E., & Cowan, C. C. (1996). *Spiral dynamics: Mastering values, leadership and change*. Maiden: Blackwell.

Beck, U. (1986). *Risikogesellschaft*. Frankfurt a. M.: Suhrkamp.

Brandt-Biesler, F., & Krumm, R. (2015). *So wird verkauft! Werteorientiertes Verkaufen mit den 9 Levels*. Offenbach: Gabal.

Brown, B. C. (2007). The four worlds of sustainability. Integral Sustainability Center.

Brown, B. C. (2012). Leading complex change with post-conventional consciousness. *Journal of Organizational Change Management, 25*(4), 560–575.

Csikszentmihalyi, M. (2005). *Dem Sinn des Lebens eine Zukunft geben: Eine Psychologie für das 3. Jahrtausend.* Stuttgart: Klett-Cotta.

Devaney, K. (2015). An integral approach to systems engineering. *INCOSE International Symposium, 25*(1), 840–858.

Hedlund-de Witt, A. (2014a). Rethinking sustainable development: Considering how different worldviews envision "development" and "quality of life". *Sustainability, 6*(11), 8310–8328.

Hedlund-de Witt, A. (2014b). The integrative worldview and its potential for sustainable societies. *Worldviews: Global Religions, Culture, and Ecology, 18*(3), 191–229.

Krumm, R., & Parstorfer, B. (2014). *Clare W. Graves: Sein Leben, sein Werk – Die Theorie menschlicher Entwicklung*. Mittenaar-Bicken: Werdewelt.

Laloux, F. (2015). *Reinventing organizations: Ein Leitfaden zur Gestaltung sinnstiftender Formen der Zusammenarbeit.* München: Vahlen.

McEwen, C. A., & Schmidt, J. D. (2007). Leadership and the corporate sustainability challenge: Mindsets in action report. Avastone Consulting. http://www.avastoneconsulting.com/docs/MindsetsInAction.pdf.

McIntosh, S. (2009). *Integrales Bewusstsein und die Zukunft der Evolution. Wie die Integrale Weltsicht Politik, Kultur und Spiritualität transformiert.* Hamburg: Phänomen-Verlag.

Müller-Christ, G. (2014). *Nachhaltiges Management: Einführung in Ressourcenorientierung und widersprüchliche Managementrationalitäten.* Stuttgart: UTB.

Remer, A. (2004). *Management. System und Konzepte.* Bayreuth: R.E.A.-Verlag Managementforschung.

Schallhart, A. (2011). *Integrale nachhaltigkeitsorientierte Unternehmensentwicklung*. Norderstedt: GRIN.

van Egmond, N. D., & de Vries, H. J. M. (2011). Sustainability: The search for the integral worldview. *Futures, 43*(8), 853–867.

van Marrewijk, M., & Werre, M. (2003). Multiple levels of corporate sustainability. *Journal of Business Ethics, 44*(2), 107–119.

Wilber, K. (2001). *A theory of everything: An integral vision for business, politics, science and spirituality*. Boston: Shambhala.

Wilber, K. (2007). *The integral vision*. Boston: Shambhala.

Prof. Dr. Georg Müller-Christ ist Professor für Nachhaltiges Management an der Universität Bremen. Er verwendet moderne Theorien und Tools wie Spiral Dynamics, Theorie U oder Systemaufstellungen, um die Anschlussfähigkeit von Nachhaltigkeit an vorherrschendes Entscheidungsverhalten von Unternehmen und Personen verstehen und erklären zu können. Sein Ziel ist es, mithilfe von Systemaufstellungen eine transdisziplinäre Sprache zu entwickeln, um co-kreative Prozesse für eine nachhaltigere Gesellschaft zu entwickeln.

Bror Giesenbauer ist seit 2017 wissenschaftlicher Mitarbeiter im BMBF geförderten Projekt HochN an der Universität Bremen und darin zuständig für die Vernetzung deutscher Hochschulen zum Thema Nachhaltigkeit. Derzeit promoviert er zu den Herausforderungen des Diversity Managements aus systemischer Perspektive und verknüpft dabei mithilfe von Spiral Dynamics die integrale Perspektive mit dem Diversity- und Nachhaltigkeitsdiskurs.

13 Nachhaltige Unternehmensentwicklung

Marion A. Weissenberger-Eibl und Annette Braun

13.1 Externe Betrachtung: Stand der Nachhaltigkeit in der Unternehmensentwicklung

Nachhaltigkeit ist grundsätzlich auf den langfristigen Bestand eines Systems ausgerichtet. Um ein Verständnis für Möglichkeiten der nachhaltigen Entwicklung zu generieren, müssen die jeweiligen Bezugssysteme gesamtheitlich in ihren Prozessen und Kreisläufen betrachtet werden (Weissenberger-Eibl und Ziegaus 2010). Im Folgenden wird ein Konzept der intrinsisch motivierten und integrierten nachhaltigen Unternehmensentwicklung dargestellt.

Nachhaltigkeit im Zusammenhang mit Unternehmensentwicklung kann aus Systemsicht auf zwei Ebenen analysiert werden: Zum einen geht es – von außen betrachtet – um die Wirkung von Unternehmungen auf den langfristigen Bestand des globalen ökosozialen Systems; zum anderen kann – aus der Innensicht heraus – der langfristige Bestand einer Unternehmung als solche im jeweiligen ökosozialen Umfeld Gegenstand der Betrachtung sein. Insbesondere bei einer langfristig orientierten Nachhaltigkeitsperspektive sind diese beiden Systemebenen miteinander verzahnt.

Um den Stand der Nachhaltigkeit in der heutigen Unternehmensentwicklung abzuschätzen, soll zunächst der Blick von außen auf einige nachhaltigkeitsrelevante Gegebenheiten gerichtet werden. Dazu wird der Energieverbrauch als ein zentraler Parameter der

M. A. Weissenberger-Eibl (✉) · A. Braun
Karlsruher Institut für Technologie und Fraunhofer ISI, Karlsruhe, Deutschland
E-Mail: marion@weissenberger-eibl.de

A. Braun
E-Mail: annette.braun@isi.fraunhofer.de

M. Englert und A. Ternès (Hrsg.), *Nachhaltiges Management*,
https://doi.org/10.1007/978-3-662-57693-9_13

umweltbezogenen Nachhaltigkeit als Kenngröße herangezogen.[1] Industrie und Dienstleistungssektor zusammen verursachen etwa 45 % des gesamten Energieverbrauchs in Deutschland (Umwelt Bundesamt 2016). Weitere 29 % macht der Verkehr aus, wovon wiederum ein Drittel in Zusammenhang mit wirtschaftlichen Tätigkeiten steht (IVT Heilbronn/WVI GmbH Braunschweig 2012). Damit hat das nachhaltige Handeln im Unternehmenssektor einen wichtigen Einfluss auf z. B. entscheidende Energiekennwerte und damit auf die gesamtgesellschaftliche Nachhaltigkeit. Der relevante Anteil der Wirtschaft am gesamtgesellschaftlichen Energieverbrauch unterstreicht die Bedeutung der Frage von Nachhaltigkeit im Unternehmenskontext.

Nun stellt sich die Frage, inwieweit die globale politische Diskussion um Nachhaltigkeit signifikante Auswirkungen auf das Umwelthandeln der Unternehmen hatte und hat. Sicherlich wurden große Anstrengungen in der Wirtschaft unternommen, um die Klimabilanzen zu verbessern. Betrachtet man die langfristigen Trends, so zeigt sich allerdings, dass seit Mitte der 2000er-Jahre der Wert der CO_2-Emissionen der Wirtschaft weitgehend stagniert (Projektionsbericht 2017 für Deutschland); im Bereich des Verkehrs steigen die Emissionen sogar leicht an (Projektionsbericht 2017 für Deutschland). Zusammengefasst legt der Blick von außen also nahe, dass die Wirtschaft ein zentraler gesellschaftlicher Akteur im Umwelthandeln ist und gleichzeitig nach wie vor Handlungsbedarf besteht.

13.2 Wirksamkeit bisheriger Nachhaltigkeitsstrategien

Im Folgenden soll nun die nachhaltige Unternehmensentwicklung aus der betrieblichen Sicht betrachtet werden und das Handlungspotenzial aus ökonomischer Perspektive herausgearbeitet werden. Zunächst stellt sich vor diesem Hintergrund die Frage, welche Motive Unternehmungen dazu bewegen, Umweltfragen in Managemententscheidungen zu berücksichtigen. Ervin et al. (2013) vergleicht dazu verschiedene Faktoren, die das Umwelthandeln von Firmen beeinflussen. Die relevanten extrinsischen Faktoren reichen danach von Einstellungen von Konsumenten, Investoren und speziellen Interessengruppen über regulatorische Fragen bis hin zu Fragen des Wettbewerbs (Ervin et al. 2013).

13.2.1 Suffizienzstrategie – Bewusstseinsbildung

Nachhaltiges Management kann sich an einer Suffizienzstrategie orientieren und damit insbesondere auf Bewusstseinsbildung in verschiedenen Stakeholder-Gruppen setzen (Weissenberger-Eibl 2003). Konsum, Investoren und spezielle Interessengruppen – und

[1]Nachhaltigkeit wird im Allgemeinen zwar bewertet nach den drei Dimensionen „Ökonomie“, „Soziales“ und „Ökologie“, um dem ganzheitlichen Charakter der Thematik gerecht zu werden. Im Folgenden sollen die ökonomischen und sozialen Faktoren bei der Einordnung allerdings erst einmal unberücksichtigt bleiben, da der gesamtgesellschaftliche Vergleich aussagekräftiger Parameter (Zwick und Loew 2016) in diesen Bereichen schwierig ist.

indirekt auch die Regulierung – spielen eine zentrale Rolle bei diesem Strategieansatz, weil sie abhängig von Bewusstseinsfragen unterschiedlich einwirken auf nachhaltigkeitsrelevante Entscheidungen von Unternehmungen. Aufgrund externen Drucks von Märkten und Nichtmarktakteuren können Firmen ihre Entscheidungen hinsichtlich Umwelt orientieren (Ervin et al. 2013). Indirekt spielt auch Compliance mit Regularien eine Rolle. Hier ist davon auszugehen, dass die Bewusstseinsbildung zunächst zu politischem Handeln geführt hat und dieses dann den rechtlichen Rahmen gesteckt hat.

Ein zentraler Orientierungspunkt von Unternehmungen sind Kunden und Märkte. Die Erwartungshaltung der Kunden gegenüber den Firmen sollte also Entscheidungen hinsichtlich Umwelthandelns beeinflussen. Entsprechend haben Delmas et al. (2009) dargestellt, dass die Einführung von Umweltmanagementsystemen sich auf den Druck von Konsumenten zurückführen ließen. Dementgegen beschreiben Ervin et al. (2013), dass in einer empirischen Studie in verschiedenen Branchen nicht gezeigt werden konnte, dass der Druck von Konsumenten einen signifikanten Einfluss auf das Umwelthandeln von Unternehmen hatte (Ervin et al. 2013). Auch Gandenberger (2009) arbeitet heraus, dass in der Bekleidungsbranche – trotz intensiver öffentlicher Debatten – die Märkte nicht unternehmerisches Handeln in Richtung sozialer Nachhaltigkeit unterstützen. Ganz allgemein stellt von Hauff (2011) fest, dass Unternehmen mangelnde Kundenresonanz bei Nachhaltigkeitsthemen beklagen und „erfolgreiche, nachhaltigkeitsorientierte mittelständische Unternehmen bisher eindeutig in der Minderheit sind" (von Hauff 2011).

Neben Umweltmanagement kann die Angebotsgestaltung die Umweltwirkung von Firmen beeinflussen. Grundsätzlich ist festzustellen, dass Umwelt- und Klimaschutz nur noch in sehr eingeschränktem Maße tauglich sind, als Distinguierungsmerkmal für Produkte zu dienen; Umwelttechnologien gehen in allgemeinen Technologien auf und die Umweltverträglichkeit von Produkten wird zunehmend vorausgesetzt (Weissenberger-Eibl und Ziegaus 2010). Konkret betrachtet geraten Fragen der Umweltwirkung bei der Angebotsgestaltung eher ins Hintertreffen: Gemäß der Erhebung Modernisierung in der Produktion 2015 hat „nur etwa jeder vierte Betrieb im Verarbeitenden Gewerbe Produktinnovationen mit verbesserter Umweltwirkung eingeführt" (Walz et al. 2017).

Prinzipiell *kann* in Business-to-Consumer-Märkten (B2C) die Umweltwirkung immerhin als Distinguierungsmerkmal eine entscheidende Rolle spielen (Walz et al. 2017) – wie beispielsweise bei nach Gesichtspunkten der ökologischen Nachhaltigkeit angebauten Lebensmitteln. In Deutschland herrschen allerdings oft Business-to-Business-Märkte (B2B) vor. In diesen orientiert sich die Kaufentscheidung zunächst an Fragen wie Funktionalität und Preis der Zulieferprodukte. Umweltkriterien spielen hingegen nur eine nachrangige Rolle bei der Angebotsgestaltung, weil B2B-Kunden nur wenig nach Umweltwirkungen fragen (Walz et al. 2017). Aus den genannten Überlegungen zeigt sich, dass heute insbesondere eine marktorientierte Suffizienzstrategie nur einen geringfügigen Effekt auf die Umweltanstrengungen im Rahmen eines nachhaltigen Unternehmensmanagements in Deutschland erwarten lässt.

Beispiel Demeter: Nachhaltige Produktion als Distinguierungsmerkmal

Der seit 1924 existierende Demeter e. V. ist nach eigenen Angaben der älteste Bioverband Deutschlands. Die Landwirte, die diesem Verband angehören, bewirtschaften ihre Felder biodynamisch, eine Form der Landbewirtschaftung, die über die Vorgaben der EU-Öko-Verordnung hinausgeht und eine nachhaltige Kreislaufwirtschaft verfolgt (Demeter a).

Die Vorgaben beinhalten beispielsweise Angaben zur Art und Menge der erlaubten Düngemittelverwendung, zur Tierhaltung oder zur Zusammensetzung der Futtermittelbereitstellung und sind damit vorbildlich in der ökologischen Lebensmittelerzeugung (Demeter b). Die grundsätzlich aufwendigere Herstellung im Sinne der Nachhaltigkeit rechtfertigt höhere Preise am Markt und ermöglicht den Mitgliedern, ein spezifisches Marktsegment zu besetzen. An Nachhaltigkeit orientierte Angebotsgestaltung kann also als erfolgreiche Distinguierungsmöglichkeit im Bereich der Lebensmittelindustrie gesehen werden.

Hinsichtlich gesamtgesellschaftlicher Nachhaltigkeit entfaltet dieser Ansatz allerdings nur schwache Wirkung. Der nach Gesichtspunkten des ökologischen Landbaus bewirtschaftete Flächenanteil stagniert und lag laut Umweltbundesamt 2016 bei nur 6,5 % (Umweltbundesamt a). Mit einem Marktanteil von lediglich 5 % im Jahr 2014 müssen Biolebensmittel nach wie vor als Nischenprodukte angesehen werden (Umweltbundesamt b).

13.2.2 Effizienzstrategie – Wirtschaftlichkeit

Nachhaltiges unternehmerisches Handeln kann im Sinne einer Effizienzstrategie aus Gesichtspunkten der Wirtschaftlichkeit heraus motiviert sein (Weissenberger-Eibl 2003). In diesem Fall steht bei Managemententscheidungen weniger die Umweltwirkung als solche im Vordergrund. Entscheidender ist, Kosten zu reduzieren sowie Produktivität, Wettbewerbsfähigkeit und schlussendlich Umsatz zu erhöhen – und auf diese Weise den eigenen Nutzen zu maximieren (Ervin et al. 2013).

Um das eigene Umwelthandeln zu reflektieren und zu optimieren, steht Unternehmen das Instrument des Nachhaltigkeits- oder Umweltmanagementsystems zur Verfügung. Dabei können Management- und Unternehmensperformance nach verschiedenen Nachhaltigkeitskriterien analysiert werden (s. Abb. 13.1). Die Motivation, ein entsprechendes Managementsystem einzuführen, kann dabei sowohl einer Suffizienz- wie einer Effizienzstrategie geschuldet sein. Bei Einführung eines Umweltmanagementsystems im Sinne einer Suffizienzstrategie hat insbesondere eine Zertifizierung Sinn, um anderen Marktakteuren und der Öffentlichkeit das eigene Bewusstsein kenntlich zu machen. Hier werden mithilfe des Zertifikatnachweises die Anstrengungen hinsichtlich Umwelthandelns nach außen kommuniziert.

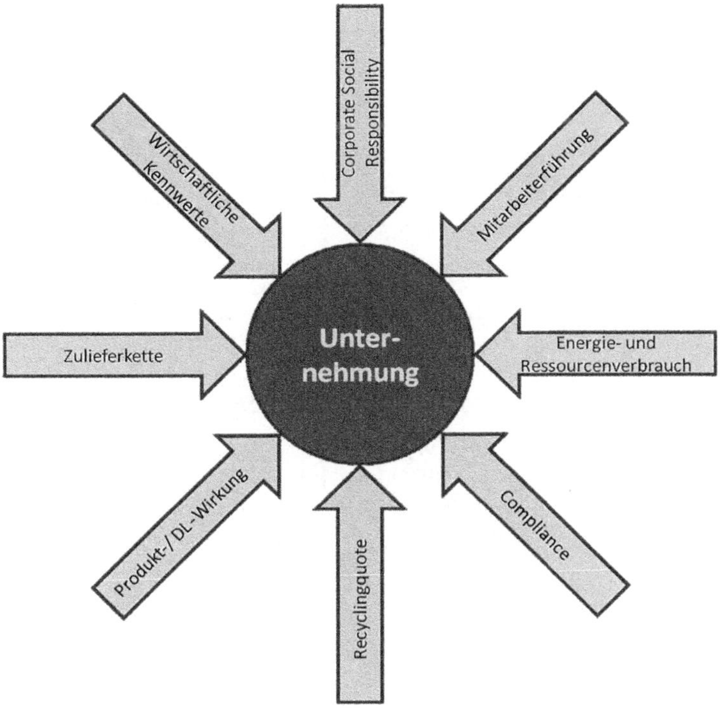

Abb. 13.1 Betrachtungsperspektiven für Nachhaltigkeitskriterien in Unternehmungen

Da bisher unter 1 % der Unternehmensstandorte in Deutschland nach offiziellen Umweltmanagementstandards wie ISO 14001[2] und EMAS[3] zertifiziert sind und die Zahl der entsprechenden Zertifizierungen stagniert oder sogar abnimmt, scheint die Motivation der Außenwirkung in der Wirtschaft nur eine nachrangige Rolle zu spielen (Glatzner 2016).

Geht es nicht nur um Umweltmanagement, sondern sogar um Nachhaltigkeitsmanagement, kommt erschwerend hinzu, dass die Zertifizierung von Nachhaltigkeit aufgrund der Vielfalt an relevanten Parametern in den drei Dimensionen „Ökonomie", „Soziales" und „Ökologie" (Zwick und Loew 2016) grundsätzlich problematisch erscheint. Zudem sind Kenngrößen insbesondere im Bereich der sozialen Nachhaltigkeit schwer messbar. Spätestens durch die extrem zunehmende Komplexität in globalen Wertschöpfungsnetzen stößt ein Ansatz, der auf Zertifizierung setzt, an Grenzen (s. Abb. 13.2). Es ist für eine Unternehmung kaum leistbar, die verschiedenen Akteure des eigenen Wertschöpfungsnetzwerks hinsichtlich Nachhaltigkeitsindikatoren zu prüfen

---

[2]http://isotc.iso.org/livelink/livelink?func=ll&objId=18808772&objAction=browse&viewType=1.

[3]http://www.emas-register.de/recherche.

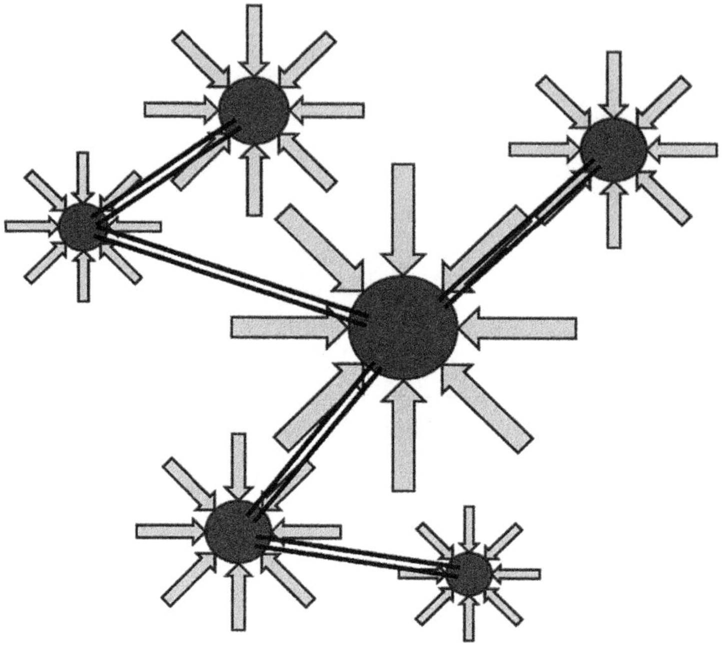

Abb. 13.2 Unübersichtlichkeit bei extern geprüften Nachhaltigkeitskriterien in Wertschöpfungsnetzwerken. (In Anlehnung an Abb. 13.1)

oder einen Prüfnachweis zu fordern. In der praktischen Konsequenz werden die entsprechenden Fragestellungen in Kooperationsüberlegungen weitgehend außen vor gelassen.

Umweltmanagement scheint eher als internes Tool genutzt zu werden, um im Sinne einer Effizienzstrategie die unternehmensinternen Prozesse zu reflektieren. Neben der höheren Wirtschaftlichkeit geht es auch darum, die Umweltwirkung zu verbessern und eine höhere Rechtssicherheit zu erreichen (Glatzner 2016). Nachhaltigkeitsreporting und Umweltmanagementsysteme im Allgemeinen finden inzwischen gemäß der ISI-Erhebung Modernisierung in der Produktion 2015 im verarbeitenden Gewerbe eine große Verbreitung (Walz et al. 2017).

Es besteht allerdings die Gefahr, dass entsprechende Managementsysteme nur eingeschränkt Wirkung entfalten, weil die Implementierung oft Nachhaltigkeits- oder Umweltbeauftragten übertragen wird ohne oder mit nur geringen Managementbefugnissen.[4] Auf diese Weise werden entsprechende Fragen in Richtung Nachhaltigkeit eher ex post als Korrektiv im Entscheidungsprozess eingebracht. Zudem können sich insbesondere KMU gegebenenfalls keine spezifischen Nachhaltigkeitsbeauftragten leisten,

[4]Zum Beispiel: https://www.vnu-ev.de/.

die einen analytischen Blick quasi von außen auf die Prozesse im Unternehmen richten (Walz et al. 2017). Insgesamt ist jedenfalls festzuhalten, dass die „Dynamik der unternehmerischen Umweltinnovationen stagniert und sogar eher im Rückgang begriffen" ist (Walz et al. 2017).

13.2.3 Konsistenzstrategie – Neue Märkte

Die Konsistenzstrategie kann als Weiterentwicklung von Suffizienz- und Effizienzstrategie betrachtet werden (Weissenberger-Eibl 2003). Sie stellt einen integrativen Ansatz dar und zielt darauf ab, einen Ausgleich zwischen ökonomischen, ökologischen und sozialen Aspekten der Nachhaltigkeit zu erreichen. Insbesondere bemüht sich der Ansatz um eine Vereinbarkeit von ökosozialen und technischen Aspekten. Dabei stehen Stoff- und Energiestromoptimierung und die Wiederverwertung von Ressourcen im Vordergrund.

In Bezug auf die nachhaltige Unternehmensentwicklung spielt die Konsistenzstrategie insofern eine Rolle, als der Ansatz im Rahmen der Nachhaltigkeits-Policy neue Aktivitätspotenziale für Unternehmungen eröffnet. Die einzelne Firma kann sich an der Umsetzung des Konzepts als Akteur innerhalb des Gesamtsystems beteiligen. Sie nutzt in diesem Fall Fragestellungen, die sich z. B. aus dem Umweltspektrum ergeben, um ihr Technologie- und Kompetenzpotenzial zu entfalten und auf dieser Basis Umsatz zu generieren. Auf die Firmenstrategie bezogen generiert das Thema Nachhaltigkeit somit neue Märkte.

Beispiel Suez: Globale Märkte durch Umwelttechnologien

Suez S. A. hat ein sehr umfassendes Technologie- und Kompetenzpotenzial im Bereich der Umweltmärkte aufgebaut. Der französische Konzern war zunächst ein klassisches Wasser- und Abfallwirtschaftsunternehmen. Heute sieht er sich als weltweit führend im intelligenten und nachhaltigen Ressourcenmanagement (Suez 2016). Die in Paris ansässige Firma hat die Ressourcensicherung für die Zukunft zu ihrem Leitsatz erklärt und kommuniziert diesen engagiert im Außenraum.

Dass dieses Konzept der Nachhaltigkeit Wirkung entfaltet, zeigt sich an den wirtschaftlichen Kenngrößen des Unternehmens: Zwischen 2007 und 2016 wuchs der Umsatz um über 3 Mrd. EUR, die Beschäftigtenzahl stieg kontinuierlich auf knapp 84.000 im Jahr 2016 und der Konzern ist weltweit in 70 Ländern tätig. Dies unterstreicht, dass Umwelttechnologien ein großes globales Wirtschaftspotenzial haben (Suez 2016)

In der Konsistenzstrategie kommt der Politik eine zentrale Funktion zu. Sie muss insgesamt die verschiedenen Nachhaltigkeitsebenen im Blick behalten und ausgleichend wirken, sie muss Prozesse gegebenenfalls initiieren und weiterführen und sie muss orchestrierend darauf einwirken, dass die Prozessbeteiligten möglichst optimal interagieren. Gesamtgesellschaftlich hat der Ansatz enorme Wirkung entfaltet. Heute spielen Umweltmärkte eine entscheidende Rolle. In Deutschland beschäftigte der Export von Umwelt- und Klimaschutzgütern bereits 2012 annähernd 200.000 Personen (Umweltbundesamt c), im

Bereich der erneuerbaren Energien arbeiteten 2014 355.000 Personen (Umweltbundesamt c) und 2012 waren 2,2 Mio. Personen im Umweltschutz insgesamt tätig (Umweltbundesamt c) – im Vergleich dazu lag die direkte und indirekte Beschäftigung im Automobilbau in Deutschland bei etwa 2 Mio. Personen (Zentrum für Europäische Wirtschaftsforschung).

Das heißt, für die einzelne Unternehmung bedeutet die Konsistenzstrategie in der Nachhaltigkeitsdiskussion gegebenenfalls ein attraktives Marktpotenzial. Gesamtwirtschaftlich wird die Bedeutung in diesem Bereich global sicherlich weiterhin stark zunehmen. Von der Nachhaltigkeit des ökosozialen Gesamtsystems aus betrachtet hat die Effektivität des Konsistenzansatzes allerdings Grenzen: Durch Reboundeffekte werden erreichte Fortschritte in Richtung Nachhaltigkeit wieder aufgezehrt: Zum Beispiel ist trotz einer Vielzahl technischer Verbesserungen in den letzten Jahrzehnten in Deutschland insgesamt keine Reduktion der CO_2-Emissionen zu verzeichnen (Umweltbundesamt 2016). In Bezug auf die Umweltpolitik selbst stellen Walz et al. (2017) wiederum fest, dass die Wirkung insgesamt nachlässt. Und von Hauff (2011) konstatiert, „dass der Staat nur sehr beschränkt durch Gesetze und Verordnungen mittelständischen Unternehmen nachhaltige Entwicklung verordnen kann" (von Hauff 2011).

13.3 Intrinsische Unternehmensziele und Nachhaltigkeit

Grundsätzlich haben die drei Ansätze Suffizienzstrategie, Effizienzstrategie und Konsistenzstrategie nach wie vor Einfluss auf das unternehmerische und gesellschaftliche Handeln in Richtung Nachhaltigkeit. Allerdings ist die Wirksamkeit auf mikro- und makroökonomischer Ebene eingeschränkt. Es erscheint daher wichtig, nicht nur die Motive ganz allgemein, sondern die wirkmächtigsten Beweggründe für nachhaltiges Handeln von Unternehmungen ins Zentrum der Überlegungen zu rücken.

Betrachtet man auf mikroökonomischer Ebene die verschiedenen Motive für unternehmerische Entscheidungen im Sinne von Nachhaltigkeit, dann zeigt sich, dass der intrinsischen Motivation ein besonderer Stellenwert zukommt: Die Effektivität von Umwelthandeln hängt unmittelbar von der Unternehmensphilosophie ab. Eine umweltfreundliche Einstellung des oberen Managements ist das entscheidende Kriterium für die Umsetzung von Umweltmaßnahmen in Betrieben (Ervin et al. 2013; von Hauff 2011). Nachhaltigkeitsvisionen des Gründers oder Unternehmers liefern häufig die wichtigsten direkten Impulse für Veränderungen (Ervin et al. 2013; von Hauff 2011). Und wenn es um Corporate Social Responsibility geht, sind es insbesondere Gesellschafter und Inhaber, die entsprechende Diskussionen verfolgen (Englisch et al. 2008).

13.3.1 Ethisch motiviertes Nachhaltigkeitshandeln

Dabei wird bei Ervin et al. (2013) betont, dass es grundlegend ist zu verstehen, welche Ansichten die Unternehmensführung zu Umweltthemen hat (Ervin et al. 2013). Zunächst kann es um eine ethische Selbstverpflichtung der Unternehmensführung gehen (von Hauff 2011). Dies ist als wichtige intrinsische Motivation sicherlich stark handlungsleitend und hat grundlegend Einfluss auf die Entscheidungsfindung. Ob intendiert oder nicht, führt eine entsprechende Grundorientierung der Unternehmensleitung häufig dazu, dass die Unternehmung sich hervorhebt aus dem Kreis der Wettbewerber durch eine besonders umweltfreundliche oder sogar nachhaltige Wirtschaftsweise. Damit schafft sich die Unternehmung einen Distinguierungsvorteil am Markt (von Hauff 2011). In diesem Sinne kann eine umweltfreundliche und nachhaltige Unternehmensphilosophie zur Steigerung der Wettbewerbsfähigkeit (Weissenberger-Eibl 2003) und Gewinnmaximierung des betreffenden Unternehmens beitragen.

Beispiel Hipp: Nachhaltigkeit als Unternehmensphilosophie

Das Unternehmen Hipp ist in besonderem Maße gekennzeichnet durch eine nachhaltige Grundorientierung der Unternehmensleitung. 1932 wurde das Unternehmen für die Herstellung von Babynahrung in Pfaffenhofen gegründet. Bereits 1956 begann der Gründer Georg Hipp auf ökologische Rohstoffe umzustellen. Für den heutigen geschäftsführenden Gesellschafter Claus Hipp ist Nachhaltigkeit Kern der Unternehmensphilosophie: Schonender Umgang mit Ressourcen und Umwelt und eine gesellschaftliche Verantwortung sind Basis für die gesamte Unternehmenstätigkeit. Diese Verantwortung sei bereits die Motivation für die 1956 getroffene Entscheidung gewesen, Rohstoffe aus ökologischem Anbau zu nutzen. Laut Firmenangaben ist Hipp heute der weltweit größte Verarbeiter von organisch-biologischen Rohstoffen (Hipp 2015).

Mit seiner auf Nachhaltigkeit ausgerichteten Grundhaltung, die alle Unternehmensentscheidungen beeinflusst, hebt sich Hipp seit Langem und deutlich von seinen Wettbewerbern auf dem Gebiet der Babynahrung ab. Der Distinguierungsvorteil besteht in diesem Fall weniger darin, dass die Produkte als Bioprodukte angeboten werden, sondern insbesondere darin, dass der Firma insgesamt Vertrauen entgegengebracht wird.

So effektiv eine entsprechende ethisch basierte, intrinsische Umwelt- und Nachhaltigkeitsorientierung einer Unternehmung ist, so ist doch zu beobachten, dass sie oft mit einer gezielten Einnischung in ein spezifisches Marktsegment einhergeht. Diese basiert darauf, dass sich das spezifische unternehmerische Handeln vom Standardhandeln abhebt. Aber gerade dieses Standardhandeln ist entscheidend, wenn es um die Gesamteffektivität des Wirtschaftssystems hinsichtlich Nachhaltigkeit geht. Hier erscheint es grundlegend, dass nachhaltiges Verhalten vom Distinguierungsmerkmal einzelner Wirtschaftsakteure zum ökonomischen Standardverhalten wird. Im Folgenden wird nun Nachhaltigkeit als ein zentrales betriebswirtschaftliches Ziel postuliert, das alle Unternehmungen antreibt.

13.3.2 Bestandserhalt als betriebswirtschaftliches Ziel von Unternehmungen

Betrachtet man die verschiedenen Ziele von Unternehmungen, so ist insbesondere bei privatwirtschaftlichen Firmen die Gewinnmaximierung als zentrale Orientierungsgröße zu sehen. Neben der Gewinnmaximierung ist allerdings die Bestandserhaltung als ein weiteres wesentliches betriebswirtschaftliches Ziel zu betrachten, das weitgehend alle Unternehmungen trägt (Gandenberger 2009) – und dieses Ziel wiederum steht in direktem Zusammenhang zu Nachhaltigkeit.

Grundsätzlich sind Unternehmungen als autopoetische Systeme zu verstehen und damit als Einheiten, die einen Fortbestand anstreben. Schon Luhmann (1977) unterstreicht, dass die Bestandserhaltung „ein[en] Komplex von Problemen [mit sich bringt], die gelöst werden müssen, wenn ein System in einer veränderlichen Umwelt invariant gehalten werden soll".

Für aus dem Bestandsziel abgeleitete betriebswirtschaftliche Strategien bedeutet dies, dass im Zentrum der langfristige Erhalt in einem dynamischen Umfeld steht. Dies legt als Bewertungsmaßstab von Unternehmungen die Wandlungsfähigkeit nahe: Agilität und Resilienz sind entscheidende Parameter einer langfristig nachhaltigen Unternehmung, um eine gedeihliche Entwicklung in einem gegebenen ökosozialen Umfeld sicherzustellen. „Dabei ist hervorzuheben, dass die strategische Ausrichtung einer Unternehmung, die sich vom alternativen Paradigma der Nachhaltigkeit leiten lässt, eine neue Dynamik und operationale Orientierung einer Unternehmung erfordert, die egotische und autopoetische Systeme ermöglichen" (Weissenberger-Eibl 2003).

13.3.3 Wachstum und als ein Indikator für Wandlungsfähigkeit

Bisherige betriebswirtschaftliche Zielsysteme stellen, wie gesagt, die Gewinnmaximierung als zentralen Orientierungspunkt von privatwirtschaftlichen Unternehmungen in den Mittelpunkt. In diesem Kontext ist Wachstum wichtig, um entsprechende Gewinnerwartungen zu erfüllen. Zudem kann Wachstum allerdings auch verstanden werden als Indikator für die Fitness einer Unternehmung, weil implizit davon ausgegangen werden kann, dass nur eine leistungsfähige Einheit Wachstum aufweist. Gleichzeitig trägt der aus dem Wachstum heraus generierte Gewinn zur Anpassungsfähigkeit bei, weil entsprechende Überschüsse reinvestiert werden können. Beispielsweise können sie für Innovationen genutzt werden und so tragen sie zu einer Weiterentwicklung der Unternehmung bei.

Beispiel Stiftungsfirmen: Langfristiger Bestand vor Wachstumszielen

In Deutschland sind international führende Technologiekonzerne wie Bosch, Schott und ZF Stiftungsunternehmen. Auch die Discounterkette Lidl und der Medienkonzern Bertelsmann basieren auf Stiftungen. Bei den entsprechenden Firmen hat die

Kontinuität einen besonderen Stellenwert. Die Gewinnorientierung hingegen ist eher indirektes Ziel: Überschüsse spielen insbesondere als Investitionen in Innovation und Ausbau eine wichtige Rolle und tragen so zur Fitness und einer nachhaltigen Positionierung am Markt bei.

Entsprechend hat ZF 2016 das Tochterunternehmen „Zukunft Ventures GmbH" gegründet, das den strategischen Wandel im Konzern vorantreiben und ZFs Anspruch als Innovationsführer unterstreichen soll (ZF 2017).

Bei Bosch wiederum verbleiben die Unternehmensgewinne zu einem erheblichen Anteil in der GmbH. Und fast 10 % des Umsatzes werden in Forschung und Entwicklung investiert (Bosch 2017).

Die besondere Agilität der Stiftungsunternehmen aufgrund von reinvestierten Gewinnen wirkt sich sicherlich entscheidend auf den Fortbestand und damit die nachhaltige Unternehmensentwicklung aus. Gleichzeitig kommt bei einigen der Unternehmungen eine grundsätzlich an Nachhaltigkeit orientierte Philosophie zum Ausdruck. Da die Stiftungen oft aus philanthropischen Motiven gegründet wurden, steht insbesondere die soziale Nachhaltigkeit im Vordergrund. So beschreibt Schott beispielsweise die Verantwortung für Beschäftigte, Forschung und Gesellschaft als Kern der Unternehmenskultur.

Dennoch sind langfristig Wachstum und Bestandserhalt als nichtharmonische Ziele zu sehen: Gandenberger (2009) formuliert in diesem Sinne, „zum einen müssen Unternehmen bei einem mittel- bis langfristigen Entscheidungshorizont *beide* Orientierungspunkte (Gewinn und Überleben) berücksichtigen; zum anderen stehen beide Orientierungspunkte in einem Widerspruch zueinander." Dies unterstreicht, dass Wachstum als betriebswirtschaftlicher Fitness- und Nachhaltigkeitsindikator nicht unbedingt geeignet ist. Andere Indikatoren beschreiben besser die Agilität und Resilienz und damit die Nachhaltigkeit von Unternehmungen.

13.4 Intrinsisch motivierte, integrierte Nachhaltigkeitsstrategie

In Zukunft wird sich die Bewertung von Unternehmungen gegebenenfalls weniger am Wachstumspotenzial orientieren als an der Anpassungsfähigkeit und Resilienz in einem sich schnell wandelnden Umfeld. Durch den dynamischen Wandel im globalen Wirtschaftsgeschehen gewinnt die langfristig ausgerichtete Fitness von Unternehmungen als Bewertungskriterium einen zentralen Stellenwert. Die Gesamtdynamik wird einerseits durch die Globalisierung von Wirtschaftsprozessen gefördert. Zusätzlich kommt hier aber auch die ökologische Nachhaltigkeit des sozioökonomischen Gesamtsystems ins Spiel: Die hohe Dynamik im Wirtschaftsgeschehen ist nämlich in entscheidender Weise von ökologischen Umweltgegebenheiten und damit verbundenen soziopolitischen Rahmenbedingungen verursacht. Themen wie Klimawandel und Umweltverschmutzung ebenso wie Ressourcenverfügbarkeit und Energieversorgung prägen die ökonomischen

Strategien auf globaler Ebene. Diese Fragen erfordern neue ökonomische Konzepte und Kooperationsmodelle, die sich Unternehmungen zueigen machen müssen, wenn sie langfristig Bestand haben wollen.

Nachhaltigkeit im Unternehmenskontext wird somit in gleicher Weise relevant als:

1. betriebswirtschaftliches Zielkriterium im Sinne von Bestandserhalt einer Unternehmung,
2. als relevanter Wertmaßstab für das ökosoziale System, auf das die Unternehmung mit ihrem Handeln Einfluss hat,
3. sowie als Treiber für Entwicklungen in der Umwelt der Unternehmung, deren Dynamik sich das System flexibel stellen muss.

Das heißt, integrative Nachhaltigkeit kann als unmittelbares Interesse einer Unternehmung gewertet werden. Weissenberger-Eibl (2003) „konkretisiert eine integrative Nachhaltigkeit im Sinne einer strategischen Ausrichtung einer Unternehmensentwicklung" (Weissenberger-Eibl 2003). Im Gegensatz zu einem an Indikatoren orientierten Nachhaltigkeitsmanagement, das Einzelkriterien ex post bewertet und iterativ nachbessert, soll die intrinsisch motivierte integrierte Nachhaltigkeitsstrategie als umfassende unternehmerische Grundhaltung verstanden werden. Grundgedanke ist, dass alle Unternehmensentscheidungen einen Bezug zur Nachhaltigkeit der Unternehmung selbst und zu der des sozioökonomischen Gesamtsystems haben. Auch eine integriert nachhaltige Unternehmensbewertung sollte sich an der langfristigen Wertschöpfungsfähigkeit einer Unternehmung in einem dynamischen Umfeld orientieren. In diesem Sinne kann die integrierte Nachhaltigkeit als umfassendes Konzept einer grundsätzlich anzustrebenden „good economic practice" verstanden werden.

Im Folgenden werden die zentralen Ebenen der Nachhaltigkeitsdiskussion („sozial", „ökonomisch" und „ökologisch") betrachtet vor dem Hintergrund eines intrinsisch motivierten, integrierten Nachhaltigkeitskonzepts (s. Abb. 13.3). Dabei sind die drei Bezugsebenen zunächst nicht, wie in der klassischen Nachhaltigkeitsdiskussion, als Teilsysteme zu sehen, auf die eine Unternehmung einwirkt, sondern als Basis und Rahmen der Unternehmung, die auf den nachhaltigen Bestand Einfluss haben.

13.4.1 Soziale Nachhaltigkeit – Wirkpotenzial einer Unternehmung

In der intrinsisch motivierten, integrierten Nachhaltigkeitsstrategie kann die soziale Nachhaltigkeit als Ausdruck für das Wirkpotenzial einer Unternehmung subsumiert werden: Eine Unternehmung, die starken gesamtgesellschaftlichen und ökonomischen Rückhalt hat, hat ein hohes Potenzial, in ihrem Handeln wirksam zu werden. Eine Unternehmung ist als soziale Einheit zu sehen und damit als Teil eines sozioökonomischen Gesamtgefüges. Innerhalb des Gesamtgefüges übernimmt die Unternehmung einen Teil der arbeitsteiligen Wertschöpfung und leitet daraus grundsätzlich ihre Existenz-

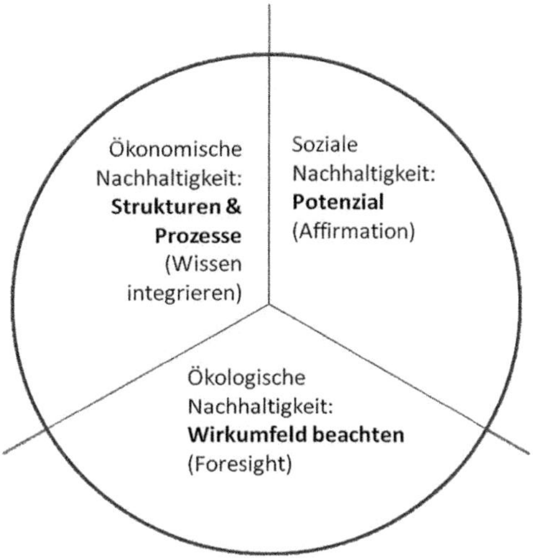

Abb. 13.3 Einflussfaktoren in Bezug auf Nachhaltigkeit von Unternehmungen

begründung ab. Identität, Werte und der gesellschaftliche Auftrag bestimmen das Wirkpotenzial einer Unternehmung und sind entscheidend relevant für die Dynamik der Unternehmung.

Verwirklicht wird das Potenzial zunächst durch die Mitarbeitenden, die sich mit ihren Kompetenzen und ihrer Motivation im Umsetzungsprozess einbringen. Aber auch die Öffentlichkeit in Form von interessierten Stakeholdern oder der Politik können als – gegebenenfalls auch negatives – Potenzial gesehen werden, das die Unternehmung stützt, voranbringt oder gefährdet. Und schließlich sind externe Partner ein Potenzial, das sich ergibt aus einerseits der Kompetenz und Position der Partner im Gesamtgefüge sowie andererseits aus der Erschließbarkeit dieses Potenzials für die Unternehmung selbst. Zu betonen ist, dass es für die optimale Potenzialerschließung nicht immer entscheidend ist, die Besten einzubinden, sondern die jeweils Passenden für den Gegenstand der Unternehmung.

Die soziale Nachhaltigkeit kann in einer intrinsisch motivierten, nachhaltigen Unternehmensentwicklung insbesondere über die Affirmation der relevanten Stakeholder bewertet werden. Die entscheidende Frage ist dabei, ob der Fortbestand der Unternehmung vom gesellschaftlichen Umfeld grundsätzlich unterstützt wird. Dies ist insbesondere davon abhängig, welcher Wertbeitrag der Firma im gesamtgesellschaftlichen Sinne zugesprochen wird: Dazu kann zunächst die Bereitstellung von Arbeitsplätzen zählen. Darüber hinaus geht es aber insbesondere darum, welchen Beitrag die Unternehmung zur Befriedigung gesellschaftlicher Bedarfe leistet. Und schließlich kann die Unternehmung Wirkung im sozialen Raum entfalten, der positiv oder negativ bewertet werden kann.

Für eine nachhaltig orientierte Unternehmung ist es entscheidend, dass die Affirmation des gesellschaftlichen und politischen Umfelds so hoch ist, dass im Normalprozess die Unternehmensaktivitäten mindestens nicht eingeschränkt, besser positiv gestützt werden. Und im Krisenfall kommt es darauf an, dass ein Bestandserhalt von außen unterstützt wird.

Beispiel Opel/Schlecker: Rolle gesellschaftlicher Affirmation für den Fortbestand

Die Auswirkungen gesellschaftlicher Affirmation auf den Fortbestand eines Unternehmens kann am Beispiel Opel und Schlecker verdeutlicht werden. Der deutsche Automobilhersteller Opel hat nach eigenen Angaben in Europa einen Marktanteil von 5,7 % und beschäftigt 34.500 Mitarbeiter, 16.500 davon in Deutschland (Opel 2016). Der Automobilbranche wird grundsätzlich ein hoher gesellschaftlicher Wertbeitrag zugesprochen und sie genießt eine hohe Affirmation im gesellschaftlichen und politischen Umfeld. Dies wurde konkret deutlich im Jahr 2009 bei Gesprächen zwischen der Bundesregierung und der Opel-Muttergesellschaft: GM wurde ein Überbrückungskredit in Höhe von 1,5 Mrd. Euro in Aussicht gestellt, der entscheidend für den Fortbestand der Tochter gewesen wäre (SPIEGEL ONLINE 2009).

Konträr dazu verhielten sich die politischen Akteure bei der Insolvenz der Drogeriekette Schlecker im Frühjahr 2012, bei der sich nach Medienangaben erst die Bundesländer und anschließend die Bundesregierung gegen staatliche Finanzhilfen aussprachen (SPIEGEL ONLINE 2012a, b). Zwar wurden die betroffenen 12.500 Beschäftigten als Argument für staatliche Hilfen angeführt. Dennoch wurde schließlich von Unterstützungsmaßnahmen Abstand genommen. Die langjährigen negativen Meldungen hinsichtlich des sozialen Verhaltens des Unternehmens haben möglicherweise zu einem grundsätzlich negativen Image beigetragen und so ein Nichteingreifen der Politik unterstützt.

Die Affirmation spielt auch eine entscheidende Rolle für die Motivation und das Recruiting der Arbeitskräfte. Insbesondere hoch qualifizierte Arbeitskräfte verknüpfen zunehmend hohe Erwartungen und Anforderungen an gesellschaftliche Sinnhaftigkeit der eigenen Tätigkeit. Die Affirmation des sozialen Umfelds und der Mitarbeiter kann dabei direkt als Produktivitätsfaktor gewertet werden: Als nicht umweltgerecht bewertete Unternehmungen oder Firmen, deren sozialer Wertbeitrag angezweifelt wird, müssen gegebenenfalls höhere Gehaltskosten in Kauf nehmen, um gut ausgebildete Arbeitskräfte anzuziehen. Im Gegenzug kann eine Unternehmung bei einer hohen Affirmation des sozialen Umfelds sowie – daraus resultierend – der eigenen Mitarbeiter eine hohe Bereitschaft zur Flexibilität und zum Einsatz erwarten. Da die Mitarbeiter hinter der Unternehmung stehen, wird die Risikotoleranz insgesamt höher und die Krisenrobustheit steigt.

Die Affirmation in Kooperationsgefügen spielt sowohl intern wie extern eine entscheidende Rolle. Externe Netzwerke werden in einem komplexer werdenden globalen Wertschöpfungsgefüge entscheidend für den Erfolg einer Unternehmung. Die langfristige Stabilität einer Unternehmung hängt in entscheidendem Maße von der Belastbarkeit und Leistungsfähigkeit des Kollaborationsnetzwerks ab. Die Bereitschaft zu kooperieren wiederum wird beeinflusst von der Affirmation der Firmenaktivitäten. Identitätspolitik und

Vertrauen beeinflussen entscheidend die Interdependenzen auf der Stakeholder-Ebene (Weissenberger-Eibl 2003).

13.4.2 Ökologische Nachhaltigkeit – Entwicklungen im Umfeld antizipieren

Im Rahmen einer intrinsisch motivierten, integrierten Nachhaltigkeitsstrategie korrespondiert die Ebene der ökologischen Nachhaltigkeit mit Betrachtungen, die sich auf das Wirkumfeld der Unternehmung beziehen. Die „Umwelt" oder das „Ökosystem" einer Unternehmung kann je nach Betrachtungshorizont sehr weit gefasst sein und komplexe ökosoziale Gegebenheiten umfassen. Leitfrage aus einer intrinsisch motivierten Nachhaltigkeitsstrategie in diesem Kontext ist, wo sich im ökosozialen Umfeld – also im Rahmen des „Ökosystems" – Gefährdungen des Fortbestands oder aber Möglichkeiten der Potenzialentfaltung für die Unternehmung ergeben.

Aktuell rücken – insbesondere bei mittel- bis langfristig ausgelegten Strategien – in Bezug auf umfeldbezogene Fragestellungen ökologische Faktoren in den Vordergrund, weil Änderungen im Umweltbereich zu einer deutlichen Dynamisierung der globalen sozialen und ökonomischen Systeme führen. Dies erfordert ganz grundsätzlich Aktivität, um den Fortbestand der jeweiligen Systeme zu sichern. Dies ist wiederum für Unternehmungen hinsichtlich Nachhaltigkeit in drei Richtungen relevant:

1. Bieten die genannten Aktivitäten für Unternehmungen Möglichkeiten der ökonomischen Potenzialentfaltung? Das heißt, dass Firmen Produkte und Dienstleistungen auf den Markt bringen können, die den Impact menschlichen Handelns auf das geoökologische System und damit die Systemdynamik reduzieren oder kompensieren.
2. Kann von der Dynamik im Umweltbereich ein direkter Schaden der Unternehmung ausgehen? Dies wird weltweit eine zunehmende Rolle spielen und ist bereits heute in erheblichem Maße relevant.
3. Kann die Änderungsdynamik im Umweltbereich bestandsgefährdend wirken, vor allem weil Marktgegebenheiten sich – gegebenenfalls sehr plötzlich – grundlegend ändern? Als Beispiel sei die Energiewende und der Ausstieg aus der Atomkraft nach der Katastrophe von Fukushima zu nennen.

Grundsätzlich besteht Gefahr, dass plötzliche Änderungen im Unternehmensumfeld, und insbesondere im Umweltbereich, mit einer sonstigen Schwächung – beispielsweise im makroökonomischen oder strukturellen Bereich – zusammenfallen. In diesem Fall ist der langfristige Fortbestand einer Unternehmung im Grundsatz gefährdet. Daher ist es entscheidend, umfeld- und umweltbezogene Entwicklungen in seinem Handeln zu antizipieren. Beim nachhaltigen unternehmerischen Handeln ist die Umweltorientierung also wichtig, um der Dynamik, die sich aus diesem Bereich zunehmend ableitet, begegnen zu können. Unter plötzlichem Stress können Maßnahmen der Kompensation nicht mehr in ausreichendem Maße ergriffen werden, um den Fortbestand zu sichern.

Die in diesem Sinne verstandene ökologische Nachhaltigkeit erfordert zunächst insbesondere Foresight-Instrumente, um die Dynamik des ökosozialen Umfelds zu antizipieren. Dabei werden systematisch verfügbare und begründete Annahmen über relevante Entwicklungen gebündelt und strukturiert aufgearbeitet. „Es kommt darauf an, kritische Wirkungskreisläufe gedanklich vorweg zu nehmen, um im Bedarfsfall rechtzeitig gegensteuern zu können“ (Weissenberger-Eibl 2003). Wichtig sind im Sinne des „Gegensteuerns“ des Weiteren Roadmapping-Verfahren, um aus dem Foresight-Prozess abgeleitete Anpassungsprozesse zu operationalisieren (Weissenberger-Eibl 2017). Da die Dynamik im Umfeld kontinuierlich zu Änderungen führt, sind die entsprechenden Anpassungsprozesse fortlaufend notwendig, um einen langfristigen Fortbestand einer Unternehmung zu gewährleisten.

Die ökologische Nachhaltigkeit ist in besonderem Maße relevant für komplexe Wertschöpfungsstrukturen. Strukturveränderungen, Kompetenzerweiterungen und Innovationen setzen einen ausreichenden zeitlichen Vorlauf voraus, um im relevanten Fall wirksam zu werden. Als Beispiel sei hier die Umstellung auf neue Mobilitätskonzepte genannt. Sollen die umweltgenerierten Brüche nicht systemgefährdend ausfallen, ist ein langfristig angelegter orchestrierter Änderungsprozess bei den beteiligten Akteuren erforderlich.

13.4.3 Ökonomische Nachhaltigkeit – Strukturen, Prozesse und Wissen managen

Die ökonomische Nachhaltigkeit soll sich im Sinne einer intrinsisch motivierten Nachhaltigkeitsstrategie auf Prozesse beziehen. Ökonomie leitet sich ab aus „oikos“ „Haushalt“ und „nemein“ „zuweisen/einteilen“, was den Prozesscharakter bereits im Wortsinne nahelegt. Strukturen und die darin ablaufenden Prozesse entscheiden darüber, ob das oben genannte sozioökonomische Potenzial einer Unternehmung wirksam werden kann.

Eine intrinsisch motivierte Nachhaltigkeitsstrategie muss darauf gerichtet sein, dass Strukturen und Prozesse so aufgesetzt werden, dass sie möglichst ökonomisch ablaufen. Auf diese Weise kann ein angemessener Handlungs-, und Reaktionsspielraum gewährleistet werden. Die ökonomische Nachhaltigkeit schließt – da Unternehmensprozesse der Gegenstand der Betrachtung sind – auch die effiziente Nutzung von Ressourcen und die Optimierung von Stoffströmen ein. In diesem Sinne ist die Effizienzstrategie der generischen Nachhaltigkeitsdiskussion berücksichtigt. Ebenso ist der Prozess der Ideengenerierung und -verwertung Teil der ökonomischen Nachhaltigkeit: Als Innovationsprozess führt dieser zu Anpassungen und Verbesserungen in den verschiedenen Wirkungsbereichen einer Unternehmung.

Entscheidend für die ökonomische Nachhaltigkeit in dem genannten Sinne ist das Wissen um Kausalitäten und Wirkzusammenhänge, damit Strukturen und Prozesse in angemessener Weise aufgesetzt werden können. In heutigen Gesellschafts- und Wirtschaftssystemen nimmt nun die Komplexität – beispielsweise aufgrund der Globalisierung und damit einhergehenden Spezialisierung – signifikant zu. Im Sinne der Nachhaltigkeit einer Unternehmung ist es zunehmend erfolgskritisch, relevantes Wissen um Wirkmechanismen – trotz und wegen des komplexen Zusammenspiels – in das unternehmerische Handeln einzubeziehen. In Zukunft wird es aufgrund dieser Komplexität der Handlungsräume wichtiger, effizient zum einen die für die Unternehmung relevantesten Wissensfelder auszumachen und zum anderen in diesen Wissensfeldern valides Wissen zu generieren und zu erschließen.

13.5 Fazit und Ausblick

Die klassische Nachhaltigkeitsdiskussion betrachtet neben der ökonomischen Dimension insbesondere die *Wirkung* von Unternehmungen auf die gesamtgesellschaftliche soziale und ökologische Nachhaltigkeit. Aus Perspektive der Unternehmung selbst stellt sich dabei die Frage nach der Handlungsmotivation. Das Interesse an nachhaltigem Handeln – abgesehen von ethisch motivierten Beweggründen – liegt in dieser Betrachtung vornehmlich außerhalb der Unternehmung selbst (von Hauff 2011). In der Konsequenz wird die Unternehmung danach streben, den Aufwand für nachhaltiges Handeln zu minimieren, um das betriebswirtschaftliche Eigeninteresse, in den meisten Fällen die Gewinnmaximierung, so wenig wie möglich einzuschränken. Die Nachhaltigkeitsdiskussion scheint daher in besonderem Maße geprägt vom Rechtfertigungscharakter.

Das vorgestellte Konzept der integrierten Nachhaltigkeitsstrategie stellt demgegenüber das intrinsische Interesse unternehmerischen Handelns an einer nachhaltigen Entwicklung in den Vordergrund. Die Unternehmung ist jeweils als Teilsystem der in den Nachhaltigkeitsdimensionen beschriebenen Gesamtsysteme zu sehen. Die Grenzen zwischen Umfeld und Unternehmung sind dabei je nach Betrachtungsperspektive fließend. In jedem Fall hängt der Entfaltungsrahmen der Unternehmung entscheidend vom Umfeld ab. Und im Extremfall bestimmt das Umfeld über den Fortbestand einer Unternehmung. Damit wird Nachhaltigkeit zur zentralen betriebswirtschaftlichen Dimension und Basis für jede Unternehmensentscheidung.

In gleicher Weise ist Nachhaltigkeit als entscheidender Bewertungsmaßstab für Investoren zu sehen. Zwar wird bei Investoren apodiktisch angenommen, dass die Gewinnmaximierung zentraler Orientierungspunkt ist. Durch zunehmende Dynamisierung des globalen Umfelds gewinnt der Bestandserhalt von Investitionen allerdings an Bedeutung: Globalisierte Wertschöpfungsnetzwerke sind per se vulnerabel für geopolitische Gegebenheiten und die Dynamisierung von Umweltveränderungen erfordert drastische Vermeidung- und Kompensationsmaßnahmen.

Durch diese Änderungen ist grundsätzlich der langfristige Werterhalt von Investitionen gefährdet. Bei der Umsetzung eines intrinsisch motivierten, integrierten Nachhaltigkeitskonzepts kommt es also darauf an, einen entsprechenden Strategiewechsel als „wertsteigernde Unternehmensentwicklung" zu begreifen (Weissenberger-Eibl 2003).

Schon heute führt der Druck von Investoren zu erhöhten Umweltanstrengungen (Ervin et al. 2013). Und in Großbritannien konnte gezeigt werden, dass ökoeffiziente Firmen einen höheren Marktwert haben als entsprechende Wettbewerber ohne Umweltstrategie (Al-Najjar und Anfimiadou 2012). Betrachtet man die finanz- und betriebswirtschaftliche Rolle der beiden Oberziele „Gewinnmaximierung" und „Bestandserhalt", so ist gegebenenfalls schon heute Zweiteres – und damit die Nachhaltigkeit – von relevanterer Bedeutung. Zwar dient die Gewinnmaximierung nach wie vor als zentraler Indikator für die Vitalität von Unternehmungen. Aber es ist anzunehmen, dass entscheidende Akteure im ökonomischen Geschehen in Deutschland ein fundamentales Interesse an der Bestandsorientierung haben. Treiber eines entsprechenden Ansatzes sollten alle langfristig orientierten Finanzkonstrukte sein. Dazu gehören insbesondere:

- Stiftungsfirmen wie Bosch, Schott und ZF,
- Rentenfonds, die z. B. Riesterrenten anbieten, sowie
- die etwa drei Millionen Familienunternehmen in Deutschland[5] wie Schaeffler, ALDI und Heraeus.

Beispiel Schaeffler: Intrinsisch motivierte, integrierte Nachhaltigkeitsstrategie

Die Schaeffler AG gehört zu den weltweit führenden Automobil- und Industriezulieferern und beschäftigt 86.000 Mitarbeiter. Laut Handelsblatt steht die Firma auf Platz 15 der größten deutschen Familienunternehmen. Schaeffler verfügt über eine umfassende Nachhaltigkeitsstrategie, bei der sie sich von den Unternehmenswerten „nachhaltig", „innovativ", „exzellent" und „leidenschaftlich" leiten lässt. In jedem Handlungsfeld wird ein Set von Kennzahlen zur operativen Steuerung nachhaltigkeitsrelevanter Maßnahmen genutzt. Die gesamten Anstrengungen hinsichtlich des Umweltmanagements werden schließlich nach EMAS-Verordnung zertifiziert (Schaeffler 2017).

Auffallend ist dabei allerdings, dass das Thema Nachhaltigkeit beim Internetauftritt des Unternehmens an wenig prominenter Stelle erwähnt wird – anders als beispielsweise bei Hipp oder Demeter (s. o). Dies lässt vermuten, dass Schaeffler die Nachhaltigkeitsstrategie weniger als Distinguierungsmöglichkeit am Markt sieht. Nachhaltigkeit wird vielmehr als ein Grundprinzip der Unternehmensstrategie aufgefasst. Auf dieser Basis möchte Schaeffler den Fortbestand und Erfolg des Unternehmens sichern.

Das Oberziel „Bestandserhalt" ist auch in Unternehmens- und Wertschöpfungsnetzwerken zunehmend von zentraler Bedeutung. Die Wertschöpfung basiert grundsätzlich auf Leistungen anderer Marktteilnehmer. Wenn die Verzahnung zunimmt, gefährdet eine nichtnachhaltige Unternehmensstrategie auch den Fortbestand der Netzwerkpartner.

[5]http://die-deutsche-wirtschaft.de/die-liste-der-1000-groessten-familienunternehmen-in-deutschland/.

Gleichzeitig nimmt mit steigender Komplexität die Zahl der Netzwerkpartner zu. Das heißt, in Zukunft wird es eine entscheidende Frage bei langfristigen Kooperationen sein, inwieweit ein Partner zeigen kann, dass sein Management grundsätzlich so ausgerichtet ist, dass ein Bestand wahrscheinlich ist und seine Leistungsfähigkeit gewährleistet ist (s. Abb. 13.4). Nur dann ist eine strategische Abhängigkeit von einem Kooperationspartner zu rechtfertigen. Eine detaillierte Prüfung jedes Netzwerkpartners nach Kriterien der Nachhaltigkeit (s. Abb. 13.2) wird in komplexen globalen Gefügen nicht mehr umsetzbar sein. Entscheidend wird also die Bewertung einer deutlich erkennbaren, vom Management ausgehenden Grundhaltung in Richtung Nachhaltigkeit sein.

Entscheidender Treiber für einen Paradigmenwechsel in Richtung langfristige Orientierung und Bestandssicherung von Unternehmungen ist sicherlich auch die Bevölkerung entwickelter Volkswirtschaften. Aus politischer Sicht ist eine zentrale Kenngröße für die wirtschaftliche Gesamtperformance der langfristige, krisenresistente Erhalt an Arbeitsplätzen – trotz zunehmender Dynamik im wirtschaftlichen Gesamtgeschehen. Gleichzeitig steht der Beitrag zur Befriedigung der Bedürfnisse im Zentrum: Wachstum ist insbesondere in sich entwickelnden Volkswirtschaften ein treibendes Paradigma, um die steigenden materiellen Bedürfnisse zu befriedigen. Bei hoch differenzierten Volkswirtschaften hingegen erscheint Bestandserhalt durch Robustheit und Anpassungsfähigkeit von Unternehmen – und die damit einhergehende Arbeitsplatzsicherheit – als Bedürfnis mindestens gleichwertig zu sein mit zunehmendem Wohlstand aufgrund von Wachstum.

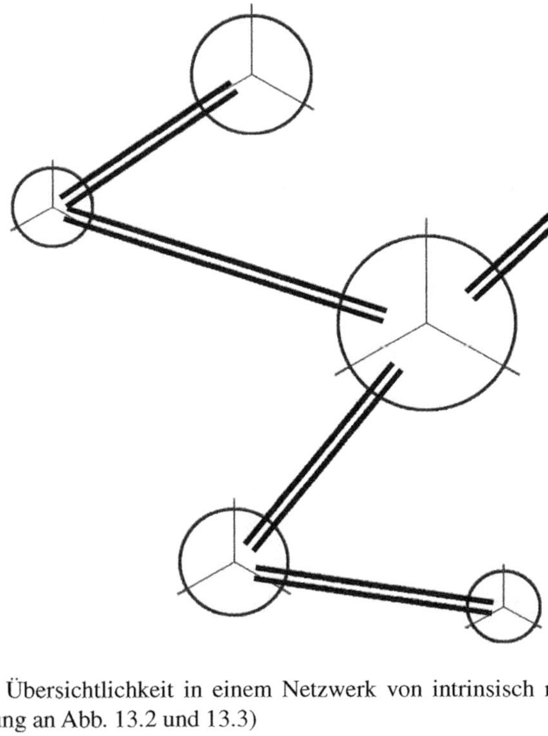

Abb. 13.4 Übersichtlichkeit in einem Netzwerk von intrinsisch nachhaltigen Unternehmungen. (In Anlehnung an Abb. 13.2 und 13.3)

Die Umsetzung einer intrinsisch motivierten, integrierten Unternehmensentwicklung sollte sich in Zukunft daran messen, ob das Management umfassend und überzeugend darlegen kann, dass die Unternehmung ihr soziales Potenzial ausschöpft und optimiert, die Dynamik im „Ökosystem“ langfristig antizipiert und alle Prozesse in ökonomischer und effizienter Weise aufsetzt. Der Nachhaltigkeitsbericht dient in diesem Sinne nicht der Rechtfertigung gegenüber interessierten Stakeholder-Gruppen, sondern gibt beispielsweise den unternehmenseigenen Kontrollorganen Auskunft über den Stand der „good economic practice“ im Unternehmen in Bezug auf langfristiges Wertschöpfungspotenzial und Werterhalt. Dementsprechend sollten sich Form und Inhalt der Nachhaltigkeitsbewertung an Instrumenten der Managementbewertung orientieren (beispielsweise: Fitzsimon et al. 2015).

Literatur

Al-Najjar, B., & Anfimiadou, A. (2012). Environmental policies and firm value. *Business Strategy and the Environment, 21*(1), 49–59. https://doi.org/10.1002/bse.713.

Bosch. (2017). Geschäftsbericht 2017. https://assets.bosch.com/media/global/bosch_group/our_figures/pdf/boschgeschaeftsbericht-2017.pdf.

Delmas et al. (2009). https://doi.org/10.5840/beq20112115.

Demeter a: Biodynamisches|Demeter e. V. https://www.demeter.de/inhalte. Zugegriffen: 7. Juli 2017.

Demeter b: Unterschied von Bio zu Demeter|Demeter e. V. https://demeter.de/unterschied-bio-demeter. Zugegriffen: 7. Juli 2017.

Englisch, P., Ruter, R. X., & Sahr, K., Verantwortung und Entrepreneurs. http://www.upj.de/fileadmin/user_upload/MAIN-dateien/Infopool/Forschung/ernstyoung_verantwortung_entrepreneurship2008.pdf. Zugegriffen: 7. Juli 2017.

Ervin, D., Wu, J., Khanna, M., Jones, C., & Wirkkala, T. (2013). Motivations and barriers to corporate environmental management. *Business Strategy and the Environment, 22,* 390–409. https://doi.org/10.1002/bse.1752.

Fitzsimon, P., Laan, R. van der., Khosla, S., & PwC. (2015). Implementing integrated reporting: PwC's practical guide for a new business language. https://www.pwc.at/de/publikationen/klimawandel-nachhaltigkeit/implementing-integrated-reporting.pdf. Zugegriffen: 7. Juli 2017.

Gandenberger, C. (2009). CSR im Spannungsfeld zwischen ökonomischen und sozialen Zielen. Ein kritischer Blick auf den Umgang mit „social issues“ in der Bekleidungsbranche? *Zeitschrift für Wirtschafts- und Unternehmensethik, 10*(3), 304–321.

Glatzner, L. (2016). Theorie und Funktion der Zertifizierung am Beispiel der ISO 14001 „Umweltmanagementsysteme“. In R. Friedel & E. A. Spindler (Hrsg.), *Zertifizierung als Erfolgsfaktor. Nachhaltiges Wirtschaften mit Vertrauen und Transparenz* (1. Aufl.). Wiesbaden: Springer Gabler.

Hauff, M. von. (2011). Nachhaltigkeit – Ein Erfolgsfaktor für mittelständische Unternehmen: Anforderungen an Politik, Gewerkschaften und Unternehmen; Expertise im Auftrag der Abteilung Wirtschafts- und Sozialpolitik der Friedrich-Ebert-Stiftung. http://library.fes.de/pdf-files/wiso/08225.pdf. Zugegriffen: 7. Juli 2017.

Hipp. (2015). Unternehmensphilosophie. http://www.hipp.de/ueber-hipp/unternehmen/unternehmensphilosophie/. Zuletzt aktualisiert am 12.11.2015. Zugegriffen: 7. Juli 2017.

IVT Heilbronn/WVI GmbH Braunschweig. (2012). Keine Wirtschaft ohne Verkehr! Empirischer Einblick in die häufig unterschätzten Dimensionen des Wirtschaftsverkehrs. http://www.

kid2010.de/files/82_KiD2010-Abschlussveranstaltung-Vortrag03_gezkcb.pdf. Zugegriffen: 7. Juli 2017.

Luhmann, N. (1977). *Zweckbegriff und Systemrationalität. Über die Funktion von Zwecken in sozialen Systemen* (1. Aufl., Lizenzausg). Frankfurt a. M.: Suhrkamp (Suhrkamp-Taschenbuch Wissenschaft, 12).

Opel: Facts & figures 2016. http://media.opel.de/content/dam/Media/e-books/facts-and-figures-2016/Opel-Company-FactsFigures-2016_en-de.pdf. Zugegriffen: 7. Juli 2017.

Projektionsbericht 2017 für Deutschland. (Gemäß Verordnung (EU) Nr. 525/2013).

Schaeffler. (2017). Nachhaltigkeit. https://www.schaeffler.com/content.schaeffler.com/de/company/sustainability/sustainability.jsp. Zuletzt aktualisiert am 01.06.2017. Zugegriffen: 7. Juli 2017.

SPIEGEL ONLINE. (2009). Flop beim Rettungsgipfel: Ärger über GM schweißt Opel-Retter zusammen. SPIEGEL ONLINE – Politik. http://www.spiegel.de/politik/deutschland/flop-beim-rettungsgipfel-aerger-ueber-gm-schweisst-opel-retter-zusammen-a-627369.html. Zuletzt aktualisiert am 28.05.2009. Zugegriffen: 7. Juli 2017.

SPIEGEL ONLINE. (2012a). Drogeriekette: Länder sträuben sich gegen Staatshilfe für Schlecker. SPIEGEL ONLINE – Wirtschaft. http://www.spiegel.de/wirtschaft/unternehmen/drogeriekette-laender-straeuben-sich-gegen-staatshilfe-fuer-schlecker-a-820108.html. Zuletzt aktualisiert am 08.03.2012. Zugegriffen: 7. Juli 2017.

SPIEGEL ONLINE. (2012b). Staatskredit: Bundesregierung lässt Schlecker abblitzen. SPIEGEL ONLINE – Wirtschaft. http://www.spiegel.de/wirtschaft/unternehmen/staatskredit-bundesregierung-laesst-schlecker-abblitzen-a-820616.html. Zuletzt aktualisiert am 11.03.2012. Zugegriffen: 7. Juli 2017.

Suez. (2016). 2016 Integrated Report. integrated-report-suez-2016-EN.pdf.

Umwelt Bundesamt. (2016). https://www.umweltbundesamt.de/daten/energie/energieverbrauch-nach-energietraegern-sektoren.

Umweltbundesamt. (2016). Rebound-Effekte: Wie können sie effektiv begrenzt werden? http://www.umweltbundesamt.de/publikationen/rebound-effekte-wie-koennen-sie-effektiv-begrenzt. Zugegriffen: 7. Juli 2017.

Umweltbundesamt a: Ökologischer Landbau. http://www.umweltbundesamt.de/daten/land-forstwirtschaft/landwirtschaft/oekologischer-landbau#textpart-3. Zugegriffen: 7. Juli 2017.

Umweltbundesamt b: Marktdaten: Bereich Ernährung. http://www.umweltbundesamt.de/daten/private-haushalte-konsum/gruene-produkte-marktzahlen/marktdaten-bereich-ernaehrung. Zugegriffen: 7. Juli 2017.

Umweltbundesamt c: Umwelt und Wirtschaft. http://www.umweltbundesamt.de/daten/umwelt-wirtschaft/beschaeftigung-umweltschutz%20-%20textpart-3. Zugegriffen: 7. Juli 2017.

Walz, R., Gotsch, M., Gandenberger, C., Peters, A., & Günther, E. (2017). *Nachhaltiges Wirtschaften. Stand der Transformation zu einer Green Economy*. (Working Paper No. S. 03/2017). Karlsruhe: Fraunhofer ISI.

Weissenberger-Eibl, M. A. (2003). *Unternehmensentwicklung und Nachhaltigkeit*. Rosenheim: Cactus-Group-Verlag.

Weissenberger-Eibl, M. (2017). Innovationsforschung – ein systemischer Ansatz. Merkmale, Methoden und Herausforderungen. In: Präsident der Sächsischen Akademie der Wissenschaften zu Leipzig (Hrsg.), *Denkströme Heft* 17, Leipzig, S 33–56.

Weissenberger-Eibl, M. A., & Ziegaus, S. (2010). Umweltschutz adieu! In A. Schnieder & T. Sommerlatte (Hrsg.), *Die Zukunft der deutschen Wirtschaft: Visionen für 2030* (S. 114–119). Erlangen: Publicis Publishing.

Zentrum für Europäische Wirtschaftsforschung: Die Bedeutung der Automobilindustrie für die deutsche Volkswirtschaft im europäischen Kontext. http://www.zew.de/pub/zew-docs/gutachten/AutomobEndBericht_final.pdf. Zugegriffen: 7. Juli 2017.

ZF. (2017). Zukunft Ventures – Treiber der Mobilität von morgen. https://www.zf.com/corporate/de_de/products/innovations/zukunft_ventures/zukunft_ventures_cp.html. Zuletzt aktualisiert am 07.07.2017. Zugegriffen: 7. Juli 2017.

Zwick, Y., & Loew, T. (2016). Der Deutsche Nachhaltigkeitskodex – Strukturgeber für die Nachhaltigkeitsberichterstattung und das Nachhaltigkeitsmanagement. In R. Friedel & E. A. Spindler (Hrsg.), *Zertifizierung als Erfolgsfaktor. Nachhaltiges Wirtschaften mit Vertrauen und Transparenz* (1. Aufl.). Wiesbaden: Springer Gabler.

Univ.-Prof. Dr. Marion A. Weissenberger-Eibl, Dipl.-Kffr. (Univ.) Dipl.-Ing. (FH), leitet das Fraunhofer-Institut für System- und Innovationsforschung ISI. Das Institut erarbeitet Orientierungswissen für Entscheider aus Politik und Wirtschaft, wobei ein zentraler Fokus auf Themen der Nachhaltigkeit liegt. Zudem ist Univ.-Prof. Dr. Marion A. Weissenberger-Eibl Inhaberin des Lehrstuhls Innovations- und Technologie-Management am Institut für Entrepreneurship, Technologie-Management und Innovation (ENTECHNON) am Karlsruher Institut für Technologie (KIT). Schwerpunkt ihrer Arbeit zu Entstehungsbedingungen von Innovationen und deren Auswirkungen bilden das Management von Innovationen und Technologien, Roadmapping, die strategische Technologie-Vorausschau und -Planung, Unternehmensnetzwerke sowie Wissensmanagement. Sie ist Mitglied in verschiedenen Aufsichtsräten, Kuratorien und Gremien wie dem Lenkungskreis der SDG-Wissenschaftsplattform „Nachhaltigkeit 2030“, dem Gesprächskreis „Wirtschaft und Innovation“ des Ministerpräsidenten von Baden-Württemberg und der Deutschen Bundesstiftung Umwelt (DBU). Mit Nachhaltigkeit befasste sich Univ.-Prof. Dr. Marion A. Weissenberger-Eibl bereits in ihrer Habilitationsschriftzum Thema „Unternehmensentwicklung und Nachhaltigkeit“.

Dr. Annette Braun begleitet das Thema Nachhaltigkeit seit ihrem Studium der Forstwissenschaften an der Universität Freiburg – wo sie 1999 auch promovierte. Als Leiterin der Servicegruppe „Neue Technologien und Patente“ am Fraunhofer-Institut für Physikalische Messtechnik IPM beschäftigte sie unter anderem das Marktpotenzial von Umwelttechnologien. Die Abteilungsleitung für "International Business Development" in der Zentrale der Fraunhofer-Gesellschaft in München erweiterte das Spektrum dann um die internationale Perspektive. 2010 wechselte sie als Referentin für Forschung und Technikfolgenabschätzung zur Fraktion von Bündnis 90/Die Grünen im Deutschen Bundestag. Nach einigen Jahren der Projektleitung beim Fraunhofer-Institut für System und Innovationsforschung ISI zu Industrie- und Technologiethemen ist Dr. Annette Braun heute im wissenschaftlichen Stab der Institutsleitung tätig.

Implementierung einer nachhaltigen Verbesserungskultur 14

Sandra Röstel, Bertram Lohmüller, Sebastian Jenensch und Christian Kröplin

14.1 Motivation

Die zentrale Frage unserer Arbeit war, welche Methoden und Maßnahmen zur Implementierung einer nachhaltigen Verbesserungskultur in sämtlichen Organisationen gleich welcher Größe oder Branche den gewünschten Erfolg zeigen. Allein schon diese Aussage wirft Folgefragen auf, wie zum Beispiel: „Woran wird der Erfolg einer gelebten Verbesserungskultur gemessen?“ Oder: „Funktionieren die Methoden und Maßnahmen deterministisch auch unter wechselnden Rahmenbedingungen?“ Vor diesem Hintergrund haben die Autoren unter der Leitung von Sebastian Jenensch (JPS Software GmbH) und Prof. Dr. Bertram Lohmüller (Steinbeis Global Institute Tübingen) eine „Best Practice Group“ initiiert, in der über einen längeren Zeitraum von Vertretern verschiedener Organisationen Methoden und Maßnahmen diskutiert und dann in der Praxis erprobt wurden. Entstanden ist neben Methoden und Werkzeugen auch eine Softwareplattform zur Unterstützung bei der Implementierung sowie beim aktiven Leben einer nachhaltigen Verbesserungskultur.

S. Röstel
DEKRA Certification GmbH, Stuttgart, Deutschland
E-Mail: sandra.roestel@dekra.com

B. Lohmüller
Export-Akademie Baden-Württemberg GmbH, Tübingen, Deutschland
E-Mail: bertram.lohmueller@eabw.org

S. Jenensch (✉)
JPS Software GmbH, Schwieberdingen, Deutschland
E-Mail: sebastian.jenensch@jps-software.de

C. Kröplin
Organisationsentwicklung Kröplin, Freiburg, Deutschland
E-Mail: mail@organisationsentwicklung.kroeplin.info

M. Englert und A. Ternès (Hrsg.), *Nachhaltiges Management*,
https://doi.org/10.1007/978-3-662-57693-9_14

Da es sich beim Themenkomplex „Verbesserungskultur" um ein weites Feld handelt, wurde dieses unterteilt in die Teilbereiche:

- Prozess:
  Untrennbarkeit von KVP, Ideenmanagement, Innovationsmanagement und Social Media,
- Open Innovation:
  internes und externes Ideen- und Innovationsmanagement,
- IT-Unterstützung:
  Anforderungen an eine IT-Plattform im Rahmen einer gelebten Verbesserungskultur,
- Vorgehensweise:
  der Weg zur nachhaltigen Verbesserungskultur.

14.2 Nachhaltige Verbesserung durch Complete Improvement©

14.2.1 Übersicht Verbesserungsmethoden

14.2.1.1 Situation

Damit sich ein Unternehmen erfolgreich am Markt positionieren bzw. die eigene Stellung halten kann, ist es zielführend, geeignete Methoden, sei es Ideenmanagement, kontinuierlicher Verbesserungsprozess (KVP) oder Innovationsmanagement, einzusetzen. Viele Unternehmen haben erkannt, dass es sinnvoll ist, das Wissen der Mitarbeiter einzubinden. Eine Methode allein allerdings ist heutzutage nicht mehr ausreichend, um auch zukünftig den Erfolg zu gewährleisten, gerade in den Zeiten der Digitalisierung. Complete Improvement© schafft durch die Verbindung der genannten Verbesserungsmethoden und Nutzung bereits im Unternehmen vorhandener Quellen mit Verbesserungspotenzial eine umfassende Methodik, welche das Ziel verfolgt, strukturiert und gezielt nachhaltige Verbesserung zu ermöglichen. Richtig angewendet wird sich nicht nur die Organisation dadurch weiterentwickeln, sondern auch eine offene Unternehmenskultur gefördert. Alles zusammen wirkt sich positiv auf den Unternehmenserfolg aus.

14.2.1.2 Ideenmanagement (IDM)

Das Ideenmanagement für sich genommen wird nach wie vor in vielen Unternehmen praktiziert. Diese Form ist auch immer noch in Konzernen zu finden. Teilweise wurde das betriebliche Vorschlagswesen (BVW) einfach nur in Ideenmanagement umbenannt, ohne dabei jedoch wirklich eine Modernisierung vorgenommen zu haben. Die grundlegenden Parameter wie die Bewertung und Prüfung der Idee durch Gutachter oder die Festlegung der Prämie durch eine Kommission zeugen von Bürokratie. Durch diesen aufwendigen Prozessablauf kommt es automatisch zur zeitlichen Verschleppung wertvoller Ideen. Die Umsetzung der Verbesserung ist hier oft ein Manko im Prozessablauf.

Der Fokus richtet sich auf die Abarbeitung der Idee zugunsten des Ideengebers und dessen Prämierung. Die Umsetzung der prämierten Idee und damit der Mehrwert für das Unternehmen stehen in solchen Organisationen oft hinten an.

14.2.1.3 Kontinuierlicher Verbesserungsprozess (KVP)

Durch die Einführung des KVP wurde es möglich, wertvolle Informationen zur Verbesserung der Produkte, Prozesse und Organisation im Unternehmen zu erkennen. Dem KVP liegen, im Gegensatz zum Ideenmanagement, weitgreifende Denk- und Handlungsweisen des Qualitätsmanagements zugrunde. Dieses erfordert allerdings bei der Einführung des KVP einen höheren Aufwand, da es sich um einen ganzheitlichen Ansatz handelt. Eine Schulung der Mitarbeiter ist sinnvoll, da nur dieser umfassende Ansatz es ermöglicht, Barrieren zu überwinden und eine Kultur des Mitdenkens und Handelns zu etablieren. Ein weiterer Aspekt des KVP ist die Förderung der Teambildung und der Teamarbeit. Durch die Teilnahme der Mitarbeiter an Workshops zum Beispiel zur Prozessverbesserung lernen diese nicht nur im „Silo", sprich innerhalb ihrer Abteilung, zu denken, sondern begreifen den Arbeitsprozess als Ganzes. Hierin liegt die Befähigung der Mitarbeiter, Arbeitsabläufe zu hinterfragen. Nur weil etwas schon immer so gemacht wurde, muss dies nicht auch in Zukunft richtig sein.

14.2.1.4 Innovationsmanagement

Was wäre ein Unternehmen, das im Wettbewerb steht, ohne die eigenen Innovationen. Ein gut funktionierendes Innovationsmanagement ist heute wichtiger denn je. Die Märkte verändern sich so rasant, dass Produktentwicklungen oder Geschäftsmodelle so schnell wie möglich den Reifegrad zur Implementierung erreichen müssen. Sobald das Unternehmen mit seiner Innovation nur zweiter gegenüber den Wettbewerbern wird oder ein wichtiger Aspekt übersehen wurde, können die für die Entwicklung verbrauchte Zeit und die entstandenen Kosten sehr belastend für das Unternehmen sein. Denken wir an das Smartphone, Apple war Erster bei der Markteinführung. Inzwischen haben viele Hersteller nachgezogen, doch Apple gab mit seinem Smartphone die Maßstäbe vor. Die Vorgehensweise zur Implementierung einer Innovation wird mit Entstehen der Idee in Gang gesetzt. Nach der sorgfältigen Bewertung der Idee und Freigabe durch den Sponsor in der ersten Phase sind die Planung und Einhaltung der Innovationsphasen ausschlaggebend für schnelle Ergebnisse. Im nächsten Schritt wird das Team zusammengestellt und die Idee weiterentwickelt. Nach Konzeptionierung der innovativen Idee steht die Machbarkeitsprüfung an. Spätestens zu diesem Zeitpunkt sollte evaluiert werden, ob diese wirtschaftlich tragbar ist und weiterverfolgt werden soll. Um die Komplexität strukturiert abarbeiten zu können, kommen vielfältige Methoden zum Einsatz.

14.2.1.5 Methoden und Rollen

Im klassischen Ideenmanagement wird keine klare Empfehlung für die Umsetzung der Ideen und die Methoden gegeben. Zielrichtung ist das Erhalten von Ideen, deren Bewertung und Prämierung. Die Umsetzung findet fast immer ohne Beteiligung des

Ideengebers statt. Die Rolle des Ideenmanagers umfasst gleichermaßen die Aufnahme und gezielte Weiterleitung der Idee an den Gutachter sowie den Prämierungsprozess. Beim KVP ist die Thematik der Methoden zur Umsetzung und Vorgehensweise ein zentraler Bestandteil. Der KVP-Manager steuert das System und ist Experte in Methodik und verantwortlich für die Implementierung und Aufrechterhaltung des KVP. Neben der Einbindung der Mitarbeiter in Form von Schulungen werden auch KVP-Multiplikatoren ausgebildet. Diese sind firm in der Anwendung und Umsetzung der Methoden. Die Multiplikatoren müssen bestimmte Kompetenzen aufweisen, um die Implementierung einer Idee erfolgreich unterstützen zu können. Hierbei ist neben fachlicher Kompetenz hohe soziale Kompetenz und emotionale Intelligenz gefordert. Die Akzeptanz, Förderung und Rückendeckung durch die Geschäftsführung sind ebenso unerlässlich. Ähnlich verhält es sich auch bei der Innovation. Ohne den Innovationsmanager, der über einen ganzen Blumenstrauß an Werkzeugen und Methoden verfügt, sowie die uneingeschränkte Rückendeckung des Topmanagements verlaufen Innovationsideen im Sande. Eine Idee für ein neues Produkt oder Geschäftsmodell stellt oftmals andere Ansprüche an Ressourcen, wie z. B. die Ausbildung von Innovationsmultiplikatoren oder Experten, die über das nötige Know-how verfügen. Abschließend betrachtet kann somit festgestellt werden, dass immer Experten mit Methodenkenntnis notwendig sind, damit die Umsetzung einer Idee auch wirksam wird. Somit wird klar, dass IDM, KVP und Innovationsmanagement elementare Gemeinsamkeiten aufweisen. Hierdurch erschließt sich der Nutzen der Untrennbarkeit der Methoden.

14.2.1.6 Quellen für Verbesserungen (Röstel 2017)

In allen Unternehmen gibt es viele Quellen, um Verbesserungspotenzial zu erkennen und zu nutzen. Da nach wie vor Silodenken in den Organisationen ein Thema ist, wird das Potenzial zur ganzheitlichen Verbesserung nicht erkannt. Um das brachliegende Wissen um Verbesserungen zu erhalten, ist es notwendig, mit den einzelnen Bereichen aktiv in den Informationsaustausch zu gehen. Angefangen im Qualitätsmanagement über After Sales bis hin zum Controlling ergeben sich umfassende Möglichkeiten, Chancen auf Verbesserung zu erkennen. Beispielsweise werden im Qualitätsmanagement bei Audits, die regelmäßig im Unternehmen stattfinden, wie Zertifizierungsaudits, Lieferantenaudits und interne Audits, etliche Themen aufgenommen, welche Anlass zur Verbesserung geben können. Des Weiteren sind Prozessaudits eine wertvolle Informationsquelle. Allein diese bieten bereits eine Fülle von Informationen. Um die Thematiken zu erhalten, bedarf es der uneingeschränkten Mitarbeit der jeweiligen Bereiche und ihrer Verantwortlichen. Liegt diese Unterstützung nicht vor, gestaltet sich das Erhalten der Verbesserungspotenziale sehr schwierig. Daher ist es für das Unternehmen und die Organisation in ihrer Gesamtheit wichtig zu erkennen, dass nur gemeinschaftliches Arbeiten den Erfolg bringen kann.

14.2.2 Complete Improvement© in Verbindung mit Kommunikationsplattformen

14.2.2.1 Zusammenführung der Methoden und Einbindung der Quellen (Röstel 2016)

Um eine ganzheitliche und nachhaltige Verbesserung zu erhalten, ist es erforderlich, alle bestehenden Kompetenzen und Methoden zu bündeln und zu verknüpfen. Eine Managementmethode alleine zu betreiben, um Verbesserungsideen umzusetzen, wird die kommenden Anforderungen der Digitalisierung nicht mehr abdecken können. Wenn die Unternehmen auch zukünftig erfolgreich am Markt bestehen wollen, ist es erforderlich zu erkennen, dass ganzheitliches Denken und Transparenz ausschlaggebende Erfolgsfaktoren sind. Complete Improvement© verbindet Ideenmanagement, KVP und Innovationsmanagement unter Einbezug unterschiedlicher Quellen (Abb. 14.1).

Hiermit leistet diese Methode einen ausschlaggebenden Beitrag zur ganzheitlichen Verbesserung und somit auch zum Unternehmenserfolg. Damit dies gelingen kann, spielen Kommunikationsplattformen eine zentrale Rolle. Die Zusammenführung von IDM, KVP und Innovationsmanagement ist unabdingbar. Erreichbar wird dies durch Social Collaboration innerhalb einer Kommunikationsplattform. Die digitale Vernetzung aller Mitarbeiter darüber ermöglicht es, dass jeder Einzelne seinen Beitrag zur Verbesserung leisten kann. Dies beinhaltet jeden Mitarbeiter und alle Ebenen. Es können gezielt Themen zur Diskussion gestellt werden, die beispielsweise bei Durchforstung der verschiedenen Quellen zum Verbesserungsthema geworden sind.

Die Ideen werden durch themenspezifische oder auch themenübergreifende Vernetzung auf der Plattform kanalisiert. Die Sichtbarkeit jeder Idee kann individuell gestaltet werden. So ist es möglich, erst einmal in einem geschützten, virtuellen Raum Ideen zu diskutieren, bevor sie transparent gemacht werden. Die Plattformen bieten inzwischen ein weiteres, entscheidendes Feature. Ideen können jederzeit und überall über eine App auf mobilen Endgeräten erfasst, diskutiert und kommuniziert werden. Dies ist von großem Vorteil, da der kreative Prozess der Ideenfindung keine Arbeitszeiten kennt. Wenn alle Ideen durch den elektronischen Kanal der Kommunikationsplattform transparent geworden sind, können die Kollegen für diese Idee abstimmen und so eine Priorisierung ermöglichen. Ideen können auch weiterempfohlen und kommentiert werden. Hierbei findet eine Mitarbeiteraktivierung statt, gemeinsam Ideen weiterzuentwickeln. Bei Ideen, die nach Vorprüfung Synergieeffekte aufweisen, ist es sinnvoll, dass der Bereich, der für die Umsetzung verantwortlich zeichnet, die Dokumentation über den Fortschritt der Umsetzung zeitnah auf der Plattform visualisiert. Diese kann während der

Abb. 14.1 KVP IDM Innovation

Umsetzung je nach Umfang vollständig oder in Meilensteinen auf der Plattform erfolgen, muss aber zumindest durch Statusberichte transparent gemacht werden. So wird gewährleistet, dass ähnliche Ideen, die zu einem späteren Zeitpunkt im großen Ideentopf auftauchen, mit berücksichtigt werden.

Ein weiterer ganz entscheidender Aspekt ist, dass sich nicht nur die eigenen Mitarbeiter einbringen können, sondern alle Interessengruppen zielgerichtet Inhalte beitragen. Kunden, Lieferanten oder Experten können zu bestimmten Fachthemen mit eingebunden werden, alles ist möglich. Der Gedanke der uneingeschränkten Zusammenarbeit lässt sich durch die Plattform sicherstellen. Es können zeitnah die richtigen Menschen zusammengebracht werden, welche an denselben Themen arbeiten und sich austauschen und ergänzen können. Manchmal entsteht durch diesen Austausch, aufgrund neuer Erkenntnisse, erneut ein weiterer Verbesserungsansatz. Durch die Einbindung der unterschiedlichsten Bereiche und Interessengruppen können gezielt innovative Ideen erkannt und weiterentwickelt werden. Durch die digitale Unterstützung kann jeder immer und zu jeder Zeit seinen Input zum Thema beitragen. Es müssen keine umfangreichen Besprechungen geplant werden oder Personen von außerhalb extra anreisen. Besonders die internationale Zusammenarbeit wird ganz einfach ermöglicht. Zeitunterschiede zwischen den einzelnen Ländern sind nicht mehr von Relevanz. Jeder am Projekt Beteiligte kann sich, gemäß seiner Verfügbarkeit, einbringen. Das bedeutet nicht, dass persönlicher Austausch wegfällt, jedoch auf wichtige Treffen minimiert werden kann.

Die gelebte Transparenz ermöglicht es dem Ideengeber und anderen interessierten Parteien, den Fortschritt zu verfolgen. Allein diese Möglichkeit wird wertschätzend empfunden und motiviert Mitarbeiter, sich auch zukünftig einzubringen. Stakeholder können sich bei Bedarf einfach und schnell über den aktuellen Stand informieren. Transparenz schafft Vertrauen bei den Beteiligten. Je nach Größe des Unternehmens und der Organisation können Ideen zentral oder dezentral bearbeitet und umgesetzt werden. Bei einem zentralen Ansatz liegt das Wissen um die einzelnen Ideen zentral sichtbar in der Plattform. Dies bietet sich an, wenn es sich um Unternehmen mit nur einem Standort handelt. Es schließt jedoch nicht aus, auch über einzelne Gruppen hinweg die Ideen zu bearbeiten. Der dezentrale Ansatz bietet sich an für Unternehmen mit mehr als einen Standort. Auch Großkonzerne können diese Vorgehensweise erfolgreich einsetzen. Eine Niederlassung erhält zum Beispiel einen zu definierenden Handlungsspielraum, in dem die Verbesserungen direkt umgesetzt werden können. Durch diese Transparenz wird klar, an welchen Themen die Organisation arbeitet und wo sich Synergien ergeben. Hierdurch ist gewährleistet, dass Anforderungen oder weitere Ideen zu bereits bestehenden Verbesserungsprojekten einfließen können. Es werden Doppelarbeit und somit Zusatzkosten vermieden (Abb. 14.2).

▶ Damit wird klar, dass heutzutage nur durch geschaffene Transparenz über eine digitale Plattform strukturierte und methodische Vorgehensweisen bei der Umsetzung von Ideen, Verbesserungsprozessen und Innovationen in der Organisation möglich und nachhaltig sind.

Abb. 14.2 Idee Plattform Transparenz

14.2.2.2 Verbesserungen mittels Projektmanagement umsetzen

Nachdem die nötige Transparenz durch die Plattform vorliegt, kennzeichnet die Umsetzung jeder Idee ein größeres oder auch kleineres Projekt, ganz egal ob das Thema klassischer Weise dem Ideenmanagement (IDM), KVP oder einer Innovation zugeordnet werden würde. Jede Idee ist einzigartig. Durch die Betrachtung und Umsetzung mit der Projektmanagementbrille wird gewährleistet, dass alle erforderlichen Maßnahmen, Planungen und das Budget zur Verfügung stehen. Des Weiteren entfällt der Aufbau oder Erhalt einer jeweiligen, separaten Hintergrundorganisation für das Ideenmanagement, KVP oder Innovationsmanagement. Jede Idee sollte wie ein Projekt behandelt werden. So werden die Umsetzung und die zeitliche Dauer kalkulierbar. Der finanzielle Aspekt wird durch das Projektcontrolling verfolgt. So bleiben Kosten und Nutzen immer im Blick. Eine Kategorisierung, ob eine Verbesserung im klassischen Sinne eine Idee, eine Prozessverbesserung oder eine Innovation darstellt, ist nicht entscheidend. Entscheidend jedoch ist, dass in jedem Projekt gewisse Voraussetzungen geschaffen werden müssen. Je nach Umfang und Kostenintensität muss für das Projekt ein sogenannter Sponsor mit entsprechenden Rechten in den Bereichen Finanzen und Ressourcen gefunden werden. Hierbei ist allein die richtige Planung einer der Erfolgsfaktoren. Bei der Planung des Projekts wird festgelegt, welche Methoden und Tools zum Einsatz kommen sollen.

Zusätzlich ist die richtige Zusammensetzung des Projektteams für den Erfolg des Projekts ausschlaggebend. Hier sollten nicht nur fachliches Know-how, sondern auch Soft Skills vereint werden. Bei einer Produktinnovation werden andere Fachkompetenzen benötigt als bei einer reinen Prozessverbesserung in der Logistik. Nicht jeder, der fachlich kompetent ist, bringt auch die nötige soziale Kompetenz für die Teamarbeit mit. Daher sollte darauf geachtet werden, dass ein Team möglichst ausgewogen ist und zueinander passende Charaktere und Kenntnisse vereint. Professionelle Projektbearbeitung (PMI, PRINCE2, SCRUM etc.) bietet die notwendige Grundlage, um ein Projekt erfolgreich durchzuführen und im Zeitrahmen abzuschließen. Wichtig ist hierbei, dass eine Methode angewendet wird und alle Projektbeteiligten diese Methode kennen und beherrschen. Entscheidend ist das einheitliche Verständnis und die Verwendung derselben Begriffe, da diese die Kommunikation und damit den Projekterfolg nachhaltig beeinflussen. Ein erfolgreiches Projektteam erfordert selbstredend eine Projektorganisation, welche mit allen nötigen Befugnissen ausgestattet ist, wie

Entscheidungskompetenz ebenso wie Budget und Ressourcen. Unternehmensziele werden durch erfolgreiche Projekte erreicht. Sind obige Voraussetzungen für den Start gegeben, spielen folgende Punkte weiterhin eine entscheidende Rolle. Die Art der Projektdokumentation muss einheitlich und standardisiert sein. Nur wenn die Projekte ausreichend dokumentiert sind, können sie gut gesteuert werden. Ein bereichsübergreifendes Projektcontrolling ist unerlässlich. Nur wenn an einer Stelle alle Informationen über die Gesamtheit der Projekte zusammenfließen, können Fehlentwicklungen identifiziert und entsprechende Maßnahmen initiiert werden.

Trotz aller Festlegungen und Vorgaben darf nicht vergessen werden, dass jedes Projekt eben einzigartig ist. Mit einer strukturierten Vorgehensweise, der Anwendung der Projektmanagementmethoden sowie der Transparenz durch die Dokumentation des Projektfortschritts auf einer Plattform ist eine solide, nachhaltige Basis gegeben, um die gesteckten Ziele zu erreichen.

14.2.2.3 Durch Wirksamkeitsprüfung zu nachhaltigem Erfolg

Nach der Implementierung einer Verbesserung, sei es ein neues Produkt, ein neues Geschäftsmodell oder eine Prozessverbesserung etc., kann nur dann von echter Nachhaltigkeit der Verbesserung gesprochen werden, wenn eine Wirksamkeitsprüfung erfolgt. Da im Projektmanagement meistens nur eine Nachbetrachtung in Sinne von Lessons Learned zum Zuge kommt und eher auf den Ablauf des Projektes fokussiert ist, sollte eine Wirksamkeitsprüfung in unterschiedlichen Phasen zum Tragen kommen. Bereits einzelne Maßnahmen, die für den Erfolg des Projekts entscheidend sind, sollten durch Überprüfung des Resultats bestätigt werden. Unter Zuhilfenahme z. B. des PDCA-Zyklus kann dies gelingen. Nach Implementierung der Verbesserung sollte die Wirksamkeitsprüfung zu unterschiedlichen Zeitpunkten stattfinden. Einmal direkt nach der Implementierung und dann je nach Umfang der Verbesserung sollten weitere Zeitpunkte festgelegt werden, zu denen eine Kontrolle der Wirksamkeit stattfindet. Dies kann das erste Mal nach drei oder sechs Monaten sein und beispielsweise nach einem Jahr nach der Implementierung. Die bei der Prüfung erkannten Themen sollten wieder in der Plattform dokumentiert werden. So können bei Bedarf weitere Kollegen und Experten zu Rate gezogen werden, um die Nachhaltigkeit der Verbesserung sicherzustellen (Abb. 14.3).

Abb. 14.3 Checkboxen

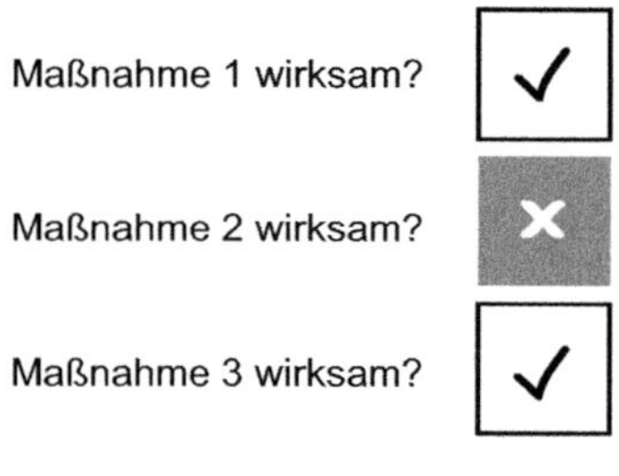

Fazit

In den Zeiten des Wandels durch die Digitalisierung werden kontinuierlich neue Thematiken auftreten. Unsere immer komplexer werdende Arbeitswelt erfordert die ständige Anpassung und damit Veränderung und Verbesserung. In diesen Phasen ist es besonders wichtig, Ideen und Herausforderungen schnellstmöglich erfolgreich zu diskutieren und zu implementieren. Durch die Methodik des Complete Improvement© und den Einsatz einer voll vernetzten webbasierten Kommunikationsplattform wird Verbesserung nachhaltig unterstützt. Die Transparenz ermöglicht es allen Beteiligten oder interessierten Parteien, sich jederzeit einzubringen und die entstandene Thematik zu diskutieren. Die erarbeitete Lösung kann anschließend implementiert werden, so wird gewährleistet, dass keine Anforderungen und Aspekte vergessen werden. Die Wirksamkeitsprüfung rundet dies ab und sichert dadurch eine nachhaltige Verbesserung.

14.3 Rahmen für integriertes Ideen- und Innovationsmanagement

14.3.1 Vorbemerkung

Wie kann Kreativität gefördert und wie können Ideen generiert werden? Wie können aus Ideen Innovationen entstehen? Um Antworten auf diese Fragen zu finden, ist es erforderlich, die Potenziale für Ideen und Innovationen zu kennen und diese zu mobilisieren. Wie Ideen erfolgreich generiert und in Innovationen umgesetzt werden, wurde im Rahmen von Gesprächen mit über 100 Führungskräften aus deutschen und internationalen Unternehmen untersucht. Ergebnis ist, dass es nicht ausreicht, an einzelnen „Stellschrauben“ zu drehen. Vielmehr sind ganzheitliche Methoden und neue Denkmuster erforderlich, mit denen die Mitarbeiter, Partner und Kunden aktiv in den Gesamtprozess der Ideengenerierung und in den Entwicklungsprozess eingebunden werden.

Ergebnisse aus der Innovationsforschung der letzten Jahre haben gezeigt, dass Ideen und Innovationen insbesondere an den Schnittstellen zwischen Bereichen und Abteilungen im Unternehmen sowie an den Schnittstellen zu Kunden und Partnerunternehmen entstehen. Insbesondere das Zusammenspiel interner Entwicklungsteams mit Partnerunternehmen und Experten außerhalb von Unternehmen gilt es daher, mit einem wirkungsvollen Innovationsmanagement zu unterstützen. Heutzutage wird dieses Vorgehen als Open Innovation beschrieben. Um dieses wirkungsvoll umzusetzen, ist es erforderlich, Strukturen für Kreativitäts- und Ideenmanagement zu schaffen. Der Auswahlprozess von Ideen und die Überführung in Innovationsprojekte müssen aufeinander abgestimmt sein und in die Gesamtstrategie des Unternehmens eingebettet werden. Hier ist das Management gefordert die „richtigen“ Rahmenbedingungen zu schaffen. Das Managementkonzept IMLead® Integriertes Management & Leadership bietet einen Rahmen, die unterschiedlichen Managementbereiche zu verknüpfen und die Potenziale für Ideen und Innovationen zu heben. Die sieben Felder für ein integriertes Ideen- und Innovationsmanagement sind: der Manager, die Information, die optimale Funktionsfähigkeit, die Flexibilität, die Zukunftssicherung und die Ganzheitsbetrachtung inkl. finanzieller Faktoren.

Im ersten Teil des Artikels werden die Grundlagen des Innovationsmanagements dargestellt. Neben den Quellen für Ideen werden die Innovationsarten, der Innovationsgrad und der Prozess für Open Innovation dargestellt. Zudem wird der Unterschied zwischen Open Innovation und dem traditionellen Innovationsmanagement diskutiert. Im zweiten Teil wird dann ein Leitfaden für erfolgreiches Ideen- und Innovationsmanagement anhand der sieben Felder des IMLead®- Konzeptes präsentiert.

14.3.2 Von der Idee zur Innovation

14.3.2.1 Quellen für Ideen

Innovation basiert auf Ideen, die in einem kreativen Austausch mit Mitarbeitern Kunden und Partnern generiert werden (Chesbrough 2006). Doch kann Kreativität überhaupt gesteuert werden? Bedingt, wie ein Beispiel von Einstein zeigt. Vielmehr ist es wichtig, ein Umfeld zu schaffen, in dem Ideen entstehen können. Also eine Unternehmenskultur, in der Freiräume geschaffen werden, um Neues auszuprobieren und in denen Fehler als Teil des Lernens und der Weiterentwicklung angesehen werden.

Eine Anekdote beschreibt, dass Albert Einstein stundenlang in der Badewanne zu sitzen pflegte. Als ihn einmal ein bekannter indischer Gelehrter besuchte, empfing ihn Einsteins Frau mit den Worten: „Sie werden warten müssen, denn er liegt in der Badewanne, und niemand weiß, wann er wieder herauskommt.“ *Nach einer Stunde lag Einstein immer noch in der Badewanne und die Antwort seiner Frau an den Besucher war:* „In der Badewanne kommen ihm beim Spielen mit Seifenblasen die besten Einfälle. Dort kommt er auf Lösungen von Problemen, über die er wieder und wieder vergeblich nachgedacht hat.“

Seifenblasen als Quelle für Ideen und ein entspanntes Umfeld waren für Einstein ein gutes Umfeld, um kreativ zu sein. Ideen werden von Personen geschaffen und sind davon abhängig, wo geeignete Plätze sind, um kreativ an Problemen und Ideen zu arbeiten. Dieses wird auch durch eine Studie aufgezeigt, in der die Orte für Ideen untersucht wurden.[1] Betrachtet man die Orte, wo Ideen entstehen, so zeigt sich, dass nur 24 % der Ideen innerhalb eines Unternehmens entstehen, während 76 % außerhalb eines Unternehmens generiert werden. Abb. 14.4 zeigt auf, dass die meisten Ideen (52 %) auf Geschäftsreisen, privaten Reisen, zu Hause, beim Sport oder in der Natur generiert werden und nur 16 % in Meetings und in Gesprächen mit Experten.

[1] Vgl. http://www.lead-innovation.com/blog/wo-entstehen-ideen, abgerufen am 29.11.2017.

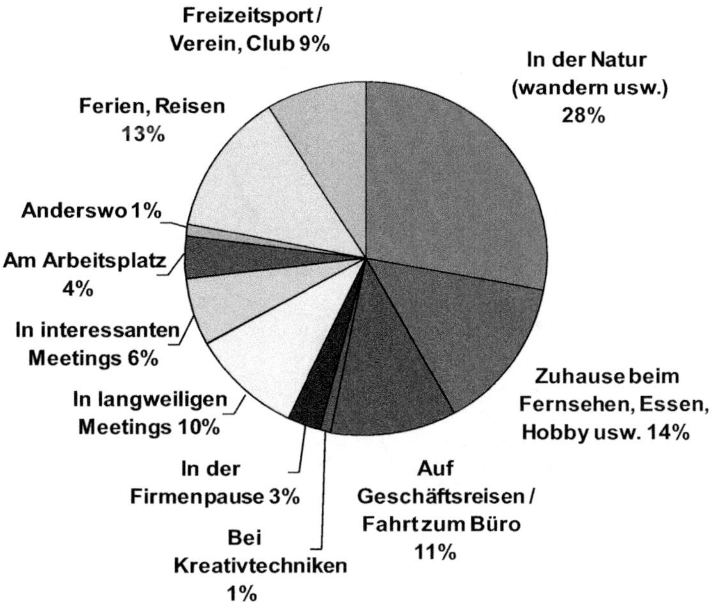

Abb. 14.4 Wo Ideen entstehen. (Angelehnt an Prof. Dr. Urs Fueglistaller, Swiss Research, 2016)

Für Unternehmen und Organisationen sind diese Erkenntnisse beunruhigend. Wenn nur 24 % der Ideen im Unternehmen gewonnen werden, wie steht es mit den Ideen, die außerhalb des Unternehmens geschaffen wurden. Sind Mitarbeiter bereit, Ideen die außerhalb des Unternehmens generiert wurden, ins Unternehmen einzubringen? Wie kann dieses Potenzial für das Unternehmen aktiviert werden?

Insbesondere Reisen und Gespräche mit Experten als Quelle für Ideen spielen auch in der neusten Innovationsforschung eine wichtige Rolle. In der Innovationsmethode „Presencing", die von Otto Scharmer und weiteren Wissenschaftlern am Massachusetts Institute of Technology (MIT) entwickelt wurde (Scharmer 2015), stehen sogenannte Lernreisen und Expertenbefragungen im Mittelpunkt. Diese sind eingebettet in einen strukturierten Prozess der Reflexion und Weiterentwicklung der Ideen zu Innovationen. In diesem Prozess werden unterschiedliche Perspektiven und Denkhaltungen eingenommen. Dadurch entstehen Räume für neue Gedanken und es wird die Fähigkeit trainiert, „über den Tellerrand" zu schauen. Oder anders formuliert, Ideen werden in einem offenen Austausch mit Kollegen, Kunden, Partnern und externen Experten generiert.

14.3.2.2 Innovationsarten

Doch wie sind Ideen mit Innovationen verknüpft? Um diese Frage zu beantworten, ist erst zu definieren, was eine Innovation ist. Innovation kann ein neues Produkt, ein neuer Prozess, eine neue Dienstleistung oder ein neues Geschäftsmodell sein, das erfolgreich am Markt positioniert werden kann (Lohmüller 2014a). Innovation ist also mehr als nur eine

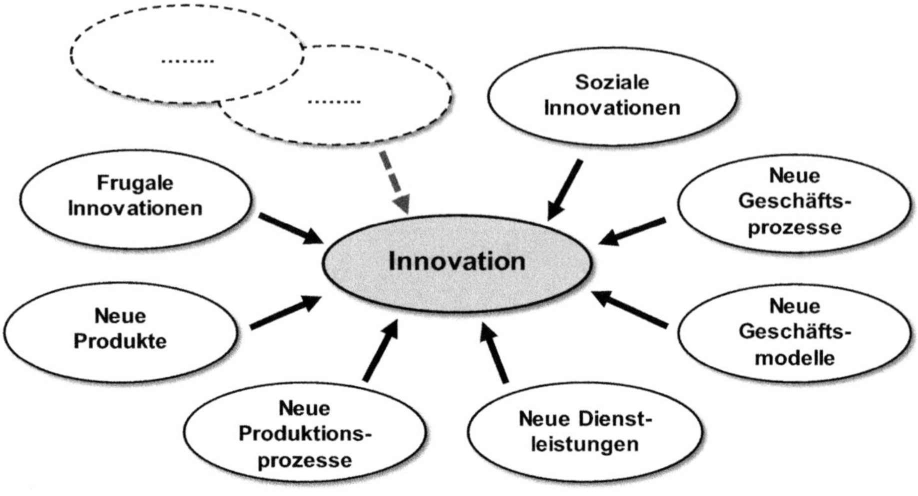

Abb. 14.5 Ideen und Innovationen für unterschiedliche Bereiche

Erfindung, sie ist etwas *Neues,* mit dem Geld verdient wird. Um attraktive und marktfähige neue Produkte und Dienstleistungen zu entwickeln, sind Unternehmen daher gefordert, alle möglichen Bereiche für Innovationen zu betrachten und zu kombinieren. Im Umkehrschluss heißt dieses auch Ideen zu unterschiedlichsten Bereichen in der Wertschöpfungskette zu generieren. In der Praxis bedeutet das ein Angebot zu schaffen, in dem neue Produkte, neue Herstellungsprozesse, neue Dienstleistungen und neue Geschäftsabläufe und Geschäftsmodelle intelligent ineinandergreifen (Abb. 14.5). Das Unternehmen Apple nutzt das Zusammenspiel dieser Bereiche sehr erfolgreich. Mit dem iPhone und iPad wurden neue Produkte mit neuster Technologie entwickelt. Diese werden zwar in China hergestellt, doch neue Produktionsprozesse für Komponenten – wie zum Beispiel den Touchscreen – sind eng mit der Produktleistung verknüpft. Mit der Programmierung von Apps hat Apple einen neuen Markt für Dienstleistungen geschaffen und mit dem iTunes-Store sind die Geschäftsabläufe in der Bestellung und Lieferung über das Internet schnell und einfach zu tätigen. Damit wurde ein neues Geschäftsmodell geschaffen. Mit dieser Innovation wurde auch das Kommunikationsverhalten in unserer Gesellschaft stark beeinflusst und es kann daher auch als soziale Innovation bezeichnet werden.

14.3.2.3 Innovationsgrad

Eine weitere Unterscheidung von Innovationen ist der Innovationsgrad von Produkten und Dienstleistungen.[2] In Abb. 14.6 sind Innovationen in drei unterschiedliche Innovationsgrade eingeteilt. Den höchsten Innovationsgrad haben *radikale Innovationen,* definiert als etwas komplett Neues, basierend auf fundamentalen Entdeckungen.

[2]Die Begriffe Produkte und Dienstleistungen sind hier definiert als neue Produkte, Herstellungsprozesse, Geschäftsprozesse, Dienstleistungen, Geschäftsmodelle.

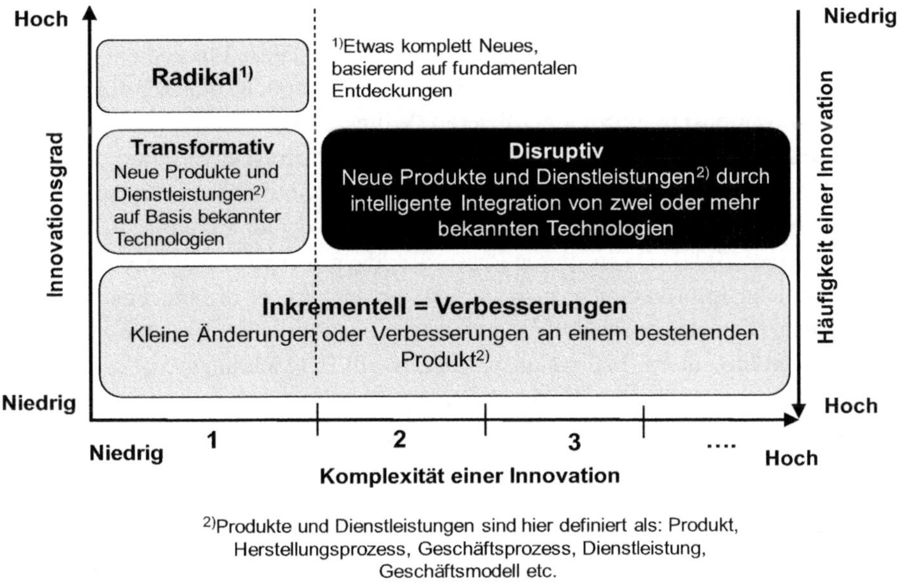

Abb. 14.6 Innovationsgrad und Häufigkeit von Innovationen

Diese Innovationen sind in ihrer Häufigkeit sehr selten. Beispiele sind die Entdeckung der Elektrizität oder des Internets. *Transformative Innovationen* sind Entwicklungen neuer Produkte und Dienstleistungen auf Basis bekannter Technologien, welche disruptiven Charakter haben. Unter disruptiven Innovationen werden hier neue Produkte und Dienstleistungen verstanden, in denen zwei oder mehr bekannte Technologien intelligent miteinander verknüpft werden. Das ist zum Beispiel die Entwicklung neuer Fahrzeuge mit Elektroantrieb als cyberphysische Systeme, in denen Sensorik, Steuerung und Internet miteinander verknüpft sind. Kleine Änderungen oder Verbesserungen an einem bestehenden Produkt oder Prozess sind definiert als *inkrementelle Innovationen*. Sie sind von ihrer Anzahl her häufiger als transformative Innovationen.

Bezogen auf das Ideen- und Innovationsmanagement generell ist es erforderlich, das Potenzial für Ideen für alle Innovationsgrade zu aktivieren. Aufgrund des globalen Wettbewerbs, der volatilen Märkte und der voranschreitenden Digitalisierung sind Organisationen aber insbesondere gefordert verstärkt disruptive Innovationen zu generieren. Denn nur mit disruptiven Produkten und Dienstleistungen ist es möglich, sich langfristig gegenüber dem Wettbewerb erfolgreich am Markt zu positionieren.

14.3.2.4 Der Innovationsprozess

Die unterschiedlichen Quellen von Ideen, Innovationsarten und Innovationsgraden sind in einem Innovationsprozess abzubilden. Der Prozess, wie eine Idee in ein Innovationsprojekt überführt werden kann, ist in Abb. 14.7 dargestellt. Der Innovationstrichter ist gekennzeichnet durch die Identifikation von potenziellen Partnern und einen offenen

Ideenaustausch. Der offene Ideenaustausch kann im Unternehmen zwischen Abteilungen erfolgen oder mit Personen außerhalb des Unternehmens. Diese Phase dient dazu, eigene Ideen mit anderen Personen weiterzuentwickeln und mögliche Partner für ein weiterführendes Innovationsprojekt zu identifizieren (Wilms 2006).

Daran schließt sich die Phase der Ideenauswahl an. Dazu ist es erforderlich, die unterschiedlichen Ideen zu evaluieren, die geeigneten Partner (intern und extern) auszuwählen und ein Bewertungsschema für die Auswahl von Ideen und Partnern zu konzipieren (Lohmüller et al. 2008). Da in dieser Phase die Ideen weiter konkretisiert werden und auch vertrauliche Informationen ausgetauscht werden, ist es ratsam, eine Vertraulichkeitserklärung oder einen Geheimhaltungsvertrag abzuschließen. Ergebnis ist die Festlegung, welche Idee in ein Innovationsprojekt, in ein Entwicklungsprojekt überführt, in einer FuE-Kooperation umgesetzt und vermarktet wird.

Bei der Umsetzung des festgelegten Forschungs- und Entwicklungsprojekts arbeiten die beteiligten Partner in einer Kooperation zusammen. Der offene Austausch von Ideen innerhalb dieser FuE-Kooperation unterstützt dabei, bessere Ideen zu generieren und den Innovationsgrad des geplanten Produkts oder der Dienstleistung zu erhöhen. Oder anders formuliert, der Ideenpool aller beteiligten Akteure wird aktiv genutzt und in neue Innovationen überführt (in Abb. 14.7 durch Ideensterne dargestellt). Ergebnis ist die schnellere, bessere, schlauere und innovativere Platzierung von Produktinnovationen am Markt.

Um diesen Innovationsprozess im Unternehmen abzubilden, ist es erforderlich, einen Rahmen zu schaffen, der Freiräume zum Ideenaustausch bietet und dadurch den Entwicklungsprozess gezielt unterstützt. Das wiederum erfordert ein System, das zum einen

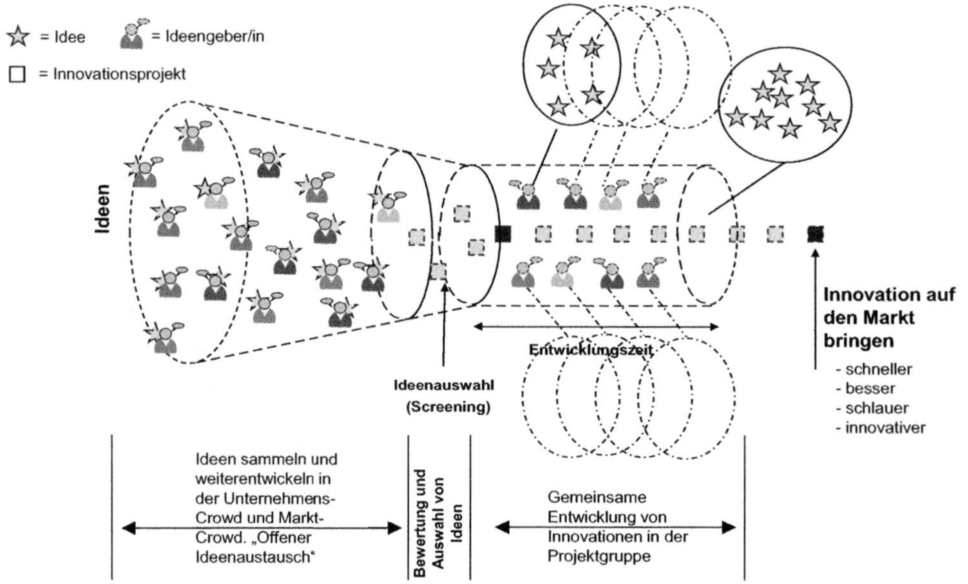

Abb. 14.7 Integriertes Ideen- und Innovationsmanagement – von der Idee zur Innovation

offen Ideenaustausch zwischen Kollegen, Kunden und Partnern ermöglicht und zum anderen im konkreten Entwicklungsprojekt einen projektbezogenen Ideenaustausch zwischen den beteiligten Partnern sichert.

14.3.2.5 Traditionelles Innovationsmanagement versus integriertes Ideen- und Innovationsmanagement

Das traditionelle Innovationsmanagement im Unternehmen mit klar strukturierten Prozessschritten kommt an seine Grenzen und ist im Umbruch. Zu sehen ist das beim heutigen Management von Innovationsprojekten. Dort wird das klassische Projektmanagement mit phasenorientierten und durchgeplanten Projektschritten verstärkt durch agiles Projektmanagement verdrängt, das auf Flexibilität, Anpassung und Selbstorganisation basiert.

Wie bereits beschrieben erfordert das Finden von Ideen Offenheit. Es hat sich auch gezeigt, dass zu enge Prozessschranken den Freiraum für Ideen und Innovationen stark einschränken können. Oder anders formuliert: Das klassische Innovationsmanagement verhindert Innovationen! Um dieses Spannungsfeld aufzubrechen, wurde von Chesborough das Konzept der Open Innovation erstmals im Jahr 1996 vorgestellt. Er definiert dieses wie folgt:

> Open innovation is the use of purposive inflows and outflows of knowledge to accelerate internal innovation, and expand the markets for external use of innovation, respectively. [This paradigm] assumes that firms can and should use external ideas as well as internal ideas, and internal and external paths to market, as they look to advance their technology (Chesborough et al. 2006).

Die Philosophie der Open Innovation bekommt durch neue Technologien in der Digitalisierung und mit dem Austausch von Informationen in sozialen Netzwerken (Social Networks) eine neue Dimension (z. B. Lohmüller 2014b; Pfeiffer 2010). Um die Potenziale von Open Innovation erfolgreich zu heben, ist ein integrierter Ansatz erforderlich. Ideen innerhalb und außerhalb eines Unternehmens müssen generiert und erfasst werden, ihr Potenzial für disruptive Innovationen bewertet und in neue Produkte und Dienstleistungen überführt werden. Ein elementarer Bestandteil, um dieses zu erreichen, ist die Integration einer Social-Software in den Innovationsprozess.

Im Wesentlichen adressiert eine Social-Software den mindestens bidirektionalen Austausch von Informationen durch Networking von Teilnehmern. Informationen können hierbei Neuigkeiten, Meinungen, Diskussionen, Metainformationen über Kontakte und Beziehungen der Teilnehmer oder deren Aktivitäten sein. Strukturiert bzw. organisiert werden die Benutzer in einer Social-Software im Sinne eines Netzwerks, was einen offenen Austausch von Ideen innerhalb und außerhalb einer Organisation fördert. Der Austausch von Ideen in einem Netzwerk funktioniert aber nur, wenn die Ideengeber bereit sind ihre neuen Ideen einzubringen, gegenseitig auszutauschen und gemeinsam weiterzuentwickeln. Um dieses zu erreichen, ist ein geeigneter Rahmen für Ideen- und Innovationsmanagement zu schaffen.

14.3.3 Rahmen für erfolgreiches Ideen- und Innovationsmanagement

Um herauszufinden, welche Faktoren das Ideen- und Innovationsmanagement unterstützen, wurden in den letzten drei Jahren strukturierte Interviews und Workshops mit Führungskräften aus unterschiedlichen Ländern durchgeführt. Die Geschäftsführer und Führungskräfte kamen überwiegend aus kleinen und mittleren Unternehmen, einige wenige aus Großunternehmen. Sie repräsentierten Unternehmen aus unterschiedlichen Branchen und kamen aus Bereichen wie Produktion, Kreativwirtschaft, Dienstleistung, Forschung und Hochschule. Für die Untersuchung wurden im Zeitraum von 02/2015 bis 09/2017 Workshops mit Teilnehmern von Leadershiptrainings der Gruppen des BMWi-Managertrainingsprogramms durchgeführt. Im Rahmen der Interviews wurden Methoden und Vorgehensweisen diskutiert, wie Ideen gewonnen werden können und wie diese in Innovationen überführt werden können.

Zur Ermittlung der Erfolgsfaktoren für Ideen- und Innovationsmanagement wurde das Modell IMLead® Integriertes Management & Leadership als Rahmen gewählt (siehe Abb. 14.8) (Lohmüller et al. 2009). Dieses besteht aus den sieben Feldern:

1. der Manager,
2. der Mensch,
3. die Information,
4. die Zukunftssicherung,
5. die optimale Funktionsfähigkeit,
6. die Flexibilität,
7. die Ganzheitsbetrachtung inkl. finanzieller Faktoren.

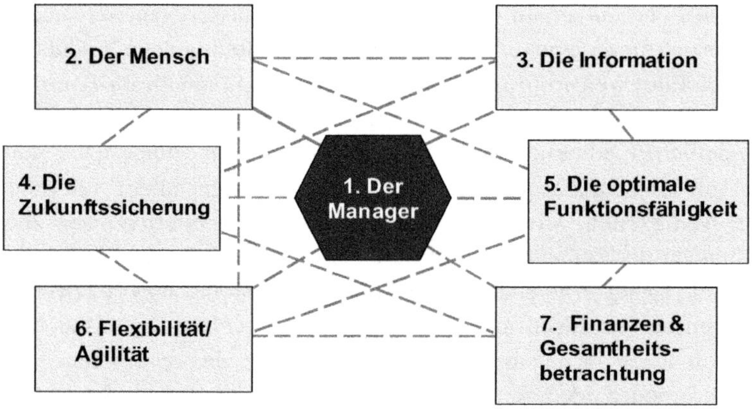

Abb. 14.8 IMLead®-Konzept als Rahmen für integriertes Innovationsmanagement. (Lohmüller et al. 2009)

Im Mittelpunkt des Konzepts steht der Manager (zum Beispiel der CEO Chief Executive Manager oder CTO Chief Technology Manager, Bereichsleiter, Abteilungsleiter, Projektleiter), der Open-Innovation-Aktivitäten initiiert (Lohmüller und Petrikhin 2016). In der Regel ist es eine Person, die als Ideen- und Innovationsmanager agiert und den Open-Innovation-Prozess initiiert, einführt und betreut/managt. Wie dieser Prozess strategisch in das Unternehmen eingeführt wird und welche strategischen Innovationsziele verfolgt werden sollen, wird im Feld „Zukunftssicherung“ festgelegt.

Im Feld „der Mensch“ werden Zielgruppen für das Ideen- und Innovationsmanagement festgelegt. Wie bereits erwähnt umfasst dieses die Beteiligung eigener Mitarbeiter, Mitarbeiter von Geschäftspartnern und von Kunden.

Im Feld „Information“ wird beschrieben, wie Ideen gesammelt und verarbeitet werden und wie der Kommunikationsfluss innerhalb der Organisation und mit Personen außerhalb der Organisation funktioniert.

Der Prozess, wie Ideen gesammelt, strukturiert und bewertet sowie in Innovationsprojekte überführt werden, wird im Feld „die optimale Funktionsfähigkeit“ beschrieben. Insbesondere ist festzulegen, welche Methoden und Softwaretools die Ideengenerierung unterstützen und wie unterschiedliche Ideen und Innovationen transparent abgebildet werden können.

Wie bereits ausgeführt entstehen Ideen oft zufällig und Ideen sind mit unterschiedlichen Innovationsarten und Innovationsgraden verknüpft. Diese Potenziale gilt es, zu erkennen und schnell in Produkte und Dienstleistungen zu überführen. Diese Fähigkeit spiegelt sich im Feld „Flexibilität“ wider.

Die finanziellen Faktoren, wie Investitionen, Betrieb einer Software sowie Einsparungspotenziale und mögliche Umsatzpotenziale mit neuen Produkten und Dienstleistungen erzielt werden können, und wie die unterschiedlichen Felder optimal miteinander verknüpft werden können, wird im Feld „Finanzen & Gesamtheitsbetrachtung“ abgebildet.

In den Interviews hat sich gezeigt, dass Ideen- und Innovationsmanagement nur dann erfolgreich ist, wenn bestimmte Rahmenbedingungen vorgegeben sind, insbesondere wenn Open Innovation innerhalb einer Organisation implementiert werden soll. Überraschenderweise wurde von den befragten Personen die Zusammenarbeit in einem sozialen Netzwerk außerhalb einer Organisation als einfacher bewertet als die Zusammenarbeit innerhalb eines Unternehmens. Begründet wird das damit, dass in einem privaten Netzwerk eine Beteiligung auf Basis einer freien Entscheidung (ohne Zwang) erfolgt und damit auch die Kommunikation ungezwungener ist. In einem solchen Open-Innovation-Netzwerk werden in der Regel alle Ideen offen und neutral diskutiert. Zudem ist der Austausch auch einfacher, da der Grad der Informationen oft genereller Natur ist. Im Gegensatz dazu ist die Hemmschwelle für einen offenen Austausch von Ideen innerhalb einer Organisation oft höher. Hintergrund ist, dass arbeitsrelevante Informationen und Ideen direkt mit dem Arbeitsplatz verknüpft sind und es in vielen Fällen ein Konkurrenzdenken zwischen Abteilungen und Mitarbeitern gibt. Diese

Barrieren gilt es, durch eine geeignete Unternehmenskultur für Innovation aufzubrechen, was eine zentrale Aufgabe des Managements ist.

Hier ist anzumerken, dass bereits die Einführung und Bereitstellung einer sozialen Innovationsmanagementsoftware die bestehende Unternehmenskultur hin zu einer Innovationskultur unterstützt.

Die Ergebnisse aus den Interviews sind in Tab. 14.1 in Aussagen zusammengefasst, die auch als Selbstcheck verwendet werden können. Darin spiegeln sich wichtige Aussagen und Kriterien für die erfolgreiche Einführung und Umsetzung von Open Innovation wider.

14.3.4 Empfehlungen und weitere Forschung

Wer Neues schaffen und seine Kunden überraschen und begeistern will, braucht Neugier und Erfahrung, Instinkt, Expertise und einen wachen Blick nach innen und außen. Und er braucht auch die permanente Bereitschaft, sich selbst und seine Erfolge infrage zu stellen. Für die Schaffung von Kreativität ist das Management von Unternehmen daher gefordert, für sich die „richtige" Vorgehensweise und Unternehmenskultur und Strukturen zu finden, die langfristig verankert und gelebt werden. Denn Innovation ist die Multiplikation von Wissen, Kreativität und Ausdauer (Innovation = Wissen × Kreativität × Ausdauer). Oder in anderen Worten: Innovation ist viel Arbeit und ein begrenzt planbarer Prozess, in dem viele Rahmenbedingungen zu berücksichtigen sind. Das IMLead®-Konzept gibt dazu einen Rahmen.

Für die Praxis wird folgendes Vorgehen vorgeschlagen:

Schritt 1: Die Rolle von Führungskräften im Ideen- und Innovationsmanagement festlegen. Als Leitfaden können die in der Tabelle vorgeschlagenen Kriterien bewertet werden.

Schritt 2: Gemeinsam mit den Mitarbeitern die Zielsetzung für ein integriertes Innovationsmanagement entwickeln und von Anfang an für Transparenz sorgen. Damit wird die Basis für eine Unternehmenskultur gelegt, mit der Kreativität gefördert wird und Ideen gegenseitig ausgetauscht und weiterentwickelt werden.

Schritt 3: Auswahl und Ausbildung von Multiplikatoren und deren Akzeptanz innerhalb der Organisation (bei Mitarbeitern) und außerhalb der Organisation (bei Kunden und Partnern) sicherstellen.

Schritt 4: Schaffung der Voraussetzungen für disruptive Innovationen mittels Einführung einer sozialen Plattform für Ideen- und Innovationsmanagement. Festlegung von Open-Innovation-Initiativen.

Schritt 5: Prozesse und Strukturen für die Ideenbewertung, die Ideenauswahl und das Innovationsmanagement bottom-up definieren.

In Rahmen der weiteren Forschung werden vertiefende Fallstudien mit Unternehmen durchführt mit dem Ziel, an konkreten Praxisbeispielen herauszufinden, welche Faktoren die Schaffung von disruptiven Innovationen unterstützen und welche diese behindern.

Tab. 14.1 Bewertungskatalog: Fit für integrierte Innovation

Manager	1. Innovation ist als fundamentaler Teil der Philosophie und Werte Ihres Unternehmens eingeführt 2. Es gibt eine Unternehmenskultur die einen offenen und zielgerichteten Austausch von Ideen (intern und extern) fördert 3. Es ist ein ausgewogenes Gleichgewicht von wirklich innovativen Projekten sowie Produktverbesserungen vorhanden 4. Wird eine gelebte Verbesserungskultur zur Stärkung der Innovationskraft durch das Topmanagement gefördert? 5. Innovationsziele sind festgelegt bzw. schriftlich in einem Strategiepapier dokumentiert
Mensch	1. Ideen haben ihren Ursprung in allen Abteilungen und stammen oft von Kontakten mit Kunden 2. Es wird gewährleistet, dass eine Idee dem Ideengeber zugeordnet bleibt 3. Mitarbeitern, Partnern und Kunden wird es ermöglicht, Ideen zu allen Innovationsarten und mit allen Innovationsgraden einzubringen 4. Es gibt offene und geschützte Räume, die von den Nutzern für den Ideenaustausch gewählt werden können 5. Es gibt Multiplikatoren im Unternehmen, die Open Innovation und die Nutzung einer Social Innovation Management Software fördern
Information	1. Know-how im Unternehmen wird systematisch aufgearbeitet und für alle Mitarbeiter nutzbar gemacht 2. Es erfolgt eine Einbindung der Social-Innovation-Managementsoftware in das entstehende Social-Intranet ohne Bruch der Nutzung 3. Ein Zugriff auf die Social-Innovation-Managementplattform ist innerhalb und außerhalb des Unternehmens möglich 4. Es werden regelmäßig Informationen über die Anzahl der Ideen und umgesetzten Ideen an die Mitarbeiter gegeben 5. Es ist transparent, wie der Informationsaustausch in Gruppen oder auf der gesamten Open-Innovation-Plattform erfolgt
Zukunftssicherung	1. Innovation ist ein fundamentaler Bestandteil der Werte und Philosophie der Organisation 2. Gibt es eine (digitale) Innovationsstrategie im Unternehmen? 3. Trends werden erfasst und es gibt einen Corporate-Foresight-Prozess, in dem Zukunftsszenarien über mögliche Geschäftsfelder abgebildet werden 4. Alle Abteilungen, Kunden und Zulieferer sind aktiv in den Innovationsprozess eingebunden (von der Idee bis zum Prototyp) 5. Es gibt einen internen Feedbackmechanismus, um Innovationsprojekte während der Entwicklung zu überprüfen. Korrekturen und Verbesserungen können so schnell umgesetzt werden

(Fortsetzung)

Tab. 14.1 (Fortsetzung)

Optimale Funktionsfähigkeit	1. Die Kooperationskompetenzen der Organisation sowie deren Erscheinungsbild nach außen werden regelmäßig und systematisch überprüft 2. Es gibt eine klar definierte Vorgehensweise, wie Ideen in einen Open-Innovation-Prozess eingebracht werden 3. Alle Ergebnisse von Open-Innovation-Initiativen (z. B. Kundenbefragungen) werden systematisch ausgewertet und stehen allen in der Organisation für Lernprozesse zur Verfügung 4. Es gibt ein Bewertungskonzept für die Ideenbewertung und -auswahl 5. Es gibt einen institutionalisierten Feedbackmechanismus zur Sicherung der Kooperationskompetenzen
Flexibilität	1. Die organisatorischen Unternehmensstrukturen sind flexibel und effizient 2. Es ist möglich, Ideen mit unterschiedlichem Innovationsgrad einzubringen 3. Es werden unterschiedliche Wege der Ideengenerierung, wie zum Beispiel Ideen von Einzelpersonen, Gruppen oder Initiativen, unterstützt 4. Es gibt Möglichkeiten, das Ideenmanagement in das globale Unternehmensnetzwerk einzubinden 5. Es gibt Mechanismen, um Anpassungen auf sich verändernde Märkte vorzunehmen und auf Kundenanforderungen zu reagieren
Ganzheitsbetrachtung & Finanzen	1. Das Potenzial von Ideen zur Aktivierung in unterschiedlichen Geschäftsbereichen wird regelmäßig geprüft. (Damit ist eine Grundlage zur Schaffung disruptiver Innovationen gelegt.) 2. Regelmäßige interdisziplinäre Treffen sorgen für Informationsaustausch zwischen den Abteilungen und mit Partnern und verbessern die Prozesse entlang der Wertschöpfungskette 3. Alle Innovationsprojekte sind in einem Kennzahlensystem abgebildet, das zur Steuerung eingesetzt wird 4. Auswirkungen von Ideen und Innovationen auf das Unternehmen und die Innovationsstrategie werden erkannt bzw. berücksichtigt 5. Innovationen werden bezogen auf Wirtschaftlichkeit und Nachhaltigkeit gesamtheitlich bewertet

Die Aussagen können anhand einer Skala von 1 (schlecht) bis 5 (hervorragend) selbst bewertet werden. Der Reifegrad der Organisation für die Umsetzung von Open Innovation und den Einsatz einer Social Innovation Mangement Software ist hervorragend, wenn die Punktzahl in jedem Feld größer 20 Punkte und das Gesamtergebnis größer 140 Punkte ist.

14.4 IT-Unterstützung einer nachhaltigen Verbesserungskultur

Um festzulegen, welche Anforderungen von einer IT-Plattform erfüllt werden müssen, sind zunächst nochmals einige Grundlagen im Themenbereich zu betrachten. Dies sind im Wesentlichen:

- der Charakter von Ideen/Verbesserungsvorschlägen,
- Prozess- vs. Projektartigkeit bei der Umsetzung von Ideen/Verbesserungen,

- die Rolle von Transparenz im Ideenmanagement,
- Anforderungen des Ideenmanagementprozesses als solcher,
- Nudging und Wertschätzung.

14.4.1 Charakterisierung von Ideen/Verbesserungsvorschlägen

Zunächst betrachten wir näher, welchen Charakter eine Idee bzw. ein Verbesserungsvorschlag überhaupt im Rahmen einer Organisation hat. Unstrittig ist, dass ein Vorschlag für Veränderung steht: Entweder soll eine gänzlich neue Sache eingeführt oder eine bestehende Lösung soll verändert oder gar durch etwas Neues ersetzt werden.

Eine neue Lösung oder die Verbesserung einer bestehenden Lösung ist daher immer mit Widerständen, Annahmen und Rahmenbedingungen verbunden. Oft ändern sich die Rahmenbedingungen während der Umsetzungsphase der Idee/Lösung. Möglich ist auch, dass wichtige Kleinigkeiten in der Konzeptionsphase nicht berücksichtigt wurden und nachträglich im Rahmen der Umsetzung sichtbar werden. Wird nun versucht, eine Idee exakt so, wie sie initial konzipiert, budgetiert und freigegeben wurde, umzusetzen, entsteht mit hoher Wahrscheinlichkeit eine suboptimale Lösung. Ideen/Verbesserungen unterliegen selbst ständigen Veränderungen, was eine stringente Umsetzung gemäß dem ursprünglichen Plan nahezu unmöglich macht, wenn ein optimales Ergebnis erzielt werden soll.

Ideen/Verbesserungsvorschläge gleichen somit eher einer Figur aus Knetmasse, welche über die Projektlaufzeit und darüber hinaus kontinuierlich an die sich ändernden Rahmenbedingungen angepasst werden muss.

Diese kontinuierliche Veränderung der Ideen/Verbesserungsvorschläge selbst hat natürlich Auswirkungen auf die Art, wie eine unterliegende IT-Plattform zum Umgang mit Ideen/Verbesserungsvorschlägen gestaltet sein muss.

14.4.1.1 Prozess- vs. Projektartigkeit im Ideenmanagement

Eine IT-Plattform im Ideenmanagement muss wesentlich stärker einen projektartigen Umgang mit Ideen/Vorschlägen ermöglichen als einen prozessartigen. Daraus abgeleitet ist eine solche Plattform mehr als Informationsmanagementsystem statt als Prozessmanagementsystem zu gestalten.

Hierbei gilt es aber zu berücksichtigen: Im Rahmen der Sammlung/Erhebung von Vorschlägen/Ideen kann durchaus zunächst erfolgreich prozessual vorgegangen werden. Aber bereits ab dem Zeitpunkt der Entscheidung, eine Idee weiter auszuarbeiten (also dem Beginn der Konzeptionsphase), sollte die Idee bzw. der Verbesserungsvorschlag wie ein Projekt betrachtet und gesteuert werden, um flexibel auf nichtplanbare Widerstände, neue Lösungsaspekte und sich ändernde Rahmenbedingungen reagieren zu können.

Ideen- und Innovationsmanagement ist also eine Kombination aus Prozess und Projekt. Im Idealfall wird der Prozessteil im Umgang mit Ideen/Verbesserungen auch „nur“ als Service gestaltet. Das heißt, es werden Standards entwickelt, die bei der Erhebung und Qualifikation/Priorisierung von Ideen helfen und gleichzeitig die Qualität der ausgearbeiteten Ideen erhöhen. Dies können zum Beispiel Muster für Kosten-Nutzen-Betrachtungen, Entscheidungsvorlagen, Hilfsmittel zur Ausarbeitung von Geschäftsmodellen sein.

Durch die stärkere Projektartigkeit von Ideen/Verbesserungen sollten sich die Automatisierungsmechanismen einer IT-Plattform in diesem Bereich auch eher auf Benachrichtigungs-, Erinnerungs- und Wiedervorlagefunktionen beschränken und nicht so sehr auf den Ablauf bzw. die Abbildung des „Prozesses", den Ideen durchlaufen. Die Fokussierung auf die Prozessunterstützung durch solche Plattformen würde der Projektartigkeit von Ideen nicht gerecht werden und birgt die Gefahr, dass durch mangelnde Flexibilität während der Konzeptions-, Umsetzungs- und Weiterentwicklungsphase nur suboptimale Lösungen entstehen.

14.4.2 Transparenz als kritischer Erfolgsfaktor

Kreativität, aktive freiwillige Mitwirkung und Eigenantrieb benötigen Transparenz zu den aktuellen Themen, die die Organisation bewegen, um sich frei entfalten zu können. Intransparenz, egal in welchem Bereich (z. B.: Welche Themen wurden warum abgelehnt oder zurückgestellt? Wie wurde wer aus welchem Grund am Erfolg einer umgesetzten Idee beteiligt?), führt zwangsläufig zu Reibungsverlusten und das Ideen-/Innovationsmanagement droht einzuschlafen. Mindestens jedoch sind die Anstrengungen, eine Verbesserungskultur lebendig zu halten, weit größer als bei durchgängiger Transparenz. Eine IT-Plattform im Ideen- und Innovationsmanagement hat somit zur zentralen Aufgabe, eine durchgängige Transparenz im Umgang mit Ideen herzustellen. Sie kann somit auch als Transparenzplattform bezeichnet werden.

Durch diese Fokussierung ergeben sich einige Widersprüche, welche es gilt aufzulösen:

- geschützte Räume vs. volle Transparenz,
- Moderation vs. Eigendynamik,
- Tagging vs. festgelegte Kategorisierung/Zuordnung,
- Zwang vs. Freiwilligkeit,
- dezentral gestalteter, aber gleichzeitig zentral gesteuerter Prozess,
- …

Eine gute Ideen-/Innovationsmanagementplattform integriert die oben exemplarisch aufgeführten Widersprüche derart, dass jeweils beide sich vermeintlich widersprechenden Aspekte gleichzeitig abgebildet werden können.

14.4.3 Die vier Phasen im Ideenmanagementprozess

Betrachtet man den Ideenmanagementprozess, lässt sich der Umgang mit Verbesserungsvorschlägen bzw. Ideen in vier Phasen unterteilen, welche jeweils weitere Anforderungen an eine IT-Plattform richten:

1. Identifikation,
2. Qualifikation,
3. Umsetzung,
4. Nachbereitung.

14.4.3.1 Identifikation von Verbesserungsvorschlägen

Als Synonym für diese Phase kann auch der Begriff „Ideenerhebung" verwendet werden. Ziel ist in dieser Phase, möglichst das gesamte Potenzial an Verbesserungsvorschlägen, seien es Prozessverbesserungen, Produktverbesserungen oder gar neue Geschäftsideen, zu heben. Die Herausforderung dieser Phase ist, möglichst alle Ideengeber einzubinden sowie deren Kreativpotenzial parallel zum operativen Geschäft, welches nach wie vor oberste Priorität hat, zu nutzen.

14.4.3.2 Qualifikation von Verbesserungsvorschlägen/Impulsen

Ist die erste Hürde, nämlich die Erhebung von Ideen, genommen, stehen wir im Rahmen des Ideenmanagements vor der Herausforderung, aus der Masse der vorliegenden Themen die „richtigen" Themen herauszufiltern und zu fokussieren und die anderen Themen gleichzeitig nicht zu lange zurückzustellen. Diese wichtige Priorisierung der eingebrachten Vorschläge bzw. Impulse stellt ein wie auch immer geartetes Entscheidungsgremium vor eine nahezu unlösbare Aufgabe, weil hierfür ein Überblick über sämtliche Vorschläge, Potenziale und externe Rahmenbedingungen in Relation zueinander benötigt wird. Deshalb sind hier andere Lösungsansätze für die Qualifikation der eingebrachten Vorschläge zu finden.

14.4.3.3 Umsetzung von Ideen

Sobald die Umsetzungsentscheidung getroffen wurde, wird die Idee in der Regel als Projekt umgesetzt. Die eigentliche Herausforderung in dieser Phase ist, „Querschläger", das heißt Impulse, welche eigentlich „zu spät" während der Umsetzung von Projektbeteiligten, aber auch Unbeteiligten eingebracht werden, erstens wahrnehmen und zweitens integrieren zu können.

14.4.3.4 Nachbereitung

In der Nachbereitung umgesetzter, aber auch abgelehnter oder vorerst zurückgestellter Themen sind gleich mehrere Herausforderungen zu adressieren:

1. faire Beteiligung von Ideengeber und Umsetzungsteam am Erfolg,
2. klare unmissverständliche Kommunikation bei Ablehnung oder Zurückstellung von Themen,
3. Sicherstellung, dass zurückgestellte oder abgelehnte Themen nicht in Vergessenheit geraten.

Insbesondere die Sicherstellung, dass Themen nicht in Vergessenheit geraten, ist vor dem Hintergrund des drängenden operativen Geschäfts und der Anzahl an Themen, denen sich tagtäglich gestellt werden muss, eine schier unlösbare Herausforderung ohne Informationssysteme und Automatismen im Bereich Ideen- und Innovationsmanagement.

14.4.3.5 Ableitung der Anforderungen aus dem Prozess

14.4.3.5.1 Crowd Sourcing und dezentrale Organisation

Im Rahmen der Identifikation und Qualifikation von Ideen bzw. Beiträgen sind Ansätze wie Crowd Sourcing (Einbindung der gesamten Belegschaft zur Sammlung/Generierung von Ideen) sinnvoll. Gleichzeitig kann nicht erwartet werden, dass bei einer entsprechenden Masse von Ideen ein wie auch immer geartetes Gremium den Überblick behalten kann. Dementsprechend ist hierbei die Unterstützung bei einer dezentralen Erhebung, Bewertung und Umsetzung von Ideen eine der weiteren Anforderungen an ein geeignetes Ideenmanagementsystem. Social-Software/Media-Aspekte sind durch die Ideen-/Innovationsmanagementsoftware also ebenfalls abzubilden. Ebenso sind dezentral erhobene und qualifizierte Themen mit strategischem Charakter zentral zu entscheiden und zu steuern. Es ist also durch die Plattform selbst sicherzustellen, dass Ideen automatisch bei strategischer Relevanz ihren Weg zum passenden zentralen Entscheidungsgremium finden.

14.4.3.6 Sonstige Anforderungen

Weitere Anforderungen aus den Erkenntnissen im Umgang mit Kreativprozessen und Eigendynamiken, wie sie uns aus dem Web-2.0-Umfeld (z. B. Youtube) bekannt sind, lassen sich wie folgt zusammenfassen:

14.4.3.6.1 Erreichbarkeit jederzeit von überall

Nachdem wir wissen, dass über Dreiviertel aller Ideen außerhalb (zeitlich und räumlich) der Organisation entstehen, ist eine IT-Unterstützung derart zu gestalten, dass die Ideenmanagementplattform jederzeit von überall (insbesondere aus Fremdnetzen) erreicht werden kann.

14.4.3.6.2 Themenzentrik

Reine Social-Softwareansätze versagen im Themenbereich Ideen- und Innovationsmanagement dann, wenn die Akteure mehr im Zentrum der Wahrnehmung und Interaktion stehen als die Themen, die vorangetrieben werden sollen. Egozentrik (sei es die der Erfinder oder die der Kritiker) ist kontraproduktiv bei der Weiterentwicklung von Ideen. Eine Ideen-/Innovationsmanagementplattform mit Social-Softwareaspekten ist vor diesem Hintergrund themenzentrisch zu gestalten, das heißt, Menschen müssen über Themen zusammenfinden und diese gemeinsam vorantreiben. Die Teams bilden sich hierbei dynamisch um die jeweiligen Themen. Nur in Ausnahmefällen erarbeiten vorab definierte Teams gezielt einzelne Themen.

14.4.3.6.3 Nudging und sichtbare gegenseitige Wertschätzung

Spaß im Umgang mit Verbesserungen bzw. Veränderungen macht oft den Unterschied zwischen Widerstand und aktiver Mitwirkung aus. Eine IT-Plattform kann durch Integration geeigneter Nuding-Mechanismen zur sichtbaren gegenseitigen Wertschätzung der Akteure untereinander für diesen nötigen Spaßfaktor sorgen.

14.5 Der Weg zur nachhaltigen Verbesserungskultur

Organisationen, die sich mit Ideenmanagement, KVP, Open Innovation, Complete Improvement© oder der Nutzung einer Social Innovation Management Plattform befassen, müssen sich bei der Einführung dieser Methoden, Prozesse oder Systeme auch mit Ihrer Unternehmenskultur auseinandersetzen. Auf dem Weg von der Theorie zur Praxis sind einige Hürden zu überwinden und Widerstände zu beseitigen. Die Gruppenintelligenz der Organisation für Innovationen zu nutzen heißt, sich offen und transparent mit Ideen der Mitarbeiter oder den Problemen und Fehlern der Unternehmensprozesse zu beschäftigen. Genau hier sind oft Widerstände in der Führungsebene zu erwarten. Der das Kapitel befasst sich mit diesen Widerständen auf dem Weg zu einer nachhaltigen, Bottom Up basierten Verbesserungskultur und zeigt die Schlüsselthemen und konkrete Handlungsalternativen auf.

14.5.1 Von der Theorie zur Praxis

14.5.1.1 Einleitung

Ob Ideenmanagement, KVP, Open Innovation, Complete Improvement©, integriertes Ideen- und Innovationsmanagement oder die Nutzung einer Social-Innovation-Managementplattform, diese Methoden sind aus der heutigen, agilen Geschäftswelt kaum wegzudenken, um bei wachsenden Organisationsstrukturen, Internationalisierung und Globalisierung weiterhin erfolgreich zu bleiben. In den meisten Organisationen existiert ein Bewusstsein dafür, dass moderne Innovationsmethoden und -instrumente notwendig sind, jedoch scheint die Einführung trotz aller offensichtlichen Vorteile Probleme zu bereiten. Alle genannten Methoden haben die Eigenschaft gemeinsam, dass die Innovation bottom-up startet, reift und im Management zur Entscheidung gebracht wird. Diesen Bottom-up-Prozess zu installieren und die Innovationskraft der Mitarbeiter verlustfrei über die Managementebene zu transferieren, ist dabei die größte Herausforderung.

Start-up-Unternehmen haben zu Beginn meist eine hohe Innovationskraft, die dadurch entsteht, dass sich die richtigen Menschen im richtigen Moment zum passenden Thema austauschen. „Gleiches gesellt sich zu Gleichem"; und die Zeit ist einfach reif, um

Themen anzupacken. Jedoch schaffen es nur wenige Unternehmen, sich diese unbeschwerte Innovationskraft zu bewahren. Beim Übergang in die nächsten Entwicklungsphasen der Organisation sind Strukturaufbau, Prozessentwicklung und Effizienz meist wichtiger geworden, als die Freiräume zu bewahren, die Mitarbeiter benötigen, um kreativ zu sein, sowie Ideen und umsetzbare Lösungen zu entwickeln. Entsprechende Führungskräfte werden eingestellt, um diesen Strukturwandel herbeizuführen. In solch gewachsenen Unternehmen entsteht über die Zeit eine Firmenkultur, in der Ideen und Innovationen nicht mehr bottom-up von Mitarbeitern entstehen, sondern top-down gesteuert werden.

Aber wann ist ein Unternehmen innovativ? Wenn Ideen *erfolgreich* umgesetzt werden! Ähnlich wie bei Innovationen bedarf es auch bei der Einführung von Innovationsmanagement- oder KVP-Systemen oder Social-Innovation-Managementplattformen erst einmal eines Ideengebers. Wie in Abschn. 14.3.3 beschrieben, ist dies ein Manager (zum Beispiel der CEO Chief Executive Manager oder CTO Chief Technology Manager, Bereichsleiter, Abteilungsleiter, Projektleiter), der Open-Innovation-Aktivitäten initiiert (Lohmüller und Petrikhin 2016). In der Regel ist es eine Person, die als Ideen- und Innovationsmanager agiert und den Ideen- und Innovationsprozess initiiert, einführt und betreut/managt. Dieser muss für das Thema hinreichend qualifiziert sein, bestehende Widerstände erkennen, diese beseitigen und die Rahmenbedingungen bereitstellen und vorantreiben.

Die Einführung von Ideenmanagement, KVP, Innovationsmanagement, Complete Improvement© oder einer Social-Innovation-Managementplattform ist an sich ein überschaubares Projekt, wenn im Vorfeld der Weg in der Organisation hinreichend geebnet wurde.

14.5.2 I = M × T × Z – Die Erfolgsformel für Innovation gilt auch für Veränderungen

Ob Innovations-, Ideenmanagement- oder KVP-Systeme oder eine unterstützende Social-Innovation-Managementplattform erfolgreich eingeführt werden können, hängt im Wesentlichen von dem Reifegrad der Organisation und den folgenden Faktoren ab:

- den Menschen,
- dem Thema,
- dem Zeitpunkt.

Oder in anderen Worten: Es müssen die richtigen ***M***enschen das ***T***hema Innovation zur richtigen **Z**eit (Innovation = Menschen × Thema × Zeit) diskutieren. Das bedeutet, erfolgreiche Innovationen oder Veränderungen entstehen besonders dann, wenn es gelingt, diese Faktoren zusammenzuführen. In der Regel ist es jedoch so, dass KVP- oder Innovationsmanager, die die Aufgabe haben, solche Systeme, Prozesse oder Methoden in einer Organisation einzuführen, diese günstige Konstellation nicht direkt vorfinden, sondern sie erst gezielt herbeiführen müssen. Dann ist professionelles Changemanagement

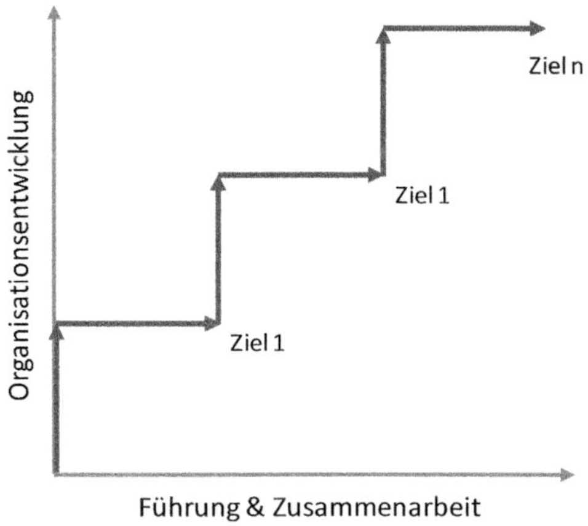

Abb. 14.9 Wechselwirkung von organisatorischen Maßnahmen und Führung und Zusammenarbeit

gefragt, denn die Einführung solcher Prozesse, Methoden oder Systeme erfordert nicht nur eine Anpassung der Struktur, sondern wie bei jeder Organisationsentwicklung in einem zweiten Schritt auch einen Wandel der Kultur, Kommunikation, Führung und Zusammenarbeit.

Wichtig dabei ist der Start, es muss aber auch festgelegt werden, wann eine Veränderung implementiert bzw. abgeschlossen ist. Dieses wird in der Abb. 14.9 verdeutlicht. Jeder Entwicklungssprung hat einen Start- und einen Endpunkt.

> **Wichtig** Unterlässt man den zweiten Schritt, wird in der Regel die Veränderung scheitern.

Die Abb. 14.9 veranschaulicht die Wechselwirkung von organisatorischen Maßnahmen und Anpassungen in der Führung und Zusammenarbeit auf dem Weg zum Optimum.

14.5.2.1 Bottom-up-Innovation vs. Top-down-Entscheidung

Wie in den vorherigen Abschnitten aufgezeigt wurde, ist das Einbeziehen der Ideen von Mitarbeitern essenziell für Innovationen. Dieser Bottom-up-Prozess benötigt ein sehr gutes Zusammenspiel zwischen den Ideengebern und der Entscheidungsebene. Hier ist Vertrauensarbeit auf beiden Seiten zu entwickeln und zu leisten. Der Ideengeber erwartet, dass wertschätzend mit ihm und seiner Idee umgegangen wird, die Führungskraft hingegen muss das Vertrauen aufbringen, dass nicht nur sie den Weitblick besitzt, realisierbare Ideen und Lösungen zu erarbeiten. Abb. 14.10 veranschaulicht, wie die Ideen und Innovationen aus dem Bottom-up-Prozess auf die strategische Entscheidungsebene treffen. Unterschiedliche Entscheidungsebenen müssen eingebunden werden und der Kommunikationsfluss über die Ebenen hinweg muss gewährleistet sein.

> **Wichtig** Oftmals sind bei einer Einführung nicht die Mitarbeiter das Problem, die zu wenig Ideen liefern, sondern die Führungskräfte und Entscheidungsträger selbst, die mit den Ideen nicht adäquat umzugehen wissen.

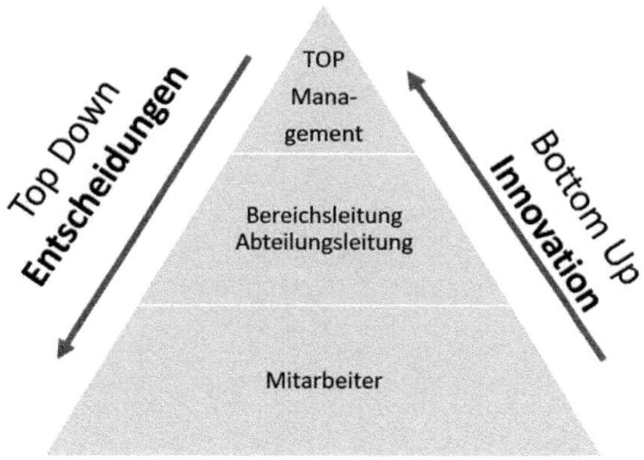

Abb. 14.10 Bottom-up-Innovation vs. Top-down-Entscheidung

Ein gelebtes Bottom-up-Innovationsmanagement bedeutet oft einen Eingriff in Führungshierarchien und eine Änderung der gewohnten Entscheidungswege. Hier sind Widerstände z. B. durch Führungskräfte aufgrund der unterschiedlichen Erwartungshaltungen zu erwarten.

▶ **Wichtig** Widerstände müssen gezielt ermittelt und bearbeitet werden.

14.5.3 Widerständen begegnen auf dem Weg zur Verbesserungskultur

14.5.3.1 Warum organisatorische Veränderungen oft so schwerfallen

Nach Schätzungen erreichen circa 2/3 der geplanten Veränderungsprozesse in Unternehmen ihre Ziele nicht oder scheitern gänzlich (von Rosenstiel, L. und Comelli, G. 2004. Führung im Prozess des Wandels.).

Das Scheitern ist jedoch nicht in schlechten Konzepten begründet, sondern durch Probleme während der Implementierung, wobei der Widerstand durch Mitarbeiter und Führungskräfte eine nicht unerhebliche Rolle spielt (Siegfried Greif, Erfolge und Misserfolge beim Change Management (2004).

Die Einführung von integriertem Ideen- und Innovationsmanagement, KVP, Open Innovation, Complete Improvement© oder einer Social-Innovation-Managementplattform verändert die Abläufe und die Kultur eines Unternehmens nachhaltig. Dies sind nicht nur inhaltlich anspruchsvolle Themen, sondern es bedeutet oft für Führungskräfte und Mitarbeiter einen Bruch mit alten Gewohnheiten. Es ist davon auszugehen, dass nicht jeder diese Veränderung mitträgt. Die Macht der Gewohnheit ist sehr stark und nicht zu unterschätzen. Das Ziel der Gewohnheit ist es, den Status quo aufrechtzuerhalten, denn dieses erfordert in der Regel weniger Anstrengung, Aufwand oder Kraft als die Veränderung. Und so bleibt alles, wie es ist.

> Wichtigste Voraussetzung für die Veränderung zu einer nachhaltigen Verbesserungskultur ist in jedem Fall die Bereitschaft der Betroffenen, erprobtes Wissen über bekannte Abläufe, Beziehungen, Methoden etc. infrage zu stellen.[3]

Die Führungskräfte und Mitarbeiter benötigen den Mut und Freiraum, etwas Neues auszuprobieren, Abläufe neu zu definieren, Fehler zu begehen. Fehler zu machen, Fehler einzugestehen und diese als positive Erfahrung anzusehen und daraus zu lernen, sind hierbei wichtige Schlüsselfaktoren.

> **Wichtig** Ein sachlicher Umgang mit Fehlern ist zwingend erforderlich für das Gelingen der Veränderung. Werden die Themen ausschließlich auf der Beziehungsebene diskutiert, kommt der Prozess zum Erliegen. Ein wertschätzender Umgang miteinander ist hier unerlässlich!

Die Veränderung zu einer nachhaltigen Verbesserungskultur bedeutet aber auch Kraftaufwand. Neue Denk- oder Verhaltensmuster müssen geprüft, abgewogen und schlussendlich in bestehende Muster eingebaut werden.[4]

> **Wichtig** Unterschätzen Sie es nicht, wie schwer es einzelnen Führungskräften oder Mitarbeitern fällt, von erworbenen Abläufen, Kompetenzen oder „Besitztümern" wieder loszulassen.[5]

14.5.3.2 Woran die Veränderung zur Verbesserungskultur scheitern kann

Wie jedes Lebewesen ist auch der Mensch grundsätzlich auf sein Überleben ausgerichtet. Deshalb reagiert er auf alles Neue instinktiv mit Vorsicht, Skepsis oder gar Angst.

Veränderungen bringen stets Neuerungen mit sich. Mit Vertrautem kennt man sich aus, aber das Neue wirkt bedrohlich, weil man es noch nicht einschätzen kann.

Innovationen und Verbesserungen bedeuten somit stets Störungen des normalen Gangs der Dinge. Widerstände gegen diese Veränderungen sind deshalb eine verständliche Reaktion.

Menschen entscheiden sich aus Unsicherheit oder aus Bequemlichkeit eher für Kontinuität als für Wandel und Neuerung. Niemand will sich verändern, wenn es sich

---

[3] Veränderungen wirksam gestalten, Malik Management Zentrum St. Gallen (2008).
[4] Veränderungen wirksam gestalten, Malik Management Zentrum St. Gallen (2008).
[5] Veränderungen wirksam gestalten, Malik Management Zentrum St. Gallen (2008).

Abb. 14.11 Eisbergmodell des Widerstandes

vermeiden lässt. Das angeeignete Verhalten wird so lange beibehalten, wie es sich positiv für sie rechnet.

Die Abb. 14.11 veranschaulicht anhand eines Eisbergmodells die Zusammenhänge, aus denen Widerstände entstehen. Die Beteiligten befinden sich immer im Spannungsfeld zwischen persönlicher Veränderungsbereitschaft und Eigenverantwortung sowie der Konflikt- und Vertrauenskultur des Unternehmens. Dies gilt es, bei der Einführung von Ideenmanagement, KVP, Innovationsmanagement, Compled Improvement© oder einer Social-Innovation-Managementplattform entsprechend zu berücksichtigen.

▶ **Wichtig** Man sollte sich immer bewusst sein, dass die Ängste und eigenen Interessen von Mitarbeitern und Führungskräften stärker wirken als die sachliche Argumentation für einen sinnvollen Prozess, eine Methode oder ein Tool.

▶ **Tip** Auch wenn es schwer fällt – man sollte sich, wie im Eisbergmodell dargestellt, mit der Psychologie der Mitarbeiter und Führungskräfte intensiv auseinandersetzen. Der größte Teil des Eisbergs befindet sich unter der Wasseroberfläche. Es sollte daher nicht ausschließlich über die Vorteile einer Verbesserungskultur argumentiert werden, sondern man sollte sich auch mit den Ängsten, die diese Kultur auslösen kann, befassen.

14.5.3.3 Widerstand ist zu erwarten und natürlich

Widerstand wird definiert als „eine Kraft, die auf den Erhalt, beziehungsweise die Wiederherstellung des Status Quo gerichtet ist und versucht die geplante Veränderung zu behindern oder zu stoppen. Akzeptanz als Gegenteil von Widerstand ist erst erreicht, wenn eine positive Handlungsbereitschaft besteht." (Taut 2001).

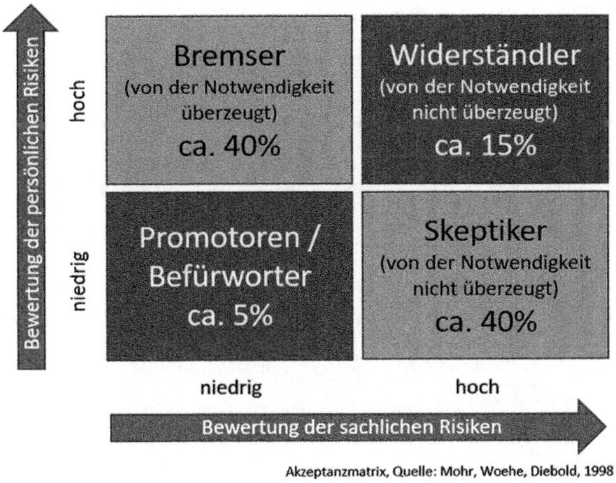

Abb. 14.12 Akzeptanzverteilung bei organisatorischen Veränderungen. (Akzeptanzmatrix, Quelle: Mohr et al. 1998)

> **Tipp** Es empfiehlt sich, den Widerstand so zu behandeln, als gehe er auf Angst zurück. Hiermit erzielen Sie eine Trefferquote von circa 90 % und wenn der Widerstand nicht auf Angst zurückzuführen ist, richten Sie mit diesem Vorgehen keinen Schaden an.[6]

Abb. 14.12 zeigt die Akzeptanzverteilung bei organisatorischen Veränderungen (Mohr et al. 1998). Demnach steht einem kleinen Teil der Befürworter ein relativ großer Anteil an Bremsern, Widerständlern und Skeptikern gegenüber. Es macht also Sinn, sich bewusst zu werden, wer in der Organisation aus welchen Gründen für oder gegen die Veränderung ist, um maßgeschneiderte Überzeugungsstrategien zu erarbeiten.

14.5.3.4 Widerstände bei der Veränderung zu einer Verbesserungskultur

Abb. 14.13 zeigt einen möglichen Ideenentstehungsprozess anhand einer Social-Innovation-Managementplattform (wie in Abschn. 14.4 beschrieben). Dieser gliedert sich in der Regel in vier Phasen auf:

1. Ideengenerierung,
2. Brainstorming,
3. Entscheidungsphase (Shark Tank),
4. Umsetzung/Projektierung.

---

[6]Veränderungen wirksam gestalten, Malik Management Zentrum St. Gallen (2008).

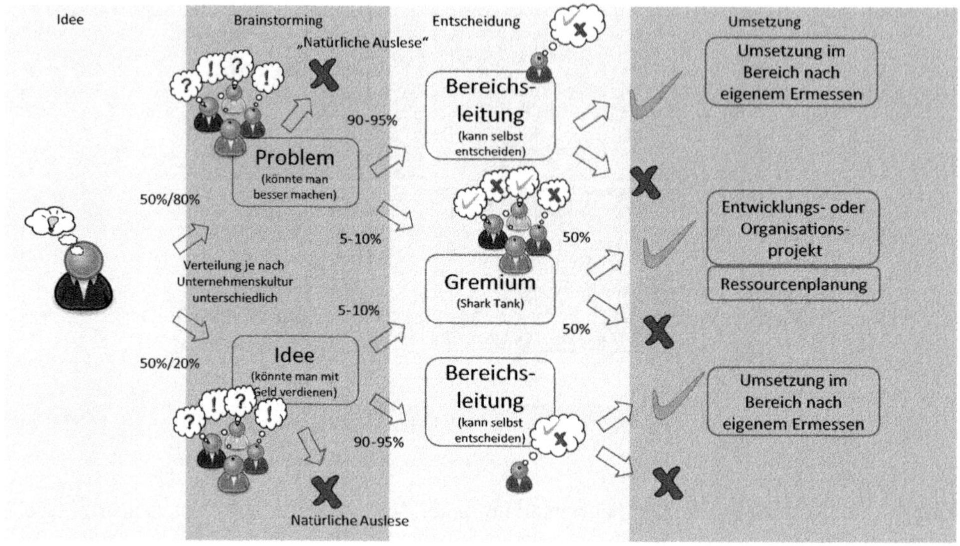

Abb. 14.13 Beispiel Ideenentstehungs- und Entscheidungsprozess

Ideen oder Probleme können hier ohne Beschränkungen in dieser Social-Innovation-Managementplattform formuliert und dann transparent und für die meisten ersichtlich mit anderen Interessenten, Experten und Unterstützern offen diskutiert und weiterentwickelt werden. Ziel von Phase 1 „Ideengenerierung" und 2 „Brainstorming" ist es, die Idee gemeinsam zu einem Reifegrad zu entwickeln, dass die Machbarkeit und der Nutzen einem Entscheider oder Entscheidungsgremium in Phase 3 „Entscheidung" aufgezeigt werden kann. Diese Diskussionen finden auf der Plattform in der Regel öffentlich statt und sind Führungskräften und Entscheidungsträgern ebenfalls ersichtlich. Die Lösungen zu Ideen oder Problemen, welche nur einen Verantwortungsbereich einer Führungskraft betreffen, können dann von dieser direkt hier begründet angenommen oder verworfen werden. Größere Innovationen oder bereichsübergreifende Problemlösungen mit großem Ressourcenaufwand müssen in der Regel vor einem Gremium (Shark Tank) oder vor dem Management zur Entscheidung gebracht werden. Hier muss von den Ideengebern das Konzept natürlich so vorbereitet werden, dass das Management bereit ist, in die Idee zu investieren.

In Phase 4 „Umsetzung" kommt in der Regel dann wieder klassisches Projektmanagement zum Tragen.

Wenn man diesen Prozessablauf noch einmal rekapituliert, dann wird man feststellen, dass er alle positiven Aspekte für einen erfolgreichen Bottom-up-Ideenentstehungsprozess enthält:

- unbeschränkte Eingabe von Ideen oder Problemen,
- Aufzeigen von Problemen oder Fehlern in Prozessen oder Abteilungen,
- Beteiligung der Führungskräfte an einem Social Network,

- Transparenz über Fehlergeschehen und getätigte Entscheidungen,
- offene, von der Führungsebene nicht steuerbare Diskussionen,
- Bereitstellen von ungeplanten Ressourcen für eine Lösung.

Leider sind es aber genau diese Aspekte, die in manchen Unternehmen oder Abteilungen gescheut werden oder Ängste schüren. Widerstand ist also vorprogrammiert. Der Manager, der sich mit der Sachlogik auseinandersetzt und von seiner Sache überzeugt ist, wird dann von den Reaktionen der Kollegen überrascht, die aus Gründen der Psychologik argumentieren.

Es macht also Sinn, sich im Rahmen der Veränderungen zu einer nachhaltigen Verbesserungskultur mit den Ängsten der Führungskräfte auseinanderzusetzen:

- Jede Führungskraft ist zunächst einmal bestrebt, ihren Bereich in den Griff zu bekommen. Hierzu kommen entsprechende Methoden zur Strategiefindung zum Einsatz. Ungeplante Änderungen dieser Strategie durch Ideen von außen werden oft als störend empfunden. Gegebenenfalls muss eine bestehende Planung überarbeitet werden.
- Die Idee passt nicht ins Budget.
- Eine eingereichte Idee kommt ungelegen und stört den Arbeitsalltag.
- Eine persönliche Zielerreichung ist in Gefahr.
- Die Führungskraft sieht einen Status quo gefährdet.
- Ideenmanagement deckt Missstände auf, kritisiert einen aktuellen Stand, Prozess, Abteilung, Bereich und wird als persönliche Kritik aufgefasst.
- Angst vor Neuem.
- Existenzangst.
- Mit jeder Umsetzung einer Lösung geht die Führungskraft Risiken ein.
- Angst vorm Scheitern; um dieses zu vermeiden, wird die Idee blockiert.
- Gut gestaltete Innovationsmanagementprozesse sorgen für Transparenz in den Entscheidungsprozessen, was nicht immer gewollt ist.
- Die Führungskräfte der Ideengeber müssen u. U. die Idee vor dem Management vertreten.
- Die Führungskraft hat Angst vor Reputationsverlust, da ja nicht mehr sie selbst der Ideengeber ist.
- Die Idee ist gut, erfordert aber Ressourceneinsatz und Arbeit.
- Angst vor zu vielen Ideen, die nicht bearbeitet werden können.
- Sorge, dass die Mitarbeiter mehr Zeit mit der Diskussion über Ideen verbringen als mit ihrer eigentlichen Arbeit.
- In Verbindung mit einem geplanten Vorschlagswesen Sorge über ausufernde Bonussysteme.

14.5.4 Strategien und Handlungsoptionen für den Umgang mit Widerständen

14.5.4.1 Stakeholder-Analyse

Es hat sich als hilfreich erwiesen, eine Stakeholder-Analyse durchzuführen, um systematisch zu ermitteln, welche Stakeholder im Unternehmen Befürworter, Bremser, Widerständler oder Skeptiker sind und welche Interessen sie vertreten. Abb. 14.14 zeigt eine Auswahl der wichtigsten Stakeholder im Innovationsmanagement.

Die Abb. 14.15 und 14.16 zeigen Beispiele zweier Stakeholder-Analysen mit unterschiedlichen Zielsetzungen. Die Analyse in Abb. 14.15 dient der Fragestellung, welche Stakeholder zu dem Thema welchen Einfluss haben und welche im Sinne der Sache gut beeinflussbar sind. Die Analyse in Abb. 14.16 dient der Fragestellung, welche Stakeholder von dem Thema betroffen sind bzw. hohes Interesse daran haben und welchen Einfluss sie ausüben können. Ergänzt ist die Analyse zusätzlich noch mit einem Beziehungsgeflecht.

Wer diese Zusammenhänge bezogen auf seine Verbesserungskultur einmal für sein Unternehmen in dieser Form erarbeitet hat, kann daraus gut Handlungsschwerpunkte und Kommunikationsstrategien in Bezug auf die Einführung von entsprechenden Methoden, Prozessen oder Systemen ableiten.

14.5.4.2 Reaktionen von Mitarbeitern und Führungskräften auf Veränderungen

Abb. 14.17 zeigt den typischen Verlauf der Motivation von Mitarbeitern, wenn sie von einer Veränderung betroffen sind.

- Nachdem sie Kenntnis von der Veränderung erhalten haben, kommt der Schock, die Stimmung sinkt – „schon wieder eine Veränderung".

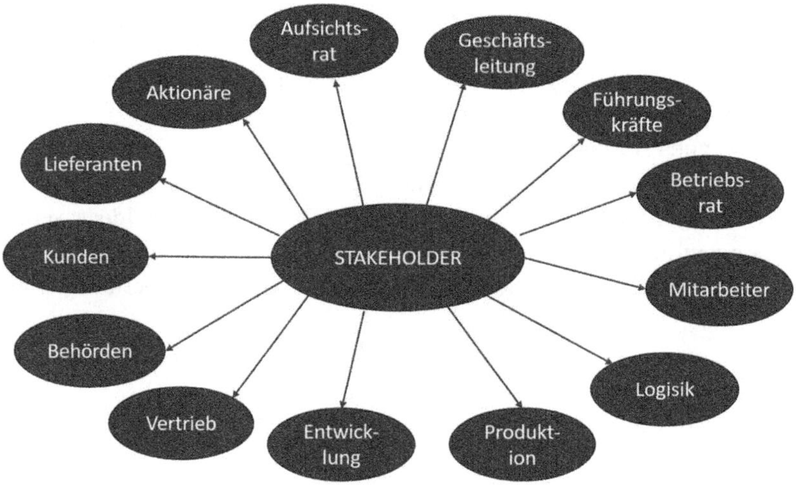

Abb. 14.14 Stakeholder der Verbesserungskultur

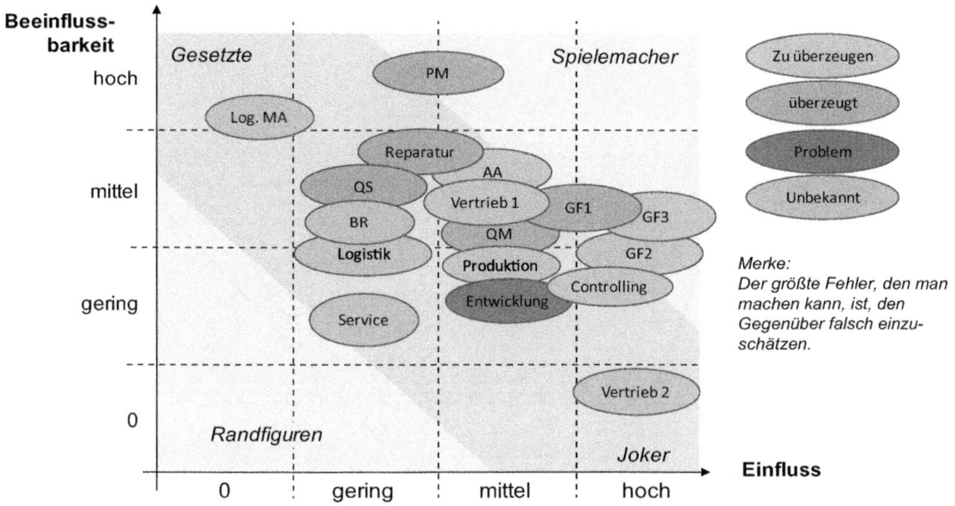

Abb. 14.15 Stakeholder-Analyse Einfluss vs. Beeinflussbarkeit

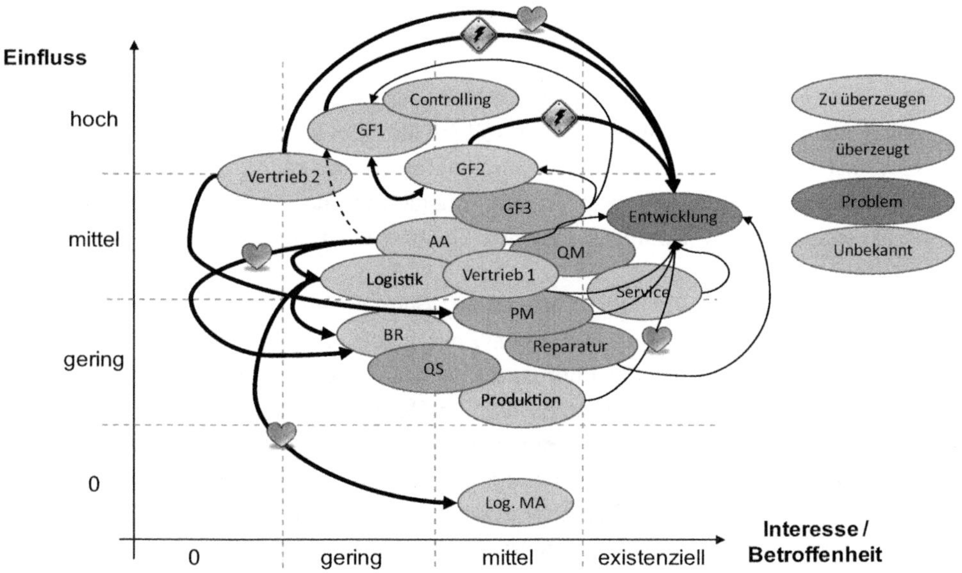

Abb. 14.16 Stakeholder-Analyse Interesse/Betroffenheit vs. Einfluss

- Es folgt die Verneinung der Situation, die Stimmung steigt – „das meinen die nicht ernst, das haben sie schon mehrfach versucht".
- Nach der Erkenntnis, dass die Veränderung tatsächlich kommt, stellt sich Verärgerung ein, die Stimmung sinkt wieder – „ich sehe nicht ein, dass ich meine gewohnten Abläufe ändern soll".

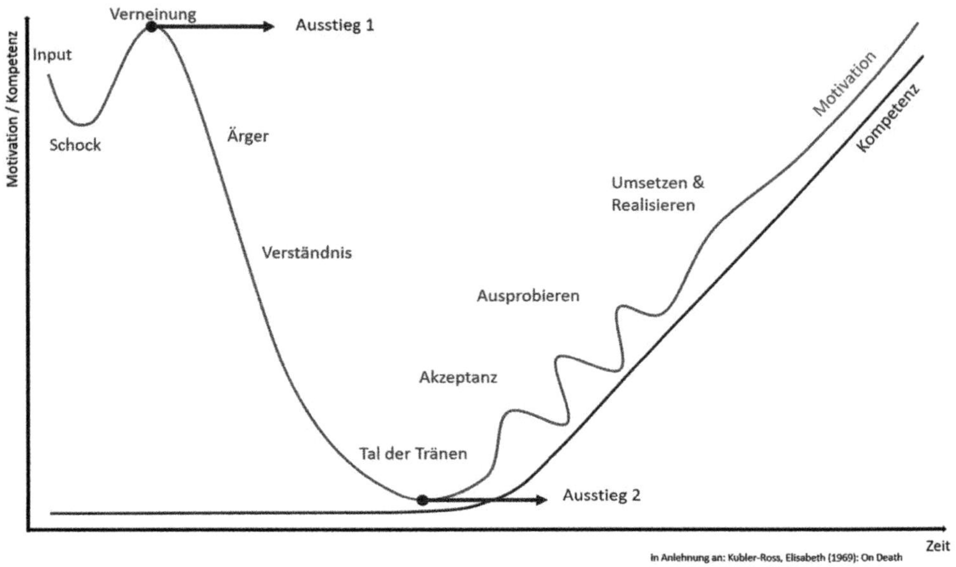

Abb. 14.17 Motivationskurve bei organisatorischen Veränderungen. (In Anlehnung an: Kübler-Ross, Elisabeth 1969: On Death and Dying, New York)

- Das Verständnis über das Ausmaß der Veränderung schürt Ängste, den neuen Aufgaben nicht gewachsen zu sein – „wie soll ich das alles schaffen?"
- Erst nachdem das „Tal der Tränen" durchlaufen wurde, kann der Mitarbeiter die Veränderung akzeptieren und sich an der Veränderung aktiv mitbeteiligen. Ab diesem Punkt steigt auch die Kompetenz zu dem Thema wieder an.

Diesen Verlauf durchlaufen alle Stakeholder, Führungskräfte und Mitarbeiter gleichermaßen, wenn auch in unterschiedlichen Zeiträumen und Ausprägungen. Auch ist zu berücksichtigen, dass nicht alle Führungskräfte zur selben Zeit diese Motivationskurve durchlaufen, sondern eher zeitversetzt. Für jeden Betroffenen sollte man sich also bewusst sein, in welcher Phase seines persönlichen Veränderungsprozesses dieser sich aktuell befindet, und die entsprechende Kommunikation daraufhin aufbauen. Auch gilt es zu berücksichtigen, dass einige Mitarbeiter in der Phase „Verneinung" oder „Akzeptanz" für sich den Ausstieg wählen und zumindest in die innere Kündigung gehen. Bezogen auf die Einführung der Methoden, Prozesse und Systeme zur Optimierung der Verbesserungskultur sollte man die in der Stakeholder-Analyse ermittelten Bedenken sehr ernst nehmen und einzelfall- und phasenbezogen entsprechend reagieren und unterstützen.

14.5.4.3 Umgang mit Widerständen

Die Ergebnisse der Stakeholder-Analyse sollten nicht nur aufzeigen, wo Widerstände zu erwarten sind, sondern auch bei genauerem Hinterfragen, worin sie begründet sind. Oftmals führen Informationsdefizite, Anpassungsprobleme, unterschiedliche Auffassungen und die vorab beschriebenen Ängste zu den Widerständen. Auf diese Ursachen kann man mit Informations- und Kommunikationsstrategien, Supportstrategien oder Partizipationsstrategien reagieren. Unter Umständen müssen als letztes Mittel auch Manipulations- und Zwangsstrategien zum Zuge kommen.

14.5.4.4 Der virale Effekt

Auch wenn es so manchem strukturierten und gewissenhaften Manager schwerfällt, manchmal ist es besser, etwas im Stillen und Kleinen einzuführen und auszuprobieren, als es über ein Riesenprojekt auf einen Schlag ganzheitlich einführen zu wollen. Hier gilt die Devise: „Tun Sie Gutes und reden Sie nicht darüber." Wenn Sie von einer Methode, einem Prozess oder einem System überzeugt sind, führen Sie es in einem kleinen erlesenen Kreis ein und geben Sie diesen Mitarbeitern die Möglichkeit, andere an dem System teilzunehmen zu lassen und so zu überzeugen. So gewinnen Sie Step by Step einen größeren Kreis von Unterstützern. Gerade bei der Einführung eines Social-Innovation-Managementsystems ist dies eine probate Methode. Man beginnt mit einem Team, einer Abteilung, einem Bereich, dann „infiziert" es andere Bereiche und verbreitet sich schnell in der Organisation. Solche Systeme können von innen heraus sehr schnell wachsen. Diese Vorgehensweise ändert nichts daran, dass man sich bei den üblichen Stellen in einem Unternehmen (IT, Betriebsrat, HR etc.) vorab über die Einführung rückversichern sollte. Nur die beabsichtigte Tragweite wird anfangs bewusst etwas zurückgenommen.

14.5.4.5 Die acht Hauptfehler im Changemanagement

Egal in welcher Phase bei der Optimierung der Verbesserungskultur sich eine Organisation befindet, man sollte sich bewusst sein, dass man sich immer in einer Veränderungsphase befindet und die Gesetzmäßigkeiten des Changemanagements gültig sind.

Abb. 14.18 zeigt, dass eine Organisation bei Einführung einer nachhaltigen Verbesserungskultur über die Zeit in verschiedenen Phasen unterschiedliche Themen verarbeiten muss. In jeder Phase treten unterschiedliche Widerstände auf und es muss Überzeugungsarbeit geleistet werden.

Die acht Hauptfehler im Changemanagement sollten in jeder dieser Phasen erkannt und vermieden werden:

1. Die Notwendigkeit der Veränderung wurde nicht oder zu wenig verdeutlicht.
2. Es wurde keine ausreichend mächtige Führungskoalition für den Wandel geschaffen.
3. Die Kraft einer sinnhaften Vision wurde unterschätzt.
4. Die Vision wurde zu wenig kommuniziert.
5. Die neue Vision blockierende Hindernisse wurden nicht beseitigt.
6. Es wurden keine kurzfristigen Erfolge erzielt.
7. Der Sieg wurde zu früh ausgerufen.
8. Die Veränderung wurde nicht stark genug in der Unternehmensstruktur verankert.

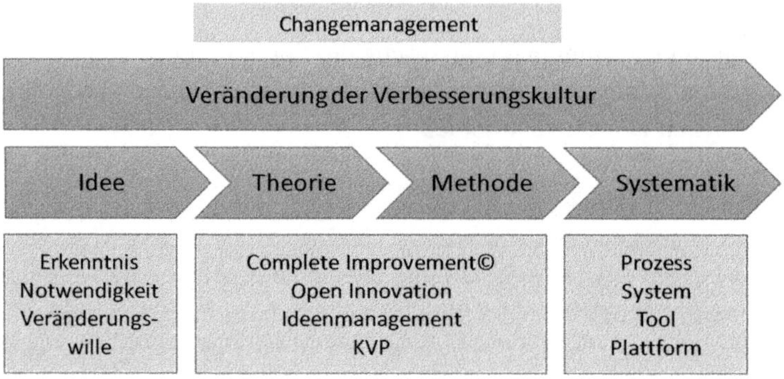

Abb. 14.18 Phasenbezogenes Changemanagement

> **Wichtig** Eine Veränderung ist erst dann nachhaltig in der Organisation verankert, wenn nicht mehr darüber gesprochen wird!

14.5.5 Zusammenfassung

Der Weg zur nachhaltigen Verbesserungskultur führt nicht nur über die Anwendung neuer Theorien, Strukturen, Prozesse und Systeme, sondern erfordert eine nachhaltige Veränderung der Kultur eines Unternehmens in Bezug auf Führung und Zusammenarbeit. Das eine bedingt hierbei das andere und umgekehrt. Ob hierzu professionelles Projektmanagement oder virale Ansätze angewendet werden, beide Vorgehensweisen setzen exzellente Kenntnisse der Organisation, der aktuellen Situation und der verschiedenen Interessenslagen voraus. Um Veränderungen hin zur Verbesserungskultur erfolgreich und nachhaltig zu bestreiten, bietet der Werkzeugkasten des Changemanagements einige Tools, deren Kenntnis und Anwendung sehr wichtig sind:

- Vermeiden Sie die acht Hauptfehler im Changemanagement.
- Nutzen Sie die Ergebnisse von Kraftfeld- und Stakeholder-Analyse.
- Erstellen Sie ein Beziehungsgeflecht.
- Ermitteln Sie Befürworter, Bremser, Widerständler und Skeptiker und welche Interessen diese vertreten.
- Trennen Sie die Sachlogik von der Psychologik.
- Berücksichtigen Sie die Psychologie von Mitarbeitern und Führungskräften bei Veränderungen
- Gehen Sie gezielt auf Ängste ein.
- Erarbeiten Sie Handlungs- und Kommunikationsstrategien für den Umgang mit Widerständen.
- Prüfen Sie, ob die Einführung über den viralen Ansatz ggf. erfolgreicher ist.

Literatur

Chesbrough, H., Vanhaverbeke, W., & West, J. (2006). *Open innovation: Researching a new paradigm*. Oxford: Oxford Press.

Kübler-Ross, E. (1969). *On death and dying*. New York: Routledge.

Lohmüller, B. (2014a). Von der Idee zur Innovation. *Fit for Partnership with Germany, Das Managerfortbildungsprogramm des Ministeriums für Wirtschaft und Energie* (5), 40–41.

Lohmüller, B. (2014b). *Open Innovation – Die Kunst, Innovationen im Netzwerk zu generieren*. Interaktives Lernvideo mit 22 Minuten Lernzeit, Export-Akademie Baden-Württemberg GmbH, Bd. 5. http://richmedia.eabw.org/OI/.

Lohmüller, B., & Petrikhin A. (2016). CTO as a manager of external and internal drivers for initiating international R&D co-operations. In Triple Helix international conference 2016, 25–27 September 2016, Heidelberg, Germany.

Lohmüller, B., Pfeiffer, R., & Goffin, K. (2008). An innovation-positioning matrix for practitioners based on case studies conducted in German manufacturing companies. In 15th International product development management conference, 29 June–1 July 2008, Hamburg.

Lohmüller, B., Pfeiffer, R., & Knack, L. (2009). Mit dem IMLead-Check die Unternehmenszukunft langfristig sichern. In K. Henning & C. Michulitz (Hrsg.), *Wirtschaftskybernetik und Systemanalyse – Unternehmenskybernetik 2020*. Berlin: Duncker & Humblot.

Mohr, N., Woehe, J. M., & Diebold. (1998). *Widerstand erfolgreich managen. Professionelle Kommunikation in Veränderungsprojekten*. Frankfurt a. M.: Campus.

Pfeiffer, R. (2010). Mehr Lebensqualität durch Informationstechnologie. *Humane Nutzung der Informationstechnologie* (S. 127–138). Heidelberg: Akademische Verlagsgesellschaft AKA.

Röstel, S. (2016). Ideenmanagement 4.0 – Neue Wege und Möglichkeiten durch Social Media. *Fachzeitschrift für Ideen und Innovationsmanagement,* (3), 117–121.

Röstel, S. (2017). Mehr als nur „Ideen" – Organisationsentwicklung und innovative Unternehmenskultur fördern. *Fachzeitschrift für Ideen und Innovationsmanagement,* (4), 136–140.

Scharmer, C. O. (2015). *Theorie U. Von der Zukunft her führen: Presencing als soziale Technik* (vierte Aufl.). Heidelberg: Carl-Auer.

Greif, S. (2004). *Erfolge und Misserfolge beim Change Management*. Göttingen: Hogrefe.

Taut, S. (2001). *Psychologische Erklärungsansätze für Widerstand gegen Programmevaluation*. Diplomarbeit, Institut für Wirtschafts- und Sozialpsychologie, Köln.

von Rosenstiel, L., & Comelli, G. (2004). *Führung zwischen Stabilität und Wandel*. München: Vahlen.

Wilms, F. E. W. (2006). Umgang mit unscharfen Informationen, Interkulturelle Kooperation. In R. B. Bouncken (Hrsg.), *Schriftenreihe Wirtschaftskybernetikund Systemanalyse: Bd. 24. Kybernetik und Wissensgesellschaft* (S. 47–57). Berlin: Duncker & Humboldt.

Sandra Röstel ist Managerin für KVP, Projekte und Prozesse, und durch Ihre langjährige Berufserfahrung, national wie international, sehr praxisorientiert. Durch Ihre Tätigkeit in mehreren Unternehmen jeder Größenordnung, in den verschiedensten Bereichen, versteht Sie es, Verbesserungspotenziale zu erkennen und diese maßgeschneidert zu implementieren. Im Projekt- und Business Prozess Management sind Ihre Fach- und Methodenkompetenzen sowie die als Trainerin und Moderatorin gefragt.

Prof. Dr. Bertram Lohmüller ist Professor für Innovationsmanagement an der Steinbeis-Hochschule Berlin. Gemeinsam mit Herrn Prof. Dr. Rolf Pfeiffer hat er das Managementkonzept IMLead® Integriertes Management & Leadership konzipiert und erforscht die Erfolgsfaktoren bei der Anbahnung und Umsetzung von internationalen Forschungs- und Entwicklungskooperationen. Mit der Export-Akademie Baden-Württemberg setzt er weltweit Leadershipprogramme um und begleitet Unternehmen bei Innovationsprojekten.

Sebastian Jenensch ist Gründer und Geschäftsführer der JPS Software GmbH. Seit über 10 Jahren beschäftigt er sich intensiv mit den Themen Prozessmanagement, Ideen- und Innovationsmanagement sowie Change Management. Mit seinem Unternehmen begleitet er Organisationen bei der Einführung und Festigung einer nachhaltig gelebten Verbesserungskultur. Herr Jenensch ist neben seiner hauptberuflichen Tätigkeit in Form von Lehraufträgen mit Themenschwerpunkt Prozess- und Innovationsmanagement in der Wirtschaftsinformatik an der Dualen Hochschule Baden-Württemberg Stuttgart aktiv.

Dipl. Ing. Christian Kröplin ist nach 20 Jahren in verschiedenen Managementstationen im In- und Ausland im Bereich Qualitätsmanagement, Entwicklung, Produktion nun als Unternehmensberater für Strategie- und Organisationsentwicklung tätig. Er begleitet und berät Unternehmen auf ihrem Weg in den Bereichen, Qualitäts- & Prozessmanagement, KVP, Innovation, Struktur und Effizienz.

People Excellence: Nachhaltige Unternehmensführung und Betriebliches Gesundheitsmanagement

15

Marco Englert

15.1 Einleitung: Der Weg zum gesunden Unternehmen

Das Betriebliche Gesundheitsmanagement (BGM) steht aktuell und in der allernächsten Zukunft vor beachtlichen Herausforderungen. Wir leben in der VUKA-Welt. Diese ist gekennzeichnet durch V wie Volatilität, U wie Unsicherheit, K wie Komplexität und A wie Ambiguität.[1] Die VUKA-Welt ist ein chaotisches System. Die Volatilität beschreibt die sich steigernde Häufigkeit, Geschwindigkeit und das wachsende Ausmaß, mit der sich ungeplante und bisher sich nicht abzeichnende Veränderungen vollziehen. Wir leben in der Unsicherheit, weil die Abläufe und Ereignisse in unserem professionellen und privaten Umfeld kaum mehr vorsehbar und noch weniger durchschaubar sind. Mit der Komplexität tritt ein Faktor hinzu, der die kaum mehr nachvollziehbaren Verknüpfungen und Abhängigkeiten von Faktoren in unserem Leben kennzeichnet. Ambiguität ist ein weiteres Element, welches unser Leben komplizierter macht. Unser Leben ist mehrdeutig geworden, die Interpretationsspielräume in Bezug auf einzelne Fakten und Ereignisse sind extrem groß, weil kaum etwas mehr eindeutig ist.[2]

Auch jedes Unternehmen muss mit seinen menschlichen und nichtmenschlichen Ressourcen in der VUKA-Welt bestehen. Es sieht sich Faktoren ausgesetzt wie etwa der Globalisierung 3.0 und dem Industriestandard 4.0. Die Entwicklung strebt dabei von regional nach global. Gleichermaßen vollzieht sich der demografische Wandel von Jung

[1] Zur VUKA-Welt und ihren Risiken Gupta (2016, S. 15 ff.).

[2] Vgl. dazu zusammenfassend Heidbrink und Debnar-Daumler (2016, S. 103).

M. Englert (✉)
Leidersbach, Deutschland

M. Englert und A. Ternès (Hrsg.), *Nachhaltiges Management*,
https://doi.org/10.1007/978-3-662-57693-9_15

zu Alt zusammen mit einer weiter fortschreitenden Digitalisierung. Während das Analoge digital wird, streben die Tendenzen außerdem unaufhaltsam von der Produktion zur Dienstleistung, von physisch fordernden Tätigkeiten zum Dauersitzen und von der nach Stechuhr begrenzten Arbeitsleistung zum Dauerarbeiten (Heidbrink und Debnar-Daumler 2016, S. 103).

Für den menschlichen Faktor und das Human-Resources-Management stehen im Zuge dieser Entwicklungen spezielle Herausforderungen an, die eine spezielle Antwort vom BGM erfordern. Zukünftig wird daher das Vermögen eines Unternehmens, mit diesen neuen Faktoren umzugehen und das Personal mitzunehmen auf die Reise durch die chaotische Unternehmensumgebung, über dessen Erfolg oder Scheitern entscheidend mitbestimmen. Es wird State of the Art sein, die Gesundheit in Bezug auf Mitarbeiter und Management dabei als einen unverzichtbaren Schlüsselfaktor zu betrachten, um das Überleben in der VUKA-Welt zu sichern und flexibel auf Veränderungen reagieren zu können. Nur gesunde und zufriedene Mitarbeiter in gesunden Unternehmen können das Mehr an Leistung und Veränderungsbereitschaft erbringen, welche eine permanent fluktuierende Unternehmensumwelt verlangt. Das Haus der Arbeitsfähigkeit, ein Modell des finnischen Wissenschaftlers Juhani Ilmarinen, veranschaulicht, wie komplex die Faktoren sind, die die Gesundheit im Sinne von Arbeitsfähigkeit des Einzelnen bestimmen. Sein Modell lässt besonders deutlich werden, dass der Begriff „Arbeitsfähigkeit" bei Weitem über das hinausgeht, was man normalerweise damit verbindet. Es geht eben nicht nur darum, dass sich der Mitarbeiter gerade einmal so und mehr recht als schlecht täglich in das Unternehmen schleppt, um seinen Job ebenfalls mehr als recht und schlecht zu machen. Vielmehr wirkt das gesamte – auch das private – Lebensumfeld auf die Arbeitsfähigkeit ein. Das alles muss ein betriebliches Gesundheitsmanagement im Rahmen seiner Erkenntnis- und Interventionsmöglichkeiten im Sinne der Excellence positiv beeinflussen, um dem Anspruch gerecht zu werden.[3] Mit Fokus auf ein gesundheitsförderndes Personalmanagement beleuchten die verschiedenen 5-Säulen-Modelle die Thematik Arbeitsfähigkeit und Gesundheit (dazu Voelpel et al. 2007, S. 96; Blume 2015, S. 221 ff.).

Ein administratives bzw. individualisiertes (Human-)Resources-Management erscheint zunehmend unzureichend und die Implementierung eines ressourcenorientierten *Performancemanagements* nötig, welches alle organisationalen Leistungsressourcen umfasst.[4]

Das betriebliche Gesundheitsmanagement der Zukunft und ein entsprechend interagierendes Personalmanagement werden daher teilweise neue Wege gehen müssen. Mensch, Organisation und Technologie müssen so geschickt miteinander verzahnt werden, dass im Ergebnis ein Höchstmaß an Wertschöpfung für alle Beteiligten erreicht werden kann. Gesundheit kann dabei nicht mehr nur verwaltet werden, sondern muss direkt und

[3]Allgemein zum „Haus der Arbeitsfähigkeit" und seiner Interpretation vgl. Deller et al. (2008, S. 199 ff.).

[4]Vgl. http://www.oberender-online.de/uploads/media/7_160427_Heraeus_Dr._Hendrik_Mertens.pdf, S. 7.

geplant kreativ auf ein Mehr an Wert und Nachhaltigkeit gefördert werden. Dazu bedarf es einer Reihe von Standortbestimmungen, richtungweisenden Entscheidungen, neuen Instrumentarien und innovativen Standards.

15.2 Gesundheit und Hintergründe des BGMs

War es schon lange ein vielfach proklamiertes Programm, den einzelnen Mitarbeiter als wertvolle, zu entwickelnde Ressource anzusehen, geht ein organisiertes Betriebliches Gesundheitsmanagement weit darüber hinaus. Arbeitsfähigkeit geht dabei über das typische Verständnis hinaus und umgreift die gesamte Existenz des Mitarbeiters. Betriebliches Gesundheitsmanagement bildet diese Aspekte im Rahmen eines strukturierten Handelns ab, das nicht nur den Mitarbeiter in seiner Gesamtexistenz begreift, sondern die weiteren verschiedenen Beteiligten in dem Unternehmensumfeld einbezieht. So sind neben den Mitarbeitern viele andere Faktoren Teil dieser Struktur im Unternehmensumfeld wie Kunden, Behörden, Anteilseigner oder Lieferanten. Auf der nichtmenschlichen Ebene spielen in diesem Geflecht von Beziehungen und Einflussnahmen unter anderem auch die Umwelt, der Gesetzgeber, die Gesellschaft und die Märkte eine Rolle.

Ein strukturiertes und systematisches betriebliches Gesundheitsmanagement ist somit ein machtvoller strategischer Erfolgsfaktor, der vielfältigste Beziehungen und Faktoren geschickt miteinander verweben muss.[5]

Nicht ohne Grund haben standardisierte Anforderungskataloge wie DIN SPEC 91020 als Leitfaden Eingang in das Umfeld dieses strategischen Instruments gefunden. Mit der Forderung nach einer *Sustainable Corporate Health Excellence* erklimmt das Betriebliche Gesundheitsmanagement eine weitere Qualitätsstufe. Die Stichworte Excellence und Nachhaltigkeit stehen hier für ein betriebliches Gesundheitsmanagementsystem, das nicht mehr autonom und für sich betrachtet agiert, sondern umfänglich in die Excellence-Bildung des gesamten Unternehmens einbezogen wird.[6]

Schon länger ist der Begriff *Leadership Excellence* eine feste Kenngröße im Rahmen von aktuellen Managementsystemen. Hier ist auch das Organizational Behaviour Management angesiedelt.[7]

Auch Behavioural Change und Komplexitätsmanagement spielen in diesem Kontext eine Rolle. Vor diesem Hintergrund definiert sich ein damit korrespondierender Teil in einem modernen betrieblichen Gesundheitsmanagementsystem. Im angelsächsischen Bereich sprechen wir von einer *Sustainable Corporate Health Excellence.* Excellence wird damit zu dem Primärfaktor, dem eigentlichen Profil, das nicht nur das Management

[5]Vgl. dazu http://www.bcg.de/documents/file104195.pdf.

[6]Vgl. zu Corporate Excellence allgemein Taylor (2012, Forword).

[7]Vgl. zu Leadership Excellence und Behavioral Management Griffin et al. (2016, S. 407).

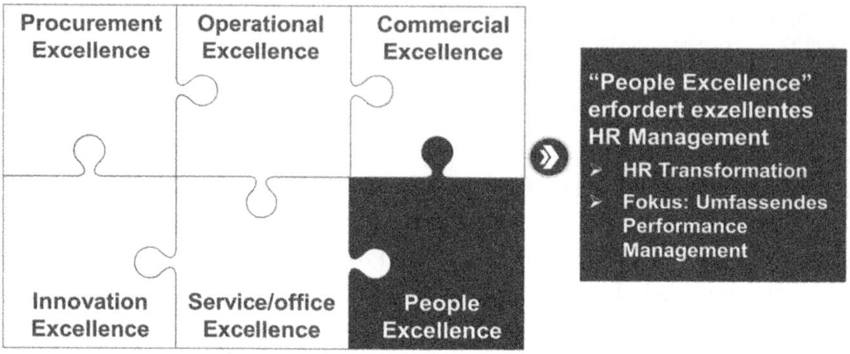

Abb. 15.1 Komponenten eines Excellence-Ansatzes. (http://www.oberender-online.de/uploads/media/7_160.427_Heraeus_Dr._Hendrik_Mertens.pdf, S. 6)

prägt, sondern zunehmend das gesamte Unternehmen, alle darin arbeitenden Menschen sowie im Idealfall auch alle anderen Shareholder aus der Unternehmenssphäre umfasst. *People Excellence* korrespondiert mit diesem Ansatz und der Abbildung von Excellence auf der menschlichen Ebene.

People Excellence ist Teil der Unternehmens-Excellence und dabei vor allem exzellentes Personalmanagement (Abb. 15.1).

Corporate Health und People Excellence sind die zentralen Themen im Bereich Nachhaltigkeit, Wertschöpfung sowie Gesundheit und Leistung, also für eine *nachhaltige Unternehmensführung bzw. -entwicklung.*

Im Umgang mit der VUKA-Welt und den bereits skizzierten Herausforderungen wird sich der Maßnahmenkatalog eines weiterentwickelten Betrieblichen Gesundheitsmanagements verbreitern und vertiefen müssen. Dabei werden Überlegungen zu Gesundheit und Glück im Unternehmen, zur Prävention, zu den Pflichten und Möglichkeiten des Arbeitgebers ebenso eine Rolle spielen wie die möglichen Instrumentarien zur Hilfeleistung und die rechtlichen Rahmenbedingungen wie der Datenschutz beim Umgang mit persönlichen Gesundheitsdaten. Ganz verschiedene Aspekte sind in das Gesamtkonzept Gesundheitsmanagement einzubeziehen. Dazu gehört etwa, den Begriff „Gesundheit" zu definieren, der sich vielfach modellhaft erfassen lässt.[8]

Im Rahmen dieses Verständnisses bildet die Definition von Gesundheit nur die erste Stufe einer gesamten strukturierten Konzeption für das moderne BGM. Professor Dr. Michael Treier hat dazu eine entsprechende modellhafte Stufung entwickelt, die zusammenfasst, worum es geht und wie man vom allgemeinen Thema Gesundheit zu einem ausgearbeiteten BGM gelangt.[9]

---

[8]Vgl. verschiedene Gesundheitsdefinitionen bei Waller (2006, S. 9 ff.).

[9]Vgl. http://www.bgm-check.de/team/.

Verschiedenste Stellen und Kompetenzsysteme müssen daher eng zusammenwirken, um das „Ziel" Gesundheit erreichen zu können. Dazu gehören so unterschiedliche Funktionen und Maßnahmen wie:

- Einrichtung Betriebsarzt,
- Beauftragter für Arbeitssicherheit,
- Einrichtung Sozialberatung,
- Personalmanagement und -entwicklung,
- Management und Führungsebene,
- Einrichtung externe Mitarbeiterberatung (EAP),
- E-Health-Programme,
- Qualitätsmanagement und gegebenenfalls entsprechende Zertifizierungen.[10]

15.3 Abgrenzung, Nutzen und Auftrag des BGMs

Die Einrichtung eines strukturellen betrieblichen Gesundheitsmanagements erfordert es, sich der vielen Möglichkeiten, aber auch Begrenzungen dieses strategischen Instruments bewusst zu werden. Außerdem sind verschiedene gesetzliche Rahmenbedingungen ein Auftrag an das BGM, dem es ebenfalls gerecht werden muss. Zu denken ist hier etwa an das Arbeitsschutzgesetz. § 5 Arbeitsschutzgesetz verpflichtet beispielsweise seit 2012 den Arbeitgeber zu psychischen Gefährdungsanalysen. Der Auftrag an das BGM betrifft aber formelle Aspekte wie den Datenschutz.

Weiterhin ist nicht außer Acht zu lassen, dass Gesundheit noch immer eine sehr persönliche Angelegenheit des einzelnen Mitarbeiters ist. Das BGM muss aus Akzeptanzgründen den Balanceakt zwischen Einmischung und Unterlassen schaffen, um die Entscheidungsfreiheit des einzelnen Mitarbeiters nicht anzutasten. Das heißt, es geht regelmäßig eher um Angebote als um Verbote, um Motivation statt um Vorschriften, um Vorschläge statt um Anweisungen. Andererseits ist das BGM auch mehr als bloße Gesundheitsförderung mit einigen netten Angeboten im Paket. Zwar ist der Bereich Gesundheitsförderung im Idealfall in das BGM integriert und wird mit anderen Säulen des BGM kombiniert. Schafft ein BGM aber keine ausreichende Motivation und Überzeugung bei den angesprochenen Mitarbeitern, bleibt seine Bedeutung als strategischer Erfolgsfaktor hinter den Erwartungen zurück (Uhle und Treier 2015, S. 25).

Das BGM zielt damit nicht nur auf eine Verbesserung der Gesundheit, sondern, soweit es die Ressource Mensch betrifft, gleichzeitig auf Gesundheit im Verbund mit einem Plus an Leistung, an Innovationsfähigkeit, an Kreativität, an Zufriedenheit und an Nachhaltigkeit, also ganz im Stil von People Excellence und einem exzellenten Unternehmen.[11]

---

[10]Vgl. zu den erforderlichen Beteiligten und deren Einbindung Uhle und Treier (2015, S. 25).

[11]Vgl. dazu die Konzeption von SYNK http://www.synk-group.com/de/angebot/health/.

Diese Sichtweise korrespondiert mit einer Definition von Gesundheit, die über das Fehlen von Krankheiten hinausgeht. Gesundheit ist ein Zustand vollständigen körperlichen, psychischen sowie sozialen Wohlbefindens.[12]

Aus dieser Gemengelage von Zielen und Einflusssphären lassen sich verschiedene Interventionsebenen des BGM ableiten: Im Rahmen des modernen BGM sollte es darum gehen, über das Angebot von ein paar Rückenschulungskursen und Bewegungsangeboten hinauszugehen. Seine inhaltlichen Schwerpunkte erfassen idealerweise neben Bewegung auch Faktoren wie Ernährung, Stressbewältigung, Entspannung, Suchtverhalten, Führungsstile, Fehlzeitenmanagement, Absentismus und Präsentismus. Modernes BGM ist ein Gesamtkonzept und setzt strategische Instrumente, Analysemethoden wie Kennzahlen sowie Kommunikations- und Motivationsmaßnahmen ein, um Ziele zu erreichen.

15.4 Nachhaltigkeit und Qualität als Excellence-Faktoren

Excellence stellt bestimmte Anforderungen an die Konzeption und Ausführung von Maßnahmen. Diese Anforderungen machen den Unterschied von einer durchschnittlichen zu einer exzellenten Unternehmensperformance aus. Sehen wir also Sustainable Corporate Health Excellence als den folgerichtigen nächsten Schritt im BGM sind zwei Anforderungen unverzichtbar: *Nachhaltigkeit und Qualität.*

Sustainability oder Nachhaltigkeit wird dabei so abgrenzend definiert, dass entsprechende Konzepte keinen nur kurzfristigen, ephemeren Charakter haben. Positiv formuliert geht es um einen grundsätzlich auf Dauer angelegten Effekt, der über das Tagesgeschehen hinausgeht. Dabei ist ein Prozess nur dann nachhaltig, wenn er nicht nur in zeitlicher Hinsicht, sondern auch mit dem Blick auf seine Anwendbarkeit in der Breite und Tiefe dauerhaft effektiv ist. Außerdem muss auf der Empfängerseite von Informationen und Maßnahmen, also bei dem einzelnen Mitarbeiter, eine dauerhafte bzw. nachhaltige Sensibilisierung stattfinden.

Nachhaltigkeit macht dabei einen ganz entscheidenden Unterschied. Nachhaltigkeit schafft beim BGM einen Nutzen, der bleibt und der vor allem das ganze Unternehmen einschließlich der Führungsebene umfasst. *Ganzheitliche Nachhaltigkeit* lässt sich ohne einen vertieften Qualitätsanspruch nicht verwirklichen. Qualität heißt in diesem Kontext, dass man es mit strukturierten, strategisch durchdachten, konzeptionellen Maßnahmen auf verschiedensten Ebenen zu tun hat. Vernetzungen und Beziehungsgeflechte gehören ebenso zum Qualitätsmanagement im BGM wie auch die Tatsache, dass BGM eine veritable Führungsaufgabe ist und nicht untergeordneten Ausführungskräften überlassen werden darf (dazu Kaminski 2013, S. 15).

Ein qualitativ stimmiges BGM ruht deshalb auf verschiedenen Eckpfeilern rund um die Gesundheit.

---

[12]Vgl. http://www.synk-group.com/de/angebot/health/.

15.5 Nachhaltigkeitsmanagement und nachhaltiges BGM

Nachhaltige Managementsysteme stellen das Langfristige über das Kurzfristige. Sie arbeiten mit langfristigen Prognosen und Strategien.[13]

Kosten im Nachhaltigkeitsmanagement müssen als echte Investitionen in die weitere Entwicklung gesehen werden. Auf das BGM bezogen bedeutet dies, dass Kosten sich über den Anstieg der nachhaltigen Gesundheitsfaktoren relativ schnell amortisieren, weil Letztere die gewichtigeren und nachhaltigeren Güter sind.

15.5.1 Nachhaltige Sensibilisierung und Gesundheitskompetenz

Betrachtet man – wie bereits angedeutet – das BGM als Führungsaufgabe, dann wird dies besonders beim Thema nachhaltige Sensibilisierung und Entwicklung der Gesundheitskompetenz deutlich. Nicht nur, dass die Führungskräfte selbst, soweit noch nicht geschehen, ebenfalls einen Bewusstseinswandel hin zur gesunden Führungskraft durchmachen müssen, um als bestes Beispiel voranzugehen. Diese Führungskräfte sind es auch, die die entsprechenden gesundheitsgerechten und persönlichkeitsfördernden Rahmenbedingungen in der Arbeitsumgebung schaffen. Ihr Augenmerk ist dabei die Steigerung der Leistungsfähigkeit und Produktivität durch mehr Arbeitszufriedenheit. Im Idealfall erreichen sie dies nicht durch Vorgaben und Vorschriften im Sinne eines ausgefeilten Regelwerks, sondern durch das ständige Aufzeigen von Handlungs- und Verhaltensalternativen – durch dauerhafte Sensibilisierung. Der einzelne Mitarbeiter wird sensibel dafür, welche Faktoren Gesundheit fördern und Krankheiten vorbeugen (Kaminski 2013, S. 30).

Eine solche Sensibilisierung kann dabei in der Tat nur erfolgreich sein, wenn sie die Eigenverantwortlichkeit des Einzelnen im Sinne der obigen Definition für das Betriebliche Gesundheitsmanagement stärkt. Hier liegt auch die Führungsaufgabe im BGM bei der Schaffung nachhaltiger, ganzheitlicher Effekte. Der Ganzheitlichkeit kommt dabei fast ebenso viel Bedeutung zu wie der Nachhaltigkeit. Zum Wettbewerbsvorteil wird das nachhaltig sensibilisierende BGM nur dann, wenn es ganzheitlich das ganze Unternehmen und den gesamten Einflussbereich im Unternehmensumfeld umfasst. Vor allem die Trias aus exakten, zielgenauen Prozessen, aus mitarbeiterzentrierten und wirksamen Angeboten sowie einem gesundheitsfördernden Führungsverhalten führt zu mehr Leistungsbereitschaft und Leistungsfähigkeit bei den Mitarbeitern und führt so zum Erfolg des ganzen Unternehmens (Kaminski 2013, S. 28 ff.).

[13] Vgl. zum Nachhaltigkeitsmanagement allgemein: Rabbe (2010, S. 22 ff.).

Die ganzheitliche Betrachtungsweise erfordert auch die Berücksichtigung aller Aspekte des Humankapitals, um die Grundmotivation „Mitarbeiter als wertvollste Ressource“ erfahrbar zu machen und im BGM zu verwirklichen.[14]

15.5.2 Managementsystem und Beitrag zur Wertschöpfung

Wenn das neue BGM eine originäre Führungsaufgabe ist, kommt es auf ein Managementsystem an, dass die Einrichtung und Pflege des neuen BGM befördert. Auch steht ein Paradigmenwechsel an. Während die althergebrachte Gesundheitsförderung auskam, ist jetzt ein strategischer Managementansatz vonnöten. Im Zusammenhang mit der DIN SPEC 91020 werden Managementprinzipien angeboten, die einen wertschöpfenden Gesamtansatz des BGM realisieren helfen (Kaminski 2013, S. 26).

Diese acht Prinzipien sind analog zur ISO 9001 zu sehen und stehen für ein strategisches Managementkonzept. Nach der DIN SPEC 91020 sichert dieser Ansatz die „Zukunft der gesunden Arbeitswelt“.

Auffällig an diesem strategischen Managementansatz ist unter anderem die Gewichtung der verschiedenen Gesichtspunkte. Die essenziell wichtige Kundenorientierung und Führungsleistung ziehen fast mit der Einbeziehung der Mitarbeiter gleich. Das ist eine bahnbrechende Anforderung, die das bekannte Schema durchbricht (Kaminski 2013, S. 26).

Der Mitarbeitereinbindung – hier unter Punkt 3 der Managementprinzipien – kommt dabei überragende Bedeutung zu. Es wird in diesem Kontext von einem „betrieblichen Verstärker“ für das BGM gesprochen. Dieser ist unter anderem auch in einem ausgearbeiteten Qualitätsmanagement zu sehen.

15.6 Qualitätsmanagement und qualitätsorientiertes BGM

Qualität wurde bereits als wichtiger Baustein bei der Sicherung der Nachhaltigkeit erkannt. Ein entsprechendes Qualitätsmanagement sorgt vor allem dafür, dass Qualität messbar wird und so auch Nachhaltigkeit und vor allem Wertschöpfung messbar werden. Messbarkeit und damit Qualitätsmanagement gehen einher mit bestimmten Instrumentarien wie Kennzahlen, Evaluationstechniken, einem internen Auditing, Zertifizierungen und Standardisierungen.

Es existieren verschiedene Modelle, die Qualität des BGMs zu sichern.

Treier veranschaulicht die verschiedenen systematischen Prozesse und „Shareholder“ an dem qualitätssichernden Prozess. Interessant an diesem Modell ist besonders, dass

[14] Vgl. http://www.baua.de/cae/servlet/contentblob/813924/publicationFile/51611/F2126.pdf, S. 25.

nicht nur eine lineare Bewegung hin zu den Ergebnissen führt, sondern auch rückläufig ein Prozess zurück, der durch Innovation und Lernen zu ständigen Verbesserungen im gesamten strategischen Ansatz führt. Die Qualitätssicherung ist somit keine Einbahnstraße.[15]

Das Qualitätsmanagement muss vor allem auch dafür sorgen, dass die Prozesse und die Kommunikation zwischen allen Beteiligten funktionieren. In der Praxis behindern etwa Ressortegoismen konzertierte Maßnahmen im BGM. Abstimmungsprozesse sind deshalb sehr wichtig, müssen gestaltet und systematisiert werden. Auch das *Gesundheits-Empowerment* selbst muss eingerichtet und ständig evaluiert werden, um die gewünschte Sensibilisierungsrate und Verarbeitungstiefe zu erreichen.

Qualitätssicherung ruht im BGM deshalb auf vier wichtigen Grundprinzipien, die man nach ihrer Wichtigkeit nach Treier wie folgt darstellen kann.[16]

Ein weiteres wichtiges Instrument der Steuerung und Qualitätssicherung im BGM ist die Standardisierung.

15.6.1 Standardisierung, PDCA und Struktur eines BGM 4.0

Im Regelfall bemühen sich ganz verschiedene Instanzen im Unternehmen um das BGM. Alle meinen es gut mit der Gesundheit, angefangen vom Betriebsarzt über die Sozialarbeiter und den Gesetzgeber mit den Vorschriften zur Arbeitssicherheit bis hin zu manch charismatischer Führungspersönlichkeit. Jeder dieser Beteiligten hat eine eigene Vorstellung von Gesundheit und vom „gesunden Unternehmen". Bereits die Ausführungen zur Qualitätssicherung haben dabei erkennen lassen, dass nur ein konzertierter, strategischer Ansatz die Wertschöpfungsmöglichkeiten eines BGM 4.0 verwirklichen kann.

Einen ersten Schritt zur Standardisierung des BGMs als Grundlage für ein koordiniertes Vorgehen wurde durch den Social Capital and Occupational Health Standard (SCOHS) gemacht. Angelehnt an bestehende Managementsysteme, wie z. B. BS OHSAS 18001:2007, wurden hier erstmals Minimalanforderungen so formuliert, dass Unternehmen jedweder Größe ein Betriebliches Gesundheitsmanagement installieren können. In einem Arbeitskreis des Deutschen Instituts für Normung (DIN) wurde dieser SCOH-Standard in einem zweiten Schritt mit weiteren Anforderungskatalogen verknüpft und erweitert, sodass die DIN SPEC 91020 entstand, die im Juli 2012 veröffentlicht wurde.[17]

Die DIN SPEC 91020 beschreibt das ideale Managementsystem für das BGM so: „Die systematische Umsetzung des Betrieblichen Gesundheitsmanagements wirkt positiv

---

[15] Vgl. http://www.bgm-check.de/team/.

[16] Vgl. http://www.bgm-check.de/team/.

[17] Ähnlich Kaminski (2013) im Vorwort.

auf die Gesundheit und das Wohlbefinden der Mitarbeiter und damit auch nachweislich auf die Steigerung der Effizienz der Produkt- bzw. Dienstleistungsrealisierung (Wertschöpfungskette) einer Organisation." (Kaminski 2013, S. 37).

Gleichermaßen definiert die DIN SPEC 91020 das moderne BGM mit dem bekannten Schwerpunkt bei Nachhaltigkeit, Strategie und Eigenverantwortlichkeit:

Die DIN SPEC 91020 definiert BGM folgendermaßen: „Betriebliches Gesundheitsmanagement: systematische sowie nachhaltige Schaffung und Gestaltung von gesundheitsförderlichen Strukturen und Prozessen einschließlich der Befähigung der Organisationsmitglieder zu einem eigenverantwortlichen, gesundheitsbewussten Verhalten" (Kaminski 2013, S. 30).

Wie bereits bei der Qualitätssicherung gezeigt wurde, ist die ständige Verbesserung der verschiedenen Prozesse ein wichtiges Kriterium zum Erreichen der Wertschöpfung. Diese Verbesserung wie auch die Einführung eines modernen BGMs verlangen nach Analyseprozessen, wie sie etwa ein PDCA-Zyklus bzw. Deming-Kreis möglich machen.[18]

Bei der Einführung von Standards für das BGM in einem Unternehmen ist zunächst eine Standortbestimmung notwendig. Ein PDCA-Zyklus kommt ebenso wie der gesamte strategische Ansatz eines BGMs nicht ohne einen professionellen Planungsprozess und entsprechende spezielle Instrumentarien aus.

15.6.2 Planungsprozess, BGM-Handbuch und BGM-Manager

Beim Betrieblichen Gesundheitsmanagement kann es nicht darum gehen, ungeplante Gesundheitsmaßnahmen „mit der Gießkanne" über den Mitarbeitern auszuschütten. Auch steht nicht nur das Wohlbefinden der Mitarbeiter im Sinne von Wellness im Vordergrund, sondern es gilt, eine *Balance* zwischen einer angemessenen Investition in die Gesundheit der Mitarbeiter und einem nachhaltigen Produktivitätszuwachs zu finden. Die DIN SPEC 91020 fordert in diesem Zusammenhang eine reproduzierbare und transparente Analyse, die durch ein dokumentiertes Verfahren zu implementieren ist. Dabei sind die Zuständigkeiten und Verantwortungen für die Analyse, das Verfahren zur Ermittlung der Gesundheitschancen und -risiken und deren Kennzahlen, die Maßnahmen und deren Integration in die Geschäftsprozesse sowie die Wirksamkeitskontrollen und Verbesserungspotenziale der Maßnahmen zu dokumentieren und zu kommunizieren (Kaminski 2013, S. 30).

Ausgehend von dem Status quo – der Standortbestimmung des Unternehmens in puncto Gesundheitsmanagement – fallen die verschiedenen Planungsstufen unterschiedlich intensiv aus. Manche Unternehmen benötigen stärkere Veränderungsprozesse in diesem Bereich als andere.

[18]Vgl. zum PDCA-Zyklus allgemein Syska (2007, S. 100).

Konzentriert man sich zunächst auf die organisationsbezogenen Möglichkeiten zur Verbesserung der Gesundheit im Unternehmen, so können gemeinsame *Werte und Regeln*, die Optimierung sozialer *Beziehungen* und eine mitarbeiterorientierte *Führungskultur* Mittel der Wahl sein. So leicht und einsichtig diese Schlagworte formuliert sind, so schwierig können sie umzusetzen sein, wenn das Unternehmen in der Vergangenheit nach anderen Wertvorstellungen geführt wurde. Wenn einmal Frustration und Demotivation begleitet von Burn-out, Mobbing und innerer Kündigung zu nahezu unkontrollierbarem Präsentismus oder Absentismus sowie Fluktuation geführt haben, kann man einen langen Prozess prognostizieren, um das verlorene *Vertrauen* wiederzugewinnen.

Geht man jedoch von einem modern geführten Unternehmen aus, das schon heute die Grundsätze der partnerschaftlichen Führung pflegt, so sind es vergleichsweise kleine und einfache Schritte, um in einem unternehmensübergreifenden Wirgefühl das Wohlbefinden und die Leistungsbereitschaft der Mitarbeiter zu steigern und so die Wirtschaftlichkeit und den nachhaltigen Erfolg des Unternehmens zu optimieren (zum Ganzen Kaminski 2013, S. 30).

Diese Zusammenhänge lassen sich wie folgt darstellen und veranschaulichen gleichermaßen nochmals die Funktion und die Zielsetzung in der Planung eines modernen BGMs im Unternehmen:

Zur Planung gehört außerdem auch die Rollenfestlegung bestimmter Instanzen, um die bereits angedeuteten Egoismen und Kommunikationsprobleme zu vermeiden. Ein *BGM-Manager* behält die Übersicht (Schmahl 2015, S. 27 ff.).

Im Rahmen der Dokumentation ist das *BGM-Handbuch* taugliches Mittel von Planung und später auch Controlling, weil es den Handlungsplan enthält.

15.7 Trends und Erfolgsfaktoren für ein nachhaltiges BGM

Wie alle strategischen Faktoren folgt auch die Weiterentwicklung hin zum nachhaltigen BGM Tendenzen. Außerdem haben sich bestimmte Faktoren herausgebildet, die ein erfolgreiches BGM prägen. Im Trend scheint die *Einbeziehung externer Consultants und Coaches* zu sein, die entsprechend ein modernes BGM einrichten helfen und auch später weiter begleiten. Diese Dienstleister entwickeln zum Teil eigene „Erfolgsrezepte" für ein professionelles BGM. Beispielhaft sei hier SYNK kurz dargestellt. SYNK stellt folgenden Gedanken in den Vordergrund:

„Ein ganzheitlicher Blick und umfassender BGM-Prozess ist ein wichtiger Wettbewerbs- und Erfolgsfaktor.

Das SYNK-Beratungskonzept für erfolgreiches Health Management:

1. SYNK BGM Self-Assessment: Standortbestimmung, Identifikation der Entwicklungsfelder
2. Detailanalyse der Erfolgsfaktoren und Kosten-/Nutzen-Analyse der vorhandenen Maßnahmen

3. Konzept: Entwicklung eines strategischen Maßnahmenplans und einer BGM-Scorecard, Planung wirksamer Maßnahmen z. B. in den Bereichen: Führung, MA-Engagement und der Gesundheitsförderung
4. Umsetzung und Transfersicherung mit SYNLIFE
5. Evaluierung und Optimierung der KPIs

Der SYNK-Effekt: Mit hoher Leistungsfähigkeit Kosten reduzieren und den Unternehmenswert steigern."[19]

Auch die oben genannten Standards wie die DIN SPEC 91020 finden regen Zuspruch und Anwendung. Dennoch muss jedes Unternehmen sozusagen dort abgeholt werden, wo es in Bezug auf BGM gerade steht. Das verbietet 08/15-Lösungen. Bei aller Begeisterung für Standards bleibt das BGM in jedem einzelnen Unternehmen auch etwas Individuelles, etwas Einmaliges.

15.8 Effektives und effizientes BGM: Messbarkeit als Prämisse

Lassen sich Erfolge nicht nachweisen, kann die Wirksamkeit von Maßnahmen nicht belegt werden. Die Messbarkeit als notwendige Voraussetzung bei der Planung und Durchführung von Maßnahmen im Rahmen des BGMs wurde bereits an anderer Stelle angerissen und ihre Bedeutung betont.

15.8.1 Organisationsdiagnostik, Controlling und Evaluation

Auch zu Analysetechniken wurde bereits etwas gesagt. Hier soll noch einmal die Durchführung eines PDCA-Zyklus im Rahmen der kontinuierlichen Verbesserung dargestellt werden:

A) Planphase:

- Datenerhebung durch Analyse der Gesundheitschancen und -risiken,
- Evaluation der Daten und Prioritätensetzung bei den Gesundheitschancen und -risiken,
- Abgleich mit den für die Unternehmenseinheit zutreffenden strategischen Zielen,
- Priorisierung der Maßnahmen zur Erreichung der Ziele mit Kosten-Nutzen-Bewertung,
- Vorschau und Festlegung von Ergebnissen, Zuständigkeiten, Terminen und Budgetgrößen,

[19] So die Ausführungen auf http://www.synk-group.com/de/angebot/health/.

B) Aktion:
- Maßnahmenumsetzung,
- Reporting,
- Anpassungen und Verbesserungen,

C) Überprüfung
- Überprüfung der erreichten Ergebnisse,
- Ist- und Sollgrößenvergleich,

D) Aktion II:
- Fortschrittsanalyse,
- Anpassung Strategie (Kaminski 2013, S. 74 f.).

Anhand dieser Ausführungen wird die Bedeutung von Controlling und Bewertung nochmals deutlich. Jede Planung läuft ins Leere, wenn sie nicht mit der realen Entwicklung abgeglichen wird.

15.8.2 EFQM, Health Balanced Scorecard und Gesundheitsscores

Das EFQM-Modell des Total Quality Managements bietet einen Strategierahmen und korrespondierende Prüfpunkte und Erfolgskriterien. Die klassische Balanced Scorecard (BSC) stellt ein ausbalanciertes Kennzahlensystem dar (Potenzial-, Prozess-, Kunden- und Finanzperspektive) und bietet einen ständigen Überblick über den Kurs des Unternehmens und der einzelnen Verantwortungsbereiche. Sie setzt die vom EFQM-Modell definierten Stellgrößen der Strategie in operative bzw. messbare Größen. Der Einsatz der BSC für die Organisation und damit auch das Gesundheitscontrolling erfordern eine Verbindung zu den Managementstrukturen, um die Zielplanung und -verfolgung des Managements wirksam zu unterstützen (Abb. 15.2).

Das EFQM-Modell gibt somit die Visionen, Missionen und Ziele sowie die Kriterien vor und die BSC ist für die Operationalisierung zuständig (Indikatoren).

Kennzahlen sind sinnvoll, doch sie sind vereinzelt und sporadisch. Um daher eine Optimierung in der Steuerung und Qualitätssicherung im Bereich des BGM zu erzielen, bedarf es des strategischen Konzepts der Gesundheitsscores im Kontext einer Gesundheitsanalyse, das

- integrativ und ganzheitlich,
- fortschrittlich und investitionsbezogen,
- strategisch und nicht nur retrospektiv sowie
- ursachengerecht und präventionsbezogen ist (Uhle und Treier 2015, S. 314 f.).

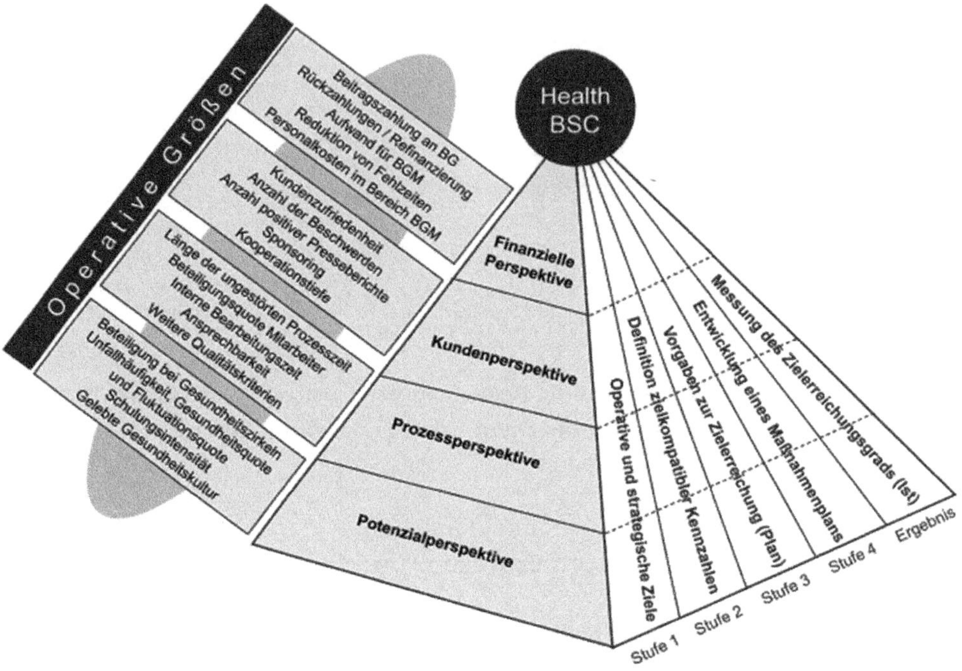

Abb. 15.2 Aufbau einer Health Balanced Scorecard. (Uhle und Treier 2015, S. 242 f.)

15.9 Integriertes BGM: Organisationale Verankerung

Das integrierte BGM legt seinen Fokus auf die Verankerung eines konzeptionellen BGMs. Es wird per Definition als Weiterentwicklung des ganzheitlichen BGMs verstanden. Besonders ausgeprägt an dieser Konzeption ist die systematische, geplante und gesteuerte Zusammenführung aller Maßnahmen und Aktivitäten im Feld Gesundheit in der Organisationseinheit. Man kann das integrierte BGM damit auch als ein BGM bezeichnen, welches die vorhergehend besprochenen Instrumentarien wie Standardisierung und Steuerung bewusst und gezielt zur ausgereiften Anwendung bringt (dazu Rimbach 2013, S. 84 ff.).

15.9.1 Aufzeigen der Relevanz und Lebenszyklusorientierung

Ältere Mitarbeiter haben andere Bedürfnisse und gesundheitliche Schwerpunkte als jüngere. Der anstehende demografische und digitale Wandel im Rahmen der VUKA-Welt bzw. einer Industrie 4.0 spitzt diese Problematik zu. Unternehmen werden in Zukunft verstärkt auf ältere Mitarbeiter angewiesen sein, wenn sie weiter erfolgreich im Wettbewerb bestehen wollen. Vor diesem Hintergrund muss sich das BGM und mit ihm die gesamte Personalpolitik verstärkt an den verschiedenen Lebensphasen der Mitarbeiter ausrichten und für entsprechenden Ausgleich bestimmter Entwicklungen in den Lebensphasen sorgen. Dabei geht es unter anderem auch darum, eine Balance und ein Bewusstsein für diese Lebenszyklen bei den älteren und auch jüngeren Mitarbeitern zu schaffen, um etwa auch gegenseitige Vorurteile in der Zusammenarbeit auszugleichen. Dabei ist das Lebenszeitmanagement im Rahmen des BGMs und lebensorientierten Personalmanagements eine originäre Führungsaufgabe. Der Lebensphasenzyklus ist ein besonderes Kapitel zum Thema Leistungsfähigkeit. Ein angemessenes BGM sorgt für den Erhalt der Leistung in allen Lebensphasen (zum Thema Nerdinger et al. 2015, S. 94 ff.).

Bei dem Begriff „Lebenszyklus" geht es also insbesondere um die recht exakt prognostizierbaren quantitativen und qualitativen Veränderungen im Zeitablauf eines Arbeitslebens. Je nach Konzept und Gegenstandsbereich unterscheiden Experten verschiedene Phasen voneinander, die durch bestimmte Merkmale oder Merkmalskombinationen, sprich phasentypische Gesetzmäßigkeiten, charakterisiert sind. Typische Phänomene sind dabei Übergänge, Entwicklungsaufgaben oder belastende Lebensereignisse.

Der berufliche Lebenszyklus beschreibt daher die Entwicklung von Mitarbeitern vom Eintritt ins das Berufsleben bis zum Austritt.

Eine *nachhaltige Personalpolitik* ist das Pendant zu dem nachhaltigen BGM und sichert mit den Instrumentarien (Tools) für ein lebenslanges Lernen, den Kompetenzerhalt, eine lebenslange Motivation und Gesundheit die nachhaltig erfolgreiche Stellung des Unternehmens im Wettbewerb.[20]

15.9.2 Gesundheitskommunikation, Motivation und Lernen

Dem *internen Marketing* – einer gezielten und gesteuerten *Gesundheitskommunikation* – kommt besonders im Rahmen der Einführung und Gestaltung eines integrierten BGMs eine herausragende Bedeutung zu (dazu Rimbach 2013, S. 316).

Kommunikation ist dabei einer der Schlüssel- und Erfolgsfaktoren zur Umsetzung des BGMs, der aber gern unterschätzt wird. Die Kommunikation ist dabei weiterhin auch entscheidendes Medium, um Motivation und Lernprozesse zu vermitteln (Rimbach 2013, S. 316).

[20]Vgl. hierzu mit ganz ähnlicher Darstellung: Gül (2016, S. 255 ff.).

15.9.3 Gesunde Führung und Gesundheitscoaching

Der Erfolg von BGM-Maßnahmen ist verknüpft mit der Fähigkeit, alle Beteiligten für diese Maßnahmen zu begeistern und in das BGM einzubeziehen (dazu Ostermann 2010, S. 50 ff.).

Eine gesunde Führung lebt in diesem Zusammenhang gesundes Leben vor und ist auch in der Lage, entsprechend alle Beteiligten aktiv in das BGM zu ziehen.

Gesunde Führung ist in diesem Kontext eine *werteorientierte Führung* im Sinne eines systemisch partizipierenden Modells (So auch Hänsel und Kaz 2016, S. 269).

15.9.4 BEM, PsyGa und Kooperationen als tragende Säulen

Das *gesetzlich verankerte BEM* – Betriebliches Eingliederungsmanagement – gilt richtig verstanden vielfach als Fundament eines modernen BGMs (etwa Richter und Geis 2012, S. 27 ff.).

BEM-Maßnahmen sind vor allem Instrumente zur Steuerung von Fehlzeiten und der Wiedereingliederung von Arbeitnehmern, die längerfristig erkrankt sind.

Auch der *gesetzlich verankerten PsyGa* – der psychischen Gefährdungsanalyse und damit der psychischen Gesundheit in der Arbeitswelt – kommt beim BGM eine erhebliche Bedeutung zu. Das gilt hier insbesondere auch im Bereich der Führung und des Managements, da Erscheinungen wie Burn-out und Mobbing eine zunehmende Tendenz haben. Führungskräfte müssen sich selbst einerseits vor Burn-out schützen und auch ihren Mitarbeitern die elementare Bedeutung einer der psychischen Gesundheit förderlichen Arbeitsumwelt vermitteln (Spreiter 2013, S. 340).

Häufig kann ein BGM nicht alle erforderlichen Maßnahmen und Dienstleistungen selbst durchführen und anbieten. Deshalb werden strategische Kooperationen ebenfalls als tragendes Element eines erfolgreichen BGMs angesehen (Henzelmann 2001, S. 91 ff.).

15.10 Ganzheitliches BGM und Unternehmensentwicklung

Wie bereits dargestellt ist die *Ganzheitlichkeit* neben der *Nachhaltigkeit* wesentliches Merkmal des BGMs auf dem Weg zur *Sustainable Health Management Excellence*. Je besser diese Anforderung realisiert wird, desto befruchtender ist ihre Wirkung auf eine *nachhaltige Unternehmensentwicklung*.

15.10.1 Integriertes BPM und leistungsorientiertes BGM

Leistungsorientierung nimmt im BGM verschiedene Positionen ein. Prinzipiell ist jedes BGM auch leistungsorientiert, weil es bei einem modernen BGM gerade um den Erhalt und die Steigerung der Leistungsfähigkeit geht. Insoweit bilden das integrierte Betriebliche Performance Management (BPM, auch als Corporate Performance Management [CPM] oder nur Performance Management [PM] bezeichnet) und das leistungsorientierte BGM keine Gegensätze.

Ein BGM kann mit einem adäquaten leistungsorientierten Belohnungssystem sogenannten Gratifikationskrisen bei den Mitarbeitern vorbeugen. Gratifikationskrisen sind dabei nichts anderes als schwere Motivationskrisen, die ein BGM und seine Maßnahmen in seiner Gesamtheit infrage stellen können (Okunowski 2009, S. 21).

Andererseits ist das Stichwort „Leistungsorientierung" im Kontext von BGM auch ein unpassendes. Dann nämlich, wenn ein entsprechend ausgestalteter Führungsstil das BGM und seinen Erfolg gefährdet (Blume 2015, S. 199).

Es scheint sich allgemein in Organisationen eine Balanceverschiebung von dem Aspekt *Health* hin zu dem Aspekt *Performance* bzw. ein Wandel vom BGM zum *Leistungsfähigkeits- und Gesundheitsmanagement (LGFM)* bzw. Betrieblichen Leistungsmanagement (BLM) oder BPM anzubahnen (Kastner 2013, S. 521 ff.).

15.10.2 Feelgood Management und Unternehmensenergie

Es liegt im Trend, Unternehmen so etwas wie eine „energetische Persönlichkeit" zuzuschreiben. Auch Führung und Management orientieren sich zunehmend nicht nur an der Konfliktbewältigung, sondern daran, das Führen auch mit einem guten Gefühl verbunden sein kann. Im Rahmen eines modernen BGMs finden auch diese Aspekte ihren Platz. Dabei ist das *Feelgood Management* vor allem auch ein Ansatz, der Glück bei der Arbeit vermitteln will (Buchenau 2016, S. 67).

15.10.3 Vom BGM zur nachhaltigen Unternehmensentwicklung

Von einem modernen BGM ist es nur noch ein kleiner Schritt zur nachhaltigen Unternehmensführung bzw. -entwicklung. Nachhaltigkeit und Ganzheitlichkeit sind bereits Prämissen des neuen BGMs, wie bereits dargestellt wurde. Ebenso ist People Excellence nur ein Teil der Unternehmens-Excellence. Die Managementprozesse im effektiven BGM sind bereits nachhaltige Prozesse. Insoweit lassen sich die Methoden, Funktionen und der strategische Ansatz eines BGMs 4.0 leicht auf das gesamte Unternehmenskonzept übertragen. Das moderne BGM zielt von Anfang an auf diese Ganzheitlichkeit ab und verwirklicht die nachhaltige Unternehmensentwicklung so quasi idealerweise mit.

15.11 Zusammenfassung und Ausblick

Die Darstellung sollte gezeigt haben, dass Betriebliches Gesundheitsmanagement auf dem Weg zum BGM 4.0 ist. *Sustainable Health Excellence und People Excellence* scheinen in greifbarer Nähe. Auch wenn viele Unternehmen derzeit die Notwendigkeit eines modernen BGMs noch nicht vollständig erfassen mögen, erzwingt bereits der Überlebensdruck in der VUKA-Welt Veränderungen in diesem Bereich. Es wird sich die Erkenntnis weiter durchsetzen, dass sich ein effektives und strategisches BGM für das einzelne Unternehmen lohnt und dass es nicht (vorwiegend) darum geht, den Mitarbeitern Wellnesserlebnisse zu verschaffen. Vielmehr versteckt sich hinter einem modernen BGM ein harter strategischer Erfolgsfaktor. Ein strategisch verankertes und exzellent umgesetztes BGM reduziert nach Erkenntnissen von Krankenkassen pro 1 EUR Investment die Krankheitskosten um 6 EUR und die Kosten bei Absentismus um ganze 10 EUR.[21]

So wird allein der Wettbewerbsdruck dafür sorgen, dass einem modernen BGM die Bedeutung eingeräumt wird, die ihm zukommt. Darüber hinaus hat sich – wie in diesem Bericht ebenfalls aufgezeigt – bereits eine Reihe von Consultants etabliert, die die Einrichtung eines BGM 4.0 als Dienstleistung für Organisationen anbieten. Auch diese Entwicklung zeigt, dass ein Unternehmen, das „gesund werden will und gesund bleiben will", kaum mehr an dem effektiven BGM und der damit verbundenen nachhaltigen und ganzheitlichen Unternehmensentwicklung vorbeikommt. Wie beschreibt ein Experte die Notwendigkeit eines systematischen BGM zutreffend:

Betriebliches Gesundheitsmanagement „muss vor allem systematisch betrieben und von allen getragen werden", sagt auch Christian Ahlers ultimativ, „ein einzelnes Massageangebot bringt da wenig". Mit „systematisch" meint er den Kreislauf von fünf Schritten: „Ziele definieren, Ist-Analyse durchführen, Strategie festlegen, Maßnahmen umsetzen und die Ergebnisse bewerten. Nur dann sei das Ganze für alle transparent, wirtschaftlich messbar und dadurch auch langfristig auf sichere Beine gestellt".[22]

BGM kann durch die Identifikation und Optimierung von individuellen und organisationalen *Leistungsfähigkeitspotenzialen* die erfolgreiche Implementierung eines *ganzheitlichen ressourcenorientierten Performancemanagements* unterstützen.

Literatur

Blume, A. (2015). *Betriebliche Gesundheitspolitik – Eine Chance für die Mitbestimmung: Potenziale, Hemmnisse und Unterstützungsmöglichkeiten*. Berlin: Edition Sigma.

Buchenau, P. (2016). *Chefsache Diversity Management*. Wiesbaden: Springer Gabler.

[21] Diese Zahlen werden genannt bei http://www.synk-group.com/de/angebot/health/.

[22] Vgl. https://www.ihk-nordwestfalen.de/wirtschaft/existenzgruendung-und-unternehmensfoerderung/unternehmensfuehrung/management-und-vision/betriebliches-gesundheitsmanagement/.

Deller, J., Kolb, P., Kern, S., Hausmann, E., & Diederichs, Y. (2008). *Personalmanagement im demografischen Wandel. Ein Handbuch für den Veränderungsprozess mit Toolbox Demografiemanagement und Altersstrukturanalyse*. Berlin: Springer.

Griffin, R. W., Phillips, J. M., & Gully, S. M. (2016). *Organizational behaviour: Managing people and organizations*. London: Cengage Learning.

Gül, K. (2016). *Praxishandbuch lebensphasenorientiertes Personalmanagement*. Wiesbaden: Springer Gabler.

Gupta, M. (2016). *Die sieben Erfolgsprinzipien der Schachmeister: Strategisches Denken und Entscheiden für Führungskräfte*. Berlin: Springer Gabler.

Hänsel, M. & Kaz, K. (Hrsg.). (2016). CSR und gesunde Führung: Werteorientierte Unternehmensführung und organisationale Resilienzsteigerung. *Management-Reihe Corporate Social Responsibility*. Wiesbaden: Springer Gabler.

Heidbrink, M., & Debnar-Daumler, S. (2016). *Self-Leadership Sich selbst führen in unsicheren Zeiten, Haufe Fachbuch*. München: Haufe Lexware.

Henzelmann, T. (2001). *TAM-Kolleg-Praxis: Bd. 9. Facility-Management – Ein neues Geschäftsfeld für die Versorgungswirtschaft*. Renningen: Technische Akademie.

Kaminski, M. (2013). *Betriebliches Gesundheitsmanagement für die Praxis – Ein Leitfaden zur systematischen Umsetzung der DIN SPEC 91020*. Berlin: Springer Gabler.

Kastner, M. (2013). Ganzheitliches Gesundheitsmanagement in Unternehmen. In R. Stock-Homburg (Hrsg.), *Handbuch Strategisches Personalmanagement* (S. 521–551). Wiesbaden: Springer Gabler.

Nerdinger, F. W., Wilke, P., Stracke, S., & Drews, U. (Hrsg.). (2015). *Innovation und Personalarbeit im demografischen Wandel: Ein Handbuch für Unternehmen*. Wiesbaden: Springer Gabler.

Okunowski, K. (2009). *Betriebliches Gesundheitsmanagement als Prävention beruflicher Gratifikationskrisen*. Hamburg: Diplomica.

Ostermann, D. (2010). *Gesundheitscoaching (Integrative Modelle in Psychotherapie, Supervision und Beratung)*. Berlin: Springer VS.

Rabbe, S. (2010). *Strategisches Nachhaltigkeitsmanagement in der deutschen Stahlindustrie: Der Entwurf eines Nachhaltigkeitsmanagementsystems zur Professionalisierung des strategischen Nachhaltigkeitsmanagements: Eine Fallstudie bei der ThyssenKrupp Steel AG, Duisburg*. Frankfurt a. M.: Lang.

Richter, A., & Geis, R. (2012). *Betriebliches Eingliederungsmanagement: Fürsorgepflicht und Gesundheitsschutz im öffentlichen und kirchlichen Dienst*. Regensburg: Walhalla.

Rimbach, A. (2013). *Entwicklung und Realisierung eines integrierten betrieblichen Gesundheitsmanagements in Krankenhäusern: Betriebliches Gesundheitsmanagement als Herausforderung für die Organisationsentwicklung*. München: Hampp.

Schmahl, C. (2015). *Betriebliches Gesundheitsmanagement*. Berlin: GRIN.

Spreiter, M. (2013). *Burnoutprävention für Führungskräfte*. München: Haufe Lexware.

Syska, A. (2007). *Produktionsmanagement: Das A – Z wichtiger Methoden und Konzepte für die Produktion von heute*. Berlin: Gabler.

Taylor, L. K. (2012). *Corporate excellence in the year 2000: A framework for success*. New York: Random House.

Uhle, T., & Treier, M. (2015). *Betriebliches Gesundheitsmanagement*. Wiesbaden: GRIN.

Voelpel, S. C., Leibold, M., & Früchtenicht, J.-D. (2007). *Herausforderung 50 plus: Konzepte zum Management der Aging Workforce – Die Antwort auf das demographische Dilemma*. Weinheim: Wiley-VCH.

Waller, H. (2006). *Gesundheitswissenschaft: Eine Einführung in Grundlagen und Praxis*. Stuttgart: Kohlhammer.

Internetseiten

http://www.baua.de/cae/servlet/contentblob/813924/publicationFile/51611/F2126.pdf. Zugegriffen: 10. Sept. 2016.

https://www.bgw-online.de/SharedDocs/Downloads/DE/Medientypen/bgw_ratgeber/RGM15-Ratgeber-Betriebliches-Gesundheitsmanagement_Download.pdf?__blob=publicationFile. Zugegriffen: 10. Sept. 2016.

http://www.oberender-online.de/uploads/media/7_160427_Heraeus_Dr._Hendrik_Mertens.pdf. Zugegriffen: 15. Sept. 2016.

https://www.ihk-nordwestfalen.de/wirtschaft/existenzgruendung-und-unternehmensfoerderung/unternehmensfuehrung/management-und-vision/betriebliches-gesundheitsmanagement/. Zugegriffen: 10. Sept. 2016.

http://www.synk-group.com/de/angebot/health/. Zugegriffen: 8. Sept. 2016.

http://www.bgm-check.de/team/. Zugegriffen: 10. Sept. 2016.

http://www.bcg.de/documents/file104195.pdf. Zugegriffen: 12. Sept. 2016.

Marco Englert (MSc, MBA) ist Manager, Coach und Consultant. Er ist Experte für nachhaltiges und digitales Management und steht für ein Excellence-Mindset, das Menschlichkeit, Gleichgewicht bzw. Balance, Innovation und Nachhaltigkeit fördert. Dabei sieht er die Menschen mit ihren Potenzialen und die damit verbundenen Aspekte als die zentralen Treiber für nachhaltig profitables Wachstum.

Er ist der Überzeugung, dass wir aufgrund der digitalen Revolution und dem exponentiellen Innovationswachstum in einer epochalen Zeit leben, dessen Auswirkungen wir noch nicht vollständig erahnen. Mit Begeisterung blickt er auf die aktuellen und zukünftigen Chancen, denn es war noch nie so einfach, gute innovative Geschäftsmodelle, Services und Produkte zu entwickeln. Mit seinem Managementkonzept „Nachhaltige Digitalisierung", das den Menschen in den Mittelpunkt stellt, verbindet er die Kernthemen Digitalisierung und Nachhaltigkeit und macht Organisationen zukunftsfähig.

Herr Englert verfügt über exzellentes Research- und Consulting-Know-How in den Bereichen Unternehmensführung, Marketing, Personalmanagement sowie Projekt-, Qualitäts- und Nachhaltigkeitsmanagement. Als systemischer Business Coach und Managementberater hat er Erfahrung in der Begleitung von Entscheidungsträgern bei komplexen Fragestellungen des beruflichen Alltags. Er ist u. a. zertifizierter Spezialist für Markenkommunikation, Online Marketing Manager, Digital Sales Manager, Employer Brand Manager, Spezialist für HR Compliance, Spezialist für Personalentwicklung und Manager für agile Organisationsentwicklung (Quadriga University) sowie Betrieblicher Gesundheitsmanager (IHK).

Leben in Balance: Exzellenzfaktoren eines nachhaltigen Life-Balance-Managements

16

Marco Englert

16.1 Life in Balance

Das Leben ist ein täglicher Balanceakt, bei dem man selbst darauf achten muss, nicht aus dem Gleichgewicht zu geraten.

Im Alltag spielen verschiedene Lebensbereiche zusammen und jeder Mensch verfügt nur über begrenzte Zeit, um diesen einzelnen Bereichen Aufmerksamkeit zu widmen. Das Konzept der Work-Life-Balance drückt aus, dass insbesondere eine Balance zwischen den Verpflichtungen des Arbeitslebens und den Tätigkeiten des Privatlebens erreicht werden soll (Resch und Bamberg 2006, S. 171).

Im Folgenden soll auf eine Weiterentwicklung dieses Konzepts eingegangen werden, das darüber hinaus auch die Balance im gesamten Leben thematisiert.

16.1.1 Von der Work-Life-Balance zur Life-Balance: Balance als Lebensphilosophie

Das Leben hängt von Gegensätzen ab und schafft sein eigenes Gleichgewicht. Der Taoismus spricht von dieser Balance in Bezug auf Yin und Yang, welche grafisch als zwei ineinander verschlungene Fische dargestellt werden – ein schwarzer und ein weißer. Alles im Universum ist entweder Yin (weiblich) oder Yang (männlich). Yin und Yang hauchen einander Bedeutung ein, ohne das eine kann das jeweils andere nicht existieren. Man kann beispielsweise nicht von Licht sprechen ohne seine Abwesenheit oder sein Gegenteil, Dunkelheit.

M. Englert (✉)
Leidersbach, Deutschland

M. Englert und A. Ternès (Hrsg.), *Nachhaltiges Management*,
https://doi.org/10.1007/978-3-662-57693-9_16

Viele Menschen haben Erfolg im Beruf, doch beim Versuch, ein erfülltes Leben zu führen, scheitern sie. Sie hetzen von Termin zu Termin, sprinten auf der Karriereleiter nach oben, häufen um sich Wohlstand an. Und eines Tages merken sie: Es fehlt etwas. Kein Wunder: Vielen Menschen fehlt die Lebenskunst der Life-Balance beziehungsweise die Skills für ein glückliches Leben in Balance.

Die heutige Zeit, in der Bewusstsein und Achtsamkeit glücklicherweise immer mehr in den Vordergrund rücken, lädt dazu ein, innezuhalten und Klarheit darüber zu entwickeln, was dauerhaft glücklich und gesund macht. Glücklich sein hat nicht immer nur etwas mit der aktuellen Situation zu tun, es ist viel mehr die innere Haltung, die Lebenseinstellung und das Talent, die richtige Balance zu finden. Die Balance beziehungsweise das Gleichgewicht wird immer öfter angesichts der Vielfalt der übernommenen Rollen, Aufgaben und Themen gesucht. Die richtige Balance ist ein Erfolgsrezept für ein nachhaltig gesundes, glückliches Leben.

Der Begriff Work-Life-Balance ist eine zunehmend verwendete Bezeichnung für verschiedene Themenbereiche, die die Qualität der verschiedenen Arbeits- und Lebensbereiche und deren Beziehung zueinander betreffen (Resch und Bamberg 2006, S. 171). Eine Balance der Hauptlebensbereiche gilt für immer mehr Erwachsene als erstrebenswert, ist jedoch nicht einfach umsetzbar. Eine entsprechende Balance zwischen Beruf und Familie zu finden, war schon immer eine Herausforderung. Zeitpläne führen zunehmend zu einem hektischeren Leben, was sich oft negativ auf Arbeit oder Privatleben auswirkt. Life-Balance beinhaltet den Umgang mit Stress am Arbeitsplatz vor dem Hintergrund des täglichen Drucks von Familie, Freunden und sich selbst. Moderne Mitarbeiter fordern mehr Kontrolle über ihr Leben und ein größeres Mitspracherecht bei der Gestaltung ihrer Arbeitsplätze. Ausgewogene Mitarbeiter sind dabei am Arbeitsplatz motivierter und weniger gestresst. Darüber hinaus impliziert eine Balance aber auch eine harmonische Lebensgestaltung, sodass ein Gespür für die eigenen Wünsche und Bedürfnisse gegeben ist und diese auch im Alltag umgesetzt werden können. Damit sind das Wissen und die Fähigkeiten gemeint, ein Leben so zu führen, dass die Person eine basale Zufriedenheit erlangt (Hoff et al. 2005, S. 197). Das Streben nach persönlichen Zielen gibt dem Leben eines Menschen Sinn, Struktur und Richtung. Es gibt Belege dafür, dass persönliches Engagement bei der Verfolgung wichtiger Ziele und Fortschritte in Richtung für den Einzelnen positiv besetzter Ziele positiv mit dem subjektiven Wohlbefinden und der psychischen Gesundheit zusammenhängen. Es gibt aber auch erhebliche Hinweise auf den Zusammenhang zwischen der Entstehung negativer Stimmungslagen und der Unfähigkeit, die Ziele erfolgreich zu verfolgen. Zudem sind explizite Ziele und implizite Motive nicht immer vereinbar. Einzelpersonen können Ziele verfolgen, die keine entsprechenden impliziten Motive haben. Aber auch ein starkes Bekenntnis zu expliziten persönlichen Zielen kann die Befriedigung impliziter Motive hemmen und letztlich zu emotionalen Problemen führen. Dies legt nahe, dass die Kongruenz zwischen den impliziten Motiven und den bewussten Zielen eines Individuums im Laufe der individuellen Entwicklung auftritt. Eine Übereinstimmung zwischen impliziten und expliziten Motivationssystemen geht mit einer Steigerung des emotionalen Wohlbefindens einher. Positives und nachhaltiges Wohlbefinden kann also dergestalt erreicht werden, dass Menschen persönliche Ziele verfolgen, die mit der Befriedigung impliziter Motive in Einklang gebracht werden (Hofer und Chasiotis 2003, S. 254).

16.1.2 Mind-Body-Balance: Konzepte für ein ganzheitliches Life-Balance-Management

Für das Erreichen der persönlichen Life-Balance ist es empfehlenswert, das Bewusstsein zu stärken, die Gesundheit zu kräftigen und die Körper-Geist-Seele-Einheit in Balance bringen. Einen neuen Blickwinkel auf das Management von Stress oder das Management des eigenen Lebens bietet die Mind-Body-Medizin. Stressbewältigung bedeutet dabei nicht mehr und nicht weniger als die bewusste Schaffung eines Gleichgewichts in einer Welt, in der der Fortschritt ein Ungleichgewicht geschaffen zu haben scheint: zu viel Spannung, zu viele Reize, zu wenig Ruhe, zu wenig Freizeit, zu wenig Bewegung. Die Stressfaktoren der modernen Gesellschaft nehmen objektiv zu. Vor allem aber machen sie keine Pause, sodass Körper und Geist nicht zur Ruhe kommen. Sie beeinflussen Herz und Kreislauf, die Verdauung und nicht zuletzt die Psyche. Wer unter Dauerstress steht, kann nicht in Ruhe essen, entspannt schlafen oder Luxus lieben. Lernen es Menschen nicht, aktiv und bewusst mit den Lebensbedingungen der heutigen modernen Welt umzugehen, sind sie nicht nur mit einem hohen Risiko konfrontiert, an Zivilisationskrankheiten zu erkranken, sondern stehen auch unter innerem Druck. Glücksgefühle entstehen angesichts dieser Belastungen nicht. Es gibt jedoch viele Mittel und Wege, sich den Problemen des modernen Lebens zu stellen, dem heutigen Stress zu begegnen und trotz der Hektik, trotz des Informationsflusses, trotz des Drucks entspannt zu bleiben. Zunächst geht es darum, Stress zu erkennen, etwa an Symptomen wie Konzentrations- oder Gedächtnisstörungen, Humorlosigkeit, Entscheidungsschwäche oder mangelndem Interesse. Im nächsten Schritt sollen wenig förderliche Verhaltensmuster reduziert werden und als Gegengewicht, Stressabbau, Balance und konstruktives Verhalten in das Leben integriert werden (Esch und Esch 2016, S. 1 ff.). Im Mittelpunkt stehen vier Säulen: gesundes Verhalten und Stressabbau (Behaviour), ausreichende Bewegung (Movement), regelmäßige innere Reflexion und Entspannung (Relaxation) und gesunde Ernährung (Nutrition). Es sei darauf hingewiesen, dass sich diese vier Säulen auf den Alltag beziehen. Diese Ideen werden unter dem Begriff Mind-Body-Medizin und integrative Gesundheitsförderung zusammengefasst. Die Körper-Geist-Medizin wird als eine Medizin angesehen, die sich auf die Wechselwirkungen und Beziehungen zwischen Gehirn, Geist, Körper und Seele konzentriert (Esch und Esch 2016, S. 4 ff.).

Somatopsychologie und Psychosomatik beschäftigen sich mit den Wechselwirkungen zwischen Körper, Geist und Seele. Die Somatopsychologie ist das Gegenteil der Psychosomatik, denn während in der Psychosomatik Gefühle und Gedanken körperliche Funktionen nachhaltig stören, können umgekehrt auch organische Erkrankungen eine erhebliche Auswirkung auf emotionale und kognitive Prozesse ausüben. Erkrankungen wie Krebs oder Diabetes, aber auch verschiedene Behinderungen können schwere seelische Beeinträchtigungen nach sich ziehen. Eine wichtige Rolle spielt hier das vegetative beziehungsweise autonome Nervensystem, um die Homöostase beziehungsweise das dynamische Gleichgewicht aufrechtzuerhalten.

16.2 Life-Balance-Coaching

Verschiedene Konzepte des Coachings können Menschen dabei helfen, ihr Leben in Einklang zu bringen. Dies sind beispielsweise das Life Wheel oder die Balanced Scorecard im Life-Balance-Coaching.

Allgemein können mit dem Life-Balance-Coaching Menschen in ihrer Entwicklung und bei ihrer Potenzialentfaltung begleitet und gefördert werden. Das Coaching soll dabei nicht nur bei theoretischen Erkenntnissen stehen bleiben, sondern konkrete Verhaltensweisen im Lebens- bzw. Arbeitsumfeld nachhaltig verändern.

Arbeit als Teil des Lebens hat dabei eine zentrale Stellung:

- Arbeit als Sinnstiftung
- Arbeit als Selbstentwicklung und Selbstverwirklichung
- Arbeit als Stabilisierung des Selbstwertgefühls
- Arbeit als Stabilisierung von gesellschaftlichen Rollen
- Arbeitswelt als Teil des sozialen Netzes
- Arbeit als Strukturierung von Lebenszeit

Life-Balance-Coaching ist daher ein professioneller, individueller Begleitprozess für Menschen in herausfordernden beruflichen und privaten Lebenssituationen. Die Menschen sind dabei selbst Experten für ihre Inhalte, ihr Leben. So entsteht eine lösungsorientierte Zusammenarbeit auf Augenhöhe innerhalb eines geschützten Rahmens.

Der Life-Balance-Coach ist ein vertrauensvoller Sparringspartner und Klärungshelfer und leitet dazu an, eigenverantwortlich einen Umgang mit seinen Angelegenheiten zu finden und so wieder in eine erfüllende Life-Balance zu kommen.

16.2.1 Life Wheel im Life-Balance-Coaching

Das Life-Balance Wheel (siehe Abb. 16.1) ist ein nützliches Coachingtool, das nicht nur zur Kommunikation mit dem Coachee verwendet werden kann, sondern auch zur Visualisierung von Gesprächsinhalten und zur Nutzung anderer Beobachtungskanäle dient.

Das Tool ermöglicht in erster Linie, die persönliche Position in Bezug auf Lebensbereiche wie Arbeit, Familie etc. zu bestimmen, aber auch die persönliche Position der Person einzuschätzen. Das Life Wheel kann in der Phase der Positionsbestimmung und -analyse und bei der Suche nach Lösungen eingesetzt werden. Ziel ist es, eine

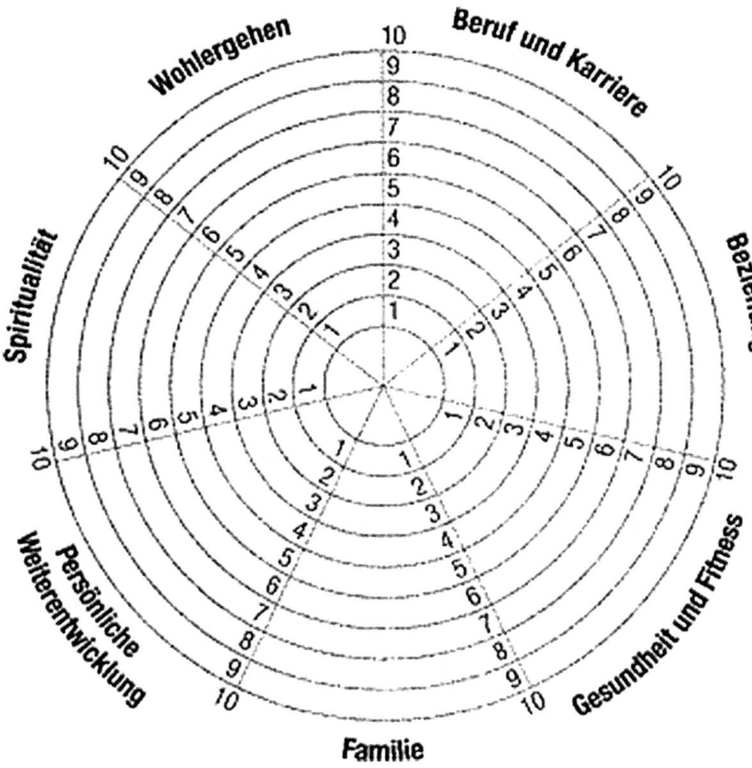

Abb. 16.1 Life Wheel

Bestandsaufnahme der Lebensbilanz des Einzelnen vorzunehmen, um die Ansatzpunkte für ein Coaching zu identifizieren und daraus mögliche Ziele abzuleiten. Der Life-Balance-Coach stellt den Kunden zu einem geeigneten Zeitpunkt im Coachingprozess das Life Wheel mit den einzelnen Lebensbereichen auf einem Blatt Papier (Zeichnung oder bereits vorbereitet) vor. Er bittet den Coachee, für seine aktuelle Situation die Segmente vom Zentrum bis zur Peripherie zu füllen, die zu 100 % in seinem Leben gefüllt sind. Bei 50 % darf er nur die Hälfte der Segmente färben; dann ist die Fläche entsprechend weniger voll und die farbige Fläche liegt nahe der Mitte. Der Coach lädt den Coachee ein, die Ergebnisse kritisch zu hinterfragen. Darüber hinaus können dem Kunden offene, kreisförmige oder hypothetische Fragen dazu gestellt werden, wie „rund" oder „nicht rund" sein Lebensrad ist, sowie Fragen, die ihm helfen, zu entscheiden, wo er etwas bewegen kann. Der Life-Balance-Coach hilft seinem Coachee seinen Lebenszyklus zu vervollständigen und arbeitet mit ihm in den folgenden Bereichen zusammen. Eine Alternative besteht darin, mit dem Rad des Lebens am Boden zu arbeiten. Die sieben Segmente werden mit Abreißband gebildet und die Namen der einzelnen Wohnbereiche in Form von Visitenkarten über den Boden verteilt. Indem der Coach den Coachee einlädt, den zu besprechenden Bereich physisch zu betreten, hilft der Coach ihm auch, eine noch höhere oder intensivere Assoziation mit dem aktuellen Thema zu erreichen. Anstelle der sieben grundlegenden Lebensbereiche können diese oder ähnliche Bereiche auch mit Coachees bearbeitet werden. Es müssen nicht sieben Bereiche sein beziehungsweise die Anzahl der Felder kann frei variieren. Dies hängt davon ab, wie der Coachee die Lebensradkonstruktionen in den einzelnen Lebensbereichen entwickelt (Rauen 2005, S. 153 ff.).

Die zehn Abschnitte des Life-Balance Wheel stellen wichtige Aspekte eines ausgeglichenen Lebens dar. Dabei bewerten Personen ihre Zufriedenheit mit jedem Bereich ihres Lebens, indem sie den Prozentsatz des Keils, der diesen Teil ihres Lebens darstellt, einfärben oder markieren, wobei 0 % nicht schlechter werden könnten und 100 % nicht besser sein könnten. Dabei gilt, dass es einen Bereich oder Bereiche im Leben geben kann, die nicht vorhanden sind (wie eine romantische Beziehung oder gemeinnützige Arbeit), und die Person mit dem Nichtvorhandensein des Bereichs zufrieden sein kann (Fredrickson 2018, S. 1 ff.).

16.2.2 Balanced Scorecard im Life-Balance-Coaching

Die Balanced Scorecard (BSC) wird seit den 1990er-Jahren vielfach in der Unternehmensberatung und im Management eingesetzt. Es handelt sich um eine Methode, mit der eine Geschäftsstrategie unterstützt wird, um relevante und messbare Erfolgsfaktoren in Form von Kennzahlen zu den vier Visionsfeldern Finanzen, Kunde/Markt, Prozesse/Struktur und Lernen/Entwicklung zu identifizieren. Die Methode basiert auf der Erkenntnis, dass Zielstrebigkeit, Messbarkeit der Ziele und die Kommunikation der Unternehmensstrategie, insbesondere in Bezug auf die einzelnen Geschäftsbereiche, wichtige Faktoren für den wirtschaftlichen Erfolg eines Unternehmens sind. Basierend auf dem betriebswirtschaftlichen Konzept der BSC kann eine angepasste BSC auch im Rahmen des Life-Balance-Coachings eingesetzt werden. Sie kann sich unter anderem auf die folgenden Perspektiven stützen: Mission/Vision/strategische Ziele des Kunden, berufliche Perspektive (persönlich und beruflich), die Perspektive „Körper und Gesundheit", die Perspektive „Kommunikation und Beziehungen", die individuelle Perspektive, z. B. Sinn und Spiritualität. Die Entwicklung einer persönlichen BSC beginnt nach der Formulierung einer persönlichen Vision oder Mission und strategischer Ziele in den einzelnen Zukunftsbereichen (z. B. im Bereich Körper und Gesundheit: ich bin gesund und körperlich fit). Nachfolgend wird dies im Rahmen einer Analyse der Stärken und Schwächen sowie der Chancen und Risiken in den jeweiligen Schwerpunktbereichen verdeutlicht. Für die einzelnen Perspektiven werden dabei dann konkrete Ziele (SMARTs) definiert (z. B. mindestens zweimal pro Woche für 20 min joggen). Die Checklisten und ein Vertrag mit sich selbst (Schreibprinzip) dienen der Selbstkontrolle, wobei gleichzeitig die Eigenmotivation zur Erreichung der selbst definierten Ziele in den jeweiligen Perspektivenbereichen unterstützt wird. In der Praxis wird eine Methode der Selbstregulierung und Selbstmotivation auf der Basis von Kennzahlen und Zielen besonders von Führungskräften geschätzt, für die der Vergleich von Zahlen und Zielen Teil des täglichen Lebens ist (Comes 2018, S. 1 ff.).

16.2.3 Kombination Life Wheel und Balanced Scorecard

Die Balanced Scorecard kann mit der Erstellung eines Life Wheel verbunden werden. Das Lebensrad stellt hierbei den Ausgangspunkt dar. Die Zufriedenheit mit den verschiedenen Lebensbereichen wird eingeschätzt, wobei auch eigene Bereiche definiert werden können, die im Life Wheel noch nicht enthalten sind. Nun werden Potenziale herausgearbeitet. Konkret bedeutet dies, dass nach Stärken und Schwächen gefragt wird, also Bereiche, in denen eine hohe oder nur geringe Zufriedenheit gegeben ist. Anschließend werden Chancen und Risiken erarbeitet, die Optionen für Veränderungen aufzeigen können. Dort, wo Veränderungen stattfinden sollen, werden konkrete Ziele definiert. Ein derartiges Ziel kann darin bestehen, dass jemand zweimal in der Woche 30 min schwimmen geht, anstatt sich einfach nur vorzunehmen, mehr Sport zu treiben. Es kann ein Vertrag mit sich selbst geschlossen werden, der motivierend wirkt und alle gesteckten Ziele nochmals veranschaulicht (Comes 2018, S. 1 ff.; Fredrickson 2018, S. 1 ff.).

16.3 Life-Balance-Training

Die Balance zwischen Körper und Geist, die Mind-Body-Balance, kann durch verschiedene Konzepte erreicht werden, etwa Entspannungs-, Bewegungs- bzw. Fitness- und Ernährungskonzepte. Hierbei geht es darum, nicht nur die Symptome einer fehlenden Balance zu behandeln, sondern auch die Ursachen zu betrachten. Durch eine Behandlung der Ursachen können auch die Symptome des Ungleichgewichts verschwinden, wobei jeder Einzelne selbst passende Möglichkeiten finden muss, die je nach Lebensphase anders sein können. Sie fördern, im Sinne von Ospina et al. die Bewältigungskompetenz (Ospina et al. 2007, S. 35 ff.).

Der Life-Balance-Trainer, Mind-Body-Trainer beziehungsweise Mind-Body-Balance-Trainer kann hier beraten und gezielt verschiedene Entspannungs-, Bewegungs- bzw. Fitness- und Ernährungskonzepte anbieten, um die persönliche Mind-Body-Balance und emotionale Balance zu erlangen.

16.3.1 Energy-Balance-Management – Balance trainieren für mehr Energie

Durch Entspannung und Bewegung/Anspannung/Aktivität kann die Balance trainiert werden. Es gibt viele Entspannungs- und Bewegungs- bzw. Fitnesskonzepte, wie z. B.:

- Achtsamkeitstraining (MBSR),
- autogenes Training,
- progressive Muskelentspannung,
- Tanzen (Bachata, Salsa oder Discofox),
- Pilates und
- Zumba,

die dabei unterstützen, in die eigene Balance zu gelangen.

Ein bekannter Ansatz ist die Mindfulness-based Stress Reduction (MBSR). Die Mindfulness-based Stress Reduction ist ein Programm, das Achtsamkeit beinhaltet, um Menschen mit Schmerzen und einer Reihe von Zuständen und Lebensproblemen zu helfen. Entwickelt am University of Massachusetts Medical Center in den 1970er-Jahren von Professor Jon Kabat-Zinn, liegt der MBSR eine Kombination aus Achtsamkeitsmeditation, Körperbewusstsein und Yoga zugrunde, um Menschen zu helfen, achtsamer zu werden (Pickert 2014, S. 40 ff.). Body Scanning ist die erste verlängerte formale Achtsamkeitstechnik und bedeutet, dass man ruhig auf dem Rücken liegt und seine Aufmerksamkeit auf verschiedene Körperregionen richtet, beginnend mit den Zehen und langsam bis zur Spitze des Kopfes. MBSR basiert auf den folgenden Grundsätzen: Nichturteilen, Nichtbewegen, Akzeptanz, Loslassen, Anfängergeist, Geduld, Vertrauen und Nichtzentrieren. Während des Programms werden die Teilnehmer gebeten, sich auch auf die informelle Praxis zu konzentrieren, indem sie Achtsamkeit in ihren Alltag integrieren. Die Konzentration auf die Gegenwart soll die Sensibilität für die Umwelt und die eigenen Reaktionen darauf erhöhen und damit das Selbstmanagement und die Bewältigung fördern (Ospina et al. 2007, S. 35 ff.).

Autogenes Training ist eine vom deutschen Psychiater Johannes Heinrich Schultz entwickelte Desensibilisierungs-Relaxationstechnik, mit der eine psychophysiologisch bestimmte Entspannungsreaktion erzielt wird. Die Technik wurde erstmals 1932 veröffentlicht. Schultz studierte die Selbstberichte von Menschen in einem hypnotischen Zustand und stellte fest, dass physiologische Veränderungen von bestimmten Gefühlen begleitet werden. Die Technik beinhaltet Wiederholungen einer Reihe von Visualisierungen, die einen Zustand der Entspannung induzieren und auf einer passiven Konzentration von Körperwahrnehmungen (z. B. Schwere und Wärme der Arme, Beine) basieren, die durch Selbstsuggestionen erleichtert werden. Die Technik wird zur Linderung vieler stressbedingter psychosomatischer Störungen eingesetzt (Stetter und Kupper 2002, S. 45 ff.).

Die progressive Muskelentspannung (PMR) ist eine nichtpharmakologische Methode der tiefen Muskelentspannung, basierend auf der Prämisse, dass Muskelspannung die psychologische Reaktion des Körpers auf angstauslösende Gedanken ist und dass Muskelentspannung Angst blockiert. Die Technik ermöglicht zu lernen, die Spannung in bestimmten Muskelgruppen zu überwachen, indem man zuerst jede Muskelgruppe anspannt. Diese Spannung wird dann gelöst, da die Aufmerksamkeit auf die Unterschiede gelenkt wird, die bei Anspannung und Entspannung zu spüren sind. Diese Lernsitzungen sind keine Übungen oder Selbsthypnose. Die Trainingseinheiten werden in einem abgedunkelten Raum durchgeführt, in dem sich der Lernende in einer liegenden Position befindet und die Augen geschlossen sind. Die Anweisungen beginnen damit, der Person zu sagen, sie solle sich entspannen und einfach loslassen, sich von Gedanken oder körperlichen Ablenkungen lösen oder versuchen, Probleme zu lösen. In jeder Sitzung überprüft der Lehrer dann die Anspannung einer bestimmten Muskelgruppe. Eine Modifikation der Technik ist das „Biofeedback", bei dem man mithilfe von externen Messgeräten anzeigt, wie erfolgreich man in der Entspannung ist und diese Techniken dann auch ohne Hilfe von externen Messgeräten nutzt. Es wird empfohlen, progressive Muskelentspannung täglich anzuwenden. Die Technik hat ihre eigene Top-down-Sequenz, die mit dem Oberkörper beginnt und bis zu den unteren Teilen reicht. Progressive Muskelentspannungstechnik erfordert ein hohes Maß an persönlicher Motivation, da die Effekte oft erst nach längeren Sitzungen sichtbar werden. Vor Kursbeginn kann es empfehlenswert sein, einen Arzt zu konsultieren, um sicherzustellen, dass ausgewählten Muskelgruppen besondere Aufmerksamkeit geschenkt wird, und um eine Empfehlung für den idealen Kurs zu erhalten (Blanaru et al. 2012, S. 59 ff.).

Auch fernöstliche Methoden, wie beispielsweise Tai-Chi, Qigong und andere, können Stresssymptome gut lindern, die Bewältigung neuer Belastungen erleichtern und dabei unterstützen, in die eigene Balance zu kommen:

Qigong (sprich: Tschi-Gung) ist ein Teil der Traditionellen Chinesischen Medizin (TCM). Qi lässt sich mit Atem, Energie und Lebensenergie übersetzen. Gong bedeutet Pflege, Übung und Arbeit. Ziel von Qigong ist es, die Lebensenergie des Einzelnen zu stärken, ihn körperlich, geistig und seelisch flexibler zu machen. Qigong umfasst mit seinem ganzheitlichen Ansatz gymnastische Elemente ebenso wie meditative Übungen. Geprägt hat den ganzheitlichen Ansatz dieser Art von Energiepflege die chinesische Philosophie mit ihrem dualistischen Weltbild, das um die beiden Pole Yin und Yang kreist. Zunehmend wird Qigong auch in den westlichen Ländern eingesetzt, um Krankheitsverläufe positiv zu beeinflussen, etwa bei Nervenerkrankungen, Krebs, Tinnitus oder Asthma. In der westlichen Schulmedizin gibt es kein wirkliches Pendant zu Qigong, denn Qigong passt eigentlich nicht in das Konzept der westlichen Medizin. Während die östliche Medizin nach den Ursachen sucht, arbeitet man im Westen eher symptomatisch.

Viele Aspekte der Kunst des Qigong sind auch in das Tai-Chi-Chuan eingeflossen. Tai-Chi-Chuan (auch: Tai-Chi, Taijiquan, Taiji oder „Schattenboxen") ist eine hoch entwickelte Form der chinesischen Heilgymnastik und wird mit gleichmäßigen, langsamen und fließenden Bewegungen ausgeführt. Tai-Chi ist Kampfkunst, meditative Bewegungsform mit philosophischem Hintergrund, Heilgymnastik, Atemübung und Meditation in einem. Führt man Tai-Chi (das höchste Prinzip, Lehre von „Yin und Yang") und Chuan (Faust, Form) richtig aus, so aktiviert man die Selbstheilungskräfte des Körpers. Gerade in einer vom Stress geplagten Zeit sind die Übungen des Tai-Chi-Chuan hervorragend dazu geeignet, auf sanfte Art inneres Gleichgewicht und Wohlbefinden zu erreichen – Harmonie für Körper, Geist und Seele.

Nach dem ganzheitlichen Konzept des Tai-Chi-Chuan stehen Körper und Geist durch einen feinstofflichen Körper (Energiekörper) miteinander in Verbindung, sodass die körperlichen Übungen auch Einfluss auf den spirituellen Geisteszustand haben. Das kann nach langem Training dazu führen, sich selbst als ganz verbunden mit der Umwelt und den Mitmenschen zu empfinden. In jedem Fall ist es wichtig, dass man Tai-Chi-Chuan bewusst und konzentriert trainiert. Denn bei den einfach aussehenden Übungen geht es immer um ganz bewusste und gezielte Bewegungs- und Haltungsprinzipien.

Im Prinzip geht es im Tai-Chi-Chuan um die Übung auf folgenden drei Ebenen:

- Körperliche Ebene: Der Körper wird durch die Bewegung trainiert und in geringstmögliche Grundspannung gebracht. Die Muskeln, Gelenke und Sehnen werden gleichmäßig beansprucht und auf diese Weise geschmeidig und flexibel. Durch richtige Atmung wird der Körper optimal entspannt, Haltungsfehler werden korrigiert.
- Energetische Ebene: Der freie Fluss der Energie „Qi" (früher: Chi) wird ermöglicht, körperliche Beschwerden werden gemindert und Spannung fällt ab.
- Geistige Ebene: Innere Konzentration und Ruhe führen zu Ausgeglichenheit und Entspannung des Geistes, zu innerem Frieden und Freude der Seele.

Sobald man diese geheime Alchemie beziehungsweise Kunst kennt, die das Gegenteil, das Widersprüchliche, benutzt, soll man frei sein beziehungsweise hat man eine neue Freiheit erreicht und die Balance folgt einem wie ein Schatten. Dann kann man überall im Leben, in jeder Dimension des Lebens, diese Balance beziehungsweise dieses Gleichgewicht sehr leicht erreichen.

16.3.2 Nutritional-Balance-Management

Eine Nutritional Balance beziehungsweise Balanced Nutrition meint die Balance durch ausgewogene, individualisierte Ernährung. Dabei kann für eine Person ein individueller Ernährungsplan entwickelt werden. Eine ausgewogene Ernährung bedeutet, dass Personen genau die richtige Menge an Kalorien, Makronährstoffen und Mikronährstoffen aus ihrer Ernährung zu sich nehmen. In einem optimalen Ernährungszustand werden alle Ernährungsbedürfnisse befriedigt, ohne den Kalorienbedarf zu überschreiten. Ein stabiles, gesundes Gewicht, ein niedriger Cholesterinspiegel und ein gesunder Blutdruck sind nur einige Anzeichen für eine ausgewogene Ernährung. Hierbei werden nicht nur Gewicht und Menge der Nahrung betrachtet, sondern auch Makronährstoffe. Diese enthalten Fett, Eiweiß und Kohlenhydrate und werden während der Verdauung energetisch abgebaut. Eine ausgewogene Ernährung erfordert, dass Personen genau die richtige Menge von jedem dieser drei Makronährstoffe zu sich nehmen. Proteine und Kohlenhydrate liefern jeweils 4 Kalorien pro Gramm, aber Fett ist eine konzentrierte Energiequelle, die 9 Kalorien pro Gramm bietet. Basierend auf einer 1800-Kalorien-Diät benötigen Personen 40–70 g Fett, 45–158 g Eiweiß und 202–293 g Kohlenhydrate. Ein weiterer Baustein für ein optimales Ernährungsgleichgewicht ist die ausreichende Zufuhr von Mikronährstoffen. Diese Arten von Nährstoffen, die Vitamine und Mineralien sind, sind essenziell für die Körperfunktionen, liefern aber keine Kalorien. Damit Menschen alle benötigten Mikronährstoffe erhalten, müssen sie täglich eine Vielzahl von Lebensmitteln aus allen Lebensmittelgruppen zu sich nehmen. Ein Glas fettarme Milch am

Morgen liefert einen großen Teil des täglichen Kalziumbedarfs. Eine gegrillte Hühnerbrust zum Mittagessen bietet mehrere wichtige Mikronährstoffe, darunter Eisen, Vitamin C und B-Vitamine (Coffman 2018, S. 1 ff.).

16.3.3 Digital-Balance-Management

Beim Digital-Balance-Management geht es darum, durch einen bewussten Umgang mit der Digitalisierung beziehungsweise der digitalen Welt eine Balance zu erreichen. Grundlegend sind dabei Informationen über die neurobiologischen Hintergründe der Selbstdisziplin, auch Willensstärke, Selbstkontrolle oder Impulskontrolle genannt. Im Neokortex wird die Selbstkontrolle im präfrontalen Bereich ausgeübt, wobei diese Gehirnfunktionen erst im frühen Erwachsenenalter reifen. Die Fähigkeit, Impulse zu kontrollieren, scheint heute Voraussetzung für konzentriertes und zielgerichtetes Arbeiten und damit für den beruflichen Erfolg zu sein. Die Impulskontrolle unterliegt jedoch gewissen Ermüdungserscheinungen durch äußere Arbeitsbedingungen, aber auch durch ungeschickte Selbstorganisation. Wer erschöpft ist, kann Versuchungen wie dem Smartphone besonders schlecht widerstehen. Überlastungsanreize sind einer der wichtigsten Stressfaktoren im modernen Leben und können durch ein gutes Informationsmanagement im Unternehmen reduziert werden. Aber auch jeder Einzelne ist persönlich gefordert, seine eigene Selbstorganisation zu überdenken. Je mehr Personen sich den Versuchungen der digitalen Medien durch Gewohnheit, Komfort oder Müdigkeit überlassen, desto weniger Selbstbeherrschung haben sie. Diesem Mangel an Selbstbeherrschung kann entgegengewirkt werden, indem ein digitales Gleichgewicht beziehungsweise eine digitale Balance angestrebt wird. Beim digitalen Gleichgewicht wird die eigene Selbstdisziplin mit Selbstbewusstsein, Selbstdisziplin, Selbstreflexion und Durchsetzungsvermögen umgesetzt, um im Gleichgewicht mit äußeren Bedürfnissen und inneren Impulsen zu bleiben und letztlich ein gutes und persönliches Spiel von Spannung und Entspannung zu erreichen. Zunächst müssen dazu Menschen die persönliche Arbeitsorganisation überdenken. Ziel ist es, das Bewusstsein für die Belastung durch die persönliche Nutzung digitaler Medien zu schärfen. Dieses Vorgehen ist sinnvoll als Einführung in den Lernprozess, denn wer eine Weile offline war und keine Spiele, E-Mails und Social Media hat, wird eine Lebensqualität entdecken, die er aus der Vergangenheit kennt oder in seinem Leben noch nie erlebt hat. Überraschende Emotionen entstehen: Langeweile, Freiheitsgefühle, Angst, etwas zu verlieren, aber auch wirklich befriedigende Kontakte, Spaß an Brettspielen und echter Entspannung, wichtige Dinge zu tun und sensationelle Eindrücke zu erleben. Eine so gestaltete digitale Abstinenz kann bemerkenswerte Erkenntnisse liefern. Personen können sehen, wie viel sie bereits mit ihrem digitalen Gerät gewachsen sind, negative Auswirkungen identifizieren und Probleme deutlich wahrnehmen. Eine geplante und systematische Vorgehensweise ist daher sinnvoll, um eine Verhaltensroutine dauerhaft aufzubauen (Schonert-Hinz 2017, S. 798 ff.).

16.4 Fazit

Das Life-Balance-Management beziehungsweise das Management der Balance des ganzen Lebens ist ein personalisierter, individualisierter und ganzheitlicher Ansatz für nachhaltiges Wohlbefinden. In diesem Zusammenhang kommt es darauf an, dass jeder Einzelne das richtige Konzept oder den richtigen Mix für sich oder seine Lebensphase findet. Dabei kann auch ein Coaching helfen. Life-Balance-Coaching vereint die Elemente Ernährung, Bewegung und Entspannung zu einem ganzheitlichen Konzept unter dem Motto „Wohlfühlen und mehr Lebensenergie". Im Gegensatz zu vielen anderen Ansätzen bietet es einen ganzheitlichen Lösungsansatz durch die Kombination verschiedener Elemente und adressiert alle Problembereiche. Mit diesem Ansatz können die Leistungsfähigkeit und Lebensqualität am Arbeitsplatz sowie im privaten Bereich und damit die Lebensqualität insgesamt verbessert werden. Life-Balance-Coaching ist ein Instrument der Selbsthilfe, z. B. bei Burn-out und Neuorientierung. Es hilft, alte Arbeits- und Lebensweisen zu verwerfen, wenn sich Betroffene nicht mehr gut und beständig fühlen, und einen neutralen, neuen und vielleicht sogar einen Schritt aus dem Alltag heraus zu machen.

Stress, ständige Erreichbarkeit und Erfolgszwang, Verlust der Freude an der Arbeit und das Gefühl, geführt zu werden, sind die ersten, aber wichtigen Zeichen der Veränderung, bevor es zu spät ist und gesundheitliche Folgen drohen. Mit Life-Balance-Coaching als Variante des Businesscoachings können Menschen ihren Blick auf die gesamte Lebenssituation erweitern und klären, wie die verschiedenen Lebensbereiche im Gleichgewicht sind oder wieder ins Gleichgewicht gebracht werden können. Das Coaching darf sich dabei nicht auf theoretisches Wissen beschränken, sondern sollte auch darauf abzielen, das tatsächliche Verhalten im Lebens- und Arbeitsumfeld nachhaltig zu verändern. Es wäre Reduktionismus, wenn Arbeit nur als notwendiges Übel zur Sicherung der wirtschaftlichen Nachhaltigkeit angesehen würde. Allerdings scheinen viele Menschen ihre professionelle Arbeit nur unter diesem Gesichtspunkt zu sehen. Mit Life-Balance-Coaching können die Entwicklung und das Entwicklungspotenzial von Menschen unterstützt und gefördert werden. Seit Langem wird zwischen Arbeit und Leben unterschieden. Inzwischen ist jedoch klar, dass die angebliche Trennung von Beruf und Privatleben zu einem ungesunden Lebensstil beiträgt. Arbeit ist Teil eines gesunden und erfüllten Lebens. Dies kann und darf nicht ausgeschlossen werden. Zum Beispiel steht „Life" für die Vielfalt der Lebenserfahrungen in verschiedenen Bereichen, von privaten, sozialen und natürlich auch beruflichen. „Balance" bedeutet, seine Werte zu klären, sein Potenzial zu entdecken, seine Ressourcen zu nutzen und Leben und Werte bewusst zu gestalten (Hoff et al. 2005, S. 197; Resch und Bamberg 2006, S. 171).

In diesem Balanceakt geht es letztlich darum, bewusst und selbstkritisch eine neue Ordnung in das eigene Leben zu bringen, die unterschiedlichen Komponenten des eigenen Lebens so miteinander zu integrieren und aufeinander abzustimmen, dass man ein Optimum an Lebenszufriedenheit und Gesundheit erreicht. Die einmal gefundene Balance zu halten, ist ein immerwährender Prozess mit unterschiedlichen Prioritäten in den einzelnen Lebensphasen.

Der Life-Balance-Trainer, Mind-Body-Trainer beziehungsweise Mind-Body-Balance-Trainer kann verschiedene ganzheitliche und nachhaltige Entspannungs-, Bewegungs- bzw. Fitness- und Ernährungskonzepte anbieten, um die persönliche Balance zwischen Körper und Geist, die Mind-Body-Balance, als Fundament für ein glückliches Leben in Balance zu erreichen.

Literatur

Blanaru, M., Bloch, B., Vadas, L., Arnon, Z., Ziv, N., Kremer, I. (2012). The effects of music relaxation and muscle relaxation techniques on sleep quality and emotional measures among individuals with posttraumatic stress disorder. *Mental Illness, 4,*59–65.

Coffman, M. A. (2018). What is Nutritional Balance? http://healthyeating.sfgate.com/nutritional-balance-1898.html. Zugegriffen: 23. Mai 2018.

Comes (2018). Coaching mit der Balanced Scorecard (BSC). https://www.coaching-tools.de/fileadmin/tools/media/Freie_Tools/coaching-tool-comes-balanced-score-card-im-coaching.pdf. Zugegriffen: 22. Mai 2018.

Esch, T., & Esch, S. M. (2016). *Stressbewältigung Mind-Body-Medizin Achtsamkeit Selbstfürsorge.* Berlin: MWV Medizinisch Wissenschaftliche Verlagsgesellschaft.

Fredrickson, C. (2018): The life balance wheel. http://www.blackactuaries.org/resource/resmgr/docs/Programs&Events/life_and_balance.pdf. Zugegriffen: 23. Mai 2018.

Hofer, J., & Chasiotis, A. (2003). Congruence of life goals and implicit motives as predictors of life satisfaction: Cross-cultural implications of a study of zambian male adolescents. *Motivation and Emotion, 27,* 251–272.

Hoff, E.-H., Grote, S., Dettmer, S., Hohner, H.-U., & Olos, L. (2005). Work-Life-Abalance: Berufliche und private Lebensgestaltung von Frauen und Männern in hoch qualifizierten Berufen. *Zeitschrift für Arbeits- und Organisationspsychologie, 49,* 196–207.

Ospina, M. B., Bond, K., & Karkhaneh, M. (2007). Meditation practices for health: State of the research. *Evidence Report/Technology Assessment, 155,* 35–37.

Pickert, L. (2014). The art of being mindful. Finding peace in a stressed-out, digitally dependent culture may just be a matter of thinking differently. *Time, 183,* 40–46.

Rauen, C. (2005): 60 Coaching-Interventionstechniken. Bonn: managerSeminare.

Resch, M., & Bamberg, E. (2006). Work-Life-Balance – Ein neuer Blick auf die Vereinbarkeit von Berufs- und Privatleben? *Zeitschrift für Arbeits- und Organisationspsychologie A&O, 49,* 171–175.

Schonert-Hinz, S. (2017). Digitale Balance statt Digital Detox. *ASU Arbeitsmed Sozialmed Umweltmedi, 52,* 796–800.

Stetter, F., & Kupper, S. (2002). Autogenic training: A meta-analysis of clinical outcome studies. *Applied Psychophysiology and Biofeedback, 27,* 45–98.

Marco Englert (MSc, MBA) ist Manager, Coach und Consultant. Er ist Experte für nachhaltiges und digitales Management und steht für ein Excellence-Mindset, das Menschlichkeit, Gleichgewicht bzw. Balance, Innovation und Nachhaltigkeit fördert. Dabei sieht er die Menschen mit ihren Potenzialen und die damit verbundenen Aspekte als die zentralen Treiber für nachhaltig profitables Wachstum.

Er ist der Überzeugung, dass wir aufgrund der digitalen Revolution und dem exponentiellen Innovationswachstum in einer epochalen Zeit leben, dessen Auswirkungen wir noch nicht vollständig erahnen. Mit Begeisterung blickt er auf die aktuellen und zukünftigen Chancen, denn es war noch nie so einfach, gute innovative Geschäftsmodelle, Services und Produkte zu entwickeln. Mit seinem Managementkonzept „Nachhaltige Digitalisierung", das den Menschen in den Mittelpunkt stellt, verbindet er die Kernthemen Digitalisierung und Nachhaltigkeit und macht Organisationen zukunftsfähig.

Herr Englert verfügt über exzellentes Research- und Consulting-Know-How in den Bereichen Unternehmensführung, Marketing, Personalmanagement sowie Projekt-, Qualitäts- und Nachhaltigkeitsmanagement. Als systemischer Business Coach und Managementberater hat er Erfahrung in der Begleitung von Entscheidungsträgern bei komplexen Fragestellungen des beruflichen Alltags. Er ist u. a. zertifizierter Spezialist für Markenkommunikation, Online Marketing Manager, Digital Sales Manager, Employer Brand Manager, Spezialist für HR Compliance, Spezialist für Personalentwicklung und Manager für agile Organisationsentwicklung (Quadriga University) sowie Betrieblicher Gesundheitsmanager (IHK).

17 Sustainable Resources Leadership – Gestaltung der Digitalisierung unter dem Fokus der Nachhaltigkeit

Sibylle Olbert-Bock und Magdalène Lévy-Tödter

17.1 Einleitung

Die Digitalisierung gilt als eine der zentralen Entwicklungen, die auf fast jeder Agenda stehen sollte. Sie spielt sich vor dem Hintergrund bestehender Tendenzen in der Leistungserstellung von Unternehmen ab, beispielsweise der zeitgleichen Forderung nach Effizienz, Innovation sowie Flexibilität.

Mit neuen Formen der Leistungserstellung verändern sich auch die Anforderungen „moderner" Arbeitssituationen an den Einzelnen. Der Arbeitsalltag wird beschleunigt und fragmentiert sein. Er ist bereits heute in vielen Fällen mit einem wachsenden Arbeitsdruck und erhöhten Flexibilitätsanforderungen an den Einzelnen verbunden (Warning und Weber 2017). Zudem wird der Anspruch an Wissen und Handlungskompetenz steigen. Es ergeben sich neue Chancen und Risiken für Mitarbeitende und für ihre Zusammenarbeit.

In der Diskussion stehen „Pessimisten" „Euphorikern" im Hinblick auf Beschäftigungswirkungen (dazu Hirsch-Kreinsen 2016), die Beschäftigungsfähigkeit von Belegschaften und eine moderne Gestaltung von Arbeit gegenüber. Eine ausgewogene Sichtweise ist wichtig, da für viele Unternehmen Mitarbeitende als „humane" und „soziale Kapitalien" ein zentraler Erfolgsfaktor sind. Unternehmen sollten sich u. a. folgende Fragen stellen: Welche Widersprüche bestehen zwischen sozialen und technischen Innovationen und wie lassen sie sich lösen? Welche Rolle kann das Personalmanagement einnehmen, um gute Arbeitsbedingungen bei gleichzeitiger Produktivität

S. Olbert-Bock (✉)
Fachhochschule St. Gallen, IQB, St. Gallen, Schweiz
E-Mail: sibylle.olbert@fhsg.ch

M. Lévy-Tödter
FOM Hochschule für Oekonomie & Management, Hamburg, Deutschland
E-Mail: magdalene.levy@fom.de

M. Englert und A. Ternès (Hrsg.), *Nachhaltiges Management*,
https://doi.org/10.1007/978-3-662-57693-9_17

und Innovationsfähigkeit zu fördern? Was ist ein geeignetes Gesamtkonzept eines Human Resources Leadership der Gesamtorganisation?

Mit Blick auf das Management humaner Ressourcen in Unternehmen ist eine differenzierte Auseinandersetzung mit dem Thema Digitalisierung und dem verbundenen Technologieeinsatz in der Managementliteratur noch zu wenig erkennbar (z. B. Rauterberg und Krebs 2017). Diese Lücke ist überraschend, da die arbeits- und sozialwissenschaftliche Forschung in den letzten Jahren sehr viele Erkenntnisse über die Wirkungszusammenhänge zwischen der Digitalisierung von Arbeitsprozessen und der Performance und Bleibebereitschaft von Mitarbeitenden gesammelt hat. Es sind hierzu eine Reihe an Instrumenten entwickelt worden, mit denen sich die Auswirkungen der Digitalisierung auf Mitarbeitende evaluieren lassen. Sie zu berücksichtigen erfordert eine deutlich interdisziplinäre Entwicklung von Personalstrategien im Kontext der digitalen Transformation und ermöglicht, dass „humane" und „soziale Kapitalien" nachhaltiger Wettbewerbsvorteil von Unternehmen bleiben.

Da die Digitalisierung nicht automatisch mehr Nachhaltigkeit mit sich bringt, aber mit sich bringen kann, sollte sich das Personalmanagement aktiv für eine Balance zwischen ökonomischer und sozialer Nachhaltigkeit einsetzen (dürfen) und die Gesamtführung der Organisation entsprechend entwickeln. Nur so kann Nachhaltigkeit als neuer, auf strategisches HRM folgender Ansatz betrachtet werden (Kramar 2014).

Im Sinne eines Sustainable Human Resources Leadership der Gesamtorganisation gilt es, geeignete Strategien und Politiken für die Gesamtführung zu formulieren, offensichtliche und verdeckte Handlungsfelder zu identifizieren sowie solche Instrumente zu entwickeln und konsequent umzusetzen, die ein „Human Resource Management unter nachhaltiger Perspektive im digitalen Zeitalter" ermöglichen.

HR tritt in einer solchen Vorstellung als „Garant" des nachhaltigen Umgangs mit humanen und sozialen Kapitalien auf. In dieser Rolle bereitet es gemeinsam mit möglichst vielen Akteuren (Mitarbeitende, Mitarbeitervertretungen, externe Experten) eine kompetente und umsichtige digitale Transformation vor.

In diesem Beitrag werden zunächst Entwicklungen im Zuge der Digitalisierung und Handlungsfelder eines Sustainable Human Resources Leadership vorgestellt, die sich daraus ergeben. Eingebettet in diesen Kontext wird ein Vorgehen zur Gewährleistung von Nachhaltigkeit im Zuge von Technisierung und der Gestaltung von Arbeitsprozessen konkretisiert (Abb. 17.1).

17.2 Die „Erwartungsdynamik" im Diskurs der digitalen Transformation

Folgt man zahlreichen Aussagen in den verschiedensten Medien, so ist die „digitale Transformation" in vollem Gang. Tenor der Diskussion ist, dass sich der immer umfassendere Einsatz moderner Technologien ungebremst weiter durchsetzen und somit Produkt-, Prozess-, aber auch Geschäftsmodellinnovationen ermöglichen wird. Die Durchsetzungsfähigkeit wird unter anderem mit wettbewerblichen Chancen in einem

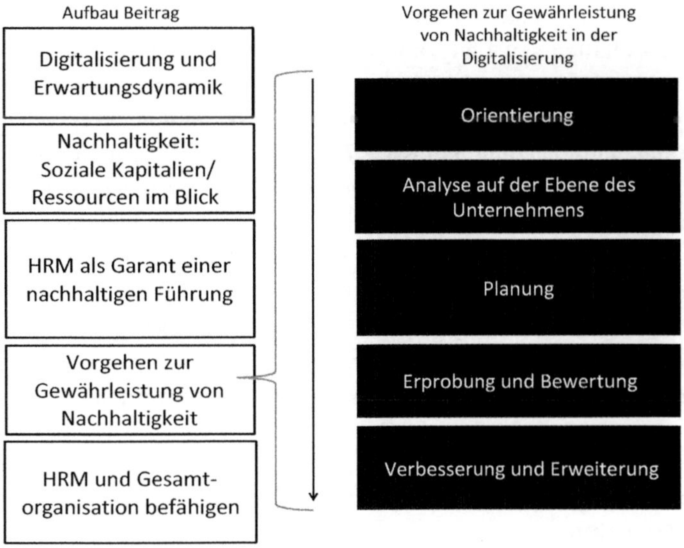

Abb. 17.1 Gesamtaufbau des Beitrags

globalen Wettbewerb für mächtige Player und der Realisierung als „System" begründet, dem sich einzelne Unternehmen oder Personen kaum werden entziehen können. Tatsächlich sehen sich Unternehmen z. B. bezogen auf Industrie 4.0 oft selbst eher als „Getriebene" einer Entwicklung, denn als aktuell „Gestaltende" (Olbert-Bock und Lemm 2017).

Deutlich seltener werden im Mainstreamdiskurs Stimmen laut, die auf mögliche Risiken oder unerwünschte Wirkungen hinweisen, beispielsweise indem Fragen nach der dauerhaften Finanzierbarkeit notwendiger Investitionen bzw. in ihrer Stärke zunehmenden Abhängigkeitsverhältnissen gestellt werden. Abhängigkeiten können durch die Vernetzung interner und externer Maschinen/Betriebssysteme entstehen. Aber auch die Abhängigkeit von funktionierender und störungsfreier Technik kann zu Risiken führen. Selten werden Vollkostenrechnungen zur Beurteilung der Sinnhaftigkeit von Technikinvestitionen erstellt oder Fragen der tatsächlichen Opportunitätskosten einer vereinseitigten technikbezogenen Investitionstätigkeit aufgeworfen.

Zahlreiche Wirkungen auf die Menschen und ihre Zusammenarbeit werden nur wenig aufgegriffen, insbesondere wenn sie sich nur schleichend und erst mit zeitlicher Verzögerung bemerkbar machen. So ist auf das durch die Digitalisierung und die technische Dominanz induzierte Risiko einer „hégémonie culturelle" hinzuweisen, eine durch Vereinheitlichung abnehmende humane und soziale Vielfalt. Die möglichen Konsequenzen für nachhaltige Erneuerung sind vergleichbar zu jenen einer abnehmenden ökologischen Biodiversität.

Zeitgleich gelten humane und soziale Ressourcen als Grundlage nachhaltiger Wettbewerbsvorteile von Organisationen, da Technik kopierbar bleibt und da sich die auf sie bezogenen Strategien beteiligter Konkurrenten in Systemen zwangsläufig annähern.

In Unterschied zu Darstellungen im Managementbereich wird in den Natur- und Ingenieurwissenschaften seit Längerem eine sehr intensive Diskussion darüber geführt, wie man einer durch Unwissenheit begründbaren, vereinseitigten Sichtweise und einer zu hohen Erwartungshaltung gegenüber modernen Technologien entgegenwirken kann. Die Technikfolgenabschätzung befasst sich zum Beispiel mit der Entwicklung von Evaluationskriterien, um die gesellschaftlichen Folgen der Nutzung moderner Technologien zu analysieren. Kennzeichnend für diese Forschungsrichtung ist ein Denken in alternativen soziotechnischen Zukünften, die auf Methoden wie der Szenariotechnik (vgl. Grunwald 2015; Fink und Siebe 2016; Lösch 2016) fußen. Gerade angesichts der hohen Geschwindigkeit und Ungewissheit von Veränderungen im Zuge der Digitalisierung stellen sie eine gute Möglichkeit dar, Konsequenzen für den Menschen sowie die Zusammenarbeit vorwegzunehmen und gestaltend aktiv zu werden.

17.3 Nachhaltigkeit als Maßstab für den Umgang mit sozialen Ressourcen

Digitalisierung und digitale Transformation haben zunächst ein ambivalentes Verhältnis zu Nachhaltigkeit und können sowohl Problem von Nachhaltigkeit als auch Bestandteil der Lösung von Nachhaltigkeitsproblemen (Grunwald 2012) sein. Es wäre deshalb zunächst wichtig, sich neutral mit den gesellschaftlichen Nachhaltigkeitsfolgen der Digitalisierung auseinanderzusetzen und die Frage nach einer gewünschten Entwicklung zu stellen.

Wie Grunwald (2016) anmerkt, gehört der Begriff „Nachhaltigkeit" zu den großformatigen Begriffen wie etwa „Gerechtigkeit". Sie entziehen sich einer empirisch abschließenden Klärung und müssen immer „wieder zwischen Akteuren ausgehandelt und in Bezug auf Folgen für die Praxis interpretiert werden" (Grunwald 2016, S. 29).

Auch die bestehenden Ansätze einer nachhaltigen Führung bzw. eines Sustainable Leadership weisen eine hohe Variationsbreite auf und sind überwiegend in das Organisationsumfeld orientiert. Deutlich seltener wird eine organisationsinterne Perspektive eingenommen, die die organisationseigenen humanen und sozialen Kapitalien/Ressourcen adressiert und die Ziele, Voraussetzungen und Vorgehensweisen eines Sustainable Leadership konkretisiert (Olbert-Bock und Redzepi 2015; Voegtlin und Greenwood 2016).

Die bestehenden Ansätze nachhaltiger Führung in Organisationen integrieren als große Gemeinsamkeit die Aspekte sozialer und ökonomischer Nachhaltigkeit entlang der Triple Bottom Line (so z. B. Hughes und Hosfeld 2005; Quinn und Baltes 2007). Konkret lässt sich nachhaltige Personalführung beispielsweise als konsistente Führung mit dauerhaften Effekten für ökonomischen Erfolg sowie Kompetenzerhaltung, „soziale und physische/psychische Gesunderhaltung" (Olbert-Bock et al. 2013, 2017) verstehen. Die nachhaltigkeitsbezogenen Chancen und Risiken können sich auf diese Zielfelder nachhaltiger Führung beziehen und in Zusammenhang zueinander gebracht werden.

Tab. 17.1 Mögliche Unterscheidung verschiedener Ansätze nachhaltiger Personalführung (Olbert-Bock et al. 2017)

	Nachhaltigkeitsbezogene Motivation	
(Strategische) Grundlogik	Instrumentell-funktional	Verantwortungsorientiert
Erwerbslogik	Mittelfristiger Erhalt der Basis des Erfolgs; Verfügbarkeit und Zugänglichkeit zu Humanressourcen innerhalb und außerhalb der Organisation	Moralischer Umgang mit der Belegschaft
Entwicklungslogik	Langfristige Erhaltung einer Ressourcenbasis; Erhalt der Fähigkeit des Systems, dauerhaft Ressourcen bereitzustellen (z. B. Müller-Christ 2014)	Moralischer Umgang mit dem Umfeld/Vermeidung sozialer Externalitäten (z. B. Mariappanadar 2012)

Weiterhin lassen sich die bestehenden Ansätze im Hinblick auf die ihnen zugrunde liegende personalstrategische Grundlogik und ihre Motivation unterscheiden (Tab. 17.1; Olbert-Bock et al. 2017). Mit der Grundlogik geht es um die Frage, wie Unternehmen beispielsweise unter instrumentellen Gesichtspunkten mit ihrem Personalkörper nachhaltig den Organisationszielen nachkommen wollen.

Leistung und Innovationsfähigkeit sind im Falle einer Entwicklungslogik und starker Nachhaltigkeit anders zu gewährleisten als bei Unternehmen, die einer Erwerbslogik folgen. Im ersten Fall werden den Personalkörper erhaltende Maßnahmen im Vordergrund nachhaltiger Führung stehen. Angesichts einer Erwerbslogik wird beispielsweise einer sichtbaren und gut kommunizierbaren Arbeitgeberattraktivität sowie Incentivierung eine unmittelbare und hohe Bedeutung für die Zugänglichkeit und Verfügbarkeit benötigter personeller Ressourcen zugewiesen. Zwar besteht auch bei starker Nachhaltigkeit ein hohes Interesse daran, die Investitionen in den Ressourcenerhalt und den nachhaltigen Umgang mit humanen und sozialen Ressourcen intern und nach außen kommunizierbar zu machen. Im Vordergrund stehen jedoch die tatsächlichen Gegebenheiten der Vereinbarkeit zwischen aktueller Leistung und Ressourcenerhaltung.

Die Logiken folgen unterschiedlich weitreichenden Auffassungen humaner/sozialer Kapitalien bzw. Ressourcen. Beides unterscheidet sich darin, ob der unmittelbar verwertbare Teil humaner Ressourcen, aus denen das Unternehmen aktuell einen Nutzen zieht, in die Betrachtung eingeht (Osranek und Zink 2014) oder darüber hinausgehend verfügbare Dispositionen für die künftige Leistungserbringung Berücksichtigung erfahren (Olbert-Bock et al. 2017).

Durch Rückkopplungseffekte zwischen Technologie und Mensch hat die aktuelle Gestaltung der fortschreitenden Digitalisierung Konsequenzen für die späteren Möglichkeiten, humane und soziale Ressourcen nachhaltig zur Leistungserbringung zu nutzen (Olbert-Bock 2016; Olbert-Bock et al. 2016). Insofern wäre es sinnvoll zu überlegen, ob aktuelle Handlungen im Zuge der Digitalisierung so ausgeführt werden, dass die Ressourcenbasis für künftigen Erfolg – im Hinblick auf Kompetenzerhaltung, soziale und physische/psychische Gesundheit – erhalten bleibt, insofern ein langfristiges Überleben des Unternehmens angestrebt wird.

Angesichts der Vernetzung zu Gesamtsystemen im Zuge der digitalen Transformation entstehen zunehmend Risiken außerhalb der traditionellen Organisationsgrenzen. Manche neuen Geschäftsmodelle tragen kurzfristig zu hohem ökonomischen Erfolg bei. Aufgrund einer zu geringen sozialen Nachhaltigkeit und rechtlicher Problematiken können sie zeitverzögert sogar den Verlust der „license to operate" nach sich ziehen oder Unternehmen zumindest zu einer Anpassung ihres Modells zwingen (wie z. B. im Falle von Uber).

Digitalisierung ist vielfach eher von schleichenden Prozessen einer langsamen Evolution gekennzeichnet (Barthelmäs et al. 2017). In ihrem Ergebnis der digitalen Transformation hat sie dennoch erhebliche soziale Konsequenzen und vieles deutet auf eine Revolution (Olbert-Bock et al. 2017; Bley und Leyh 2016) und bisweilen Disruption hin.

Unter verschiedenen Gesichtspunkten kann es daher wichtig sein, den Prozess der Digitalisierung mit Blick auf Menschen und Zusammenarbeit proaktiv und systematisch zu gestalten. Es müssen neue Instrumente entwickelt bzw. genutzt werden, um die Auswirkungen und Rückkopplungseffekte einzelner Maßnahmen trotz vieler Unsicherheiten systematischer als bisher zu analysieren. So wird später im Zusammenhang mit der Szenariotechnik dargestellt, wie Wirkungen bis hin zu Externalitäten bereits bei der Analyse von Schlüsselfaktoren im Umfeld des Unternehmens ausgelotet werden.

17.4 Verantwortungskompetenz und -übernahme für Human Resources

Im Unternehmenskontext haben digitale Transformation und Digitalisierung aktuell und künftig mittelbare und unmittelbare soziale Konsequenzen. Fehlende Nachhaltigkeit bzw. das Eintreten von Risiken auf Kompetenz, Gesundheit, Engagement oder auf die Qualität von sozialen Beziehungen wirken sich für die Betroffenen selbst aus, vor allem aber auch auf die langfristige Leistungs- und Innovationsfähigkeit von Unternehmen (Olbert-Bock et al. 2017). Bestehende Chancen werden u. U. nicht weitreichend genug genutzt. So gehen beispielsweise verbesserte Möglichkeiten zur Weiterentwicklung der Fähigkeiten und Fertigkeiten von Mitarbeitenden oder zu ihrer Unterstützung im Arbeitsprozess noch wenig in die Überlegungen von Unternehmen ein (Olbert-Bock und Lemm 2017).

Schon jetzt können Arbeitgeber und Arbeitsbestimmungen mit dem digitalen Wandel kaum mithalten. Wahrscheinlich beschleunigt sich das Tempo der Veränderung weiter. Bisher werden auf den Menschen und die Zusammenarbeit gerichtete Fragestellungen in Unternehmen allenfalls verstreut oder gar nicht aufgegriffen. Es ist sinnvoll, sie gebündelt aufzugreifen, die verschiedenen Beteiligten an einen Tisch zu holen und die damit verbundenen Aufgaben in der Organisation systematisch anzugehen.

In den letzten Jahren wurde vielfach die „Abschaffung“ einer Funktion HRM gefordert, da die von ihr übernommenen Aufgaben angeblich durch den Einsatz moderner Technologien durch diese selbst, Mitarbeitende oder Führungskräfte übernommen werden könnten. Tatsächlich ist das HRM in vielen Unternehmen auf administrative sowie personalbeschaffende Funktionen reduziert (Amman et al. 2017) und entspricht oft nur wenig den vielfältigen Rollenvorstellungen, die einzunehmen seit Jahren gefordert wird.

Insbesondere mit Blick auf die digitale Transformation ist fraglich, für welche Unternehmen eine Abschaffung der Funktion HRM sinnvoll ist. Angesichts der Wirkmächtigkeit von Technologien auf Menschen und Zusammenarbeit sowie des hohen Grads an Unwissenheit und den verbundenen Unwägbarkeiten scheint zumindest für Unternehmen der Aufbau eines starken und aktiven Fürsprechers für humane und soziale Ressourcen sinnvoll, der einer starken Nachhaltigkeit folgt. Es besteht ein Zusammenhang zwischen der Beteiligungsorientierung und Innovationsfähigkeit eines Unternehmens. Betriebliche Mitbestimmung trägt zu einer Erhöhung von Transparenz, Aufbau von Vertrauen der Beschäftigten und einer Verhinderung von negativen Folgen technischer Veränderungen bei, wenn die entsprechende Professionalität z. B. bei Betriebsräten (Pfeiffer 2014) oder eben im HRM besteht. Auch sind Kreativität und Innovation an verfügbare Spielräume in der Leistungserstellung gebunden.

Das HRM könnte entsprechend als „Garant“ für einen nachhaltigen Umgang mit humanen und sozialen Kapitalien/Ressourcen im digitalen Wandel auftreten. Als solcher muss es in der Lage sein, neuartige Herausforderungen (wie z. B. veränderte Belastungen, Bewertungen von Wissensarten und Zusammenarbeit, tatsächliche Umsetzung kompetenzentwickelnder Maßnahmen angesichts bestehender Kurzfristziele) zu erkennen und auf sie bezogen gestaltenden Einfluss im Unternehmen auszuüben.

Das sehr umfassende Verständnis von Human Resources Management von Voegtlin und Greenwood (2016, S. 182) bildet einen guten Ausgangspunkt für die Gestaltung eines Sustainable Human Resources Leadership. Sie verstehen HRM als „institutions, discourses and practises focused on the management of people within an employment relationship enacted through networks comprising multiple public and private actors“ und integrieren damit sowohl Aspekte einer direkten als auch indirekten Führung (Olbert-Bock et al. 2017). Es lässt sich um eine systematische strategische und politische Gestaltung anreichern.

Während dem HRM Verantwortung für die Mitformulierung geeigneter Politiken und Strategien zukommt, die Befähigung der Organisation zu einer HR- und nachhaltigkeitsstrategiekonformen digitalen Transformation, die Bereitstellung unterstützender Instrumente in wesentlichen HRM-Prozessen sowie der Versorgung der Organisation mit relevantem Wissen, liegt die tatsächliche Umsetzung und ergebnisorientierte Anwendung der Praktiken eines Sustainable Human Resources Leadership in den Zuständigkeiten der Führungskräfte, der Mitarbeitenden und der IT.

Im Zuge der Digitalisierung ist darüber hinausgehend im Zusammenhang mit zunehmender Prozessintegration die Reichweite der Zuständigkeit des HRM neu zu bestimmen. Angesichts moderner Organisationsformen und ihrer wachsenden horizontalen und vertikalen Integration ist festzulegen, für welchen Personenkreis das Unternehmen Verantwortung tragen will. Neben den klassischen Personengruppen könnte sich eine Mitzuständigkeit ergeben für z. B. die Beschäftigten von Lieferanten, zunehmend auch Kunden oder mit Blick auf „flexible staffing" Freelancer und Leiharbeitnehmende. Bezogen auf Mitarbeitende unter verschiedenen Vertragsarten sowie mit den Partnern sind Netzwerke und Zusammenarbeitsmodelle zu gestalten (z. B. mit den Komponenten-/Modulherstellern).

Die Entwicklung von „soziotechnischen" Systemen gelingender Zusammenarbeit ist eine Kernaufgabe des HRM. Aufgrund der weiteren Beschleunigung steigt die Bedeutung vorausschauenden Handelns und die frühzeitige Antizipation relevanter technischer Entwicklungen und Trends für eine nachhaltige Personalführung weiter an. Spätestens nach einer ersten Orientierung über die wesentlichen wirtschaftlich-technischen Digitalisierungsziele gilt es damit, einen Blick auf das soziale System zu werfen. Elemente dessen sind die ausgewogene Betrachtung von Chancen und Risiken der angestrebten Veränderungen für die humanen und sozialen Ressourcen sowie die Nutzung von alternativen Szenarien bei der Entscheidungsfindung. Aus ihnen lassen sich Rückschlüsse für die konkrete Umsetzung ziehen.

Konkret sind folgende zentrale Fragen zu klären:

- Welcher HR-Strategie folgt ein Unternehmen, wie findet die Technisierung statt und wie steht beides zueinander bzw. sollte beides zueinander stehen?
- Wie lassen sich konkrete Chancen und Risiken der Automatisierung bzw. Technisierung selbst sowie der Gestaltung von Arbeitsprozessen im Vorfeld bewerten, damit darauf gestaltend Einfluss genommen werden kann?
- Wie kann der Transformationsprozess angesichts der bestehenden Erwartungshaltungen gestaltet und begleitet werden?

17.5 Ansatz zur systematischen Berücksichtigung von Risiken sozialer Nachhaltigkeit

Ansätze zu verschiedenen Folgenabschätzungen sind zwar in vielfältiger Hinsicht auf politischer und gesellschaftlicher Ebene als gängige Praxis diskutiert. Ihre Anwendung auf die Digitalisierung im betrieblichen Umfeld erfolgt bisher jedoch eher zurückhaltend.

In der englischsprachigen Nachhaltigkeitswissenschaft (Leach et al. 2010) wird in Analogie zu Ansätzen der Technikfolgenabschätzung mit „alternativen Pathways" gearbeitet, um Entscheidungen im Sinne der Nachhaltigkeit trotz unsicheren Informationsstands treffen zu können. Dabei unterscheiden sie mehrere Formen von „Risiken" je nach Unwissenheitsgrad. Unwissenheit kann sich sowohl auf die Wirkungen z. B. von Technologien selbst als auch auf Unwissenheit über die Eintrittswahrscheinlichkeit beziehen.

Fragestellungen der Nachhaltigkeit weisen der Einschätzung von Leach et al. (2010) nach oft einen Mangel an Bewusstsein über mögliche Auswirkungen von Veränderungen sowie ihre Eintrittswahrscheinlichkeiten auf. Dies scheint auch der Fall zu sein für die bestehende Diskussion der Wirkung von Technikeinsatz auf Mensch und soziale Systeme in Unternehmen. Umso wichtiger ist es, in einem ersten Schritt die nachhaltigkeitsbezogenen Chancen und Risiken überhaupt ganzheitlich zu erfassen. Die Perspektiven der diversen Akteure (hier: Mitarbeitende, Unternehmen, externe Unternehmensberater, Medien, Wissenschaftler, Politik) werden im Vorfeld in die Analyse einer Veränderung und in ihre Umsetzung mit einbezogen. Über die von ihnen wahrgenommenen Chancen und Risiken hinausgehend, spielen ihre Diskurse (Narratives) über die einzelnen Chancen und Risiken eine zentrale Rolle für die sinnvolle Gestaltung und spätere Umsetzung von Veränderungen.

Die Beteiligung eines möglichst großen Personenkreises verzögert zwar den Entscheidungsprozess, vermindert aber das Ausmaß sog. Widerstands und die mit ihnen verbundenen Verzögerungen im späteren Prozess der Umsetzung. Indem man die Personen „mitnimmt", auf die man im Zuge der Digitalisierung angewiesen ist, erwerben sie zudem anteilig die für eine Fortbeschäftigung notwendigen Kompetenzen.

Die Analyse nachhaltigkeitsbezogener Risiken nach Leach et al. (2010) verläuft in insgesamt fünf Schritten: In einem Schritt 1 soll klargestellt werden, welche Akteure in einer Organisation die Treiber eines Changevorhabens sind. In einem Schritt 2 findet eine Analyse der Frames der verschiedenen Parteien statt. Es geht hier hauptsächlich um Werte, Haltungen und Erwartungen. Das Handeln der verschiedenen Parteien sollte im Mittelpunkt von Schritt 3 der Analyse stehen. Die Analyse des Handlungsrahmens ist im Schritt 4 relevant, um den eigenen Handlungsraum zu ermessen. Zuletzt werden gemeinsam mit den verschiedenen Parteien in der Organisation die sogenannten alternativen Pathways entwickelt.

Einen weiteren wesentlichen Baustein und den inhaltlichen Kern der Analyse bilden mit Schritt 2 die Fragestellungen, wie bisher mit der Technisierung bzw. der Gestaltung von Arbeitssituationen und den mit ihnen verbundenen Chancen und Risiken umgegangen wurde sowie welche Annahmen und Leitbilder des Mensch-Technik-Verhältnisses den unternehmensinternen Dialog prägen. Geht es um Technikdominanz oder die Gestaltung eines bestmöglichen Zusammenspiels zwischen Mensch und Technik? Geht es um Selbstständigkeit oder eher Kontrolle? Geht es eher um Standardisierung oder um Variabilität im Vorgehen?

Die Analyse setzt voraus, dass eine Differenzierung zwischen den einzelnen Begriffen wie Digitalisierung, Technisierung, Automatisierung oder digitale Transformation stattfindet. Während die „Digitalisierung" die Integration von rechenbasierten Leistungen (Verfügbarkeit von Daten der Menge und dem Zeitpunkt nach [Daten in Echtzeit], Möglichkeiten der Datenspeicherung, Algorithmen und künstliche Intelligenz) sowie physische und soziale Prozesse in Mensch-Maschine-Netzwerken/-Systemen betrachtet, verweist der Begriff „digitale Transformation" auf die durch ihre Umsetzung veränderte Wertschöpfung von Organisationen. Ursprünglich vor- und nachgelagerte sowie unterstützende Prozesse werden zu einem ganzheitlichen und teilweise selbstlernenden Wertschöpfungsnetzwerk integriert (vertikal: Integration ursprünglich unterstützender in wertschöpfende Prozesse; horizontal: Integration von Kunden- und Lieferantenprozessen).

Automatisierung und Technisierung werden häufig als Teil der Digitalisierung interpretiert (Schlick 2015).

Wie bereits dargestellt, findet Technisierung im Sinne von Automatisierung oft ohne eine frühzeitige Integration von Überlegungen statt, die sich auf humane und soziale Ressourcen beziehen. Bestehende Trends der Gestaltung von Leistungsprozessen üben einen hohen Erwartungs- und Umsetzungsdruck aus.

Die eigenen Entscheidungsspielräume sind jeweils unterschiedlich, sodass entweder eher über flankierende Maßnahmen nachgedacht werden kann oder die Möglichkeit besteht, die Relevanz angedachter Veränderungen für die eigene Organisation sowie ihre grundlegenden Chancen und Risiken in einem frühen Stadium zu bewerten und Handlungsalternativen zu wählen.

In jedem Fall ist der Einsatz moderner Technologien mit verschiedenen Wirkungen entlang der Wertschöpfungsprozesse verbunden. Was beispielsweise an einer Stelle des Prozesses als zusätzliche Belastung erscheint, kann zu einem späteren Zeitpunkt entlastend wirken. Infolgedessen ist es notwendig, den gesamten Prozess in den Blick zu nehmen.

Die Vorgehensweise von Leach et al. (2010) unterscheidet sich zum einen von den üblichen Vorgehensweisen des Changemanagements, indem der Analyse der Perspektiven der verschiedenen Parteien eine wesentliche Rolle zukommt.

Zum anderen werden im anschließenden dritten Schritt die bestehenden Vorgehensweisen im Umgang mit Auswirkungen der z. B. technischen Veränderungen in ihrer Angemessenheit hinterfragt: Handlungsstrategien sind je nach Art des zeitlichen Auftretens einer Wirkung sowie der angestrebten Form im Umgang mit ihnen zu bestimmen. Es lassen sich einmalige Schockereignisse unterscheiden, auf die im Falle des Eintretens reagiert werden kann, von dauerhaften Entwicklungen, deren Ursachen unter Kontrolle gehalten bzw. gebracht werden sollten. Als adäquate Strategie im Umgang mit einmaligen Ereignissen wird die Förderung von Resilienz erachtet. Bezogen auf dauerhafte Entwicklungen werden Strategien als angemessener betrachtet, ihre Ursachen und Einflussfaktoren zu kontrollieren (Leach et al. 2010).

Ein Bewusstsein der eigenen, oft impliziten Handlungsstrategien im Umgang mit den Folgen neuer Technologien und die bewusste Wahl alternativer, ggf. angemessenerer Handlungsstrategien stellt in Form reflexiver Prozesse einen höherwertigen Lernprozess der Gesamtorganisation dar. Mit der Beteiligung verschiedener Personengruppen ermöglicht er zudem mehr Nachhaltigkeit, indem eine ausgewogene Berücksichtigung von Risiken und Chancen stattfindet. Übertragen auf die Thematik der digitalen Transformation und den Erhalt der sozialen Systeme im Unternehmen bedeutet dies, dass negative Themen wie Isolierungsängste, Langeweile, Burn-out genauso wie positive Aspekte (z. B. administrative Erleichterung) der Digitalisierung in den Blick kommen.

Zunehmend entwickelt sich damit eine Basis für fundierte Entscheidungen und eine systematische Gestaltungskompetenz an der Schnittstelle Mensch(en)-Technologie. HRM kann in der Moderation solcher Prozesse als Enabler einer „menschgerechten" Gestaltung des digitalen Wandels fungieren.

Wie dies konkret als Gesamtprozess geplant werden kann, wird das Objekt des nächsten Abschnitts sein.

17.6 Phasen von der Planung bis zur Evaluation der digitalen Transformation mit Blick auf die humanen Ressourcen

Nachhaltiges und verantwortliches Handeln mit Blick auf die humanen und sozialen Ressourcen einer Organisation bedeutet, dass man sich im Vorfeld der Implementierung von Technologien mit ihren Chancen und auch Risiken auseinandersetzt. Um Zukunft zu planen, empfiehlt sich die Formulierung von Szenarien. Als Gesamtvorgehensweise, um Technologieeinsatz im Hinblick auf seine Wirkungen zu analysieren und nachhaltigere Lösungen zu entwickeln, bietet es sich an, den Ansatz von Leach et al. (2010) mit der Analyse von Szenarien zu kombinieren.

Eine sichere Analyse der Wechselwirkungen zwischen verschiedenen Folgen der Digitalisierung lässt sich dennoch im Vorfeld kaum realisieren. Manche Unternehmen greifen aus diesem Grund auf ein Reallabor zurück, d. h., dass die Veränderung nur in einem Bereich des Unternehmens und unter wissenschaftlicher Begleitung und mit einem partizipativen Ansatz getestet wird. So können die geplanten Maßnahmen zunächst in Pilotversuchen umgesetzt und Erfahrungen mit den tatsächlichen Wirkungen gesammelt werden.

Die Planung und Umsetzung von Veränderungen lässt sich als mehrphasiger Prozess darstellen. In ihm werden, wie beispielhaft in Abb. 17.2 dargestellt, ausgehend von der systematischen Analyse der Chancen und Risiken angedachter oder bestehender Entwicklungen, weitere Verfahren kombiniert, die eine alternative Gestaltung und Umsetzung von Veränderungen vorbereiten können.

Phase 1:

Orientierung über Trends der digitalen Transformation, Merkmale, bestehende Handlungen und Wirkungen des Technikeinsatzes/der Gestaltung von Leistungsprozessen/Arbeit.

In einer ersten Phase sind folgende Fragestellungen zu klären:

- Welche Trends beeinflussen uns, welche Technologien sollen eingesetzt werden und/oder welche Gestaltung der Leistungsprozesse ist anvisiert?
- Welche Entwicklungen und Trends sind tatsächlich für uns relevant?
- Wer sind die Treiber und wer die Betroffenen der Digitalisierung?

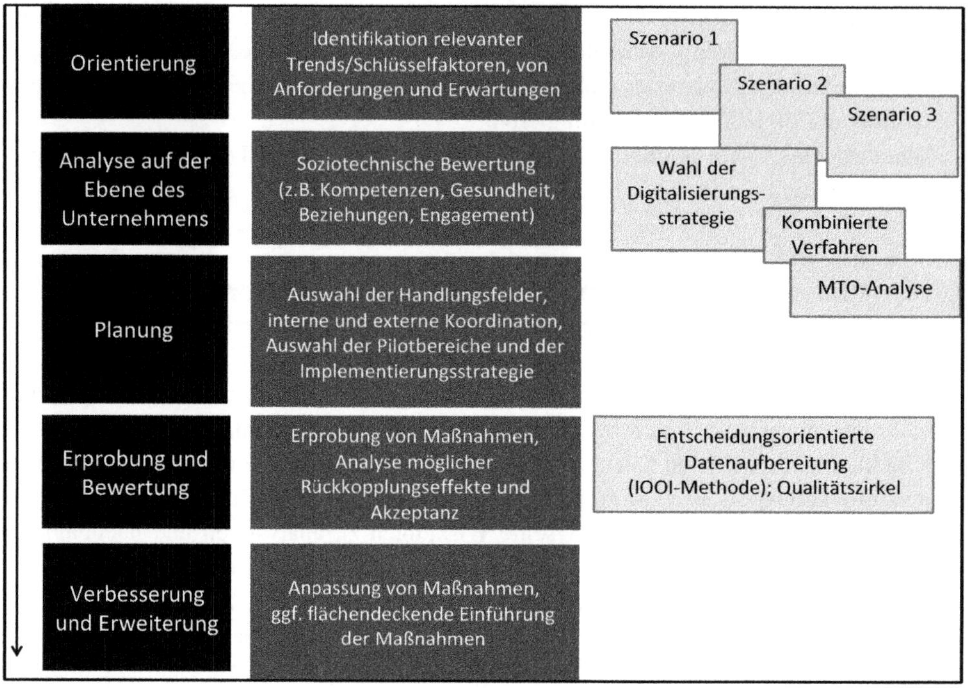

Abb. 17.2 Vorgehensweise zur systematischen Berücksichtigung von Risiken sozialer Nachhaltigkeit

- Wie wird mit Blick auf den Einsatz von Technologien/die Gestaltung der Leistungsprozesse und die damit für Menschen und Zusammenarbeit verbundenen Chancen und Risiken bisher gehandelt (reaktiv oder aktiv gestaltend)?
- Welche Erwartungen bestehen mit Blick auf den Technologieeinsatz aus Sicht verschiedener Beteiligter kurz- und langfristig?

1. *Trends der digitalen Transformation identifizieren*
Wie bereits angesprochen, führt die öffentliche Diskussion (Medien, Wirtschaft, Politik) zu einem hohen Erwartungsdruck gegenüber Unternehmen. Innerhalb des Unternehmens gibt es ebenfalls unterschiedliche „Narrative" zu digitaler Transformation. Damit ein Unternehmen sich nicht von einem „digitalen Fieber" mitreißen lässt, ist es wichtig, über die unternehmensspezifische Zukunftsfähigkeit nachzudenken. Neben Fragestellungen der Technisierung und Automatisierung von Produktion und Dienstleistungserstellung bestehen weitere Entwicklungen bzw. Megatrends.

Es sind daher zu Beginn des Prozesses Fragen zu klären, welche technologischen Entwicklungen, aber auch welche weiteren Entwicklungen bzw. Megatrends eine Auswirkung auf das Unternehmen oder seine Bereiche und die Arbeitsorganisation und -prozesse haben werden, wie etwa der demografische Wandel und soziale Veränderungen.

Die (ökonomische) Zukunftsforschung befasst sich seit Längerem mit der Aufgabe, u. a. Unternehmen bei der Analyse relevanter Einflussfaktoren in der Zukunft zu unterstützen (Gerhold et al. 2015; Müller-Friemauth und Kühn 2017). Ein verbreitetes Instrument dieser Fachrichtung ist die Szenariotechnik. Die Szenariotechnik bezeichnet ein Verfahren, in dem „Szenarien auf einer systematischen und vollständigen Verknüpfung von möglichen Entwicklungen einzelner Schlüsselfaktoren" (Fink und Siebe 2016, S. 49) basieren. Das Verfahren unterscheidet sich von den gängigen normativen Szenarien der Diskussion zur digitalen Transformation dadurch, dass induktiv vorgegangen wird. Ziel der Szenariotechnik ist es, nach einer gründlichen Analyse relevanter Schlüsselfaktoren für das Unternehmen und deren Wechselwirkungen mehrere Zukunftsprojektionen bzw. Szenarien zu entwickeln. Die Szenarien sollen als Dialoginstrument für den Austausch über die eigene Arbeitswelt der Zukunft dienen.

Bei einer Analyse zukünftiger Trends beispielsweise der ScMI AG (2017) im Zusammenhang mit der Digitalisierung in der Arbeitswelt ließen sich beispielsweise folgende Trends als Schlüsselfaktoren identifizieren: Arbeitsorganisation, Kommunikationstechnologien, berufliche/private Mobilität, Datenschutz. In einem ersten Schritt sollten die Führungskräfte der relevanten Firmenbereiche entscheiden, welche Trends als Schlüsselfaktoren für das Unternehmen relevant sein können. In einem zweiten Schritt wurde die Frage behandelt, wie sich die einzelnen Schlüsselfaktoren in der Zukunft entwickeln können. Bezogen auf den Schlüsselfaktor „Arbeitsorganisation" konnte man auf der Grundlage von zwei Dimensionen/Achsen (z. B. Grad an Flexibilität/Grad der Vielfalt der Arbeitsaufgaben) vier Projektionen durchführen. Diese einzelnen Zukunftsprojektionen der verschiedenen Schlüsselfaktoren wurden in einem dritten Schritt zusammengesetzt. In einer abschließenden „Konsistenzanalyse" (Fink und Siebe 2016, S. 100) wurde gemeinsam in einem Team beurteilt, wie die einzelnen Zukunftsprojektionen zueinander passen. Dabei werden die Konsistenz und die Wechselwirkung zwischen den verschiedenen Schlüsselfaktoren mittels Datenmatrix analysiert. So wird z. B. sichtbar, wie stark der Faktor „Arbeitsorganisation" die anderen Faktoren beeinflusst und wie stark er von anderen Faktoren beeinflusst wird. So entstanden in diesem vierten Schritt mögliche Szenarien. Sie projizieren verschiedene Zukünfte und lassen ihre Bewertung zu.

Vorteil dieses Verfahrens ist es, das lineare Denken zu verlassen, alternative Strategiepfade (Fink und Siebe 2016, S. 190) zu identifizieren und mögliche Chancen und Risiken der digitalen Transformation für Unternehmen in einem frühen Stadium mit zu berücksichtigen. Es ermöglicht auch, innerhalb des Unternehmens die Frames der diversen Gruppen (HR-Gestalter, Mitarbeitervertretung, Mitarbeitende) zu den Schlüsselfaktoren offenzulegen und die Perspektive der anderen besser zu verstehen. Da das Verfahren aufwendig ist, bietet sich die Hilfe externer Berater oder von Hochschulen für die Durchführung der Analysen an.

2. *Frames der Digitalisierung verstehen und bewusst orientieren: Digitalisierungs-/Automatisierungsgrad eines Unternehmens(-bereichs)*
Bestehende Handlungsmuster eines Unternehmens(-bereichs) lassen sich am bestehenden Digitalisierungs-/Automatisierungsgrad sowie der Art und Weise der technologischen Gestaltung erkennen.

Es bestehen zwei grundlegende, sehr unterschiedliche strukturelle Muster technologischer Gestaltung. Im Produktionsbereich werden sie beispielsweise unter den Begrifflichkeiten eines „Automatisierungs-“ und eines „Werkzeugszenarios“ unterschieden (Ittermann und Niehaus 2015). Im ersten Fall übernehmen Roboter große Anteile des Produktions- oder Fertigungsprozesses. Mitarbeiter führen die restlichen Aufgaben aus, die nicht automatisiert werden können. Es kann infolge sowohl zu einem Zuwachs von einfacher als auch von höherwertiger Arbeit kommen. Im Werkzeugszenario (Technologie als Werkzeug) wird der gewerbliche Mitarbeiter lediglich von Industrierobotern unterstützt. Er behält die Kontrolle über die Produktionsabläufe. Angesichts der wachsenden Bedeutung künstlicher Intelligenz und lernender Systeme bleiben darüber hinausgehend zunehmend komplexe und immer wieder neuartige Tätigkeiten übrig, die der Maschine unbekannt oder für sie schwer beherrschbar sind, wenn sich z. B. ein Fehler im technischen Teilsystem bemerkbar macht. Hier wird ein Optimum der Mensch-Maschine-Allokation darin gesehen, die jeweiligen Stärken von Menschen und Maschinen in einem „Interaktionsszenario“ bestmöglich zu nutzen und daran orientiert Arbeit neu zu definieren. Dies liegt z. B. in der hohen Effizienz in der Verarbeitung objektiver Daten aufseiten der Maschine in Kombination mit der menschlichen Fähigkeit, relevantes Wissen basierend auf Erfahrung zu erkennen und zielgerichtet situationsadäquat neu zu kombinieren.

Die dargestellten Formen der „Mensch-Maschine-Allokation“ lassen sich in ihrem Grundprinzip auf andere Funktionsbereiche eines Unternehmens übertragen. Dort werden seltener Roboter eingesetzt, sondern eher digitale Systeme, die den Mitarbeiter ergänzen, entlasten oder ersetzen. Sehr deutlich erkennbar wird dies im Falle des Homeoffice, bei dem theoretisch die Möglichkeit besteht, Mitarbeitende anhand von digitalen Medien und unabhängig vom Standort auf unterschiedliche Art und Weise weiterhin in das Geschehen des Unternehmens zu integrieren.

Insgesamt wird, wie bereits erwähnt, zumindest mit den sozialen Risiken der Technisierung eher reaktiv umgegangen.

Mit Blick auf die positiven Wirkungen ist üblicherweise der unmittelbare ökonomische Nutzen der Digitalisierungsprozesse gemeint. Nicht zuletzt, da er sich – auch wenn es in der Literatur selten thematisiert wird – auf den ersten Blick leicht messen lässt, indem Einsparungen durch Personalabbau entstehen. Langfristige Wirkungen werden bereits seltener berücksichtigt. Schwieriger wird die Bewertung der Kosten der Digitalisierung oder Automatisierung. Sichtbar werden sie unter anderem als notwendige Qualifizierungen. Sie sind oftmals das Ergebnis tendenziell reaktiver Handlungsstrategien.

Zahlreiche Nebenfolgen eines Digitalisierungsprozesses bleiben unbekannt und treten oft erst mit zeitlichem Versatz ein. Doch selbst die bekannten, mit dem

Automatisierungsszenario verbundenen Dequalifizierungs- und Ermüdungsrisiken oder die mit dem Werkzeugszenario verbundenen „Entfähigungsrisiken", wonach die Mitarbeitenden durch fehlende Übung immer weniger in der Lage sein können, die verbleibenden, hochkomplexen Tätigkeiten zu übernehmen, bleiben meist unberücksichtigt. Als weitere, externe Kosten werden vonseiten der Technikethik im Zusammenhang mit der Mensch-Maschine-Allokation Fragestellungen der „Verteilungsgerechtigkeit" und der „Gefahr einer Instrumentalisierung der menschlichen Arbeiter" (Decker 2013, S. 358) aufgeworfen.

Phase 2:

Analyse auf Ebene des Unternehmens und Integration der wesentlichen Entwicklungen der digitalen Transformation in das Arbeitssystem einer Organisation (unternehmensinterne Analyse).

In Phase 2 werden Trends und Frames mit der Personalstrategie abgestimmt und eine soziotechnische Bewertung von Technisierung und Arbeitsgestaltung wird vorgenommen. Es sind u. a. folgende Fragestellungen zu klären:

- Welche Zielsetzungen sollen unsere Personal- und Nachhaltigkeitsstrategie kennzeichnen (z. B. Grundlogik, Kompetenzen, Gesundheit, Beziehungen, Engagement) und was ist unser Digitalisierungsstrategiepfad mit Blick auf Menschen und Zusammenarbeit?
- Wie lassen sich die Wirkungen des Technologieeinsatzes bzw. der anvisierten Gestaltung der Leistungsprozesse konkret erfassen?
- Welche Wirkungen haben der anvisierte Technologieeinsatz bzw. die anvisierte Gestaltung der Leistungsprozesse bei Fortsetzung bestehender Handlungsstrategien?
- Welche Handlungsalternativen im Hinblick auf eine Umsetzung oder den Umgang mit den Ereignissen bzw. Entwicklungen bestehen und welche sollen gewählt werden? Wo sollten direkt vorausschauende Maßnahmen geplant werden und wo reichen reaktive Handlungen aus?
- Woran lassen sich die unmittelbaren und die langfristigen Wirkungen erkennen und bewerten?

3. *Trends bei der Entwicklung eines Digitalisierungsstrategiepfades berücksichtigen*
Die Problematik, wonach HR-Politiken bereits heute oft nicht systematisch entwickelt werden, erfährt im Zuge der Digitalisierung eine weitere, ggf. nichtintendierte Schärfe durch die Mensch-Maschine-Allokation. Die Gestaltungsmuster können in deutlichem Konflikt zur anvisierten Personal- sowie Nachhaltigkeitsstrategie stehen oder sie unterstützen.

Letztlich geht es darum, die bestehenden Handlungsstrategien mit ihren Wirkungen auf ihre Kompatibilität zur Personalstrategie hin zu prüfen und bestmöglich auf sie abzustimmen.

Die Analyse der Chancen und Risiken einer Veränderung der Leistungserstellung für die Mitarbeiter und das Unternehmen, wie z. B. beim Übergang von festen Büroräumen hin zu Desk Sharing, sollte den wechselseitigen Zusammenhang zwischen technologischen, organisatorischen und personellen Komponenten eines Systems berücksichtigen. Dies geht deutlich über Checklisten hinaus, die Einzelaspekte in der Tiefe analysieren, wie beispielsweise den des Datenschutzes. Vielmehr wird beispielsweise der Einfluss dieser Veränderung auf die interne Kommunikation erkennbar. Neben einer technologisch, organisatorisch und personell ganzheitlichen Perspektive ist es sinnvoll, den jeweils gesamten Prozess in den Blick zu nehmen.

Die Arbeitswissenschaft beschäftigt sich mit der Entwicklung von Instrumenten, die die Analyse der Wertschöpfungskette in soziotechnischen Systemen (Hirsch-Kreinsen 2015, S. 15 ff.) ermöglicht. Der Mensch-Technik-Organisation-Ansatz (kurz: MTO) ist beispielsweise ein praxisorientierter Ansatz, der dazu dient, mittels Interviews, Beobachtungen und Dokumentenanalysen von der Unternehmensebene bis zur Ebene des Individuums typische Auftragsdurchläufe, Kommunikations- und Kooperationserfordernisse sowie Erwartungen der Beschäftigten an ihre Arbeit (Ulich 2013) zu erfassen.

Die MTO-Analyse (Ulich 2011; Strohm und Ulich 1997) gliedert sich in sieben Schritte: Analyse auf der Ebene des Unternehmens, Analyse von Auftragsdurchläufen, Analyse von Arbeitssystemen, Analyse von Arbeitsgruppen, bedingungsbezogene Analyse von Schlüsseltätigkeiten, personenbezogene Arbeitsanalysen und Analyse der soziotechnischen Geschichte. Der letzte Schritt besteht darin, sich mit der technisch-organisatorischen Entwicklung des eigenen Betriebs zu befassen. Das ist ein sehr relevanter Punkt, weil viele Widerstände in Unternehmen auf schlechte Erfahrungen mit unzureichend geplanten Changeprozessen zurückzuführen sind.

Die MTO-Analyse mit ihren Interviewleitfäden und Fragebögen wird derzeit in Kooperationen zwischen Hochschulen und Unternehmen eingesetzt, um die digitale Transformation in einzelnen Unternehmensbereichen zu begleiten (Nöhring et al. 2016).

Das Ergebnis der MTO-Analyse ist oft die Festlegung und Vorbereitung mehrerer Transformationsschritte, die in einzelnen Bereichen erprobt werden. Um auf das Modell von Leach et al. (2010, vgl. Kap. 5) zurückzukommen, dient die MTO-Analyse dazu, den unternehmensinternen Handlungsrahmen der digitalen Transformation auszuloten. Da die Auswirkungen dieser Veränderungen mittel- bis langfristige, nicht absehbare „Nebenwirkungen" für die Mitarbeitenden und das Unternehmen haben werden, empfehlen Arbeitswissenschaftler dem Ansatz des Reallabors folgend, die Transformationsschritte zunächst als Pilotversuch nur in einem Bereich durchzuführen.

4. *Wirkungen der Digitalisierung bewerten*

Hat man sich für einen Digitalisierungsstrategiepfad entschieden, sollte man zur Antizipation der Wirkungen und in Vorbereitung von Phase 4 die Erfassung bzw. Messung der direkten und indirekten Folgen der Digitalisierung für die Mitarbeitenden und die Zukunft des Unternehmens vorsehen. Somit kehrt man auf den Kern der Nachhaltigkeit zurück: Welche Folgen hat die Mensch-Maschine-Allokation auf das soziale System?

Inwiefern die positiven und negativen Effekte der Digitalisierung mittelfristig überhaupt messbar sind, ist unklar. Die Technikfolgeabschätzung, die sich seit mehreren

Jahrzehnten mit den Technikfolgen auf unterschiedliche Wirkungsbereiche befasst, würde die Messbarkeit infrage stellen. Auch wenn vonseiten der Arbeitswissenschaft und Wirtschaftspsychologie Zurückhaltung besteht, ist es Aufgabe von HR-Gestaltern, Entscheidungen nach dem Vorsorgeprinzip zu treffen. Letztlich bedeutet dies, Befunde aktueller Forschungsstudien zu den Nebenfolgen der Digitalisierung in der Entscheidung für oder gegen eine Maßnahme (z. B. vollständige Homeoffices) zu berücksichtigen.

Auch wenn empirische Studien stets nur einen zeitlich und räumlich begrenzten Geltungsanspruch erheben können, so bieten sie dennoch mit ihren Darstellungen von Zusammenhängen zwischen Innovationen und ihren Folgen für die Menschen eine wichtige Hilfestellung. Auch bestehen neben Modellen, die isolierte Effekte von Arbeitsgestaltung betrachten, zunehmend praxiserprobte und ausgearbeitete umfassendere Modelle seitens der Forschung.

Mit Blick auf „virtuelle Arbeit“ werden in der Literatur zum einen positive (z. B. Flexibilität) oder negative Einzeleffekte (z. B. Isolierung) genannt. Wie der Überblick von Mortensen et al. (2009) aufzeigt, hängt die Effizienz der virtuellen (Team-)Arbeit aber von einer ganzen Reihe an individuellen, aufgabenbedingten, technologiebedingten und gruppendynamischen Voraussetzungen ab. Die Digitalisierung bringt an sich keinen Vorteil, wenn sich die Mitarbeitenden der Vor- und Nachteile einzelner Technologien (Stichwort: Media Richness Theory) nicht bewusst sind. Auch Studien zur Workplace Isolation befassen sich nicht nur mit den direkten Folgen der Virtualität des Arbeitsplatzes (physische Isolierung, informationelle Isolierung, Zeitverlust aufgrund von zeitverschobenen Rückmeldungen), sondern verstärkt mit den Folgen dieser Isolierung für die Bleibebereitschaft in einem Unternehmen (u. a. Orhan et al. 2016). Den Studien liegen Erhebungsinstrumente zugrunde, die in der Begleitung einer unternehmensinternen Beobachtung der Wirkung der Digitalisierung auf die Personalbindung genutzt werden können.

Ein weiteres Beispiel aktueller Studien zur Flexibilisierung der Arbeitsorganisation ist das Konzept von Wohlers und Hertel (2017) zu „flexiblen Bürokonzepten“, die mit den sogenannten A-FOs (Activity-based Flexible Offices, dt. „aktivitätsbasierte Arbeitsplätze“) ihre Vor- und Nachteile untersuchen. Auch in diesem Modell werden die Ergebnisse vieler empirischer Studien zusammengebracht, um die Auswirkung der Ausprägung eines aktivitätsbasierten Arbeitsplatzes (z. B. Desk Sharing) auf die Performance und Arbeitszufriedenheit der Mitarbeitenden zu analysieren. Beispielhafte Indikatoren sind Territorialität, Autonomie, Privatsphäre, Nähe und Sichtbarkeit. Eine weitere Gruppe an Moderatoren, die hier mitberücksichtigt werden sollen, sind die unternehmensinternen Faktoren wie die Unternehmenskultur oder der vorherrschende Führungsstil. Wie beide Autoren betonen, macht die Einführung von aktivitätsbasierten Arbeitsplätzen wie Desk Sharing nur Sinn, wenn die Unternehmenskultur eine Vertrauenskultur ist.

Die negativen Effekte der zunehmenden „Work-Life-Integration“ bzw. zunehmend verschwommener Grenzen zwischen den Lebensbereichen Arbeit und Privatleben bilden einen weiteren Schwerpunkt der Forschung. Aufbauend auf der „Boundary Theory“

(Ashforth et al. 2000) wird der Frage nachgegangen, warum sich manche Mitarbeitenden besser als andere vor den negativen Nebeneffekten (z. B. Burn-out, soziale Isolierung) des Always-online-Phänomens schützen können (Derks und Bakker 2015; Michel et al. 2014).

Für die Unternehmenspraxis bedeutet dies, dass bestehende Fragebögen zur Arbeitszufriedenheit, Arbeitsfähigkeit usw., die in Mitarbeiterbefragungen genutzt werden, in Analogie zur Digitalisierung des Unternehmens weiterentwickelt werden müssen. Es sind beispielsweise Fragen zum Zugang zu Informationen, Territorialität usw. aufzugreifen. Hier könnte eine transdisziplinäre Kooperation helfen, neue Fragebögen zu erstellen.

In **Phase 3** werden die konkreten Handlungsfelder ausgewählt, in der Umsetzung geplant und umgesetzt. Ziel von **Phase 4** ist die Evaluation der Wirkungen der Digitalisierung.

Die Ergebnisse werden genutzt, um bestehende Maßnahmen anzupassen und um über eine flächendeckende Einführung von Technologien bzw. Formen der Arbeitsgestaltung zu entscheiden.

Die nachhaltigkeitsbezogenen ökonomischen und sozialen Wirkungen von Automatisierung bzw. Technisierung sowie der Gestaltung von Leistungserstellungs- und Arbeitsprozessen sind in Zusammenhang zu bestehenden Mechanismen der Leistungserstellung des Unternehmens und der Unternehmenskultur zu sehen. Einerseits ist ihr leistungsbezogener Erfolg von der bestehenden Kultur abhängig, andererseits nehmen sie selbst Einfluss auf die Art und Weise, wie und warum Menschen in der Organisation zusammenarbeiten. Es kann daher sinnvoll sein, neben einer Bewertung der unmittelbaren Wirkungen der Digitalisierung wesentliche Aspekte der Unternehmenskultur mitzuerfassen und die Unternehmenskultur ggf. aktiv weiterzuentwickeln.

Betrachtet man die bestehenden Entwicklungen in der Leistungserstellung von Unternehmen generell, so stellt sich die Frage nach einer angemessenen „Zeit- und Leistungskultur". Das aktuelle Doing Business bzw. die Gestaltung des „Performanceprozesses" ist systematisch entsprechend der Strategie auszurichten. Beispielsweise ist zu klären, welche Leistungsintensität sinnvoll ist, welche Adaptation in den MBO-Prozessen erforderlich ist und wie gut die notwendigen Freiräume für Ressourcenentwicklung gewährleistet sind bzw. gewährleistet werden können. Je nachdem werden Chancen in der Erhaltung humaner Kapitalien/Ressourcen bzw. Chancen auf Entlastung genutzt oder Risiken der Überlastung und Wertverringerung humaner Kapitalien/Ressourcen eingegangen.

Voraussetzung dazu, dass intendierte und nichtintendierte Wirkungen sowie Alternativen der Gestaltung überhaupt diskutierbar werden und Unvereinbarkeiten zwischen aktueller Leistung und Ressourcenerhalt erkennbar werden, ist eine gute, hierarchieübergreifende Feedbackkultur.

Auch betont Cachelin (2017) die Bedeutung der „Transparenzkultur", wonach ein adäquater Umgang mit der datenbezogenen Transparenz in Unternehmen zu erlernen sei.

17.7 Controlling als Grundlage; Workforce Analytics

Sollen komplexe Entscheidungen von teilweise hoher Tragweite für das Unternehmen und die Mitarbeitenden getroffen werden, so bietet sich grundsätzlich der Aufbau eines geeigneten Controllings an.

Neben der Entscheidungsunterstützung ist es Basis für eine belegbare Kommunikation und Darstellung eines nachhaltigen Human Resources Leadership nach innen und außen.

Nachhaltiger Umgang mit humanen und sozialen Ressourcen sollte sich an den kurz- und langfristigen Wirkungen von Handlungen oder Maßnahmen in spezifischen Unternehmenskonstellationen und der Nachhaltigkeitsstrategie orientieren (z. B. der gewünschten Stärke von Nachhaltigkeit). Zu diesem Zweck sind Kennzahlen/Indikatoren zu definieren, die sich auf Leistung und die Handlungsfelder sozialer und humaner Nachhaltigkeit beziehen. Aufgrund des hohen zeitlichen Versatzes zwischen Ursachen und ihren Wirkungen sind Frühindikatoren u. a. analog zu den dargestellten Chancen und Risiken zu integrieren. Eine Grundlage für den Aufbau des Kennzahlensystems kann die IOOI-Methode (z. B. Bertelsmann Stiftung 2010; Sawczyn et al. 2014) bieten, die die Kombination output-, outcome- und impactbezogener Indikatoren und Kennzahlen vorsieht.

Entscheidungen in der Personalführung werden bisher tatsächlich oft auf Basis von Inputgrößen und Benchmarks sowie Best Practices getroffen, die sich an Empfehlungen „moderner" HR-bezogener Maßnahmen orientieren, oder aus dem Bauch heraus gefällt (Brodbeck und Woschée 2013; Nienhüser 2002; Rousseau & McCarthy 2007). Es bestehen wenig generelle, verbindliche Methoden eines evidenzbasierten Erkenntnisgewinns im Human Resources Management. Dies gilt insbesondere mit Blick auf die fehlende Möglichkeit, seine komplexen Phänomene abzubilden (Rousseau 2006; Brodbeck und Woschée 2013; Rousseau & McCarthy 2007). Trade-offs, langfristige Ursache-Wirkungs-Zusammenhänge usw. werden nicht ausreichend adressiert, was angesichts der Komplexität von Entscheidungen und ihrer Umsetzung im Handlungssystem als verkürzt zu betrachten ist und daher Fehlentscheidungen nach sich ziehen kann. Viele HR-Bereiche stehen außerdem unter dem Druck, einen belegbaren Beitrag zur unternehmerischen Wertschöpfung zu leisten. Dennoch wird vor einer Vereinseitigung im Sinne der ausschließlichen Nutzung von evidenzbasiertem Wissen gewarnt. Dies betrifft sowohl die verwendeten Größen als auch die Fähigkeit der Entscheider, komplexere Ursache-Wirkungs-Beziehungen zu berücksichtigen (Olbert-Bock und Redzepi 2015). Wo Evidenz fehlt, ist es besser, unvollständiges und unsicheres Wissen zur Anreicherung und in der Entwicklung des eigenen Verständnisses zu berücksichtigen.

In diesem Zusammenhang werden infolgedessen große Hoffnungen in Entwicklungen der HR Intelligence und Workforce Analytics gesteckt. Ein „Wechsel zur Analyse" soll grundsätzlich Intuition („Bauchgefühl") um Information („Wissen") ergänzen und dadurch zu fundierteren und besseren HR-Entscheidungen beitragen (Strohmeier und Piazza 2015).

Angebote von Großanbietern können sich davon unterscheiden, was unter „evidenzbasiertem" Management zu verstehen ist. Evidenzbasiertes Management setzt voraus, dass zuerst das Erkenntnisinteresse formuliert und dann in geeignete Formen der Datengewinnung übertragen wird. Bei Big Data stehen Daten im Raum, deren Entstehungshintergrund oft nicht ausreichend bekannt ist. Als ein Beispiel lassen sich Daten von Krankenversicherern betrachten, bei denen berichtete Diagnosen nicht immer der tatsächlichen entsprechen (Brauns 2016). Die großen Datensätze suggerieren allerdings eine besondere Bedeutung und täuschen gegebenenfalls über Einschränkungen ihrer Aussagekraft und ihre besondere Interpretationsbedürftigkeit hinweg.

Auch im Umgang mit neuen Möglichkeiten der Datenerfassung und -sammlung ist die Diskussion eher technologiegetrieben. Die Entwicklung einer digitalen Datenstrategie nimmt hingegen den Gegenstand von Controlling zum Ausgangspunkt: Was soll erfasst und gespeichert werden, was auch nicht, wie lässt es sich adäquat erfassen und wie ist die adäquate Interpretation gewährleistet?

17.8 Fazit und Ausblick

Während es bei früheren Technisierungswellen noch möglich war, sich reaktiv mit den Wirkungen von Technik und neuen Formen der Arbeitsorganisation auseinanderzusetzen, gilt es, sie angesichts des Zusammenwirkens verschiedenster Entwicklungen und der zu erwartenden Reichweite und Geschwindigkeit der digitalen Transformation antizipierend zu betrachten. Unternehmen haben ein eigenes Interesse daran, sich an der Schnittstelle ökonomischer und sozialer Nachhaltigkeit ausgewogen den bestehenden Chancen und Risiken zuzuwenden.

Dabei wird – wie Widuckel (2015, S. 35) hinweist – die „größte Herausforderung für die Arbeitskultur der Zukunft … darin bestehen, Flexibilität nicht nur im Kontext betrieblicher Erfordernisse, sondern darüber hinaus eine wachsende Komplexität der Lebensführung gestaltbar und verhandelbar zu machen." Bereits heute ist erkennbar, dass sich für die Leistungserstellung wichtige Personengruppen immer weniger an Organisationen gebunden fühlen und der digitalen Transformation nicht lediglich reaktiv gegenüberstehen. Es erstaunt, dass Berufsgruppen, wie z. B. Ingenieure, einige Ethikkodizes entwickelt haben, während entsprechende Fragestellungen im Management als die geringste Herausforderung z. B. bei der Umsetzung von Industrie 4.0 betrachtet werden (Olbert-Bock und Lemm 2017).

Deutlich wird im Beitrag auch die Bedeutung dessen, bei der Entwicklung einer Personalstrategie im Kontext der digitalen Transformation interdisziplinär und sogar transdisziplinär zu arbeiten. Dieser Fachaustausch kann dazu verhelfen, den komplexen Fragestellungen besser gerecht zu werden, intendierte Chancen besser zu nutzen, ungewollte Wirkungen besser zu antizipieren und in die Entwicklung geeigneter Handlungsstrategien einfliessen zu lassen.

Das Konzept, das in den vorausgehenden Abschnitten vorgestellt wurde, ist ein Versuch, Ansätze aus verschiedenen Forschungsbereichen miteinander zu verknüpfen. Es soll dazu dienen, in einem Unternehmen auf einer breiteren Basis über die aktuelle und zukünftige Arbeitswelt zu reflektieren und Entscheidungen zu treffen, die für möglichst viele tragbar sind. Aber auch hier gilt: Dies kann nur so gut gelingen, wie sehr seine Ergebnisse anschließend auch Eingang in die Realität finden.

Das im Beitrag skizzierte Verständnis eines Sustainable Human Resources Leadership stellt im Kern einen Ansatz zur Unternehmensentwicklung dar. Es geht darum, in der Gesamtorganisation die notwendige Handlungsbereitschaft und -fähigkeit zu entwickeln, um die mit der digitalen Transformation verbundenen Chancen ganzheitlich aufzugreifen und ihre Risiken für Menschen und ihre Zusammenarbeit zu reduzieren. In diesem Zusammenhang ist auch die Frage zu stellen, welche Kompetenzen ein solches zukunftsfähiges HRM, die Führung auf verschiedenen Ebenen und weitere Player benötigen und wie sich die erforderliche, partizipative und reflexive Kultur in einem wettbewerblichen Umfeld aufbauen lässt.

In jedem Fall erfordert es Verantwortungskompetenzen im Sinne, dass die Entscheidungen soweit sinnvoll evidenzbasiert als auch partizipativ getroffen werden. Die Mehrfachperspektive kann zwar nicht in einem unsicheren Umfeld vor unvorhersehbaren Folgen schützen. Sie kann aber die Risiken einer Fehlentscheidung verringern und das Commitment der Mitarbeitenden in diesem explorativen und spannenden Prozess, den jede Innovation darstellt, unterstützen.

Literatur

Ammann, R., Hollenstein, S., Reinhart, D., Riger, T., Schüle, S., & Soder, J. (2017). *Personalführung der nächsten Generation – Aufgaben und Rollen in der Entwicklung von Human- und Sozialkapital in Unternehmen.* St. Gallen: Wissenschaftliches Praxisprojekt an der FHS St. Gallen.

Ashforth, B. E., Kreiner, G. E., & Fugate, M. (2000). All in a day's work: Boundaries and micro role transitions. *Academy of Management Review, 25,* 472–491.

Barthelmäs, N., Flad, D., Haussmann, T., Kupke, T., Schneider, S., & Selbach, K. (2017). Industrie 4.0 – Eine industrielle Revolution? In V. Andelfinger & T. Hänisch (Hrsg.), *Industrie 4.0. Wie cyber-physische Systeme die Arbeitswelt verändern* (S. 33–56). Wiesbaden: Springer Gabler.

Bertelsmann Stiftung. (Hrsg.). (2010). Corporate Citizenship planen und messen mit der iooi-Methode: Ein Leitfaden für das gesellschaftliche Engagement von Unternehmen. http://www.bertelsmannstiftung.de/cps/rde/xchg/SID-AA33E979-FC484A30/bst/hs.xsl/nachrichten_104843.htm. Gütersloh.

Bley, K., & Leyh, C. (2016). Status Quo der Digitalisierung deutscher Industrieunternehmen – Eine Studie ausgewählter Unternehmen. In V. Nissen, D. Stelzer, S. Straßburger, & D. Fischer (Hrsg.), *Multikonferenz Wirtschaftsinformatik (MKWI) 2016.* Ilmenau: Universitätsverlag Ilmenau.

Brauns, B. (2016). Wettbewerb mit falschen Kranken. Zeit Online 11.10.2016. http://www.zeit.de/wirtschaft/2016-10/krankenkassen-krankenhaeuser-aerzte-patienten-betrug-abrechnungsbetrug. Zugegriffen: 06. Aug. 2017.

Brodbeck, F., & Woschée, R. (2013). Grundlagen und Möglichkeiten eines evidenzbasierten Personalmanagements. In K.-H. Schwuchow & J. Gutmann (Hsrg.), *Personalentwicklung – Themen, Trends, Best Practices* (S. 19–29). Freiburg: Haufe.

Cachelin, J. C. (2017). Risiken einer digitalen Arbeitswelt. Wie die digitale Transformation das Risikomanagement des HRM verändert. Studie 9 der Wissensfabrik. https://www.wissensfabrik.ch/digitalerisiken/. Zugegriffen: 20. Juli. 2017.

Decker, M. (2013). Robotik. In A. Grunwald (Hrsg.), *Handbuch Technikethik* (S. 354–358). Stuttgart: WBG Verlag.

Derks, D., & Bakker, A. B. (2015). Smartphone use, work-home interference, and burnout: A diary study on the role of recovery. *Applied Psychology: An International Review, 63*(3), 411–440.

Fink, A., & Siebe, A. (2016). *Szenario Management. Von strategischem Vorausdenken zu zukunftsrobusten Entscheidungen*. Frankfurt a. M.: Campus.

Gerhold, L., et al. (Hrsg.). (2015). *Standards und Gütekriterien der Zukunftsforschung. Ein Handbuch für Wissenschaft und Praxis*. Wiesbaden: Springer VS.

Grunwald, A. (2012). *Technikzukünfte als Medium von Zukunftsdebatten und Technikgestaltung. Karlsruher Studien Technik und Kultur* (Bd. 6). Karlsruhe: KIT Scientific Publishing.

Grunwald, A. (2015). Die hermeneutische Erweiterung der Technikfolgenabschätzung. *Technikfolgenabschätzung – Theorie und Praxis, 24*(2), 66–69.

Grunwald, A. (2016). *Nachhaltigkeit verstehen. Arbeiten an der Bedeutung nachhaltiger Entwicklung*. München: Oekom.

Hirsch-Kreinsen, H. (2015). Einleitung: Digitalisierung industrieller Arbeit. In H. Hirsch-Kreinsen, P. Ittermann, & J. Niehaus (Hrsg.), *Digitalisierung industrieller Arbeit. Die Vision Industrie 4.0 und ihre sozialen Herausforderungen* (S. 9–30). Baden-Baden: Nomos.

Hirsch-Kreinsen, H. (2016). *Digitalisierung und Einfacharbeit*. Bonn: Friedrich-Ebert-Stiftung.

Hughes, P., & Hosfeld, K. (2005). *The leadership of sustainability. A study of characteristics and experiences of leaders bringing the "triple-bottom line" to business [Elektronische Version]*. Seattle: Center for Ethical Leadership.

Ittermann, P., & Niehaus, J. (2015). Industrie 4.0 und Wandel der Industriearbeit. Überblick über Forschungsstand und Trendbestimmungen. In H. Hirsch-Kreinsen, P. Ittermann, & J. Niehaus (Hrsg.), *Digitalisierung industrieller Arbeit. Die Vision Industrie 4.0 und ihre sozialen Herausforderungen* (S. 33–51). Baden-Baden: Nomos.

Kramar, R. (2014). Beyond strategic human resource management: Is sustainable human resource management the next approach? *International Journal of Human Resource Management, 25*(8), 1069–1089.

Leach, M., Scoones, I., & Stirling, A. (2010). *Dynamic Sustainabilities: Technology, Environment, Social Justice*. Abingdon, Oxon: Earthscan.

Lösch, A. (2016). *Technikfolgenabschätzung von soziotechnischen Zukünften*. Diskussionspapier No. 03 Dezember 2016. Karlsruhe: Institut für Technikzukünfte.

Mariappanadar, S. (2012). The harm indicators of negative externality of efficiency focused organisational practices. *International Journal of Social Economics, 39*(3), 209–220.

Michel, A., Bosch, C., & Rexroth, M. (2014). Mindfulness as a cognitive-emotional segmentation strategy: An intervention promoting work-life balance. *Journal of Occupational and Organizational Psychology, 87,*733–754.

Mortensen, M., Caya, O., & Pinsonneault, A. (2009). Virtual teams demystified: An integrative framework for understanding virtual teams and a synthesis of research. *MIT Sloan Research Paper No. 4738-09*.

Müller-Christ, G. (2014). *Nachhaltiges Management: Einführung in Ressourcenorientierung und widersprüchliche Managementrationalitäten* (2. Aufl.). Baden-Baden: UTB.

Müller-Friemauth, F., & Kühn, R. (2017). *Ökonomische Zukunftsforschung. Grundlagen – Konzepte – Perspektiven*. Wiesbaden: Springer Gabler.

Nienhüser, W. (2002). "Das schlechte Wissen verdrängt das gute" – Oder: Warum setzen sich bestimmte sozialwissenschaftliche Paradigmen und Managementkonzepte in der Unternehmenspraxis gegen andere durch? In E. Pankoke (Hrsg.), *Wert- und Wissensmanagement – Motivationsprobleme und Evaluationsprozesse* (S. 31–53). Universität Essen. https://www.uni-due.de/apo/PmWiki/pmwiki.php/Forschung/PublNienhueser. Zugegriffen 20. Juli. 2017.

Nöhring, F., Wienzek, T., Wöstmann, R., & Deuse, J. (2016). Industrie 4.0 in nicht F&E-intensiven Unternehmen. Entwicklung einer sozio-technischen Gestaltungs- und Einführungssystematik. *Zeitschrift für wirtschaftlichen Fabrikbetrieb, 111*(6), 376–379.

Olbert-Bock, S. (2016). I 4.0 – Wirtschaft, Technik, Mensch und Gesellschaft „intelligent" und „vernetzt"? Keynote anlässlich des 2. Beiratstreffens des Forschungsprojektes „Soziotex", Aachen.

Olbert-Bock, S., & Lemm, J. (2017). Bedeutung und Umsetzung von Industrie 4.0 in der Textil-Industrie – Schwerpunkt Mitarbeitende. *Textilplus,* 8–10.

Olbert-Bock, S., & Redzepi, A. (2015). Führung wirkt: Nachhaltig. In Wirtschaftskonferenz zum Generationen-Management, 13./14. Oktober 2015, Bregenz.

Olbert-Bock, S., Mannsky, A., & Redzepi, A. (2013). Leadership competencies for sustainable productivity – Sustainable development of human and social resources and the role of leadership, at the Work, Wellbeing and Wealth Conference ‚Active ageing at work', Helsinki.

Olbert-Bock, S., Pauli, J., & Redzepi, A. (2016). Leadership und HR Management im digitalen Wandel. Industrie 4.0, Teil 1&2. *KMU-Magazin, 7*(8), 9.

Olbert-Bock, S., Cloots, A., & Redzepi, A. (2017). Sustainable leadership as a concept for leadership in ambidextrous organizations, Beitrag zur 5th CR3+ Conference: Making Corporate Responsibility useful, April 28–29, 2017, Hanken School of Economics: Helsinki.

Orhan, M., Rijsman, J. B., & van Dijk, G. M. (2016). Invisible, therefore isolated: Comparative effects of team virtuality with task virtuality on workplace isolation and work outcomes. *Journal of Work and Organizational Psychology, 32*(2016), 109–122.

Osranek, R., & Zink, K. J. (2014). Corporate human capital and social sustainability of human resources. In I. Ehnert, W. Harry, & K. J. Zink (Hrsg.), *Sustainability and human resource management. Developing sustainable business organizations* (S. 105–126). Berlin: Springer.

Pfeiffer, S. (2014). Innovation und Mitbestimmung. *Industrielle Beziehungen, 21*(4), 390–404.

Quinn, L., & Baltes, J. (2007). Leadership and the triple bottom line. Bringing sustainability and corporate social responsibility to life. http://www.ccl.org/leadership/pdf/research/tripleBottomLine.pdf. Zugegriffen: 07. Mai 2014.

Rauterberg, H., & Krebs, B. (2017). Akuter Handlungsbedarf in Deutschland – Stand der HR-Digitalisierung. *Personalführung, 5*(2017), 28–32.

Rousseau, D. M. (2006). Is there such a thing as evidence-based management? *Academy of Management Review, 31*(2), 256–269.

Rousseau, D. M., & McCarthy, S. (2007). Educating managers from an evidence-based perspective. *Academy of Management Learning & Education, 6*(1), 84–101.

Sawczyn, A., Fink, H., & Werner, M. (2014). Leistungssteuerung (III): Managementsysteme für die Steuerung einzelner sozialer und gesellschaftlicher Leistungen. In T. Schultz & S. Bergius (Hrsg.), *CSR und Finance* (S. 141–155). Berlin: Springer Gabler.

Schlick, C. M. (Hrsg.). (2015). *Arbeit in der digitalisierten Welt. Beiträge der Fachtagung des BMBF 2015*. Frankfurt a. M.: Campus.

ScMI AG. (2017). *Arbeit 4.0 – Wie arbeitet OWL in der Zukunft?* Working Paper, Paderborn.

Strohm, O., & Ulich, E. (1997). *Unternehmen arbeitspsychologisch bewerten Ein Mehr-Ebenen-Ansatz unter besonderer Berücksichtigung von Mensch, Technik, Organisation*. Zürich: Hochschulverlag.

Strohmeier, S., & Piazza, F. (2015). Analysen der Human Resource Intelligence und Analytics. In S. Strohmeier & F. Piazza (Hrsg.), *Human Resource Intelligence und Analytics – Grundlagen, Anbieter, Erfahrungen und Trends* (S. V–VI). Wiesbaden: Springer.

Ulich, E. (2011). *Arbeitspsychologie* (7. Aufl.). Zürich: vdf Hochschulverlag.

Ulich, E. (2013). Arbeitssysteme als Soziotechnische Systeme – Eine Erinnerung. *Journal Psychologie des Alltagshandelns, 6*(1), 4–12.

Voegtlin, C., & Greenwood, M. (2016). Corporate social responsibility and human resource management: A systematic review and conceptual analysis. *Human Resource Management Review, 26*(3), 181–197.

Warning, A., & Weber, E. (2017). *Digitalisierung verändert die betriebliche Personalpolitik.* IAB-Kurzbericht 12/2017. Nürnberg: Institut für Arbeitsmarkt- und Berufsforschung. http://doku.iab.de/kurzber/2017/kb1217.pdf. Zugegriffen: 14. Aug. 2017.

Widuckel, W. (2015). Arbeitskultur 2020 – Herausforderungen für die Zukunft der Arbeit. In W. Widuckel, K. de Molina, M. J. Ringlstetter, & D. Frey (Hrsg.), *Arbeitskultur 2020 – Herausforderungen und Best Practices der Arbeitswelt der Zukunft* (S. 27–44). Wiesbaden: Springer Gabler.

Wohlers, C., & Hertel, G. (2017). Choosing where to work at work – Towards a theoretical model of benefits and risks of activity-based flexible offices. *Ergonomics, 60*(4), 467–486.

Prof. Dr. Sibylle Olbert-Bock ist Professorin an der Fachhochschule St. Gallen, leitet das Kompetenzzentrum für Leadership & Personalmanagement und ist Co-Leiterin des Leuchtturms „Nachhaltige Unternehmensentwicklung". In ihrer aktuellen Forschung fokussiert sie Fragestellungen einer nachhaltigen Unternehmensentwicklung und Personalpolitik im digitalen Wandel, der Personal- und Karriereentwicklung sowie Facetten des demografischen Wandels.

Prof. Dr. Magdalène Lévy-Tödter hat ein Studium der Germanistik und Sprachlehrforschung absolviert. Seit 2012 ist sie Professorin für Interkulturelle Kompetenzen an der FOM Hochschule für Oekonomie und Management, Standort Hamburg. Forschungs- und Lehreschwerpunkte: (Interkulturelle) Unternehmenskommunikation, Personalmanagement, Ethik. Co-Leitung des KompetenzCentrums für nachhaltige Entwicklung an der FOM.

18 Nachhaltige Führung und emotionale Intelligenz als Erfolgsfaktoren

Christoph Tiebel

18.1 Vorbemerkung

Das in der Forstwirtschaft seit Langem angewandte Prinzip der Nachhaltigkeit ist unter dem Blickwinkel der Ökonomie als Art des Wirtschaftens zu verstehen, bei welcher derzeitige Bedürfnisse befriedigt werden, ohne zukünftigen Generationen die Lebensgrundlagen zu entziehen (Sustainable Development). Nachhaltige Unternehmensführung ist also durch langfristig orientiertes Denken und Handeln geprägt. So wird ein Gleichgewicht der natürlichen Ressourcen erreicht.

Unternehmen verfolgen also nicht nur ökonomische Ziele, sondern auch ökologische (z. B. Reduktion des Verbrauchs von Rohstoffen) und soziale (z. B. Sozialprojekte oder Sport unterstützen). Meist streben Unternehmer, die Nachhaltigkeit fördern, auch ein „gutes" Management an. Sie wollen ethisch und moralisch handeln, sowohl aus eigener Überzeugung oder als Reaktion auf gesellschaftliche Erwartungen. Gutes Management wird mehr und mehr mit Zielen jenseits finanzieller Ziele oder reiner Gewinnmaximierung in Verbindung gebracht. In Diskussionen um nachhaltige Unternehmensführung wird betont, dass unternehmerische Ziele so formuliert und umgesetzt werden müssen, dass dies nicht zulasten der Zukunft geht.

Beschleunigt wird diese Entwicklung durch die Wahrnehmung, dass die Orientierung an Shareholder-Vorstellungen Gefahren mitbringt, die im Extremfall für die Unternehmen selbst nicht mehr zu kontrollieren sind. Dabei ist es nicht wirklich bemerkenswert, dass die Orientierung an kurzfristigen Gewinnen zu einer Kurzfriststrategie führt, die mit einem verantwortungsvollen Unternehmertum kaum noch Gemeinsamkeiten hat.

C. Tiebel (✉)
Hochschule Heilbronn, Heilbronn, Deutschland
E-Mail: tiebel@hs-heilbronn.de

M. Englert und A. Ternès (Hrsg.), *Nachhaltiges Management*,
https://doi.org/10.1007/978-3-662-57693-9_18

Allerdings ist es in einer vernetzten Ökonomie schwierig, einem solchen Megatrend nicht zu unterliegen. Die Konsequenzen sind deutlich: So steht die Effizienz vor der Effektivität. Durch Kostensenkungen in Gestalt von Lean Management und anderen Methoden können kurzfristig finanzielle Parameter optimiert werden.

Auch Mitarbeiter können relativ lange mit erhöhtem Produktivitätsdruck arbeiten. Wenn aber die Phasen zur Rekreation und Kompetenzentwicklung zu lange nicht beachtet werden, macht sich dies irgendwann in zunehmenden gesundheitlichen Beeinträchtigungen und Mangel an aktuellen Kompetenzen bemerkbar.

Die Belastungen der Mitarbeitenden nehmen aber eher zu. Angesichts des demografischen Wandels gilt es künftig, die Herausforderungen mit einer sinkenden Zahl von vorhandenen Fachkräften zu bewältigen. Weitsichtige Unternehmen werden sich daher um die vorhandenen Ressourcen kümmern und Investitionen in ihre funktionalen und extrafunktionalen Kompetenzen vornehmen, da sie mit den vorhandenen Belegschaften lange auskommen müssen und eine Substitution schwieriger wird. Andere Unternehmen nutzen proaktiv diesen Sachverhalt, indem sie die Strategie des Unternehmens auf die Kompetenzen der Mitarbeitenden ausrichten.

Vor dem Hintergrund der zukünftigen Anforderungen der Märkte besteht bei fehlender Reflexion der Kompetenzen die Gefahr, mit den alten Vorstellungen und Rezepten in eine Einbahnstraße zu geraten.

18.2 Neurobetriebswirtschaftslehre: Reflexion der Kompetenzen der Mitarbeitenden

Die Kompetenzen der Mitarbeiter zu reflektieren, ist eine der Aufgaben einer relativ neuen interdisziplinären Herangehensweise des Human-Resource-Managements: die Neuroökonomie. Sie wird in einer umfassenden Definition als die Wissenschaft beschrieben, die das menschliche Verhalten in ökonomischen Entscheidungssituationen mit methodischer Unterstützung der Neurowissenschaften behandelt (Vgl. Tiebel 2017). Diese Wissenschaftsrichtung erfährt gerade eine sehr hohe Aufmerksamkeit, da seit den 1990er-Jahren die Hirnforschung eine rasante technische Weiterentwicklung erfahren hat.

Worum geht es? Die Neuroökonomie will die kognitiven und affektiven Prozesse erfassen und so an die Wurzeln der Spitzenleistungen von Mitarbeitenden gelangen. Sie will versuchen zu erklären: Was macht einen erfolgreichen Mitarbeitenden aus? Was sind die Schlüsselfaktoren, die es zu fördern gilt? Letztendlich geht es um die Frage der nachhaltigen Führung.

Folgt man dem bisherigen Verständnis der Neuroökonomie, so zeigen sich zwei Richtungen: Die klassischen mikroökonomischen Fragestellungen beantwortet die Neuroökonomie im engeren Sinne, während sich die Neuroökonomie im weiteren Sinne umfassenden Forschungskomplexe widmet, die sich mit den neuronalen Basics betriebswirtschaftlich relevanten Verhaltens auseinandersetzen. Mit der Definition der

Neurobetriebswirtschaftslehre (Vgl. dazu ausführlich die Darstellungen und Definitionen bei Peters 2013) soll ein neuer Begriff etabliert werden, der die betriebswirtschaftlichen Funktionen von den (mikro)ökonomischen Themenstellungen abgrenzt. Zielsetzung der Neurobetriebswirtschaftslehre ist es, den Nutzen neurowissenschaftlicher Studien auf das klassische Management zu ermöglichen. Die einzelnen Disziplinen der Neurobetriebswirtschaftslehre lauten Neuromarketing, Neurofinance, Neuromanagement und Neuroleadership.

Das Neuromanagement untersucht, ähnlich wie Neuroleadership, die neuronalen Prozesse auf Personenebene. Es wird der Zusammenhang mit dem gesamten Managementprozess in einem Unternehmen dargestellt.[1]

Im Folgenden soll das Neuromanagement weiter vertieft werden und anhand von Forschungsergebnissen der Reinhold Würth Hochschule gezeigt werden, wie nachhaltige Führung konkret mit Neuromanagement umgesetzt und trainiert werden kann.

18.3 Neuromanagement: Emotionsforschung steht am Anfang

Die Überwindung des Gefühls wurde häufig als Triumph der Kultur über die Biologie betrachtet. Aber Gefühl und Verstand sind doch viel enger miteinander verbunden, als man bislang vermutete. Bisher existieren viele Theorien, aber noch kein allgemeingültiges Erklärungsmodell darüber, was Gefühle eigentlich sind.

Sicher scheint, dass Gefühle Erregungszustände sind, an denen der ganze Körper beteiligt ist. Was wir darüber hinaus allerdings unter subjektivem Gefühl verstehen, entzieht sich häufig noch der wissenschaftlichen Messbarkeit. Es ist schwierig, im Laborkontext echte Emotionen systematisch zu erzeugen und zu manipulieren.

Während in der Psychologie die verschiedensten Gefühlstheorien konkurrieren, sucht die Neurowissenschaft nach dem Gefühl im Gehirn (Vgl. Eimer 2010). Gesichert ist, dass das limbische System mit dem Mandelkern für die Emotionsverarbeitung zuständig ist (Vgl. Kobi 2016). Dass eine definitive Aktivierung eines Hirnareals immer eine eindeutige Emotion belegt, wird häufig in Zweifel gezogen. Auch über die subjektive Wahrnehmung geben die bildgebenden Verfahren erst einige Hinweise. Grundsätzlich steckt die Emotionsforschung noch in den Kinderschuhen. Das rührt auch daher, dass Gefühle lange Zeit von der Kognitionsforschung wenig beachtet wurden und häufig sogar als unseriös galten.

[1]Branche berichtet von seinen Erfahrungen im Management und den Zusammenhängen mit der Neurobiologie (Tiebel 2017).

18.3.1 Grundlagen des Emotionsmanagements

Jedes psychische Problem ist im Grunde ein emotionales Problem. Emotionsmanagement beschäftigt sich mit der Entstehung, der Verarbeitung und den Auswirkungen von Emotionen. Am Arbeitsplatz treten Emotionen signifikant häufiger auf als in der Freizeit. Dies macht Emotionsmanagement für die nachhaltige Unternehmensführung so wichtig. Emotionsmanagement umfasst:

- Wahrnehmung und Ausdruck von Emotionen,
- Zusammenspiel von Logik und Emotion,
- Verstehen und Anwendung emotionalen Wissens,
- Reflexion und Umgang mit eigenen und fremden Emotionen.

Im Folgenden werden Emotionen näher definiert und von Stimmungen und Affekten abgegrenzt. Emotionsmanagement wird dann mit dem Begriff der emotionalen Intelligenz näher definiert.

18.3.1.1 Emotion

Emotionen sind eine Reaktion des Menschen auf äußere sowie innere Reize und sind teilweise körperlich wahrnehmbar. Sie führen zu Erhöhung bzw. Verlangsamung des Pulses oder Änderungen in der Körpersprache und des Gesichtsausdruckes.

Als Basisemotionen werden solche Emotionen bezeichnet, die unabhängig von kulturellen Faktoren überall auf der Welt vorhanden sind. Es gibt unterschiedliche Modelle hierzu, die sich auch in der Art und Anzahl unterscheiden. Im Folgenden sind die Basisemotionen nach dem Modell von Izard aufgeführt (Vgl. die ausführliche Zusammenfassung bei Elser 2015):

- Interesse,
- Freude,
- Überraschung,
- Ärger,
- Leiden, Not, Qual,
- Abscheu, Ekel, Widerwille,
- Verachtung,
- Furcht,
- Scham, Schuld.

Einige Erklärungsmodelle gehen davon aus, dass sich mittels der Basisemotionen auch sog. Sekundäremotionen erklären lassen, die im Wesentlichen eine Verschmelzung von zwei oder mehreren Basisemotionen sind. Beispielsweise kann Scham dann dadurch beschrieben werden, dass sie aus einer Vermischung von Angst und Abscheu besteht.

Die interessante Frage aber lautet, wie Emotionen entstehen und wie sie sich erklären lassen. Es gibt verschiedene Ansätze, die eine Erklärung hierzu bieten (Vgl. Elser 2015, S. 22 ff.).

Der physiologische Ansatz untersucht die körperlichen Reaktionen aufgrund von emotionalen Reizen. Beim kognitiven evaluierenden Ansatz stehen Denkprozesse, insbesondere die Interaktion zwischen dem Denken und Fühlen, im Vordergrund. Der dritte Ansatz – der behavioristische Ansatz – beleuchtet die Verhaltensaspekte eines Menschen, während dieser auf einen äußeren Reiz reagiert.

Einen Ansatz zur Erklärung des Phänomens von Emotionen bietet auch die Evolutionstheorie. Hier dienen Emotionen maßgeblich als Indikator für das biologische Fortbestehen und sind Teil eines natürlichen Ausleseprozesses. Positive Emotionen weisen auf biologische Vorteile hin, negative Emotionen dagegen auf eine Gefährdung des Überlebens.

Emotionen weisen allerdings auch noch auf etwas anderes hin. Da Menschen ihre emotionalen Reaktionen auch physisch, z. B. über den Gesichtsausdruck, ihrer Umwelt zeigen, kann das soziale Umfeld darauf reagieren und so in besonders bedrohlichen Situationen ebenfalls eine Fluchtreaktion zeigen.

18.3.1.2 Gefühl

Es scheint eine Schwierigkeit darin zu bestehen, eine allgemein anerkannte begriffliche Abgrenzung zwischen dem Wort Emotion und anderen Phänomenen des menschlichen Innenlebens zu finden. Mit Gefühl wird in der Literatur oft der subjektive Aspekt einer Emotion beschrieben. Auch gibt es eine zeitliche Komponente, da sich das Gefühl, als Teilaspekt einer Emotion, erst nach der körperlichen Reaktion einstellt.

Ein weiterer Unterschied zwischen Gefühl und Emotion besteht auch darin, dass sich Gefühle nur auf körperliche Zustände beziehen können und nicht, wie Emotionen im Allgemeinen, abhängig von Reizen sein müssen.

Als Beispiel hierfür gelten die sog. Leibwahrnehmungen:

- Hunger,
- Durst,
- Schmerz,
- Harndrang und Stuhlgang,
- sexuelle Erregung
- usw.

Auch gehören nicht körperlich zu lokalisierende Wahrnehmungen hierzu, beispielsweise das Gefühl des Tatendrangs.

18.3.1.3 Stimmung

Stimmungen sind, im Gegensatz zu Emotionen, keine direkten Reaktionen auf innere oder äußere Reize und haben eine andere zeitliche Komponente. Auch beinhalten sie keinen klaren Handlungsauftrag, wie beispielsweise das „Wegrennen" bei der Emotion

„Angst“. Obwohl Stimmungen meist mit einem oder mehreren Gründen zu erklären sind, sind sie trotzdem keine direkte Reaktion auf externe oder interne Quellen. Individuen können diese meist nicht einem eindeutigen Auslöser zuordnen. Daher erzeugen Stimmungen auch keine klaren Verhaltensänderungen, wie beispielsweise eine stark veränderte Mimik oder Gestik. Es fehlt ihnen damit auch der kommunikative Aspekt für das soziale Umfeld, den Emotionen und Gefühle besitzen.

Als Auslöser für Stimmungen werden häufig wiederkehrende Emotionen genannt, die sich im Menschen festsetzen und zu einer Stimmung werden. Allerdings ist der Übergang zwischen Emotion und Stimmung nicht klar abgrenzbar. Die Emotion Trauer benötigt zur Verarbeitung manchmal eine sehr lange Zeit und kann auch zeitversetzt zum eigentlichen Auslöser auftreten. Daneben gibt es Emotionen wie Angst, die genau betrachtet oft keinen klaren Auslöser haben und lang anhaltend sind.

18.3.1.4 Affekt

Affekte sind meist Reaktionen auf Umweltreize und treten unwillkürlich auf. Der Begriff steht für eine sehr starke Emotion, die einen Menschen überkommen kann und ihn die Kontrolle über sein Verhalten verlieren lässt. Ein heftiges Aufwallen von Emotionen mit entsprechend starken körperlichen Reaktionen ist hierbei häufig zu beobachten. Der Begriff Affekthandlung beschreibt recht gut diese Art einer Reaktion, die meist nicht bewusst eingeleitet wird. Oftmals sind diese Verhaltensweisen auch hormonell oder neuronal zu begründen. Diese Art von Informationsverarbeitung erfolgt biologisch gesehen innerhalb einer sehr kurzen Zeit, was auch erklärt, weshalb eine zunächst kognitive Verarbeitung nicht möglich ist.

Eine zentrale Aufgabe in der Emotionsforschung ist, empirisches Datenmaterial zu sammeln, dieses auszuwerten und so einen Beitrag zur wissenschaftlichen Aufklärung zu leisten (Vgl. Jäger und Soylu 2012, S. 12). In diesem Zusammenhang spielt die Möglichkeit, Emotionen zu messen, eine große Rolle. Nur so lassen sich qualitative und quantitative Daten erheben, die dann Rückschlüsse zulassen.

Im Falle der Emotionsforschung ist dies allerdings erschwert, da das Forschungsgebiet noch relativ jung ist und zunächst neue Messverfahren entwickelt werden müssen. Die gängigste Methode der Messung besteht zurzeit darin, einen Probanden mit einem emotionsauslösenden Reiz zu konfrontieren (Vgl. Jäger und Soylu 2012, S. 12). Der Proband beschreibt dann meist selbst die empfundenen Reaktionen. Oft wird diese Art der Selbstbefragung mittels Expertenbeobachtung oder über medizinische Sensoren überprüft (Vgl. Jäger und Soylu 2012, S. 12).

Demnach deckt die Emotionsmessung folgende drei Ebenen ab (Vgl. Jäger und Soylu 2012, S. 13):

- subjektive Erlebnismessung,
- Beobachtung des Verhaltens,
- Messung von körperlichen Reaktionen.

Das subjektive Erlebnis wird meist mittels Selbstbefragung bzw. Fragebögen zur Selbsteinschätzung ermittelt. Hier werden häufig standardisierte Fragebögen verwendet, die anonym ausgewertet werden (Vgl. Jäger und Soylu 2012, S. 13). Vereinzelt wird dies auch mittels eines persönlichen Interviews durchgeführt oder durch eine 360°-Methode ergänzt, wonach engere Bekannte um eine Einschätzung gebeten werden. Diese erfolgt meist ebenfalls durch die Verwendung eines Fragebogens.

Bei der Beobachtung des Verhaltens durch Dritte soll Fehlern in der Selbstwahrnehmung und eventuellen Falschaussagen entgegengewirkt werden. Hierbei werden insbesondere Mimik, Gestik, Stimme und Körpersprache analysiert (Vgl. Jäger und Soylu 2012, S. 14). Dies kann durch beobachtende Experten, aber auch computergestützt durchgeführt werden (Vgl. Jäger und Soylu 2012, S. 15). Ein Beispiel für Letzteres ist eine Gesichtsmuskel-EMG (Elektromyografie), welche Bewegungen in den Muskeln des Gesichts misst und dadurch veränderte Gesichtsausdrücke erkennen kann (Vgl. Jäger und Soylu 2012, S. 15). In beiden Fällen wird davon ausgegangen, dass Veränderungen im Verhalten teilweise reflexartig erfolgen und somit Aufschluss über die emotionale Befindlichkeit des Probanden liefern können (Vgl. Jäger und Soylu 2012, S. 15).

Studien haben bereits aufzeigen können, dass einige Emotionen einzelne Gehirnbereiche aktivieren und daher messbar sind (Vgl. Jäger und Soylu 2012, S. 16). Obwohl diese ersten Ergebnisse vielversprechend klingen und noch mehr an Forschung dieser Art wünschenswert ist, können Instrumente der Gehirnforschung aufgrund der hohen Kosten noch nicht flächendeckend eingesetzt werden (Vgl. Jäger und Soylu 2012, S. 16).

18.3.2 Emotionsmanagement und der Begriff „emotionale Intelligenz"

Der Begriff „emotionale Intelligenz" beschreibt die Fähigkeit, eigene und fremde Emotionen möglichst genau wahrzunehmen, sie richtig zu deuten und im Umgang mit anderen sinnvoll einzusetzen (Vgl. hierzu und zu den weiteren Angaben im nächsten Satz: Huber 1996, S. 28 f.). Der Begriff geht zurück auf den Emotionsforscher Peter Salovey und den Psychologen John D. Mayer, die Ende der 1980er-Jahre die Theorie der multiplen Intelligenzen des amerikanischen Psychologen Howard Gardner[2] weiterentwickelten.

Der grundlegende Ansatz ist hierbei, keinen normativen Unterschied zwischen logisch-mathematischen Fähigkeiten, die den klassischen Intelligenzbegriff prägen, und sozialen bzw. emotionalen Kompetenzen zu machen.

Wichtige Vertreter dieses Forschungsbereichs sind die Psychologen P. Salovey und J. D. Mayer von der Universität Yale, die Anfang der 1990er-Jahre einen Ansatz zur Beschreibung der emotionalen Intelligenz als Ability-Modell veröffentlicht hatten und

[2]Bereits 1983 hat Gardner schon provokant auf den Abschied vom IQ hingewiesen: vgl. Gardner (1983).

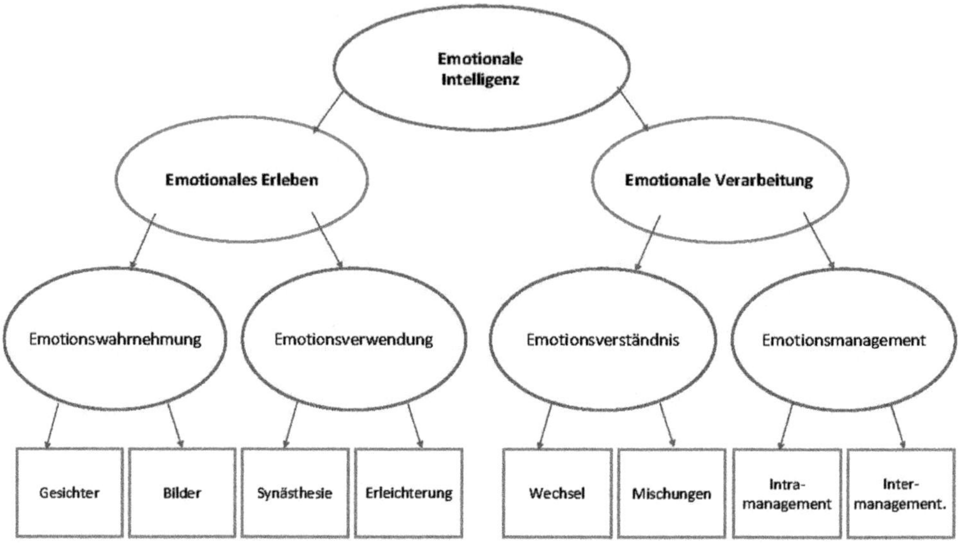

Abb. 18.1 Struktur und Subskalen des MSCEIT. (Nach Wilhelm 2006, S. 147)

bis heute aktiv in der Forschung tätig sind (Vgl. Jäger und Soylu 2012, S. 34). Später überarbeiteten Salovey und Mayer dieses Modell und publizierten 1997 eine modifizierte Version (Vgl. Jäger und Soylu 2012, S. 35).

Den beiden Forschern war wichtig, ein Modell zu entwickeln, welches den wissenschaftlichen Standards genügt (Vgl. Jäger und Soylu 2012, S. 34). Das aktuelle Modell von Mayer und Salovey, auf welchem auch der Mayer-Salovey-Caruso Emotional Intelligence Test (MSCEIT) beruht, kann folgendermaßen skizziert werden (siehe Abb. 18.1).

Die emotionale Intelligenz (EI) besteht in diesem Modell aus zwei Komponenten – das emotionale Erleben und ferner die emotionale Verarbeitung. Diese beiden Hauptkomponenten lassen sich jeweils in zwei Unterkategorien einteilen (Vgl. Wilhelm 2006, S. 147). Diese vier Unterkategorien bestehen ihrerseits aus jeweils zwei Subskalen (Vgl. Wilhelm 2006, S. 147). Die Leistung innerhalb der acht Subskalen wird mittels der Aufgaben des MSCEIT abgefragt und so die Gesamt-EI ermittelt.

Das EI-Modell von Salovey und Mayer verdeutlicht einerseits die Notwendigkeit, emotionale Fähigkeiten bei der Intelligenzforschung zu berücksichtigen, und hebt sich von bekannten Konzepten zur Ermittlung des Intelligenzquotienten (IQ) ab. Andererseits weist das Modell auf die kognitiven Fähigkeiten als Schlüssel zur hohen emotionalen Intelligenz hin und lässt auch Parallelen zu dem Intelligenzmodell erkennen, welches in der IQ-Forschung Anwendung findet. Das Modell von Salovey und Mayer wird aufgrund seiner schweren Umsetzbarkeit und wegen seiner fehlenden Praxisbezogenheit kritisiert (Vgl. Jäger und Soylu 2012, S. 37).

Bei diesem Modell gilt es allerdings zu berücksichtigen, dass die beiden Forscher die Begriffe „Emotion“, „Gefühl“ und „Stimmung“ vielfach synonym verwenden und so eine Ausdifferenzierung umgehen (Vgl. Jäger und Soylu 2012, S. 35).

Eine abschließende Definition des Begriffs emotionale Intelligenz ist vonseiten der Wissenschaft noch nicht gefunden worden. Allerdings gibt es einen Ansatz, auf den sich die meisten Wissenschaftler einigen können. Dieser Ansatz geht auf Howard Gardner[3] zurück, der mit seiner Differenzierung in intrapersonelle und interpersonelle Intelligenz zwei wesentliche Komponenten der EI beschrieb.

Zunächst einmal ist eine emotional intelligente Person fähig, die eigenen Gefühle wahrzunehmen, Emotionen zu kontrollieren und das Verhalten bewusst zu steuern. Dies sind Fähigkeiten, die als intrapersonelle Intelligenz beschrieben werden und die das Individuum sich selbst gegenüber anwendet. Daneben gibt es die interpersonelle Intelligenz, d. h. die Fähigkeit, die Emotionen anderer Menschen wahrzunehmen und mit ihnen gut umzugehen.

18.4 EI-Trainierbarkeit und Erfolgsfaktoren für eine nachhaltige Unternehmensführung

Nachdem in den vorherigen Abschnitten erörtert wurde, was emotionale Intelligenz im Genauen ist und wie sie gemessen werden kann, steht in diesem Abschnitt die Vermittlung von EI mittels Verhaltenstrainings im Vordergrund. Die Leitfragen hierzu sind, ob sich EI überhaupt trainieren lässt und falls ja, welche Voraussetzungen und Faktoren dafür vorliegen müssen.

18.4.1 Erfolgsfaktoren eines EI-Trainings zur nachhaltigen Unternehmensführung

Versteht man EI als Trait, d. h. als ein eng mit den Persönlichkeitsmerkmalen eines Menschen verwobenes Konzept, ist die Beantwortung dieser Fragen nicht einfach. Selbstverständlich durchlaufen auch die persönlichkeitsbezogenen Eigenschaften eines Menschen im Laufe seines Lebens Veränderungen, allerdings sind dies langsame und zeitintensive Prozesse. Durch ein einmaliges Training sind diese Veränderungen daher nicht herbeizuführen. Einige Untersuchungen (Vgl. Cherniss et al. 1998, S. 4) haben jedoch gezeigt, dass eine Vermittlung von EI unter Berücksichtigung bestimmter Faktoren gelingen kann und damit EI-Trainings Erfolg versprechend sein können.

Zunächst gibt es das kognitive Lernen (Vgl. Cherniss et al. 1998, S. 4). Als Beispiel führen die Autoren an, dass ein introvertierter Ingenieur, der während seines Berufslebens versäumt hat, Beziehungen aufzubauen, die Nachteile dieses Verhaltens sehr wohl verstehe. Allerdings bewirkt das alleinige Wissen darüber keine Verhaltensveränderung. Um

[3]Gardner kritisierte die bisher etablierten Intelligenzmodelle und Testverfahren, nur kognitive bzw. rationale Fähigkeiten zu berücksichtigen. Für Gardner war das Einbeziehen von emotionalen Fähigkeiten von entscheidender Bedeutung. Vgl. hierzu Jäger und Soylu (2012, S. 22).

das eigene Verhalten zu ändern oder zu steuern, ist neben dem kognitiven Lernen auch das emotionale Lernen entscheidend (Vgl. Cherniss et al. 1998, S. 5). Der signifikante Unterschied besteht darin, dass beim kognitiven Lernen neues Wissen in bestehenden Strukturen verarbeitet wird, während beim emotionalen Lernen neue Strukturen gebildet und besondere Areale des Gehirns, wie bspw. die Amygdala, aktiviert werden (Vgl. Cherniss et al. 1998, S. 5 f.).

Emotionales Lernen ist ein komplexer Vorgang. Dies muss in einem erfolgreichen EI-Training berücksichtigt werden, indem Möglichkeiten geboten werden, neue Verhaltensweisen über einen längeren Zeitraum einzuüben. Die Abb. 18.2 gibt einen Überblick über die Phasen eines EI-Trainings und jeweilige positive Einflussfaktoren.

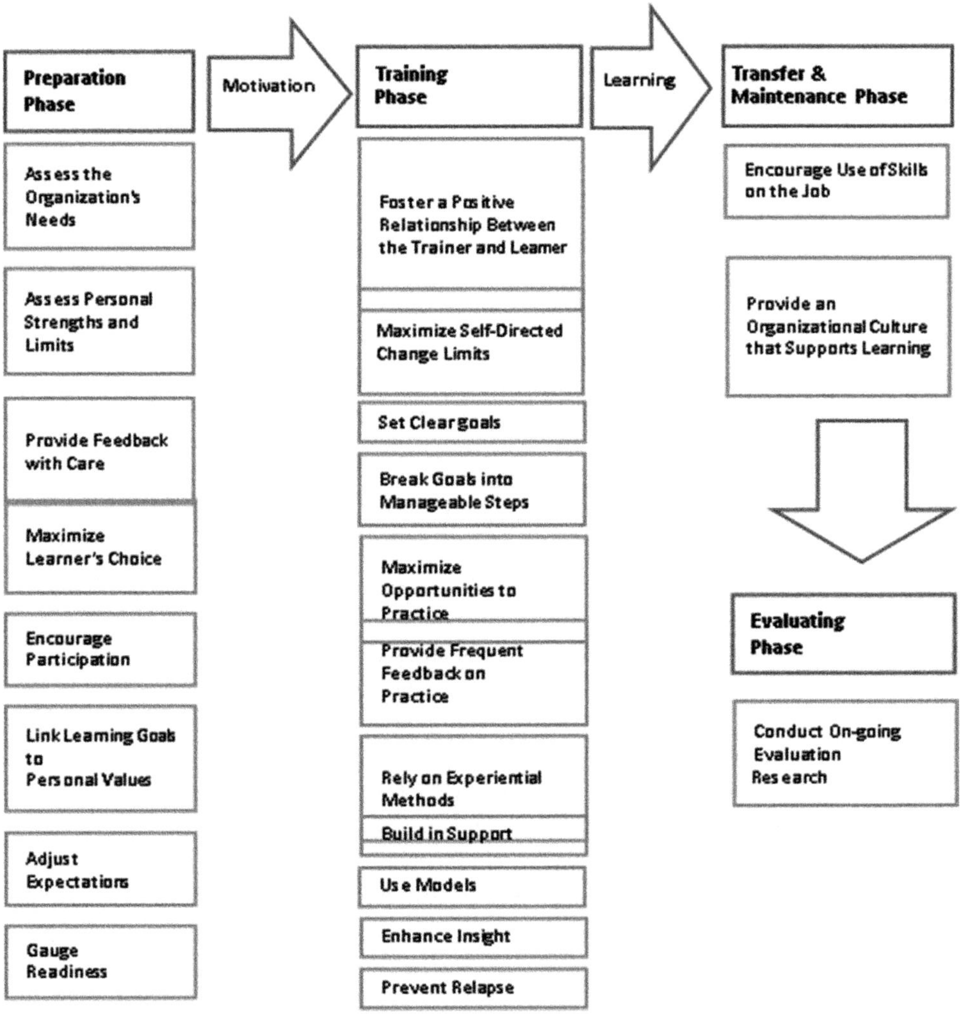

Abb. 18.2 Erfolgsfaktoren in Trainingsphasen. (Nach Chemiss 1998, S. 7)

Der Hawthorne-Effekt beschreibt das Phänomen, dass sich eine Verhaltensveränderung oder eine Leistungssteigerung schon deshalb einstellen kann, weil der Gruppe eine besondere Aufmerksamkeit geschenkt wird oder sie sich beobachtet fühlt (Vgl. Cherniss et al. 1998, S. 5 f.). Sie geht zurück auf die Experimente zur Leistungssteigerung von Arbeitern, die von Roethlisberger und Dickson zwischen 1924 und 1932 in der Hawthorne-Fabrik in Chicago durchgeführt wurden (Vgl. Cherniss et al. 1998, S.116). Sie fanden heraus, dass sich die Arbeitsleistung mit jeder Intervention verbesserte, auch wenn die Intervention eigentlich von Nachteil für die Arbeiter war (Vgl. Cherniss et al. 1998, S.116). Demnach ändern Versuchspersonen unter Beobachtung immer ihr Verhalten und verhalten sich zu einem gewissen Grad nicht natürlich (Vgl. Cherniss et al. 1998, S.116).

Falls eine Kontrollgruppe eingesetzt wird, sollte demnach darauf geachtet werden, dass auch diese die gleiche Aufmerksamkeit und Beobachtung erhält (Vgl. Cherniss et al. 1998, S.115). Um das in der Praxis anzuwenden, kann ein einfaches Training für die Kontrollgruppe, ein sog. Placebotraining, konzipiert werden, um den Hawthorne-Effekt zu minimieren (Vgl. Cherniss et al. 1998, S.115). Dieses sollte keine große positive Wirkung auf das Verhalten der Teilnehmer haben, sich aber auch nicht negativ auswirken (Vgl. Cherniss et al. 1998, S.116).

Gründliche Evaluierungen von EI-Trainings werden nur selten durchgeführt (Vgl. Cherniss et al. 1998, S. 25). Eine Studie aus dem Jahr 1997 belegt, dass von 27 befragten Unternehmen nur ein Drittel Bemühungen anstellte, ihre Verhaltenstrainings zu evaluieren (Vgl. Cherniss et al. 1998, S. 24). Der Grund hierfür könnte auch darin liegen, dass viele Verantwortliche der Ansicht sind, dass es keine Möglichkeit gibt, solche Trainings objektiv zu evaluieren (Vgl. Cherniss et al. 1998, S. 25). Allerdings zeigt die Auflistung weiter unten, dass es zumindest im Bereich der emotionalen Intelligenz verlässliche Messinstrumente gibt.

18.4.2 Weitere Einflussgrößen

Schließlich bleibt die Frage zu klären, wer an dem EI-Training teilnimmt und welche Motivation die Personen haben. Das **Alter der Teilnehmer** kann sich auf die Dynamik und den Verlauf des Trainings auswirken. Da das Thema meist im beruflichen Kontext diskutiert wird, kann es für den Trainer eine Herausforderung darstellen, eine altersspezifisch heterogene Gruppe anzuleiten. Die besprochenen Situationen und Beispiele spiegeln evtl. nicht die Lebenssituation aller Teilnehmer wider. Allerdings bieten Gruppen mit einer breiten Altersstruktur den Vorteil, dass vom Erfahrungsschatz älterer Teilnehmer und den generell unterschiedlichen Perspektiven profitiert werden kann.

Auch **geschlechterspezifische Unterschiede** – insbesondere beim Thema emotionale Intelligenz – sollten berücksichtigt werden. Gemischte Gruppen können sich in ihren Reaktionen und Meinungen stark von Gruppen unterscheiden, die eher weiblich bzw. männlich dominiert sind.

Auch muss die Wahl getroffen werden, wo das EI-Training stattfindet. **On-the-job**-Trainings finden direkt am Arbeitsplatz statt und haben den Vorteil, dass sie dadurch relativ kostengünstig sind, während **Off-the-job**-Trainings außerhalb des Betriebsgebäudes stattfinden (Vgl. Kauffeld 2010, S. 30). Off-the-job-Trainings haben den Vorteil, dass die Teilnehmer ihr gewohntes Arbeitsumfeld verlassen müssen und sich so besser auf neue Inhalte oder auf evtl. Übungssequenzen fokussieren können (Vgl. Kauffeld 2010, S. 30). Gerade bei der Vermittlung von emotionalen Kompetenzen ist dies wichtig und sinnvoll.

18.4.3 Konzept eines EI-Trainings zur nachhaltigen Führung

Im Rahmen eines Forschungsprojekts der Reinhold Würth Hochschule (gefördert durch die Würth-Stiftung) wurden diverse Trainings für unterschiedliche Zielgruppen durchgeführt (Vgl. Tiebel 2017). Für das Training wurde der Einsatz eines Lehrvortrags gewählt. Dieser ist besonders geeignet, um in das Thema einzuführen und die grundlegenden Theorien zu vermitteln. Der Vorteil eines (Lehr-)Vortrags ist, dass innerhalb einer kurzen Zeit eine große Bandbreite an Inhalten behandelt wird und der Referent diese planen und strukturieren kann.

Im Anschluss an eine Vorstellungsrunde wurden die Seminarziele vorgestellt. Nach einer Einführung mit Begriffsdefinitionen und Beispielen wurden mittels eines EI-Modells von Daniel Goleman die Komponenten Selbstwahrnehmung, Selbstregulierung, Selbstmotivation (auf das Individuum bezogen) und die Komponenten Empathie und soziale Beziehungen (auf das Umfeld bezogen) erörtert.

Ergänzt durch praktische Beispiele aus dem Berufs- bzw. Studentenalltag wurden diese Komponenten gemeinsam mit den Teilnehmern diskutiert. Zu jeder Komponente wurden weiterführende Ansätze und Theorien vorgestellt. Eindringlich wurde die anatomische Struktur des Gehirns besprochen und insbesondere die Areale, die für das Verarbeiten von Emotionen zuständig sind.

Der Fokus bei diesem EI-Training lag allerdings nicht auf der Vermittlung von theoretischem Wissen, sodass dieser Teil bewusst kurz gehalten war. Den Schwerpunkt des Trainings bildeten vielmehr die Rollenspiele, Diskussionen und die Übungen mit den Trainingshunden. Dies sind speziell trainierte und zertifizierte Rettungshunde des Bayerischen Roten Kreuzes.[4]

Die Hundeübungen sowie die Rollenspiele wurden mit der Kamera begleitet und direkt nach den Übungen in der Gruppe analysiert und besprochen. Von besonderem Interesse waren die gewählte Handlungsoption der gefilmten Personen und ihre Reaktion und Interaktion untereinander. Ausgehend von den Videosequenzen konnte die Gruppe

[4]Rettungshunde oder Hunde allgemein haben sehr gute sozialkognitive Fähigkeiten und spiegeln vorurteilsfrei das Verhalten der Trainees. Vgl. hierzu die Studien der Universität Budapest von Miklosi (2011).

gemeinsam diskutieren, Beiträge einbringen und eigene Erfahrungen nennen. Mittels Leitfragen geführt und durch die Seminarleitung moderiert sollten diese Analyse und Gruppendiskussion das neu erworbene Wissen anwendbar machen und so zum Transfererfolg des Trainings in den Studiums- und Berufsalltag beitragen.

18.4.4 TEIQue – Test zur Messung der emotionalen Intelligenz

Für die Auswertung der Seminare und für die Projektpartnerschaften wurde der Trait Emotional Intelligence Questionnaire (TEIQue) von K. V. Petrides, J. C. Pérez und A. Furnham verwendet (Vgl. Petrides et al. 2007). Der Fragebogen besteht aus einem Selbst- und einem Fremdbewertungsteil.

Der TEIQue SF (Short Form) ist ein Selbstbewertungsbogen bestehend aus 30 Fragen. Die Antworten werden auf einer Skala von 1 für „stimme absolut nicht zu" bis 7 für „stimme absolut zu" gegeben. Der Fragebogen kann zusätzlich durch soziografische Abfragen ergänzt werden.

Die zweite Komponente dieser Messmethode ist der Fremdbefragungsbogen TEIQue 360° SF. In diesem schätzen bis zu zwei Personen die emotionalen Fähigkeiten eines Seminarteilnehmers ein. Dieser Fragebogen besteht aus 15 Fragen. Die Antworten werden mittels einer Prozentzahl gegeben, d. h., es wird eine Aussage getroffen, zu wie viel Prozent die jeweils betrachtete Person eine bestimmte Kompetenz hat.

Neben der Möglichkeit, durch die Fragebögen einen Gesamtwert bestimmen zu können, bietet der TEIQue auch die Möglichkeit, einige Antworten in vier Unterkategorien zuzuordnen:

- Well-being (Wohlbefinden),
- Self-control (Selbstkontrolle),
- Emotionality (Umgang mit Emotionen),
- Sociability (soziale Kompetenzen).

Damit kann eine präzisere Aussage über einzelne Faktoren der EI getroffen und zugleich deren Veränderung im Laufe des Trainings ausgewertet werden.

18.5 Ergebnisse eines Nachhaltigkeitstrainings

Wenn der Zusammenhang zwischen nachhaltiger Führung und emotionaler Intelligenz besteht, dann muss die Forderung nach validen Messungen eines Trainingserfolgs erhoben werden. Im Folgenden werden die Ergebnisse des TEIQue-Tests kurz beschrieben und anschließend diskutiert.

18.5.1 Ergebnisse des TEIQue SF

Die Auswertung bei dem Fragebogen TEIQue gliedert sich in zwei Ebenen. Der erste Teil ist eine Selbstbewertung mittels des Fragebogens TEIQue SF, der zweite eine Fremdeinschätzung mit dem Fragebogen TEIQue 360° SF.

Das Verfahren zur Messung gliedert sich ebenfalls in zwei Schritte. Zunächst werden vor Beginn des jeweiligen Seminars der Selbstbewertungsbogen TEIQue SF und zwei Exemplare des TEIQue 360° SF beantwortet. Die Werte spiegeln die Mittelwerte der Summen aus den 30 Antworten wider, die in einer Skala von 1 für „stimme absolut nicht zu" bis 7 für „stimme absolut zu" zu geben sind. Berücksichtigt werden auch notwendige Recodierungen bei negativ gestellten Fragen wie: „Es fällt mir gewöhnlich schwer, meine Emotionen zu regulieren."

Die Teilnehmer der Befragung beantworteten die Fragen aus dem TEIQue mit den vorgegebenen Kategorien (1 für „stimme absolut nicht zu" bis 7 für „stimme absolut zu"). Für die Auswertung wurden die gegebenen Antworten zunächst als Mittelwert in dieser Skala angegeben. Ferner wurden diese zur besseren Anschaulichkeit standardisierten Punktwerten zwischen 0 und 100 zugeordnet. Dabei entspricht 0 dem niedrigsten Skalenwert und 100 dem höchsten. Auch hier wurden Mittelwerte errechnet, auf die in den folgenden Auswertungen näher eingegangen werden soll.

Insgesamt finden drei Befragungen mit dem TEIQue-Fragebogen statt. Die erste zu Beginn der Seminarreihe, eine weitere gegen Mitte des Projektzeitraums und eine weitere am Ende der Seminarreihe. Somit kann ein Verlauf und ein Vorher-nachher-Vergleich durchgeführt werden.

Für die Selbstbewertung ergibt sich für die Seminare eine leichte Steigerung des Nachherwertes im Vergleich zum Vorherwert. Analog zu den Gesamtwerten in der Vorher-nachher-Untersuchung, werden auch die Veränderungen in den einzelnen Unterkategorien (Cluster) ermittelt. Die Werte spiegeln dementsprechend auch hier die Mittelwerte der Antwortsummen wider. Durch die Einteilung in die vier Untergruppen können die Veränderungen der Gesamtwerte differenzierter betrachtet werden.

Analysiert man nun das Gesamtergebnis genauer und betrachtet die vier Faktoren des TEIQue, ergibt sich für alle Seminare zusammengenommen ein interessantes Bild: Den höchsten Wert – sowohl vor wie nach der Seminarreihe – hat der Faktor Well-being.

Vor und nach dem Seminar schätzten sich die Teilnehmer am schlechtesten in den Faktoren Self-control und Sociability ein. Nach dem Seminar bleiben diese beiden Faktoren in der Gesamtbetrachtung auch die mit dem niedrigsten Wert. Die Differenz zwischen dem Faktor mit dem höchsten Wert im Vergleich zum niedrigsten beträgt in der Gesamtbetrachtung vorher 14,11 Punktwerte. Nach der Seminarreihe beträgt die Differenz des besten und schlechtesten Faktors 17,13 Punktwerte. Damit nimmt die Differenz bei den Nachherwerten sogar zu. Dies ist darauf zurückzuführen, dass der Faktorwert Well-being am Ende der Seminarreihe um über 6 Punktwerte zunimmt, während der

Faktorwert zwar auch steigt, allerdings nur ca. 3 Punktwerte. Der Grund hierfür ist vermutlich, dass eben genau dieser Faktor Sociability, d. h. soziale Kompetenzen, ganz am Ende der Seminarreihe trainiert wird und danach aus organisatorischen Gründen keine weitere Befragung mehr durchgeführt wird.

18.5.2 Ergebnisse des TEIQue 360° SF

Für die Fremdeinschätzung wurden jedem Teilnehmer zwei Bögen zur Verfügung gestellt. Diese werden nahestehenden Personen im Rahmen des Seminars weitergegeben. Der ausgefüllte Fremdeinschätzungsbogen wird der betreffenden Person nicht wieder zurückgegeben, sodass ein wahrheitsgemäßes Antworten gewährleistet ist. Die Antworten werden mittels einer Prozentzahl gegeben, d. h., es wird eine Aussage getroffen, zu wie viel Prozent die jeweils betrachtete Person eine bestimmte Kompetenz hat. Aus den jeweiligen Prozentangaben werden die Mittelwerte für die gesamte Teilnehmergruppe ermittelt.

Die Antworten der 15 Fragen des TEIQue 360° SF werden in frei wählbaren Prozentangaben gegeben.

Die Gesamtwerte bei beiden Seminaren liegen zu Beginn bei ca. 75 Punktwerten und erhöhen sich bei der zweiten Fremdbefragung um ca. 5 Punktwerte auf ca. 80.

Vergleicht man nun diese Werte der Fremdbefragung mit der Selbsteinschätzung, ergibt sich folgendes Bild: Die Werte der Fremdeinschätzung sind deutlich besser als die der Selbsteinschätzung. Der Wert der Fremdeinschätzung liegt vorher um ca. 8 Punktwerte höher als die Selbsteinschätzung. Im Nachhervergleich reduziert sich diese Differenz jedoch auf ca. 6 Punktwerte.

Auch bei der Fremdbewertung erfolgt eine Einteilung in die vier Unterkategorien Well-being (Wohlbefinden), Self-control (Selbstkontrolle), Emotionality (Umgang mit Emotionen) und Sociability (soziale Kompetenzen). Die hieraus gebildeten Werte können Aufschluss über die Verteilung und Gewichtung der Kompetenzen geben.

Die Werte für die vier Faktoren Well-being, Self-control, Emotionality und Sociability in der Fremdbewertung verlaufen für die verschiedenen Gruppen[5] generell ähnlich.

Die Werte des Faktors Well-being und Self-control weisen die geringsten Veränderungen auf, die Werte für die Faktoren Emotionality und Sociability die höchsten. Für alle Faktoren sind in der Gesamtbetrachtung durchgängig Verbesserungen zu verzeichnen, im Rahmen von 3,62 (Self-control) und 16,48 (Emotionality).

[5] Es wurden unterschiedliche Gruppen von verschiedenen Organisationen befragt: Insgesamt lagen der Auswertung ca. 500 Fragebogen von Sozialeinrichtungen, Studierenden, Einrichtungen des Gesundheitswesens und der Industrie zugrunde.

18.5.3 Fazit zu den Testverfahren der emotionalen Intelligenz

Insgesamt lässt sich festhalten, dass sich die Verwendung des TEIQue-Testverfahrens mit dem TEIQue SF als Selbstbefragungsbogen und dem TEIQue 360° SF als Fremdeinschätzung als eine unkomplizierte und zeitsparende Methode herausstellte. Insbesondere die Möglichkeiten, eine Vorher-nachher-Untersuchung durchzuführen und diese Werte mit den Ergebnissen der Fremdeinschätzung zu vergleichen, sind die augenscheinlichsten Vorteile dieses Verfahrens.

18.6 Diskussion der Ergebnisse und Fazit

Nachhaltige Führung und emotionale Intelligenz sind nicht nur zwei innovative Begriffe, sondern müssen feste Bestandteile eines Human-Resource-Managementkonzeptes auf der Basis der Neuroökonomie werden. Es sollte hier der Versuch unternommen werden, Nachhaltigkeit der Unternehmensführung und Emotionsmanagement nicht nur zu verknüpfen, sondern auch aufzuzeigen, wie Emotionsmanagement trainiert werden kann. Es wurden 22 Erfolgsfaktoren für EI-Trainings vorgestellt, die helfen, Resultate des Trainings im Sinne einer Nachhaltigkeit zu verbessern, das Lernen neuer emotionaler Kompetenzen zu erleichtern und sie auch nach dem Training beizubehalten. Daniel Goleman und Cary Cherniss sind der Überzeugung, dass an emotionalen und sozialen Kompetenzen auch im Erwachsenenalter weitergearbeitet werden kann. Allerdings verlangt dies vom Individuum, dass alte, tief verwurzelte Denk- und Verhaltensweisen aufgegeben und dafür neue erlernt werden. Dies erfordert eine kontinuierliche Übung, klare Zielsetzungen, Motivation, aber auch Unterstützung von außen.

Die Wirksamkeitsanalyse der Reinhold Würth Hochschule (Vgl. Tiebel 2017) ergab, dass sich die Teilnehmer im Anschluss der Veranstaltung durchweg besser einschätzten als zu Beginn des Trainings. Es konnten Verbesserungen um bis zu 12 Prozentpunkte nachgewiesen werden.

Das Ziel dieser Arbeit war, hierfür einen ersten Orientierungsrahmen zu schaffen und konkrete Ergebnisse für eine Verbesserung der nachhaltigen Unternehmensführung hervorzubringen. Es konnte nachgewiesen werden, dass sich die Teilnehmer in ihren emotionalen Kompetenzen nach dem Training besser einschätzten und auch die Fremdeinschätzung durch Kollegen eine Verbesserung der Kompetenzen nahelegt. Nachhaltigkeit, Führung und Management sowie emotionale Intelligenz sind miteinander verwobene Konzepte, die letztendlich Effizienz und Effektivität des Managements betreffen.

Literatur

Cherniss, C. (u. a.) (1998). Bringing emotional intelligence to the workplace – A technical report issued by the consortium for research on emotional intelligence in organizations. http://www.eiconsortium.org/pdf/technical_report.pdf. Zugegriffen: 15. Juni 2016.

Consortium for Research on Emotional Intelligence in Organizations. (Hrsg.) (2013). Measures. http://www.eiconsortium.org/measures/measures.html. Zugegriffen: 15. Juni 2016.

Eimer, M. (2010). *Kognitive Neurowissenschaften* (Enzyklopädie der Psychologie: Themenbereich C, Theorie und Forschung. Serie II, Kognition, 5). Göttingen: Hogrefe.

Ekman, P. (2003). *Gefühle lesen. Wie Sie Emotionen erkennen und richtig interpretieren* (2. Aufl.). Heidelberg: Spektrum Akademischer Verlag.

Elser, C. (2015). *Ansprache von Emotionen und Gefühlen im Neuromarketing*. Hamburg: Diplomica.

Fischer, L., Brauns, D., & Belschak, F. (2002). *Zur Messung von Emotionen in der angewandten Forschung. Analysen mit dem SAMs – Self-Assessment-Manikin*. Lengerich: Pabst.

Freudenthaler, H. H., Neubauer, A. C., Gabler, P., Scherl, W. G., & Rindermann, H. (2008). Testing and validating the Trait Emotional Intelligence Questionnaire (TEIQue) in a German-speaking sample. *Personality and Individual Differences, 45*(7), 673–678.

Funke, J., & Vaterrodt-Plünnecke, B. (1998). *Was ist Intelligenz*. München: Beck.

Gardner, H. (1983). *Abschied vom IQ. Die Rahmentheorie der vielfachen Intelligenzen*. Stuttgart: Klett-Cotta.

Geher, G., & Renstrom, K. L. (2004). Measurement issues in emotional intelligence research. In G. Geher (Hrsg.), *Measuring emotional intelligence: Common ground and controversy* (S. 3–19). New York: Nova Science Publisher.

Goleman, D. (1995). *Emotionale intelligenz*. München: Hanser.

Goleman, D. (1998). What makes a leader? *Harvard Business Review, Best of 1998*. http://www.banffcentre.ca/LD/CP-Leader_article.pdf. Zugegriffen: 16. Nov. 2013.

Goleman, D. (2000). An EI-based theory of performance. In C. Cherniss & D. Goleman (Hrsg.), *The emotionally intelligent workplace. How to select for, measure, and improve emotional intelligence in individuals, groups, and organizations* (1. Aufl., S. 27–44). San Francisco: Jossey-Bass. http://www.eiconsortium.org/pdf/an_ei_based_theory_of_performance.pdf. Zugegriffen: 15. Juni 2016.

Goleman, D., Boyatzis, R., & McKee, A. (2003). *Emotionale Führung*. Berlin: Ullstein.

Huber, A. (1996). *Stichwort EI – Emotionale Intelligenz*. München: Heyne.

Jacobshagen, A. (2002). Künstlerisches Betriebsbüro (KBB). In A. Jacobshagen (Hrsg.), *Praxis Musiktheater – Ein Handbuch* (1. Aufl., S. 228–230). Laaber: Laaber-Verlag.

Jäger, C., & Soylu, A. (2012). *Emotionale Intelligenz. Kritische Evaluierung und praktische Umsetzungsanalyse im Rahmen der unternehmensgebundenen Personalführung* (Bd. 1). Aachen: Shaker.

Kauffeld, S. (2010). *Nachhaltige Weiterbildung. Betriebliche Seminare und Trainings entwickeln, Erfolge messen, Transfer sichern*. Heidelberg: Springer.

Kobi, J.-M. (2016). Neue Prämissen in Führung und HR-Management. Mehr Leistung durch Sicherheit und Verbundenheit. Wiesbaden: Gabler.

London Psychometric Laboratory (Hrsg.). Obtaining the TEIQue. http://www.psychometriclab.com/Default.aspx?Content=Page&id=14. Zugegriffen: 15. Okt. 2013.

Mayer, J. D., & Salovey, P. (1997). What is emotional intelligence? In P. Salovey & D. J. Sluyter (Hrsg.), *Emotional development and emotional intelligence – Educational implications* (1. Aufl., S. 3–31). New York: Basic Books.

Mayer, J. D., Salovey, P., & Caruso, D. R. (2000). Models of emotional intelligence. In R. J. Sternberg (Hrsg.), *Handbook of intelligence* (1. Aufl., S. 396–420). Cambridge: Cambridge University Press.

Mayer, J. D., Salovey, P., & Caruso, D. R. (2004). Emotional intelligence – Theory, findings, and implications. *Psychological Inquiry, 15*(3), 197–215.

Miklosi, A. (2011). *Hunde – Evolution, Kognition und Verhalten*. Stuttgart: Kosmos.

Peters, T., & Ghadiri, A. (2013). *Neuroleadership – Grundlagen, Konzepte, Beispiele* (2. Aufl.). Wiesbaden: Springer.

Petrides, K. V., Pita, R., & Kokkinaki, F. (2007). The location of trait emotional intelligence in personality factor space. *British Journal of Psychology, 98*(2), 273–289.

Pleisteiner, H., & Ronge, D. (2002). Begriff "trait". In H. Pleisteiner & D. Ronge (Hrsg.), *Langenscheidt Universal-Wörterbuch Englisch* (1. Aufl., S. 297). München: Langenscheidt.

Salovey, P., & Mayer, J. D. (1990). Emotional intelligence. *Imagination, Cognition, and Personality, 9*(54), 185–211.

Schulze, R. (u. a.) (2006). Theorie, Messung und Anwendungsfelder emotionaler Intelligenz: Rahmenkonzepte. In R. Schulze, A. P. Freund & R. D. Roberts (Hrsg.), *Emotionale Intelligenz. Ein internationales Handbuch* (S. 11–35). Göttingen: Hogrefe.

Tiebel, C. (2017). *Alternde Gesellschaft und Pflegenotstand: Human-Resources-Methoden zur Personalbindung*. Schwäbisch Hall: Swiridoff-Verlag.

Wilhelm, O. (2006). Messinstrumente emotionaler Intelligenz: Praxis und Standards. In R. Schulze, A. P. Freund, & R. D. Roberts (Hrsg.), *Emotionale Intelligenz. Ein internationales Handbuch* (S. 141–163). Göttingen: Hogrefe.

Prof. Dr. Christoph Tiebel ist Dekan des Studienganges Betriebswirtschaftslehre und Sozialmanagement mit dem Forschungsschwerpunkt Emotionale Intelligenz. Gefördert durch Reinhold Würth Stiftung wurde ein mehrjähriges Forschungsprojekt mit Partnerhochschulen aus dem Ausland zum Thema „Trainierbarkeit emotionaler Intelligenz – Eine Antwort auf den Fachkräftemangel des demographischen Wandels" umgesetzt. Spezifisch ist dabei die Integration von Rettungshunden in die Trainings.

19 Entwicklung von Führungskräften und wie Nachhaltigkeit wirklich fruchten kann

Ilga Vossen

In der Praxis werden das Lernen und die Weiterentwicklung von Führungskräften oft an externe Partner delegiert. Ein Trainer soll den Teilnehmern Feedback geben, ihren Kompetenzaufbau ermöglichen und sie befähigen „bessere" Führungskräfte zu werden. Die Entwicklung wird ausgelagert auf im ungünstigsten Fall einen und im besseren Fall bis zu zwölf Trainingstagen, in denen Führungskräfte mit Kollegen die Möglichkeit bekommen, sich weiterzubilden. Der berechtigte Anspruch der Auftraggeber ist, dass das Seminar nachhaltig ist, also zu einer umfassenden, zeitlich anhaltenden Verhaltensänderung führt und die fehlende Kompetenz nach einem Seminar aufgebaut ist. Natürlich geht es in Führungskräftetrainings genau um diese Dinge: Selbstreflexion der eigenen Rolle auslösen, Kompetenzen trainieren, die eigene Wirkung als Führungskraft erfahren und diese im Feedback gespiegelt bekommen. Eine Führungskräfteentwicklung, die aber ausschließlich als Ausbügeln individueller Defizite verstanden wird, wird genau diese Nachhaltigkeit nicht erreichen. Das Lernen im Training ist begrenzt. Das Training bietet die Möglichkeit, Verhaltensweisen auszuprobieren und die eigene Wirkung in der Interaktion mit anderen zu erfahren. Der Arbeitsalltag bildet aber den Ernstfall ab. Dort kommt für den Teilnehmer neben der einzelnen Kompetenz, die im Training reflektiert, ausprobiert und erfahren wurde, eine Vielzahl an Faktoren dazu, die das Gelernte plötzlich infrage stellen. Im Training lernt der Teilnehmer die Regel – der Arbeitsalltag liefert die Ausnahmen. Das eigentliche Lernen und damit die nachhaltige Umsetzung der Lernimpulse finden in der Praxis statt. Nachhaltige Entwicklung ist also ein Prozess und nicht das Einzelergebnis einer Maßnahme. Gerade weil die Entwicklung nicht nur im Training, sondern im Arbeitsalltag stattfindet, kann sie nicht outgesourct werden.

I. Vossen (✉)
Deloitte Consulting, Köln, Deutschland
E-Mail: ivossen@deloitte.de

M. Englert und A. Ternès (Hrsg.), *Nachhaltiges Management*,
https://doi.org/10.1007/978-3-662-57693-9_19

Nachhaltigkeit von Führungskräfteentwicklung muss daher auch alle Protagonisten dieses Lernprozesses einbeziehen. Somit ist die nachhaltige Wirkung von Führungskräftetrainings eine gemeinsame Aufgabe von Trainern, den teilnehmenden Führungskräften sowie von den Vorgesetzten und Personalverantwortlichen des Unternehmens. Die vielen Publikationen zur Sicherung des Transfers von Trainings und der zeitlich überdauernden Wirkung von Entwicklungsmaßnahmen zeigen, dass die Weiterbildungsbranche dieses Anliegen aufgegriffen hat (vgl. u. a. Keller 2013). Wird das Verständnis von nachhaltiger Führungskräfteentwicklung aber auf den zeitlichen Aspekt reduziert, werden wesentliche Chancen in der Konzeption und Durchführung von Maßnahmen übersehen, die zum umfassenden Wirksamwerden beitragen könnten.

Neben dem individuellen Lernen und der Erwartung an dessen Nachhaltigkeit verfolgt Führungskräfteentwicklung, wenn sie von Unternehmen als Inhousemaßnahme beauftragt wird, auch das Ziel einer organisationalen Entwicklung, einer Kulturgestaltung. Im Kleinen ist es das gemeinsame Führungsverständnis, das geschaffen werden soll. Im Großen ist es oft der Auftrag, den Grad an Agilität, Eigenverantwortung und unternehmerischem Denken sowohl bei den Führungskräften als auch in deren Teams und damit im gesamten Unternehmen zu erhöhen. Es geht dann also nicht nur darum, ein wirkungsvolles Training zur Kompetenzentwicklung durchzuführen, sondern einen Beitrag zu einer nachhaltigen Unternehmenskultur zu leisten. Soll dieses Ziel erreicht werden, dann sollten Führungskräfteentwicklungsmaßnahmen nicht nur auf einem nachhaltigen Prozessverständnis fußen. Die Inhalte der Maßnahme selber sollten in den Blick genommen werden. Aspekte von Nachhaltigkeit, wie z. B. unternehmerische Verantwortungsübernahme über die eigene Abteilungsgrenze hinweg, sollten in die inhaltliche Gestaltung miteinfließen. Das Thema Nachhaltigkeit von Führungskräfteentwicklung sollte seine Kraft aus dem Rückbezug auf seinen Ursprung in der Nachhaltigkeitsdebatte ziehen. Salopp formuliert: Wo Nachhaltigkeit draufsteht, sollte auch Nachhaltigkeit drin sein. Es lohnt sich daher, den Nachhaltigkeitsbegriff in seiner ursprünglichen Definition noch einmal anzuschauen.

Nachhaltigkeit basiert in den unterschiedlichen Ansätzen und Modellen, die entwickelt wurden, auf drei Aspekten: dem ökonomischen, ökologischen und sozialen Aspekt (Pufé 2012). Übertragen auf Personalentwicklung konkretisieren Thom und Zaugg (2009): „Das Ziel dieser Funktion besteht in der langfristigen, sozial verantwortlichen und wirtschaftlich zweckmäßigen Entwicklung der Mitarbeitenden, wobei diese ein hohes Maß an Selbstverantwortung wahrnehmen und in ihren Bemühungen von der Unternehmung und deren Exponenten (Vorgesetzte, Kollegen, Personalverantwortliche) sowie externen Personen (z. B. Schulungsanbieter, Berater etc.) unterstützt werden.“ Dann wird Nachhaltigkeit nicht mehr reine Aktivität, sondern ist eine Haltung, aus der sich verschiedene Aktionen ergeben können (Strikker et al. 2014). Ersteres kann über methodische und strukturelle Qualitätskriterien sichergestellt werden. Greift man die von Pufé (2012) und Thom und Zaugg (2009) genannten Aspekte auf, dann entwickeln sich daraus die bereits oben genannten Anforderungen an das Design von Führungskräfteentwicklung und an die vermittelten Inhalte. Der zweite Aspekt hingegen braucht auf der konzeptionellen Ebene die Klärung, wie Nachhaltigkeit im Unternehmen verstanden werden soll und welche Haltung und Kompetenzen entsprechend vermittelt werden sollen. Als Referenzrahmen mag hierzu Pufés (2012) Zusammenstellung der Schlüsselfähigkeiten von Nachhaltigkeitspraktikern dienen:

- Fachkompetenz,
- Methodenbeherrschung,
- Konzeptionsgeschick,
- Kommunikationsfähigkeit,
- Verantwortungsübernahme,
- Bewusstsein für Ethik,
- ganzheitliches vernetztes Denken,
- Integrationsfähigkeit,
- Ursache-Wirkungs- und Reflexionsvermögen.

Pufé (2012) beschreibt hiermit Fähigkeiten und Haltungen, die jeder Führungskraft, jedem Personalentwickler und jedem Trainer als Messlatte dienen sollten.

Wenn die Nachhaltigkeit von Führungskräfteentwicklung also so umfassend und als gemeinsame Aufgabe des beauftragenden Unternehmens sowie des durchführenden Trainers verstanden wird, dann können mit gezielten strukturellen Maßnahmen und inhaltlich durchdachter Gestaltung beide Parteien die Nachhaltigkeit ihrer Bemühungen erhöhen.

Die beauftragende Organisation muss sich deshalb ihrer tragenden Verantwortung für den Erfolg der Maßnahme stellen und kann über folgende Beiträge die Nachhaltigkeit sicherstellen:

Sinnstiftung
Vielen Führungskräfteentwicklungsmaßnahmen fehlt ein sinnstiftender Rahmen. Unklar bleibt oft, welche Bedeutung, welche strategische Relevanz der Führungskräfteentwicklungsmaßnahme seitens der Geschäftsführung beigemessen wird. Die zentrale Frage von Führungskräften, die zu einer Entwicklungsmaßnahme eingeladen werden, ist: Warum schickt mich mein Unternehmen zu einem oder genau diesem Training, Coaching oder Workshop? Die Antworten, die sich Führungskräfte darauf selber geben, wenn sie keine befriedigende Auskunft erhalten, hat oft auch diagnostische Relevanz in Bezug auf die Unternehmenskultur. Wird die Teilnahme als Feedback im Sinne eines Führungsdefizits verstanden? Hat die Führungskraft überhaupt den Eindruck, in ihren eigentlichen Bedarfen und damit in ihrem individuellen Beitrag zur Organisation wahrgenommen zu werden? Wird die strategische Notwendigkeit hinterfragt? Oft sagen die Antworten, die sich Führungskräfte auf diese Fragen geben, viel über die Wertschätzung aus, die sie im Unternehmen an sich zu erfahren glauben, über das Verhältnis zwischen Geschäftsführung und den Führungskräften und dem Vertrauen zwischen HR-Funktionen und den Führungskräften. Die Erfahrung zeigt: Eine Führungskräfteentwicklungsmaßnahme, die ausschließlich von HR beauftragt wird, hat oft nicht

ausreichend Überzeugungskraft und leidet deshalb an mangelnder Nachhaltigkeit. Entscheidend ist zumeist die Frage, wie die Unternehmensleitung zur Führungskräfteentwicklung steht. Hier werden weniger die offiziellen Worte an einem Kick-off-Tag oder in einem Townhall-Meeting beachtet. Relevant ist vielmehr: Wie reden die Geschäftsführung und das obere Management über eine Führungskräftemaßnahme, welchen Wert messen sie ihr insgesamt bei und wie stark ist die Führungsspitze selber in der Führungskräftemaßnahme involviert, etwa im Rahmen eines Kaminabends oder als Mentorpartner. Weiterbildung und Entwicklung haben nicht für alle potenziellen Teilnehmer an sich einen Wert, sondern haben nur einen Wert in dem von ihnen erlebten Unternehmenskontext.

Die Unternehmensleitung sollte als aktiver Partner in einer Führungskräfteentwicklung involviert sein und der Unternehmensauftrag sichtbar gemacht werden. Die Unternehmensleitung beeinflusst entscheidend, mit welcher inneren Haltung Teilnehmer in eine Führungskräfteentwicklungsmaßnahme gehen: Kommen sie als „Besucher", als „Klagende" oder tatsächlich als „Kunde" (vgl. De Shazer 2015)?

De Shazer (2015) beschreibt drei unterschiedliche Motivationen, mit denen Protagonisten einer Maßnahme begegnen, die Auswirkungen auf die Wirksamkeit der Intervention haben. Ein *Klagender* fühlt sich als Opfer und einer Führungskräfteentwicklung passiv ausgesetzt. Er erlebt die Führungskräfteentwicklungsmaßnahme als Zumutung und Beleidigung seiner Kompetenz und dies aus gutem Grund. Keine Führungskraft möchte wertvolle Zeit in eine Maßnahme investieren, die von der Unternehmensleitung nicht unterstützt oder sogar belächelt wird. Der *Besucher* erwartet eher Entertainment als persönliche Weiterentwicklung, die auch einen Investment seinerseits benötigt. Im besten Fall ist der *Besucher* neugierig und im schlechtesten Fall lässt er die Maßnahme über sich ergehen, da er kein eigenes Anliegen mit der Maßnahme verknüpft. Der *Kunde* kommt mit klarem eigenen Weiterentwicklungsziel und Auftrag an den Trainer. Die Sinnstiftung einer Führungskräfteentwicklung durch die Unternehmensleitung kann die Anzahl an *Klagenden* und *Besuchern* deutlich reduzieren.

Bedarfsklärung – Erwartungssetzung

Nachhaltige Führungskräfteentwicklung heißt den Kontext der Führungskräfte zu berücksichtigen. Mit welchen Herausforderungen haben die Führungskräfte im Alltag zu kämpfen? Wobei kann die geplante Maßnahme die Führungskräfte konkret unterstützen? Wichtig ist es hier, die Perspektive der Führungskräfte zu kennen, ihre Bedarfe und Fragestellungen. Relativ häufig kennen Auftraggeber die Situation der Führungskräfte im Unternehmen nicht oder kaum. Hier können viele interne Personalentwicklungsabteilungen ihre Nähe zur Zielgruppe noch erhöhen. Die Relevanz einer Führungskräfteentwicklung speist sich aber aus zwei Quellen: dem eigenen und selbst wahrgenommenen Entwicklungsbedarf und der Erwartungshaltung des Unternehmens an seine Führungskräfte. Welches Bild von Führung gibt es im Unternehmen und welches soll zukünftig gelebt werden? Welche Erwartungen hat das Unternehmen an seine Führungskräfte? Gibt es Leitbilder, Werte oder definierte Kompetenzmodelle?

Wesentlich ist es, die Kompatibilität der Führungskräftebedarfe und der Unternehmenserwartungen an Führungskräfte zu den Trainingsinhalten herzustellen. Aufgabe seitens der Auftraggeber ist hier, die maximale Transparenz über Bedarfe und Anforderungen bereitzustellen, um dem externen Partner eine wirklich maßgeschneiderte Konzeption der Führungskräfteentwicklungsmaßnahme zu ermöglichen.

Verzahnung von Unternehmen und Training
Unternehmensalltag und Führungskräfteentwicklung sollten nicht nur kompatibel sein. Im besten Fall können sie auch eng miteinander verzahnt werden. Sind ausreichende Sinnstiftung und Commitment im Unternehmen geschaffen, können Inhalte der Maßnahme glaubwürdig mit der Organisation verbunden werden. Es bieten sich Projekte – am besten mit Präsentation vor der Unternehmensleitung zum Abschluss – an, die vielfältig ausgestaltet werden können: parallel stattfindende Mentorings, Kaminabende usw. Die Möglichkeiten, den Unternehmensalltag in das Training und das Training in den Unternehmensalltag zu bringen, sind vielfältig. Diese integrativen Elemente erhöhen die Glaubwürdigkeit der Maßnahme, schaffen Verbindlichkeit und inneres Commitment und werden zumeist als besonders wertschätzend von den Teilnehmern wahrgenommen. Je größer die Sichtbarkeit des Unternehmens im Training, desto größer ist die empfundene Relevanz der Teilnehmer.

Erfolgsgarant dafür sind eine ausreichende Akzeptanz und Unterstützung der Führungskräfteentwicklungsmaßnahme im Unternehmen und wie oben beschrieben insbesondere die Sinnstiftung durch die Unternehmensleitung. Dann können die wichtigen Phasen vor und nach einem Training aktiv als Interventionsmöglichkeit genutzt werden.

Interesse
Gerade umfangreiche Führungskräfteentwicklungsmaßnahmen wie mehrmodulige Programme werden mit viel Energie initiiert. In vielen investitionsstarken Maßnahmen gelingt es, die Unternehmensleitung mit zu integrieren und als Unterstützer zu gewinnen. Irgendwann lässt dann aber häufig die Energie nach. Nachhaltigkeit von Führungskräfteentwicklung heißt auch den Prozess der Maßnahme mit gleichbleibender Energie und Aufmerksamkeit zu begleiten. Es geht nicht nur um das erfolgreiche Initiieren der Maßnahme, sondern um das Interesse des Unternehmens an der Entwicklung: vor der Maßnahme, während der Maßnahme und danach. Hier sind beispielsweise die Vorgesetzten der Teilnehmer gefragt. Eingebunden werden können diese etwa durch die Bitte um Vorabgespräche mit ihrem Mitarbeiter zu Lernzielen und Entwicklungsbedarf. Nach der Maßnahme sollten Vorgesetzter und teilnehmende Führungskraft Fazit ziehen. Als besonders wertschätzend werden Gruppenfeedbackgespräche zwischen Unternehmensleitung und Teilnehmern zur Wirksamkeit und erlebten Relevanz der Maßnahme empfunden. Und auch HR sollte hier einen aktiven Part einnehmen und Teilnehmer nach einer Maßnahme zu ihren Lernerfahrungen und der erlebten Praxisrelevanz befragen. Die Führungskräfteentwicklung braucht Energie und Aufmerksamkeit von einem inspirierenden Start bis zu einem würdigen Abschluss.

Klare Haltung zur Nachhaltigkeit

Schließlich wird die Nachhaltigkeit einer Führungskräfteentwicklungsmaßnahme auch vom Stellenwert des Themas Nachhaltigkeit im Unternehmen insgesamt beeinflusst. Ist die Unternehmensstrategie auf Nachhaltigkeit ausgerichtet? Ist Nachhaltigkeit ein Thema innerhalb der Organisation? Werden Bereiche an ihrer Nachhaltigkeit gemessen? Gibt es eine Balanced Scorecard zur Erfassung der Nachhaltigkeit? Welcher Wert wird Nachhaltigkeit informell beigemessen? Die Antwort auf all diese Fragen wird Auswirkungen auf die Nachhaltigkeit der Führungskräfteentwicklungsmaßnahme haben. Ein Unternehmen, das insgesamt keinen Fokus auf dem Thema Nachhaltigkeit hat, wird sich schwer tun nachhaltige Führungskräfteentwicklung zu etablieren, denn wie oben bereits ausgeführt: In erster Linie ist Nachhaltigkeit eine Haltung aus der entsprechende Maßnahmen getroffen werden. Nachhaltige Führungskräfteentwicklung sollte Konzept und Teil der gesamten Nachhaltigkeitsstrategie des Unternehmens sein.

Die fünf Beiträge des Unternehmens zur Nachhaltigkeit der Führungskräfteentwicklung zeigen deutlich: Die Maßnahme kann nicht ohne die Integration des Kontextes wirksam werden. Das bedeutet aber auch, dass der Trainer oder Berater keine Konzepte von der Stange liefern kann, sondern Maßarbeit leisten muss. Dazu sollten folgende Aspekte in die Konzeption einfließen.

19.1 Die Beiträge des Trainers und Beraters

Individualisierung

Führungskräfteentwicklung verfolgt zumeist zwei Ziele: die individuelle Entwicklung des einzelnen Teilnehmers und die organisationale Entwicklung des beauftragenden Unternehmens. Sie ist ein probates Mittel, um beispielsweise ein gemeinsames Führungsverständnis zu etablieren und entsprechende Verhaltensanker erlebbar zu machen. Nachhaltig sind Führungskräfteentwicklungsmaßnahmen aber erst dann, wenn jeder Teilnehmer einen individuellen Mehrwert erkennt. Dieser Mehrwert stellt sich nicht automatisch durch das Training und das Erleben der Trainingsgruppe ein, sondern muss mit entsprechenden Designelementen unterstützt werden. Ohne Individualisierung bleibt der Effekt der Maßnahme der Initiative des Einzelnen überlassen. Der „Besucher", so wie ihn De Shazer (2015) skizziert, wird in seiner Komfortzone der Außenbetrachtung bleiben, der Beklagende wird Gründe finden, warum das Training seinen speziellen Anforderungen nicht genügt, und nur der interessierte Teilnehmer wird selbstinitiiert etwas für sich erreichen können. Individualisierung und Gruppenintervention müssen sich dabei nicht ausschließen. Individualisierung bedeutet das Eingehen des Trainers auf die persönlichen Lernziele und Bedarfe. Das verlangt vom Trainer Flexibilität im Trainingsverlauf. Ein stoisches Festhalten an vorher entworfenen Trainingsabläufen wird fast immer dazu führen, dass Einzelne in ihren Bedarfen nicht gefördert und gefordert werden. Der Trainer muss in der Gruppe einen vertrauensvollen Rahmen schaffen, in der Einzelanliegen bearbeitet werden können. Nachhaltige Entwicklung wird durch eine hohe Prozessorientierung im Training gewährleistet, in der der Trainer situativ Übungen, Reflexionen über die Gruppendynamik und das eigene Verhalten des Teilnehmers im Training initiieren kann. Individualisierung des Lernens kann darüber hinaus durch begleitende Coachinggespräche auf freiwilliger Basis zwischen Trainer und Teilnehmer außerhalb des Trainings, etwa an einem fest definierten Coachingtag, gewährleistet werden. Viele Teilnehmer schätzen die Möglichkeit zur persönlichen Reflexion in einem geschützten Rahmen. Sind Trainergespräche etwa zu mehreren Zeitpunkten in einem Programm möglich (vor, während und nach der Führungskräfteentwicklung), kann ein Trainer sehr individuell Rückmeldung zur persönlichen Entwicklung geben und diese durch gezielte Interventionen unterstützen.

Berührung und Selbstreflexion

Nachhaltige Führungskräfteentwicklungsmaßnahmen müssen die Teilnehmer emotional berühren. Emotionale Beteiligung unterstützt die Merkfähigkeit, denn emotional gelernte Inhalte werden dauerhafter ins Langzeitgedächtnis verankert (Hampe und Schlegel 2014).

Emotionen schaffen aber auch ein tieferes Verständnis. Meist geht es in der Führungskräfteentwicklung nicht nur um Wissensaufbau. Viele Grundmethoden und Konzepte sind Führungskräften aus eigener Lektüre oder anderen Trainings bereits bekannt. Der Umfang an Handlungswissen und die tatsächliche Fähigkeit, dieses in Verhalten umzusetzen, gehen bei den meisten Führungskräften jedoch weit auseinander. Die Lektüre eines Schwimmtrainingsbuchs befähigt den Leser noch nicht zum Schwimmen und ohne Training, Feedback und Erfahrungen in unterschiedlichen Gewässern wird der Leser auch kein guter Schwimmer werden. Diese Banalität gerät bei Führungskräftetrainings manchmal aus dem Blick, sowohl bei Teilnehmern als auch bei Trainern. Und es gibt einen entscheidenden Unterschied zum Schwimmtraining: Es geht bei Führung nicht nur um das Erlernen von Tools und Werkzeugen, sondern um die Reflexion der eigenen Haltung, der eigenen Persönlichkeit und der Auswirkung auf Kollegen und Mitarbeiter. Eine solche Reflexion wird vor allem durch emotionale Betroffenheit und Irritationen erzeugt, die langfristig dabei helfen, eigene persönliche Muster zu unterbrechen. „Empathische Selbstreflexion ohne Praxisbezug hat im beruflichen Kontext nichts zu suchen" (Hampe und Schlegel 2014, S. 89), daher ist immer der Bezug zu den Auswirkungen des eigenen Handelns im Kontext der auftraggebenden Firma entscheidend. Bei aller Initiierung von Selbstreflexion gilt es vom Trainer zu respektieren: Der Teilnehmer bestimmt, was er annehmen und lernen möchte und in welchem Tempo er sich entwickelt. Übereifriges „therapieren" von Teilnehmern ist im Training fehl am Platz.

Kontextualisierung

Nachhaltige Führungskräfteentwicklung heißt den Kontext der Führungskräfte, die Kultur des beauftragenden Unternehmens und ihre Kompatibilität zu den Trainings- und Beratungsinhalten voll umfänglich zu berücksichtigen. Damit ist nicht nur gemeint, dass Teilnehmer einer Führungskräfteentwicklung über ihren Mikrokosmos berichten können und etwa in kollegialen Beratungssettings Hilfestellung zu Herausforderungen in ihrer Teamführung erhalten. Führungskräfte bewegen sich in multiplen Spannungsfeldern etwa zwischen ökonomischer und sozialer Orientierung. Konkreter Führungskräfte bewegen sich in drei Kontexten, die wechselseitig aufeinander einwirken (Abb.19.1). Der erste Kontext ist die Struktur im Unternehmen, festgelegt in Prozessabläufen, Rollendefinitionen und mehr oder minder hierarchischen Organisationen. Diese Struktur legt Entscheidungs- und Kommunikationsabläufe fest und definiert die Zusammenarbeit aller Beteiligten, um so Konflikte und Unklarheiten abzubauen. Gleichzeitig erleben Führungskräfte, dass die Struktur auch stark infrage gestellt und unterwandert wird (Vossen 2016). Der zweite Kontext, der in Unternehmen wirksam wird, ist nämlich das informelle Netzwerk. Unabhängig von Positionen bestehen persönliche Kontakte, über die Informationen schneller fließen als über die offiziellen Kanäle. Im Netzwerk entstehen Stimmungen, Motivationen und Beeinflussungen. Die Klarheit struktureller Bedingungen kann hierdurch aufgeweicht werden. Und schließlich bewegt sich jede Führungskraft auch in einem politischen Raum. Unterschiedliche Stakeholder haben mehr oder weniger offene oder verdeckte Interessen, die Auswirkungen auf die eigene Führungswirksamkeit haben.

In diesen Spannungsfeldern bewegt sich Führung. Die Ausprägung und Bedeutung der einzelnen Kontexte können in unterschiedlichen Unternehmen verschieden sein und sich auch zwischen Bereichen eines Unternehmens unterscheiden. Was bleibt, ist, dass Führungskräfte mit diesen Spannungsfeldern zurechtkommen müssen, sie ausbalancieren müssen und somit 1) sich selbst, 2) ihre Mitarbeiter, 3) die Organisation und 4) das

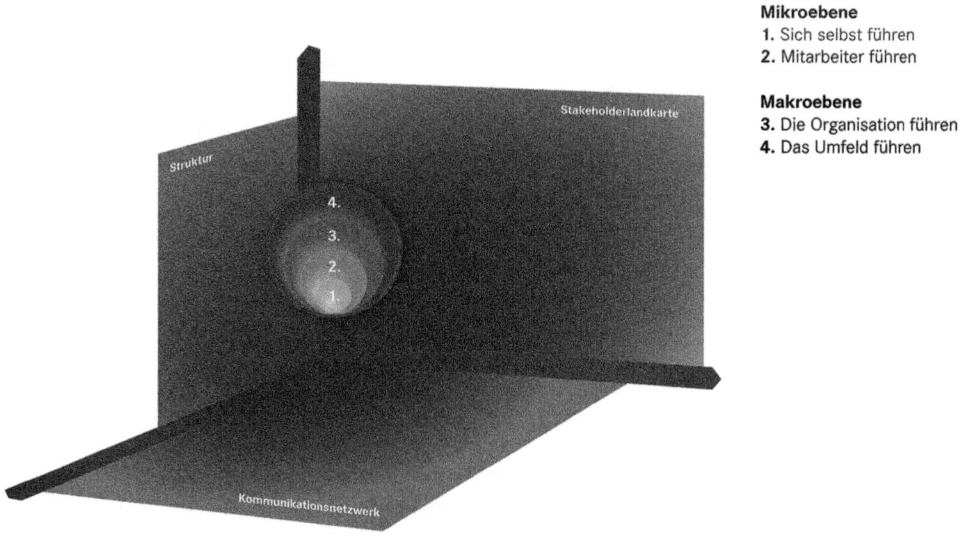

Abb. 19.1 Führungsraummodell

Umfeld führen müssen. Der Wirkungskreis einer Führungskraft beschränkt sich nicht nur auf die Mitarbeiterführung, sondern muss im größeren Kontext der Organisation und Gesellschaft verstanden werden. Viele Trainings beschränken sich aber genau auf die ersten beiden Aspekte, der Selbstführung und der Mitarbeiterführung. Kontextualisierung heißt das politische Umfeld innerhalb der Organisation genauso in Betracht zu ziehen wie ökonomische, politische und gesellschaftliche Einflussfaktoren. Das Thema „Die Führungskraft als Organisationsentwickler" muss in nachhaltigen Führungskräfteprogrammen Einzug halten. Diese Art der Kontextualisierung sorgt nicht nur dafür, dass die Maßnahme an sich nachhaltiger im Sinne von länger anhaltender Wirkung im Führungsalltag wird. Sie wird auch der ursprünglichen Bedeutung des Nachhaltigkeitsbegriffs gerecht. Nachhaltigkeit heißt ja, dass Führungskräfte ökologische, ökonomische und soziale Anforderungen miteinander vereinbaren und Verantwortung für nachhaltiges Wirtschaften übernehmen. In Konsequenz sollten Trainings daher auch nicht nur die soziale Komponente berücksichtigen, sondern einen umfassenden Blick auf alle Spannungsfelder werfen.

Ressourcen- und Lösungsorientierung

Gerade wenn Nachhaltigkeit von Führungskräfteentwicklung nicht nur heißt, dass die Maßnahme an sich wirksam sein soll, sondern auch inhaltlich mit dem Anspruch verknüpft ist, dass Führungskräfte in einer Haltung des nachhaltigen Denkens und Handelns angeleitet und gefordert werden sollen, muss im Training auch genau diese Haltung vorgelebt werden und den Führungskräften müssen nachhaltige Methoden zur Verfügung gestellt werden. Handeln in Komplexität und Spannungsfeldern bedarf einer integrativen Bearbeitung. Das Denken in Auswirkungen, das Ansetzen bei eigenen Ressourcen und das Fokussieren auf Lösungen, wie es systemische Beratungs- und Coachingansätze fördern, unterstützen die Arbeit an einer nachhaltigen Haltung. Genau diese Art der Arbeit kann konträr zu den Anforderungen an Führungskräfte im Alltag erlebt werden, in denen schnelle Problembeseitigung, kurzfristige Ergebnisse und klare Aussagen gefordert werden. Nachhaltigkeit ist aber eben genau das nicht. Der systemische Ansatz stellt den Führungskräften Methoden zur Verfügung, ihren eigenen Führungskontext zu explorieren und die Wechselwirkungen zu hinterfragen. Er ermutigt die eigenen Ressourcen zur Veränderung und Lösung von Herausforderungen zu nutzen. Durch dieses Nutzbarmachen von vorhandenen Ressourcen wird der Blick weggenommen vom systemfremden Berater und Trainer, der von außen Interventionen anbietet und nur zeitlich begrenzt verfügbar ist, hin zu den eigenen Möglichkeiten und Kräften, die langfristig wirksam werden können und auch nach Abschluss des Führungskräfteprogramms noch griffbereit sind.

Vernetzung

Ein wesentlicher Schritt zur Erreichung von Nachhaltigkeit ist die Vernetzung der Führungskräfte untereinander. Im gemeinsamen Austausch zu eigenen Lernvorhaben, den Inhalten der Führungskräfteentwicklung oder unternehmensspezifischen Themen wird das Netzwerk der Führungskräfte untereinander bereichsübergreifend gestärkt und die Organisation flexibel. Gerade durch die Vernetzung der Führungskräfte und die Verlängerung des Lernprozesses in den Arbeitsalltag wird die angestoßene Entwicklung stabilisiert. Vernetzung verstärkt die Kontextualisierung der Maßnahme und intensiviert auch die Punkte Individualisierung, Selbstreflexion und Ressourcenorientierung. Die Kollegen werden als gegenseitige Unterstützung wirksam, indem sie sich gegenseitig Feedback geben und jeweils auf die Bedarfe des anderen eingehen. Im Idealfall beginnt die Vernetzung während der Führungskräfteentwicklung, z. B. während einer Großgruppenveranstaltung oder in einer kleinen Seminargruppe, und wird nach der Maßnahme durch initiierte Lernpartnerschaften oder Lerngruppen in den Arbeitsalltag integriert. Die Führungskräfte bleiben entweder im persönlichen Kontakt oder über Chats, Lern-Apps oder Webmeetings im Austausch. Feste Termine helfen hier gerade zu Beginn Regelmäßigkeit und Verbindlichkeit zu etablieren. Ergänzt werden kann die persönliche oder virtuelle Vernetzung durch die gezielte Erweiterung um digitale Lernformate, die weiter helfen das Lernen in den Arbeitsalltag zu integrieren.

Fazit: Nachhaltigkeit von Führungskräfteentwicklung ist eine berechtigte Forderung. Diese zu verwirklichen verlangt sowohl vom Unternehmen wie auch vom externen Anbieter ein großes Maß an Commitment und Ausdauer. Auftraggeber müssen die Weiterbildung mit den Belangen der Organisation verzahnen. Trainer brauchen Beratungskompetenz, um durch eine professionelle Auftragsklärung eine maßgeschneiderte Führungskräfteentwicklung zu konzipieren. Unter diesen Bedingungen wird Entwicklung wirksam und schafft nachhaltigen Wert für den Einzelnen sowie für das Unternehmen.

Literatur

De Shazer, S. (2015). *Der Dreh. Überraschende Wendungen und Lösungen in der Kurzzeittherapie*. Heidelberg: Carl-Auer.

Hampe, J., & Schlegel, C. (2014). *Auswahl und Steuerung nachhaltiger Weiterbildung im Unternehmen: Trainings und Seminare zu komplexen Themen erfolgreich begleiten*. Berlin: Springer.

Keller, E. (2013). *Nachhaltigkeit in Training und Beratung* (Aufl. Training aktuell). Bonn: Manager Seminare.

Pufé, I. (2012). *Nachhaltigkeitsmanagement. Pocket Power*. Munich: Hanser.

Strikker, H., Kesseler, F. P., & Strikker, F. (2014). Empowerment fördern, neue Firmenkultur etablieren, Nachhaltigkeit sichern. Veränderung eines mittelständischen Pharmaunternehmens. In *Organisationsberatung. Supervision. Coaching*. Wiesbaden: Springer.

Thom, N., & Zaugg, R. (2009). *Moderne Personalentwicklung: Mitarbeiterpotenziale erkennen, entwickeln und fördern*. Wiesbaden: Gabler.

Vossen, I. (2016). Führung im Umbruch. Studie der Akademie für Führungskräfte der Wirtschaft GmbH. Überlingen.

Dr. Ilga Vossen ist Senior Managerin bei Deloitte Consulting. Sie leitet das Market Offering Leadership & Talent. Die promovierte Psychologin berät sowohl mittelständische Unternehmen als auch Konzerne in der Konzeption, Design und Implementierung von nachhaltigen Führungskräfteentwicklungsmaßnahmen. Dabei ist sie sowohl in Deutschland als auch in den USA, Osteuropa und China unterwegs. Ilga Vossen begleitet als systemischer Coach Führungskräfte aller Ebenen in Coachings und Leadership Alignment Workshops.

Psychologisches Nachhaltigkeitscoaching im Management

20

Warum die Große Transformation stockt

Erik Müller-Schoppen und Roland Pfennig

20.1 Über die Unmöglichkeit einer Nachhaltigen Entwicklung

Ein Staat wie die Bundesrepublik Deutschland, der seit vielen Jahren über einen Nachhaltigkeitsrat verfügt und eine umfassende Nachhaltigkeitsstrategie verfolgt, gehört zu den größten Waffenexporteuren der Welt. Einer der größten und nach eigenen Worten nachhaltigsten Automobilhersteller der Welt ist für den bislang größten Emissionsbetrugsfall verantwortlich. Eine einflussreiche Führungskraft einer großen christlichen Religionsgemeinschaft umgibt sich (500 Jahre nach Luther) mit millionenschwerem Prunk, finanziert aus Kirchensteuern. Ehemalige Bundesminister werden, kurz nachdem sie aus ihrem Amt geschieden sind, an hoch dotierten Stellen in der Industrie als Lobbyisten tätig. Große Handelsunternehmen erwerben für viel Geld Nachhaltigkeitslabels, wohl wissend, dass diese nichts taugen, weil sie häufig mit Schmiergeld bei begutachtenden Organisationen von den begutachteten Unternehmen gekauft werden, währenddessen die so gelabelten Produkte unter menschenunwürdigen Bedingungen gefertigt werden.

Diese beispielhafte Aufzählung könnte beliebig weitergeführt werden und was das wirklich erschreckende daran ist, ist die Selbstverständlichkeit, mit der derartige Aktivitäten überhaupt initiiert werden, aber auch die Gleichgültigkeit, mit der wir das hin- und vielleicht nicht mal mehr zur Kenntnis nehmen.

E. Müller-Schoppen (✉)
Steinbeis Comet, Heilbronn, Deutschland

R. Pfennig
Hochschule Heilbronn, Heilbronn, Deutschland
E-Mail: roland.pfennig@hs-heilbronn.de

M. Englert und A. Ternès (Hrsg.), *Nachhaltiges Management*,
https://doi.org/10.1007/978-3-662-57693-9_20

Ist es „menschlich", dass Fakten gerne verdrängt werden mit dem Hinweis, dass andere Länder, Nachbarn, Mitbewerber, Kollegen etc. ja auch nicht auf Nachhaltigkeit achten, man dadurch Nachteile erleiden würde und man sich deshalb nicht in dieses unsichere und teure Nachhaltigkeitsabenteuer stürzen dürfe? Oder sind es vielleicht die Märkte und die Konjunktur, die genau das verbieten?

Ja, es scheint „menschlich" zu sein, auch wenn es manchmal unmenschliche Effekte nach sich zieht. Längst ist klar, dass es sich bei Nachhaltigkeit nicht um politische oder sozialromantische Verirrungen handelt, sondern um eine ressourcenökonomische und soziale Notwendigkeit. Das wusste bereits Aristoteles, der sich ausdrücklich gegen die „Erwerbskunst nach Art gewinnsüchtigen Handelns" ausgesprochen hat (vgl. Göbel 2013, S. 64) und nicht erst der gerne zitierte Carlowitz, dem die Erstnennung des Begriffes zugeschrieben wird. Wenn uns sehenden Auges die einzige Ressource für den Hausbau, das Heizen, das Salzsieden, das Kochen, den Bergbau, die Mobilität etc. schwindet, fängt man natürlich genau an zu rechnen und zu planen (vgl. Müller-Christ 2014, S. 28). Wie anders verhält sich dies allerdings beim Abbau von seltenen Erden, der weit weg auf einem anderen Kontinent stattfindet und in den reichen Regionen der Welt zunächst nur schwerlich zum Aufruhr führt.

Ist der Mensch kognitiv oder intellektuell nicht in der Lage dies zu erkennen und in entsprechende, die Situation entschärfende Aktivitäten zu lenken? Ist es nicht „unmöglich", dass eine nachhaltige Entwicklung „unmöglich" sein soll?

20.2 Bildung für Nachhaltige Entwicklung

Die Manager von morgen, die die Geschicke unserer globalisierten Wirtschaftswelt leiten werden, werden heute an Akademien, Hochschulen und Business Schools ausgebildet. Dort treffen sie meist auf „klassische" Ökonomen als Lehrpersonal. Es besteht gar die Tendenz in Hochschulen, verstärkt mit der Industrie zusammenzuarbeiten, um einerseits die Studieninhalte praxisnäher zu gestalten und andererseits die Erfolgschancen der Absolventen zu erhöhen, was sicher nicht verkehrt sein muss. Teilweise stecken dahinter auch nachvollziehbare wirtschaftliche Interessen. Unternehmen möchten die besten Absolventen frühzeitig entdecken und als künftige Führungskräfte anwerben und weiterentwickeln. So hat sich insbesondere eine Kennzahl besonders für die Auszeichnung als Top-Universität herausgebildet: die Höhe der eingeworbenen Drittmittel. Dass damit natürlich potenziell die Gefahr besteht, dass die Drittmittelgeber auch auf die Lehrinhalte der bedachten Studiengänge Einfluss nehmen, liegt auf der Hand.

Bei der Ausbildung der Entscheider von morgen werden leider aber Nachhaltigkeitsaspekte in der Regel immer noch zu wenig berücksichtigt, wodurch notwendige Veränderungen nicht oder vielleicht zu spät in Angriff genommen werden können. Bereits im Studium erkennt man laut Lutz van Rosenstiel, dem bekannten Organisations- und Wirtschaftspsychologen, drei Typen von Menschen, nämlich den Idealisten, der sich vor allem für naturwissenschaftliche oder soziale Studiengänge entscheidet, den

Freizeitoptimierer, den man in vielen Studiengängen findet und den Karrieristen, der Wirtschaftswissenschaften studiert. Der Karrierist will vor allem erfolgreich sein und Geld machen, die Inhalte seines Jobs sind ihm egal, er identifiziert sich problemlos mit den Unternehmenszielen, egal ob ethisch-moralisch vertretbar oder nicht („Lüge niemals für einen Psychopathen!" spiegel-online, Karriere Spiegel, 25.09.2013b).

Noch immer werden an unseren Schulen und Unis zu viele Einzelkämpfer mit Nachholbedarf in sozialer Kompetenz ausgebildet. Die erfolgreiche Umsetzung von unternehmerischen Veränderungsprozessen stellt viele Manager vor große Probleme, weil gerade hier der Faktor soziale Kompetenz zählt. Unkommunikative und unflexible Mitarbeiter bremsen häufig die dringend notwendigen Veränderungen im Unternehmen.

Die Wirtschaftswoche berichtet sogar, dass „Leistungsdruck, Konkurrenzdenken und die Hoffnung auf eine schnelle Karriere Studenten in den Wahnsinn trieben" („Studenten von heute – gehetzt, gedopt, gemein" Wirtschaftswoche online, 10.12.13).

Und ausgerechnet in der Beratungsbranche, die gerne Absolventen von Elitehochschulen rekrutiert, brüstet man sich mithin, nur jede zweite Nacht schlafen zu müssen. Absolventen werden eingestellt, sehr gut bezahlt und dem Kunden als Spezialist verkauft, wobei sie recht schnell lernen zu bluffen („Bluffen gehört zum Geschäft", spiegel-online, Karriere Spiegel, 08.10.2013a). – Bluff als Kernkompetenz? Wahrhaftigkeit als Auslaufmodell?

Überspitzt ausgedrückt werden damit über „Bulimielernen" geschaffene, unerfahrene und unausgeschlafene, aber immerhin intelligente „Spezialisten" die Entscheidungsträger von Unternehmen beraten, die (so beraten) über das Geschick ihres Unternehmens und das Schicksal von Angestellten entscheiden sollen!!

Hier zeigt sich in Teilen eine auf Egoismus, Machtdrang und krankhaften Ehrgeiz ausgerichtete Grundhaltung, die mit Sicherheit nicht dazu geeignet ist, unsere Wirtschaft und Gesellschaft erfolgreich in die Zukunft zu führen.

Auf der anderen Seite wird immer häufiger darüber berichtet, dass Studierende leistungssteigernde Medikamente nehmen, um den Druck noch aushalten zu können. Die psychologischen Beratungsangebote in machen Hochschulen haben bereits lange Wartelisten. Den ehrenamtlichen Helfern, oft aus dem seelsorgerischen Bereich, droht der Burn-out.

Der Ausgang der US-Präsidentschaftswahl im November 2016 und die Art der Aufnahme und Führung der Amtsgeschäfte ab Januar 2017 durch den gewählten Präsidenten hat einen vermeintlich verschütteten Begriff wieder an die Oberfläche gebracht und ihn in den Kontext von Führung gebracht: Donald Trump sei der Prototyp eines Narzissten hieß es unisono in der Presse. Ein Narzisst verfügt über ein übersteigertes Selbstwertgefühl, fordert bedingungslose Bewunderung ein, würdigt andere herab, ist frei von Empathie und voll von Arroganz. Wie, so fragt man sich, kann es sein, dass derart disponierte Persönlichkeiten Karriere machen und solch überlebenswichtige Positionen erlangen können?

Ein Teil der Antwort kann sicher eine politische sein. Eine Partei nutzt die weltpolitische Situation und eine daraus resultierende spezifische Gemütslage eines großen Teils des Volkes, um sich an die Macht zu poltern. Der andere Teil der Antwort liegt sicher darin, dass Narzissten grundsätzlich die Fähigkeit haben, große Visionen zu entwickeln und Mitarbeiter zu beeinflussen. Damit können sie großen Einfluss auf die Ausrichtung und Entwicklung einer Organisation ausüben, was per se nicht schlecht sein muss. Ist allerdings die Egomanie der Führungskraft zu stark ausgeprägt und fehlt zusätzlich die Fähigkeit der kritischen Selbstreflexion bzw. der Selbsterkenntnis, kann es passieren, dass sie Organisationen zugrunde richten (Furtner und Baldegger 2016, S. 20).

Und dennoch gibt es ermutigende Beispiele, wie diesen Entwicklungen Einhalt geboten werden kann. So soll beispielhaft das Referat für Technik- und Wissenschaftsethik (rtwe) genannt werden, das bereits im Jahr 1991 als eine zentrale Einrichtung der staatlichen Hochschulen für Angewandte Wissenschaften des Landes Baden-Württemberg gegründet wurde. Es hat die Aufgabe, im Rahmen des Förderprogramms für Technik- und Wissenschaftsethik das Angebot und die Etablierung der Fächer Ethik und Nachhaltige Entwicklung an den Hochschulen zu unterstützen (rtwe.de 2017). Weitere vergleichbare Aktivitäten zeichnen sich in anderen Bundesländern bzw. bundesweit ab.

Das alles kann zu einer gemeinwohlverträglicheren und nachhaltigeren Grundhaltung unserer künftigen Führungskräfte beitragen. Bei aktuell amtierenden Managern jedoch, die noch die alte, dem Wachstums- und Kennzahlenparadigma verhaftete Mainstream-Ökonomen-Schule genossen haben, kann nur „Nachhilfe" angedient werden. Diese muss häufig „tief" eingreifen, die o. g. Zusammenhänge verständlich machen und eine häufig zementierte klassische Grundhaltung aufbrechen, um neuen wissenschaftlichen Fakten Zugang zu ermöglichen, wofür sich als Instrument ein Coaching eignet, das auf individualpsychologischen Erkenntnissen aufbaut. Dieser praxiserprobte Ansatz wurde unter dem Titel „Psychologisches Nachhaltigkeitscoaching" in ein zertifiziertes Weiterbildungsangebot überführt.

20.3 Nachhaltigkeit und Psychologie

Nachhaltigkeit ist für den Bestand der Schöpfung – so die eine Grundthese des Statements – unerlässlich und führt zu dauerhafter, gegenüber nachfolgenden Generationen verantwortlicher Wertschöpfung und macht den wirtschaftenden Menschen hinsichtlich seiner eigenen Zukunft als Zoon politikon erfolgreich.

Der Mensch als soziales, politisches Wesen, als soziales, auf Gemeinschaft angelegtes und Gemeinschaft bildendes Lebewesen – so die Anthropologie im Hintergrund – ist aufgerufen alle Menschen mitzu(be)denken.

Zweifellos ist der handlungsleitende „Sinn des Lebens" einmal der Sinn, den ein bestimmter Mensch in seinem Leben sucht und der aufs engste zusammenhängt mit der seine Haltungen gegenüber der „Umwelt" prägenden Meinung, die er von sich, den Mitmenschen und der Welt, Umwelt, Natur usw. hat und zweitens wird darunter der

„wahre“ Sinn des Lebens verstanden, jener Sinn, der außerhalb unserer Erfahrung liegt und der auch von jemandem verfehlt werden kann, der fest davon überzeugt ist, zu wissen, worauf es im Leben ankommt. Die wahre menschliche Weisheit ist es, sich also des Nichtwissens im Wissenmüssen des Guten bewusst zu sein, was mit dem kategorischen Imperativ, „Handle nur nach derjenigen Maxime, durch die du zugleich wollen kannst, dass sie ein allgemeines Gesetz werde“ gemeint ist.

Ein Individuum, so die zweite Grundthese, das eine falsche Meinung von sich und der Welt hat, d. h. ein Mensch mit egoistischen Zielen und einem sich daraus ergebenden Lebensstil – so die Individualpsychologie Alfred Adlers – greift nach verschiedenen Formen von gegen die Gemeinschaft gerichteten Verhaltensweisen, um seine narzisstisch geprägte Meinung von sich zu sichern. Dies besonders, wenn er sich Situationen gegenübersieht, von denen er glaubt, dass er ihnen nicht erfolgreich begegnen kann. Dieser Glaube beruht auf den unvermeidlichen frühkindlichen Vergleichssituationen mit überlegenen Älteren.

Langsam haben sich nämlich aufgrund dieser unvermeidlichen frühkindlichen Vergleichssituationen Minderwertigkeitsgefühle gebildet, egoistische Anschauungen ergeben, die den Kern der Fiktion darstellen, durch Überlegenheitsstreben diese Gefühle bewältigen zu können. Das zieht unzulängliche Vorbereitung auf die mit dem Menschsein gegebenen Aufgaben des Lebens nach sich, da der junge Mensch versucht, Überlegenheit zu erreichen, statt sich den Aufgaben in der Gemeinschaft zu widmen. Der Fehler liegt darin, dass der Mensch sich mit sich beschäftigt, statt die menschliche Zusammengehörigkeit in Betracht zu ziehen, wo allein realistische Lösungen für alle zu finden sind.

Nachhaltigkeit ist das ethische, ökologische, ökonomische und eben auch psychologisch-anthropologische Erfolgsrezept einer globalen Weltkultur und damit Weltwirtschaft geworden, das alle Prozesse und Mitarbeiter auf dieses allen Menschen gemeinsame Ziel ausrichtet. Die Betonung liegt leider auf Rezept.

Personalentwicklung und Personalpflege sind – im Brennpunkt der Nachhaltigkeit gesehen – die Bereiche in Unternehmen und Organisationen, die einen immer höheren Stellenwert einnehmen sollten, denn in diesen Bereichen kann durch Bildungsprozesse Nachhaltigkeit und deren individuelle neurotische Verhinderung offenbart werden.

Die Situation, dass die aus der Arbeitswelt scheidende Generation ihr Know-how fast still und heimlich mitnimmt, verlangt von Unternehmen eine ernsthafte und intensive und nachhaltige Pflege und Entwicklung der für sie arbeitenden Menschen, um „Bildungsgut“ für die nachfolgenden Generationen zu sichern, was nur durch psychologische Aufklärung in individuelle egozentrische Prozesse möglich ist, die das Gemeinschaftsgefühl behindern. Es bedarf einer Einstellungsänderung, das Tun gemeinschaftsdienlich zu machen.

In diesem Statement wird die Möglichkeit aufgezeigt, die eigene Haltung und Rolle in der Gemeinschaft im Kontext zu klären, sich aufklären zu lassen, sich der Problematik bewusst zu werden, Selbsterkenntnis zu gewinnen, nach dem Motto:

„Über die Nachhaltigkeit. Reden an die Gebildeten unter ihren Verächtern“ (frei nach Friedrich Schleiermacher).

Das Thema ist der Kampf gegen die Abwehrmechanismen und Vorurteile gegen eine Nachhaltigkeit und die Hinwendung zum Gemeinwohl, was heute die globalisierte Welt einschließt.

Schon der große Vordenker der Aufklärung, Immanuel Kant, beantwortete die Frage „Was ist Aufklärung?“ auf eine unvergleichlich moderne wie psychologisch hintergründige Weise:

> Aufklärung ist der Ausgang des Menschen aus seiner selbst verschuldeten Unmündigkeit. Unmündigkeit ist das Unvermögen, sich seines Verstandes ohne Leitung eines anderen zu bedienen. Selbstverschuldet ist diese Unmündigkeit, wenn die Ursache derselben nicht am Mangel des Verstandes, sondern der Entschließung und des Mutes liegt, sich seiner ohne Leitung eines anderen zu bedienen. Sapere aude! Habe Mut dich deines eigenen Verstandes zu bedienen! ist also der Wahlspruch der Aufklärung.
>
> Faulheit und Feigheit sind die Ursachen, warum ein so großer Teil der Menschen, nachdem sie die Natur längst von fremder Leitung frei gesprochen (naturaliter maiorennes), dennoch gerne zeitlebens unmündig bleiben; und warum es Anderen so leicht wird, sich zu deren Vormündern aufzuwerfen. Es ist so bequem, unmündig zu sein.
>
> Immanuel Kant (* 22. April 1724 in Königsberg, Preußen; † 12. Februar 1804 ebenda) war ein deutscher Philosoph.

Kants Werk „Kritik der reinen Vernunft“ kennzeichnet einen Wendepunkt in der Philosophiegeschichte und den Beginn der modernen Philosophie.

Menschen verhalten sich aus Egozentrik gegen die gemeinschaftlichen Interessen, diese oft selbstzerstörerischen Aktivitäten erklären eine große Zahl psychologischer Anthropologien und besonders „tiefenpsychologischer“ Theorien.

Es geht darum, die Kompetenz im Sinne der Aufklärung zu erlangen, die eigene persönliche und berufliche Entwicklung weitgehend unabhängig zu gestalten.

Nützlich sind Schlüsselkompetenzen, wie z. B. Menschenkenntnis, Selbstbeherrschung, Bewusstwerdung, selbstständige Motivation, Zielsetzung, Lernfähigkeit und Evaluation durch Feedback, die Selbstmanagement erst möglich machen.

Der Begriff Tiefenpsychologie fasst alle psychologischen Denkweisen zusammen, die den unbewussten seelischen Vorgängen einen hohen Stellenwert für die Erklärung menschlichen Verhaltens und Erlebens beimessen. Das heißt, dass „unter der Oberfläche“ des Bewusstseins unbewusste Prozesse ablaufen, die das bewusste Seelenleben stark beeinflussen.

Dadurch werden rational einsichtige Verhaltensweisen wie Nachhaltigkeit, die den eigenen Bestand der Menschheit schützen, verhindert oder sabotiert, da die Gesetzmäßigkeiten der Logik im Unbewussten nicht zu gelten scheinen und so manche unlogischen Reaktionen erklären.

Das Grundkonzept der Individualpsychologie ist, das Individuum im Kontext seiner sozialen menschlichen Beziehungen und dessen Auseinandersetzung mit seiner Umwelt, d. h. Eltern, Großeltern, Geschwister, zu betrachten, der unvermeidbaren anthropologischen Grundsituation, in der ältere, erfahrenere, mächtigere Menschen auf jüngere treffen.

Der Charakter des Menschen, seine Haltung und Einstellungen zur Gemeinschaft und damit zur Nachhaltigkeit, seine Einstellung zur gegenwärtigen und zukünftigen Gemeinschaft, werden durch die ersten Sozietäten, wie z. B. in der frühen Familie, stark geprägt, das ist die Erkenntnis der Individualpsychologie wie der Soziologie.

Die Psyche versucht ein Minderwertigkeitsgefühl, entstanden durch realen Vergleich mit älteren, potenteren Menschen durch ein Geltungs- oder Vollkommenheitsstreben zu überwinden, statt durch gegenüber der Gemeinschaft angemessene Kompensation des empfundenen oder tatsächlichen Mangels, so der zentrale Gedanke der Individualpsychologie nach A. Adler.

Diese frühen Minderwertigkeitsgefühle in den ersten Sozietäten des jungen Menschen, im Wesentlichen im Bereich der ersten sechs Lebensjahre, bestimmen gemäß Adler den meist unbewussten Lebensplan, die Lebensleit(d)linie des Menschen, das heißt, wie er sich selbst und seine Umwelt wahrnehmen kann, wie er das Verhalten seiner Mitmenschen interpretiert und wie er die drei Lebensaufgaben im Sinne der Individualpsychologie – Tätigkeit, Liebe, Gemeinschaft – löst.

Für die Individualpsychologen im Sinne Adlers ist das Gemeinschaftsgefühl ein Gradmesser für die seelische Gesundheit des Individuums, messbar in seiner Beziehung zur Gemeinschaft, ob es sich in seinem wechselseitigen Einfluss auf diese Gemeinschaft förderlich ausgestalten und verankern kann.

Ein geringes Gemeinschaftsgefühl als Grundbefindlichkeit spricht für einen latenten Minderwertigkeitskomplex. Ein, das mangelhaft vorhandene Gemeinschaftsgefühl kompensierendes, überhöhtes Geltungsstreben prägt ein unbewusstes neurotisches Verhalten wie Gier, Aggressivität, mangelnde Bereitschaft, mangelnde Anpassung, mangelnde Verantwortung.

20.4 Was den Menschen antreibt! – oder: Die Aufgabe des psychologisch fundierten Coachingprozesses

Schon früh in der menschlichen Entwicklung, aufgrund seiner unbezweifelbaren Hilflosigkeit, bildet sich ein **Gefühl** der Unzulänglichkeit hinsichtlich der Aufgaben des Lebens, die Kompensation dieser Minderwertigkeitsgefühle sah Adler als positiven Antrieb für Wachstum und Entwicklung. Ein kompensatorisch **überhöhtes Geltungsstreben oder ein Wille zur Macht** war für A. Adler aber bereits eine seelische Überkompensation eines verstärkt erlebten Minderwertigkeitsgefühls.

Alfred Adler (* 07. Februar 1870 in Rudolfsheim bei Wien, † 28. Mai 1937 in Aberdeen, Schottland) war ein österreichischer Arzt und Psychotherapeut. Adler ist der

Begründer der Individualpsychologie, die eine große, eigenständige Wirkung auf die Entwicklung der Psychologie und Psychotherapie im 20. Jahrhundert hat. Sie initiierte die psychotherapeutischen Strebungen u. a. von Viktor Frankl, Abraham Maslow, Albert Ellis, Karen Horney, Harry Stack Sullivan und Erich Fromm.

> Wir können jede einzelne Lebenserscheinung derart erfassen, als ob in ihr Vergangenheit, Gegenwart und Zukunft samt einer übergeordneten, leitenden Idee in Spuren vorhanden wären (Alfred Adler).

Schon der hinsichtlich der „geheimen" leitenden Idee von Adler benutzte Begriff „fiktives Ziel" offenbart Adlers Überzeugung, dass das Ziel nicht auf objektive Ereignisse oder andere Ursachen zurückzuführen ist. Objektive Faktoren wie Anlage, Umwelt, Erfahrungen der Vergangenheit werden vom Individuum bei der Bildung des letztlich angestrebten Zieles zweifellos gebraucht.

Doch ist das Ziel eine Fiktion, eine individuelle „Gestaltung" und Schöpfung, „Erdichtung", eine Schaffung einer eigenen Welt sowie der Umgang mit dieser erdachten Welt. Das fiktive Ziel ist im Sinne der Individualpsychologie etwas Unbewusstes, es muss an die Oberfläche „gecoacht" werden. Das fiktive Ziel ermöglicht die Kompensation erst so richtig.

> Im Innern eines jeden Menschen existiert die Vorstellung eines Ziels oder Ideals, das darauf gerichtet ist, über den gegenwärtigen Zustand hinaus zu kommen und die gegenwärtigen Schwächen und Schwierigkeiten durch die Aufstellung eines konkreten Ziels zu überwinden. Mit Hilfe dieses konkreten Ziels kann sich das Individuum den Schwierigkeiten der Gegenwart überlegen fühlen, weil es den Erfolg der Zukunft im Auge hat (Alfred Adler).

Alle Lebensäußerungen haben für Adler nicht nur kausalen, sondern finalen Charakter und sind damit auf die Zukunft gerichtet. Um menschliches Verhalten klären zu können, müssen wir entweder über dessen Ursachen nachdenken („Sie ist krank, weil …") oder aber über die Ziele und Zwecke des Handelns („Sie macht das, um zu …").

Das Ich des Menschen hat den Charakter eines Suchenden. Dieses Ich findet durch die Suche nach seinem fiktiven Ziel keine Ruhe bei sich. Aus der als Minderwertigkeit erlebten Unvollkommenheit drängt das Ich auf eine als Fiktion gesetzte Vollkommenheit hin. Die Ausrichtung des Menschen auf ein final gesetztes Ziel zu durchschauen, ist die Aufgabe des Coachingprozesses. Es geht nicht so sehr um das „Warum", sondern um das „Wohin".

Das Gemeinschaftsgefühl bildet den Grundpfeiler des „gesunden" Menschen, alle neurotischen unsozialen Verhaltensweisen können nur im Zusammenhang mit ihm verstanden werden. Wie keine Psychologie erklärt die Individualpsychologie Adlers die Notwendigkeit von Nachhaltigkeit und die Stolpersteine für deren Praxis.

Aus einer Situation der Unzulänglichkeit und kindlicher Abhängigkeit, entwickelt sich der Erwachsene, der diese kindliche Prägung durch die erlebte Abhängigkeit weiterhin, wahrscheinlich zeitlebens, auslebt.

Es ist möglich, das Verhalten des erwachsenen Menschen als Antwort auf die erlebte Umwelt in den ersten Entwicklungsjahren zu interpretieren.

Alfred Adler ist jedoch weiterhin der Meinung, dass nicht nur das erlebte, abgespeicherte, als Vergangenheit archivierte Leben das Verhalten bestimmt, sondern durch die gesetzten, meist unbewussten Ziele das Verhalten wesentlich bestimmt wird.

Das heißt, der Mensch handelt nicht nur kausal, von Erfahrungen zehrend, sondern zielgerichtet, ja er „ist" sozusagen, zielgerichtet. Die Handlungen des Menschen sind auf seine Ziele ausgerichtet.

Es entwickelt sich in den ersten Lebensjahren ein bestimmter Grad an Gemeinschaftsgefühl und das Streben in der Gemeinschaft, durch Taten zur Geltung zu kommen, das Geltungsstreben, und allerlei Handlungsformen diese Geltung durch Macht zu erkämpfen, das Machtstreben. Es entwickelt sich ein Lebensstil nach den kindlichen Vorbildern und Zielsetzungen und Mustern, wie z. B. Macht ausgeübt wird.

Die Individualpsychologie nach Alfred Adler geht davon aus, dass der Grundantrieb des Menschen teleologisch ist. Das Wort, was wie ein Druckfehler erscheint, leitet sich von „telos", Ziel ab (altgriechisch „τέλος" „télos", Zweck, Ziel, Ende und „λόγος" „lógos" Lehre) und ist die Lehre, die beschreibt, dass Handlungen oder überhaupt Entwicklungsprozesse an Zwecken orientiert sind und durchgängig zweckmäßig ablaufen, daher, zweck- oder zielgerichtet. Adler nennt diesen grundlegenden Antrieb, die Finalität, das Ziel der Geltung/Anerkennung anzustreben, eines Menschen, auch „Lebensstil".

Das jeweilig aktuelle Verhalten eines Menschen formt sich aus den Erlebnissen und Erfahrungen in der Kindheit und den Reaktionen und kompensatorischen Zielsetzungen **daraufhin**.

Durch die daraus entstandenen Muster wird unser Ego tagtäglich beständig aufs Neue gebildet und aufrechterhalten. Einige der häufigsten Muster sind Eifersucht, Neid und Missgunst.

Minderwertigkeitsgefühle, deren Kompensation und Überkompensation durch Selbsterhöhung und Machtstreben bestimmen nach Adler ganz wesentlich das Leben des Menschen.

Diese Art sich zu verhalten sind anthropologische Konstanten, sie sind mit dem Menschsein gegeben, ohne sie gibt es kein Menschsein. So besteht die Persönlichkeitsentfaltung nach Adler in der Überwindung des Minderwertigkeitsgefühls, zumindest der Bewusstwerdung und Ersatz des Machtstrebens durch ein für die Gemeinschaft nützliches Verhalten.

Eine Entfaltung und Entwicklung ohne den Antrieb durch die Kompensation der Minderwertigkeitsgefühle, ja meistens Überkompensation, und ohne das resultierende Machstreben gibt es im Sinne der Individualpsychologie nicht. Diese Art und Weise der Entwicklung und Entfaltung der Persönlichkeit muss sich nicht schädlich für die Gemeinschaft, Gesellschaft, heute mehr und mehr Weltgemeinschaft, auswirken.

Der psychisch gesunde Mensch ist im Sinne der Individualpsychologie ein sozialer Mensch, seine Haltung und Einstellung gegenüber der Gemeinschaft sind Maßstab psychischer Gesundheit. Um das Verhalten eines Menschen zu verstehen, stellen sich grundlegende Fragen.

- Welche Ursachen sind für das Verhalten verantwortlich? (kausale Betrachtung)
- Was ist der Zweck des Verhaltens? (finale Betrachtung)

Verhalten ist im Sinne Adlers Wirkung aus frühkindlichen Erfahrungen und der Bildung von Reaktionsmustern daraufhin.

Der Mensch strebt einem Ziel bzw. Zweck entgegen. Das menschliche Verhalten wird verstehbar, wenn man es als ziel- und zweckgerichtet betrachtet.

Die Ziele sind Reaktionen hinsichtlich der „sozialen Lage" in der Kindheit. Die Beweggründe für unser Verhalten liegen somit nicht einfach in der Vergangenheit, sondern sind wesentlich in die Zukunft gerichtete Reaktionen, eben Ziele, um ganz bestimmte Erfahrungen nicht erleiden zu müssen oder erst gar nicht zu erfahren.

Verhaltensweisen, die an sich betrachtet keinen Sinn ergeben, sind, wenn wir das zu erreichende Ziel, wie z. B. Macht, Anerkennung oder Vermeidung von Ausschluss aus der sozialen Gruppe usw., kennen, sinnvoll.

Für Adler war klar, dass z. B. Vergesslichkeit nicht einfach eine gehirnphysiologische Angelegenheit ist, sondern seinen Sinn hat im Rahmen der gesamten Persönlichkeit.

Adler bestätigte das, was in der Erfahrung vieler Menschen auftaucht, dass gewisse Menschen mit geschädigten oder geschwächten Organen ausgerechnet auf den durch die Schädigung betroffenen Gebieten zu überdurchschnittlichen Leistungen bringen können.

Nach den Vorstellungen und Beobachtungen der Individualpsychologie sollen diese außergewöhnlichen Leistungen der Individuen erlebte Unzulänglichkeiten und Minderwertigkeitsgefühle ausgleichen, kompensieren.

Schon in der Primärfamilie vergleicht sich ein Kind mit den Geschwistern und Eltern. Das resultierende Gefühl, das Gefühl der Unzulänglichkeit, das Minderwertigkeitsgefühl, ist somit eine psychische Grundgegebenheit. Eine Art anthropologische Konstante, in jedem heranwachsenden Menschen und treibt ihn auch lebenslang zu kompensierenden Leistungen an.

Alfred Adler erklärt nun die individuellen Unterschiede der Menschen dadurch, dass jeder aufgrund seiner sozialen Situation (z. B. Stellung in der Geschwisterreihe) eine für ihn typische Art des Kompensierens ausbildet.

Der Mensch ist grundsätzlich jedoch ein soziales Wesen, was seinem egozentrischen Streben entgegensteht und Grund für viele Konflikte ist.

Er kann als Einzelner nicht Mensch werden und im Allgemeinen auch nicht überleben.

Alfred Adler war davon überzeugt, dass dem Menschen ein Gefühl für sein „Zugeordnetsein" auf die Gemeinschaft quasi angeboren ist.

Er nennt dieses Gefühl Gemeinschaftsgefühl. Ist dieses Gefühl genügend entwickelt, so kommt der Mensch zur Erkenntnis, dass er seine zumindest gefühlte oder auch objektiv bestehende „Minderwertigkeit" (wohl besser Unterlegenheit genannt) nur dadurch auf eine menschenwürdige Weise ausgleichen kann, dass er mit anderen zusammenarbeitet und die Lebensaufgaben gemeinsam löst. Das Minderwertigkeitsgefühl, das zweifellos subjektiv erfahren wird, kann also durch Entwicklung des Gemeinschaftsgefühls ausgeglichen werden.

Unglückseligerweise legen nun aber nach Adler die gegebenen sozialen Strukturen, Konsumdenken, der Kapitalismus und ungezügeltes Konkurrenzdenken dem Kinde, das seine Minderwertigkeit bzw. seine Unterlegenheit erlebt, die Fiktion nahe, es könnte einen Ausgleich durch ein individuelles, egozentrisches, narzisstisches Höherstreben erreichen.

Mit diesem ichbezogenen Streben versucht das Individuum, sich Anerkennung, Geltung, Respekt zu verschaffen, Überlegenheit über andere zu gewinnen oder Macht auf sie auszuüben.

Adler kreiert mit dieser psychologischen Erklärung den „Antriebsmotor" menschlichen Tuns, denn er hält dieses Streben nach Anerkennung, Geltung, Überlegenheit und Macht als Kompensation des allgegenwärtigen Minderwertigkeitsgefühls zwar auf der einen Seite für eine verfehlte Antwort auf die objektiv gegebene Minderwertigkeit, auf der andern Seite aber für den Motor für die allermeisten menschlichen Verhaltensweisen. Nicht, dass Adler den von S. Freud hervorgehobenen „Antriebsmotor" „Sexualität" verneint hätte, aber die Kompensation, ja meistens wohl Überkompensation, der Minderwertigkeitsgefühle schien ihm die beobachtbar stärkste sich sozial auswirkende Kraft.

Die Lebensaufgabe des Menschen (und damit auch der Erziehung sowie der psychologischen Beratung) ist es nun, das egozentrische Streben bewusst zu machen und abzubauen zugunsten der Entwicklung des Gemeinschaftsgefühls.

Die frühen Erfahrungen bringen das Kind dazu, dieses Höherstreben, das ganz private „Café Größenwahn", das individuelle Kompensieren der Minderwertigkeitsgefühle zugunsten des Egos zu forcieren und so stets wiederholende Verhaltensmustern zu realisieren.

Das Kind kreiert sich schon früh einen persönlichen Lebensstil, von dem es vermuten kann, dass diese Lebensleitlinie ihm das Erreichen von Anerkennung, Geltung, Überlegenheit und Macht garantiert.

Die Lebensleitlinie ist wie ein geheimer Lebensplan, der unbewusst ist.

Alfred Adler benennt die individuellen Verhaltensmuster, mit denen Minderwertigkeitsgefühle kompensiert werden, mit Lebensschablone oder Leitlinie.

Je größer die Minderwertigkeitsgefühle sind, desto tyrannischer ist die Leitlinie und desto mehr wird sie auch vom Individuum als innerer Zwang erlebt. Folgende Glaubenssätze zeigen die Zwanghaftigkeit der tyrannischen Leitlinie:

Beispiele

Ich muss im Zentrum stehen, mich für andere aufopfern, der Beste sein, wenn ich Anerkennung oder Respekt erreichen will.

Ich darf nicht auffallen und muss mich stets anpassen.

Ich muss reich werden, um nicht unterzugehen.

Ich muss stets alles infrage stellen, opponieren und anderer Meinung sein.

Ich muss mich stets klein machen und meine Schwächen hervorstreichen.

Ich darf mir niemals eine Blöße geben.

Ich muss mich pflegen lassen.

Ich muss mich in jeder Situation beherrschen.

Ich muss immer die Verantwortung tragen.

Um in Anspruch zu nehmen, das Wesen eines Menschen auch nur einigermaßen verstanden zu haben, muss man die Leitlinie erkannt haben und kann dann allerdings auch das Verhalten eines Menschen in einer bestimmten Situation sogar vorhersagen.

Die Herausforderung ist, die Leitlinie aufzudecken und zu entlarven, dann kann der betreffende Mensch von der Fiktion der individuellen Selbsterhöhung befreit werden.

Diese Fiktion der Selbsterhöhung, sich zwanghaft selbst erhöhen zu müssen, dieser tyrannische Selbsterhöhungszwang wird nicht unberechtigt auch Gottähnlichkeitsstreben genannt.

Die Psychoanalyse der Individualpsychologie versucht die subjektiven Motive des Einzelnen zu verstehen, strebt jedoch keine objektive Beurteilung seiner Handlungen an.

Ein Mensch kann Verantwortung tragen wollen, damit er sich bestätigt fühlen kann, er kann natürlich auch Verantwortung übernehmen aufgrund eines entwickelten Gemeinschaftsgefühls.

Dies beruht dann nach Alfred Adler auf Einsicht in die sachliche Notwendigkeit der Aufgaben im Leben.

Letztlich gesehen dienen natürlich alle Leitlinien der individuellen Selbsterhöhung, wenn sie auch nicht alle vom ähnlichen Wert sind.

Trotzdem alles Tun und Trachten der individuellen Selbsterhöhung dient, kann der einzelne Mensch dennoch diese Verhaltensweisen der Gemeinschaft dienlich machen.

Er kann sozusagen sein neurotisches Verhalten für die Gemeinschaft, im Sinne der Gemeinschaft optimieren.

Insofern kann man hier von einer nützlichen Leitlinie, einer nützlichen Seite der Leitlinie für das Leben sprechen.

Es geht natürlich auch immer anders, wenn der Mensch glaubt, sich auf die unmenschliche Seite des Lebens begeben zu müssen, unnützliche Leitlinien zu leben, dann ist er asozial, kriminell, süchtig, neurotisch oder psychotisch.

Das Minderwertigkeitsgefühl ist ein Mangel an Selbstwertgefühl, ein Zweifel und eine Unsicherheit, ein Gefühl den sozialen Anforderungen nicht gewachsen zu sein.

Das Minderwertigkeitsgefühl ist dem Individuum meist unbewusst. Der Mensch will jedoch dieses unangenehme Gefühl der Unterlegenheit wenigstens durch Kompensation tilgen oder durch Überkompensation negieren und zudecken, was nicht selten in spektakulären Taten wie extremen Hobbys oder Forderungen an die Gemeinschaft oder extremen asozialen Verhalten enden kann.

Man kann in Adlers Individualpsychologie im Grunde genommen eine primäre und sekundäre Entwicklung des Minderwertigkeitsgefühls unterscheiden.

Das primäre Minderwertigkeitsgefühl wurzelt darin, dass das Kind tatsächlich die Erfahrung von Schwäche, Hilflosigkeit, Abhängigkeit macht, oft verstärkt durch die Beziehungen in der Geschwisterkonstellation.

Das sekundäre Minderwertigkeitsgefühl beruht auf der Erfahrung unfähig zu sein oder ein fiktionales Ziel der subjektiven Sicherheit oder des Erfolges erreichen zu müssen, um letztlich das Minderwertigkeitsgefühl kompensieren zu können.

Ein Gefühl der Niedergeschlagenheit stellt sich jedoch zunehmend ein, umso größer die gefühlte Distanz zu diesem Ziel ist.

Zweifellos sind ein Säugling, ein Kind und auch ein Jugendlicher in vielen Dingen dem Erwachsenen unterlegen und so trifft der Begriff Minderwertigkeitsgefühl das psychologisch subjektive Erleben.

Dieses subjektive Erleben einer Unterlegenheit ist abhängig von der Art und Weise wie ein Mensch als Kleinkind, Kind oder Jugendlicher von seinen Bezugspersonen akzeptiert, ermutigt und angenommen wurde.

Das Minderwertigkeitsgefühl ist also eine anthropologische Konstante, d. h. mit jedem einzigartigen Menschsein gegeben, aber zweifellos keine fixe Größe, sondern, eben wie erwähnt, abhängig von seiner Umwelt und der subjektiven seelischen Verarbeitung.

Der Minderwertigkeitskomplex ist im Grunde genommen eine neurotische Verarbeitung, wenn ein Individuum nämlich seine Unterlegenheit zur Schau stellt, sie ausspielt, um Anerkennung, Überlegenheit, Geld und Macht zu erlangen.

Mimosenhafte Verletzlichkeit kann besondere Rücksichtnahme und Zuwendung erzwingen, die ständige Wiederholung, dass man nicht geachtet würde, kann diese Achtung ertrotzen wollen, dass man zu nichts tauge, weniger wert sei, kann der Versuch sein, diese Aufmerksamkeit doch zu erlangen, ein zur Schau gestelltes schlechtes Gedächtnis, Angstzustände und viele andere Verhaltensweisen dienen dazu, die Aufmerksamkeit und Anerkennung anderer Menschen zu erlangen. Solche Verhaltensweisen sind immer ein deutliches Zeichen für Minderwertigkeitsgefühle, die ein ganz bestimmtes Verhalten der Umwelt erzwingen wollen.

Ein neurotischer Mensch ist nur in eingeschränktem Maße beziehungs- und liebesfähig.

Er prüft, meist unbewusst, jede Situation unter dem Gesichtspunkt: „Was bringt sie mir ein?“, statt: „Was kann ich beitragen?“

Selbst wenn der Mensch vordergründig etwas Nützliches beiträgt, geht es ihm zutiefst nicht um die Sache, sondern um seine Geltung und Selbsterhöhung. Das Skurrile der Neurose ist im individualpsychologischen Sinne, dass das Individuum glaubt, sein Verhalten brächte die Lösung.

In der Psychotherapie wie im Coaching geht es darum, dass der neurotische Mensch vorerst Einsicht gewinnt in seine verhängnisvolle Leitlinie der stetigen Selbsterhöhung, was eben jedes soziales Verhalten neurotisch einfärbt.

20.5 Das Verhältnis zwischen vertikalem und horizontalem Streben

Alle Menschen, also ca. 7,5 Mrd. Menschen, haben neurotische Züge.

Trotzdem ist der Anteil an Kompensation im Verhalten der einzelnen Menschen sehr unterschiedlich:

Während bei den einen das Gemeinschaftsgefühl stark ausgebildet ist, dominiert bei andern das Überlegenheits- und Machtstreben.

Die vertikale Verhaltenslinie, das Streben nach Selbsterhöhung ist geprägt durch folgende Haltungen und Verhaltensweisen:

Machtstreben, Minderwertigkeitsgefühle, Geltungsstreben, Sicherungstendenz, Absicherung, Angst, Selbstablehnung, Eigenliebe, Selbsthass, Verschlossenheit, Maske, Rolle, Misstrauen, Zwanghaftigkeit, Heteronomie.

Die horizontale Verhaltenslinie, das Verhalten nach dem Gemeinschaftsgefühl, ist geprägt durch folgende Einstellungen und Verhaltensweisen: Kompetenz zu lieben, Sachbezogenheit, Risikobereitschaft, Sicherheit, Selbstannahme, Selbstakzeptanz, Offenheit, Echtheit, Vertrauen, Freiheit, Eigenständigkeit.

Je größer das Geltungsstreben, desto größer das Bedürfnis, eine Maske zu zeigen und eine Rolle nur vorzuspielen. Je mehr ein Mensch sich seiner selbst bewusst wird, desto authentischer kann er sein.

Je bewusster ein Mensch ist, desto weniger reaktiv kann er sein, ist er von den Meinungen anderer Leute abhängig.

Wenn ein Mensch auf Prestige, Ansehen und Geltung ohne Rücksicht auf die Gemeinschaft aus ist, kann er eine Aufgabe nicht mehr sachlich lösen.

Umso mehr sich die Angst bei einem Menschen steigert, umso weniger kann er sich öffnen und Liebe leben. Umso mehr ein Mensch schon im Vorfeld des tatsächlichen Erlebens seine persönliche Macht sucht, die ihn bewahren soll, desto weniger kann er echte Risiken eingehen.

Die Forderung an das Individuum, die Vorstellung, ein Menschsein ohne das Schattenhafte zu verwirklichen, ist irreal.

20.6 Die Lebensaufgabe des Menschen und Nachhaltigkeit

„Wer meint, er habe die Lebensaufgaben erledigt, der ist erledigt", so Oscar Wilde (1854–1900). Das Dargelegte ist ein Plädoyer dafür, dass es die Aufgabe des Menschen ist, das Gemeinschaftsgefühl auszubilden.

In Alfred Adlers Individualpsychologie spielen noch zwei weitere existenzielle Antworten eine bedeutende Rolle, die der Mensch im Leben geben muss, die Antwort auf seine Tätigkeiten, seinen Beruf und die Antwort auf die Ich-Du-Beziehung.

Dabei muss ihm bewusst bleiben, dass auch das Schattenhafte (das vertikale Streben in der Gemeinschaft, das auf Selbsterhöhung aus ist, die Kompensation der Minderwertigkeitsgefühle auf Kosten der Gemeinschaft, die Haben-statt-Sein-Modalität) ein Teil seines Wesens ist. Das Streben der meisten Menschen nach Anerkennung, Geltung, Überlegenheit und Macht (vertikales Streben) als Kompensation des allgegenwärtigen Minderwertigkeitsgefühls ist die egozentrische Antwort auf das Gefühl der Unzulänglichkeit und Minderwertigkeit. **Die Aufgabe des Coaching** ist es, das vertikale Streben zugunsten der Entwicklung des Gemeinschaftsgefühls (horizontales Streben) nicht aus den Augen zu verlieren.

20.6.1 Selbstfindung, Gemeinschaftsgefühl und Verantwortung – ein psychologisches Zwischenfazit

Die Selbstfindung hat materielle, soziale und geistige Dimensionen in mehreren Phasen, die sich durch den zunehmenden Grad an Selbstreflexion unterscheiden.

Die Selbstfindung findet im Rahmen der Sozialisation und Enkulturation statt und ist letztlich mit der Individuation C. G. Jungs zu sehen. Unter Enkulturation versteht man den Teil des Sozialisationsprozesses, der das unmerkliche Hereinwachsen in die jeweilige eigene Kultur bewirkt.

Im Rahmen dieser Prozesse sollte der Mensch drei Lebensaufgaben bewältigen, die nach A. Adler als Ich-Du-Beziehung, als Beruf-Berufung und Gemeinschaftsgefühl umschrieben werden können.

Selbstverwirklichung steht für die Realisierung eigener Ziele, Wünsche und Sehnsüchte im Rahmen dieser Prozesse.

Der Begriff „Selbstverwirklichung" hat einen negativen Beiklang im Sinne von Egoismus.

20.6.2 Selbsterkenntnis, Bildung und Nachhaltigkeit

Selbsterkenntnis kann ohne eine gewisse Objektivität der Selbstbeobachtung und des Selbstbildes nicht gelingen, Selbsterkenntnis als unabdingbarer Bestandteil von **Bildung** ist immer auch Beurteilung der Eigenschaften des Menschen, seiner Dispositionen, Kräfte, Werte, erkannt aus der Beobachtung der Aktionen und Reaktionen des Egos im Leben, in der sozialen Welt-Gemeinschaft.

20.6.3 Selbsterkenntnis & Coaching, Coaching & Selbsterkenntnis

Die Erkenntnis eines Individuums über das eigene Selbst ist eine grundlegende menschliche Fähigkeit, denn der Mensch ist nach Immanuel Kant das Wesen, das sich selbst zum Objekt seines Denkens machen kann. Selbsterkenntnis, Selbstreflexion, das Nachdenken über sich selbst, Selbstkritik, kritisches Hinterfragen und Beurteilen des eigenen Denkens, der eigenen Standpunkte und Handlungen sind nahe verwandte Vorgänge.

Selbsterkenntnis ist Voraussetzung des Verstehens von anderen Menschen, Gnothi seauton (griechisch „Γνῶθι σεαυτόν" „gnō̂thi seautón", Erkenne dich selbst!) beinhaltet gerade diese Forderung an den Menschen.

Selbsterkenntnis als wichtiger Teil der Bildung des Menschen, wobei Bildung die Formung des Menschen im Hinblick auf sein Menschsein bezeichnet, ist Voraussetzung für ein funktionierendes soziales Zusammenleben. Perpetuiert in die Zukunft ist das fast die Definition von Nachhaltigkeit.

Die Fähigkeit zur Selbsterkenntnis setzt die Existenz von Selbstbewusstsein voraus, das als „reflexives, besonnenes Bewusstsein des eigenen Ich" definiert werden kann.

Selbsterkenntnis kann ohne eine gewisse Objektivität der Selbstbeobachtung und des Selbstbildes nicht gelingen. Selbsterkenntnis als unabdingbarer Bestandteil von Bildung ist immer auch Beurteilung der Eigenschaften des Menschen, seiner Dispositionen, Kräfte, Werte. Diese erkennt der Mensch aus der Beobachtung der Aktionen und Reaktionen des Ich im Leben, in der sozialen Welt-Gemeinschaft.

Schon Sokrates erkannte psychologisch klug, dass Selbsterkenntnis Voraussetzung für die Sittlichkeit ist.

Die Forderung nach Selbsterkenntnis ist auch Warnung vor der Hybris, der Überschätzung individueller Möglichkeiten und mahnte schon vor mehr als 2000 Jahren, sich stets bewusst zu sein, dass der Mensch sterblich, unvollkommen und begrenzt ist.

Hybris (Übermut, Anmaßung) bezeichnet die Form der Selbstüberschätzung oder auch des Hochmuts, die den Realitätsverlust eines Menschen und damit die Überschätzung der eigenen Fähigkeiten, Leistungen und Kompetenzen steuert.

Hybris ist die Haltung des Menschen, vor allem solcher Menschen mit Macht.

Hybris ist die natürliche Schwäche der normal neurotischen Menschen, die diese durch den Bildungsprozess einsehen sollen und deren Kenntnis zur Bescheidenheit führt, so schon die „alten Griechen und Römer".

Die Stoa verband die Forderung Gnothi seauton mit ihrem Ziel einer Einordnung des Menschen in den Naturzusammenhang.

Platon betont, dass der Mensch Wissen um das eigene Nichtwissen erlangen soll.

Er glaubt, dass diese innere Haltung zu rechter Einsicht führt.

Die Tiefenpsychologien von S. Freud, Alfred Adler und C. G. Jung bezeichnen mit Selbsterkenntnis die aufgeklärten Vorstellungen, das Bewusstsein der Menschen über sich selbst, über die eigenen psychischen Fähigkeiten, Möglichkeiten sowie Realitäten.

Die Kompetenz zur Selbsterkenntnis und Selbstreflexion ist im Rahmen des Coachingprozesses wie auch psychoanalytischer Methoden unabdingbare Voraussetzung und die Mehrung der Selbsterkenntnis beständiges Ziel.

Der Erfolg des Coaching oder jeglicher „Aufklärungsarbeit" wird durch innere Widerstände, die sich dem Anerkennen unangenehmer Details der eigenen Persönlichkeit oder der Umwelt widersetzen, erschwert.

20.6.4 Die Rolle und Bedeutung des Coaching

Jenseits der Notwendigkeit der Vermittlung der genannten individualpsychologischen Grundlagen für mehr Nachhaltigkeit an Führungskräfte, müssen diese auch selbst wiederum als Coaches für ihre Mitarbeiter agieren, denn der Fokus von Führungskräften verschiebt sich weg von fachlichen Themen hin zur Mitarbeiterorientierung, jedenfalls wäre das wünschenswert. Es besteht hinsichtlich der Mitarbeiterorientierung beziehungsweise Sozialkompetenz der größte Handlungsbedarf.

Mangelnde Zeit für Führungsaufgaben ist jedoch die Herausforderung Nummer eins, mit fast albern zu nennenden Prioritätenlisten ist da nichts zu machen, da müssen Einsichten her, für die man sich auch entscheiden muss, denen man „Raum" geben muss.

Coaching muss die Aufgaben von Führung teilweise übernehmen, das ist nicht mal „hier ein bisschen, dort ein bisschen".

Konkrete Gründe für ein nachhaltiges Coaching sind zusammengefasst:

- Optimierung der sozialen Kompetenzen der Mitarbeiter
- Optimierung der Management- und Führungskompetenzen der Führung
- Auflösen unangemessener Verhaltens-, Wahrnehmungs- und Beurteilungstendenzen
- Abbau von Leistungs-, Kreativitäts- und Motivationsblockaden, z. B. „innere Kündigung"
- Erweiterung des Verhaltensrepertoires
- Umgang mit persönlichen (Sinn-)Krisen
- Umgang mit individueller Entwicklung (Karrierestillstand)
- Förderung von „echter" Teamarbeit
- Konfliktbearbeitung
- Bearbeiten von Diskrepanzen zwischen formulierter Unternehmenskultur und beobachtbarem Verhalten der Mitarbeiter und Führung

Mit keiner anderen Art von Kommunikation, und Coaching ist Kommunikation in seiner reinen Natur, kann man Menschen näher kommen.

Mit dem Coachingprozess kann der Coach erfahren, was Menschen denken, fühlen, vorhaben, in ihrem Leben für Werte haben, welche Ambitionen sie haben und was sie in ihrem Leben sowohl beruflich als auch privat planen, ob sie einen Sinn in ihrem Leben erkennen können.

Coaching ist ein Klärungsprozess, eine Bilanzierung, das Coachinggespräch klärt, was Menschen tatsächlich denken und fühlen.

Der Coach kann im Miteinander, und das Gespräch ist nur eine Option, erfahren, was Menschen in der Unternehmung wirklich planen, was sie von den Zielen halten, ob sie vielleicht auch nur „überwintern" wollen, innerliche Kündigungen ausgesprochen haben. Dem Coachee wird also selbst klarer durch den Prozess der Klärung, Bilanzierung, was er wirklich denkt, er wird praktisch durch das Coachinggespräch gezwungen, sich Klarheit über sich selbst zu verschaffen. Dieser Klärungsprozess ist für ein Unternehmen eminent wichtig.

Das Coachinggespräch führt auch in besonderem Maße dazu, die Effektivität einer Arbeitskraft zu unterstützen, die demotivierenden Strebungen zu ersetzen mit Motivation, Richtung und sozialer Verantwortung, Verantwortung gegenüber Kollegen, Mitarbeitern, unserer Umwelt und unserem Planeten.

Literatur

Ansbacher, H., & Ansbacher, R. (1982). *Alfred Adlers Individualpsychologie*. München: Reinhardt.

Coutu, D., & Kauffman, C. (2009). What can coaches do for you? *Harvard Business Review* January 2009.

Cox, E., Bachkirova, T., & Clutterbuck, D. (2007). *The complete handbook of coaching*. London: Routledge, Chapman & Hall.

Dreikurs, R. (2014). *Grundbegriffe der Individualpsychologie (mit einem Vorwort von Alfred Adler)* (14. Aufl.). Stuttgart: Klett-Cotta.

Ely, K. (2010). Evaluating leadership coaching: A review and integrated framework. *The Leadership Quarterly, 21*(4), 585–599.

Furtner, M., & Baldegger, U. (2016). *Self-Leadership und Führung, Theorien, Modelle und praktische Umsetzung*. Wiesbaden: Springer Gabler.

Göbel, E. (2013). *Unternehmensethik* (3. Aufl.). Konstanz: UVK.

Hall, D., et al. (1999). What really happens in executive coaching. *Organizational Dynamics, 27*(3), 39–53.

Handelsblatt online. (07. Januar 2006). Karrieristen ohne Kinderstube.

Harvard Business School Press. (2007). *Coaching people: Expert solutions to everyday challenges*. Boston: Harvard Business School Press.

Harvard Business School Press. (2008). *Closing gaps and improving performance: The basics of coaching*. Boston: Harvard Business School Press.

Jacoby, H. (1974). *Alfred Adlers Individualpsychologie und dialektische Charakterkunde*. Frankfurt a. M.: Fischer Taschenbuch.

Krazmien, M., & Berger, F. (1997). The coaching paradox. *International Journal of Hospitality Management, 16*(1), 3–10.

Levy, A., & Mackenthun, G. (Hrsg.). (2001). *Gestalten um Alfred Adler*. Würzburg: Königshausen & Neumann.

Müller-Christ, G. (2014). *Nachhaltiges Management. Einführung in die Ressourcenorientierung und widersprüchliche Managementrationalitäten*. Baden-Baden: Nomos.

Nitschke, J., & Mackiewicz, K. (2005). Prefrontal and Anterior Cingulate Contributions to Volition. *International Review of Neurobiology, 67,* 73–94.

Rattner, J. (1980). *Die Individualpsychologie Alfred Adlers*. München: Kindler Taschenbücher.
rtwe.de. (2017). Referat für Technik- und Wissenschaftsethik an den Hochschulen für Angewandte Wissenschaft des Landes Baden-Württemberg (6.6.2017).
Schmidt, R. (Hrsg.). (1989). *Die Individualpsychologie Alfred Adlers: Ein Lehrbuch*. Frankfurt a. M.: Fischer Taschenbuch.
Spiegel online. (8. Oktober 2013a). Bluffen gehört zum Geschäft. *spiegel-online Karriere Spiegel.*
Spiegel online. (25. September 2013b). Lüge niemals für einen Psychopathen! *spiegel-online Karriere Spiegel.*
Sumich, K. (2013). *Sports science for coaching children*. Camberwell: Acer Press.
Wirtschaftswoche online. (10. Dezember 2013). Studenten von heute – Gehetzt, gedopt, gemein.

Dr. Erik Müller-Schoppen studierte Psychologie, Pädagogik, Geografie und ev. Theologie in Köln und Bonn, wo er auch die jeweils 1. und 2. Staatsexamina ablegte und später über das Thema Erziehungswissenschaften und Psychoanalyse promovierte. Seit 1969 entwickelt er Lerntechniken auf der Basis der Reformpädagogik insbesondere der Montessori-Pädagogik und hält Vorträge und Seminare als freier Trainer und Coach bei großen Konzernen wie Coca-Cola, Hella, VW wie auch mittelständischen Unternehmungen und Institutionen wie Heinemann, Caritas oder der Michael Skopp-Stiftung. Er führt eine psychologische Beratungspraxis bei Bonn und hält seit Jahren erfolgreich im gesamten deutschsprachigen Raum Gastdozenturen durch, sowie in den Niederlanden und den USA. Viele Jahre war er Studienleiter der Düsseldorfer Paracelsus Schule und ist seit langem Dozent für Psychotherapie und Managementtraining. Ebenfalls ist Herr Müller-Schoppen Gründer und didaktischer Leiter der gemeinnützigen Stiftung für Erziehung, Bildung, Wissenschaft und Kultur und didaktischer Leiter von STEINBEIS COMET. Als Business-Expert und Keynote-Speaker fasziniert er die Zuhörer mit motivierenden und begeisternden Vorträgen, in denen es immer um das Wesentliche und um das Ganze geht – das Leben und das Lebensglück jedes Einzelnen. Er ist Vorsitzender des Stiftungsrates der Stiftung EBWK und Gründer sowie Vizepräsident der Gemeinnützigen Gesellschaft für Hochschulkultur & Hochschul-Change-Management.

Prof. Dr. Roland Pfennig ist Professor für Wirtschaftsinformatik im Studiengang Verkehrsbetriebswirtschaft und Logistik an der Hochschule Heilbronn. Er lehrt und forscht u. a. im Bereich Nachhaltigkeitsmanagement für Unternehmen und Nachhaltigkeit durch Digitalisierung und ist Senatsbeauftragter für Ethik und Nachhaltige Entwicklung.

Coaching-Excellence: Nachhaltigkeit im Business-Coaching

21

Kompetenz, Qualitätsmanagement, Systemik und Trends als Erfolgsfaktoren

Marco Englert

21.1 Einleitung

Coaching ist ein faszinierendes Schlagwort der modernen Zeit. Kaum ein Unternehmen und High-Performer hat nicht irgendwie etwas mit Coaching zu tun. Persönlichkeits- und Leistungsentwicklung, Lebensqualität und Wohlbefinden, Umgang mit Herausforderungen und Veränderungen stehen im Business und im Privatleben auf der Tagesordnung. Die Megatrends Globalisierung und Digitalisierung liefern die Stichworte dazu: Komplexität, Vernetzung, Beschleunigung, Stress, Paradigmenwechsel und disruptive Innovationen.

Die Bedingungen der Arbeitswelt 4.0 und das Spannungsfeld, in dem Führungskräfte agieren, zeichnen sich durch eine erhöhte Komplexität aus, die sich mit zunehmender Geschwindigkeit verändert. Vor diesem Hintergrund einer solchen modernen VUKA-Welt lässt sich die steigende Nachfrage der Führungskräfte nach Coaching erklären.

Die mentalen, die emotionalen und die verhaltensbezogenen Anforderungen, welche die einzelne Führungskraft zu meistern hat, lassen sich nicht mehr allein mit den selbstverständlichen Gewohnheiten und Verhaltensweisen der Vergangenheit bewältigen.

Coaching als Format kann den Umgang mit diesen neuen An- und Herausforderungen in Organisationen erleichtern. Es befindet sich dabei selbst auf dem Weg von einer neuen Disziplin zu einer anerkannten Profession. Coaching steht hier vor allem in der Verantwortung, die Selbstmanagementfähigkeit der Führungskräfte in diesen komplexen und sich rasant verändernden Kontextbedingungen ganzheitlich zu fördern, um die Handlungsfähigkeit der Unternehmen in den sich schnell wandelnden Systemen nachhaltig zu entwickeln.

M. Englert (✉)
Leidersbach, Deutschland

M. Englert und A. Ternès (Hrsg.), *Nachhaltiges Management*,
https://doi.org/10.1007/978-3-662-57693-9_21

Coaching leistet somit nicht nur einen wichtigen Beitrag für eine lebensgerechte Arbeitswelt, den Leistungserhalt, die Gesundheit bzw. das Wohlbefinden der Stakeholder, sondern gleichwohl einen nachhaltigen Beitrag zur gesellschaftlichen Entwicklung. Es ist daher inzwischen zu einem anerkannt wichtigen Instrument geworden, das in jedem Unternehmen seinen festen Platz haben sollte.

21.2 Definition und Grundlagen des Coaching

Bei Coaching handelt es sich um einen interaktiven, personenzentrierten „Beratungs- und Begleitungsprozess, der berufliche und private Inhalte umfassen kann. Coaching ist individuelle Beratung auf der Prozessebene, d. h. der Coach liefert keine direkten Lösungsvorschläge, sondern begleitet den Klienten und regt dabei an, wie eigene Lösungen entwickelt werden können. … Coaching zielt immer auf eine Förderung von Selbstreflexion und -wahrnehmung, Bewusstsein und Verantwortung, um so Hilfe zur Selbsthilfe zu geben.“ (Rauen 2005, S. 112 f.). Coaching ist abzugrenzen von Beratung, Mediation und Therapie. Unter einer Beratung wird allgemein die Verbesserung der Handlungs- und Entscheidungsgrundlage von Personen verstanden. Dies soll auf der Basis von Wissen und Informationen geschehen. Eine Beratung kann sich dabei selbstverständlich auf verschiedene Sachverhalte beziehen, wie beispielsweise eine Drogenproblematik, Eheprobleme, Berufsfindung oder eben Erziehungsprobleme. Zudem können die Adressaten der Beratung verschieden sein, es kann sich um Jugendliche, Erwachsene, Risikogruppen usw. handeln (Beelmann 2007, S. 300). Deutlich weiter als die Beratung geht die Therapie. Ziel der Therapie ist die Leidensverringerung, wohingegen es in der Beratung um eine Kompetenzvermehrung geht. So dient eine Therapie z. B. dazu, phobische Ängste abzubauen; Beratung dient dazu, eigene Fähigkeiten im Umgang mit Ängsten zu entwickeln. Auf der Basis der Psychoanalyse kann man feststellen, dass die (Psycho-)Therapie auf eine Umstrukturierung der Persönlichkeit abzielt und hierfür deutende Verfahren verwendet, während die Beratung bereits vorhandene Kräfte und Ressourcen zu mobilisieren sucht (Haselmann 2007, S. 187 f.).

Der Begriff „Mediation“ bezieht sich auf die Vermittlung in einem Konflikt zwischen verschiedenen Parteien unter Hinzuziehung eines unparteiischen Dritten, also eines Mediators. Der Mediator wird als neutraler Berater von beiden Konfliktparteien akzeptiert und hat die Aufgabe, den Streitenden dabei zu helfen, eine einvernehmliche Lösung ihrer Probleme zu finden (Besemer 1993, S. 14). Die Mediation kommt dann zum Einsatz, wenn der Konflikt bereits eine Eskalationsstufe erlangt hat, bei der eine direkte Aufklärung des Problems zwischen den Konfliktparteien nicht mehr durchführbar ist (Pühl 2003, S. 10).

Im Gegensatz dazu zielen die Inhalte des Coaching vielfach auf die (Wieder)-Herstellung einer bestimmten Handlungskompetenz, die oft den beruflichen Bereich betrifft (Heß und Roth 2001, S. 201). Dabei impliziert Coaching „immer Hilfe zur Selbsthilfe, das heißt, es ist immer Anstoß zur selbstständigen Reflexion des eigenen Handelns.“ (Doppler und Lauterburg 2005, S. 493).

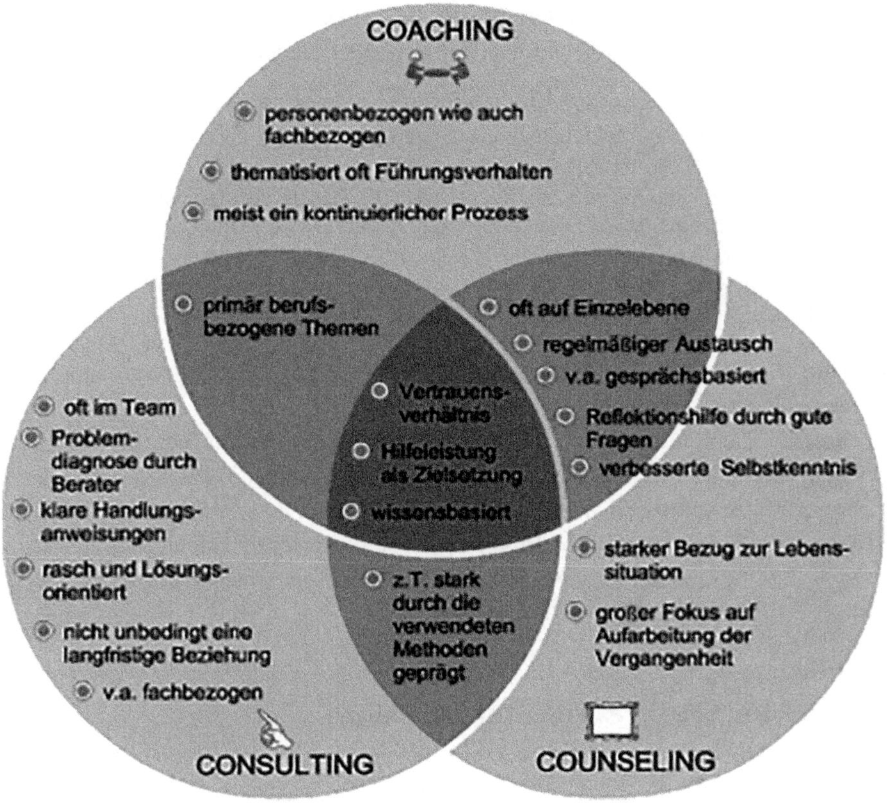

Abb. 21.1 Coaching und andere Formen der Beratung. (Vgl. Webers 2015, S. 9)

In diesem Sinne lässt sich Coaching auch von anderen Formen der Beratung wie Counseling und Consulting abgrenzen, wie Abb. 21.1 veranschaulicht. Wesentlich ist dabei, dass Coaching in der Regel berufsbezogen ist und auf Personen- und Fachebene stattfindet. Als Schnittpunkte zu den anderen Formen der Beratung lässt sich das Vertrauensverhältnis aufführen und die angestrebte Hilfestellung, wobei dies wissensbasiert erfolgt.

21.3 Kompetenz: Basis für nachhaltige Coaching-Excellence

21.3.1 Selbst- und Menschenkenntnis

Grundlegend für ein erfolgreiches Coaching ist eine gute Selbst- und Menschenkenntnis. Die Psychologie stellt in diesem Sinne den zentralen Inhalt des Beratungshandelns im Coaching dar.

Mit Zwick kann dabei konstatiert werden, dass dieses Selbst- und Menschenbild in einen reziproken, zirkulären Kommunikationsprozess mündet:

> Jeder Kommunikationspartner ist Element in der Wirklichkeit des anderen. Beide Partner sind sich gegenseitig Wahrnehmungsobjekt und -subjekt. Kommunikation ist damit eine Sozialhandlung, sie ist reziprok und zirkulär. Der jeweilige Sprecher erweckt einen Eindruck beim Hörer und dieser Eindruck ist wiederum von der Subjektivität des Hörers abhängig bzw. mitbedingt. Wie etwas wahr- und aufgenommen wird, hängt … von der subjektiven Welttheorie ab. Und diese sozial geprägte subjektive Welttheorie umfasst individuelle Einstellungen, Motive und Erwartungen ebenso wie Lebenserfahrung, Denkstil und Selbstbild des Einzelnen (Zwick 2004, S. 89).

Ausgehend von diesem Kommunikationsverständnis geht es dann um eine psychologische Intervention im Rahmen des Coaching. Zentral ist die Gestaltung von Lernprozessen. Lernen ist dabei als autonomer und eigendynamischer Strukturbildungsprozess zu sehen. Das Individuum soll so in die Lage versetzt werden, Veränderungen und Lernprozesse selbst herbeizuführen (Zwick 2004, S. 89). Weiterhin geht es um die Aktivierung von Ressourcen. Der dritte Aspekt stellt die Berücksichtigung des Umfelds dar, wobei „vor allem die Eruierung belastender und unterstützender Funktionen von zentraler Bedeutung“ ist (Zwick 2004, S. 90).

21.3.2 Die drei Säulen exzellenten Coachings

Nachhaltiges Coaching beruht auf drei Säulen:

- Coachingkompetenz
- Fachliche Kompetenz
- Persönliche Kompetenz

In den Bereich der Coachingkompetenz gehören Punkte wie die Fähigkeit, die richtigen Fragen zu stellen oder die Kunst, eine Beziehung zum Kunden aufzubauen. Ein Coach muss zuhören und verstehen können. Er muss auf das Potenzial der zu coachenden Person eingehen und geeignete Maßnahmen ergreifen. Um alle Aufgaben korrekt auszuführen, ist die fachliche Kompetenz erforderlich. Der Coach sollte mit dem Berufsfeld des Kunden vertraut sein. Würde er die Tätigkeiten des Kunden nicht verstehen, dann würde das Coaching nur oberflächlich bleiben. Angenommen ein Kunde ist im Bereich der PR tätig, dann sollte auch der Coach über entsprechenden Fähigkeiten verfügen, um das Coaching individuell anpassen zu können. Die dritte Säule bezeichnet die persönliche Kompetenz. Nur wenn ein Coach die richtigen Voraussetzungen zur Ausübung seines Berufs mitbringt, kann er erfolgreich agieren. Es ist unerlässlich, dass der Coach innerlich ausgeglichen ist. Er muss andere Menschen unterstützen und sich auf deren Probleme und Chancen konzentrieren. Für die tägliche Arbeit sind außerdem Selbstvertrauen und Selbstwirksamkeit wichtig (Schulte 2016, o. S.).

Ein erfolgreicher Coach muss in sich gefestigt sein und die Bedürfnisse des Kunden in den Vordergrund stellen. Daher muss er sein eigenes Verhalten regelmäßig reflektieren, um an sich selbst zu arbeiten. Sollte er Rat benötigen, muss er sich diesen bei Kollegen oder anderen Personen zeitnah einholen. Selbstüberschätzung würde zu einem schlechten Coaching führen und nicht produktiv sein. Es ist entscheidend, dass sich der Coach weiterbildet und an seinen Fähigkeiten arbeitet. Nicht nur die zu coachende Person, auch der Coach selbst lernt im Laufe der Zeit hinzu und verbessert sein Können (Schmolmüller 2012, S. 55).

Abb. 21.2 zeigt den darauf aufbauenden Prozess des Business-Coaching. Relevant ist dabei, dass ein erfolgreiches Coaching schrittweise erfolgen sollte, wobei die Klärung der Erwartungen und Ansprüche an das Coaching am Anfang des Prozesses grundlegend sind.

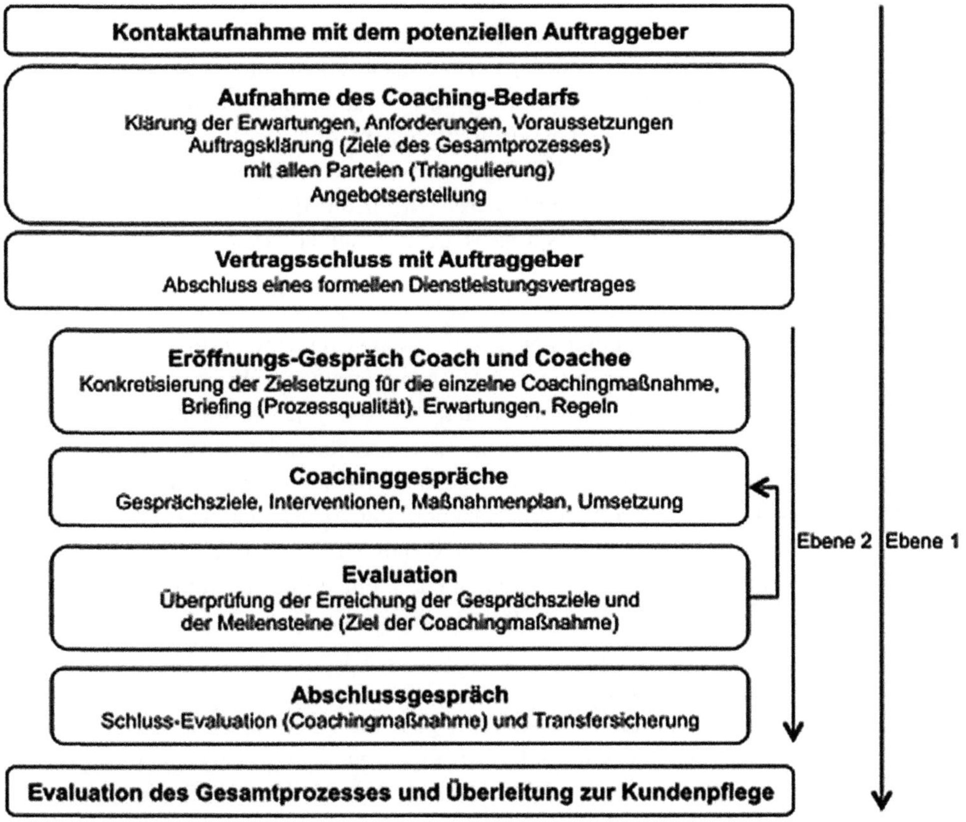

Abb. 21.2 Der Standardprozess für das Business-Coaching nach PAS 1029. (Vgl. PAS 1029:2008, S. 13)

21.3.3 Systemik, Werte und Sinn: Das St. Galler Coaching Modell

Das St. Galler Coaching Model wurde von Rudolf E. Fitz und Doris Ohnesorg entwickelt. Es trifft verschiedene Aussagen über das Coaching und kann daher als Hilfestellung betrachtet werden. Eine erste These ist, dass sich Menschen Ziele setzen, um Wertverletzungen zu vermeiden bzw. Werte zu mehren. Oftmals wird vermutet, dass die Ziele der eigentliche Sinn sind, was jedoch nach dem St. Galler Coaching Modell verneint wird. Nicht die Ziele stehen im Mittelpunkt der Betrachtung, die Entwicklung ist der Antrieb für die Menschen. Die beiden Autoren beschreiben, wie Werte und Wertentwicklung im Zentrum der Bemühungen der Menschen stehen. Durch die Erkenntnis eines Sinns im eigenen Handeln können Menschen zufrieden sein und ihre Arbeitsleistung steigern. Würde ein Mitarbeiter in seiner Tätigkeit keinen Sinn sehen, dann könnte er nicht im gleichen Maße produktiv sein wie ein Angestellter, welcher einen Sinn in seiner Arbeit gefunden hat. Dieselbe Aussage gilt für das Coaching. Nur wenn die zu coachende Person und der Coach vom Sinn der Arbeit überzeugt sind, kann sich der Erfolg einstellen. Daher ist es wichtig, gemeinsam an der Erreichung der Ziele zu arbeiten und bereits den Weg des Trainings als gewinnbringend anzusehen.[1]

Das St. Galler Coaching Modell basiert auf 6 Grundthesen. Das Ziel ist es, ein nachhaltiges Coaching zu realisieren. Die Wirkung muss beim Coaching nicht in der ersten Sitzung auftreten und kann unterschiedlich verlaufen. Oftmals werden in kurzer Zeit große Fortschritte erzielt, während an anderen Tagen die Erfolge nicht sofort sichtbar sind. Es handelt sich um einen Arbeitsprozess, der entwickelt werden muss.

1. These: Die Systemische Sichtweise

Der Mensch selbst wird als Teil eines größeren Systems verstanden. Er ist in ein System eingebettet und somit untrennbar mit seiner Umwelt verbunden. Will man den Menschen verstehen, dann muss man sein Umfeld kennen und analysieren. Im Inneren des Menschen wiederum finden zahlreiche Prozesse statt, die ebenfalls berücksichtigt werden müssen. Die einzelnen Systeme sind selbstorganisierend, jedoch miteinander verbunden. Zum Umfeld des Menschen gehören unter anderen der Arbeitsplatz und die Familie. Es lässt sich schlussfolgern, dass alles mit allem verbunden ist und kein Detail unwichtig ist. Bevor mit dem Coaching begonnen werden kann, muss eine ausgiebige Analyse stattfinden, um die Zusammenhänge und die Systeme zu verstehen.

2. These: Emotion gegen Verstand

Stellt man die Frage, was wichtiger ist, dann geht die Antwort eindeutig in Richtung Emotionen. Menschen werden von Gefühlen angetrieben und der Verstand muss sich dieser Macht beugen. Der Verstand wird durch das Wissen und die Erfahrungen geprägt,

[1]Vgl. http://www.stgaller-coaching-modell.ch/.

allerdings gewinnen die Emotionen die Oberhand. Zwar wird durch den Verstand eine Reflexion durchgeführt, allerdings folgt der Verstand hierbei im Allgemeinen den Emotionen. Man unterscheidet zwischen dem Bewusstsein und dem Unterbewusstsein. Nach dem St. Galler Coaching Modell ist das Bewusstsein nicht dazu in der Lage, alle Einflüsse zu bewerten und mit der Komplexität zurechtzukommen. Das Unterbewusstsein hingegen kann die Vorgänge koordinieren und steuern.

3. These: Der Zielraum und der Problemraum spiegeln sich
Beim Coaching trifft der Zielraum auf den Problemraum. Der Problemraum beschreibt die Ausgangssituation und definiert, welche Schwierigkeiten vorhanden sind. Es handelt sich somit um das eigentliche Problem. Im Gegensatz hierzu steht der Zielraum. Er legt fest, welche Ziele erreicht werden sollen. Naturgemäß sind Zielraum und Problemraum genau gegensätzlich, betreffen jedoch die gleichen Unterpunkte. Es handelt sich um eine Spiegelung.

4. These: Das Innerste
Nach der Ansicht von Philosophen trägt der Mensch einen göttlichen Kern in sich. Er ist unter verschiedenen Namen bekannt, wie z. B. Seele, Leben oder Urliebe. Die darin begründete Kraft steht dem Menschen rund um die Uhr zur Verfügung und muss genutzt werden. Sie muss von innen nach außen gelangen, um ihre Wirkung zu entfalten.

5. These: Die Wirkung
Für den Erfolg ist vor allem die innere Haltung entscheidend. Die Persönlichkeit ist wichtiger als die Methodik. Glaubt der Coach an seinen Schüler, dann steigt die Erfolgswahrscheinlichkeit. Menschen werden oftmals zu dem, was andere Menschen in ihnen sehen. Die Autoren vom St. Galler Coaching Modell führen hierfür das Beispiel von Lehrern und Schülern an. Es besteht die starke Tendenz, dass Schüler zu dem werden, was ihr Lehrer in ihnen sieht. Dadurch kommt ihm ein großer Einfluss zuteil.

6. These: Das Wesentliche
Die zu coachende Person muss an sich selbst und an den Erfolg glauben. Nur wenn sie vom Erfolg und von Veränderungen überzeugt ist, kann die Wirkung einsetzen. Daher ist es entscheidend, den Menschen von der Zielsetzung zu überzeugen.[2]

[2]Vgl. http://www.st-galler-coaching-modell.ch/St-Galler-Coaching-Modell-Grundlagen/5-dimensionales-systemisches-st-galler-coaching-modell-6-grundthesen.php.

21.4 Nachhaltigkeit und Qualität als Excellence-Faktoren

21.4.1 Nachhaltigkeitsmanagement: Der Weg zu nachhaltigem Coaching

Nachhaltigkeit ist das zentrale Element beim Coaching. Würden bestimmte Dinge gelernt und wieder vergessen werden, dann müssten die Abläufe neu überdacht werden, da das Coachingprogramm erfolglos war. In der Praxis hat sich gezeigt, dass die Mehrheit der Kunden mit dem Coaching zufrieden ist. Laut einer Studie der ICF (2006) bewerteten 95 % der Kunden das Coaching als erfolgreich. Um diesen Erfolg zu erreichen, ist die Dauer des Coaching ein wichtiger Punkt. Innerhalb weniger Tage können keine großen Erfolge erzielt werden, sodass erfolgreiche Coachings für Zeiträume von mehreren Monaten ausgelegt werden. Der Coach und der Kunde sollten sich 1- bis 2-mal im Monat für 1,5 bis 2 h treffen und alle Dinge besprechen. Nur durch den regelmäßigen und andauernden Kontakt entsteht eine gemeinschaftliche Arbeit und das Coaching kann nachhaltig gestaltet werden. Es kann daher nicht davon ausgegangen werden, dass sich beim Coaching innerhalb weniger Tage oder gar an einem Wochenende der gewünschte Erfolg einstellt. Der Prozess muss geplant und organisiert werden.[3]

Nachhaltigkeit ist beim Coaching entscheidend, da ein dauerhafter Erfolg erzielt werden soll. Damit diese Zielsetzung erreicht wird, muss die zu coachende Person bereit sein, an sich zu arbeiten. Die Zusammenarbeit ist entscheidend, sodass im Team an der Weiterentwicklung gearbeitet werden kann. Die Vorgesetzten müssen ihren Mitarbeitern die Sicherheit geben, dass sie an Veränderungen interessiert sind. Probiert der Mitarbeiter neue Dinge aus und es kommt zu Fehlern, dann dürfen diese nicht überbewertet werden sondern müssen als Lernerfahrungen betrachtet werden (Neges und Neges 2007, S. 125).

21.4.2 Qualitätsmanagement: Qualitätssicherung mit PAS 1029:2008

Qualität ist beim Coaching sehr wichtig, um den gewünschten Erfolg zu erreichen. Nur durch ein professionelles Qualitätsmanagement kann die Qualität sichergestellt werden. Der Coach muss sich an bestimmte Standards halten, welche von Dritten nachvollzogen werden können. Durch diese Maßnahme ist sichergestellt, dass die Bezeichnung Coach nicht missbraucht wird und die Kunden die gewünschte Qualität erhalten.[4] Im Jahr 2004 wurde daher der PAS 1029 Standard vorgestellt. Das 25-seitige Regelwerk behandelt verschiedene Aspekte des Einzelcoaching. Zudem werden Prüfungskriterien für die

---

[3]Vgl. Schulte.

[4]Vgl. http://www.coaching-report.de/definition-coaching/qualitaetskriterien.

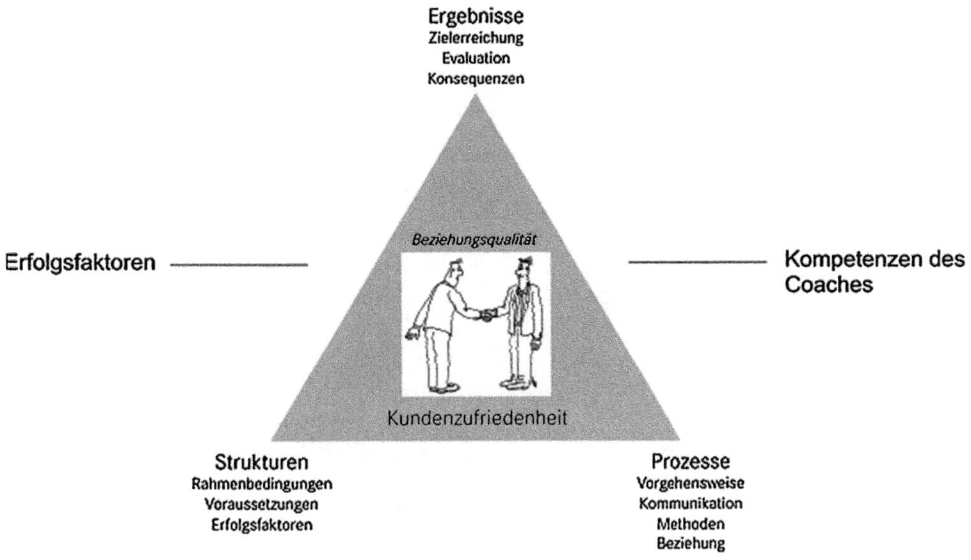

Abb. 21.3 Qualitätsdreieck nach PAS 1029. (Vgl. Kübler et al. PAS 1029:2008, S. 11)

Qualitätssicherung vorgegeben. Die PAS ist nicht gleichwertig mit einer DIN- Norm, da an der Entwicklung nicht alle Interessengruppen vertreten gewesen waren. Sie wurde von zwei Anbietern entwickelt und ist somit mehr als eine Empfehlung, als eine verbindliche Vorschrift zu sehen. Inhaltlich beschäftigt sie sich mit den Kompetenzen vom Coach, lässt jedoch offen, wie eine Ausbildung ablaufen kann.

Im PAS-Qualitätsdreieck (siehe Abb. 21.3) werden die wesentlichen Punkte beim Coaching grafisch dargestellt. An den drei Spitzen des Dreiecks stehen folgende Bezeichnungen: Prozesse, Ergebnisse, Strukturen. Das Dreieck selbst ist ausgefüllt und mit dem Wort Qualität beschriftet. Die jeweiligen Ecken sind durch verschiedene Unterpunkte ergänzt. So verfügt die Ecke „Struktur“ über die Wörter Rahmenbedingungen, Voraussetzungen und Erfolgsfaktoren. Alle Punkte sind wichtig, um Qualität zu erreichen. Fehlt beim Coaching beispielsweise die Struktur, dann kann keine Qualität erreicht werden. Um die Struktur sicherzustellen, müssen geeignete Rahmenbedingungen geschaffen werden und die Voraussetzungen müssen erfüllt sein. Durch das Dreieck wird symbolisiert, dass die drei Hauptfaktoren miteinander im Gleichgewicht stehen müssen. Alle Faktoren tragen zum Erfolg und somit zum Erreichen der Qualität bei. Es gilt, die Punkte mit eigenem Wissen zu füllen und umzusetzen (Kübler et al. 2015, S. 34).

Abb. 21.4 Aufgaben von Führungskräften. (Vgl. Böning 2015, S. 44)

21.5 Trends im Coaching: Ganzheitlichkeit für mehr Excellence

Coaching steht vor allem in der Verantwortung die Selbstmanagementfähigkeit der Führungskräfte in der modernen VUKA-Welt ganzheitlich zu fördern, um die Handlungsfähigkeit der Unternehmen in den sich schnell wandelnden Systemen nachhaltig zu entwickeln. Die Abb. 21.4 zeigt die typischen Aufgaben einer Führungskraft.

21.5.1 Systemisches Neurocoaching

Neurowissenschaftliche Ansätze spielen heute beim systemischen Coaching allgemein und speziell bei der Entwicklung einer entsprechenden Führungskultur eine Schlüsselrolle.[5] Neurocoaching wird deshalb sowohl bei der Entwicklung von Führungskräften als auch insgesamt zur Bindung hoch qualifizierter Mitarbeiter eingesetzt. Während man allgemein unter dem Begriff Neurowissenschaft die Beschäftigung mit den Funktionen von Nervensystemen versteht, geht es vereinfachend gesprochen um die Gehirnforschung und hier in einen Unterbereich um die Erforschung kognitiver Vorgänge.[6] Im Fokus des

[5]Diesen Begriff verwenden etwa Peters und Ghadiri (2014, S. 106).

[6]Vgl. dazu ausführlich im Zusammenhang Finckler (2015, S. 60 ff.).

Neurocoaching stehen dabei vor allem die Verdeutlichung und positive Beeinflussung bestimmter kognitiver Denk- und Verhaltensweisen, die einer Entwicklung von Leadership Excellence sowie der allgemeinen persönlichen Entwicklung entgegenstehen (Finckler 2015, S. 60 ff.). Dazu werden bestimmte Techniken aus der Neurowissenschaft eingesetzt (Peters und Ghadiri 2014, S. 98–99). Es wird in diesem Zusammenhang auch vom Abbau mannigfacher, in jedem Menschen vorhandener Inkongruenzspannungen gesprochen.[7]

Neurocoaching führt im Ergebnis zu Veränderungen im Gehirn, ermöglicht dem Coachee im Idealfall eine weite Entfaltung seiner persönlichen Fähigkeiten und schafft die Grundlage für genau die stabile psychische Verfassung, die jede Art von Excellence überhaupt erst möglich macht (Finckler 2015, S. 60).

Das Coaching will bestimmte Transformationsprozesse auf diesem Weg anstoßen. Dabei geht es z. B. wie in einer entsprechenden kognitiven Therapie vor allem um die Identifizierung irrationaler Denkweisen bzw. Kognitionen in Form von Einstellungen, Bewertungen und inneren Überzeugungen, welche Denkfehler fördern (Finckler 2015, S. 61 ff.).

Neurocoaching will bestimmte Kognitionen bewusst machen, verhilft zur Überprüfung derselben auf ihre Angemessenheit und macht Korrekturen der Kognitionen sowie darauf beruhende Verhaltensänderungen möglich. Dabei bedient es sich technischer Hilfsmittel wie der AVWF-Methode, die mit Schallwellen auf das Gehirn einwirkt, mentaler Techniken und Trainingsprogramme sowie anderer neurowissenschaftlicher Instrumentarien und Erkenntnisse. Hervorzuheben ist an dieser Stelle z. B. auch das neuroassoziative Training, das das Gehirn wie einen Muskel trainieren möchte. Integratives Stressmanagement soll Führungskräfte und Mitarbeiter stressresistenter machen, wobei folgende Aspekte eine Rolle spielen:[8]

1. Beweislose, willkürliche Schlussfolgerungen
Beispiel: Ein Fehler passiert. Die Schlussfolgerung lautet: Ich mache alles falsch.

2. Schwarz-Weiß-Denken/Dichotome Annahmen
In der Vorstellung gibt es nur richtig und falsch/gut und böse. Grauzonen existieren nicht.

3. Verallgemeinerungen und Generalisierungen
Selektives Verallgemeinern reißt ebenso wie die Generalisierung bestimmte Ereignisse aus dem Zusammenhang, missachtet die genauen Umstände von Vorgehen und führt zu falschen Schlussfolgerungen.

---

[7]Diesen Begriff verwendet Finckler (2015, S. 60). Darunter versteht man vor allem die Widersprüchlichkeiten in Glaubenssätzen und Verhalten, die sich unreflektiert bei Menschen herausbilden.

[8]Vgl. zum Thema der eingesetzten Techniken und Trends im Neurocoaching vor allem Peters und Ghadiri (2014, S. 98–99).

4. Katastrophendenken
Es wird stets der schlimmste mögliche Ausgang einer Situation angenommen.

5. Tunnelblick
Selektiv konzentriert man sich dabei auf ganz bestimmte Details und lässt alles andere bei der Bewertung bestimmter Situationen außen vor.

6. Emotionen statt objektive Beweisführung
Bewertungen sind stark emotional gefärbt und entsprechen nicht den Tatsachen. „Ich fühle mich dumm, also bin ich dumm.“

7. Gedankenlesen
Die Handlungen anderer werden aus der ganz eigenen, persönlichen Perspektive interpretiert.[9]

Im Rahmen entsprechender Transformationsprozesse beim Mentalcoaching geht es auch darum, wie der Coachee mit Veränderungen und Stressfaktoren umgehen kann. Besonders bei Führungskräften werden folgende persönliche Fähigkeiten einer näheren Prüfung unterzogen:

Die drei Faktoren Selbstreflexion, Veränderungs- und Ergebnisagilität sind hier entscheidend (Finckler 2015, S. 66).

Ferner geht es auch um Ansprüche und Erwartungen des Coachee, die im Rahmen eines Coaching unter Umständen umbewertet werden müssen.[10]

Insgesamt wird ein Coachee im betrieblichen Umfeld auf seine gesamten persönlichen Einstellungen und Verhaltensweisen untersucht: Etwa, wie er auf Stress reagiert, wie er führt, kommuniziert, wodurch er motiviert wird und vieles mehr.[11]

Aus diesen inhaltlichen Basisüberlegungen im Neurocoaching haben sich besonders im Rahmen des Konzeptes Neuroleadership verschiedene theoretische Ansätze entwickelt. Einige Beispiele sind:

1. SCARF-Modell nach Rock. Hier wird im Hinblick auf Führung mit 5 Grundzielen gearbeitet, die neurowissenschaftlich untermauert sind: Status, Certainty, Autonomy, Relatedness, Fairness.
2. Sieben Grundregeln für Neuroleadership nach Elger. Hier geht es vor allem um das Belohnungssystem, um Fairness und Kommunikation.
3. Neurocoaching nach Rock und Page. Die persönliche Entwicklung steht im Mittelpunkt mit Selbstbewusstsein und der Erkenntnis von hinderlichen Denkmustern.

---

[9]Vgl. zum Ganzen Finckler (2015, S. 61–62) mit weiteren Beispielen irrationaler Gedankenführungen.

[10]Vgl. Finckler (2015, S. 68) zum Anspruchsdenken.

[11]Vgl. ausführlich Fichtner (2013, S. 61).

4. Neurocoaching nach Pillay berücksichtigt die verschiedenen Bereiche im Gehirn wie Denken und Fühlen. Handlungsempfehlungen werden auf diese Bereiche zugeschnitten.
5. Brain-Dominance-Modell nach Herrmann. Dieses Modell ermittelt die vorherrschenden Denkmuster in der Persönlichkeit und vermittelt Veränderungsmöglichkeiten.
6. Neurocoaching nach Schwartz et al. stellt den „Change", die Notwendigkeit von Veränderungen in den Mittelpunkt. Strategien zum Erreichen von Change werden vermittelt.[12]

21.5.2 Digitalcoaching: Coaching goes digital

Der Begriff Digitalcoaching beschreibt zum einen eine bestimmte aktuelle Entwicklung im Coaching und Business-Coaching. Dabei geht es um die Tatsache, dass sich Coaching als Technik zunehmend digitaler Medien und technischer Instrumente bedient sowie verstärkt online durchgeführt wird.[13]

Die Durchführung von Onlinecoachingsitzungen anstelle von Face-to-Face-Consulting führt zu ganz eigenen Coachingformen sowie auch zu bestimmten Problemen. Vorteilhaft am Onlinecoaching ist die Einsparung von Zeit und Kosten durch den Wegfall der sonst nötigenden Reisen. Per Videokonferenz lassen sich Coachingsitzungen auch über ganze Erdteile hinweg organisieren. Dieser Zeitvorteil macht Coaching an sich zunächst noch attraktiver und trägt gerade auch im Business-Bereich zu seiner weiteren Verbreitung bei. Onlinecoachingsitzungen sind außerdem durch Aufzeichnung beliebig reproduzierbar, können sich also auch an einen größeren Coachee-Kreis gleichzeitig richten. Diese Verfügbarkeit führt jedoch auch zu einer gewissen Entpersonalisierung des Coachens und bedingt unter Umständen eine Verflachung des Prozesses bis hin zu einer oberflächlicheren Coachingform.

Andere Stimmen sehen den Zeitgewinn im Onlinecoaching nicht als Gewinn an, weil systemisches Coaching vor allem etwas mit Entschleunigung und dem intensiven Kontakt zwischen Coach und Coachee zu tun habe.[14]

Auch werden Befürchtungen laut, dass das Onlinecoaching das Coaching qualitativ verändern werde. Die Möglichkeit, eine Coachingsitzung jederzeit wieder verfügbar zu machen, könnte dazu führen, dass Coach und Coachee sich nicht trauen, wirklich

---

[12] Vgl. zu diesen und weiteren Techniken Peters und Ghadiri (2014, S. 107–108).

[13] Zum Technikeinsatz vgl. Peter und Ghadiri (2014), im Hinblick auf die bereits erwähnte AVWF-Technik S. 99 sowie Conrady (2011).

[14] Vgl. dazu Albrecht (2016).

intensiv in das Coachingthema einzusteigen. Man hält sich zurück, weil man das Publikum fürchtet. Coaching hat eine sehr persönliche, fast intime Komponente.[15]

Außerdem könnte Coaching so eines Tages auch von Maschinen übernommen werden, was seinen Charakter nochmals vollkommen verändern würde.[16]

Der Trend zur Digitalisierung des Coaching lässt daher einige weitere interessante und auch kontroverse Entwicklungen in den nächsten Jahren erwarten. Dabei spielt auch noch ein weiterer Aspekt eine Rolle am Rande dieses Themas. Das Coaching selbst erstreckt sich zunehmend gerade im Unternehmensumfeld auch auf den Einsatz digitaler Kommunikationsformen. Durch deren Einsatz entstehen nicht selten Missverständnisse und Probleme, die mit Coachingmethoden erkennbar und lösbar gemacht werden.[17]

21.5.3 Systemisches Führungscoaching

Der Führungsstil beeinflusst das Geschick des Unternehmens in ganzer erheblicher Weise. Dies ist im Rahmen der Business-Organisation per se eine Binsenweisheit, die allerdings zunehmend auch die Coachingbranche erreicht hat.[18]

Insoweit rücken Coachingmethoden, die sich mit der Entwicklung der Führungspersönlichkeit, dem sogenannten „Leadership-Coaching“, befassen, immer mehr in den Mittelpunkt des Coaching vor allem im unternehmerischen Bereich. Der Trend hin zum Coachen der Unternehmensführung geht dabei zusammen mit den Trends zum Neurocoaching und zur Digitalisierung einher. Leadership Excellence verbindet sich mit Neuroleadership. Dabei kommen ganz verschiedene Aspekte ins Spiel. Denn es geht an dieser Stelle nicht nur darum, die Führungspersönlichkeit zur Entwicklung ihres vollen Potenzials zu coachen. Die meisten der oben im Rahmen des Neurocoachings bereits beschriebenen Techniken und Instrumentarien zielen primär auf den Manager, auf die Führungskraft ab. Coachen und Führen sind aber auch noch anderweitig miteinander verbunden. Der Manager kann (und soll nach Meinung vieler Experten) auch seinerseits seine Mitarbeiter coachen, wenn man ihn dazu befähigt. Manche Kritiker eines solchen Ansatzes stellen jetzt die Frage, ob denn Coachen nicht etwas sein muss, das von außen kommt (Frey 2016, S. 94).

Auf der anderen Seite gehen manche Autoren sogar soweit, Führung und Coaching so miteinander zu verbinden, dass Führen und Coachen sich entsprechen. Führen durch Coachen sei hier das Stichwort (Mahler 2011, S. 36).

[15] Vgl. Gray u. a., 2016, Introduction und Part 8.

[16] Vgl. Gray u. a., 2016, Introduction und Part 8.

[17] Vgl. zu diesem Aspekt Strikker (2007).

[18] Vgl. eine deutliche Aussage zur den Effekten eines schlechten Führungsstils Fichtner mit einem Beitrag von Finckler (2015, S. 55).

Die Führungskraft als Coach der Mitarbeiter, also das sogenannte „Managerial-Coaching", ist ein anspruchsvolles Konzept, das erhebliche Anforderungen an das Verhältnis zwischen Führungskraft und seine Mitarbeiter stellt. Erfolgreiches Coaching erfordert ein spezielles Vertrauensverhältnis zwischen Coach und Coachee. Auch wird man ein besonderes Setting, also eine besondere Coachingatmosphäre voraussetzen müssen. Es ist keine leichte Aufgabe, neben der täglichen Leistungsanforderung auch diese Faktoren im Unternehmen zu etablieren. Im Hinblick auf den Erfolg des Ganzen sollte es aber äußerst lohnenswert sein.

Wie sehr diese Schwerpunkte des Coaching als systemisches Coaching zu verstehen sind und umfassend auf ein Unternehmen wirken, verdeutlicht die Abb. 21.5.

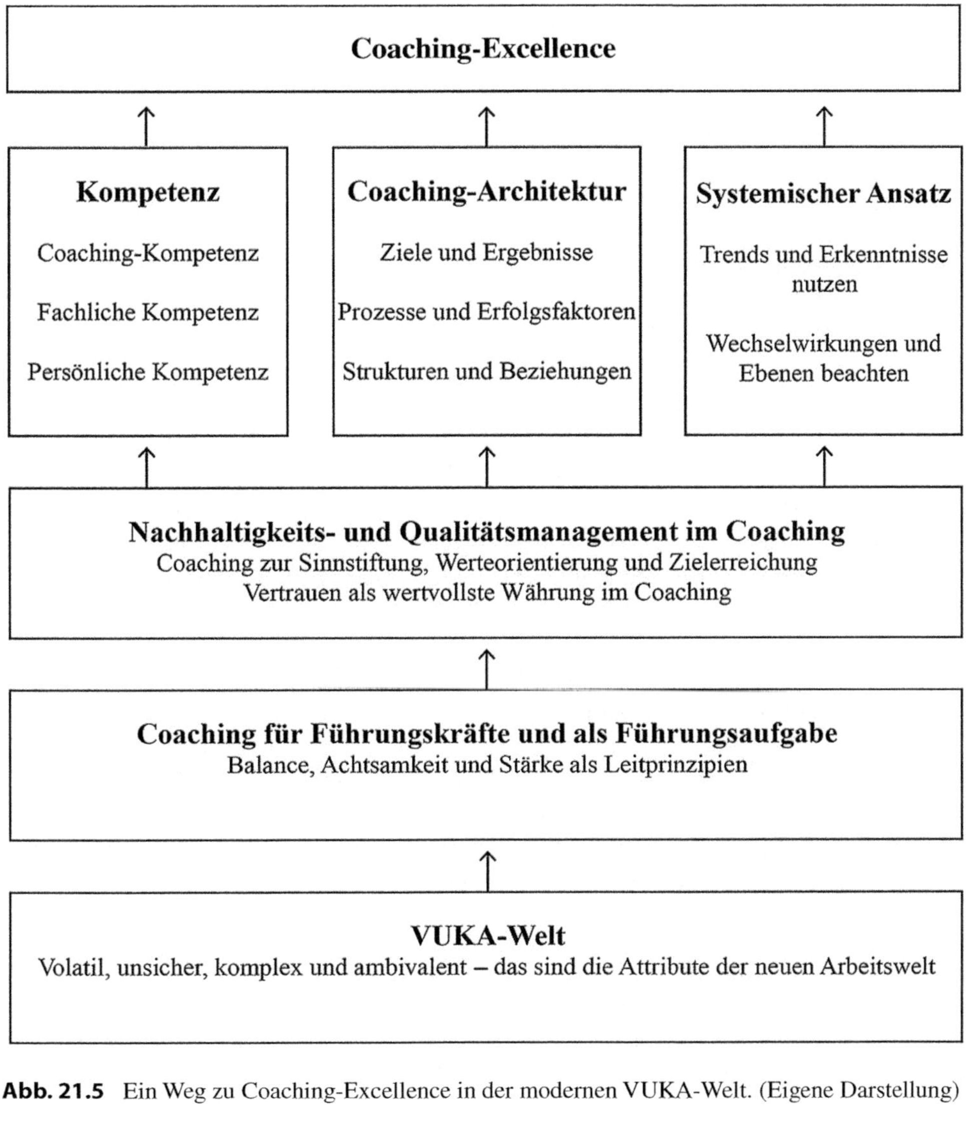

Abb. 21.5 Ein Weg zu Coaching-Excellence in der modernen VUKA-Welt. (Eigene Darstellung)

Dabei kann man im Rahmen eines Führens durch Coachen verschiedene Unteraspekte unterscheiden, die im Folgenden angesprochen werden. Dazu zählen die sogenannten „ganzheitlichen Nachhaltigkeitsbereiche“ Gesundheit, Beziehungen, Lernen und Wandel.

21.5.3.1 Gesundheitscoaching: Die Rolle der Gesundheit und BGM

Gesunde Führung beinhaltet zwei Seiten. Zum einen ist die Führungskraft zu einem gesunden Lebens- und Führungsstil zu coachen. Was den Lebensstil angeht, ist die Vorbildfunktion einer Führungskraft nicht zu unterschätzen. Weiterhin wird im Idealfall die Führungskraft die Mitarbeiter „gesundheitscoachen“, was einen ganzheitlichen Ansatz umfasst und einen wesentlichen Erfolgsfaktor für ein nachhaltiges Betriebliches Gesundheitsmanagement (BGM) darstellt. Gesundheitscoaching ist dabei stets als präventives Instrument zu begreifen und wird dann Erfolge zeitigen, wenn es die gesamte Lebensführung betrachtet.[19]

21.5.3.2 Onboard-Coaching: Nachhaltigkeit in den Mitarbeiterbeziehungen

In Zeiten von Fachkräftemangel ist die Mitarbeiterbindung essenziell. Nur das Unternehmen, das seine Mitarbeiter nachhaltig im Unternehmen hält, wird mittel- und langfristig erfolgreich sein. Eine hohe Fluktuation bei den Mitarbeitern kostet Unternehmen viel Zeit und Geld. Onboard-Coaching zielt genau auf den Aspekt der Mitarbeiterbindung ab. Hier ist die Führungskraft besonders gefragt, Instrumentarien im Unternehmen – durch Coachen – zu installieren, die es dem neuen Mitarbeiter entsprechend leicht machen, schon in den ersten 90 Tagen eine entsprechende Bindung zum Unternehmen aufzubauen. Dieser wichtige Aspekt im Rahmen der Mitarbeiterführung und des Personalmanagements steht allgemein für das Thema Beziehungen bzw. „Relations“ zwischen den Menschen im und mit dem „System“ Unternehmen, für die Kommunikation und die Zusammenarbeit mit den einzelnen Fachbereichen. Der Führungskraft muss hier im Vorfeld die Bedeutung des Onboard-Coaching im Rahmen ihres Coachings bewusst sein.[20]

21.5.3.3 Transfercoaching: Nachhaltiger Lernerfolg in der Personalentwicklung

Transfer bezeichnet im Coaching allgemein das Phänomen, das erlernte Inhalte später in das Alltagsleben übertragen werden und tatsächlich Veränderungen herbeiführen. Im beruflichen Alltag kommt diesem Aspekt eine sehr große Rolle zu und im Bereich der Leadership Excellence ist er ein Schlüsselfaktor. Nur wenn es Führungskräften gelingt, erlernte Strategien der Mitarbeiterführung und Personalentwicklung im beruflichen

[19]Vgl. zum Gesundheitscoaching, Elbe und Zinner (2015), Punkt 2.

[20]Vgl. zur Bedeutung des Onboard-Coaching im Rahmen einer Leadership Excellence Havar-Simonovich und Simonovich (2016), Abschnitt Leadership Coaching.

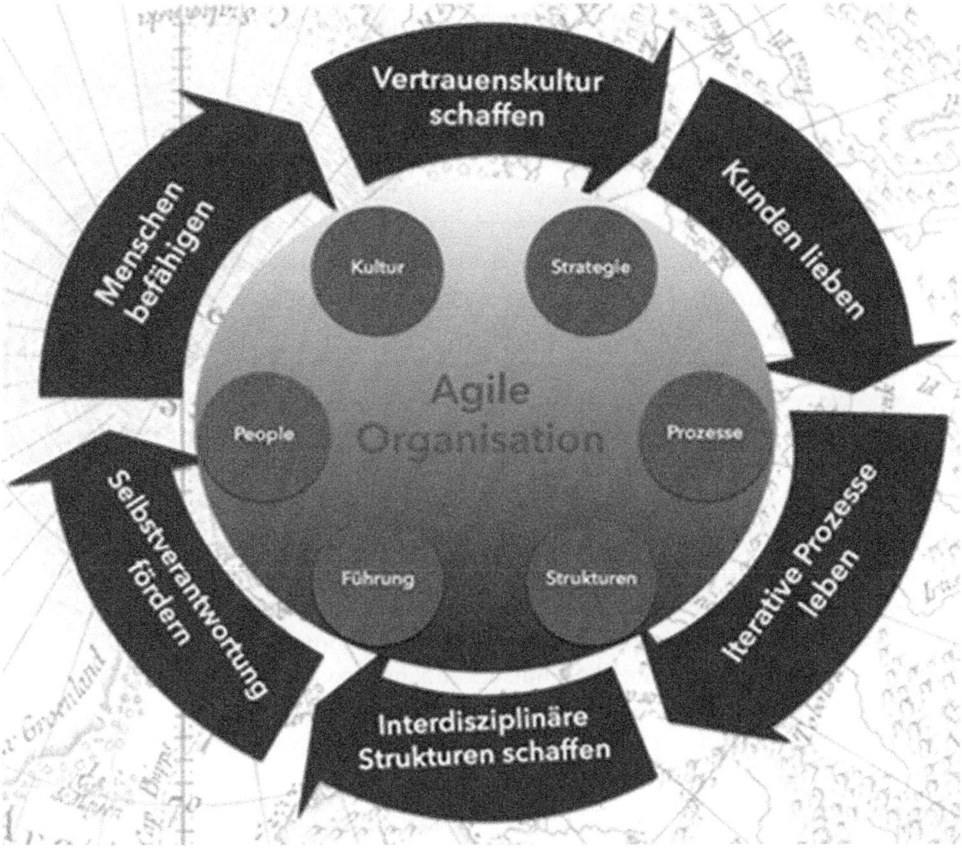

Abb. 21.6 Agile Personal- und Organisationsentwicklung. (Vgl. http://hr-pioneers.com/uber-uns/#)

Alltag zu integrieren, kommt die gesamte Entwicklung im Sinne einer nachhaltig lernenden und agilen Organisation voran. Ein spezielles Transfercoaching kann sowohl Führungskräften als auch von der Führungskraft gecoachten Mitarbeitern helfen, abstrakt erlernte Inhalte zu realisieren.[21] Transfercoaching ist hoch bedeutsam für den Unternehmenserfolg, denn jedes Coaching erfordert die praktische Umsetzung in das (berufliche) Leben.

Die Bereiche einer modernen agilen Personal- und Organisationsentwicklung stellt die Abb. 21.6 dar.

[21]Vgl. zum Thema Transfercoaching bei Führungskräften Kast (2009, S. 513).

21.5.3.4 Executive-Coaching: Coaching von Topmanagern im Wandel

Viele Faktoren haben in den letzten Jahren dazu beigetragen, dass sich unternehmerische Umfelder permanent ändern. Der Änderungsdruck steigt z. B. mit der Globalisierung und dem demografischen Wandel. Das erfordert insbesondere von der Führungskraft auf der höchsten Ebene eine hohe Veränderungsbereitschaft und -fähigkeit. Executive-Coaching bemüht sich darum, diese Möglichkeiten und Skills bei Topmanagern zu entwickeln.[22]

Dabei geht es beim Executive-Coaching nicht nur darum, Veränderungen zu bewältigen, sondern auch unterscheiden zu können, was verändert werden und was Bestand haben sollte. Leadership Excellence, Changemanagement und Executive-Coaching bilden idealerweise eine relativ feste Verbindung und bedingen sich somit gegenseitig.

21.6 Fazit

Coaching kann trotz der augenscheinlichen Parallelen Vorgehensweisen und Techniken aus den Bereichen Beratung, Training und Supervision auf neuartige, innovative Weise kombinieren und dadurch effektive und nachhaltige Lernprozesse ermöglichen. Des Weiteren berücksichtigt Coaching auch die Persönlichkeit des Klienten und fördert somit dessen Persönlichkeitsentwicklung, was sich wiederum förderlich auf die Arbeitszufriedenheit und die Identifikation mit der arbeitgebenden Organisation auswirkt. In dieser Arbeit konnte vor diesem Hintergrund dargestellt werden, dass Nachhaltigkeit ein wesentlicher Faktor für die Gestaltung von Coachingprozessen ist. Führt das Coaching zu einer nachhaltigen Verhaltensänderung, d. h. zu einer effektiveren Arbeitsweise, einem konstruktiverem Umgang mit dem Team, einem merklichen Zuwachs von Durchsetzungsvermögen oder zu besseren Präsentationsleistungen, profitiert das Unternehmen indirekt davon sowie von der daraus resultierenden erhöhten Mitarbeiter- und Kundenzufriedenheit.

Der Erfolg eines Coaching hängt von verschiedenen Faktoren ab. Der Coach muss z. B. verschiedene Kompetenzen besitzen, um den Mitarbeiter gut zu beraten bzw. zu begleiten. Die Durchführung eines Coaching kann zum einen durch einen externen Coach, den das Unternehmen eigens dafür beauftragt, durchgeführt werden oder zum anderen durch eine bereits im Unternehmen angestellte Führungskraft. Beide Ansätze bringen sowohl Vor- als auch Nachteile mit sich. Ein Coach muss dabei in der Lage sein, die Praxis theoretisch zu durchdringen und reflektiert aufzuarbeiten, um sich der logischen Strukturen psychologischer und ökonomischer Prozesse bewusst zu werden, um diese individuelle als auch gesellschaftliche Rahmung beim Einsatz seiner Operationen zielführend nutzen zu können. Wesentlich allerdings ist hierbei, wie bereits erwähnt, nicht das volks- und betriebswirtschaftliche Expertenwissen, sondern primär die Beziehung zwischen Coach und Coachee innerhalb der ökonomischen Rahmung.

[22]Vgl. zur Notwendigkeit des Executive-Coaching Lentz (2009).

Entscheidend ist dabei, wie in dieser Arbeit auch dargestellt werden konnte, ein systemisches Verständnis. Danach hängt der Erfolg eines Business-Coaching auch davon ab, ob die Zugehörigkeit des einzelnen Mitarbeiters oder der Führungskraft zu einem System berücksichtigt wird und die systemischen Grundlegungen angesprochen und beeinflusst werden. Ein ausschließlich auf den Einzelnen bezogenes Coaching kann vor diesem Hintergrund als nicht sehr erfolgsversprechend verstanden werden und ermöglicht auch keine nachhaltigen Lerneffekte.

Literatur

Albrecht, E. (2016). Digitalisierung von Coaching – Fluch oder Segen? Munich Business Schools Insights vom 12.02.2016. http://www.munich-business-school.de/insights/2016/02/digitalisierung-von-coaching/. Zugegriffen: 12. Apr. 2016.

Beelmann, A. (2007). Elternberatung und Elterntraining. In F. Linderkamp & M. Grünke (Hrsg.), *Lern- und Verhaltensstörungen. Genese – Diagnostik – Intervention* (S. 298–309). Weinheim: Beltz.

Besemer, C. (1993). *Mediation Vermittlung in Konflikten*. Baden: Stiftung Gewaltfreies Leben.

Böning, U. (2015). *Ergebnisse der Coaching-Forschung*. Berlin: Springer.

Conrady, U. (2011). *AVWF-Neuro-Coaching: Die Methode der Sieger*. Lage: Buchwerk Haberbeck.

Doppler, K., & Lauterburg, C. (2005). *Change Management. Den Unternehmenswandel gestalten* (11. Aufl.). Frankfurt a. M.: Campus.

Elbe, M., & Zinner, J. (2015). *Handbuch Gesundheitscoaching: Kompendium für Praxis und Lehre*. Berlin: epubli.

Fichtner, A. (2013). *Coaching – Methoden und Porträts erfolgreicher Coaches*. Berlin: epubli.

Finckler, P. (2015). *Transformation – Selbstcoaching für mehr Leichtigkeit im Leben*. Berlin: Springer.

Frey, P. (2016). *Coaching und Führung: Möglichkeiten und Grenzen des Coaching durch Vorgesetzte*. Norderstedt: Books on Demand.

Gray, D. (2016). *A critical introduction to coaching and mentoring: Debates, dialogues and discourses*. New York: Sage.

Haselmann, S. (2007). Systemische Beratung und der systemische Ansatz in der Sozialen Arbeit. In B. Michel-Schwartze (Hrsg.), *Methodenbuch Soziale Arbeit. Basiswissen für die Praxis* (S. 153–206). Wiesbaden: Springer.

Havar-Simonovich, T., & Simonovich, D. (2016). *Contemporary theory and practice of organizations, part II: Leading and changing the organization, Herausgeber Timea Havar-Simonovich*. New York: Columbia University Press.

Heß, T., & Roth, W. L. (2001). *Professionelles Coaching. Eine Expertenbefragung zur Qualitätseinschätzung und -entwicklung*. Heidelberg: Hogrefe.

Kast, R. (2009). Lebensphasenorientierte Arbeitszeit auf Weiterbildung. In P. Speck (Hrsg.), *Employability – Herausforderungen für die strategische Personalentwicklung: Konzepte für eine flexible, innovationsorientierte Arbeitswelt von morgen, 4* (S. 503–514). Wiesbaden: Gabler.

Kübler, F., Krauter, J., & Krauß, U. (2008). *PAS 1029:2008*. Stuttgart.

Kübler, F., Krauter, J., & Krauß, U. (2015). *Business-Coaching tool set*. Berlin: Pro Business.

Lentz, C. A. (2009). *Refractive thinker: An anthology of higher learning* (Bd. 3). Las Vegas: The Refractive Thinker™ Press.

Mahler, M. (2011). *Hochleistungsteams als Ergebnis der Führung durch Coaching: Ein Praxisbuch über die mitarbeiterorientierte Führung*. Norderstedt: BoD – Books on Demand.

Neges, G., & Neges, R. (2007). *Führungskraft und Mitarbeiter: Wahrnehmung der Führungsaufgaben*. Wien: Linde.
Peters, T., & Ghadiri, A. (2014). *Neuroleadership – Grundlagen, Konzepte, Beispiele: Erkenntnisse der Neurowissenschaften für die Mitarbeiterführung*. Berlin: Springer.
Pühl, H. (2003). *Mediation in Organisationen*. Berlin: Leutner.
Rauen, C. (2005). Varianten des Coachings im Personalentwicklungsbereich. In C. Rauen (Hrsg.), *Handbuch Coaching* (S. 112–136). Göttingen: Hogrefe.
Schmolmüller, C. (2012). *Berufsbild Coach: Hilfestellungen und Tipps zur Ausbildung und Curriculumgestaltung*. Hamburg: Diplom.de.
Schulte, T. (2016). Coaching ist kein Seelenstriptease. Drei Säulen für ein gutes Coaching. In Handelsblatt vom 29.04.2016. http://www.handelsblatt.com/unternehmen/beruf-und-buero/coaching/thomas-schulte-drei-saeulen-fuer-ein-gutes-coaching/6708778-2.html. Zugegriffen: 14. Apr. 2016.
Strikker, H., & Komplementär-Coaching. (2007). *Mensch und System komplementär verbinden, Reihe Coaching & Beratung*. Paderborn: Junfermann.
Webers, T. (2015). *Systemisches Coaching. Psychologische Grundlagen*. Wiesbaden: Springer.
Zwick, E. (2004). *Gesundheitspädagogik. Wege zur Konstituierung einer Erziehungswissenschaftlichen Teildisziplin*. Münster: LIT.

Internetseiten

http://hr-pioneers.com/uber-uns/#. Zugegriffen: 16. Apr. 2016.
http://karriereblog.svenja-hofert.de/2015/01/coaching-goes-digital-wie-die-digitalisierungswelle-berufsberatung-und-karrierecoaching-aufmischt/. Zugegriffen: 14. Apr. 2016.
http://www.coaching-report.de/definition-coaching/qualitaetskriterien. Zugegriffen: 12. Apr. 2016.
http://www.stgaller-coaching-modell.ch/. Zugegriffen: 12. Apr. 2016.
http://www.st-galler-coaching-modell.ch/St-Galler-Coaching-Modell-Grundlagen/5-dimensionales-systemisches-st-galler-coaching-modell-6-grundthesen.php. Zugegriffen: 12. Apr. 2016.

Marco Englert (MSc, MBA) ist Manager, Coach und Consultant. Er ist Experte für nachhaltiges und digitales Management und steht für ein Excellence-Mindset, das Menschlichkeit, Gleichgewicht bzw. Balance, Innovation und Nachhaltigkeit fördert. Dabei sieht er die Menschen mit ihren Potenzialen und die damit verbundenen Aspekte als die zentralen Treiber für nachhaltig profitables Wachstum.

Er ist der Überzeugung, dass wir aufgrund der digitalen Revolution und dem exponentiellen Innovationswachstum in einer epochalen Zeit leben, dessen Auswirkungen wir noch nicht vollständig erahnen. Mit Begeisterung blickt er auf die aktuellen und zukünftigen Chancen, denn es war noch nie so einfach, gute innovative Geschäftsmodelle, Services und Produkte zu entwickeln. Mit seinem Managementkonzept „Nachhaltige Digitalisierung", das den Menschen in den Mittelpunkt stellt, verbindet er die Kernthemen Digitalisierung und Nachhaltigkeit und macht Organisationen zukunftsfähig.

Herr Englert verfügt über exzellentes Research- und Consulting-Know-How in den Bereichen Unternehmensführung, Marketing, Personalmanagement sowie Projekt-, Qualitäts- und Nachhaltigkeitsmanagement. Als systemischer Business Coach und Managementberater hat er Erfahrung in der Begleitung von Entscheidungsträgern bei komplexen Fragestellungen des beruflichen Alltags. Er ist u. a. zertifizierter Spezialist für Markenkommunikation, Online Marketing Manager, Digital Sales Manager, Employer Brand Manager, Spezialist für HR Compliance, Spezialist für Personalentwicklung und Manager für agile Organisationsentwicklung (Quadriga University) sowie Betrieblicher Gesundheitsmanager (IHK).

Achtsamkeitstraining für die Firma? Gerne, aber bitte nachhaltig

22

Warum Achtsamkeit mehr als Meditation ist und wie man Achtsamkeitstraining nachhaltig in die Firmenkultur integrieren kann

Jutta Tobias Mortlock

22.1 Was ist Achtsamkeit überhaupt?

Was Achtsamkeit ist, kann man sehr einfach erklären, indem man das Gegenteil beschreibt: Wenn man achtlos oder gedankenlos im „Autopilotmodus" navigiert. Manager überall auf der Welt verstehen sofort, dass es problematisch ist, wenn Angestellte überwiegend in solch einem Autopilotmodus durch den Arbeitsalltag navigieren, weil Organisationen nicht funktionieren, wenn Mitarbeiter zwar physisch anwesend, aber geistig abwesend sind. Wenn also Gedankenlosigkeit oder der „Autopilot" das Gegenteil von Achtsamkeit sind, dann ist Achtsamkeit im Sinne einer *Bewusstsamkeit* zu verstehen. Obwohl das relativ kompliziert klingt, weiß jeder, wie es sich anfühlt, wenn man voll und ganz präsent ist im Hier und Jetzt, wenn man sich einer Situation mit allen fünf Sinnen bewusst wird, aufgeschlossen dafür, neue Informationen und vielleicht auch neue Perspektiven wahrzunehmen. In einer bahnbrechenden Studie fanden die amerikanischen Forscher Matthew Killingsworth und Daniel Gilbert heraus, dass wir im heutigen Arbeitsalltag zu fast 50 % unserer Arbeitszeit in Gedanken woanders sind als dort, wo sich unsere Körper befinden, nämlich am Bürotisch (Killingsworth und Gilbert 2010). Dass das schlecht für die Produktivität ist, war für die Forscher bei Weitem nicht so interessant wie die Tatsache, dass uns diese Geistesabwesenheit weniger glücklich macht als wenn wir unseren Arbeitsalltag bewusst erleben.

J. Tobias Mortlock (✉)
University of London, London, Großbritannien
E-Mail: jutta.tobias-mortlock@city.ac.uk

M. Englert und A. Ternès (Hrsg.), *Nachhaltiges Management*,
https://doi.org/10.1007/978-3-662-57693-9_22

Erste Achtsamkeitsübung für willige Leser
Wenn Sie der letzte Satz gerade eben zum Stutzen gebracht hat, dann ist das richtig so. Eigentlich klingt es zumindest etwas naiv oder vielleicht sogar paradox, dass wir glücklicher wären, wenn wir bewusster durch unseren Arbeitsalltag gehen. Oft macht Arbeit ja nicht gerade Spaß und der Sinn vieler Arbeitsaufgaben ist bei Weitem nicht, Mitarbeiter glücklich zu machen. Aber der springende Punkt hier ist, dass „glücklich zu sein" mehr ist als lediglich „Spaß zu haben". Happiness-Forscher (die gibt es tatsächlich) wie z. B. Sonya Lyubomirsky definieren „Glück" als ein Konstrukt mit zwei Aspekten: Erstens, sich wohlfühlen und zweitens, sinnvoll Zeit zu verbringen (Lyubomirsky et al. 2005). Matthew Killingsworth und Daniel Gilbert haben festgestellt, dass wir oft nicht den (vielleicht längerfristigeren oder grundlegenderen) Sinn von unserer Arbeit erkennen, wenn wir mental abwesend sind oder bei der Arbeit gleichzeitig an etwas anderes denken. Die beiden Forscher schlussfolgern konsequent, dass geistige Abwesenheit bei der Arbeit unglücklich macht. In diesem Sinne, wohin hat es Ihre Gedanken verschlagen, als Sie diese ersten Kapitelzeilen durchlasen? Wenn Ihre Gedanken ein wenig abschweiften, dann könnte Ihnen diese Einsicht helfen, dem Rest des Kapitels ein wenig mehr Aufmerksamkeit zu schenken und somit Ihre Zeit womöglich (noch) sinnvoller zu nutzen. Wollen Sie's versuchen?

Warum ist Achtsamkeit so ein bedeutsames Thema geworden für die Wirtschaft, Politik und sogar für Sportprofis wie die britischen Radrennsportler Chris Froome und Bradley Wiggins, die sich vor der Tour de France mit großem Gewinn vom Sportpsychologen Steve Peters in Achtsamkeitstechniken beraten ließen? Weil ein beträchtliches Forschungsgebiet Achtsamkeit mit besserer körperlicher und geistiger Gesundheit und mit verbesserten Beziehungen zu Hause und bei der Arbeit verbindet. Und weil Achtsamkeit keine Eigenschaft ist, die manche haben, andere aber nicht. Vielmehr ist Achtsamkeit eine Einstellung oder ein Geisteszustand, den man lernen und mit dem man dem Alltag und insbesondere schwierigen Situationen im (Arbeits-)Leben begegnen kann. Diese letzte Erkenntnis ist eine gute Nachricht für Unternehmen, die daran interessiert sind, nicht nur das Wohlbefinden und die Arbeitsbeziehungen ihrer Mitarbeiter, sondern damit einhergehend auch die nachhaltigen Leistungen am Arbeitsplatz zu verbessern. Das Prinzip der Achtsamkeit kann jeder Person zugänglich gemacht werden, die offen dafür ist, eine solche Einstellung oder Haltung zu lernen und zu üben. Deshalb können im Prinzip ganze Unternehmen von Achtsamkeit profitieren, nicht nur besonders aufmerksame oder besonders interessierte Einzelpersonen.

Und was also ist Achtsamkeit? Achtsamkeit ist nicht leicht zu definieren. Obwohl bislang mehr als 33 Definitionen von Achtsamkeit in der wissenschaftlichen Literatur veröffentlicht wurden (Nilsson und Kazemi 2016), zitieren viele Achtsamkeitsexperten Jon Kabat-Zinns Definition von Achtsamkeit: Aufmerksam sein, im gegenwärtigen Moment, mit vollem Bewusstsein, und nicht urteilend (Kabat-Zinn 1990).

Das klingt kompliziert. Und ein bisschen nach Buddhismus. Der Grund dafür ist, dass Jon Kabat-Zinn, der Gründer des weltweit bekanntesten und am besten erforschten Achtsamkeitsprogramms *Mindfulness-Based Stress Reduction (MBSR),* in den 1970er-Jahren seine Kenntnisse des Buddhismus in seine Studien der Stressbewältigung am Massachussetts Institute of Technoloyg (MIT) einbrachte. Achtsamkeit ist ein wichtiges Ziel im Buddhismus und Buddhisten lernen Achtsamkeit durch Meditation. Das Wort „Meditation" stammt vom Lateinischen *meditatum,* was so viel wie „überlegen", „nachsinnen" oder „reflektieren" bedeutet. Obwohl Meditieren oft mit religiösen Praktiken assoziiert wird, ist es jedoch an sich eine ideologiefreie, mentale Handlung oder Gehirnübung, bei der man oft still sitzt und nichts anderes tut als den Atem als Anker zu nutzen, um ein stärkeres Bewusstsein für Empfindungen, Emotionen, Gedanken und körperliche Impulse und Reaktionen zu entwickeln.

Zweite Achtsamkeitsübung für willige Leser
Atmen Sie dreimal langsam und tief durch. Wo spüren Sie Ihren Atem im Körper jetzt gerade? Vielleicht in der Nase oder im Mund oder Hals oder vielleicht im Brustkorb oder Bauch. Sobald Sie merken, wo Sie Ihren Atem spüren, konzentrieren Sie sich für ein paar Momente voll und ganz auf diese Stelle. Das ist Ihr sogenannter Atem*anker.* Wie fühlt es sich an, sich auf diesen Atemanker zu konzentrieren? Was passiert für Sie, wenn Sie ihn wiederfinden, nachdem Sie Ihre Konzentration für ein paar Momente verloren hatten?

Jon Kabat-Zinn sowie hunderte von Wissenschaftlern, die in den letzten 30 Jahren in seine Fußstapfen traten, erforschten den Zusammenhang zwischen Achtsamkeitsmeditation, Stressbewältigung und psychischer Gesundheit so eingehend, dass es heute buchstäblich Tausende von wissenschaftlichen Studien zu diesem Thema gibt. Forscher an der Oxford University haben vor ein paar Jahren aufgezeigt, dass Achtsamkeitsmeditation bei chronischer Depression genauso effektiv wirken kann wie Antidepressiva (Kuyken et al. 2015). Das ist erstaunlich, da chronische Depression sehr häufig auf chemischen Prozessen im Gehirn basiert, die Antidepressiva verändern können. Aber dass mentale Übungen dasselbe Resultat erzielen können (laut dieser Studie ohne chemische oder neurobiologische Nebenwirkungen), bezeugt, dass Geist und Körper (oder vielmehr Gehirnprozesse und Körperfunktionen) viel näher verbunden sind als bisher angenommen. Und wir können diese Verbindung tatsächlich steuern, wenn wir uns bewusster damit auseinandersetzen.

22.2 So wird es gemacht in der Achtsamkeit: Zu Sinnen kommen

Achtsamkeit ist nicht dasselbe wie Meditation. Wie schon erwähnt, ist Achtsamkeit eine *Haltung* oder *(Geistes-)Einstellung* – ein *Zustand,* der das *Resultat* von Aktionen oder (gedanklichen) *Handlungen* ist. Manche Menschen sind von Natur aus aufmerksam, leben bewusst und nichturteilend, aber für viele ist Achtsamkeit das *Ziel* von Handlungen, die ihre Achtsamkeit steigern sollen, z. B. Achtsamkeitsmeditation.

Wichtig hierbei ist hauptsächlich, dass man weiß, *wie* man solch einen mental offenen Geisteszustand erreicht und was man *konkret* tun kann, um den mentalen „Autopiloten" abzuschalten und bei vollem Bewusstsein im gegenwärtigen Moment anzukommen.

Um achtsam zu werden, muss man in erster Linie *zu Sinnen kommen.* Buchstäblich und metaphorisch.

Wir können metaphorisch zu Sinnen kommen, indem wir uns buchstäblich auf unsere fünf Sinne konzentrieren. Das bedeutet, unsere Aufmerksamkeit auf eine unserer fünf Sinneswahrnehmungen zu fokussieren, z. B. auf das *Sehen* von Objekten (wie z. B. eine Form, Farbe oder Muster), das *Fühlen* (z. B. unseren Atem), oder das *Hören* von Stimuli (wie Musik oder andere Geräusche im Umfeld). Das Ziel solcher Sinnes-Konzentrationsübungen ist es, ein Bewusstsein dafür zu entwickeln, was in uns und um uns herum tatsächlich geschieht, also im Gegensatz dazu, was wir uns vorstellen. Viele unserer Gedanken kommen und gehen von Moment zu Moment und unser innerer „Autopilot" liefert uns ständig Kommentare über unser Leben, die oft unbewusst und zuweilen vorschnell aburteilen (wie z. B. „ich bin zu alt für so was" oder „das schafft sie sowieso nicht"). *Zu Sinnen* kommen bedeutet also, ein wenig mentale Distanz zu schaffen zu unserem inneren „Autopiloten" und seinem immerwährenden Fluss von Kommentaren. Diese Gedankendistanz entsteht dadurch, dass man seine Wahrnehmung im Moment bewusst lenkt, insbesondere dadurch, dass man seine Wahrnehmung auf einen einzigen Sinn oder auf wenige und somit bewusstere Sinneswahrnehmung konzentriert. Oft wird bei Achtsamkeitsmeditationen empfohlen, die Augen zu schließen, weil es die Sinneswahrnehmung durch das Sehen einschränkt und somit die Konzentration auf einen der anderen Sinne vereinfacht.

Diese bewusste Steuerung unserer Wahrnehmung durch unsere fünf Sinne ermöglicht es uns, neu und andere Perspektiven der gegenwärtigen Situation zu erkennen (z. B. „heute fühlt sich mein Körper/die Situation anders an als gestern") und Entscheidungen zu treffen, die der tatsächlichen Situation und unseren derzeitigen Zielen entsprechen, anstatt unbewussten spontanen Impulsen oder automatischen (Vor-)Urteilen.

Warum das *zu Sinnen kommen* der Achtsamkeit so großes Potenzial für Unternehmen hat, erkannte ich vor ein paar Jahren, als ich Daniel Kahnemans Forschung recherchierte. Daniel Kahneman ist Nobelpreisträger für Wirtschaft und hat systematisch aufgezeigt, wie viele unserer Entscheidungen kognitiv verzerrt sind, nicht nur im Privatleben, sondern insbesondere auch bei der Arbeit. Einen Hinweis gab Daniel Kahneman in seinem Buch *Schnelles Denken, langsames Denken* seinen Lesern jedoch, um bessere Entscheidungen zu treffen: Sie sollten das Leben so oft wie möglich buchstäblich „erleben" und so oft wie möglich im Leben den Drang unterdrücken, „das Erinnern vorwegzunehmen", z. B. sich inmitten eines Gesprächs vorzustellen, wie man später auf das

Gespräch zurückblicken oder anderen davon erzählen wird (Kahneman 2011). Das ist im Prinzip dasselbe wie ein Foto vom Abendessen zu machen und an soziale Medien verschicken, anstatt den Anblick und Geruch des Essens zu genießen und voll und ganz zu erleben. Kahneman rät den Menschen somit, der Gegenwart mit allen fünf Sinnen zu begegnen. Das heißt im Grunde nichts anderes, als Achtsamkeit zu üben.

Zurück zur Meditation. Sie ist in der Tat ein effektiver Weg, der Gegenwart mehr Aufmerksamkeit zu schenken, aber Achtsamkeitstraining muss nicht immer Meditation beinhalten. Es geht bei Achtsamkeit nicht nur darum, eine Auszeit vom Alltag zu nehmen, still zu sitzen, die Augen schließen und nach innen zu schauen. Im Gegenteil deutet Kahnemans Rat darauf hin, engagierter im Leben zu stehen anstatt das Leben ausschließen zu wollen. Auf diese Art können wir die Informationen auch tatsächlich wahrnehmen, die vor unseren Augen liegen und die für gute Entscheidungen in wichtigen Situationen wesentlich sind.

Zum Beispiel erreichten die Forscherin Esther Papies und ihre Kollegen, dass die Teilnehmer ihres Forschungsprojektes weniger achtlos Süßigkeiten konsumierten, nachdem sie zur Achtsamkeit angeraten wurden. Sie wurden angewiesen, Bilder von Nahrungsmitteln anzuschauen und sich nicht nur ihrer Reaktion auf diese Bilder bewusst zu werden und der Impulse, die diese hervorrufen, sondern auch darüber, dass solche Reaktionen spontan kommen, aber spontan auch wieder gehen (Papies et al. 2012).

Ellen Langer, Professorin an der Harvard University, die zeitgleich wie Jon Kabat-Zinn anfing, Achtsamkeit zu erforschen, definiert Achtsamkeit als einen flexiblen Geisteszustand, in dem wir uns aktiv in die Gegenwart einbringen (Langer 1989). Das bedeutet, dass es viel mehr Werkzeuge im Repertoire eines Managers gibt als lediglich Meditationsübungen, um Achtsamkeit in den Unternehmensalltag einzubringen.

Zum Beispiel begann Ellen Langer 1979 ihre Forschungskarriere in Achtsamkeit mit einer bahnbrechenden Studie, in der sie eine Gruppe von alten, gebrechlichen Männern in eine Umgebung versetzte, die die Welt von 1959 simulierte, also eine Welt, in der diese Männer 20 Jahre jünger und physisch mobiler waren. Die einzige Anleitung, die Ellen Langer den Teilnehmern ihrer Studie gab, war, dass sie sich voll und ganz (also mit allen fünf Sinnen) auf diese Umgebung einlassen sollten, anstatt diese ungewohnte Situation lediglich zu diskutieren. Obwohl sich diese alten Männer alle bewusst waren, dass dies lediglich ein Experiment war, veränderte sich nicht nur ihre Geisteshaltung, sondern auch ihr Körperzustand derart positiv, dass sie nach Abschluss des Experiments von Fremden als deutlich jünger als zuvor eingeschätzt wurden und deutlich jünger als eine andere Gruppe von gleichaltrigen Männern, die die Welt von 1959 ausschließlich diskutierten. Mit anderen Worten, die Erfahrung, sich in einer „jüngeren" Umgebung zu befinden, führte zu physiologischen „Verjüngungen" dieser Männer (Langer 2009).

Sie können die nächste Achtsamkeitsübung zu jeder Zeit machen, ohne still zu sitzen oder Ihre Augen zu schließen. Wichtig ist nur, dass Sie mental zu 100 % präsent sind.

Dritte Achtsamkeitsübung für willige Leser

Kommen Sie buchstäblich zu Ihren Sinnen. Konzentrieren Sie sich in den nächsten paar Momenten voll und ganz auf zwei Ihrer fünf Sinne: Zuerst auf das Hören und danach auf das Sehen. Richten Sie Ihre Aufmerksamkeit zuerst ausschließlich darauf, alle Geräusche in Ihrem Umfeld wahrzunehmen (ohne weiterzulesen oder etwas anderes zu tun). Wenn Sie mindestens drei Geräusche, Stimmen oder Töne wahrgenommen haben, die Sie zuvor nicht bemerkt hatten, dann wechseln Sie Ihren Sinnesfokus und konzentrieren Sie sich ausschließlich auf das, was Sie vor Ihren Augen sehen: Schauen Sie um sich, nach oben und nach hinten und suchen Sie mindestens drei Farben, Formen oder Muster, die Sie zuvor nicht bemerkt hatten.

Wie fühlen Sie sich danach?

Für die meisten Menschen fühlen sich solche mentalen Übungen im Alltag entspannend an. Unser Körper und Geist kommt also buchstäblich *zu Sinnen,* wenn wir das Bewusstsein unseres Körpers gezielt auf Sinneswahrnehmung setzen. Woran liegt das? Es handelt sich hier um einen automatischen neurobiologischen Prozess im Körper. Die bewusste Wahrnehmung der gegenwärtigen Umwelt durch unsere fünf Sinne mobilisiert den Parasympathikus, also den „Ruhe- oder Erholungsnerv" des vegetativen Nervensystems. Der Parasympathikus hat eine vorwiegend gegenteilige Funktion zum Sympathikus, der bei Belastung unseres Körpers (oder unseres Geistes, also wenn wir Stress empfinden) mobilisiert wird und unseren Körper zu Leistungssteigerung anregt, was oft auch Kampf/Flucht-Reflex genannt wird. Wenn also der Parasympathikus mobilisiert wird, dann wird der Sympathikus deaktiviert und umgekehrt. Unser Körper ist so konzipiert, dass Parasympathikus und Sympathikus in Balance stehen sollten. Anders gesagt, dass wir nicht öfter Kampf/Flucht-Impulse empfinden sollten, als uns im Ruhe- oder Entspannungszustand zu befinden.

Mark Williams von der Oxford University, der Gründer der *Mindfulness-Based Cognitive Therapy (MBCT),* erklärt diesen Prozess auf psychologischer Ebene, indem er rät, durch Achtsamkeitsübungen vom „Tun-Modus" in den „Sein-Modus" umzuschalten, was zu mehr Gleichgewicht im Leben der Menschen führt, die Achtsamkeit üben (Williams 2010). Beim Lesen dieses Textes sind Sie gerade im „Tun-Modus": Sie verarbeiten Informationen, analysieren Fakten, bereiten womöglich in Gedanken Argumente für oder wider die Leseinformation vor Ihren Augen. Im „Tun-Modus" handeln wir oder wir denken ans Handeln. Oft machen wir mehrere Dinge gleichzeitig, deshalb ist *Multitasking* ein Aspekt des „Tun-Modus" sowie auch des „Multi-Denkens": Während einer Sache gleichzeitig an eine andere Sache denken oder sogar an zwei oder drei andere Sachen, z. B. einen Text lesen und gleichzeitig an Vergangenes denken oder gedanklich Pläne schmieden über das, was wir tun wollen, wenn wir den Text zu Ende gelesen haben.

Vierte Achtsamkeitsübung für willige Leser
Halten Sie inne und denken Sie darüber nach, an was Sie in den letzten fünf Minuten gedacht haben. Anders ausgedrückt, was ist in Ihrem Gehirn gerade passiert? Haben Sie zusätzlich zum Lesen dieser Lektüre in Gedanken auch noch andere Dinge getan? Welche? Wie hat sich das ausgewirkt auf Ihre Konzentration, wie vielleicht sogar auf Ihre derzeitige Stimmung? Welche Möglichkeiten oder neuen Entscheidungen ergeben sich hier und jetzt für Sie, wenn Sie sich dessen bewusst werden?

Im Gegensatz zum Multitasking des „Tun-Modus" geht es beim „Sein-Modus" nicht um das Handeln oder um das Nachdenken über (vorherige oder zukünftige) Handlungen, sondern um das Wahrnehmen durch unsere fünf Sinne, also z. B. Wind oder Regen auf Gesicht und Kopf zu spüren, wenn man draußen aktiv ist, oder das Lachen eines Kindes zu hören oder den Geruch und Geschmack von Essen gänzlich wahrzunehmen. Im „Sein-Modus" ist man nicht zielorientiert. Worte, Gedanken und oft auch Taten stehen nicht im Vordergrund und Probleme zu lösen oder Sachlagen zu analysieren werden in den Hintergrund gedrängt. Man *existiert,* ist voll und ganz präsent in der Gegenwart. In diesem Modus wird nicht kommentiert oder beurteilt. Wohl deswegen hat der „Sein-Modus" traditionell in der heutigen Arbeits- und Aktionswelt nichts zu suchen.

Trotzdem ist dieses Thema relevant für Manager, die an positiven Konsequenzen für ihre Unternehmen interessiert sind. Das lässt sich anhand einer Studie erklären, die Andrew Hafenbrack und seine Kollegen mit zahlreichen Teilnehmern aus aller Welt durchgeführt haben. Das Forscherteam leitete die Hälfte der Studienteilnehmer dazu an, 15 min Achtsamkeit zu üben (auf ähnliche Weise wie durch die Übungen in diesem Kapitel), die andere Hälfte durfte sich entspannen. Danach wurden alle Teilnehmer aufgefordert, eine Entscheidung zu treffen bezüglich einer kurzen hypothetischen Fallstudie, in der es um „versunkene Kosten" ging. Bei „versunkenen Kosten" geht es um Sachlagen, in die man viel (Geld, Zeit, Arbeit) investiert hat, die sich aber – rational gesehen – nicht mehr lohnen und die man beenden sollte, um weitere Verluste zu vermeiden. Die meisten Menschen finden es sehr schwer, derartig Schadensbegrenzung zu betreiben, weil niemand gerne Verluste offen verbucht. Deshalb hängen zahlreiche alte Kleider, in die wir nicht mehr passen, in unseren Kleiderschränken. Deshalb finden es viele Menschen auch so schwer, langjährige Beziehungen aufzulösen, egal wie unbefriedigend diese heute sein mögen. Hafenbracks Team aber bemerkte, dass die Achtsamkeitspraktiker unter den Teilnehmern konsistent öfter die schwierige, aber richtige Entscheidung trafen, ihre hypothetischen „versunkenen Kosten" abzustoßen. Noch interessanter war jedoch, wie dieser Entscheidungsprozess zustande kam: Die Forscher konnten erkennen, dass diese richtige Entscheidung über zwei Prozesse eingeleitet wurde: erstens fühlten sich die Achtsamkeitspraktikanten entspannter und positiver und zweitens war ihre Aufmerksamkeit direkt auf die Gegenwart gerichtet; sie konnten sich also voll und ganz auf die gegenwärtige Fallstudie konzentrieren (Hafenbrack et al. 2014).

Zusammenfassend ist zu sagen, dass Achtsamkeitstraining weder unnatürlich oder gar esoterisch ist: Man muss „nur“ zu Sinnen kommen und wenigstens für einen Moment vom schnellen, oft impulsiven Bewertungs- und Handlungsdrang des „Tun-Modus“ in den „Sein-Modus“ umschalten. Wie dies geschieht, ist jedoch von Person zu Person verschieden. Jeder Mensch hat von Natur aus eigene Arten und Strategien, den Tatendrang des „Tun-Modus“ abzuschalten; und diese ändern sich im Laufe des Lebens. Junge Menschen haben oft viel Energie und fühlen sich völlig präsent, wenn sie physisch aktiv sind und ihren Körper durch oft hohe Anstrengungen intensiv spüren. Ältere Menschen suchen eher Ruhe und Einsamkeit, um abzuschalten. Herbert Benson von der Harvard Medical School hat zwei kritische Erfolgsfaktoren definiert, die essenziell wichtig sind, damit jegliche Art von Achtsamkeitsübungen den „Erholungsnerv“ aktivieren kann: Erstens soll man *während* des Zeitabschnittes, in dem man Achtsamkeit übt, in der Lage sein, seine Aufmerksamkeit völlig auf die Gegenwart zu lenken (anstatt weiterhin an Arbeit oder Sorgen zu denken). Und zweitens soll man sich *danach* entspannter, erfrischter fühlen. Nur wenn beide Faktoren erfüllt sind, hat man tatsächlich Achtsamkeit praktiziert. Nur so wird Achtsamkeit effektiv.

Fünfte Achtsamkeitsübung für willige Leser

Denken Sie darüber nach, wie Sie in der letzten Woche zu Sinnen kamen. Was haben Sie konkret getan, um vom „Tun-Modus“ in den „Sein-Modus“ umzuschalten? Brauchen Sie mehr oder weniger Sinnesstimulation, um abzuschalten? Inwiefern waren Sie in der Lage, Grübeln oder Gedanken an Probleme abzuschalten? Wenn Sie mindestens einmal völlig in den „Sein-Modus“ umgeschaltet haben in der letzten Woche, fühlten Sie sich danach merklich entspannter oder sogar ein wenig verjüngt? Wenn nicht, was könnten Sie konkret tun oder ändern, um öfters in diesen Modus umzuschalten und somit mehr Gleichgewicht im Alltag zu empfinden? Welchen Preis wären Sie bereit für dieses Ziel zu zahlen?

22.3 Warum wir Achtsamkeitstraining nicht mit Meditation verwechseln sollten

In meiner eigenen Forschung und Lehre arbeite ich jährlich mit mehreren hunderten Führungskräften zusammen, die hauptsächlich in Regierungspositionen und beim Militär arbeiten, um Achtsamkeit in ihren Arbeitsalltag einzubauen. Obwohl zahlreiche prominente Achtsamkeitsforschungsprojekte und Trainingsprogramme sich mit Meditation als Standardmethode befassen, einen Zustand der Achtsamkeit zu erlangen, ist Meditation nur ein kleiner Bruchteil der Achtsamkeitsinitiativen, die ich mit meinen Forschungs- und Firmenpartnern zusammen ausarbeite.

Dieser Ansatz basiert auf der Einsicht, dass Einzelpersonen in der Arbeitswelt nie in Isolation agieren. Vieles von dem, was uns im Leben wie bei der Arbeit beeinflusst und was uns bisweilen hindert, zu Sinnen zu kommen und „richtige“ Entscheidungen zu treffen (also solche, die mit unseren eigentlichen Langzeitzielen übereinstimmen, anstatt momentanen und vielleicht sogar unbewussten Impulsen), hängt mit komplexen Faktoren zusammen, die oft außerhalb unseres Bewusstseins agieren und mit unseren persönlichen Motivationen oder Kenntnissen konkurrieren. Zum Beispiel ist ein Großteil der Arbeit im 21. Jahrhundert interaktiv und Entscheidungen werden in Teams ausgehandelt oder hängen von Arbeitsroutinen oder anderen internen Richtlinien ab. Die Entwicklung von Achtsamkeit in Firmen hat viel mit Veränderungsmanagement zu tun und ist oft ein komplexeres Unterfangen als Individuen lediglich Meditationskenntnisse beizubringen, ohne diese ernsthaft in die Arbeitsprozesse der Unternehmen einzubauen und somit sicher zu gehen, dass diese Kenntnisse im Alltag auch angewendet werden können.

In den letzten Jahren wurden in der wissenschaftlichen Literatur immer mehr Artikel veröffentlicht, die den Enthusiasmus in den populären Medien für Achtsamkeit und Meditation etwas eindämmen. Durch eine gründliche statistische Analyse aller bis dahin veröffentlichten klinischen Achtsamkeitsstudien bewies Stephanie Coronado-Montoya und ihre Kollegen 2016, dass der Anteil von veröffentlichten Achtsamkeitsstudien mit positiven Ergebnissen statistisch gesehen höher ist, als das in realen Lebensumständen möglich wäre. Wegen des großen Interesses an Achtsamkeitsstudien mit vielversprechenden Resultaten wurden solche wohl vergleichsweise öfters publiziert als Studien, die negative oder Null-Ergebnisse von Achtsamkeitsinitiativen dokumentieren (Coronado-Montoya et al. 2016).

Eine Gruppe von 15 weltweit führenden Achtsamkeitsmediationsforschern und -neurologen veröffentlichte 2017 einen Artikel mit dem treffenden Titel „Aufpassen beim Achtsamkeits-Medienrummel“. In diesem Artikel wird systematisch erläutert, wie zahlreiche methodologisch fehlerhafte Studien die Vorteile der Achtsamkeitsmeditation preisen, ohne mittel- oder langfristig nachzuprüfen, ob der anfängliche Achtsamkeits-Enthusiasmus auch nachhaltig ist. In diesem Artikel wird auch berichtet, dass es mindestens 20 Fallstudien in der wissenschaftlichen Presse gibt, die negative Folgen der Achtsamkeitsmeditation dokumentieren (van Dam et al. 2017).

Zudem gibt es inzwischen wissenschaftliche Veröffentlichungen, die über Achtsamkeitsmeditationsprogramme in Firmen berichten, die mittelfristig keine positiven Veränderungen erzielen, z. B. die einwandfrei konzipierte Studie von Jantien van Berkel und Kollegen 2014 mit 257 Angestellten einer Firma, bei der eine Intervention durchgeführt wurde, die auf Achtsamkeitsmeditation basierte. Die Forscher stellten fest, dass 6 und 12 Monate später weder die psychische Gesundheit der Firmenmitglieder erhöht, noch Stress und Burnout reduziert wurden (van Berkel et al. 2014).

Führende Managementdenker beginnen sogar, ein Ende des „Meditations-Wahnsinns“ zu fordern (Grant 2015). Obwohl diese Haltung Achtsamkeit wohl doch zu schnell aburteilt, gibt es noch ein paar weitere wichtige Gründe, warum es problematisch ist, Achtsamkeit ausschließlich durch Meditationstraining in Unternehmen einführen zu wollen.

Die meisten Achtsamkeitstrainingsprogramme in Unternehmen basieren auf dem 8-wöchigen MBSR-Kurs konzipiert von Jon Kabat-Zinn und seinen Kollegen (Kabat-Zinn 2011). Das MBSR wurde für Menschen entworfen, die eine klinisch-psychische Anamnese haben, insbesondere chronische psychische Probleme oder chronische physische Schmerzen, für die andere medizinische oder therapeutische Heilwege als nicht (mehr) wirksam erachtet werden. Wie anfangs erwähnt ist MBSR und verwandte Kurse hocheffektiv bei klinischen Populationen. In Unternehmen werden MBSR-Kurse oft teilweise verkürzt oder abgewandelt und von Personalabteilungen in erster Linie deswegen angeboten, um die psychische Gesundheit der Angestellten zu verbessern. Viele Achtsamkeitstrainer erzählen offen davon, dass MBSR und die Achtsamkeitsmeditation ihnen half, schwere physische Probleme oder schwere Schicksalsschläge zu überwinden, die zu psychischen Problemen führten. Andy Puddingcombe, der Mitbegründer der Meditations-App *Headspace* ist ein prominentes Beispiel und erzählte in einem Zeitungsinterview, dass Achtsamkeitsmeditation ihm hilft, die physischen und emotionalen Auswirkungen einer Krebsdiagnose zu bewältigen (Jenkins 2014).

In meiner Erfahrung und Beobachtung sind Achtsamkeitsmeditationsprogramme in Unternehmen besonders beliebt bei Menschen, die relativ offen darüber reden, dass sie schwerwiegende psychische oder physische Probleme haben und für die Ausgewogenheit derzeit eine so hohe Priorität hat, dass sie sich Zeit nehmen für Achtsamkeitskurse. Das typische Profil einer Person, die gerne an solchen Kursen teilnimmt und Meditation enthusiastisch tatsächlich in ihren Alltag integriert, scheint daher Hand in Hand zu gehen mit einem bewussten Eingeständnis, dass es ohne Achtsamkeitsmeditation „so nicht mehr weitergeht".

Aber die meisten Führungskräfte in Teams und Unternehmen haben kein solches Profil. Für viele Leistungsträger, die es gewohnt sind, schnell Entscheidungen zu treffen, ist es meiner Erfahrung nach völlig fremd, wenn sie eine Sitzmeditation zu ihrem täglichen Aktionsrepertoire hinzufügen sollen, auch wenn zahlreiche von ihnen kurze Meditationstrainingseinheiten mit einem Mindfulness-Trainer durchaus schätzen und als „Urlaub" vom „wahren" Arbeitsleben betrachten.

Das hängt wohl damit zusammen, dass Meditation dem heutigen Denk- und Entscheidungsansatz der meisten Unternehmen diametral entgegengesetzt ist. In zahlreichen Unternehmen, die ich beobachte und berate, wird schnelles Denken und Handeln geschätzt und zelebriert. Angestellte, die extrem beschäftigt sind, werden zumindest informell als Problemlöser, wenn nicht sogar bisweilen fast als Helden stilisiert. Wer „mehr mit weniger" erreicht, sofort und prompt, der scheint im heutigen Zeitgeist angekommen zu sein, auch wenn viele dieser „heldenhaften" Überbeschäftigten sich schon darüber beklagen, dass es „so auf lange Sicht nicht mehr weitergehen kann". Achtsamkeitsmeditation wird oft als Ansatz erwähnt, um diesem „Beschäftigungswahn" entgegenzutreten, weil es ja Sinn mache, Auszeiten zu nehmen und *zu Sinnen* zu kommen. Viele Führungskräfte erzählen mir, sie wissen um den Nutzen solcher Aktionen; das sei doch offensichtlich und ähnlich wie die Vorteile von weniger Fleisch essen oder weniger Alkohol trinken. Aber vor allem Führungskräften scheint es schwer zu fallen, diesen „guten Rat" in die Realität umzusetzen. Im typischen Firmenalltag von heute scheint also Stillsitzen und Meditieren ein wenig so zu sein, wie aus voller Fahrt eine Vollbremsung machen.

Eine solche (metaphorische) Vollbremsung ist nach den neuesten Befunden der Neurobiologie auch nicht immer zu empfehlen. Erlauben Sie mir einen Ausflug in die aktuelle Neurobiologieforschung, um Ihnen den Zusammenhang zwischen Achtsamkeit und Stress eingehender erklären zu können. Wenn wir nämlich verstehen, wie wir auf neurobiologischer (unbewusster, automatischer) Ebene mit Stress und empfundenen Bedrohungen umgehen, können wir dem Paradoxon auf den Grund gehen, warum Meditation an sich stressmindernd sein kann, aber weswegen es unter Umständen in Unternehmen weniger dienlich sein könnte oder sogar kontraproduktiv.

Das hängt mit unserem autonomen Nervensystem zusammen, das Stephen Porges, Verhaltensneurobiologe am Kinsey Institut der Indiana University, in den letzten 20 Jahren erforscht hat. Das autonome Nervensystem bestimmt unser automatisches (also unbewusstes) reaktives Verhalten, wenn wir uns in Stresssituationen befinden. Zusätzlich zum Sympathikus und Parasympathikus, den ich schon erwähnt hatte, hat sich gemäß Stephen Porges unser menschliches Nervensystem als hierarchisch und anpassungsfähig entwickelt (Porges 2004). Dabei ist es wichtig zu verstehen, dass die Prozesse, die unser Stressverhalten steuern und zu einer Anpassung an unsere derzeitige Situation führen, praktisch vollkommen unterhalb unserer kognitiven Wahrnehmungsschwelle ablaufen. Konkret bedeutet das Folgendes: Oft registrieren wir diese bewusst gar nicht, obwohl sie unser Verhalten bei Stress weitläufig steuern.

Zurück zum hierarchisch entwickelten Nervensystem. Wichtig für Manager hierbei ist eigentlich nur dies: Im Laufe unserer Entwicklungsgeschichte haben wir drei Verhaltensstrategien entwickelt, wenn unser Körper Bedrohung (synonym zu „Stress") empfindet und die evolutionär älteren Strategien sind weniger wirksam als neuere. Die evolutionär älteste Strategie, die wir mit fast allen Wirbeltieren, insbesondere Reptilien, gemein haben, ist die Immobilisation, z. B. das Sich-tot-Stellen, also Dissoziationsverhalten, was oft wie Erstarren aussieht. Der Körper signalisiert somit dem Gehirn, dass Vernichtung droht und die beste Verhaltensstrategie besteht darin, diese Vernichtung vorwegzunehmen und so zu tun, als wäre dies schon passiert.

Anders als Reptilien haben alle Säugetiere zusätzlich ein Mobilisierungssystem entwickelt, was Kampf-Flucht-Verhalten steuert und sich als effektiver als Immobilisation erwiesen hat. Kampf-Flucht sieht bei allen Säugetieren ähnlich aus: die Stimme erheben, den Körper zum Angriff nutzen oder zur Flucht, wenn die Quelle der Bedrohung als nicht zu überwältigen eingeschätzt wird. Letztlich haben Menschen zusätzlich zur Mobilisation ein soziales Kontaktsystem entwickelt, dass sich aus evolutionärer Perspektive für Menschen als am wirksamsten erwiesen hat, mit Herausforderungen der Umwelt umzugehen. Somit bestehen die evolutionär besten menschlichen Verhaltensstrategien, die dazu führen, Freund von Feind zu unterscheiden und wahrgenommene Bedrohungen zu überwinden, darin, Stimm- und Tonfälle und Gesichtsausdrücke anderer zu erkennen und richtig einzuordnen sowie durch Kommunikation und nonverbale Gesten Absichten zu detektieren, Unklarheiten zu beseitigen und Konflikte zu überwinden.

Der Mensch durchläuft in seiner persönlichen Entwicklung dieselben drei Evolutionsstadien der automatischen Verhaltensstrategien zur Stressbewältigung. Kleine Kinder, die noch nicht gelernt haben, das Kampf-Flucht effektiver als Immobilisation ist, erstarren oft (oder sie tun so, als wären sie unsichtbar), wenn sie merken, dass sie in Gefahr sind. Wir betrachten das oft als amüsant, wenn diese „Gefahr" nicht mehr ist als eine Zurechtweisung vonseiten der Eltern. Im Schulhof lernen Kinder oft, wie man Konflikten mit Kampf-Flucht-Strategien begegnet: Manche Kinder geraten in Schulhofschlägereien (Kampf) oder gehen aggressiven Mitschülern aus dem Weg (Flucht). Als Teenager lernen die meisten Menschen zu erkennen, wie Vokalisierung, Gesichtsausdrücke und nonverbale Gesten effektive Kommunikation unterstützen.

Die Hierarchie unseres autonomen Nervensystems drückt sich so im Verhalten des Menschen aus, dass er auf ältere, weniger hoch entwickelte Strategien zurückgreift, wenn neuere scheitern, also z. B. auf Kampf-Flucht als Strategie, wenn Kommunikation sich als nicht lohnend eingeschätzt wird oder auf Immobilisation-Dissoziation, wenn Kampf-Flucht scheitern. Und dieses System passt sich im Laufe eines Menschenlebens an, indem es sich immer mehr auf eingefahrene Verhaltensstrategien konzentriert, also werden anspruchsvollere (evolutionär erfolgreichere) Strategien nicht mehr automatisch mobilisiert, wenn sie schon öfters als ineffektiv erfahren wurden. Im Firmenalltag drückt sich das so aus, dass manche Angestellte den (oft unbewusst formulierten) Eindruck haben, dass sich Kommunikation nicht auszahlt und sie deshalb eher Kampf-Flucht als Verhaltensstrategie in stressigen Arbeitssituationen wählen. Und wenn (in Firmen natürlich überwiegend verbale) Kampf-Flucht-Strategien einige Male gescheitert sind, dann greifen manche Angestellte auf Dissoziationsverhalten zurück, koppeln sich also ab oder isolieren sich weitgehend vom sozialen Firmengeschehen.

Sechste Achtsamkeitsübung für willige Leser

Denken Sie über Ihre persönlichen Verhaltensstrategien nach, die Sie im Laufe Ihres Lebens entwickelt haben. Inwiefern können Sie eine Hierarchie Ihrer eigenen Strategien erkennen? Welche Strategien bevorzugen Sie heute? Was sind die Vorzüge, was die Nachteile Ihrer persönlichen Präferenzen in dieser Hinsicht? Welche konkreten Schlussfolgerungen könnten Sie daraus ziehen? Welche Handlungen könnten Ihr Verhaltensrepertoire gewinnbringend erweitern?

Was hat das alles mit Achtsamkeitsmeditation zu tun? Stephen Porges' Forschung illustriert, dass Handlungen, die Immobilisation simulieren, wie z. B. Achtsamkeitsmeditationen, bei denen man still sitzt und nach innen schaut, von hochaktiven Menschen so empfunden werden könnten, als würde der Körper eine Traumareaktion empfinden. Dies ist vor allem möglich bei Menschen, denen tatsächlich Traumata widerfahren sind, und/oder deren autonomes Nervensystem deshalb gelernt hat, Immobilisation absolut zu vermeiden und stattdessen Bedrohungen mit Kampf-Flucht-Strategien zu begegnen. Oft sind das Menschen, die in Kriegs- oder Konfliktzonen tätig waren oder die mit schweren Notfällen zu tun hatten, wie z. B.

Notärzte und Krankenschwestern. Aber nicht alle Traumaopfer tragen Kriegsorden; manchmal wird ein Trauma nicht bewusst erlebt oder vielleicht sogar vom Bewusstsein verdrängt, z. B. von Menschen, die als Kinder misshandelt wurden oder die es irgendwann „einfach" schwer hatten. Obwohl solche Traumaerfahrungen also manchmal unbewusst erlebt werden, passt sich das autonome Nervensystem dennoch an, indem es Immobilisation meidet. Hochaktive Menschen neigen manchmal dazu, Extremsport als Entspannung auszuüben und womöglich greifen latente Traumaopfer zu ähnlichen Verhaltensstrategien. Solche Menschen tendieren somit dazu, Stress durch Strategien abzubauen, die Kampf-Flucht simulieren.

Zwei Schlussfolgerungen für die nachhaltige Einführung von Achtsamkeit in Unternehmen liegen nahe: Erstens sollten wir in einem Achtsamkeitstrainingsprogramm nicht darauf bestehen, dass jeder Teilnehmer still an Sitzmeditationen teilnehmen soll. Nicht nur wird eine solche Verhaltensanleitung zumindest von manchen Teilnehmern (oft unbewusst) als nicht zweckdienlich empfunden, vor allem wenn sie hochaktive Leistungsträger sind. Solch eine Anleitung kann sich in Einzelfällen sogar als extrem schädlich erweisen, wie Miguel Farias von der britischen Coventry University aufzeigt. Miguel Farias' Nachforschungen zufolge haben zwei Drittel aller Teilnehmer von Meditationskursen negative Nebenwirkungen empfunden, wie z. B. Panik, Depression oder Verwirrung, und eine von 14 Personen erleidet schwere Nebenwirkungen, wie z. B. Psychosen, wenn sie an Achtsamkeitskursen teilnimmt (Farias 2015).

Zweitens gibt es einfach keinen Sinn, Achtsamkeit in Unternehmen ohne eine bewusste Aufmerksamkeit auf die derzeitige Situation und das tatsächliche Umfeld einzuführen. Wie oben definiert, bedeutet achtsam sein, sich aktiv in die Gegenwart einzubringen. Managementberater witzeln zuweilen, dass „Kultur die Strategie zum Frühstück isst", was so viel bedeutet wie „die Kultur ist immer einschlägiger als jede gesetzte Strategie" (was auf einem Zitat eines Vorstands eines amerikanischen Hospitalkonzerns basiert, der damit der großen Macht der Unternehmenskultur einschlägig Ausdruck gab; Davies 2002). Genau diese Kultur ist es, die jede Achtsamkeitstrainingsstrategie entweder zum Erfolg oder zum Scheitern führt. Aus diesem Grund ist Achtsamkeitstraining viel eher Veränderungsmanagement als Persönlichkeitstraining.

22.4 Achtsamkeit als kollektives Phänomen

In der Tat ist Achtsamkeit nicht ausschließlich ein individuelles Phänomen, sondern ein multidimensionales Konzept und die sozialen oder kollektiven Dimensionen der Achtsamkeit sind von entscheidender Bedeutung für die nachhaltige Einführung von Achtsamkeit in Organisationen.

Seit den 1990er-Jahren haben der Sozialpsychologe Karl Weick an der Universität Michigan und seine Kollegen das Thema der „kollektiven Achtsamkeit" erforscht und seither in zahlreichen hochklassigen wissenschaftlichen Fallstudien belegt, dass Organisationen belastbarer sind und zuverlässiger funktionieren, wenn sie durch „kollektive Achtsamkeit" gekennzeichnet sind (Weick und Sutcliffe 2007). „Kollektive

Achtsamkeit“ umfasst mehrere bestimmte soziale Prozesse, die das Unternehmen von oben nach unten und unten nach oben durchdringen können und die nachweislich zu effektiver Zusammenarbeit und nachhaltigen Leistungen in Organisationen führen. Diese soziokognitiven Prozesse bestehen insbesondere aus dynamischen soziokognitiven Prozessen der achtsamen und umsichtigen Kommunikation, auch „achtsam organisieren“ genannt (Weick und Roberts 1993; Weick und Sutcliffe 2006; Vogus und Sutcliffe 2012), sowie aus der „Organisations-Achtsamkeit“ (Weick et al. 2000; Weick und Sutcliffe 2007), bei der organisatorische Prozesse und Tagesabläufe auf Organisationsebene untersucht werden, um Echtzeiteinblicke über die Zuverlässigkeit und Belastbarkeit einer Organisation zu gewinnen.

Achtsamkeitsforscher, die die „kollektive Achtsamkeit“ erforschen, haben seit langem argumentiert, dass Achtsamkeit die Tagesabläufe der Organisation sowie die Mikro- und Makrokultur durchdringen muss; nur dann wird die gesamte Organisation belastbarer und gesetzte Ziele sind nachhaltig zu erreichen (Weick und Sutcliffe 2006).

Die neueste Achtsamkeitsforschung weist darauf hin, Achtsamkeit als multidimensionales Konzept zu verstehen, das Meditation sowie andere, nichtmeditative Praktiken enthält, die vor Ort am Arbeitsplatz ausgeübt werden können. Achtsamkeit kann man mit wissenschaftlichen Methoden sowohl auf individueller als auch auf kollektiver Ebene verändern und messen. Diese Konzeptualisierung der Achtsamkeit verbindet die populäre Literatur der auf Einzelpersonen ausgerichteten Achtsamkeitsmeditation mit der eher weniger bekannten (aber ebenso umfassenden) Wissenschaft der „kollektiven Achtsamkeit“ (Sutcliffe et al. 2016).

Was ist kollektive Achtsamkeit also genau, wenn es mehr ist als Meditieren in Teams? Im Gegensatz zum Schwerpunkt der auf Einzelpersonen ausgerichteten Achtsamkeitsmeditation ist das Ziel der kollektiven Achtsamkeit nachhaltige Leistungsfähigkeit des Unternehmens, insbesondere Belastbarkeit und Ausfallsicherheit.

In der kollektiven Achtsamkeitsforschung wurde herausgearbeitet, dass dieses Ziel dann erreicht wird, wenn fünf konkrete Prozesse (oder Prinzipien oder Handlungsstrategien) existieren, also wenn Teams und/oder das ganze Unternehmen eine Organisationskultur haben, die von Folgendem geprägt ist:

1. Tägliche Veränderungen im Blick zu halten – also sich anstrengen, jegliche Veränderung in der Firma oder in deren Umgebung von Tag zu Tag zu beobachten und sich ihrer bewusst zu werden.
2. Fehler und Probleme vorwegzunehmen und sich proaktiv nicht nur auf Erfolge konzentrieren, sondern den Blick ganz gezielt auf „negative“ Informationen werfen, damit kleine Probleme nicht zu Katastrophen werden.
3. Bei Entscheidungen den wahren Experten in der jeweiligen Situation den Vortritt lassen, anstatt derjenigen Person, die traditionell als Experte angesehen wird. Diese Handlungsstrategie ist oft in Kontrast zur Betriebssteuerung traditioneller Unternehmen, bei denen das höchstrangige Teammitglied automatisch das letzte Wort hat und letztendlich

Entscheidungen trifft. Und das unabhängig davon, dass vielleicht jemand anderes in der derzeitigen Situation mehr wahre Erfahrung oder Kompetenz hat.
4. Auf Flexibilität beim Einsatz von Mitarbeitern Wert legen, in anderen Worten Zeit und Ressourcen investieren, damit Mitarbeiter genügend über die Arbeitsprozesse und -prioritäten anderer Mitarbeiter wissen, um diese ersetzen zu können, wenn dies irgendwann nötig wäre.
5. Sich zu weigern, Sachverhalte zu vereinfachen. Dieses Prinzip steht der Tendenz vieler Unternehmen entgegen, schnell Lösungen für Probleme finden zu wollen und lieber unnötigen (sprich unangenehmen) Komplikationen aus dem Weg zu gehen.

Im Grunde ist das Ziel der Achtsamkeit auf individueller sowie auf kollektiver Ebene erhöhte psychologische Flexibilität, die zu mehr Belastbarkeit und Lernfähigkeit des gesamten Unternehmens führt.

Auf individueller Ebene kann diese Belastbarkeit durch Meditation oder andere Gedankenübungen eingeleitet werden. Erhöhte Achtsamkeit zeigt sich durch erhöhtes Wohlbefinden, weniger Stress und in erster Linie erhöhte Konzentration. Auf kollektiver Ebene geht es darum, durch Achtsamkeit bessere Lösungen für schwierige und oft unerwartete Probleme zu finden und strategische, zukunftsträchtige Entscheidungen zu treffen.

Dass sich kollektive Achtsamkeit für Organisationen auch finanziell lohnt, wurde in der Wissenschaft eingehend belegt. Zum Beispiel fanden Forscher in einer Umfrage in Krankenhäusern heraus, dass kollektive Achtsamkeit Hand in Hand mit wesentlich weniger Medikationsfehlern geht (Vogus und Sutcliffe 2007). In einer ähnlichen Umfrage in Intensivstationen und Notfallkliniken wurde belegt, dass Angestellte, die auf diese Weise „achtsam miteinander umgehen", 8,3 % weniger oft emotional erschöpft sind und dass es in solchen „achtsamen" Teams 13,6 % weniger Fluktuation gibt. Die Autoren dieser Studie spekulierten, dass Krankenhäuser durchschnittlich durch solche achtsamkeitsbasierten Arbeitsabläufe je nach Größe zwischen US$ 169.000 und US$ 1.000.000 an finanziellen Kosten sparen könnten (Vogus et al. 2014).

Empirische Studien, die Achtsamkeit als multidimensionales Konzept ansehen und deshalb nicht nur individuell fokussiert, sondern auch mit Blick auf Achtsamkeit auf kollektiver Ebene arbeiten, sind selten. Das ist der Brennpunkt meiner derzeitigen Forschung für eine britische Regierungsstelle, in der wir erforschen, wie man Achtsamkeit auf individueller als auch auf kollektiver Ebene stichhaltig und nachhaltig erhöhen kann.

Meine Vorschläge im nächsten Abschnitt beruhen auf dieser Forschungsarbeit.

22.5 Wie man Achtsamkeit nachhaltig ins Unternehmen einführen kann

Durch Achtsamkeitsübungen kann man lernen, seine Konzentration auf andere, vorher nicht beachtete Impulse zu setzen. Bei der Achtsamkeitsmeditation, die sich auf Einzelpersonen konzentriert, geht es hauptsächlich um innere Impulse und darum, diese zu erkennen und bewusster im Einklang mit der gegenwärtigen Situation und Umgebung zu steuern. Bei der Anwendung von Achtsamkeit auf sozialer oder kollektiver Ebene herrschen dieselben Prinzipien, aber eben auf Ebene der Arbeitsgemeinschaft. Und weil unser Umfeld bei der Arbeit sowie unsere Entscheidungen in Arbeitssituationen weniger von unbewussten spontanen Impulsen der Einzelpersonen geprägt werden, sondern von (oft ebenso unbewussten) Verhaltenstendenzen, Gewohnheiten und Ritualen der Arbeitsgemeinschaft, so sollte eine Achtsamkeitsintervention sich zuallererst mit diesen Aspekten der Arbeitskultur eines Unternehmens beschäftigen. Nur so können die kontextspezifischen Verhaltensstrukturen systematisch in Angriff genommen werden, die Mitarbeiter dazu bringen, individuelle Handlungen wie Achtsamkeitsmeditation entweder in ihr Verhaltensrepertoire zu übernehmen oder auch nicht. Nur so lernen Arbeitsteams in der Firma, einschlägige Verhaltensimpulse zu erkennen und langfristig in Richtung Achtsamkeit zu lenken. Ansonsten werden die guten Absichten eines Achtsamkeitstrainingsprogrammes, das ausschließlich die Meditationskompetenzen der Mitarbeiter zu erhöhen sucht, von der Unternehmenskultur „zum Frühstück gegessen“, also in den Schatten gestellt im Vergleich zum Einfluss der Kultur auf Routinehandlungen und Arbeitsprozesse.

Wie geht man dabei am besten vor? Man fängt mit der Organisationskultur an. Ich habe im vorherigen Abschnitt die fünf einschlägigen Arbeitsprozesse oder Handlungsstrategien genannt, die nach Karl Weick und seinen Kollegen in der kollektiven Achtsamkeitsforschung entscheidend sind dafür, dass ganze Teams und Organisationen achtsam miteinander umgehen und somit die nachhaltige Leistungsfähigkeit und Belastbarkeit des Unternehmens sichern. In meiner Achtsamkeitsarbeit mit Unternehmen benütze ich diese fünf Handlungsstrategien, um mit Führungskräften und Teams eine Bestandsaufnahme zu machen, inwiefern die Mitarbeiter mehr oder weniger achtsam miteinander umgehen und auf welche Aspekte der Zusammenarbeit ein Achtsamkeitsprogramm besonders bewusst neue Impulse setzen sollte.

Siebte Achtsamkeitsübung für willige Leser

Schauen Sie sich die fünf kollektiven Handlungsstrategien achtsamer Organisationen nochmal durch. Überlegen Sie sich, wie Sie Ihr Unternehmen (oder Team) in jeder dieser fünf Punkte einschätzen würden, z. B. indem Sie Noten für jeden Punkt vergeben, also z. B. „sehr gut“ für Punkt 1, „ausreichend“ für Punkt 2, „mangelhaft“ für Punkt 3 und so weiter. Welche Einblicke bieten diese Noten Ihnen für die Achtsamkeit Ihres Unternehmens auf kollektiver Ebene? Welche Strategien könnten Sie erkennen, um Ihrem Team oder Unternehmen zu helfen, kollektiv achtsamer zu werden?

In meiner Erfahrung ist eine solche Bestandaufnahme der kollektiven Achtsamkeit im Unternehmen bei weitem wichtiger als Meditationstraining. Nicht deshalb, weil Meditation unwichtig wäre, sondern weil die allermeisten Teilnehmer meiner Achtsamkeitskurse schnell relevante Meditationskompetenzen lernen und wir uns immer viel mehr mit dem Kontrast zwischen achtsamer Handlungskultur und speziellen eingefahrenen Handlungstendenzen befassen, die gegen Achtsamkeit im Unternehmen wirken, als mit Problemen beim Lernen der Meditationskompetenz. Für meine Achtsamkeitskunden sind die Kenntnisse in Achtsamkeitsmeditation nach meinen bisherigen Erfahrungen das geringste Problem.

Zudem ist es wichtig, vielschichtig zu fahren beim Definieren einer Achtsamkeitsstrategie für Unternehmen. Das bedeutet, dass ein Achtsamkeitsprogramm in einer Firma unbedingt erklären soll, wie und wann die Angestellten lernen sollen, auf sich selbst zu achten, Grenzen zu setzen im Arbeitsalltag und generell Selbstfürsorge zu üben. Gleichzeitig sollten solche Verhaltensstrategien mit anderen verbunden werden, damit sie auf lange Frist in die Unternehmenskultur eingebaut werden können. Zum Beispiel sollten Führungskräfte solche Selbstfürsorgestrategien offen mit ihren Mitarbeitern besprechen, ihre eigenen offen zur Schau stellen und (wenigstens informell) neu Selbstfürsorgestrategien der Mitarbeiter in aller Öffentlichkeit als löblich erwähnen. Solche Strategien haben die Chance, die Unternehmenskultur nachhaltig zu ändern.

Vor allem aber sollten alle individuell ausgerichteten Achtsamkeitsstrategien in Zusammenhang mit den fünf kollektiven Handlungsstrategien gebracht werden. Zum Beispiel muss unbedingt im Team diskutiert werden, wie eine neue Selbstfürsorgestrategie wie etwa tägliches Meditieren im Team vor Arbeitsbeginn angepasst werden kann an zukünftige Veränderungen im Team oder im Umfeld des Unternehmens. Solche Veränderungen sind in den meisten Firmen heutzutage unabwendbar und weil achtsam sein eigentlich nichts anderes ist als tatsächlich präsent zu sein von Moment zu Moment und sich mit vollem Bewusstsein aktiv in die Gegenwart einzubringen, sollten sich Teilnehmer einer Achtsamkeitsintervention von Anfang an bewusst mit ständigen Veränderungen in ihrem Umfeld beschäftigen, vor allem wenn es darum geht, nachhaltige Verhaltensveränderungen zu besprechen, die sie in Richtung Achtsamkeit führen sollen.

22.6 Zusammenfassung

Wie ich meinen Kursteilnehmern und Studierenden oft erkläre, kann man Achtsamkeit durch Meditation sowie durch andere Verhaltensstrategien lernen. Oft ist es in Unternehmen nützlich, sich der derzeitigen kollektiven Verhaltensstrategien bewusst zu werden, bevor man Einzelpersonen und Teams spezielle Achtsamkeitsübungen empfiehlt. Auf diese Art wird es möglich, eine nachhaltige Achtsamkeitsstrategie zu entwickeln, die Verhaltensveränderungen eines gesamten Teams oder Unternehmens in Richtung Gleichgewicht und Belastbarkeit anpeilen und auch erreichen kann.

Das ultimative Ziel jeder Achtsamkeitsinterventionen in Unternehmen ist es, auf eine Organisation hinzuarbeiten, die sich weigert, gedankenlos im „Autopilot-Modus" zu navigieren, die auf das Umfeld der Mitarbeiter und des Unternehmens achtet, die lernt, sich an neue und ungewohnte Signale in der Umwelt anzupassen und die flexibel an Entscheidungssituationen herangeht. Ich habe in diesem Kapitel dargelegt, dass man beim Achtsamkeitstraining vielschichtig fahren muss, um dieses Ziel zu erreichen. Achtsamkeit kann auf individueller Ebene agieren und Einzelpersonen helfen, mit ihren (oft unbewussten) Impulsen besser umzugehen. Zudem sollte man bei Achtsamkeitsprogrammen bewusst darauf hinarbeiten, dass sich Mitarbeiter und Teams kollektiv mit Respekt und Vertrauen begegnen. Nur so kann das Sprungbrett entstehen, auf dem Handlungsstrategien erschaffen werden, die das Unternehmen weg vom „Autopilot-Modus" und hin zu strategischen Veränderungen in Richtung Offenheit, Belastbarkeit, und Verlässlichkeit führen, um firmengesetzte Ziele nachhaltig zu erreichen.

Literatur

Coronado-Montoya, S., Levis, A. W., Kwakkenbos, L., et al. (2016). Reporting of positive results in randomized controlled trials of mindfulness-based mental health interventions. *Plos One, 11*(4), 1–18.

Davies, H. T. O. (2002). Understanding organizational culture in reforming the national health service. *Journal of the Royal Society of Medicine, 95*(3), 140–142.

Farias, M., & Wikholm, C. (2015). *The Buddha Pill: Can meditation change you?* Watkins Publishing: London & England.

Grant, A. (10. Oktober 2015). Can we end the meditation madness? New York Times. https://www.nytimes.com/2015/10/10/opinion/can-we-end-the-meditation-madness.html?_r=1.

Hafenbrack, A. C., Kinias, Z., & Barsade, S. G. (2014). Debiasing the mind through meditation: Mindfulness and the sunk-cost bias. *Psychological Science, 25,*369–376.

Jenkins, M. (14. Februar 2014). Mind over cancer: Can meditation aid recovery? The Guardian. https://www.theguardian.com/society/2014/feb/14/cancer-meditation-aid-recovery.

Kabat-Zinn, J. (1990). *Full catastrophe living: Using the wisdom of your body and mind to face stress, pain and illness.* New York: Dell.

Kabat-Zinn, J. (2011). Some reflections on the origins of MBSR, skilful means, and the trouble with maps. *Contemporary Buddhism, 12,* 281–306.

Kahneman, D. (2011). *Schnelles Denken, langsames Denken.* London: Penguin.

Killingsworth, M. A., & Gilbert, D. T. (2010). A wandering mind is an unhappy mind. *Science, 330*(6006), 932.

Kuyken, W., Hayes, R., Barrett, B., Byng, R., Dalgleish, T., et al. (2015). Effectiveness and cost-effectiveness of mindfulness-based cognitive therapy compared with maintenance antidepressant treatment in the prevention of depressive relapse or recurrence (PREVENT): A randomised controlled trial. *Lancet, 386*(9988), 63–73.

Langer, E. J. (1989). *Mindfulness.* New York: Perseus Books.

Langer, E. J. (2009). *Counterclockwise: Mindful health and the power of possibility.* New York: Ballantine Books.

Lyubomirsky, S., Sheldon, K. M., & Schkade, D. (2005). Pursuing happiness: The architecture of sustainable change. *Review of General Psychology, 9,*111–131.

Nilsson, H., & Kazemi, A. (2016). Reconciling and thematizing definitions of mindfulness: The big five of mindfulness. *Review of General Psychology, 20*(2), 183–193.

Papies, E. K., Barsalou, L. W., & Custers, R. (2012). Mindful attention prevents mindless impulses. *Social Psychological and Personality Science, 3*(3), 291–299.

Porges, S. W. (2004). Neuroception: A subconscious system for detecting threats and safety. *Zero To Three, 24*(5), 19–24.

Sutcliffe, K. M., Vogus, T. J., & Dane, E. (2016). Mindfulness in organizations: A cross-level review. *Annual Review of Organizational Psychology and Organizational Behavior, 3,* 55–81.

Van Berkel, J., Boot, C. R. L., Proper, K. I., et al. (2014). Effectiveness of a worksite mindfulness-related multi-component health promotion intervention on work engagement and mental health: Results of a randomized controlled trial. *Plos One, 9*(1), 1–18.

Van Dam, N. T., van Vugt, M. K., Vago, D. R., et al. (2017). Mind the hype: A critical evaluation and prescriptive agenda for research on mindfulness and meditation. *Perspectives on Psychological Science, 13*(1), 36–61.

Vogus, T. J., & Sutcliffe, K. M. (2007). The impact of safety organizing, trusted leadership, and care pathways on reported medication errors in hospital nursing units. *Medical Care, 45,* 997–1002.

Vogus, T. J., & Sutcliffe, K. M. (2012). Organizational mindfulness and mindful organizing: A reconciliation and path forward. *Academy of Management Learning & Education, 11,* 722–735.

Vogus, T. J., Cooil, B., Sitterding, M., & Everett, L. Q. (2014). Safety organizing, emotional exhaustion, and turnover in hospital nursing units. *Medical Care, 52,* 870–876.

Weick, K. E., & Roberts, K. H. (1993). Collective mind in organizations: Heedful interrelating on flight decks. *Administrative Science Quarterly, 38,* 357–381.

Weick, K. E., & Sutcliffe, K. M. (2006). Mindfulness and the quality of organizational attention. *Organization Science, 16,* 409–421.

Weick, K. E., & Sutcliffe, K. M. (2007). *Managing the unexpected: Resilient performance in an age of complexity*. San Francisco: Wiley.

Weick, K. E., Sutcliffe, K. M., & Obstfeld, D. (2000). High reliability: The power of mindfulness. *Leader to Leader, 17,* 33–38.

Williams, J. M. G. (2010). Mindfulness and psychological process (201). *Emotion, 10*(1), 1–7.

Dr. Jutta Tobias Mortlock ist Sozialpsychologin an der City University of London, und erforscht, unterrichtet und berät Unternehmen zum Thema Veränderungsmanagement, Führungskräfte- und Organisationsentwicklung. Ihr derzeitiger Forschungsschwerpunkt liegt darin, wie Achtsamkeitstraining nachhaltig in Unternehmen eingebettet werden kann. In dieser Arbeit hat sie in den letzten Jahren Tausende von Führungskräften an Achtsamkeit herangeführt. Vor ihrer akademischen Karriere arbeitete Jutta als Beraterin kreuz und quer durch Europa für Kunden wie McKinsey und Goldman Sachs, und als Lobbyistin für das Gesundheitsreformgesetz von Präsident Obama in Washington D.C.

Nachhaltigkeit im Betrieblichen Gesundheitsmanagement

23

Gesundheitliche Krisen – Zur Konstruktion einer Verwertungslogik von Nachhaltigkeit im BGM

Bernhard Allmann

23.1 Einleitung

Betriebliches Gesundheitsmanagement: Praxistipps zum Aufbau eines nachhaltigen BGM (Haufe 2017), *Eine Frage der Bereitschaft* (Linnenschmidt et al. 2015, S. 54 ff.) oder *Am Ziel: Der gesunde Mensch in einer gesunden Arbeitswelt* (Uhle und Treier 2015, S. 411 ff.). Es vergeht fast kein Tag, ohne dass in Online- und Printmedien etwas zu Betrieblichem Gesundheitsmanagement publiziert wird. Die Debatte kreist dabei um die ökonomische Betrachtung von Gesundheit (Franke 2012, S. 15). Jedoch setzt die Betrachtung einer nachhaltigen Gesundheit voraus, es ist bekannt, welche Faktoren Gesundheit bedingen und welche nicht. Es geht also weniger um eine gesundheitswissenschaftliche Betrachtung von Gesundheit und Krankheit sowie Modellen von Gesundheit, die erklären wie Gesundheit entsteht, sondern um eine ökonomische Perspektive. Wie kann nachhaltig Gesundheit erzeugt werden? Zunächst einmal gilt es den Nachhaltigkeitsbegriff zu klären. Der Nachhaltigkeitsbegriff entstammt aus der Ökonomie. Er taucht zum ersten Mal 1713 im Werk des Kameralisten von Carlowitz, *Syvicultura Oeconomica,* auf:

> Wird derhalben dir größte Kunst/Wissenschaft/Fleiß und Einrichtung hießiger Lande darinnen beruhen / wie eine sothane Conversation und Anbau des Holzes anzustellen / dass es eine continuierliche beständige und nachhaltende Nutzung gebe / weiln es eine unentbehrliche Sache ist / ohne welches das Land in seinem Esse nicht bleiben mag (von Carlowitz 1713, S. 105 f.).

B. Allmann (✉)
Deutsche Hochschule für Prävention und Gesundheitsmanagement, Saarbrücken, Deutschland
E-Mail: b-allmann@dhfpg-bsa.de

M. Englert und A. Ternès (Hrsg.), *Nachhaltiges Management,*
https://doi.org/10.1007/978-3-662-57693-9_23

Die lineare Übertragung der ökonomischen Logik einer Nachhaltigkeit in der Forstwirtschaft in ein Modell im Betrieblichen Gesundheitsmanagement (BGM) bedeutet, man darf nur so viel Gesundheit (der Mitarbeiter) verbrauchen, wie wieder Gesundheit entstehen kann. Geht man von der Vorstellung der Weltgesundheitsorganisation (WHO) aus, dass Gesundheit körperliches, geistiges und soziales Wohlbefinden ist (WHO 2014, S. 1) und denkt in einer Produktionslogik weiter, setzt dies voraus, es sei bekannt, wie körperliches, geistiges und soziales Wohlbefinden zu produzieren ist und wie diese sich verbraucht.

Die (natürliche) Veränderung eines Gesundheitszustandes nach Definition der WHO ist jedoch völlig natürlich und normal. Instabilität und Vulnerabilität von Gesundheit kann man als natürlich gegeben betrachten oder man betrachtet Instabilität als Krise oder Problem. Die beiden letzten Punkte sind der Ausgangspunkt, warum es im Betrieblichen Gesundheitsmanagement überhaupt zu einer Nachhaltigkeitsdiskussion kommt und eine „Produktionsproblematik" von Gesundheit initiiert wird.

Krise ist dabei so zu verstehen, dass in einem Kollektiv Einigkeit über die Wahrnehmung eines Umstandes besteht, welcher negativ bewertet wird (Klein et al. 2015, S. 1). Dies lässt sich bei Gesundheit einfach beschreiben, da sicherlich immer eine Gesundheitsvariable eines Individuum oder eines Kollektivs nicht idealtypisch ist (zum Beispiel das körperliche Wohlbefinden). Nach Opp (1978, S. 18) liegt bei einer Krise auch immer eine Perzeptions- und Bewertungskomponente vor, was bei Gesundheit ebenfalls der Fall ist. Darüber hinaus gibt es nach Opp (1978) bei einer Krise auch immer eine Faktenkomponente, setzt also das Vorliegen eines realen Sachverhaltes voraus. Eben dies ist bei dem Thema Gesundheit im Betrieb nicht immer der Fall. Die Behandlung eines Zustandes als soziales Problem bzw. als soziale Krise setzt nicht immer seine faktische Existenz voraus (Klein et al. 2015; Merton 1948; Thomas und Thomas 1928). Eine gesundheitliche Situation kann ebenfalls als Krise betrachtet werden, sobald sie sich verändert, was natürlich sein kann ohne gleich krank zu sein.

Demsetz (1969) nennt diesen Zustand den „Nirvana-Approach". Darunter wird eine Vermengung von Sach- und Sollaussagen verstanden, einer zutreffenden und normativen Analyse unter Beimengung impliziter Handlungsaufforderungen, denen sich Interventionsprogramme anschließen. „Typisch für den Nirvana-Approach sind somit normative Ideale, kurzum Werturteile, die ohne sorgfältige Prüfung der empirischen Wirklichkeit und der institutionellen Anreize und Restriktionen direkt in Gestaltungsempfehlungen übersetzt werden" (Klein et al. 2015, S. 1). Im BGM ist es ähnlich, es kommt zu Handlungsempfehlungen, ohne dass es zu einer zutreffenden und normativen Analyse eines Gesundheitsproblems kommt.

Ein weiteres Kriterium des Nirvana-Approach wird von Nikolaus Sidler (1999) eingebracht: Das soziale Problem muss einen – zumindest theoretischen – bearbeitbaren, behebbaren Missstand darstellen. Die Behebung des Missstandes wird für sogenannte „moralische Unternehmer" eine Ressource des Handelns. Die Bearbeitbarkeit des Themas (im hiesigen Falle „Gesundheit") ist oftmals theoretisch plausibel, praktisch aber nicht direkt durchführbar. Experten müssen zurate gezogen werden, die sich der

Bearbeitbarkeit des Problems widmen und eine solche Bearbeitbarkeit wenigstens kommunizieren (Klein et al. 2015, S. 1). Diesbezüglich eignet sich das Thema Gesundheit vortrefflich, um sich zu profilieren. Missbefinden und gesundheitliche Veränderungen stellen einen bearbeitbaren Missstand dar, der behoben werden muss. Die Bearbeitung des Themas erfolgt dabei nach einer gewissen Logik.

23.2 Entstehung sozialer Probleme

Die Entstehung und Bearbeitung eines sozialen Problems – in unserem Fall die bedrohte Gesundheit – verläuft nach Herbert Blumer (1971) sowie Emrich und Pietsch (2015) und Klein et al. (2015) nach einem klaren Muster.

Die erste Phase der Entstehung des Problems – das Auftreten des Problems – ist durch kollektive Etikettierungsmechanismen gekennzeichnet. Die Gesundheit von Mitarbeitern wird als defizitär und als „in der Krise" dargestellt. In der Regel passiert dies auch, ohne zu prüfen, ob es sich auch tatsächlich um eine Krise handelt. Das Konstrukt der Vulnerabilität von Gesundheit eignet sich hervorragend, ständig gesundheitliche Krisen oder Probleme auszurufen.

In Phase zwei erfolgt die Legitimation des Problems, innerhalb derer Argumentationsmuster für die Steuerung der öffentlichen Aufmerksamkeit bereitgestellt werden. Um Gesundheit im Betrieb produzieren zu können (nachhaltiges BGM zu betreiben), bedarf es zuerst einer Legitimation des Problems. Es müssen Argumente gesammelt werden, dass der aktuelle Zustand ein Problem ist.

Zahlreiche Schlagzeilen aus Zeitschriften können beispielhaft hierzu angeführt werden: *Volk der Erschöpften* (Spiegel 24.01.2011); *Zeitbombe Bauchfett* (Focus 29.10.2015); *Tabuthema Depression in der Arbeitswelt* (Apothekenrundschau 14.09.2016). Dieser Umstand gilt für Zeitschriften ebenso wie für Fachbücher: *Die ausgezehrte Organisation* (von Oelsnitz et al. 2014), *Krise und Gesundheit – Ursachen, Prävention, Bewältigung* (Badura et al. 2017) sind exemplarisch. Die massenmediale Darstellung in der öffentlichen Diskussion legitimiert und verankert das Thema „Mitarbeitergesundheit" weiter in den Köpfen. Ein Gesundheitsthema muss also erst einmal problematisiert werden.

In Phase drei erfolgt eine Mobilisierung des Handelns, in der Regel durch moralische Unternehmer. Es erfolgen einerseits Appelle an das individuelle Verhalten in Form von großen Kampagnen (DGUV-Kampagne „Denk an dich, dein Rücken" zum Beispiel) sowie andererseits Appelle an verantwortliche Instanzen, durch entsprechende Regelungen kollektive Abhilfe zu schaffen: So beispielsweise Bewegungspausen in Betrieben, Angebote zur Stressreduktion am Arbeitsplatz. Moralische Unternehmer können in diesem im Kontext Krankenkassen, Gesundheitsverbände, Dienstleister, aber auch Wissenschaftler sein.

In Phase vier kommt es zur Erstellung eines offiziellen Handlungsplanes, dessen Formulierung von politischen Entscheidern sehr wahrscheinlich unterstützt wird, wenn sie damit positiv besetzte Aufmerksamkeit erlangen können. Ist ein Problem bei betrieblichen Entscheidern in den Köpfen angekommen, sind diese dann ebenfalls empfänglich für die in Phase vier typischen Handlungspläne.

Zwei Beispiele von Handlungsplänen

Im April 2011 stellte die SPD-Fraktion einen Antrag im Bundestag: „Potenziale der Prävention erkennen und nutzen - Prävention und Gesundheitsförderung über die gesamte Lebensspanne stärken" und fordert die Bundesregierung auf, eine umfassende Präventionsstrategie für den Bund zu entwickeln (Deutscher Bundestag 2011). Im Jahr 2013 hat das Bundesministerium für Arbeit und Soziales (BMAS) eine gemeinsame Erklärung zur psychischen Gesundheit in der Arbeitswelt, zusammen mit dem Deutschen Gewerkschaftsbund (DGB) und der Bundesvereinigung Deutscher Arbeitgeberverbände (BDA) herausgegeben (Bundesministerium für Arbeit und Soziales 2013). Ziel war es, die psychische Gesundheit zu stärken.

In Phase fünf erfolgt nun letztendlich die Ausführung des Handlungsplanes und zu guter Letzt das Abstellen des Problems und der Krise. Ein Beispiel für die Ausführung eines Handlungsplanes ist die Schaffung eines Präventionsgesetzes oder die Aufnahme der psychischen Gefährdungsbeurteilung in das Arbeitsschutzgesetz. Was nach dem Modell von Herbert Blumer (1971) jedoch fehlt, ist das letztendliche Abstellen der Krise bzw. des Problems. So müsste nach Blumer in Phase fünf nach Einführung einer gesetzlichen Gefährdungsbeurteilung das Problem von psychischen Belastungen, welche die Gesundheit gefährden, abgestellt sein. Dies ist nicht der Fall.

Nach Blumer (1971) wäre zu erwarten, dass nach Identifikation des Problems „Psychische Belastungen", die Kommunikation, nach Erstellung eines Handlungsplans und Lösung des Problems, hätte nachlassen müssen.

Hierzu folgendes Beispiel (siehe Abb. 23.1): Bei einer kurzen Recherche in zwei Printmedien wurde exemplarisch die Häufigkeit der Wortkombination „psychische Belastung" und „Gesundheit" in Abhängigkeit von Publikationsjahren dargestellt (Eine systematische Betrachtung der Wissenschaft-Medien-Kopplung ist hier nicht Gegenstand. Das Beispiel dient der Veranschaulichung).

Nach dem Fünf-Phasenmodell von Blumer (1971) hätte nach der Einführung einer gesetzlichen Gefährdungsbeurteilung, diese zu einer Reduktion der Kommunikation und Lösung des Problems führen müssen. Wie man sieht, ist das Gegenteil der Fall. Vermutlich ist im Sinne der politischen Ökonomie der Druck auf Personen im BGM-Markt, sich medial zu präsentieren, hierfür ein Erklärungsansatz. Man legitimiert sich mittels gesteigerter Aufmerksamkeit, um bessere Wahl-, Aufstiegs- oder Marktabsatzchancen zu haben.

Wäre Phase fünf im Modell nach Blumer erreicht, wäre das beschriebene Problem der psychischen Belastung beseitigt. De facto wird das Problem, „die Krise", medial immer größer. Eine Vermutung ist, dass der kontinuierliche, langsame Anstieg von Publikationen, offensichtlich eine Übersättigung durch die Rezipienten vermeiden soll, und den Markt für Maßnahmen bereit machen soll. Dies funktioniert nur, wenn durch die

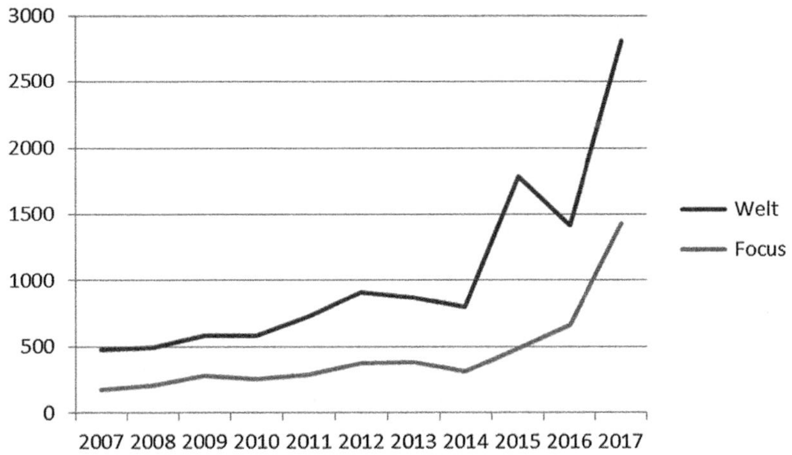

Abb. 23.1 Häufigkeit der Wortkombination „psychische Belastung" und „Gesundheit" in Abhängigkeit von Publikationsjahren bei *Der Welt* und *Focus*. (Eigene Erhebung)

Verbreitung eines Themas Gefühle bei Menschen tangiert werden, große Bevölkerungsgruppen emotional berührt werden. Ein weiterer Aspekt der Phase fünf ist, um zur Lösung und Abschaffung des Problems bzw. der Krise zu kommen, müssen sich Akteure an Gesetzmäßigkeiten und Regeln halten. Empörung und Entrüstung über ein „Fehlverhalten" begünstigen dabei den Anstieg von Kommunikation (Klein et al. 2015, S. 3).

Letztendlich führt das beschriebene Durchlaufen der fünf Phasen nach Blumer zur Abstellung eines Problems oder einer Krise, setzt aber voraus, dass unsere Gesundheit bedroht ist und wir davon emotional berührt sind.

Dieses kollektive Gefühl einer Bedrohung („Die Gesundheit in der Arbeitswelt ist bedroht" oder „Arbeit kann krank machen") wird auch als „moral panic" bezeichnet (Goode und Ben-Yedua 1994; Rohloff und Wright 2010) und ist notwendig, um im BGM für Nachhaltigkeit zu sorgen.

Die Entstehung von „moral panic" wird in der Literatur verschiedenartig diskutiert. Um die Produktion einer Nachhaltigkeit im BGM besser zu verstehen, werden nachfolgend die drei bekanntesten Theorien von „moral panic" vorgestellt:

a) Das Grassroot-Modell geht von verbreiteten Sorgen und Ängsten aus, die von Medien aufgegriffen und in die Öffentlichkeit oder in die Politik getragen werden. Angst vor Kriminalität oder Entfremdung ist hierzu ein Beispiel.
b) Das zweite Modell geht von einer Steuerung durch Eliten aus, worunter einflussreiche Persönlichkeiten mit entsprechenden Medienkontakten, bspw. Politiker, Wirtschaftsvertreter, zu verstehen sind.
c) Das dritte Modell geht allgemein von Einflüssen durch Interessengruppierungen aus. Nach Howard Becker (1966) kann man dabei von moralischen Unternehmern

als Etikettierungsmacht sprechen. Um mediale Aufmerksamkeit nicht nur aufzugreifen, sondern auch selber zu schaffen, greifen moralische Unternehmer auf beide Mechanismen zurück. Sie sind also im Extremfall Regelsetzer und Kontrolleur zugleich (Anthonj et al. 2013).

Alle Modelle zur „moral panic" finden im Betrieblichen Gesundheitsmanagement Anwendung und sorgen für „Nachhaltigkeit". Daher kann auch von „moral health panic" gesprochen werden.

Modell a

Modell a meint, Gesundheit oder ein Teil davon werden problematisiert, werden medial aufbereitet und verbreitet. Aufgrund der Komplexität von Gesundheit ist es ein leichtes Unterfangen, daraus ein Problem zu konstruieren.

Modell b

Wenn Persönlichkeiten oder Institutionen, deren Thema „Gesundheit" ist bzw. deren Aufgabe es ist, sich um Gesundheit kümmern, sich dadurch Aufmerksamkeit oder neue Marktchancen ergeben, wird ebenfalls „moral panic" produziert.

Modell c

Im Modell c sorgen BGM-Dienstleister, Personaler, Berufsgenossenschaften oder Krankenkassen nicht nur für „moral panic" sondern sie kümmern sich auch um das Problem. Sie sind somit Antreiber, Regulierer und Kontrolleur zugleich. Insbesondere b und c lassen sich empirisch nicht voneinander trennen. Bei beiden Modellen findet man sogenannte moralische Unternehmer, die moralische Kreuzzüge lancieren, um so das Einhalten gesetzter Regeln durchzusetzen. Sie sind Produzenten und Kontrolleure von „moral panic" im gleichen Maße. Sie können „moral panic" initiieren und ausweiten.

„Moral panic" meint hier die schnelle Verbreitung und massenmediale Berichterstattung über ein Gesundheitsproblem oder eine Krise. Ein weiterer Aspekt, der die Funktion von „moral panic" ausmacht, ist, dass fallende Aufmerksamkeit des Problems möglich ist und Bedingung für weitere „panic" ist. Um für nachhaltige „moral health panic" im BGM zu sorgen, muss ein Gesundheitsthema erst einmal problematisiert werden (AU-Tage, psychische Belastung etc.), dann stark medial verbreitet werden (Hierbei eignet sich das Verbreiten von Kampagnen und Studien oder innerbetrieblich das Verbreiten von Gesundheitsproblemen in Sitzungen.). Ist das Problem letztlich weitreichend bekannt, reicht es dann anschließend aus, sich nicht tatsächlich um das Problem zu kümmern und Maßnahmen der Problemlösung durchzuführen. Ein Signalisieren der Absicht von Maßnahmen, um das Problem zu senken, ist ausreichend. Ein Abfallen der Aufmerksamkeit eines Gesundheitsthemas ist letztlich notwendig, um es irgendwann noch einmal aufzugreifen. In der Zeit können andere Gesundheitsthemen problematisiert und lanciert werden. In der Logik von Blumer (1971) heißt dies, ob das Handeln auch zum

Ergebnis führt, ist im BGM nicht zwingend notwendig. Es geht um Aufmerksamkeit. Mit Erreichen der Phase fünf von Blumer und Lösen des Problems schafft man keine nachhaltige Aufmerksamkeit eines Gesundheitsproblems. Eine Evaluation ist somit Selbstzweck im Sinne der Aufmerksamkeit. Als BGM-Produzent ist man somit moralischer Unternehmer und zugleich unisono „producer" und „controller". Daher ist es möglich, im BGM einen selbst produzierten, kontrollierenden, erhaltenden Markt mit aufgeworfenen Gesundheitsproblemen zu erzeugen.

Die notwendige Aufmerksamkeit bzw. der Verlust an Aufmerksamkeit und somit geringere Marktchance können dadurch kompensiert werden, indem ein Problem von den Akteuren immer wieder auf die Agenda gebracht wird, was aber auch die Gefahr einer Übersättigung mit sich bringt (Münch 1992; Franck 1998). Beim Thema Gesundheit kann dies durch ein immer neu problematisiertes Gesundheitsthema wie Stress, Rückenschmerzen, Burn-out usw. erzielt werden. Steigende öffentliche Kommunikation eines Problems ist bis zu einem Grenznutzen zwingend erforderlich, um es zu verbreiten. Wesentlich aber bleibt das Problematisieren. Hierzu ein weiteres Beispiel: Schaut man sich die Entwicklung des Krankenstandes der gesetzlich versicherten Pflichtmitglieder der Krankenkassen in Deutschland von 1970–2016 an, spricht die Entwicklung der Zahlen gegen ein BGM bzw. man kann die Notwendigkeit eines BGM per se zunächst nicht aus der Krankenstandentwicklung ableiten. Dies insbesondere bei der Beobachtung des Rückgangs der Krankenstände von 1970 bis in die 2000er-Jahre (siehe Abb. 23.2).

Problematisiert man nun die Kurve, schaffe ich Krise und schaffe Marktbedingungen zur Abstellung eines Problems. Nicht anders ist es zu erklären, dass seit den 1970er-Jahren

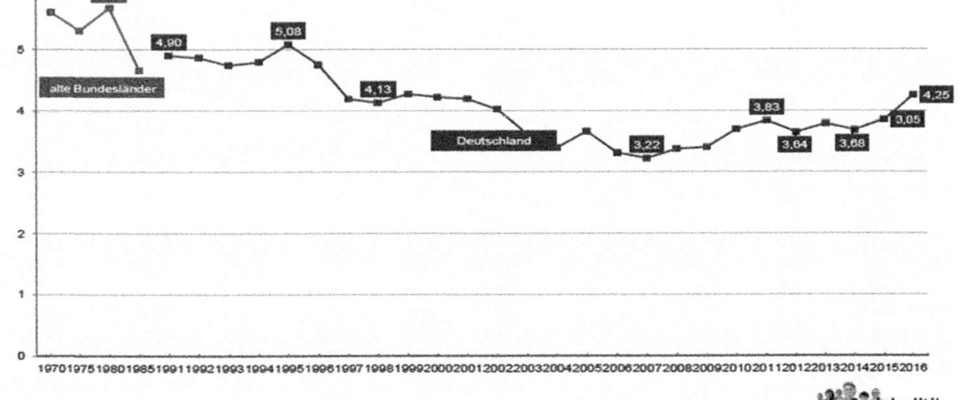

Abb. 23.2 Entwicklung des Krankenstandes BRD 1970–2016. (Bundesministerium für Gesundheit 2017)

die Krankenstandzahlen in Deutschland mit Schwankungen gesunken sind, das Thema BGM medial aber immer weiter Verbreitung findet.

Ein weiteres Beispiel der Problematisierung und der „moral health panic“ ist das bereits erwähnte Thema „psychische Belastung“ und Gesundheit. Dort steigt die Zahl der berichteten AU-Fällen (siehe Abb. 23.3).

Der Anstieg und die steigende Bedrohung in Sachen psychische Gesundheit relativiert sich, wenn man die Anzahl der psychischen Diagnosen im Verhältnis zu den häufigsten Einzeldiagnosen 2016 betrachtet (vgl. Tab. 23.1). Von den 40 Diagnosen sind nur drei Diagnosen im Bereich der Psyche (F) zu finden.

Setzt man zudem die psychischen Erkrankungen und die Bedrohung ins Verhältnis zu anderen Krankheitsbildern in 2016 (siehe Tab. 23.1 und Abb. 23.4), so wird deutlich, die Bedrohung durch andere Erkrankungen ist deutlich höher (vgl. Badura et al. 2017, S. 311).

Was bedeutet dies für das Thema „psychische Gesundheit“ im BGM? Als Konsequenz führt die verbreitete Bedrohung durch psychische Erkrankungen im Sinne des Nirvana-Approaches zu einer umfassenden wissenschaftlichen Auseinandersetzung mit dem Thema (siehe hierzu BAUA 2017). Es werden zahlreiche Interventionsmahmen aufgelegt (siehe hierzu zum Beispiel das Projekt „Psychische Gesundheit in der Arbeitswelt“ [psygGA] 2017). In diesem Kontext interessiert die Frage, wie Wissenschaftler und Institutionen, die sich zwangsläufig mit Problemen der Gesundheit beschäftigen, in das Moral-Panic-Problem involviert sind.

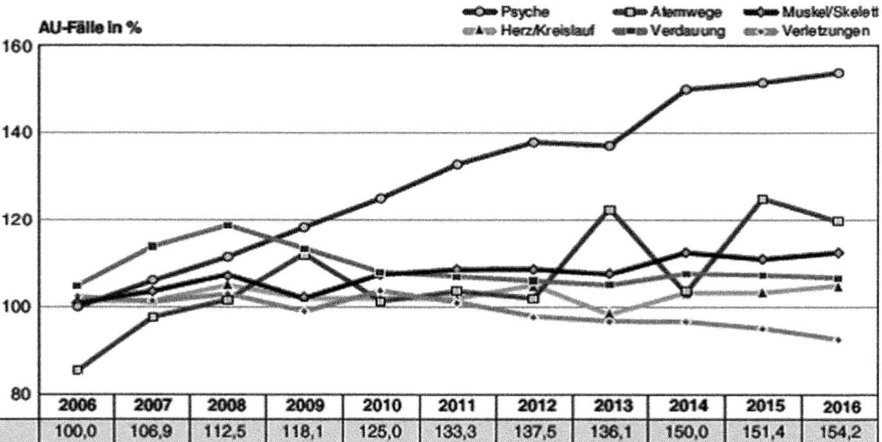

	2006	2007	2008	2009	2010	2011	2012	2013	2014	2015	2016
Psyche	100,0	106,9	112,5	118,1	125,0	133,3	137,5	136,1	150,0	151,4	154,2
Herz/Kreislauf	101,3	101,3	105,1	102,5	102,5	102,5	105,1	98,7	103,8	103,8	105,1
Atemwege	85,6	96,7	101,7	113,9	101,4	104,1	102,2	122,0	104,1	125,1	119,9
Verdauung	105,9	114,4	120,3	114,4	108,0	107,5	106,4	105,3	108,6	107,5	107,0
Muskel/Skelett	100,6	104,2	108,4	102,6	108,4	109,1	109,4	107,8	113,3	111,7	113,0
Verletzungen	102,4	101,2	102,9	98,8	104,7	102,4	97,6	96,5	96,5	94,7	93,5

Quelle: Wissenschaftliches Institut der AOK (WIdO) Fehlzeiten-Report 2017

Abb. 23.3 AU-Tage je 100 Versichertenjahre nach Diagnosen von 2006–2016. (Modifiziert nach Badura et al. 2017, S. 309)

Tab. 23.1 Häufigste Einzeldiagnosen 2016 AOK Pflichtmitglieder. (Badura et al. 2017, S. 312)

ICD-10	Bezeichnung	AU-Fälle in %	AU-Tage in %
J06	Akute Infektionen an mehreren oder nicht näher bezeichneten Lokalisationen der oberen Atemwege	9,0	4,2
M54	Rückenschmerzen	6,1	6,2
A09	Sonstige und nicht näher bezeichnete Gastroenteritis und Kolitis infektiösen und nicht näher bezeichneten Ursprungs	4,3	1,5
J20	Akute Bronchitis	2,1	1,2
K08	Sonstige Krankheiten der Zähne und des Zahnhalteapparates	1,9	0,4
K52	Sonstige nichtinfektiöse Gastroenteritis und Kolitis	1,8	0,7
B34	Viruskrankheit nicht näher bezeichneter Lokalisation	1,7	0,8
R10	Bauch- und Beckenschmerzen	1,7	0,8
I10	Essenzielle (primäre) Hypertonie	1,6	1,7
J40	Bronchitis, nicht als akut oder chronisch bezeichnet	1,6	0,9
K29	Gastritis und Duodenitis	1,3	0,6
F32	Depressive Episode	1,2	3,3
F43	Reaktionen auf schwere Belastungen und Anpassungsstörungen	1,2	2,1
T14	Verletzung an einer nicht näher bezeichneten Körperregion	1,1	1,1
J02	Akute Pharyngitis	1,1	0,5
J03	Akute Tonsillitis	1,1	0,5
R51	Kopfschmerz	1,1	0,5
M25	Sonstige Gelenkkrankheiten, anderenorts nicht klassifiziert	1,0	1,2
J01	Akute Sinusitis	1,0	0,5
J32	Chronische Sinusitis	1,0	0,5
M99	Biomechanische Funktionsstörungen, anderenorts nicht klassifiziert	0,9	0,7
J00	Akute Rhinopharyngitis (Erkältungsschnupfen)	0,9	0,4
R11	Übelkeit und Erbrechen	0,9	0,4
M51	Sonstige Bandscheibenschäden	0,8	2,0
M79	Sonstige Krankheiten des Weichteilgewebes, anderenorts nicht klassifiziert	0,8	0,7
M75	Schulterläsionen	0,7	1,7
M77	Sonstige Enthesopathien	0,7	0,9
M53	Sonstige Krankheiten der Wirbelsäule und des Rückens, anderenorts nicht klassifiziert	0,7	0,8
R42	Schwindel und Taumel	0,7	0,5
G43	Migräne	0,7	0,3

(Fortsetzung)

Tab. 23.1 (Fortsetzung)

ICD-10	Bezeichnung	AU-Fälle in %	AU-Tage in %
A08	Virusbedingte und sonstige näher bezeichnete Darminfektionen	0,7	0,2
F45	Somatoforme Störungen	0,6	1,2
M23	Binnenschädigung des Kniegelenkes (Internal Derangement)	0,6	1,2
F48	Andere neurotische Störungen	0,6	1,0
S93	Luxation, Verstauchung und Zerrung der Gelenke und Bänder in Höhe des oberen Sprunggelenkes und des Fußes	0,6	0,7
R53	Unwohlsein und Ermüdung	0,6	0,6
B99	Sonstige und nicht näher bezeichnete Infektionskrankheiten	0,6	0,3
J98	Sonstige Krankheiten der Atemwege	0,6	0,3
M47	Spondylose	0,5	0,7
M65	Synovitis und Tenosynovitis	0,5	0,6
	Summe hier	**56,6**	**44,4**
	Restliche	43,4	55,6
	Gesamtsumme	**100,0**	**100,0**

Fehlzeitenreport 2017

23.3 Krisenbearbeitung durch Wissenschaftler

Ausgehend von der Tatsache, dass wissenschaftliche Erkenntnis nicht nur unter Anwendung bestimmter Methoden ableitbar ist, geht es um die Frage, was Wissenschaft tun kann, um glaubwürdig zu sein und zu bleiben (Klein et al. 2015, S. 5). Wissenschaftler müssen zunächst einmal einem strengen Ethos der Wissenschaft verpflichtet sein, um sich dem Ideal wissenschaftlichen Arbeitens anzunähern (Emrich 2006, S. 151 ff.). Wissenschaft verpflichtet ähnlich wie die Kirche, ihre Mitglieder zur Einhaltung gewisser Glaubensgrundsätze. Damit nimmt die wissenschaftliche Tätigkeit (auch im BGM) ihren Ausgangspunkt bei normativen Prämissen analog zum Katechismus.

Folgt man den normativen (Glaubens-)Grundsätzen der Wissenschaft (Merton 1985, S. 90 ff.) und den von ihm herausgearbeiteten institutionellen Imperativen der Wissenschaft, so sind Universalismus, Kommunismus, Uneigennützigkeit und organisierter Skeptizimus Basis wissenschaftlichen Handelns. Wissenschaftler, welche sich dem Thema BGM und Nachhaltigkeit im BGM verpflichtet fühlen, müssten daher kritisch prüfen, ob das besagte Problem in der unterstellten Form und im kommunizierten Ausmaß überhaupt existiert, bevor sie unzählige Interventionen und Handlungsanweisungen untersuchen. Auffällig ist, dass trotz widersprüchlicher Befunde im BGM (vergleiche hierzu exemplarisch, Initiative Gesundheit und Arbeit 2015) das Problem unkritisch

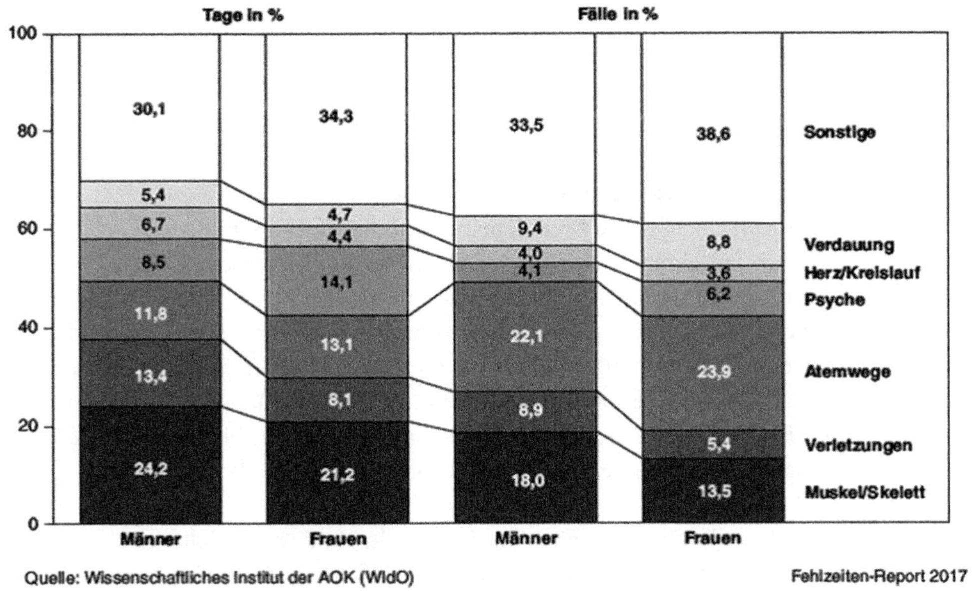

Abb. 23.4 Arbeitsunfähigkeitszahlen der AOK-Mitglieder nach Krankheitsarten und Geschlecht 2016. (Modifiziert nach Badura et al. 2017, S. 311)

als existent angenommen wird und Wissenschaftler sich in hohem Maße an der Interventionsforschung beteiligen. Was bindet also Wissenschaftler im BGM an das Ethos der Wissenschaft und was könnte sie veranlassen, dagegen zu verstoßen?!

23.3.1 Motivlage

In Anlehnung an strukturelle Ähnlichkeiten zwischen Religion und Wissenschaft, kann davon ausgegangen werden, dass Wissenschaftler wie Gläubige, Nutzenmaximierer im ökonomischen Sinne sind (Azzi und Ehrenberg 1975) und aus bestimmten Motiven heraus handeln (Emrich und Pitsch 2015). Auf Basis der Motivlage gilt dies auch für Akteure im Betrieblichen Gesundheitsmanagement.

Emrich und Pitsch (2015) unterstellen dabei drei Motive:

H

Einerseits das „Heilsmotiv" (H), worunter der Glauben verstanden wird, dass durch die eigene Produktion von Wissen in der (Scientific) Community ein Verbesserungspotenzial für künftige Lebens-und Handlungsbedingungen erzielt wird, solange die Grundsätze (wissenschaftlichen) Handelns, Beachtung finden. Dies gilt nicht nur für Wissenschaftler im Handlungsfeld BGM, sondern auch für Dienstleister und Verantwortliche im BGM gleichermaßen, solange die im jeweiligen Setting geltenden Regeln beachtet werden.

K

Als zweites Motiv ist das Konsummotiv (K) zu nennen. Hierbei ist der Erwerb eines konkreten, individuell verwertbaren Nutzens (Reputation, Geld, öffentliche Aufmerksamkeit, Zugang zu Forschungs- und Geschäftsfelder) gemeint. Darunter ist das Verpflichtungsgefühl zur Teilnahme an (außerwissenschaftlichen) Aktivitäten bzw. die Orientierung an (wissenschaftsexternen) Ressourcen, im Wesentlichen soziale Anerkennung, zu verstehen. Diese Motivlage gilt sowohl für Wissenschaftler als auch für BGM-Dienstleister und Verantwortliche im BGM. Das Konsummotiv (K) unterscheiden Emrich und Pitsch (2015) in ein (wissenschafts-)externes (K_e) und (wissenschafts-)internes Konsummotiv (K_i). Dabei bezieht sich K_i auf die Anerkennung von Fachkollegen, die Reputation des Wissenschaftlers, die sich im Erzielen hoher Impact-Faktoren und durch Einladung als Sprecher auf Kongressen und Veranstaltungen und ähnlichem ausdrückt. Im Betrieblichen Gesundheitsmanagement: Der BGM-Praktiker, der sich organisationsintern Reputation verschafft und seine Chancen erhöht, erhöht seine Chancen als „Best-Praktiker" auftreten zu können. Das (wissenschafts-)externe Konsummotiv (K_e), führt – durch massenmedial vermittelte und öffentlich zugeschriebene Anerkennung meist dazu, dass sie zu mehr Geld und zu meist wissenschaftsexternen finanziellen Mitteln und wissenschaftsinternen Aktivitäten führen kann. Für den BGM-Praktiker gilt, dass die massenmedial vermittelte und zugeschriebene Anerkennung zu besseren (internen) Aufstiegschancen oder zu besseren Markteintrittschancen in noch BGM-unbefleckten Märkten führt.

D

Das letzte Motiv ist der soziale Druck (D), welcher im Sinne der Haushaltstheorie die Akteure dazu veranlasst, verfügbare Ressourcen entweder (wissenschafts-)intern (R_i) oder (wissenschafts-)extern (R_e) einzusetzen. Dies gilt auch für den BGM-Praktiker, z. B. für die Nutzung betriebs-/marktinterner und betriebs-/marktexterner Ressourcen.

23.4 Nachhaltigkeit aus individueller Perspektive

Nachhaltigkeit schafft man nun aus Perspektive des BGM-Wissenschaftlers oder des BGM-Dienstleisters im Sinne einer Konsumlogik, in dem man eine maximale interne K_i und externe K_e Anerkennung produziert und konsumiert. Je nach Setting gilt für das Individuum, dies auszubalancieren, ob K_i oder K_e eine höhere Nutzenfunktion mit sich bringt. Einfluss darauf haben je nach normativen Präferenzen oder Vorgaben des Settings das Heilsmotiv (H) und/oder das Druckmotiv (D) (Abb. 23.5).

Nachhaltigkeit aus institutioneller Perspektive

Anknüpfend an das Modell von Herbert Blumer (1971) schaffen Betriebe mehr „Nachhaltigkeit" im Betrieblichen Gesundheitsmanagement, in dem die Akteure folgende Handlungsidee verfolgen:

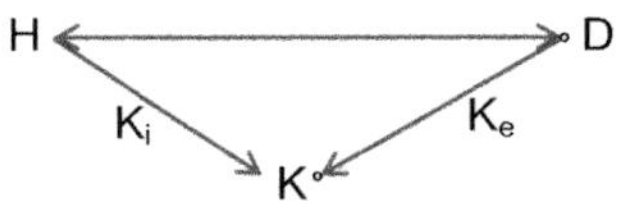

Abb. 23.5 Motive (H: Heilsmotiv, D: Druckmotiv, K: Konsummotiv, K_e (wissenschafts-)externes Konsummotiv, K_i (wissenschafts-)internes Konsummotiv). (Modifiziert nach Klein et al. 2015, S. 7)

1. Lässt die (mediale) Aufmerksamkeit für das Thema „Betriebliches Gesundheitsmanagement" oder ein Gesundheitsproblem nach, etikettieren Sie neue Gesundheitsprobleme und Krisen und sorgen Sie für „moral health panic".
2. Im nächsten Schritt ist das Legitimieren des Problems unter zu Hilfenahme von Zahlen und wissenschaftlichen Expertisen vorzunehmen.
3. Das Rekrutieren moralischer Unternehmer und das Richten von Appellen an verantwortliche Instanzen und an das individuelle Verhalten von Mitarbeitern ist der nächste Produktionsschritt. Sorgen Sie für Aufmerksamkeit für das Problems und die Appelle.
4. Das Initiieren und mediale Verbreiten von Handlungsplänen zur Lösung des Problems ist der vierte Schritt. Idealerweise nutzt man existierende Kampagnen und bekannte Interventionen.
5. Für mehr Effizienz sorgt die Möglichkeit, moralischen Unternehmern eine Basis zu geben, sich legitimieren zu können. Sie werden für gesteigerte Aufmerksamkeit sorgen, sei es, um die eigene Position zu festigen, um bessere Aufstiegschancen oder um bessere finanzielle Einnahmemöglichkeiten zu haben.

23.5 Schlusswort

Das Entwickeln eines Gesundheitsproblems und die Schaffung einer „moral panic" oder besser einer „moral health panic" im BGM ist Voraussetzung zum Anstoßen eines BGM-Produktionsprozesses. Um ein Gesundheitsproblem nachhaltig in einer Institution zu verankern und bearbeiten zu können, ist das ständige Problematisieren des Themas notwendig. Dies führt bei den Akteuren im BGM zu einer Verbesserung von Einkommens-, Aufstiegs- oder Statuschancen. „Moral panic" von Gesundheit wird dabei von den Akteuren und Trittbrettfahrern gleichermaßen gesteuert und genutzt, um Gesundheitsabsatzmärkte zu kreieren. Idealerweise durchläuft der Prozess der Krisenbildung nur die ersten vier Phasen des Modells von Blumer (1971). Das dauerhafte Lösen eines Gesundheitsproblems ist ökonomisch nicht sinnvoll. Es verhindert Absatzchancen. Wissenschaftler und BGM-Akteure spielen als moralische Unternehmer eine wichtige Rolle, deren Chancen in diesem Markt steigen, je höher ihre Reputation ist und umso medienwirksamer sie auftreten. Hoher sozialer Druck auf Akteure und Institutionen, deren Wirksamkeit bei der Bewältigung der Probleme von der breiten Masse erwartet wird, lässt den Produktionsprozess zur Lösung des Gesundheitsproblems effektiver ablaufen. Dauerhafte Marktabsatzchancen von Gesundheitsprodukten und Dienstleistungen in Sachen Gesundheit werden durch geschicktes Problematisieren geschaffen. Dies sorgt für Nachhaltigkeit von Gesundheit im Betrieb.

Literatur

Anthonj, P., Emrich, E., & Pierdzioch, C. (2013). Gewalt und Gewaltbekämpfung im deutschen Fußball. Empirische Bestandsaufnahme und sozioökonomische Modellbildung. http://scidok.sulb.uni-saarland.de/volltexte/2013/5503/pdf/EIS_Workingpaper_1_2013. Zugegriffen: 2. Nov. 2017.

Azzi, C., & Ehrenberg, R. (1975). Household allocation of time and church attendance. *The Journal of Political Economy, 83*(1), 27–56.

Badura, B., Ducki, A., Schröder, H., Klose, J., & Meyer, M. (Hrsg.). (2017). *Fehlzeitenreport 2017. Krise und Gesundheit – Ursachen, Prävention, Bewältigung*. Berlin: Springer.

Becker, H. S. (1966). *Outsiders. Studies in sociology of deviance*. New York: Free Press.

Blumer, H. (1971). Social problems as collective behavior. *Social Problems, 18*(3), 298–306.

Bundesanstalt für Arbeitsschutz und Arbeitsmedizin [BAUA]. (2017). *Psychische Gesundheit in der Arbeitswelt. Wissenschaftliche Standortbestimmung*. Berlin: Kettler.

Bundesministerium für Arbeit und Soziales. (Hrsg.). (2013). *Gemeinsame Erklärung Psychische Gesundheit in der Arbeitswelt*. Bonn: Wittkowski & Sander

Bundesministerium für Gesundheit. (2017). Entwicklung des Krankenstandes 1970–2016. http://www.sozialpolitik-aktuell.de/tl_files/sozialpolitik-aktuell/_Politikfelder/Arbeitsbedingungen/Datensammlung/PDF-Dateien/abbV1.pdf. Zugegriffen: 3. Nov. 2017.

Demsetz, H. (1969). Information and efficiency. Another viewpoint 12. *The Journal of Law and Economics, 12*(1), 1–22.

Deutscher Bundestag. (2011). Potenziale der Prävention erkennen und nutzen – Prävention und Gesundheitsförderung über die gesamte Lebensspanne stärken und fordert die Bundesregierung auf, eine umfassende Präventionsstrategie für den Bund zu entwickeln. Drs. 17/5384. http://dip21.bundestag.de/dip21/btd/17/053/1705384.pdf. Zugegriffen: 31. Dez. 2017.

Emrich, E. (2006). Sportwissenschaft zwischen Autonomie und außerwissenschaftlichen Impulsen. *Sportwissenschaft, 36*(2), 151–170.

Emrich, E., & Pitsch, W. (2015). Sportwissenschaft als Kirche der Vernunft und ihre Gläubigen. Normative Spannungslinien in der Scientific Community der Sportwissenschaftler. In S. Körner & V. Schürmann (Hrsg.), *Reflexive Sportwissenschaft – Konzepte und Fallanalysen* (S. 85–97). Berlin: Lehmanns.

Franck, G. (1998). *Ökonomie der Aufmerksamkeit. Ein Entwurf*. München: Hanser.

Franke, A. (2012). *Modelle von Gesundheit und Krankheit*. Bern: Huber.

Goode, E., & Ben-Yehuda, N. (1994). Moral panics: Culture, politics, and social construction. *Annual Review of Sociology, 20*(1), 149–171.

Haufe Online Redaktion. (2017). Betriebliches Gesundheitsmanagement: Praxistipps zum Aufbau eines nachhaltigen BGM. https://haufe.de/arbeitsschutz/gesundheit/umwelt/kurzsseminare-zum-aufbau-nachhaltigen-bgm_94_37134.html. Zugegriffen: 30. Okt. 2017.

Initiative Gesundheit und Arbeit [IGA]. (2015). IGA-Report 28.Wirksamkeit und Nutzen betrieblicher Gesundheitsförderung. https://www.iga-info.de/fileadmin/redakteur/Veroeffentlichungen/iga_Reporte/Dokumente/iga-Report_28_Wirksamkeit_Nutzen_betrieblicher_Praevention.pdf. Zugegriffen: 4. Nov. 2017.

Klein, M., Emrich. E., & Pietsch, W. (2015). Konstruktion und Verwertungslogik sozialer Krisen – Dargestellt an der öffentlichen Diskussion über Gesundheit und Fitness von Kindern und Jugendlichen. In S. Lessenich (Hrsg.), Routinen der Krise – Krise der Routinen. Verhandlungen des 37. Kongresses der Deutschen Gesellschaft für Soziologie in Trier 2014.

Klein, M., Papathanassiou, V., Pitsch, W., & Emrich, E. (2005). Aspekte sozialer Konstruktion von Krisen. *Sportwissenschaft, 35*(1), 15–38.

Linnenschmidt, M., Lümkemann, D., & Lippke, S. (2015). Eine Frage der Bereitschaft. *Personalmagazin, 9*(15), 54–57.

Merton, R. K. (1948). The self-fulfilling prophecy. *The Antioch Review, 8*(2), 193–210.

Merton, R. K. (1985). *Entwicklung und Wandel von Forschungsinteressen. Aufsätze zur Wissenschaftssoziologie*. Frankfurt a. M.: Suhrkamp.

Münch, R. (1992). *Dialektik der Kommunikationsgesellschaft*. Frankfurt a. M.: Suhrkamp.

Opp, K.-D. (1978). *Theorie sozialer Krisen. Apathie, Protest und kollektives Handeln*. Hamburg: Hoffmann und Campe.

Psychische Gesundheit in der Arbeitswelt [psyGA]. (2017). Ein Angebot der Neuen Qualität der Arbeit. http://psyga.info/ueber-psyga/das-projekt. Zugegriffen: 3. Nov. 2017

Rohloff, A., & Wright, S. (2010). Moral panic and social theory: Beyond the heuristic. *Current Sociology, 58*(3), 403–419.

Sidler, N. (1999). *Problemsoziologie. Eine Einführung*. Freiburg: Lambertus.

Thomas, W. I., & Thomas, D. S. (1928). *The child in America. Behavior problems and programs*. New York: Alfred A. Knopf.

Uhle, T., & Treier, M. (Hrsg.). (2015). *Betriebliches Gesundheitsmanagement. Gesundheitsförderung in der Arbeitswelt – Mitarbeitern einbinden, Prozesse gestalten, Erfolge messen*. Berlin: Springer.

Von Carlowitz, H. K. (1713). *Syvicultura Oeconomica. Hauswirthliche Nachricht und Narturmäßige Anweisung zur Wilden Baumzucht* (Faksimile der Erstauflage Leipzig von 1713). Remagen-Oberwinter: Kessel.

Von Oelsnitz, D., Schirmer, F., & Wüstner, K. (Hrsg.). (2014). *Die ausgezehrte Organisation*. Wiesbaden: Springer.

World Health Organisation [WHO]. (2014). Verfassung der Weltgesundheitsorganisation. Stand 08.05.2014. https://www.admin.ch/opc/de/classified-compilation/19460131/201405080000/0.810.1.pdf. Zugegriffen: 31. Okt. 2017.

Prof. Dr. Bernhard Allmann, Jahrgang 1968, legte 1996 seinen Abschluss als Dipl.-Sportlehrer mit dem Studienschwerpunkt Präventions- und Rehabilitationssport ab. 2005 Promotion zum Dr. phil. in den Fächern Informationswissenschaften, Sportmedizin und Sportpsychologie an der Universität des Saarlandes und der Johann-Wolfgang-Goethe Universität in Frankfurt am Main. Seit 1998 arbeitet Prof. Dr. Allmann für die BSA-Akademie, seit 2007 für die Deutsche Hochschule für Prävention und Gesundheitsmanagement als Dozent. Er ist der Initiator von BGM bei der BSA-Akademie und der DHfPG.

Zur Wirkung und Nutzung nachhaltiger Marken und Siegel

24

Torsten Weber

24.1 Hintergrund

> We meet at a critical moment in human history. Our planet is warming to dangerous levels.
>
> Ex-UN-Generalsekretär Ban Ki-Moon (United Nations 2009).

Mit diesen Worten formulierte der ehemalige UN-Generalsekretär Ban Ki-Moon während des Weltwirtschaftsgipfels 2009 seinen Appell an alle Unternehmen weltweit, sich verstärkt in den Kampf gegen den Klimawandel einzubringen (United Nations Environment Programme 2009). Diese Entwicklung lässt sich heutzutage teilweise in der erhöhten Produkt- und Markenvielfalt in Zusammenhang mit nachhaltigen Gütern erkennen. Vor dem Hintergrund der steigenden Anzahl von Substitutionsgütern in gesättigten Konsumgütermärkten erhalten darüber hinaus Differenzierungsüberlegungen sowie kreative, einzigartige Marken-Positionierungsüberlegungen eine immer größere Signifikanz (Brønn und Vrioni 2001, S. 207). Dabei kann zunehmend soziales und ökologisches Engagement eines Unternehmens eine wichtige Rolle bei der Kaufentscheidung des Konsumenten bzw. Verbrauchers spielen. Zudem werden die gesellschaftliche Verpflichtung sowie der Druck von Regierungs- und Nichtregierungsorganisation – eben auch vonseiten der United Nations – zur Berücksichtigung nachhaltiger Kriterien in den Wertschöpfungsketten der Unternehmen immer größer. Das öffentliche Interesse am gesellschaftlichen Engagement der Unternehmen nimmt weiter zu, gesellschaftliche Gruppen erwarten von den Unternehmen zunehmend, dass sie Verantwortung in der Gesellschaft übernehmen.

Nicht zuletzt diese Herausforderungen machen nachhaltiges Management und Marketing und dabei speziell die Information über das Angebot an nachhaltigen Produkten und

T. Weber (✉)
Cologne Business School, Köln, Deutschland
E-Mail: t.weber@cbs.de

M. Englert und A. Ternès (Hrsg.), *Nachhaltiges Management*,
https://doi.org/10.1007/978-3-662-57693-9_24

Marken zu wichtigen Instrumenten von Unternehmensstrategien. Dabei sind ökologische Marken und Produkte heutzutage nicht mehr nur als Nischenphänomene anzutreffen, sondern auf dem Massenmarkt etabliert. Ein stetig wachsender Trend zum nachhaltigen Konsum ist deutlich erkennbar (Pampel 2013).

Zu unternehmerischer Verantwortung und nachhaltigem Wirtschaften gehört im obigen Kontext unabdingbare Transparenz in der Kommunikation. Dies beinhaltet die Offenlegung von konkreten Informationen, die bedeutend für die wesentlichen Anspruchsgruppen eines Unternehmens sind. Gesellschaftlich verantwortungsbewusst handelnde Unternehmen wollen mit ihrer Nachhaltigkeits- oder Corporate-Social-Responsibility-Kommunikation gegenüber ihren Stakeholdern ein Zeichen setzen und auf transparentem Wege Informationen und Daten zu ihren nachhaltigen Maßnahmen übermitteln. Im Zuge nachhaltigen Wirtschaftens und gelebter unternehmerischer Verantwortung bilden Glaubwürdigkeit und transparente Berichterstattung wichtige Kriterien (Weber 2014, S. 97). Dies umfasst die Kommunikation konkreter Informationen sowie die Offenlegung von sozialem Engagement und Aktivitäten (Weber 2014, S. 97). Schlichting erkennt Transparenz als zentralen Glaubwürdigkeitsfaktor bei Corporate-Social-Responsibility-Maßnahmen (Schlichting 2004, S. 71). Dabei ist von zentraler Bedeutung, wie sicher sich der potenzielle Botschaftsempfänger (z. B. Verbraucher) generell sein kann, dass die dargestellten und kommunizierten Aspekte (z. B. Berücksichtigung von ökologischen oder Sozialstandards) auch tatsächlich geleistet werden bzw. welche Detailinformationen über Umfang und Inhalt des Engagements gegeben werden.

Ein viel genutztes Instrument zur produktbezogenen, transparenten Nachhaltigkeitskommunikation ist die Kennzeichnung mit nachhaltig orientierten Marken oder aber Nachhaltigkeitssiegeln. Häufig erfolgt auch eine Kombination beider Instrumente. Diese sollen Verbrauchern im Rahmen der Kaufentscheidung die (sozial-)ökologischen Attribute eines Produktes kommunizieren, die teilweise aufwendige Informationssuche vereinfachen und auf zielgruppenspezifischer Ebene die Bildung von Präferenzen bezwecken (Weber 2014, S. 101).

Beispiele dieser Marken sind auf der einen Seite Armedangels oder Frosch, Nachhaltigkeitssiegel stellen bspw. Rainforest Alliance oder das Fair-Trade-Zeichen dar. Insbesondere mithilfe dieser Beispiele gilt es an späterer Stelle zu klären, auf welche Wirkweisen die Informationen zu jenen nachhaltigen Marken und Labels, z. B. bei den Verbrauchern, verarbeitet werden und welche Chancen und Risiken bei der Nutzung jener Instrumente bestehen. Vorab sollen im 2. und 3. Kapitel jedoch grundlegende Begrifflichkeiten erläutert werden.

24.2 Nachhaltigkeit – Ursprung und Grundlagen

Das ursprünglich aus der Forstwirtschaft stammende Prinzip der Nachhaltigkeit hat sich spätestens seit der Weltkonferenz 1992 in Rio zu einem umfassenden Leitbild für das 21. Jahrhundert entwickelt. Eine der meist verwendeten Definitionen von Nachhaltigkeit entstammt dem Brundtland-Bericht, wonach Nachhaltigkeit einen zu erreichenden Zielzustand beschreibt, der durch den Prozess der nachhaltigen Entwicklung angestrebt wird (von Hauff 2014, S. 32). Nach Schaltegger, Burrit und Petersen ist Nachhaltigkeit der Zielzustand nachhaltiger Entwicklung und kann als „langfristige Ökonomie“ verstanden werden: Sie ist ein normatives Leitbild für die Schaffung und dauerhafte Sicherung von Lebensqualität und Wohlstand (Schaltegger et al. 2003, S. 22). Um sie zu erreichen, ist in Politik, Wirtschaft und Gesellschaft die Balance zwischen ökonomischen, ökologischen und sozialen Zielsetzungen erforderlich (Grunewald und Kopfmüller 2006, S. 7 f.).

Ökonomische Dimension
Die ökonomische Nachhaltigkeit bildet die Grundlage für die folgenden Dimensionen und beziffert die Möglichkeiten eines Unternehmens, Wertschöpfungspotenziale in Wettbewerbsvorteile umzusetzen und hieraus eine langfristige Unternehmenssicherung zu erzielen (von Hauff 2014, S. 32).

Soziale Dimension
Die soziale Dimension bemisst die Sozialverträglichkeit des unternehmerischen Handelns und erfasst das Beziehungskonstrukt zu allen Stakeholdern (Mitarbeiter, Lieferanten, Partner etc.) (von Hauff 2014, S. 32).

Ökologische Dimension
Die ökologische Dimension umfasst den unternehmerischen Einfluss auf den Schutz und Erhalt der Umwelt. Dies erfordert eine systematische Verminderung ökologischer Belastungen und Risiken durch die Unternehmen (von Hauff 2014, S. 32).

24.3 Marken – Definition und Zweck

Vor dem Hintergrund der beiden zentralen Analysestränge des vorliegenden Artikels (Nachhaltigkeit und Marken), gilt es in einem weiteren Schritt zu klären, was unter einer Marke zu verstehen ist, da in der Literatur keine einheitliche, allgemeingültige Definition existiert.

Marken können gemäß § 3 Abs. 1 MarkenG verstanden werden als „alle Zeichen, insbesondere Wörter einschließlich Personennamen, Abbildungen, Buchstaben, Zahlen, Hörzeichen, dreidimensionale Gestaltungen einschließlich der Form einer Ware oder ihrer Verpackung sowie sonstiger Aufmachungen einschließlich Farben und Farbzusammenstellungen geschützt werden, die geeignet sind, Waren oder Dienstleistungen eines Unternehmens von denjenigen anderer Unternehmen zu unterscheiden“ (MarkenG 2004, S. 63, § 3 (1)). In aktuelleren wissenschaftlichen Publikationen definiert Esch (2012, S. 22) Marken als „Vorstellungsbilder in den Köpfen der Konsumenten, die eine Identifikations- und Differenzierungsfunktion übernehmen und das Wahlverhalten prägen“.

Je nach Perspektive des Betrachters unterscheiden sich die Funktionen einer Marke (Homburg 2017, S. 624). So erfüllt eine Marke für einen Anbieter (Unternehmen) andere Funktionen als für einen Absatzmittler (Händler) oder einen Konsumenten (Nachfrager). Im Folgenden liegt der Fokus auf dem nachfragenden Konsumenten sowie dem anbietenden Unternehmen.

Für den nachfragenden Konsumenten, repräsentiert eine (starke) Marke eine verdichtete Information, die bspw.

- Zusatzinformationen (z. B. Qualitätsaussage) liefert und damit das wahrgenommene Kaufrisiko verringert,
- Orientierungshilfe innerhalb der vielen Angebote ist,
- Kaufeffizienz erhöht (er kauft schneller und gezielter ein),
- Vertrauen schafft,
- einen emotionalen Anker („emotionalen Wert") darstellt, d. h. bestimmte Emotionen, Images oder Prestige vermittelt und erzeugt sowie
- zur Abgrenzung und Vermittlung eigener Wertvorstellungen beiträgt (Kotler et al. 2016, S. 424; Burmann 2017; Homburg 2017, S. 627).

Für das anbietende Unternehmen dient eine starke Marke beispielsweise

- zur Differenzierung des eigenen Angebots von der Konkurrenz sowie zur Positionierung;
- als Anker, um einen loyalen Kundenstamm aufzubauen;
- als Möglichkeit zur Kundenbindung;
- als Plattform für neue Produkte (Markenausdehnung);
- als Basis für die Lizenzierung;
- als Schutz des eigenen Angebots vor Krisen und Einflüssen der Wettbewerber, (auch vor Handelsmarken);
- zur erleichterten Akzeptanz im Handel (vgl. Kotler et al. 2016, S. 424; Burmann 2017; Homburg 2017, S. 627).

Markenpolitische Entscheidungen tangieren oft alle weiteren Marketinginstrumente in ihrer Gestaltung, da inhaltliche Leitfäden bzw. spezifische Wesensmerkmale durch sie vorgegeben werden (Sattler und Völckner 2013, S. 50). Zudem erlaubt die Markenpolitik eine unternehmensspezifische Produktkennzeichnung und schafft damit eine der wichtigsten Voraussetzungen für eine markt- und zielgruppenspezifische Image- und Präferenzbildung (Becker 2013, S. 501). Speziell diese Zielsetzung wird mit der Nutzung nachhaltiger Marken und Label von zahlreichen Unternehmen angestrebt und stellt ein übergeordnetes Motiv für unternehmerische Entscheidungen im Kontext nachhaltigen Wirkens dar.

24.4 Analyse nachhaltiger Marken und Siegel

Im Folgenden soll eine kurze Analyse der Wirkweisen und eine Betrachtung erfolgreicher Best-Practice-Beispiele nachhaltiger Marken und Siegel (Nachhaltigkeitssiegel) erfolgen.

24.4.1 Wirkweisen nachhaltiger Marken

Viele Konsumenten haben in den letzten Jahrzehnten langsam gelernt, durch ihr Konsumverhalten dem Klimawandel – wie ihn Ban Ki-Moon anspricht – aber auch anderen negativen ökologischen Wirkungen zu begegnen.

Nach Balderjahn (2013, S. 207) kann das ökologische Bewusstsein der Konsumenten zu unterschiedlichen Verhaltensreaktionen führen:

- **Suffizienz-Option:** Der Konsument reduziert den Konsum eines bestimmten Produktes/einer Marke oder gibt ihn ganz auf.
- **Effizienz-Option:** Hier verlagert sich der Konsum auf Produkte und Marken, die der Umwelt den geringsten Schaden zufügen (z. B. biologisch abbaubare Waschmittel im Vergleich zu herkömmlichen mineralölbasierten Waschmitteln) oder Produkte werden möglichst nachhaltig genutzt (z. B. Verwendung von Akkus, die mit Solarenergie aufgeladen werden). Dabei wird einem Konsum-Megatrend gefolgt, denn bei Kaufentscheidungen wird zunehmend das soziale und ökologische Engagement von Unternehmen eine wichtige Rolle spielen. Dies führt letztlich dazu, dass Marken und ganze Produktgruppen verstärkt mit sozialökologischen Attributen verknüpft angeboten werden.
- **Recycling-Option:** Produkte werden dem Wirtschaftskreislauf zurückgeführt oder wiederverwertet, z. B. die H&M-Sammelaktion bereits genutzter Kleidungsstücke (http://www.hm.com/de/inspiration/ladies/bring-it-on) – auch bekannt als Second-use-Strategie oder das Sammeln von Altpapier und Altglas.

Unternehmen sprechen insbesondere vor dem Hintergrund der Effizienz-Option jene Konsumenten mithilfe ihrer (nachhaltigeren) Marke an und bieten ihm Konsumalternativen. Die Information über das ökologische Engagement oder sozialökologische Attribute der Produkte werden häufig über das Markenzeichen transportiert. Markenzeichen bzw. -logos dienen dazu, den Auftritt und die Wirkung einer Marke zu unterstützen (Esch und Langner 2005, in: Homburg 2017, S. 642). Sie treten als visuelle Reize mit dem (potenziellen) Kunden in Kontakt und liefern durch ihr Erscheinungsbild konkrete erste Assoziationen zur Leistung der nachhaltigen Marke und der Produkte (z. B. „grünere" Produktionsweise der Textilmarke „Hess Natur"). Daneben kann der Markenname einen wesentlichen Beitrag zur Schaffung von Markenbekanntheit und Markenpositionierung leisten (Esch 2012, S. 222). Markenzeichen und -namen sollten demnach gemeinsam einen Beitrag zur Vermittlung positionierungsrelevanter Assoziationen (Homburg 2017, S. 639) leisten – dies kann insbesondere im Zusammenhang mit nachhaltigem Wirken des Markenträgers (Unternehmen) beobachtet werden.

24.4.2 Nachhaltigkeitssiegel und ihre Herausforderungen

Die Markierung mit sozialökologischen Siegeln stellt einen Prozess der zielgerichteten Profilierung eines Produktes durch unternehmerische Nachhaltigkeit dar. Sie ist auf den Aufbau der Reputation eines gesellschaftlich verantwortlich handelnden, integren sowie stakeholderorientierten Unternehmens ausgerichtet und bezweckt auf zielgruppenspezifischer Ebene die Schaffung von Präferenzen.

Die relevanten Siegel, die im Rahmen der Nachhaltigkeitskommunikation genutzt werden, können im angesprochenen Kontext als Zeichen verstanden werden, die dem Konsumenten eine relativ hohe Sozial- und Umweltverträglichkeit signalisieren bzw. Informationen und Hinweise über ein hinzugefügtes sozialökologisches Leistungsmerkmal beinhalten. Dies konkretisiert sich in der Bereitschaft eines Unternehmens, ausgewählte soziale und ökologische Zwecke zu unterstützen bzw. zu fördern. Diese Siegel sollen auf besondere Qualitäten von Produkten und Dienstleistungen, z. B. soziale oder ökologische Eigenschaften, hinweisen. Damit dienen sie der Abgrenzung gegenüber anderen Produkten mit gleichem Gebrauchszweck, die diese Eigenschaften nicht aufweisen. Beispiele für jene Siegel, die häufig von externen Organisationen „vergeben" werden, stellen die Label von „UTZ", „Rainforest Alliance", „Fair Trade" oder aber der „Blaue Engel" dar.

Durch den stetig wachsenden Markt für nachhaltige Produkte ist jedoch eine zunehmende Flut von neuen Labels und Nachhaltigkeitssiegeln erkennbar. Neben etablierten und staatlich kontrollierten Siegeln wie dem „Blauen Engel" oder dem „Bio-Siegel", erschaffen inzwischen auch Handelskonzerne und private Verbände Zeichen, deren Vergabekriterien der Verbraucher (wenn überhaupt) nur diffus kennt. Auch kommt es mitunter zu einer Mehrfachlabelung auf einzelnen Produkten, was letztlich die Orientierung der Verbraucher noch weiter erschwert und somit dem Grundgedanken der Nachhaltigkeitssiegel widerspricht.

Im April 2012 gab es laut Ecolabel-Index in 246 Ländern insgesamt 413 Umweltzeichen in 25 Produktbereichen (SustainAbility 2012). Für das Jahr 2015 werden hier bereits 458 Umweltsiegel aufgeführt (ecolabelindex 2015). Auf der deutschen Website „label-online.de" der Verbraucher Initiative e. V. wurden zum 17.12.2015 bereits über 600 Label gelistet (Die VERBRAUCHER INITIATIVE e. V. [Bundesverband] 2015).

Anbetracht der hier erkennbaren Vielzahl von unterschiedlichen Labels und Vergabeinstitutionen stehen Verbraucher vor der Herausforderung, die Glaubwürdigkeit der jeweiligen Siegel mit unterschiedlichen Nachhaltigkeitspräferenzen für sich beurteilen zu müssen. Nach Leire und Thidell (2005, S. 1063) zeigt sich, dass die für Nachhaltigkeitssiegel empfängliche Konsumenten diese Siegel zwar zu schätzen wissen, hierbei jedoch nicht zwischen Umwelt-, Gesundheits- und Sozialinformationen differenzieren. Vielmehr wird das Label als eine zusätzliche, positive Produkteigenschaft interpretiert, die nicht weiter unterschieden wird. In der vom Bundesministerium für Umwelt, Naturschutz und Reaktorsicherheit (BMU) durchgeführten Bevölkerungsumfrage „Umweltbewusstsein in Deutschland 2012" stellte sich heraus, dass die heutige Gesellschaft durch einen stetig stärker werdenden Wertepluralismus und damit verbundenen Individualisierungstendenzen geprägt ist. Hieraus kann abgeleitet werden, dass es aufgrund der hohen Komplexität, der unterschiedlichen Konsummuster und der vielen thematischen Konflikte kaum möglich ist, ein einheitliches Konzept nachhaltigen Konsums nachzuweisen und damit einhergehend die verschiedenen Zielgruppen von Nachhaltigkeitssiegeln voneinander abzugrenzen. Vielmehr kann in der heutigen Zeit unter Berücksichtigung der existierenden rechtlichen und finanziellen Rahmenbedingungen, unterschiedlichen Konsumstilen, Präferenzen und Verhaltensweisen davon ausgegangen werden, dass Nachhaltigkeit nicht nur in einem sog. „sozialen Milieu", sondern in vielen verschiedenen verankert ist (Rückert-John et al. 2013, S. 14).

Die Studie des Umweltbundesamtes aus dem Jahr 2012 zeigt hingegen, dass produktbezogene Umweltinformationen in Form von Nachhaltigkeitszeichen vermehrt bei Konsumenten aus mittel- bis oberschichtigen Milieus Beachtung finden (Rückert-John et al. 2013). Dies betrifft vor allem die Milieus der „Sozial-Ökologischen" (7 % der Bevölkerung; idealistisch, konsumkritisch, umweltbewusst), der „Liberal-Intellektuellen" (7 % der Bevölkerung; aufgeklärt, liberal, postmateriell) und der „Konservativ-Etablierten" (10 % der Bevölkerung; Erfolgs- und Verantwortungsethik) (Rückert-John et al. 2013, S. 15 f.). Diese Milieus achten nach den Erkenntnissen der Bevölkerungsbefragung deutlich häufiger als andere gesellschaftliche Gruppen beim Einkaufen auf Nachhaltigkeits- bzw. Umweltsiegel. Nach eigenem Bekunden kaufen diese Milieus häufiger umweltfreundliche Produkte und sind eher bereit, für nachhaltige Produkte einen Aufpreis zu zahlen (Rückert-John et al. 2013, S. 15 f.).

24.4.3 Best-Practice-Beispiel der Marke Frosch

Ein Erfolgsbeispiel im Rahmen des konkreten Markenauftritts bzw. der Markengestaltung stellt seit 1986 die Marke „Frosch" des Unternehmens Werner & Mertz dar. Durch die Wahl und die Gestaltung des Markenzeichens und des -namens assoziiert der Verbraucher umweltrelevante Aspekte mit dem Produkt. Unter der Marke werden ökologisch verträgliche Reinigungsmittel angeboten. Der Markenauftritt stellt einen wichtigen strategischen Baustein im Rahmen der Markenpositionierung für das Unternehmen dar (u. a. „Nachhaltige Marke"; „Ökopionier") und machte „Frosch" damit in den letzten Jahren zu einer sehr erfolgreichen Marke (Frosch.de, am 25.04.2017). Mit der Auszeichnung „Most Trusted Brand" erhielt „Frosch" 2017 bereits zum sechzehnten Mal in Folge den Verbraucherpreis für die vertrauenswürdigste Marke im Bereich Reinigungsmittel in Deutschland. Zudem wurde „Frosch" 2009 zur „Nachhaltigsten Marke" Deutschlands gewählt (Werner-Mertz.de, 30.11.2016).

Die Marke „Frosch" hat essenziell verankerte Markenattribute, überwiegend ökologische (u. a. natürliche Wirkstoffe, umweltfreundliche Verpackung, hohe Effizienz in der Ressourcennutzung während des Herstellungsprozesses). Sämtliche Produkte der Marke „Frosch" unterliegen dauerhaft ökologischer Markenattribute, dies sind umweltgerechte Merkmale, welche ohne zeitliche Begrenzung angeboten werden (Völckner et al. 2011).

Hermanns und Marwitz (2008, S. 106) sind zu der Schlussfolgerung gekommen, dass das öffentliche unternehmerische Bekenntnis der Übernahme ökologischer Verantwortung im Hinblick auf eine zu erzielende hohe Glaubwürdigkeit keine kurze Aktion sein sollte, vielmehr sollte eine Orientierung auf lange Sicht erfolgen. Es wird als essenziell angesehen, dass dieser Aspekt im Rahmen einer Verankerung ökologischer Attribute sowohl als Produkt- als auch als Markeneigenschaft berücksichtigt werden muss. Durch die langfristige Implementierung ökologischer Faktoren suggeriert das Produkt eine Konstanz in der ökologischen Ausrichtung und somit auf die Bedeutung und Ernsthaftigkeit eines Leistungsmerkmales (Völckner et al. 2011). Dies setzt Werner & Mertz mit seiner Marke „Frosch" seit Jahrzehnten erfolgreich um.

24.5 Chancen-Risiken-Betrachtung und Fazit

Für sozialökologisch aktive Unternehmen existieren zahlreiche Chancen bei der konkreten Übernahme sozialer Verantwortung bzw. deren Umsetzung auf Marken- und Siegelebene. In der Literatur wird meist die positive Imagewirkung hervorgehoben. Dabei kann oftmals von Transfereffekten auf Unternehmen oder weitere Produkte im Sinne eines Imagetransfers ausgegangen werden. Cone und Roper (in: Kotler und Lee 2005, S. 11) erzielten im Rahmen einer Studie das Ergebnis, dass Zusammenhänge zwischen den positiven Einstellungsänderungen potenzieller Konsumenten gegenüber dem jeweiligen Unternehmen und dessen sozial-ökologischen Engagement existieren. Chancen dürften auch in der Steigerung des Unternehmenswertes, der Erhöhung des Bekanntheitsgrades und in einer allgemeinen Schaffung von Glaubwürdigkeit und Vertrauen liegen. Zudem kann die Nutzung nachhaltiger Marken zur Kundenbindung beitragen und die Markentreue sowie die Markenwahrnehmung erhöhen. Der Glaube an die Wirksamkeit des nachhaltigen Konsums und das Vertrauen in Nachhaltigkeitssiegel werden durch die Kombination von persönlichen Konsumausgaben (Personal consumption expenditure [PCE]) und einer Pro-Umwelt-Einstellung animiert. Diese Eigenschaften können in Kombination mit der Verfügbarkeit sowie dem Vertrauen und dem Verständnis für die Inhalte der Siegel als motivierende Faktoren für die Aufmerksamkeit gegenüber Produkten mit Nachhaltigkeitssiegeln und die abschließende Kaufentscheidung identifiziert werden (Thogersen 2000, S. 293).

Vor allem bei Zielgruppen, bei denen ethische und moralische Ansprüche einen besonderen Stellenwert einnehmen, dürfte sich das Image und die Reputation des Unternehmens/der Marke langfristig verbessern lassen. Voraussetzung ist dabei, dass die sozialökologischen „Versprechen" auch tatsächlich umgesetzt werden. Die Verknüpfung von sozialökologischen Markenattributen und Produktverkäufen kann zudem unmittelbar den Absatz fördern, da hier zusätzliche Kaufanreize in Form eines „Feel-Good"-Faktors gegeben werden. Hinzu kommen eine deutliche Erhöhung der Mitarbeitermotivation und der Attraktivität des Unternehmens für potenzielle Mitarbeiter.

Neben den exemplarisch aufgeführten Chancen bestehen jedoch auch zahlreiche Risiken, z. B. nicht eingehaltene Versprechen, die Kommerzialisierung eines sozialen Zweckes, ein mangelnder Fit zwischen Marke und ökologischem Engagement oder die Labelflut von diversen Siegeln. Eine besonders große Gefahr geht von dem Risiko des „Greenwashing" aus. Dies bezeichnet den Versuch von Unternehmen, durch Marketing- und Kommunikationsmaßnahmen ein „grünes Image" zu erlangen, ohne allerdings entsprechende Maßnahmen im Rahmen der Wertschöpfung zu implementieren. Auch können in der Öffentlichkeit soziale Aktionen grundsätzlich als Instrumentalisierung für erwerbswirtschaftliche Zwecke wahrgenommen werden (Kommerzialisierung eines wohltätigen Zwecks), was wiederum eine negative Imagewirkung mit sich bringen dürfte. Das Einsetzen moralischer Werte zur Erreichung wirtschaftlicher Ziele bei kommerziellen Kampagnen kann von den Rezipienten respektive Konsumenten als nicht vertretbare Verwendung ethischer Werte wahrgenommen und in vielen Fällen moralisch abgelehnt werden. Unternehmen, die ihre gesellschaftliche Verantwortung zur Imagegestaltung nutzen, setzen sich dabei der verstärkten öffentlichen Dauerbeobachtung aus. Das daraus resultierende gemeinwohlorientierte Image ist eine gewisse Selbstverpflichtung, welche auch zukünftig erfüllt werden muss.

Die Entwicklungsrichtung, hin zu einem nachhaltigen Konsumbewusstsein, hat sich zu einem Leitbild gewandelt, dem seit Beginn des 21. Jahrhunderts auf betriebswirtschaftlicher Ebene große Bedeutung beigemessen wird. Unternehmen sehen sich seitdem intensiver als zuvor vor die Aufgabe gestellt, im Rahmen effizienten Wirtschaftens den vielschichtigen Marktveränderungen und neuen Konsumstrukturen sowohl durch Anpassung ihrer unternehmerischen Tätigkeiten und ihres Produktangebots als auch durch Anpassung der hierzu gehörenden Marketingmaßnamen zu begegnen (Kupp 2008, S. 233–240). Die Erweiterung des betriebswirtschaftlichen Verständnisses um eine nachhaltigkeitsorientierte Dimension kann insofern als notwendige Reaktion auf die Herausbildung des sozioökologischen Konsumentenverhaltens angesehen werden. Das Angebot an nachhaltigen Marken bzw. die Nutzung von Nachhaltigkeitssiegeln kann dabei unter Berücksichtigung von Chancen und Risiken eine Möglichkeit des zukünftigen erfolgreichen Marktwirkens eines Unternehmens darstellen.

Literatur

Balderjahn, I. (2013). *Nachhaltiges Management und Konsumentenverhalten*. München.

Brønn, P., & Vrioni, A. (2001). Corporate social responsibility and cause related marketing: An overview. *International Journal of Advertising, 20*(2), 207–222.

Bundesministerium der Justiz und für Verbraucherschutz. (2004). Gesetz über den Schutz von Marken und sonstigen Kennzeichen.

Burmann, C. (2017). *Wirtschaftslexikon Gabler*. http://wirtschaftslexikon.gabler.de/Definition/marke.html.

Die VERBRAUCHER INITIATIVE e. V. (Bundesverband). (2015). Label-Online. http://label-online.de. Zugegriffen: 21. Febr. 2015.

ecolabelindex. (2015). ecolabelindex. (Big Room Inc). http://www.ecolabelindex.com/ecolabels/. Zugegriffen: 21. Febr. 2015.

Esch, F.-R. (2012). *Strategien und Technik der Markenführung*. München: Vahlen.

Frosch. (30. August 2017). *Frosch*. http://www.frosch.de/Marke/Historie/. Zugegriffen: 25. Apr. 2017.

Grunewald, A., & Kopfmüller, J. (2006). *Nachhaltigkeit*. Frankfurt: Campus.

Hermanns, A., & Marwitz, C. (2008). *Grundlagen, Wirkungen, Management, Markenführung*. München: Vahlen.

Homburg, C. (2017). *Marketingmanagement. Strategie – Instrumente – Umsetzung – Unternehmensführung*. Heidelberg: Springer.

Kotler, P., & Lee, N. (2005). *Corporate Social Responsibility. Doing the Most Good for Your Company and Your Cause*. Hoboken: Wiley.

Kotler, P., Armstrong, G., Harris, L., & Piercy, N. (2016). *Grundlagen des Marketing*. Hallbergmoos: Pearson.

Kupp, M. (2008). Öko-Labeling. In A. Baumast & J. Pape (Hrsg.), *Betriebswirtschaftliches Umweltmanagement. Nachhaltiges Wirtschaften in Unternehmen*. Stuttgart: Ulmer.

Leire, C., & Thidell, A. (2005). Product-related environmental information to guide consumer purchases – A review an analysis of research on perceptions, understanding and use among Nordic consumers. *Journal of Cleaner Production, 13*(10), 1061–1070.

Pampel, J. (2013). http://www.upj.de/nachrichten_detail.81.0.html?tx_ttnews%5Btt_news%5D = 2484&tx_ttnews%5BbackPid%5D = 20&cHash = b3fd426c2e.

Rückert-John, D., Bormann, P., & John, D. (2013). Umweltbundesamt. http://www.umweltbundesamt.de/sites/default/files/medien/publikation/long/4396.pdf. Zugegriffen: 28. Febr. 2015.

Schaltegger, S., Burrit, R., & Petersen, H. (2003). *An Introduction to corporate environmental management. Striving for sustainability*. Sheffield.

Schlichting, I. (2004). *Riskantes Spiel mit der Moral? Die Glaubwürdigkeit unternehmerischer Sozialkampagnen aus Rezipientensicht. Eine qualitative Erkundungsstudie*. Münster.

SustainAbility. (2012). http://www.sustainability.com/blog/behind-certifications-and-beyond-labels#.VOiV4t6Pq2w. Zugegriffen: 21. Febr. 2015.

Thogersen, J. (2000). Psychological determinants of paying attention to eco-labels in purchase decisions: Model development and multinationals validation. *Journal of consumer policy, 23*, 285–313.

United Nations. (2017). United Nations. http://www.un.org, http://www.un.org/apps/news/infocus/sgspeeches/search_full.asp?statID = 500.

United Nations Environment Programme. (2009). *United Nations Environment Programme*. http://www.unep.org/Documents.Multilingual/Default.asp?DocumentID=588%26ArticleID=6188%26l=en. Zugegriffen: 22. Febr. 2015

Völckner, F., Willers, C., & Weber, T. (2011). *Markendifferenzierung – Innovative Konzepte zur erfolgreichen Markenprofillierung*. Wiesbaden: Gabler.

von Hauff, M. (2014). *Nachhaltige Entwicklung: Grundlagen und Umsetzung*. München: Oldenbourg Wissenschaftsverlag.

Weber, T. (2014). Nachhaltigkeitsberichterstattung als Bestandteil marketingbasierter CSR-Kommunikation. In M. Fifka (Hrsg.), *CSR und Reporting – Nachhaltigkeits und CSR Berichterstattung verstehen und erfolgreich umsetzen* (S. 95–106). Heidelberg: Springer Gabler.

Werner & Mertz. (2017). *Werner & Mertz*. http://werner-mertz.de/Pressecenter/Pressetexte/Detail_4035.pdf.

Prof. Dr. Torsten Weber ist Professor für Marketing und Nachhaltigkeitsmanagement sowie Dekan für den Bereich General Management an der Cologne Business School in Köln. Während der Promotion an der Universität zu Köln zum Thema „Sozial-inhärente Produkte“ arbeitete Torsten Weber als Wissenschaftlicher Mitarbeiter am Seminar für Beschaffung und Produktpolitik bei Prof. Dr. Koppelmann sowie am Seminar für Marketing und Markenmanagement bei Prof. Dr. Franziska Völckner. Im Anschluss war er mehre Jahre als Unternehmens-berater u. a. für die Firma Rölfs RP Management Consultants GmbH in Düsseldorf tätig und hat in diesem Zusammenhang bspw. im Bereich Umweltmanagement für die DFL Deutsche Fußball Liga GmbH gearbeitet. Neben der Funktion als Vizepräsident der „Fördergesellschaft Produktmarketing e. V.“ ist er Speaker auf Seminar- und Konferenzveranstaltungen, insbes. zu den Themenfeldern Marketing- und Nachhaltigkeitsmanagement.

Marken mit Verantwortung: Entwicklung eines Bezugsrahmens der verantwortlichen Markenführung

25

Holger J. Schmidt

25.1 Erfolgsfaktor Marke

Nur wenige Themen wurden in den letzten Jahren in Wissenschaft und Praxis des Managements so ausgiebig diskutiert wie die Markenführung. Ob bei Sach- oder Dienstleistungen, Konsum- oder Industriegütern, gewerblichen oder nichtgewerblichen Unternehmen, Konzernen, Mittelständlern, Institutionen oder sogar Personen: Starke Marken sind überall dort gefragt, wo ein intensiver Wettbewerb vorherrscht (Schmidt 2015, S. 2 f.). Denn sie bringen für den Konsumenten viele Vorteile mit sich (vgl. u. a. Baumgarth 2014, S. 8–13): Marken wie Hewlett Packard, Vaillant oder TUI verringern unser wahrgenommenes Kaufrisiko, Marken wie Allianz, Amazon oder Boss geben uns Orientierung in unübersichtlichen Märkten. Wenn unser Grill von Weber und unser Weinkühlschrank von Liebherr sind, erzählen wir unseren Gästen etwas über uns. Wir zeigen damit, was uns wichtig ist und wofür wir stehen. Andere Marken rufen einfach starke Emotionen oder auch Erinnerungen in uns wach, wie z. B. Kinderschokolade, Lufthansa oder vielleicht der ADAC.

Die Sympathie, die Konsumenten bestimmten Marken gegenüber empfinden, hilft den Anbietern, ihre wirtschaftlichen Ziele zu erreichen (vgl. u. a. Esch 2014, S. 4–18). Sie haben loyale Kunden, die bereit sind, mehr für ein vergleichbares Produkt zu bezahlen als beim Wettbewerb. Sie sind widerstandsfähiger in Zeiten von Krisen oder wirtschaftlichen Rezessionen als weniger starke Marken. Sie beschäftigen motiviertere Mitarbeiter und sie tun sich leichter, die besten Mitarbeiter für sich zu gewinnen. Deshalb sind Marken in sehr vielen Branchen zu entscheidenden Erfolgsfaktoren geworden.

H. J. Schmidt (✉)
Hochschule Koblenz, Koblenz, Deutschland
E-Mail: hjschmidt@hs-koblenz.de

M. Englert und A. Ternès (Hrsg.), *Nachhaltiges Management*,
https://doi.org/10.1007/978-3-662-57693-9_25

Anerkannte Studien zeigen, dass sich starke Marken positiv auf Umsätze und Gewinne auswirken (z. B. Madden et al. 2006; Harter et al. 2005).

Doch bereits seit einigen Jahren werden immer mehr Stimmen laut, die auf die „dunkle Seite“ der Marken hinweisen. Spätestens seit dem Buch „No Logo“ von Naomi Klein, welches 2010 zum 10-jährigen Jubiläum der Erstausgabe neu aufgelegt wurde (Klein 2010), werden Marken auch immer wieder mit unethischem oder unsozialem Verhalten, subtiler Beeinflussung und dem Streben nach Gewinnmaximierung in Verbindung gebracht (z. B. Boorman 2007; Ritzer 2007). So standen und stehen viele große Marken im Fokus von kritischen Verbrauchern und werden von Umweltinitiativen und anderen Nichtregierungsorganisationen kritisiert. Beispiele hierfür lassen sich zahlreiche finden (Kalbhenn 2012): Nestlé erlebte vor einigen Jahren mit seiner Marke Kitkat einen regelrechten Shitstorm, als man sich der Kritik an der Verwendung von Palmöl nicht stellte; die Deutsche Telekom stand 2008 im Fokus, als öffentlich wurde, dass das Unternehmen eigene Manager, Aufsichtsräte und Journalisten bespitzelte; Siemens zahlte in den vergangenen Jahrzehnten wohl in über 4000 Fällen Schmiergeld, um an lukrative Aufträge zu kommen; Apple steht immer wieder wegen schlechter Arbeitsbedingungen in seinen chinesischen Fabriken in der Kritik und Volkswagen hat den Skandal um die Manipulation der Abgaswerte seiner Dieselautos immer noch nicht verkraftet.

Aufgrund der in der Öffentlichkeit heftig diskutierten Verfehlungen von Organisationen, die selbst starke Unternehmensmarken sind oder führende Produktmarken in ihrem Portfolio haben, wird mitunter ein „Stopp des Werteverfalls“ und ein „mentaler Wandel in der Wirtschaft“ eingefordert (Wiesner 2016, S. 7). Dabei könnte der Eindruck entstehen, dass die Markenführung, um erfolgreich zu sein, rücksichtslos eigene Ziele verfolgt. Der vorliegende Beitrag thematisiert jedoch, dass starke Marken Verantwortung übernehmen sollten und sich immer mehr den Zielen der Nachhaltigkeit verpflichten müssen, um in Zukunft erfolgreich zu sein. In Abschn. 25.2 werden hierfür zunächst die Begriffe Marke und Nachhaltigkeit geklärt, bevor darauf eingegangen wird, was nachhaltige und verantwortliche Markenführung bedeutet. In Abschn. 25.3 werden dann drei Ansätze vorgestellt, die eine CSR-orientierte, gewissenhafte oder auch gute Markenführung thematisieren. Hierauf aufbauend wird ein Bezugsrahmen entwickelt, welcher zentrale Anforderungen an eine tragfähige und zugleich verantwortungsvolle Markenführung aufzeigt. Einzelne Ebenen dieses Modells werden anhand von Beispielen aus der Praxis erläutert. Der Beitrag schließt mit einem Fazit und Ausblick in Abschn. 25.4.

25.2 Marken mit Verantwortung: Versuch einer Begriffsklärung

25.2.1 Marke und Markenführung

Heute können wir im Wesentlichen vier Ansätze identifizieren, um das Phänomen Marke zu beschreiben. Aus **rechtlicher Perspektive** wird der Begriff durch das Markengesetz (MarkenG) definiert. Laut § 3 Abs. 1 MarkenG können als Marken „alle

Zeichen, insbesondere Wörter einschließlich Personennamen, Abbildungen, Buchstaben, Zahlen, Hörzeichen, dreidimensionale Gestaltungen einschließlich der Form einer Ware oder ihrer Verpackung sowie sonstiger Aufmachungen einschließlich Farben und Farbzusammenstellungen geschützt werden, die geeignet sind, Waren oder Dienstleistungen eines Unternehmens von denjenigen anderer Unternehmen zu unterscheiden." Gemäß Baumgarth (2014, S. 27–30) kann dabei Markenschutz durch Eintragung des Zeichens in das beim Patentamt geführte Markenregister, durch Verkehrsgeltung oder durch notorische Bekanntheit erreicht werden. Um starke Marken aufzubauen, ist hinreichender rechtlicher Schutz sicherlich notwendig – für das Management von Marken leistet die rechtliche Perspektive jedoch nur einen geringen inhaltlichen Beitrag.

Aus einer **nachfragebezogenen Perspektive** verstehen wir Marken als „Vorstellungsbilder in den Köpfen der Anspruchsgruppen, die eine Identifikations- und Differenzierungsfunktion übernehmen und das Wahlverhalten prägen" (Esch 2014, S. 22). Die Vorstellungsbilder können durch funktionale und/oder symbolische bzw. emotionale Komponenten beeinflusst sein (Chernatony et al. 2011, S. 31). Hieraus ist abzuleiten, dass der Begriff Marke nicht absolut, sondern relativ zu interpretieren ist. Was für den einen eine starke Marke darstellt, da er mit ihr individuelle Vorstellungen und Gefühle, wie z. B. Erinnerungen an seine Kindheit, einen besonderen Geruch oder eine spezifische Verwendungssituation, verbindet, mag für den anderen nur ein Produkt unter vielen sein. Implikationen aus dieser Definition ergeben sich für die Markenführung einige: Über die Werbung z. B. sollten Marken gezielt für den Aufbau möglichst konkreter und klarer Vorstellungsbilder sorgen, Anknüpfungspunkte für eine Identifikation bieten sowie sich von vergleichbaren Anbietern unterscheiden. Die nachfragerbezogene Perspektive wird mitunter auch als imageorientierte Schule der Markenführung bezeichnet (Meenaghan 1995, S. 28 f.).

Aus einer **identitätsbasierten Perspektive** (siehe z. B. Aaker 1996, S. 68 ff.; Kapferer 1992, S. 39 ff.) wird argumentiert, dass eine Marke im Unternehmen verankert sein muss, um erfolgreich nach außen zu strahlen. Das Markenmanagement wird folglich als integrativer Bestandteil der Unternehmensführung verstanden, in dem auch die markengerechte Ausgestaltung des Mitarbeiterverhaltens eine zentrale Rolle einnimmt (Schmidt 2007, S. 88). Allerdings funktioniert das nur, wenn Unternehmen ihre Marken nicht als Designobjekte, sondern als umfassende Managementsysteme verstehen. Sehr deutlich wird dies bei sogenannten Corporate Brands, wie z. B. Apple, Lufthansa oder Siemens: Sie entstehen aus dem Selbstverständnis eines Unternehmens und beeinflussen ihrerseits seine Identität und Kultur. Die Marke bestimmt somit nicht nur, wie das Unternehmen werblich kommuniziert: Die Strategie des Unternehmens, die Prozesse in allen Abteilungen, das Handeln der Mitarbeiter unterschiedlicher Bereiche, all das muss zur Marke passen, damit ein stimmiges Gesamtbild entstehen kann. Wenn also Lufthansa seinen Slogan „Nonstop you" in den Mittelpunkt einer Kampagne stellt, muss das idealerweise für den Passagier vom Buchungsprozess über das Einchecken bis hin zum eigentlichen Flug erlebbar werden. Das Gesamterlebnis ist dann auch im Vergleich zu konkreten Leistungen eines Produktes schwer durch Wettbewerber zu imitieren und stellt damit einen unverwechselbaren Wettbewerbsvorteil dar.

Die Marke entwickelt sich folglich von innen nach außen und entsteht durch das verlässliche Erbringen eines spezifischen, überlegenen Nutzens durch den Anbieter (Ind 2003 S. 394 ff.; Krobath und Schmidt 2010, S. 7). Mitunter ist sogar die Rede davon, dass Marken auf historischen Spitzenleistungen basieren, die sich im Laufe der Zeit in den Köpfen der Zielgruppen in Form positiver Vorurteile manifestieren (Koch 2010, S. 42).

Starke Marken haben eine Haltung, eine eindeutige Identität, deren sie sich bewusst sind. Sie wissen, wofür sie stehen und drehen ihr Segel nicht nach jedem Wind. Aus einer **co-kreativen Perspektive** (Ind und Coates 2013, S. 86) sollten Manager starker Marken aber auch akzeptieren, dass sie nicht mehr alleine die Bedeutung der Marke festlegen können. Das Zeitalter der Einbahnstraßenkommunikation, in dem die Marke einseitig mit ihren Zielgruppen kommunizierte, ist vorüber. Starke Marken, vor allem bei Konsumgütern und Dienstleistungen, aber auch im Business-to-Business-Sektor, entstehen immer öfter im Dialog des Unternehmens mit seinen Anspruchsgruppen (Kastens und Lux 2013, S. 291). Konsumenten und Kunden beeinflussen mit ihren Kommentaren in sozialen Netzwerken, wie Marken wahrgenommen werden. Sie engagieren sich in sogenannten „Brand Communities" und helfen mit ihren Vorschlägen, Produkte und Services zu entwickeln und zu optimieren (Ind et al. 2012, S. 99–119). Und sie machen mobil gegen Marken, die ihren Anforderungen, auch im sozialen oder im Umweltbereich, nicht gerecht werden (Wiesner 2016, S. 28). Dabei ist unsere Welt transparenter geworden und unsere Gesellschaft honoriert es, wenn Unternehmen verantwortlich handeln (Last 2016, S. 25–36). Ähnliches gilt auch für Mitarbeiter: Viele, insbesondere die Vertreter der jüngeren Generationen, hinterfragen die Praktiken ihres Arbeitgeber und möchten auf dessen Leistungen stolz sein. Zudem sind auch sie in den sozialen Netzwerken präsent, oft erkennbar als Vertreter einer Marke, und prägen so deren Erscheinungsbild.

Mit Blick auf die nachfragebezogene, identitätsbasierte und co-kreative Perspektive der Markenführung werden mindestens drei Aspekte deutlich, die für das in den nachfolgenden Kapiteln entwickelte Konzept der verantwortungsvollen Markenführung besonders relevant sind: Erstens sind Marken Managementsysteme, die erlebbare Kompetenzen eines Unternehmens verdichten. Zweitens unterstützen Marken dabei, diese Kompetenzen auszudrücken, um ein klares Bild in den Köpfen der potenziellen Kunden und anderer Zielgruppen zu entwickeln. Und drittens gilt es, unterschiedliche Anspruchsgruppen in den Prozess der Markenführung zu integrieren. Die Führung einer Marke beinhaltet dabei alle strategischen und operativen Tätigkeiten, die zu Aufbau, Pflege, Relaunch, Controlling oder Elimination einer Marke notwendig sind. Unter dem Begriff Markenführung wird folgerichtig die gezielte und funktionsübergreifende Steuerung der Marke gegenüber ihren Anspruchsgruppen verstanden (Burmann et al. 2012, S. 91).

25.2.2 Nachhaltige und verantwortungsvolle Markenführung

Was genau ist unter dem Begriff der Nachhaltigkeit zu verstehen? Verwiesen wird dabei gerne auf den Freiberger Berghauptmann Hans Carl von Carlowitz, der mit Blick auf den schlechten Zustand der Wälder schon 1713 forderte, dass nicht mehr Waldbestand abgeholzt werden sollte, als nachwuchs (Grober 1999). Dies war zwar – trotz des Bezugs zur Forstwirtschaft – eine rein ökonomische Betrachtung ohne ökologische oder gar soziale Aussage. Dennoch: Übertragen auf andere Wirtschafts- und Lebensbereiche heißt dies, dass durch unser heutiges Verhalten die Handlungsoptionen zukünftiger Generationen nicht geschmälert werden dürfen (United Nations 1987, S. 16). Von herausragender Bedeutung dabei ist das sogenannte 3-Säulen-Modell der Nachhaltigkeit, welches verdeutlicht, dass ökonomische, ökologische und soziale Aspekte gleichzeitig und gleichrangig zu berücksichtigen sind, um globalen gesellschaftlichen Herausforderungen gerecht zu werden (Kenning 2014, S. 7–10). Nachhaltiges Handeln ist somit zugleich verantwortliches Handeln: Wir übernehmen generationenübergreifend Verantwortung für die Folgen unseres Handelns für Wirtschaft, Umwelt und Gesellschaft. Diese Maxime gilt allgemein für die Akteure der Wirtschaft und somit auch für die Markenführung, die sich noch stärker als in der Vergangenheit (Köhler und Klepper 2014, S. 53 ff.) zu einer nachhaltigen und verantwortungsvollen Disziplin entwickeln muss.

In diesem Zusammenhang muss man mindestens zwei Perspektiven unterscheiden: Nachhaltige Markenführung bedeutet zunächst einmal, dass Markenstrategien langfristig angelegt und darauf ausgerichtet sein sollten, den Markenwert kontinuierlich zu steigern. Von kurzfristigen Aktionen, die vielleicht den Umsatz für einen begrenzten Zeitraum ankurbeln, aber der Marke langfristig schaden, ist abzuraten. Das liegt in der Natur der Markenführung. Der Markenmanager ist kein Marktschreier, der mit seinen Waren am nächsten Tag weiter zieht und sich neue Kunden sucht, sondern ein verlässliches Mitglied der Gemeinschaft. Die Nähe der Markenführung zum Konzept des „Relationship Marketing" ist somit unverkennbar (Kenning 2014, S. 18).

Ein zweites Begriffsverständnis nachhaltiger Markenführung wird in der folgenden Definition deutlich (Zentes et al. 2014, S. 7): „Nachhaltige Markenführung ist die systematische Planung und Koordination aller Maßnahmen zur Schaffung von ökologischen, ökonomischen und sozialen Assoziationen in den Köpfen der unternehmerischen Anspruchsgruppen." Zwar wird immer wieder betont, dass es dabei nicht darum gehe, Images aufzubauen, die in der Realität keine Bestätigung finden, sondern für den Aufbau eines starken Markenimages konkrete Leistungsbeweise notwendig seien (Zentes et al. 2014, S. 7). In diesem Sinne fordern auch Meffert et al. (2010, S. 30), dass vor der Kommunikation nachhaltiger Markenwerte diese erst in der Substanz der Marke zu entwickeln seien. Dennoch: In vorliegendem Beitrag sollen die verwandten Bezeichnungen „Markenführung mit Verantwortung" oder „verantwortungsvolle Markenführung" verwendet werden. Das zentrale Anliegen einer Markenführung mit Verantwortung lässt sich durch folgende Frage verdeutlichen: Wie können Marken generationenübergreifend Verantwortung für Wirtschaft, Umwelt und Gesellschaft übernehmen und gleichzeitig faszinierend, anziehend und besonders bleiben? Unter einer verantwortlichen Markenführung ist somit die gezielte, funktionsübergreifende Steuerung der Marke gegenüber ihren Anspruchsgruppen zu verstehen mit dem Ziel, ein differenzierendes und anziehendes Markenimage zu entwickeln und generationsübergreifend positive Akzente für Wirtschaft, Umwelt und Gesellschaft zu setzen.

Der hier eingenommene Blickwinkel geht davon aus, dass Unternehmen, die in ihren Markenstrategien keine Verantwortung im zuvor definierten Sinne übernehmen, zukünftig von der Gesellschaft abgestraft werden (Kirchhof und Nickel 2014, S. 2–4). In diesem Zusammenhang wird auch von einer „Moralisierung der Märkte" gesprochen (Stehr 2007), was bedeutet, dass „das Konsumverhalten zunehmend vom Versuch der Verbraucher bestimmt wird, moralisch gut zu handeln" (Stehr und Adolf 2014, S. 58). Und auch wenn heute der Wandel im individuellen Verbraucherverhalten, insbesondere außerhalb von Deutschland, noch nicht so stark ausgeprägt sein mag wie oft behauptet (Wildner 2014, S. 74–76), ist der Trend erkennbar: Premiumzielgruppen wie die von Ray und Anderson (2000) identifizierten LOHAS („Lifestyle of Health and Sustainability"), die stärker qualitäts- und weniger preisbewusst sind als der Rest der Bevölkerung, aber für die auch Gesundheitsaspekte sowie Umwelt- und soziale Verträglichkeit wichtige Kaufkriterien darstellen, wachsen kontinuierlich (GfK Verein 2013). Doch eine verantwortungsvolle Markenführung ist nicht nur für Kunden relevant, sondern gewinnt gegenüber vielen Anspruchsgruppen zunehmend an Bedeutung (Arbeitskreis Nachhaltige Unternehmensführung der Schmalenbach-Gesellschaft für Betriebswirtschaft e. V. 2012, S. 47–49) und kann beispielsweise auch dazu beitragen, die Attraktivität als Arbeitgeber zu erhöhen (Meffert und Rauch 2014, S. 168 f.). Deshalb brauchen Marken ein Gewissen, um weiterhin relevant zu bleiben (Horlings und Ind 2016), und das Bewusstsein hierfür steigt bei den Unternehmen (Hakim 2016, S. 4–7). Dabei stehen Marken immer im Spannungsfeld zwischen einem echten Engagement in Sachen Nachhaltigkeit und der entsprechenden Kommunikation ihrer Aktivitäten (Schmidt 2013, S. 578–580). Je mehr man über soziale oder umweltorientierte Aktivitäten berichtet, diese also in der Eigendarstellung nutzt, umso eher könnte von einer kritischen Gesellschaft vermutet werden, dass hinter diesen Aktivitäten keine echten Überzeugungen stehen. Wenn man sich jedoch engagiert, ohne dies nach innen und außen zu kommunizieren, verschenkt man Sympathie und Differenzierungspotenziale.

In der Praxis lassen sich mit den Verweigerern, Idealisten, Blendern und Vorbildern vier verschiedene Führungsstile einer verantwortungsvollen Markenführung identifizieren, die folgendermaßen beschrieben werden können (vgl. Abb. 25.1):

Verweigerer übernehmen keine oder nur geringe Verantwortung für ihr Leistungsangebot und ihre Wertschöpfungskette und positionieren sich auch nicht als verantwortungsvolle Marken. Hierfür kann es mehrere Gründe geben: Zum einen kann es sein, dass ein unternehmerisches Nachhaltigkeitsmanagement bewusst ausgeschlossen wird, da hierzu das notwendige Kapital sowie personelle Ressourcen fehlen. Auch ein mangelndes bzw. nicht ausgereiftes Nachhaltigkeitsverständnis und das fehlende Bewusstsein, dass sich hiermit Innovations- und Wachstumspotenziale erschließen lassen, können dazu führen, dass das Thema weder als Element der Markenführung eingesetzt noch als Teil der Wertschöpfungskette in unternehmenspolitische Prozesse integriert wird. Zum anderen kann es sein, dass Unternehmen vielmehr reaktiv denn proaktiv handeln und nur aufgrund eines stark ausgeprägten Interesses der Stakeholder einem Nachhaltigkeitsengagement nachkommen, um Kosten zu senken oder unternehmerische Risiken zu reduzieren (Arnold 2011, S. 73).

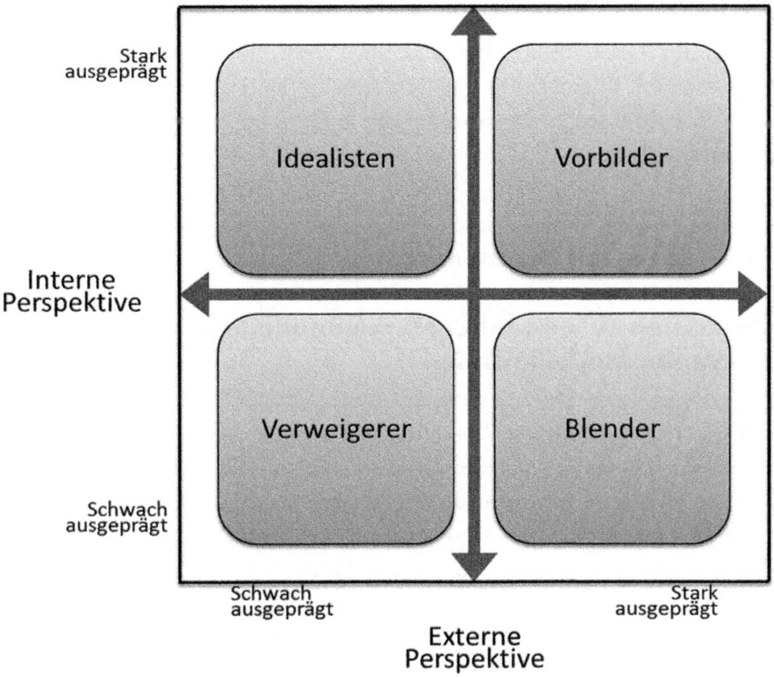

Abb. 25.1 Führungsstile der Nachhaltigkeit. (Quelle: Schmidt 2013, S. 581)

Die **Idealisten** arbeiten sehr sorgfältig daran, für ihr Leistungsangebot und ihre Wertschöpfungskette Verantwortung zu übernehmen, z. B. über einen intensiven Auswahlprozess für Lieferanten, über eine Optimierung ihrer Produktionsanlagen oder über eine Aufklärungskampagne zu ihren Produkten. Dass sie wirklich verantwortlich agieren, merken ihre Kunden aber zu selten: Sie positionieren sich nicht als verantwortungsvolle Marken. Das liegt oft darin begründet, dass man meint, mit einer defensiven Kommunikation des eigenen Engagements steigere man dessen Glaubwürdigkeit. Aber auch fehlende Ressourcen für eine professionelle Markenführung können für diese Einstellung verantwortlich sein.

Die Stärke der **Blender** liegt nicht darin, Leistungsangebot und Wertschöpfungskette tatsächlich nachhaltig auszugestalten und somit Verantwortung zu übernehmen. Zwar sind sie sich der Bedeutung des Themas für die Öffentlichkeit bewusst, denn sie beobachten ihre Märkte und Kunden sehr genau. Aber sie sehen im Engagement für Umwelt und soziale Themen einen neuen Erfolgsfaktor der Imagebildung. So werden häufig keine strategischen, sondern kurzfristige Marketing- und Imagekampagnen zur Aufwertung der Unternehmensreputation initiiert (z. B. Alibi-Kooperationen mit speziellen Sozialverbänden, Verwendung von „Öko-Jargon“ etc.). Die entsprechenden Aktivitäten in Sachen Marketing und PR werden auch als Green- oder Bluewashing bezeichnet (Schneider 2012, S. 30).

Die **Vorbilder** sind schließlich diejenigen, die beides tun: Sie übernehmen Verantwortung für ihr Leistungsangebot und ihre Wertschöpfungskette, indem sie beides nachhaltig ausrichten. Gleichzeitig positionieren sie sich aber auch als verantwortungsvolle Marken. Wie eine solche Markenführung konkret auszusehen hat, soll im folgenden Kapitel diskutiert werden.

25.3 Eine Marke mit Verantwortung

25.3.1 Diskussion ausgewählter Markenmodelle und Ableitung relevanter Modellkriterien

Wenn wir Marken als spezifische Vorstellungen darüber verstehen, warum Organisationen, Produkte oder Dienstleistungen existieren, wie sie sein wollen und was sie anbieten (Ind et al. 2012, S. 2), so wird offensichtlich, dass sie Blaupausen für verantwortliches Handeln liefern können. Marken sind also auch Instrumente, um den Fokus auf Themen wie CSR und Nachhaltigkeit zu lenken. Deshalb ist es nicht verwunderlich, dass sich die Markenforschung seit einigen Jahren unter Verwendung unterschiedlicher Begrifflichkeiten diesen Themen zugewendet hat und unter Bezeichnungen wie „CSR Brands“, „Good Brands“ oder auch „Brands with a Conscience“ Modelle entstanden, die Anforderungen an eine verantwortungsvolle Markenführung skizzieren. Im Folgenden sollen aus der Vielzahl an Ansätzen drei Vorschläge vorgestellt und kurz diskutiert werden. Der Fokus liegt dabei auf den zentralen Schlussfolgerungen, die anhand der Modelle für eine verantwortliche Markenführung abzuleiten sind.

Aufbauend auf Definitionen der Begriffe *CSR* (European Commission 2002) und *Markenmanagement* (Chernatony 2010) bezeichnen Baumgarth und Binckebanck (2011, S. 6) *CSR-Markenmanagement* als einen systematischen Prozess „zur Schaffung von differenzierenden und Präferenz auslösenden, ökologisch und sozial orientierten Assoziationen in den Köpfen der relevanten Stakeholder.“ Ihr Bezugsrahmen zur Beschreibung, Führung und Evaluation von Marken, welches sich auf das identitätsbasierte Modell der Markenführung von Hatch und Schultz (2001) bezieht, umfasst vier Elemente der Markenführung, die in Übereinstimmung gebracht werden sollten, um eine starke „CSR-Marke“ aufzubauen (Baumgarth und Binckebanck 2011, S. 9 f.). Die Positionierung beinhaltet die explizite Entscheidung des Managements über eine grundsätzliche ökologisch oder sozial orientierte Ausrichtung des Unternehmens. Die Unternehmenskultur repräsentiert, in welchem Ausmaß Mitarbeiter CSR als relevant wahrnehmen und sich dafür einsetzen. Das Verhalten spiegelt die CSR-relevanten Maßnahmen des Unternehmens wider. Die Kommunikation berücksichtigt die entsprechenden persönlichen oder medialen Kontakte, um die CSR-Identität erlebbar zu machen. Sind diese vier Elemente nicht gleichartig ausgerichtet, entstehen an den Schnittstellen der Bausteine sogenannte Verankerungs-, Erlebnis-, Umsetzungs- oder Glaubwürdigkeits-Gaps, also Handlungsfelder, die angegangen werden müssen, um sich zu einer starken CSR-Marke zu entwickeln. Die Stärke des Modells liegt in seiner holistischen Perspektive, die verdeutlicht, dass Anspruch, Verhalten und Kommunikation eines Unternehmens sowie seiner Repräsentanten simultan zu berücksichtigen sind, um eine starke CSR-Marke aufzubauen. Kritisch anzumerken ist, dass dem Modell der explizite Bezug zur Leistungserstellung und zur Produktverantwortung fehlt. Maßnahmen des Produktmanagements sowie die Steuerung der Wertschöpfungskette verstecken sich zwar im Baustein Verhalten, sollten aber aufgrund ihrer Bedeutung für die Glaubwürdigkeit einer verantwortlichen Markenführung stärker herausgestellt werden.

Iglesias und Ind (2016, S. 205–210) identifizieren in ihrem Modell „Brands with a Conscience" ebenfalls vier Bausteine, die es zu erfüllen gilt. Im Kern ihres Modells stehen die Prinzipien der Marke. Denn auch wenn starke Marken ihre Außenwelt (z. B. Kunden, Wettbewerb) sehr achtsam beobachteten, seien sie intern geprägt und entwickelten sich von innen nach außen. Die beiden angesehenen Autoren argumentieren, dass Marken mit einem Gewissen Ziele verfolgen, die eine reine Geschäftsperspektive übersteigen (Iglesias und Ind 2016, S. 206): Sie wollen die Welt positiv verändern. Außerdem ließen sich solche Marken mit den drei Adjektiven fair, verantwortlich und offen beschreiben. Fair bedeutet in diesem Zusammenhang, dass die Perspektiven unterschiedlicher Anspruchsgruppen Berücksichtigung finden und ausbalanciert werden. Verantwortlich bedeutet, dass ihnen bewusst ist, dass grenzenloses Wachstum ohne Folgekosten nicht möglich ist. Offen bedeutet, dass solche Marken den Ideen anderer gegenüber aufgeschlossen sind. Die Stärke des Modells liegt in seinem moralischen Anspruch. Kritisch anzumerken ist, dass es nicht deutlich macht, wie konkret vorzugehen ist, um diesem Anspruch gerecht zu werden.

Mit seiner „Good-Business-Matrix" entwickelt Feige (2010) ein Modell, welches einen dynamischen Charakter aufweist und die Entwicklungsschritte hin zu einer verantwortungsvollen Marke beschreibt. Es besteht aus vier Quadranten, die sich aus den Dimensionen innen und außen sowie kollektiv und individuell ergeben. Innerhalb der Markenmatrix lässt sich die Markenführung in drei Entwicklungsstufen einteilen, die in jedem Quadrant auf dem Weg zu einer guten Marke zu vollziehen sind. Im Detail lassen sich die vier Matrixfelder folgendermaßen beschrieben (Feige 2010, S. 124–127): Im Quadrant des innen gerichteten, individuellen Markenbewusstseins standen Marken in einer frühen Entwicklungsstufe für funktionale Lösungen. In einer zweiten Stufe sprechen sie Bedürfnisse und Lebensknappheiten an. In einer dritten Stufe bieten sie Sinn, Selbstverwirklichung und Werte. Im Quadrant der außen gerichteten, individuellen Markenleistung kommunizierten Marken zunächst einen konkreten Nutzen oder einen einzigartigen Grund zum Kauf (USP). In der zweiten Entwicklungsstufe versprechen sie ein ganzheitliches Erlebnis, während sie sich in der dritten Stufe öffnen und der Kunde sein individuelles Erlebnis mit der Marke in einem co-kreativen Prozess selbst gestaltet. Im Quadrant der innen gerichteten, kollektiven Markengemeinschaft war ihr Kommunikationsverständnis zunächst hierarchisch und einseitig geprägt – von der Marke zum Rezipienten. In einer zweiten Stufe herrscht ein Dialog in geschlossenen Gemeinschaften, während in der dritten Stufe ein co-kreativer, offener Dialog zwischen der Marke und ihren Anspruchsgruppen entsteht. Im Quadrant des außen gerichteten, kollektiven Markenumfeldes standen zunächst der Profit und der Marktanteil im Fokus der Markenführung. In einer zweiten Entwicklungsstufe bemühen sich Markenverantwortliche auch um die Gesellschaft, während sie in der dritten Stufe Verantwortung für das ökologische Umfeld übernehmen. Positiv anzumerken ist, dass in Feiges Modell Marken aus einer ganzheitlichen Perspektive betrachtet werden und deutlich wird, dass der Weg zu einer verantwortungsvollen Marke ein dynamischer Prozess ist, der es ggf. erforderlich macht, mehrere Entwicklungsschritte zu durchlaufen (siehe hierzu auch Kirchhof und Nickel 2014, S. 26–29). Dem Modell fehlt allerdings eine Art Kern, der die mit der Marke verbundenen grundlegenden Überzeugungen repräsentiert. Außerdem mangelt es an einem konkreten Anwendungsbezug.

Basierend auf der Analyse der skizzierten Modelle sind folgende Anforderungen an ein umfassendes Modell der verantwortungsvollen Markenführung zu stellen:

- Das Modell sollte keine Teilaspekte verantwortungsvoller Markenführung abbilden, sondern eine ganzheitliche Perspektive einnehmen.
- Das Modell sollte abbilden, dass Marken mit Verantwortung einem inneren Kompass folgen, dessen Koordinaten unabhängig sind von Kundenanforderungen, Markttrends oder Aktivitäten des Wettbewerbs.
- Das Modell sollte flexibel genug sein, um den individuellen Charakter einer Marke zu berücksichtigen.
- Das Modell sollte thematisieren, dass nachhaltig geführte Marken auch Verantwortung für ihre Produkte und Dienstleistungen (Leistungsangebot) sowie für die gesamte Wertschöpfungskette übernehmen.
- Das Modell sollte allgemeine Anforderungen formulieren, wie die Marke ihre Beziehungen und Kommunikation mit Anspruchsgruppen gestalten will.
- Das Modell sollte berücksichtigen, dass der Weg zur Marke mit Verantwortung auf einer kontinuierlichen Entwicklung beruht.

25.3.2 Verantwortungsvolle Markenführung: Diskussionsvorschlag

Starke Marken verfügen über einen inneren Kompass, der oft auch als Markenkern oder Essenz der Marke bezeichnet wird (Aaker 1996, S. 85 f.). Die Orientierung starker Marken mit Verantwortung ist allerdings weitreichender: Solche Marken haben eine Antwort auf die Frage nach dem Sinn ihres Daseins gefunden, die jenseits klassischer Erfolgskennziffern liegt. Sie haben sich zu sinnstiftenden Marken („meaningful brand", vgl. z. B. Havas Group 2017) entwickelt. Im Gegensatz zu Milton Friedmanns Doktrin, dass es im Geschäftsleben einzig und alleine um das Ziel ginge, den Profit zu steigern (Friedmann 1970), besteht ihr Terminalziel nicht darin, Umsätze und Gewinne zu erzielen oder Kundenbedürfnisse zu übertreffen: Sie wollen mit ihren Produkten und Leistungen einen Beitrag zu unserem persönlichen und gesellschaftlichen Wohlbefinden leisten und somit die Welt zu einem besseren Ort machen. Ihre diesbezüglichen **Überzeugungen** vertreten sie selbstbewusst, indem sie beispielsweise auch ihre Kunden dazu auffordern, zu sinnvollen Ergebnissen beizutragen (Wiesner 2016, S. 265). Auf den ersten Blick liegt dies vielleicht näher für Marken wie Frosch, Kneipp oder Werkhaus, deren Entstehungsgeschichte und Markenkern eng mit dem Thema Nachhaltigkeit verbunden sind (Meffert und Rauch 2014, S. 163 f.). Auf den zweiten Blick gilt dies aber auch für viele Corporate Brands, die Nachhaltigkeit zunächst nur als Ergänzung oder sogar unabhängig von der Markenidentität betrachten (Esch und Brunner 2010, S. 75), da auch sie per Definition vielen unterschiedlichen Anspruchsgruppen gerecht werden müssen (Tomczak und Kernstock 2014, S. 28 f.). Das Unternehmen DNV GL, das 2013 aus dem Zusammenschluss von Det Norske Veritas mit dem Germanischen Lloyd entstand und weltweit führender Anbieter von Prüf- und Zertifizierungsdienstleistungen ist, verfolgt mit seiner Vision, Einfluss zu nehmen auf eine sichere und nachhaltige Zukunft („global impact for a safe and sustainable future"), ebenso übergeordnete Ziele wie die Outdoormarke Patagonia, deren Ambition es ist, durch ihre Geschäftstätigkeit Lösungen für die Umweltkrise herbeizuführen („use business to inspire and implement solutions to the environmental crisis"). Tomra, der norwegische Anbieter von Sammelsystemen und Sortierlösungen, möchte einen Beitrag dazu leisten, die Ressourcen dieser Welt effizienter zu gewinnen, zu nutzen und zu recyceln („rethinking how we obtain, use, reuse and optimize the world's resources"), und verfolgt damit ebenso ein Ziel jenseits von Finanzkennzahlen wie die Marke Apple, deren Vision darin besteht, das Leben der Menschen zu bereichern („enriching lives").

Typisch für starke Corporate Brands ist ihre Auseinandersetzung mit den Erwartungen unterschiedlicher Anspruchsgruppen (z. B. Kunde, Lieferanten, Anteilseigner, Anwohner). Diese Denkhaltung macht es für verantwortungsbewusste Marken notwendig, den Produkten und Dienstleistungen ihres **Leistungsangebots** Relevanz zu verleihen und für die Auswirkungen des Konsums gerade zu stehen. Marken der Süßwaren- und Getränkeindustrie sollten sich z. B. damit auseinandersetzen, welche Folgen der Zuckergehalt ihrer Produkte für die Gesundheit ihrer Kunden, viele davon Kinder, hat. Anbieter alkoholhaltiger Getränke sollten sich gegen Alkoholmissbrauch engagieren und in ihrer Werbung keine Jugendlichen unter 18 Jahren ansprechen. Darüber hinaus ist verantwortungsvollen Marken bewusst, dass ihre Wertschöpfungskette ressourcenschonend und sozial gerecht ausgestaltet sein muss: Sie erheben einen ethischen Anspruch über die gesamte **Wertschöpfungskette** hinweg von der Rohstoffgewinnung über die Produktion bis zur Gestaltung, zum Absatz und zur Entsorgung von Produkten und Dienstleistungen (Schiebel 2012, S. 453). Coca-Cola, oft in der Kritik vieler Nachhaltigkeitsexperten, bietet ein Beispiel dafür, wie negative Effekte der eigenen Wertschöpfung kompensiert werden können: Der Getränkekonzern hat sich zum Ziel gesetzt, der „wassereffizienteste Getränkehersteller" zu werden, und ist nach eigenen Angaben das erste Unternehmen im Index Fortune 500, das in Ausgleichsprojekten mehr Trinkwasser aufbereitet als es verbraucht. Daher ist der Wertschöpfungsprozess Anknüpfungspunkt einer verantwortungsvollen Markenführung und Grundlage für die Positionierung der Marke (Zentes et al. 2014, S. 7).

Marken mit Verantwortung haben verstanden, dass sie sich im Hyperwettbewerb unserer Zeit eindeutig positionieren müssen, um gegenüber anderen, vergleichbaren Angeboten herauszustechen. Sie kommunizieren ihre diesbezüglichen Anstrengungen offensiv, damit sich ihre Aktivitäten auf die Ebene des Markenimages übertragen (Weber 2015, S. 19). Ihre **Positionierung** sollte dabei allerdings nicht auf angestrebten Images, sondern im Sinne der identitätsbasierten Markenführung auf eindeutigen Kompetenzen beruhen, die glaubhaft kommuniziert werden können. Dies wird insbesondere vor dem Hintergrund der schnell heranwachsenden „Generation C" notwendig (die nach 1990 Geborenen), für die Authentizität eine besondere Rolle spielt (Friedrich et al. 2010). Das „C" ist dabei abgeleitet von den englischen Begriffen „connected", „communicating", „content-centric", „computerized", „community-oriented" und „always clicking". Vertreter dieser mit der Digitalisierung aufgewachsenen Generation suchen nach echten, authentischen Markenerlebnissen und wollen hinter die Kulissen der schönen Werbewelt schauen. Authentische und zugleich differenzierte Erlebnisse bietet z. B. die englische Traditionsmarke Brooks, die vor allem für ihre handgefertigten Fahrradsättel bekannt ist. Wenn der Radprofi David Millar den Sattel Cambium C13 auf den Pflastersteinen des Traditionsrennens Paris-Roubaix testet und dies durch ein Video in den sozialen Netzwerken dokumentiert wird, so zeigt dies die außerordentliche Qualität des Produkts. Auch die deutsche Handelsmarke Aldi ist in diesem Zusammenhang ein gutes Beispiel: Aldi eröffnete im Frühjahr 2017 im Kölner Mediapark ein Pop-up-Bistro, in dem wechselnde Menüs aus Produkten des Discounters für weniger als 8 EUR angeboten werden. Nach drei Monaten soll das Bistro, das in beweglichen Containern untergebracht ist, in eine andere Stadt weiter ziehen.

Darüber hinaus sind Marken mit Verantwortung **offen** für den Einfluss ihrer Anspruchsgruppen (Ind et al. 2012, S. 122). Kunden, Mitarbeiter und Lieferanten werden dazu ermutigt, ihre Ideen über Online-Communities, Workshops und Interviews einzubringen und somit die Leistungsfähigkeit des Unternehmens permanent zu verbessern. Sie sind auch am Innovationsprozess beteiligt und sorgen somit für Impulse, die den Bedürfnissen der Menschen entsprechen. Beim Softwareunternehmen Intuit beispielsweise dürfen Mitarbeiter 10 % ihrer Zeit dazu nutzen, Ideen ihrer Wahl weiterzuentwickeln, und Lego nutzt die Vorschläge aus der Online-Community AFOL (Adult Friends of Lego), um bessere Produkte zu entwickeln. Marken mit Verantwortung kommunizieren **transparent** (Brady 2003, S. 281), d. h. sie lassen einen Blick hinter die Kulissen zu, und stehen auch zu ihren Fehlern. Volkswagen, das in der Kritik dafür steht, nicht alles für die Aufklärung des Dieselskandals zu tun und Geschädigte nicht ausreichend zu entschädigen, ist hierfür sicherlich ein schlechtes Beispiel. Marken mit Verantwortung agieren **fair,** d. h. sie versetzen sich in die Perspektive anderer Anspruchsgruppen und streben nach einem Ausgleich der Interessen (Wiesner 2016, S. 26). Der niederländische Schokoladenhersteller Chocolonely beispielsweise will am Ende der Wertschöpfungskette, also beim Verbraucher, so hohe Preise durchsetzen, dass auch kleine Kakaoproduzenten in Dritte-Welt-Ländern von ihren Einnahmen gut leben können. Schließlich sind Marken mit Verantwortung **engagiert,** d. h. sie treten für ihre Überzeugungen ein (Wadhawan 2017) und sind stets bemüht, sich im Sinne einer dyna-

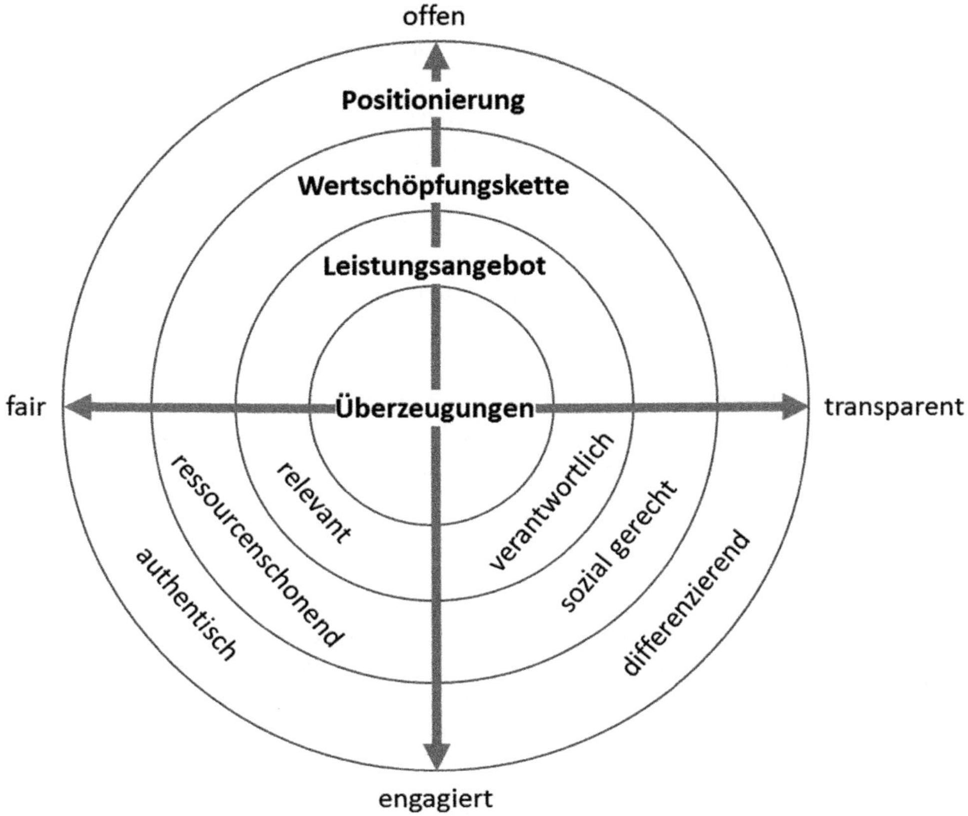

Abb. 25.2 Modell einer verantwortungsvollen Markenführung

mischen Entwicklung in allen Bereichen zu verbessern. Zum Beispiel thematisierte Heinecken in dem viralen Video „Worlds Apart", wie man auch bei völlig unterschiedlichen Weltanschauungen miteinander respektvoll und freundschaftlich umgehen kann. Die Outdoor-Marke Patagonia kündigte Ende 2017 an, gegen Präsident Trump vor Gericht zu ziehen, da seine Regierung per Dekret Naturschutzgebiete in Utah verkleinerte. Und Unilever, sicherlich nicht als „grüne Marke" bekannt, verfolgt das Ziel, bis 2020 seine Umsätze zu verdoppeln, dabei aber seine Auswirkung auf die Umwelt zu halbieren, und hat sich somit auf den Weg zur einer verantwortungsvollen Marke begeben.

Das Modell der verantwortlichen Markenführung findet sich in Abb. 25.2.

25.4 Fazit und Ausblick

Vorliegender Beitrag diskutierte das Modell der verantwortungsvollen Markenführung. Anlass hierzu lieferte die These eines sich beschleunigenden Wandels im Verbraucherverhalten von der individuellen Nutzenmaximierung hin zu einer stärkeren Berücksichtigung ökologischer und sozialer Auswirkungen des eigenen Konsums. Diese Entwicklung wurde auch als Moralisierung der Märkte bezeichnet. In einem solchen Umfeld erscheint es für die Markenführung, deren Kernaufgabe der Aufbau langfristiger Begeisterungspotenziale darstellt, notwendig, sich stärker den Themen Nachhaltigkeit und CSR zuzuwenden und diese in ihre Konzepte zu integrieren.

Auf der Basis unterschiedlicher Markenführungsmodelle, die alle die genannten Themen fokussieren, wurden in diesem Beitrag Anforderungen an eine sogenannte verantwortungsvolle Markenführung abgeleitet. Hierauf aufbauend wurde ein Modell zum Aufbau von Marken mit Verantwortung vorgestellt sowie die Modellebenen anhand von Beispielen aus der Praxis erläutert. Ziel war es, hierdurch Markenforscher zur weiteren Diskussion anzuregen und Praktikern erste Ideen an die Hand zu geben, wie sie der wachsenden Verantwortung ihrer Marken gerecht werden können. Denn, so formulierte es Paul Polman, der CEO von Unilever, (Pearce 2013): „If a business wants to be around for a long time, the best guarantee is to serve society."

Literatur

Aaker, D. A. (1996). *Building strong brands*. New York: Free Press.

Arbeitskreis Nachhaltige Unternehmensführung der Schmalenbach-Gesellschaft für Betriebswirtschaft e. V. (2012). „Verantwortung" – Eine phänomenologische Annäherung. In A. Schneider & R. Schmidpeter (Hrsg.), *Corporate Social Responsibility. Verantwortungsvolle Unternehmensführung in Theorie und Praxis* (S. 39–54). Berlin: Springer Gabler.

Arnold, J. (2011). *Die Kommunikation gesellschaftlicher Verantwortung am nachhaltigen Kapitalmarkt. Konzeptuelle Grundlegung eines kommunikativen Handlungsfeldes der Kapitalmarktkommunikation*. Wiesbaden: VS Verlag.

Baumgarth, C. (2014). *Markenpolitik. Markentheorien, Markenwirkungen, Markenführung, Markencontrolling, Markenkontexte* (4. Aufl.). Wiesbaden: Springer Gabler.

Baumgarth, C., & Binckebanck, L. (2011). *CSR-Markenmanagement. Markenmodell und Best-Practice-Fälle am Beispiel der Bau-und Immobilienwirtschaft*. Working Papers of the Institute of Management Berlin at the Berlin School of Economics and Law (HWR Berlin).

Boorman, N. (2007). *Bonfire of the brands. How I learnt to live without labels*. Edinburgh: Canongate.

Brady, A. (2003). How to generate sustainable brand value from responsibility. *Journal of Brand Management, 10*(4), 279–289.

Burmann, C., Halaszovich, T., & Hemmann, F. (2012). *Identitätsbasierte Markenführung*. Wiesbaden: Springer Gabler.

Chernatony, L. de (2010). *From brand vision to brand evaluation. The strategic process of growing and strengthening brands* (3. Aufl.). Amsterdam: Butterworth-Heinemann.

Chernatony, L. de, McDonald, M., & Wallace, E. (2011). *Creating powerful brands* (4. Aufl.). Oxford: Taylor & Francis.

Esch, F.-R. (2014). *Strategie und Technik der Markenführung* (8. Aufl.). München: Vahlen.

Esch, F.-R., & Brunner, C. (2010). CSR. Mehr als nur leere Worte? *Markenartikel* (4), 75–77.

European Commission. (Hrsg). (2002). *Corporate social responsibility: A business contribution to sustainable development*. Brüssel: European Commission.

Feige, A. (2010). *Good Business. Das Denken der Gewinner von morgen*. Murmann: Hamburg.

Friedmann, M. (13. September 1970). The social responsibility of business is to increase its profits. *The New York Times Magazine*. http://www.colorado.edu/studentgroups/libertarians/issues/friedman-soc-resp-business.html. Zugegriffen: 26. Mai 2017.

Friedrich, R., Le Merle, M., Peterson, M., & Koster, A. (2010). The rise of generation C. Implications for the world of 2020. Hrsg. v. Booz & Company. https://static1.squarespace.com/static/5481bc79e4b01c4bf3ceed80/t/548775e3e4b04e84900ab161/1418163683616/Rise_Of_Generation_C.pdf. Zugegriffen: 2. Juni 2017.

GfK Verein. (Hrsg.). (2013). Konsum mit Weitblick. http://www.gfk-verein.org/compact/fokusthemen/konsum-weitblick. Zugegriffen: 31. Mai 2017.

Grober, U. (1999). Hans Carl von Carlowitz: Der Erfinder der Nachhaltigkeit. *Zeit Online*. http://www.zeit.de/1999/48/Der_Erfinder_der_Nachhaltigkeit. Zugegriffen: 26. Mai 2017.

Hakim, A. (2016). Changing the relevancy of business and the role of the brand leaders forever. In S. Horlings & N. Ind (Hrsg.), *Brands with a conscience. How to build a successful and responsible brand* (S. 1–13). London: Kogan Page.

Harter, G., Koster, A., Peterson, M., & Stomberg, M. (2005). Managing brands for value creation. https://www.strategyand.pwc.com/media/uploads/Managing_Brands_for_Value_Creation.pdf. Zugegriffen: 12. Juni 2017.

Hatch, M. J., & Schultz, M. (2001). Are the strategic stars aligned for your corporate brand. *Harvard Business Review, 79*(2), 128–134.

Havas Group. (Hrsg.). (2017). http://www.meaningful-brands.com/en/insights. Zugegriffen: 12. Juni 2017.

Horlings, S., & Ind, N. (Hrsg.). (2016). *Brands with a conscience. How to build a successful and responsible brand*. London: Kogan Page.

Iglesias, O., & Ind, N. (2016). How to be a brand with a conscience. In S. Horlings & N. Ind (Hrsg.), *Brands with a conscience. How to build a successful and responsible brand* (S. 203–211). London: Kogan Page.

Ind, N. (2003). Inside out. How employees build value. *The Journal of Brand Management, 10*(6), 393–402.

Ind, N., & Coates, N. (2013). The meanings of co-creation. *European Business Review, 25*(1), 86–95.

Ind, N., Fuller, C., & Trevail, C. (2012). *Brand together. How co-creation generates innovation and re-energizes brands*. London: Kogan Page.

Kalbhenn, P. (16. Mai 2012). Die größten Skandale in deutschen Konzernen. *handelsblatt.com*. http://www.handelsblatt.com/unternehmen/beruf-und-buero/buero-special/compliance-die-groessten-skandale-in-deutschen-konzernen/6641352.html. Zugegriffen: 26. Mai 2017.

Kapferer, J.-N. (1992). *Die Marke – Kapital des Unternehmens*. Landsberg/Lech: Moderne Industrie.

Kastens, I. E., & Lux, P. G. C. (2013). *Das Aushandlungs-Paradigma der Marke. Den Bedeutungsreichtum der Marke nutzen*. Wiesbaden: Springer Gabler.

Kenning, P. (2014). Sustainable Marketing – Definition und begriffliche Abgrenzung. In H. Meffert, P. Kenning, & M. Kirchgeorg (Hrsg.), *Sustainable Marketing Management* (S. 3–20). Wiesbaden: Springer.

Kirchhof, A.-K., & Nickel, O. (2014). Marken nachhaltig erfolgreich führen. In A.-K. Kirchhof & O. Nickel (Hrsg.), *CSR und Brand Management* (S. 1–36). Berlin: Springer.

Klein, N. (2010). *No logo. No space, no choice, no jobs* (3. Aufl.). New York: Picador.

Koch, K.-D. (2010). *Was Marken unwiderstehlich macht. 101 Wege zur Begehrlichkeit* (2. Aufl.). Zürich: Orell Füssli.

Köhler, C., & Klepper, D. (2014). Marken sind Treiber der Nachhaltigkeit – Seit jeher. In A.-K. Kirchhof & O. Nickel (Hrsg.), *CSR und Brand Management* (S. 53–61). Berlin: Springer.

Krobath, K., & Schmidt, H. J. (Hrsg.). (2010). *Innen beginnen. Von der internen Kommunikation zum Internal Branding*. Wiesbaden: Gabler.

Last, A. (2016). *Business on a mission. How to build a sustainable brand.* London: Taylor & Francis.

Madden, T. J., Fehle, F., & Fournier, S. (2006). Brands matter – An empirical demonstration of the creation of shareholder value through branding. *Journal of the Academy of Marketing Science, 34*(2), 224–235.

Meenaghan, T. (1995). The role of advertising in brand image development. *Journal of Product & Brand Management, 4*(4), 23–34.

Meffert, H., & Rauch, C. (2014). Sustainable Branding – Konzept, Wirkungen und empirische Befunde. In H. Meffert, P. Kenning, & M. Kirchgeorg (Hrsg.), *Sustainable Marketing Management* (S. 159–174). Wiesbaden: Springer.

Meffert, H., Rauch, C., & Lepp, H. L. (2010). Sustainable Branding – Mehr als ein neues Schlagwort?! *Marketing Review St. Gallen, 27*(5), 28–35.

Pearce, F. (23. Juli 2013). Unilever plans to double its turnover while halving its environmental impact. *The Telegraph.* http://www.telegraph.co.uk/news/earth/environment/10188164/Unilever-plans-to-double-its-turnover-while-halving-its-environmental-impact.html. Zugegriffen: 31. Mai 2017.

Ray, P. H., & Anderson, S. R. (2000). *The cultural creatives. How 50 million people are changing the world.* New York: Three Rivers.

Ritzer, G. (2007). *The globalization of nothing 2* (2. Aufl.). Thousand Oaks: Pine Forge.

Schiebel, W. (2012). CSR und Marketing. In A. Schneider & R. Schmidpeter (Hrsg.), *Corporate Social Responsibility. Verantwortungsvolle Unternehmensführung in Theorie und Praxis* (S. 453–467). Berlin: Springer Gabler.

Schmidt, H. J. (2007). *Internal Branding. Wie Sie Ihre Mitarbeiter zu Markenbotschaftern machen.* Wiesbaden: Gabler.

Schmidt, H. J. (2013). Nachhaltigkeit und Marketing: Eine Frage der Perspektive? In G. Hofbauer (Hrsg.), *Marketing in Forschung und Praxis.* [Jubiläumsausgabe zum 40-jährigen Bestehen der Arbeitsgemeinschaft für Marketing] (S. 575–587). Berlin: Uni-Ed.

Schmidt, H. J. (2015). *Markenführung.* Wiesbaden: Springer Gabler.

Schneider, A. (2012). Reifegradmodell CSR – Eine Begriffsabklärung und -abgrenzung. In A. Schneider & R. Schmidpeter (Hrsg.), *Corporate Social Responsibility. Verantwortungsvolle Unternehmensführung in Theorie und Praxis* (S. 17–38). Berlin: Springer Gabler.

Stehr, N. (2007). *Die Moralisierung der Märkte. Eine Gesellschaftstheorie.* Frankfurt: Suhrkamp.

Stehr, N., & Adolf, M. T. (2014). Der Konsum der Verbraucher. In H. Meffert, P. Kenning, & M. Kirchgeorg (Hrsg.), *Sustainable Marketing Management* (S. 55–70). Wiesbaden: Springer.

Tomczak, T., & Kernstock, J. (2014). Anspruchsgruppen identifizieren und als Maßstab nutzen. In F.-R. Esch, T. Tomczak, J. Kernstock, T. Langner, & J. Redler (Hrsg.), *Corporate Brand Management* (S. 27–42). Wiesbaden: Springer.

United Nations. (Hrsg.). (1987). Report on the world commission on environment and development: Our common future. http://www.un-documents.net/our-common-future.pdf. Zugegriffen: 26. Mai 2017.

Wadhawan, J. (24. Mai 2017). Werber Gerald Hensel: „Marken müssen ein politisches Selbstverständnis entwickeln". *absatzwirtschaft.de.* http://www.absatzwirtschaft.de/gerald-hensel-marken-muessen-ein-politisches-selbstverstaendnis-entwickeln-106871. Zugegriffen: 26. Mai 2017.

Weber, T. (2015). Das Spannungsfeld von CSR und Produktmanagement. In T. Weber (Hrsg.), *CSR und Produktmanagement. Langfristige Wettbewerbsvorteile durch nachhaltige Produkte* (S. 1–25). Berlin: Springer Gabler.

Wiesner, K. A. (2016). *Faires Management und Marketing.* Berlin: De Gruyter.

Wildner, R. (2014). Wandel im Verbraucher- und Käuferverhalten. In H. Meffert, P. Kenning, & M. Kirchgeorg (Hrsg.), *Sustainable Marketing Management* (S. 71–83). Wiesbaden: Springer.

Zentes, J., Lonnes, V., & Whitaker, D. (2014). Nachhaltige Markenführung. Neugestaltung der Wertschöpfungskette. Universität des Saarlandes, Saarbrücken. Institut für Handel & Internationales Marketing (H.I.MA.). http://www.uni-saarland.de/fileadmin/user_upload/Professoren/fr13_ProfZentes/sonstiges/HIMA-Studie-Nachhaltige-Markenfuehrung.pdf. Zugegriffen: 1. Juni 2017.

Prof. Dr. Holger J. Schmidt studierte Betriebswirtschaftslehre mit dem Schwerpunkt Marketing in Mannheim und Barcelona und promovierte an der Leibnitz Universität Hannover. Er verfügt über mehr als 20 Jahre Erfahrung in Theorie und Praxis der Markenführung und arbeitete in der Beratung, Werbung und bei TNT Express. Seit 2011 ist er Professor für Marketing an der Hochschule Koblenz. Seine Forschungsschwerpunkte liegen in den Bereichen Internal Branding, Markenorientierung, Markenstrategien sowie der Markenführung von Sozial- und Technologieunternehmen. Er ist Autor zahlreicher Bücher und Fachpublikationen, Mitglied in der Denkfabrik Medinge, Mitinitiator des Expertenrats Technologiemarken sowie Beirat der Generationsbrücke Deutschland.

Storytelling als nachhaltiges Marketing im Corporate Branding 26

Lisa Schlindwein und Anabel Ternès

26.1 Corporate Branding

Eine starke Marke hilft Konsumenten bei der Orientierung auf einem hart umkämpften Markt, indem sie ein bestimmtes Produkt mithilfe eines Images von anderen abgrenzt. Ein ausgesprochen erfolgreiches Corporate Branding machte beispielsweise aus Papiertüchern ganz einfach Zewa und aus Papiertaschentüchern Tempo – und das ganz unabhängig davon, welches Produkt konkret verwendet wird. Die Marke wurde also zum Synonym für ein Produkt und hat sich im Sprachgebrauch etabliert.

Ihre Bedeutung ist aber deutlich komplexer. Insbesondere die Entwicklung und Führung einer Unternehmensmarke kann nämlich über den Erfolg einer Unternehmung entscheiden. Nicht umsonst hat das Beratungsunternehmen PricewaterhouseCoopers in einer Studie belegt, dass der Anteil, den der Wert der Marke am gesamten Unternehmenswert einnimmt, von 56 % im Jahr 1999 auf 67 % im Jahr 2005 angestiegen ist (PWC 2005, S. 10). Für 80 % der in der Studie befragten Führungskräfte ist die Entwicklung und Führung einer starken Unternehmensmarke wichtig oder sehr wichtig, für fast 90 % zählt sie deswegen zu den wichtigen oder wichtigsten Vermögenswerten (PWC 2005, S. 11). So ist es nur folgerichtig, dass ein stringentes Markenmanagement zu den vordringlichen Aufgaben der Unternehmensführung avanciert, um sich im globalisierten und damit komplexer gewordenen Wettbewerb klar konturiert abheben zu können.

L. Schlindwein
punktgenau business consulting GmbH, Steinbeis School of Innovation and Management, Köln, Deutschland
E-Mail: lisaschlindwein@icloud.com

A. Ternès (✉)
International Institute for Sustainability Management (IISM) und GetYourWings gGmbH, Berlin, Deutschland
E-Mail: info@getyourwings.de

M. Englert und A. Ternès (Hrsg.), *Nachhaltiges Management*,
https://doi.org/10.1007/978-3-662-57693-9_26

26.1.1 Corporate Branding – Markenführung als umfassende Disziplin

In der Forschung zum Thema Corporate Branding werden unterschiedliche Definitionen verwendet (Balmer, J. 2001, S. 251). Grundsätzlich geht Corporate Branding deutlich weiter als der Ansatz der Corporate Identity, der sich in den 1970er-Jahren entwickelte. Er befasst sich vielmehr mit der ganzheitlichen Wirkung des Unternehmens als Marke, mit einem authentischen Profil, das es vom Wettbewerb abgrenzt und sich als konsistentes Bild in den Köpfen der Kunden, der Mitarbeiter und Anteilseigner, aber auch der Öffentlichkeit verankert. So lassen sich nicht nur die Mitarbeiter motivieren und Kunden positiv in ihrer Entscheidung beeinflussen, sondern auch potenzielle Investoren (Esch et al. 2005, S. 405).

Wurde als Marke zunächst die physische Kennzeichnung der Herkunft von Produkten bezeichnet, die auf eine bestimmte Qualität oder Bekanntheit schließen ließ, umfasst das moderne Verständnis das gesamte Markenimage und damit die Assoziationen, die bei einem Konsumenten ausgelöst werden. Dieses Vorstellungsbild kann sich also ebenso gut auf ein Unternehmen, mit dem ein bestimmter Markencharakter verbunden wird, beziehen (Bierwirth 2003, S. 15). Mit Corporate Branding wird demnach die ganzheitliche Führung und damit ein Prozess definiert, der über die stringente Planung auch die Koordination sowie Kontrolle sämtlicher Aktivitäten und Gestaltungsparameter der jeweiligen Unternehmensmarke umfasst. Die Markenführung wird in dieser Disziplin mit der strategischen Geschäftsführung verbunden.

26.1.2 Veränderte Rahmenbedingungen – neue Herausforderungen

Die Märkte werden jedoch nicht zuletzt im Zuge der Globalisierung komplexer: Die Struktur von Unternehmen verändert sich rasend schnell mit der Einbindung ausländischer Investoren, was nicht nur Auswirkungen auf die Unternehmenskultur mit sich bringt, sondern die einstige Authentizität wegen des fehlenden Bezugs zur Unternehmenstradition verloren gehen lässt. Konsumenten können kaum noch einschätzen, wer die Verantwortung in Großunternehmen trägt. Die Führungsriege wechselt, bleibt in vielen Fällen anonym und prägt doch die Außenwirkung.

Wenn die Deutsche Bank mit dem Slogan „Leistung aus Leidenschaft“ warb, wie das bis zum letzten Jahr der Fall war, stieß das bei den informierten Kunden und Mitarbeitern auf Unverständnis. Zu viele Skandale, nicht zuletzt um die Führungsetage, haben den Branchenprimus erschüttert, verursachten enorme Kosten und machen einen massiven Stellenbau erforderlich – von Glaubwürdigkeit und Authentizität kann hier nicht die Rede sein (Die Welt 2017).

Die Unternehmen sehen sich nämlich mit einer neuen Generation von Verbrauchern konfrontiert, die immer besser informiert sind. Erreichten die Berichte um Skandale, Betrügereien und Falschaussagen einst nur die Kreise, die die einschlägigen Fachmedien nutzten, verbreiten sich derartige Meldungen heute rasend schnell im Internet. Damit wachsen insbesondere in der Generation Y die Ansprüche an eine transparente Kommunikation, was jedoch von vielen Entscheidungsträgern in Unternehmen, Institutionen und den Medien nach wie vor unterschätzt wird: Werden Fakten verschwiegen oder falsch dargestellt, folgt die Reaktion oftmals umgehend.

Einerseits wird Falsches schnell entlarvt, andererseits schwindet das Vertrauen in die Ehrlichkeit und Glaubwürdigkeit von Autoritäten und Unternehmen. Hier sei die die gesamte Gesellschaft durchziehende Diskussion um den Begriff „Lügenpresse" als Beispiel genannt (Tagesspiegel 2017). Im Gegenzug erhalten dann die „Alternativen" deutlich mehr Aufmerksamkeit. Ob sich der digitale Nachbar, der seinen Blog ohne die Einhaltung journalistischer Grundsätze betreibt, oder die digitale Schwarmintelligenz als seriöse Informationsquelle eignen, darf in vielen Fällen bezweifelt werden.

Darüber hinaus eröffnet die Digitalisierung die Möglichkeit, austauschbare Produkte und Dienstleistungen in Bezug auf Preis und Leistung online zu vergleichen. Die zahlreichen Kundenportale geben Raum für Bewertungen und Erfahrungsberichte, die wiederum die Kaufentscheidung von Verbrauchern beeinflussen. Kann ein Unternehmen also keine authentische Marke entwickeln, die eine emotionale Bindung zum Verbraucher herstellt, wird die günstigste Alternative gewählt. Für ein erfolgreiches Corporate Branding stellen sich somit deutlich höhere Ansprüche, da faktische Aussagen jederzeit hinterfragt werden können.

Wichtiger ist es demnach, bestimmte Emotionen zu vermitteln, die wiederum Assoziationen beim Konsumenten auslösen und die gewünschte Botschaft im Gedächtnis verankern. Sie verändern nämlich den Inhalt des Gedächtnisses und prägen es nachhaltig (Roeder et al. 2005). Aus den wissenschaftlichen Erkenntnissen zu den unterschiedlichen Assoziationen und den daraus resultierenden Veränderungen der Gedächtnisinhalte ergeben sich interessante Ansätze für die Markenkommunikation – die alte Tradition des Erzählens von spannenden Geschichten erlebt nicht von ungefähr insbesondere im Marketing eine wahre Renaissance.

26.1.3 Storytelling als nachhaltiger Weg im Corporate Branding

Längst strafen die Verbraucher ob der Flut an Informationen, die laut, schrill und durchaus auch penetrant um Aufmerksamkeit für Marken und Produkte kämpfen, die alte Marketingwelt mit Gleichgültigkeit ab: Es ist eine Grenze erreicht, ein Overload, die beispielsweise eine Vielzahl aus der Generation Y dazu veranlasst hat, Anzeigen im Internet zu blocken. Wurden einst auch TV-Werbespots mit einfacher Handlung noch bewusst wahrgenommen und deren Botschaft aufgenommen, weil sie als Alternative zu den Printmedien mit dem bewegten Bildern arbeiteten, hat sich die Anzahl der Kommunikationskanäle im Zuge der Digitalisierung deutlich erhöht: Kaum ein Film im TV kann ohne regelmäßige Werbepausen genossen werden, was nicht selten dazu führt, dass Konsumenten das Programm wechseln – und nebenbei ihr Smartphone nutzen.

Selbst in den sozialen Medien oder auf Webseiten werden immer wieder Werbungen eingeblendet – und weggeklickt. Auch als redaktionelle Texte getarnte Advertorials werden immer mehr als solche entdeckt, denn sie müssen ja auch gekennzeichnet werden. Es sind Alternativen gefragt, um die für ein erfolgreiches Corporate Branding wichtigen Botschaften nachhaltig platzieren zu können: Statt den Verbraucher weiterhin im Sekundentakt mit Werbeimpulsen über die verschiedensten Kanäle zu traktieren, haben sich große Unternehmen bereits auf ihre eigenen Geschichten besonnen und erzählen diese mit enormem Aufwand rund um ihre Marke. Befragt nach den größten Trends im Bereich mobile Werbung, steht so bei Marketingexperten auch Werbung, die emotional und nah dran am Kunden ist, an oberster Stelle (siehe Abb. 26.1). So findet man auf den

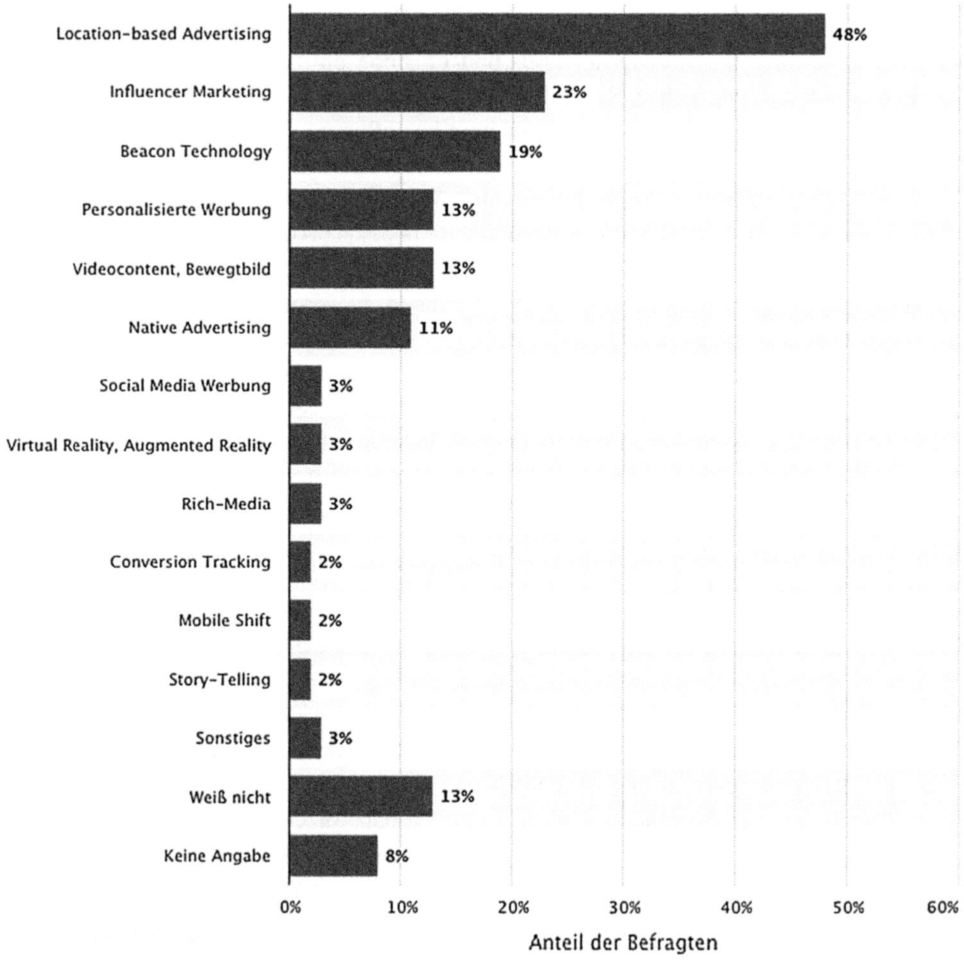

Abb. 26.1 Welches sind Ihrer Meinung nach die drei größten Trends im Bereich mobile Werbung? (Statista 2016)

ersten Plätzen neben Location-based Advertising, Influencer Marketing, personalisierter Werbung und Bewegtbild auch Native Advertising.

Mittlerweile haben es schon viele Unternehmen erkannt. Global investieren immer mehr in Native Advertising oder kurz Storytelling. Das zeigen auch die Ergebnisse einer Studie des Interactive Advertising Bureau von 2014, nach der die Investitionen in Native Advertising sich weltweit Prognosen nach von 2013 bis 2018 fast versechsfachen, von 1 Mrd. in 2013 bis hin zur Prognose 5,7 Mrd. in 2018 (Business Insider 2014; siehe Abb. 26.2).

Wie Studien zeigen, lohnt sich der Aufwand: Das sogenannte Native Advertising führt bei den Konsumenten ausschließlich zu positiver Resonanz. Die Teilnehmer der Native-Advertising-Studie der Hubert Burda Media von 2016 empfinden Native Advertising mit bis zu 47,5 % als modern, kreativ, interessant und nah am Kunden sowie glaubwürdig, sympathisch und vertrauenswürdig, so die Studie (Horizont 2016, S. 63; siehe Abb. 26.3).

Der Grundgedanke beim Storytelling besteht darin, in der immensen Informationsflut wahrgenommen zu werden. Mit starken Geschichten lassen sich über die gewünschten Inhalte hinaus auch Werte transportieren und Emotionen ansprechen. Vor allem das bewegte Bild eröffnet hier enorme Möglichkeiten, ein Unternehmen mit authentischen Geschichten menschlich und sympathisch erscheinen zu lassen. Erkennt sich der Konsument in der geschilderten Situation wieder, kann er die Beweggründe für ein bestimmtes Vorgehen nachvollziehen oder teilt er die beschriebenen Erlebnisse, werden die gewünschten Assoziationen ausgelöst. Wichtig ist jedoch, dass Kunden und Öffentlichkeit nicht mit anderslautenden Storys konfrontiert werden, als die Mitarbeiter oder die Geschäftsführung zu berichten wissen. Sonst kann das schönste Vorstellungsbild schnell in sich zusammenklappen (Fuchs 2017, S. 200).

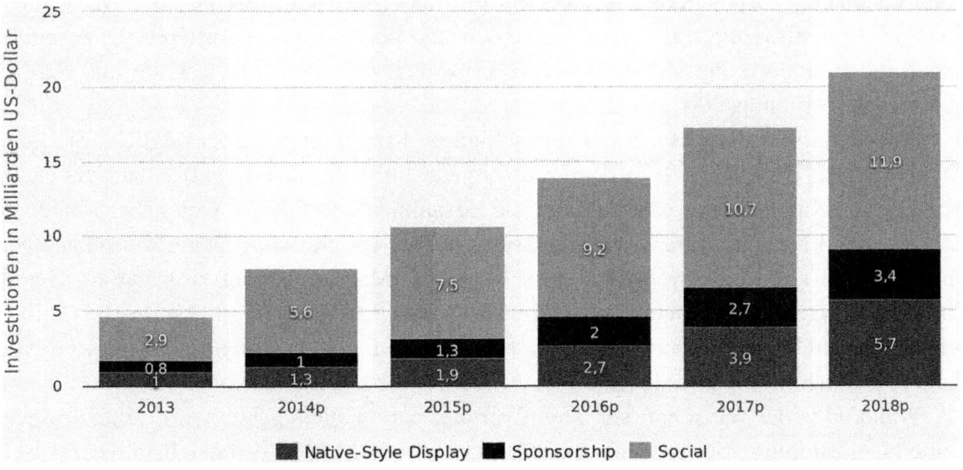

Abb. 26.2 Investitionen in Native Advertising weltweit im Jahr 2013 und Prognose bis 2018. (In Milliarden US-Dollar; Business Insider 2014)

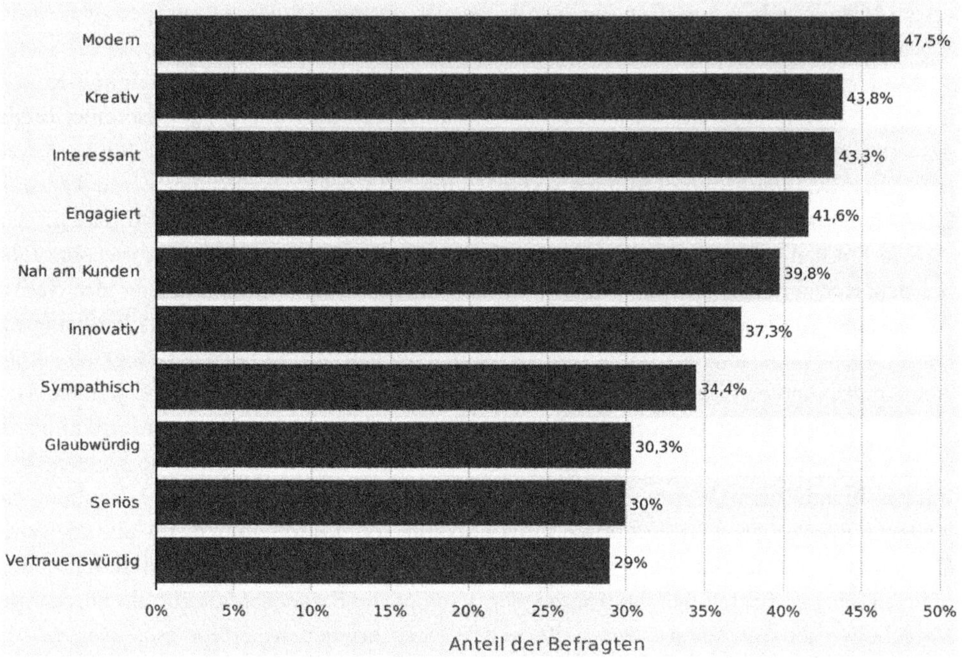

Abb. 26.3 Wie wirkt Ihre Lieblingsmarke durch Native Advertising auf Sie? (Horizont 2016)

Geschichten, das sind Erzählungen, die sowohl zeitlich als auch kausal geordnet sind. Sie wecken unsere Aufmerksamkeit, sind leicht aufzunehmen, sie faszinieren, lassen sich leicht verarbeiten und unterhalten uns – am wichtigsten jedoch: Sie lassen sich einfach und nachhaltig abspeichern und jederzeit gut abrufen. „Wir verstehen die Welt, indem wir die Ereignisse um uns kausal verbinden und chronologisch sortieren. Dazu gehört auch die Einteilung der Zeit in einzelne Episoden, die aus Anfang, Mitte und Schluss bestehen" (Simoudis 2004, S. 16).

Storytelling ist die Urform der menschlichen Kommunikation, ermöglicht es Unternehmen, sich eindrucksvoll in das Langzeitgedächtnis der Kundschaft einzubringen. Es sind Geschichten, die uns schon immer die Zusammenhänge dieser Welt näherbringen. In der Steinzeit retteten mitreißende Geschichten über erlegte wilde Tiere Menschenleben, heute helfen sie, Markenvertrauen zu stärken, gar Markenbindung zu schaffen. Gerade im Marketing, der Unternehmenskommunikation und in der Öffentlichkeitsarbeit, gilt es diese Art der Kommunikation ausreichend zu nutzen, um in Zeiten der Digitalromantik alle relevanten Medienkanäle sinnvoll und dauerhaft bespielen zu können.

Während in der Wirtschaft vor allem Wert auf harte Fakten gelegt wird, sollte dringend eine Neujustierung, ein Umdenken stattfinden. Storytelling ist essenziell in der menschlichen Kommunikation, außer in der Wirtschaft wird es überall automatisch verwendet. Menschen sind visuell veranlagt – wir denken hauptsächlich in Bildern, nicht in Worten.

Eine Kampagne sollte folgerichtig durch Geschichten Emotionen ansprechen, um in unserer vielschichtigen Welt der Medien, die überall miteinander verflochten scheint, für Aufmerksamkeit zu sorgen, um Konsumenten zu begeistern und zu inspirieren.

26.2 Storytelling im 21. Jahrhundert

Zunehmend mehr Unternehmen versuchen durch Storytelling Konsumenten an sich zu binden. Durch Globalisierung, das Internet und Verschwinden der nationalen Grenzen entstand in den letzten zwei Dekaden ein internationaler Wettbewerb, der für viele Unternehmen, die bislang gut mit ihrem konservativen Kommunikationssystem fuhren, Existenznot bedeutete. Plötzlich waren sie austauschbar, Preise wurden unterboten oder ein internationaler Konkurrent hat das Marktsegment gänzlich übernommen.

Bislang war es möglich, die Kommunikation mittels eines „Sender-Empfänger-Modells" darzustellen. Dies ist heute nicht mehr möglich. Seit Ende des 20. Jahrhunderts trat stattdessen ein „Dialog-Netzwerk-Modell" in Kraft. Zu Zeiten des „Sender-Empfänger-Modells" gab es vordefinierte Strukturen und eine geringe Anzahl von Hauptmedien. Werbeeffekte wurden durch ständige Wiederholung und Präsenz erzielt. Heute jedoch ist die Medienlandschaft deutlich komplexer, der Endrezipient ebenfalls. Auf ihn kommen stetig zunehmend mehr und mehr Botschaften zu (Sammer 2014, S. 13).

Storytelling hilft einem Unternehmen heute dabei, einen Informationsüberfluss zu umgehen und Content zu entwickeln, der den Rezipienten anzieht und ihn im Idealfall auch dazu bewegt, eben jenen freiwillig zu teilen und weiterzuverbreiten.

26.2.1 Storytelling als nachhaltiges Markenversprechen

Veränderung und Wandel sind immer schwierig, sie erfordern Mut, Ausdauer und oft auch Kapital. Gerade beim Storytelling lohnt sich dieser Schritt jedoch. Wichtig ist hierbei immer, dass klar ist was das angestrebte Ziel des Unternehmens ist, wie es erreicht werden soll und mit wem und dass auch komplexe Storys von jedem verstanden werden können.

Schlechte und unverständliche Kommunikation kann teuer werden, die richtige Story hingegen ist gewinnbringend. Da wir noch immer in Geschichten denken, kann durch die richtige Geschichte eine relevante Differenzierung gegenüber der Konkurrenz stattfinden. Angestrebt werden sollte es, nicht mehr auswechselbar zu sein, sondern Einzigartigkeit zu implementieren. Durch die richtige Story wird ein Mehrwert für das Unternehmen und vor allem die Marke geschaffen. Dieser Mehrwert besteht darin, sich in multimedialen Zeiten Gehör zu verschaffen, als einzigartig und besonders zu gelten und sich damit von der Konkurrenz abzuheben und den Rezipienten zum dauerhaften Teil der Story zu machen und somit eine intrinsische und emotionale Motivation hervorzurufen.

Durch diese Differenzierung wird es leichter auch Immaterielles und wenig Anschauliches zum Leben zu erwecken. Egal was man verkauft, die Marke dahinter wird immer wichtiger. Erweckt man diese durch Geschichten zum Leben, kann man fast alles verkaufen.

26.2.2 Woraus besteht eine Geschichte?

Um eine gute Geschichte zu erzählen, sollte man fünf Säulen bedenken. Die erste der fünf Säulen ist der Grund. Sinnfreie Geschichten mögen Geschichten sein, sie werden jedoch nicht vom Rezipienten als relevant erachtet. Wichtig ist es, seine Motive zu kennen und sich als „sinngenerierend" darzustellen und zu positionieren. Die zweite der fünf Säulen ist der Held. Ohne den richtigen Protagonisten im Zentrum der Handlung entsteht keine Spannung und somit wird die Geschichte nicht beständig bei den Konsumenten aufgenommen werden. Säule drei besteht aus einem Konflikt, denn ohne Konflikt gibt es keinen Spannungsbogen und ohne diesen, wird keine Neugierde erzeugt, wie es denn weitergehen könnte. Emotion ist Säule Nummer vier. Daten und Fakten können Teil einer Geschichte sein, sie werden aber niemals Emotionen (außer Langeweile) hervorrufen. Gute Geschichten müssen emotional sein, müssen begeistern, überraschen oder schockieren. Ohne Gefühlsbogen gibt es keine Identifikation zum Protagonisten. Und zuletzt ist jede gute Geschichte Grund für Viralität. „Shareability" war schon immer wichtig, heute jedoch ist sie so wichtig wie nie. Wird ein Spot geteilt, hat er etwas beim Teilenden ausgelöst. Die Geschichte soll auch von Freunden, Bekannten und Verwandten gesehen werden – diese Reichweite ist gerade heutzutage unabdingbar (Sammer 2014, S. 46 f.).

26.3 Storytelling – Praxisbeispiele

Will ein Unternehmen eine Geschichte erzählen, ist es essenziell, dass Ort und Zeitpunkt vordefiniert sind. Die Protagonisten müssen vorgestellt werden und ein Ziel vor Augen haben. Dieses erreichen sie aber nicht ohne Schurken und Hindernisse, welche sie dann umgehen. Die Geschichte sollte mit einem Happy End beendet werden und eine deutlich sichtbare Moral beinhalten. Zu guter Letzt ist eine Wiederholung der Kernaussage wichtig, um die Message noch einmal zu verdeutlichen.

26.3.1 Kinderschokolade – die Liebe zwischen Milchglas und Schokoladenriegel

Eines der aktuell schönsten Beispiele im Bereich Storytelling. Dem Marketingteam von „Kinder" gelang damit ein nachhaltiger Coup. Der Konsument wurde in den Bann der Liebesgeschichte zwischen einem Schokoladenriegel und einem Milchglas gezogen – nur passiv realisierend, dass es sich um einen Werbeclip handelt. Und genau darin besteht die Finesse im Storytelling: Der Rezipient soll unterhalten werden, Spannung empfinden und dadurch unterbewusst Bindung zur Marke aufbauen. Diese Unterhaltung des Konsumenten erzeugt den wahren Mehrwert der Storytelling-Kampagne.

„Kinder" hinterließ durch gezielt hinterlassene Informationslücken Neugierde und hat somit die Kampagne mit anhaltendem Interesse fortführen können. Der Rezipient bekam ausschließlich nur die Informationen, die unabdinglich waren, um die Story zu verstehen und um sich mit den Kernfiguren der Geschichte identifizieren zu können. Durch diese Lücken wurde der Zuschauer dazu angeregt, mittels eigener Fantasie die Lücken zu füllen und die Geschichte weiterzudenken. In diesem Moment ist die Geschichte nachhaltig im Gedächtnis des Rezipienten verankert.

Essenziell war das Hervorrufen von Emotionen durch die Beziehung der Protagonisten, passend ausgewählte Hintergrundmusik und die persönlichen Konflikte der Protagonisten.

26.3.2 Patek Philippe – Emotionen durch Generationen

Der Luxusuhrenhersteller Patek Philippe setzt bei seiner Storytelling-Kampagne auf die Werte Tradition, Zugehörigkeit, Eleganz und Familie. Erzählt werden die Geschichten von verschiedensten Familien. In mehreren Szenarien und Lokalitäten werden Elternteile dargestellt, die eine der Uhren tragen. Auch zu sehen sind deren Kinder, die nachfolgende Generation, die diese Uhren später einmal erben sollen. Die Werbeclips sind geladen mit Emotionen, sie berühren und sie erzählen ohne Worte eine Geschichte mit der sich jeder einfach identifizieren kann – egal, ob der Rezipient sich jemals eine der Uhren leisten kann.

Patek Philippe schafft es, die Uhr zwar deutlich zu positionieren, sie aber dennoch nicht in den Mittelpunkt der Geschichte zu drängen. Man nimmt sie wahr, ist aber im Bann der Familiengeschichte. Besonders hervorzuheben ist bei dieser Kampagne außerdem, dass am Ende noch einmal die Kernaussage durch „You never actually own a Patek Philippe. You merely look after it for the next generation" verdeutlicht und wiederholt wird.

26.3.3 Engelbert Strauss – mit Dynamik gegen das verstaubte Image

Die Imagekampagne des deutschen Berufsbekleidungsherstellers Engelbert Strauss zeigt deutlich, wie erfolgreich gutes Storytelling sein kann. Das Image des Markenherstellers hatte in den letzten Jahren deutlich unter fehlenden Innovationen gelitten. Dies änderte sich durch die „Strech-your-Limits"-Kinokampagne drastisch.

Die Dynamik des Spots und die hervorragende, stimulierende Musik machen deutlich, dass die Bekleidung des Herstellers alles andere als in die Jahre gekommen ist. Zu sehen sind beispielsweise Mechaniker, Zimmermänner und Elektriker, sie schwingen sich schwungvoll durch eine abstrakte und kraftvolle Darstellung von verschiedenen Arbeitsräumen. Dargestellt durch Spitzenakrobaten, entsteht eine Dynamik, welche direkt in ihren Bann zieht. Von einem Berufsbekleidungshersteller hat niemand eine solche Kampagne mit entsprechend großer und positiver Resonanz erwartet.

26.3.4 Coca-Cola – wenn das Produkt den Namen des Kunden trägt

Kaum eine andere Marke erfindet sich in seinen Werbekampagnen derart oft neu wie der Riesenkonzern Coca-Cola. Dabei variiert die Werbestrategie sogar oft von Land zu Land. Auf der englischsprachigen Coca-Cola-Internetseite setzte man im Jahr 2016 vor allem auf den Effekt der Nostalgie und Anteilnahme.

Filme von Mitarbeitern wurden gezeigt, die von dem Unternehmensengagement in Indien berichten, oder aber gar von Veteranen, die erzählen, welche große Rolle Coca-Cola bereits in den 1950er-Jahren in ihrem Leben spielte.

Unternehmen wie Coca-Cola wissen, dass Produkte heutzutage nur durch authentische Geschichten rund um das Produkt langfristig für den Kunden interessant bleiben.

Wie vielseitig narrative Markenführung wirklich ist, beweist ein Werbespot aus dem Jahr 2014, der vor allem allen jüngeren Generationen noch immer gut im Gedächtnis geblieben sein dürfte.

Denn den Werbespot sahen nicht nur tausende Menschen, er bot auch genügend Anlass zu zahlreichen Parodien. Die Rede ist von der Werbung mit dem Fußball WM Held Manuel Neuer. Der Wortlaut „Vielleicht bin ich gar nicht deine Freundin, sondern Manuel Neuer" und die erzählte Geschichte im Spot sorgt durch die gesamtheitliche Absurdität der Situation für eine rundum gelungen Werbekampagne mit Wiedererkennungswert (YouTube 2014).

Bereits 2013 wählte Coca-Cola eine individuelle Werbestrategie. Anstelle des Getränks stand hier der Konsument im Zentrum des Geschehens.

So bekamen die Flaschen anstatt des Markennamens die Namen von Menschen aufgedruckt, mit denen man den Genuss einer Coca-Cola teilen konnte („Trink 'ne Coke mit …"). Auf eine persönlichere Ebene als jeden Kunden mit dem eigenen Namen anzusprechen, kann ein Unternehmen seine Werbung kaum ausrichten. Coca-Cola CEO James Quincey bezeichnet die Idee selbst als „eine [der] erfolgreichsten Innovationen der letzten Jahre" (Journey Redaktion 2017).

In den letzten Jahren hat das Unternehmen begonnen, zunehmend auf den Dialog mit den Usern zu setzen. Coca-Cola hat erkannt, dass die eigenen Konsumenten über einen schier unerschöpflichen Vorrat an Geschichten und Ideen verfügen.

Twitter, YouTube, Facebook und Co. heizen den Austausch unter den Kunden an wie nie zuvor. Den Käufern wird somit mehr Macht denn je verliehen. Transmediales Storytelling ist eine neue Form, Geschichten zu erzählen und darzustellen. Nur veröffentlichen war gestern.

26.3.5 Red Bull – Vermittlung eines Lebensgefühls

Um derart ausgefallene Storytelling-Kampagnen zu finden, muss man nicht mal derart weit über die Grenzen Deutschlands hinausschauen. Das österreichische Unternehmen Red Bull hat sich in den letzten Jahren dank ungewöhnlicher Werbemaßnahmen auch international einen Namen gemacht. Der Slogan der Firma „Red Bull verleiht Flügel" dient als Basis für alle Geschichten, die auch auf der Website sofort ins Auge springen. Red Bull steht für Energie und das sollen die Storys auch deutlich zeigen. Denn die oft waghalsigen Kampagnen rücken eher die Erlebnisse, die das Produkt überhaupt erst ermöglicht in den Vordergrund, als das Produkt selbst.

Eines der bekanntesten Storytelling-Beispiele des Unternehmens Red Bull ist das Projekt Red Bull Stratos im Jahr 2012. Base-Jumper und Extremsportler Felix Baumgartner wagte einen Fallschirmsprung aus der Stratosphäre und knapp 40 km Höhe. Ganze acht Millionen Zuschauer wurden von der spektakulären Aktion vor den Bildschirm gelockt, um den Jahrhundertsprung des Risikosportlers live mitzuerleben (PR Journal 2016).

Auch andere Geschichten der Firma erfüllen die Erwartungshaltung der Konsumenten. Darstellungen über Franzosen, die in 600 m Höhe auf einer Highline „surfen" oder andere Berichte verknüpfen gewünschte reale Inhalte mit kühnem Nervenkitzel. Bekannte Extremsportler, die zu Testimonials werden, stärken die Glaubwürdigkeit, aber auch das Ansehen des Unternehmens (Granger 2016).

Das Unternehmen erzielt durch derartige Storys nicht nur große Aufmerksamkeit, sondern auch enorm hohe Reichweiten.

Zu dem effizienten Marketingkonzept des Konzerns gehört ebenfalls die aktive Teilnahme in verschiedenen Sportarten mit eigenen Teams. So stellt Red Bull mehrere Teams im Motorsport und im Eishockey – Sportarten, die von ihrer Hochspannung und Energie leben. Das packende Gefühl der Geschichten rund um das Red-Bull-Lebensgefühl, die von Red Bull organisierten spektakulären Aktionen und die Filmaufnahmen dieser Events sollen auch beim Konsumenten beim Trinken des Energydrinks aufkommen.

Red Bull beachtet bei alle seinen Marketingkampagnen vor allem eins: niemals erfundene Storys erzählen oder Storys vorgeben, die nicht wirklich vom Unternehmen gelebt oder deren Spirit nicht authentisch verkörpert werden.

26.4 Variationen des Storytelling

Grundsätzlich gibt es drei Formen. Man kann zwischen „Kurzform", „Mischform" und „Langform" unterscheiden. Sie alle sollen zum selben Ziel führen, sind strukturell jedoch höchst unterschiedlich und für verschiedene Channels ausgelegt.

26.4.1 Kurzform

Bei der Kurzform sind oft nur wenige Worte enthalten, ein kurzer Videoclip oder einzelne Bilder – selbst ein Bild ist denkbar. Erfolg wird, wie bei Kinder, durch das bewusste Weglassen von Nebensächlichkeiten erzielt. Die Kurzform ist immens effektiv, da die Fantasie des Rezipienten der Zielgruppe angesprochen und zum Nachdenken animiert wird – idealerweise teilt er den Content dann auch. Denn hervorragend geeignet ist der Einsatz der Kurzform auf sozialen Netzwerken. Wichtig ist es, eindrucksvolle und mächtige Metaphern und grafische Darstellungen zu verwenden. Diese sollten immer Bezug zu den Core-Values des Unternehmens haben. Ebenfalls charakterisierend für die Kurzform ist es, mit diesen Bildern und Sinnbildern von der Norm abzuweichen. Es muss etwas dargestellt werden, das der Konsument so noch nicht kennt (Überraschungseffekt) oder ihn als Individuum zum Teil der Geschichte werden lässt (Assoziationen und Emotionen).

26.4.2 Mischform

Die Mischform verbindet verschiedene sinnvolle und relevante Instrumente des Geschichtenerzählens, ist dadurch sehr wirkungsvoll und deshalb die meistgenutzte Form des Storytellings. Auch weil sie auf allen Kanälen einsetzbar ist. Möglich sind Bilder, Texte und Videos, die Länge ist hier irrelevant (abhängig vom jeweiligen Medium).

26.4.3 Langform

Bei der Langform ist essenziell, dass der Rezipient beim Lesen oder Zuschauen gefesselt wird. Wird hier nicht ausreichend darauf geachtet, dass ein entsprechender Spannungsbogen vorhanden ist, ist diese Form in Zeiten von Tweets und Zeichenbegrenzungen gefährlich. Möglich sind Bildergeschichten, Comics oder auch Artikel und Videos. Teilbarer Inhalt ist auch hier durchaus sinnvoll. Die Langform eignet sich gut zur Veröffentlichung auf Corporate Blogs oder Broschüren, teilweise aber auch auf sozialen Netzwerken (Seoplus 2017).

26.5 Neue Chancen durch Storytelling

Multimedialität verändert den Markt und schafft dadurch neue und ungeahnte Herausforderungen – insbesondere für Kommunikationsprofis. Durch soziale Medien ist jetzt jeder Publizist. Meinungen durch gezielte Kommunikation zu lenken, ist schwerer denn je. Genau hier liegen aber auch die neuen Chancen für Unternehmen.

Durch Storytelling ist es möglich, transmedial Präsenz zu zeigen. Eine Kampagne kann als TV-Spot beginnen, auf Facebook als Ad erscheinen und im Newsletter oder in einer App weitergeführt werden. Mit den richtigen Inhalten besteht heute die Möglichkeit, zielgruppenspezifisch Rezipienten anzusprechen und diese unter Umständen sogar zur Partizipation zu bewegen. Es besteht die Möglichkeit, sich hierdurch vom Wettbewerb abzuheben und einem vermeintlich gesättigten Publikum etwas Neues zu bieten. Es sind nicht mehr nur noch (Drehbuch-)Autoren, die virale Hits durch ihre Geschichten landen können. Unternehmenskommunikation wird zunehmend vom Wissensvermittler zum ergreifenden Geschichtenerzähler.

26.6 Storytelling und Unternehmensform

Es gibt einige Marktsegmente, in denen Storytelling in Bezug auf die Unternehmensmarke de facto organisch gewachsen ist und seit jeher gut funktioniert. Dazu zählen beispielsweise Familienunternehmen, die mit ihrem Namen für Qualität und Unternehmenstradition stehen, aber auch Unternehmen mit einem eindeutigen regionalen Bezug. Ebenso interessante Beispiele finden sich bei innovativen Start-ups, die ganz bewusst das Image ihrer Branche nutzen oder auf die Gründerpersönlichkeiten als Galionsfiguren setzen.

26.6.1 Start-ups mit starken Gründerpersönlichkeiten

Das Paradebeispiel ist natürlich Facebook, dessen Entstehungsgeschichte sogar verfilmt wurde – neben Steve Jobs oder Bill Gates gilt Mark Zuckerberg als eine der stärksten Gründerpersönlichkeiten in einer „coolen" Branche. Aber auch in einem deutlich kleineren Maßstab lässt sich diese Strategie umsetzen, wie an den Beispielen Freche Freunde oder Amorelie nachzuvollziehen ist. Steht einerseits das Gründerehepaar als Kleinfamilie mit seinem ureigenen und nachvollziehbaren Bedarf an gesunder Ernährung im Fokus, präsentiert andererseits die Freundin von nebenan ganz selbstverständlich erotische Accessoires von Frau zu Frau. Damit holt sie das Thema Sexshop somit ganz natürlich aus der Schmuddelecke und verleiht ihm einen neuen Stellenwert – nämlich als Selbstverständlichkeit, über die Frau sich am liebsten mit der Freundin austauscht.

26.6.2 Generationenübergreifende Familienunternehmen

„Dafür steh ich mit meinem Namen" – mit diesem Slogan von Claus Hipp ist bereits alles gesagt: Starke Gründer werden gefolgt von Generationen, die deren Werk, Traditionen und Philosophie weiterführen. Die Unternehmensmarke mit diesen Persönlichkeiten zu verbinden und interessante Geschichten über sie zu erzählen, bietet sich geradezu an und kann nachhaltig erfolgreich sein. Als weitere Beispiele seien Oetker, Schwarzkopf oder Henkel genannt.

26.6.3 Mittelstand mit regionalem Bezug

In vielen Fällen kann der Bezug zur eigenen Region das geeignete Rezept sein, wie beispielsweise bei Lebensmitteln. Hier verbinden Konsumenten Rügenwalder oder Grünländer ganz selbstverständlich mit Fleisch- und Wurstwaren. Auch für Getränke empfiehlt sich dieser Ansatz, vor allem Biermarken von kleineren Brauereien können mit ihrem regionalen Bezug, der die Sorte aus der riesigen Auswahl abhebt, effektiv punkten.

26.6.4 Traditionsunternehmen

Die höchste Kunst im Corporate Branding ist die Markenentwicklung und -führung, ohne die Einbeziehung von Persönlichkeiten, Gründungsmythen oder Regionen. Wenn allein das Produkt zählt, das beispielsweise in Handarbeit und erstklassiger Qualität gefertigt wird und sich über die Jahrzehnte hinweg als Extraklasse behauptet, dann ist diese Unternehmensmarke von unschätzbarem Wert. Bestes Beispiel: Hermès, aufwendige Werbespots sind hier nicht notwendig.

26.7 Herausforderungen des Storytelling im Corporate Branding

Deutlich schwieriger ist Storytelling in Großunternehmen, deren Führungsriege regelmäßig wechselt und doch in der Regel anonym bleibt. Aber auch Dienstleistungsunternehmen, die keinen erkennbaren USP aufweisen können, wie z. B. beispielsweise Steuer- oder Unternehmensberater oder Personalvermittlungen, haben höhere Hürden zu nehmen, um eine eigenständige Unternehmensmarke aufzubauen. Hier reichen die möglichen Ansätze, nämlich die Branche, Gründungsmythen oder Geschichten um die Gründungspersönlichkeiten und Regionen, ganz einfach nicht für eine authentische und prägnante Story aus.

Alternativ können Mitarbeiter in den Blickpunkt gestellt werden, was jedoch ganz andere Probleme eröffnen kann: Wenn die Deutsche Bahn ihre Mitarbeiter zu den interessanten Perspektiven im Unternehmen sprechen lässt und aus der Masse der Mitarbeiter und damit aus der Anonymität herausholt, hält der Eindruck durch Storytelling länger, wenn diese Mitarbeiter mehr als einmal etwas erzählen. Damit sollten sie aber auch am besten längerfristig dort beschäftigt sein. Was wäre, wenn sich ein ehemaliger Angestellter im Nachhinein mit negativen Erfahrungen in den sozialen Netzwerken äußert? Dieser Ansatz ist also mit Vorsicht zu realisieren, denn er zeichnet in der Regel eine Momentaufnahme – von Nachhaltigkeit kann also nicht die Rede sein.

Ebenso schlug die Strategie des Telefonanbieters Alice, mit einem äußerst attraktiven Avatar nach außen zu gehen, zunächst ein, um sich dann zu verselbstständigen: Das Symbol, eine blonde, scheinbar gleichnamige Frau, erfreute sich hoher Beliebtheit, wurde aber nach einem Skandal ausgewechselt – und damit war die um ihre Person herum gesponnene Geschichte und Emotionalität nicht mehr für das Unternehmen zu nutzen. Hier einen Ersatz zu etablieren, dürfte schwierig sein. In beiden genannten Fällen kann die Verallgemeinerung oder die Einbeziehung mehrerer Personen eine Lösung sein. Allerdings verwässert auf diese Weise auch die Wirkung, denn eine einzelne Identifikationsfigur kann immer stärker wahrgenommen werden.

Sinnvoller ist es daher, wie z. B. von der Deutschen Bahn auch betrieben, die Kunden selbst in den Fokus zu rücken: Geschichten um Erlebnisse, die die unterschiedlichsten Kunden mit einem Produkt oder einer Dienstleistung haben, können direkt nachvollzogen werden. Gibt es dann noch Parallelen zu eigenen Erfahrungen, werden die gewünschten Assoziationen ausgelöst. Im Prinzip ähnelt dieses Vorgehen einem echten Feedback, dem Word-of-Mouth oder einem Blog. Hier auch einmal mit einem Augenzwinkern zu agieren, fördert die Authentizität und verstärkt die emotionale Reaktion beim Konsumenten.

Literatur

Balmer, J. (2001). Corporate identity, corporate branding and corporate marketing – Seeing through the fog. *European Journal of Marketing, 35,*3 f.

Bierwirth, A. (2003). *Die Führung der Unternehmensmarke. Ein Ansatz zum zielgruppenorientierten Corporate Branding*. Frankfurt: Lang.

Business Insider. (2014). Investitionen in Native Advertising weltweit im Jahr 2013 und Prognose bis 2018 (in Milliarden US-Dollar). Statista – Das Statistik-Portal. https://de.statista.com/statistik/daten/studie/354196/umfrage/investitionen-in-native-advertising-weltweit/. Zugegriffen: 28. Nov. 2017.

Die Welt. (2017). Bericht: Deutsche Bank will auf vertrauten Werbeslogan verzichten. Welt. https://www.welt.de/newsticker/news1/article155344626/Bericht-Deutsche-Bank-will-auf-vertrauten-Werbeslogan-verzichten.html. Zugegriffen: 8. Juni 2017.

Esch, F.-R., Tomczak, T., Kernstock, J., Langner, T., & Redler, J. (2005). *Corporate Brand Management. Marken als Anker strategischer Führung von Unternehmen*. Heidelberg: Springer.

Fuchs, W. (2017). *Crashkurs Storytelling*. Freiburg: Haufe-Lexware.

Granger, D. (2016). Flying Frenchies: Surfen in 600 Metern Höhe! Ein Surfbrett, eine Highline und jede Menge Fun – Die wahnsinnigen Franzosen sind zurück. Redbull 3. November 2016. https://www.redbull.com/de-de/flying-frenchies-surfing-the-line. Zugegriffen: 15. Dez. 2017.

Horizont. (Hrsg.). (2016). Wie wirkt Ihre Lieblingsmarke durch Native Advertising auf Sie? Statista – Das Statistik-Portal. Aus: Horizont 34, 25. August 2016, S. 63. https://de.statista.com/statistik/daten/studie/594441/umfrage/einfluss-von-native-advertising-auf-die-wirkung-von-marken/. Zugegriffen: 1. Dez. 2017.

Journey Redaktion. (2017). CEO James Quinecey im Interview mit Welt am Sonntag "Wir müssen mutig, kreativ und schnell sein". Coca Cola Deutschland 2. Juli 2017. https://www.coca-cola-oesterreich.at/stories/Wir_experimentieren_im_Moment_sehr_viel_Coca-Cola_CEO_James_Quincey_im_Interview. Zugegriffen: 15. Dez. 2017.

PR Journal. (2016). Die Geschichte von Red Bull – Storytelling auf der Corporate Website. PR Journal 22. November 2016. https://pr-journal.de/fragen-und-meinungen/sprache-in-der-pr-wortfetzen/18661-die-geschichte-von-red-bull-storytelling-auf-der-corporate-website.html. Zugegriffen: 15. Dez. 2017.

PWC. (2005). Praxis von Markenbewertung und Markenmanagement in deutschen Unternehmen. Neue Befragung 2005. Markenverband. http://www.markenverband.de/kompetenzen/markenbewertung/PwC%20Praxis%20Markenbewertung.pdf. Zugegriffen: 8. Juni 2017.

Roeder, J. D., Locken, B., Kim, K.-H., & Mongi, A. B. (2005). Brand concetta mops: A methodology for identifying brand association networks. MSI. http://www.msi.org/reports/brand-concept-maps-a-methodology-for-identifying-brand-association-networks/. Zugegriffen: 8. Juni 2017.

Sammer, P. (2014). *Storytelling – Die Zukunft von PR und Marketing*. Köln: O'Reilley.

Seoplus. (2017). Content-Marketing: Storytelling. SEO Plus. http://seoplus.expert/content-marketing/storytelling/. Zugegriffen: 9. Apr. 2017.

Simoudis, G. (2004). *Storytising: Geschichten als Instrument erfolgreicher Markenführung*. Groß-Umstadt: Sehnert.

Statista. (2016). Welches sind Ihrer Meinung nach die drei größten Trends im Bereich mobile Werbung? Statista Werbung & Marketing. https://de.statista.com/statistik/daten/studie/617719/umfrage/groessten-trends-im-bereich-mobile-werbung/. Zugegriffen: 7. Dez. 2017.

Tagesspiegel. (2017). Lügenpresse: Warum verlieren Medien an Glaubwürdigkeit. Tagesspiegel. http://www.tagesspiegel.de/medien/luegenpresse-warum-verlieren-medien-an-glaubwuerdigkeit/12691124.html. Zugegriffen: 8. Juni 2017.

Youtube. (2014). Offizielle Werbung für Coca Cola Zero 2014. Youtube. https://www.youtube.com/watch?v=ZONZsklgOjw. Zugegriffen: 15. Dez. 2017.

Lisa Schlindwein hält einen Bachelor in Internationalem Kommunikationsmanagement. Kommunikationsmanagement interessiert sie im internationalen Kontext nicht erst, seitdem sie ein Jahr in den USA gelebt hat. Sie war mehrere Jahre im Vertrieb der IchMachMit gGmbh tätig, dann bei der PR Agentur Bettertrust GmbH im Bereich Public Relations, um anschließend über die A00 GmbH, einer strategischen Beratung, zu punktgenau business consulting zu wechseln. Ihr besonderes Forschungsinteresse gilt Reputationsmanagement, Storytelling und den Auswirkungen von automatisierter sprachgesteuerter Kommunikation auf die menschliche Kommunikation.

Prof. Dr. Anabel Ternès von Hattburg ist Unternehmerin und Mutter, Social-Impact-Gründerin und Forscherin, Autorin und Speaker. Anabel Ternès unterstützt Unternehmen und Organisationen im digitalen Wandel, um ihre Mitarbeiter, Kunden, Produkte und Geschäftsmodelle zukunftsfähig zu machen.

Anabel Ternès ist Geschäftsführerin und Gründerin des Instituts für Nachhaltigkeits- management (IISM) und hält eine Professur in Berlin für Internationale Betriebswirtschaftslehre in den Schwerpunktstudiengängen E-Business und Kommunikationsmanagement. Seit 2012 ist sie Visiting Professor für Marketing an der German University in Cairo. 2012 bis 2016 war Anabel Ternès Visiting Professor an der Tongji University Shanghai. Sie lehrte unter anderem an der Europa Universität Viadrina, der Universität Magdeburg und der Universität der Künste Berlin.

Anabel Ternès ist Gründerin und Geschäftsführerin mehrerer Tech-Unternehmen und sozialer Initiativen, u. a. der gemeinnützigen Organisation GetYourWings, die sich für die Vermittlung ganzheitlicher digitaler Kompetenzen durch Workshops, Computerspiele und eLearning einsetzt.

Ternès engagiert sich als Vorstandsmitglied von NFTE Deutschland, als Mentorin von Startup-TEENS sowie als Botschafter für Ms. AI, Same Sky und Make-A-Wish. Von 2012 bis 2018 war sie Co-Veranstalterin des Impact Forums Deutschland. Anabel Ternès ist Mitglied im Editorial Board mehrerer internationaler Fachmagazine, Autorin zahlreicher Publikationen und schreibt Beiträge für verschiedene Fachmagazine. Sie ist MA, Diplom-Kauffrau, Diplom-Pädagogin, Gesundheitsauditorin und wurde mehrfach mit Forschungspreisen ausgezeichnet.

27 Nachhaltigkeitscontrolling

Stefan Hilbert

27.1 Nachhaltigkeit als Aufgabe der Unternehmensführung

27.1.1 Pflicht und Kür: Nachhaltigkeit als Herausforderung

Zum 1. Januar 2017 ist die CSR-Richtlinie (EU-CSR-Richtlinie 2014/95/EU) in Kraft getreten und am 9. März 2017 vom Deutschen Bundestag beschlossen worden. Durch diese gesetzliche Regelung sind kapitalmarktorientierte Unternehmen sowie ihnen gleichgestellte haftungsbeschränkte Personengesellschaften und Genossenschaften mit mehr als 500 Beschäftigten verpflichtet, einmal jährlich eine Erklärung zu nichtfinanziellen Aspekten (Nachhaltigkeitsbericht) abzugeben. Inhaltlich wird eine Offenlegung nichtfinanzieller Aspekte zu Belangen von Umwelt, Arbeitnehmern und Sozialem ebenso gefordert wie Angaben zur Achtung von Menschenrechten sowie zur Bekämpfung von Korruption und Bestechung (vgl. zu den Inhalten des Lageberichts insbesondere § 289 b–e HGB).

Diese gesetzliche Regelung spiegelt wider, dass dem Themenkomplex Nachhaltigkeit ein größerer Stellenwert beigemessen wird als bisher. Zunehmende Globalisierung, Interdependenzen zwischen den Sphären Ökonomie, Ökologie und Gesellschaft sowie ein Denken in grenzüberschreitenden Zusammenhängen haben dazu geführt, dass die Transparenzanforderungen externer Stakeholder (insbesondere von Politik, Zivilgesellschaft und Verbrauchern) deutlich zugenommen haben.

Die Führungsphilosophie vieler mittelständischer Unternehmen in Deutschland hingegen zeigt, zumal wenn sie familiengeführt sind, dass Nachhaltigkeit nicht ausschließlich extrinsisch, sondern häufig intrinsisch motiviert ist. Denn viele dieser Unternehmen agieren und wirtschaften seit jeher verantwortungsbewusst und nachhaltig unter Einbeziehung ihrer

S. Hilbert (✉)
Duale Hochschule Baden-Württemberg Mannheim, Mannheim, Deutschland
E-Mail: stefan.hilbert@dhbw-mannheim.de

M. Englert und A. Ternès (Hrsg.), *Nachhaltiges Management*,
https://doi.org/10.1007/978-3-662-57693-9_27

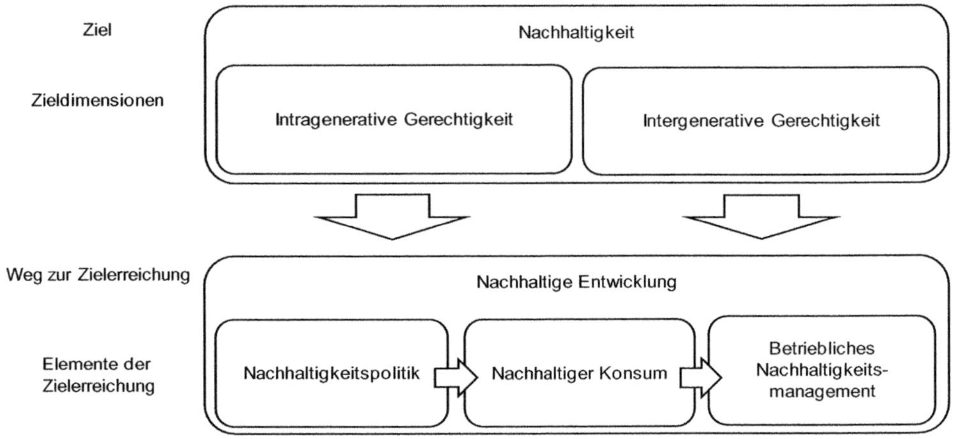

Abb. 27.1 Intragenerative und intergenerative Gerechtigkeit im Kontext des Nachhaltigkeitsmanagements. (Quelle: Hahn 2013, S. 47; modifiziert)

Stakeholder. Die Weitergabe des Betriebes an die nächste Generation, die Verankerung in einer Region und die damit verbundene Verantwortung sind Teilaspekte einer guten Unternehmensführung, die viele KMU als Selbstverständlichkeit betrachten. Und da es als Selbstverständlichkeit betrachtet wird, ist diese Form des Führens selten in einer Unternehmensstrategie formuliert.

Ungeachtet dessen sind die weltweiten Bestrebungen für eine Verankerung von Nachhaltigkeitsaspekten im Management von Unternehmen seit Jahren erkennbar. Einen wesentlichen Meilenstein, und damit eine inhaltliche Basis, bildet etwa der Brundlandt-Bericht von 1987:

Nachhaltig ist eine Entwicklung, „die den Bedürfnissen der heutigen Generation entspricht, ohne die Möglichkeiten künftiger Generationen zu gefährden, ihre eigenen Bedürfnisse zu befriedigen und ihren Lebensstil zu wählen.“[1]

Nachhaltigkeit ist eine normative Betrachtung und fußt auf zwei grundlegenden Imperativen: Einer intertemporalen und einer interpersonellen Gerechtigkeit (vgl. Abb. 27.1; Hahn 2013, S. 45). Und da normative Fragestellungen von individuellen bzw. kollektivgeprägten Gerechtigkeitsvorstellungen abhängen, fehlt ihnen meist die objektive Absolutheit, was aus Steuerungssicht Schwierigkeiten aufwerfen kann. Denn absolute Gerechtigkeit kann es nur in Fragen der formalen Freiheit geben, so ist z. B. Gleichbehandlung vor dem Gesetz als absolute, objektive Gerechtigkeitsregel akzeptiert. Die Nutzung von Ressourcen des Ökosystems oder die Bewertung von Auswirkungen wirtschaftlichen Handelns auf die Gesellschaft hingegen betrifft materielle Freiheitsaspekte (z. B. sind Ressourcennutzung und Wirkungen wirtschaftlicher Aktivitäten auf die Gesellschaft mit monetären Bewertungen

[1]https://www.nachhaltigkeit.info/artikel/brundtland_report_563.htm; abgerufen am 8.10.2017.

verbunden und damit subjektiv). Damit kann es eine absolute, allgemeingültige Gerechtigkeitsregel in Nachhaltigkeitsbelangen nicht geben. Für die Führung und damit das Controlling ergibt sich die Notwendigkeit, das Normen- und Wertesystem als Basis des Zielsystems stärker einzubeziehen. Controller sind Lotsen und müssen ihr Terrain kennen, ein Grundverständnis von Werten ist hierfür unerlässlich (Hilbert 2011, S. 4).

Die allgemein anerkannten Inhalte des Brundlandt-Berichts sind jedoch sehr abstrakt und für die Unternehmenssteuerung nicht präzise genug, sodass eine Konkretisierung erfolgen muss. Für die praktische Anwendung hat sich der Triple-Bottom-Line-Ansatz durchgesetzt, der die drei Sphären Ökonomie, Ökologie und Soziales unterscheidet. Ökonomischer Erfolg (Profit) als Basis für die Finanzierung ökologischer (Planet) und sozialer Belange (People) hat dabei ebenso seine Berechtigung wie eine intakte Umwelt und ein stabiles Miteinander eines Gesellschaftssystems, welches die Grundlage für ökonomisches Handeln bildet. Strittig ist indes, ob die drei Sphären gleichberechtigt zueinander stehen oder ob eine Sphäre eine andere dominiert (Sailer 2017, S. 23).

Ungeachtet dessen erweitern sich die Anforderungen an das Management von Unternehmen, da gerade externen Faktoren (z. B. Gesellschaft, Umwelt) ein höherer Stellenwert beigemessen werden muss. Zudem kann die zunehmende Berücksichtigung normativer Größen in der ursprünglich sehr monetär ausgerichteten Unternehmenssteuerung, Schwierigkeiten aufwerfen. Ursache-Wirkungs-Logiken, Stellschrauben und Kennzahlenbäume sind nunmehr nicht die alleinigen Instrumente des Managements und des Controllings.

Um die weitere Ausgestaltung eines nachhaltigen Führungsansatzes zu unterstützen und die damit einhergehende Berichterstattung nichtfinanzieller Größen zu präzisieren, haben sich in der Vergangenheit auf internationaler und nationaler Ebene Initiativen gebildet.

International stark verbreitet ist die Global Reporting Initiative (GRI), die anerkannte Indikatoren sowie Leitfäden (Sustainability Reporting Guidelines) für Organisationen verschiedener Größen und Sektoren anbietet. Bei der GRI liegt ein Schwerpunkt auf der Bereitstellung wesentlicher Informationen, die möglichst präzise zu erläutern sind und mit Daten, Fakten und Informationen belegt werden müssen. GRI-Berichte können von Wirtschaftsprüfungsgesellschaften testiert werden.[2]

Ebenso global ausgerichtet ist der UN Global Compact, der international agierende Unternehmen auf freiwilliger Basis in vier Kernbereichen (Human Rights, Labour, Environment, Anti-Corruption) auf zehn soziale und ökologische Mindeststandards verpflichtet. Unternehmen, die diesem Regelwerk beigetreten sind, belegen dies mehrheitlich mit einem jährlichen Bericht.[3]

[2]https://www.globalreporting.org/standards/?g=7b61c273-6c64-4285-b642-71c808f0daea; abgerufen am 08.10.2017.

[3]https://www.unglobalcompact.org/what-is-gc/mission/principles; abgerufen am 08.10.2017.

In Deutschland etabliert sich immer mehr der Deutsche Nachhaltigkeitskodex (DNK), der an den GRI und UN Global Compact ansetzt. Gerade für mittelständische Unternehmen ist der DNK mit seiner Handlungsorientierung ein vergleichsweise mit wenig Aufwand anzuwendendes Regelwerk.[4]

Zudem haben sich weitere Standards etabliert, um den Themenkomplex Nachhaltigkeit operationalisierbar zu machen. Für multinationale Konzerne bieten etwa die UN-Leitprinzipien für Wirtschaft und Menschenrechte sowie die OECD-Leitsätze ebenso Ansatzpunkte und Präzisierungen wie die ILO-Kernarbeitsnormen und die ISO-Norm 26000. Letztere, entgegen bisheriger Usancen von DIN-Normen, allerdings nicht zertifizierbar.

Ferner existieren Zertifizierungsmöglichkeiten der Umweltmanagementsysteme EMAS und ISO 14001 sowie die ESG-Indikatoren der European Federation of Financial Analysts Societies (EFFAS).[5] Auf nationaler Ebene sei an dieser Stelle die jüngste Nachhaltigkeitsinitiative am Finanzplatz Frankfurt am Main (Sustainable-Finance-Initiative) erwähnt, der Unternehmen der Finanzbranche freiwillig beitreten können und die auf die Verantwortung der Finanzindustrie abzielt, „einen langfristigen, erfolgreichen Prozess für die nachhaltige Entwicklung von Wirtschaft und Gesellschaft bei unbedingtem Schutz der natürlichen Lebensgrundlage auf- und umzusetzen."[6]

Diese aktuellen Fragestellungen, welche sich aus Gerechtigkeitsüberlegungen ableiten, zeigen deutlich, wie sich Unternehmen in ihren Umfeldern behaupten und verschiedenen Anspruchsgruppen gerecht werden müssen. Konzeptionell basiert dieser System-Umwelt-Bezug auf einem Ansatz der Systemtheorie, nämlich dem Stakeholder-Ansatz. Demzufolge müssen sich Unternehmen in komplexen Umwelten bewähren und abgrenzen, aber auch gleichzeitig den Ansprüchen ihrer Interessengruppen, die auf das Unternehmen und das Management einwirken, gerecht werden. Der Umgang mit diesen Anforderungen, die Wahrung der Handlungsfähigkeit und Sicherung der Existenz des Unternehmens ist einer der Kernbereiche von Führung und Steuerung. „Eine erfolgreiche Organisation zeichnet sich … dadurch aus, dass es ihr gelingt, die Akzeptanz ihrer Umwelt zu gewinnen" (Steinmann et al. 2013, S. 83). Unternehmen müssen Aktivitäten, Strukturen, Technologien und die beteiligten Personen in Einklang mit gesellschaftlichen Werten und Normen bringen.[7] Denn Unternehmen sind auf Legitimität angewiesen, wobei im Zusammenhang mit Nachhaltigkeitsthemen die moralische Legitimität an Bedeutung gewonnen hat.

---

[4]http://www.csr-in-deutschland.de/DE/Unternehmen/CSR-Berichterstattung/Standards/standards-artikel.html;jsessionid=8ACB9A1B8B8CE423E84A93DCC31F72D7; abgerufen am 08.10.2017.

[5]http://www.csr-in-deutschland.de/DE/Unternehmen/CSR-Berichterstattung/Standards/standards-artikel.html;jsessionid=8ACB9A1B8B8CE423E84A93DCC31F72D7; abgerufen am 08.10.2017.

[6]http://deutsche-boerse.com/blob/3031312/f6861f886db9bee721ec6431b602b39b/data/Frankfurter_Erklaerung-1.pdf; abgerufen am 08.10.2017.

[7]Eine Kurzdarstellung der unternehmerischen Legitimität findet sich etwa bei Steinmann et al. (2013, S. 83–86).

Das Handeln von Unternehmen unterliegt zunehmend öffentlicher Exponiertheit, da Wert- und Interessenkonflikte ebenso zunehmen wie die Erwartungen unterschiedlichster Anspruchsgruppen. Denn durch die Erstellung entgeltlicher Marktleistungen wächst der Erwartungsdruck an die Leistungsfähigkeit seitens der Kapitalgeber (Shareholder-Value sowie Zins und Tilgung für Fremdkapitalgeber), Beschäftigte (Arbeitsplatzsicherheit, Lohnzahlung, Sozialleistungen, Arbeitsbedingungen), Lieferanten (stabile und faire Lieferbeziehungen), Staat (Steuerzahlungen, Sozialversicherungsbeiträge) und Standortgemeinden (kommunale Steuern, Unterstützung sozialer Projekte). Zusätzlich steigen die Verteilungskonflikte beim Aufkommen negativer externer Effekte (Umweltschäden aller Art) und sozialer Kosten (Arbeitsplatzabbau). Und wenngleich die Eigentumsbasis dieser Unternehmen privat ist, gewinnen ihre Entscheidungen und Handlungen an öffentlicher Relevanz (Ulrich 1998, S. 438).

Aus der Sicht von Management und Controlling sind in die Steuerung somit die Stakeholder (vgl. Abb. 27.2) unbedingt einzubeziehen. In vielen Unternehmen ist dies

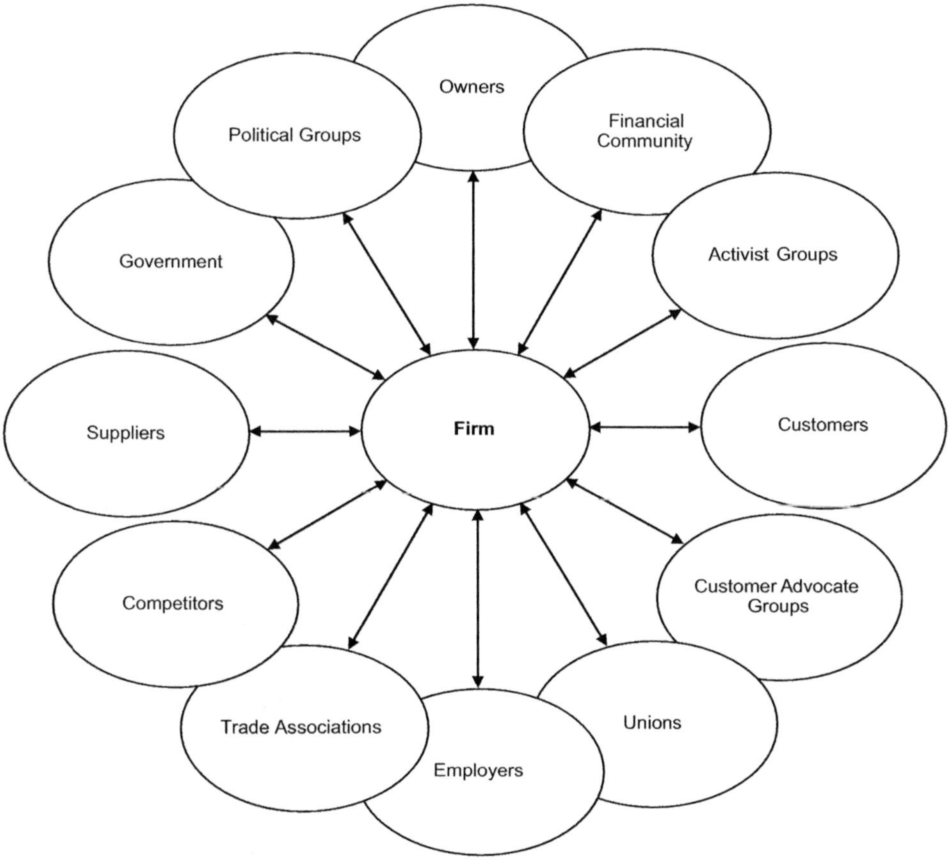

Abb. 27.2 Anspruchs- und Bezugsgruppen eines Unternehmens im Stakeholder-Ansatz. (Quelle: Freeman 2010, S. 25; modifiziert)

implementiert, da erkannt wurde, wie wichtig das Gewinnen von Vertrauen (oder ein Zurückgewinnen von verlorenem Vertrauen) für den Erfolg ist. Da Kunden immer mächtiger werden, nicht zuletzt durch die Möglichkeiten der Informationsbeschaffung über Produkte und Dienstleistungen im Internet, aber auch über den Austausch mithilfe von Social Media zu Meinungen, Werten und Anschauungen, ist ein professionelles Customer Advisory gerade in Märkten mit starkem Wettbewerb erforderlich.[8]

Die vielfältigen Standards und Erwartungen verdeutlichen, dass die Transformation der Nachhaltigkeit nur gelingen kann, wenn Ziele und Bedürfnisse der Stakeholder im Gesamtprozess von Management und Controlling Berücksichtigung finden.

Die Konsequenzen, die sich aus Nachhaltigkeitserwägungen ergeben, strukturieren die Aufgaben für Management und Controlling in zweierlei Hinsicht:I. Pflicht

I. **Pflicht**
   Umsetzung rechtlicher Bestimmungen im Kontext der Berichterstattung bzw. Rechenschaftslegung. Berücksichtigung der Erwartungen auf der Grundlage von Werten, Normen und Gesetzen der relevanten Stakeholder (defensiv-nachhaltiges Steuern).
II. **Kür**
   Als Treiber einer nachhaltigen Entwicklung im Unternehmen müssen Management (mit Entscheidungskompetenz) und Controlling (mit Methoden- und Transparenzkompetenz) zusammenwirken und das über die gesetzlichen Anforderungen hinaus (offensiv-nachhaltiges Steuern).

Pflicht und Kür sind zwei Seiten der gleichen Medaille. Bei der Pflicht besteht die Gefahr, dass die Unternehmen eher Getriebene der Stakeholder sind und gestalterisches Potenzial der Führung aus der Hand geben. Bei der Kür hingegen kommt die intrinsische Motivation zum Ausdruck, selbst zu gestalten und Nachhaltigkeit im Sinne einer inneren Haltung gemeinsam mit den Stakeholdern zu verstehen. Nachhaltigkeit hat eben auch mit Haltung zu tun.

27.1.2 Dimensionen und Problemstellungen: Ökonomie, Ökologie und Soziales

Nachhaltigkeit im Sinne des Tripple-Bottom-Line-Ansatzes ist komplex und dynamisch. Komplex, da mit zunehmender Globalisierung in ökonomischen Fragestellungen weltweite Entwicklungen zu beachten sind (so waren etwa die Auswirkungen einer anfangs lokalen Immobilienkrise im Rahmen der Finanzkrise auch in Regionen und Branchen zu spüren, die scheinbar örtlich und inhaltlich voneinander separiert erschienen). Komplex

---

[8]Zur Einordnung des Customer Advocacy in den Gesamtrahmen des Relationship-Marketings vgl. Bhattacharya und Bolton (2000, S. 340).

ist zudem das weltweite Ökosystem, da sich regionale Ereignisse global auswirken können und umgekehrt weltweite Effekte auch auf lokale Märkte wirken. So ist etwa der CO_2-Zertifikatehandel, als Instrument der Umweltpolitik, länderübergreifend organisiert.

Rein auf soziale Aspekte betrachtet steigt die Komplexität bei produzierenden Unternehmen, deren Wertschöpfungsketten in unterschiedlichen Ländern Bezugspunkte besitzen und entsprechende Sozialstandards einhalten müssen (z. B. Verzicht auf Kinderarbeit in Entwicklungsländern; Sicherheitsstandards bei Produktionsstätten in der Dritten Welt; Sicherstellung, dass sich auch Lieferanten weltweit an entsprechende Standards halten). Dynamik kommt hinzu, da etwa durch ökonomische oder technische Entwicklungen (z. B. Verlagerung von Produktionsstätten; Digitalisierung) die Lebensgrundlage durch Arbeitseinkommen bedroht wird, ökologische Wechselwirkungen global festzustellen sind (z. B. Erderwärmung/Klimawandel) und ferner ein Wertewandel in einer Gesellschaft auch auf Regionen und die Welt als Ganzes wirken kann (so begünstigen soziale Medien die virale Verbreitung von Meinungen, Ressentiments und Moralvorstellungen weltweit).

Insgesamt zeigt sich, dass eine an Nachhaltigkeit ausgerichtete Unternehmenssteuerung folgenden Kernherausforderungen ausgesetzt ist (Ries und Wehrum 2011, S. 27):

- **Ökonomie:** Eine langfristige Gewinnerzielung bei permanenter Aufrechterhaltung der Liquidität stellt Unternehmen vor die Aufgabe, einen Ausgleich bzgl. der Dimensionen Umwelt und Soziales herzustellen. Wenngleich die Gewinnerzielung und Liquiditätssicherung in einem marktwirtschaftlichen System legitimes Oberziel von Unternehmen ist, muss dies immer mehr im Interessenausgleich von ökologischer und sozialer Effizienz erfolgen.
- **Ökologie:** Von wirtschaftlichen Aktivitäten gehen häufig negative externe Effekte aus, die direkt oder indirekt schädigend wirken. Somit muss eine Steigerung der Öko-Effektivität der wirtschaftlichen Aktivitäten angestrebt und erreicht werden.
- **Soziales:** Unternehmen sind in Gesellschaftssysteme eingebunden und sehen sich einer wechselseitigen Interaktion mit allen Stakeholdern gegenüber. Zum einen liefert die individuelle Gewinnerzielung von Unternehmen Finanzierungsbeiträge für vielfältige Aufgabenstellungen eines sozialen Gefüges. Zum anderen ist in wirtschaftlichen Krisensituationen auf Einzelunternehmens-, aber auch Gesamtmarktebene, immer wieder festzustellen, dass Individualrisiken und Verlustbeiträge kollektiviert werden (so beispielsweise während der jüngsten Finanzkrise). Damit entsteht für Unternehmen die Herausforderung, die Legitimierung in der Gesellschaft aufrecht zu halten und die gesellschaftliche Akzeptanz von Handlungen und Wirkungen (nach innen und nach außen) im Unternehmenszielsystem zu verankern.

Eine zielgerichtete Steuerung des Unternehmens ist damit hinreichend komplex und dynamisch (vgl. Abb. 27.3) und das Management bedarf der Unterstützung. Da Controller über Methoden und Systemkompetenz verfügen, um den weiterhin steigenden Ansprüchen an Komplexität und Dynamik gerecht zu werden, sind sie für die integrierte Nachhaltigkeitssteuerung prädestiniert (Sailer 2017, S. 44).

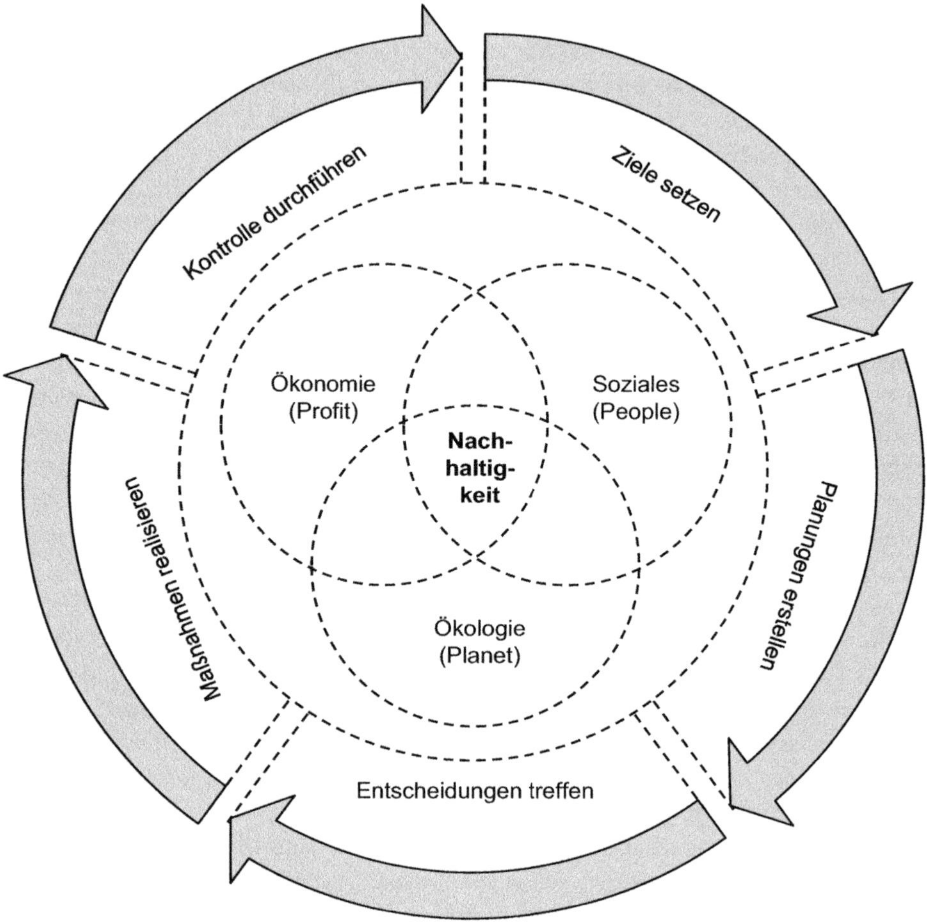

Abb. 27.3 Triple-Bottom-Line-Ansatz im Regelkreis des Managements. (Quelle: eigene Darstellung)

27.2 Die Rolle des Controllings im Rahmen des Nachhaltigkeitsmanagements

27.2.1 Controlling als Funktion

Innerhalb des Managementprozesses kommt dem Controlling eine zentrale Bedeutung zu, wobei es eine einheitliche Controllingkonzeption nicht gibt. So kann das Controlling etwa auf die zielgerichtete Koordinationsfunktion im Kontext von Planung, Kontrolle und Informationsversorgung abzielen, wobei sich die Koordination auf das gesamte Führungssystem im Unternehmen beziehen kann. Ferner besteht die Möglichkeit einer Fokussierung auf die Rationalitätssicherung, welche zu den Kernaufgaben des Controllings gezählt werden kann. Kennzahlenbasierte Ansätze zielen verstärkt auf die Steuerungsfunktion ab.[9] Alle diese Controllingkonzeptionen weisen trotz unterschiedlicher Schwerpunkte Gemeinsamkeiten auf, wobei im Folgenden insbesondere die Koordinations- und die Interventionsfunktion besondere Berücksichtigung erfahren soll.

Entlang der Wertschöpfungskette kann das Controlling in die drei Dimensionen Controllingaufgaben (funktionale Sicht), Controllingorganisation (institutionale Sicht) und Controllinginstrumente (instrumentale Sicht) unterteilt werden, wobei Verhaltensaspekte zu beachten sind. Denn sowohl die Wahrnehmung der Aufgaben als auch die Gestaltung der Organisation bzw. die Nutzung der Instrumente ist von individuellen Faktoren abhängig (Horváth et al. 2015, S. 58). Die Koordinationsfunktion als Abstimmung von Zielsetzung, Planung, Steuerung, Kontrolle und Informationsbereitstellung nimmt dabei eine zentrale Stellung ein (Küpper et al. 2013, S. 31 ff.).

Die Koordinationsfunktion wiederum erfährt eine weitere Präzisierung: Einerseits ist darunter eine systembildende Koordination mit Aufgaben, Strukturen und Prozessen zu verstehen, die den Rahmen für die Steuerung im Unternehmen vorgeben (im Sinne einer Hardware). Andererseits sei aber auch eine systemkoppelnde Koordination erforderlich, die es dem Management ermöglichen soll, trotz aller Strukturen eine Anpassungsflexibilität bei der Steuerung zu erhalten (im Sinne einer anpassungsfähigen Software), um unerwarteten Ereignissen Rechnung tragen zu können (Horváth et al. 2017, S. 20).

Manager unterliegen aber auch selbst Können- und Wollendefiziten, was die Güte der Führungshandlungen im Sinne der Zielerreichung beeinflusst. Somit muss eine Controllingkonzeption auch die Rationalitätssicherung verfolgen, um frühzeitig Rationalitätsdefizite auch aufseiten des Managements zu erkennen (Weber und Schäffer 2016, S. 27). In Bezug auf Fragestellungen der Nachhaltigkeit können sich individuelle kognitive Fähigkeiten als hinderlich erweisen, wenn Interdependenzen und/oder intertemporale Effekte nicht berücksichtigt werden oder aufgrund der Verfolgung individueller Ziele (z. B. im Rahmen der kurzfristigen Jahresbonuszielverfolgung) bewusst nicht beachtet werden.

Ungeachtet unterschiedlicher Ausprägungen und Schwerpunkte stellt die Führungs- bzw. Entscheidungsunterstützungsfunktion das Wesenselement des Controllings dar und leistet ihren Beitrag im Kontext des Nachhaltigkeitsmanagements (Wömpener und Bernatzky 2013, S. 211):

- Nachhaltigkeit muss in die Unternehmensstrategie integriert werden, um zu ermöglichen, dass interne und externe Bedingungslagen mit Bezug zur Nachhaltigkeit antizipiert und in das Steuerungssystem eingebunden werden. Dem Controlling kommt dabei etwa die Aufgabe zu, die strategische Analyse zu unterstützen (z. B. Umfeldanalyse, Stakeholder-Analyse, ABC-Analyse), um Chancen und Risiken aus dem Unternehmensumfeld sowie Stärken und Schwächen aus dem Unternehmen zu identifizieren.

[9] Für eine Synopse der unterschiedlichen Controllingkonzeptionen vgl. Hubert (2015, S. 7–17).

- Strategische Nachhaltigkeitsziele, die meist abstrakt und qualitativ sind, müssen präzisiert und operationalisiert werden und sind für konkrete Führungsaufgaben in konkrete Ziele und Maßnahmen zu übersetzen. Neben der Integration von Nachhaltigkeitsaspekten in das Ziel- und Kennzahlensystem (hier bietet sich die Verwendung der Nachhaltigkeitskennzahlen aus den Berichterstattungsstandards an) muss der Übergang von Strategie zu operativer Umsetzung bewältigt werden. Als Instrument kann hier beispielsweise die Sustainability Balanced Scorecard eingesetzt werden.

Das Controlling verfolgt keinen Selbstzweck, sondern zielt mit seinen Instrumenten auf eine Unterstützung der Nachhaltigkeitsaktivitäten des Managements ab (Weber et al. 2010, S. 395–396). Insofern ist bei einer nachhaltigen Unternehmensführung ein nachhaltiges Controlling im Sinne von Pflicht und Kür unabdingbar.

27.2.2 Controlling als Institution: Controllership

Die bisherige Betrachtung des Controllings erfolgte in funktionaler Sicht mit dem Fokus darauf, was inhaltlich zu erledigen ist. Die Wahrnehmung und Ausgestaltung von Aufgaben obliegt jedoch Personen, die als Controller die jeweiligen Stellen einnehmen. Diese institutionelle, aufgabenbezogene Sichtweise ist Gegenstand des Controllership (Horváth et al. 2015, S. 13).

Das Aufgabenspektrum und das Selbstverständnis von Controllern unterliegen einem permanenten Wandel entsprechend dem jeweiligen Verständnis der gültigen Controllingphilosophie. Der anfänglichen Rechnungswesenorientierung folgte nach der Fokussierung auf die Informationsversorgung die eher ganzheitliche Ausrichtung als Teil des Führungsprozesses. Wenngleich die jeweiligen Entwicklungsstufen nicht getrennt voneinander zu verstehen sind, so sind Instrumente der Kostenrechnung (z. B. Kostenarten-, -stellen und -trägerrechnung) nach wie vor wichtige Bestandteile im Kontext der Unternehmenssteuerung und zählen zum Aufgabenspektrum im Controlling, wie auch die Themen rund um die Berichterstattung (z. B. Business-Intelligent-Systeme oder automatisiertes Berichtswesen) und Informationsversorgung eine wesentliche Grundlage für den Entscheidungsprozess des Managements darstellen. Es ist also kein Entweder-oder sondern ein Miteinander der Entwicklungsstufen.

Aus institutioneller Sicht bietet sich Controllern die Chance, interne Nachhaltigkeitsberater in strategischen und operativen Belangen zu sein oder zu werden. Damit erweitert sich der Kompetenzrahmen von Controllern, um dieser sich wandelnden Aufgabe gerecht werden zu können. Aus diesen unterschiedlichen Rollen, die im Rahmen des Unternehmensführungsprozesses wahrzunehmen sind, entsteht das Erfordernis hoher Methoden-, Fach- und Beziehungskompetenz (Weber und Schäffer 2016, S. 496). Gerade für Controller zeigt sich als Partner des Managements die Vielfalt an den zu erfüllenden Aufgaben (vgl. Abb. 27.4).

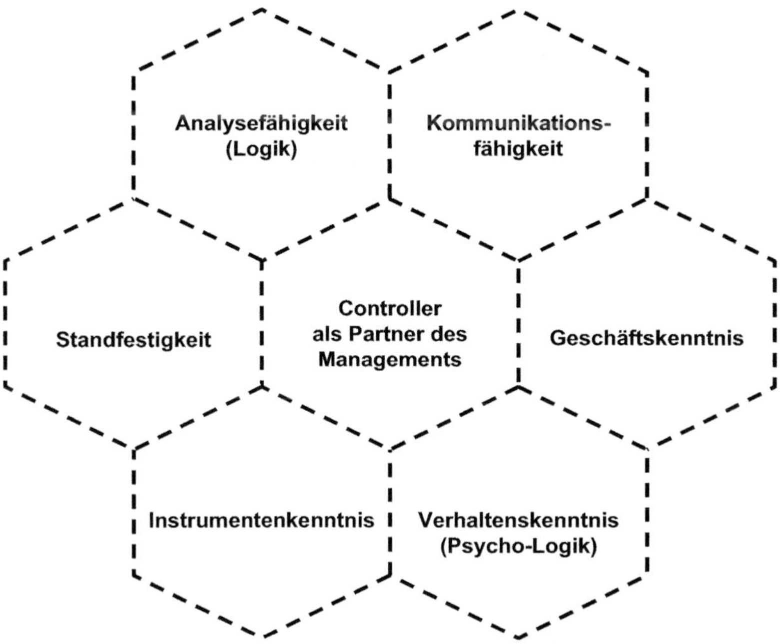

Abb. 27.4 Anforderungsprofil für Controller als Partner des Managements. (Quelle: vgl. Gänßlen et al. 2013, S. 7; modifiziert)

Das Thema Nachhaltigkeit findet etwa durch das Leitbild des Internationalen Controller Vereins seinen Platz:

„Controller leisten als Partner des Managements einen wesentlichen Beitrag zum nachhaltigen Erfolg der Organisation.

Controller …

1. gestalten und begleiten den Management-Prozess der
2. Zielfindung, Planung und Steuerung, sodass jeder Entscheidungsträger zielorientiert handelt.
3. sorgen für die bewusste Beschäftigung mit der Zukunft und ermöglichen dadurch, Chancen wahrzunehmen und mit Risiken umzugehen.
4. integrieren die Ziele und Pläne aller Beteiligten zu einem abgestimmten Ganzen.
5. entwickeln und pflegen die Controlling-Systeme. Sie sichern die Datenqualität und sorgen für entscheidungsrelevante Informationen.
6. sind als betriebswirtschaftliches Gewissen dem Wohl der Organisation als Ganzes verpflichtet.“[10]

---

[10]https://www.icv-controlling.com/fileadmin/Verein/Verein_Dateien/Sonstiges/Das_Controller-Leitbild.pdf; abgerufen am 07.10.2017.

Die Verabschiedung dieses Leitbildes erfolgte im Jahr 2013 und zeigt, dass die Notwendigkeit der Nachhaltigkeit im Rahmen der Unternehmenssteuerung durch die berufsständische Vereinigung von Controllern erkannt und konzeptionell umgesetzt wurde.

Controller müssen sich noch konsequenter zu internen Consultants weiterentwickeln. Automatisiertes Berichtswesen und algorithmische Analyseprozeduren machen viele Aufgabenfelder im Controlling überflüssig. Daher müssen Controller ihr Kompetenzspektrum anpassen und Treiber einer nachhaltigen, strategischen Ausrichtung in den Unternehmen werden.

27.2.3 Ethisch-moralische Auseinandersetzung des Controllings

Die Unternehmenssteuerung weist eine leistungswirtschaftliche, eine finanzielle und eine soziale Dimension auf und die in diesen Kontexten zu treffenden Entscheidungen bilden das verbindende Element zur Unternehmensethik, denn das Controlling (funktional und institutionell) wirkt in besonderem Maße entscheidungsunterstützend. Unternehmensentscheidungen weisen einerseits einen klaren Zielbezug mit normativen Komponenten auf, zumal Unternehmensentscheidungen meist Menschen direkt oder indirekt tangieren und damit wertbezogene oder moralische Aspekte beinhalten. Andererseits muss das Controlling die Führung mit unternehmensethischen Analysen unterstützen, damit ist insbesondere die Koordination des Entscheidungsprozesses von unternehmensethischen Fragestellungen betroffen (Küpper und Schreck 2017, S. 14). Somit kann festgestellt werden, dass das Controlling sowohl auf dem Weg zu Unternehmensentscheidungen (Ziel- und Maßnahmenfindungsprozess) als auch bei den Ergebnissen von Unternehmensentscheidungen (Ziel- und Maßnahmensetzungsprozess) wertbezogene Elemente aufweist.

Ausgangspunkt jeder Überlegung in normativer Hinsicht ist ein Verständnis der Begriffe Ethik und Moral. Die Ethik ist eine Wissenschaft, die sich mit moralischem Handeln auseinandersetzt (Pieper 2007, S. 17). Unternehmensethik beschäftigt sich mit ethischen Fragestellungen bei Unternehmensentscheidungen und verfolgt die Absicht, moralisches und ökonomisches Verhalten miteinander in Verbindung zu bringen (Dietzfelbinger 2015, S. 7). Unterschiedliche ethische Konzepte führen zu unterschiedlich moralisch zu begründenden Handlungen. So basiert die Gewinn- und Unternehmenswertmaximierung beispielsweise auf einer utilitaristischen Ethik und jedes Handeln gilt in diesem Sinne dann als moralisch, wenn es der Maximierung von Gewinn und Unternehmenswert dienlich ist. Nutzen und Missnutzen können gegeneinander verrechnet werden und die Nutzenmaximierung einzelner ist dann moralisch zu rechtfertigen, wenn sie den Missnutzen anderer aufwiegt. Moralität ist demnach mit Folgen von Handlungen verbunden (Nutzen und Missnutzen), der Nutzen/Missnutzen ist eine objektivierbare Größe und für den gesamtwirtschaftlichen Kontext ist der Nutzen aller Betroffenen zu bewerten. Insofern werden auch empirische Bedingungen explizit in die ethischen

Überlegungen einbezogen.[11] Nun weist die monetäre Bewertung von Nutzen und Missnutzen grundsätzlich Schwierigkeiten auf und letztendlich ist die Frage nach dem „Was sollte sein?“, nur zu beantworten, wenn das soziale Gefüge und die soziale Ordnung in die Bewertung moralischen Handelns einbezogen werden. Aus Unternehmensführungs- und Controllingsicht bedeutet dies, die Stakeholder einzubeziehen.

Die herkömmliche Unternehmenssteuerung orientiert sich häufig an quantitativen, monetären Größen, die zudem der kurzen Frist einen hohen Stellenwert beimessen. Kosten, Umsätze, Gewinne und Rentabilitätskennzahlen stehen dabei im Vordergrund und dienen der Erreichung kurzfristiger Ziele (z. B. Jahresziele). An Werten und Normen orientierte Handlungen und Entscheidungen wirken hingegen eher in der langen Frist und sind zudem meist qualitativer Natur, was die Messbarkeit des direkten Erfolgsbeitrags erschwert. Ist die Unternehmenssteuerung und das damit verbundene Controllinginstrumentarium auf kurzfristige, monetäre Ergebnisgrößen ausgerichtet, kann dies wie eine Art Barriere für ethisches Handeln wirken. Langfristige Risiken und Folgen unternehmerischen Handelns sowie ihre interdependenten Wirkungen finden nicht genügend Beachtung (Conrad 2016, S. 117).

Dieses zeitliche Dilemma zeigte sich etwa im Kontext der jüngsten Finanzkrise, da eine kurzfristige Unternehmenswertsteigerung zulasten der nachhaltigen Wertgenerierung gerade bei Unternehmen der Finanzindustrie festzustellen war. Verbindet man diese Erkenntnis mit weiteren Skandalen aus der Wirtschaft (ein prägendes Ereignis war etwa die Versenkung der Ölplattform „Brent Spar“ und den durch den Druck der Öffentlichkeit [Stakeholder] ausgelösten Wandel in der strategischen Ausrichtung von Shell) wird deutlich, warum ethisch-moralische Fragestellungen für das Controlling von Relevanz sind. Denn das Controlling ist ein als Lieferant von Informationen wesentlicher Entscheidungsunterstützer und muss durch unternehmensethische Analysen Hilfestellung leisten (Küpper und Schreck 2017, S. 12). Dabei kann die Gefahr bestehen, dass das Controlling beispielsweise beim Transformationsprozess, aus Daten Informationen zu machen, sowie bei der Empfehlung und Bereitstellung von Instrumenten oder der Bewertung von Ursache-Wirkungszusammenhängen nicht frei von Werten und Wertungen ist (z. B. Gewinnmaximierung als Oberziel und Ausrichtung aller Aktivitäten an dieser Leitmaxime; andere Leitprinzipien finden dann nicht statt). Andererseits muss das Controlling die Führung mit unternehmensethischen Analysen unterstützen (Küpper und Schreck 2017, S. 12) und damit eine neutrale Sichtweise einnehmen, um in Kenntnis unterschiedlicher ethischer Konzepte seiner Aufgabe gerecht zu werden. Das Controlling muss folglich einen Spagat bewältigen und einerseits die geltende Unternehmensethik in der Unternehmenssteuerung umsetzen, andererseits aber als Sparringspartner des Managements, den ethischen Diskurs nicht scheuen (Indes gelten die möglichen Problemfelder Könnens- und Wollendefizite des Managements für Controller analog.).

---

[11]Vgl. Suchanek (2007, S. 18) sowie die dort aufgeführten ethischen Konzepte.

Bezogen auf die Rationalitätssicherungsfunktion des Controllings im Zusammenhang mit der Unternehmenswert- und Gewinnmaximierung kann der mögliche Konflikt verdeutlicht werden (Schäffer 2004, S. 60):

1. Sofern die Unternehmensausrichtung mit den Anforderungen des Controllings übereinstimmt, wird moralisches Verhalten gleichermaßen für Management und Controlling zum operativen und strategischen Erfolgsfaktor. Die Nutzenmaximierung (Gewinn- bzw. Unternehmenswertmaximierung) als ethisches Grundkonzept ist das verbindende Element. Moralisches Verhalten lässt sich dann konfliktfrei in Form von Ursache-Wirkungs-Zusammenhängen abbilden und ist mit Controllinginstrumenten steuerbar.
2. Sofern hingegen unternehmerische Postulate und die Controllingphilosophie auseinanderfallen, da das Controlling der obersten Maxime einer Gewinn- und Unternehmenswertmaximierung der Shareholder verpflichtet ist, das Management aufgrund der Stakeholder-Orientierung aber andere moralische Zielsetzungen verfolgt, entsteht ein Konflikt. In diesem Fall müsste das Controlling eingreifen und das moralische Handeln der Unternehmensführung verhindern, da es gegen die Nutzenmaximierung verstößt. Standhaftigkeit ist eben eine Kernkompetenz, die Controller auszeichnet.

Diese scheinbar akademische Diskussion weist einen relevanten Bezug zur Nachhaltigkeit auf, denn Fragen im Kontext von Ökonomie, Ökologie und Gemeinwesen sind normativ geprägt. Somit ist, aufbauend von ethischen Grundüberlegungen (Was könnte sein?) zu klären, wie die ethische Ausrichtung für Unternehmensführung und Controlling aussehen soll (Was sollte mit welchen Mitteln getan werden?). Und auch der zeitliche Kontext, dass etwa das strategische Controlling die direkten und indirekten Langfristwirkungen von Unternehmensentscheidungen auf Ökonomie, Ökologie und Gesellschaft einbeziehen muss, ist nicht neu (Eschenbach 1997, S. 92–111).

Letztendlich erfolgt auch die Gewinn- und Unternehmenswertmaximierung unter Nebenbedingungen, wie beispielsweise Liquiditätssicherung, Produktionsfunktion, gesetzlichen Vorschriften oder eben Normen, sodass eine klare Bewertung, ob sich moralisches Verhalten rechnet oder nicht, komplex ist. Zudem erfolgt die Entscheidung auf Basis der vom Controlling bereit gestellten Instrumente, deren Ergebnisse wiederum von Prämissen abhängen (Schäffer 2004, S. 60). Insofern wirken diese Instrumente handlungsleitend und nehmen starken Einfluss auf die zu treffenden Entscheidungen, was unter moralischen Aspekten mit Schwierigkeiten verbunden sein kann, da eine Einflussnahme des Controllings offensichtlich ist (Schäffer 2004, S. 63).

Moralisches Handeln weist zudem einen Bezug zum kulturgeschichtlichen und gesellschaftlichen Kontext sowie zu den guten Sitten auf. „Im Unterschied zu Rechtsnormen, deren Erfüllung rechtsstaatlich erzwingbar ist, hängt der Verbindlichkeitsanspruch moralischer Normen aus der Perspektive der Teilnehmer einer sozialen Praxis unmittelbar von der überwiegenden Akzeptanz dieser Normen in einer Gemeinschaft oder Gesellschaft ab." (Ulrich 1998, S. 31). Bezogen auf die aktuelle Nachhaltigkeitsdebatte lässt sich damit zweierlei feststellen:

1. Es sind ja gerade Rechtsnormen, die Unternehmen zwingen, sich mit Themen der Nachhaltigkeit auseinander zu setzen. Damit ergeben sich für Unternehmensführung und Controlling Aufgaben, die im Sinne einer Pflicht zu erfüllen sind. So gibt die gesetzliche Vorschrift zur Nachhaltigkeitsberichterstattung den konzeptuellen Rahmen vor, innerhalb dessen Unternehmensführung und Controlling agieren müssen. Moralität im eigentlichen Sinne, muss dabei nicht vorliegen. Denn der Handlungsrahmen ist heteronom (von außen) vorgegeben und das eigentliche Handeln muss nicht aus innerer Überzeugung erfolgen.
2. Moralisch wird das Handeln im Kontext der Nachhaltigkeit dann, wenn es über den Aspekt des heteronomen Zwangs hinaus geht und die Einsicht aus Vernunft hinzukommt. Dies setzt allerdings die Auseinandersetzung mit ethisch-moralischen Konzepten voraus.

Controller müssen in diesem Zusammenhang ein Grundverständnis der Wertesysteme besitzen, um einen qualifizierten Beitrag leisten zu können. So sind nicht alleine die Kenntnis von Instrumenten und Methoden zur Zielerreichung (reine Technik) erforderlich, vielmehr müssen Ethik und Moral (Konsequenzen des Handelns aus normativer Sicht) in das Controllingverständnis einbezogen werden (Hilbert 2011, S. 4).

Letztendlich hat das Controlling, als Teil des Corporate-Governance-Systems, einen wichtigen Beitrag für verantwortungsvolles unternehmerisches Handeln zu leisten und steht vor funktionalen, institutionellen und instrumentellen Herausforderungen (Wömpener und Bernatzky 2013, S. 210).

27.2.4 Determinanten eines Nachhaltigkeitscontrollings

Betrachtet man aber die inhaltliche Spezialisierung des Controllings in Unternehmen ist festzustellen, dass das Nachhaltigkeitscontrolling noch immer ein Schattendasein führt. Dem Finanzcontrolling wird der höchste Stellenwert beigemessen, das Nachhaltigkeitscontrolling landet auf einem der letzten Plätze (Schäffer und Weber 2015, S. 176). Festgestellt werden kann ebenfalls, dass Controller nicht als Treiber einer nachhaltigen Unternehmenssteuerung wahrgenommen werden, weitaus einflussreicher sind die Bereiche PR/Kommunikation, Investors Relations oder das Marketing (Schaltegger et al. 2012, S. 32).

Nachhaltigkeitsaspekte sind konsequenter in die Steuerungslogik einzubeziehen, wobei dadurch das Controlling nicht vollständig neu erfunden werden muss. Vielmehr stellt das Nachhaltigkeitscontrolling eine Weiterentwicklung dar und stärkt die Rolle von Controllern als Businesspartner des Managements (Sailer 2017, S. 77). Dabei muss es dem Controlling gelingen, gemäß seiner Verantwortung für die Weiterentwicklung der strategischen und operativen Führungsinstrumente, Nachhaltigkeit in den Regelkreis der Führung zu integrieren

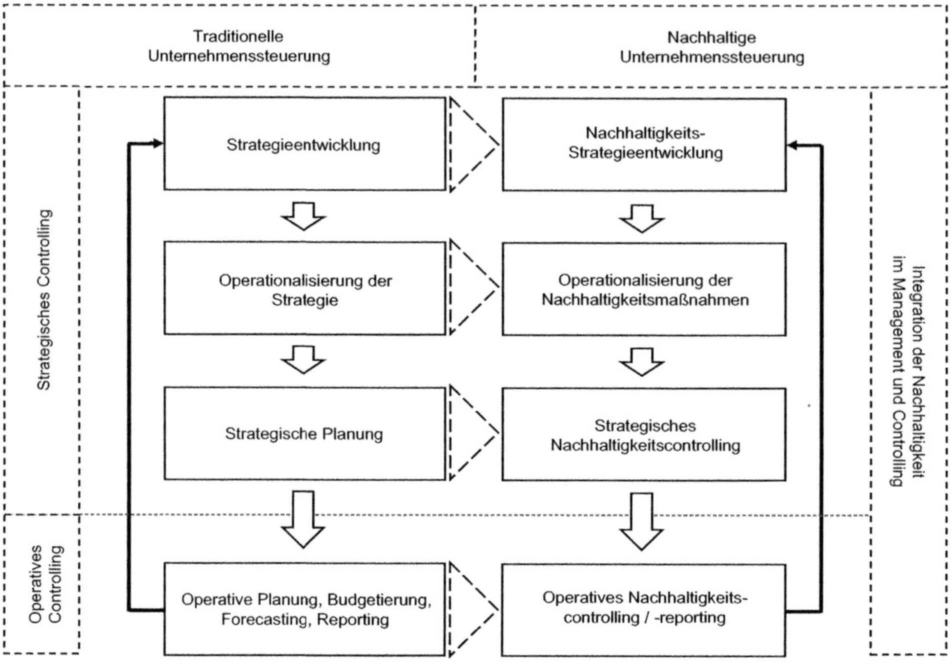

Abb. 27.5 Traditionelles Controlling vs. Nachhaltigkeitscontrolling. (Quelle: Ries und Wehrum 2011, S. 28; modifiziert)

(Weber 2010, S. 12). Im Gesamtkontext des Managementprozesses bedeutet dies, dass im Controlling die Herausforderung für die Integration qualitativer und quantitativer Steuerungsgrößen weiter steigt, das lineare Ursache-Wirkungsdenken verschiebt sich in Richtung Ursache-Wirkungs-Netzen.[12] Das Nachhaltigkeitscontrolling dient damit der Nachhaltigkeitstransformation von Geschäftsmodellen und Wertschöpfungslogiken.

Entscheidend ist aber auch hier, dass eine klare Abgrenzung von Aufgaben des Managements und den Aufgaben des Controllings erfolgt: Dem Controlling kommt eine Unterstützungsfunktion zu, die Entwicklung einer normativ geprägten Nachhaltigkeitsstrategie obliegt dem Management. Das Nachhaltigkeitscontrolling muss gewährleisten, dass die Beschaffung, die Analyse und die Kommunikation der entscheidungsrelevanten Daten mit ökonomischem, ökologischem und sozialem Bezug erfolgt (Ahsen, von 2013, S. 209). Ferner hat das Controlling die erforderlichen Instrumente bereitzustellen, damit das Management seiner Aufgabe, Entscheidungen zu treffen, nachkommen kann. In Abb. 27.5 ist die Weiterentwicklung des traditionellen Controllings hin zu einer nachhaltigen Unternehmenssteuerung skizziert.

---

[12] Vgl. zur grundlegenden Diskussion steigender Dynamik und Komplexität als Herausforderung für das Controlling etwa Müller (2011, S. 10–15).

Instrumente des strategischen Controllings	Instrumente des operativen Controllings
• strategische Planung • Sustainability Balanced Scorecard • Stakeholderdialog • Szenarioanalysen / SWOT-Analysen • Portfolio-Konzepte • nachhaltigkeitsbezogene Produktanalysen • EFQM Sustainability Excellence • Wertorientierte Konzepte • Benchmarking	• operative Planung • Budgetierung • Kennzahlensysteme • kurzfristige Erfolgsrechnungen • nachhaltiges Kostenmanagement • nachhaltige Prozesskostenanalyse • Nachhaltigkeitsreporting
• Frühwarnsysteme (strategisch, mittelfristig, kurzfristig) • ABC / XYZ Analysen	

Abb. 27.6 Ausgewählte Instrumente des Nachhaltigkeitscontrollings. (Quelle: eigene Darstellung)

Ferner kann konstatiert werden, dass das Nachhaltigkeitscontrolling über die Ansätze zum Green-Controlling, Sozio-Controlling oder CSR-Controlling hinausgeht und einen integrierten Ansatz darstellt. Es beinhaltet sämtliche ökonomischen, sozialen und ökologischen Perspektiven im Unternehmen in Bezug auf ein nachhaltiges Leitbild und eine Nachhaltigkeitsstrategie (Schaltegger und Dyllick 2002, S. 19). zudem ist seine Unterstützungsfunktion bei der operativen Umsetzung erforderlich.

Der Übergang zu einem Nachhaltigkeitscontrolling beinhaltet auch, dass das Controllinginstrumentarium weiterentwickelt bzw. angepasst wird. Grundsätzlich zählen sämtliche betriebswirtschaftliche Methoden zum Controllinginstrumentarium. Originäre Controllinginstrumente zu bestimmen ist schwierig, da Controllingaufgaben sowohl Unterstützungs- als auch Entscheidungscharakter besitzen. Somit besteht Instrumentenvielfalt, da unterschiedliche Fragestellungen des Managements zur Verwendung unterschiedlicher Analyse-/Instrumententools führen (vgl. Abb. 27.6).

27.3 Nachhaltigkeitsstrategie und operative Umsetzung

Im Folgenden soll mittels des Instruments der Sustainability Balanced Scorecard die praktische Relevanz im Kontext des Nachhaltigkeitscontrollings verdeutlicht werden. Diese Scorecard übernimmt die Aufgabe, Aktivitäten und Maßnahmen, die im Rahmen der Nachhaltigkeitsstrategie des Unternehmens ergriffen werden sollen, mess- und steuerbar zu machen sowie zu dokumentieren (Wömpener und Bernatzky 2013, S. 212).

Da aktuell in nahezu allen Branchen und in besonderem Maße in der Finanzindustrie beispielsweise durch das Aufkommen von FinTechs und InsureTechs das Thema der digitalen Transformation omnipräsent ist, soll dieser Themenkomplex herangezogen werden, um skizzenhaft das Beziehungsgefüge von strategischer Ausrichtung und operativer Umsetzung, sowie mögliche Handlungsfelder für das Controlling aufzuzeigen. Das Controlling sollte sich des Themas der Digitalisierung annehmen, denn hier werden die Interdependenzen zwischen Ökonomie, Ökologie und sozialen Aspekten offensichtlich. Für das Controlling zeigt sich diese Relevanz, da

- das Controlling selbst vor tief greifenden Änderungen steht (z. B. verändert ein automatisiertes Berichtswesen und der Einsatz von Algorithmen und künstlicher Intelligenz im Rahmen der Analyse die klassischen Aufgabenbereiche im Controlling) und sich neue Handlungsfelder bieten (z. B. Nachhaltigkeitsberater im Unternehmen),
- das Controlling die digitale Transformation im Unternehmen begleiten sollte, um einerseits Rationalisierungs- und Innovationspotenziale aufzuzeigen und andererseits die Wechselwirkungen zu ökologischen und sozialen Themen transparent zu machen.

27.3.1 Nachhaltigkeitsstrategie als Rahmen des Controllings

Die Umsetzung von Nachhaltigkeitsaspekten im Unternehmen setzt das Vorhandensein einer Nachhaltigkeitsstrategie voraus. Die Strategieformulierung ist originäre Managementaufgabe, somit kommt dem Controlling bei diesem Prozess eine Entscheidungsunterstützungsfunktion zu. Als Instrumente bieten sich hierbei etwa die SWOT-Analyse (Umfeld- und Unternehmensanalyse) sowie eine Stakeholder-Analyse an. Denn Chancen und Risiken aus dem Unternehmensumfeld auf die Stärken und Schwächen des Unternehmens für die Strategieentwicklung abzustimmen, macht nur Sinn, wenn die relevanten Stakeholder des Unternehmens einbezogen werden.

Wer hingegen als relevanter Stakeholder des Unternehmens zu berücksichtigen ist, kann anhand des machtstrategischen und normativ-kritischen Konzepts festgestellt werden (Ulrich 1997, S. 442). Unter machtstrategischen Erwägungen sind diejenigen Anspruchsgruppen einzubeziehen, die Verfügungsmacht über knappe Ressourcen besitzen (z. B. Shareholder und ihre Verfügungsmacht über Gewinnausschüttungen und dem damit einhergehenden Liquiditätsentzug) oder Drohpotenzial haben, das sich ergibt, sofern das Unternehmen ihren Ansprüchen nicht nachkommt (z. B. Kunden, die auf Onlinebewertungsportalen auf das Image von Banken einwirken können). Aus normativ-kritischer Sicht können legitime Ansprüche auf der Grundlage von Verträgen (z. B. Provisionsansprüche von Investmentbankern durch die Arbeitsverträge) oder allgemein moralischer Ansprüche, die von Handlungen oder Unterlassungen des Unternehmens auf die Stakeholder ausgehen (z. B. Verlagerung von Gewinnen der Finanzbranche in Steueroasen und der damit einhergehende Rückgang der Steuereinnahmen zur Finanzierung des Gemeinwohls), bestehen.

Für die Praxis bietet sich hierfür beispielsweise das Instrument der Wesentlichkeitsanalyse an (vgl. Abb. 27.7), zumal dies mit den GRI-Standards zur Nachhaltigkeitsberichterstattung (z. B. G4-20: wesentliche Aspekte innerhalb der Organisation; G4-21: wesentliche Aspekte außerhalb der Organisation; G4-24 bis G4-27 regelt die Einbeziehung der Stakeholder) vereinbar ist. Dem Controlling obliegt es nun, den Einsatz dieses Instruments inhaltlich-konzeptionell zu begleiten.

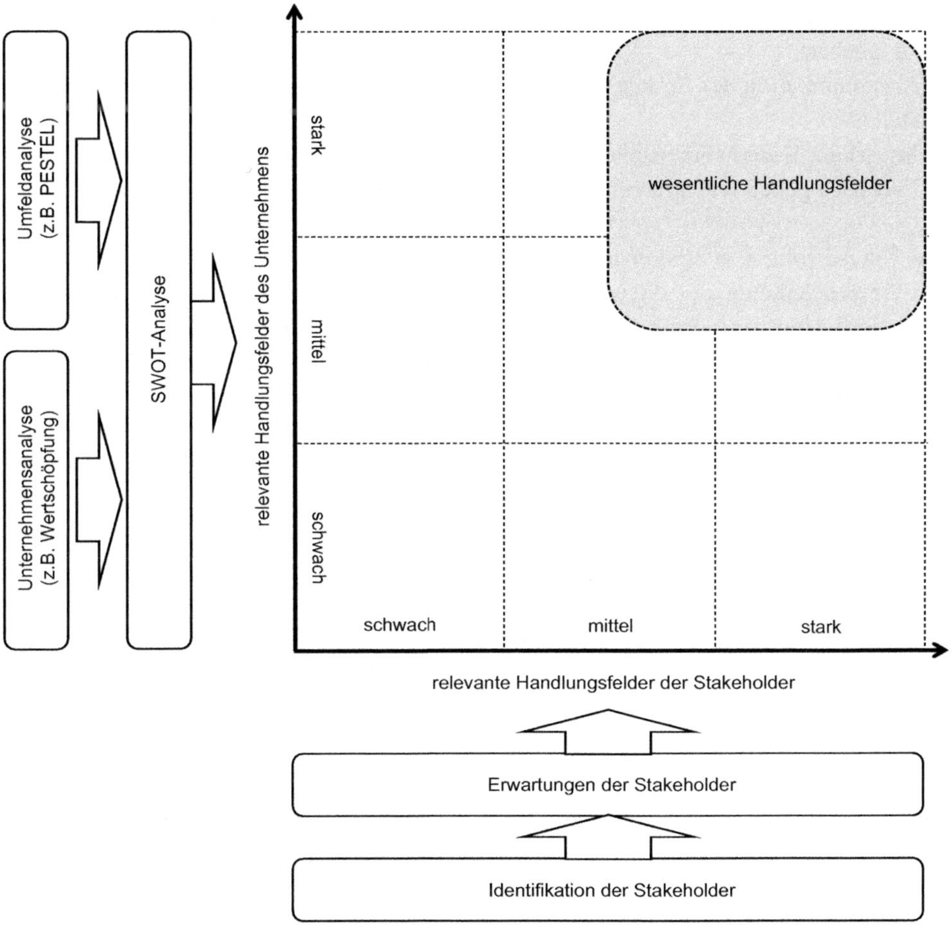

Abb. 27.7 Wesentlichkeitsmatrix. (Quelle: Sailer 2017, S. 109; modifiziert)

27.3.2 Implementierung der Nachhaltigkeitsstrategie

27.3.2.1 Die Balanced Scorecard als Instrument des Managements

Auf Basis der bisherigen Vorüberlegungen, der Komplexität und Anforderungen an die Integration von finanziellen auch nichtfinanziellen Größen in die nachhaltige Unternehmenssteuerung zeigt sich, dass das Konzept der Balanced Scorecard hierfür geeignet ist. Kaplan und Norton entwickelten die Balanced Scorecard, um es Unternehmen zu ermöglichen, Diskrepanzen zwischen Strategieformulierung und Strategieimplementierung aufzulösen. Sie beschrieben anhand von vier Schritten, wie dies gelingen kann (Kaplan und Norton 1996, S. 75):

1. Vision und Strategie übersetzen, um die strategische Ausrichtung operationalisierbar zu machen.
2. Kommunikation der Strategie und Verbindung zu Bereichs- und Individualzielen herstellen.
3. Integrierte Unternehmensplanung gewährleisten.
4. Feedback geben und strategisches Lernen ermöglichen.

Die Übersetzung von Vision und Strategie stellt dabei den Ausgangspunkt und einen der Wesenselemente des Steuerungsprozesses dar. Denn häufig fehlt es an Klarheit, wenn die Vision bzw. strategische Ausrichtung kommuniziert wird. Das Herstellen eines Verständnisses hinsichtlich Vision und Strategie ist Ausgangspunkt des Managements (Kaplan und Norton 1996, S. 75). Nachhaltigstes Unternehmen der Branche zu werden, ist nur auf den ersten Blick eine klare Zielsetzung, denn individuelle Vorstellungen der handelnden Personen, was darunter zu verstehen ist, machen die Notwendigkeit eines einheitlichen Verständnisses für die weitere Operationalisierbarkeit deutlich. In Fragen der Nachhaltigkeit mit all ihren normativen Kontexten in Bezug auf Ökonomie, Ökologie und Soziales ist eine klare Sprache und Zielausrichtung unabdingbar.

Kommunikation und Verbindung von Vision und Strategie mit den Zielgrößen und Kennzahlen im Unternehmen stellen den zweiten Schritt einer erfolgreichen Strategieimplementierung dar. Dabei gilt es zu beachten, dass Kollektiv- und Individualziele aufeinander ebenso abgestimmt werden, wie dies in Bezug auf finanzielle und nichtfinanzielle Kenngrößen erfolgen muss (Kaplan und Norton 1996, S. 76).

Unternehmen können als lebende Organisationen verstanden werden, innerhalb derer unterschiedliche Bereiche zu unterschiedlichen Zeiten Changemanagementprozesse durchlaufen, daher ist die Anforderung an die Koordination der Unternehmensplanung hoch. Für das Management entsteht die Schwierigkeit, diese unterschiedlichen Initiativen im Sinne der Gesamtsteuerung auf die Vision und Strategie hin zu koordinieren (Kaplan und Norton 1996, S. 76). Beispielsweise erfordert soziales Engagement den Einsatz von finanziellen Ressourcen, die an anderer Stelle dann nicht zur Verfügung stehen; zudem ist der langfristige Return des sozialen Engagements bisweilen schwer abzuschätzen.

Die BSC ermöglicht es zudem, mithilfe von Feedback und Lernen über die strategische Ausrichtung zu reflektieren und eine Adjustierung der strategischen Ausrichtung zu erreichen. Kurzfrist- und Langfristziele können aufeinander abgestimmt werden (Kaplan und Norton 1996, S. 77). In der Finanzbranche sind etwa Initiativen zu erkennen, die als Konsequenz von Falschberatungen in der Vergangenheit die Vertriebssteuerungsinstrumente neu ausrichten.

Die Scorecard ist ausgewogen und bezieht in seiner Ursprungsform die für das Unternehmen relevanten Perspektiven (Finanzen, Kunden, interne Prozesse sowie Lernen und Wachsen) ein (vgl. Abb. 27.8). Jede Perspektive enthält eine überschaubare Anzahl an praktikablen Ziel- und Maßnahmengrößen und weist diese in einem systematischen Verbund als Kennzahlen aus, wobei einer Perspektive mindestens ein Ziel mit entsprechenden Messgrößen zugeordnet wird. Ferner werden die Interdependenzen

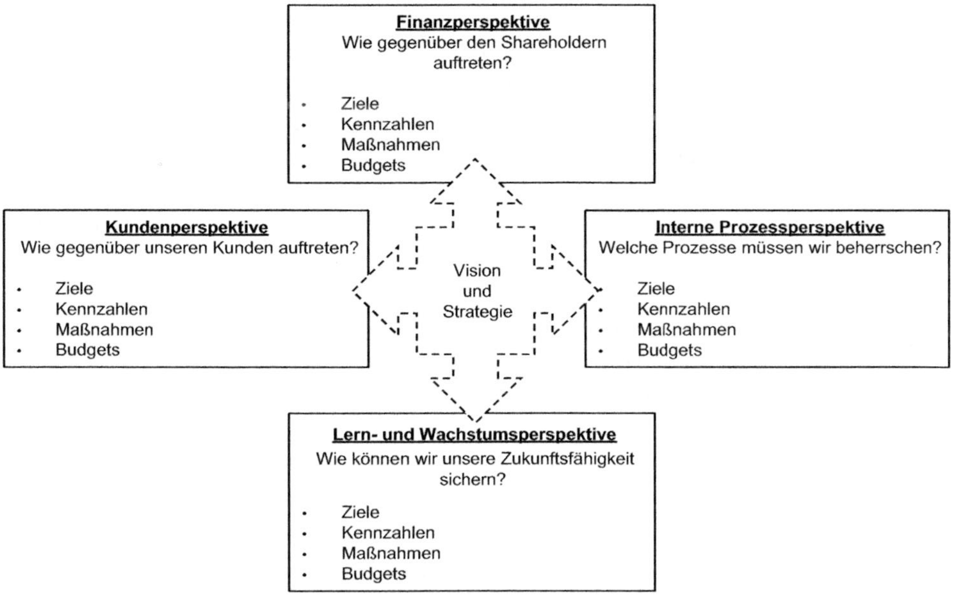

Abb. 27.8 Die Grundstruktur der Balanced Scorecard. (Quelle: in Anlehnung an Kaplan und Norton 1996, S. 76; modifiziert)

zwischen den jeweiligen Perspektiven berücksichtigt und konsequent auf die Finanzperspektive hin ausgerichtet.

Die Balanced Scorecard ist als Performance-Managementsystem ausgestaltet, das die Unternehmensleistung mit den Interessen der Stakeholder verbindet und neben monetären Kennzahlen auch qualitative Einflussfaktoren in die Steuerung integriert. Darüber hinaus sollen für ein frühzeitiges Eingreifen die Leistungstreiber, intangible Assets oder Erfolgspotenziale identifiziert und transparent gemacht werden. Strategieorientierung und die Stakeholder-Sichtweise zeigen, dass sich die Balanced Scorecard für ein integriertes Nachhaltigkeitsmanagement eignet (Müller 2011, S. 120–212).

27.3.2.2 Integriertes Nachhaltigkeitscontrolling mithilfe der Sustainability Balanced Scorecard

Die Sustainability Balanced Scorecard, eine Weiterentwicklung der klassischen Balanced Scorecard, verbindet die komplexen Wirkmechanismen und Interdependenzen der drei Aspekte der Nachhaltigkeit (Ökonomie, Ökologie und Soziales) für die erfolgreiche Implementierung von Nachhaltigkeitsstrategien miteinander. Damit verringert sich die Gefahr, dass sich parallele Steuerungssysteme für die jeweiligen Bereiche Ökonomie, Ökologie oder Soziales bilden bzw. etablieren und die Koordinations- und Abstimmungskosten können gesenkt werden (Hansen und Schaltegger 2016, S. 196; Schaltegger und Dyllick 2002, S. 38–39).

Die ursprüngliche Balanced Scorecard legt den Fokus der Steuerungssystematik schwerpunktmäßig auf marktlich-ökonomische Aspekte. Ökologische und soziale Fragestellungen finden damit in einer zum größten Teil auf den Markt ausgerichteten Steuerungssystematik nicht statt. Hier bietet die Sustainability Balanced Scorecard einen Lösungsansatz, denn nichtmarktliche Interdependenzen können nun in die Unternehmenssteuerung systematisch integriert werden.

Die Einbeziehung der Ökologie- und Sozialaspekte in die Scorecard kann auf dreierlei Art erfolgen (Figge et al. 2001, S. 20–24):

- Integration von Ökologie- und Sozialaspekten in die bestehenden vier Perspektiven. Diese Form eignet sich besonders, wenn Umwelt- und Sozialaspekten bereits ein hoher Stellenwert beigemessen wird und diese in das Marktsystem integriert sind. Denn nun können, z. B. mit Blick auf die ökologische Ausrichtung des Unternehmens, Ziele, Treiber und Maßnahmen den vier Perspektiven zugeordnet und integriert werden. Beispielsweise bietet sich dieses Vorgehen bei Produktionsbetrieben an, die in Kundensegmenten mit hohem Umweltbewusstsein agieren.
- Erweiterung der klassischen Balanced Scorecard (BSC) um eine zusätzliche Perspektive mit Ökologie- und Sozialaspekten. Diese zusätzliche Nicht-Markt-Perspektive erscheint aber nur sinnvoll, wenn Ökologie- und Sozialaspekte strategische Relevanz besitzen oder Leistungstreiber sind und wenn diese Ökologie- und Sozialaspekte nicht in die bisherige Vier-Perspektiven-Systematik integriert werden können. Beispielsweise könnte dies bei Unternehmen der Finanzindustrie begründet sein, deren Verluste kollektiviert werden müssen, um das Gesamtwirtschaftsgefüge aufrechtzuerhalten. Für den Fortbestand des Unternehmens ist die kollektive Risikoübernahme bei Überschreiten der eigenen Verlusttragfähigkeit essenziell und damit strategisch relevant. Weiterhin könnte der aktuelle Digitalisierungstrend in der Finanzbranche mit seinen möglichen Auswirkungen auf Arbeitsplätze und Gesellschaft eine eigenständige Perspektive begründen.
- Ableitung einer speziellen Umwelt-/Sozial-Scorecard, sofern innerhalb eines Unternehmens bereits eine eigene Abteilung mit Aufgaben zu Umwelt- und/oder Sozialthemen betraut ist. Diese Form bietet sich an, wenn etwa dem Umweltmanagement eines produzierenden Betriebs eine besondere Rolle zukommt und die Verbesserung der Umwelteffizienz einen strategischen Stellenwert einnimmt.

Dem Konzept der Balanced Scorecard von Kaplan/Norton entsprechend sind also verschiedene Vorgehensweise möglich und können den jeweiligen Unternehmensbedingungen angepasst werden. Die Formulierung der Sustainability Balanced Scorecard folgt einem klaren Schema (vgl. Abb. 27.9), welches aus drei Hauptschritten besteht (Hahn et al. 2002, S. 69–70).

1. Auswahl der strategischen Geschäftseinheit
2. Ermittlung der Umwelt- und Sozialexponiertheit
3. Bestimmung der strategischen Relevanz

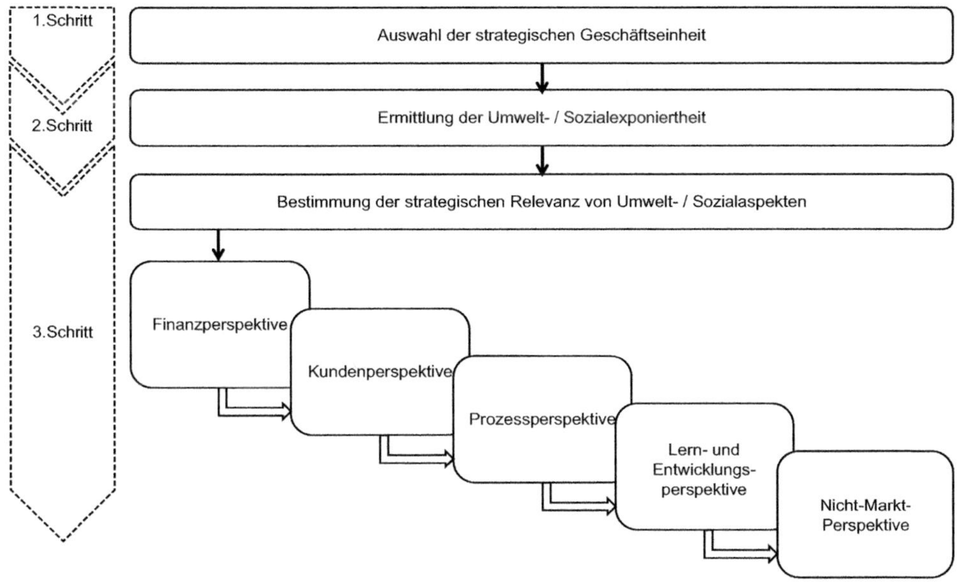

Abb. 27.9 Vorgehensweise bei der SBSC-Entwicklung. (Quelle: Hahn et al. 2002, S. 70; modifiziert)

Für die ausgewählte strategische Geschäftseinheit (Schritt 1) muss eine Nachhaltigkeitsstrategie entweder bereits vorliegen oder sie ist zwingend vorab zu entwickeln. Damit die Verbindung mit den ökonomischen Erfolgsfaktoren gelingen kann, müssen in einem zweiten Schritt die jeweiligen Umwelt- und Sozialbezüge identifiziert werden, die zur Geschäftseinheit bestehen und strategische Relevanz besitzen könnten. Es muss dabei gewährleistet werden, dass „keine möglicherweise strategisch relevanten Umwelt- und Sozialaspekte von vornherein ausgeschlossen werden." (Hahn et al. 2002, S. 72).

Der Logik der Balanced Scorecard entsprechend, wonach die Finanzperspektive den Ausgangspunkt bildet, wird im dritten Schritt die strategische Relevanz dieser Öko- und Sozialaspekte bestimmt (Hahn et al. 2002, S. 75–76).

- Sofern Öko- und Sozialaspekte einen direkten Einfluss auf Ergebniskennzahlen besitzen, handelt es sich um strategische Kernelemente.
- Öko- und Sozialaspekte können aber auch Leistungstreiber in Bezug auf die verfolgten ökonomischen, ökologischen und sozialen Ergebnisgrößen sein.
- Es kann sich bei Öko- und Sozialaspekten auch um Hygienefaktoren handeln, die zwingend zu erfüllen sind, aber keine unmittelbaren Wettbewerbsparameter bilden. Hierzu zählen beispielsweise umweltrechtliche und arbeitsrechtliche Vorschriften oder gesetzliche Vorschriften zur Nachhaltigkeitsberichterstattung.

Wie auch bei der ursprünglichen Balanced Scorecard dient die Sustainability Balanced Scorecard der Identifikation von Ursache-Wirkungs-Zusammenhängen sowie der konsequenten

Ausrichtung auf den nachhaltigen ökonomischen Erfolg eines Unternehmens. Da zudem die Kommunikation der Nachhaltigkeitsstrategie im Fokus steht, eignet sich dieses Instrument für die Implementierung der Nachhaltigkeitsstrategie.

Im Folgenden soll die Vorgehensweise anhand eines fiktiven Beispiels aus dem Retail Banking erläutert werden, wobei schwerpunktmäßig auf Sozialaspekte Bezug genommen wird. Der Bankensektor wurde gewählt, da einerseits durch die Erfahrungen der jüngsten Finanzkrise die Auswirkungen der Geschäftstätigkeit auf das Gesellschaftsgefüge zu spüren waren. Drohende Bankenzusammenbrüche, staatliche Rettungsgelder und das Übergreifen der Finanzkrise auf die Realwirtschaft haben deutlich gemacht, welche Interaktionen zwischen Markt- und Nicht-Markt-Bereichen auf Basis des Geschäftsmodells von Banken bestehen können und dass diese Interdependenzen in den Unternehmenssteuerungssystemen nicht adäquat abgebildet waren. Dies zeigte sich beispielsweise dadurch, dass systemische Risiken nicht hinreichend im Risikomanagement von Einzelbanken berücksichtigt waren.

Die zunehmende Regulierung der Finanzbranche, welche in den letzten Jahren festzustellen ist, macht zudem deutlich, dass es Sinn machen kann, den Steuerungs- und Controllingansatz um den Aspekt der Sozialexponiertheit zu erweitern. Hier folgt das Controlling einer Pflicht, die durch die Regulierung determiniert ist. Darüber hinaus kann die Sozialexponiertheit als Chance genutzt werden, wenn beispielsweise der Erfolgsbeitrag eines positiven Images einer Bank auf den Umsatz aufgezeigt und genutzt werden kann.

Ferner wird seit einiger Zeit in Politik und Wirtschaft das Thema Digitalisierung vorangetrieben. Fintechs und Insuretechs sind da die nach außen sichtbaren Leuchttürme einer Digitalisierungswelle in der Finanzindustrie. Im Bankensektor wird diese Digitalisierung nicht nur intern auf Prozesse wirken, vielmehr wird die Digitalisierung durch Rationalisierungen Auswirkungen auf Ökologie und das Gemeinwesen haben. Da hierbei die Stakeholder unmittelbar betroffen sind (z. B. betreffen digitalisierte Prozesse und damit einhergehende neue Arbeitsmodelle unmittelbar die Arbeitnehmer), ergibt sich die Notwendigkeit der Integration ökologischer und sozialer Belange in die Unternehmenssteuerung. Darüber hinaus wird es auch mittelbar betroffene Stakeholder geben, wenn aufgrund von Rationalisierungen durch digitalisierte Prozesse die freigesetzten Arbeitskräfte Arbeitslosengeld beziehen, das über die Sozialsysteme und damit die Allgemeinheit zu finanzieren ist; zudem führt der Bezug von Arbeitslosengeld zu einem Sinken von Kaufkraft.

Kern der Digitalisierungsstrategie im Retail Banking des Beispielunternehmens sei die Effizienzverbesserung bei der Leistungserstellung und die Erweiterung des digitalen Produktangebots für die Privatkunden. Bei der kaskadenartigen Entwicklung der Sustainability Balanced Scorecard (SBSC) stellt die Finanzperspektive den Ausgangspunkt dar (vgl. Abb. 27.9). Es sei angestrebt, die Rendite auf das Eigenkapital (ROE) in den kommenden fünf Jahren um 10 % zu steigern. Für die weiteren Perspektiven der Scorecard ergeben sich beispielartig folgende Ziele, die sich aus der strategischen Zielsetzung für die Finanzen ergeben:

„Umsatzsteigerung" um 15 % während des Planungszeitraums und Steigerung der Kundenzufriedenheit. Als Leistungstreiber konnten „digitale und transparente Produkte" sowie die „Reputation des Unternehmens" identifiziert werden. Somit ist der Ausbau digitaler Angebote auf Produktebene sowie im Kundenservice (permanente Erreichbarkeit und Nutzung des Omnikanalvertriebs) mit hoher Priorität im Maßnahmenkatalog versehen.

Ausbau des digitalen Produkt- und Serviceangebots bedingt eine konsequente Automatisierung aller Prozesse im Unternehmen. Steuerungsgrößen stellen dabei die „Prozesskosten" und die „Durchlaufzeiten" dar, welche sich auf Markt (Frontend) und Marktfolge (Backend) beziehen. Ferner erweist sich die „Innovationsfähigkeit" als wichtige Steuerungsgröße. Als Leistungstreiber der Entwicklungen auf Prozessebene wurden die „Ressourceneffizienz" und die „Innovationsbereitschaft" von Mitarbeitern identifiziert.

Die „Steigerung der Mitarbeiterzufriedenheit" stellt für die Umsetzung der Strategie auf der Ebene der Lern- und Wachstumsperspektive einen wesentlichen Erfolgsfaktor dar. Als Leistungstreiber wirken hier insbesondere die „technische Ausstattung" und die „Mitarbeiterqualifikation" sowie als eindeutig qualitativer Treiber das „Betriebsklima".

Mittels der Strategy-Map werden die wesentlichen Zusammenhänge von Ergebnisgrößen und Leistungstreibern der Perspektiven skizziert (vgl. Abb. 27.10). Durch dieses Vorgehen können Interdependenzen zum Nicht-Mark-Bereich aufgezeigt und den jeweiligen Perspektiven und möglichen Ergebnisgrößen und Leistungstreibern zugeordnet werden.

Aus der Nicht-Markt-Perspektive könnte sich eine schwindende Legitimation des Geschäftsmodells von Banken einerseits auf das Image einzelner Institute sowie ganz konkret in Form von rückläufigen Umsätzen auswirken. Die Themenkomplexe Image und Legitimation nehmen im digitalen Informationszeitalter mit viraler Verbreitung von Nachrichten und Meinungen einen strategischen Stellenwert ein. Informationen und gerade Bewertungen von Unternehmen auf Internetportalen sind zu einer Art Währung geworden, die mit über den Erfolg von Geschäftsmodellen und Unternehmen bestimmen.

Wenngleich „soziale Kosten der Digitalisierung" schwer zu quantifizieren sind und eher abstrakt wirken, kann ein Einfluss auf die Legitimation und den Gesamtprozess vermutet werden. Sofern Rationalisierungseffekte in großem Maße mit dem Abbau von Arbeitsplätzen einhergehen, könnte es zu Druck seitens der Öffentlichkeit auf Digitalisierungsprojekte kommen.

Von der Digitalisierung ist auch ein Effekt auf die Ökologie zu vermuten. Einerseits führen die aus der Gesellschaft veränderten Wünsche an neue Arbeitsmodelle (Stichworte: Homeoffice und Work-Life-Balance) zu weniger Pendlern, was eine Verringerung des CO_2-Ausstoßes zur Folge hätte. Insofern trägt ein Unternehmen, das diese Arbeitsmodelle fördert, zur ökologischen Nachhaltigkeit bei. Andererseits wird mit zunehmender Digitalisierung und dem damit einhergehenden Ausbau der IT die Herausforderung für die Ressourceneffizienz steigen. Höherer Energiebedarf und ein Anstieg der Produktion potenziell umweltschädigender Computer wären eine Folge.

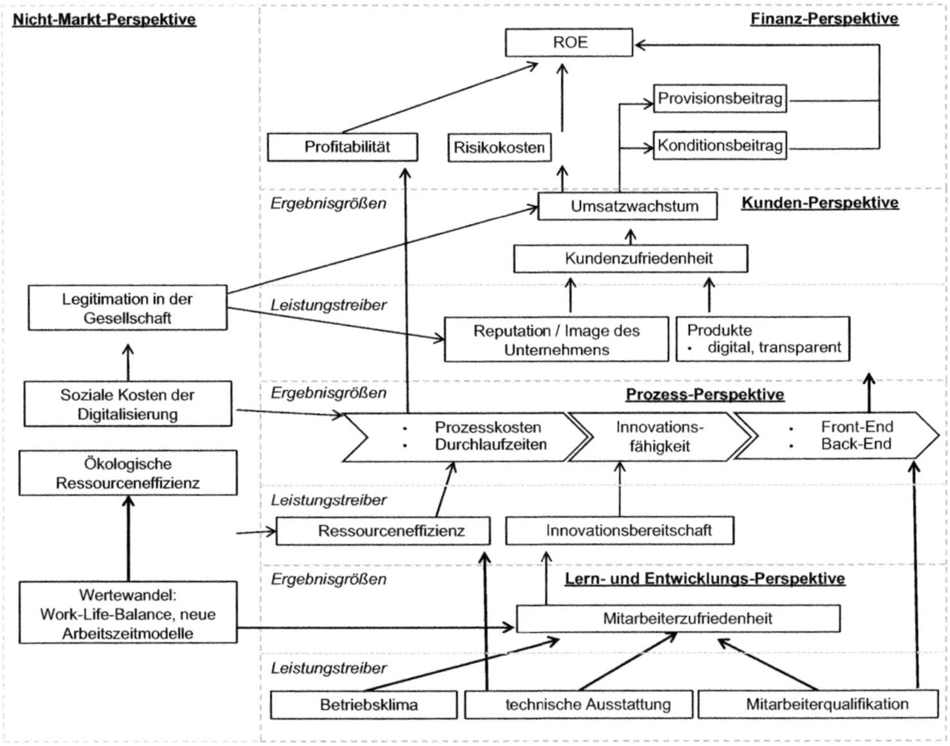

Abb. 27.10 Strategy-Map Retail Banking. (Quelle: eigene Darstellung)

Aufbauend auf den wesentlichen Wirkungszusammenhängen, die mittels der strategischen Landkarte dargestellt werden, ergeben sich für ein nachhaltiges Controlling insbesondere Anknüpfungspunkte bei der Analyse ethischer Problemstellungen. Hierzu müssen im Rahmen einer Wirkungsanalyse Strategien und Maßnahmen bezüglich ethisch-moralischer Effekte untersucht werden, um dabei auch mittels einer Beziehungs- und Konfliktanalyse mögliche Zieldivergenzen zwischen ökonomischen Sollzuständen und ethischen Normen aufzuzeigen. In einem letzten Schritt sind dann mithilfe einer Begründungsanalyse Wertungen etwa über Zielausrichtungen und Maßnahmen vom Management vorzunehmen, die durch das Controlling inhaltlich-analytisch unterstützt werden (Küpper und Schreck 2017, S. 13).

Für den Gesamtprozess ist es erforderlich, über Kenntnisse bzgl. Normen und Werten der Stakeholder sowie den Regelsystemen des Unternehmens zu verfügen; hier zeigt sich erneut der Beitrag und Mehrwert eines Nachhaltigkeitscontrollings, das die ethisch-moralischen Dimensionen einbezieht.

27.4 Fazit: Nachhaltigkeit für Unternehmen und Controlling

Nachhaltigkeit gewinnt in der Unternehmenssteuerung zunehmend an Bedeutung. Nationale wie auch internationale Vorgaben und Initiativen in Bezug auf Ökonomie, Ökologie und Gemeinwesen wirken auf den Entscheidungsraum von Unternehmen ein. Das Controlling unterliegt über seine Führungs- und Entscheidungsunterstützungsfunktion im Unternehmen ebenso diesem Wandel. Mit seiner Kernkompetenz in der Koordination von komplexen und dynamischen Prozessen ist das Controlling prädestiniert, Treiber der Nachhaltigkeitssteuerung zu sein. Dass in der Unternehmensrealität derzeit andere Abteilungen den Lead bei Nachhaltigkeitsthemen innehaben, sollte Ansporn für die Weiterentwicklung der Controllingkonzeptionen sein.

Ein solcher integrierter Ansatz eines Nachhaltigkeitscontrollings betrifft sämtliche Steuerungsebenen im Unternehmen. Unterstützung bei der Entwicklung einer Nachhaltigkeitsstrategie durch das Management ist da ebenso geboten wie die Ermöglichung der Operationalisierung strategisch-qualitativer Ziele im Tagesgeschäft. Konzeptionell bietet sich hierfür etwa die Sustainability Balanced Scorecard an.

Es ergeben sich zwei Ansatzpunkte im Sinne von Pflicht und Kür für die Positionierung des Controllings im Kontext des Nachhaltigkeitsmanagements im Unternehmen:

- Das Controlling erfüllt die gesetzlich vorgegebenen Regeln (z. B. Nachhaltigkeitsberichterstattung), bindet diese in die bestehenden Instrumente ein oder sorgt für eine Weiterentwicklung von Steuerungsinstrumenten.
- Das Controlling positioniert sich als Nachhaltigkeitsconsultant im Unternehmen und nimmt seine Rolle als Sparringspartner des Managements offensiv wahr.

Da Nachhaltigkeit in den Dimensionen Ökonomie, Ökologie und Gemeinwesen einen Bezug zu Normen und damit ethisch-moralischen Fragestellungen aufweist, muss das Controlling sich noch konsequenter mit diesen normativen Aspekten der Unternehmenssteuerung befassen. Der Instrumenten- und Maßnahmeneinsatz ist permanent auf Nachhaltigkeitsaspekte hin zu überprüfen. Damit ist ein Befassen mit Ursache-Wirkungs-Netzen unabdingbar und die Integration qualitativer Größen in die eher quantitativ, auf Kennzahlen ausgerichtete Steuerungslogik erweitert sich.

Unverzichtbar ist auch eine Auseinandersetzung mit ethisch-moralischen Fragestellungen, die nicht nur die Marktseite sondern ebenso die Nicht-Markt-Perspektive betreffen. Da im Unternehmen Menschen agieren, die eigene Werte und Ziele verfolgen, die nicht immer konfliktfrei zu den Unternehmenszielen sind, ist ein integrierter Steuerungsansatz auch in diesen Kontexten geboten. Controller können hier einen Mehrwert erbringen, da sie als Lotsen das Terrain im Unternehmen und im Unternehmensumfeld kennen und einbringen müssen.

Dieses erweiterte Kompetenzprofil von Controllern und führt zudem dazu, dass etwa durch den Wegfall von automatisierten Berichts- und Analysetätigkeiten im Rahmen der Digitalisierung (z. B. Einsatz künstlicher Intelligenz oder von Algorithmen), die Controllingstellen erhalten bleiben. Nachhaltig muss eben auch die Controllingkonzeption sein.

Literatur

Ahsen, A. von. (2013). Nachhaltigkeitscontrolling. In A. Baumast & J. Pape (Hrsg.), *Betriebliches Nachhaltigkeitsmanagement* (S. 208–224). Stuttgart: UTB Ulmer.

Bhattacharya, C. B., & Bolton, R. N. (2000). Relationship marketing in mass markets. In N. Jagdish, A. Parvatiyar, & S. Parvatiyar (Hrsg.), Handbook of relationship marketing (S. 327–354). Thousand Oaks: Sage Publications.

Conrad, C. A. (2016). *Wirtschaftsethik – Eine Voraussetzung für Produktivität.* Wiesbaden: Springer Gabler.

Dietzfelbinger, D. (2015). *Praxisleitfaden Unternehmensethik – Kennzahlen, Instrumente, Handlungsempfehlungen* (2. Aufl.). Wiesbaden: Springer Gabler.

Eschenbach, R. (1997). Die Kunst des Controllings. In R. Gleich & W. Seidenschwarz (Hrsg.), *Strategisches controlling* (S. 92–111). München: Vahlen.

Figge, F., Hahn, T., Schaltegger, S., & Wagner, M. (2001). *Sustainability Balanced Scorecard. Wertorientiertes Nachhaltigkeitsmanagement mit der Balanced Scorecard.* Lüneburg: Center for Sustainability Management.

Freeman, R. E. (2010). *Strategic management: A stakeholder approach.* Cambridge: Cambridge University Press.

Gänßlen, S., Losbichler, H., Niedermayr, R., Rieder, L., Schäffer, U., & Weber, J. (2013). Die Kernelemente des Controllings: Das Verständnis von ICV und IGC. *Controlling & Management Review 57*(3), 56–61.

Günther, E., & Steinke, K.-H. (2016). *CSR und Controlling Unternehmerische Verantwortung als Gestaltungsaufgabe des Controllings.* Wiesbaden: Springer Gabler.

Hahn, R. (2013). Ethische Grundlagen des betrieblichen Nachhaltigkeitsmanagements. In A. Baumast & J. Pape (Hrsg.), *Betriebliches Nachhaltigkeitsmanagement* (S. 44–57). Stuttgart: UTB Ulmer.

Hahn, T., Wagner, M., Figge, F., & Schaltegger, S. (2002). Wertorientiertes Nachhaltigkeitsmanagement mit einer Sustainability Balanced Scorecard. In S. Schaltegger & T. Dyllick (Hrsg.), *Nachhaltig managen mit der Balanced Scorecard. Konzept und Fallstudien* (S. 43–94). Wiesbaden: Gabler.

Hansen, E. G., & Schaltegger, S. (2016). The sustainability balanced scorecard: A systematic review of architectures. *Journal of Business Ethics, 133,* 193–221.

Hilbert, S. (2011). Nachhaltiges Controlling fordern und fördern – Ethische Grundwerte als Basis. *Controller-Magazin, 1*(2011), 4–8.

Horváth, P., Gleich, R., & Seiter, M. (2015). *Controlling* (13. komplett überarbeitete Aufl.). München: Vahlen.

Horváth, P., Gleich, R., & Seiter, M. (2017). *Controlling, 10 Fallstudien aus der Unternehmenspraxis.* München: Vahlen.

Hubert, B. (2015). *Controlling-Konzeptionen, Ein schneller Einstieg in Theorie und Praxis.* Wiesbaden: Springer Gabler.

Kaplan, R. S., & Norton, D. P. (1996). Using the balanced scorecard as a strategic management system. *Harvard Business Review, 1996*(2/3), 75–85.

Küpper, H.-U., & Schreck, P. (2017). Controlling und Unternehmensethik. *Controlling – Zeitschrift für erfolgsorientierte Unternehmensführung, 29*(4), 12–18

Küpper, H.-U., Friedl, G., Hofmann, C., Hofmann, Y., & Pedell, P. (2013). *Controlling: Konzeption, Aufgaben, Instrumente* (6. überarbeitete Aufl.). Stuttgart: Schäffer Poeschel.

Müller, A. (2011). *Nachhaltigkeits-Controlling. Markt- und werteorientierte Unternehmensführung* (Bd. 6). Berlin: uni-edition.

Pieper, A. (2007). *Einführung in die Ethik* (6. Aufl.). Tübingen und Basel: A. Francke.

Ries, A., & Wehrum, K. (2011). Determinanten eines integrativen Nachhaltigkeitsmanagements und -controllings. *Controller-Magazin, 2*(2011), 26–30.

Sailer, U. (2017). *Nachhaltigkeitscontrolling. Was Controller und Manager über die Steuerung der Nachhaltigkeit wissen sollten* (2. Aufl.). Konstanz: UKV.

Schäffer, U. (2004). Zum Verhältnis von Unternehmensethik und Controlling. *Zeitschrift für Wirtschafts- und Unternehmensethik, 5*(1), 55–71.

Schäffer, U., & Weber, J. (2015). *Controlling – Trends & Benchmarks*. Vallendar: WHU – Otto Beisheim School of Management.

Schaltegger, S., & Dyllick, T. (Hrsg.). (2002). *Nachhaltig managen mit der Balanced Scorecard. Konzept und Fallstudien*. Wiesbaden: Gabler.

Schaltegger, S., Hörisch, J., Windolph, S., & Harms, D. (2012). Corporate Sustainability Barometer 2012: Praxisstand und Fortschritt des Nachhaltigkeitsmanagements in den größten Unternehmen Deutschlands, Lüneburg: Centre for Sustainability Management. http://pure.leuphana.de/ws/files/3666891/Schaltegger_Hoerisch_Windolph_Harms_Corporate_Sustainability_Barometer_2012.pdf. Zugegriffen: 22. Okt. 2017.

Steinmann, H., Schreyögg, G., & Koch, J. (2013). *Management – Grundlagen der Unternehmensführung. Konzepte – Funktionen – Fallstudien* (7. Aufl.). Wiesbaden: Springer Gabler.

Suchanek, A. (2007). *Ökonomische Ethik* (2. Aufl.). Tübingen: Mohr Siebeck & UTB.

Ulrich, P. (1998). *Integrative Wirtschaftsethik – Grundlagen einer lebensdienlichen Ökonomie* (2. Aufl.). Bern: Haupt.

Weber, J. (2010). Controlling & Nachhaltigkeit. *Controller-Magazin, 2*(2010), 12.

Weber, J., Georg, J., & Janke, R. (2010). Nachhaltigkeit: Relevant für das Controlling? *ZfCM – Controlling & Management, 54,* 395–400

Weber, J., & Schäffer, U. (2016). *Einführung in das Controlling* (15. Aufl.). Stuttgart: Schäffer Poeschel.

Wömpener, A., & Bernatzky, S. (2013). Controlling als Träger der Integration des Unternehmensziels der Nachhaltigkeit – Grundlagen und Instrumente eines Nachhaltigkeitscontrolling. *Zeitschrift für Corporate Governance, 5*(2013), 210–213.

Prof. Stefan Hilbert studierte an der Universität Mannheim Volkswirtschaftslehre sowie Bank- und Versicherungsbetriebslehre. Nach beruflichen Stationen in der Finanzbranche, unter anderem als Leiter des Controllings eines börsennotierten Versicherers und als CFO eines luxemburger Beteiligungskonzerns, lehrt Prof. Hilbert seit Oktober 2005 an der Dualen Hochschule Baden-Württemberg Mannheim (vormals: Berufsakademie Mannheim). Schwerpunkte seiner Lehre bilden die Fächer Unternehmensführung und Controlling, Volkswirtschaftslehre sowie Verhaltensökonomie. Prof. Hilbert leitet an der DHBW Mannheim die Studienrichtung BWL-Finanzdienstleistungen und ist Studiendekan für die Studienrichtungen Bank, Versicherung und Finanzdienstleistungen.

Strategisches Nachhaltigkeitsmanagement durch Nachhaltigkeitsbewertung

28

Kathrin Ankele und Anja Grothe

28.1 Einführung

Strategisches Nachhaltigkeitsmanagement ist nach unserem Verständnis durch folgende Eigenschaften gekennzeichnet: Es basiert auf einem *Leitbild*, das beschreibt, wofür ein Unternehmen steht (Mission und Werte) und wohin es sich in puncto Nachhaltigkeit entwickeln will (Vision). Ferner baut es *systematisch* auf einer *Nachhaltigkeitsbewertung* auf, die aus einer Selbstbewertung und einer Umfeldanalyse besteht (Stakeholder, Wettbewerber, Referenzsysteme wie z. B. Sustainable Development Goals (SDGs)). Es mündet in einer Roadmap mit Zielen, Maßnahmen sowie personellen, zeitlichen und finanziellen Ressourcen. Dabei wird ein *holistischer Ansatz* verfolgt, d. h. die ökologische Verantwortung des Unternehmens, seine Verantwortung gegenüber Mitarbeitern, für Produkte und Lieferketten sowie gegenüber der Gesellschaft im Sinne des bürgerschaftlichen Engagements werden umfassend berücksichtigt. Es ist *umsetzbar*, da es durch ein starkes Mandat der Geschäftsführung sowie ausgeprägte Führungskompetenzen gestützt ist. Außerdem werden für die Umsetzung der Nachhaltigkeitsstrategie im Rahmen des Nachhaltigkeitsmanagements Kompetenzen in verschiedenen Dimensionen entwickelt. Nicht zuletzt ist es *kommunizierbar*, da valide quantitative und qualitative Daten ermittelt wurden, die den Anforderungen der Stakeholder und etablierter Berichtsformate wie GRI und DNK genügen.

K. Ankele (✉)
SUSTAINUM Consulting, Berlin, Deutschland
E-Mail: k.ankele@sustainum-consulting.de

A. Grothe
Hochschule für Wirtschaft und Recht/ SUSTAINUM Consulting, Berlin, Deutschland
E-Mail: anja.grothe@hwr-berlin.de

M. Englert und A. Ternès (Hrsg.), *Nachhaltiges Management*,
https://doi.org/10.1007/978-3-662-57693-9_28

28.2 Orientierung durch ein Leitbild

Besondere Bedeutung für die Implementierung von Nachhaltigkeit hat die normative Dimension des Managements. Normatives Management ist von den grundlegenden Zielen für die Entwicklung einer Unternehmung geprägt. Prinzipien, Normen und Strategien, die für diese Entwicklung von elementarer Bedeutung sind, sind inhaltliche Bestandteile der normativen Managementebene. Die dort verankerte Unternehmenspolitik bestimmt maßgeblich das Handeln der Unternehmung in der Zukunft. Die Unternehmungskultur wiederum ist von Werten und Normen geprägt. Diese sollten sich in einem Leitbild niederschlagen, das den Mitgliedern eines Unternehmens in Form einer realistischen Idealvorstellung (Ulrich 2001, S. 275 ff.) Orientierungspunkte für eine zukünftige Entwicklung bietet. Ein wirkungsvolles Leitbild ist stets wertebasiert und macht folglich implizit oder explizit Aussagen darüber, für welche Werte das Unternehmen im Besonderen steht. Werte vermitteln Handlungsorientierung; sie stellen Verhaltensmaßstäbe und Entscheidungsgrundlagen dar. Neben der Werteorientierung beinhaltet ein Leitbild zwei weitere Perspektiven: Es trifft Aussagen über den eigentlichen Auftrag des Unternehmens (Mission – Was genau machen wir? Warum gibt es uns?). Außerdem zeigt es auf, wohin sich das Unternehmen entwickeln will (Vision – was wollen wir werden?).

Dieser Orientierungsansatz ist der Grund dafür, warum Leitbilder für Unternehmungen in einem wirtschaftlichen und politischen Umfeld heutzutage bedeutender denn je sind und weshalb die Beteiligung der Mitarbeiter an der Leitbildentwicklung eine Voraussetzung für ganzheitlich gelebte Nachhaltigkeit innerhalb des Unternehmens darstellt.

Es ist besonders für die Mitglieder eines Unternehmens wichtig, die zukünftigen Ziele, die Werte, die Normen und die Richtungsweisung eines Leitbilds entwickeln und verstehen zu können, um sie für die eigene Arbeit zu verinnerlichen. Für den wirtschaftlichen Erfolg des Unternehmens hat die Identifikationswirkung der Mitarbeiterschaft zudem höchste Wichtigkeit. Denn nur wenn „die Mitarbeiter auf allen Unternehmensebenen motiviert, kompetent und vor allem selbstverantwortlich und selbststeuernd (zusammen) arbeiten" (Ulrich 2001, S. 275 ff.), kann ein Unternehmen auf lange Sicht bestehen.

Wenn in einer Organisation die Entscheidung getroffen wird, ein Leitbild zu entwickeln, dann hat dies zumeist einen bestimmten Grund. Häufig sind tief greifende Veränderungen im Unternehmen oder in dessen Umfeld der Auslöser. Oder es wird aufgrund einer unternehmungsinternen Krise die Entscheidung getroffen, mit einem (neuen) Leitbild Veränderungen anzugehen.

Für die Leitbildentwicklung kann eine Gesamtbeurteilung der Situation in Form einer Unternehmensanalyse als Grundlage verwendet werden. Neben dieser Analyse werden Zukunftsszenarien entwickelt, die positiv oder negativ sein können. Mit den Aussagen und möglichen Entwicklungen verschiedener Faktoren wird anschließend ein Wertvorstellungsprofil erstellt (z. B. mithilfe einer Zukunftswerkstatt) (Grothe-Senf 1999, S. 143 ff.). Das Management muss dann entscheiden, an welches der Szenarien es seine Wertvorstellungen anpasst. Dieser Prozess ist schwierig, da mit Szenarien für die Zukunft stets Unsicherheiten verbunden sind. Dennoch ist es im Hinblick auf zukünftig eventuell problematische Entwicklungen wichtig für die Unternehmungsleitung, die ursprünglichen Wertvorstellungen zu überdenken und gegebenenfalls anzupassen.

Auch das 7-S-Modell von Peters und Watermann (Peters und Watermann 1982, S. 13). stellt die Bedeutung von Werten und damit eines Leitbildes für eine Organisation heraus. Das 7-S-Modell basiert auf der Erkenntnis, dass ein Unternehmen mehr ist als nur eine Struktur und durch insgesamt sieben Elemente (die im Englischen mit dem Buchstaben „S" beginnen, daher 7 S-Modell) charakterisiert wird. Diese können in harte und weiche Faktoren unterteilt werden.

Zu den harten Faktoren, die greifbarer und auf den ersten Blick nachvollziehbarer erscheinen, gehören die Strategie, die Struktur und die Systeme in Form von formellen und informellen Prozessen. Die weichen Faktoren sind im Vergleich dazu nicht gleich greifbar, dennoch genauso wichtig. Hierzu zählen die Unternehmenskultur, die Menschen, die Kompetenzen und die Vision.

Effektiv arbeitende Organisationen weisen eine ausgeglichene Balance zwischen diesen sieben Elementen auf. Peters und Waterman argumentieren, dass die erfolgreichsten Firmen ihre Anstrengungen besonders auf eine optimale Ausrichtung dieser weichen S' richten. Gerade die weichen Faktoren können den entscheidenden Ausschlag für den Erfolg eines Changeprozesses geben (Peters und Watermann 1994). Da die Umsetzung einer gelebten Nachhaltigkeitsstrategie einen erheblichen Changeprozess nach innen und außen in Gang setzen kann, sollte die Verankerung neuer, gemeinsamer Werte der internen und externen Stakeholder im Leitbildprozess eine große Rolle spielen.

28.3 Nachhaltigkeitsbewertung

Um die Realisierung des strategischen Nachhaltigkeitsmanagements im Unternehmen prozessual zu verbessern, ist die Analyse der unternehmerischen Nachhaltigkeit ein wichtiger Schritt. Diese Selbstbewertung mit geeigneten Instrumenten hat das Ziel, dass das Unternehmen eigene Defizite in seiner Nachhaltigkeit aufdecken kann. Dabei geht es bei der Selbstbewertung um eine Analyse, die später auch darüber Auskunft gibt, inwieweit das Unternehmen auf entsprechende Trends und künftige Entwicklungen vorbereitet ist.

Im Gegensatz zu der externen Bewertung basieren Selbstbewertungsinstrumente auf der subjektiven Kenntnis interner Daten und Fakten (Grothe 2016, S. 12 ff.). Diese sind allerdings nur dann von Relevanz, wenn diejenigen, die die Daten für die Bewertung zusammentragen, entsprechende Multiplikatoren sind und einem repräsentativen Querschnitt des Unternehmens entsprechen. Die Ergebnisse dieser Diagnosen sagen für sich genommen noch nicht viel aus, da die Aussagequalität qualitativer Daten subjektiv und die der quantitativen Daten von der Qualität der objektiven Zielmargen abhängig ist. Wer ist gut und wer nicht? Woran wird das gemessen? Was wird gemessen: Wertschöpfungskette, Standort,

Managementsystem, Produkt, Prozess, System? Bei der Bewertung der Nachhaltigkeit stehen Unternehmen deshalb oftmals vor der Herausforderung, Datenverfügbarkeit und -qualität zu gewährleisten und den Betrachtungsrahmen genau zu definieren. Hinsichtlich der Messung mit Kennzahlen sind nicht alle ökologischen und sozialen Aspekte mess- und quantifizierbar. All dies spielt eine Rolle, wenn man die Aussagekraft der gewonnenen Daten interpretieren möchte.

Bestehende Instrumente versuchen, dieses komplexe System entsprechend einzugrenzen und mithilfe von Indikatoren operationalisierbar darzustellen. Dabei ist es notwendig, eine gute Mitte zwischen der Eingrenzung der Komplexität und der Aussagekraft der Nachhaltigkeitsindikatoren zu finden, denn der Nutzen eines Schnelltests kann unter dem Gesichtspunkt der Aussagequalität erheblich angezweifelt werden (Grothe 2012, S. 116 ff., 2016, S. 1 ff.). Zusammenfassend kann festgehalten werden, dass eine Nachhaltigkeitsbewertung zeigt, wo man steht. Durch die Selbstanalyse werden Änderungen faktenbasiert überprüfbar und glaubwürdig kommunizierbar. Im nächsten Abschnitt wird eine Methode zur Selbstanalyse vorgestellt, die besonders darauf ausgerichtet ist, Mitarbeiter einzubeziehen und eine qualitative Erhebung von Daten mit einer quantitativen Indikatorenbewertung ergänzt.

28.3.1 Selbstbewertung mithilfe von KIM[1]

Das Kriterien- und Indikatorensystem zur Bewertung von Nachhaltigkeit (KIM)[2] ist ein Bewertungsinstrument mit didaktisch-partizipativem Anspruch durch die Beteiligung der internen Stakeholder und beruht auf zwei Erkenntnissen: Nachhaltigkeit ist ein Prozess, der sich aus der komplexen Betrachtung von wenigstens drei Bereichen ergibt. Gelebte Nachhaltigkeit kann es nur geben, wenn die Mitarbeiter in diesen Prozess mit eingebunden werden. Ziel der Bewertung mit KIM ist die Ermittlung des Status quo der Nachhaltigkeit und damit auch der Zukunftsfähigkeit des Unternehmens als Basis für einen kontinuierlichen und gezielten Verbesserungsprozess. Die vom Unternehmen durchgeführte Bestandsaufnahme[3] erfolgt in den vier Bereichen Ökologie, Ökonomie, Soziales und Governance (vgl. Abb. 28.1).[4]

---

[1]Grothe und Teller (2016, S. 103 ff.).

[2]KIM wurde 2007 im Rahmen eines Modellversuchs zum nachhaltigen Wirtschaften in der Chemieausbildung von Prof. Dr. Anja Grothe gemeinsam mit der Rhein-Erft-Akademie entwickelt und wurde seitdem in mehreren Forschungsprojekten an der Hochschule für Wirtschaft und Recht sowie mit SUSTAINUM Consulting weiterentwickelt (http://www.kim-sustainum.de/).

[3]Die Selbstanalyse kann eigenständig oder mit Unterstützung von SUSTAINUM Consulting erfolgen.

[4]Governance umfasst die institutionelle Regelung und Steuerungsstruktur eines Unternehmens, die für ein integriertes Nachhaltigkeitsmanagement von ökologischen, ökonomischen und sozialen Aspekten verantwortlich ist.

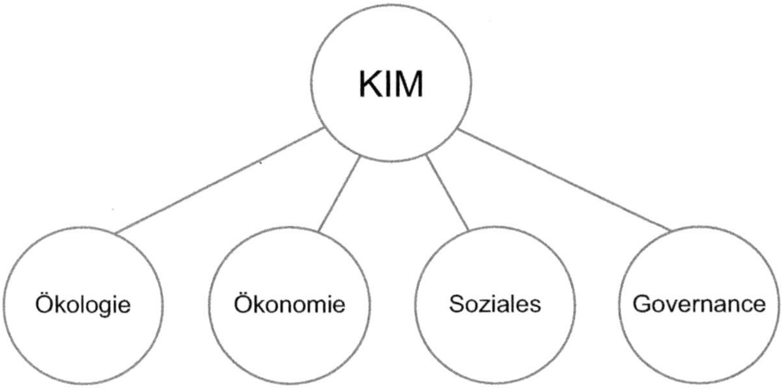

Abb. 28.1 Bereiche der KIM Bewertung

Die Bestandsaufnahme setzt sich aus der Datenerhebung durch Fragebögen (qualitative Analyse), die durch die relevanten Mitarbeiter und Führungskräfte bearbeitet werden, und durch die Erhebung von Kennzahlen (quantitative Analyse) in den vier Bereichen Ökologie, Ökonomie, Soziales und Governance zusammen, die alle eine gleiche Bedeutung in Bezug auf die gesamte Nachhaltigkeitsleistung haben. Die 4 Bereiche werden durch ca. 186 Indikatoren bzw. Kennzahlen aufgeschlüsselt. Diese orientieren sich sowohl an deutschen als auch an europäischen Standards zur Erfassung von Nachhaltigkeit und gehen teilweise über die Indikatoren von GRI G4 (GRI 2015a) hinaus. Die KIM-Indikatoren gehen unterschiedlich gewichtet in das Gesamtergebnis ein. So wird z. B. die Implementierung eines Umweltmanagementsystems nach EMAS[5] sehr viel höher gewichtet, als wenn sich ein Unternehmen „nur" eigene Umweltziele setzt. Besonders herausragende Leistungen werden in der Bewertung von KIM prämiert, d. h. bestimmte Fragen fließen unterschiedlich stark in die Zwischenergebnisse ein.

Das Gesamtergebnis wird dazu genutzt, die Nachhaltigkeits-Performance eines Unternehmens zu klassifizieren (vgl. Abb. 28.2).

Ein solches Gesamtergebnis zeigt zunächst nur, in welchen Bereichen Handlungsbedarf besteht und, bei wiederholter Anwendung von KIM, welche Entwicklungstendenzen bestehen. Relevant für die späteren Verbesserungsmaßnahmen sind die Detailauswertungen der Fragebögen und Kennzahlen.

Mit der Entscheidung, die Selbstbewertung in Bezug auf Nachhaltigkeit mit KIM durchzuführen, entscheidet sich die Geschäftsleitung automatisch auch dafür, Führungskräfte und Mitarbeiter intensiv einzubeziehen. Je mehr Mitarbeiter und Führungskräfte teilnehmen, desto umfangreicher ist die Fragebogenauswertung. Demgegenüber steht

[5]EMAS – Environmental Management and Auditing Scheme.

Ökologie I Gesamtbewertung		
	Fragebogen	Kennzahlen
Ergebnis	30%	62%
Gewichtung	50%	50%
Gesamtwert	46%	

Ökonomie I Gesamtbewertung		
	Fragebogen	Kennzahlen
Ergebnis	39%	79%
Gewichtung	50%	50%
Gesamtwert	59%	

Soziales I Gesamtbewertung		
	Fragebogen	Kennzahlen
Ergebnis	42%	44%
Gewichtung	70%	30%
Gesamtwert	43%	

Governance I Gesamtbewertung		
	Fragebogen	Kennzahlen
Ergebnis	44%	56%
Gewichtung	70%	30%
Gesamtwert	48%	

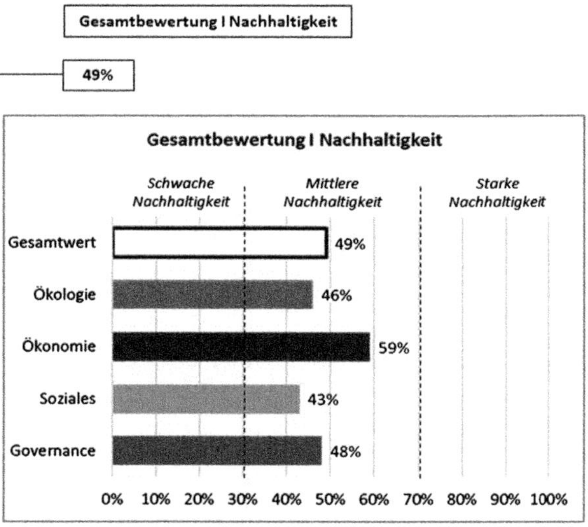

Abb. 28.2 Beispielhafte Gesamtbewertung der Nachhaltigkeit eines Unternehmens mit einer Nachhaltigkeits-Performance von 53 %

aber, dass alleine durch die Bearbeitung des Fragebogens[6] den Mitarbeitern schon verdeutlicht wird, welche thematischen Aspekte Nachhaltigkeit umfasst. War Nachhaltigkeit bisher eher etwas „Sperriges" oder „Grünes", so gewinnt der Begriff Konturen und regt die Beteiligten zum Nachdenken darüber an.[7]

Durch das aktive Mitwirken der Mitarbeiterschaft werden diese gleichzeitig über die Dimensionen der Nachhaltigkeit informiert als auch für das Thema sensibilisiert und dafür motiviert, die abgeleiteten Maßnahmen in ihrer Umsetzung zu unterstützen. Da die Mitarbeiter die internen Prozesse besser als Außenstehende kennen und durch die Indikatoren darin unterstützt werden, aus mehreren Blickrichtungen auf die Prozesse zu schauen, können allein durch das Nachdenken über die Beantwortung der Fragen Verbesserungspotenziale aufgedeckt werden und in der Fragebogenspalte „Bemerkung" oder beim Auswertungsworkshop thematisiert werden.

Die Führungskräfte können zusätzlich erkennen, wie viel Wissen und Informationen über Regelungen, Projekte und Managementstandards im Unternehmen vorhanden sind. Wenn Mitarbeiter oft mit „weiß nicht" antworten, können Führungskräfte viel

[6]Die Bearbeitung des Fragebogens dauert im Durchschnitt 20 min.

[7]Feedback aus unseren Praxisfällen mit KIM.

		realisiert			geplant		fehlt	Weiß nicht	Mittelwerte
		immer, ja	fast, oft	z.T., selten	kurzfristig	langfristig	nein, nie		
		5	4	3	2	1	0	f	
2	Energie & Klimaschutz							Erzielte Nachhaltigkeit:	48%
2.1	Werden schriftliche Ziele zur Einsparung von Energie gesetzt? (z.B. Einsatz von LED-Leuchtmitteln)	8	14	3	0	1	1	8	61%
2.2	Werden Maßnahmen zum Energiesparen umgesetzt?	9	22	2	0	0	1	1	79%
2.3	Hat Ihr Unternehmen ein Energiemanagementsystem? (Systematische Erfassung von Energieverbräuchen)	4	5	2	3	0	2	19	30%
2.4	Gibt es eine Klimaschutzstrategie? (Schriftlich verankerte Ziele für den Klima- und Umweltschutz)	1	3	5	0	1	4	21	19%
2.5	Haben Sie quantifizierte Klimaschutzziele?	3	2	4	2	1	3	20	23%
2.6	Beziehen Sie Ökostrom?	25	3	0	2	0	2	3	81%
2.7	Kompensieren Sie den Großteil Ihrer Treibhausgas-Emissionen? (Bsp. Aufforstung, CO2-Zertifikate)	10	5	6	0	0	2	12	50%

Abb. 28.3 Ausschnitt aus der KIM-Fragebogenauswertung. (Quelle: Grothe und Teller 2016, S. 109)

deutlicher erkennen, wo diese künftig besser informiert und einbezogen werden müssen. Diese Erkenntnis führt manchmal zunächst zu Unbehagen über das reale „Nichtwissen" im Betrieb. Aber wenn eine hohe Anzahl an Mitarbeitern zum Beispiel bei der Frage nach der Einhaltung der Gesetze die Antwort „weiß nicht" ankreuzt oder in einem EMAS-zertifizierten Unternehmen mehr als 60 % der Belegschaft mit dem Begriff nichts anfangen kann, ist es notwendig, über die Kommunikation und Information im Unternehmen nachzudenken und etwas zu ändern (vgl. Abb. 28.3). Gerade die zuletzt genannten Aspekte Kommunikation und Mitarbeiterinformation werden in vielen Betrieben in ihrer Bedeutung unterschätzt. Die KIM-Auswertung mit dem sich anschließenden Mitarbeiterworkshop hat viel Potenzial, Mitarbeiter neu zu motivieren und an Verbesserungsprojekten zu beteiligen.

28.3.2 Stakeholder-Beteiligung

Es gibt viele Gründe, weshalb Unternehmen in einen Dialog mit ihren Stakeholdern treten sollten. Zum einen geht es bei Nachhaltigkeit im Kern um Werte und Prioritäten für eine zukunftsfähige Gesellschaft und Wirtschaft. Beides können und müssen Unternehmen nicht alleine definieren. Sie tun vielmehr gut daran, auch anderen zuzuhören: ihren Stakeholdern. Das bringt Richtungssicherheit für ihr Nachhaltigkeitsengagement und setzt Impulse für Innovationen. Zum anderen erfordert die Lösung komplexer Probleme wie Klimawandel, Arbeitsbedingungen in Entwicklungsländern oder Strukturwandel von Branchen und Regionen, die Zusammenarbeit und das Know-how vieler Akteure. Nicht zuletzt ist die Beteiligung von Stakeholdern bei der Definition der wesentlichen Nachhaltigkeitsthemen eine notwendige Voraussetzung für Unternehmen, die einen Nachhaltigkeitsbericht gemäß Global Reporting Initiative (GRI) veröffentlichen wollen und wird auch im Rahmen des Umweltmanagements gemäß ISO 14001 seit einiger Zeit gefordert.

Aber Unternehmen tun sich zum Teil noch schwer damit, Stakeholder intensiv an Strategieprozessen zu beteiligen. Einerseits wird kritisiert, dass Stakeholder nicht zuletzt aus Mangel an Detailwissen unrealistische, nicht umsetzbare Forderungen stellen und der Austausch daher für beide Seiten unbefriedigend endet. Doch auch seitens der Stakeholder gibt es Bedenken gegen einen Austausch mit Unternehmen: sie fürchten bspw. den Verlust kritischer Distanz oder dass sie als grünes Feigenblatt benutzt werden und letztlich in ihrer eigenen Community an Glaubwürdigkeit verlieren.

Damit diese Befürchtungen nicht eintreffen, ist eine gute Vorbereitung eine wichtige Voraussetzung für einen für alle Beteiligten erfolgreichen Austauschprozess. Dabei sollten Neueinsteiger sich und ihr Unternehmen nicht überfordern und überzogene Erwartungen auf beiden Seiten vermeiden. Mit einer *Stakeholder-Bereitschafts-Analyse* kann vorab untersucht werden, wie bereit ein Unternehmen für den Austausch ist und wo es noch Entwicklungsbedarf gibt.

Hierzu müssen die *Sensemaking-Prozesse* im Unternehmen in den Blick genommen werden, die in Bezug auf die Nachhaltigkeitsausrichtung und auf die Gestaltung der Beziehungen zu den Stakeholdern stattfinden (Basu und Palazzo 2008, S. 123), da diese den Handlungsspielraum maßgeblich beeinflussen. Sensemaking kann wörtlich als Sinngebung verstanden werden (the making of sense) und beschreibt gemäß Weick, wie Personen (individuelle Dimension) und Organisationen (soziale Dimension) das konstruieren, was sie anschließend interpretieren (Weick 1995, S. 4). Ein wichtiges Element des Sensemaking sind die mentalen Modelle, die ein Unternehmen über seine Rolle in der Gesellschaft und angemessene Beziehungen zu Stakeholdern entwickelt hat. Es können drei Dimensionen von Sensemaking-Prozessen im Kontext von Nachhaltigkeit unterschieden werden: eine kognitive (Identität und Legitimität), eine sprachliche (Erklärung/Rechtfertigung und Transparenz) und eine Handlungsdimension (Haltung, Konsistenz und Commitment) (Basu und Palazzo 2008, S. 125).

Die *kognitive Dimension* beschreibt, was Unternehmen denken und manifestiert sich in der Identität eines Unternehmens, die es gegenüber Stakeholdern und dem Gemeinwesen aufweist. Basu und Palazzo unterscheiden gemäß Brickson zwischen einer individualistischen, einer relationalen und einer kollektivistischen Identität (Brickson 2007, S. 125). Eine individualistische Identität ist durch Eigenständigkeit auch in Bezug auf das Nachhaltigkeitsengagement gekennzeichnet, d. h. die Stakeholder werden nur am Rande berücksichtigt. Im Gegensatz dazu ist eine relationale Identität auf gute Beziehungen ausgelegt und eine kollektivistische Identität verfolgt Gemeinwohlziele auch ohne externe Anforderungen. Ebenfalls auf der kognitiven Ebene ist die Art und Weise angesiedelt, wie ein Unternehmen Legitimität für sein Handeln herstellt oder herzustellen versucht. Hierbei kann man mit Suchman eine pragmatische, eine kognitive und eine moralische Form von Legitimität unterscheiden (Suchman 1995, S. 574). Eine pragmatische Form basiert darauf, dass ein Unternehmen versucht, die Stakeholder von der Sinnhaftigkeit seiner Produkte, Entscheidungen oder Maßnahmen zu überzeugen, z. B. durch geschickte Kommunikationsmaßnahmen, die gesellschaftliche Kritik oder Befürchtungen aufnehmen. Hier liegt die Annahme zugrunde, dass das Unternehmen seine Umwelt kontrollieren kann. Bei einer kognitiven Form der Legitimation versucht das Unternehmen, seine Handlungen mit gesellschaftlichen Werten und Anforderungen in Übereinstimmung zu bringen. Hier liegt in Abgrenzung zur pragmatischen Legitimation die Vorstellung zugrunde, dass die Umwelt das Unternehmen kontrolliert und Legitimation aus einer Anpassung an die Umwelt entsteht. Eine moralische Legitimierung seiner Handlungen nimmt ein Unternehmen vor, indem es versucht, gemeinsam mit seinen Stakeholdern akzeptable Verhaltensnormen zu entwickeln (Basu und Palazzo 2008, S. 126).

Im Hinblick auf die Gestaltung eines Stakeholder-Beteiligungs-Prozesses kann geschlussfolgert werden, dass bei einer pragmatischen Legitimierung die geringste Interaktion und Eingriffstiefe ermöglicht wird, wohingegen eine moralische Legitimierung den größten Handlungsspielraum für gemeinsame Zielsetzungen und Lösungsfindung eröffnet.

Die zweite Dimension von Sensemaking im Kontext von Stakeholder-Beteiligung und Nachhaltigkeit ist die *sprachliche,* in der es also darum geht, was Unternehmen kommunizieren. Die Autoren unterteilen diese Dimension in die Bestandteile Rechtfertigung und Transparenz. Rechtfertigung bezeichnet die Art, wie Unternehmen ihre Nachhaltigkeitsmaßnahmen gegenüber ihren Stakeholdern begründen. Sie unterscheiden eine

- rechtliche,
- ökonomische,
- wissenschaftliche und
- ethische Form der Rechtfertigung bzw. Begründung.

Eine Analyse der Kommunikationsformen und -medien eines Unternehmens lässt Rückschlüsse darauf zu, welche der o. g. Legitimationsformen vorherrschend ist.

In Bezug auf Transparenz unterscheiden Basu und Palazzo zwischen einer ausgewogenen und einer unausgewogenen, einseitigen Kommunikation über das Nachhaltigkeitsengagement. Für eine ausgewogene Form spricht bspw., wenn ein Unternehmen auch auf ungelöste Probleme, auf nichterreichte Ziele und ganz generell auf Schwachstellen hinweist und nicht allein Positivbotschaften in Hochglanzbroschüren vermittelt. Eine solche Berichterstattung wirkt deutlich glaubwürdiger, denn Nachhaltigkeit ist ein Suchprozess, der nicht immer nur gelingen kann und er ist Beschränkungen ausgesetzt, die ebenfalls dazu führen, dass die Realität nicht nur aus Erfolgsstorys besteht. Auch diese Unterscheidung kann anhand der gängigen Kommunikation eines Unternehmens nachvollzogen werden. Viele Unternehmen verfolgen nach wie vor eine unausgewogene Kommunikation und scheuen sich davor, Schwächen, nichterreichte Ziele oder Rückschläge offen darzustellen, obwohl Offenheit und Transparenz für eine glaubwürdige Kommunikation unerlässlich sind.

Die dritte Dimension ist die *Handlungsdimension,* in der die Autoren zwischen Haltung, Commitment und Konsistenz unterscheiden. Die Haltung eines Unternehmens gegenüber seinen Stakeholdern kann dabei entweder offen, vorsichtig oder defensiv sein. Konsistenz definieren die Autoren auf zwei Ebenen: zum einen zwischen genereller Strategie und Nachhaltigkeitsstrategie sowie zwischen verschiedenen Elementen der Nachhaltigkeitsstrategie. Konsistenz ist ein Hinweis darauf, ob Nachhaltigkeit lediglich punktuell oder umfassend in die generelle Strategie integriert ist. Konsistenz innerhalb der Nachhaltigkeitsstrategie ist ein Indikator dafür, ob diese zufällig oder geplant und aufeinander abgestimmt zustande kommt, ob also ein größeres Gesamtbild dahintersteckt. Commitment kann in eine strategisch-instrumentelle und eine normative Ausprägung unterteilt werden und bezeichnet, welche grundlegende Haltung das Unternehmen gegenüber Nachhaltigkeit aufweist.

Abb. 28.4 fasst die Dimensionen der Sensemaking-Prozesse im Rahmen von Nachhaltigkeit und Stakeholder-Beteiligung zusammen.

Um nun also einen genaueren Eindruck von der Bereitschaft eines Unternehmens zu erlangen, sich mit seinen Stakeholdern auseinanderzusetzen, muss die spezifische Ausprägung des Unternehmens in den verschiedenen Dimensionen eingeschätzt werden. Es empfiehlt sich, die Einschätzung durch eine Befragung von Schlüsselakteuren innerhalb des Unternehmens auf eine breitere Basis zu stellen.

Diese Analyse kann sehr hilfreich sein, denn je nach Profil des Unternehmens werden andere Zielsetzungen für die Stakeholder-Beteiligung realisierbar und andere Formen der Beteiligung erfolgversprechend sein. Um aufseiten des Unternehmens wie auch der beteiligten Stakeholder transformatives Lernen anzustoßen, das neben einer Gehaltsreflexion (Inhalte), auch eine Prozess- und v. a. eine Prämissenreflexion beinhaltet, d. h. eine Überprüfung der eigenen Annahmen (Nazarkiewicz 2016, S. 24 f.), ist gegenseitige Offenheit und eine vertrauensvolle Atmosphäre notwendig, die in der Regel mehr als einmalige Interaktionen erfordert.

Zu den Beteiligungsformen zählen u. a., mit zunehmendem Beteiligungs- und Interaktionsgrad:

- Punktuelle Information und Feedback (geringer Beteiligungsgrad),
- Längerfristiger Dialog, beratender Beirat,
- Co-Kreation (Lösungsentwicklung),
- Gemeinsame Umsetzung, im Rahmen einer Kooperation oder durch Institutionalisierung (z. B. Entwicklung eines Zertifizierungssystems wie FSC, MSC; Multi-Stakeholder-Ansatz wie GRI, Runder Tisch Kakao etc.).

Zu einer erfolgreichen Stakeholder-Beteiligung gehört ganz entscheidend auch die richtige Auswahl der Stakeholder. Mit einem *Stakeholder-Mapping* können die für ein Unternehmen besonders wichtigen Stakeholder und deren Bezüge zur Nachhaltigkeitsstrategie ermittelt werden. Die Grundlage bilden Akteursanalysen, anhand derer Stakeholder und ihre Ziele, Werte, Forderungen, Aktivitäts- und Kommunikationsmuster identifiziert werden. Die Stakeholder können außerdem anhand der Eigenschaften Macht, Legitimität, Dringlichkeit (ihrer Forderungen) und Nähe zum Unternehmen näher beschrieben werden (Driscoll und Starik 2004; Mitchell et al. 1997).

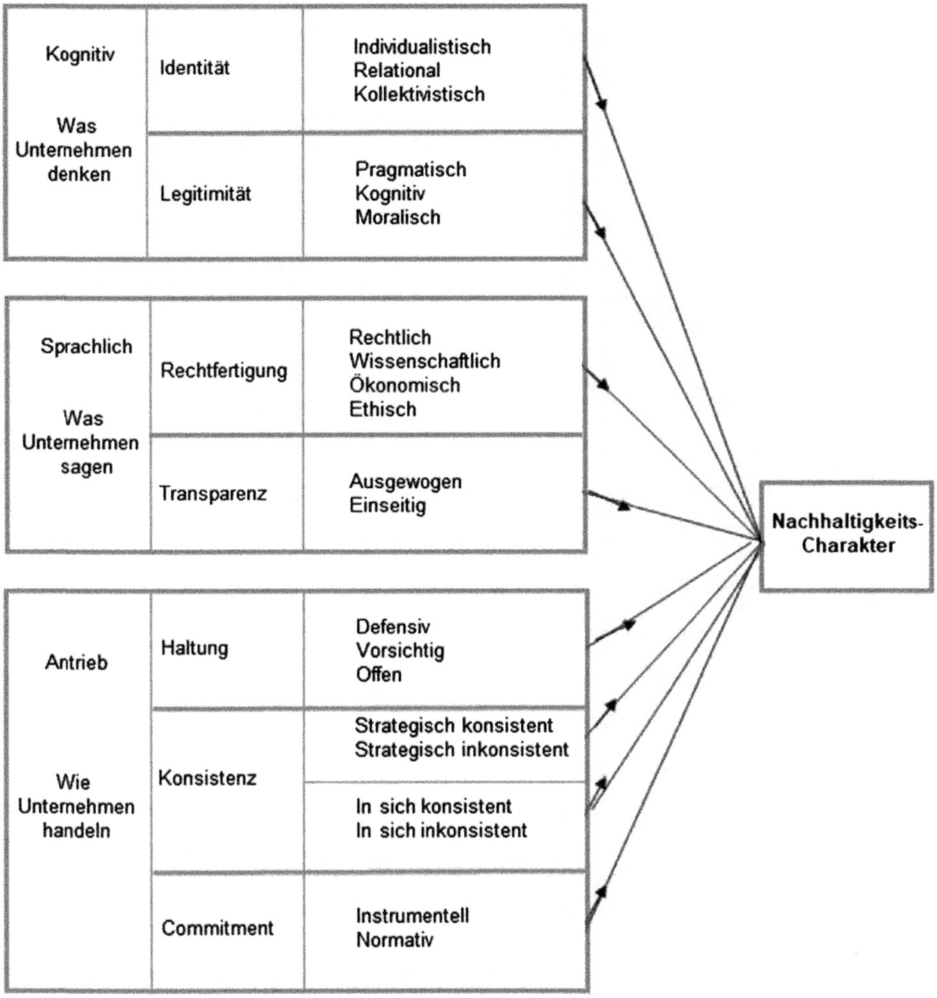

Abb. 28.4 Dimensionen des Sensemaking-Prozesses. (Quelle: eigene, Übersetzung nach Basu und Palazzo 2008)

Ergänzend und vor der tatsächlichen Interaktion können im Unternehmen *systemische Strukturaufstellungen* eingesetzt werden, um Hinweise auf Schlüsselakteure, potenzielle Konflikte und Ansatzpunkte für Lösungen zu erhalten. Die systemische Strukturaufstellung (SysA) ist ein szenisches Verfahren und ermöglicht es, Modelle, die wir von der Welt bilden, nach außen zu projizieren (Sparrer 2016). Sie geht zurück auf das von Bert Hellinger entwickelte Familienstellen, mit dessen Hilfe Ordnungen und Störungen im Familiensystem aufgedeckt und bearbeitet werden (Ulsamer 2000, zitiert nach Erb 2012). Seit einigen Jahren wird die Methode auch im beruflichen Kontext angewendet. Dabei werden jedoch keine Familienmitglieder oder familiäre Beziehungen aufgestellt, sondern berufliche Fragestellungen stehen im Mittelpunkt. Mit einer Strukturaufstellung

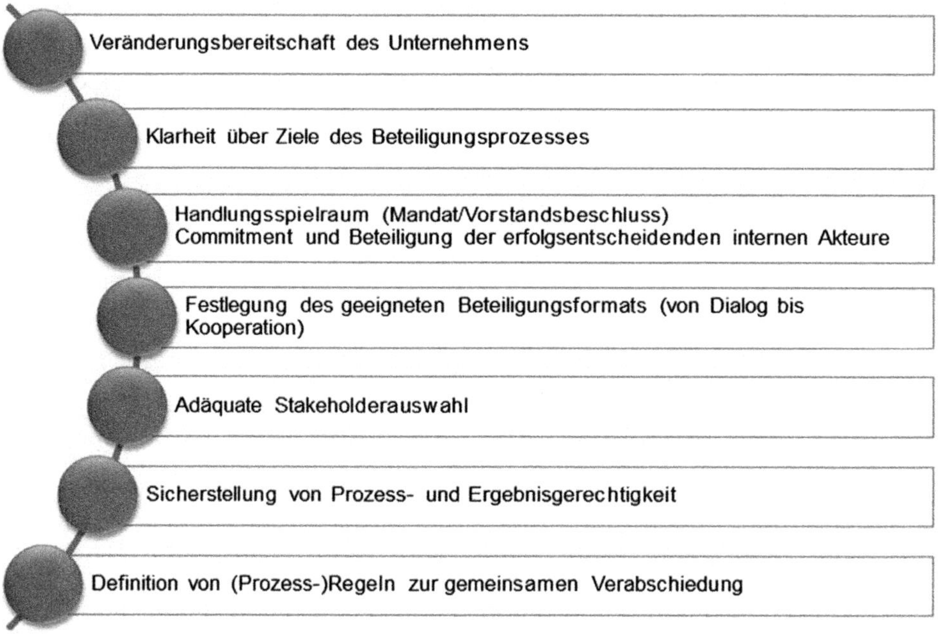

Abb. 28.5 Rahmenbedingungen für eine erfolgreiche Stakeholder-Beteiligung

können Einflussfaktoren auf den Unternehmenserfolg analysiert, Alternativen gegenübergestellt oder Geschäftsbeziehungen auf den Prüfstand gestellt werden, um nur einige Anwendungsfelder zu nennen. Im Rahmen des Stakeholder-Mappings ergänzt eine Systemaufstellung die Informationen, die anhand der Akteursanalysen gewonnen werden.

Zum Abschluss der Vorbereitungen sollte nochmals geprüft werden, ob die wesentlichen Rahmenbedingungen für gelungene Stakeholder-Beteiligung gesetzt wurden (vgl. Abb. 28.5).

Wie Stakeholder in die Definition der wesentlichen Nachhaltigkeitsaspekte einbezogen werden sollen, wird weiter unten ausgeführt.

28.3.3 Umfeld- und Wettbewerberanalyse

Unternehmen stehen in der Regel im Wettbewerb mit anderen Unternehmen; dies gilt auch für die Nachhaltigkeitsleistung. Deshalb ist die Analyse der Nachhaltigkeitsstrategie direkter Wettbewerber eine gute Ergänzung der Selbstbewertung mithilfe von KIM und der Beteiligung von Stakeholdern. Ein Unternehmen muss sich dabei fragen, wie es sich positionieren will: als Vorreiter, als Folger („Me too") oder ob es einen alternativen Ansatz entwickelt, um ein Alleinstellungsmerkmal zu erlangen. Für die Analyse können verschiedene Informationsquellen genutzt werden.

Nachhaltigkeitsberichterstattung verfügt ein Wettbewerber über einen Nachhaltigkeitsbericht gemäß GRI, eine Entsprechenserklärung nach DNK, einen Fortschrittsbericht zum Global Compact oder einen ähnlichen standardisierten Rechenschaftsbericht über seine Nachhaltigkeitsleistung, ist dies eine ausgezeichnete Informationsgrundlage, um die Positionierung eines Wettbewerbers einschätzen zu können.

Webseite liegt keines der o. g. Berichtsformate vor, so haben doch eine Vielzahl an Unternehmen Aussagen über Umwelt- und Nachhaltigkeitsmaßnahmen auf ihrer Webseite. Ohne Bezug auf einen der o. g. Maßstäbe ist ein höheres Maß an Interpretationsfähigkeit gefordert, um die Informationen einzuordnen.

Schlagwortsuche Internet eine gezielte Schlagwortsuche im Internet kann interessante ergänzende Informationen zutage fördern, bspw. über Stakeholder-Kritik an einem Wettbewerber oder negative Presseberichterstattung, Social-Media-Einträge o. ä.

Nachhaltigkeitsratings v. a. börsennotierte Unternehmen werden seit geraumer Zeit auch von spezialisierten Nachhaltigkeits-Ratingagenturen bewertet. Hierzu zählen in Deutschland die imug Beratungsgesellschaft für sozialökologische Innovationen mbH, oekom research AG, Sustainalytics GmbH und in der Schweiz z. B. Inrate AG oder SAM Group Holding AG. Die Ergebnisse dieser Agenturen können ebenfalls herangezogen werden, um die Positionierung von Wettbewerbern in puncto Nachhaltigkeit nachzuvollziehen.[8]

Zusätzlich zu den Aktivitäten der Wettbewerber liefern international anerkannte Standards wie der Global Compact, der ISO 26000 Leitfaden oder aber die Sustainable Development Goals der UN Agenda 2030 für Nachhaltige Entwicklung, die am 1. Januar 2016 in Kraft traten, Orientierung für die Nachhaltigkeitsstrategie eines Unternehmens. Sie sind zwar rechtlich nicht bindend, die UN erwarten jedoch, dass Regierungen Ownership übernehmen und nationale Initiativen zu ihrer Umsetzung ergreifen. Dabei kommt gerade auch dem privaten Sektor eine entscheidende Rolle zu. Insofern sollten Unternehmen bei der Bewertung ihrer Nachhaltigkeitsleistung und der (Weiter-) Entwicklung ihrer Nachhaltigkeitsstrategie gezielt auf die SDGs Bezug nehmen und erklären, zu welchen der 17 Ziele und insgesamt 169 Unterziele sie einen Beitrag leisten können. Es ist zu beobachten, dass sich immer mehr Unternehmen an den SDGs orientieren.

28.3.4 Definition wesentlicher Nachhaltigkeitsaspekte

Jedes Unternehmen muss für sich definieren, welche Nachhaltigkeitsaspekte wesentlich sind und in der Folge nicht nur den Nachhaltigkeitsbericht strukturieren, sondern auch

---

[8] Als Beispiel sei verwiesen auf den regelmäßig veröffentlichten Corporate Responsibility Review der Oekom research AG.

die konkreten Maßnahmen leiten sollen. Wesentliche Aspekte sind gemäß GRI solche, die die wichtigen wirtschaftlichen, ökologischen und gesellschaftlichen Auswirkungen der Organisation widerspiegeln oder die Beurteilungen und Entscheidungen der Stakeholder maßgeblich beeinflussen (GRI 2015a, S. 7). Dieser Ansatz der *Wesentlichkeit* gewährleistet gemäß GRI, dass Berichte an Relevanz, Glaubwürdigkeit und Benutzerfreundlichkeit gewinnen (GRI 2015a, S. 3).

Wichtige Inputs für diesen Prozess liefern die weiter oben beschriebene Nachhaltigkeitsbewertung, die Stärken und Schwächen der eigenen Nachhaltigkeitsleistung offenlegt, sowie die Umfeld- und Wettbewerberanalyse, anhand derer sich ein Unternehmen in einem größeren Kontext verorten und Anhaltspunkte für die eigene Nachhaltigkeitsstrategie finden kann. Die Beteiligung von Stakeholdern ergänzt die Selbstbewertung um eine kritische Außenperspektive und gibt zusätzliche Richtungssicherheit. Dabei ist es wichtig, dass nicht nur Kritik und Forderungen einzelner Stakeholder aufgenommen werden, sondern auch allgemeine gesellschaftliche Erwartungen. Orientierung hierfür bieten nationale wie internationale Vereinbarungen und Standards wie die bereits genannten Global Compact, ISO 26000 oder die Sustainable Development Goals. Diese zeigen, welche ökologischen, ökonomischen und sozialen Aspekte von besonderer Relevanz für eine nachhaltige und zukunftsfähige Wirtschaft und Gesellschaft sind.

Neben den direkten Auswirkungen eines Unternehmens müssen auch die indirekten Auswirkungen in den vor- und nachgelagerten Stufen der Wertschöpfungsketten berücksichtigt werden, die ein Unternehmen beeinflusst und beeinflussen kann. Hierzu zählen sowohl Lieferanten als auch Kunden. Es handelt sich somit um eine Kombination aus internen und externen Faktoren, anhand derer die wesentlichen Nachhaltigkeitsaspekte definiert werden sollten.

Die Ermittlung der Wesentlichkeit basiert methodisch auf einer qualitativen Analyse und einer quantitativen Einschätzung. Der GRI G4 benennt folgende Aspekte, die ein Unternehmen bei der Definition von Wesentlichkeit berücksichtigen soll: (GRI 2015b, S. 12).

- angemessen bestimmbare Nachhaltigkeitsauswirkungen, -risiken oder -chancen (z. B. Erderwärmung, HIV/-AIDS, Armut), ermittelt durch gründliche Überprüfung von anerkannten Fachleuten oder Expertengremien mit anerkannten Referenzen auf dem Gebiet;
- wichtige Nachhaltigkeitsbelange und -themen sowie Indikatoren, vorgebracht von Stakeholdern (z. B. schutzbedürftige Gruppen innerhalb lokaler Gemeinschaften, Zivilgesellschaft);
- die wichtigsten Themen und zukünftigen Herausforderungen für die eigene Branche, berichtet von Bezugsgruppen (Peergroups) und Mitbewerbern;
- maßgebliche Gesetze, Richtlinien, internationale oder freiwillige Vereinbarungen mit strategischer Bedeutung für die Organisation und ihre Stakeholder;
- zentrale Werte, Richtlinien, Strategien, betriebliche Managementsysteme, Ziele und Vorgaben der Organisation;
- die Interessen und Erwartungen von Stakeholdern, die auf besondere Weise am Erfolg der Organisation beteiligt sind (z. B. Mitarbeiter, Anteilseigner, Lieferanten);

- signifikante Risiken der Organisation;
- kritische Faktoren für den Erfolg der Organisation;
- die Kernkompetenzen der Organisation und die Art und Weise, wie sie zur nachhaltigen Entwicklung beitragen könn(t)en.

Gemäß GRI erfolgt eine Wesentlichkeitsanalyse in folgenden vier Schritten: Identifizierung von Aspekten (II. 2.1.1.), Priorisierung (II. 2.1.2.), Validierung (II. 2.1.3.) und Überprüfung (II. 2.1.4.) (GRI 2015a, S. 31–41). In der Praxis sind verschiedene Vorgehensweisen zu beobachten. Häufig unternimmt ein Unternehmen zunächst eine interne Einschätzung der Wesentlichkeit von Nachhaltigkeitsaspekten und fasst diese in einer Wesentlichkeitsmatrix zusammen. In einem weiteren Schritt wird diese Priorisierung mit externen Stakeholdern diskutiert und die Matrix um deren Einschätzung ergänzt. Damit sind die ersten beiden Schritte abgedeckt. Für die Validierung der Wesentlichkeit der Nachhaltigkeitsaspekte wird der Grundsatz der Vollständigkeit herangezogen. Im Ergebnis liegt eine Gesamtmatrix vor, die auf einer Achse die Priorisierung von Nachhaltigkeitsaspekten aus Sicht des Unternehmens widerspiegelt und auf der anderen Achse die Priorisierung aus Sicht der Stakeholder (vgl. Abb. 28.6). Der letzte Schritt, die Überprüfung, findet nach Veröffentlichung eines Nachhaltigkeitsberichts statt und dient der Vorbereitung des nächsten Berichts durch erneute Überprüfung der Vollständigkeit und Berücksichtigung eventueller Veränderungen interner oder externer Faktoren.

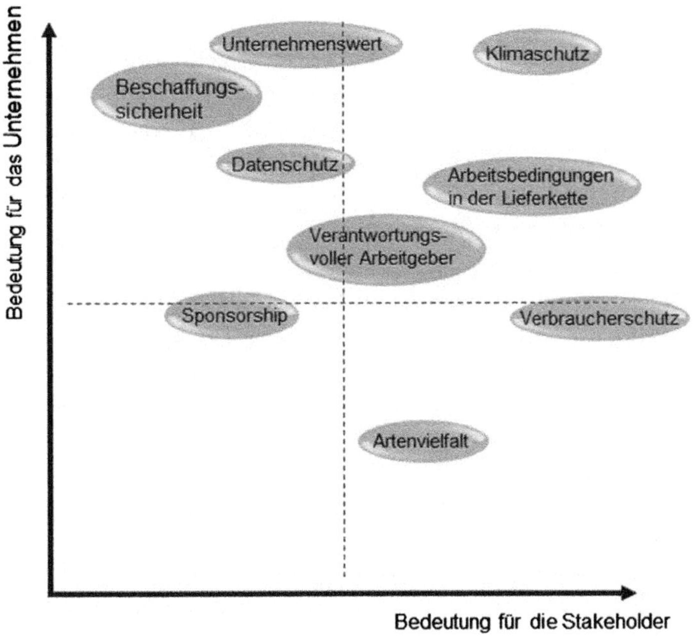

Abb. 28.6 Beispiel einer Wesentlichkeitsmatrix

28.4 Entwicklung einer Roadmap

Aufbauend auf den vorangehend beschriebenen Elementen der Nachhaltigkeitsbewertung und der Bestimmung der Wesentlichkeit, die eine Innen- und eine Außenperspektive verbinden, wird die Nachhaltigkeitsstrategie erarbeitet oder fortentwickelt und eine Roadmap erstellt. Diese sollte sich eng an der Wesentlichkeitsmatrix orientieren, darüber hinaus jedoch eine übergreifende Struktur erkennen lassen. Die Nachhaltigkeitsstrategie und die Roadmap können bspw. anhand folgender Verantwortungsbereiche strukturiert werden: ökologische Verantwortung, gesellschaftliche Verantwortung im Sinne des bürgerschaftlichen Engagements, Mitarbeiterverantwortung sowie Produkt- und Lieferkettenverantwortung. Diese Dimensionen finden sich im Wesentlichen auch in der KIM-Systematik wieder, sodass auch diese zur Strukturierung der Roadmap genutzt werden kann. In jedem der Verantwortungsbereiche gilt es, Handlungsfelder zu definieren, welchen die wesentlichen Nachhaltigkeitsaspekte des Unternehmens zugeordnet werden. Diese können wiederum die KIM-Unterkategorien sein. Es kann hilfreich sein, für jedes Handlungsfeld einen Visionssatz zu formulieren, der die Perspektive für das Handlungsfeld aufzeigt, bspw. „wir wollen in überdurchschnittlichem Maße in Aus- und Weiterbildung investieren und vielfältige Entwicklungsmöglichkeiten für unsere Mitarbeiterinnen und Mitarbeiter bieten". Im Sinne eines rekursiven Strategieprozesses können diese Visionssätze wiederum in die Leitbildentwicklung rückgekoppelt und dort bei Bedarf weiterbearbeitet werden.

Letztlich sollten für jeden Verantwortungsbereich und jedes Handlungsfeld neben einer Vision konkrete Ziele und Maßnahmen definiert und mit Meilensteinen, Zuständigkeiten und einem Zeitrahmen für deren Umsetzung versehen werden. Damit kann gleichzeitig die Struktur für das Nachhaltigkeitsprogramm vorgegeben werden. Bei den Zielen kann zwischen Prozess- und Ergebniszielen unterschieden werden. Ein Prozessziel bezieht sich auf ein einzuführendes Verfahren, z. B. die Implementierung einer Nachhaltigkeitssoftware, wohingegen Ergebnisziele mehr oder weniger selbsterklärend einen Endzustand beschreiben, z. B. 100 % der Mitarbeiter haben eine Schulung zum Thema Korruptionsrisken erhalten oder die CO_2-Emissionen werden bis zum Jahr 2025 um 50 % reduziert im Vergleich zum Basisjahr 2015.

Darüber hinaus sollten geeignete Erfolgsindikatoren definiert werden, die ein regelmäßiges Controlling und Nachjustieren ermöglichen. Die Vorgehensweise kann sich an einem aus dem Qualitätsmanagement abgeleiteten Plan-Do-Control-Act-Zyklus orientieren (vgl. Abb. 28.7).

28.5 Erfolgsvoraussetzung Führungskompetenzen

Führungskräfte sind diejenigen, die dazu beitragen sollen, Nachhaltigkeit auf allen Ebenen im Unternehmen zu integrieren. Nachhaltigkeitsmanagement wird in Großunternehmen zwar als Führungsaufgabe wahrgenommen, doch die Verantwortung wird

Abb. 28.7 Plan-Do-Control-Act-Zyklus zur kontinuierlichen Verbesserung der Nachhaltigkeitsleistung

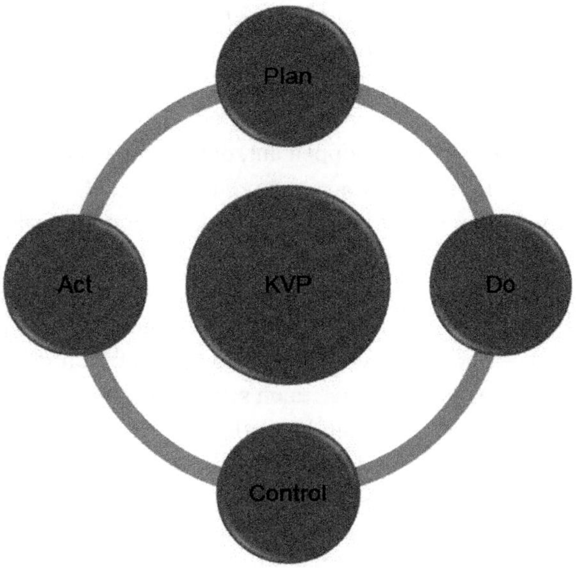

weitgehend Entscheidungsträgern übertragen, die über keine entsprechenden Kompetenzen verfügen (University of Management and Communication Potsdam (FH) 2009, S. 1). Im betrieblichen Alltag ist Nachhaltigkeit häufig ein Schnittstellenthema und damit ein Schnittstellenproblem. Nicht nur die Nachhaltigkeitsverantwortlichen müssen von der Bedeutung dieses Themas für die jeweiligen Prozesse in der Wertschöpfungsverantwortung überzeugt sein, sondern alle Führungskräfte im Unternehmen müssen ihren spezifischen Beitrag zum nachhaltigen Wirtschaften in ihrem Verantwortungsbereich leisten. Führungskräfte brauchen daher nicht nur eine bestimmte Fachkompetenz, sondern müssen zunehmend auch über schnittstellenübergreifende Nachhaltigkeitskompetenz verfügen.

Im Projekt Kona (Kompetenzentwicklung für nachhaltiges Handeln) (Grothe und Fröbel 2010) wurde untersucht, welche Kompetenzen Führungskräfte benötigen, um ein Nachhaltigkeitsmanagement erfolgreich umzusetzen und wie diese Kompetenzen weiterentwickelt werden können.

Die Verankerung von Nachhaltigkeit im Unternehmen erfordert verschiedene Kompetenzen. Diese werden hier als Selbstorganisationsfähigkeit verstanden. Das bedeutet fähig zu sein, sich selbst eigeninitiativ Ziele zu setzen, entsprechend zu handeln und aktiv in neuen Anforderungssituationen zu lernen. Dieses Verständnis von Kompetenzen unterscheidet sich von Definitionen, in denen Kompetenzen mit den Termini *Fähigkeiten, Kenntnisse* und/oder *Qualifikationen* gleichgesetzt werden (Grothe und Fröbel 2010, S. 13 ff.; sowie Heyse und Erpenbeck 2010).

Zur Ermittlung und Weiterentwicklung von Kompetenzen kann KODE®[9] herangezogen werden, das Mitte der 1990er-Jahre entwickelt wurde und seither kontinuierlich ausgebaut wird. Ein zentrales Element der Kompetenzdiagnostik ist dabei ein Kompetenzatlas, der insgesamt 64 Einzelkompetenzen umfasst. Diese teilen sich in vier große Kompetenzgruppen auf, die nachfolgend beschrieben werden:

P – Personale Kompetenz: Fähigkeit, sich selbst gegenüber klug und kritisch zu sein, produktive Einstellungen, Werthaltungen und Ideale zu entwickeln.

A – Aktivitäts- und Handlungskompetenz: Fähigkeit, alles Wissen und Können, alle Ergebnisse sozialer Kommunikation, alle persönlichen Werte und Ideale auch wirklich willensstark und aktiv umsetzen zu können.

F – Fachlich-methodische Kompetenz: Fähigkeit, mit fachlichem und methodischem Wissen gut ausgerüstet, auch scheinbar unlösbare Probleme schöpferisch zu bewältigen.

S – Sozial-kommunikative Kompetenz: Fähigkeit, sich aus eigenem Antrieb mit anderen zusammen- und auseinanderzusetzen, kreativ zu kooperieren und zu kommunizieren.

Im Projekt Kompetenzentwicklung für nachhaltiges Handeln wurden mithilfe des Kompetenzatlas 16 notwendige Kompetenzen für Führungskräfte zur Umsetzung von Nachhaltigkeit im Unternehmen ermittelt. Zusätzlich wurden in zwei Management-Kompetenzzirkeln Führungskräfte aus unterschiedlichen Unternehmen und Non-Profit-Organisationen nach den für sie wichtigsten Kompetenzen von Entscheidungsträgern in den Unternehmen zur Umsetzung von Nachhaltigkeit befragt. Einig waren sich alle Teilnehmenden dahingehend, dass es von großer Bedeutung ist, dass die Mitarbeiter auf allen Unternehmensebenen das Nachhaltigkeitsleitbild verinnerlichen. Der Führungskraft müsse die Möglichkeit zum Einbringen von Innovationen zugesichert werden. Ein Schwerpunkt in den Weiterbildungsprogrammen von Führungskräften sollte das Thema „Werte" sein. Hiermit soll erreicht werden, dass keinesfalls nur reines Fachwissen zum Thema Nachhaltigkeit im Vordergrund steht, da Nachhaltigkeit ein Wertethema ist. Aber auch andere Formen der Vermittlung und des Coaching sind gefragt. Die Verinnerlichung von Werten ist der Schlüsselprozess jeder Wertaneignung und damit jedes Kompetenzlernens. Werte entstehen erst dann, wenn Menschen ihr Wissen zu Emotionen und Motiven ihres eigenen Handelns machen. Deshalb können sich nur die Lernenden selbst – in neuartigen, offenen und realen Problemsituationen kreativ handelnd – Werte aneignen.

Um ein wirksames Nachhaltigkeitsmanagement in den Organisationsstrukturen und -prozessen sowie in den Aktivitäten im Unternehmensumfeld und mit den externen Stakeholdern umsetzen zu können, sollte zusätzlich KODE®X genutzt werden. Bei KODE®X steht die Organisation im Vordergrund und die Ermittlung von Kompetenzen, die z. B. zur Umsetzung der Nachhaltigkeitsstrategie benötigt werden. KODE®X ermöglicht die Erarbeitung von anforderungs- bzw. aufgabenspezifischen Kompetenz-Soll-Profilen sowie von Kompetenzpotenzialen der Mitarbeiter und Führungskräfte. In einem

[9]KODE® = Kompetenzdiagnostik und -Entwicklung.

angeleiteten KODE®X Workshop ermitteln Entscheidungsträger der unterschiedlichen Unternehmensebenen die strategischen Ziele des Unternehmens hinsichtlich einer nachhaltigen Ausrichtung. Anschließend werden die Kompetenz-Soll-Profile der Führungskräfte und Beschäftigten, angelehnt an diesen Zielen, entwickelt, um Nachhaltigkeit umzusetzen.

Mit KODE®X kann Folgendes umgesetzt werden (Erpenbeck und Rosenstiel 2007, S. 11 ff.):

- Ermittlung von organisationsspezifischen Kompetenzanforderungen, die strategisch bedeutend für eine zukunftsfähige Unternehmensausrichtung sind.
- Unterstützung beim Aufbau einer Nachhaltigkeitsstrategie, die im Unternehmen verankert ist.
- Analyse und Nutzen personenspezifischer Kompetenzpotenziale zum Aufbau eines Nachhaltigkeitsmanagements.
- Anregung von personenspezifischen Kompetenzentwicklungen für nachhaltiges Handeln.
- Diagnose individueller Führungsqualitäten im Nachhaltigkeitsbereich => Qualifikations-Soll-Profile.
- Kommunikation.

28.6 Kommunikation

Nachhaltigkeitskommunikation bedeutet, Mitarbeiter, Konsumenten, Lieferanten und Kunden von der Glaubwürdigkeit der Nachhaltigkeitsstrategie zu überzeugen und diese in eine sog. Transparenzinitiative einzubeziehen. Transparenz über ihre Nachhaltigkeitsleistung anhand von Indikatoren erhält die Organisation mithilfe der Selbstbewertung.

Je nach strategischer Relevanz und Einordnung verhalten sich Unternehmen in Bezug auf die Berichterstattung über ihre Nachhaltigkeitsleistung proaktiv bis reaktiv. Sie gehören entweder zu den „Nachhaltigkeitspionieren" und Nachhaltigkeit stellt ein wesentliches Element ihres Markenwerts dar oder sie reagieren punktuell, z. B. auf Erwartungen unterschiedlicher Stakeholder-Gruppen. Nun ist seit Anfang 2017 die Kommunikation über Nachhaltigkeit in Form eines Nachhaltigkeitsberichts für große Unternehmen nicht mehr nur ein „good will", sondern Pflicht. Denn seither gilt die EU-Richtlinie zur Offenlegung von nichtfinanziellen Informationen (im Folgenden CSR-Richtlinie) (Europäische Kommission 2016). Damit setzt die EU neue Rahmenbedingungen für eine höhere Transparenz und setzt das Thema Nachhaltigkeit verstärkt auf die Agenda größerer Unternehmen ab 500 Mitarbeitern. Durch globale Lieferketten sind aber nicht nur die großen betroffen, sondern ebenso kleinere Unternehmen, durch eine indirekte Berichterstattung an ihre Handelspartner. Der Gesetzgeber setzt voraus, dass sich Unternehmen für die Berichterstattung an Standards orientieren, er gibt neben einigen Beispielen für mögliche Standards jedoch nicht vor, welche Standards verwendet werden sollen.

Gefordert von der EU ist eine umfassende Berichterstattung nichtfinanzieller Aspekte. Diese soll jedoch lediglich relevante und wertvolle Informationen enthalten, die benötigt werden, um die Entwicklung, Leistung, Position und die Auswirkungen des Unternehmens zu beurteilen (Europäische Kommission 2017, S. 2). Inhaltlich umfasst dies minimal die folgenden fünf Aspekte: Umweltbelange, Arbeitnehmerbelange, Sozialbelange, Achtung der Menschenrechte sowie Bekämpfung von Korruption und Bestechung. Weitere Aspekte können einbezogen werden, sind jedoch nicht verpflichtend (Szabó und Sørensen 2015, S. 321).

Die CSR-Richtlinie baut auf folgenden sechs Grundprinzipien auf: „Disclose material Information", „Fair, balanced and understandable", „Comprehensive but concise", „Strategic and forward-looking", „Stakeholder orientated" und „Consistent and coherent" (Europäische Kommission 2017, S. 9–16). Das heißt, dass wesentliche Informationen offengelegt werden und in einem angemessenen, ausgewogenen und verständlichen Maß präsentiert werden sollen. Die Informationen sollen umfassend und präzise, strategisch und zukunftsorientiert sein und sich an den Interessen der Stakeholder ausrichten.

Die Berichterstattung kann entweder in Form eines separaten Berichts nach nationalen, EU- oder internationalen Standards erfolgen, beispielsweise in Form eines Nachhaltigkeitsberichts oder innerhalb des Geschäftsberichts (Szabó und Sørensen 2017 S. 328). Auch mit einer Entsprechenserklärung des Deutschen Nachhaltigkeitskodex (DNK) können Unternehmen die Anforderungen der EU-Berichtspflicht zu nichtfinanziellen Informationen in allen Aspekten erfüllen. Die Entsprechenserklärung erstellen Anwender in der DNK-Datenbank anhand von zwanzig DNK-Kriterien und den ergänzenden nichtfinanziellen Leistungsindikatoren, die aus GRI- und EFFAS (European Federation of Financial Analysts Societies) ausgewählt wurden.[10]

Der DNK ist gut dafür geeignet, die eigenen Nachhaltigkeitsleistungen sichtbar zu machen. Die KIM-Analyse schafft eine gute Grundlage zur Erstellung der Entsprechenserklärung (vgl. Abb. 28.8). Insgesamt gehen zehn Kennzahlen von KIM in acht Indikatoren der Entsprechenserklärung ein. Oft sind die GRI-Indikatoren sehr spezifisch, sodass die KIM-Kennzahlen nicht immer direkt übernommen werden können.

Die vom DNK geforderten Texte hingegen sind sehr viel allgemeiner und erfordern eher generelles Wissen über das Unternehmen. Die KIM-Analyse unterstützt hier, indem man eine gute und breite Kenntnis über die Nachhaltigkeitsbestrebungen des Unternehmens erhält und sich indirekt zu der Frage, wie ernst es dem Unternehmen mit dem Thema Nachhaltigkeit ist, eine realistische Meinung bilden konnte. Zudem lassen sich durch die Nachhaltigkeitsselbstbewertung konkrete, auch quantitative, Beispiele als Belege in die Texte der Entsprechenserklärung integrieren (z. B. der prozentuale Anteil erneuerbarer Energien, o. ä.). Nichtsdestotrotz liegt die Auswahl dessen, was berichtet wird, natürlich auch immer in der Hand des Autors.

[10]Vgl. Deutscher-nachhaltigkeitskodex.de.

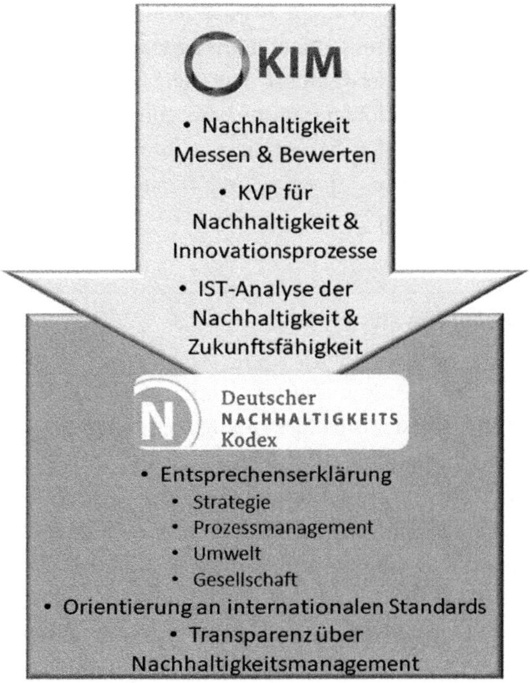

Abb. 28.8 Zusammenwirken von KIM und DNK

Der seit vielen Jahren am weitesten verbreitete und international anerkannte Berichtsstandard sind die GRI-Richtlinien der Global Reporting Initiative. Noch bis zum 30. Juni 2018 ist die aktuelle Fassung der G4-Richtlinien gültig (Grundsätze und Umsetzungsanleitung), die anschließend von den GRI Sustainability Reporting Standards abgelöst werden. Die neuen Standards bestehen aus einem modularen Set, das einerseits die Grundlagen der Berichtslegung beinhaltet (GRI 101 bis 103), andererseits spezifische Anforderungen in den Bereichen Ökonomie (GRI 200er Serie), Ökologie (GRI 300er-Serie) und Soziales (GRI 400er-Serie) stellt. So gibt es bspw. für den Bereich Ökologie acht Einzelstandards, die Themen wie Biodiversität, Energie, Rohstoffe, Wasser etc. einzeln behandeln. Die Global Reporting Initiative hat für Unternehmen, die ihren Nachhaltigkeitsbericht aktuell nach G4 gestalten, eine ausführliche Darstellung der Änderungen entwickelt, die mit den neuen Standards vorgenommen wurden.[11] Weiterhin, mit nur geringfügigen Änderungen aufgrund der neuen Struktur, wird es die beiden Berichtslegungsoptionen „core" und „comprehensive" geben.

[11]Es handelt sich um eine Excel-Mappe mit dem Namen „mapping-g4-to-the-gri-standards-complete", die auf der Webseite der GRI als Download verfügbar ist.

Abschließend kann festgehalten werden, dass Unternehmen, die erst beginnen, sich systematisch mit Nachhaltigkeit auseinanderzusetzen, mit einem weniger umfänglichen Berichtsstandard wie dem DNK beginnen könnten. Eine umfassende Nachhaltigkeitsberichterstattung, die alle positiven Effekte nach innen (z. B. Motivation und Einbindung der Mitarbeiter, Commitment der Geschäftsleitung) und außen entfaltet (z. B. Glaubwürdigkeit durch Transparenz), sollte sich dagegen an den GRI-Standards orientieren.

28.7 Fazit

Strategisches Nachhaltigkeitsmanagement erfordert zusammengefasst vor allem eine eindeutige Absichtserklärung zur Änderung des „business as usual" hin zum langfristig die Lebensgrundlage aller Menschen und der Umwelt erhaltenden und zukunftssichernden Wirtschaften. Ein Wirtschaften, das sich als bewahrend und achtend versteht, verändert das Unternehmen nach innen und nach außen. Damit dieser Veränderungsprozess transparent und glaubwürdig gelingen kann, ist zuvorderst eine Selbstbewertung in Bezug auf die Bedeutung und auf die Umsetzung von Nachhaltigkeit im Unternehmen erforderlich. Die Verfasserinnen haben hier nur eine Art der Bewertung dargestellt. Es existieren natürlich auch noch andere Möglichkeiten, die Selbstbewertung durchzuführen. So können u. a., wie auch erwähnt, Systemaufstellungen ein begleitendes Element sein, um Grundannahmen über Nachhaltigkeit sichtbar zu machen.

Wichtig dabei ist, dass das Ergebnis der Analyse transparent gemacht und sowohl intern als auch mit Stakeholdern diskutiert wird. Auf diese Weise kann der Veränderungsprozess eingeleitet oder unterstützt werden, der durch die dargestellte Roadmap vorangetrieben wird und letztlich das gesamte Unternehmen sowie seine Beziehungen zu Stakeholdern betrifft. Ein solches umfassendes Vorgehen schafft die Grundlage dafür, dass strategisches Nachhaltigkeitsmanagement ein Erfolgsmodell werden kann.

Literatur

Basu, K., & Palazzo, G. (2008). Corporate social responsibility: A process model of sensemaking. *Academy of Management Review, 33*(1), 122–136.

Brickson, S. (2007). Organizational identity orientation: The genesis of the role of the firm and distinct forms of social value. *Academy of Management Review, 50*(6), 1385–1399.

Deutscher-nachhaltigkeitskodex.de. Nachhaltigkeitskodex zur Erfüllung der CSR-Berichtspflicht geeignet. http://www.deutscher-nachhaltigkeitskodex.de/de/dnk/eu-berichtspflicht.html. Zugegriffen: 18. Aug. 2017.

Driscoll, C., & Starik, M. (2004). The primordial stakeholder. Advancing the conceptual consideration of stakeholder status for the natural environment. *Journal of Business Ethics, 49,* 55–73.

Erb, C. (2012). *Die Ordnungen des Erfolgs. Einführung in die Organisationsaufstellung*. München: Kösel.

Erpenbeck, J., & von Rosenstiel, L. (Hrsg.). (2007). *Handbuch Kompetenzmessung. Erkennen, verstehen und bewerten von Kompetenzen in der betrieblichen, pädagogischen und psychologischen Praxis* (2. überarb. u. erw. Aufl.). Stuttgart: Schäffer-Poeschel.

Europäische Kommission. (2016). Offenlegung nichtfinanzieller Informationen, vom 13.12.2016. http://ec.europa.eu/finance/company-reporting/non-financial_reporting/index_de.htm#legal-framework. Zugegriffen: 17. Juli 2017.

Europäische Kommission. (2017). Communication from the commission – Guidelines on non-financial reporting (methodology for reporting non-financial information). https://ec.europa.eu/info/sites/info/files/170627-communication-non-financial-reporting-guidelines_en.pdf. Zugegriffen: 17. Juli. 2017.

GRI. (2015a). G4 Leitlinien zur Nachhaltigkeitsberichterstattung, Berichterstattungsgrundsätze und Standardangaben. Zweite Aufl. der deutschen Übersetzung.

GRI. (2015b). G4 Leitlinien zur Nachhaltigkeitsberichterstattung. Umsetzungsanleitung. Zweite Aufl. der deutschen Übersetzung.

Grothe, A. (Hrsg.). (2012). *Nachhaltiges Wirtschaften für KMU*. München: Oekom.

Grothe, A. (Hrsg.). (2016). *Bewertung unternehmerischer Nachhaltigkeit – Modelle und Methoden zur Selbstbewertung*. Berlin: Schmidt.

Grothe, A., & Fröbel, A. (Hrsg.). (2012). *Kona – Kompetenzentwicklung für nachhaltiges Handeln*. Berlin: Hochschule für Wirtschaft und Recht.

Grothe, A., & Teller, M. (2016). Das Kriterien- und Indikatorenmodell (KIM) zur Bewertung von Nachhaltigkeit. In A. Grothe (Hrsg.), *Bewertung unternehmerischer Nachhaltigkeit* (S. 103–121). Berlin: Schmidt.

Grothe-Senf, A. (1999). *Kreative Seminargestaltung am Beispiel Umweltmanagement*. München: Hanser.

Heyse, V., & Erpenbeck, J. (Hrsg.). (2010). *Kompetenzmanagement*. Münster: Waxmann.

Mitchell, R. K., et al. (1997). Toward a theory of stakeholder identification and saleince: Defining the principle of who and what really counts. *Academy of Management Review, 22*(4), 853–896.

Nazarkiewicz, K. (2016). Kulturreflexivität statt Interkulturalität? Re-thinking cross-cultural – A culture reflexive approach. *interculture Journal, Sonderausgabe (Inter-)Kulturalität neu denken!, 2016*(26), 23–31.

Peters, T., & Waterman, R. (1982). *In Search of Excellence*. New York: Harper & Row. Deutsche Ausgabe: Peters, T., & Waterman, R. (1994). *Auf der Suche nach Spitzenleistungen. Was man von den bestgeführten US-Unternehmen lernen kann* (5. Aufl.). Landsberg: Redline Wirtschaft.

Sparrer, I. (2016). *Wunder, Lösung und System. Lösungsfokussierte Systemische Strukturaufstellungen für Therapie und Organisationsberatung*. Heidelberg: Carl-Auer.

Suchman, M. C. (1995). Managing legitimacy: Strategic and institutional approaches. *Academy of Management Review, 20*(3), 571–610.

Szabó D. G., Sørensen, K. E. (2015). New EU Directive on the Disclosure of Non-Financial Information (CSR). *European Company & Financial Law Review, 12*(3), 307–340.

Ulrich, H. (2001). *Unternehmungspolitik: Bd. 2. Gesammelte Schriften*. (3. Aufl.). Bern: Haupt.

Ulsamer, B. (2000). *Ohne Wurzeln keine Flügel. Die systemische Therapie von Bert Hellinger*. München: Goldmann.

University of Management and Communication Potsdam (FH). (2009). Curriculum Berufsbegleitender anwendungsorientierter M.Sc.-Studiengang Nachhaltigkeits- und Umweltmanagement. http://www.umc-potsdam.de

Weick, K. E. (1995). *Sensemaking in organizations*. Thousand Oaks: Sage.

Kathrin Ankele, Dipl.-Biologin, ist seit August 2013 als Senior Consultant und Mitgründerin von SUSTAINUM Consulting in Berlin tätig. Ihre Schwerpunkte liegen einerseits in der Beratung zu Nachhaltigkeit und Zukunftsfähigkeit, andererseits in der kreativen Prozessgestaltung und -begleitung sowie in der Teamentwicklung. Ihre langjährige Erfahrung sammelte sie zunächst als Leiterin des Forschungsfeldes Ökologische Unternehmenspolitik am Institut für ökologische Wirtschaftsforschung (IÖW). Anschließend verantwortete sie den Bereich Corporate Responsibility bei Vodafone Deutschland und leitete schließlich von Juli 2012 bis Juni 2015 beim WWF Deutschland die strategische Partnerschaft für Nachhaltigkeit zwischen WWF und EDEKA. Sie ist Organisations- und Strukturaufstellerin sowie KODE® Lizenztrainerin. Ferner war sie mehrfach als Lehrbeauftragte tätig, z. B. an der Universität St. Gallen, der Hochschule für Wirtschaft und Recht und der Freien Universität Berlin. Sie publizierte u. a. „Kompetenz-Perspektiven - Kompetenz-Aufstellungen für die Digitalisierung im Mittelstand" (2018), „Corporate-Social-Responsibility-Implementierung als interkultureller Prozess" (2018), „Zur Legitimität standardisierter Bewertungsverfahren" (2016), „Erfolgsvoraussetzungen für Corporate Citizenship in Deutschland" (2008), „Unternehmen und gesellschaftliche Verantwortung" (2006), „The influence of different characteristics of the EU environmental management and auditing scheme on technical environmental innovations and economic performance" (2006) und „The Role of Voluntary Initiatives in a Sustainable Corporate Governance" (2005).

Prof. Dr. Anja Grothe ist seit 1993 Professorin für Umweltmanagement und seit 2009 für Nachhaltigkeitsmanagement an der Hochschule für Wirtschaft und Recht (HWR) Berlin (Nachfolgerin der FHW). Sie hat die Studiengänge Wirtschaftsingenieurwesen Umwelt und Nachhaltigkeit (Bachelor) sowie den Masterstudiengang Nachhaltigkeit und Qualitätsmanagement (NaQM) verantwortlich aufgebaut und wurde (auch) dafür schon 1997 mit dem BAUM Umweltpreis geehrt. Sie ist Mitgründerin des Instituts für Nachhaltigkeit (INa) in der HWR und von SUSTAINUM Consulting, in dem Beratungsprojekte zur unternehmerischen Nachhaltigkeit und Organisationentwicklung durchgeführt werden. Ihre Forschungs- und Beratungsschwerpunkte umfassen die Bewertung unternehmerischer Nachhaltigkeit, partizipative Prozessgestaltung im Rahmen von Leitbild und Strategieprozessen sowie Kompetenzentwicklung – und Bewertung für Veränderungsprozesse. Ihre letzten Publikationen waren u.a. als Mitherausgeberin und als Autorin u.a. der Jahrbücher Nachhaltige Ökonomie mit dem Schwerpunkt „Nachhaltigkeitsmanagement" (2013/14), mit dem Schwerpunkt „Ressourcenwende" (2016) sowie als Herausgeberin und als Autorin „Nachhaltiges Wirtschaften für KMU" (2012), „Bewertung unternehmerischer Nachhaltigkeit" (2016), sowie 2018 Kompetenz-Perspektiven - Kompetenz-Aufstellungen für die Digitalisierung im Mittelstand.

Die Rolle der Berichterstattung bei der Integration von Corporate Responsibility (CR) in Unternehmen

29

Saskia Juretzek

Die steigende Relevanz nachhaltiger Entwicklung und die damit einhergehenden erhöhten Erwartungen der Stakeholder (Mitarbeiter, Kunden, Nichtregierungsorganisationen, Investoren etc.) haben Unternehmen dazu veranlasst, sich mit Nachhaltigkeit intensiver und ernsthafter auseinanderzusetzen. Nachhaltigkeit ist von einem Randthema zu einem strategischen geworden. Dennoch sind auch deutsche Unternehmen noch weit von einer wirklichen Kerngeschäftsintegration entfernt. Das liegt neben der Komplexität des Themas auch an weiteren vielfältigen Umsetzungshemmnissen, die bei der Integration auftreten (vgl. Juretzek 2015, S. 65 ff.).

Nachhaltigkeitsberichterstattung kann – wenn richtig genutzt – bei der Integration von Nachhaltigkeit ins Kerngeschäft unterstützen. Verschiedene nationale und internationale Rahmenwerke wie bspw. das des Deutschen Nachhaltigkeitskodex oder das der Global Reporting Initiative (vgl. DNK 2017; GRI 2017) stellen einen Rahmen zur Verfügung, der es Unternehmen ermöglicht, standardisiert zu berichten und aufzuzeigen, an welchen Stellen noch Lücken in der Berichterstattung gefüllt werden sollten.

Die im Reportingprozess eingebundene Materialitätsanalyse hilft (für die unterschiedlichen Materialitätsbegriffe, vgl. bspw. Scholz and Friends Reputation 2017) bei der Identifikation wesentlicher Handlungsfelder des Unternehmens und trägt damit zur Fokussierung auf die für die Industrie und das Unternehmen relevanten Handlungsfelder bei.

Der Reportingprozess unterstützt gerade Erstberichterstatter dabei zu identifizieren, welche Datenbasis für das Reporting geschaffen werden sollte. Selbst erfahrene Berichterstatter haben oftmals noch nicht alle Daten vorliegen. Zudem ändern sich sowohl die Reporting- als auch Ratinganforderungen durch die zunehmende Professionalisierung

S. Juretzek (✉)
Allianz SE, München, Deutschland
E-Mail: saskiajuretzek@hotmail.com

M. Englert und A. Ternès (Hrsg.), *Nachhaltiges Management*,
https://doi.org/10.1007/978-3-662-57693-9_29

stetig. Über den kontinuierlichen Abgleich mit den Reporting-Standards können die noch bestehenden Lücken geschlossen werden.

Die im Prozess erhobenen Daten können zudem zur externen Bewertung der Nachhaltigkeitsleistung Ratings und Standardsettern zur Verfügung gestellt werden (wie bspw. MSCI, RobecoSAM etc. (vgl. MSCI 2017; RobecoSAM 2017), um die eigene Leistung transparent zu machen.

Kern der Berichterstattung sollte es also sein, die wesentlichen Themen zu identifizieren und diese in der Berichterstattung zu fokussieren. Entscheidend ist es dabei, Daten nicht nur zu erheben, sondern diese über klare Kennzahlen und definierte (quantitative) Ziele zum Steuern zu nutzen und zentrale Lücken in der Datenbasis zu schließen. So können die wesentlichen bzw. noch nicht adressierten Themen gezielt strategisch integriert werden. Eine solide Datenbasis ist letztlich für die interne Steuerung unabdingbar, da nur gesteuert werden kann, was auch gemessen wird.

Grundsätzlich ist eine auf Materialitätsanalysen beruhende CR-Strategie und eine solide Datenbasis unabdingbar, um glaubwürdig berichten zu können. Erstberichterstatter können jedoch auch mit den bereits vorhandenen Informationen mit der Berichterstattung beginnen, solange offen und selbstkritisch darüber informiert wird.

Als weitere Vorteile der Berichterstattung für Unternehmen sieht der Reportingsstandardsetter GRI (vgl. GRI 2017) unter anderem die folgenden Faktoren:

- Ein verbessertes internes Verständnis von Risiken und Chancen, sowie eine stärkere Verknüpfung zwischen finanzieller und nichtfinanzieller Performanz.
- Die Beeinflussung der Managementstrategie, der internen Richtlinien und der Businesspläne.
- Eine Vereinheitlichung bestehender (Reporting-)Prozesse.
- Externe Vorteile der Berichterstattung können das Aufzeigen des Beitrages zur nachhaltigen Entwicklung, ein Benchmarking der Nachhaltigkeitsleistung in Bezug auf andere Branchen, die Gesetzgebung und bestehende Normen und Standards sein.
- Dabei wird Transparenz gegenüber den Anforderungen der Stakeholder geschaffen, die Reputation und die Markenwahrnehmung verbessert.
- Schlussendlich unterstützt das Reporting durch Datenerhebung, Transparenz und Vergleichbarkeit (des Fortschritts) die Reduzierung negativer gesellschaftlicher und ökologischer Auswirkungen (vgl. GRI 2017).

29.1 Herausforderungen und aktuelle Entwicklungen in der Berichterstattung

Das Thema Berichterstattung wurde und wird kontrovers diskutiert, da eine transparente und vollumfängliche Berichterstattung mit einem hohen Aufwand verbunden ist. Ob und in welcher Form ein Bericht sinnvoll ist, hängt vornehmlich von der Unternehmensgröße ab, aber auch vom Umsetzungsstand im Unternehmen sowie dessen Ambitionen.

Dabei sind einige Branchen (wie bspw. die Textilindustrie) mehr im Fokus der Stakeholder und Medien als andere Branchen und dadurch entsprechend stärker gefordert, transparent zu berichten.

Der Umsetzungsstand ist entscheidend, um den richtigen Zeitpunkt für die erste Berichterstattung zu wählen. Kann ein Unternehmen noch kein glaubwürdiges Engagement vorweisen, sollte konservativ und vor allem selbstkritisch kommuniziert werden, um überzeugend zu sein und nicht als „Greenwasher" wahrgenommen zu werden. In jedem Fall sollte bei einem aktiven und glaubwürdigen Engagement aktiv über die Nachhaltigkeitsleistung kommuniziert werden. Zum einen, um bei Stakeholdern ein Bewusstsein für das Engagement zu erlangen, die interne Umsetzungskraft durch die externe Transparenz und Verpflichtung zu erhöhen, aber auch um sich im Wettbewerb zu positionieren. Letzteres ist Teil eines internen Business Cases für CR und unterstützt die Integration. Hierdurch wird der Wettbewerb gefordert, gleichzuziehen und sein Engagement transparent zu machen. Dies treibt die Umsetzung von CR voran.

Dabei ist es wichtig, die Ambitionen des Unternehmens zu berücksichtigen und damit den Rückhalt in der Führungsriege zu definieren. Möchte ich Vorreiter sein und die Branche revolutionieren, mit der Masse schwimmen oder erst mal nur die Basisanforderungen erfüllen?

Bei jedem Nachhaltigkeitsengagement sind die Rahmenbedingungen der Umsetzung für das Gelingen von Bedeutung. Dies beeinflusst letztlich die Art und Weise der Berichterstattung und der verfolgten Ziele. Eine Studie unter Führungskräften zeigt, dass ein glaubwürdiger Support der Geschäftsführung, eine klar definierte Nachhaltigkeitsstrategie, Ziele und Prioritäten, eine in die Unternehmensstrategie integrierte CR-Strategie, die Nutzung von CR als Werttreiber sowie definierte Entscheidungsprämissen entscheidende Rahmenbedingungen für eine erfolgreiche Umsetzung einer Nachhaltigkeitsstrategie sind (vgl. Juretzek 2015, S. 97 ff.).

Für kleine und mittelständische Unternehmen ist es sinnvoll, sich die unterschiedlichen Berichtsstandards anzusehen, die am Markt angeboten werden. Der Deutsche Nachhaltigkeitskodex (vgl. DNK 2017) bspw. bietet sich für kleine Unternehmen als gute Möglichkeit an, in die Berichterstattung einzusteigen.

Weitere Rahmenwerke v. a. für Großunternehmen sind z. B. die OECD-Leitsätze für multinationale Unternehmen (vgl. OECD 2017), die 10 Prinzipien des UN Global Compacts (vgl. UNGC 2017) sowie die internationalen Berichtsstandards der Global Reporting Initiative (vgl. GRI 2017) sowie des Sustainability Accounting Standards Boards (vgl. SASB 2017).

Aktuell beschäftigt das Gesetz zur Stärkung der nichtfinanziellen Berichterstattung (vgl. Bundesanzeiger 2017) v. a. große bzw. kapitalmarktorientierte Unternehmen in Europa. Mit der Umsetzung der EU Direktive in nationales Recht fallen nun 536 deutsche Unternehmen unter die Berichtspflicht (vgl. Böckler 2016). Auch wenn vornehmlich Großunternehmen bzw. kapitalmarktorientierte Unternehmen betroffen sind, sind mittelbar zudem die Unternehmen, die mit diesen in (Lieferanten-)Beziehungen stehen betroffen.

Viele Großunternehmen erfüllen bereits die Berichtspflicht. Für Neuberichterstatter stellt das Gesetz eine Herausforderung dar, da das Reporting erst einmal aufgebaut werden muss. Fragen rund um die nichtfinanzielle Erklärung, wie die Form der Veröffentlichung, der Zeitpunkt und die Inhalte müssen aber ebenfalls für erfahrene Berichterstatter geklärt und abgestimmt werden. Die Prüfpflicht der Erklärung durch den Aufsichtsrat bringt neue interne Abstimmungs-, Freigabe- und Prüfprozesse mit sich, hebt aber auch die Relevanz der Thematik im Unternehmen erheblich. Der Aufsichtsrat kann eine externe Prüfung durch Wirtschaftsprüfer beauftragen. Diese verbessert die Datenqualität und erhöht die Glaubwürdigkeit der extern veröffentlichten Daten, stellt aber zudem einen hohen Aufwand in Bezug auf notwendige Prozessdokumentationen und Datenauditierungen dar (für eine Übersicht der Anforderung des Gesetzes siehe bspw. E&Y 2017).

Seit einigen Jahren widmen sich Unternehmen verstärkt dem Thema integrierte Berichterstattung. Hier hat der IIRC konkrete Leitlinien herausgegeben (siehe IIRC 2017). Ziel ist es, die nichtfinanziellen Kennzahlen mit den finanziellen in Verbindung zu bringen und diese in die Finanzberichterstattung zu integrieren. Bespiele für Unternehmen mit integrierten Berichten sind u. a. SAP und BASF.

In dieser Diskussion spielt ebenfalls das „Impact Measurement" eine große Rolle, also letztlich die Messung des sozialen und ökologischen (positiven wie negativen) Beitrags eines Unternehmens (vgl. bspw. PwC 2017). Einige Branchen, wie die Finanz- und Versicherungsindustrie, stellt dies aufgrund der Komplexität vor eine große Herausforderung. Letztlich sind die Entwicklungen aber wichtig, um eine konkrete Aussage über die Nachhaltigkeitsleistung treffen zu können und auch den Einfluss auf die Geschäftstätigkeit finanziell ausdrücken zu können. Hierüber ließe sich zudem eine größere Vergleichbarkeit der absoluten Nachhaltigkeitsleistung darstellen.

Durch das Reporting an sich lässt sich noch nicht eindeutig die Leistung ablesen. Ratingagenturen gehen hier einen Schritt weiter und geben Aussagen über die Besten der Branche (vgl. bspw. RobecoSAM 2017) oder in einem bestimmten Themengebiet (vgl. bspw. CDP 2017). „Best in Class" heißt jedoch nicht bereits 100 % ökologisch, sozial und ökonomisch nachhaltig zu sein. Hier kann das Impact Measurement Abhilfe schaffen und den tatsächlichen Wert transparent machen bzw. den tatsächlichen Impact eines Unternehmens auf Umwelt, Soziales und Wirtschaft deutlich machen. Negative externe Effekte von Unternehmen auf die Umwelt könnten bspw. positive soziale oder ökonomische Effekte aufwiegen.

Eine weitere Reportingdimension öffnet sich durch die Einführung der Sustainable Development Goals der Vereinten Nationen (vgl. UN 2017). Seit der Verabschiedung der 17 Ziele in 2015 beschäftigen sich Unternehmen in ersten Ansätzen (vgl. Allianz 2018, S. 7–16) damit, ihren Beitrag zu den SDGs darzustellen. Da die SGDs ursprünglich für die Staatenebene konzipiert wurden, bieten Veröffentlichung wie der SDG Compass (vgl. GRI, UNGC, & WBCSD 2017) Hilfe bei der Umsetzung.

29.2 Fazit

Die Vielfalt der Reportinganforderungen stellt sicherlich die aktuell größte Herausforderung für Unternehmen dar und erfordert vielfältige Diskussionen im Unternehmen sowie die entsprechenden Ressourcen. Wenn die Berichterstattung jedoch richtig angewendet wird, kann sie einen hohen Mehrwert schaffen und die Integration von CR im Unternehmen unterstützen.

Unternehmen sollten für ihre spezielle Situation entscheiden, welche Rahmenwerke sie nutzen und was sie extern wie an wen kommunizieren möchten. Der Fortschritt in diesen Bereichen sollte dann über klare Kennzahlen und Ziele regelmäßig berichtet werden. Viele aktuell noch offene Fragen in der Berichterstattung werden sich mit der zunehmenden Reife der Daten, der Prozesse, der Systeme und des Reportings klären.

Noch ist es ein weiter Weg zur entsprechenden Reife der nichtfinanziellen Kennzahlen im Vergleich zu den Finanzkennzahlen. Mittel- bis langfristig sollte das erklärte Ziel sein, standardisiert, fokussiert und vergleichbar in hoher und aussagekräftiger Qualität zu berichten.

Literatur

Allianz. (2018). Responding to tomorrows challenges, Nachhaltigkeitsbericht der Allianz Gruppe, 2017. https://www.allianz.com/v_1524059920978/media/responsibility/documents/Allianz_Group_Sustainability_Report_2017-web.pdf. (Stand: 01.06.2018).

Böckler – Hans Böckler Stiftung. (2016). Geheimwirtschaft bei Transparenz zum gesellschaftlichen Engagement? Zum Kreis der vom CSR-Richtlinie-Umsetzungsgesetz potentiell betroffenen Unternehmen. https://www.boeckler.de/pdf/p_mbf_report_2016_27.pdf. (Stand: 02.12.2017).

Bundesanzeiger. (2017). Bundesgesetzblatt Nr. 20 vom 18.04.2017, S. 802–814. https://www.bgbl.de/xaver/bgbl/start.xav%3Fstart=%2F%2F%2A%5B%40attr_id%3D%27bgbl117s0802.pdf%27%5D%23__bgbl__%2F%2F%2A%5B%40attr_id%3D%27bgbl117s0802.pdf%27%5D__1514468613500. (Stand: 20.12.2017).

CDP – Carbon Disclosure Project. (2017). https://www.cdp.net/en. (Stand: 20.12.2017).

DNK – Deutscher Nachhaltigkeitskodex. (2017). http://www.deutscher-nachhaltigkeitskodex.de. (Stand: 10.12.2017).

E&Y – Ernst & Young. (2017). CSR-Richtlinie. Was Unternehmen im Hinblick auf die neuen EU-Anforderungen zur Angabe nichtfinanzielle und die Diversität betreffender Informationen beachten müssen. https://webforms.ey.com/Publication/vwLUAssets/EY-CSR-Richtlinie/$FILE/EY-CSR-Richtlinie.pdf. (Stand: 20.12.2017).

GRI – Global Reporting Initiative. (2017). Reporting benefits. https://www.globalreporting.org/information/sustainability-reporting/Pages/reporting-benefits.aspx. (Stand: 26.07.2017).

GRI, UNGC, & WBCSD. (2017). SDG Compass. https://sdgcompass.org/. (Stand: 20.12.2017).

IIRC – International Integrated Reporting Council. (2017). http://integratedreporting.org/. (Stand: 12.12.2017).

Juretzek, S. (2015). Die Bewältigung von Corporate Sustainability-Dilemmata im Rahmen der Umsetzung von Corporate Sustainability-Strategien – Eine Delphi-Studie zu Kompetenzen und Rahmenbedingungen zur Dilemmata-Bewältigung.

MSCI. (2017). https://www.msci.com/. (Stand: 10.11.2017).

OECD. (2017). Leitsätze für multinationale Unternehmen. http://www.oecd.org/berlin/publikationen/oecd-leitsaetze-fuer-multinationale-unternehmen.htm. (Stand: 2.12.2017).

PwC – Price Waterhouse Coopers. (2017). Total impact measurement. https://www.pwc.com/gx/en/services/sustainability/publications/total-impact-measurement-management/total.html. (Stand: 02.02.2017).

RobecoSAM. (2017). DJSI 2017 review results: September 2017. http://www.robecosam.com/en/sustainability-insights/about-sustainability/corporate-sustainability-assessment/review.jsp. (Stand: 01.12.2017).

SASB – Sustainability Accounting Standards Board. (2017). https://www.sasb.org. (Stand: 01.12.2017).

Scholz and Friends Reputation. (2017). Über die verschenkten Potenziale einer Wesentlichkeitsanalyse. http://www.csr-berichte.de/tag/materialitaet/. (Stand: 14.11.2017).

UN – United Nations. (2017). United Nations Sustainable Development Goals. http://www.un.org/sustainabledevelopment/sustainable-development-goals/. (Stand: 22.12.2017).

UNGC – United Nations Global Compact. (2017). https://www.unglobalcompact.org. (Stand: 01.12.2017).

Dr. Saskia Juretzek gehört zu Deutschlands Gesichtern der Nachhaltigkeit. Sie ist seit 2015 als Senior Managerin Sustainability für das gruppenweite Sustainability Reporting, dessen Auditierung sowie für strategische Nachhaltigkeitsthemen der Allianz SE verantwortlich. Als Corporate Responsibility (CR) Manager war sie bei dem Telekommunikationsanbieter Telefónica Deutschland u.a. für die Themenfelder CR-Strategie, CR-Reporting und Spenden verantwortlich. Für die internationale Unternehmensberatung Accenture hat sie für Kunden aus dem Automobil- und Banken-Sektor in Italien, England, der Schweiz, USA und Deutschland mit den Schwerpunkten Vertriebsstrategie, Produktstrategie und After Sales gearbeitet. Zudem hat sie den Aufbau des Beratungsbereichs Sustainability Services begleitet.

Bereits im Studium und ihrer Beratertätigkeit hat Dr. Saskia Juretzek sich mit dem Konzept der nachhaltigen Entwicklung beschäftigt und dies in ihrer Promotion vertieft. Darin hat Sie untersucht, über welche Kompetenzen Corporate Sustainability Manager verfügen sollten, um dilemmatische Entscheidungssituationen zu bewältigen und damit Nachhaltigkeitsstrategien erfolgreich umsetzen zu können. Sie hält ein Diplom in Internationaler Betriebs- und Außenwirtschaft und lehrt an verschiedenen deutschen Hochschulen, u.a. der TU München.

Nachhaltige Logistik als Säule eines integrierten Nachhaltigkeitsmanagements

30

Roland Pfennig

30.1 Logistik

30.1.1 Die Bedeutung der Logistik

Die Logistik ist in Deutschland der größte Wirtschaftsbereich nach der Automobilwirtschaft und dem Handel. Sie rangiert noch vor der Elektronikbranche und dem Maschinenbau und übertrifft mit rund 3 Mio. dessen Beschäftigtenzahl um das Dreifache.

Die Steuerung der Waren- und Informationsflüsse, aber auch der Transport der Güter und ihre Lagerung sind wichtige wertschöpfende Wirtschaftsfunktionen. Rund 258 Mrd. EUR Umsatz wurden im Jahr 2016 branchenübergreifend erwirtschaftet.

In Europa beläuft sich der Logistikmarkt auf rund eine Billion Euro (2015), woran Deutschland einen Anteil von über 25 % hat. Dies liegt zum einen an der geografischen Lage im Herzen Europas, zum anderen aber auch an der internationalen Spitzenposition Deutschlands bezüglich der Infrastrukturqualität und der Logistiktechnologie. Nur knapp die Hälfte der logistischen Leistungen, die in Deutschland erbracht werden, besteht in der gemeinhin sichtbaren Bewegung von Gütern durch Dienstleister. Die andere Hälfte findet in der Planung, Steuerung und Umsetzung innerhalb von Unternehmen statt. Im Bereich der logistischen Dienstleistungen agieren circa 60.000 Unternehmen, die ganz überwiegend mittelständisch geprägt sind (Bundesvereinigung für Logistik 2017).

R. Pfennig (✉)
Hochschule Heilbronn, Heilbronn, Deutschland
E-Mail: roland.pfennig@hs-heilbronn.de

M. Englert und A. Ternès (Hrsg.), *Nachhaltiges Management*,
https://doi.org/10.1007/978-3-662-57693-9_30

30.1.2 Logistikbereiche

Für den Begriff Logistik hat sich eine große Zahl von Definitionen entwickelt (vgl. hier und im Folgenden Groß und Pfennig 2017, S. 33 ff.). Pfohl gruppiert einige davon unter die Überschriften flussorientierte, lebenszyklusorientierte und dienstleistungsorientierte Definition. Eine gängige, der flussorientierten Gruppe zugehörende, ist die 4 R-Definition, nach der die Logistik dafür zu sorgen hat, dass ein Empfangspunkt gemäß seinem Bedarf von einem Lieferpunkt mit dem richtigen Produkt (in Menge und Sorte), im richtigen Zustand, zur richtigen Zeit, am richtigen Ort zu den dafür minimalen Kosten versorgt wird (Pfohl 2010, S. 12).

Diese Definition wurde häufig erweitert und angepasst bis hin zu einer 7 R-Definition. Etabliert hat sich mittlerweile aufgrund der Kürze und schnellen Fassbarkeit die Seven-Rights-Definition nach Plowmann, nach der Logistik als „Sicherung der Verfügbarkeit des richtigen Gutes, in der richtigen Menge, im richtigen Zustand, am richtigen Ort, zur richtigen Zeit, für den richtigen Kunden und zu den richtigen Kosten" definiert wird. Jedoch wird auch hier bereits eine weitere Ergänzung diskutiert: So solle man auch die parallele Überbringung der richtigen Information als achten Punkt in die Zieldefinition aufnehmen (vgl. Krieger 2016).

Damit wird gefordert, was lange schon Realität ist und kontinuierlich zunimmt: die begriffliche und faktische Verankerung der Informations- und Kommunikationstechnologie in den Kontext der Logistik. Teilweise wird auch von Informationslogistik gesprochen. Auch wenn hier suggeriert wird, dass die IT sich an der Logistik orientiert hat, hat die Entwicklung beider Disziplinen parallel stattgefunden. Vorauseilende, begleitende und nachlaufende Informationsflüsse haben sich als unverzichtbare Funktionen nicht nur für eine optimale Planung und effiziente Abwicklung logistischer Transaktionen erwiesen, sondern als Basis für eine nachhaltigere Gestaltung sämtlicher Geschäftsprozesse.

Um den Begriff der Logistik und der jeweils charakteristischen Entscheidungsprobleme noch etwas detaillierter darzustellen, sollen nachfolgend die phasenspezifischen Subsysteme der Logistik (vgl. Pfohl 2010, S. 169). Beschaffungslogistik, Produktionslogistik, Distributionslogistik, Entsorgungslogistik und Verkehrslogistik erläutert werden, da erst die Integration der Subsysteme den vollständigen Entwurf für das Pflichtenheft eines integrierten, nachhaltigen Logistikmanagements darstellt.

Unter Beschaffungslogistik verstehen wir ein marktverbundenes Logistiksystem, das die Verbindung zwischen der Distributionslogistik des Lieferanten und der Produktionslogistik eines Unternehmens darstellt. Die relevanten Objekte der Beschaffungslogistik sind Güter (also Roh-, Hilfs- und Betriebsstoffe, Kaufteile und Handelsware), die für das Unternehmen bedarfsgerecht bereitgestellt werden müssen. Die Bedarfsmeldung im Unternehmen wird entweder über ein Beschaffungslager oder fallweise auch durch die erste Produktionsstufe im Unternehmen ausgelöst (vgl. Pfohl 2010, S. 170).

Die Produktionslogistik wird zwischen der Beschaffungs- und der Distributionslogistik angeordnet und verbindet diese miteinander. Unter Produktionslogistik versteht man alle

Aktivitäten, die in einem Zusammenhang mit der Versorgung des Produktionsprozesses mit Einsatzgütern (Roh-, Hilfs- und Betriebsstoffe sowie Halbfertigerzeugnisse und Kaufteile) und der Abgabe der Halbfertig- und Fertigerzeugnisse an das Absatzlager stehen (Pfohl 2010, S. 180).

Neben der Beschaffungslogistik ist auch die Distributionslogistik ein marktverbundenes Logistiksystem. Es verbindet die Produktionslogistik eines Unternehmens mit der Beschaffungslogistik des Kunden. Die Distributionslogistik umfasst alle Aktivitäten, die in einem Zusammenhang mit der Belieferung des Kunden mit Fertigfabrikaten und Handelsware stehen. Die Belieferung kann dabei direkt aus dem Produktionsprozess oder vom bei der Produktionsstätte liegenden Absatzlager und gegebenenfalls über weitere regionale Auslieferungslager erfolgen. Die Objekte der Distributionslogistik, also die Güter und Waren, werden im Normalfall nicht verändert. Ausnahmen treten dann auf, wenn bei der Belieferung des Kunden zusätzliche komplementäre Dienstleistungen angeboten werden, die z. B. ein Produkt an die spezifischen Kundenbedürfnisse anpassen (Customizing) (Pfohl 2010, S. 198).

Mit der Entsorgungslogistik soll ein möglichst ökonomisch und ökologisch effizienter Rückstandfluss gestaltet werden. Gegenüber der Beschaffungs-, Produktions- und Distributionslogistik werden hier andere Objekte bei gegenläufiger Flussrichtung berücksichtigt (vgl. Pfohl 2010, S. 219). Da die Aufmerksamkeit für Material- und Ressourceneffizienz in den letzten Jahren zugenommen hat, werden hier häufig auch, wenn möglich, Recyclingmöglichkeiten genutzt oder der vermeintliche Abfall als Rohstoff veräußert. So hat sich teilweise der Begriff des Wertstoffmanagements und der Wertstofflogistik etabliert.

Die Verkehrslogistik, genauer gesagt: die Güterverkehrslogistik, ist ein unternehmensexternes Logistiksystem, das sich mit der Planung und dem Management ortsverändernder Prozesse (also vorwiegend Transporte) von Material, Personen und Energie unter Nutzung einer externen Infrastruktur (Straßen) beschäftigt. Deshalb gehören, im Gegensatz zum Begriff der Transportlogistik, zum Verständnis der umfassenden Verkehrslogistik auch das Gestalten von Transportketten und -netzen, von Distributionsstrukturen, von Güterverkehrszentren und anderes mehr.

30.2 Grüne Logistik

Wenn über Grüne Logistik gesprochen wird, ist damit meist die klassische Güterverkehrslogistik gemeint. Der Begriff Logistik umfasst jedoch weitaus mehr Funktionsbereiche, wie oben bereits erläutert wurde, dennoch soll aufgrund der Bedeutung für Emissionen und der negativen Wahrnehmung des Themas „Logistik“ bei der Bevölkerung dargestellt werden, wie die Transportlogistik „grüner“ und damit einen Schritt nachhaltiger werden kann.

Die Tab. 30.1 fasst praktische Maßnahmen zusammen, die in der Güterverkehrslogistik ergriffen werden können. Dabei sind unter internen Maßnahmen all diejenigen zu verstehen, die ein Unternehmer für sein Unternehmen selbst ergreifen kann. Sie sind damit grundsätzlich unabhängig von einem gleichzeitigen Engagement anderer an der Wertschöpfungskette beteiligter Unternehmen in die „Grüne Logistik".

Die externen Maßnahmen dagegen sind all diejenigen, die gemeinsam mit Partnern oder anderen Dritten ergriffen werden können. Sie bedingen also ein gemeinschaftliches Engagement in die „Grüne Logistik" (vgl. Lohre et al. 2011).

Alle internen und externen Maßnahmen umfassen ökologische und/oder ökonomische Aspekte der Nachhaltigkeit, wogegen soziale Aspekte bei dieser Betrachtung völlig unberücksichtigt bleiben, weshalb an dieser Stelle der Begriff „Grüne Logistik" berechtigt ist. Um in einer Unternehmung oder in einem Unternehmensverbund, also einer Supply Chain, eine nachhaltige Logistik aufzubauen, bedarf es ebenfalls der Berücksichtigung der „Ressource" Mensch.

Tab. 30.1 Maßnahmen für grüne (Transport-)Logistik. (In Anlehnung an Lohre et al. 2011, S. 9 ff.)

	Kurzfristig	Langfristig
Interne	Maßnahmen am Fuhrpark	Alternative Antriebe
	Alternative Kraftstoffe	Adaptierte Produktgestaltung
	Telematik und Tourenplanung	Ausschreibungsmanagement
	Geschwindigkeitsreduzierung	Neubau von Logistikzentren
	Fahrerqualifizierung	
	Umweltzertifizierung	
	Umweltberichterstattung	
	Carbon Footprint	
	Energiemanagement	
	Sanierung von Bestandsimmobilien	
Externe	Fahrzeugabmessungen	Gemeinsame Logistiksysteme
	Gemeinsame Tourenoptimierung	Teilladungs-Hubs
	Organisation von Terminsendungen	Netzwerkoptimierung
	Verbesserte Kommunikation	Neue Ladegefäße
	Product Carbon Footprint	Größere Fahrzeuge
	Gemeinsame Umweltziele	City-Logistik
	Co-Modalität	Gemeinsame Standortpolitik
		Nachhaltige Lobbyarbeit

30.3 Nachhaltige Logistik

30.3.1 Berücksichtigung der sozialen Komponente

Darüber, was Nachhaltigkeit ist oder was darunter verstanden werden kann, wurde und wird viel geschrieben, weshalb hier als Arbeitsdefinition diejenige verwenden werden soll, die auch die deutsche Bundesregierung als Basis für das Regierungshandeln formuliert hat, auch wenn das damit implizierte Grundverständnis für Nachhaltigkeit, nämlich die gleichberechtigte Berücksichtigung von Ökologie, Ökonomie und Sozialem, einen entscheidenden Webfehler hat:

„Nachhaltige Entwicklung heißt, Umweltgesichtspunkte gleichberechtigt mit sozialen und wirtschaftlichen Gesichtspunkten zu berücksichtigen. Zukunftsfähig wirtschaften bedeutet also: Wir müssen unseren Kindern und Enkelkindern ein intaktes ökologisches, soziales und ökonomisches Gefüge hinterlassen. Das eine ist ohne das andere nicht zu haben“ (Nachhaltigkeitsrat 2017).

Die soziale Nachhaltigkeitskomponente in Unternehmen und damit die Ergänzung zu den Ausführungen zu Green Logistics (siehe oben) umfasst u. a. eine faire Entlohnung, Arbeitsplatzsicherheit, Teilzeitmodelle, Betriebliches Gesundheitsmanagement, Diversity Management, angemessene Kommunikation und alle unter dem Begriff der Corporate Social Responsibility, der gesellschaftlichen Verantwortung von Unternehmen, subsummierbaren Unterthemen.

30.3.2 IT als Sustainable Logistics Enabler?

Betrachtet man die Entwicklung der Logistik über die letzten Dekaden hinweg, so fällt auf, dass die Informations- und Kommunikationstechnologie, kurz IT, eine immer größere Rolle in Unterstützung und Umsetzung spielt. Mitunter wird auch behauptet, dass die IT als „Enabler“ für Logistik dient. Diese Behauptung findet ihre Bestätigung in den derzeit diskutierten Business-Ansätzen mit der Ergänzung „4.0“, die aktuell allen wichtigen Unternehmensfunktionen angehängt wird, also Industrie 4.0, Produktion 4.0 oder Logistik 4.0. Möglich wurde die Umsetzung solcher Konzepte durch die 4. industrielle Revolution, die faktisch eine Revolution auf Basis der sich rasant entwickelnden IT, eine datengetriebene Revolution, ist. Das hat zur Folge, dass sich der klassische Ansatz der Entwicklung einer IT-Strategie, die immer auf einer Unternehmensstrategie beruhen sollte (IT-Alignement), weiterentwickelt hat und die IT zunehmend als Innovator quasi Bottom-up zur Erweiterung der Unternehmensstrategie, mitunter auch zur Entwicklung neuer Geschäftsfelder, geführt hat. Kombiniert mit immer anspruchsvolleren Kundenanforderungen, aber auch mit einem Wertewandel über die Jahre hinweg, beginnend mit den traditionellen Werten in den 1950er-Jahren („aufbauen und erhalten“), den materiellen Werten in den 1960er-Jahren („haben und zeigen“) bis hin zu den Jahren des Hedonismus mit ausgeprägter Ich-Bezogenheit in den 1980er-Jahren

(„genießen und exponieren") und schließlich der Ausbildung nachhaltiger Werte mit Generationengerechtigkeit und ökologischem Bewusstsein in den 2010er-Jahren („Sein und Verantwortung") (vgl. Dillerup und Stoi 2016, S. 68), passen sich die Unternehmensphilosophien, das Produktspektrum und die Art der Erstellung, Bewerbung und Distribution an. Die Tab. 30.2 gibt einen Überblick über die parallele Entwicklung von Logistik und IT.

Die Tab. 30.2 zeigt eine starke parallele Entwicklung von Logistik und IT. Sehr gut nachvollziehbar ist der Weg von der lokalen Optimierung von Geschäftsprozessen über zunächst aufgebaute Inselsysteme und später ERP-Systeme hin zu einer zunehmenden notwendigen kollaborativen Öffnung der Systeme für Geschäftspartner und systemübergreifende Planungssysteme, maßgeblich beschleunigt durch die Globalisierung.

Tab. 30.2 Überblick über die parallele Entwicklung von Logistik und IT. (Quelle: Krupp und Wolf (2010, S. 17) stark vereinfacht, zitiert in Groß und Pfennig (2017))

Zeitraum	Logistik	Informationssystem
1950 ff.	• Professionalisierung TUL • Rationalisierungen	• Individualsoftware • Inselsysteme
1970 ff.	• Funktionen innerhalb einer Supply Chain • Schnittstellen	• Teilintegration der IT-Systeme • Material Requirements Planning (MRP) und Manufacturing Resource Planning (MRP II)
1990 ff.	• Prozessdenken (SCM) • Globalisierung	• Enterprise Resource Planning (ERP) • Standardsoftware • Elektronische Anbindung von Kunden und Lieferanten (Electronic Data Interchange/EDI)
2000 ff.	• Unternehmensübergreifende Integration der Supply-Chain-Prozesse	• Unternehmensübergreifende Planung durch Advanced Planning Systems (APS) • Middleware/Enterprise Application Integration (EAI) • Customer Relationship Management (CRM) • Supplier Relationship Management (SRM)
2010 ff.	• Planung und Steuerung der Flüsse in komplexen Logistiknetzwerken mit wechselnden Akteuren, Synchronisierung und Reduktion • Umsetzung von Anforderungen zu Nachhaltigkeit und Umwelt- bzw. Ressourcenschutz	• Integrierte Management-Unterstützung (Business Intelligence) • Webservices und Cloud-Computing • IT-gestütztes „Pool-Management" zur Verwaltung, Koordination und Steuerung wechselnder Supply-Chain-Akteure • Anwendungen zum Ressourcen- und Emissionsmanagement

Das vorläufige Ende der o. g. Darstellung beinhaltet die logistische Umsetzung von Anforderungen zu Nachhaltigkeit und Umwelt- bzw. Ressourcenschutz, was IT-seitig mit entsprechenden Anwendungen zu Ressourcen- und Emissionsmanagement abgedeckt wird.

Hier kann unterschieden werden zwischen IT-Anwendungen, die unmittelbar für das Umwelt- bzw. Nachhaltigkeitsmanagement eingesetzt werden, und Anwendungen, die nur mehr durch ihre alleinige Anwendung zu optimierten (logistischen) Geschäftsprozessen und mehr Effizienz führen („green through IT"). In Unternehmen erzielte Effizienzgewinne bereits als Nachhaltigkeitsengagement zu deklarieren, ist sicher nicht ganz falsch, jedoch mindestens kritisch zu hinterfragen. Bestenfalls kann dies der Kategorie „niederes Ambitionsniveau für Nachhaltigkeit" (vgl. Müller-Christ 2014, S. 30) zugeordnet werden. Fehlte das Bewusstsein für Nachhaltigkeit dagegen, bestünde im konkreten Fall der Verdacht des Greenwashings. Eines kann als Zwischenfazit festgehalten werden: Man kann nicht über erfolgreiche nachhaltige Logistik reden, ohne auch (nachhaltige) Informationssysteme in der Diskussion zu berücksichtigen.

30.3.3 Nachhaltigkeitsmanagement in der Logistik

Mit dem erweiterten Verständnis für den Begriff „Logistik" über die reine Güterverkehrslogistik hinaus, mit der Betonung der hohen Bedeutung der Informationstechnologie und der zwingenden Berücksichtigung sozialer Aspekte inklusive eines stattfinden Wertewandels in der Bevölkerung hin zu mehr Nachhaltigkeit wird deutlich, dass hier ein Führungsthema adressiert wird. Ohne eine angemessene, Nachhaltigkeitsaspekte berücksichtigende Unternehmensphilosophie, -strategie und -kultur begeben sich Unternehmen zunehmend in Gefahr. Ein Nachhaltigkeitsmanagement kann als proaktives Risikomanagement verstanden werden und dient dazu, eine langfristige Perspektive für Unternehmen auf dem Markt zu schaffen. Die Bedeutung der Logistik innerhalb eines Nachhaltigkeitsmanagements ist hoch, da sie fast alle Funktionsbereiche umfasst oder zumindest berührt. Dabei werden nicht nur effiziente Prozesse und grüne Technologien benötigt, sondern vielmehr eine Grundhaltung ganz speziell des Managements, die alle Perspektiven der Nachhaltigkeit und insbesondere die Übernahme von Verantwortung umfasst, wie in der Abb. 30.1 beispielhaft und ohne Anspruch auf Vollständigkeit dargestellt werden soll.

Abb. 30.1 zeigt eine vereinfachte Darstellung der phasenspezifischen Subsysteme der Logistik (vgl. Pfohl 2010, S. 169), nämlich Beschaffungslogistik, Produktionslogistik, Distributionslogistik, Entsorgungslogistik und Verkehrslogistik. Dabei sind wichtige Themen eines Nachhaltigkeitsmanagements innerhalb der diversen Funktionsbereiche gesondert markiert, die nachfolgend aufgegriffen werden:

Mit der Güterverkehrslogistik, die jeweils das Unternehmen mit seinen Lieferanten und mit seinen Kunden verbindet, bietet sich die Chance, die Ideen der **Green Logistics** (s. o.) umzusetzen. Dabei darf es aber nicht bleiben: Werden Transportdienstleistungen

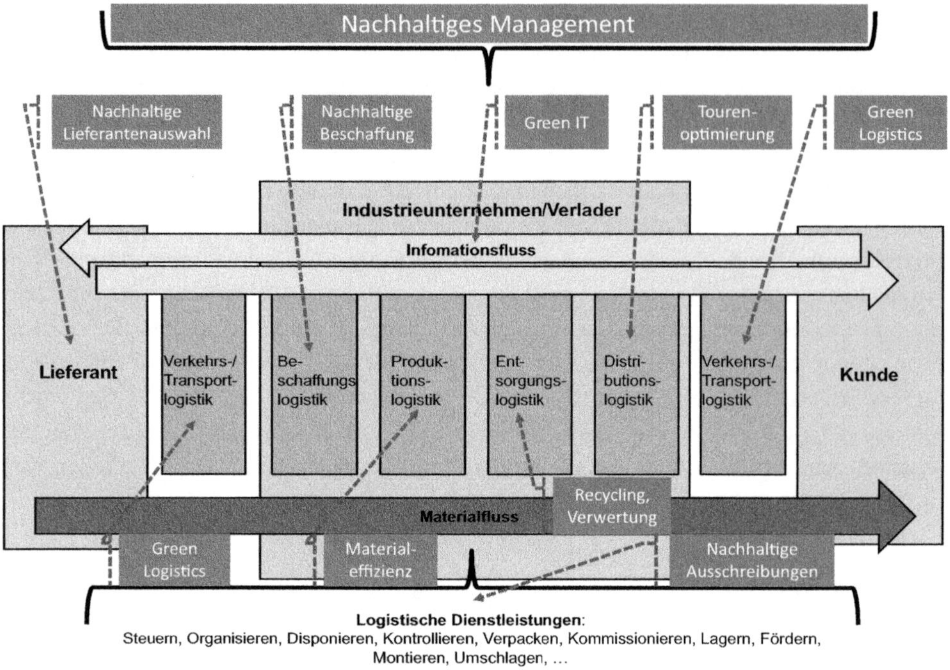

Abb. 30.1 Subsysteme der Logistik. (Quelle: ten Hompel 2008, modifiziert)

ausgeschrieben und fremdvergeben, muss darauf geachtet werden, dass sowohl in den Ausschreibungen als auch in der Umsetzung geregelte Sozialstandards eingehalten werden. Die Verantwortung dafür liegt beim Unternehmen.

Das Gleiche, nämlich die Einhaltung der oben genannten Sozialstandards, gilt auch für den Einsatz von Mitarbeitenden im Bereich der logistischen Dienstleistungen („value added services"). Darüber hinaus muss darauf geachtet werden, dass verwendete Materialien und Betriebsmittel selbst auch wieder entsprechenden Kriterien genügen, die in der Herstellung und/oder im Gebrauch (z. B. Energieverbrauch) liegen können.

Nicht nur logistische Dienstleistung, sondern alle beschafften Materialien und Dienstleistungen im Unternehmen sollten auf die Einhaltung von Nachhaltigkeitsstandards geprüft werden. Bereits Ausschreibungen können entsprechend formuliert werden. Das reicht von der Verwendung von umweltverträglichen Reinigungsmitteln bei Reinigungsunternehmen bis hin zur Beschaffung von Werkzeugen, die nicht aus Kinderarbeit stammen. Viele Unternehmen haben dazu bereits Leitfäden für eine **nachhaltige Lieferantenauswahl** erstellt, die im Kern aus der Festlegung von verbindlichen Verhaltenskodizes für Lieferanten und deren fallweise Kontrolle bestehen.

Die direkt daran anschließende, zum Teil thematisch mit der nachhaltigen Lieferantenauswahl überlappende **nachhaltige Beschaffung** hat, je nach Branchenzugehörigkeit des Unternehmens, zum Ziel, jeweils die richtigen Mengen an Material zum richtigen Zeitpunkt zu bestellen und damit minimale Transportaufwendungen einerseits und eine geringe Lagerhaltung andererseits mit der Gefahr des Alterns (Verfallsdatum) und notwendiger Vernichtung/Verschrottung zu gewährleisten. Dabei kommen in der Regel unterstützende IT-Systeme zum Einsatz, die die Bedarfe längerfristig (MRP) oder kurzfristig unter Berücksichtigung von Restriktionen (Advanced Planning Systems) planen. Mit Industrie 4.0, der damit realisierten Breitbandvernetzung und dem Big-Data-Ansatz wurde die Möglichkeit geschaffen, anstehende Instandhaltungs- oder Kundenbedarfe vorausschauend zu „entdecken" (Predictive Analytics) und so weit im Vorfeld zu planen, dass eine ressourcenoptimale Lieferung und Einbau oder Zustellung möglich ist, ohne dass eine Beschaffungs- oder Instandhaltungsabteilung im originären Beschaffungsprozess noch operativ tätig werden muss.

Der Begriff **Materialeffizienz** wird schwerpunktmäßig im Bereich der Produktion verwendet. Er drückt das Verhältnis von hergestellten Produkten zu der Menge der eingesetzten Materialien aus. Vor dem Hintergrund, dass durchschnittlich 50 % der Gesamtkosten in produzierten Unternehmen Materialkosten sind, wird deutlich, welche positiven Effekte durch entsprechende Maßnahmen wie Verschnittoptimierung, gekapselte Fertigung bei leicht flüchtigen Stoffen, sichere interne Transportwege, Handlingsschulungen für Mitarbeitende in der Produktion und andere mehr erzielt werden können.

Die Aufgaben der Entsorgungslogistik wurden bereits an anderer Stelle definiert. Die Planung und die Durchführung von Tätigkeiten, die sich mit der **Wiederverwendung,** der Verwertung und der geordneten Beseitigung von Entsorgungsobjekten beschäftigen, sind maßgebliche und originär umweltbezogene Aufgaben im Unternehmen.

Ein Beispiel für mehr Nachhaltigkeit im Bereich Distributionslogistik ist die optimale **Tourenplanung und -optimierung.** Auch hier werden seit vielen Jahren IT-Lösungen eingesetzt, die unterschiedlichste Restriktionen wie Transportkapazität, Frachtgut, Fahrzeiten, Abholung berücksichtigt. Häufig optimieren solche Systeme auch nach Verbrauchskosten, womit gleichzeitig nachhaltigkeitsrelevante Emissionen reduziert werden.

Die allgegenwärtige Informationstechnologie stellt Informationen möglichst in Echtzeit für alle am Geschäftsprozess beteiligten Partner zur Verfügung. Damit wird die IT selbst zum „Nachhaltigkeits-Enabler". Allerdings muss auch die IT darauf achten, dass sie nachhaltig wirtschaftet **(Green IT).** Das umfasst die Beschaffung von schadstoffarmer, energieeffizienter und von fair bezahlten erwachsenen Mitarbeitern gefertigter Hardware und Dienstleistungen, den energiesparenden Betrieb des Rechenzentrums, z. B. über Virtualisierung, Kühlung über Außenluft, und/oder ggfs. die Nutzung der Cloud.

30.4 Fazit

In den 1980er-Jahren etablierte sich der Begriff der integrierten Materialwirtschaft in den Fachbüchern. Damit wurde die „Gesamtheit aller materialbezogenen Funktionen beschrieben, die sich mit der Versorgung des Unternehmens und des Marktes sowie der Steuerung der Materialflüsse von den Lieferanten durch die Unternehmung bis hin zu den Kunden beschäftigt. Somit vereinigt die integrierte Materialwirtschaft die marktorientierten Aufgaben des Einkaufs mit den versorgungsorientierten Aufgaben der Logistik (Hartmann 1993, S. 23 zitiert in Kluck 2002, S. 2).

Diese stringente Unterscheidung beider Disziplinen, bei der der Logistik der Schwerpunkt im Absatzbereich und darin in der Lagerung, dem Transport und der Steuerung der Informations- und Materialflüsse zwischen den Märkten zugeordnet wurde, wurde in den vergangenen Jahren weiter aufgelöst, wie aktuelle Definitionen für Logistik darstellen und sich mitunter zur generellen Aussage verdichten, dass Logistik für die Sicherung der Verfügbarkeit von Gütern verantwortlich sei.

Der Begriff „Integrierte Logistik" ist eine Tautologie, da Logistik per se integriert sein muss, nur integriert funktionieren kann. Eine Unterscheidung zwischen Logistik und Supply Chain Management kann nicht trennscharf vorgenommen werden – beide Begriffe werden auch synonym verwendet und die Wahl des Begriffes Logistik im Kontext der Nachhaltigkeit führt nicht zu einer Einengung des Untersuchungsbereiches (Bretzke 2014, S. 10). Insofern trifft der Begriff der nachhaltigen Logistik den der nachhaltigen Supply Chain, geht aber durch die Berücksichtigung des sozialen Aspekts über den Begriff der grünen Supply Chain hinaus, mit der häufig Umweltauflagen und steigende Energiekosten in der Logistik beschrieben werden.

Deutlicher dagegen als bei „Logistik" wird im Begriff Supply Chain Management die Notwendigkeit des Managens augenscheinlich. Mit Management kann sowohl die Funktion des Managens beschrieben werden, die daraus besteht, Informationen zu verarbeiten und sie zur zielorientierten Steuerung von Menschen und Prozessen zu verwenden, als auch die Institution in Form von Managern, also Menschen mit Führungsverantwortung, die Entscheidungen treffen.

Nachhaltiges Wirtschaften etabliert sich trotz immer noch vorhandener Widerstände mancher Branchen, Führungskräfte und Politiker weiter. Spürbarer Klimawandel, Ressourcenknappheit, Flüchtlingskrise und daraus resultierende politische, auch internationale Verwerfungen führen zunehmend zu einem Wertewandel in den Industrienationen und es wächst das Verständnis dafür, dass der große Erfolg besonders stark wachsender Volkswirtschaften auf der anderen Seite zu Verlierern führt und das Delta zu jenen Schwächeren größer und deutlicher wird mit negativen Auswirkungen.

Unternehmen müssen darauf reagieren und tun dies teilweise auch bereits, allerdings in unterschiedlicher Intensität. Eine glaubwürdige Beschäftigung mit dem Thema kann nur über konsequente, kontinuierliche, messbare und alle Unternehmensbereiche umfassende Integration des Themas gelingen – das Thema Nachhaltigkeit muss „Management-Attention" erhalten. Über die normative Unternehmensführung muss Nachhaltigkeit in Vision, Mission, Philosophie, Strategie und Ziele des Unternehmens implementiert werden.

Eine absolute Nachhaltigkeit wird es im Bereich der Logistik nicht geben, eine relative Nachhaltigkeit im Sinne von „kontinuierlich nachhaltiger werden" kann es dann geben, wenn Unternehmen systematisch an der Umsetzung ihrer Nachhaltigkeitsziele arbeiten. Dafür geeignet ist der Einsatz bekannter Managementsysteme, z. B. für

Qualität und/oder Umwelt. Entscheidend dabei ist die Einrichtung abteilungsübergreifender Arbeitsgruppen, die, mit dem nötigen Freiraum ausgestattet, alle relevanten Themen erörtern, Entscheidungsvorlagen erstellen und die Umsetzung der Maßnahmen initiieren. Logistik betrifft nahezu alle Abteilungen, von der Produktplanung, dem Einkauf, dem Transport, der Lagerung bis hin zur Produktion, dem Vertrieb und dem Service. Darum kann ein nachhaltiges Logistikmanagement als Keimzelle für die Nachhaltigkeitstransformation im Unternehmen verstanden und als solches auch strategisch eingesetzt werden.

Eine entscheidende Rolle spielen dabei die Manager. Die etablierten Führungskräfte, oft ausgestattet mit klassischer betriebswirtschaftlicher Ausbildung und ausgeprägten analytischen Fähigkeiten zur Planung von Organisation, Struktur, Prozessen und Kapazitäten (vgl. Lies 2017), werden größtenteils von der vermeintlichen Modeerscheinung des nachhaltigen Managements konfrontiert und geraten in eine automatische Abwehrhaltung, die darin begründet liegt, dass zur Zeit ihres Studiums das Thema Nachhaltigkeit nicht Bestandteil des Curriculums war und der Umgang mit diesen Themen fremd und als wirtschaftsfeindlich wahrgenommen wird. Dieses fehlende Verständnis kann Managern durch Trainings oder Coachings, die jeweils auch die ökonomische Dimension angemessen beleuchten, vermittelt werden – die grundlegende Bereitschaft dazu natürlich vorausgesetzt. Möglicherweise muss aber auch das generelle Führungsverhalten und sicher auch die aktuelle Ausbildung von Führungskräften grundlegend überdacht werden. Jenseits von Prozessoptimierung, Effizienzdrill und Gewinnmaximierung muss Verantwortung für das eigene wirtschaftliche Handeln für alle Stakeholder, kommende Generationen und das Wohl der Mitarbeiter übernommen werden. Selbstverständlich müssen Unternehmungen über Führungskräfte verfügen, die gute Manager sind. Um den anstehenden Herausforderungen zu begegnen, benötigen Führungskräfte aber auch die Fähigkeit, Entscheidungsprämissen im Umgang mit Ressourcen intelligent austarieren zu können, was als Sustainable Leadership bezeichnet wird. Ein Sustainable Leader kann konstruktiv mit Komplexität umgehen und verfügt über ein ausgeprägtes moralisches Bewusstsein (Müller-Christ 2014, S. 390). Dergestalt personell ausgestattet, stellt eine verantwortungsbewusste, ethisch fundierte, nachhaltige Logistik, die von Sustainable Leaders geleitet wird, nicht nur einen wichtigen Pfeiler, sondern Herz und Rückgrat eines integrierten Nachhaltigkeitsmanagements in Unternehmungen dar.

Literatur

Bretzke, W. (2014). *Nachhaltige Logistik*. Berlin: Springer.

Bundesvereinigung für Logistik. (2017). Bedeutung für Deutschland. http://www.bvl.de/wissen/bedeutung-fuer-deutschland. Zugegriffen: 30. Juni 2017.

Dillerup R., & Stoi R. (2016). *Unternehmensführung: Management & Leadership*. München: Vahlen.

Groß, C., & Pfennig R. (2017). *Professionelle Softwareauswahl und -einführung in der Logistik – Leitfaden von der Prozessanalyse bis zur Einsatzoptimierung*. Wiesbaden: Springer Gabler.

Kluck, D. (2002). *Materialwirtschaft und Logistik*. Stuttgart: Schäffer-Poeschel.

Krieger, W. (2016). Logistik Gabler Wirtschaftslexikon. http://wirtschaftslexikon.gabler.de/Archiv/55886/logistik-v9.html. 20. Juli 2016.

Krupp, T., & Wolf, J. (2010). Grundlagen und Bedeutung der Informationssysteme in der Logistik in Krupp T. In R. Paffrath & J. Wolf (Hrsg.), *Praxishandbuch IT-Systeme in der Logistik* (2010). Hamburg: DVV Media.

Lies, J. (2017). Leadership. Gabler Wirtschaftslexikon. http://wirtschaftslexikon.gabler.de/Definition/leadership.html. 17. Juli 2017.

Lohre, D., Bernecker, T., & Gotthardt, R. (2011). *Praxisleitfaden zur IHK-Studie „Grüne Logistik" – Umsetzungsbeispiele und Handlungsempfehlungen aus der Praxis*. Stuttgart: Industrie- und Handelskammer Region Stuttgart.

Müller-Christ, G. (2014). *Nachhaltiges Management – Einführung in Ressourcenorientierung und widersprüchliche Managementrationalitäten*. Baden-Baden: Nomos.

Nachhaltigkeitsrat. (2017). Was ist Nachhaltigkeit? http://nachhaltigkeitsrat.de/nachhaltigkeit/. 17. Juli 2017.

Pfohl, H. (2010). *Logistiksysteme*. Berlin: Springer.

ten Hompel, M. (2008). Skript zur Vorlesung Materialflusssysteme 1, Technische Universität Dortmund

Prof. Dr. Roland Pfennig ist Professor für Wirtschaftsinformatik im Studiengang Verkehrsbetriebswirtschaft und Logistik an der Hochschule Heilbronn. Er lehrt und forscht u. a. im Bereich Nachhaltigkeitsmanagement für Unternehmen und Nachhaltigkeit durch Digitalisierung und ist Senatsbeauftragter für Ethik und Nachhaltige Entwicklung.

Abfall- und Kreislaufwirtschaft: Prioritäten für nachhaltiges Ressourcenmanagement

31

Henning Friege und Christina Dornack

31.1 Nachhaltige Abfallwirtschaft – Wo stehen wir? Abfall und Ressourcen

Der weltweite Ressourcenverbrauch weist eine ungeheure Dynamik auf. Der Ölverbrauch ist in den letzten 50 Jahren um den Faktor 8, der Kupferverbrauch um den Faktor 4 angewachsen. Zahlreiche Metalle, die vor 50 Jahren nur im Labor gehandhabt wurden, entwickelten sich seit den 1980er-Jahren zu Schlüsselelementen der Informationstechnologie. Während 1987 nur ca. 50 t Indium hergestellt wurden, waren es 2011 bereits 660 t (Licht et al. 2015).[1] Die teilweise bereits kurzfristig gefährdete Versorgung mit Ressourcen auf der einen Seite und die Probleme mit zunehmenden Abfallmengen und deren hygienisch oft noch völlig unzureichender Behandlung auf der anderen Seite nehmen in der Agenda 2030 der UN breiten Raum ein (UN 2015).

Zwischen dem Siedlungsabfallaufkommen und dem Bruttoinlandsprodukt besteht ein nahezu linearer Zusammenhang (Hoornweg et al. 2012). Demnach wird mit steigendem Wohlstand und durch die großflächige Urbanisierung auch in Schwellen- und Entwicklungsländern die Siedlungsabfallmenge pro Kopf erheblich ansteigen.

[1]Den 660 t stehen dissipative Verlusten von der Mine über Verhüttung bis zum Produkt und nach der Nutzung von ca. 1350 t gegenüber.

H. Friege (✉)
N³ Nachhaltigkeitsberatung Dr. Friege & Partner, Voerde, Deutschland
E-Mail: Friege@N-hoch-drei.de

C. Dornack
TU Dresden, Dresden, Deutschland
E-Mail: christina.dornack@tu-dresden.de

M. Englert und A. Ternès (Hrsg.), *Nachhaltiges Management*,
https://doi.org/10.1007/978-3-662-57693-9_31

Der Ansatz, der unter anderem im Nachhaltigkeitslexikon (www.nachhaltigkeit.info) publiziert ist, geht von drei Strategien der Entkopplung von Wirtschaftswachstum und Ressourcenverbrauch aus:

- Relative Entkopplung: Wirtschaft wächst stärker als der Ressourcenverbrauch
- Absolute Entkopplung: Wirtschaftswachstum bei sinkendem Ressourcenverbrauch
- Postwachstumsökonomie: Wirtschaftswachstum wird generell als Wirtschaftsziel infrage gestellt

Die zurzeit realisierte Strategie zielt auf die relative Entkopplung, indem die Umsetzung des Kreislaufwirtschaftsgedankens in den Vordergrund gestellt wird. Dazu werden außerhalb der Abfallwirtschaft vor allem Konzepte zur Verbesserung der Ressourceneffizienz verwirklicht; für die Abfallwirtschaft selbst sind nach europäischem und nationalem Recht vor allem die getrennte Sammlung von Abfällen und deren Behandlung bzw. Verwertung zu erarbeiten und umzusetzen.

Während der Umgang mit Abfällen in vielen Entwicklungs- und Schwellenländern ein erhebliches Gesundheitsrisiko darstellt und eine nachhaltige Abfallwirtschaft sich dort dieses Problems annehmen muss, haben Industrieländer hygienische Ziele der Abfallwirtschaft gesetzlich vorgegeben und weitestgehend erreicht. Nachhaltige Abfallwirtschaft in Industrieländern wie Deutschland muss sich auf die Aufgabe konzentrieren, die richtigen Verbindungen zwischen Abfällen und Ressourcen zu schaffen (siehe dazu z. B. Winzeler et al. 1999; Ebelt et al. 2015).

Ressourcenmanagement sollte sich an den fünf Grundsätzen für das nachhaltige Management von Stoffströmen (Enquete-Kommission 1998) orientieren. In den ersten drei Regeln heißt es u. a.:

- „Die Abbaurate erneuerbarer Ressourcen soll deren Regenerationsrate nicht überschreiten. Dies entspricht der Forderung nach Aufrechterhaltung der ökologischen Leistungsfähigkeit … "
- „Nicht-erneuerbare Ressourcen sollen nur in dem Umfang genutzt werden, in dem ein physisch und funktionell gleichwertiger Ersatz in Form erneuerbarer Ressourcen oder höherer Produktivität der erneuerbaren sowie der nicht-erneuerbaren Ressourcen geschaffen wird."
- „Die Freisetzung von Stoffen darf auf Dauer nicht größer sein als die Anpassungsfähigkeit der natürlichen Systeme, z. B. des Klimas, der Wälder, der Ozeane … "

Für die Abfallwirtschaft sind darin zwei Ansätze von großer Bedeutung: Zum einen wird in der zweiten Regel die Unwiederbringlichkeit des Verbrauchs nichterneuerbarer Ressourcen betont und eine Kombination von Effizienz- und Suffizienzstrategie zur Verlängerung der Verfügbarkeit solcher Ressourcen postuliert. Die Abfallwirtschaft kann den Verbrauch durch Verwertung und hochwertige Aufbereitung teilweise aufhalten. Mit der dritten Regel erhält auch die Atmosphäre – u. a. als Senke für Treibhausgase – den

Charakter einer Ressource. Da die Behandlung von Abfällen weltweit einen Anteil von 3–5 % an den Emissionen von Treibhausgasen verursacht, weitestgehend verursacht durch Methan aus Deponien (ISWA 2010), haben wir hier ein weiteres Handlungsfeld für die Abfallwirtschaft. Auf beiden Feldern kann sie zentrale Beiträge für nachhaltigen Umgang mit Ressourcen liefern.

Diese Grundregeln sind – z. T. abgeschwächt – auch in die deutschen Nachhaltigkeitsziele (Bundesregierung 2012) eingegangen. Die Bundesregierung hat sich in ihrer Nachhaltigkeitsstrategie u. a. Ziele für den Klimaschutz und die Schonung von Ressourcen gesetzt (Bundesregierung 2012, 2016):

- Beim Klimaschutz konnte die Abfallwirtschaft in Deutschland mit dem Ende der Ablagerung von organisch abbaubaren Abfällen auf Deponien ab 2005 bereits den Sprung von einer klimaschädlichen Branche (1990: ca. 25 Mio. t $CO_{2\ eq,}$ (BMUNR 2004)) zu einem positiven Beitrag von mehreren Mio. t erreichen, der sich im Wesentlichen aus der Substitution von Primär- durch Sekundärmaterialien vor allem bei Metallen und Papier sowie der Substitution fossiler Kraftwerksleistung durch energetische Nutzung von Restabfällen ergibt. Durch die getrennte Sammlung und Behandlung von Siedlungsabfällen wurden im Jahr 2014 in Deutschland 5,5 Mio. Mg Treibhausgasemissionen eingespart (Wünsch 2018).
- Die Rohstoffproduktivität in Deutschland soll bis zum Jahr 2020 gegenüber 1994 verdoppelt werden – das heißt: Für die Herstellung der gleichen Menge an Gütern dürfen nur noch halb so viel Rohstoffe eingesetzt werden. Die Zielrichtung kann man als Effizienzrevolution bei den (stofflichen) Ressourcen bezeichnen. Tatsächlich ist es in den letzten Jahrzehnten gelungen, die Entwicklung des BIP von dem Gesamtverbrauch an Ressourcen zu entkoppeln.

Allerdings hat die Zielmarke Rohstoffproduktivität noch keine Differenzierung erfahren, d. h.: Abraum, Plastik oder Metalle werden unterschiedslos als Ressource saldiert. Eine Verringerung des Ressourcenverbrauchs lässt sich u. a. durch Verlängerung der Lebensdauer von Gütern, Wiederverwendung bereits gebrauchter Güter oder Verwertung von Abfällen erreichen. In der EU-Abfallrahmenrichtlinie (EC 2008a, 2018) werden derartige Maßnahmen in der „Abfallhierarchie“ (Art. 4a) absteigend bewertet („Vermeidung, Wiederverwendung, Recycling, sonstige, z. B. energetische Verwertung“); gem. Art 4b WFD kann die in der Hierarchie gewählte Reihenfolge im Einzelfall nach Prüfung („Lebenszyklusdenken“) geändert werden. Im KrWG (§ 6 Abs. 2) wird sehr viel detaillierter auf „die zu erwartenden Emissionen, das Maß der Schonung der natürlichen Ressourcen, die einzusetzende oder zu gewinnende Energie sowie die Anreicherung von Schadstoffen in Erzeugnissen, in Abfällen zur Verwertung oder in daraus gewonnenen Erzeugnissen“ abgehoben.

Die EU-Ressourcenstrategie hat drei Eckpfeiler, einer davon ist das Recycling. Sie bezieht sich auf alle Rohstoffe, nachwachsende wie nicht nachwachsende, sowie Wasser und Boden. Der enge Zusammenhang zwischen Abfallwirtschaft und Ressourcen spiegelt sich aber nur teilweise in dem europäischen Rechtsrahmen wider. Die konkrete Verbindung der „Ressourcenstrategie" der EU (2008a, 2008b, 2011 u. a.) mit Zielen und Maßnahmen der „Kreislaufwirtschaft" bzw. im europäischen Kontext „circular economy" ist noch Gegenstand von Studien (Mathieux et al. 2017). Die Diskussion wird nicht einfacher durch die in der populären Literatur verbreitete generelle Auffassung von Abfall als Ressource, etwa unter dem Schlagwort „waste equals food" (Braungart und McDonough 2009), was den Glauben an die Möglichkeit einer abfallfreien Gesellschaft befeuert und zu einem undifferenzierten Herangehen an die zu lösenden Probleme beiträgt.

Nachhaltige Abfallwirtschaft als Bestandteil des Ressourcenmanagements bedarf klarer Ziele und Prioritäten (Friege 2015a, 2015b). Die Nutzung von Abfällen wird aber politisch mit der Ressourceneinsparung ohne Rücksicht auf die Wertigkeit der jeweiligen Ressourcen, auf den damit jeweils verbundenen ökologischen und ökonomischen Aufwand und auf die notwendige Qualität von Sekundärrohstoffen gleichgesetzt, was sich an den pauschalen „Recyclingquoten" der europäischen wie deutschen Richtlinien bzw. Gesetzen und Verordnungen erkennen lässt:

- Die WEEE-Richtlinie gibt (ab 2018) ein pauschales Sammelziel von 65% Elektro- und Elektronikaltgeräte bezogen auf das Gewicht der in den drei vorangehenden Jahren in Verkehr gebrachten Geräte sowie für große Geräte mit mehr als 50 cm Kantenlänge die Verwertung von 85 % („shall be recovered") bzw. 80 % („shall be prepared for re-use and recycled") vor (EU 2012).
- Das VerpackG mit einer Verwertungsquote von 63 % für Kunststoffe ab 2022 (Bundesregierung 2017b).

Die „Ressourcenstrategie" der EU (2008a, 2008b, 2011) führt bisher noch nicht zu wesentlichen Konsequenzen in der EU-Abfallwirtschaft bzw. den entsprechenden Regelungen. Die Konsultation über das „circular economy package" enthielt zwar interessante neue Ansätze, die sich aber nicht in der neuen WFD finden. Selbst die Definition dieses gerne genutzten Begriffs sucht man vergeblich. Die Verlängerung der Frist für die Ablagerung abbaubarer organischer Abfälle auf Deponien in Europa (EC 2018) ist für Klimaschutz und Ressourceneffizienz kontraproduktiv und damit aus Sicht nachhaltiger Entwicklung ein bedauerlicher „Fehltritt".

Die Verbindung von den Rohstoffen über Materialien und Produkte, die genutzt oder verbraucht werden und anschließend als Teil des Abfalls ggf. wieder als Rohstoff zur Verfügung stehen, ist Voraussetzung für ein umfassendes Ressourcenmanagement. Diese Verbindung wird zwar im Rahmen von Stoffstromanalysen, wie z. B. dem Stoffstrommodell Altholz (Mantau 2010) und der Stoffstrombilanz Papier (intecus 2004–2016), hergestellt, ist aber bis heute im Wesentlichen von wissenschaftlichem und industriellem Interesse. Sie wird nur in Einzelfällen administrativ genutzt.

Das Instrument der erweiterten Produktverantwortung („extended producer responsibility" (Lifset 1993; OECD 2001; Lindqvist und Lifset 1997; Lifset et al. 2013) nimmt zwar die Produzenten definierter, ausgewählter Güter (Battery Directive, EoL Directive, Packaging Directive, WEEE Directive) in die Verantwortung für die Abfallphase der Produkte, zeigt aber bisher nur sehr geringe Wirkung auf Materialverbrauch und Produktdesign. Letzteres wird bei Elektrogeräten durch die Ecodesign Directive mit dem Ziel einer Verringerung des Stromverbrauchs bzw. bei Fahrzeugen durch Vorgaben für den Treibhausgasausstoß mitbestimmt. Die Auswahl der betroffenen Produkte richtete sich meist auch nicht nach der Bedeutung der in der jeweiligen Produktgruppe vorhandenen Ressourcen, sondern nach anderen umweltpolitischen Problemen: Deponiemangel, Schadstoffe im Altprodukt usw. Die „Wertigkeit" der aus Abfällen zurückgewonnenen Rohstoffe bzw. Materialien (Velis und Brunner 2013) und der dafür notwendige bzw. gerechtfertigte Aufwand spielt in der politischen Setzung von Prioritäten bisher keine entscheidende Rolle. Daher müssen Ziele auf Basis der verschiedenen Dimensionen nachhaltiger Entwicklung gesetzt und ihre Erreichung mithilfe von Indikationen bzw. Indikatoren verfolgt werden.

Um in Deutschland die Rohstoffversorgung langfristig sichern zu können, ist die Nutzung von Sekundärrohstoffen ohne Alternative. Die getrennte Sammlung von Wertstoffen aus Siedlungsabfällen soll neben ihrer möglichst nicht umweltbelastenden Verwertung zudem die Reduktion der Restabfallmengen bewirken. Die europäische wie die deutsche Abfallgesetzgebung haben im Wesentlichen die größten Abfallfraktionen im Fokus; mit den entsprechenden Quotenfestlegungen wird nicht nach Qualität des Sekundärrohstoffs bzw. dessen Bedeutung für die Volkswirtschaft differenziert. Daher sind bis heute im Siedlungsabfall noch erhebliche Mengen an interessanten Wertstoffen enthalten.

31.2 Nachhaltigkeitsdimensionen in der Abfall- und Kreislaufwirtschaft

Die Abfallwirtschaft ist Teil eines umfassenden Netzes von Stoff- und Materialströmen (Abb. 31.1). Ihre Aufgabe im Stoffstrommanagement beginnt aber erst, wenn sich der Besitzer eines Produkts entledigt oder entledigen muss. Abfallvermeidung ist daher – entgegen einem weitverbreiteten Missverständnis – weniger eine Sache der Akteure im Entsorgungsbereich als vielmehr die Aufgabe der Besitzer von Gegenständen, die potenziell als Abfall angesehen werden können. Die „Vorbereitung zur Wiederverwendung" bzw. die „Verwertung" i. S. d. KrWG sind dagegen Aufgaben von Akteuren in der Entsorgungsbranche. Neben der Erfüllung der gesetzlich vorgegebenen hygienischen Aufgabe (Unschädlichmachen von Schadstoffen bzw. Schadorganismen durch Beseitigung) haben sie die Aufgabe der Rückgewinnung von Ressourcen. Aber welche Ressourcen sollen Vorrang haben? Im Sinne nachhaltigen Denkens sollte die Abfallwirtschaft in erster Linie Materialien bzw. Produkte rückgewinnen, die eine möglichst große ökonomische, soziale, ökologische und strategische Bedeutung haben. Die ersten drei Dimensionen sind in Nachhaltigkeitsanalysen selbstverständlich, die strategische Dimension ergibt sich aus der internationalen Konkurrenz um Rohstoffe.

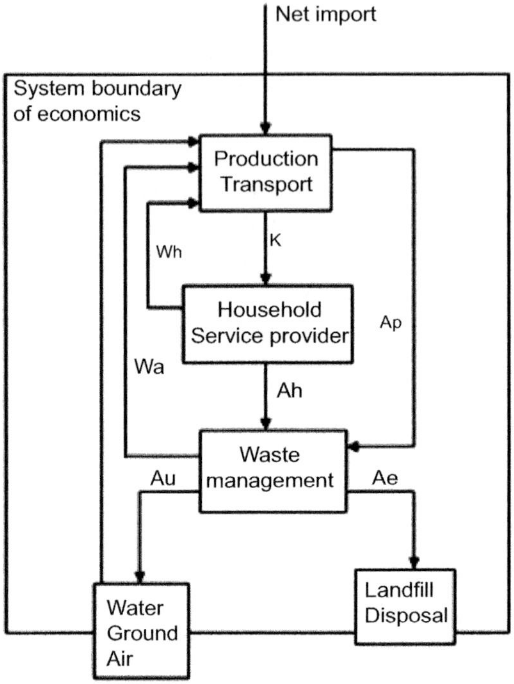

Ae(t) + Au(t)= Ap(t) + Ah[K(t),d,1/Wh(t)]-Wa(t)

Ae (t)	Amount of waste	Wh, Wa	Recycling streams
K (t)	Stream of product	Au (t)	Waste going in the environment
d	Duration of use	Ae (t)	Waste for final disposal zone

Abb. 31.1 Schematische Darstellung der Stoffströme durch die Volkswirtschaft aus Sicht der Abfallwirtschaft. (Quelle: Friege 1997)

Geostrategische Dimension: Wegen der immer schwerer zugänglichen Lagerstätten und der prognostizierten Verdoppelung des Bedarfs an Mineralien bis 2035 sollte man von einer physischen Verknappung und/oder Verteuerung zahlreicher Metalle in den nächsten Jahrzehnten ausgehen. Die EU hat im Rahmen ihrer Ressourcenstrategie „kritische Rohstoffe" identifiziert, bei denen die Versorgung Europas auf mittlere Sicht nicht ausreichend gesichert ist; dabei stehen folgende Szenarien im Vordergrund:

- Gewinnung der jeweiligen Ressource nur als Funktion einer anderen (Beispiel: Indium-Produktion abhängig vom Zinkbergbau)
- Ressource in Mineralien kaum von verwandten Elementen abtrennbar (Beispiel: weniger häufige „seltene Erden" wie Dysprosium)

- Drei oder weniger Lieferanten für eine Ressource weltweit (Beispiele: Platin, Niob)
- Gewinnung von Mineralien in Ländern mit autoritären und/oder politisch instabilen Regierungen (Beispiel: Kobalt aus dem Kongo)
- Kurze statische Reichweite der verfügbaren Menge eines Rohstoffs bei schnell steigender Nachfrage (Beispiele: Gallium, Tellur)
- Neigung von Regierungen zur Nutzung von Rohstoffen als „Waffe“ bei politischen Auseinandersetzungen (Beispiele: China, Indonesien, Russland)

Aus der strategischen Sicht wurden auf die prognostizierte Verknappung von Materialien drei Antworten formuliert (The Hague Center 2010):

- weitere Exploration,
- bessere Abbautechniken,
- steigende Recyclingerfolge.

Die EU überprüft die strategische Bedeutung von importierten Mineralien bzw. daraus hergestellten Grundstoffen in regelmäßigen Abständen und optimiert dabei die zur Rate gezogenen Risikofaktoren. Bei der jüngsten Novellierung der Liste von Risikomineralien wurden aus 78 Rohstoffen (incl. Gruppen von Metallen, ausgenommen waren Energierohstoffe sowie solche für die Landwirtschaft), die in Tab. 31.1 wiedergegebenen Stoffe ausgewählt (EC 2017a).

Der zunehmende Aufwand bei der Gewinnung nicht erneuerbarer Rohstoffe infolge sinkender Konzentrationen in den Lagerstätten treibt den Energieeinsatz und damit indirekt den Klimawandel. Beides wird in der ökologischen Dimension mitabgebildet.

Ökologische Dimension: Der insgesamt für die Gewinnung von Ressourcen und ihre Verarbeitung bis zum Produkt lässt sich mithilfe des „kumulierten Energieaufwands“ (KEA) vergleichen. Mit dem KEA kann je nach Fragestellung der Energieaufwand für die Herstellung von Gütern von der Mine oder dem Bohrloch bis zum fertigen Produkt, der Energieaufwand in der Nutzungsphase einschließlich Instandhaltung sowie der energetische Aufwand für Recycling, Entsorgung etc. erfasst werden. Mit dem „kumulierten Rohstoffaufwand“ (KRA) summiert man dagegen die entlang des Stoffstroms bewegten

Tab. 31.1 Liste kritischer Rohstoffe aus Sicht der Europäischen Union. (Quelle: EC 2017a)

Antimon	Flussspat	Lanthaniden	Phosphor
Baryt	Gallium	Magnesium	Scandium
Beryllium	Germanium	Natürl. Grafit	Metall. Silizium
Wismut	Hafnium	Naturgummi	Tantal
Bor	Helium	Niob	Wolfram
Cobalt	Actiniden	Platinmetalle	Vanadium
Coking coal	Indium	Phosphatmineralien	

Materialmengen auf, also den Abraum bei der Gewinnung von Mineralien oder Erdöl wie die bei der Aufbereitung hin zum marktfähigen Stoff verbrauchten und nicht mehr anderweitig nutzbaren Materialien. Dies ergibt eine Maßzahl für den „ökologischen Rucksack". Aus KEA und KRA erhält man daher einen Eindruck von dem Zusammenhang zwischen Gewinnung und Verarbeitung einer bestimmten Ressource und dem damit verbundenen ökologischen Gesamtaufwand. Der KEA korreliert in etwa mit der spezifischen Emission an Treibhausgasen (THG) im Fall von nicht erneuerbaren Rohstoffen, während dies bei nachwachsenden Rohstoffen nicht der Fall ist. Tab. 31.2 (Daten entnommen aus Giegrich et al. 2012) zeigt beispielhaft Daten für einige Metalle, Mineralien sowie Produkte aus fossilen und erneuerbaren Rohstoffen.

Da die Gewinnung von Metallen wie auch anderen Materialien, Öl und Gas aus Lagerstätten mit immer geringeren Konzentrationen der gewünschten Ressource zu hohen Abraummengen führt, anders als bei der Gewinnung von Massenmineralien wie Kalk oder Kies, liegt der KRA je Gewichtseinheit um Größenordnungen über dem für solche Mineralien und nimmt tendenziell weiter zu, was die Umweltbelastung durch die Rohstoffgewinnung ständig erhöht. Die Höhe dieses „resource footprints" korreliert auch grob mit verschiedenen Wirkungen („impacts" im Sinne des DPSIR-Schemas) bis hin zur Schädigung der Biodiversität (Steinmann et al. 2017). Insofern gibt der KRA für die Gewinnung des Rohstoffs auch einen Eindruck vom Eingriff in den Naturhaushalt. Je nach betroffener Landschaft kann allerdings auch ein Eingriff mit vergleichsweise

Tab. 31.2 Kumulierter Rohstoffaufwand (KRA) und kumulierter Energieaufwand (KEA, unterschieden nach dem gesamten KEA sowie der Summe aus fossilem und nuklearem Anteil – KEA f+n) sowie Treibhausgasemissionen (THG) für die Herstellung von jeweils 1 t Material. (Quelle: Giegrich et al. 2012. Die Daten in der Tabelle wurden gegenüber den Originaldaten aufgerundet, um die Größenordnungen besser kenntlich zu machen.)

	KRA (t/t)	$KEA_{ges.}$ (MJ/t)	KEA_{f+n} (MJ/t)	THG (kg $CO_{2\text{-eq}}$/t)
Platin	67.500	213.600.000	212.100.00	13.892.000
Indium	25.754	1.981.627	1.971.001	149.200
Lithium	13	307	305	18.344
Kupfer	128	50.400	41.100	2874
Reinst-Silizium	38	141.700	121.400	85.600
Gelöschter Kalk	1,4	4088	3067	749
Baukies	1,1	43	43	1,7
Erdöl (vor Gebrauch)	1,1	46	46	200
PET (ab Essigsäure, Xylol, Glykol)	1,9	72	71	2370
LDPE	1,7	74	73	2133
Papier	1,2	32	21	1267

geringem KRA erhebliche Folgen für das Landschaftsbild haben, etwa der Kies- und Sandabbau in dicht besiedelten Flusstälern Europas.

Der hier auf die Primärrohstoffe bezogene Nexus Energie – Rohstoffe – Klima muss auch im Rahmen der Prozesse für die Rückführung von Wertstoffen beachtet werden. Zu hohe Dissipation des Produkts, aus dem ein Sekundärrohstoff gewonnen werden soll, sehr geringe Konzentrationen des Rohstoffs in dem jeweiligen gebrauchten Produkt bzw. in der Abfallfraktion, nicht oder schwer zerlegbare Verbundmaterialien (siehe auch Abschn. 31.3, These 3) führen zu einem hohen KEA im Recyclingprozess, der mit dem Rohstoff-KEA in Beziehung gesetzt werden muss.

Soziale Dimension: Die soziale Dimension beim Ressourcenmanagement ist meist vielschichtig und z. T. eng mit den gesellschaftlichen Bedingungen am Ort der Gewinnung bzw. Verarbeitung von Ressourcen zu Produkten verknüpft. Mit Blick auf Ressourcen lassen sich Kriterien wie Schutz vor gefährlichen Stoffen am Arbeitsplatz, Arbeitssicherheit, Kinderarbeit, Koalitionsfreiheit formulieren. Beispielhaft wird hier nur ein wesentliches Kriterium behandelt. Rohstoffgewinnung kann zur Finanzierung von Terror und Völkermord genutzt werden, wie dies für „Blutdiamanten“ oder illegale Coltan-Gewinnung durch Milizen in Zentral- und Westafrika wie auch für Ölförderung durch Terroristen („Islamischer Staat“) bekannt ist. Um metallische Stoffströme mit terroristischem Hintergrund („conflict minerals“) zu erkennen und die damit verbundene Finanzierung solcher Gruppen zu unterbinden, wurden entsprechende Regelungen in den USA (Dodd-Frank Act) und kürzlich in der EU für Zinn, Tantal, Wolfram und Gold erlassen (EC 2017b).[2] Es ist auch durchaus möglich, dass infolge der Gewinnung der Rohstoffe aus immer geringwertigeren Lagerstätten nicht nur die Umweltbelastung durch den Bergbau und die Aufbereitung zunimmt, sondern auch die sozialen Standards bei der Gewinnung in Entwicklungsländern weiter unter Druck geraten; dem kann nur im Rahmen von internationalen Vereinbarungen und/oder durch verantwortliches Verhalten der Bergbaukonzerne und Metallhütten entgegen gesteuert werden. Insofern sind Regelungen bzw. verbindliche Prozesse auf Basis von Herkunftszertifizierungen ein erster wichtiger Schritt, um die soziale Dimension des Ressourcenmanagements beschreiben zu können.

Ökonomische Dimension: Endliche Ressourcen müssen nicht notwendigerweise knapp sein. Nur für knappe Ressourcen gibt es mit steigendem Preis ein entsprechendes ökonomisches Signal. Der Preis bildet sich auf Basis der vorhandenen Reserven und dem Verbrauch bzw. Abbau und löst entsprechende Marktbewertungen und infolgedessen Anpassungsprozesse aus, die sich in verstärkter Exploration, Nutzung von Lagerstätten mit geringeren Konzentrationen, aber eben auch Steigerung der Effizienz bei der Nutzung, ggf. auch Substitution durch einen anderen, bevorzugt einen nachwachsenden Rohstoff manifestieren.

---

[2]Für den Handel mit Rohdiamanten gilt eine Nachweispflicht basierend auf dem Kimberley-Prozess (https://de.wikipedia.org/wiki/Kimberley-Prozess) mit mittlerweile über 70 teilnehmenden Staaten.

Die aus Sicht der Abfallwirtschaft wesentliche ökonomische Frage bei der Extraktion einer Ressource aus Abfall ist: Ergibt sich unter Einbeziehung aller notwendigen Schritte von der Sammlung über Sortierung, Reinigung und Aufbereitung des Sekundärrohstoffs ein Erlös, der den Aufwand mindestens deckt? Wesentliche Einflussfaktoren sind:

- die Verschaffungskosten der entsprechenden Abfallfraktion,
- die Effizienz und damit die Kosten des Aufbereitungsprozesses,
- der Marktpreis des gewonnenen Sekundärrohstoffs.

Der Akteur aus der Entsorgungsbranche übt nur auf den Aufbereitungsprozess selbst Einfluss aus, den er zu optimieren sucht. Die Zahl notwendiger Sortier- und Trennschritte für ein gebrauchtes Produkt in Relation zu dem Wert der zurückzugewinnenden Ressourcen stellt eine erste brauchbare Indikation für die ökonomische (und im Zusammenhang mit dem KEA – s. o. – auch für die ökologische) Sinnhaftigkeit eines Recyclingprozesses dar (Dahmus und Gutowski 2007). Die ökonomischen Grenzkosten und der ökologische Grenznutzen von Recyclingvorgängen hängen miteinander fallweise eng zusammen, wie sich etwa an der Rückgewinnung von Polymeren aus Verpackungsabfällen zeigen lässt (Reh et al., 2014).

Wird der gewonnene Sekundärrohstoff am Markt nicht ausreichend honoriert, kann der Staat eingreifen. Hierfür gibt es mehrere Modelle:

- Einführung der Produzentenverantwortung für den nach Gebrauch des Produkts entstehenden Abfall, gekoppelt mit Vorgaben für die zu sammelnde und zu verwertende Menge;
- gezielte Nachfrage staatlicher Institutionen nach dem Sekundärrohstoff mit der Folge einer Vergrößerung des Absatzmarktes oder allgemein verbindliche Vorschriften zum Einsatz eines Sekundärprodukts, -rohstoffs etc.;
- Besteuerung eines Primärrohstoffs, nicht aber entsprechender sekundärer Ressourcen;
- direkte Vorgaben an die Abfallwirtschaft zur Abtrennung einer Ressource aus dem Abfallstrom.

Das zuletzt genannte Modell hat sich zur Ausschleusung von Schadstoffen aus potenziellen Sekundärrohstoffen bewährt (z. B. Grenzwerte für PCB) und wird in Deutschland nun erstmals für Phosphor aus Abwasserströmen eingeführt (Bundesregierung 2017a) mit dem Ziel, bei zukünftig erwarteter Knappheit auf diese Ressource zurückgreifen zu können.[3] Das erste Modell ist u. a. in der Verpackungs-Richtlinie und in nationalen Regelungen (Deutschland:

[3] „Durch die Verordnung erfolgt eine an Nachhaltigkeitsgrundsätzen orientierte Neuausrichtung bei der Nutzung des knapper werdenden und nur begrenzt mit geringer Schadstoffbelastung verfügbaren Rohstoffes Phosphor, der künftig verstärkt aus Abfällen (Klärschlamm) zurückgewonnen werden muss. Hierdurch wird zudem auch ein Beitrag zur Verminderung der Abhängigkeit von Importen dieses wichtigen Rohstoffes geleistet“ (aus der Begründung).

VerpackungsG) umgesetzt worden. Dadurch wird ein Markt für Sekundärkunststoffe alimentiert, weil die Gewinnung der Sekundärrohstoffe aus dem abfallwirtschaftlichen Prozess meist alleine nicht kostendeckend ist (Reh et al. 2014). Wenn Abfall- und Kreislaufwirtschaft integraler Bestandteil der Industriegesellschaft sein sollen, so bedarf dies der Entwicklung tragfähiger Geschäftsmodelle, die mit Blick auf das Ressourcenmanagement keiner langfristigen Subventionierung bedürfen (Baum 2018). Es ist daher im konkreten Fall zu klären, in welchen Fällen ein staatlicher Eingriff gegen den Markt aus Sicht einer der anderen drei Dimensionen notwendig ist.

Ein anschauliches Bild für die Bewertung unterschiedlicher Ressourcen bietet der „Rohstoff-Würfel" (Öko-Institut 2017; Degreif und Buchert 2017). Der Würfel verfügt über eine ökonomische, eine ökologische und eine soziale Dimension, wobei die ökonomische Säule im Sinne des Öko-Instituts Versorgungsrisiken und die Bedeutung des Materials für die europäische Volkswirtschaft, also einen wesentlichen Teil der hier definierten vierten, geostrategischen Dimension, beinhaltet.

31.3 Thesen für eine nachhaltige Abfallwirtschaft[4]

Aus den vorstehenden Überlegungen lassen sich Thesen für eine nachhaltige Abfallwirtschaft ableiten, die im politischen Raum und in der Branche als Leitlinien genutzt werden können.

These 1: Nur wenn Abfallwirtschaft ihre grundlegenden Aufgaben erfüllt, kann sie als nachhaltig bezeichnet werden. Diese Aufgaben bestehen im Schutz von Mensch und Umwelt durch Unschädlichmachung von Abfällen mit (potenziellen) Schadorganismen oder chemischen Schadstoffen bzw. deren Ablagerung in sicheren Senken sowie in der Bereitstellung von Ressourcen, also der Vorbereitung zur Wiederverwendung gebrauchter Produkte sowie ggf. von Modulen oder Teilen von Produkten und der Gewinnung von Sekundärrohstoffen oder Energie aus Abfällen.

Hier besteht in der Fachwelt weitgehend Konsens, zumal beide Aufgabenfelder Gegenstand der einschlägigen Gesetze (KrWG) sind. Allerdings ist im Rahmen der Überlegungen zu einer „circular economy" die Tendenz zu erkennen, die hygienische Aufgabe zugunsten einer Maximierung der Zirkularität geringer zu schätzen (siehe Abschn. 31.1). Eine nachhaltige Abfallwirtschaft „hat als grundlegende Aufgabe das Abwenden von Gefahren und die Minimierung der unerwünschten Auswirkungen auf die Gesellschaft zu erfüllen. Die hinzugekommene Aufgabe ist, die im Abfall vorhandenen Rohstoffe/Materialien und somit den Wert zurückzugewinnen" (Ebelt et al. 2015).

[4]Die in Abschn. 31.3 verwendeten und begründeten Thesen wurden im Rahmen des von der Deutschen Bundesstiftung geförderten Projekts „Nachhaltigkeitskommunikation in der Abfallwirtschaft – Grundlagen und best practice-Ansätze" (DBU-Projekt 32385) erarbeitet und befinden sich bis zum Projektabschluss Mitte 2019 noch in der Diskussion.

These 2: Prioritäten für die aus Abfällen zu gewinnenden Ressourcen sind aus den Regeln nachhaltigen Stoffstrommanagements abzuleiten. Prioritäre Ressourcen (in absteigender Reihenfolge) sind

1. Mineralien und Metalle,
   - bei denen die Versorgung oder Gewinnung als kritisch eingeschätzt wird;
   - die einen hohe KRA bzw. KEA aufweisen;
   - NE-Metalle generell, Phosphat u. a.
2. Eisenmetalle
3. Synthetische organische Stoffe mit hohem KEA (Beispiel: PET)
4. Einfache organische Vorstufen für die chemische Produktion
5. Heimische mineralische Rohstoffe mit hoher Verfügbarkeit
6. Nachwachsende Rohstoffe (Biomasse)

Weitere Kriterien für die Prioritätensetzung sind Material- und Energieeinsparung (siehe auch VDI-Norm 4800/1 und 4800/2E), soziale Bedingungen der Gewinnung des jeweiligen Primärrohstoffs, Folgen für die Biodiversität sowie Landschaftsverbrauch (siehe hierzu auch die Beispiele bei Degreif und Buchert 2017).

Wie in Abschn. 31.1 dargelegt, enthält der gesetzliche Rahmen noch keine klaren Prioritäten. In der kürzlich erschienenen Mitteilung der Kommission zu einem Überwachungsrahmen für die Kreislaufwirtschaft (EC 2018) wird die Selbstversorgung Europas mit Rohstoffen als Ziel und der Beitrag der Sekundärrohstoffe zur Substitution von primären Materialien als Indikation genannt – dies deutet darauf hin, dass die Kommission jetzt über bisherige Ansätze hinausgehen will; es bedarf aber weiterer Konkretisierung.

These 3: Nachhaltige Abfallwirtschaft muss im Kontext bestehender bzw. sich entwickelnder technischer, wirtschaftlicher und rechtlicher Rahmenbedingungen realisiert werden. Die wichtigsten Einflüsse ergeben sich durch den Abfall selbst, d. h. seine Zusammensetzung aus gebrauchten, verschmutzten und meist nicht mehr funktionsfähigen Produkten. Die Akteure der Abfallwirtschaft haben rechtlich keinen Einfluss auf die Gestaltung der Produkte, etwa im Sinne eines „designs for recycling". Sie können allenfalls im Dialog mit Akteuren rückwärts in der Wertschöpfungskette Änderungen im Produktdesign anstoßen, die Verwertbarkeit nach Gebrauch erhöhen.

Die Sammlung von spezifischen Abfallfraktionen unterliegt diversen regional oft unterschiedlichen Bedingungen wie Topografie, Klima, Struktur der Siedlungen, kultureller Einstellung der Bewohner zu Abfall und Ressourcen. Das wirtschaftliche Umfeld für die Verwertung von Abfällen wird durch Marktpreise für Sekundärrohstoffe, die vorhandene abfallwirtschaftsspezifische Infrastruktur (z. B. Sortieranlagen, Schrottplätze, „Waste-to-Energy"-Anlagen) sowie die regionale Industriestruktur als Abnehmer für Materialien, Rohstoffe und Energie gebildet. Das soziale Umfeld umfasst u. a. die regionale Verfügbarkeit benötigter Fachkräfte und die Sicherheit am Arbeitsplatz. Die sozioökonomische Situation der regionalen Bevölkerung hat erhebliche Auswirkungen auf den Umfang informeller Aktivitäten, die im Allgemeinen einer geordneten Abfallwirtschaft und dem ökonomischen Erfolg der legalen Akteure entgegenstehen. Diese Einflüsse lassen sich generell in Form von „sieben Stolpersteinen" („stumbling blocks" – siehe Kasten) beschreiben.

Sieben Stolpersteine für die Rückgewinnung von Ressourcen aus Abfällen
(gekürzt, ausführlich siehe bei Friege 2015b, 2018)

1. Die Abfallmenge: Sie ist vor allem eine Funktion des Wohlstands der Gesellschaft.
2. Die Entropie im aufzubereitenden Abfall/Altprodukt: Verwertung und Rückgewinnung von Ressourcen ist nur durch geeignete mechanische, physikalische oder chemische Trenntechniken unter (möglicherweise hohem) Einsatz von Energie möglich.
3. Die Dissipation der Altprodukte: Die Sammlung von Altprodukten stößt je nach Zahl und Art der Nutzer auf Grenzen; der Aufwand steigt exponentiell mit Näherung an 100 %.
4. Der wirtschaftliche Rahmen der Verwertung: Opportunitätskosten sind zu beachten. Sie sind (spätestens im Fall des Regelverstoßes) nicht für alle Akteure gleich, z. B. für den informellen Sektor.
5. Die Existenz von Schadstoffen: Die Gewinnung von Wertstoffen wird durch in der jeweiligen Abfallfraktion vorhandene Schadstoffe erschwert oder unmöglich gemacht.
6. Der Vollzug des Rechtsrahmens: Der Dualismus von Wert- und Schadstoffen, viele Möglichkeiten der Umdeklaration von Abfällen, hohe Kostenunterschiede zwischen umweltverträglicher und umweltgefährdender Abfallbehandlung erfordern einen strikten Vollzug des Rechtsrahmens, um unfaire Praktiken zu unterbinden.
7. Die skalare Größe Zeit: Ressourcen, die in der Technosphäre genutzt oder gelagert werden (z. B. Haushalt, Unternehmen, Infrastruktur), lassen sich aktuell nicht wiedergewinnen.

Beispielhaft lassen sich die empirisch abgeleiteten „sieben Stolpersteine" am Erfolg bzw. Misserfolg der Verwertung unterschiedlicher Ressourcen nachvollziehen (siehe z. B. Wilts et. al. 2016):

- Technologiemetalle: Hier bestehen gerade bei den als kritisch eingestuften Rohstoffen massive Defizite.
- Massenmetalle wie Eisen, Stahl, Kupfer: Recyclingpfade existieren zwar bereits schon lange und es gibt eine beachtliche Substitution vom Primärrohstoff; allerdings kommt es zu einer Anreicherung nicht abgetrennter bzw. abtrennbarer Legierungsmetalle (z. B. Kupfer in Stahl) mit der Folge „geringerwertiger" Verwertung.

- Kunststoffabfälle: Bei getrennt gesammelten Kunststoffen können – allerdings je nach Art und Verunreinigung der jeweiligen Abfallfraktion nur mit beträchtlichem Aufwand – qualitativ hochwertige Recyclate hergestellt werden. Diese Prozesse sind nur dann ökonomisch erfolgreich, wenn der Marktpreis des Sekundärrohstoffs den Aufwand für das Recycling übersteigt.
- Gesteinskörnungen als Ersatz für Naturbaustoffe: Auch im Bausektor können qualitativ hochwertige Recyclingmaterialien hergestellt werden, wobei Bauherren (auch und gerade öffentliche Institutionen) oft Sekundärrohstoffe bei Ausschreibungen ausschließen; u. a. Imagefragen spielen hier eine wichtige Rolle.

These 4: Indikatoren für nachhaltige Abfallwirtschaft müssen sich am Erfolg der Ressourcenschonung orientieren. Sie müssen zielgenau, repräsentativ und gut ermittelbar sein. Allgemeine Vorgaben wie die SDG's oder die deutschen Nachhaltigkeitsziele können allenfalls eine Richtung vorgeben.

Einige geeignete Indikatoren bzw. Indikationen sind in Tab. 31.3 aufgeführt.

Ein wesentliches Problem auf dem Weg zu nachhaltigem Denken in der Abfallwirtschaft besteht in vorhandenen, nicht an den Prioritäten des Ressourcenschutzes ausgerichteten Zielen und Maßstäben. Dazu zählen unzulässige Vereinfachungen wie „Kreislauf statt linearer Wirtschaft" oder „dezentrale statt zentraler Abfallbehandlung"; im konkreten Einzelfall bedarf es detaillierter qualitativer und quantitativer Überlegungen auf Basis geeigneter Indikatoren. Rechtliche Vorgaben, die sich auf die in einen Recyclingprozess eingebrachte Menge (bisherige deutsche Rechtspraxis) oder die aus einem Recyclingprozess erhaltene Menge ohne Rücksicht auf Qualität (weiterhin europäische Rechtspraxis) beziehen, sind daher nicht nachhaltig (Velis und Brunner 2013). Dagegen würde der in Tab. 31.3 genannte Substitutionsquotient (ausführlich bei Friege 2015a, b, siehe auch Maurer 2015; Ebelt et al. 2015) angewandt auf eine bestimmte Ressource eine

Tab. 31.3 Indikatoren für nachhaltige Abfallwirtschaft

Allgemein	Strategisch	Ökologisch	Sozial	Ökonomisch
Kaskadennutzung von Produkten bzw. Materialien	Art d. Sekundärrohstoffs	KEA/KRA im Vergleich Sek./Primärressource	Keine primären „conflict minerals"	Qualität d. Sek.-Rohstoffs
Substitutionsquotient		Netto-Emission an THG i. Vergleich Sek.- / Primärressource	Arbeitsplätze in der Sek.-Rohstoffbranche	Betriebswirtschaftlich sinnvoller Prozess
Gesamt-Rohstoff-Produktivität		Ausschleusung v. Gefahrstoffen	Ausbildung und Verfügbarkeit v. Fachkräften	
		Verlust an Biodiversität durch Gewinnung d. Primärressource		

klare und im Einzelfall bewertbare Vorgabe darstellen. Auch der Sachverständigenrat für Umweltfragen sieht derartige Indikatoren als geeignet an: „Kriterium für eine Bewertung der Erfolge der Kreislaufwirtschaft sollte künftig die Substitutionsquote sein, das Mengenverhältnis von wieder in der Produktion einsetzbaren Sekundärrohstoffen zum gesamtwirtschaftlichen Materialeinsatz" (SRU 2012, Tz. 131). Ein steigender Substitutionsquotient für ein Material zeigt grundsätzlich – sofern der Prozess nicht staatlich alimentiert wird – ökologische wie ökonomische Fortschritte in Richtung nachhaltige Abfallwirtschaft. Dies lässt sich für einzelne Substitutionsprozesse mit speziellen Indikatoren („Direct Effect of Recovery – DERec", „Direct and Indirect Effect of Recovery – DIERec) bewerten, die auf Stoffstrommodellen mit Sachbilanzinventaren beruhen und so die energiewirtschaftliche wie die materialspezifische Seite abbilden (Wagner et al. 2012).

31.4 Chancen für die Überwindung von Restriktionen für nachhaltiges Ressourcenmanagement

Die Hemmnisse für eine nachhaltigere Abfallwirtschaft wurden im vorigen Abschnitt mit den „Stolpersteinen" beschrieben. Die Akteure in der Abfallwirtschaft können diese Hemmnisse nicht beseitigen, sondern allenfalls deren Einfluss auf das Ressourcenmanagement durch kluge Maßnahmen verringern. Hierzu gehören

- geeignete Sammelsysteme, die dissipierte Abfallfraktionen mit prioritären Ressourcen erfassen;
- verbesserte Sortiermethoden;
- neue Techniken zur Zerlegung von gebrauchten Produkten in einzelne Materialien;
- stoffstromspezifische Lösungen beim Recycling, um Sekundärrohstoffe marktfähig zu gestalten;
- qualitative Verbesserung von Sekundärmaterialien, damit dieses als auch preislich mit dem Primärprodukt konkurrieren kann.

Solange Märkte für prioritäre Sekundärrohstoffe noch nicht vorhanden sind und Recyclingprozesse wegen zu hoher Kosten noch keine wirtschaftliche Alternative darstellen, sind Zwischenlager sinnvoll, in denen Abfallfraktionen mit prioritären Ressourcen bis zur Verwertung gelagert werden. Ferner sollte der Europäische Abfallartenkatalog stärker materialorientiert strukturiert werden. Die Verfügbarkeit von Informationen über die Zusammensetzung gebrauchter Produkte ist von entscheidender Bedeutung für die Verwertung; dies sollte im Rahmen der Produktverantwortung aufgegriffen werden. Infolge der EU-Regelung zu Konfliktmineralien (siehe Abschn. 31.2) sind stoffstromspezifische Nachweise heute bereits für einige Stoffe Pflicht. Die bisher ausschließlich auf den Energieverbrauch von elektrisch betriebenen Geräten ausgelegte Ökodesign-Richtlinie sollte um Vorgaben für das Design komplexer Produkte („design for dismantling") ergänzt werden; Überlegungen hierzu sind in der Kommission angelaufen. Einzelheiten zu den hier nur ansatzweise beschriebenen Instrumenten finden sich in der aktuellen Literatur (siehe u. a. ProcessNet 2015; Sander et al. 2017; Hiebel et al. 2017). Es ist erkennbar, dass es neben Anstrengungen in der Abfallwirtschaft selbst geänderter politischer und rechtlicher Rahmensetzungen bedarf.

31.5 Schlussbemerkungen

Die Abfallwirtschaft ist bisher vor allem ordnungsrechtlich geprägt. Ökonomische Anreize zur Schließung von Stoffkreisläufen geraten aber inzwischen immer mehr in den Fokus, da sich Möglichkeiten zu einem nachhaltigeren Ressourcenmanagement ergeben. Der volkswirtschaftliche Nutzen des reduzierten Ressourcenverbrauchs bei Berücksichtigung des Nexus Material/Energie/Klima ist unstrittig. Auf europäischer Ebene werden mit dem Programm für ein ressourceneffizientes Europa (EC 2011a) Signale für mehr Ressourceneffizienz gesetzt: Subventionen, die umweltschädliche Technologien fördern, sollen zurückgenommen werden und Steuersysteme auf umweltfreundliche Produktionsweisen umgestellt werden. Solche Konsequenzen fehlen aber bisher weitgehend. Die Ausführungen in den Abschn. 31.3 und 31.4 zeigen, dass ein Mix unterschiedlicher Instrumente hilfreich sein kann, u. a.

- Besteuerung von Primärrohstoffen: Damit wird eine Nachfrage nach Sekundärrohstoffen generiert, die verbunden mit dem Aspekt der Ressourcenschonung zur Verbesserung des Absatzes der Sekundärrohstoffe führt.
- Verstärkte Einführung von Pfandsystemen für Güter mit prioritären Ressourcen. Entsprechend gestaltete Preise bzw. Gebühren für unterschiedliche Abfallfraktionen, vor allem unter Berücksichtigung der „Sortierleistung“ des Abfallerzeugers:

Da Abfall räumlich hoch dissipiert ist, fallen Logistikkosten an, die zukünftig im Rahmen der Digitalisierung der Abfallwirtschaft verringert werden können. Anspruchsvoll bleibt das Recycling von distributiv verteilten Stoffströmen, wie z. B. von NE-Metallen und seltenen Erden in Elektronikaltgeräten, da diese zum einen nur in geringen Konzentrationen verbaut worden sind und zudem fein verteilt in der Umwelt auftreten und damit aufwendig eingesammelt werden müssen. Im Gegensatz dazu werden natürliche Ressourcen an einem Platz in großen Mengen abgebaut. Sekundärressourcen müssen z. T. aufwendig eingesammelt werden. Aufgrund der geringen Konzentrationen in Einzelprodukten und der regionalen geringen Stoffmengen wird eine wirtschaftliche Realisierung nur zentral in einer Großanlage möglich sein, um Transport- und Sortieraufwand auszugleichen. Zudem gehen nicht unerhebliche Stoffmengen dadurch verloren, dass sie als gebrauchte Güter exportiert werden. Daher müssen für eine globale Ressourcenschonung entsprechende Strukturen international geschaffen werden.

Literatur

Baum, H. G. (2018). *Gestaltung einer Kreislaufwirtschaft: Wie stellt man das Konzept vom Kopf auf die Füße (Fakten und Folgen) – Einige Anmerkungen*. Manuskript vom Verfasser erhalten: Vortrag im Rahmen der IFAT.

BMUNR. (2004). Beitrag der Abfallwirtschaft zur nachhaltigen Entwicklung in Deutschland Teil Siedlungsabfälle. *UMWELT,* 10/2004.

Braungart, M., & McDonough, W. (2009). *Die nächste industrielle Revolution. Die Cradle to Cradle Community.* Hamburg: EVA Verlag.

Bundesregierung. (2012). *Deutsche Nachhaltigkeitsstrategie.* Berlin.

Bundesregierung. (2016). *Deutsche Nachhaltigkeitsstrategie, Neuauflage 2016.* Berlin. www.deutsche-nachhaltigkeitsstrategie.de.

Bundesregierung. (2017a). *Verordnung zur Neuordnung der Klärschlammverwertung.* BT-Drs. 18/10884, 18/11025.

Bundesregierung. (2017b). Verpackungsgesetz (VerpackG). BGBe I, 2234–2262.

Dahmus, J. B., & Gutowski, G. T. (2007). What get's recycled: An information theory based model for product recycling. *Environmental Science & Technology, 41*, 7543–7550.

Degreif, S. & Buchert, M. (2017). Rohstoffwende Deutschland 2049 – Auf dem Weg zu einer nachhaltigen Rohstoffwirtschaft. *Müll und Abfall, 49*(11), 544–550.

Ebelt, S., Regenfelder, M., Kranert, M., Wagner, A., Struwe, J., Ludwig, V., & Nieborowsky, T. (2015). Eine Frage des Maßes. Die Messbarkeit der Nachhaltigkeit in der Abfallwirtschaft bildet die Grundlage für Entscheidungen in Wirtschaft und Politik. *ReSource, 3*(15), 45–55.

EC – European Commission. (2008a). Directive 2008/98/EC of the European Parliament and the Council of 19 November 2008 on Waste and repealing certain Directives. http://eur-lex.europa.eu/LexUriServ/LexUriServ.do?uri=OJ:L:2008:312:0003:0030:EN:PDF.

EC – European Commission. (2008b). Communication on the raw materials initiative "Meeting our critical needs for growth and jobs in Europe" – COM (2008) 699.

EC – European Commission. (2011). Roadmap to a Resource Efficient Europe, COM (2011) 571. http://ec.europa.eu/environment/resource_efficiency/about/roadmap/index_en.htm; http://ec.europa.eu/resource-efficient-europe/pdf/resource_efficient_europe_en.pdf.

EC – European Commission. (2012). Recast of the WEEE Directive. http://ec.europa.eu/environment/waste/weee/index_en.htm. Zugegriffen: 21. Juni 2012.

EC. (2017a). Communication from the Commission to the European Parliament, the Council, the European Economic and Social Committee and the Committee of the Regions on the 2017 list of Critical Raw Materials for the EU, COM (2017) 490 final.

EC. (2017b). Regulation (EU) 2017/821 of the European Parliament and of the Council of 17 May 2017 laying down supply chain due diligence obligations for Union importers of tin, tantalum and tungsten, their ores, and gold originating from conflict-affected and high-risk areas. OJ 19.5.2017, L130/1–20.

EC. (2018). Communication from the Commission to the European Parliament, the Council, the European Economic and Social Committee and the Committee of the Regions on a monitoring framework for the circular economy, COM (2018) 29 final, 16.1.2018

Enquête-Kommission "Schutz des Menschen und der Umwelt" des Deutschen Bundestags. (1998). Konzept Nachhaltigkeit. Vom Leitbild zur Umsetzung", ISBN 3-930341-42-5

Friege, H. (1997). Von der Abfallwirtschaft zum Management von Stoffströmen. *Müll und Abfall, 29*(1), 4–13.

Friege, H. (2012a). Ressourcenschonung am Beispiel von Elektro- und Elektronikaltgeräten. II. Ansätze für einen effizienten Umgang mit nicht erneuerbaren Ressourcen. *Müll und Abfall, 44*(6): 307–317.

Friege, H. (2012b). Resource recovery from used electric and electronic equipment: Alternative options for resource conservation. *Waste Management & Research, 30*(9), 3–16.
Friege. H. (2015a). Siedlungsabfallwirtschaft und Ressourcenmanagement, Challenger Report Hrsg.: Rat für Nachhaltige Entwicklung, Texte Nr. 48, Berlin 2015. http://www.nachhaltigkeitsrat.de/uploads/media/Challenger_Report_Ressourcenmanagement_und_Siedlungsabfallwirtschaft_texte_Nr_48_Januar_2015_01.pdf. Zugegriffen: 15. Mai 2018.
Friege, H. (2015b). Nachhaltiges Ressourcenmanagement als abfallwirtschaftliches Leitbild. *Müll und Abfall, 47*(9), 500–508.
Friege, H (2018). Separate Collection of Waste Fractions – Economic Opportunities and Problems. In C. Dornack, R. Maletz, & L. Ziyang. (Hrsg.), *Source Separation and Recycling – Implementation and Benefits for a Circular Economy* (S. 11–30). Springer International Publishing. https://link.springer.com/chapter/10.1007/698_2017_24.
Giegrich, J., Liebich, A., Lauwigi, C., & Reinhardt, J. (2012). Indikatoren/Kennzahlen für den Rohstoffverbrauch im Rahmen der Nachhaltigkeitsdiskussion. UBA-Texte 01/2012., http://www.umweltbundesamt.de/sites/default/files/medien/461/publikationen/4237.pdf.
Hiebel, M., Bertling, J., & Nühlen, J. et al. (2017). Studie zur Circular Economy im Hinblick auf die chemische Industrie. Fraunhofer-Institut für Umwelt-, Sicherheits- und Energietechnik UMSICHT (Hrsg.), Studie im Auftrag des Verbands der Chemischen Industrie e.V. Oberhausen: Landesverband NRW.
Hoornweg, D., & Bhada-Tata, P. (2012). What a waste. A global review of solid waste management. https://siteresources.worldbank.org/INTURBANDEVELOPMENT/Resources/336387-1334852610766/What_a_Waste2012_Final.pdf. Zugegriffen: 2. Juni 2018.
ISWA – International Solid Waste Association. (2010). Waste and climate. ISWA white paper. https://www.iswa.org/fileadmin/user_upload/_temp_/WEB_ISWA_White_paper.pdf. Zugegriffen: 2. Juni 2018.
Licht, C., Talens Peiró, L., & Villalba, G. (2015). Global Substance Flow Analysis of Gallium, Germanium, and Indium. *Journal of Industrial Ecology, 19*(5), 890–903. https://doi.org/10.1111/jiec.12287.
Lifset, R. J. (1993). Take it back: Extended producer responsibility as a form of incentive-based environmental policy. *Journal of Resource Management and Technology, 21*(4), 163–175.
Lifset, R., Atasu, A., & Tojo, N. (2013). Extended producer nesponsibility, national, international, and practical perspectives. *Journal of Industrial Ecology, 17*(5), 162–166.
Lindhqvist, T., & Lifset, R. (1997). What's in a name: Producer or product responsibility? *Journal of Industrial Ecology, 1*(2), 6–7.
Mantau, U., & Bilitewski, B. (2010). Stoffstrom-Modell-Holz; Rohstoffströme und CO_2-Speicherung in der Holzverwendung. Forschungsbericht für das Kuratorium für Forschung und Technik des Verbandes der Deutschen Papierfabriken e.V. *(VDP)*. Celle 2010.
Mathieux, F., Ardente, F., & Bobba, S. et al. (2017). *Critical raw materials and the circular economy.* (Hrsg.: European Union, JRC) Luxemburg. ISBN 978-92-79-74282-8.
Maurer, H. (2015). Recycling als strategischer Baustein der Kreislaufwirtschaft. *Müll und Abfall, 47*(4), 168–173.
OECD – Organisation for Economic Co-operation and Development. (2001). *Extended producer re-sponsibility: A guidance manual for governments.* OECD Publishing. doi: https://doi.org/10.1787/9789264189867-en.
Öko-Institut. (2017). Rohstoffwende Deutschland 2049. https://www.oeko.de/fileadmin/aktuelles/OEKO-INSTITUT_programm_JT2016.pdf.
ProcessNet-Arbeitskreis „Rohstoffe und Kreislaufwirtschaft". (2015). Anorganische Rohstoffe – Sicherung der Rohstoffbasis von morgen. (Hrsg.: DECHEMA, VDI) ISBN: 978-3-89746-177-2.

Reh, K., Franke, M., Baum, H. G., & Faulstich, M. (2014). *Vergleichende Analyse der Entsorgung von Verpackungsabfällen aus haushaltsnahen Anfallstellen auf der Basis der Verpackungsverordnungen in Deutschland und Österreich. Schriftenreihe des Österreichischen Wasser- und Abfallwirtschaftsverbandes (ÖWAV),* H. 169, Wien.

Sachverständigenrat für Umweltfragen – SRU. (2012). *Umweltgutachten 2012.* Berlin: Verantwortung in einer begrenzten Welt

Sander, K., Gößling-Reisemann, S., & Zimmermann, M. et al. (2017). Recyclingpotenzial strategischer Metalle (ReStra). UBA-Texte 68/2017, Dessau-Roßlau. ISSN 1862-4359.

Steinmann, Z. J. N., Schipper, A. M., Hauck, M., Giljum, S., Wernet, G., & Huijbregts, M. A. J. (2017). Resource footprints are good proxies of environmental damage. *Environmental Science and Technology, 51,*6360–6366. https://doi.org/10.1021/acs.est.7b00698.

The Hague Center for Strategic Studies. (20100). Scarcity of minerals. A strategic security issue. No. 02/01/10, The Hague.

UN-Generalversammlung. (2015). Transformation unserer Welt: Die Agenda 2030 für nachhaltige Entwicklung. 18.09.2015.

Velis, C., & Brunner, P. H. (2013). Recycling and resource efficiency: It is time for a change from quantity to quality. *Waste Management & Research, 31*(6), 539–540.

Wagner, J., Heidrich, K., & Müller, F. (2012). Steigerung der Ressourcenproduktivität durch Sekundärrohstoffwirtschaft. *Müll und Abfall, 44*(10), 528–535.

Wilts, H., Lucas, R., von Gries, N., Zirngiebl, M. (2016). Recycling in Deutschland – Status quo, Potenziale, Hemmnisse und Lösungsansätze. In K. Thomé-Kozmienky, D. Goldmann (Hrsg.), *Recycling und Rohstoffe (Bd. 9, S. 1–97).* Berlin: TK Verlag. ISBN: 978-3-944310-27-5.

Winzeler, R., Flury, A., & Taverna, R. (1999). Anforderungen an eine künftige Abfallwirtschaft, Zielsystem für die Nachhaltigkeit. *Müll und Abfall, 31*(7), 404–411.

Wünsch, C., & Simon, F. G. (2018). The reduction of greenhouse gas emissions through the source-separated collection of household waste in Germany. In R. Maletz, C. Dornack, & Z. Lou (Hrsg.), *Source Separation and Recycling – Implementation and Benefits for a Circular Economy.* Berlin: Springer International Publishing. https://doi.org/10.1007/698_2017_35.

www.nachhaltigkeit.info. Zugegriffen: 31. Mai 2018.

Prof. Dr. Henning Friege ist Gründer der N³ Nachhaltigkeitsberatung Dr. Friege & Partner, die u.a. im Bereich des strategischen Managements von Ressourcen tätig ist. Nach seinem Chemiestudium hat Henning Friege in verschiedenen Dienststellen der Länder berufliche Erfahrungen im Umweltschutz gesammelt, vor allem in Abfallwirtschaft, Wasserwirtschaft, Anlagengenehmigung, Umweltanalytik, Altlastensanierung und Stoffbewertung. Von 1990 bis 1998 verantwortete er als Beigeordneter der Landeshauptstadt Düsseldorf das Dezernat für Umweltschutz und öffentliche Einrichtungen. Von 1998 bis 2013 leitete er das Geschäftsfeld Umwelt und Entsorgung der Stadtwerke Düsseldorf AG und war u.a. Geschäftsführer der AWISTA GmbH. Der Deutsche Bundestag berief ihn in zwei Enquête-Kommissionen, die sich vor allem mit der Operationalisierung nachhaltiger Entwicklung beschäftigten. 2013 habilitierte Henning Friege an der TU Dresden im Fach Abfallwirtschaft. 2015 wurde er von der Leuphana Universität Lüneburg zum Honorarprofessor für Nachhaltigkeitswissenschaften ernannt. Er nimmt an beiden Hochschulen Lehraufgaben wahr.

Prof. Dr. Christina Dornack ist Professorin für Abfall- und Kreislaufwirtschaft an der TU Dresden. Sie hat Wasserwirtschaft an der TU Dresden studiert und mit dem Thema „Thermophile Vergärung von Mischsubstraten“ promoviert.

Agiles Nachhaltigkeitsmanagement – ein gangbarer Weg für kleine und mittlere Unternehmen

32

Johannes Pföhler

32.1 Kleine und mittlere Unternehmen – Eckpfeiler und Treiber des gesellschaftlichen Wandels

Die Veröffentlichung der endgültigen Fassung des Gesetzes zur *Stärkung der nichtfinanziellen Berichterstattung der Unternehmen in ihren Lage- und Konzernlageberichten*, der sogenannten CSR-Richtlinie, bedeutete eine Zäsur in der Nachhaltigkeitsberichterstattung, da über Nachhaltigkeit bei der wirtschaftlichen Tätigkeit des Unternehmens nunmehr nicht nur auf Grundlage einer intrinsischen Motivation oder aus Stakeholder-Interesse berichtet werden musste, sondern dies nun eine gesetzliche Notwendigkeit darstellt (Bundesgesetzblatt 2017). Zwar stehen „Unternehmen des öffentlichen Interesses, die an der Börse notiert sind oder Anleihen ausgeben, sowie Finanzdienstleister wie Banken und Versicherungen" eher im Fokus (Europäische Kommission 2014, S. 4). Allerdings wird die mittelständische Industrie als Teil der Wertschöpfungs- und Lieferkette von der neuen Berichtspflicht ebenfalls betroffen sein. Die Forcierung der Nachhaltigkeitskommunikation zeigt sich auch im Anteil der Nachhaltigkeitsberichte, die nach dem Standard der *Global Reporting Initiative* verfasst und veröffentlicht wurden. In der GRI-Datenbank liegt der Anteil an in Deutschland veröffentlichten Berichten kleiner und mittlerer Unternehmen bei rund 40 % – 1417 insgesamt veröffentlichte Berichte zu 574 Berichte kleinerer und mittlerer Unternehmen (Global Reporting Initiative 2017). Dies verdeutlicht, dass die CSR-Richtlinie zwar primär auf die Berichterstattung großer Unternehmen ausgerichtet ist, kleine und mittlere Unternehmen trotzdem eine immer stärkere Fokussierung auf die Verbesserung ihres Nachhaltigkeitsmanagements haben.

J. Pföhler (✉)
SUTRON, Rippbergerstraße 11, Schneeberg, Deutschland
E-Mail: jp@sutron.de

M. Englert und A. Ternès (Hrsg.), *Nachhaltiges Management*,
https://doi.org/10.1007/978-3-662-57693-9_32

Dieser Artikel ist direkt an kleine und mittelständische Unternehmen adressiert, da diese sich im besonderen Maße von Großunternehmen unterscheiden und dadurch einen nicht unerheblichen, da spezialisierten Beitrag, zur Verbesserung der Nachhaltigkeit, leisten können. Pichler et al. (2000) weisen kleinen und mittleren Unternehmen folgende Unterscheidungsmerkmale im Vergleich zu Großunternehmen zu:

Die Unternehmen befinden sich noch in Familienhand und werden von natürlichen Personen geführt. Dementsprechend ist die Strategie des Unternehmens langfristig und somit nicht auf eine schnelle Generierung von Shareholder-Value ausgerichtet. So können kleine und mittlere Unternehmen, anders als starre Großunternehmen, flexibel auf Marktentwicklungen reagieren. Dazu tragen auch die unbürokratischen Entscheidungswege bei. Der geringe Formalisierungsgrad macht das Unternehmen, sowohl bei der externen Kommunikation mit Kunden wie auch bei der internen Kommunikation zwischen Belegschaft und Geschäftsleitung, sehr flexibel und handlungsschnell. Das führt schließlich auch dazu, dass Kunden, die im persönlichen Kontakt mit dem Unternehmen und der Geschäftsleitung stehen, direkt Feedback abgeben und somit unmittelbar das Unternehmen beeinflussen können. Das Verhalten und die Entscheidungen der obersten Managementebene haben direkten Einfluss und prägen die Kultur des Unternehmens unmittelbar. Die getroffenen Maßnahmen des Unternehmens haben wiederum einen direkten Bezug zur Region und wirken sich beispielsweise durch Infrastrukturinvestitionen, je nach Größe und Einfluss des Unternehmens, stark auf die Gesellschaft aus.

Unter der Definition für kleine und mittlere Unternehmen versteht man somit, bis zu 500 Beschäftigte und einem erwirtschafteten Jahresumsatz von unter 500 Mio. EUR (Institut für Mittelstandsforschung 2017a). Des Weiteren besitzen bis zu zwei natürliche Personen bzw. ihre Familienangehörigen mindestens die Hälfte der Anteile des Unternehmens und nur natürliche Personen gehören der Geschäftsleitung an (Institut für Mittelstandsforschung 2017b). Diese, unter die Definition fallenden Unternehmen, erwirtschaften derzeit rund ein Drittel des Umsatzes deutscher Unternehmen (Meyer 2017) und beschäftigen fast zwei Drittel aller sozialversicherungspflichtigen Arbeitnehmer in Deutschland (Institut für Mittelstandsforschung 2017c).

Somit lässt sich sagen, dass kleine und mittlere Unternehmen aufgrund ihrer inhärenten Struktur, ihrer hohen wirtschaftlichen Relevanz und der einzigartigen Verwurzelung in der Region, eine erhebliche Hebelwirkung für die nachhaltige Entwicklung besitzen. Erst durch deren Beteiligung und in Bezugnahme „wird die Erreichung gesetzter Klimaschutzziele ermöglicht, indem globale Probleme regional gelöst werden“ (Meyer 2017). Dies liegt auch in der Tatsache begründet, dass Verbraucher kleine und mittelständische Unternehmen generell stärker mit Verantwortungsbewusstsein und Engagement für Nachhaltigkeit assoziieren (Langer 2011). Da dieser Vertrauensvorschuss, sollte er missbraucht werden, sich sehr schnell ins Gegenteil wandeln kann, wundert es nicht, dass kleine und mittlere Unternehmen sich bereits umfangreich mit dem Thema Nachhaltigkeit auseinandergesetzt haben. Dies belegt auch eine Studie von Ernest & Young in Kooperation mit dem *UNESCO Chair of Entrepreneurship and Intercultural Management* der *Schumpeter School of Business and Economics* der Universität Wuppertal sowie der Berner Fachhochschule. Die 500 befragten Unternehmen des deutschen Mittelstandes gaben an, dass ihnen Nachhaltigkeit zu 31,9 % sehr wichtig und zu 47,5 % wichtig sei. Insbesondere die langfristig angelegten Planungen zur Bestandssicherung, zu umweltverträglichem Handeln, zur Mitarbeiterförderung sowie die soziale Verantwortung und ein faires Verhalten des Unternehmens waren die wichtigsten Aspekte bei kleinen und mittleren Unternehmen (Englisch 2012). Ebenso hat sich gezeigt, dass das „Bewusstsein für eine kritische Öffentlichkeit bei den Unternehmen in den letzten vier Jahren stark zugenommen [hat und] … dass die Unternehmen, motiviert aus den Geschäftsprozessen, wieder mehr gesellschaftliche Akzeptanz herstellen wollen" (Englisch 2012, S. 21).

Es stellt sich nun die Frage, warum viele kleine und mittlere Unternehmen zwar die Notwendigkeit eines Nachhaltigkeitsmanagements erkannt, selbst aber noch keines eingeführt haben. Kuhndt et al. (2009) führen diese Diskrepanz auf die geringen physikalischen Ressourcen, inklusive finanzieller Ressourcen, Human- und Organisationskapital zurück, die dem Unternehmen zur Verfügung stehen. Viele Unternehmen scheuen sich auch noch davor, Kapazitäten aufzubauen, die sich spezialisiert um Nachhaltigkeitsthemen im Unternehmen kümmern. Dementsprechend fehlt es oft an Know-how und ausgefeilten Instrumenten für Nachhaltigkeitsmanagement und -reporting.

Als probates Mittel die Kosten zu reduzieren und Synergieeffekte nutzen zu können, hat sich die Bildung von Unternehmensnetzwerken bewährt. Laut Stadlbauer et al. (2007) können solche Netzwerke als Plattform zum Wissens- und Erfahrungsaustausch dienen, da ein einheitliches Projektmanagement genutzt werden kann. Außerdem belegen Studien, dass die beteiligten Unternehmen, ihre gesteckten Ziele mehrheitlich erreichen. Allerdings werden solche Netzwerke, zumindest im Bereich der nachhaltigen Entwicklung, bisher noch zu wenig genutzt.

Abschließend lässt sich hierzu feststellen, dass wie die Studie von Ernest & Young belegt, zwischen 50 bis 60 % der befragten Unternehmen bereits Unternehmensleitbilder und Definitionen von Unternehmenswerten festgelegt sowie Nachhaltigkeit beim unternehmerischen Handeln berücksichtigt haben (Englisch 2012). Allerdings, und das ist der maßgebliche Aspekt, wurden getroffene Maßnahmen in den meisten Fällen eher unstrukturiert und ohne strategische bzw. langfristige Vorgaben durchgeführt. Somit verfolgen diese kein klar definiertes Ziel und tragen nicht stringent zu einer nachhaltigen Entwicklung zum einen auf der Mesoebene und zum anderen auf der Makroebene bei.

32.2 Agiles Nachhaltigkeitsmanagement

32.2.1 Theoretische Durchführung

An diesem Punkt soll das Konzept *Agiles Nachhaltigkeitsmanagement* ansetzen. Da Zeit und Finanzen die wichtigsten limitierenden Faktoren bei kleinen und mittleren Unternehmen sind, sollte darauf ein besonderes Augenmerk gelegt werden. Dieses Konzept sieht sich nicht als starres Konstrukt, welches nur branchenspezifisch anzuwenden ist, sondern ist agil und individuell auf alle Branchen und Unternehmen kleiner und mittlerer Größe anwendbar. Als oberste Prämisse gilt es zu beachten, das Tagesgeschäft des Unternehmens so wenig wie möglich einzuschränken. Das heißt, die Beratung muss möglichst effizient durchgeführt werden, um nur so wenig Manpower und zeitliche Ressourcen wie nötig zu binden. Das *Agile Nachhaltigkeitsmanagement* sieht sich nicht als terminiertes Projekt, sondern als permanenten Entwicklungsprozess, der zwar langfristig Einfluss auf die Organisationsstruktur nimmt, aber das sensible Tagesgeschäft wenig beeinträchtigen soll. Dies ist möglich, da das Konzept zuerst an der Unternehmenskultur ansetzt und diese hin zu einer nachhaltigen Denkweise verändern möchte. Werden die einzelnen Mitarbeiter aktiviert, im Sinne der Nachhaltigkeit proaktiv zu handeln und durch die Geschäftsleitung legitimiert, kann auch ohne große strukturelle Einschnitte ein Unternehmen tatsächlich nachhaltig werden. Das *Agile Nachhaltigkeitsmanagement* setzt auf eine schrittweise Entwicklung des bestehenden hin zu einem nachhaltigen Geschäftsmodell, da kleine und mittlere Unternehmen bereits ein im Grundsatz auf Langfristigkeit ausgerichtetes Geschäftsmodell besitzen.

Anhand der Abb. 32.1 wird eine Beratung exemplarisch aufgezeigt.

Vom ersten Gespräch bis zur Auftragserteilung
Zu Beginn der Beratung und vor der Auftragserteilung erfolgt eine Bestandsaufnahme des „Status quo“ des Unternehmens – welche Erwartungen das Unternehmen an das zu implementierende Nachhaltigkeitsmanagement hat und welche grundsätzlichen Kenntnisse und Kompetenzen bereits im Unternehmen vorhanden sind. Daraus lässt sich ein Projektrahmen ableiten, der auch Grundlage für das Angebot an das Unternehmen ist.

Erste Informationen über das Unternehmen
Nach der Auftragserteilung sollte sich der Berater ein Bild vom Unternehmen machen. Das Vorgehen ist in diesem Fall sehr individuell – gute Einblicke bieten Imagebroschüren

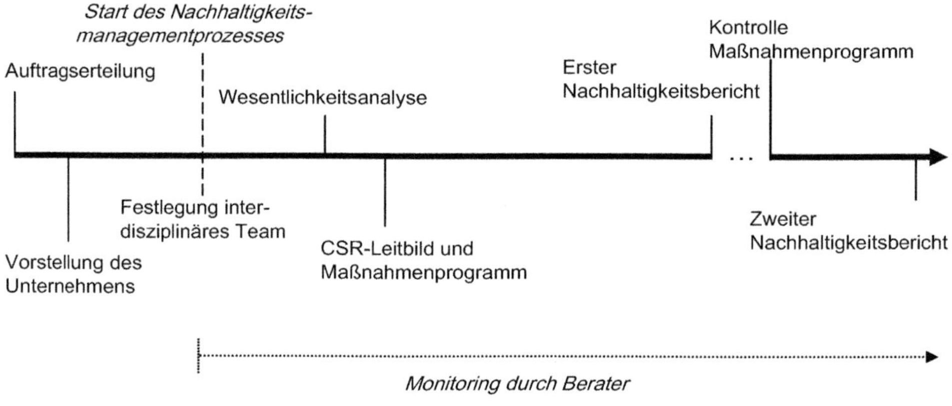

Abb. 32.1 Beratungsablauf Agiles Nachhaltigkeitsmanagement. (Quelle: eigene Darstellung)

sowie der Internetauftritt des Unternehmens. Sehr effektiv, da praxisnah, ist eine Führung durch das Unternehmen sowie Gespräche mit Führungskräften. Das Organigramm bietet einen guten Überblick in die Hierarchieebene des Unternehmens. Dieses Vorgehen dient nur dem Zweck, ein grundsätzliches Verständnis vom Unternehmen zu bekommen. Der tatsächliche Wissenserwerb findet erst während der Wesentlichkeitsanalyse statt. Um allerdings ein möglichst passendes interdisziplinäres Team festlegen zu können, sollte vorab ein grundsätzliches Verständnis des Unternehmens vorhanden sein.

Festlegung des Nachhaltigkeitsteams

Um das interdisziplinäre Team festlegen zu können, gilt es die Schlüsselakteure des Unternehmens zu identifizieren, um festzulegen, welche Kompetenzen diese Akteure mitbringen und wie diese in das Team eingebunden werden können. Das Team sollte in seiner Kompetenzverteilung möglichst heterogen sein. Das heißt, es sollte ein Querschnitt des gesamten Unternehmens abbilden. Immer abhängig von der Struktur und Branche des Unternehmens, können es Führungskräfte aus beispielsweise Einkauf, Verkauf, Produktion, Marketing sowie Personal, Umweltmanagement und Betriebsrat sein. Essenziell ist allerdings die Teilnahme der obersten Führungsebene des Unternehmens. Die ausgewählten Mitarbeiter treten somit als Multiplikatoren (siehe Abb. 32.2) auf, die die ermittelten Informationen und Werte an die gesamte Belegschaft weitertragen. Grundsätzlich ist es wichtig, Führungskräfte, insbesondere die Geschäftsleitung, zu aktivieren, um ein unternehmensweites Commitment erreichen zu können. Der so gewählte Top-down-Ansatz spart zeitliche und finanzielle Ressourcen ein. So lassen sich grundsätzliche Nachhaltigkeitsmaßnahmen bzw. -themen klären. Die tatsächliche Umsetzung erfolgt danach unabhängig vom Berater, auf tieferer Ebene. Mit der Festlegung des interdisziplinären Teams startet das Nachhaltigkeitsmanagement des Unternehmens (Abb. 32.2).

Ermittlung der wesentlichen Aspekte des Unternehmens

Im nächsten Schritt sollen für das Unternehmen die Bereiche mit der höchsten Relevanz für eine Verbesserung der Nachhaltigkeit ermittelt werden. Das heißt, wo sind die wichtigsten Handlungsfelder – ökonomisch, ökologisch und sozial – im Unternehmen bzw. wo gibt es Verbesserungsbedarf. Um diese Handlungsfelder, im Folgenden wesentliche

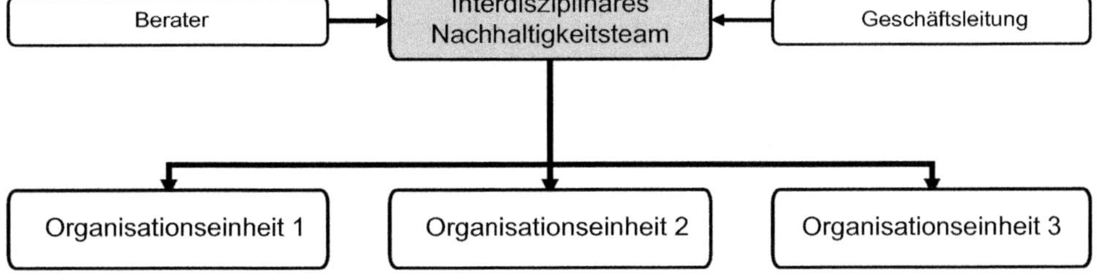

Abb. 32.2 Multiplikatoreneffekt des Nachhaltigkeitsteams. (Quelle: eigene Darstellung)

Aspekte genannt, zu ermitteln, bietet sich die Durchführung einer Wesentlichkeitsanalyse an. Die Wesentlichkeitsanalyse ist ein Werkzeug, welches die Anspruchsgruppen des Unternehmens (Stakeholder-Analyse) identifiziert und alle wesentlichen Aspekte ermittelt und priorisiert (Materialitätsanalyse) (Steinke 2014). Diese Analyse wird mittlerweile von vielen Unternehmen, speziell zugeschnitten auf die eigenen Bedürfnisse, angewendet. Im Folgenden wird allgemein die Verwendung der Wesentlichkeitsanalyse beschrieben.

Mit der Stakeholder-Analyse lassen sich alle relevanten internen und externen Anspruchsgruppen für das Unternehmen ermitteln, die mit einem Nachhaltigkeitsmanagement angesprochen werden sollen. Wirtschaftliche Stakeholder (Kunden, Lieferanten und Wettbewerber), gesellschaftliche Stakeholder (Staat, Medien und Kommune), interne Stakeholder (Mitarbeiter und Betriebsrat) und Anwaltsgruppen des Ökosystems (NGOs und andere Verbände) (Thommen 2012). Bei der Ermittlung der Stakeholder bietet sich das interdisziplinäre Team an, das den bestmöglichen Überblick über alle relevanten Stakeholder besitzt. Die so identifizierten Stakeholder können danach in ein kartesisches Koordinatensystem, eine sogenannte Matrix, eingeordnet werden. In der Abszissenachse wird das Interesse der Stakeholder am Unternehmen dargestellt, in der Ordinatenachse der Einfluss der Stakeholder auf das Unternehmen. So lassen sich die Stakeholder und deren Relevanz für das Unternehmen darstellen.

Bei der Materialitätsanalyse (siehe Abb. 32.3) empfiehlt es sich, den Indikatorenkatalog eines Nachhaltigkeitsberichterstattungsstandards heranzuziehen. Diese Indikatoren decken ganzheitlich alle Bereiche des Unternehmens ab. So kann zum einen herausgefunden werden, welche Aspekte sich im Nachhaltigkeitsbericht wiederfinden und zum anderen, welche Bereiche im Unternehmen grundsätzlich relevant für eine nachhaltige Entwicklung sind.

Im ersten Schritt werden, mithilfe des Nachhaltigkeitsteams, die nicht relevanten Indikatoren bzw. Aspekte gestrichen. Im zweiten Schritt werden die übrigen Aspekte zur internen und externen Priorisierung freigegeben. Dabei bewerten die internen und externen Stakeholder die unterschiedlichen Aspekte – untergliedert in die Bereiche Ökonomie, Ökologie und Soziales – in Skalenform. Für die interne Priorisierung ist es durchaus legitim, diese durch das Nachhaltigkeitsteam durchführen zu lassen. Die Ergebnisse werden wiederum in ein kartesisches Koordinatensystem übertragen. Die Abszissenachse stellt diesmal die Priorisierung der Aspekte durch die internen Stakeholder dar und die Ordinatenachse die Priorisierung der Aspekte durch die externen Stakeholder. Quadrant 1 gibt vor, welche Aspekte die höchste Relevanz für interne und externe Stakeholder haben, Quadrant 2, welche eine höhere Relevanz für externe und Quadrant 4, welche eine höhere Relevanz für interne Stakeholder haben. Quadrant 3 gibt die Aspekte wieder, die von beiden eher niedrig priorisiert wurden (Abb. 32.3).

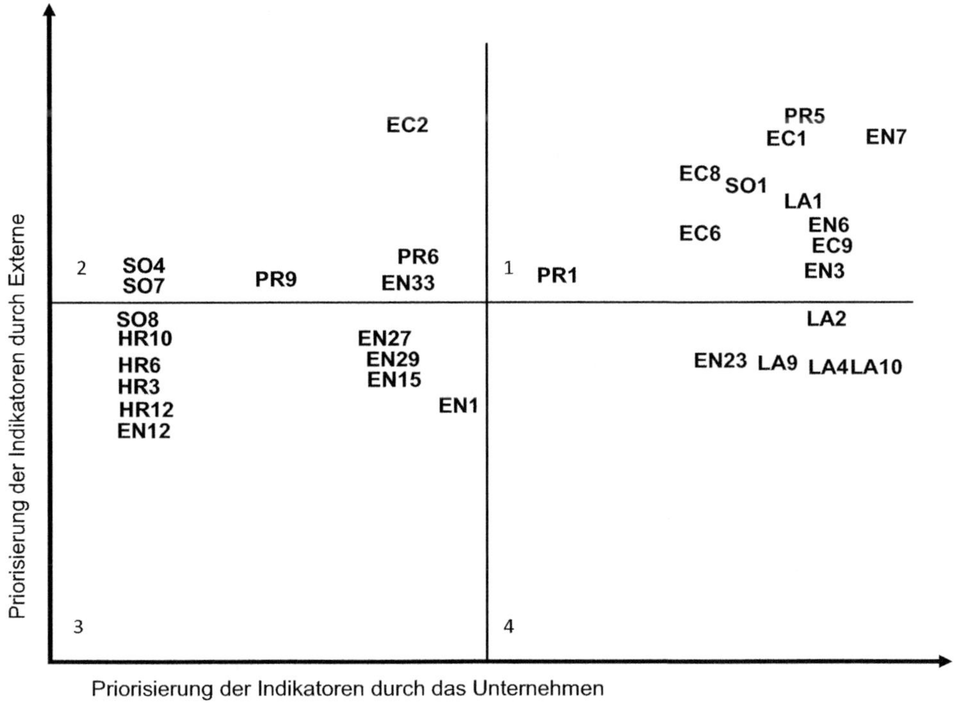

Abb. 32.3 Materialitätsmatrix OSWALD. (Quelle: Oswald 2017)

Definition von CSR-Leitbild und Maßnahmenprogramm

Mit den gewonnen Erkenntnissen lässt sich die Nachhaltigkeitsarchitektur des Unternehmens sehr gut darstellen. Welche Erwartungen haben die Stakeholder an das Unternehmen? Wo gibt es Verbesserungsbedarf? Was macht das Unternehmen bereits sehr gut?

Daraus ist ein CSR-Leitbild abzuleiten, das unbedingt in das, sofern existente, bereits vorhandene Unternehmensleitbild zu integrieren ist. Wichtig ist es auch in diesem Fall, wieder das Nachhaltigkeitsteam in die Entscheidungsfindung miteinzubeziehen.

Das Maßnahmenprogramm ist das Kernwerkzeug für eine kontinuierliche Verbesserung des Unternehmens. Ein dementsprechend großer Fokus sollte auf der Festlegung der Nachhaltigkeitsziele liegen. Diese sollten in kurz,- mittel, und langfristige Ziele unterteilt sein sowie dem SMART-Prinzip unterliegen. Die Zuständigkeit muss geklärt, mindestens ein Key Performance Indicator festgelegt und eine Umsetzungsfrist terminiert werden.

Die Nachhaltigkeitsberichterstattung

Der Nachhaltigkeitsbericht ist zum einen ein Kommunikationsinstrument und zum anderen ein Werkzeug zur kontinuierlichen Verbesserung des Unternehmens. In vielen kleinen und mittelständischen Unternehmen gibt es bereits zahlreiche Maßnahmen, die mit Nachhaltigkeit in Verbindung gebracht werden können. Diese wurden aber zumeist relativ unstrukturiert und ohne konzeptionellen Ansatz durchgeführt. Dementsprechend empfiehlt es sich, den Status quo des Unternehmens zu dokumentieren und die Nachhaltigkeitsziele ebenfalls zu kommunizieren. Im Grunde ist es dem Unternehmen überlassen, welcher Berichterstattungsstandard gewählt wird. Exemplarisch genannt werden soll an dieser Stelle, die Entsprechungserklärung des Deutschen Nachhaltigkeitskodex, der sich einer einfachen und skalierbaren Kommunikation für kleine und mittlere Unternehmen verschrieben hat. Mit diesem Standard werden die Vorgaben der EU zur Berichtspflicht bereits vollständig umgesetzt. Sollte es dementsprechend zu einer Ausweitung der Berichtspflicht kommen, ist das berichtende Unternehmen bereits vollumfänglich dafür gewappnet. Durch die Wesentlichkeitsanalyse wurde ein Teil der Berichterstattung bereits vorab durchgeführt, sodass der Fokus auf der Datenerhebung und der Formulierung liegen kann.

Mit der Veröffentlichung des ersten Nachhaltigkeitsberichts schließt sich der erste Zyklus des Nachhaltigkeitsmanagements. Die Überprüfung des Maßnahmenplans und die Veröffentlichung der weiteren Berichte, wird in einem bestimmen Turnus vorgenommen und langfristig beibehalten.

Rolle des Beraters

Ziel des Nachhaltigkeitsmanagements ist es, dass getroffene Maßnahmen deduktiv, ausgehend von den Nachhaltigkeitszielen hin zu den konkreten Maßnahmen in den einzelnen Abteilungen, vorgenommen werden. Zumeist stellt sich während der ersten Gespräche heraus, dass bereits vereinzelt Maßnahmen ohne klares System durchgeführt wurden bzw. werden. Diese zu strukturieren und in ein ganzheitliches Nachhaltigkeitsmanagement zu überführen, ist, mithilfe des Nachhaltigkeitsteams, Aufgabe des Beraters. Allerdings muss dieser Prozess vom Unternehmen selbst geschafft werden, da sonst weder das Commitment, noch das Verständnis für eine Weiterentwicklung des Geschäftsmodells entsteht. Dementsprechend tritt der Berater während seiner Tätigkeit überwiegend als Moderator auf, der während der Teammeetings eine gute Gesprächskultur der Teilnehmer anregt und Hilfestellung bei verschiedenen Themen gibt. Wichtig ist, möglichst wenig Einfluss auf den Inhalt des Gesprächs zu nehmen, sondern die Gespräche zu lenken und als Vermittler aufzutreten. Des Weiteren sollen skeptische Mitarbeiter aktiviert und für das Thema Nachhaltigkeit sensibilisiert werden. Dies kann durch Wissens- und Wertevermittlung geschehen. Langfristig gesehen, soll die Rolle des Beraters obsolet werden, da jeder Mitarbeiter Nachhaltigkeit bei seinen täglichen Aktivitäten berücksichtigt und in seinem Tätigkeitsfeld lebt und umsetzt.

32.2.2 Agiles Nachhaltigkeitsmanagement am Beispiel OSWALD Elektromotoren GmbH

Wie das *Agile Nachhaltigkeitsmanagement* vollständig implementiert in der Praxis funktioniert, soll anhand des Beispiels der OSWALD Elektromotoren GmbH demonstriert werden.

Die Eckpfeiler des Nachhaltigkeitsmanagements bei OSWALD sind das nachhaltige Produkt, das Engagement der Geschäftsleitung und die wertegeprägte Firmenkultur. Diese Komponenten sichern die langfristige Aufrechterhaltung des Nachhaltigkeitsmanagements und den damit einhergehenden Erfolg des Unternehmens.

Insbesondere mit den energieeffizienten Torquemotoren ist das Unternehmen in seiner Produktpalette per se nachhaltig. Wichtig ist, dass dies nicht zum Selbstzweck verkommen ist, sondern weiterhin Maßnahmen durchgeführt werden, die zu einer Verbesserung der Nachhaltigkeit im Unternehmen beitragen, sei es für das Produktportfolio oder auch in anderen Bereichen. Selbst Unternehmen mit einem vermeintlich umweltunverträglichen Produkt sind in der Lage, sich nachhaltig auszurichten, immer abhängig davon, von welcher Basis aus das Unternehmen startet. Daneben ist das persönliche Engagement des Geschäftsführers Johannes Oswald für eine nachhaltige Entwicklung, sowohl innerhalb als auch außerhalb des Unternehmens, zu nennen. Es steht ein umfangreiches Budget für kulturelle und soziale Projekte zur Verfügung, das auch regelmäßig genutzt wird. Allerdings ohne feste Struktur, sondern flexibel und abhängig von der Sinnhaftigkeit der Projekte. Wichtig zu betonen ist, dass grundsätzlich jeder Mitarbeiter befähigt und ermutigt wird, eigene Projekte und Ideen einzubringen. Dies ist auch fest in der Unternehmenskultur verankert und wird von oben getragen und vorgelebt. OSWALD setzt auf sehr flache Hierarchien und auf eine „Politik der offenen Türen", das heißt jeder Mitarbeiter kann zu jeder Zeit bei der Geschäftsleitung vorstellig werden und Verbesserungsvorschläge einbringen. Das unbürokratische Management ist ein wesentlicher Faktor bei der Unternehmensführung. Des Weiteren setzt OSWALD, bedingt auch durch den ländlichen Standort, auf das unternehmensinterne Aus- und Weiterbildungsprogramm. Die Ausbildungsquote liegt permanent im zweistelligen Bereich und es bestehen verschiedene Forschungskooperationen mit Hochschulen der Region. Ziel ist es, Mitarbeiter zu finden, die sich mit dem Unternehmen und der Region identifizieren und langfristig zur guten Unternehmenskultur beitragen.

Neben diesen drei Eckpfeilern ist die umfangreiche und transparente Kommunikation, sowohl über interne als auch externe Kanäle, einer der wichtigsten Aspekte des Nachhaltigkeitsmanagements. Zum einen wurde im Jahr 2017 der erste Nachhaltigkeitsbericht veröffentlicht, zum anderen wird großen Wert auf eine zeitnahe und lückenlose Berichterstattung der Belegschaft gelegt. Der Nachhaltigkeitsbericht wurde nach den Richtlinien der internationalen *Global Reporting Initiative* erstellt und wird in einem Zyklus von drei Jahren veröffentlicht. Intern wurden drei Kommunikationskanäle implementiert. Die Installation von Flachbildschirmen als interner Aushang, die Veröffentlichung einer Mitarbeiterzeitung, erstellt von Auszubildenden der verschiedenen Jahrgänge sowie die Einführung der OSWALD Akademie. Mithilfe dieser Akademie werden Mitarbeiterschulungen durchgeführt und wesentliche Informationen an die Mitarbeiter weitergegeben – auch zum Thema Nachhaltigkeit. Somit wird jeder Mitarbeiter unmittelbar informiert und kann unmittelbar an Entscheidungsfindungen teilhaben.

Zur Erstellung des Nachhaltigkeitsberichts wurde ein CSR-Beauftragter benannt, da bei Oswald keine permanente CSR-Abteilung existiert. Das Thema Nachhaltigkeit wird von der Geschäftsleitung vorgelebt und ist bereits so stark internalisiert, dass auch bedingt durch die Größe des Unternehmens, keine zentrale Steuereinheit notwendig ist. Bei OSWALD wird Nachhaltigkeit automatisch in die Entscheidungsprozesse im Unternehmen eingebunden und kommt damit dem Konzept *Agiles Nachhaltigkeitsmanagement* sehr nahe.

Beispiel Oswald Elektromotoren GmbH

Die 1909 in Miltenberg am Main gegründete Oswald Elektromotoren GmbH, wird mittlerweile in vierter Generation von Johannes Oswald geführt. Der Familienbetrieb erwirtschaftete im Jahr 2015 mit seinen knapp 180 Mitarbeitern am alleinigen Standort Miltenberg, einen Umsatz von über 33 Mio. EUR, bei einem Personalkostenanteil von ca. 25 % im Verhältnis zum Gesamtumsatz.

Das Unternehmen produziert und entwickelt seit über 100 Jahren kundenspezifische wasser- und luftgekühlte Elektromotoren, von 10 bis 3500 kW, für anspruchsvolle Aufgaben der zivilen Technik. Zum Produktportfolio gehören aktuell Torquemotoren, Synchronmotoren, Asynchronmotoren, Generatoren, Linearmotoren und Magnetfeldspulen. Die größten Absatzmärkte liegen nach wie vor im deutschsprachigen Raum. Weitere wichtige Kunden haben ihre Standorte in England, Italien, Spanien, Norwegen und in den USA.

Die *Deutsche Bundesstiftung Umwelt* zeichnet im Jahr 2017 Johannes und Bernhard Oswald mit dem renommierten *Deutschen Umweltpreis* aus. Gemeinsam mit ihren Mitarbeitern haben die Unternehmer einer energieeffizienten Revolution in der Antriebstechnik zum Durchbruch verholfen. Die Idee, als Hauptantriebe Torquemotoren („torque", engl.: Drehmoment) in Direktantriebstechnik einzusetzen, revolutioniere den Elektromotorenbau. Darüber hinaus würdigt die Stiftung das Forschungsengagement sowie das Engagement für die nachhaltige Entwicklung in der Region.

32.3 Fazit

Das Konzept *Agiles Nachhaltigkeitsmanagement* ist für jedes Unternehmen kein terminiertes Projekt, sondern ein individueller und permanenter Entwicklungsprozess, abhängig unter anderem von Größe, Branche und Entwicklungsstand des Unternehmens. Dieser soll das jeweilige Unternehmen in seinem Tagesgeschäft so wenig wie möglich einschränken und möglichst wenig zeitliche und finanzielle Ressourcen binden. Dementsprechend ist eine zielgerichtete und effiziente Beratung gefordert.

Um die Entwicklung vom bestehenden hin zu einem nachhaltigen Geschäftsmodell vollziehen zu können, muss jeder einzelne Mitarbeiter erreicht und motiviert werden, daran teilzuhaben. Dazu notwendig ist ein unternehmensweites Commitment, ausgehend von der Geschäftsführung und den Multiplikatoren, die die Umsetzung der Maßnahmen überwachen und die Informationen an die Mitarbeiter weitertragen. Erwünscht ist, dass die nachhaltige Denkweise in jeden Entscheidungsprozess des Unternehmens einfließt und Teil der Unternehmenskultur wird. Das langfristige Ziel besteht darin, „irgendwann ohne eine CR-Abteilung aus[zu]kommen, weil jeder im Unternehmen das Thema in seinem Verantwortungsbereich vorantreibt" (Fond of Bags 2016, S. 7).

Literatur

Englisch, P. et al. (2012). *Nachhaltige Unternehmensführung*: Lage und aktuelle Entwicklungen im Mittelstand. Abgerufen am 25.09.2017 von http://www.ey.com/Publication/vwLUAssets/Nachhaltige_Unternehmensfuehrung_im_Mittelstand/$FILE/Nachhaltige%20Unternehmensfuehrung%20im%20Mittelstand%202012.pdf.

Europäische Union. (2014). Richtlinie 2014/95/EU. http://eur-lex.europa.eu/legal-content/DE/TXT/PDF/?uri=CELEX:32014L0095&from=DE. Zugegriffen: 2. Okt. 2017.

Fond of Bags. (2016). Corporate responsibility report. http://www.fondofbags.com/wp-content/uploads/2017/02/FOB-CR-Bericht_2016_Web.pdf. Zugegriffen: 2. Okt. 2017.

Bundesgesetzblatt. (2017). *Gesetz zur Stärkung der nichtfinanziellen Berichterstattung der Unternehmen in ihren Lage- und Konzernlageberichten (CSR-Richtlinie-Umsetzungsgesetz), Teil 1, Nr. 20* (S. 802–814). Berlin: Bundesanzeiger Verlag.

Global Reporting Initiative. (2017). Sustainability disclosure database. http://database.globalreporting.org/. Zugegriffen: 22. Sept. 2017.

Institut für Mittelstandsforschung. (2017a). KMU-Definition des ifM Bonn. https://www.ifm-bonn.org/definitionen/kmu-definition-des-ifm-bonn/. Zugegriffen: 25. Sept. 2017.

Institut für Mittelstandsforschung. (2017b). Mittelstandsdefinition des ifM Bonn. https://www.ifm-bonn.org/definitionen/mittelstandsdefinition-des-ifm-bonn/. Zugegriffen: 25. Sept. 2017.

Institut für Mittelstandsforschung. (2017c). Mittelstand im Überblick. https://www.ifm-bonn.org/statistiken/mittelstand-im-ueberblick/#accordion=0&tab=1. Zugegriffen: 25. Sept. 2017.

Kuhndt, M.; Eckermann, A., & Herrndorf, M. (2009). *Nachhaltigkeitskommunikation zur Förderung nachhaltigen Wirtschaftens in kleinen und mittleren Unternehmen in Isenmann, R., Internetbasierte Nachhaltigkeitsberichterstattung* (S. 65–82). Berlin: Erich Schmidt Verlag.

Langer, C. (2011). Utopia: Mittelständler können Pioniere werden. In M. Beise & H. Jakobs (Hrsg.), *Grünes Wachstum: Wie die deutschen Unternehmen profitieren.* München: Süddeutsche Zeitung Edition.

Meyer, L. (2017). Nachhaltigkeitsberichterstattung im Mittelstand: Immer mehr Organisation veröffentlichen freiwillig einen Nachhaltigkeitsbericht. https://www2.deloitte.com/de/de/pages/mittelstand/contents/nachhaltigkeitsberichterstattung-deloitte-deutschland-mittelstand.html. Zugegriffen: 22. Sept. 2017.

Oswald Elektromotoren GmbH. (2017). *Nachhaltigkeitsbericht*. Miltenberg.
Pichler, J., Pleitner, H., & Schmidt, K. (2000). *Management in KMU: Die Führung von Klein- und Mittelunternehmen* (3. Aufl.). Bern: Haupt Verlag.
Stadlbauer, F., Wilde T., & Hess, T. (2007). Management in mittelständischen Unternehmensnetzwerken – eine empirische Untersuchung. In H. Albach & P. Letmathe (Hrsg.), *Empirische Studien zum Management in mittelständischen Unternehmen* (S. 1–20). Wiesbaden: Gabler.
Steinke, K. H., et al. (2014). *Green Controlling – Leitfaden für die erfolgreiche Integration ökologischer Zielsetzungen in Unternehmensplanung und –steuerung*. Freiburg: Haufe Lexware.
Thommen, J. P., & Achleitner, A.-K. (2012). *Allgemeine Betriebswirtschaftslehre: Umfassende Einführung aus managementorientierter Sicht*. Heidelberg: Gabler.

Johannes Pföhler ist Experte für CSR und Digitalisierung und Lehrbeauftragter an der Hochschule für angewandte Wissenschaften (FHWS). Nach seinem Studium zum Sustainability Manager M. Sc. an der Bergischen Universität Wuppertal war er verantwortlich für die Erstellung des ersten Nachhaltigkeitsberichts der OSWALD Elektromotoren GmbH, deren Geschäftsführer Gewinner des Deutschen Umweltpreises ist. Anschließend beriet er mehrere Unternehmen bei der Einführung einer Nachhaltigkeitsstrategie bzw. Veröffentlichung eines Nachhaltigkeitsberichts. Er ist Initiator des Nachhaltigkeitsnetzwerks *Sustainable Management Circle,* welches Unternehmen vernetzen und die Einführung eines Nachhaltigkeitsmanagements erleichtern soll.

Nachhaltigkeit in der Medienbranche 33

Ökologische Aspekte spielen zunehmend eine Rolle

Korina Gutsche

33.1 ACTION bitte! Bevor die Klappe fällt

Die Medienbranche als ein wichtiger und wachsender Wirtschaftsfaktor in Deutschland, hat trotz der globalen klimatischen Veränderungen die gesamtgesellschaftliche Entwicklung zum Klimaschutz lange Zeit kaum beachtet. Doch seit 2017 werden auch hierzulande Produzenten*innen und Entscheidungsträger*innen in den Ministerien, TV-Sendern und Filmförderanstalten zunehmend aktiv, brachte das Jahr 2018 einige positive Entwicklungen und es scheint, als ob sich die Filmbranche klimafreundlich aufstellt.

Täglich wird hierzulande gedreht und Deutschland ist als attraktiver Filmstandort weltweit bekannt. Nationale und internationale Produktionen, TV-Spielfilme, Serien und Shows, Talkformate, Kinofilme, Musikfilme, Nachrichten- und Sportsendungen, Dokumentar- und Naturfilme, Image- und Werbefilme, audiovisuelle Formate und vieles mehr. Drehorte sind Filmstudios, Filmkulissen und Filmsets on Location im natürlichen und urbanen Lebensraum. Von Mainstream bis Arthouse, als Lang- oder Kurzfilm, privat oder mit stattlichen Zuschüssen finanziert, nicht jeder Film und jedes TV-Event findet sein Publikum und ist wirtschaftlich erfolgreich. Aber jede Filmproduktion und jede TV-Sendung verursacht Treibhausgasemissionen, die unsere Umwelt nachhaltig beeinflussen. Mittlerweile schauen wir außer im Kino und Home Entertainment Filme, Videos und Nachrichten überall und das jederzeit und gern auch da, wo sie gerade sind. Seit der Digitalisierung boomt die Medien- und Bewegtbildbranche. Das sorgt für Wirtschaftswachstum in der Filmbranche und schafft bundesweit Arbeitsplätze. Einerseits eine positive Entwicklung, doch andererseits besteht mit Blick auf den Klimaschutz dringend Handlungsbedarf.

K. Gutsche (✉)
BLUECHILDFILM, Berlin, Deutschland
E-Mail: gutsche@bluechildfilm.com

M. Englert und A. Ternès (Hrsg.), *Nachhaltiges Management*,
https://doi.org/10.1007/978-3-662-57693-9_33

Abb. 33.1 Unter der Regie von Lars Jessen, wurde der Tatort Münster ‚Gott ist auch nur ein Mensch' umweltfreundlich gedreht. (Quelle Foto: Gutsche)

Ökologisches Arbeiten am Filmset und im TV-Studio ist hoffentlich kein Trend, sondern nun auch bei den Medienmachern in Deutschland im Fokus. In Hollywood, Frankreich, Italien, England, den Niederlanden, Belgien und in Österreich achtet man seit Jahren auf Umweltaspekte beim Drehen, gibt es Informations- und Schulungsangebote, kostenfrei Co2 Bilanzrechner und finanzielle Anreize. Hierzulande geht die Filmbranche erste Schritte und Nachhaltigkeit ist ein Thema (Abb. 33.1).

Der Beitrag gibt eine aktuellen Einblick zu den bisherigen Akteuren der Kino- und TV-Filmproduktion, welchen finanziellen Anreiz es gibt, was die relevanten Hauptemissionsquellen sind und wie man umweltfreundlich dreht. Darüber hinaus beschreibt er Best-Practice-Erfahrungen und macht deutlich, dass die Hauptinitiative von den Produzenten ausgehen muss. Werbefilmproduktionen, TV-Shows und -Sendungen sowie der umweltfreundliche Kinobetrieb stehen nicht im Fokus dieses Beitrages.

33.2 Klimaschutz und Medienproduktion: Herausforderung, Verantwortung und Anreize

Klimaschutz als die größte Herausforderung des 21. Jahrhunderts ist auch Dank der Medien in aller Munde. Mit der Deutschen Nachhaltigkeitsstrategie, die zuletzt im Herbst 2018 aktuallisiert wurde, übernimmt unser Land konkrete Schritte zur Umsetzung der Agenda 2030 mit ihren 17 Zielen für nachhaltige Entwicklung. In den Bundesländern, Städten und Gemeinden, gibt es zahlreiche Klimaschutzinitiativen, Förderprogramme, Aktivitäten, verantwortungsbewusste Unternehmen, Verbände und ein wachsendes Engagement der Bürger*innen. Das gemeinsame Ziel – den Anstieg der Treibhausgasemissionen zu stoppen und die globale Erwärmung zugleich deutlich unter 2 Grad zu senken – erfordert den Einsatz von allen. Dafür müssen wir im privaten und beruflichen Alltag ganz bewusst das Verhalten auf nachhaltige und ressourcenschonende Lebens- und Produktionsweisen umstellen.

Die Medienbranche besitzt hierbei eine Vorbildfunktion. Einerseits durch eine umfassende Berichterstattung und Filme zum Klima- und Umweltschutz als Beitrag zur Meinungsbildung in der Gesellschaft und als Impulsgeber, um den Wandel zu gestalten. Ebenso muss sie ihre Produktionsabläufe dahin gehend betrachten, welchen negativen Umwelteinfluss die Herstellung von Filmen, Dokumentationen, Sendungen u. a. verursachen.

Es gibt bundesweit wenige „grüne" Produktionen. Bei den TV-Studios und Sendehäuser ist man schon etwas weiter. Informationen darüber sind nur in den Fachkreisen verfügbar. Die Gründe, warum sich die Branche mit Umwelt- und Klimaschutz zuwenig becshäftigt sind vielfältig: Relevanz, Motivation, Bedenken hinsichtlich der Mehrkosten, Schulungsbedarf und eine unzureichend entwickelte Infrastruktur, um nachhaltig umweltfreundlich zu drehen und zu produzieren. Wie ökologisch nachhaltig die Film- und Medienproduktion in Deutschland ist, kann aktuell niemand sagen und Untersuchungen zu den wirtschaftlichen Auswirkungen umweltverträglicher Filmproduktion im Vergleich zur jetzigen Herstellungsweise bisher nirgends veröffentlicht. Das wäre jedoch eine dringende Aufgabe der Branche, das zu ermitteln, um entsprechende Handlungsoptionen festzulegen und transparent zu machen.

Ein Commitment der deutschen Filmwirtschaft und Produzenten*innen zu umweltverträglicher Filmproduktion mit dem Ziel, zeitnah eine ökologisch orientierte Produktionsweise schrittweise zu implementieren, ist erforderlich. Insbesondere auch, weil zur Stärkung der Filmwirtschaft, eine Vielzahl an Filmproduktionen staatliche Zuschüsse aus Deutschen Filmförderfonds (DFFF), dem German Motion Picture Fund oder durch regionale Filmförderanstalten der Bundesländer erhalten (Abb 33.2). Laut Filmwirtschaftsstatistik der Spitzenorganisation der Filmwirtschaft (SPIO) lag im Jahr 2017 die kulturwirtschaftliche Filmförderung von Bund und Ländern bei rund 361 Mio. € (Filmwirtschaftsstatistik 2017). Der Gesamtetat für Kultur- und Medien stieg 2018 auf 1,78 Mrd. € und die Fördersumme, allein vom DFFF beträgt 75 Mio. In 2017 wurden damit 100 Kinoproduktionen gefördert, darunter 69 Spiel-, 22 Dokumentar- und neun Animationsfilme. In den Jahren seit seiner Gründung förderte der DFFF 1187 Produktionen mit 651 Mio. €, die rund 3,8 Mrd. € Investitionen in Deutschland auslösten (Blickpunktfilm Kino 09.02.2018).

> Auch im elften Jahr seines Bestehens zeigt sich, dass wir mit dem Deutschen Filmförderfonds ein erfolgreiches und wirksames Instrument haben, um die Attraktivität des Filmproduktionsstandorts Deutschland nachhaltig zu sichern und auszubauen. Erneut investierten nationale und internationale Produktionsfirmen ein Vielfaches der staatlichen Zuschüsse allein in Deutschland und sorgten somit für Beschäftigung und Wirtschaftskraft. Kulturstaatsministerin Prof. Monika Grütters (Blickpunktfilm Kino 09.02.2018).

Jedes innovative, wirtschaftlich orientierte Unternehmen in Deutschland, und somit auch die der kreativen Filmbranche, sind mit Blick auf den Klimawandel in der Verantwortung zu schauen, auf welche Art und Weise sie zukünftig produzieren. Beim umweltfreundlichen Drehen geht es gezielt darum, bisherige Betriebsabläufe im Unternehmen und die Phasen der Filmproduktion möglichst nachhaltig auszurichten, um den ökologischen Fußabdruck maßgeblich zu reduzieren und ggf. sogar klimaneutral zu drehen. Die einzige klimaneutrale TV-Serie in Deutschland gibt es in der Bavaria Filmstadt München

Abb. 33.2 Internationale Kinoproduktion „Bridge of Spies“ von Steven Spielberg / Twentieth Century Fox wurde mit Fördergeld aus Deutschland gedreht. (Quelle Foto: Gutsche)

und das bereits seit 2013. Das gesamte Studiogelände gilt als klimaneutral (GreenStudio Handout 2014; Abb. 33.3).

Eigenverantwortung und Investitionen der Filmproduzenten*innen, frühzeitige Kommunikation und gezielte finanzielle Unterstützung für die, die sich auf den Weg machen, sind hierbei relevante Erfolgsfaktoren. Die Vision: Klimaschutz 100 %. In welchem Zeitrahmen und Umfang das geschieht, muss jeder Produzent*in selbst festlegen. Bei ausschließlich privat finanzierten Filmen oder Low-Budget-Filmen egal welches Genre, sollte zukünftig ebenfalls, bevor die erste Filmklappe fällt, frühzeitig auf Umweltaspekte geachtet werden.

Die Berücksichtigung ökologischer Belange bei der Vergabe von Fördergeldern ist in der Novelle des Filmfördergesetz (FFG) der Filmförderanstalt (FFA) seit Jahresbeginn 2017 festgeschrieben (§ 2 S. 1 Nr. 2 FFG) (Novelle des Filmfördergesetzes [FFG] 2017). Demnach können Beraterleistungen und die Nutzung von Umwelttechnologien, so sie beim Antragsverfahren durch den Produzenten*in explizit ausgewiesen werden, als förderungswürdig anerkannt werden. Hierfür müssen durch die FFA dringend die Förderrichtlinien entsprechend angepasst und geklärt sein, welche Klimaschutzmaßnahmen in

Abb. 33.3 Klimaneutrale TV-Daily „Sturm der Liebe“, produziert von Bavaria Fernsehproduktion. (Quelle Foto: Bavaria Film)

welchem Umfang finanziell gefördert werden. Wer beim DFFF einen Antrag einreicht, kann eine Selbstverpflichtungserklärung unterschreiben (Richtlinie des BKM 2017). Von den im Jahr 2017 geförderten 100 Filmprojekten, haben 58 diese Selbsverpflichtungserklärung für eine umweltfreundliche und ressourcenschonende Produktion unterzeichnet und in 2018 waren es bereits 92 der insgesamt 113 geförderten Filmvorhaben (Schreiben BKM vom 28.12.2018). Zusätzlich müssen die Produzenten*innen ihre Aktivitäten in einem Bericht darstellen. Wichtig wäre, die Umsetzung der dargestellten Maßnahmen zu prüfen, die Erfahrungen der Produktionen aus den Berichten für zukünftige Vorhaben transparent zu machen sowie zur Entwicklung von bundesweiten Standards auszuwerten. Im Herbst 2017 gab es eine gemeinsame Erklärung aller Filmförderanstalten zum grünen Drehen (FFA-Pressemeldung 2017), achtet seit letztem Jahr die Medien- und Filmgesellschaft (MFG) Baden-Württemberg auf soziale Nachhaltigkeitskriterien bei Fördermittelentscheidungen (Blickpunktfilm Kino 06.02.2018). Die MFG hat außerdem einen eigenen Handlungsleitfaden erstellt sowie umfassende Informationen zu den einzelnen Gewerken zum Jahresende auf der Webseite veröffentlicht. Der Film Fernseh Fond Bayern bietet den Filmemacher*innen seit Herbst 2018 Seminare als Weiterbildungsmaßnahme kostenfrei an und hat seine Filmförderrichtlinie hinsichtlich sozialer und ökologischer Aspekte ergänzt. Ab 2019 erfolgt dort die Förderantragsabwicklung nur noch digital als E-Akte (Pressemeldungen FFF Bayern vom 12. und 14.12.2018). Hessen vergibt seit drei Jahren als einziges Bundesland einen ‚Nachhaltigen Kinopreis‘ und im Koalitionsvertrag Ende

Dezember die Unterstützung für nachhaltige Filmproduktion verbindlich festgeschrieben (Koalitionsvertrag Hessen vom 20.12.2018, S. 50). Es gilt abzuwarten, ob die Filmbranche sich freiwillig auf all die Anreize der Filmförderanstalten einläßt und die Zahl der grünen Produktionen maßgeblich zunimmt. Denkbar und nachweislich nachhaltig wäre es, die Vergabe von stattlichen Fördergeldern auf Bundesebene an ökologische und soziale Kriterien und Bilanzierung zur CO_2-Reduktion zu koppeln. Doch solche bundesweit geltenden Standards existieren bisher nicht.

Eine große Verantwortung in Kontext grüner Filmproduktion tragen die öffentlich rechtlichen TV-Sendeanstalten. Es werden jährlich weitaus mehr TV-Filme und Sendungen hergestellt als Kinofilme. Das ZDF ist bereits mit dem Deutschen Nachhaltigkeitskodex des Rates für Nachhaltige Entwicklung als Unternehmen umweltfreundlich aufgestellt (Präsentationsunterlagen 2017), macht u. a. Themenwochen zu Nachhaltigkeit und zeigt im laufenden Programm relevante Filme. Das hierzu was in Zusammenarbeit mit der Produzentenallianz passieren wird, kündigte der ZDF Intendant Thomas Bellut bei der Jahrestagung des Rates für nachhaltige Entwicklung in Berlin. Bei der ARD wurde nach der öffentlichen Anhörung beim Parlamentarischen Beirat vom Rat für nachhaltige Entwicklung im Mai 2017, das Thema Nachhaltigkeit zur Chefsache, indem ein Nachhaltigekeitsbeauftragter benannt wurde und bei Eigenproduktionen zunehmend auf Umweltschutzaspekte geachtet wird. Nun besteht für die Sendeanstalten die Herausforderung, insbesondere klimafreundliche TV-Auftragsproduktionen mit einer Anschubfinanzierung zu unterstützen. Die Produzent*innen sprechen das mittlerweile ganz selbstbewusst an. Am Firmensitz von ARTE in Straßburg und auch beim WDR achtet man auf Energieeffizienz und umweltfreundliche Mobilität. Der WDR-Rundfunkrat unterstützt seit letzten Sommer die ersten Ansätze des WDR zur Etablierung nachhaltiger Arbeits- und Produktionsprozesse (Newsletter Rundfunkratssitzung vom 30.08.2018). Deutliche Zeichen setzt das Medienunternehmen Sky Deutschland mit der OCEAN RESCUE Kampagne. Das Ziel der Selbstverpflichtung: Vermeidung von Einweg-Plastik bis 2020 im Unternehmen und bei Eigenproduktionen sowie in Kooperation mit dem WWF, Menschen zum Schutz der Ozeane zu motivieren (Abb. 33.4). Zusätzlich gründete sie die Sky Ocean Ventures, einem Fond zur Finanzierung von Technologien zur Beseitigung von Einweg-Verpackungen aus den Lieferketten. Maßgeblich jedoch sind nachhaltigen Eigenproduktionen, darunter die weltweit erfolgeichste erste grüne Koch-Castingshow „Master Chief" mit über 300 Mio Zuschauern und die TV-Serien: ‚Acht Tage' und ‚Der Pass' (Medienmitteilung SKY 8-2018).

> Plastik geht uns alle an: 70% unseres Sauerstoffs kommt aus dem Ozean, das ist unsere Lebensgrundlage und es ist der Lebensstil der Industrienationen, der den Klimawandel und das Kippen der Ozeane verursacht. Deshalb ist es unsere Verantwortung, mitanzupacken. Wir als Sky sind Teil der Gesellschaft und haben uns Entschieden, das wir zur Bekämpfung des Problems beitragen wollen. Carsten Schmidt, CEO Sky Deutschland.

Es sind einzelne Medienunternehmen, Institutionen, Filmnetzwerke, engagierte Filmemacher*innen und mutige Visionäre*innen, die zukunftsorientiert handeln

Abb. 33.4 SKY Deutschland erhielt für sein Engagement den Umweltmanagementpreis Ökoprofit 2018. (Quelle Foto: Sky Deutschland)

und bewusst „grün" drehen und es immer wieder thematisieren. Den meisten der Filmproduzenten*innen und Filmemachern*innen ist bewusst, dass sich was ändern muss. Eine erste Orientierung hierzu ergab die Herbstumfrage 2016 der Produzentenallianz zu umweltverträglichen Standards (Produzentenallianz-Pressemeldung 2017). Demnach praktizieren bereits mehr als die Hälfte der an der Umfrage beteiligten Unternehmen teilweise nach ökologischen Aspekten. Repräsentativ für die Produzenten des Landes ist das jedoch nicht. Eine aktuelle Umfrage hierzu mir nicht bekannt, die würde sehr hilfreich sein, um praxisnahe Empfehlungen, technologische Herausforderungen und vor allem die Bedenken der Filmbranche zu ermitteln. Tatsache ist, dass die deutsche Filmwirtschaft im Vergleich zu anderen Ländern und anderen Wirtschaftsbranchen mit Best-Practice-Beispielen am Anfang steht. Vorreiter wie Sky Deutschland und Meldungen, wie die von Pantaflix Anfang 2018 mit der Ankündigung, eine eigene Nachhaltigkeitsstrategie zu erarbeiten und dafür jemande fest anzustellen, sind richtungsweisend für die Produzenten*innen und Medienunternehmen und führen hoffentlich zu nachhaltigen Veränderungen in der deutschen Filmwirtschaft.

33.3 Rückblick und aktuelle Entwicklungen

Nachhaltigkeit und Klimaschutz bei der Kino- und TV-Filmproduktion sind in Deutschland nur in einigen Regionen präsent. Inwieweit Unternehmen bei der Image- und Werbefilmproduktion auf Umweltschutz achten, hier nicht im Fokus. Erste Impulse gehen zurück auf das Jahr 2011. Die Initiatoren damals: die Green Film Initiative der Climate Media Factory in Kooperation mit der Filmhochschule Konrad Wolf in Potsdam

Abb. 33.5 Die TV-Serie „Notruf Hafenkante“ als Vorreiter erhielt mehrmals den „Grünen Drehpass“. (Quelle Foto: Letterbox Filmproduktion/NDR)

Babelsberg – heute Filmuniversität, mit thematischen Ringvorlesungen, die Filmförderung Hamburg Schleswig-Holstein mit der Initiative „Grüner Drehpass“ und einem Best-Practice-Guide in 2012. Die Bavaria Filmstudios stellten sich im Jahr darauf klimaneutral und das Medienboard Berlin-Brandenburg einen Green Service Provider Guide online. Die regionalen Film-Commissions der Filmförderungen in Hamburg, Baden-Württemberg, Berlin und seit kurzem Bayern bieten außerdem für die Branche jährlich kostenfrei Seminarschulungen an. Seit 2017 entwickeln einige Filmverbände, wie u. a. Crew united, der Bundesverband Regie, der Verband Technischer Betriebe für Film und Fernsehen (VTFF) und die Produzentenallianz, ebenfalls interne Weiterbildungstools für ihre Mitglieder und Volontärprogramme oder Experten-Panels.

Die allererste klimaneutrale TV-Serie „Der Landarzt“ produzierte im Jahr 2012 die Odeon Film. Für Studio Hamburg dreht danach die Letterbox Filmproduktion „Notruf Hafenkante“, weitere Serien und eine TV-Show umweltbewusst (Abb. 33.5). Erste grüne Kinoproduktion war zu der Zeit BUDDY von Michael Bully Herbig. Im Jahr darauf produzierte TamTam Film „Schrotten“ umweltfreundlich. Grüne Erfahrungen bei TV-Spielfilmen sammelte der Produzent Uli Aselmann mit „Kleine Ziege sturer Bock“. Der Hamburger Regisseur Lars Jessen dreht aus Überzeugung bisher am häufigsten umweltverträglich, wie u. a. die Auftragsproduktion „Bloß kein Stress“ für Ziegler Film Köln, den Tatort Münster für Molinafilm und seine Eigenproduktionen. Auf dem Gelände der Bavaria Filmstudios wird neben der sehr beliebten TV-Serie „Sturm der Liebe“ seit 2017 auch „Rosenheimcops“ klimaneutral gedreht sowie auch einige TV-Shows. Das bedeutet, dass die nicht vermeidbaren Emissionen mit einem Co2-Bilanzrechner erfasst und durch zertifizierte Klimaschutzprojekte ausgeglichen werden. Die Sony Pictures Film und Fernseh Produktion in Köln produzieren sehr erfolgreich seit 2014 drei TV-Serien: „Heldt“, „Der Lehrer“ und „Alles nach Plan“ umweltfreundlich und fixieren teilweise Klimaschutzmaßnahmen sogar vertraglich, wie beispielsweise innerdeutsch nicht zu fliegen. Der Impuls dazu ging von der Green Picture Group aus, eine Initiative die sich in der Musikbranche für ‚grüne Events und Konzerte‘ engagiert.

Mit einem Pilotfilmprojekt im Jahr 2015, dem Tatort „5 Minuten Himmel“ – produziert von Ziegler Film Baden-Baden für den SWR und die ARD Degeto –, positionierte sich die Filmförderungsanstalt Baden-Württemberg eindeutig zu ökologisch nachhaltiger Filmproduktion. Neben Schulungen bietet sie auf ihrer Webseite seit 2018 einen kostenlosen CO_2-Bilanzrechner und Onlineinformationen für einzelene Gewerke an. Erfolgreichste grüne Filmproduktionen sind der mit dem Goldenen Globe und Critics Choice Award 2018 ausgezeichnete Kinofilm „Aus dem Nichts“ von Fatih Akin und der Berlinale Wettbewerbsfilm und Gewinner des Deutschen Filmpreises „Drei Tage in Quieberon“ von Emily Atef, beide ausgezeichnet mit dem „Grünen Drehpass“ (Abb. 33.6).

Die Produzenten übernehmen erfreulicherweise zunehmend selbst die Verantwortung für mehr Klimaschutz beim Drehen. Die 39. Babelsberg Film produzierte für Paramount in 2017 die 2. Staffel von „Berlin Station“ umweltfreundlich. Die Constantin Film produzierte die mit dem „Grünen Drehpass“ und dem Fair Film Award ausgezeichnete Filme ‚Der Vorname‘ von Sönke Wortmann und die erfolgreiche Kinokomödie

Abb. 33.6 7 Lolas gab es für den Film „Drei Tage in Quiberon“ über Romy Schneider. (Quelle Foto: Rohfilm Factory)

„Sauerkrautkoma". Im Februar 2018 gab die PANTAFLIX AG bekannt, dass sie zukünftig eine Nachhaltigkeitsstrategie im Unternehmen implementieren, als auch bei Filmproduktionen darauf achten, ihren ökologischen Fußabdruck zu reduzieren (Pressemeldung Pantaflix 2018).

Ende letzten Jahres feierte der Kinofilm ‚100 Dinge' seine klimafreundliche Premiere in Berlin. Es geht darin um Konsumverzicht, der unter Beachtung von Umweltschutzaspekten und anhand eigener Leitlinien gedreht wurde. Insgesamt waren es fünf Produktionen innerhalb eines Jahres und das in verschiedenen Städten. Erstmals konnten so umfassend Erfahrungen gesammelt werden die aufzeigen, was machbar, sinnvoll oder noch optimiert werden muss, aber vor allem was es kostet, grün zu drehen. Bei dieser Produktion wurden u. a.: 10.000 Einwegbecher gespart, durch vegetarische Tage Treibhausgase reduziert und als Klimaausgleich eine Meeresschutzorganisation unterstützt.

> Unter den jetzigen Voraussetzung kann eine Filmproduktion hier in Deutschland niemals 100% umweltfreundlich sein. Neben der Umsetzung unserer eigenen Leitlinien, recherchieren und fördern wir daher als Pantaflix Technologien, die wirklich einen Fortschritt für Dreharbeiten darstellen. Unser Ziel dabei ist es: massive CO2-Reduktion, umweltfreundliches Produzieren vereinfachen und zum Standard machen. Mariella Koch, Nachhaltigkeitsberaterin Pantaflix AG, Interviewgespräch vom 19.12.2018.

In der Medienregion Hamburg Schleswig-Holstein wurde bisher am meisten grün gedreht. Dank der „Grünen Drehpass"-Initiative und der Kooperation mit der Hamburg Media School. Denn ein Drittel der mehr als 140 mit dem „Grünen Drehpass" ausgezeichneten Filme sind von Studenten*innen hergestellt. Auch an anderen Universitäten, wie die Leuphana in Lüneburg, der Filmuniversität Konrad Wolf in Potsdam-Babelsberg, der HFF München und in Ludwigsburg beschäftigen sich zunehmend junge Filmemacher*innen mit dem Thema. Seit dem Wintersemester 2017 besuchen alle Neuimmatrikulierten Studenten*innen in Babelsberg in der Einführungswoche mein Seminar zu Nachhaltiger Filmproduktion und ist das Thema in der Veranstaltungsreihe: Perspektiven der Film- und Mediengestaltung für alle Studierenden Teil der Lehre. Ich leite für den Förderverein für Öffentlichkeitsarbeit und Umweltschutz im Land Brandenburg seit Jahren Jugendfilmworkshops zum Thema und zu nachhaltiger Filmproduktion. Einer der klimaneutral gedrehten Kurzfilme „Anul aus dem All" gewann beim größten Naturfilmfestival Europas bei Green Screen den ‚Green Junior Report' Filmpreis. Es ist enorm wichtig, ökologische Aspekte möglichst frühzeitig an zukünftige Filmemacher*innen zu vermitteln und in die Lehre nachhaltig einzubinden (Abb. 33.7).

Diese positiven Entwicklungen im letzten Jahr vermittelt Aufbruchstimmung. Doch die hier genannten Best-Practice-Beispiele sind im Verhältnis zu dem was pro Jahr in Deutschland insgesamt gedreht wird, noch erste konkrete Schritte, die hoffentlich zu einer nachhaltigen Veränderung führen. Die sechs großen amerikanischen Filmstudios der Motion Picture Association America (MPAA) zeigen seit Jahren, dass weitaus mehr möglich ist. Immer zum Tag der Erde am 22. April, berichten sie über ihre zahlreichen Umweltaktivitäten, ihr soziales Engagement und die enorme Vielfalt an Filmen, die

Abb. 33.7 Klimaneutraler Kurzfilm Wach auf! gewinnt beim JIM-Filmfestival in Potsdam. (Quelle Foto: Gutsche)

entweder das Thema in der Geschichte aufgreifen, wie u.a. Al Gores Film ‚An Inconvenient Sequel – Truth to the Power' im Jahr 2017 oder nach dem Green Film Guide der Producers Guild of America gedreht wurden (Producers Guild of America; MPAA-Pressemeldung 2018). Darunter bekannte Produktionen wie der Steven Spielberg Spielfilm „Die Verlegerin" (Abb. 33.8).

> Nachhaltiges Filmemachen und umweltfreundlich Produzieren sind für die Studios seit langen und weltweit Schwerpunktthemen. Dabei geht es nicht nur darum, selbst möglichst ressourcenschonend zu arbeiten und mit gutem Beispiel voranzugehen, sondern auch Aufmerksamkeit für grüne Praktiken zu schaffen. Christian Sommer, Country Representive Germany, Motion Picture Association (MPA), Interviewgespräch vom 20.12.2018.

Die Environmental Media Association in Los Angeles vergibt jährlich den Green Seal Award und ehrt damit Umweltfilme und grüne Filmproduktion. Vergleichbares gibt es nur in Frankreich beim Deauville Filmfestival.

Handlungsoptionen grüner Filmproduktion

Grün drehen bedeutet Zukunftssicherung, Innovation, Ressourcenschutz und Verantwortung und ist Chefsache. Grundvoraussetzung und Erfolgsfaktoren sind, dass alle an der

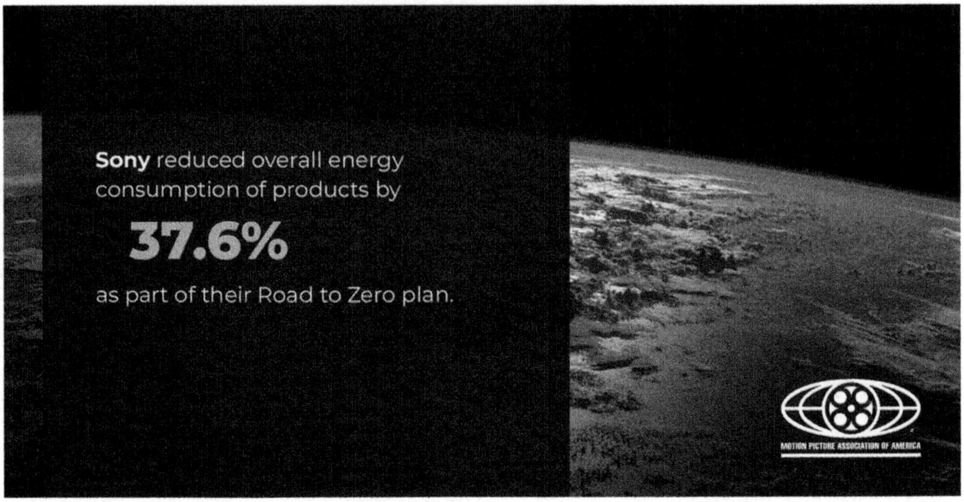

Abb. 33.8 Earthday 2018 – SONY setzt einen Road to Zero Plan um, als Engagement der sechs größten Filmstudios. (Quelle Foto: MPAA)

Herstellung eines Filmes Beteiligten möglichst frühzeitig informiert und motiviert sind und vor allem verstanden haben, warum freiwilliger Klimaschutz eine Investition in die Zukunft ist. Es macht Sinn, ein Leitbild der Filmproduktionsfirma oder des Unternehmens, eigene visuell attraktiven ABC-Infoflyer „Warum drehen wir grün?" oder sogar einen ABC-Infoflyer mit gewerkespezifischen Empfehlungen für die jeweilige Produktion zu entwickeln und bereits bei der Anfrage zu versenden. Das erhöht die Chance, dass es dem Team leichter fällt, entsprechende Angebote zu erstellen und vertraute Verhaltensmuster und Arbeitsabläufe nachhaltig und ganz bewusst zu ändern. Kommunikationsstärke der Produktionsleitung und Akzeptanz im Team sind enorm wichtig.

Jeder Film ist ein Unikat. Jede Drehregion ist anders. Es gibt wie bereits erwähnt, noch keinen bundesweit einheitlichen ökologischen Maßnahmenplan oder „grünen Filmleitfaden" mit Handlungsempfehlungen für die Filmherstellung. Als Orientierung können die Best Practice Guidelines / Handlungsleitfaden der regionalen Filmförderungen aus Hamburg Schleswig-Holstein bzw. Baden Würrtemberg genutzt werden. Je nach Größe der Filmproduktionsfirma, des Unternehmens und des Filmbudgets ist es ratsam, einen externen Berater zu beauftragen oder jemanden ab der Produktionsvorbereitungsphase fest im Team zu haben, gleichberechtigt zu den anderen Departments. Möglich wäre es auch, den Herstellungs- und Produktionsleiter durch den Besuch der Schulungsseminare bei den Filmförderanstalten zu qualifizieren. Inwieweit Unternehmen, die eine Image- oder Werbefilmproduktion planen, diese besuchen können, ist dort zu erfragen.

Worum geht es bei einer umweltfreundlichen Filmproduktion?
Frühzeitig genre- und filmspezifische geeignete Maßnahmen für die relevanten Hauptemissionsquellen und kreative verfügbare innovative Technologien zur Reduzierung der Treibhausgasemissionen ermitteln.

Was sind die Grundprinzipien?
Reduce-Recycle-Reuse bei allen Phasen einer Filmproduktion (Vorbereitung-Dreharbeiten-Postproduktion) von den jeweiligen Departements beachten.

Es ist frühzeitig zu sensibilisieren, ob klimafreundlich oder klimaneutral produziert wird. Jeder Film ist anders und entsprechend aufwendig und variabel der Maßnahmenkatalog. Es besteht die Option für Produzenten*innen, beim ersten Filmprojekt nur eine Phase, wie beispielsweise nur Dreh, aber ohne Postproduktion oder ein Handlungsfeld, d. h. nur Mobilität und oder Ressourcenschutz umzustellen. Empfehlenswert ist, möglichst früh alle einzubeziehen, umso eher gelingt die Umsetzung und können sich alle entsprechend vorbereiten. Wichtig ist hierbei, den positiven Mehrwert des teilweise höheren Arbeitsaufwandes zu vermitteln. Dafür eignet sich ein ABC-Infoblatt mit Briefinganschreiben, welches nachvollziehbar erklärt, warum die Produktion unter Klimaschutzaspekten gedreht wird. Um die zuvor genannten Förderoptionen nutzen zu können und ggf. notwendiges Eigenkapital zu ermitteln, müssen die Mehrkosten explizit ausgewiesen und mit Angeboten belegt werden.

Zur Verbesserung der Klimabilanz einer Filmproduktion betrachtet man einzelne **Handlungsfelder** bzw. die Hauptemissionsquellen:

- Energieverbrauch und Ressourceneinsatz,
- Abfallmanagement,
- Mobilität,
- Catering,
- Unterbringung sowie das Produktionsbüro für die Dreharbeiten bzw. das Unternehmen.

Grüne Servicedatenbanken mit Dienstleistern für die jeweiligen Drehregionen sind nicht vorhanden. Einige der regionalen Filmförderanstalten und Filmverbände planen das für 2019 bzw. gibt es erste Ansätze von GreenProduction ServiceGuides, die aber nicht wirklich nutzerfreundlich sind. Daher müssen Datenbanken mit Servicedienstleister noch individuell von jeder Produktion entwickelt werden und ist für jeden Film entsprechend Recherchearbeit notwendig. Das kostet Zeit und Geld, zumindest für die ersten Produktionen. Langfristig gesehen, ist diese Arbeit vom Produktionsbüro zu leisten. Kurzfristig geht das mit externer Unterstützung, durch einen Berater*in oder in Kooperation mit einer Universität oder Film-Institutionen.

Bei der Kinofilmproduktion erkennen seit 2017 alle Filmförderungen auf Bundes- und Länderebene die Kosten für ressourcenschonende Maßnahmen und Beratung durch einen Green Consultant an (FFA-Pressemeldung 2017; Merkblatt „Green Consultant" 2017). Die konkrete Umsetzung und die Höhe der Fördersumme sind individuell mit den Referenten*innen abzustimmen. Bei TV-Auftragsproduktionen gibt es bis dato keinen Zuschuss. Es bedarf und erfolgt immer öfter, einer entsprechenden Ansprache bei den Vertragsverhandlungen durch die Produzenten*innen und seitens der Verbände der Filmproduzenten bei den TV-Sendeanstalten. Bei privat finanzierten Filmen trägt der Produzent diese Kosten.

Grün drehen – Bevor die Klappe fällt!
Die möglichen CO_2-Vermeidungs- und Reduktionsmaßnahmen sind filmspezifisch variabel, je nach Genre und ob es eine Studioproduktion, ein Dokumentarfilm, TV-Spielfilm oder Kinofilm ist, ob national oder international produziert, ob als aufwendiger Kostüm-, Naturfilm oder als Imagefilmproduktion.

Nachfolgend werden die wichtigsten Handlungsempfehlungen kurz vorgestellt.

Das **grüne Produktionsbüro** ist der Ort, von wo aus der Film umwelt- und sozialverträglich entwickelt, vorbereitet und alle Drehabläufe bis hin zur Postproduktion disponiert werden. Daher sollte er auch diese Atmosphäre ausstrahlen. Es ist relativ einfach, dort zu allererst Maßnahmen zum Ressourcenschutz und Effizienzsteigerung, wie u. a. umweltfreundliche Büromaterialien und Möbel, korrekte Mülltrennung, zu implementieren.

Der Bereich der Mobilität, d. h. die An- und Abreise für das Team, Cast, Komparsen, Dienstleister u. a. zum Unternehmen, zum Set und bei Drehortswechsel sind konsequent zu prüfen und da wo sinnvoll auch umzustellen, um die Reduzierung des Schadstoffausstoßes maximal zu optimieren (Abb. 33.9).

Alternative und innovative umweltfreundliche **energieeffiziente Technik** im Studio und On Location , wie u. a. LED Licht sind zu ermitteln und so verfügbar zu nutzen, um dadurch den Stromverbrauch massiv zu senken.

Abb. 33.9 Außendreh für „Sturm der Liebe" – umweltfreundlich Anreisen schützt die Umwelt. (Quelle Foto: Bavaria Film)

Bei der **Ausstattung** für einen Film ist unbedingt auf zertifizierte und nachhaltige Materialien zu achten. Beim **Catering** sind regionale, saisonale Kost und Getränke anzubieten und möglichst nur Mehrweggeschirr zu benutzen. Plastikeinwegflaschen am Set sind zu vermeiden, indem zu Drehbeginn jeder im Team eine eigene umweltfreundlich hergestellte Trinkflasche und oder Tasse bekommt und benutzt und jederzeit kostenfrei Wasser verfügbar ist.

Das schont Naturressourcen, reduziert den Müll und bringt Kostenersparnis.

Indem Ökostrom direkt aus dem Festnetz anstatt Dieselgeneratoren verwendet und zunehmend LED-Licht zum Einsatz kommt, in green-certified Hotels, möglichst Bahnhofs- oder Setnah gewohnt wird, reduzieren sich die CO_2-Emissionen der Produktion ebenfalls.

Um CO_2-Einsparungen einer Filmproduktion transparent zu machen, seine eigene **Klimabilanz** zu erstellen und klimaneutral zu produzieren, muss jemand im Team die nicht vermeidbaren Verbräuche für Strom, Wasser, Benzin und Diesel, Müll, Materialien u. a. erfassen und durch einen Filmrechner in CO_2-Äquivalente umrechnen lassen. Dafür gibt es einige Anbieter mit Klimabilanzrechner. Als Ausgleich für den Eingriff in die Umwelt durch die Filmproduktion besteht die Möglichkeit, ein zertifiziertes Klimaschutzprojekt oder ein soziales Projekt eigener Wahl zu unterstützen.

Es ist zu klären, wer die Verbrauchsdaten erfasst und für welche Produktionsphasen. Entweder machte es ein der externe Berater*in oder die Assistenz*in des Produktionsleiters*in. Die Klimabilanz zu ermitteln wäre wichtig, um zukünftig mehr Daten zu CO_2-Zahlen der Branche zu haben und um sein Engagement sichtbar zu machen (Abb. 33.10).

Erwähnenswert ist an dieser Stelle die Verfügbarkeit und Bezahlbarkeit der grünen Technik für umweltfreundliche Dreharbeiten. Hier bedarf es einer entsprechenden Wirtschaftsförderung auf Landes- und Bundesebene für die Produzenten*innen und Servicedienstleister*innen der Filmbranche. Die Bedenken der Branche zu den Mehrkosten sind teilweise berechtigt. Doch je mehr Produzenten grün drehen, umso günstiger werden die Leistungen und steigert es die Verfügbarkeit. Außerdem entwickelt sich die innovative Film-, Licht- und Fahrzeugtechnik rasant und auch andere relevante Wirtschaftszweige stellen zunehmend auf nachhaltige Produkte um. Es ist eine Übergangsphase, wo jeder am Film Beteiligte eine aktive Rolle übernehmen muss. Förderanreize auch seitens der TV-Sendeanstalten sind notwendig sowie Eigeninvestitionen der Produzenten.

ClimatePartner°
klimaneutral

Filmproduktion | ID 11691-1708-1001

Abb. 33.10 Wer nicht vermeidbare Treibhausgasemmissionen mit ClimatePartner bilanziert bekommt ein Klimaschutzzertifikat

Verschärfte Gesetze und Vorgaben, wie u. a. die neue Ökodesign-Richtlinie ab 2019, die strenge Anforderungen an die umweltgerechte Gestaltung von Lichtquellen vorschreibt, dienen möglicherweise dazu, das die Medienbranche sich zeitnah entsprechend umweltfreundlich aufstellt.

Generell ist davon auszugehen, wer radikal Verbräuche reduziert, spart Kosten. Wer mehr öffentliche Verkehrsmittel nutzt, Bahn fährt anstatt zu fliegen und Fahrgemeinschaften bildet, ebenfalls. Mehraufwand ist bei großen aufwendigen Produktionen zu erwarten: für Beratung- und Rechercheleistung, die Umstellung auf neue Lichttechnik, auf abwechslungsreiche regionale Kost und Nutzung von Mehrweggeschirr als auch für die Verwendung umweltverträglicher Materialien im Kulissenbau.

Ein grünes Zertifikat für die Filmproduktion, wie seit letztem Jahr in Österreich (Evergreen-Infoposter 2017), gibt es in Deutschland noch nicht. Der mehrmals erwähnte „Grüne Drehpass“ gilt als Auszeichnung und Motivation. Die genannten klimaneutralen Produktionen bei der Bavaria Film und Ziegler Film Baden-Baden besitzen ein Zertifikat von ClimatePartner oder anderen Anbietern wie myclimate für die Kompensation ihrer Treibhausgase (Abb. 33.10).

Ob mit oder Klimaschutzzertifikat gedreht, wichtig ist, darüber zu sprechen. Bereits beim ersten Pressetermin zum Drehstart und bei jeder Pressemeldung sollte kommuniziert werden: „Wir produzieren grün bzw. unseren Imagefilm drehen wir grün, weil … “ (Abb. 33.11).

Abb. 33.11 Pressetermin beim Tatort Münster ‚Gott ist auch nur ein Mensch‘, Regie Lars Jessen. (Quelle Foto: Gutsche)

Die Schauspieler als Multiplikatoren für grünes Drehen sollten es beim Interview natürlich erwähnen. Es kann direkt nach dem Filmtitel explizit gesagt werden oder am Filmende. Für Previews und Filmpremieren gilt das gleiche wie für die Produktion. Es ist mit dem Verleiher frühzeitig zu entscheiden, ob eine klimafreundliche oder klimaneutrale Premiere geplant wird und wie das Klimaschutzengagement in die Marketingkampagne einfließt.

> Als Dokumentar-Filmern ist es meiner Crew und mir ein Anliegen, jenseits der gängigen TV-Unterhaltung Filme zu drehen, die über Umwelt- und Menschenrechts-Themen berichten und im Idealfall sogar etwas bewegen. Genauso wichtig scheint es mir aber auch darüber nachzudenken, WIE wir Filme drehen und produzieren, wie die Film- und TV-Branche mit unserer Umwelt umgeht, und da gibt es gewaltigen Handlungsbedarf.
>
> Da viele Zuschauer uns immer noch als einflussreiches Medium wahrnehmen, sollten die Filmbranche mit gutem Beispiel vorangehen und auch beim Klimaschutz eine größere Rolle spielen…
>
> Hannes Jaenicke, Schauspieler, Umweltschützer und Dokumentar-Filmemacher (Interviewgespräch mit Hannes Jaenicke 2018).

33.4 Best Practice in Deutschland

Nachfolgend eine Auswahl an Erfahrungen mit ökologisch nachhaltiger Filmproduktion.

Am Medienstandort Berlin Brandenburg ist nie drehfrei. Film läuft! – Deutsche und internationale Filmcrews produzieren täglich, sowohl für deutsche Serien, wie Babylon Berlin, aber auch für US-Blockbuster und vergab die Filmförderung im Jahr 2017 insgesamt 26 Mio EUR (Medienboard Pressemeldung 2018). Grün Drehen jedoch ist in der größten Medienregion mit mehr als 5000 Drehtagen bisher noch selten. Große TV-Produktionen mit Umweltmaßnahmen waren bisher die amerikanische TV-Serie „Berlin Station“ sowie die SKY-Produktion „Acht Tage“. Eine CO_2-Bilanzierung wurde nicht gemacht und kostenrelevante Aussagen zur Wirtschaftlichkeit der Maßnahmen sind nicht frei verfügbar (Abb. 33.12).

Unter dem Motto: WE GO GREEN und in Verantwortung des Produzenten wurden an 111 Drehtagen mehr als 53.000 Plastikflaschen gespart, durch eigene Mehrweggetränkeflaschen für alle Crew-Mitglieder, ausschließlich auf Recyclingpapier gedruckt, digitale Dispos und Drehbücher versandt, konsequent Müll getrennt, Fahrgemeinschaften gebildet, ein grünes Büro eingerichtet und mehr als 22.000 Plastikbecher und mehr als 27.000 Plastikteller gespart, indem Mehrweggeschirr beim Catering genutzt wurde. Zu Drehbeginn wurde als Symbolik ein Baum gepflanzt (Green Memo 2017).

> Aus unserer Sicht hat es sich gelohnt und wir sind stolz auf das Erreichte!
>
> Michael Scheel, Produzent von Berlin Station.

Die meisten umweltfreundlich gedrehten Filme in Deutschland sind geförderte Produktionen der regionalen Filmförderung Hamburg Schleswig-Holstein (FFHS). Der „Grüne Drehpass“ wurde seit 2012 bereits über 140-mal vergeben. Den bekommt

Abb. 33.12 Umweltfreundliche TV-Serie „Berlin Station“, co-produziert von der 39. Babelsberg Film und Paramount Television. (Quelle Foto: Gutsche)

eine Produktion, die nachweislich darauf achtet, bei der Vorproduktion, im Büro, der Ausstattung, dem Catering, der Technik, dem Transport umweltfreundlich zu handeln oder für den Filmdie nicht vermeidbaren Treibhausgasemissionen bilanziert. Enorm hilfreich für Produzent*innen ist die individuelle Beratung durch eine Förderreferentin und der Best Practice Guide mit zahlreichen Empfehlungen (Grüner Drehpass 2015; Abb. 33.13).

Die klimaneutralen Filmstudios der Bavaria Film in München haben innerhalb von zwei Jahren durch Umstellung auf Geothermie und Ökostrom im Jahr 2013 ihre Treibhausgasemissionen um mehr als 95 % reduziert (GreenStudio 2014). Damit schaffen sie hervorragende grüne Voraussetzungen für jede Filmproduktion und TV-Fernsehshow auf dem Studiogelände. Darüber hinaus wird dort die älteste TV-Serie des Landes „Sturm der Liebe“ klimaneutral gedreht (Abb. 33.14).

Der Produzent Michael Bully Herbig traf daher dort auf klimafreundliche Bedingungen für die erste grüne Kinoproduktion BUDDY Deutschlands im Jahr 2014. Diese produzierte er mit Unterstützung einer externen Beraterin und dem Ziel, durch eine gewissenhafte Planung und intensive Kommunikation mit dem Team, erste Erfahrungen mit ressourcenschonenden Produktionsweisen zu sammeln. Das Ergebnis: Durch

Abb. 33.13 Grüne Produktion „Aus dem Nichts“, Regie Fatih Akin, co-produziert von Warner Bros. (Quelle Foto: Warner Brother Entertainment, Bombero, Gordon Timpen)

Abb. 33.14 Klimaschutz ist Chefsache auf dem Bavaria-Studiogelände. (Quelle Foto: Bavaria Film)

konsequente Mülltrennung musste ca. 50 % weniger Müll entsorgt werden, durch alternative Mobilitätskonzepte konnte trotz Drehortswechsels zwischen Hamburg und München, die CO_2-Emissionen um rund 20 % reduziert werden, ebenfalls durch 50 % regionales Essen, Mehrweggeschirr und eigene Trinkflaschen, Wasserspender. Wichtig waren regelmäßige Meetings, um das Team zu sensibilisieren. Als Ausgleich wurde vom Produzenten freiwillig eine Moorschutzprojekt finanziell unterstützt (Abschlussbericht 2013).

Die Bavaria Film vollzieht die Klimawende sehr konsequent und bietet außerdem interne Schulungen, organisiert Greendays für die Mitarbeiter und im Jahr 2017 gab es erstmals eine Baum-Challenge als öffentlichkeitswirksame Aktion.

Die Sony Picture Film und -Fernsehproduktion in Köln produziert seit 2014 drei TV-Serien konsequent umweltfreundlich. Jährlich sind das über 30 Folgen mit 220 Drehtagen pro Jahr. Im Fokus des Herstellungsleiters: Nutzung von Mehrweggeschirr und eigene Trinktassen, grünes Büro, tendenziell Festnetzanschluss anstatt Generatoren, vertraglich vereinbart, innerdeutsch nur mit Zug anzureisen, Cast wohnt nah am Set, Wasserspender, Akkus anstatt Batterien, Produktionsfahrräder, Tages- und Cutterberichte digital, Müll richtig trennen u. a. Als Ausgleich wird am Jahresende ein Naturschutzprojekt finanziell unterstützt, ohne das eine Klimabilanz erstellt wird (Erfahrungswerte/Präsentation Sony Picture Köln 2017; Abb. 33.15).

Abb. 33.15 Schauspieler Hendrik Duryn aus der TV-Serie „Der Lehrer" steht 100 % hinter den grünen Drehbedingungen. (Quelle Foto: Sony Pictures Film und Fernsehproduktion)

In 2015 hat die Medien- und Filmgesellschaft Baden Württemberg (MFG) einen klimaneutralen Tatort-Piloten „5 Minuten Himmel" zur Etablierung von ressourcenschonenden Produktionsweisen initiiert. Produziert von Ziegler Film Baden-Baden für den SWR und ARD Degeto, unterstützt durch eine freie und einen festen Berater und wissenschaftlich begleitet von der Hochschule für Medien. Die Klimabilanzierung erfolgte in Kooperation mit ClimatePartner (Abb. 33.16).

An den 24 Drehtagen in Freiburg wurde konsequent Müll getrennt, ein grünes Büro eingerichtet, Personal regional beauftragt, Produktionsfahrräder genutzt, bevorzugt in Ferienwohnungen anstatt Hotels gewohnt, gab es Veggiedays, wurden nur Akkus verwendet und wenn möglich ein Festnetzanschluss genutzt. Teilweise kam LED zum Einsatz und der Motivaufnahmeleiter fuhr ein Elektroauto. Anhand der realen Verbrauchsdaten für Strom, Wasser, Müll, Benzin, Unterkunft usw. wurde die Klimabilanz für die nicht vermeidbaren Emissionen ermittelt. Als Ausgleich für die durch die Filmproduktion nicht vermeidbaren verursachten 80 t CO_2 unterstützt die Produktion ein zertifiziertes Waldschutzklimaprojekt in der Region sowie zur Wasseraufbereitung in Kenia. Durch die grünen Maßnahmen konnten rd. 53 t CO_2-Emissionen und damit 42 % zur herkömmlichen Produktionsweise gespart werden (Abschlussbericht ARD/SWR).

Die meisten umweltfreundlichen TV- und Kinofilme hierzulande dreht der Hamburger Regisseur und Produzent Lars Jessen. Bei TV-Auftragsproduktionen unter seiner Regie,

Abb. 33.16 Klimaneutraler Tatort „5 Minuten Himmel" mit Heike Makatsch in der Hauptrolle. (Quelle Foto: Linder/ARD)

Abb. 33.17 Lars Jessen dreht aus Passion umweltfreundlich. (Quelle Foto: Gutsche)

wie beim Tatort Münster, dem Polizeiruf 110 oder der Komödie „Jürgen – Heute wird gelebt", „Bester deutscher Fernsehfilm" und ausgezeichnet mit der Goldenen Kamera 2018, wurde konsequent Müll getrennt, weitgehend vegetarisch gegessen, eigene Trinkflaschen benutzt, Fahrgemeinschaften gebildet und kam LED-Licht zum Einsatz (Abb. 33.17).

Als Produzent ist sein Maßnahmenpaket weitaus umfangreicher. Beim TV-Spielfilm „Kuddelmuddel" beispielsweise gab es zu den zuvor erwähnten Maßnahmen nur Festnetzanschluss und ausschließlich LED-Lichttechnik zum Einsatz. Es wurde der ÖNV benutzt und innerdeutsch Bahn gefahren sowie ein Biocatering angeboten.

Die Mehrkosten übernimmt bisher er, aufgrund seiner bewussten Haltung zum Klimaschutz und wünscht sich natürlich, das das zukünftig durch die Sender in der Kalkulation berücksichtigt wird.

Ich war in meiner Karriere an über 200 Film- und Fernsehproduktionen beteiligt. Seit dem ersten Praktikum bis hin zu meinen jetzigen Tätigkeiten als Regisseur und Produzent ist es mir wichtig, über Umweltschutz und Nachhaltigkeit auch bei unserer Arbeit zu reflektieren. Ich frage mich allerdings nach wie vor, warum wir uns als Medienschaffende immer so wichtig nehmen und denken, dass der Nachhaltigkeitsgedanke in unserer Branche nicht umzusetzen sei. Sind wir als Künstler oder Kunsthandwerker weniger verantwortlich als ein Betreiber oder Mitarbeiter eines Chemiewerks und Autozulieferers?

> Um endlich ein Stück weiter zu kommen, müssen wir weg von der reinen Freiwilligkeit. Wir brauchen als Filmbranche verbindliche Regelungen für umweltfreundliche Filmproduktion und ein definiertes CO_2 Kontingent pro Film. Eine Anschubfinanzierung der Sender ist notwendig, um die vorhandenen Technologien im Markt zu Konditionen verfügbar zu machen, die genauso günstig sind wie die alten von Dieselaggregaten versorgten stromfressenden Lampen und Fahrzeuge, von denen es meist ein paar zu viel gibt an jedem Filmset!
>
> Lars Jessen, Regisseur und Produzent (Interviewgespräch mit Lars Jessen 2018).

Wer grün drehen will, muss es zu 100 % wollen. Das war bei den v. g. Best-Practice-Filmproduktionen der Fall. Zugleich geben sie einen Einblick in Erfahrungen und mögliche Maßnahmen, um Umwelt- und Klimaschutzaspekte bei der Filmproduktion wirksam und nachhaltig zu beachten.

33.5 Umweltbewusst einen Film zu drehen, bringt Imagegewinn und schützt das Klima

Täglich wird in Deutschland gedreht und 122 Mio. Kinobesucher in den 1672 Kinos bundesweit im Jahr 2017 sprechen für sich (Filmwirtschaftsstatistik 2017). Weitaus mehr Filme schauen wir im TV oder auf mobilen Geräten, Tendenz steigend. Hinzukommen Werbespots und Imagefilme.

Doch wie umweltfreundlich drehen wir in Deutschland Filme? Welche Rolle spielt das Thema Nachhaltigkeit beim Film? Wir hoch ist der ökologische Fußabdruck der Bewegtbildbranche?

Damit beschäftigen sich bisher wenige Filmemacher*innen, Akteure*innen und Produzenten*innen. Die globalen klimatischen Veränderungen erleben wir alle. Die Filmwirtschaft verursacht einen erheblichen Anteil an Treibhausgasen. Das Klimaschutz wichtig ist, ist den meisten bewusst. Endlich gibt es bundesweit erste Ansätze zur Umsetzung und Umstellung auf eine ressourcenschonendere Filmproduktionsweise. Die zuvor genannte Best-Practice-Auswahl an Filmen und der Blick ins Ausland zeigen, dass es möglich ist und vor allem mit welchem enormen Potenzial, um dadurch die klimaschädlichen Treibhausgasemissionen zu reduzieren. Auch die traditionsreiche und sehr erfolgreiche Ufa am Standort Babelsberg hat seit vier Jahren ein Green Team und nachhaltiges Handeln als Zukunftssicherung definiert. Damit zeigen sie Haltung in Sachen Umweltschutz und übernehmen bewusst Verantwortung. Für die erfolgreiche und ältestes TV-Serie ‚GZSZ' wurden zahlreiche klimaschonende Maßnahmen umgesetzt urnd will man das Thema bei den Sendern und Filmförderungen zum Selbstverständnis machen (Gastbeitrag Blickpunktfilm Nr. 48 vom 28.11.2018, S. 30).

Die erste klimaneutrale TV-Serie „Der Landarzt" wurde bereits 2012 und der erste klimafreundliche Kinofilm im Jahr darauf gedreht. Es gründete sich die Green Film Initiative in Potsdam, der „Grüne Drehpass" wurde eingeführt, die Bavaria stellten auf klimafreundliche Prozesse um, das Medienboard veröffentlichte den Green

Service Guide. Dann wurde es wieder still und initiierte die Filmförderung in Baden-Württemberg den ersten klimaneutralen Tatort als Piloten erst in 2015. Es waren regionale Filmförderanstalten und Einzelakteure*innen der Branche, die sich in der Vergangenheit für das Thema wirklich stark machten und es bis heute mit Leidenschaft praktizieren. Ein wichtiger Meilenstein auf Bundesebene wurde durch die seit 01.01.2017 geltende Novelle des Filmfördergesetzes erreicht, in dem die Ökologisierung als verbindliche Aufgabe der Filmförderanstalten aufgenommen wurde und Produzenten seitdem eine Selbstverpflichtung unterschreiben können. Mit der gemeinsamen Erklärung zum grünen Drehen aller regionalen Filmförderanstalten im November 2017 sind praktikable Anreize für die Filmwirtschaft gegeben, konkrete Klimaschutzmaßnahmen zu implementieren. Selbst Schulungsseminare werden regional kostenfrei angeboten. Das gilt zumindest für die Kinofilmproduzenten. Bei TV-Auftragsproduktionen hingegen ist hierzu noch Gesprächsbedarf. Eine Anschubfinanzierung durch die TV-Sendeanstalten ist zwingend notwendig, um die Produzenten zu unterstützen, die grün drehen wollen und andere zu motivieren, es auszuprobieren. In Ergänzung dazu wäre grundsätzlich durch die Produzenten*innen auch zu prüfen, inwieweit regionale und nationale Ministerien geeignete Förderbudgets für die Filmwirtschaft anbieten, die von ihnen genutzt werden können. Parallel muss insbesondere die notwendige Technik verfügbar sein und wirtschaftlicher Förderung für grüne Dienstleister der Branche sichergestellt sein.

Medienmacher*innen haben eine enorme Verantwortung, nicht nur außergewöhnliche, spannende, unterhaltsame Geschichten zu erzählen, sondern auch Naturressourcen zu bewahren, um, die globale Erwärmung der Erde zu mindern und aktiv als Branche zum Erreichen der Klimaschutziele beizutragen. Bewusst ökologisch zu produzieren und nicht vermeidbare Emissionen durch Klimaschutzprojekte zu kompensieren und nachhaltig Filme herstellen ist die Zukunft. Meine Empfehlung für die deutschen Produzenten: ACTION BITTE!

Danksagung Ich bedanke mich für bei den nachfolgenden Menschen für die kostenfreie Bereitstellung von Informationen, Empfehlungen, Fakten, Fotos, Unterstützung, Inspiration, Gespräche, Motivationen und gemeinsame Praxiserfahrungen zur Erstellung dieses Fachbeitrages:

Lars Jessen, Christiane Dopp, Christiane Raab, Aurel Beck, Robert Lanig, Pascal Nothdurft, Michael Scheel, Philip Gassmann, Nicola Knoch, Katja Schwarz, Ina Maria Hößler, Michael Kaliski, Emily O'Brain, Marcus Kreuz, Sandra Böttger Thieme, Jacob Bilabel, Michael Geidel, Christian Sommer, Alfred Holighaus, Moritz Lehmkuhl, Carsten Träger, Maike Caroli, Michael Beier, Tanja Ziegler, Hannes Jaenicke, Martin Moszkowicz, Andrea Schneider, Alexander Thies, Fernanda Lange Böttger, Knut Bach, Christian Scherga, Pit Krause, Ernst Feiler, Dietrich Reupke, Fee Altmann, Eike Wolf, Rangeen Horami, Susanne Stürmer, Katrin Springer, Marialla Koch, Friederike Lina Schüler, Alexandra Coffey, Prof. Kropp und Prof. Schellnhuber. Besonders bedanke ich mich bei meinem Sohn Jonay, der viel zu oft auf mich verzichten muss, weil ich mal wieder die Welt und insbesondere die Ozeane rette.

Mein ganz besonderer Dank geht an Prof. Anabel Ternes, für die Chance, über ein Thema zu schreiben, was mich seit über fünf Jahren intensiv beschäftigt.

Literatur

Abschlussbericht: BUDDY von Nicola Knoch, Stand 2013.
Blickpunktfilm, Ausgabe 48, Gastbeitrag „Fahrräder statt Dienstwagen“ vom 26.11.2018, S. 30.
Blickpunktfilm Kino, Meldung vom 6.2.2018, „MFG führt soziale Nachhaltigkeit als Förderkriterium ein“.
Blickpunktfilm Kino, Meldung vom 9.2.2018, „Entscheidender Beitrag zur Wettbewerbsfähigkeit“, DFFF Bilanz „Deutschland bleibt starker Standort“, Filmwirtschaft Nr. 7, S. 7 sowie Pressemeldung der Bundesregierung vom 3.5.2018.
Erfahrungswerte/Präsentation Sony Picture Köln, Aurel Beck, Stand 2016/2017.
Evergreen-Infoposter, Lover Austrian Film Comission, 2017.
FFA-Pressemeldung: Stellungnahme aller deutschen Filmförderungen zum Thema „Grünes Drehen“ vom 1. Dezember 2017.
Filmwirtschaftsstatistik 2017, Stand April 2018. www.spio-fsk.de.
Green Memo „Berlin Station“, 39. BabelsbergFilm, vom 4. September 2017.
GreenStudio Handout, Bavaria Filmstudio, Stand: 5.12.2014.
Green Shooting Ergebnisbericht „Tatort 5 Minuten Himmel“, Zieglerfilm Baden-Baden, SWR, ARD Degeteo, MFG, Stand 2016 und Präsentationsunterlagen.
Grüner Drehpass und BestPractice Guide der Filmförderung Hamburg Schleswig Holstein, Stand 2015.
Interviewgespräch mit Christian Sommer, Dezember 2018
Interviewgespräch mit Hannes Jaenicke, Mai 2018.
Interviewgespräch mit Lars Jessen, Mai 2015.
Interviewgespräch mit Mariella Koch, November 2018
Katharina Cramer-Hadjidimos, Ministerialrätin und Leiterin Referat K36 Filmwirtschaft, BKM vom 28.12.2018 „Selbstverpflichtungserklärung 2017+2018“ (Email-Schreiben).
Koalitionsvertrag Hessen, ‚Nachhaltiges Filmland‘, S. 50 vom Dezember 2018.
Medienboard Pressemeldung: „Film läuft!“, vom 8. Februar 2018.
Medienmitteilung Sky „Grünes Konzept“ vom Juli 2018.
Merkblatt „Green Consultant“ der MFG, vom 25. Oktober 2017.
MPAA-Pressemeldung: MPAA Member Studios Record Solid Waste Devision Rate over 70 % for sixth Year in a Row, vom 20. April 2018. www.mpaa.org/press/mpaa-member-studios-record-solid-waste-diversion-rate-over-70-for-sixth-year-in-a-row/.
Newsletter WDR Rundfunkrat zur Sitzung vom 30.8.2018.
Novelle des Filmfördergesetzes (FFG), § 2, S. 1, Nr. 2, gültig ab 1.1.2017.
Präsentationsunterlagen „Nachhaltigkeit in der TV-Produktion beim ZDF“ zur Anhörung beim Parl. Beirat des Rates für Nachhaltige Entwicklung vom 30. Mai 2017.
Pressemeldung Bundeskulturhaushalt steigt auf 1,78 Mio € vom 28.6.2018.
Pressemeldung FFF Bayern „Green Filmproduction wird in Bayern...“ vom 18.10.2018.
Pressemeldungen FFF Bayern ‚FFF verwaltet ab 1.1.19 Föderprozess digital‘ und ‚Richtlinien zum 1.1.19 fortgeschrieben...‘ vom 12. bzw. 14.12.2018.
Pressemeldung Pantafklix vom 20. Februar 2018. www.pantaflixgroup.com/de/news/pantaflix-ag-umfassende-nachhaltigkeitsstrategie/.
Producers Guild of America, Green Production Guide. www.greenproductionguide.com/.
Produzentenallianz-Pressemeldung: Jahresumfrage 2016 – Mehr als 50 Prozent drehen schon grün, vom 23. Januar 2017.
Richtlinie des BKM, „Anreiz zur Stärkung der Filmproduktion in Deutschland“, Selbstverpflichtungserklärung zur nachhaltigen, ressourcenschonenden Filmproduktion per 1-2017, aktualisiert per 15.10.2018.

Korina Gutsche ist seit 2011 freiberufliche Productionmanagerin Sustainability, Dozentin und Beraterin für ökologische Nachhaltigkeit in der Medienbranche. Diplom-Ing. für Umwelttechnologie und verfügt über mehr als 25 Jahre Berufserfahrung als Projektleiterin, Kommunikationsreferentin und Social Entrepreneurin. Leitet Jugendfilmworkshops zu Nachhaltigkeit und Bestpractice Fachseminare zur umweltfreundlichen Filmproduktion, u. a. für das Medienboard/Berlin Brandenburg Film Commission, isff Berlin, Filmhaus Babelsberg, Produzentenallianz, Filmuniversität Babelsberg, Ziegler Film, Natur- und Umweltfilmfestivals und vertritt das Land Brandenburg bei der Deutsche Film- und Medienbewertung (FBW). Darüber hinaus kuratiert sie das Intern. Meeresfilmfestival Cinemare Kiel. Seit April 2018 Koordinatorin des vom Ministerium für Umwelt, Naturschutz und nukleare Sicherheit und dem Umweltbundesamt geförderten Projektes „KINO NATÜRLICH" der AG Kino- Gilde.

Nachhaltigkeitsaspekte in der Softwareentwicklung

34

Benno Schmidt und Andreas Wytzisk

34.1 Einleitung

Aspekte der Nachhaltigkeit werden heute insbesondere mit Blick auf die Hardwarekomponenten informationstechnischer Systeme diskutiert (z. B. unter dem Schlagwort „Green IT"). Aber auch der Bereich der Softwareentwicklung wird zunehmend in aktuellen Forschungsprojekten betrachtet. Allerdings ist der diesbezügliche Diskussionsprozess sicherlich noch nicht als abgeschlossen anzusehen (Penzenstadler 2013; Naumann et al. 2013; ICT4S 2014 oder Kern et al. 2015).

Grundsätzlich lässt sich konstatieren: Die Entwicklung und Nutzung von Informations- und Kommunikationstechnik (ICT) ist generell mit einem erheblichen Verbrauch von Ressourcen (Energie, Rohstoffe etc.) und mit CO_2-Emissionen verbunden (Gartner 2007; Malmodin et al. 2010 oder Lago und Jansen 2010). Systemoptimierungen unter dem Effizienzaspekt sind daher wünschenswert, lösen diese Problematik jedoch nicht abschließend: Gehen materielle Ressourcen irreversibel verloren, ist ein energieeffizientes

B. Schmidt (✉) · A. Wytzisk
Hochschule Bochum, Bochum, Deutschland
E-Mail: benno.schmidt@hs-bochum.de

A. Wytzisk
E-Mail: andreas.wytzisk@hs-bochum.de

M. Englert und A. Ternès (Hrsg.), *Nachhaltiges Management*,
https://doi.org/10.1007/978-3-662-57693-9_34

und ressourcenschonendes ICT-System zwar einer ineffizienteren Variante vorzuziehen, lässt sich aber sicherlich nicht allein aufgrund eines reduzierten Bedarfs als nachhaltig bezeichnen.

Im Rahmen des im Aufbau befindlichen Forschungsschwerpunktes „Nachhaltige Entwicklung" an der Hochschule Bochum wird mit dem Nachhaltigkeitsziel auch eine gerechte Verteilung der Ressourcen verbunden (Schweizer-Ries 2013). Eine zentrale Herausforderung stellt hierbei die globale Verbesserung der Lebensbedingungen für alle Menschen dar. Dies führt zu einer im Umfeld von Softwareentwicklungen zusätzlich zu beachtenden Anforderung.

Insofern stellt sich die Frage, wie sich der Nachhaltigkeitsgrad von Softwaresystemen bemessen lässt und ob und ggf. wie sich Systeme schaffen lassen, deren umfassend betrachtete Auswirkung auf die ökologische, ökonomische und soziale Umwelt nicht negativ oder sogar positiv ist.

Ausgehend vom Konzept der Integrativen Nachhaltigkeit (Abschn. 34.2) wird im Weiteren zunächst diskutiert, was sich unter nachhaltiger (im Gegensatz zu langlebiger oder effizienter) Software und unter nachhaltigen Software-Engineering-Prozessen verstehen lässt (Abschn. 34.3). Auf Grundlage einer modellhaften Prozessbeschreibung werden daraufhin Strategien abgeleitet, welche eine mit den Zielen vereinbare Softwareentwicklung erlauben, und praktische Beispiele genannt (Abschn. 34.4). Den Abschluss des Beitrags bilden Überlegungen zur praktischen Implementierung der Ansätze (Abschn. 34.5) und ein Ausblick auf mögliche weitere Arbeiten im beschriebenen Forschungsumfeld (Abschn. 34.6).

34.2 Nachhaltigkeitsbegriff

34.2.1 Integrative Nachhaltigkeit

Nachhaltigkeit lässt sich auf verschiedene Art und Weise definieren (Dosch et al. 2014). Häufig wird aus dem Leitbild der „Brundtland-Kommission" für Umwelt und Entwicklung der Vereinten Nationen zitiert (World Commission on Environment 1987): „[Sustainable development] meets the needs of the present without compromising the ability of future generations to meet their own needs."

Im Rahmen der an der Hochschule Bochum durchgeführten Aktivitäten wird auf eine Definition Bezug genommen, die hierüber und auch über das „Drei-Säulen-Modell" mit seiner ökologischen, ökonomischen und sozialen Dimension hinausgeht. Es wird dabei an die vier Qualitäten der Pseudo-, schwachen, starken und Ultra-Nachhaltigkeit, die Jens Martens und Klaus Schilder aus ihrer politikwissenschaftlichen Perspektive darstellen, angeknüpft (Martens und Schilder 2013). Der dortige Begriff der Ultra-Nachhaltigkeit wurde hier leicht modifiziert und um psychologische und umweltwissenschaftliche Aspekte ergänzt, um schließlich zur Integrativen Nachhaltigkeit zu gelangen, welche sich durch folgende Merkmale auszeichnet (Schweizer-Ries 2013):

- Verfolgt werden die Effizienz-, Konsistenz- und Suffizienz-Strategie (wie bei der starken Nachhaltigkeit). Die *Effizienz-Strategie* fokussiert auf die Minimierung des für eine Leistung zu erbringenden Aufwands, die *Konsistenz-Strategie* fordert eine Kreislaufführung der eingesetzten Stoffe und Energie. Die *Suffizienz-Strategie* zielt auf eine Änderung des Nutzungsverhaltens und der Nutzungsbedürfnisse („nur das benutzen, was wir wirklich brauchen").
- Darüber hinaus werden eine Einheit von Mensch, Gesellschaft und Natur sowie der Gedanke der „fully-functioning society" zugrunde gelegt. Somit wird davon ausgegangen, dass Menschen in der Lage sind, sich als Individuum zugehörig zu einer größeren Weltgemeinschaft zu empfinden (Morin 2010).
- Naturerhalt und soziale Gerechtigkeit werden als die beiden wesentlichen Aspekte Nachhaltiger Entwicklung angesehen.

34.2.2 Digitale Nachhaltigkeit

Im Umfeld der ICT häufig verwendet wird daneben der Begriff der Digitalen (oder Informationellen) Nachhaltigkeit, für den mehrere verschiedene Definitionen (bzw. verschiedene mit dem gleichen Begriff belegte Konzepte) existieren. Zumeist wird Wissen hier als immaterielle Ressource aufgefasst und der Nutzungsaspekt von Information inklusive offener Zugangsmöglichkeiten in den Vordergrund der Betrachtung gestellt (Busch 2008; Stürmer 2014). Diese Sicht unterstützt stark die Open-Source-Philosophie, vernachlässigt mit Blick auf unsere Nachhaltigkeitsdefinition jedoch zunächst die ökologische Dimension, indem sie nicht explizit die Schonung natürlicher Ressourcen sowie die oben geforderte Effizienz und Konsistenz adressiert (Martens 2013).

Die weiteren Ausführungen werden jedoch zeigen, dass aus einer semiotischen Sichtweise heraus das an Software gebundene Wissen durchaus positiv bilanzierbar sein kann. Auch der geforderte offene Zugang zu Softwareartefakten und Wissen spricht ebenso wie die Möglichkeit der Partizipation an den Entwicklungsprozessen Teilaspekte einer Integrativen Nachhaltigkeit an.

34.3 Begriff der Nachhaltigen Software

In Anlehnung an die in der Literatur recht breit akzeptierten Vorschläge von Dick et al. und Kern et al. soll nachstehende Definition als erster Ausgangspunkt für die nachfolgenden Überlegungen dienen (Dick et al. 2013; Kern et al. 2015):

> (Integrativ-) Nachhaltige Software zeichnet sich dadurch aus, dass die direkten und indirekten negativen Auswirkungen auf Mensch, Gesellschaft, Wirtschaft und Umwelt, die sich aus der Entwicklung, dem Betrieb und der Verwendung der Software ergeben, minimal sind. Zudem sollen sich mit Blick auf eine (integrativ-) nachhaltige Entwicklung durch die Software langfristig positive Auswirkungen ergeben.

Unter „langfristig positiven Wirkungen" lässt sich mit der Zielsetzung einer Integrativen Nachhaltigkeit eine Entwicklung verstehen, die den Einklang von Mensch, Gesellschaft und Natur im Sinne eines „bien vivir" unter Einhaltung natürlicher Stoffkreisläufe und frei von irreversiblen Änderungen anstrebt (Schweizer-Ries 2013). Technologie im Allgemeinen und insbesondere auch ICT-Systeme werden dabei als treibender Faktor zur Entwicklung von Hilfsmitteln und Vorgehensmodellen zur Unterstützung und Förderung nachhaltiger Lebensweisen angesehen.[1]

34.4 Nachhaltige Softwareentwicklung

Oben stehende Definition für Nachhaltige Software beinhaltet bereits den Entwicklungsprozess. Nachfolgend wird eine abstraktere Sicht auf den Entwicklungsprozess eingenommen, aus der heraus sich grundsätzliche Strategien für eine (integrativ-) nachhaltige Softwareentwicklung ableiten lassen.

34.4.1 Software Engineering als Transformationsmodell

In einer naiven Anschauung lässt sich die Entwicklung und die sich anschließende Nutzung von Software prinzipiell als eine Transformation (individuellen) menschlichen Wissens w sowie von Daten d (worunter gemäß dem Von-Neumannschen-Konzept auch Softwareartefakte, insbesondere Computerprogramme, fallen) (Bode 1999, S. 297) in neues Wissen w_T (u. a. Handlungswissen) und weitere Daten d_T (u. a. Software) betrachten. Stützen lässt sich diese Sichtweise z. B. durch die im Umfeld der semiotischen Forschung aufgebauten Modelle, die Softwareentwicklung als einen auf semiotischen Entitäten stattfindenden Prozess von Zeichentransformationen sowie Bedeutungs- und Wissenszuordnungen verstehen (Nadin 2007).

Dieser soziotechnische Transformationsprozess, der mit einem Austausch von Mensch, Gesellschaft und natürlicher Umwelt einher geht, bedarf der Zufuhr geeigneter materieller (inkl. energetischer) Ressourcen r, die im Rahmen der Entwicklung und des Betriebs der Software ebenfalls transformiert werden. Hierzu zählt z. B. die Umwandlung der für die Hardware benötigten Rohstoffe und elektrischen Energie in CO_2, Abwärme, Elektronikschrott usw. Teilweise werden diese materiellen Ressourcen irreversibel umgesetzt, d. h. es ergibt sich ein Verlustanteil ε.

Weiterhin vermag Software innerhalb ihres Lebenszyklus als Mittel menschlichen Handelns zu fungieren (Winograd und Flores 1989) und bei den Nutzern Änderungen im

[1]An dieser Stelle wird marginal von der Ultra-Nachhaltigkeitssicht abgewichen; Martens und Schilder (2013, S. 815) sprechen eine „radical critique of Western culture, including its anthropocentrism, belief in science and technology […]" an.

Nachhaltigkeitsbewusstsein bewirken, was nachfolgend symbolisch als ψ-Komponente berücksichtigt ist:

$w, d, \psi \rightarrow w_T, d_T, \psi_T$

$r \rightarrow r_T + \varepsilon$

Die erste Transition erfasst immaterielle, prinzipiell erneuerbare „Wissensgüter". Das Komma-Symbol (,) bezeichnet hier einen Auflistungsoperator (Eine Verwendung des Plus-Zeichens wurde hier vermieden, da die Größen nicht quantitativ vergleichbar und im mathematischen Sinne nicht aufaddierbar sind.). Die zweite Gleichung, in dessen Rahmen die Gegebenheiten der Erhaltungssätze aus der Physik zu beachten sind, bezieht sich auf die materiellen Ressourcen, für die seitens der Integrativen Nachhaltigkeit eine Einhaltung natürlicher Kreislaufeigenschaften gefordert wird (Konsistenzaspekt).

Unserer Prozessbeschreibung liegt dabei eine sehr vereinfachte Sichtweise zugrunde. Sie kann jedoch aufgrund ihres formal-mathematischen Charakters leicht um Größen, die sich z. B. aus dem Betrieb von Software ergeben, erweitert werden. Dies wird insbesondere dann notwendig, wenn wir uns die wachsende Bedeutung von ICT und somit von Software in unserer sich stetig weiterentwickelnden Informationsgesellschaft vergegenwärtigen; genannt seien an dieser Stelle Schlagworte wie „Digitalisierung" und „Industrie 4.0". So vermag Software z. B. Maschinen und Roboter zu steuern, welche eine Rationalisierung von Arbeitsprozessen ermöglichen, die digitale Transformation von Bildung, Wirtschaft und Gesellschaft voranzutreiben oder einfach nur der Unterhaltung oder Entspannung dienlich zu sein. In fast allen berührten Lebensbereichen ergeben sich aus der Nutzung relevante Auswirkungen auf Mensch, Gesellschaft und Umwelt.

Bezogen auf das einfache Modell lässt sich formulieren: Der Wissens- und Bewusstseinsgewinn $\Delta w = w_T - w$, $\Delta\psi = \psi_T - \psi$ sollte mit Blick auf die Nachhaltigkeitsziele mindestens so groß sein wie der irreversibel transformierte Anteil der eingesetzten materiellen Ressourcen, also

$$\beta(\Delta w) + \beta(\Delta\psi) - \beta(\varepsilon) \geq 0$$

wobei β eine geeignete Bewertungsfunktion bezeichnet, die den Vergleich der inkompatiblen Größen ermöglicht.

Das Potenzial einer pragmatischen Nutzung des „Wissensgutes Software", welches die Anwendungskompetenz des Nutzers voraussetzt, ist hierbei der Komponente w zugeschlagen (Daten und Software sind ohne entsprechendes Wissen nicht nutzbar!). In diesem Kontext wäre eine differenziertere Sicht auf Wissen möglich, z. B. durch eine Unterscheidung von explizitem und implizitem Wissen („tacit knowledge") der Softwareentwickler.

Es lässt sich argumentieren, dass den generierten Softwareartefakten neu gewonnenes Wissen inhärent ist („computation as semiosis"; Nadin 2007) wobei zu gewährleisten ist, dass dieses positive Δw durch den Menschen erschließbar bleibt. Der Aspekt der Regenerativität des immateriellen Gutes „Software" wird insbesondere im Umfeld der bereits angesprochenen Digitalen Nachhaltigkeit hervorgehoben; siehe Abschn. 34.2.2. Angesichts der Diskussion der gegenwärtigen Umweltprobleme sei an dieser Stelle allerdings nochmals auf die Notwendigkeit einer Dematerialisierung und Dekarbonisierung der Softwareentwicklungsprozesse hingewiesen.

Der durch eine Softwareanwendung erreichbare Wissens- und Bewusstseinsgewinn, welcher der Erreichung der Nachhaltigkeitsziele dienlich sein soll, wird nur selten so offensichtlich sein, als dass kein gegeneinander Abwägen der Gleichungsgrößen erforderlich wäre. Die quantitative Erfassung der Größen mittels einer Bewertungsfunktion β ist dabei schwierig.

Ungeachtet der Validität des aufgebauten Modells eröffnet das Vorhandensein einer formalisierten Modellbeschreibung die Möglichkeit einer sozialen Aneignung der dahinter liegenden Prozesse[2] sowie die Ableitung grundsätzlicher Strategien zur Nachhaltigen Softwareentwicklung, u. a.:

- S1: Das gewonnene Wissen wird mit Blick auf die Ziele Nachhaltiger Entwicklung maximiert (fokussiert das Δw).
- S2: Die (irreversibel) eingesetzten Energiemengen und Ressourcen werden minimiert (minimales ε; Effizienzaspekt).
- S3: Es werden regenerative Energiequellen für Softwareentwicklung und -betrieb genutzt (Energieanteil in ε soll gegen Null streben).
- S4: Es wird ein breiter Zugang zu den geschaffenen Softwareartefakten und dem generierten Wissen gewährleistet (Vergrößern des Δw durch Multiplikatoren; Effizienz und soziale Gerechtigkeit).
- S5: Es werden neue Entfaltungspotenziale des Integrativen Nachhaltigkeitswissens und von Nachhaltigkeitsbewusstsein ($\Delta\psi$) geschaffen.

Nicht explizit modelliert wurde hier der Aspekt der sozialen Gerechtigkeit. Diese sehr wesentliche Randbedingung ist bei der Optimierung der oben angegebenen Zielgröße zu beachten, wobei „Gerechtigkeit" ein komplexer Begriff ist. (Wir tendieren zu dem Kriterium einer bedarfsbezogenen Verteilung.)

Diskutierenswert ist die Frage, ob längere Produktlebenszyklen zu einem erhöhten Nachhaltigkeitsgrad beizutragen vermögen. Hinsichtlich dieser Fragestellung gibt der nachfolgende Abschnitt einige Hinweise.

34.4.2 Obsoleszenz und Softwareevolution

Das „Mooresche Gesetz" besagt ein regelmäßiges rasantes Ansteigen der Komplexität integrierter Schaltkreise und somit eine weiter andauernde Zunahme der Leistungsfähigkeit

[2]Siehe auch Hülsmann (1985, S. 31, 123), der die strategische Bedeutung (formalisierter) naturwissenschaftlicher Modelle für soziale Handlungs- und Produktionsprozesse diskutiert.

von Computern. Nicht selten ist bei weitgehend stabilen Preisen von einer Verdoppelung der Komplexität innerhalb eines Zeitraums von ein bis zwei Jahren die Rede. Ein Ende dieser Entwicklung scheint vorerst nicht abzusehen. Und leistungsfähigere Hardware bereitet neuen innovativen Anwendungen den Weg, die praktisch stark nachgefragt werden.

Vergegenwärtigen wir uns den hohen Verbrauch materieller Ressourcen für die Hardwareherstellung (seltene Erden, Konfliktmaterialien etc.), die Elektroschottdebatte (Umweltverschmutzung, Gesundheitsgefahren) oder die sozial ungerechte Hardwareherstellungspraxis (unfaire Bezahlung, schlechte Arbeitsbedingungen insbesondere in vielen asiatischen Ländern, Gesundheitsrisiken für die in der Produktion Beschäftigten, Kinderarbeit), so ist allerdings langlebigere Hardware wünschenswert. In der Nutzungspraxis sind jedoch fortwährend Obsoleszenzphänomene zu beobachten. Die Ursachen hierfür sind vielfältig. Sie können beispielsweise ökonomischer Natur sein (z. B. Unwirtschaftlichkeit einer Gerätereparatur), psychischer Art (z. B. ist ein Gerät voll funktionsfähig, aber unansehnlich) oder funktionell bedingt. Ein häufiger Fall funktioneller Obsoleszenz ist gegeben, falls eine Hardware zwar grundsätzlich weiterhin funktionsfähig ist, sich aber bedingt durch neue Anforderungen oder neue Komponenten im Betriebskontext nicht mehr im vollen Umfang nutzen lässt. Dies kann z. B. durch sinnvolle technische Neuerungen bedingt sein. Allerdings kann auch die eingesetzte Software derartige Obsoleszenzeffekte begünstigen.

Bekanntermaßen ist ohne Software kein Computer betriebsfähig. Softwareentwicklung zeichnet sich dadurch aus, dass auf vorgefertigte Softwarebausteine zurückgegriffen wird und diese im Endprodukt verbaut werden (Parts-and-Assemblies-Ansatz). Nicht selten wird während der Softwareentwicklung auf Frameworks, Komponenten oder Funktions- und Klassenbibliotheken zurückgegriffen, welche unnötig hohe Anforderungen an die verwendete Hardware stellen. An dieser Stelle gilt es Softwareentwicklern und Projektleitern bewusst zu machen, dass Software durchaus konkrete Anforderungen an die Hardware stellt und das Softwaredesign somit erheblichen Einfluss auf die Nachhaltigkeit informationstechnischer Systeme haben kann (ICT4S 2013; oder Schmidt 2016).

Die Abb. 34.1 zeigt die Lebenszyklen von Hard- und Software (horizontale Dimension) und die während der Nutzungs- und Betriebsphase sowie der Außerbetriebnahme in Anspruch genommenen natürlichen Ressourcen (vertikale Dimension in der Abbildung). Eine hohe Beanspruchung ergibt sich insbesondere durch die Produktion der Hardware. Hingegen hat die Herstellung der Software zumeist einen geringen Anteil. Nicht zu vernachlässigen sind die Beanspruchungen während der Nutzungsphasen sowie die Entsorgung der Hardware. Mit Blick auf die Durchflüsse von Hardware und Energie durch die nutzenden Organisationen weisen Hilty et al. darauf hin, dass ein Softwareprodukt als „nachhaltig“ bezeichnet werden könnte, wenn es verglichen mit konkurrierenden Produkten einen signifikant geringeren Durchfluss aufweist (Hilty et al. 2017).

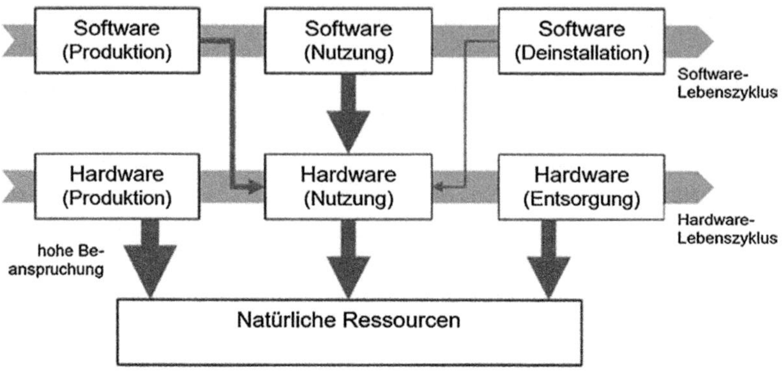

Abb. 34. 1 Inanspruchnahme natürlicher Ressourcen durch Hard- und Software. (Quelle: Nach Hilty et al. 2017, S. 4, geändert)

Es sei darauf hingewiesen, dass sich zur Untersuchung dieser Durchflüsse Verfahren zur Ökobilanzierung von Produkten anwenden lassen („life cycle assessment", LCA). Zumeist unberücksichtigt bleiben bei diesen Verfahren derzeit soziale Nachhaltigkeitsaspekte.[3]

Weitere Denkanstöße ergeben sich aus einer Betrachtung des Lebenszyklus von Software über ihre gesamte Nutzungsdauer. Jede Veränderung einer Software – von ihrer ersten Vorversion bis zur letzten Auslieferung – wird im Software-Engineering-Umfeld unter dem Begriff Softwareevolution diskutiert (Sommerville 2011). Meir M. Lehman hat in den frühen 1970er-Jahren seine bekannten acht Hypothesen zur Evolutionsdynamik von Software formuliert, welche das Ergebnis verschiedener Forschungsarbeiten zu dem Thema zusammenfassen.[4] Seine Thesen vermögen der Diskussion um langlebige Produktlebenszyklen weitere Impulse zu verleihen.[5] So formuliert er, dass eine praktisch eingesetzte Software sich fortwährend ändern muss, um ihren Nutzen nicht zu verlieren. Eine weitere These benennt eine wahrgenommene sinkende Produktqualität, insofern sich die Softwareänderung in der produktiven Umgebung nicht anpasst.

Software altert also natürlicherweise und scheint sich fortwährend ändern zu müssen. Ergänzend sei an dieser Stelle auch angemerkt, dass zu langlebige Software mitunter auch Innovationen, die zu nachhaltigeren Lösungen führen können, durchaus im Weg stehen kann. Auch wenn Langlebigkeit und Nachhaltigkeit in diesem Sinne durchaus sehr verschiedene Begriffe bezeichnen, so sei dennoch die Frage gestellt, ob mit Blick

[3]Einen Ansatz zur Berücksichtigung sozialer Nachhaltigkeitsaspekte bietet z. B. das „social life cycle assessment" (S-LCA), das Betz et al. (2017) diskutieren.

[4]Ebd.

[5]Interessant ist die Fragestellung, inwieweit diese ursprünglich für Closed-Source-Software aufgestellten Thesen für Open-Source-Software gültig sind. Hinweise hierzu geben z. B. Neamtiu et al. (2013).

auf die Problematik der Hardwareobsoleszenz und die damit verbundenen negativen Folgen eine gewisse „Entschleunigung“ der Entwicklung möglich ist. Die Beantwortung dieser Frage sollte Gegenstand zukünftiger Forschungsarbeiten sein.

34.4.3 Praktische Beispiele

34.4.3.1 „Software Engineering for the Planet“

Der Software-Engineering-Prozess bezieht sich auf den gesamten Weg von der Produktidee bis zum fertiggestellten, produktiv betriebenen System. Die grundlegende Produktidee und -intention, die vor Aufnahme der Entwicklungsaktivitäten steht, geht bereits maßgeblich in die Bewertung des Nachhaltigkeitsgrads ein. So kann eine Software in unserem Sinne nachhaltig sein, insofern sie eine hinsichtlich der Nachhaltigkeitsziele sinnvolle Funktion hat, z. B. indem sie die praktische Durchführung einer Tätigkeit ermöglicht, welche einen direkten positiven Effekt auf die Umwelt hat (siehe Strategie S1 in Abschn. 34.4.1). An dieser Stelle sind plakative Begriffe wie „Software Engineering for the Planet“ oder „Sustainability by ICT“ treffend gewählt (Taina 2011; ICT4S 2013).

Genannt seien nur einige wenige Beispiele (die Liste ließe sich lang fortsetzen):

- Alltagsanwendungen wie Onlinebanking, E-Mail, das digitale Büro etc. (Papiereinsparung, Vermeidung von Fahrten zur Bank bzw. zur Briefbeförderung);
- E-Government-Anwendungen (digitale Formulare per Internet statt Papier und Fahrt zum Amt);
- Carsharing-Apps/webbasierte „Mitfahrzentralen“;
- GIS-Werkzeuge zur Bearbeitung nachhaltigkeitsrelevanter georäumlicher Fragestellungen (z. B. die Optimierung des Standorts einer Windkraftanlage);
- Umgebungen, welche die Partizipation an hinsichtlich der Nachhaltigkeitsziele relevanten gesellschaftlichen und politischen Prozessen oder an Forschungsaktivitäten im Sinne einer Citizen Science ermöglichen.

34.4.3.2 Organisatorische Aspekte

Gestaltungsspielraum besteht bei der Organisation der Arbeitsprozesse und des operationellen Betriebs. Nachstehende Beispiele zeigen Umsetzungsmöglichkeiten Integrativer Nachhaltigkeitsziele:

- In der Anwendung ist konzeptionell ein Mechanismus verankert, der zu einer *Kompensation negativer Umweltauswirkungen* führt. Beispiel: Durch die Nutzung der Anwendung werden automatisch Geldbeträge an nachhaltige Projekte gespendet.
- Unnötige Mobilität der Projektbeteiligten wird vermieden (Energieeffizienz); Telekommunikations- und Internettechnologien werden weitestmöglich zur „Raumüberwindung“ genutzt, insofern eine unmittelbare Face-to-face-Kommunikation verzichtbar ist.

- Zur Softwareentwicklung wird „Green IT" und/oder fair produzierte und gehandelte Hardware (FIfF 2013) verwendet.
- Im Rahmen der Softwareentwicklung benötigte Geräteressourcen (z. B. Drucker, Server, Cloud-Computing-Systeme etc.) werden von mehreren Nutzern geteilt.
- Es werden Ansätze zur Servervirtualisierung verfolgt, um Serverressourcen effizienter zu nutzen (Nutzung virtueller statt physikalisch vorhandener Maschinen).
- Für Entwicklung und Betrieb der Anwendung ist ausschließlich eine *Nutzung regenerativer Energie* vorgesehen (z. B. Nutzung erneuerbarer Energien im Softwarehaus und für Elektroautos der Mitarbeiter für die Fahrten zur Arbeitsstätte).
- Längere Zeit nicht benötigte Hardware wird automatisch ausgeschaltet.
- In das Softwareentwicklungsteam wird ein Mitarbeiter aufgenommen, der sich des Nachhaltigkeitsaspekts annimmt und den Entwicklungsprozess entsprechend beratend begleitet.

34.4.3.3 Unterstützung in den verschiedenen Entwicklungsphasen

Wesentlich schwieriger zu beantworten ist die Frage, wie sich die praktische Softwareentwicklung während der verschiedenen, ohnehin stark von Wirtschaftlichkeits- und Effizienzgedanken getriebenen Entwicklungsphasen (Anforderungsanalyse, Entwurf, Implementierung u. a.), nachhaltig gestalten lässt. An dieser Stelle seien nur wenige mögliche Maßnahmen, deren Sinnhaftigkeit im Einzelfall durch die Softwareentwickler zu prüfen ist, beispielhaft aufgeführt. Die meisten der skizzierten und in Softwarehäusern häufig genannten Beispiele tragen dabei primär zu einer erhöhten *Effizienz* und größtenteils auch zur *Langlebigkeit* von Softwarelösungen bei, scheinen also eher mit Blick auf eine schwache Nachhaltigkeit (Stichwort „Effizienz-Revolution"; Martens und Schilder 2013) positiv bewertbar.

Anforderungsanalyse

- Während der Anforderungsanalyse gibt es weitreichende Partizipationsmöglichkeiten für alle Interessensbeteiligten (Stakeholder) und damit für alle Akteure die Möglichkeit, nachhaltigkeitsrelevante Anforderungen zu formulieren (Mahaux 2013).
- Nachhaltigkeitskriterien werden im Rahmen der Anforderungsanalyse als nichtfunktionale Anforderung berücksichtigt.[6]

Entwurf

- Der Entwurf verzichtet weitgehend auf Komponenten, die auf älterer Hardware nicht performant oder nicht lauffähig sind.

---

[6]Siehe z. B. Hilty et al. (2017) für einen konkreten Anforderungskatalog oder Al Hinai und Chitchyan (2016) zur Berücksichtigung sozialer Nachhaltigkeitsaspekte.

- Das System ist in seinem Leistungsvermögen skalierbar bzw. anpassbar an die Bedürfnisse einer Anwendung.
- Mehrere unabhängige Systeme besitzen die unmittelbare Fähigkeit zur Zusammenarbeit, sodass Daten und Prozessierungsfunktionalität effizient geteilt werden können (Interoperabilität).
- Die Anwendung lässt sich leicht um neue Funktionalität erweitern.
- Einzelne Systemteile (z. B. in Dienstketten einbindbare, generisch verwendbare Webdienste oder breit nutzbare Datenbankinhalte) lassen sich auch in Fremdsystemen oder späteren Neuentwicklungen direkt verwenden.
- Eine Anwendung bietet langlebige (offene) Schnittstellen an, wodurch nach Änderung der Anwendungsimplementierung (z. B. Systemupdate) die Applikationen, die diese Schnittstellen nutzen, weiterhin lauffähig sind.[7]
- Eine Anwendung verwendet keine proprietären Datenformate, ein Export der Nutzerdaten in andere Anwendungen ist vorgesehen.
- Eine von zahlreichen Anwendungen genutzte Softwareschnittstelle ist nicht unnötig komplex, sodass eine Inwertsetzung ohne zu großen Aufwand möglich ist (Wytzisk et al. 2013 oder INSPIRE-Beispiel bei Johann und Maleej 2013).
- Die wesentlichen konzeptuellen Elemente des Softwareentwurfs und der Implementierung werden kommuniziert (Wissenstransfer unter Softwareentwicklern statt „tacit developer knowledge“; erleichterte Erweiterbarkeit von Anwendungen um neue Funktionalität; Unterstützung weiterer kreativer Wertschöpfung etc.).

Implementierung

- Die Implementierung verzichtet auf Funktionen, die auf älterer Hardware nicht performant oder nicht lauffähig sind.
- Eine sehr häufig aufgerufene Funktion (z. B. innerhalb einer Massenanwendung mit sehr großer Nutzerzahl, z. B. im Web oder auch innerhalb einer auf dem lokalen Arbeitsrechner installierten Anwendung) arbeitet algorithmisch effizient, sodass CPU-Last und Energieverbrauch reduziert werden.
- Unnötiger Internettraffic in einer Anwendung wird vermieden, die über das Internet übertragene Datenmenge wird reduziert (z. B. durch Caching-Mechanismen oder Downloadmöglichkeiten).
- Eine App führt nicht unnötig zu einem sehr hohen Energieverbrauch, da sie auf permanente mobile Webverbindungen, GPS-Signale u. ä. verzichtet.

[7] Vgl. auch Forderung nach „Design for Replacement“ statt „Design for Reuse“ bei Pientka (2014).

34.4.3.4 Softwarezugang

Die in Abschn. 4.1 benannte Strategie S4 verfolgt die Gewährleistung eines möglichst breiten Zugangs zur Software und weitergehend zu den geschaffenen softwaretechnischen Artefakten und dem zugehörigen Entwickler- und Nutzungswissen. Beispiele hierfür sind:

- Der Benutzerschnittstellenentwurf berücksichtigt eine breite und barrierefreie Nutzbarkeit, u. a. durch technikferne Zielgruppen, ältere Menschen oder durch Nutzer aus anderen Kulturkreisen.
- Die zu entwickelnde Anwendung stellt keine unangemessen hohen Voraussetzungen an die genutzte Hardware und zwingt den Anwender nicht zum Kauf neuer Hardware.

Unter dem Aspekt der sozialen Gerechtigkeit ist u. a. die Gewährleistung gleichberechtigter Zugangsmöglichkeiten zu Informationsressourcen und Software von Allgemeininteresse positiv bewertbar. Hierunter fällt insbesondere folgende Maßnahme:

- Es wird ein freier Zugang zu den geschaffenen Softwareartefakten wie Quellcode (Open Source), Schnittstellenbeschreibungen etc. gewährt.

Angemerkt sei an dieser Stelle, dass Open-Source-Software positive Beiträge zur Erreichung des Nachhaltigkeitsziels leisten kann, es aber nicht per se tut (Martens 2013). Hingegen können auch kostenpflichtige Angebote oder proprietäre Closed-Source-Software (die häufig als Ideengeber und treibende Kraft für innovative Softwareanwendungen fungiert) durchaus sehr nachhaltig sein.

Kontrovers diskutiert wird die Rolle mobiler Webanwendungen, welche möglicherweise als wesentliches unterstützendes Element für den Übergang in nachhaltigere Lebensweisen fungieren können (siehe z. B. Diskussion zur Dekarbonisierung und Dematerialisierung durch Vernetzung, auch in strukturschwachen Regionen der Welt (Bindel 2013), oder Beispiele aus dem Umfeld „ICT for Development“). Aufgrund des hohen infrastrukturellen Wertes mobiler Webtechnologie und der dadurch geschaffenen breiten Zugangsmöglichkeiten sei die Auflistung daher auch mit Blick auf die heutige Lebenswirklichkeit um folgenden Punkt ergänzt:

- Die Anwendung ist lauffähig auf mobilen Endgeräten, wobei auch geringe Bandbreiten und/oder Offlinebetrieb unterstützt werden sollten.

34.5 Implementierung in der Praxis

Mit Blick auf die geschilderte Problematik wären für die Softwareentwicklung Checklisten, Maßnahmenkataloge und Sammlungen von Best-Practice-Empfehlungen hilfreich. Teilweise befinden sich erste derartige Sammlungen im Aufbau, z. B. für die

Entwicklung von Webseiten oder der allgemeine Kriterienkatalog von Hilty et al. (Greensoft 2015; Hilty et al. 2017). An dieser Stelle ist jedoch sicherlich weiterer Bedarf festzustellen.

Das Umweltbundesamt hat unlängst eine umfangreiche Untersuchung in Auftrag gegeben, in deren Rahmen in den vergangenen Jahren Bewertungsgrundlagen für ressourceneffiziente Softwareprodukte zusammengestellt wurden. Ergebnis ist ein Kriterienkatalog für nachhaltige Software (Umweltbundesamt 2015; Hilty et al. 2017). Im weiteren Projektverlauf wird auch erörtert, ob die Einführung eines Gütesiegels oder Umweltkennzeichens für „Nachhaltige Software" sinnvoll und ggf. praktisch umsetzbar ist (Kern et al. 2015). Mit Blick auf die oben skizzierte Obsoleszenzproblematik und einen sozial gleichberechtigten Zugang zu Software erscheint ein derartiges Siegel in Form etwa eines „Blauen Engels für Software" o. ä. durchaus sinnvoll. Die diesbezügliche Diskussion ist aber aktuell noch nicht als abgeschlossen anzusehen.

Eine Berücksichtigung der Problematik und potenzieller Lösungsansätze im Rahmen der Informatikausbildung kann durchaus sinnvoll sein, um angehende Softwareentwickler für die diskutierte Problematik zu sensibilisieren. Zum Beispiel lassen sich im Rahmen von Lehrveranstaltungen im Umfeld „Software Engineering" Themen wie Softwareevolution, Aspekte des gleichberechtigten Zugangs zu Software und Informationsangeboten oder Maßnahmen zur Sicherstellung der Interoperabilität vermitteln.

34.6 Fragestellungen aus Sicht der Angewandten Forschung

Im Software-Engineering-Kontext bleiben zahlreiche Fragestellungen offen, die es im Rahmen einer (eher trans- als interdisziplinär ausrichtbaren) angewandten Forschung unter der Zielsetzung der (Integrativen) Nachhaltigkeit zu untersuchen gilt (Hilty und Lohmann 2011; Johann und Maleej 2013; Naumann et al. 2013; Kern et al. 2015; Verdecchia et al. 2016).

- Wie lässt sich der Grad der Nachhaltigkeit von Software und Softwareentwicklungsprozessen auf praktikable Art und Weise umfassend bewerten?
- Welche praktisch nutzbaren Entscheidungshilfen können für die Auswahl alternativ einsetzbarer Softwareanwendungen und -komponenten, Architekturen, Entwurfsmuster und Algorithmen mit Blick auf die Nachhaltigkeitsziele geschaffen werden?
- Welche konkreten Inhalte könnte eine Zusammenstellung nachhaltiger Verhaltensweisen im Sinne selbstverpflichtender Gesten (mit „$\Delta\psi$-Effekt") für Softwareentwickler haben?
- Wie ist ein Vorgehensmodell auszugestalten, das die projektbegleitende Bewertung der Nachhaltigkeit des Entwicklungsprozesses erlaubt und im Projektverlauf entscheidungsunterstützend wirken kann?
- In der Softwareentwicklung sind sehr häufig *Rebound-Effekte* beobachtbar (z. B. werden Zugewinne an Performanz, Speicher etc. sogleich ausgenutzt)! Welche Softwareentwurfsprinzipien lassen sich aus einem tieferen Verständnis dieses Zusammenhangs heraus gewinnen?

Unabhängig vom Herstellungsprozess ergeben sich weitere Fragen, u. a.: Auf welche Weise können mobile Webanwendungen als wesentliche unterstützende Elemente für den Übergang in nachhaltigere Lebensweisen (in allen Regionen dieser Welt) dienen? Welche konkreten Anforderungen ergeben sich an nachhaltige Software mit Blick auf die Themen Privatsphäre, Datenschutz, Barrierefreiheit und soziale Gerechtigkeit? Welche Anforderungen ergeben sich über den Softwareaspekt hinaus für eine nachhaltige Fachdatenerfassung, -haltung und -bereitstellung?

Der vorliegende Beitrag führt auch zu Fragestellungen, die primär aus sozialwissenschaftlicher Sicht zu untersuchen sind, z. B.: Wie lässt sich Nachhaltigkeitsbewusstein (ψ-Komponente) auf praktikable Art und Weise aussagekräftig messen?[8] Welche Abhängigkeiten bestehen zwischen Softwareherstellung, Softwarenutzung und global gerechter Ressourcenverteilung? Wie lässt sich die Kluft zwischen Software- und Wissensproduktion und gesellschaftlichem Handeln in Richtung nachhaltiger Lebensweisen überwinden?[9]

34.7 Fazit

Die Schaffung und Nutzung informationstechnischer Systeme geht einher mit positiven wie auch negativen Wirkungen auf Mensch, Gesellschaft, Wirtschaft und Umwelt. Ausgehend vom Konzept der Integrativen Nachhaltigkeit und einer Definition des Begriffs der Nachhaltigen Software wurden die Anforderungen an nachhaltige Software-Engineering-Prozesse diskutiert.

Mit Blick auf das Ziel einer Integrativen Nachhaltigkeit ist der Begriff der Nachhaltigen Software nicht gleichbedeutend mit dem der effizienten, langlebigen oder frei zugänglichen Software. Vielmehr werden u. a. auch konsistenzstrategische Aspekte sowie die sich ergebenden sozialen Kontexte umfassend zu beachten sein.

Auf Grundlage eines vereinfachten, interdisziplinären Transformationsmodells, das Betrachtungselemente aus den Bereichen Semiotik, Informatik, Physik, Psychologie und dem sozialwissenschaftlichen Umfeld beinhaltet, wurden mögliche Strategien benannt, welche eine Softwareentwicklung konform zu den aufgestellten Nachhaltigkeitszielen ermöglichen. Der vorgestellte Modellansatz kann hierbei lediglich als ergänzende Sichtweise und Strukturierungshilfe für die dargestellte vielschichtige Problematik dienen.

Bewertungen der Nachhaltigkeit einer Software oder eines Entwicklungsprozesses werden sich nicht auf einzelne Maßnahmen oder Softwaremerkmale beziehen. Vielmehr muss die Gesamtbilanz positiv im Sinne der angestrebten nachhaltigen Entwicklung sein. In diesem Zusammenhang werden Methoden zur Bewertung der Nachhaltigkeit

[8]Eine allgemein anerkannte Definition des Begriffs des Nachhaltigkeitsbewusstseins steht aus. Hilfreich ist z. B. die Diskussion des Begriffs Umweltbewusstsein bei Wendt und Görgen (2017).

[9]Diese Frage adressiert „action research“ im Sinne von Schweizer-Ries und Perkins (2012).

von Software und Software-Engineering-Prozessen ebenso wie praktisch nutzbare Entscheidungshilfen für den Softwareentwickler benötigt. Mögliche Anhaltspunkte sind z. B. in der Literatur oder der ISO-14000-Reihe zu finden (Hilty et al. 2017; European Commission DG Comm. Networks, Content & Technology 2013; International Organization for Standardization 2011). Zu berücksichtigen ist hierbei auch die zeitliche Komponente: So könnte beispielsweise eine heute als nachhaltig eingestufte Maßnahme fortschrittsbedingt morgen nicht mehr als nachhaltig gelten.

Eine effektive Verwendbarkeit der geschaffenen Softwareartefakte ist weiterhin anzustreben. Ziel weiterer Aktivitäten im Umfeld nachhaltiger Softwareentwicklung sollte u. a. eine Sensibilisierung der verschiedenen Akteure (Softwareentwickler, Projektleiter, Kunden, Anwender, Entscheidungsträger, CIOs etc.) für dieses global wichtige Thema sein.

Danksagung Der vorliegende Text ist entstanden im Umfeld des Projekts „Erlebnisraum Nachhaltige Entwicklung (ENE)", das vom Ministerium für Innovation, Wissenschaft und Forschung (MIWF) des Landes Nordrhein-Westfalen im Rahmen des Förderprogramms „FH Struktur" im Zeitraum 2014 bis 2017 gefördert wurde. Der Dank der Autoren gebührt Petra Schweizer-Ries und Oliver Stengel vom Labor für Nachhaltige Entwicklung (LaNE) der Hochschule Bochum für die zahlreichen Anregungen und Anmerkungen.

Literatur

Al Hinai, M., & Chitchyan, R. (2016). Engineering requirements for social sustainability. 4th International Conference on ICT for Sustainability (ICT4S 2016), Amsterdam, The Netherlands, Aug. 29-Sept. 1, 2016.

Betz, S., Fritsch, A., & Oberweis, A. (2017). TracyML – A modeling language for social impacts of product life cycles. In C. Cabanillas, S. Espana, & S. Farshidi (Hrsg.), *Proceedings of the ER Forum 2017 and the ER 2017*, Demo track, Valencia, Spain, Nov. 6–9, 2017.

Bindel, R. (2013). Das Verschwinden der Produkte. *Factory, Magazin für nachhaltiges Wirtschaften,* Sept. 2013 (Themenheft "Transformation"), S. 10–15.

Bode, A. (1999). Prozessoren. In P. Rechenberg & G. Pomberger (Hrsg.), *Informatik-Handbuch* (2. Aufl., S. 293–322). München: Hanser.

Busch, T. (2008). Open Source und Nachhaltigkeit. Open Source Jahrbuch 2008, TU Berlin.

Dick, M., Drangmeister, J., Kern, E., & Naumann, S. (2013). Green software engineering with agile methods. 2nd International Workshop on Green and Sustainable Software (GREENS 2013), San Francisco, CA, S. 78–85.

Dosch, K., & Sachsen, K. (2014). Lexikon der Nachhaltigkeit. Aachen: Aachener Stiftung Kathy Beys. http://www.nachhaltigkeit.info. Zugegriffen: Dez. 2017.

European Commission (DG Comm. Networks, Content & Technology). (Hrsg.). (2013). ICT footprint: Pilot testing on methodologies for energy consumptions and carbon footprint of the ICT-sector. Final report, Luxembourg: Publications office of the European Union. http://www.ecofys.com/en/publication/ict-footprint. Zugegriffen: Dez. 2017.

FIfF. (2013). Themenschwerpunkt "Faire Computer". FIfF Kommunikation, 30(4), 41–75 (Bremen: Forum InformatikerInnen für Frieden und gesellschaftliche Verantwortung e. V.).

Gartner, Inc. (2007). Gartner estimates ICT industry accounts for 2 percent of global CO2 emissions. Press release, Stamford, CT, April 26, 2007. https://www.gartner.com/newsroom/id/503867. Zugegriffen: Dez. 2017.

Greensoft. (2015). Handlungsempfehlungen "Green Web". Birkenfeld: Umwelt-Campus/Green Software Engineering. http://green-software-engineering.de/referenzmodell/handlungsemfehlungen

Hilty, L., & Lohmann, W. (2011). The five most neglected issues in "Green IT". *CEPIS Upgrade, XII*(4), S. 11–15.

Hilty, L., Naumann, S., Maksimov, Y., Kern, E., Filler, A., Guldner, A., & Gröger, J. (2017). Kriterienkatalog für nachhaltige Software. https://doi.org/10.13140/rg.2.2.18069.22242.

Hülsmann, H. (1985). *Die technologische Formation – Oder lasset uns Menschen machen* (S. 1985). Berlin: Verlag Europäische Perspektiven.

ICT4S. (2013). Conference recommendations: How to improve the contribution of ICT to sustainability. 1st International Conference on ICT for Sustainability, Zurich, Febr. 14–16, 2013. http://ict4s.org.

ICT4S. (2014). 2nd International Conference on ICT for Sustainability, Stockholm, Aug. 24–27, 2014. http://ict4s.org.

International Organization for Standardization (ISO). (2011). ISO 14000 family (environmental management), 2004–11. http://www.iso.org/iso/iso14000.

Johann, T., & Maalej, W. (2013). Position paper: The social dimension of sustainability in requirements engineering. Proceedings of the 2nd International Workshop on Requirements Engineering for Sustainable Systems, Rio, Brasil, July 15, 2013.

Kern, E., Dick, M., Naumann, S., & Filler, A. (2015). Labelling sustainable software products and websites: Ideas, approaches, and challenges. 29th International Conference on Informatics for Environmental Protection (EnviroInfo 2015), Third International Conference on ICT for Sustainability (ICT4S 2015), S. 82–91.

Lago, P., & Jansen, T. (2010). Creating environmental awareness in service oriented software engineering. *Lecture Notes in Computer Science: Bd. 6568. Service-Oriented Computing,* (S. 181–186). Berlin: Springer.

Mahaux, M. (2013). Could participation support sustainability in requirements engineering? Proceedings of the 2nd International Workshop on Requirements Engineering for Sustainable Systems, Rio, Brasil, July 2013.

Malmodin, J., Moberg, A., Lunden, D., Finnwegen, G., & Lövehagen, N. (2010). Greenhouse gas emissions and operational electricity use in the ICT and entertainment & media sectors. *Journal of Industrial Ecology, 14*(5), 770–790.

Martens, K.-U. (2013). Digitale Nachhaltigkeit. In J. Kegelmann & K.-U. Martens (Hrsg.), *Kommunale Nachhaltigkeit* (S. 421–428). Baden-Baden: Nomos.

Martens, J., & Schilder, K. (2013). Sustainable development. In J. Krieger (Hrsg.), *The Oxford companion to comparative politics* (2. Aufl., S. 813–815). Oxford: Oxford University Press.

Morin, E. (2010). *Die sieben Fundamente des Wissens für eine Erziehung der Zukunft*. Hamburg: Krämer.

Nadin, M. (2007). Semiotic machine. *Public Journal of Semiotics, 1,* 57–75.

Naumann, S., Kern, E., & Dick, M. (2013). Classifying green software engineering – The GREENSOFT Model. 2. Workshop "Energy Aware Software Engineering and Development" (EASED@BUIS), Oldenburg, Germany, April 2013.

Neamtiu, I., Xie, G., & Chen, J. (2013). Towards a better understanding of software evolution: An empirical study on open-source software. *Journal of Software: Evolution and Process, 25,* 193–218.

Penzenstadler, B. (2013). Towards a definition of sustainability in and for software engineering. Proceedings of the 28th Annual ACM Symposium on Applied Computing, S. 1183–1185.

Pientka, F. (2014). Gebaut für den Wandel: Nachhaltige Softwareentwicklung. *Business Technology, Magazin für IT-Leadership & Innovation, 3*(2014), 35–38.

Schmidt, B. (2016). Sustainability knowledge about software parts in software engineering processes. 4th International Conference on ICT for Sustainability (ICT4S 2016), Amsterdam, The Netherlands, Aug. 29-Sept. 1, 2016.

Schmidt, B., & Wytzisk, A. (2014). Software Engineering und Integrative Nachhaltigkeit. In E. Plödereder, L. Grunske, E. Schneider, & D. Ull (Hrsg.), Proceedings INFORMATIK 2014, Stuttgart, 22.–26.09.2014, Lecture notes in informatics (LNI), Bd. P-232, S. 1935–1945. https://dl.gi.de/handle/20.500.12116/2810

Schweizer-Ries, P. (2013). Sustainability science and its contribution to IAPS: Seeking for integrated sustainability. *IAPS Bulletin, 40,* 9–12.

Schweizer-Ries, P., & Perkins, D. (2012). Sustainability science: Transdisciplinarity, transepistemology, and action research. *Umweltpsychologie, 16* (1), 6–10.

Sommerville, I. (2011). *Software Engineering* (9. Aufl.). München: Pearson.

Stürmer, M. (2014). Characteristics of digital sustainability. Research center for digital sustainability, Universität Bern. https://doi.org/10.1145/2691195.2691269.

Taina, J. (2011). Good, bad, and beautiful software: In search of green software quality factors. *CEPIS Upgrade, XII*(4). 22–27.

Umweltbundesamt. (Hrsg.). (2015). Sustainable software design: Entwicklung einer Methodik zur Bewertung der Ressourcen-Effizienz von Softwareprodukten. Informationsblatt, Berlin: Umweltbundesamt, Nov. 2015. http://www.uba.de/publikationen/sustainable-software-design. Zugegriffen: Dez. 2017.

Verdecchia, R., Ricchiuti, F., Hankel, A., Lago, P., & Procaccianti, G. (2016). Green ICT research and challenges. In V. Wohlgemuth, F. Fuchs-Kittowski, & J. Wittmann (Hrsg.), *Advances and new trends in environmental informatics: Stability, continuity, innovation* (S. 37–48). Cham: Springer.

Wendt, B., & Görgen, B. (2017). Der Zusammenhang von Umweltbewusstsein und Umweltverhalten: *Bd. 21. Wissenschaftliche Schriften der WWU Münster* (Reihe VII). Münster: Readbox.

Winograd, T., & Flores, F. (1989). *Erkenntnis, Maschinen, Verstehen.* Berlin: Rotbuch.

World Commission on Environment. (Hrsg.). (1987). Report of the world commission on environment and development: Our common future. Oslo: UN. http://www.un-documents.net/wced-ocf.htm. Zugegriffen: Dez. 2017.

Wytzisk, A., Schmidt, B., & Nüst, D. (2013). Echtzeitinformation und Kollaboration in Geodateninfrastrukturen. *zfv (Zeitschrift für Geodäsie, Geoinformation und Landmanagement), 138*(5), 333–338.

Prof. Dr. Benno Schmidt ist Informatiker und hat langjährige Erfahrung als Entwickler professioneller Softwarelösungen zur Kommunikation und Visualisierung georäumlicher Umweltinformation. Seit 2009 deckt er als Professor an der Hochschule Bochum verschiedene Lehrgebiete der Informatik und Geoinformatik ab. Seine aktuellen Forschungsaktivitäten gelten der Modellierung von Nachhaltigkeitswissen sowie ausgewählten Themen aus dem Umfeld der Geovisualisierung.

Prof. Dr. Andreas Wytzisk ist Professor für Geoinformatik und Informatik am Fachbereich Geodäsie der Hochschule Bochum und Geschäftsführer der 52°North Initiative for Geospatial Open Source Software GmbH. Prof. Dr. Wytzisk widmet sich in Forschung und Lehre den Arbeitsbereichen Geodateninfrastrukturen sowie der verteilten und interoperablen Prozessierung georeferenzierter (Echtzeit-) Daten. Er verfügt über eine mehr als 15-jährige Erfahrung im Management von Softwareentwicklungsprojekten. In seiner Funktion als Geschäftsführer der 52°North GmbH koordiniert er den Aufbau von Communities zur kollaborativen Entwicklung innovativer Open-Source-Projekte.

Leitfaden für die Entwicklung nachhaltiger Dienstleistungen

35

Hannah Witting und Ludwig Karg

35.1 Einführung

Ich war das letzte Mal vor mehr als 10 Jahren in einer Bankfiliale. Jetzt bin ich bei einer „grünen" Bank und wickle alle Geschäfte online oder telefonisch ab. Ich arbeite regelmäßig von zu Hause oder im Zug. Wenn ich beruflich unterwegs bin suche ich mein Hotel auf greenbooking.com. Ich lasse mir eine Ökokiste mit regionalen Lebensmitteln vom Bauernhof liefern, ein Auto besitze ich nicht. Wozu? Ich lebe in einer Großstadt mit gut ausgebautem ÖPNV, habe Geld in ein anständiges Fahrrad investiert und bei Bedarf leihe ich ein Auto, von Freunden oder den zahlreichen Carsharinganbietern.

Auf Unternehmensebene haben sich Green IT Services, Speditions- und Logistik-Dienstleistungen inklusive CO_2-neutralem Versand sowie nachhaltige Veranstaltungen in den letzten Jahren etabliert. Die Wärme- oder Dampferzeugung für industrielle Prozesse erfordert keine eigene Anlage, vielmehr greifen Unternehmen vermehrt auf Contracting-Modelle zurück. Zudem setzt der Gesetzgeber Anreize und Verpflichtungen zur Durchführung von Energieaudits, die in der Regel von Beratungen durchgeführt werden.

Diese Beispiele zeigen, wie nachhaltige Dienstleistungen zunehmend den Alltag und das Geschäft durchdringen. Die Digitalisierung wirkt dabei als Katalysator. Für Unternehmen hat diese Entwicklung eine weitreichende Konsequenz.

H. Witting (✉)
B.A.U.M. Consult GmbH, München, Deutschland
E-Mail: h.witting@baumgroup.de

L. Karg
München, Deutschland
E-Mail: l.karg@baumgroup.de

M. Englert und A. Ternès (Hrsg.), *Nachhaltiges Management*,
https://doi.org/10.1007/978-3-662-57693-9_35

Der Markt wandelt sich. Der Fokus im Konsum liegt nicht mehr auf dem Produkt, sondern auf der Bedürfnisbefriedigung. Konsumenten sind meist nicht am materiellen Gut interessiert, sondern an dessen Funktion, die ihm Nutzen stiftet. Der Verkauf von Produkteinheiten wird zunehmend durch den Verkauf von Nutzungseinheiten abgelöst. Dies ermöglicht in einigen Bereichen die Entkopplung von Umsätzen und Ressourcenverbrauch, die ein zukünftiges Wirtschaften mit Wachstum erfordert: Die Sharing Economy ist geboren und entwickelt sich rasant weiter mit Geschäftsmodellen, die überall aus dem Boden sprießen.

Das Fraunhofer IAO hat im Jahr 2012 eine Studie mit dem Titel „Green Services" durchgeführt, die für die Verbreitung von nachhaltigen Dienstleistungen eine nüchternere Bilanz zieht (häufig wird den Dienstleistungen das Wort „Grün/Green" vorangestellt, um eine nachhaltige Ausrichtung zu kennzeichnen. Dabei wird suggeriert, dass es sich rein um umweltbezogene Nachhaltigkeit handelt. Der Kern nachhaltiger Dienstleistung liegt in der Tat in der ökologischen Verträglichkeit, allerdings spielen auch soziale und gesellschaftliche Faktoren eine erhebliche Rolle, in: Cocca, S. und Meiren, T. 2013, S. 4). Im Rahmen einer breit angelegten Unternehmensbefragung wurden Bedeutung und Potenziale ökologischer Nachhaltigkeit bei der Gestaltung neuer Dienstleistungsangebote im Bereich Technik analysiert. Die Befragten teilten Green Services im Vergleich zu Produkten noch eine untergeordnete Rolle zu. „Während der Leitgedanke nachhaltiger Entwicklung in der Produktwelt bereits viel stärker verbreitet ist und in gewisser Weise etabliert erscheint, eröffnet er für Dienstleistungen – im Sinne einer systematischen Forschung und Entwicklung – quasi „Neuland". In diesem Bereich sind einerseits Potenziale für Wirtschaft und Gesellschaft zu finden, andererseits sind damit auch Unsicherheiten verbunden, deren Ursprung in fehlendem Wissen sowie in der mangelnden systematischen Betrachtung und Umsetzung von nachhaltigen Dienstleistungen liegt" (Cocca, S. und Meiren, T. 2013, S. 4).

Gleichzeitig sehen die Befragten aber auch Chancen, insbesondere für die Kundenbindung. Neben der Verbesserung des Unternehmensimages bieten nachhaltige Dienstleistungen „mit Blick auf die Kunden die Möglichkeit, zusätzlichen Nutzen zu stiften und damit neue Geschäftsfelder zu erschließen" (IAO Pressemitteilung 2012). Unternehmen entdecken Dienstleistungen als zusätzliches Geschäft. Dies lässt sich beispielsweise bei Modeketten beobachten, die seit einigen Jahren die Rückgabe und Verwertung von Textilien anbieten. Weiterhin sorgen längere Garantiezeiten, Reparaturdienste und Ersatzteile-Kids für einen fortdauernden und wiederkehrenden Kontakt mit den Kunden. Diese Ausdehnung der eigenen Wertschöpfungskette in das Segment Beratung birgt für Anbieter ein erhebliches Wachstums- und Diversifizierungspotenzial.

Laut der vorgestellten IAO-Studie gibt es noch Hemmnisse, die Unternehmen von der Entwicklung und Ausrichtung hin zu nachhaltigen Dienstleistungen abhalten. Fast ein Drittel der Befragten nannten informationsbezogene Gründe, zum einen auf der inhaltlichen aber auch auf der methodischen Seite.

Im vorliegenden Text werden nachhaltige Dienstleistungen in den Fokus der Betrachtung gestellt. In 2014 wurde zur Entwicklung nachhaltiger Dienstleistungen und Weiterentwicklung bestehender Dienstleistungen das sogenannte *DIN-SPEC – Referenzmodell zur Entwicklung nachhaltiger Dienstleistungen* im Rahmen eines Stakeholder-Dialoges erarbeitet. Dieses liefert wertvollen Input für das Vorgehen und wird ab Abschn. 35.2 vorgestellt.

Gründe, wieso sich Unternehmen mit nachhaltigen Dienstleistungen beschäftigen sollten:

1. Wir leben in einer Dienstleistungsgesellschaft. Waren 1970 rund 45 % der Erwerbstätigen im früheren Bundesgebiet im Dienstleistungsbereich tätig, so war es 2016 fast jeder Dritte (ca. 74 %). Knapp 70 % der gesamtwirtschaftlichen Wertschöpfung wird durch Dienstleistungen generiert (Statistiken zur Dienstleistungsbranche). Dementsprechend tragen Dienstleistungsprozesse auch einen beachtlichen Anteil zu Ressourcenverbräuchen und Emissionen bei.
2. Effizienz: Effiziente Lösungen sind kostengünstiger. Weniger Energie- und Ressourceneinsatz spart Kosten, gleiches gilt für eine geringere Mitarbeiterfluktuation. Die Dienstleistung wird konkurrenzfähiger am Markt. Ökologie und Ökonomie gehen hier Hand in Hand.
3. Bewusstseinsänderung: Die Kundengruppe, die nachhaltige Lösungen nachfragt, wächst. In der Literatur wird dies beispielsweise unter dem Begriff LOHAS (engl. Lifestyles of Health and Sustainability) diskutiert.
4. Innovationspotenzial: Nachhaltigkeit in den Vordergrund der Betrachtung zu stellen gibt neue Denkanstöße für Produkte und Dienstleistungen, die neue Kundengruppen ansprechen und Märkte erschließen können. Das Deutsche Global Compact Netzwerk sieht grüne Dienstleistungen und Produkte als Motor für Innovationen und neue Absatzchancen für Unternehmen (Deutsches Global Compact Netzwerk 2011, S. 2 f.). Dies wird auch in der Fraunhofer Studie bestätigt. Eine Mehrheit der Befragten verbindet Green Services mit Chancen und Neuerungen.

35.2 DIN-SPEC Referenzmodell für die Entwicklung nachhaltiger Dienstleistungen

Bisher hat die DIN SPEC für nachhaltige Dienstleistungen (DIN SPEC 35201:2015-04 Referenzmodell für die Entwicklung nachhaltiger Dienstleistungen) noch wenig Beachtung gefunden. Das Bundesministerium für Wirtschaft und Technologie hat im Rahmen seiner Hightechstrategie für Deutschland 2020 das Programm „INS – Innovationen mit Normen und Standards“ ins Leben gerufen, aus dem zwischen 2006 und 2016 zahlreiche Projekte hervorgegangen sind. Die B.A.U.M. Consult Gesellschaften aus Hamm und München/Berlin sowie der B.A.U.M. e. V. und agado (Gesellschaft für nachhaltige Entwicklung UG, München) wurden mit der Erarbeitung der Spezifikation in 2014 betraut. Ziel war es, relevante Aufgaben bei der Entwicklung ökologisch nachhaltiger Dienstleistungen zu erkennen und eine Verknüpfung ökologischer Inhalte mit ökonomischen und sozialen Aspekten herzustellen, um eine hohe Erfolgswirksamkeit neu entwickelter Dienstleistungen am Markt zu gewährleisten. Als Beitrag zur nachhaltigen Entwicklung geht die DIN SPEC über die Einhaltung von gesetzlichen Vorgaben hinaus. Die SPEC richtet sich explizit an kleine und mittelständische Unternehmen, die aufgrund begrenzter Ressourcen nicht die Möglichkeit zur Entwicklung einer systematischen Vorgehensweise haben, um ihre Ideen für ökologisch nachhaltige Dienstleistungen am Markt umzusetzen. Dies betrifft 99,95 % aller Unternehmen in Deutschland (Destatis, kleine & mittlere Unternehmen, Mittelstand).

Das Referenzmodell der DIN SPEC 35201 ist nicht auf externe Überprüfung, Zertifizierung, Labelling oder ähnliche Ansätze ausgerichtet. In diesem Sinne gleicht es der ISO 26000:2011-01, dem Leitfaden zur gesellschaftlichen Verantwortung. Sie enthält keine Vorschriften, keine zwingenden Vorgaben für Maßnahmen und Indikatoren und definiert keine verpflichtenden Ziele oder Mindeststandards. Vielmehr soll die Spezifikation explizit als Leitfaden dienen, um Anwendern einen Weg aufzuzeigen, eine Dienstleistung unter Berücksichtigung gesellschaftlicher Verantwortung neu zu entwickeln oder bestehende weiterzuentwickeln. So kann die DIN SPEC auch als Checkliste für die Überprüfung der Nachhaltigkeitsleistung bestehender Dienstleistungen eingesetzt werden.

Gleichzeitig ist die Entwicklung einer DIN SPEC nicht vergleichbar mit einer DIN oder ISO Norm. Der Prozess und der Einbezug interessierter Parteien sind deutlich weniger umfangreich als bei einem Normungsverfahren. Nichtsdestotrotz erfolgte hier ein Stakeholder-Dialog mit unterschiedlichen Branchenvertretern in Form von Workshops und Fachgesprächen. Das Expertengremium setzte sich aus Vertretern von Verbänden und Unternehmen aus den zentralen Dienstleistungsbranchen zusammen, die ihre spezifischen Anliegen in den Prozess einbrachten. Teilnehmer waren u. a. Flughafen München, Stadtmobil Berlin GmbH, STAWAG, Stadtwerke Aachen Aktiengesellschaft, DeHoGa/Viabono, IHK Berlin, Deutscher Speditions- und Logistikverband e. V. (DSLV) und Tourismus Oberstdorf.

Eine breit angelegte Vorgehensweise unter Einbeziehung der Branchenvertreter war notwendig, denn das Dienstleistungsgewerbe ist äußerst heterogen. Dienstleistungen werden definiert als: Tätigkeit einer Organisation, um eine Nachfrage oder einen Bedarf zu erfüllen (DIN ISO 26000:2011). Nach der Klassifikation der Wirtschaftszweige 2008 (NACE Code) gehören neben dem Handel, das Gastgewerbe, Verkehr, Banken, Erziehung und Bildung, Gesundheit, Reinigungsdienste, EDV, Forschung, Logistik, Werbung, Bau- und Montage, Schulen und Ausbildungsstätten, Entsorgung, sanitäre Einrichtungen, medizinische Dienstleistungen sowie der Tourismus dazu (Liste nicht abschließend). Für die Entwicklung der DIN SPEC war diese Vielfalt die größte Herausforderung. Neben dem Ressourceneinsatz variieren auch der erforderliche Personaleinsatz und die Wertigkeit der Dienstleistung. Die Handreichung musste ausreichend allgemeingültig, aber gleichzeitig für die einzelnen Organisationen anwendbar und anschlussfähig sein.

35.2.1 Zentrales Instrument: Der Maximalkatalog

Der Maximalkatalog beschreibt mögliche Kriterien, Indikatoren und Maßnahmen. Er basiert auf dem Verständnis gesellschaftlicher Verantwortung und den Kernthemen der ISO 26000, siehe Abb. 35.1. Die DIN SPEC nutzt den Begriff der gesellschaftlichen Verantwortung wie folgt: Verantwortung einer Organisation für die Auswirkungen ihrer Entscheidungen und Aktivitäten (Aktivitäten umfassen Produkte, Dienstleistungen und Prozesse, vgl. DIN ISO 26000) auf die Gesellschaft und die Umwelt. Diese Verantwortung zeigt sich durch transparentes und ethisches Verhalten, das zur nachhaltigen Entwicklung, Gesundheit und dem Gemeinwohl eingeschlossen beiträgt, die Erwartungen der Anspruchsgruppen berücksichtigt, anwendbares Recht einhält und im Einklang mit internationalen Verhaltensstandards steht sowie in der gesamten Organisation integriert ist und in ihren Beziehungen (Mit Beziehungen sind solche gemeint, die im Zusammenhang mit den Aktivitäten der Organisation innerhalb ihres Einflussbereichs entstehen, vgl. DIN ISO 26000) gelebt wird. Das Nachhaltigkeitsdreieck aus Ökonomie, Ökologie und Sozialem liegt der Definition zugrunde. Zudem wird eine strategische nachhaltige Ausrichtung der Geschäftsaktivitäten gefordert; Nachhaltigkeit als Teil des Kerngeschäftes.

Der Maximalkatalog ist in sechs gleichberechtigte Kernthemen gegliedert. Jedem Kernthema sind mehrere Themenfelder zugeordnet, insgesamt 22, jedem Themenfeld wiederum mehrere Kriterien, siehe Abb. 35.2. Der Maximalkatalog listet Nachhaltigkeitskriterien auf,

Abb. 35.1 6 Kernthemen gesellschaftlicher Verantwortung

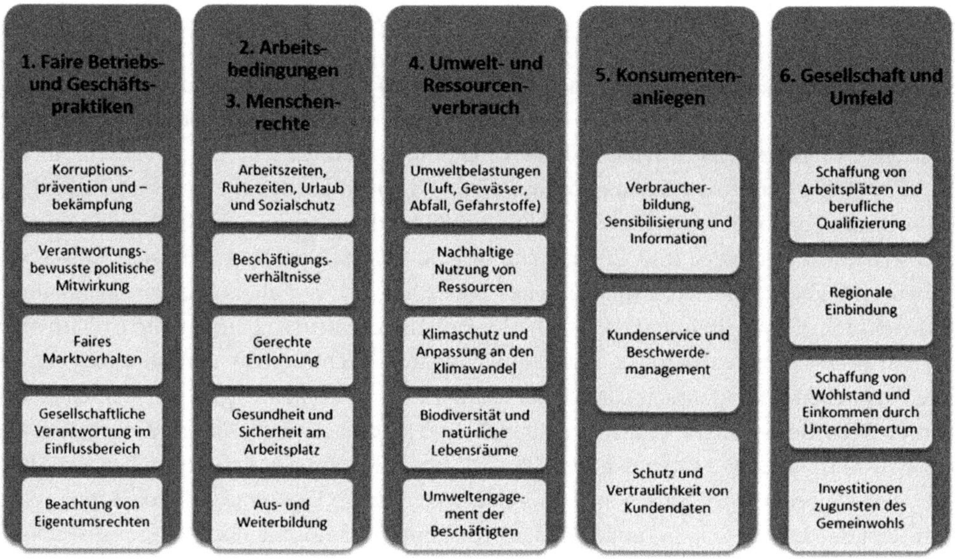

Abb. 35.2 Kernthemen und Themenfelder für Nachhaltige Dienstleistungen

aus denen ein Unternehmen die für die jeweilige Dienstleistung relevanten auswählen kann. Hier kommt das Prinzip der Wesentlichkeit zum Tragen. Nicht alle Indikatoren sollen berücksichtigt werden, sondern nur solche, die tatsächlich relevant sind. Der Katalog enthält zu jedem Kriterium Vorschläge für Indikatoren und Maßnahmen, mit denen im Rahmen eines kontinuierlichen Verbesserungsprozesses eine Steigerung der Nachhaltigkeitsleistung erreicht, dokumentiert und intern überprüft werden kann.

Das Vorgehen wird in Abschn. 35.2.4 detailliert skizziert.

35.2.2 Verknüpfung mit etablierten Nachhaltigkeitsstandards

Viele Unternehmen engagieren sich bereits im Themenfeld Nachhaltigkeit. Weit verbreitet sind beispielsweise ISO-Zertifizierungen zu Qualität (ISO 9001:2015), Umwelt (ISO 14001:2015) oder Energie (ISO 50001:2018) und Arbeitssicherheit (ISO 45001:2018). Die Managementsysteme verankern die spezifischen Themen auf Unternehmensebene und betrachten dabei auch seit der Novellierung von 9001 und 14001 verstärkt die Wertschöpfungsketten im Rahmen des kontinuierlichen Verbesserungsprozesses (KVP).

Weiterhin sind Produktzertifizierungen verbreitet, die teilweise mehrere Nachhaltigkeitsaspekte beinhalten, z. B. Blauer Engel, Ecolabel der EU. Hier werden auch Dienstleistungen zunehmend als Kategorien aufgenommen. Branchenzertifizierungen wie beispielsweise in der Hotellerie und im Tourismus (GreenGlobe, Certified Green, Viabono etc.) versuchen die Besonderheiten des jeweiligen Marktes zu betrachten.

Die Inhalte der DIN SPEC decken alle ISO 26000 Kernthemen ab. Zudem werden im Maximalkatalog Verweise auf anerkannte Ansätze, Leitlinien und Standards gegeben. Konkret verwiesen wird auf die GRI-Indikatoren zur Nachhaltigkeitsberichterstattung. So werden die Schnittmengen direkt sichtbar.

35.2.3 Beispiele aus dem Maximalkatalog

In der Tab. 35.1 werden Beispiele aus dem Maximalkatalog für die verschiedenen Kernthemen und Themenfelder inklusive Kriterien und vorgeschlagener Maßnahmen dargestellt.

35.2.4 Vorgehen bei der Entwicklung einer nachhaltigen Dienstleistung

Grundlage für die Dienstleistungsentwicklung ist das sogenannte Referenzmodell. Es ist als Vorgehensmodell zu verstehen, das die Schritte und Aufgaben für die Entwicklung einer Dienstleistung in aufeinanderfolgenden Phasen beschreibt und unterstützende Methoden und Instrumente aufzeigt. Das Referenzmodell lehnt sich an gängige und praxiserprobte Modelle an und bildet damit die zentralen Phasen einer Dienstleistungsentwicklung ab.

Für die Entwicklung einer nachhaltigen Dienstleistung werden vier aufeinanderfolgenden Entwicklungsphasen beschrieben, angelehnt an Bullinger und Schreiner 2006 (siehe Abb. 35.3), der ein fortlaufendes Modell skizziert hat, das einem kontinuierlichen Verbesserungsprozess durch Berücksichtigung von Kundenfeedback, aktuellen Entwicklungen und technologischen Möglichkeiten unterliegt. In allen Phasen sollte die Nachhaltigkeit Berücksichtigung finden.

35.2.4.1 Ideenfindung und -bewertung

Zu Beginn steht die Ideenfindung und Bewertung unter Nachhaltigkeitsaspekten. Im Rahmen eines Brainstormings werden zunächst Ideen gesammelt. Um gesellschaftliche Verantwortung von Beginn an zu berücksichtigen, steht im Mittelpunkt der ersten Phase die Bewertung der Ideen hinsichtlich ihrer Vereinbarkeit mit gesellschaftlicher Verantwortung. Bei bestehenden Dienstleistungen können auch Kundenfeedback oder (Branchen-)Trends einen Anstoß für die Weiterentwicklung geben.

Tab. 35.1 Beispiele für Kernthemen und Themenfelder inklusive Kriterien und vorgeschlagener Maßnahmen

	Themenfeld und Beschreibung	Kriterien	Indikatoren	Maßnahmen
4.3	**Klimaschutz und Anpassung an den Klimawandel (ISO 26000: S. 69)** Treibhausgasemissionen sind eine der Hauptursachen für den weltweiten Klimawandel. Dieser hat seinerseits wesentliche Auswirkungen auf die natürliche und menschliche Umwelt. Dazu gehören beispielsweise steigende Temperaturen, Extremwetterereignisse, erhöhte Wasserknappheit und Veränderung der Ökosysteme. Jedes Dienstleistungsunternehmen kann zum Klimaschutz beitragen, indem es sich an drei Grundsätze hält: Vermeidung, Minimierung, Kompensierung von Treibhausgasemissionen. Die Entwicklung von Dienstleistungen zur Verbesserung des Klimaschutzes ist ebenso wichtig wie die klimafreundliche Ausgestaltung von Dienstleistungen	Geringe direkte und indirekte Treibhausgasemissionen (siehe Indikator 4.2, Details zur Berechnung vgl. Greenhouse Gas Protocol Corporate Standard, http://www.ghgprotocol.org/corporate-standard, zuletzt abgerufen 24.10.2017). Kompensierung von Treibhausgasemissionen	Direkte und wesentliche indirekte Treibhausgasemissionen pro erbrachter Dienstleistungseinheit aufgeschlüsselt nach Quellen und sortiert nach Treibhausgasen in Tonnen oder in Tonnen CO_2-Äquivalenten (vgl. GRI; Indikatoren G4-EN15; G4-EN16, G4-EN17). Art und Umfang der Initiativen zur Einsparung von Treibhausgasemissionen unter Nennung der Initiativen und Kosten, die zu den Einsparungen geführt haben (vgl. GRI, Indikator G4-EN19). Art und Umfang der Kompensationsmaßnahmen von Treibhausgasemissionen. Summe der kompensierten Treibhausgase in Tonnen CO_2-Äquivalent. Summe der Ausgaben für die Kompensation von Treibhausgasemissionen	Ermittlung der wesentlichen Quellen von Treibhausgasemissionen der Dienstleistung in den Bereichen: • Energieverbrauch elektrisch • Energieverbrauch Wärme/Kälte • Kraftstoffverbrauch/Transport • Indirekte Emissionen aus der Vorkette, z. B. von Lieferanten Ermittlung des CO_2-Fußabdrucks der Dienstleistung. Konzeption und Umsetzung von Maßnahmen zur Vermeidung von Treibhausgasemissionen resultierend aus dem Energie- und Kraftstoffverbrauch. Konzeption und Umsetzung von Maßnahmen zur Kompensation von nicht vermeidbaren Treibhausgasemissionen

(Fortsetzung)

Tab. 35.1 (Fortsetzung)

	Themenfeld und Beschreibung	Kriterien	Indikatoren	Maßnahmen
5.3	**Kundenservice und Beschwerdemanagement** (vgl. DIN ISO 26000, S. 84) Kundenservice und Beschwerdemanagement zielen auf die Bedürfnisse der Kunden im Nachgang zur Inanspruchnahme der Dienstleistung ab. Das Angebot von hochwertigen Dienstleistungen erhöht die Zufriedenheit der Kunden und kann dazu beitragen, die Anzahl von Beschwerden zu verringern	Kundenzufriedenheit	Summe der Ausgaben für Kundenservice. Prozent der befragten Kunden, die mit der Dienstleistung zufrieden sind. Anzahl der Beschwerden. Anzahl und Prozent der Beschwerden, bei denen eine Einigung erzielt werden konnte. Summe der an Verbraucher ausgezahlten monetären Entschädigungen	Gewährung von Gewährleistungsfristen, die, soweit sinnvoll, über die gesetzlichen Fristen hinausgehen. Bereitstellung von eindeutigen Angaben auf der Internetseite und in den Verträgen zum Zugriff auf Kundenservice und Beschwerdemanagement. Verfahrensanweisung zur Prüfung und zum Umgang mit Beschwerden. Entwicklung und Einführung eines Verhaltenskodex zur Kundenzufriedenheit nach DIN ISO 10001 (ausführlich siehe DIN ISO 10001 (2008): Leitfaden für Verhaltenscodizes für Organisationen). Regelmäßige Durchführung von Befragungen zur Kundenzufriedenheit. Bereitstellung von Informationen zu Schlichtungs- und Schadensersatzmechanismen (ausführlich siehe DIN ISO 10003 (2008): Leitfaden für Konfliktlösung außerhalb von Organisationen). Bereitstellung von angemessenen und wirksamen Hilfs- und Beratungssystemen

(Fortsetzung)

Tab. 35.1 (Fortsetzung)

	Themenfeld und Beschreibung	Kriterien	Indikatoren	Maßnahmen
1.5	**Beachtung von Eigentumsrechten** (vgl. DIN ISO 26000, S. 76) Eigentumsrechte umfassen materielles und immaterielles Eigentum, wie beispielsweise geistige Eigentumsrechte, Designs oder Markennamen. Eigentum verpflichtet aber auch zum Wohle der Allgemeinheit	Achtung von Eigentumsrechten	Anzahl der Vorfälle, in denen eine Verletzung von Eigentumsrechten festgestellt wurde (vgl. GRI, Indikator G4-SO7)	Einführung von Verfahren die sicherstellen, dass Eigentumsrechte geachtet werden. Angemessene Vergütung bei Nutzung von Eigentum Dritter
2.1	**Arbeitszeiten, Ruhezeiten, Urlaub und Sozialschutz** (vgl. DIN ISO 26000, S. 56–57) Die Regelung der Arbeitszeiten hat den Zweck, die Beschäftigten vor zu hohen Tages- und/oder Wochenarbeitsstunden zu schützen und ihren Anspruch auf ununterbrochene Ruhezeiten zu gewährleisten (Die maßgebliche Regelarbeitszeit kann sich direkt aus dem Arbeitsvertrag, aber auch mittelbar aus einem Tarifvertrag, einer Betriebsvereinbarung oder einem Gesetz ergeben)	Vereinbarung von Beruf und Familie	Prozent der weiblichen Beschäftigten, die Kinder zwischen null und sechs Jahren haben. Prozent der Beschäftigten (männlich/weiblich), die eine „Elternzeit" in Anspruch genommen haben (vgl. GRI; Indikator G4-LA3). Anzahl und Prozent der Beschäftigten, die nach Rückkehr aus der Elternzeit mehr als [XX] Monate im Unternehmen bleiben	Gewährung von Arbeitsbedingungen, die über gesetzliche Bestimmungen hinausgehen und die Möglichkeit bieten, Beruf und Familie zu vereinbaren, z. B. flexible Arbeitszeitmodelle, Unterstützung aktiver Vaterschaft, Bereitstellung von Krippenplätzen oder Ferienbetreuungsangebote (vgl. DIN ISO 26000, S. 57–58)

(Fortsetzung)

Tab. 35.1 (Fortsetzung)

	Themenfeld und Beschreibung	Kriterien	Indikatoren	Maßnahmen
6.4	**Investitionen zugunsten des Gemeinwohls** (vgl. DIN ISO 26000, S. 92–93) Investitionen zugunsten des Gemeinwohls betreffen Initiativen und Programme zur Verbesserung der Infrastruktur sowie die sozialen Aspekte des Lebens in der Gemeinschaft. Dazu gehören Bildung, Kultur, Gesundheitswesen, Einkommensniveau oder Informationszugänge. Investitionen sollten sich an den Bedürfnissen und Prioritäten der Gemeinschaft ausrichten, die Gemeinschaft mit einbeziehen und zu einer nachhaltigen Entwicklung beitragen. Investitionen zugunsten des Gemeinwohls schließen Spenden oder Sponsoring mit ein	Soziale Investitionen	Summe der sozialen Investitionen in die Infrastrukturen der Gemeinschaften (vgl. GRI, G4-EC7)	Planung von Investitionsprojekten zugunsten des Gemeinwohls unter Berücksichtigung der Förderung der Entwicklung der Gemeinschaft. Einrichtung einer Arbeitsgruppe zur Bewertung der eigenen gemeinschaftsbezogenen Initiativen, entsprechende Information der Gemeinschaft und Ermittlung des Verbesserungspotenzials
		Spenden und Sponsoring	Summe der durch die Organisation oder durch Beschäftigte gesammelten Spenden bzw. gespendeten Mittel für wohltätige Zwecke	Festlegung eines Verfahrens zur Unterstützung von wohltätigen lokalen Initiativen durch Spenden und Sponsoring

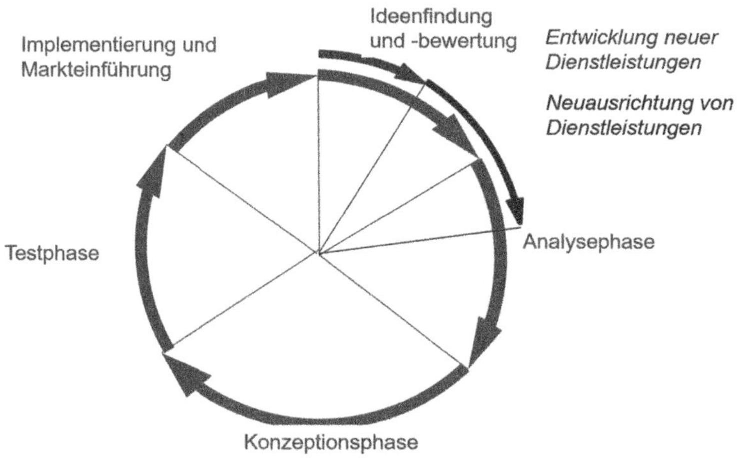

Abb. 35.3 Phasenmodell Dienstleistungsentwicklung. (Quelle: In Anlehnung an Bullinger und Schreiner 2006)

Hilfreich erscheint an dieser Stelle der Verweis auf die Methode Design Thinking, die wertvolle Ideen für die Gestaltung einer kreativen Entwicklung liefert (Process). Die Methode nimmt den Kunden und dessen Bedürfnisse ins Zentrum der Betrachtung (Persona entwicklen = Bild eines Kunden zeichnen) und legt neben dem Prozess viel Wert auf das Team (People) und die Arbeitsatmosphäre (Place) (Für weitere Informationen zur Methode und deren Entwicklung sei auf den Beitrag in dem Forum „Nachhaltiges Wirtschaften" verwiesen: http://www.forum-csr.net/default.asp?News=10845).

35.2.4.2 Analysephase

In der zweiten Phase der Dienstleistungsentwicklung stehen die internen und externen Anforderungen hinsichtlich gesellschaftlicher Verantwortung im Mittelpunkt. Dazu werden Inhalte und Ablauf der Dienstleistung zunächst grob beschrieben. Im Anschluss wird ein Anforderungskatalog aus Sicht der unterschiedlichen Stakeholder erstellt. Dies umfasst die Sicht des Marktes (Kundengruppe, Wettbewerber, Trends), das Unternehmen (Ressourcen, Know-how, Kosten/Nutzen) und die gesetzlichen Rahmenbedingungen. Ergebnis ist ein Anforderungskatalog mit einhergehenden kritischen Erfolgsfaktoren.

Für die nachhaltige Ausrichtung der Dienstleistung ist bereits an dieser Stelle entscheidend zu dokumentieren, was die Dienstleistung leistet, wie die gewünschten Ergebnisse einer Dienstleistung zustande kommen, womit dies erreicht wird und mit welchen Instrumenten sie vermarktet wird. Hier wird der Maximalkatalog herangezogen. Es wird geprüft, welche der im Maximalkatalog benannten Themenfelder gesellschaftlicher Verantwortung für die Dienstleistung relevant sind. Für alle als relevant erachteten Themenfelder werden daraufhin geeignete Kriterien aus dem Maximalkatalog ausgewählt, mit denen die Nachhaltigkeitsanforderungen an die Dienstleistung beschrieben werden sollen. Diese Liste kann optional um eigene Kriterien oder um Anforderungen

Tab. 35.2 Ergebnis von Schritt 2 am Beispiel Umwelt

	Themenfeld und Beschreibung	Relevant?	Kriterien	Geeignet?
4.1	**Umweltbelastungen (Luft, Gewässer, Abfall, Gefahrstoffe)** Aktivitäten und Dienstleistungen einer Organisation können verschiedene Formen von Umweltbelastungen hervorrufen, die Auswirkungen auf Gesundheit und Wohl von Mensch und Natur haben. Zu den Umweltbelastungen zählen beispielsweise Emissionen in die Luft, Einleitungen in Gewässer, Kontamination von Böden, Abfallaufkommen. Eine Organisation kann ihre Nachhaltigkeitsleistung verbessern, indem sie Umweltbelastungen vermeidet.	□ **Ja** □ **Nein**	Geringe Umweltauswirkungen	□
			Geringe Emissionen in die Luft	□
			Geringe Lärmbelastung	□
			Geringe Gewässerbelastung	□
			Keine Kontaminationen in Böden	□
			Geringes Abfallaufkommen	□
			Geregelte Abfalltrennung, -verwertung und -entsorgung	□
			Eigenes Kriterium	□
			Eigenes Kriterium	□

aus branchenübergreifenden oder branchenspezifischen Instrumenten und Standards ergänzt werden. Hilfreich für die Erarbeitung ist die Frage, inwiefern Anspruchsgruppen, z. B. Mitarbeiter, Kunden, Geschäftspartner oder Teile der Öffentlichkeit oder auch der Gesetzgeber, Aspekte des Themenfeldes mit der Dienstleistung in Verbindung bringen oder von Aspekten des Themenfeldes berührt werden.

Die Auswahl der Kriterien ist von größter Bedeutung. Anhand der Kriterien werden die Eigenschaften der Dienstleistung bzw. des Prozesses zur Erbringung der Dienstleistung beschrieben, die den Unterschied zwischen einem nachhaltigen und einem weniger nachhaltigen Ansatz aufzeigen. Genau diese Punkte können im Marketing als Wettbewerbsvorteil hervorgehoben werden (Tab. 35.2).

35.2.4.3 Konzeptphase

Die Konzeptphase umfasst die detaillierte Beschreibung der zukünftigen Dienstleistung einschließlich aller Einzelspezifikationen. Dazu gehört auch die Aufstellung aller benötigten technischen und personellen Ressourcen, der Infrastruktur und weiterer Betriebsmittel.

Um gesellschaftliche Verantwortung zu integrieren, erfolgt die Ausgestaltung der definierten Nachhaltigkeitskriterien mit Indikatoren, Zielen und Maßnahmen.

Je Kriterium werden geeignete **Indikatoren** identifiziert und festgelegt, anhand derer die Erfüllung des Kriteriums überprüft werden kann. Es können ein Indikator oder mehrere Indikatoren herangezogen werden. Dem Indikator sollte jeweils ein eindeutiger zeitlicher Bezug und Betrachtungsrahmen zugeordnet werden, um quantitativ oder qualitativ Aussagen zum Kriterium zu ermöglichen. Das Referenzmodell enthält dazu Vorschläge.

Im Anschluss werden Ziele für jeden Indikator definiert. Dazu sollten die SMART-Grundsätze berücksichtigt werden (S = spezifisch, M = messbar, A = aktionsorientiert,

Tab. 35.3 Ergebnis von Schritt 3 am Beispiel Abfall. Katalog mit Kriterium, Indikator, Ziel und Maßnahmen am Beispiel Abfallaufkommen

Ausgewähltes Kriterium	Festgelegter Indikator	Eigenes Ziel	Festgelegte Maßnahme
Geringes Abfallaufkommen	Entstandene Abfälle nach Abfallfraktionen und Art der Entsorgungsmethode: Anteil Mehrwegverpackungen an Verpackungen	15 % der beschafften Versandartikel sind in Mehrweg-Versandsystemen verpackt. 75 % der beschafften alkoholfreien Getränke sind in Mehrweg-Getränkeflaschen verpackt.	Auswahl eines Versandhändlers, der Mehrweg-Verpackungen einsetzt. Prüfung, bei welchen Getränken auf Mehrweg-Getränkeflaschen umgestellt werden kann. Einführung von Mehrweg-Getränkeflaschen bei Säften, Mineralwasser und Kaffeemilch

R = realistisch und T = terminiert). Die Zieldefinition kann sich an anerkannten Standards oder Best-Practice-Beispielen aus der Praxis orientieren oder individuell festgelegt werden.

Im dritten Schritt werden für jedes in der Analysephase ausgewählte Kriterium geeignete Maßnahmen identifiziert, mit deren Umsetzung das definierte Ziel erreicht werden kann. Der Maximalkatalog bietet Beispiele, die jedoch dienstleistungs- und unternehmensspezifisch ergänzt werden sollten.

Ergebnis der Phase ist ein Controllinginstrument, das in Zukunft auch für den kontinuierlichen Verbesserungsprozess (KVP) der Dienstleistung genutzt werden soll (Tab. 35.3).

35.2.4.4 Implementierung und Markteinführung

In dieser Phase erfolgt die Implementierung aller nötigen organisatorischen, technischen und personellen Maßnahmen, um die Dienstleistung erbringen zu können. Das umfasst die Einstellung und Qualifizierung von Mitarbeitern, die Bereitstellung der Infrastruktur, die Beschaffung von Betriebsmitteln sowie die Einleitung von Marketingmaßnahmen.

Teil dessen ist auch ein Markttest, um die Benutzerfreundlichkeit zu evaluieren sowie Feedback einzuholen und im Anschluss die Dienstleistung weiter zu verbessern oder an spezifische Kundenbedürfnisse anzupassen. Es wird ferner mit dem in der Konzeptphase erarbeiteten Controllinginstrument überprüft, inwiefern die definierten Nachhaltigkeitskriterien eingehalten werden. Zeigt sich anhand der überprüften Indikatoren, dass die festgelegten Maßnahmen nicht greifen, müssen entsprechende Korrekturmaßnahmen angesetzt werden (KVP). Das kann zur Folge haben, dass die gewählten Maßnahmen, die festgelegten Ziele oder die gewählten Indikatoren auf ihre Eignung überprüft und ggf. angepasst oder ersetzt werden (Tab. 35.4).

Tab. 35.4 Überblick zum Referenzmodell zur Entwicklung nachhaltiger Dienstleistungen. (Quelle: DIN SPEC 35201 (2015), S. 9)

	Phase I: Ideenfindung und Bewertung	Phase II: Anforderungsanalyse	Phase III: Konzeption	Phase IV: Implementierung und Markteinführung
Inhalt der Entwicklungsphase	Sammlung von Ideen und deren Bewertung	Aufstellung der detaillierten externen und internen Anforderungen an die neue Dienstleistung und deren Priorisierung sowie der kritischen Erfolgsfaktoren	Beschreibung im Detail, was die Dienstleistung leistet, wie die gewünschten Ergebnisse einer Dienstleistung zustande kommen, womit dies erreicht wird und mit welchen Instrumenten sie vermarktet wird	Einführung der Dienstleistung am Markt über Implementierung aller nötigen organisatorischen, technischen und personellen Maßnahmen, um die Dienstleistung erbringen zu können, Testdurchlauf und Rollout
Ergebnis der Entwicklungsphase	Auswahl einer Idee für eine neue oder die Weiterentwicklung einer bestehenden Dienstleistung	Grobes Ablaufdiagramm der Dienstleistung und Auflistung der ermittelten Anforderungen	Gesamtmodell der Dienstleistung mit allen Spezifikationen ist erstellt (ggf. Detailmodelle Produkt/Leistungsmodell, Prozessmodell, Ressourcenmodell und Marketingkonzept)	Dienstleistung ist am Markt eingeführt
Input für die nächste Entwicklungsphase	Auf Basis der Idee wird die Dienstleistung in Phase II entwickelt	Die ermittelten Anforderungen geben den Rahmen für die Konzeption in Phase III	Das Gesamtmodell beschreibt alle Spezifikationen, die implementiert werden müssen, um Test und Markteinführung in Phase IV sicherzustellen	

(Fortsetzung)

Tab. 35.4 (Fortsetzung)

	Phase I: Ideenfindung und Bewertung	Phase II: Anforderungsanalyse	Phase III: Konzeption	Phase IV: Implementierung und Markteinführung
Ziel hinsichtlich gesellschaftlicher Verantwortung	Bewertung der Dienstleistungsidee im Hinblick auf Vereinbarkeit mit gesellschaftlicher Verantwortung	Auswahl relevanter Themenfelder und geeigneter Kriterien hinsichtlich gesellschaftlicher Verantwortung	Festlegung geeigneter Indikatoren, Ziele und Maßnahmen zu den ausgewählten Kriterien für gesellschaftliche Verantwortung	Erfüllung der Kriterien für gesellschaftliche Verantwortung durch Umsetzung der Maßnahmen und Überprüfung anhand der Indikatoren
Fragestellung(en) hinsichtlich gesellschaftlicher Verantwortung	Lässt sich die Dienstleistungsidee mit gesellschaftlicher Verantwortung vereinbaren?	Welche internen und externen Faktoren sind relevant, um die Anforderungen zu erfüllen? Welche davon sind kritische Erfolgsfaktoren?	Mit welchen Indikatoren, Ziele und Maßnahmen kann die Einhaltung der Kriterien ermöglicht werden?	Werden die Kriterien eingehalten?
Ergebnis der Entwicklungsphase	Die Dienstleistungsidee ist mit den Kernthemen gesellschaftlicher Verantwortung vereinbar	Themenfelder und Kriterien sind ausgewählt	Indikatoren, Ziele und Maßnahmen zu den ausgewählten Kriterien sind im Detail beschrieben	Die Kriterien werden eingehalten

35.3 Fazit

Nachhaltige Dienstleistungen sind auf dem Vormarsch und werden sich durch die Möglichkeiten, die die Digitalisierung heute und in Zukunft bietet, weiter verbreiten. Die DIN SPEC liefert einen wertvollen Beitrag zur Auflösung der Informationsdefizite, die die IAO-Studie als größtes Hemmnis identifizierte.

Daneben nennen Unternehmer weitere Gründe für die Zurückhaltung. Maßgeblich ist die fehlende Gewinnerwartung. Dabei zeigen erfolgreiche Anbieter nachhaltiger Dienstleistungen, dass ein wirtschaftlicher Betrieb möglich ist.

> Sie haben erkannt, dass eine ganzheitliche Betrachtung ökologischer, ökonomischer und sozialer Nachhaltigkeit essenziell ist und dass organisatorische Strukturen und personelle Ressourcen frühzeitig aufgebaut werden müssen, um mit „grünen" Dienstleistungen „schwarze Zahlen" schreiben zu können … . Wichtig ist dabei, dass bei der Entwicklung „grüner" Dienstleistungen frühzeitig und gezielt Wirtschaftlichkeitsfaktoren adressiert werden und eine gründliche Analyse von Markt- und Unternehmensanforderungen sowie Nachhaltigkeitskriterien vorgeschaltet wird. Nur dann können Dienstleistungsunternehmen einen positiven Beitrag für Umwelt und Gesellschaft leisten und sich gleichzeitig ökonomisch nachhaltig weiterentwickeln (Cocca, S. und Meiren, T. 2013, S. 27).

Dazu gehört auch der Aufbau von Know-how bei den Mitarbeitenden.

Eine wichtige Rolle für den Markterfolg nachhaltiger Dienstleistungen spielt zudem eine frühzeitige Sensibilisierung und Einbindung von Kunden. Um das Bewusstsein beim Kunden aufzubauen, ist auch ein entsprechendes Marketing wesentlich, das die nachhaltigen Kriterien der Dienstleistung gut positioniert. Zielführend dafür kann die Produkt-/Dienstleistungskennzeichnung sein. Zertifizierungen und Labels können dazu beitragen, Verlässlichkeit, Vergleichbarkeit und Transparenz von Dienstleistungen zu schaffen. Im Tourismus- und Hotelgewerbe sind diese bereits verbreitet. In anderen Bereichen werden sie vermutlich schnell an Bedeutung gewinnen. Hier gilt es sich frühzeitig zu orientieren. Die DIN SPEC 35201 bietet dafür einen geeigneten Ausgangspunkt.

Die B.A.U.M. Consult München/Berlin führt seit fast 30 Jahren Projekte mit Unternehmen, Kommunen und Städten zu nachhaltiger Entwicklung an. Ludwig Karg ist Geschäftsführer, Hannah Witting seit 2014 Mitarbeiterin. Informationen und Kontakt siehe www.baumgroup.de.

Literatur

Bullinger, H. J., & Schreiner, P. (2006). Service Engineering: Ein Rahmenkonzept für die systematische Entwicklung von Dienstleistungen. In H. J. Bullinger, A.-W. Scheer, & D. Diaper (Hrsg.), *Service Engineering, Entwicklung und Gestaltung innovativer Dienstleistungen* (S. 53–84). Berlin: Springer.

Cocca, S., & Meiren, T. (2013^2): Green Services: Studie zu Trends und Perspektiven nachhaltiger Dienstleistungsangebote. Stuttgart: Fraunhofer. http://wiki.iao.fraunhofer.de/images/studien/green_services_studie.pdf. Zugegriffen: 24. Okt. 17.

Destatis – Statistische Bundesamt (2017): Kleine & mittlere Unternehmen, Mittelstand. https://www.destatis.de/DE/ZahlenFakten/GesamtwirtschaftUmwelt/UnternehmenHandwerk/KleineMittlereUnternehmenMittelstand/KleineMittlereUnternehmenMittelstand.html. Zugegriffen: 24. Okt. 2017.

Deutsches Global Compact Netzwerk. (2011). Schwerpunktthema. Hintergrundpapier Innovation und Nachhaltigkeit, S. 2f. Berlin: Deutsches Global Compact Netzwerk. https://www.globalcompact.de/wAssets/docs/Weitere-Themen/hintergrundpapier_innovation_und_nachhaltigkeit.pdf. Zugegriffen: 24. Okt. 2017.

DIN ISO (2011): DIN ISO 26000:2011. *Leitfaden zur gesellschaftlichen Verantwortung*. Berlin: Beuth.

DIN (2015): DIN SPEC 35201:2015-04. *Referenzmodell für die Entwicklung nachhaltiger Dienstleistungen*. Berlin: Beuth.

IAO – Fraunhofer Institut für Arbeitswirtschaft und Organisation. (2012) Pressemitteilung Neue Geschäftsfelder durch nachhaltige Dienstleistungen. https://www.iao.fraunhofer.de/lang-de/presse-und-medien/aktuelles/923-green-services73.html. Zugegriffen: 24. Okt. 2017.

Hannah Witting hat sich als Diplom-Geografin im Studium schwerpunktmäßig mit produktbezogenen Treibhausgasbilanzen auseinandergesetzt. Seit 2011 arbeitet sie als Beraterin zur Einführung und Integration von Managementsystemen (ISO 14001, 50001, Nachhaltigkeitsmanagement). Bei B.A.U.M. ist sie seit 2014 als Projektleiterin zur Förderung von nachhaltiger Entwicklung in Unternehmen tätig. Dies umfasst sowohl strategische Fragestellungen (Leitbild, Wesentlichkeit, Bestandsaufnahmen) als auch umsetzungsorientierte Beratung zu unterschiedlichen Themen der Nachhaltigkeit (CO2, Umwelt, Energie, Familie, Mobilität).

Ludwig Karg studierte von 1975 bis 1981 Informatik mit Schwerpunkt Wirtschaftswissenschaften an der TU München. Seit 1994 ist er Geschäftsführerender Gesellschafter der B.A.U.M. Consult GmbH und seit 2005 Chairman des International Network of Environmental Management (INEM). Seine Arbeitsschwerpunkte umfassen Vortrags- und Seminartätigkeiten sowie Politikberatung, strategisches Management im Bereich Nachhaltige Entwicklung von Unternehmen, Kommunen und Regionen. Zusammen mit Expertenteams von B.A.U.M. erstellt er regionale Entwicklungskonzepte und baut nachhaltige regionale Versorgungs- und Marktsysteme auf. Herr Karg leitet nationale und internationale Forschungs- und Entwicklungsprojekte in den Bereichen Energieversorgung, Mobilität sowie Umwelt- und Klimaschutz.

Teil III

Best Practices aus der Praxis – Unternehmen aus verschiedenen Branchen

36 Technologien für eine bessere Welt – Corporate Responsibility bei der Deutschen Telekom

Birgit Klesper

36.1 Einleitung

Extremwetter-Ereignisse machen auf der ganzen Welt Schlagzeilen. Ob Dürren oder starke Regenfälle, Wirbelstürme oder Rekordhitze – Klimaforscher werten die zunehmende Heftigkeit dieser Ereignisse als Anzeichen, dass sich der Klimawandel bereits auswirkt. Die Uhr tickt: Schafft die Welt es, das Ziel des Pariser Klimaabkommens einzuhalten und die Erderwärmung auf unter zwei Grad zu begrenzen, kann sie zumindest die schlimmsten Folgen des Klimawandels noch verhindern. Daneben stehen wir auch vor anderen, weitreichenden Herausforderungen, wie dem weltweiten Wohlstandsgefälle, wachsenden Abfallbergen oder der zunehmenden Gefahr durch Cyberkriminalität. Ich bin davon überzeugt, dass wir diese Herausforderungen meistern können, wenn alle grenzüberschreitend zusammenarbeiten – Politik, Zivilgesellschaft, und Wirtschaft. Moderne Technologien werden dabei eine zentrale Rolle spielen.

Viele Unternehmen leisten bereits heute einen Beitrag zu einer nachhaltigeren Entwicklung, indem sie Geschäftsprozesse sozial- und umweltverträglicher gestalten und Produkte entwickeln, die ihren Kunden ein nachhaltigeres Leben ermöglichen. Die Agenda 2030 der Vereinten Nationen (UN) betont, wie wichtig dieser Beitrag von Unternehmen ist. Sie werden darin ausdrücklich aufgefordert, ihre Kreativität und Innovationskraft einzusetzen, um die 17 Nachhaltigkeitsziele der Agenda zu erreichen. Doch wie kann es Unternehmen gelingen, mögliche negative Auswirkungen ihrer Geschäftstätigkeit zu minimieren und darüber hinaus wirkungsvolle, positive Impulse für einen nachhaltigen Wandel zu setzen?

B. Klesper (✉)
Deutsche Telekom AG, Bonn, Deutschland
E-Mail: birgit.klesper@telekom.de

M. Englert und A. Ternès (Hrsg.), *Nachhaltiges Management*,
https://doi.org/10.1007/978-3-662-57693-9_36

Zunächst einmal gilt es zu erkennen, welche Chancen im eigenen Geschäftsmodell liegen. Das Kerngeschäft der Telekom sind die Netze, die die Grundlage für moderne Informations- und Kommunikationstechnologien (IKT) bilden. Sie haben das Potenzial, eine Schlüsselrolle für eine nachhaltige Entwicklung zu spielen. Denn die Digitalisierung ist ein Hebel, um Wachstum vom Ressourcenverbrauch zu entkoppeln, Energie zu sparen und den Klimawandel zu bremsen. Allein in der Landwirtschaft werden beispielsweise durch den gezielten Einsatz von IKT bis zum Jahr 2030 CO_2-Einsparungen von rund zwei Milliarden Tonnen vorausgesagt.[1] Auch auf viele soziale Herausforderungen findet die Digitalisierung Antworten – zum Beispiel, wenn dank Videoschaltung die Ärztin direkt ins Wohnzimmer des Patienten auf dem Land kommt oder der Lehrer in den entlegensten Gegenden dieser Erde unterrichten kann. Als Telekommunikationsunternehmen verstehen wir uns in diesem Zusammenhang vor allem als „Enabler", also als Ermöglicher: Wir leisten unseren Beitrag dazu, dass IKT ihre volle Wirkung für eine bessere Welt entfalten kann.

Dabei ist es für uns wichtig, dass möglichst viele Menschen an der Informations- und Wissensgesellschaft teilhaben können. Dafür ist nicht nur der technische Zugang wichtig – mindestens genauso entscheidend ist die Fähigkeit, kompetent mit den technischen Möglichkeiten umzugehen. Für beide Aspekte tragen wir als Telekommunikationsunternehmen eine besondere Verantwortung.

Viele unserer Aktivitäten, Produkte und Lösungen haben einen positiven Effekt für eine nachhaltigere Entwicklung. Doch was macht ein IKT-Produkt zu einem nachhaltigen Produkt? Um diese Frage zu beantworten, analysieren wir unser Portfolio systematisch anhand transparenter Nachhaltigkeitskriterien. Und wir erschließen neue, innovative Wachstumsfelder, mit denen wir unseren Beitrag weiter vergrößern können. Dazu gehen wir Partnerschaften ein, beispielsweise mit Start-ups, mit denen wir zusammen an den Lösungen für morgen arbeiten.

Gleichzeitig dürfen wir aber den Blick nicht davor verschließen, dass der rasante technologische Fortschritt nicht nur neue Chancen, sondern auch Risiken mit sich bringt. Zum Beispiel für den Schutz persönlicher Daten und die Sicherheit im Netz – deshalb haben Datenschutz und Datensicherheit bei der Telekom höchste Priorität. Außerdem machen wir uns dafür stark, dass in der weit verzweigten IKT-Lieferkette grundlegende Menschenrechte geachtet und Umweltstandards eingehalten werden. Nicht zuletzt entstehen im Zusammenhang mit Themen wie Digitalisierung, Zukunft der Arbeit und künstlicher Intelligenz ganz neue Fragen, die eine gesamtgesellschaftliche Debatte erfordern.

Wir haben bei der Telekom nicht nur den Anspruch, führendes europäisches Telekommunikationsunternehmen zu sein, sondern auch die Möglichkeit, als „Enabler" beziehungsweise Ermöglicher einer nachhaltigen Entwicklung durch IKT zu wirken.

---

[1] Vgl. http://smarter2030.gesi.org/.

Corporate Responsibility (CR) ist eine strategische Querschnittsaufgabe, die ganzheitlich sämtliche Geschäftsbereiche berührt und in der gesamten Wertschöpfungskette des Unternehmens verankert werden muss. Unsere CR-Abteilung hat einerseits eine steuernde Aufgabe und gibt mithilfe unserer CR-Policy einen klaren Rahmen vor. Zum anderen erfüllt sie im Unternehmen ihrerseits eine Enabler-Funktion: Sie vermittelt Anforderungen und Positionen, holt beteiligte Akteure an einen Tisch und treibt die Umsetzung von Maßnahmen voran. Dazu tritt sie immer wieder auch in einen aktiven Dialog nach außen, um das eigene Handeln kritisch zu hinterfragen und neue Impulse aufzunehmen. Wie dies in der Praxis aussieht, zeigt beispielsweise unser strategisches Lieferantenprogramm, das in enger Zusammenarbeit von CR-Abteilung, Einkauf und externen Stakeholdern entstanden ist.

Welche Ansätze wir verfolgen, um das Nachhaltigkeitspotenzial moderner Informations- und Kommunikationstechnologien zu heben, und welchen Beitrag unsere CR-Abteilung in ihrer Enabler-Funktion dabei leistet, möchte ich im Folgenden aufzeigen. Dabei gehe ich zunächst darauf ein, wie wir sicherstellen, dass unsere CR-Strategie einen engen Bezug zu unserem Kerngeschäft aufweist (Abschn. 36.2). Anschließend wird es darum gehen, welche Grundlagen geschaffen werden müssen, damit möglichst viele Menschen vom digitalen Fortschritt profitieren können (Abschn. 36.3). Im Anschluss wird erläutert, wie der nachhaltige Nutzen unserer Produkte konkret aussieht und auf welche Weise wir daran arbeiten, diesen Beitrag systematisch weiter zu vergrößern (Abschn. 36.4). Schließlich geht es dann um die Fragen, wie wir die Achtung von Menschenrechte innerhalb unseres Unternehmens wie auch in unserer Lieferkette sicherstellen können (Abschn. 36.5), und wie wir mit den gesellschaftlichen Umwälzungen als Folgen der Digitalisierung umgehen sollten (Abschn. 36.6). Auch hier liegt ein wichtiger Schlüssel im Dialog.

36.2 Ganzheitliches CR-Management nah am Kerngeschäft

Unser Selbstverständnis als verantwortungsvolles Unternehmen leitet sich aus unserer Konzernvision ab: Wir wollen führender Telekommunikationsanbieter in Europa sein. Mit dieser Führungsrolle geht für uns zwingend auch eine gesellschaftliche und ökologische Verantwortung einher. Wir sind mehr als nur ein Unternehmen, das die Gesellschaft mit Infrastruktur versorgt – wir sind vertrauenswürdiger Begleiter in allen Lebenslagen. Als solcher nehmen wir unsere Verantwortung gegenüber der Gesellschaft und der Umwelt sehr ernst. Dabei konzentrieren wir uns auf die Bereiche, in denen wir als IKT-Unternehmen besonders wirksam zu einer nachhaltigen Entwicklung der Gesellschaft beitragen können. Die drei zentralen Handlungsfelder unserer CR-Strategie sind deshalb unmittelbar mit unserem Kerngeschäft verbunden:

1. **Zugang und Teilhabe an der Informations- und Kommunikationsgesellschaft:** Neben dem technischen Zugang zu unseren Netzen geht es hier vor allem um die Förderung von Medienkompetenz.

2. **Klimafreundliche Gesellschaft:** Wir optimieren die Energieeffizienz unserer Infrastruktur und entwickeln zudem Lösungen, mit denen unsere Kunden einen Beitrag zum Klimaschutz leisten können.
3. **Vernetztes Leben und Arbeiten – nachhaltige Lebensweise ermöglichen:** Hier steht der konkrete Nachhaltigkeitsbeitrag unserer Produkte und Dienstleistungen im Fokus.

Unsere CR-Strategie gilt konzernweit. Sie ist das Ergebnis eines umfassenden Strategieentwicklungsprozesses, den die CR-Abteilung der Telekom vor mehr als zehn Jahren durchgeführt hat. Seither haben wir diese Strategie kontinuierlich weiterentwickelt und an aktuelle Herausforderungen angepasst. Neben den drei zentralen Handlungsfeldern haben folgende Themen hohe Relevanz: „Datensicherheit und Datenschutz", „Digitalisierung", „nachhaltige Lieferkette", „Menschenrechte", „Kreislaufwirtschaft und Ressourcenentkopplung" sowie „verantwortungsvoller Arbeitgeber". Sie alle zahlen auf unsere Handlungsfelder ein und weisen einen direkten Bezug zu unserem Kerngeschäft auf.

Bereits bei der Entwicklung unserer CR-Strategie haben wir die Positionen unserer Stakeholder berücksichtigt, die wir in umfassenden Interviews ermittelt haben. Seitdem überprüfen wir jedes Jahr, wie unsere Stakeholder unsere CR-Aktivitäten wahrnehmen und bewerten. Hierzu nutzen wir vor allem unseren Wesentlichkeitsprozess. Seit 2015 wird er gemäß der Methodik der Global e-Sustainability Initiative (GeSI) umgesetzt. GeSI ist eine Initiative von IKT-Unternehmen, die sich zum Ziel gesetzt hat, wirtschaftliche, ökologische und soziale Nachhaltigkeit in der Branche zu fördern. 2014 hat GeSI in einem unternehmensübergreifenden Prozess ermittelt, welche Nachhaltigkeitsthemen für die IKT-Branche von besonderer Bedeutung sind. Daraus hat die CR-Abteilung der Telekom gemeinsam mit Experten aus weiteren Fachbereichen wiederum die Themen ausgewählt, die den größten Einfluss auf zentrale Werttreiber unseres Geschäftserfolgs haben. Durch Maßnahmen wie diese stellen wir auch in unserem Wesentlichkeitsprozess eine konsequente Orientierung an unserer Wertschöpfung sicher. 2018 haben wir unseren Wesentlichkeitsprozess um eine Dokumentenanalyse ergänzt, mit der wir u. a. bestehende Gesetzgebungen ausgewertet haben. Die Ergebnisse unseres Wesentlichkeitsprozesses veröffentlichen wir jährlich in unserem CR-Bericht.

Wo immer es sich anbietet, suchen wir den Dialog mit unseren Stakeholdern. Deshalb haben wir in unserem CR-Bericht eine Kommentarfunktion integriert. Leserinnen und Leser können direkt zu ausgewählten Themen im Onlinebericht Feedback geben, Telekom-Experten stehen ihnen Rede und Antwort. Zudem veranstalten wir regelmäßige Foren oder Workshops, auf denen wir unsere Beschäftigten mit externen Stakeholdern wie Kunden, Lieferanten oder Nichtregierungsorganisationen (NGOs) zusammenbringen. Gemeinsam tauschen wir uns mit ihnen über Erwartungen, Potenziale und Herausforderungen aus und arbeiten – wo möglich – gemeinsam an Lösungen. Unser digitales Magazin „We Care" ist das Ergebnis eines Stakeholder-Dialogs zwischen

Mitarbeitern und Kunden zu der Frage, wie man Nachhaltigkeitskommunikation von Unternehmen für die breite Öffentlichkeit spannend und interessant machen kann. Auch Kooperationen und Mitgliedschaften helfen uns, aktuelle Entwicklungen immer im Blick zu haben und mitzugestalten. Wir engagieren uns beispielsweise im Unternehmensnetzwerk econsense – Forum Nachhaltige Entwicklung der deutschen Wirtschaft e. V. Dieser Zusammenschluss führender deutscher Unternehmen hat sich zum Ziel gesetzt, nachhaltige Entwicklung in der Wirtschaft voranzubringen und gemeinsam gesellschaftliche Verantwortung zu übernehmen. Die Ergebnisse dieser Kooperationen und Stakeholder-Dialoge nutzen wir unternehmensintern für die Ausrichtung unseres Engagements sowie für eine transparente Berichterstattung und Kommunikation.

Unsere Fortschritte bei der Umsetzung der CR-Strategie messen wir mit Kennzahlen, den sogenannten ESG KPIs (Environmental, Social and Governance Key Performance Indikatoren). Einige dieser Kennzahlen haben den konkreten Nachhaltigkeitsbeitrag unseres Kerngeschäfts im Fokus: Die Kennzahl „Anteil Umsatz mit Nachhaltigkeitsbezug" gibt zum Beispiel Auskunft darüber, wie groß das Umsatzpotenzial unserer Produkte und Dienstleistungen ist, die konkrete Nachhaltigkeitsvorteile aufweisen. Mit einer weiteren Kennzahl messen wir, wie viel CO_2 unsere Kunden durch die Nutzung unserer Produkte und Dienste einsparen können – und setzen diesen Wert in Bezug zu unserem eigenen CO_2-Fußabdruck. Das Ergebnis ist der sogenannte Enablement-Faktor, der das Klimaschutzpotenzial unserer Produkte in konkreten Zahlen aufzeigt. Diese Zahlen helfen uns dabei, das Nachhaltigkeitspotenzial unserer Produkte und Lösungen genau zu ermitteln. Sie sind zugleich ein bedeutsames Instrument, mit dem die CR-Abteilung die konsequente Umsetzung unserer CR-Strategie im Unternehmen steuert. Insgesamt nutzen wir 15 solcher ESG KPIs. Damit messen wir beispielsweise die Wirkung unseres gesellschaftlichen Engagements, ermitteln, wie die Finanzmärkte unsere Nachhaltigkeitsaktivitäten wahrnehmen („Nachhaltiges Investment"), oder geben den Anteil unseres risikogeprüften Einkaufsvolumens an („Nachhaltiger Einkauf").

Nicht zuletzt stellen wir auch durch unsere Organisationsstruktur sicher, dass CR bei der Telekom eng mit dem operativen Geschäft verzahnt ist: Die Gesamtverantwortung für Nachhaltigkeit liegt beim Vorstand der Deutschen Telekom. Der CR-Bereich entwickelt konzernweite Richt- und Leitlinien, verantwortet die Positionierung von CR sowie die strategische Ausrichtung und steuert und überwacht die gesamten Prozesse. Wichtige Entscheidungen werden im Vorstand diskutiert und von diesem verabschiedet. Für die Umsetzung unserer CR-Strategie sind die CR-Manager der jeweiligen Geschäftseinheiten und Landesgesellschaften verantwortlich. Sie arbeiten im internationalen CR-Manager-Netzwerk zusammen. Um stets eine direkte Rückkopplung zwischen CR und unserem Kerngeschäft sicherzustellen, wird der CR-Bereich zudem vom CR-Board beraten, das sich aus den Leitern wesentlicher Konzernbereiche zusammensetzt.

36.3 Zugang schaffen – Chancen ermöglichen

Erst wenn viele Menschen mit smarten Technologien ihren Energieverbrauch kontrollieren, wenn Unternehmen die eigene IKT-Infrastruktur in die energieeffiziente Cloud verlegen oder wenn Ärzte, Kliniken und Gesundheitsdienstleister flächendeckend E-Health-Lösungen einsetzen, wird aus einer technischen Entwicklung tatsächlich ein wirksamer Nachhaltigkeitsfortschritt. Eine möglichst breite Nutzung von Informationstechnologien ist folglich die Grundvoraussetzung dafür, dass der technische Fortschritt sein volles Nachhaltigkeitspotenzial entfalten kann.

Dazu müssen jedoch immer mehr Daten übertragen und verarbeitet werden. Laut einer Studie des IT-Unternehmens EMC[2] wird die weltweite Datenmenge 2020 zehnmal größer sein als noch 2013. Entsprechend groß ist auch die Nachfrage nach schnelleren, flächendeckend verfügbaren Datendiensten. Deshalb bauen wir unsere Infrastruktur zu einem paneuropäischen Netz weiter aus und erhöhen die Geschwindigkeit der Übertragung. Allein in Deutschland investieren wir jedes Jahr rund fünf Milliarden Euro. Damit sind wir der größte Investor der Branche.

Unsere Verantwortung endet aber nicht damit, allein den technischen Zugang bereitzustellen. Wir sehen uns ebenso in der Pflicht, dafür zu sorgen, dass der Ausbau unserer Infrastruktur nicht mit einem rasant steigenden Energieverbrauch und mehr CO_2-Emissionen einhergeht. Nur wenn es uns gelingt, das steigende Datenvolumen vom Energieverbrauch zu entkoppeln, kann IKT ihr Potenzial für den Klimaschutz voll entfalten. Ein zentraler Bestandteil unserer CR-Strategie ist es daher, durch mehr Energieeffizienz im Netzbetrieb Strom zu sparen. Um dies zu erreichen, stellen wir unsere Netze unter anderem auf IP-Technologie (IP = Internetprotokoll) um. Daten kommen dadurch schneller und stromsparender zum Ziel. Zudem steuern wir unseren Energieverbrauch, indem wir den Datenverkehr in wenigen, besonders effizienten Rechenzentren bündeln. Eines der effizientesten Rechenzentren der Welt betreiben wir in Biere in Sachsen-Anhalt. Es hat die anerkannte Nachhaltigkeitszertifizierung LEED (Leadership in Energy and Environmental Design) in Gold erhalten. Die CR-Abteilung der Telekom ist bei diesem Thema aktiver Sparringspartner der operativen Bereiche. Unsere integrierte Klimastrategie, die 2015 entwickelt wurde, gibt dafür den Rahmen vor. Mit den beiden ESG KPIs (siehe Abschn. 36.2), „Carbon Intensity" und „Energy Intensity", stellen wir einen direkten Bezug zwischen unseren Klimaschutzmaßnahmen und der Leistungsfähigkeit unserer Netze her: Sie machen transparent, wie sich der Energieverbrauch und die Treibhausgasemissionen unserer Netzinfrastruktur angesichts stetig steigender Datenmengen entwickeln.

[2]Vgl. 7. EMC-Studie „EMC Digital Universe" vom 9. April 2014, https://germany.emc.com/about/news/press/2014/20140409-01.htm, Abruf am 24.10.2017.

Unsere Netze sollen aber nicht nur besonders energieeffizient sein, sondern auch besonders sicher. Denn nur, wenn Menschen Vertrauen in die Sicherheit ihrer persönlichen Daten haben, werden sie neue, nachhaltigere IKT-Lösungen tatsächlich nutzen. Es gehört zu unserem Geschäftsmodell, die Daten unserer Kundinnen und Kunden konsequent vor unerlaubtem Zugriff zu schützen. Dazu betreiben wir ein eigenes Cyber Defense Center und haben bereits 2008 ein eigenes Vorstandsressort für Datenschutz, Recht und Compliance eingerichtet. Zugleich wissen wir: Kein Unternehmen allein kann Cybersicherheit gewährleisten – das ist eine globale Gemeinschaftsaufgabe. Deshalb setzen wir in diesem Bereich nicht nur auf eigene Maßnahmen, sondern auch auf enge Kooperationen: Weltweit arbeiten wir eng mit Forschungseinrichtungen, Industriepartnern, Initiativen, Standardisierungsgremien, öffentlichen Institutionen und anderen Internetdienstleistern zusammen. So beteiligen wir uns beispielsweise beim Cyber Security Tech Summit **#CSTSE19,** auf dem wir aktuellste Ansätze zur Verbesserung der Cyber-Sicherheit in Wirtschaft und Gesellschaft vorstellen werden. Nicht zuletzt spielen bei den Themen Datenschutz und Datensicherheit die Nutzer selbst eine zentrale Rolle. Sie müssen wissen, wie sie sich wirksam vor Gefahren schützen können. Daher engagieren wir uns für entsprechende Aufklärung: zum Beispiel mit unserem Informationsportal www.sicherdigital.de in Deutschland oder dem Schulprojekt „Connected Kids" in Österreich.

Darüber hinaus gibt es einen weiteren entscheidenden Faktor, ohne den ein gleichberechtigter Zugang aller Menschen zur Wissens- und Informationsgesellschaft nicht möglich ist: die Fähigkeit, die neuen Technologien kompetent zu nutzen. In Zeiten von Fake News, Filterblasen, Cybermobbing, oder Hasskommentaren in den sozialen Medien ist es wichtiger denn je, die Herausforderungen der digitalen Kommunikation realistisch einschätzen zu können. Im Rahmen unseres gesellschaftlichen Engagements setzen wir uns deshalb dafür ein, die Medienkompetenz von Jung und Alt zu stärken. Das Thema hat zunehmend nicht nur eine private Dimension – wie benutze ich mein Smartphone, wie schütze ich meine persönlichen Daten –, sondern auch eine gesellschaftliche und politische. Das beginnt damit, dass Nachrichten erfunden werden, um Wahlen zu beeinflussen, und führt so weit, dass Hacker die Firewalls von Regierungen durchbrechen und in deren Namen offizielle Statements in die Welt setzen. Die Fähigkeit, glaubhafte Informationen von bewusster Irreführung unterscheiden zu können, wird deshalb immer wichtiger – und ist aus unserer Sicht ein entscheidender Aspekt von Medienkompetenz. Mit der 2018 gestarteten Initiative „1001 Wahrheit" und der gleichnamigen digitalen Plattform wollen wir den verantwortungsvollen und kritischen Umgang mit Medien fördern. Aktuelle Themen der digitalen Welt werden modular und leicht verständlich auf der Plattform angeboten: von „Meinungsmache im Netz" über „Digitalen Nachlass" bis hin zu Datenschutz und -sicherheit. Sie eignen sich zum Selbststudium, richten sich aber auch an Multiplikatoren, die mit Lerngruppen arbeiten. Die Module sind auf Deutsch und Englisch sowie in einfacher Sprache verfügbar.

Praktische Hilfen und Tipps für Jedermann bieten zudem unsere vielfältigen Medienkompetenzangebote. Unsere Initiativen bündeln wir auf der Webseite „Medien, aber sicher!". Mit der mehrfach ausgezeichneten Initiative „Teachtoday" fördern wir den kompetenten Umgang von Kindern und Jugendlichen in der digitalen Welt. Auf dem Internetportal www.teachtoday.de finden sich konkret zugeschnittene Angebote für viele Alltagssituationen. Auch die Deutsche Telekom Stiftung engagiert sich für gute Bildung in der digitalen Welt und fördert digitales Lernen in der gesamten Bildungskette. Mit einem Kapital von 150 Mio. EUR gehört sie zu den großen Unternehmensstiftungen in Deutschland. Sie konzentriert sich auf die Fächer Mathematik, Informatik, Naturwissenschaften und Technik (MINT). Darüber hinaus setzen wir auch beim Thema Medienkompetenz auf Kooperation: Beispielsweise unterstützen wir das Projekt „Digitale Nachbarschaft" des Vereins Deutschland sicher im Netz. Hier kann sich jeder kostenfrei zum ehrenamtlichen Trainer für Sicherheit im Internet ausbilden lassen und so seinen Nachbarn oder Vereinskollegen beim sicheren Surfen helfen. Außerdem unterstützen wir den „Goldenen Internetpreis" der BAGSO (Bundesarbeitsgemeinschaft der Senioren-Organisationen e. V.). Dieser Preis zeichnet Menschen ab 60 aus, die das Internet kompetent nutzen und anderen dabei helfen, in die Onlinewelt einzusteigen. Ob unser Engagement erfolgreich ist, ermitteln wir mit dem ESG KPI „Medienkompetenz": Er misst die Anzahl der Menschen, die wir mit unseren entsprechenden Programmen erreichen. Unser Ziel ist, bis 2020 einen ESG-KPI-Wert von 45 % zu erreichen.

Aber natürlich wirkt sich die Digitalisierung auch auf die Arbeitswelt aus. Durch den technologischen Wandel verändern sich Berufsbilder, Arbeitsplätze können automatisiert werden. Neue Tätigkeiten entstehen und die Art, wie wir arbeiten, wandelt sich zusehends. Kompetenzen wie Kreativität, Flexibilität und Selbstorganisation, MINT-Kenntnisse, agiles und virtuelles Arbeiten werden zunehmend wichtiger. Es gibt viele Aspekte der Digitalisierung, die die Lebensqualität verbessern können, wenn beispielsweise schwere und monotone Arbeiten von Robotern übernommen werden, Assistenzsysteme Menschen in die Lage versetzen, Tätigkeiten zu übernehmen, denen sie ansonsten nicht gewachsen wären, oder wenn Arbeit dank Flexibilisierung besser mit dem Privatleben vereinbart werden kann. Dem gegenüber stehen aber auch Ängste, etwa nicht Schritt halten zu können oder vor einem Arbeitsplatzverlust. Deshalb müssen Unternehmen ihre Belegschaft stärken, mit diesen Veränderungen umzugehen, Qualifizierungen neu ausrichten, lebenslanges Lernen fördern, aber auch die notwenige Transformation im Unternehmen mit den Interessen der Beschäftigten in Einklang bringen.

Bei der Telekom haben wir mit Programmen wie „Future Work" bereits ein solches neues und offenes Arbeitsmodell auf den Weg gemacht. „Future Work" fördert dank modernen Bürowelten Eigenverantwortung, bereichsübergreifende Zusammenarbeit, neue Führungsstile und flexible Arbeitsgestaltung. Als Hilfsmittel beantwortet unser Digital Guide Fragen von Mitarbeitern rund um die digitale Zusammenarbeit, erklärt Schritt für Schritt, wie unsere Tools funktionieren oder bietet Orientierung beim Auffinden des richtigen Weiterbildungsangebots. Etwa ein Drittel aller Unterrichtsstunden in unserem Konzern werden digital angeboten und können so besser in den Arbeitsalltag integriert werden. Zudem bieten wir moderne Lernformate wie unsere Massive Open Online Courses (MOOCs), die traditionelle Formen der Wissensvermittlung mit Foren kombinieren, aber auch Simulationen, kurze Lerneinheiten für unterwegs und Lernspiele.

Mit unserem sozialen Netzwerk „You and Me" (YAM) fördern wir den offenen Dialog und konstruktiven Austausch mit unseren Beschäftigten. Es bietet nicht nur umfassend Informationen, sondern ermöglicht es, sich hierarchieübergreifend an Gesprächen zu beteiligen und selbstgewählte Themen zur Diskussion zu stellen. Auch unser Vorstand nutzt das YAM, um in den direkten Austausch zu treten. Dort, wo es Ängste und Sorgen gibt, wollen wir die Menschen begleiten. Der offene Dialog ist hierfür eine wichtige Voraussetzung.

Wir pflegen den Austausch und die partnerschaftliche Zusammenarbeit mit Arbeitnehmervertretungen und Gewerkschaften. Zusammen mit dem Sozialpartner haben wir 2016 in Deutschland den ersten Branchentarifvertrag für mobiles Arbeiten geschlossen. Arbeitnehmer profitieren von mehr Gestaltungsfreiheit bei der Erbringung der Arbeitsleistung, Unternehmen gewinnen dank der höheren Arbeits- und Ergebniszufriedenheit. Mit diesem Tarifvertrag haben wir auch ein klares Signal gesetzt: Arbeitgeber und Arbeitnehmervertreter sind in der Lage, die durch die Digitalisierung der Arbeit bedingten Veränderungen gemeinsam zu gestalten.

Natürlich haben wir heute nicht alle Antworten auf die Frage, wie wir im digitalen Zeitalter am besten zusammenarbeiten – und wir wissen, dass sich die Arbeitswelt auch bei der Telekom verändern wird. Es wäre jedoch fahrlässig zu glauben, wir könnten dort verharren, wo wir heute stehen, oder gar das Rad zurückdrehen. Ängste dürfen uns nicht blind für die Chancen der Digitalisierung machen. Wir können technische Innovationen nicht aufhalten, aber wir können unsere Zukunft gemeinsam gestalten.

Ob im eigenen Unternehmen oder darüber hinaus: Wir arbeiten daran, einen breiten Zugang zur und Teilhabe an der Informations- und Wissensgesellschaft zu ermöglichen und so die Basis für eine nachhaltigere Entwicklung durch Digitalisierung zu schaffen. Wie der konkrete Nachhaltigkeitsbeitrag unserer Produkte aussieht und welche Maßnahmen wir entlang unserer gesamten Wertschöpfungskette ergreifen, um diesen Beitrag zu erhöhen, möchte ich Ihnen im Folgenden aufzeigen.

36.4 Potenzial heben – Zukunft gestalten

Welche Eigenschaften muss ein Telekom-Produkt erfüllen, um als „nachhaltiges Produkt" gelten zu können? Um diese Frage zu beantworten, hat die CR-Abteilung der Telekom 2014 mit einer ersten Standortbestimmung begonnen.

Am Anfang stand eine methodische Bewertung der Nachhaltigkeitsvorteile unserer Produkte und Services. Dazu haben wir die ökonomischen, sozialen und ökonomischen Risiken und Vorteile definiert, die von der Produktion unserer Produkte bis zur Nutzung durch den Kunden entstehen, und eine umfassende Nutzen-Risiko-Analyse[3]

[3]Siehe https://www.cr-bericht.telekom.com/site17/beurteilung-des-nachhaltigkeitsportfolios-der-deutschen-telekom-0.

durchgeführt. Gemäß dieser Methodik ist ein „nachhaltiges Produkt" eines, das wahrscheinlich oder mit Sicherheit keine Risiken beinhaltet und zugleich mindestens einen Nachhaltigkeitsvorteil bietet. Ein einfaches Beispiel: Wenn Geschäftsreisen durch virtuelle Meetings vermieden werden, entstehen weniger CO2-Emissionen. In 2017 ergab die Bewertung eines Teils unseres Produktportfolios, dass wir 40 % des Gesamtumsatzes unseres DT Produkt und Service Portfolios in Europa mit Produkten und Diensten erzielten, denen Nachhaltigkeitsvorteile zugeordnet werden können und die somit einen positiven Beitrag für eine nachhaltige Entwicklung leisten. Dieser Anteil wird seither regelmäßig erhoben (siehe Abschn. 36.2) Unsere Fortschritte veröffentlichen wir in unserem jährlichen CR-Bericht.

Wie solche Produkte und Dienste, die einen Nachhaltigkeitsvorteil bieten, konkret aussehen, möchte ich anhand ausgewählter Nachhaltigkeitsziele der Agenda 2030 veranschaulichen. Die Vereinten Nationen verfolgen mit der Agenda 2030 das Ziel, weltweit wirtschaftlichen Fortschritt und Wohlstand zu ermöglichen – im Einklang mit sozialer Gerechtigkeit und mit Rücksicht auf die ökologischen Grenzen des globalen Wirtschaftswachstums. Dazu wurden insgesamt 17 Nachhaltigkeitsziele vereinbart, darunter:

17 Nachhaltigkeitsziele der Agenda 2030

- **Nachhaltigkeitsziel 2: Hunger beenden, Ernährungssicherheit und eine bessere Ernährung erreichen und eine nachhaltige Landwirtschaft fördern.** Die UN hat sich das ehrgeizige Ziel gesetzt, bis 2030 den Hunger auf der Welt zu beenden. Vor dem Hintergrund des anhaltenden explosionsartigen Bevölkerungswachstums braucht es eine nachhaltigere und effektivere Bewirtschaftung der Ackerflächen, um dieses Ziel zu erreichen. Digitalisierung kann dabei helfen. Mit verschiedenen Projekten engagiert sich die Telekom dafür, die Digitalisierung in der Landwirtschaft voranzutreiben. Mithilfe intelligenter Landmaschinen können Bauern beispielsweise den Einsatz von Düngemittel, Saatgut oder Maschinen optimieren – und so ihre Erträge erhöhen und wertvolle Ressourcen schonen. Ein gutes Beispiel ist das Projekt „Smart-Farming-Welt", das eine herstellerübergreifende Vernetzung von landwirtschaftlichen Maschinen mithilfe modernster Mobilfunktechnologie der Telekom ermöglicht. Über eine gemeinsame Plattform werden auch Wetter- oder Geodaten integriert. Dies hilft, Dünge- oder Erntestrategien zu verbessern, die Produktivität zu erhöhen und zugleich den Ressourcenverbrauch zu reduzieren – unter anderem auch den Wasserverbrauch. Damit überstützt dieses Projekt auch die Zielerreichung des SDG 6: Verfügbarkeit und nachhaltige Bewirtschaftung von Wasser und Sanitärversorgung für alle gewährleisten. Bei dem Projekt arbeitet die Telekom mit zahlreichen Projektpartnern aus Wissenschaft und Industrie zusammen. Neben höheren Erträgen hat die Vernetzung der Landwirtschaft auch ökologische Vorteile: Laut Berechnungen von GeSI können dadurch bis zum Jahr 2030 bis zu 2,2 Mrd. t CO_2 und 250 Billionen L Trinkwasser eingespart werden.

- **Nachhaltigkeitsziel 3: Ein gesundes Leben für alle Menschen jeden Alters gewährleisten und ihr Wohlergehen fördern.**
  Moderne E-Health-Lösungen helfen, die Gesundheitsversorgung zu verbessern. Zum Beispiel in Griechenland: Dort verbindet ein Telemedizinnetz die Gesundheitszentren auf den Ägäischen Inseln mit dem Festland. Untersuchungen können per Livestream direkt in Krankenhäuser in Piräus übertragen werden. So müssen aufwendige Krankentransporte von den Inseln aufs Festland nur noch durchgeführt werden, wenn eine Behandlung im Krankenhaus erforderlich wird. Das Projekt wird von der griechischen OTE-Gruppe, einer Landesgesellschaft der Telekom, im Auftrag der regionalen Gesundheitsbehörden umgesetzt. In anderen Modellprojekten, bei denen die Telekom als Projektpartner mitwirkt, lernen chronisch Kranke, bestimmte Gesundheitswerte wie Blutzucker oder Blutdruck selbst zu erfassen. Per Smartphone oder Tablet werden sie direkt an ihren Arzt übermittelt. Ein Vorteil vor allem für Patienten, die einen weiten Weg zur Arztpraxis zurücklegen müssen oder aufgrund ihrer Erkrankung nicht mobil sind. Informationstechnologie kann sogar dabei helfen, Krankheiten besser zu verstehen und ihre Behandlung zu verbessern. Ein gutes Beispiel dafür ist das Handyspiel „Sea Hero Quest" der Telekom, das einen Beitrag zur Demenzforschung leistet. Das Spiel sammelt anonyme Daten über das Orientierungsverhalten der Spieler, die von Wissenschaftlern ausgewertet werden. Mehr als 2,5 Mio. Spieler haben bereits mitgemacht. Die Ergebnisse sollen dabei helfen, neue Verfahren zu entwickeln, um eine beginnende Demenz früher zu erkennen und zu behandeln. Die Initiative gilt als umfassendste Studie für die Demenzforschung weltweit.
- **Nachhaltigkeitsziel 11: Städte und Siedlungen inklusiv, sicher, widerstandsfähig und nachhaltig machen.**
  Weltweit ziehen jede Woche etwa 1,3 Mio. neue Bewohner vom Land in die Stadt. Mehr Menschen bedeuten mehr Verkehr, mehr Müll und einen höheren Energie- und Trinkwasserbedarf. Innovative IKT-Lösungen können dabei helfen, diese Herausforderungen zu bewältigen und das Leben in Städten komfortabler zu machen. Die Telekom unterstützt europaweit verschiedene Smart-City-Projekte. Zum Beispiel engagieren wir uns in Hamburg im EU-Projekt „mySMARTLife". Kernthemen sind die Mobilität der Zukunft, intelligente Parksysteme und die Sicherheit im öffentlichen Raum. Beispielsweise kommen intelligente Straßenlaternen zum Einsatz. Der Vorteil dieser Laternen lässt sich schon heute in der mazedonischen Hauptstadt Skopje betrachten: Energiesparende LED-Lampen reagieren dort auf die Intensität des Umgebungslichts – und wenn sich ein Spaziergänger oder Auto nähert, werden die Straßenlaternen automatisch heller. Der Einspareffekt: bis zu 60 % weniger Energiekosten: bis zu 60 % weniger Energiekosten und dementsprechend auch weniger CO_2 Emmissionen.

- **Nachhaltigkeitsziel 13: Umgehend Maßnahmen zur Bekämpfung des Klimawandels und seiner Auswirkungen ergreifen.**
  Der schnelle technologische Fortschritt eröffnet immer neue Anwendungsfelder. Viele dieser neuen Lösungen können einen entscheidenden Beitrag zum Klimaschutz leisten. So haben IKT-Produkte und -Dienstleistungen laut der GeSI-Studie „SMARTer2030" das Potenzial, in anderen Branchen fast zehnmal so viel CO_2-Emissionen einzusparen, wie sie die IKT-Branche selbst verursacht. Ein zentrales Stichwort in diesem Zusammenhang lautet „Dematerialisierung". Es bedeutet, dass physische Produkte zunehmend durch digitale Anwendungen und Dienste ersetzt werden. Ein gutes Beispiel sind unsere Cloudlösungen: Dabei werden Anwendungen, die ein Unternehmen bisher auf eigenen, physikalischen Servern betrieben hat, in ein großes Rechenzentrum verlagert und dem Unternehmen dann virtuell zur Verfügung gestellt. Der Vorteil: In unseren großen, hochsicheren und energieeffizienten Rechenzentren wird aufgrund der besseren Auslastung weniger Hardware und damit auch weniger Energie benötigt. Im Vergleich zum Betrieb einer eigenen Infrastruktur beim Kunden sinkt der Energieverbrauch um bis zu 80 %. Berechnungen ergaben, dass ein mittelständisches Unternehmen mit mehr als 100 Mitarbeitern im Jahr mehr als 21 t CO_2 einsparen kann, wenn es Cloudlösungen verwendet. In Deutschland könnten kleine und mittlere Unternehmen auf diesem Weg zwischen 2015 und 2020 jährlich insgesamt 300.000 t an CO_2-Emissionen vermeiden. Ähnliche Einspareffekte lassen sich auch bei Privatnutzern erzielen: Zum Beispiel, indem physische Set-Top-Boxen für Fernseher durch virtuelle Lösungen ersetzt werden. Würden alle TV-Nutzer in Deutschland auf solche virtuellen Set-Top-Boxen umsteigen, hätte dies eine jährliche CO_2-Reduktion von 47.000 t zur Folge. Außerdem könnten rund 4200 t Material eingespart werden.
  Zum anderen können digitale Anwendungen eine Vielzahl von Prozessen effizienter gestalten und so ebenfalls Energie und Emissionen einsparen. Zum Beispiel durch die direkte Kommunikation von Maschine zu Maschine, die sogenannte Machine2Machine Communication, kurz M2M. Damit werden Prozesse verschiedener Endgeräte, Fahrzeuge oder ganzer Industrieanlagen optimal aufeinander abgestimmt. Dies erhöht die industrielle Produktivität, sorgt für eine effiziente Logistik und hilft auch dabei, Energie zu sparen. Im Hamburger Hafen zum Beispiel wird mithilfe von M2M der Lkw-Transport optimiert. Etwa 40.000 Truckfahrten pro Tag müssen aufeinander abgestimmt werden. Dank dem Projekt „smartPORT logistics" werden Daten zwischen den Lkw und Sensoren an wichtigen Knotenpunkten wie Kränen ausgetauscht und bei Bedarf Anfahrrouten oder Verladeprozesse neu disponiert. Das Ergebnis sind deutlich weniger Stauzeiten und punktgenaues Verladen – dies spart Zeit, Kosten und Emissionen.

In Zukunft wird im Bereich der M2M-Kommunikation vor allem die neue Funktechnologie Narrowband Internet of Things (NB-IoT) eine zentrale Rolle spielen. NB-IoT zeichnet sich durch einen niedrigen Energiebedarf und eine hohe Reichweite aus und ermöglicht es, Geräte kostengünstig und besonders energieeffizient zu vernetzen. Die Telekom war federführend an der Entwicklung eines einheitlichen Standards für diese Technologie beteiligt.

- **Nachhaltigkeitsziel 15: Landökosysteme schützen, wiederherstellen und ihre nachhaltige Nutzung fördern, Wälder nachhaltig bewirtschaften, Wüstenbildung bekämpfen, Bodenverschlechterung stoppen und umkehren und den Biodiversitätsverlust stoppen.**
  Die neue, energiesparende Schmalband-Funktechnologie NB-IoT leistet nicht nur einen Beitrag zum Klimaschutz – sie kann auch dabei helfen, Biodiversität zu erhalten. Dank einem Sensor, der am Bienenstock angebracht wird, hat der Imker über das Telekomnetz wichtige Daten wie Temperatur, Luftfeuchtigkeit, Luftdruck und Gewicht des Bienenstocks und die Aktivität der Bienen immer im Blick. Mit diesen Daten kann er erkennen, wie es seinen Bienen gerade geht – und bei Krankheiten frühzeitig eingreifen. Damit leistet die Technologie einen wichtigen Beitrag gegen das Bienensterben. Denn Bienen bestäuben rund 80 % unserer Nutz- und Wildpflanzen und spielen damit eine zentrale Rolle für die Lebensmittelproduktion.

Dies sind nur einige Beispiele dafür, welchen Beitrag IKT-Lösungen für eine nachhaltigere Entwicklung leisten können. Da wir kein Hersteller sind, sondern unsere Produkte selbst von Lieferanten beziehen, beeinflussen die Einkaufsprozesse den Nachhaltigkeitsbeitrag unserer Produkte stark. Seit vielen Jahren arbeiten die CR-Abteilung und der Einkauf daher intensiv daran, auf dem Weg zu einer nachhaltigen Lieferkette Fortschritte zu erzielen. Im vierten Teil (siehe Abschn. 36.4) soll es noch einmal ausführlich darum gehen.

Die Entwicklung neuer Produkte sowie die Optimierung unseres bestehenden Portfolios findet in unseren operativen Geschäftsbereichen statt – von der Produktentwicklung bis zum Vertrieb. Hier wirkt die CR-Abteilung vor allem als Impulsgeber, der den internen Dialog zum Thema nachhaltige Produkte vorantreibt und den Austausch mit externen Stakeholdern vermittelt. Dazu bezieht sie Kollegen anderer Bereiche, wie der Produktentwicklung, intensiv in ihre Projekte ein – zum Beispiel in das Projekt zur Bewertung der Nachhaltigkeitsvorteile unserer Produkte und Services. Die Kollegen nutzen diese Erkenntnisse wiederum für die Entwicklung und Vermarktung neuer Produkte.

In der Nutzungsphase der Produkte geht es vor allem darum, unsere Kunden über die Nachhaltigkeitsvorteile bestimmter Produkte zu informieren und sie zu nachhaltigeren

Kaufentscheidungen zu motivieren. Dazu nutzen wir zunehmend anerkannte Umweltzeichen wie den Blauen Engel oder das TÜV-Umweltzeichen „Certified Green Product". Die strengen Anforderungen der Siegel geben uns wichtige Hinweise, wie wir unsere Produkte weiter verbessern können. Allerdings gibt es bislang keine geeigneten Standards oder Siegel, die speziell darauf ausgerichtet sind, Kunden eine transparente Einschätzung des Nachhaltigkeitsbeitrags von IKT-Produkten zu ermöglichen. Hier besteht weiterhin großer Nachholbedarf in der Branche – auch dies war ein ausschlaggebender Grund, warum wir das Projekt zur Analyse der Nachhaltigkeitsvorteile unserer Produkte ins Leben gerufen haben. Darüber hinaus geben wir Verbrauchern mit unserem kostenlosen „We Care"-Magazin (http://wecare.telekom.com) auf unterhaltsame Weise Impulse für das eigene nachhaltige Handeln.

Auch am Ende des Lebenszyklus unserer Produkte übernehmen wir Verantwortung. Wir wollen dazu beitragen, dass die Produkte weiter genutzt oder fachgerecht recycelt werden können – ein wichtiger Schritt in Richtung Kreislaufwirtschaft. Ein gutes Beispiel sind Millionen gebrauchte Handys, die in den Schubladen liegen – ein nicht unerheblicher Rohstoffschatz. Die wertvollsten Rohstoffe wie Gold, Silber und Kupfer können wir durch fachgerechtes Recycling aus den Handys zurückgewinnen, die anderen Materialien werden beim Recyclingprozess zur Energieerzeugung verbrannt. In allen Telekom Shops in Deutschland und über unsere Onlineportale wie das Handysammelcenter können gebrauchte Handys zurückgegeben werden. Etwa 15 % aller Handys, die von der Telekom in Deutschland gesammelt werden, werden nach einer professionellen Datenlöschung als Second-Hand-Handys wieder in den Markt gebracht. Etwa 2,5 Mio. Altgeräte wurden auf diese Weise bereits zurückgenommen. Die Erlöse daraus werden an Projekte aus den Bereichen Umwelt, Bildung und Gesundheit gespendet. Dies zeigt beispielhaft, wie wir entlang des gesamten Lebenszyklus unserer Produkte ökologische Verantwortung übernehmen.

Nicht zuletzt spielt bei einem ganzheitlichen Ansatz zum Klimaschutz auch der verantwortungsvolle Umgang mit Ressourcen eine wichtige Rolle. Angesichts von Plastikinseln im Meer, wachsenden Müllbergen und den daraus resultierenden Folgen für Mensch und Umwelt rückt das Thema Ressourceneffizienz aktuell immer stärker in das Bewusstsein der Menschen. Dies hat auch eine Mitarbeiterumfrage bei der Telekom im September 2018 gezeigt. Ein Grund, warum wir die Initiative „Stop Wasting – Start Caring" gestartet haben. Mit der Initiative wird das langjährige konzernweite Engagement für mehr Ressourceneffizienz unter ein neues Dach gestellt. Ziel ist es, grundsätzlich Ressourcen im Sinne der Kreislaufwirtschaft möglichst effizient einzusetzen und wiederzuverwerten, beispielsweise in dem wir den Einsatz von Plastik, Papier, Verpackungen noch stärker reduzieren und wo immer möglich vermeiden. Der Ansatz zur Erreichung dieses Ziels reicht von der Beschaffung und dem Design unserer Produkte über interne Prozesse bis hin zum Endprodukt und dessen Verwertung. Tim Höttges rief alle Mitarbeiterinnen und Mitarbeiter auf, sich in ihrem Arbeitsumfeld kreativ an der Initiative zu beteiligen: „Wir brauchen in allem, was wir tun, eine nachhaltige Denkweise".

Mit verschiedenen Maßnahmen und Instrumenten arbeiten wir daran, die vielfältigen Aspekte von Nachhaltigkeit in allen drei Dimensionen – ökologisch, wirtschaftlich und sozial – in unserer gesamten Wertschöpfungskette zu verankern. Besonders in Bezug auf die soziale Dimension spielt die Achtung der Menschenrechte eine zentrale Rolle. Mit welchen Ansätzen wir diesen Herausforderungen begegnen, darum soll es im nächsten Abschnitt gehen.

36.5 Menschenrechte achten – Herausforderungen gemeinsam angehen

Wir bekennen uns ausdrücklich zu den vom Menschenrechtsrat der Vereinten Nationen 2011 verabschiedeten UN-Leitprinzipien für Wirtschaft und Menschenrechte. Verankert ist die Pflicht zur Achtung der Menschenrechte in den grundlegenden Regelwerken der Telekom – in den Unternehmensleitlinien, dem Code of Conduct sowie dem „Menschenrechtskodex & Soziale Grundsätze“. Um die damit verbundenen Anforderungen zu erfüllen, haben wir ein umfassendes Programm zur Implementierung dieser Leitprinzipien entwickelt und einen fortlaufenden Prozess aus mehreren ineinandergreifenden Maßnahmen und Instrumenten eingeführt. Es umfasst unter anderem Bewusstseinsförderung, einen Beschwerdemechanismus, eine Risiko- und Auswirkungsanalyse und Berichterstattung. Zentrale Themen dabei sind beispielsweise die Wahrung des Rechts auf Kollektivvereinbarungen sowie die Gewährleistung von Vielfalt und Chancengleichheit. Um einen ganzheitlichen Blick auf das Thema zu gewährleisten, wird das Menschenrechtsprogramm bei der Telekom organisatorisch von der CR-Abteilung gesteuert.

Aber nicht nur innerhalb des Unternehmens tragen wir zur Achtung und Förderung der Menschenrechte bei. Eine positive Wirkung außerhalb des Unternehmens leisten zum Beispiel innovative Telekommunikationslösungen im Bereich Gesundheit oder unser Engagement zur Förderung von Medienkompetenz.

Eine besondere Rolle spielt die Achtung von Menschenrechten jedoch innerhalb der Lieferkette für IKT-Produkte. Hier kommt es nach wie vor zu Verstößen gegen grundlegende Menschen- und Arbeitnehmerrechte oder Umweltschutzstandards. Um eine nachhaltigere Lieferkette aufzubauen, nehmen wir unsere Lieferanten ausdrücklich mit in die Verantwortung. Dabei arbeiten CR-Abteilung und Einkaufsbereich der Telekom partnerschaftlich zusammen. In unserem Verhaltenskodex für Lieferanten (Supplier Code of Conduct), der Bestandteil unserer Allgemeinen Einkaufsbedingungen ist, sind ethische, soziale und ökologische Grundsätze festgeschrieben. Dies ist aber nur der erste Schritt, mit dem wir sicherstellen, dass unsere Anforderungen an eine nachhaltige Lieferkette eingehalten werden.

Darauf aufbauend arbeiten wir mit einem mehrstufigen Ansatz, der nicht nur für die direkten Lieferanten gilt, sondern wenn möglich auch die Vorlieferantenstufen einbezieht. Unser Ziel: Wir wollen die Haltung unserer Zulieferer zum Thema Nachhaltigkeit dauerhaft verändern. Unsere Überzeugung: Sobald die Zulieferunternehmen verinnerlichen, dass die Gewährleistung von Sozial- und Umweltstandards nicht nur Aspekte wie Mitarbeiterzufriedenheit und -identifikation fördert, sondern vor allem auch ihre Wettbewerbsfähigkeit sichert, werden sie diese Standards dauerhaft umsetzen. Wir wissen, dass wir dies nur erreichen können, wenn wir unseren Lieferanten auf Augenhöhe begegnen und tatsächlich gemeinsam an Problemen und Lösungen arbeiten.

In unserem Entwicklungsprogramm für ausgewählte Lieferanten nutzen wir diesen Ansatz und konnten in den vergangenen Jahren konkrete Erfolge erzielen: Bei einem Lieferanten wurde die Anzahl der Überstunden um 30 % reduziert, bei einem anderen wurden die Ausfalltage um 48 % gesenkt. Eine Win-win-Situation, denn bessere Arbeitsbedingungen wirken sich positiv auf die Bindung und Motivation der Beschäftigten aus, steigern die Produktivität und verbessern die Qualität der Produkte. So sanken beispielsweise Beanstandungen bei Telekom-Produkten dank der stabileren und kompetenteren Belegschaft unserer Lieferanten. Auch ökologische Verbesserungen wurden bereits erzielt, etwa konnte der Wasserverbrauch bei einem Lieferanten um 36 % gesenkt werden. In unser Entwicklungsprogramm beziehen unsere Lieferanten auch ihre Unterlieferanten ein und maximieren so die Wirkung des Programms über unsere gesamte Wertschöpfungskette. Es ist in enger Zusammenarbeit zwischen CR-Abteilung, Einkaufsbereich und externen Stakeholdern entstanden und wurde bereits mehrfach ausgezeichnet, unter anderem von der Ethical Corporation, die dem Programm den 1. Preis für „Best Supplier Engagement“ verlieh.

2018 haben wir unser Lieferantenprogramm als Industrieansatz unter das Dach des Nachhaltigkeits-Branchenverbandes Global e-Sustainability Initiative (GeSI) gestellt. Dort wird es als „Sustainable Development Programm“ (SDP) fortgesetzt. So wollen wir einen Beitrag dazu leisten, die globalen Lieferketten für IKT-Produkte auch außerhalb unserer eigenen Wertschöpfungskette nachhaltiger zu gestalten. Einen solchen kooperativen Ansatz verfolgen wir auch im Umgang mit neuen gesellschaftlichen Fragestellungen, die sich aus dem digitalen Wandel ergeben.

36.6 Wandel begleiten – Verantwortung gemeinsam diskutieren

Bereits seit den 90er Jahren bearbeiten wir bei der Telekom ökologische und soziale Fragestellungen und berichten regelmäßig über unsere Fortschritte. Der permanente gesellschaftliche und technologische Wandel führt dazu, dass sich sowohl Erwartungen unserer Stakeholder wie auch unsere eigenen Ansprüche an unsere CR-Arbeit stetig weiterentwickeln. Durch die kontinuierliche Auseinandersetzung mit diesen Erwartungen ist eine holistische CR-Strategie entstanden, die ökologische, ökonomische und soziale Themen gleichermaßen aufgreift.

Als Telekommunikationsunternehmen erleben wir quasi aus erster Reihe, wie fundamental und rasant die Veränderungen sind, die wir durch die Digitalisierung erfahren. Sie hat Einfluss auf alle Lebensbereiche – und das bringt neben vielen Chancen auch neue

Herausforderungen mit sich. Die Veränderungen reichen weit über den Einflussbereich eines einzelnen Unternehmens hinaus. Deshalb setzen wir auch beim Thema digitale Verantwortung auf den intensiven Austausch mit unseren Stakeholdern. Wir wollen die gesellschaftliche Debatte zur Digitalisierung mitgestalten und aktiv vorantreiben. Denn auch wenn es bereits viele gute Ansätze gibt, um den digitalen Wandel verantwortungsvoll zu gestalten, bleiben Fragen offen. Die rasante Entwicklung sorgt dafür, dass Ideen, die gestern noch wie Science-Fiction erschienen, morgen vielleicht schon Wirklichkeit werden. Ein Start-up im Silicon Valley arbeitet beispielsweise bereits daran, Computerchips zu entwickeln, die direkt in ein menschliches Hirn implantiert werden können. Sie sollen helfen, Krankheiten wie Alzheimer zu heilen. Zudem ermöglicht die zunehmende Digitalisierung das Erfassen und Verarbeiten ungeheurer Datenmengen und manche Menschen sorgen sich, wie verantwortungsvoll Unternehmen beispielsweise mit den vielen sensiblen Gesundheitsdaten umgehen, die über Fitnesstracker, Smartwatches oder E-Health-Systeme gesammelt werden. Auch die Frage, ob Arbeitsplätze bedroht sind, wenn immer mehr menschliche Aufgaben durch die Technik übernommen werden und wie wir in Zukunft arbeiten werden, treibt viele um. Solchen Sorgen müssen wir durch eine ehrliche und möglichst breite Diskussion begegnen. Dabei geht es einerseits darum, Risiken ernst zu nehmen, aber zugleich auch darum, Ängste zu nehmen und Vertrauen zu stärken, aber vor allem darum, gemeinsam Zukunft zu gestalten.

Der Vorstand und das Management der Deutschen Telekom AG bringen sich aktiv in die Diskussion zur Gestaltung der Digitalen Verantwortung ein. Dazu gehört auch die Frage des verantwortungsvollen Umgangs mit Künstlicher Intelligenz (KI). Wir alle nutzen Künstliche Intelligenz tagtäglich, beispielsweise bei der Internetsuche oder in Navigationssystemen. Sie bietet viele Chancen, birgt aber auch neue Herausforderungen. Für den ethischen Umgang mit Künstlicher Intelligenz haben wir uns Leitlinien gesetzt, die wir im Diskurs mit unseren Mitarbeiterinnen und Mitarbeitern sowie externe Interessengruppen weiterentwickeln.

Der Schritt in das digitale Zeitalter – manche sprechen gar von der digitalen Revolution – ist längst erfolgt. Und wenn wir die zentralen Herausforderungen unserer Zeit wie den Klimawandel in den Griff bekommen wollen, brauchen wir die neuen Technologien. Aus Sicht der Telekom ist die Digitalisierung kein unabwendbares Schicksal, sondern vor allem eine gemeinsame gesellschaftliche Aufgabe.

Eine zentrale Rolle spielt hierbei unter anderem die „Charta digitale Vernetzung", eine Initiative, die im Zuge des Digital-Gipfels in Deutschland im Jahr 2014 ins Leben gerufen wurde. Die Charta ist ein freiwilliger Zusammenschluss von Unternehmen, die sich zu einer verantwortungsvollen Gestaltung der Digitalisierung bekennen. Mit zehn Grundsätzen, zu gesellschaftlichen und wirtschaftlichen Potenzialen, zum Umgang mit Daten und einer diskriminierungsfreien Teilhabe, bekennen sich die Unterzeichner der Charta dazu, ihren Beitrag für eine zukunftsgerechte digitale Transformation Deutschlands zu leisten. Nur über einen solchen offenen und vertrauensvollen Dialog können wir die neuen Fragestellungen beantworten und Lösungen für eine nachhaltige Zukunft finden. Wir wollen dazu – neben dem Engagement für die Charta – unseren Beitrag leisten: Deshalb haben wir auf unserem Konzernportal[4] unter dem Schlagwort „Digitale Verantwortung" einen eigenen Kanal mit News, Interviews und Diskussionen zu diesem Thema geschaffen. Das Angebot wurde im März 2017 mit dem Deutschen PR-Preis ausgezeichnet.

36.7 Schlussbemerkung

Eine Frage darf abschließend nicht fehlen: Wie ist der Einfluss von CR auf den Unternehmenserfolg zu bewerten? Über die Auswirkungen und Effekte der sozialen und ökologischen Verantwortung von Unternehmen wird bis heute kontrovers diskutiert. Die aktuelle internationale Studie „Project ROI: Defining the competitive and financial advantages of corporate responsibility and sustainability"[5] hat den Zusammenhang zwischen der Wahrnehmung von sozialer und ökologischer Verantwortung und dem Unternehmenserfolg untersucht und kommt zu einem positiven Ergebnis. Demnach hätten CR-Maßnahmen großes Potenzial, einen finanziellen Return on Investment (ROI) und damit verbundene andere Geschäftsvorteile zu erzielen. Dazu sei jedoch eine effektive Steuerung der Maßnahmen erforderlich, so die Autoren der Studie. Sei diese gewährleistet, ließe sich unter anderem der Marktwert eines Unternehmens durch CR um bis zu vier bis sechs Prozent erhöhen, der Umsatz um bis zu 20 % steigern und die Mitarbeiterfluktuation um bis zu 50 % reduzieren.

Auch ich persönlich bin davon überzeugt, dass die Zukunftsfähigkeit jedes Unternehmens heute von der Frage abhängt, inwieweit es ihm gelingt, innovative Antworten auf die gesellschaftlichen und ökologischen Herausforderungen unserer Zeit zu finden und Verantwortung zu übernehmen. Dabei geht es um deutlich mehr als nur darum, externe Anforderungen zu erfüllen. Bei der Telekom stellen wir uns dieser Aufgabe, indem wir unseren Blick in zwei Richtungen wenden: zum einen nach innen, auf unser Kerngeschäft – und zugleich auch nach außen, auf den intensiven Dialog mit unseren Stakeholdern und eine enge, unternehmensübergreifende Kooperation.

Die Orientierung der CR-Arbeit am Kerngeschäft bedeutet, dass es nicht mehr ausreicht, sich als CR-Abteilung mit der möglichst sozial- und umweltverträglichen Gestaltung der eigenen Geschäftsprozesse zufriedenzugeben. Sicherlich bleibt auch diese Aufgabe wichtig und herausfordernd. Es ist vielmehr entscheidend, das Transformationspotenzial des Kerngeschäfts für eine nachhaltigere Entwicklung systematisch auszuschöpfen. Für ein Unternehmen wie die Telekom, das im Massenmarkt und außerhalb der klassischen „Nachhaltigkeitsnischen" agiert, ist dies eine anspruchsvolle Aufgabe. Bei der Telekom begegnen wir dieser Aufgabe mit unterschiedlichsten Maßnahmen: indem wir unsere CR-Strategie konsequent am Kerngeschäft ausrichten und

[4]Vgl. http://www.telekom.com/digitale-verantwortung, Abruf am 24.10.2017.

[5]Vgl. http://projectroi.com/, Abruf am 24.10.2017.

Instrumente entwickeln, die den konkreten Nachhaltigkeitsbeitrag dieses Kerngeschäfts messbar machen – und vor allem, indem wir eng mit den operativen Geschäftsbereichen zusammenarbeiten und das Thema Nachhaltigkeit mithilfe von Kommunikations- und Dialogangeboten immer wieder konsequent auf die Agenda setzen.

Zugleich ist uns bewusst, dass wir diese Aufgabe nicht allein bewältigen können. Nicht umsonst betont auch die Agenda 2030 den Kooperationsgedanken als zentralen Erfolgsfaktor für die Erreichung der Sustainable Development Goals. Wirtschaftsunternehmen, die miteinander im Wettbewerb stehen, fällt die dafür notwendige Öffnung nach außen nicht immer leicht. Unserer Erfahrung nach überwiegen die Chancen, die im konstruktiv-kritischen Dialog mit den externen Stakeholdern und in unternehmens- und branchenübergreifenden Partnerschaften liegen, bei Weitem. Mehr noch – die enge Zusammenarbeit mit anderen Unternehmen, sei es in Branchenverbänden oder in Kooperationen mit Wissenschaftlern, NGOs und anderen Stakeholdern, haben sich für unsere CR-Arbeit zu einem zentralen und unverzichtbaren Erfolgsfaktor entwickelt. Ohne die Impulse von außen könnten wir unseren Anspruch nicht erfüllen: die Chancen der Digitalisierung für ein besseres Leben und eine nachhaltige Entwicklung zu nutzen.

Birgit Klesper startete ihre Kariere als gelernte Hörfunk-Journalistin bei der Deutschen Welle, bevor sie in die Unternehmenskommunikation wechselte. Nach Stationen bei Philip Morris, Tchibo, Wella und Procter & Gamble folgte im Jahr 2006 der Einstieg bei der Deutschen Telekom AG. Der Wechsel zur Telekom ermöglichte ihr, berufliche Expertise mit ihrem Engagement für Gesellschaft und Ökologie zu verbinden. Als Senior Vice President ist sie heute konzernweit verantwortlich für Group Corporate Responsibility. Ehrenamtlich ist sie unter anderem im Kuratorium des Bündnisses „Aktion Deutschland Hilft", im Wirtschaftsbeirat der Deutschen Gesellschaft für Internationale Zusammenarbeit (GIZ) und als stellvertretende Vorstandsvorsitzende im Verein Charta digitale Vernetzung engagiert.

Nachhaltig zum Erfolg – Der Babynahrungshersteller Hipp

37

Karin Pretzel

Nachhaltigkeit und CSR haben sich als sogenannte Megatrends durchgesetzt. Spätestens seit 2002 mit den „Perspektiven für Deutschland" die deutsche Nachhaltigkeitsstrategie verabschiedet wurde und ein Jahr zuvor bereits die EU-Nachhaltigkeitsstrategie, ist das Thema auch vollständig in der Wirtschaft angekommen.

Dass nachhaltiges Wirtschaften mehr bedeutet als Recyclingpapier für seine Geschäftsunterlagen zu benutzen, den Müll im Unternehmen zu trennen oder die Verpackungen der Produkte umweltfreundlicher zu gestalten, besagt allein schon das mittlerweile weithin bekannte „Dreisäulen-Modell". Auch in Unternehmen zielt es darauf, im sogenannten Kerngeschäft einen systematischen Bezug auf die ökonomische, ökologische und soziale Sphäre herzustellen. Für sich genommen ist das zunächst abstrakt, aber im Arbeitsalltag wird das Zusammenspiel der jeweiligen Aspekte in der Regel recht schnell deutlich.

So genießt der Schutz von Klima, Wasser und Bodenfruchtbarkeit beispielsweise bei Hipp höchste Priorität. Gesunde Bodenökologie steht unmittelbar im Zusammenhang mit dem Schutz der biologischen Vielfalt. Klimawandel, der mit zunehmenden Artenverlusten einhergeht, gefährdet die Bodenfruchtbarkeit und damit langfristig auch die Ernährungssicherheit. Alles dies sind wichtige Aspekte – nicht nur – für Lebensmittelhersteller.

Deshalb hat Hipp alles daran gesetzt, seine CO_2-Emissionen durch den Einsatz erneuerbarer Energien zu senken. Seit 2011 produziert der Babynahrungshersteller in Pfaffenhofen klimaneutral. Das weiterführende Ziel – die klimaneutrale Produktion auch an den internationalen Standorten zu erreichen – wurde in den letzten Jahren sukzessive umgesetzt. Nach Österreich und Ungarn konnte 2016 Kroatien als viertes Werk im

K. Pretzel (✉)
Hipp Werk Georg Hipp OHG, Pfaffenhofen, Deutschland
E-Mail: karin.pretzel@hipp.de

M. Englert und A. Ternès (Hrsg.), *Nachhaltiges Management*,
https://doi.org/10.1007/978-3-662-57693-9_37

klimaneutralen Bunde aufgenommen werden. Jetzt hat sich Hipp ein neues großes Ziel gesetzt: Zukünftig soll durch angepasste Verpackungen, optimierte Logistik und über eigene Humus-Projekte die gesamte Lieferkette CO_2-neutral werden. Mit den naturnahen und umweltfreundlichen Methoden des Bioanbaus will Hipp auch die Artenvielfalt bewahren und hat zu diesem Zweck gemeinsam mit Naturschützern, Wissenschaftlern und anderen Biounternehmen über lange Jahre geforscht, wie die biologische Vielfalt in der Landwirtschaft erhöht werden kann (s. Forschungsprojekt „Firmen fördern Vielfalt" sowie das Hipp-Projekt „Musterhof für biologische Vielfalt").

Durch derartige Maßnahmen im Nachhaltigkeits-Management, die das Kerngeschäft betreffen, können Unternehmen sogar Sparpotenziale und neue Geschäftsfelder entdecken. Steigerungen im Wert- und Markenimage stellen sich auf diesem Wege nicht nur für kleine und mittelständische Unternehmen ein, aber bei ihnen gewissermaßen auf ‚selbstverständlichere' Weise. Denn das Wirtschaften mit Perspektive auf künftige Generationen ist den KMU sozusagen in die Unternehmens-DNA eingeschrieben.

37.1 Nachhaltigkeit und Markenimage

Ein erfolgreiches Nachhaltigkeits-Management (in der Folge abgekürzt NH-Management) muss dazu möglichst alle Bereiche einbeziehen, die ein Unternehmen tangieren (Stakeholder-Konzept): von den Mitarbeitern und den Geschäftspartnern, über die Wissenschaft und die Politik bis hin zum Verbraucher. Für Unternehmen stehen Nachhaltigkeit und CSR inzwischen im Pflichtenheft. Von den größeren, börsennotierten ist das ohnehin gesetzlich im Rahmen der allgemeinen Berichtspflicht verlangt – und grundsätzlich erwarten es die Stakeholder wie Politik, NGOs und Verbraucher schon lange. Jedes Unternehmen tut gut daran, dieses Anliegen ernst zu nehmen, denn zahlreiche Studien belegen, dass Nachhaltigkeit, vor einigen Jahren noch als Modeerscheinung belächelt, mehr als ein guter Rat ist, wenn einem das Markenimage lieb ist (Schneider und Schmidpeter 2015).

Aber auch ohne solche externen Anforderungen sollte die Erkenntnis leitend sein, dass unternehmerisches Handeln ohne langfristig ausgerichtete Perspektive und ohne die Wahrnehmung von gesellschaftlicher Verantwortung, keines ist. Auch wenn nicht der Begriff des „Ehrbaren Kaufmanns" dafür ins Feld geführt wird, sind diese Werte Orientierung stiftende Leitplanken auf dem Weg einer zukunftsfähigen Wirtschaft. In breiten Kreisen wird unter Nachhaltigkeit leider häufig noch „grüne Weltverbesserei" verstanden. Es wird befürchtet, dass die unternehmerischen Freiheiten zu stark eingeschränkt und dadurch Kosten unnötig in die Höhe getrieben werden könnten. Alles „Augenwischerei", sagen auch viele, denen der Begriff mehr und mehr als abgenutztes Schlagwort, Marketingfloskel, substanzlose Worthülse oder bloß moralisierende Attitüde erscheint.

Sicher, der Begriff „Nachhaltigkeit" ist überstrapaziert und wurde oft missbraucht, um rein Umsatz-geleiteten Aktionen ein „grünes" Mäntelchen umzuhängen. Aber bei allem Verständnis für diese zu kritisierende Schieflage sollte nicht vergessen werden, dass

Nachhaltigkeit sehr wohl messbar ist in Form von Kennzahlen und Indikatoren. In diesem Zusammenhang sind die wohl anerkanntesten Initiativen die Global Reporting Initiative (GRI) und der Rat für nachhaltige Entwicklung. Anhand der von diesen Institutionen entwickelten Kriterien wird Nachhaltigkeit definiert und präzisiert. Managementsysteme wie die ISO 14001 oder EMAS machen ihrerseits beispielsweise Umweltleistungen messbar und setzen auf einen kontinuierlichen Verbesserungsprozess in Unternehmen.

Auf diesen Wegen lassen sich Risiken minimieren und Innovationen fördern, die sich auch ökonomisch vorteilhaft auswirken. Gerade langfristig orientierte Anleger investieren immer öfter in Unternehmen, die nachhaltiger wirtschaften als ihre Wettbewerber. Für diese Zwecke wurden auch bereits Fonds aufgelegt, die die Nachhaltigkeitsziele der Vereinten Nationen, die Sustainable Development Goals (SDG), beim Anlageprozess berücksichtigen. So sind beispielsweise besonders auch für Lebensversicherer und Pensionsfonds Nachhaltigkeitskriterien wichtige Faktoren für die Anlagestrategie.

37.2 Nachhaltiges Management – Ein Spagat für Unternehmen?

Klimawandel, Verknappung der natürlichen Ressourcen und Artensterben, Degeneration von Böden und Gewässern, Verletzung der Menschenrechte, Armut, Hunger, Kriege und Flucht – diese Szenarien sind alltäglicher Bestandteil der Welt, in der wir leben. Sie machen eines deutlich: Ein „Weiter so" wäre fahrlässig! Zumal in Zeiten, in denen die Menschheit bereits bis zum 1. August eines Jahres (dem sogenannten Earth Overshoot Day 2018) so viele natürliche Ressourcen verbraucht hat, wie sämtliche Ökosysteme der Erde im ganzen Jahr erneuern können. Mittlerweile benötigen wir fast zwei Erden, um unseren derzeitigen Lebensstandard so weiter zu führen wie bisher – in Deutschland sogar mehr als drei Erden. Im Kern geht es also um die Verantwortung, die natürlichen Lebensgrundlagen für die aktuellen und die zukünftigen Generationen zu erhalten sowie einen gerechten Zugang für alle zu ermöglichen. Aber auch aus rein ökonomischer Sicht ist Nachhaltigkeit ohne Alternative, denn die Vernichtung der endlichen natürlichen Ressourcen und das Artensterben gefährden logischerweise am Ende auch den langfristigen Erfolg eines jedweden Geschäftsmodells.

Außerdem schafft nur eine verantwortungsvolle und authentische Unternehmensführung Vertrauen. Feigenblätter und Doppelzüngigkeit untergraben nicht nur das Image und die Glaubwürdigkeit eines Unternehmens nach außen, sondern vor allem auch das Vertrauen bei seinen Mitarbeitern. Die ethischen Werte in diesem nachhaltigen Managementsystem müssen eine grundsätzliche Haltung von Fairness und Ehrlichkeit beschreiben und neben hochwertiger Qualität und Innovationskraft auch eine offene Kommunikationskultur anstreben. Diese sollte von gegenseitiger Wertschätzung und dem Willen zur direkten Verständigung geprägt sein. Unternehmensführung und Belegschaft benötigen einen ausgeprägten Kooperationsgeist, um

Konfliktfähigkeit, Teamgeist, Loyalität und Glaubwürdigkeit herstellen zu können. Zur Compliance gehört außerdem selbstverständlich eine Charta, die sich eindeutig gegen Korruption, Kartellabsprachen und Diskriminierung ausspricht.

Gelingt es auf diese Weise Nachhaltigkeit authentisch in das Kerngeschäft zu integrieren, führt das nicht nur seitens der Mitarbeiter zur verbesserten Motivation und Identifikation mit dem Unternehmen, sondern langfristig auch allgemein zu einem deutlichen Reputations- und Imagegewinn. Letzterer sollte aber vor allem ein Indikator für ein gelungenes NH-Management sein und nicht lediglich die Motivation, sich mit diesem Ansatz zu beschäftigen. Denn die Praxis wird zeigen, dass es so nicht funktioniert. Vielmehr ist es wichtig den Begriff Nachhaltigkeit mit konkreten Inhalten zu füllen und nachhaltiges unternehmerisches Handeln ganz basal in die Managementprozesse zu integrieren, damit es nachvollziehbar und transparent werden kann. Jenseits der DNK und GRI formulierten Kennzahlen müssen dazu Unternehmensziele und -visionen vorhanden sein, die es vermögen, Nachhaltigkeit zur gelebten Kultur zu befördern. Ohne diesen „Überbau" läuft jedes noch so gut organisierte Nachhaltigkeits-Management Gefahr, eine rein administrative Vorzeigeaktion zu werden.

Die Umsetzung von Nachhaltigkeit im Betrieb kann also erfolgreich nur dann gelingen, wenn es die entsprechende Haltung und eine dezidierte Werteorientierung gibt. Werden diese Voraussetzungen erfüllt, kann ein NH-Management neben „weichen" Erfolgsfaktoren ganz konkret auch zu mehr Effektivität und Effizienz führen. Beispielsweise senkt Ressourceneffizienz nicht nur Umweltbelastungen, sondern auch Kosten. Langfristige Planungen bringen mehr Kontinuität und zugleich eine bessere Orientierung für Mitarbeiter mit sich. Nicht zuletzt wird durch überzeugend gelebte Nachhaltigkeit im Unternehmen die Mitarbeiterzufriedenheit erhöht. Dies senkt Krankenstände und erhöht die Identifikation und Bereitschaft zur Verantwortungsübernahme und damit letztlich die Leistung des gesamten Unternehmens. Alles zusammen schafft enorme Wettbewerbsvorteile, zumal in Zeiten, in denen Unternehmen mit Fachkräftemangel und Nachwuchsproblemen zu kämpfen haben.

37.3 Vom Umweltmanagement zur Nachhaltigkeit

Der Anstoß zu einem konkreten Umweltmanagement in Unternehmen kam in Deutschland unter anderem von der Wirtschaft selbst. Impulsgeber waren dabei zumeist einzelne Unternehmerpersönlichkeiten aus dem mittelständischen Bereich (sogenannte Pioniere), die sich – aus Überzeugung und ohne Gesetzesvorschriften – für eine ökologische Unternehmensführung engagieren. Heute hat sich der Ansatz weiter entwickelt, das Gebot der Stunde lautet „Nachhaltigkeit" und „CSR". Immer stärker rücken neben den ökologischen auch die sozialen Tatsachen in den Blick.

Im Zuge dessen entstehen häufig auch ganz andere Geschäftsmodelle, die sowohl ressourcenschonende und ökologische Herstellungsverfahren zum Ziel haben als auch faire und ethische Mitarbeiter- und Geschäftsbeziehungen anstreben. Immer öfter wird auch um einen anderen Wachstumsbegriff gerungen. Je nach politischem Lager definiert sich dieser eher klassisch („nachhaltiger Wohlstand") bis grundlegend („Gemeinwohlökonomie"). Deutlich wird dabei in jedem Fall: Um eine effiziente Veränderung herbeizuführen, muss auch das ökonomische Denken die Richtung ändern. Nicht mehr Gewinnmaximierung um jeden Preis ist das erstrebenswerte Ziel, sondern nachhaltige Gewinnoptimierung und gesellschaftlich gerechte Verteilung.

37.4 Das Ganze ist mehr als die Summe seiner Teile.

Die Verantwortung von Unternehmen für die Auswirkungen ihres Handelns auf die Gesellschaft wird nicht nur von Medien und NGOs, sondern auch von Politik und Verbrauchern zunehmend thematisiert. Unternehmen sind aufgerufen, ihre Aktivitäten verbindlich auf Nachhaltigkeit auszurichten und nicht nur auf freiwilliger Basis soziale und Umweltschutzbelange in die Geschäftstätigkeiten und den kommunikativen Austausch mit Stakeholdern einzubeziehen.

Unternehmerische Prozesse müssen in dieser neuen Struktur grundlegend anders organisiert werden, Verantwortlichkeiten können nicht Top-down delegiert werden. Die konkrete Umsetzung eines NH-Managements beinhaltet im Prinzip die gleichen Schwierigkeiten wie alle anderen Managementsysteme: Es erfordert eine hohe Lern- und Organisationsbereitschaft im gesamten Unternehmen. Entsprechend sollte deshalb vor allem die interne Kommunikation zum Thema Nachhaltigkeit höchste Priorität genießen. Zunächst sind es die Mitarbeiter, die Zielsetzung und Maßnahmen entwickeln und mit konkretem Leben füllen.

Hipp hat deshalb beispielsweise eine Organisationsstruktur geschaffen, die es möglich macht, dass das Thema Nachhaltigkeit von allen Unternehmensbereichen eigenständig vorangetrieben wird und als grundsätzliche Haltung im Tagesgeschäft ebenso seinen Platz findet wie als integrierte Betrachtungsweise im täglichen Tun. Nachhaltig zu handeln, gilt als übergeordnete Zielsetzung für alle Entscheidungen im Tätigkeitsbereich eines jeden Mitarbeiters.

37.5 Das Hipp-Nachhaltigkeits-Management

Ein wichtiger Schritt war in diesem Zusammenhang der Aufbau eines systematischen Managements von Nachhaltigkeit. Mit seiner Hilfe werden bei Hipp die zahlreichen Maßnahmen aus dem Umwelt- und Qualitätsmanagement sowie dem Personalwesen koordiniert und die Gesamtleistung in ökologischer, sozialer und ökonomischer Hinsicht fokussiert. Für den Erfolg all dieser Maßnahmen ist die konsequente Verankerung in der

Geschäftsleitung besonders wichtig. Nur so sind maßgebliche Impulse im Unternehmensalltag zu gewährleisten. Daher ist bei Hipp ein eigener Stabsbereich im NH-Management tätig, unter der Leitung eines NH-Beauftragten, der zugleich Mitglied der Geschäftsführung ist. So kann auf der operativen Ebene engagiert die Umsetzung und Weiterentwicklung des NH-Managements betrieben werden.

Auch die NH-Kommunikation, mit ihrer zugleich internen und externen Ausrichtung, ist als Stabsstelle angelegt. Basis sind die spezifischen Maßnahmen und Ziele der einzelnen Fachbereiche, die jeweils einen NH-Verantwortlichen benannt haben. Diese sorgen dafür, dass Hipp-Produkte nicht nur in bestmöglicher Qualität, sondern auch nachhaltig produziert werden. Sie sind vor allem Ansprechpartner und Multiplikator, indem sie die Aktivitäten, Projekte und Ziele des jeweiligen Fachbereichs zum Thema Nachhaltigkeit begleiten und moderieren. Organisatorisch und fachlich unterstützen sie die Gestaltung des NH-Managements und arbeiten eng mit dem NH-Team zusammen an. Generell bilden die NH-Verantwortlichen das Bindeglied zwischen ihrem Fachbereich und dem NH-Koordinator sowie den anderen Abteilungen im Betrieb. Daher spielen vor allem diese Verantwortlichen in den einzelnen Bereichen für die interne NH-Kommunikation eine immens wichtige Rolle. Auch die Aufgabengebiete Umweltschutz, biologische Vielfalt und Arbeitssicherheit sind im Hipp-Organigramm durch die Einführung des NH-Managements als eigene Fachbereiche eingeordnet.

37.6 Die Mitarbeiter im Mittelpunkt

In den Mitarbeitern liegt die entscheidende Kraft des Unternehmens. Daher ist es vordringlichstes Ziel ihnen das Prinzip der Nachhaltigkeit nahezubringen. Gleichzeitig sind die Beschäftigten von bestimmten NH-Maßnahmen, vor allem im Bereich „Soziales“, selbst betroffen. Insofern ist es von großer Bedeutung, Mitarbeiter regelmäßig über Maßnahmen zur Umsetzung des Unternehmensziels „Nachhaltigkeit“ zu informieren, sie einzubeziehen und zu motivieren. Bei Hipp erhalten alle Mitarbeiter und Beauftragten regelmäßige Schulungen und umfangreiche Weiterbildungen. Eine eigene Ethikcharta, ein Vorschlagswesen und ein Wissensmanagement ergänzen diesen Ansatz. Intern wird über das Intranet, die Mitarbeiterzeitung „Hipp intern“, in Informationsveranstaltungen und in regelmäßigen themenbezogenen Besprechungen kommuniziert. Grundsätzlich gilt für alle Maßnahmen: „Spruchreif“ können nur die werden, bei denen bereits validierbare Zielsetzungen sowie Vorschläge für Verfahrensweisen oder Projekte vorliegen. Übergeordnetes Ziel ist es, Messgrößen und Kennzahlen zu entwickeln.

Aus dieser Haltung heraus kommuniziert Hipp seine Maßnahmen und Erfolge extern nicht nur durch regelmäßige Veröffentlichung in Printmedien, Internet, Social Media oder durch Projekte, Veranstaltungen und Podiumsdiskussionen, sondern ganz wesentlich auch über einen regelmäßigen Nachhaltigkeitsbericht. Bereits 1995 hat sich Hipp als einer der ersten europäischen Lebensmittelhersteller nach EMAS (Eco-Management and Audit Scheme) validieren lassen und hat 2017 auch die EMASPlus-Zertifizierung abgeschlossen, die das Umweltmanagement um die soziale und ökonomische Perspektive zu einem integrierten und ganzheitlichens System erweitert. Bei EMAS steht die Eigenverantwortung, die ein Unternehmen übernehmen muss, im Mittelpunkt. Jeder Betrieb, der die Prüfung spätestens alle drei Jahre erfolgreich besteht, darf das EMAS-Logo führen und muss regelmäßig einen Nachhaltigkeitsbericht veröffentlichen. Diese Dokumentation wird dann von einem unabhängigen, staatlich geprüften Umweltgutachter auf Richtigkeit überprüft.

Dies wirkt sich positiv auf das betriebliche NH-Management aus. So lässt sich die ökonomische und ökologische Leistungsfähigkeit beispielsweise durch Verbesserung der Ökobilanz, im Sinne nachhaltiger Entwicklung steigern, wie es bei Hipp vor allem in Bezug auf die klimaneutrale Produktion der Fall war.

37.7 Verantwortung in allen Köpfen

Das übergeordnete Ziel ist, ein authentisches NH-Management zu generieren und die gesamte Supply Chain dabei zu berücksichtigen. Schon jetzt spiegelt sich die NH-Strategie in verschiedenen Regeln und Prozessen. Neben den Zielen und Visionen des Unternehmens beinhalten diese auch einen Verhaltenskodex und Leitlinien für Einkauf, Forschung und Lieferanten. Damit Hipp seine Nachhaltigkeitsziele erreichen kann, müssen auch Lieferanten und Partner verpflichtende Regeln zum Umwelt- und Qualitätsmanagement ebenso wie zum Sozial- und Ethikkodex anerkennen. Der Hipp-Agrarservice führt regelmäßige Audits vor Ort durch, um die erforderlichen Standards zu überprüfen und kommuniziert direkt mit den Erzeugern über die Anforderungen oder auch Probleme in der Umsetzung von Maßnahmen. Besonderen Wert legt Hipp dabei auf lang währende und vertrauensvolle Geschäftsbeziehungen, wie sie in der Ethikcharta des Unternehmens beschrieben sind.

Hinzu kommt, dass die Maßnahmen jederzeit für die Öffentlichkeit glaubwürdig nachvollziehbar sein sollten. Für die systematische Erarbeitung eines individuellen Konzeptes ist es unabdingbar, seine Stakeholder und die relevanten Themen genau zu kennen. Keine leichte Aufgabe! Denn die schnelle Verbreitung von Informationen und der globale Warenbezug machen das Geschehen noch komplexer und es liegt oft genug nicht ausschließlich in der Hand der Unternehmen die Bedingungen zu definieren. Ein Beispiel hierfür ist der Zutatentracker, den Hipp für die verarbeiteten Rohwaren auf seiner Internetseite für Verbraucher zugänglich macht. Dieser bedarf aufwendiger Pflege und ständiger Aktualisierung, da die Bezugsquellen für Rohstoffe beispielsweise auch einmal vom aktuellen Klimageschehen abhängig sein und sich entsprechend verändern können.

Hinsichtlich der externen Kommunikation haben daher eine gute Vernetzung und ein langer Atem oberste Priorität. Hipp arbeitet in verschiedenen Verbänden an den zahlreichen Facetten des Themas Nachhaltigkeit (beispielsweise in der „Assoziation ökologischer Lebensmittelhersteller“ [AöL] oder der Unternehmensinitiative „Biodiversity in Good Company“). Auch Projekte mit Lieferanten, Wissenschaftlern, ökologischen

Institutionen und NGOs werden aktiv verfolgt, um belastbare Aussagen zu Rohstoffen, Ökobilanzen oder der Wirksamkeit von Maßnahmen zur Biodiversitätsförderung, einem der wichtigsten Unternehmensziele, generieren zu können.

Eine ganz entscheidende Rolle in der externen Kommunikation spielt der Hipp-Elternservice. Als direkter Ansprechpartner für ratsuchende Eltern oder in Krisensituationen steht er quasi rund um die Uhr zur Verfügung und beantwortet Fragen. Das Pendant für Ärzte, Hebammen und sonstige medizinische Dienste bildet der Wissenschaftsservice. Bei Hipp gibt es für eine solche Form der engmaschigen Vernetzung insofern sehr gute Voraussetzungen, als es sich um ein mittelständisches, familiengeführtes Unternehmen handelt und es keines grundsätzlichen Kulturwandels bedurfte. Durch die jahrzehntelange Befassung mit ökologischer Lebensmittelherstellung sowie ein frühzeitiges, fundiertes Qualitäts- und Umweltmanagement war die Basis für die Nachhaltigkeit bereits gelegt. Dabei geht es immer wieder auch um die Verständigung darüber, was Nachhaltigkeit übergeordnet und in der Einzelfallbetrachtung eigentlich bedeutet. So kontrovers diese Debatten unternehmensintern auch immer wieder geführt werden, in einem sind sich alle einig: Zur Nachhaltigkeit gibt es keine Alternative!

Auch wenn Nachhaltigkeit, rein wirtschaftlich gesehen, zunächst einmal mehr Aufwand und weniger Gewinn bedeutet, ist dieser Weg gerade für einen ökologischen Lebensmittelhersteller wie Hipp fast zwangsläufig. Das „Ja“ zur naturnahen Produktionsweise muss einer klaren Überzeugung mit Voraussicht folgen. Denn „harte“ betriebswirtschaftliche Kennzahlen sind vor allem sehr eng am unmittelbaren ökonomischen Erfolg orientiert. Je mehr sie das sind, desto schlechter lassen sich aber Entscheidungen entsprechend ihrem langfristigen Mehrwert in Bezug auf Innovationskraft, Kundenzufriedenheit, Vertrauen in die Produkte und Markenimage einschätzen. Das jedoch sind die Größen, die einen nachhaltigen Erfolg garantieren.

37.8 Ein konkretes Beispiel – nachhaltige Bioprodukte

Deutschland hat auf dem Markt für Bio-Lebensmittel im Jahr 2017 die 10 Milliarden Marke geknackt. Das Marktvolumen von Ökoprodukten konnte in den vergangenen 20 Jahren im Vergleich zum gesamten Lebensmittelmarkt mit deutlichen Wachstumsraten ausgeweitet werden. Aber dennoch sind wir noch weit davon entfernt, mit Bio eine echte Alternative im Markt geschaffen zu haben.

Gleichzeitig ist aber mittlerweile hinlänglich bekannt, dass die heutige Praxis der konventionellen Landwirtschaft durch ihren enormen Ressourcenverbrauch absolut endlich ist. Vor allem ist diese nicht geeignet, auch für kommende Generationen die nötigen Agrarflächen verfügbar zu halten. Ein gravierender Grund dafür ist, dass diese Bewirtschaftungsformen gekennzeichnet sind von irreversiblem Artensterben und zunehmenden Grundwasserbelastungen. Letztere beispielsweise können von immer mehr Wasserwerken nur noch mit erheblichem Zusatzaufwand aufbereitet werden. Nicht nur unsere Wasserressourcen, auch die Bodenbiologie leidet unter konventionellen

Methoden, denn häufig genug wird auch die Bodenfruchtbarkeit nachhaltig geschädigt. Pestizide treffen zu bis zu 90 % nicht den Zielorganismus, sondern belasten Atemluft, Umwelt und andere Pflanzen. All das verursacht gigantische volkswirtschaftliche Kosten und strapaziert die öffentlichen wie die privaten Haushalte.

Hier hilft nur ein „weg" von herkömmlicher Landwirtschaft hin zu einem umweltverträglichen, nachhaltigen Anbau. Nur mit der Vision von 100 Prozent Bio, bzw. nachhaltiger Landwirtschaft, werden wir es schaffen, eine zukunftsweisende Grundlage für eine nachhaltige Ernährung zu schaffen.

Für die erforderliche Akzeptanz beim Verbraucher ist eine entsprechende Aufklärung über den Ursprung der Lebensmittel nötig. Fleisch aus Massentierhaltung sollte beispielsweise auch als solches gekennzeichnet sein. Die Fleischerzeugung bringt neben gesundheitlichen Fragen und Aspekten des Tierwohls auch die Problematik eines weit überproportionalen Ressourcenverbrauchs in Form von Fläche, Futter und Wasser mit sich. Die Behauptung, dass es keine zentralen Stellschrauben für mehr Wachstum im deutschen Ökolandbau gibt, führt ebenso wie die restriktive Gesetzgebung bei der Entwicklung der EU-Bioverordnung und dem Bestreben Bio exklusiv zu halten für die Happy Few, die es sich leisten können, lediglich dazu, die ökologische Branche in der „verordneten" Nische zu halten.

Neuerdings hat noch ein anderer Aspekt mehr Aufwind bekommen: die Debatte um die Einbeziehung der durch die Lebensmittelproduktion verursachten Umweltbelastungen in die Preise für Produkte, die sogenannten wahren Kosten („true costs"). In dem „Food-wastage-footprint-full-cost-accounting"-Bericht der Ernährungs- und Landwirtschaftsorganisation der Vereinten Nationen (FAO 2014) werden die in diesem Zusammenhang verursachten Umweltschäden durch die globale Landwirtschaft auf jährlich mehr als 2330 Mrd. US$ geschätzt. In enger Zusammenarbeit mit dem Schweizer Forschungsinstitut für biologischen Landbau (FIBL) wurde eine Methode zur Berechnung der externen Kosten in der Nahrungsmittelproduktion entwickelt.

Wenn also an der Supermarktkasse die Einkäufe bezahlt werden, schlagen die Kosten, welche die konventionell erzeugten Lebensmittel bei der Herstellung verursacht haben, heute noch nicht zu Buche. Aber die Natur vergisst nichts. Diese Rechnung geht an unsere Kinder und Kindeskinder.

Insofern ist Nachhaltigkeit nicht nur für Lebensmittelhersteller ein unerlässliches, langfristiges Ziel und kein Einzelprojekt, das einfach delegiert werden kann.

Literatur

Assoziation ökologischer Lebensmittelhersteller (Hrsg.) (2018). *Widerspruch wagen, Die Rolle des Öko-Lebensmittelherstellers für unsere zukünftige Ernährung*. Themenheft 6; darin Pretzel, K., *Raus aus der Nische, Wie erreichen wir 100 Prozent Bio für alle?*

FAO. (2014). *Food Wastage Footprint Full-Cost Accounting*. Final report. Food and Agriculture Organization.

Fifka, M. F. (Hrsg.) (2014). *CSR und Reporting - Nachhaltigkeits- und CSR-Berichterstattung verstehen und erfolgreich umsetzen*. Berlin: Springer Gabler; darin Pretzel, K., *Netzwerkstrategie und ethische Unternehmenskultur als Basis der Nachhaltigkeitskommunikation bei Hipp*.

HiPP (Hrsg.). (2015). Nachhaltigkeitsbericht.

Schneider, A., & Schmidpeter, R. (Hrsg.). (2015). *Verantwortungsvolle Unternehmensführung in Theorie und Praxis. Management-Reihe Corporate Social Responsibility*. Berlin: Springer Gabler.

Karin Pretzel hat seit 2008 die Nachhaltigkeitskommunikation des Babynahrungsherstellers Hipp verantwortet. Als studierte Germanistin war sie über lange Jahre in Wissenschaft, und Journalismus tätig. 1990 übernahm Karin Pretzel die Aufgabe der Persönlichen Referentin im Präsidium der Hochschule für bildende Künste, Hamburg. Ab 1997 baute sie dort eine Presse- und Öffentlichkeitsabteilung auf, deren Leitung sie bis 2008 innehatte. Anschließend wurde sie Mitarbeiterin bei Hipp und hat dort das Nachhaltigkeitsmanagement mit implementiert. In diesem Zusammenhang verantwortete sie vor allem die Nachhaltigkeits-Kommunikation sowie die Projekte des Babynahrungsherstellers und vertrat das Unternehmen in verschiedenen Initiativen und Verbänden. Sie ist Mitglied im VRdS (Verband der Redenschreiber deutscher Sprache) und qualifizierte sich zusätzlich über eine Ausbildung (IHK) als Arbeits- und Organisationspsychologin und Business-Coach. Seit 2018 ist Karin Pretzel freiberuflich tätig, unter anderem auch weiterhin für das Unternehmen Hipp.

Durch und durch nachhaltige Unternehmensstrategie bei VAUDE

38

Lisa Fiedler

VAUDE ist ein stark werteorientiertes Familienunternehmen. Wir verstehen Unternehmertum als Verpflichtung, einen Beitrag zum Gemeinwohl zu leisten. Bei allem, was wir tun, übernehmen wir deshalb Verantwortung: gegenüber unseren Mitarbeitern und Partnern weltweit, unserer Umwelt und nachfolgenden Generationen. Als nachhaltig handelndes Unternehmen orientieren wir uns an langfristigen, zukunftsfähigen, ökologischen, sozialen und wirtschaftlichen Zielen. Dabei hinterfragen wir immer wieder Konventionen und die Grenzen des Machbaren.

Wir stellen an den gesamten Wertschöpfungsprozess hohe ökologische und soziale Anforderungen und verankern den Nachhaltigkeitsgedanken bereits seit Jahren tief in unseren Kernprozessen und Produkten. Nachhaltigkeit zieht sich wie ein „grüner Faden" durch das gesamte Unternehmen. Die kontinuierliche Weiterentwicklung ist bei VAUDE heute selbstverständlicher Bestandteil der täglichen Arbeit – von der Führungsetage bis hin zum einzelnen Mitarbeiter.

Die Lieferkette von Outdoorprodukten und so auch die von VAUDE ist komplex, international weit verzweigt und birgt etliche potenzielle ökologische und soziale Problemfelder. Wie in der Textilbranche üblich, wird der Großteil der Produkte von externen Lieferanten hauptsächlich in Asien produziert. Die erste Stufe der Lieferkette ist vor allem durch Herausforderungen im Bereich faire Sozialstandards gekennzeichnet. Die zweite Stufe der Wertschöpfungskette bilden die Materialhersteller. Diese Stufe ist im Hinblick auf Nachhaltigkeit vor allem durch ökologische Herausforderungen geprägt.

L. Fiedler (✉)
VAUDE, Tettnang, Deutschland
E-Mail: info@vaude.com

M. Englert und A. Ternès (Hrsg.), *Nachhaltiges Management*,
https://doi.org/10.1007/978-3-662-57693-9_38

VAUDE zeigt durch seine starke Position im ansonsten nur schwach wachsenden europäischen Outdoormarkt, dass eine innovativ nachhaltige Ausrichtung auch ein wesentlicher wirtschaftlicher Erfolgsfaktor sein kann.

38.1 Die Natur als intrinsische Motivation für ein nachhaltiges Geschäftsmodell

Der Erfolg des derzeit üblichen globalen Wirtschaftssystems beruht zu oft auf sozialer Ausbeutung und Zerstörung der Umwelt. Unser Standpunkt ist klar: Die Privatwirtschaft hat einen bedeutenden Einfluss auf das ökologische, soziale und wirtschaftliche Umfeld, in dem wir alle leben. Um langfristig den Erhalt unseres Planeten sicherzustellen und soziale Ungleichheit zu beseitigen, muss die Wirtschaft umdenken. Wir brauchen ein verbindliches Leitbild für unternehmerisches Handeln, das in der gesamten Lieferkette Verantwortung für Mensch und Natur übernimmt.

Gerade als Outdoorausrüster haben wir einen engen Bezug zur Natur. VAUDE „lebt" davon, dass Menschen mit VAUDE-Produkten Freude und Erholung in der Natur finden. Wir sehen uns deshalb als Unternehmen in der Verantwortung, einen aktiven Beitrag für den Schutz und die Erhaltung der Natur zu leisten. „Das ist unser Antrieb und gleichzeitig Herzenssache. Mit ganzheitlichen Konzepten und nachhaltig innovativen Produkten gehen wir unseren ‚grünen' Weg konsequent weiter" so Antje von Dewitz, CEO VAUDE.

Dieses Verständnis spiegelt sich auch im Gedanken der Gemeinwohlökonomie wider. Für VAUDE ist das Prinzip der Gemeinwohlökonomie Grundlage des wirtschaftlichen Handelns. Unternehmerischer Erfolg bedeutet nicht nur finanziellen Gewinn, sondern auch einen Beitrag zu Solidarität, Menschenwürde, ökologischer Nachhaltigkeit, sozialer Gerechtigkeit sowie demokratischer Mitbestimmung und Transparenz. Deshalb haben wir eine auditierte Gemeinwohlbilanz[1] erstellt und möchten objektiv und messbar zeigen, dass es als mittelständisches deutsches Unternehmen mit einer komplexen und globalisierten Lieferkette möglich ist, nachhaltig erfolgreich, zu wirtschaften.

---

[1]VAUDE veröffentlicht für das Geschäftsjahr 2013 als erstes Outdoorunternehmen eine auditierte Gemeinwohlbilanz. Mehr dazu: http://nachhaltigkeitsbericht.vaude.com/gri/csr-standards/gemeinwohloekonomie.php.

38.2 Ambitionierte Unternehmensvision orientiert am Leitbild für nachhaltige Entwicklung der Vereinten Nationen

Seit der Firmengründung 1974 nimmt VAUDE die Verantwortung für Mensch und Natur sehr ernst. Unser Nachhaltigkeitsverständnis orientiert sich am Leitbild für nachhaltige Entwicklung der Vereinten Nationen. Wir setzen uns deshalb intensiv mit den Zielen für nachhaltige Entwicklung auseinander, die die Generalversammlung der Vereinten Nationen im Herbst 2015 verabschiedet haben. Wir verstehen die Ziele als globale Handlungsorientierung, bei deren Erreichung die Wirtschaft eine wichtige Rolle spielt. Für uns sind die nachhaltigen Entwicklungsziele eine bereichernde Perspektive zur Weiterentwicklung und Beurteilung unserer Unternehmenstätigkeiten.

Die Unternehmensvision von VAUDE (2016) drückt die verantwortungsvolle strategische Ausrichtung des Unternehmens aus: „Als nachhaltigster Outdoor-Ausrüster Europas leisten wir einen Beitrag zu einer lebenswerten Welt, damit Menschen von morgen die Natur mit gutem Gewissen genießen können. Wir setzen weltweit Zeichen und Standards in Sachen Nachhaltigkeit" (Abb. 38.1).

Eigenstetter (2016) verortet das Nachhaltigkeitsverständnis von VAUDE und dessen Implementierung gemäß dem Reifegradmodell CSR von Schneider (2012) als CSR 3.0 „Unternehmen als proaktiver politischer Gestalter". Das Modell von Schneider beschreibt die verschiedenen Entwicklungsstufen von Nachhaltigkeit in einem unternehmerischen Kontext. Stufe 3.0 ist der höchste definierte CSR-Reifegrad mit dem größten Verantwortungsniveau (Abb. 38.2).

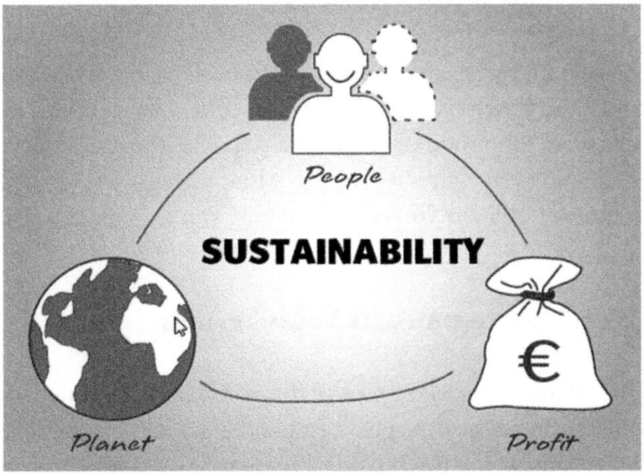

Abb. 38.1 VAUDE Nachhaltigkeitsverständnis

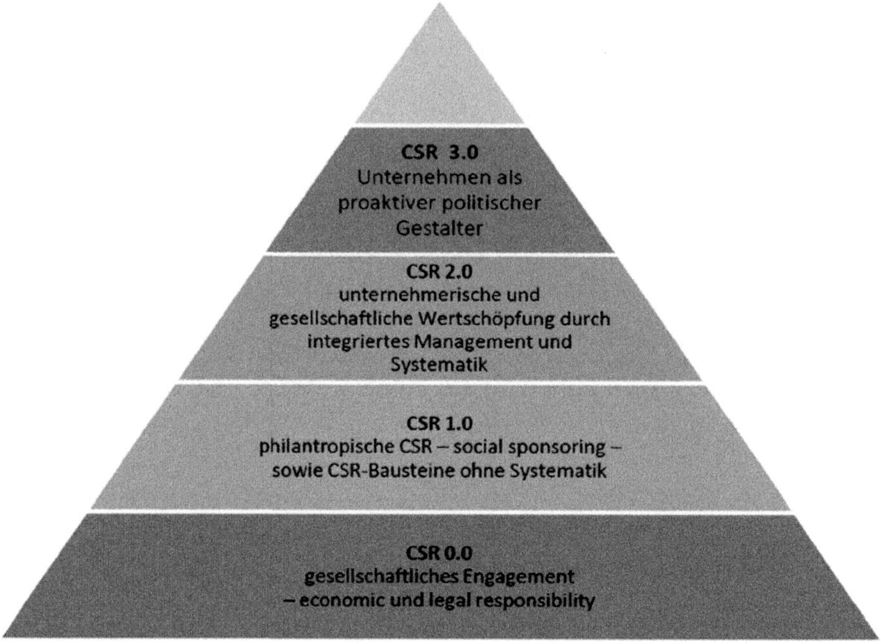

Abb. 38.2 CSR-Reifegradpyramide – von CSR 0.0 zu CSR 3.0 – als nach oben offene Skala. (Quelle: Schneider 2012)

38.3 Umsetzung und Steuerung des nachhaltigen Geschäftsmodells

Durch eine konsequente und ganzheitliche Integration des Nachhaltigkeitsmanagements in allen Phasen des Produktlebenszyklus, gilt VAUDE als Vorreiter. Wir suchen nicht nur einzelne, kommunikationsstarke Aspekte heraus, sondern verankern CSR in einem mehrstufigen Ansatz sichtbar in der Alltagsarbeit. Dieser basiert auf dem Leitbild des Unternehmens, das die Wurzel, Werte und Treiber von VAUDE definiert (Abb. 38.3).

38.3.1 Systematische Verankerung

Nachhaltigkeit ist komplex und mehr als die Summe einzelner Maßnahmen. Bei VAUDE sind Nachhaltigkeitsaspekte voll und ganz in die Unternehmensstrategie integriert – es existiert somit keine Nachhaltigkeitsstrategie parallel zur wirtschaftlichen Strategie. Wir legen das Hauptaugenmerk auf einen ganzheitlichen Ansatz, der sowohl die komplexe globale Lieferkette als auch den Firmensitz in Tettnang berücksichtigt. Das VAUDE-Ecosystem ist ein allumfassender Leitfaden, der zeigt, wie wir unsere Verantwortung für Mensch und Natur in allen Phasen des Produktlebenszyklus systematisch wahrnehmen (Abb. 38.4).

1 WURZEL *„DER BERG"*

DER BERG. *Das **Herzklopfen** beim Aufstieg, die **Stille** am Gipfel, der **Weitblick** und die **Freude** beim Abstieg oder bei der Abfahrt spornen uns an.*

DER BERG steht für die **hohen, klar definierten Anforderungen** an unsere **Produkte** und zugleich für ein **leidenschaftliches** Erleben der Natur.

Wir nehmen die Herausforderungen an, die DER BERG an uns **Menschen** und unsere **Produkte** stellt.

2 WERT *„WIR"*

Berg. Natur. Team. Vertrauen. Partnerschaft. Spaß. Familie. Wir!

VAUDE steht für einen **partnerschaftlichen** Umgang mit der Natur und mit den Menschen.

3 TREIBER *„VORWÄRTS"*

Trends ändern sich wie das Wetter in den Bergen. **Nachhaltigkeit bleibt.**

Wir haben uns auf den Weg zum nachhaltigsten Outdoor-Ausrüster Europas gemacht, damit auch die *Menschen von morgen* die Natur genießen können.

Auf diesem Weg sind wir Pionier und hinterfragen Konventionen und die Grenzen des Machbaren – und schaffen so **zukunftsweisende Produkte und Lösungen durch nachhaltige Innovationen**: *Vorwärts zur Natur!*

Abb. 38.3 VAUDE Leitbild

38.3.2 Operative Verankerung

Ein interdisziplinäres Nachhaltigkeitsteam mit Mitarbeitern aus verschiedenen Fachabteilungen etabliert die Nachhaltigkeitsmaßnahmen im operativen Tagesgeschäft. Das Team wird vom Geschäftsleiter für Vertrieb und Nachhaltigkeit geleitet. Somit stellen wir sicher, dass Nachhaltigkeit auch über Abteilungsgrenzen hinweg aktiv gelebt und nicht losgelöst in einer isolierten Abteilung bearbeitet wird.

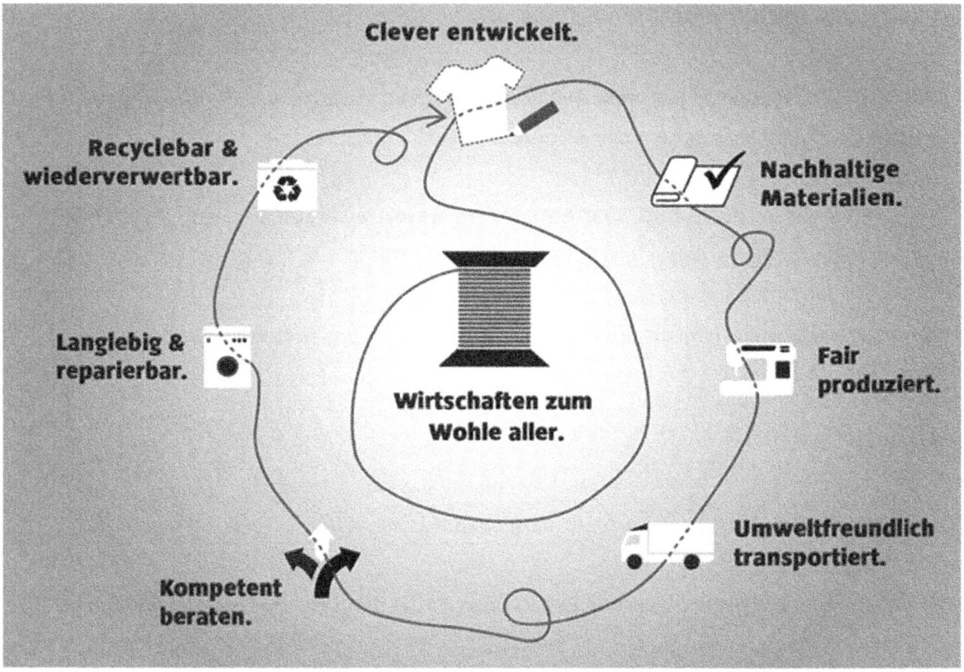

Abb. 38.4 VAUDE Ecosystem

Eine konsequente und kontinuierliche Messung der Nachhaltigkeitsleistung ist VAUDE ebenso wichtig wie die Umsetzung des Konzepts. Wir definieren stets einen konkreten Zielwert und Zeithorizont. Um die Wesentlichkeit unserer Ziele sicherzustellen, sind soziale und ökologische Kennzahlen zum Großteil aus externen Nachhaltigkeitsstandards abgeleitet. Wir setzen uns regelmäßig mit dem Zielerreichungsgrad auseinander und gewährleisten so eine kontinuierliche Verbesserung und Weiterentwicklung.

Die Erreichung des Leader-Status der Fair Wear Foundation (FWF)[2] ist eines von vielen Beispielen für unsere, an externe Standards angelehnten, Unternehmensziele. In der Praxis bedeutet der Leader-Status, dass mindestens 90 % unseres Produktionsvolumens durch die FWF auditiert werden und wir mindestens 75 % im Brand Performance Check (BPC) der FWF erreichen. Mit dem BPC wird unabhängig bewertet, wie das Mitgliedsunternehmen die Anforderungen der Mitgliedschaft erfüllt und kontinuierlich an der Verbesserung der Arbeitsbedingungen in der Lieferkette arbeitet.

Seit 2010 ist VAUDE Mitglied der FWF. Durch konsequente Zusammenarbeit konnten wir die Arbeitsstandards bei unseren Produzenten nach und nach erhöhen.

---

[2]Die Fair Wear Foundation ist eine internationale Multi-Stakeholder-Organisation, die sich für die Verbesserung der Sozialstandards in der textilen Lieferkette einsetzt (http://www.fairwear.org/).

Im Jahr 2015 haben wir den Leader-Status erhalten. Dabei handelt es sich um die bestmögliche Kategorie, die es bei der FWF gibt. Im Jahr 2017 konnten wir den Anteil der auditierten Lieferanten in Risikoländern auf 100 % erhöhen, was die Anforderungen der FWF weit übertrifft. Beim BPC 2017 hat VAUDE 89 % erreicht.

38.4 Erfolge und Herausforderungen

38.4.1 Umweltfreundlich und fair am Firmenhauptsitz

Das VAUDE Umweltmanagementsystem wurde 2008 nach dem Eco-Management and Audit Scheme[3] (EMAS) zertifiziert. Seitdem gehen unsere jährlich festgelegten Umweltziele weit über die gesetzlichen Vorgaben hinaus. Wir möchten auch beim Klimaschutz Transparenz gewährleisten und erstellen deshalb eine jährliche Klimabilanz, die uns wirkungsvolle Ansatzpunkte zur Reduzierung von Emissionen aufzeigt. Da sich nicht alle Emissionen vermeiden lassen, kompensieren wir die verbleibenden durch ein Gold-Standard[4] zertifiziertes Klimaschutzprojekt der Non-Profit-Organisation myclimate. Der Firmenhauptsitz in Tettnang und die am Standort produzierten Produkte sind somit klimaneutral (Abb. 38.5).

VAUDE möchte seinen Mitarbeitern gute Rahmenbedingungen schaffen, sodass sie motiviert arbeiten und ihre Stärken einbringen können. Ein wichtiger Faktor ist für uns die Vereinbarkeit von Beruf und Privatleben. Unsere Angebote reichen beispielsweise vom VAUDE-Kinderhaus, über flexible Teilzeitmodelle, bis hin zu Homeoffice-Arbeitsplätzen. Durch diese Maßnahmen haben wir es geschafft, ungefähr 40 % der Führungspositionen mit Frauen zu besetzen. Zudem liegt die Geburtenrate bei VAUDE seit Jahren ein Vielfaches über dem deutschen Durchschnittswert.

Ein weiterer Beitrag für eine gute „Work-Life-Balance" ist unser Gesundheitsmanagement. Wir verfolgen einen ganzheitlichen Gesundheitsmanagement-Ansatz, der von gesundem Essen in der eigenen Biokantine, über Prävention durch Sport, bis hin zu Büroausstattung nach ergonomischen Grundregeln reicht.

---

[3]Das Eco-Management and Audit Scheme (EMAS) gehört zu den umweltpolitischen Instrumenten der Europäischen Union. Das EMAS ist ein Umweltmanagementsystem, das Unternehmen hilft, betrieblichen Umweltschutz fest in allen Unternehmensprozessen zu verankern. Über eine externe Umwelt-Betriebsprüfung wird jährlich der Großteil aller veröffentlichten Umweltdaten kontrolliert und überprüft, ob diese Daten korrekt sind und das Unternehmen seinem eigenen Anspruch gerecht wird.

[4]„Das Qualitätslabel [Gold Standard] für Klimaschutzprojekte in Entwicklungsländern wurde 2003 vom WWF und anderen Umweltverbänden entwickelt. Bislang können nur Projekte, die auf erneuerbare Energie oder die Steigerung der Energieeffizienz setzen, das Siegel erhalten" (WWF 2016).

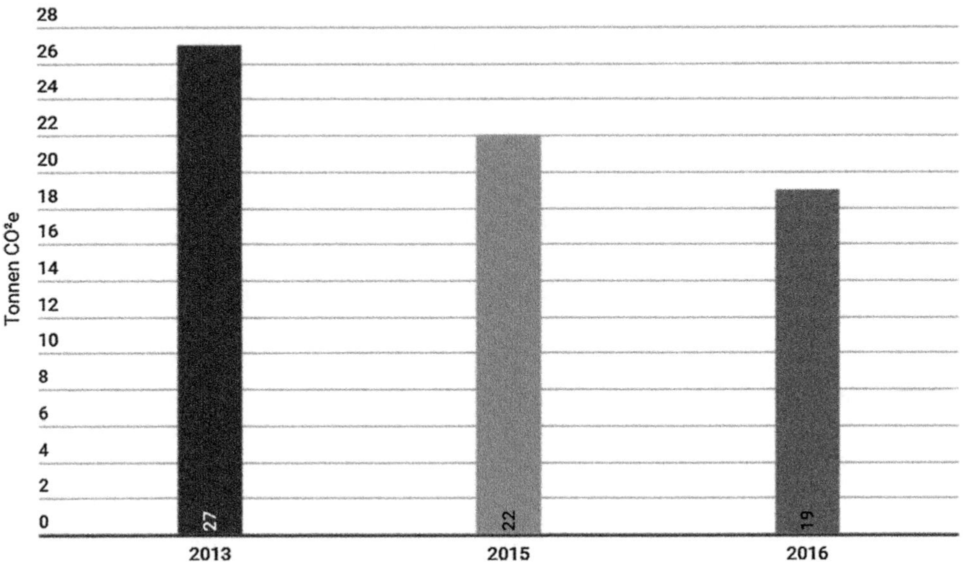

Abb. 38.5 VAUDE Emissionen pro Tonne fertiger Produkte

Die familienfreundliche und gesundheitsfördernde Ausrichtung bringt für VAUDE als Arbeitgeber einige Herausforderungen mit sich. Zum einen führt die hohe Teilzeitquote und die große Anzahl Elternzeitler zu höheren Personalkosten und zum anderen erhöht sich dadurch auch unser Organisationsaufwand. Um diesen Herausforderungen zu begegnen, beschäftigen wir uns intensiv mit Themen wie selbstwirksame Organisation, Job-Sharing und anderen innovativen Arbeitsmodellen.

38.4.2 Transparente, faire und saubere Lieferkette

Im Outdoormarkt existiert bis heute kein einheitliches und über Ländergrenzen hinweg gültiges Bewertungssystem oder „Zertifikat", das Richtlinien für nachhaltige Produkte vorgibt. Deshalb haben wir ein eigenes Bewertungssystem für VAUDE-Produkte erarbeitet: Green Shape. Das Konzept umfasst den gesamten Produktlebenszyklus – vom Design, der Produktentwicklung über die Produktion bis hin zur Produktpflege und der Verwertbarkeit nach Ablauf der Nutzungsphase. Wir stellen dabei nicht nur an die verwendeten Hauptmaterialien, sondern auch an die Produktionsstätten hohe ökologische Anforderungen. Zudem müssen alle Zusatzkomponenten, wie z. B. Fäden, Reißverschlüsse und Drucke die strengen Green-Shape-Kriterien erfüllen (Abb. 38.6).

Bestehende externe Standards, wie z. B. die Fair Wear Foundation und das bluesign® system, sind wesentliche Bestandteile unserer Green-Shape-Kriterien. Das bluesign® system ist der weltweit strengste Umweltstandard für textile Produkte.

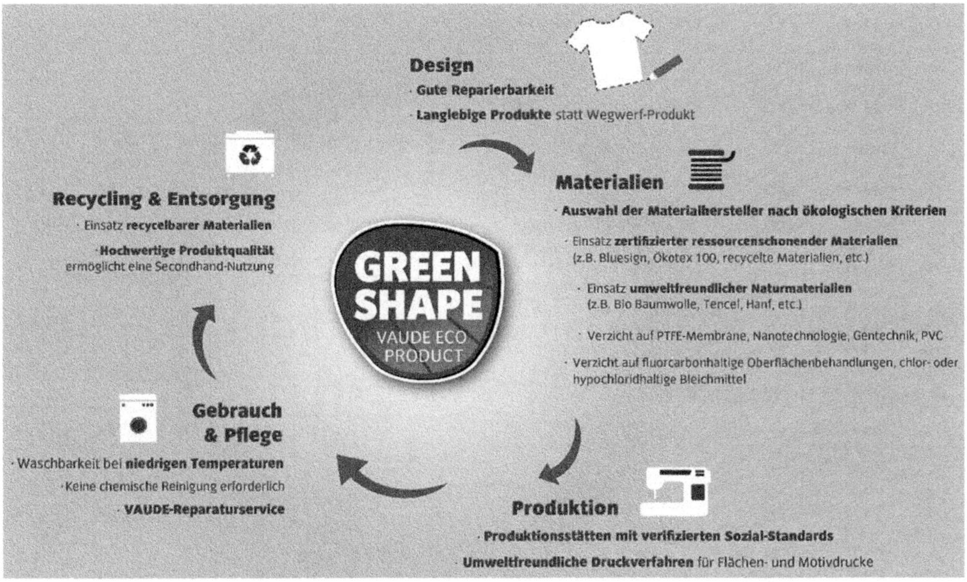

Abb. 38.6 Die VAUDE Green-Shape-Kriterien

Durch konsequente Arbeit haben wir es geschafft, dass 94 % unserer Bekleidungskollektion für Sommer 2018 den strengen Green-Shape-Kriterien entsprechen. Besonders herausfordernd ist es für uns, den Kreislauf des Produktlebenszyklus komplett zu schließen. Wir haben es uns deshalb zum Ziel gesetzt, eine kreislauffähige Produktentwicklung aktiv zu fördern, um Stoff- und Produktionskreisläufe zu verlangsamen und zu schließen. Das bedeutet zum einen, die Einsatzdauer unserer Produkte zu verlängern und zum anderen, gebrauchte VAUDE-Produkte nach der Nutzung wieder- und weiterzuverwenden – also als Rohstoffe wieder einzusetzen.

Wie bereits erläutert, hat VAUDE den Leader-Status der Fair Wear Foundation erreicht. Die FWF stellt in regelmäßigen Audits die Einhaltung des Code of Labour Practices (CoLP) bei unseren Produzenten sicher. Gibt es Abweichungen hinsichtlich des CoLP oder hinsichtlich der Gesetze werden diese in Korrekturmaßnahmenplänen festgehalten. Dieses Verfahren gibt uns die Sicherheit, dass in unserer Lieferkette faire Sozialstandards eingehalten werden (Abb. 38.7).

Seit mehreren Jahren unterstützt und schult VAUDE seine verarbeitenden Produzenten auch im Chemikalienmanagement. Ein Großteil unserer Materiallieferanten sind bluesign®-Systempartner und erreichen damit schon jetzt hohe Umweltstandards. Es ist uns aber bewusst, dass der Weg noch nicht zu Ende ist. Ein wichtiger nächster Schritt ist, noch tiefer in die Wertschöpfungskette einzusteigen: In Zusammenarbeit mit dem Bundesministerium für wirtschaftliche Zusammenarbeit und Entwicklung (BMZ) hat VAUDE 2015 deshalb das Projekt „Environmental Stewardship in the textile Supply

Abb. 38.7 Code of Labour Practices der Fair Wear Foundation. (Quelle: Fair Wear Foundation 2016)

Chain" ins Leben gerufen. Dieses „develoPPP.de"-Programm wird von der Deutschen Entwicklungsgesellschaft (DEG) gefördert.

Ziel ist die Sensibilisierung und Befähigung ausgewählter Materiallieferanten von VAUDE in den asiatischen Beschaffungsmärkten (z. B. Vietnam, China, Taiwan), sodass wir gemeinsam immer höhere Umweltstandards in unserer Lieferkette umsetzen können. Die teilnehmenden Lieferanten decken etwa 80 % unseres Materialbedarfs ab. Wir haben die Lieferanten individuell zu Themen wie Chemikalienmanagement, Wärmerückgewinnung, Abfall- und Abwassermanagement sowie Sozialstandards beraten und Verbesserungsansätze angeregt. Durch diese Maßnahmen wurden 550 t Abfall und 18 Mio. kWh eingespart. Das Projekt ist auf zwei Jahre angesetzt. Danach soll das Vorgehen auf die gesamte VAUDE-Lieferkette ausgeweitet und zusätzliche Beteiligte für eine Weiterentwicklung des Projekts gewonnen werden.

38.4.3 Im Dialog mit externen und internen Stakeholdern

Wir glauben daran, dass wir gemeinsam mehr bewegen und im konstruktiven Austausch mit anderen die beste Lösung für komplexe Herausforderungen finden können. Deshalb haben wir uns selbst die Prämisse gegeben, uns sowohl intern als auch extern mit allen relevanten Stakeholdern auszutauschen. Intern haben wir einen systematischen Dialog auf verschiedenen Ebenen und in verschiedenen Formaten aufgebaut. Ein Beispiel: Gemeinsam mit unseren Mitarbeitern entwickeln wir unsere Organisation weiter. Umstrukturierungen werden nicht Top-down, sondern unter Beteiligung der Betroffenen entwickelt und umgesetzt.

Bei bestimmten Anlässen oder aktuellen Themen suchen wir den Austausch mit unseren externen Stakeholdern, wie beispielsweise Greenpeace, anderen NGOs oder der Stadt Tettnang. Unsere Kunden, der Fachhandel, sind unser wichtigster Multiplikator und Sprachrohr zum Konsumenten. Mit dem Green-Shape-Campus haben wir ein interaktives Austauschformat mit Fachhändlern ins Leben gerufen. Die wesentlichen Anregungen daraus bilden Impulse für die Weiterentwicklung unserer Nachhaltigkeitsmaßnahmen. Um auch auf politischer Ebene das Thema Nachhaltigkeit voranzutreiben, engagieren wir uns in zahlreichen Initiativen. Wir teilen unsere Erfahrungen auf dem Weg, ein nachhaltiges Unternehmen zu werden und tragen so dazu bei, dass sich die politischen und gesellschaftlichen Umstände auch für andere Firmen dahin gehend verbessern.

38.5 Nachhaltig und wirtschaftlich erfolgreich

Oft bekommen wir die Frage gestellt: Lohnt sich eine nachhaltige Produktion wirtschaftlich gesehen überhaupt?

Auch VAUDE steht immer noch vor der Herausforderung, dass umweltfreundliche Materialien und faire Produktion in der Regel mit höheren Kosten verbunden sind als bei konventionellem Wirtschaften. Diese Kosten trägt der Hersteller und sie wirken sich auch auf den Marktpreis der Produkte aus. Die durch konventionell hergestellte Materialien und Produktion verursachten negativen ökologischen und sozialen Auswirkungen hingegen werden nicht vom Verursacher, sondern von den Arbeiternehmern durch geringe Löhne oder der Natur im Herstellungsland durch Abwässer und Verschmutzung getragen und sind nicht im Marktpreis berücksichtigt.

Um trotz höherer Mehrkosten marktfähig zu bleiben, müssen wir das Bewusstsein bei Kunden und Konsumenten für einen nachhaltigen Konsum wecken sowie transparent und glaubwürdig die Differenzierung unserer nachhaltigen Produkte zu konventionellen Alternativen darstellen. Das gelingt uns. VAUDE erzielt trotz der höheren Ausgaben stabile und gesunde Finanzkennzahlen. Besonders gut sichtbar wird der Erfolg an unserem Umsatzwachstum der letzten fünf Jahre, das weit über dem Wert des europäischen Outdoormarktes liegt. Zudem konnten wir unsere Eigenkapitalquote von 36 % in 2013 auf 48 % in 2016 erhöhen (VAUDE 2016). VAUDE beweist so durch seinen unternehmerischen Erfolg im ansonsten eher schwach wachsenden europäischen Outdoormarkt, dass eine nachhaltig innovative Ausrichtung auch ein wesentlicher wirtschaftlicher Erfolgsfaktor ist.

Aus unserer Sicht benötigen wir langfristig aber auch angepasste staatliche Rahmenbedingungen und Anreizsysteme, um nachhaltiges Wirtschaften in der Breite zu fördern.

Dazu zählen rechtliche Vorteile, wie beispielsweise Steuererleichterungen für nachhaltige Unternehmen. Zudem ist es sinnvoll, negative Auswirkungen ihrem Verursacher zuzuordnen, der dann für die Kosten aufkommt.

Literatur

Eigenstetter, M. (2016). Laudatio für VAUDE – Preisverleihung Preis für Unternehmensethik des Deutschen Netzwerks Unternehmensethik am 22.02.2016 in Mönchengladbach. http://www.dnwe.de/tl_files/Dateien/Preisverleihung%202016/Laudatio%20fuer%20VAUDE_fuer%20Veroeffentlichung_END.pdf.

Fair Wear Foundation. (2016). http://www.fairwear.org/.

Schneider, A. (2012). Reifegradmodell CSR – Eine Begriffsklärung und Abgrenzung. In A. Schneider & R. Schmidpeter (Hrsg.), *Corporate social responsibility. Verantwortungsvolle Unternehmensführung in Theorie und Praxis* (S. 17–38). Heidelberg: Springer.

VAUDE. (2016). Nachhaltigkeitsbericht. http://nachhaltigkeitsbericht.vaude.com/.

WWF. (2016). Ein Standard für waldbezogene Klimaschutzprojekte. http://www.wwf.de/themen-projekte/waelder/wald-und-klima/standards-fuer-schutzprojekte/.

Lisa Fiedler ist in der Stabstelle der Geschäftsführung für Unternehmensentwicklung tätig und Mitglied des Nachhaltigkeits-Teams bei VAUDE. Die VAUDE Sport GmbH & Co. KG entwickelt, produziert und vertreibt nachhaltige Outdoor-Ausrüstung: funktionelle Bekleidung für draußen, Rucksäcke und Taschen, Schlafsäcke, Zelte, Schuhe, Campingzubehör. Lisa Fiedler ist für die Strategieentwicklung und die Nachhaltigkeitsberichterstattung zuständig.

Sie hat Volks- und Betriebswirtschaft mit den Schwerpunkten Entwicklungsökonomik und nachhaltige Entwicklung an den Universitäten Bayreuth, Göttingen und Groningen studiert. Als Lehrbeauftragte an der Hochschule Ravensburg-Weingarten vermittelt Sie den Studierenden Grundlagen nachhaltigen Wirtschaftens. Darüber hinaus ist Sie Sprecherin der Agenda-Gruppe „Eine Welt" der Stadt Ravensburg und engagiert sie sich ehrenamtlich in der nachhaltigen und entwicklungspolitischen Bildungsarbeit.

39 Nachhaltigkeit aus dem Blickwinkel der Vielfalt am Beispiel von Weleda

Das Prinzip des Wirtschaftens zum Wohl von Mensch und Natur

Isabella Heidinger, Susi Lotz und Bettina Wyciok

39.1 Einleitung

39.1.1 Von der Gründung des Unternehmens Weleda

Weleda ist 1921 gegründet worden, um Arzneimittel und Kosmetika für die Gesundung des Menschen herzustellen. Gleichzeitig war das junge Unternehmen – den Namen Weleda erhielt es erst 1924 – Teil der Holding „Der Kommende Tag". Dieser Aktiengesellschaft „zur Förderung wirtschaftlicher und geistiger Werte" gehörten Wirtschaftsunternehmen und solche des Kulturlebens an. Angedacht war, dass sich die Unternehmen gegenseitig tragen sollten: Wirtschaftsunternehmen sollten nicht einseitig nach Profit streben, sondern auch zur Entwicklung des Kulturlebens beitragen. Außerdem entstand ein Bewusstsein für die Auswirkungen des Wirtschaftens in der Umwelt. Die Arzneipflanzen von Weleda wurden in Folge biologisch-dynamisch angebaut.

Die Gründer hatten eine Vision für die eine gesunde Balance von Ökonomie, Ökologie und sozialem Leben. Im Sinne dieser Vision nimmt Weleda auch heute ihre Verantwortung nicht nur für wirtschaftliche Prozesse wahr, sondern auch für die Natur und das gemeinschaftliche und faire Miteinander aller Beteiligten.

I. Heidinger (✉) · S. Lotz · B. Wyciok
Weleda AG, Schwäbisch Gmünd, Deutschland
E-Mail: iheidinger@weleda.de

S. Lotz
E-Mail: susilotz@posteo.de

B. Wyciok

M. Englert und A. Ternès (Hrsg.), *Nachhaltiges Management*,
https://doi.org/10.1007/978-3-662-57693-9_39

39.1.2 Das Unternehmen heute

Weleda ist heute die weltweit führende Herstellerin von zertifizierter Naturkosmetik und zählt zu den renommiertesten Anbietern von anthroposophischen Arzneimitteln. Zum Produktportfolio gehören mehr als 1000 Arzneimittel, eine Vielzahl von Manufakturherstellungen sowie 120 Naturkosmetika. Insgesamt 1000 Substanzen aus der Natur bilden seit Jahrzehnten die Grundlage der Produkte, die ganzheitlich zur Gesundheit, zum Wohlbefinden und zur Schönheit des Menschen beitragen.

Die Schweizer Aktiengesellschaft besteht aus ihrem Hauptsitz in Arlesheim in der Schweiz und der deutschen Niederlassung in Schwäbisch Gmünd. Daneben hält das Unternehmen 20 Gesellschaften in 17 Ländern. Für Entwicklung, Produktion und Vermarktung engagieren sich international rund 2400 Mitarbeitende. Weleda ist mit ihren Produkten in über 50 Ländern vertreten.

Das Menschenbild und das Naturverständnis von Weleda bestimmen die Identität als authentisches, werteorientiertes Unternehmen. Die Identifikation mit dieser Kultur und ein Erleben sinnvoller Gemeinschaft in der Organisation ist gerade vor dem Hintergrund des wachsenden Wettbewerbs ein zentrales Unterscheidungsmerkmal. Für ihr konsequentes Wirken in der Gesellschaft als Pionierin der Nachhaltigkeit erhielt Weleda den Deutschen Nachhaltigkeitspreis 2016 als Deutschlands nachhaltigste Marke.

39.1.3 Produktphilosophie

Der Gedanke der Wesensverwandtschaft des Menschen mit der Natur aufgrund der gemeinsamen Evolution ist bis heute grundlegend für die Produktphilosophie und für die Rezepturen von Weleda. Aufbauend auf dem Wissen um die Verbindung von Mensch und Natur werden natürliche, innovative Naturkosmetikprodukte komponiert und zukunftsweisende Therapien konzipiert. Sie zeichnen sich durch einen ganzheitlichen Ansatz aus. Die ganzheitliche, das heißt Körper, Seele und Geist umfassende Vorstellung vom Menschen führt zu einem erweiterten Verständnis von Natursubstanzen und deren Wirkungszusammenhängen – und damit zu einem erweiterten Qualitätsverständnis.

39.2 Nachhaltigkeit

„Eine Welt, in der Gesundheit und Schönheit von Mensch und Natur immer wieder neu entstehen." Dieser erste Satz der heutigen Unternehmensvision bringt die Erwartungen auf den Punkt, die im Zeichen einer nachhaltigen Entwicklung an ein Unternehmen gestellt werden. Davon inspiriert steht Weleda für wertorientiertes Wirtschaften und Produkte höchster Qualität – gemäß ihres Markenclaims „Im Einklang mit Mensch und Natur".

39.2.1 Zielbild zur Nachhaltigkeit

Im Jahr 2016 hat Weleda ein Zielbild (siehe Abb. 39.1) verabschiedet, das verantwortungsvolles und ethisches Handeln tief, breit und wirkungsvoll auf allen Unternehmensebenen verankert. Entscheidungsprozesse sind davon ebenso betroffen wie Produkt- und andere Leistungsebenen.

Das Zielbild knüpft an den Ursprung des Unternehmens an: Die Herstellung von nachhaltigen Produkten, die ganzheitlich zu Gesundheit, Schönheit und Wohlbefinden beitragen – hergestellt aus der Natur und im Einklang mit der Natur und den beteiligten Menschen. Dabei wird Nachhaltigkeit als ein Entwicklungsweg verstanden, den das gesamte Unternehmen und jeder Mitarbeitende geht und der sich auch in die Zukunft fortsetzt.

Nachhaltigkeit wird als strategische Initiative von der Geschäftsleitung verantwortet. Von dieser wurde auch der normative Rahmen beschlossen. Um die Wertschöpfungskette konsequent nachhaltig auszurichten, werden die Führungskräfte in die Inhalte und in die Umsetzung der Ziele eingebunden.

39.2.2 Nachhaltigkeitsprogramm

Um die Weleda Wertschöpfungskette nachvollziehbar abzubilden und das unternehmerische Handeln verständlicher darzustellen, wurde das Nachhaltigkeitsprogramm bis Anfang 2018 überarbeitet und konkretisiert. Es ist in sieben Handlungsfelder gegliedert und enthält SMARTe Ziele (SMART = Spezifisch-Messbar-Akzeptiert-Realistisch-Terminiert) bis 2022 für jedes Handlungsfeld (siehe Abb. 39.2).

Abb. 39.1 Weleda Zielbild zur Nachhaltigkeit

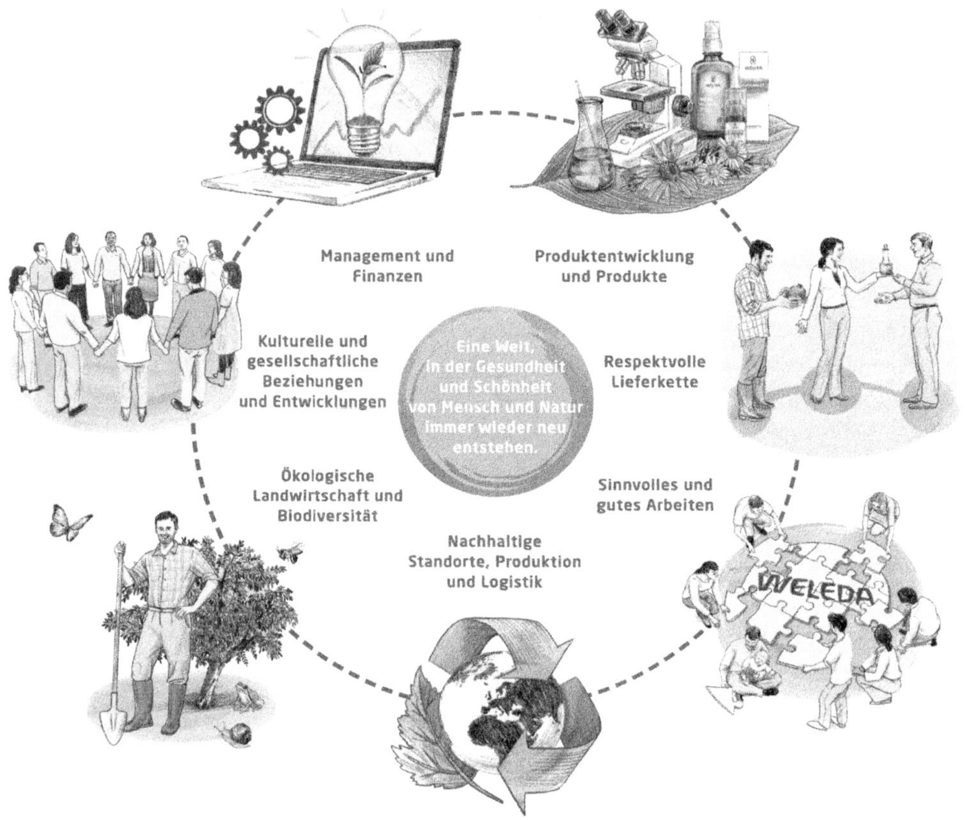

Abb. 39.2 Weleda Wertschöpfungskette

39.2.3 Handlungsfelder

Aus der Weleda Nachhaltigkeitsblume wurden inhaltlich zusammenhängende Handlungsfelder abgeleitet. Im Zentrum steht weiterhin die Unternehmensvision: einen Beitrag zu leisten für eine Welt, in der Gesundheit und Schönheit von Mensch und Natur immer wieder neu entstehen. Die sieben Handlungsfelder entsprechen den wesentlichen Nachhaltigkeitsthemen von Weleda. In allen Bereichen sind die Aktivitäten darauf ausgerichtet, sozial verantwortlich, ökologisch verträglich und wirtschaftlich erfolgreich zu sein.

Schon heute generiert das Unternehmen einen positiven gesellschaftlichen Mehrwert, der auch weiterhin aktiv ausgebaut wird. Hierzu zählen langjährige Anbaupartnerschaften und die gleichzeitige systematische Ausgestaltung aller Rohstofflieferketten nach ökologischen und sozialen Kriterien. Weitere Beispiele sind der Umgang mit Mitarbeitenden sowie gesellschaftspolitische Themen.

39.2.4 Commitments

Den Handlungsfeldern sind Commitments zugeordnet. Es sind Initiativen und Leistungen beziehungsweise Selbstverpflichtungen und Bekenntnisse hinsichtlich des unternehmerischen Handelns. Ergänzend zu den Commitments wurden neue zentrale Ziele definiert, welche die Weleda Vision kraftvoll unterstützen und einen Beitrag zur nachhaltigen Entwicklung der Gesellschaft leisten sollen. Diese Ziele beziehen sich auf alle Dimensionen der Nachhaltigkeit (Ökologie, Ökonomie, Soziales, Kultur).

Sehr viel stärker als früher haben äußere Faktoren und gesellschaftspolitische Entwicklungen Einfluss auf Weleda und erweitern damit die Perspektive der Zielsetzungen. Als Beispiele seien die Ziele der Vereinten Nationen für eine nachhaltige Entwicklung (UN Sustainable Development Goals), aber auch die Folgen der vom Menschen verursachten globalen Erwärmung und des damit zusammenhängenden Klimawandels und instabile politische Verhältnisse genannt. Das Thema Nachhaltigkeit gehört mittlerweile zur gesellschaftspolitischen Diskussion und wird zur Selbstverständlichkeit für Unternehmen aller Branchen und Größen.

39.3 Vielfalt von Weleda in diversen Bereichen

Diversität ist für Weleda mehr als ein Managementkonzept. Seit fast hundert Jahren ist sie der Kern des Unternehmens. Biodiversität ist das Fundament des Unternehmens: ohne Biodiversität gäbe es keine Weleda-Produkte. Denn für die Produktion der Arzneimittel und Naturkosmetikprodukte werden über 1000 natürliche Rohstoffe benötigt. Das Unternehmen fördert und erhält die biologische Vielfalt und Ökosystemleistungen seit der Gründung 1921.

Vielfalt im Sozialen bedeutet, dass die Unterschiedlichkeit der Mitarbeitenden als Chance und Ressource für die Gemeinschaft und für den gemeinsamen Erfolg verstanden werden. Die Weleda-Vision ist eine tolerante und wertschätzende Unternehmenskultur, in der Vielfalt als inspirierende Kraft wirken kann.

Weleda fördert darüber hinaus die medizinische Therapievielfalt, indem sie dazu beiträgt, die anthroposophische Medizin als Eckpfeiler der integrativen Medizin zu erhalten und weiterzuentwickeln. Die Entwicklung eines bedarfsgerechten Sortiments und die Einflussnahme in die Politik sind für die Zukunftsfähigkeit der anthroposophischen Medizin wesentlich.

39.3.1 Vielfalt in der Produktherstellung

Die Weleda AG bietet mehr als 1000 Arzneimittel auf anthroposophischer Grundlage an. Darunter befinden sich viele homöopathische und naturheilkundliche Präparate, wie auch sogenannte Kompositionen, die aus Substanzen der drei Naturreiche – Pflanzenreich,

Tierreich, Mineralienreich – hergestellt werden. Außerdem produziert und vertreibt das Unternehmen 120 Naturkosmetikprodukte.

Zur Rohstoffgewinnung werden eigene Heilpflanzengärten unterhalten. Zum Unternehmen gehören eine Tinkturenherstellung sowie die Weiterverarbeitung von Rohprodukten mithilfe von Wärmeprozessen oder Dynamisierung. Die Rohstoffe durchlaufen bis zum Endprodukt verschiedene Verarbeitungsprozesse, wie zum Beispiel das Schmelzen von Fetten, das Verseifen von Bienenwachs, Mischen und Rühren sowie das Homogenisieren und Rückkühlen der Substanzen. Duftkompositionen als integrativer Bestandteil der Pflegeproduktkonzepte werden im hauseigenen Duft-Kompetenzzentrum in Arlesheim entwickelt. Die Produkte werden in verschiedenen Darreichungsformen wie Tabletten, Salben, Globuli, Cremes, Lotionen oder Sirups vertrieben.

39.3.2 Vielfalt in der Ökologie

Der Beitrag von Weleda zur Vielfalt in der Ökologie ist sehr umfassend. Er reicht von der direkten Förderung der Biodiversität vor Ort bei der Rohstoffbeschaffung über die verschiedenen Managementsysteme zur durchgängig nachhaltigen Ausrichtung der Lieferketten bis hin zur Mitarbeit auf politischer Ebene.

39.3.2.1 Beitrag zur Biodiversität

Biodiversität und Rohstoffbeschaffung

Für Weleda sind die Rohstoffe und die biologische Vielfalt ein Kernthema des gesamten Geschäftsmodells. Mit der Erhöhung des Anteils von pflanzlichen Rohstoffen aus ökologischem Anbau ist auch der Schutz der biologischen Vielfalt verbunden. Zum einen erhöht sich durch die Düngung mit Kompost und organischen Materialien die Bodenfruchtbarkeit. Zum anderen ist der natürliche Pflanzenschutz mit organischen Zubereitungen und dem Einsatz von Nützlingen sehr naturverträglich. Insgesamt wirkt sich der biologische Anbau positiv auf die Biodiversität aus. Weleda fördert den weltweiten Bioanbau durch langfristige Kooperationen mit Rohstofflieferanten.

Rund 1000 natürliche Rohstoffe bilden seit Jahrzehnten die Grundlage für wirksame und qualitativ hochwertige Weleda-Arzneimittel und Naturkosmetikprodukte. Diesen Schatz zu bewahren und zu fördern, ist das Ziel der Rohstoffbeschaffung. Damit jeder Mitarbeitende nach diesem Grundsatz handeln kann, sind die Förderung und der Erhalt der Biodiversität im Unternehmen verankert. Im Jahr 2011 ist eine Biodiversitätsrichtlinie erarbeitet worden, die für alle Weleda-Gesellschaften gilt. Pflanzliche Rohstoffe werden nach Möglichkeit aus biologisch-dynamischem und kontrolliert biologischem Anbau oder aus nachhaltiger Wildsammlung bezogen. Die biologische Vielfalt soll aber nicht nur geschützt, sondern auch aktiv gefördert werden. Deshalb unterstützt Weleda beispielsweise die Kultivierung von Wildpflanzen und die Saatgutforschung.

Durch langfristige Kooperationen mit Rohstofflieferanten wird weltweit der ökologische Anbau gefördert. Im Gegensatz zur konventionellen erhöht sich bei der ökologischen Landwirtschaft durch Gründüngung, die Düngung mit Kompost und organischen Materialien, die Bodenfruchtbarkeit. Zum anderen können durch die Umstellung eine Erhöhung der Artenvielfalt und die Verbesserung der Grundwasserqualität erwartet werden. Zusammen mit dem Eigenanbau werden für die Erzeugung der strategischen Rohstoffe weltweit rund 248 Quadratkilometer biologisch und biologisch-dynamisch bewirtschaftet – inklusive der zertifizierten Wildsammlungsflächen.

Mehr als 80 % der pflanzlichen Rohstoffe stammen aus kontrolliert biologischem, biologisch-dynamischem Anbau und aus zertifizierter Wildsammlung. Dies sind insgesamt über 2000 t. Weleda zählt damit weltweit zu den größten Abnehmern von Biorohstoffen.

Weleda Heilpflanzengärten

Das Unternehmen bewirtschaftet weltweit sieben Heilpflanzengärten nach biologisch-dynamischer Anbauweise. Am Standort in Schwäbisch Gmünd befindet sich Europas größter Heilpflanzengarten. Auf 23 ha wachsen hier über 1000 Pflanzenarten, 120 Arten werden erntefrisch zu Tinkturen für Arzneimittel und Naturkosmetikprodukte weiterverarbeitet.

Die biologisch-dynamische Anbauweise setzt seit 1924 Maßstäbe für die ökologische Landwirtschaft. Sie dient als Grundlage für die nachhaltige und verantwortungsvolle Gewinnung von natürlichen Rohstoffen ohne Chemie und Gentechnik. Das gesamte Gelände der Heilpflanzengärten kann als lebendiger Organismus betrachtet werden, der sich durch eine große biologische Vielfalt auszeichnet.

Die Qualität der Böden wird durch biologisch-dynamische Präparate und eine durchdachte Fruchtfolge unterstützt. Das Ergebnis sind humusreiche und fruchtbare Böden wie auch gesunde und starke Pflanzen. Durch die naturschonende und biodiversitätsfördernde Bewirtschaftung gibt es keine Schadstoffeinträge, die Trinkwasserqualität ist hoch. Der Weleda Heilpflanzengarten in Schwäbisch Gmünd ist als UN-Dekade-Projekt der biologischen Vielfalt 2017 ausgezeichnet worden.

39.3.2.2 Managementsysteme

ISO 14001 und EMAS

Die Standorte Arlesheim und Schwäbisch Gmünd werden nach der internationalen Norm ISO 14001 zertifiziert und erfüllen zudem die Anforderungen der EMAS-Norm (Environmental Management and Audit Scheme, EU-Öko-Audit). Mit der Integration der ISO- und EMAS-Kriterien in das Umweltmanagementsystem wird die Leistung zum Schutz von Umwelt und Biodiversität systematisch verbessert und transparent dokumentiert. Die Einhaltung der Anforderungen wird jährlich von internen und externen Auditoren überprüft.

Weleda stellt hohe Anforderungen an ihre Partner und Lieferanten in Bezug auf den verantwortungsvollen Umgang mit Ressourcen. Auch im eigenen Unternehmen wird nachhaltiges Bewusstsein und Eigenverantwortung gefördert. Gemeinsam mit verschiedenen Abteilungen sind Ziele und Maßnahmen für ein bereichsspezifisches Umweltmanagement erarbeitet worden. Hieraus entstand 2014 ein für alle Mitarbeitenden verbindliches Umwelthandbuch mit Kriterien, die für die ISO-14001- und EMAS-Zertifizierungen jährlich überprüft werden. Das Handbuch ist seit Januar 2015 verbindlich und gilt zunächst für die Standorte in der Schweiz und in Deutschland. Es beschreibt konkrete Umweltauswirkungen einzelner Unternehmensbereiche.

Union for Ethical Biotrade

Mit dem Wachstum des Unternehmens ist auch das Netzwerk der Vorlieferanten für Rohstoffe größer geworden. In den 1980er-Jahren wurden die Rohstofflieferketten nachhaltig ausgerichtet. Ob soziale, technische oder ökologische Unterstützung erforderlich war, wurde individuell mit den Partnern in den Lieferketten definiert. Um diese Leistungen messbar und bewertbar zu machen, trat Weleda 2010 der Union for Ethical Biotrade (UEBT) bei. Die UEBT, ein Ableger des Übereinkommens über Biodiversität der Vereinten Nationen (Convention on Biological Diversity, CBD) und der Konferenz der Vereinten Nationen für Handel und Entwicklung (UN Conference on Trade and Development, UNCTAD), ist eine Non-Profit-Organisation und hat einen Standard für ethischen Handel mit natürlichen Ressourcen erarbeitet. Dieser Standard umfasst alle drei Säulen der Nachhaltigkeit. Er geht über bestehende Konventionen der Internationalen Arbeitsorganisation der Vereinten Nationen (ILO), über die Guidelines der Organisation für wirtschaftliche Zusammenarbeit und Entwicklung (OECD) und andere hinaus (siehe Abb. 39.3 Ethical Biotrade).

Seit 2011 ist Weleda Vollmitglied der UEBT und hat den Standard in allen Lieferketten für natürliche Rohstoffe bis zurück zum Ursprung der Pflanze umgesetzt. Bei über 1200 Lieferketten ist dies einzigartig und mit einem erheblichen Aufwand verbunden. Über die Mitgliedschaft wird zum Erhalt und zur nachhaltigen Nutzung der Biodiversität beigetragen. Außerdem werden sozioökonomische Praktiken entlang der Lieferketten gewährleistet sowie soziale Rahmenbedingungen bei der Rohstoffgewinnung eingehalten.

Der UEBT-Standard beinhaltet ein fortlaufendes Monitoring der Arten im Anbau beziehungsweise in der Wildsammlung, sodass erforderliche Maßnahmen zur Verbesserung oder Erhöhung der Biodiversität getroffen werden können.

Der Standard wurde als Managementsystem im Unternehmen implementiert, um frühzeitig Risiken zu erkennen und diesen gemeinsam mit den Partnern entgegenzuwirken. Seit 2015 hält Weleda den Vorsitz im Verwaltungsrat der UEBT.

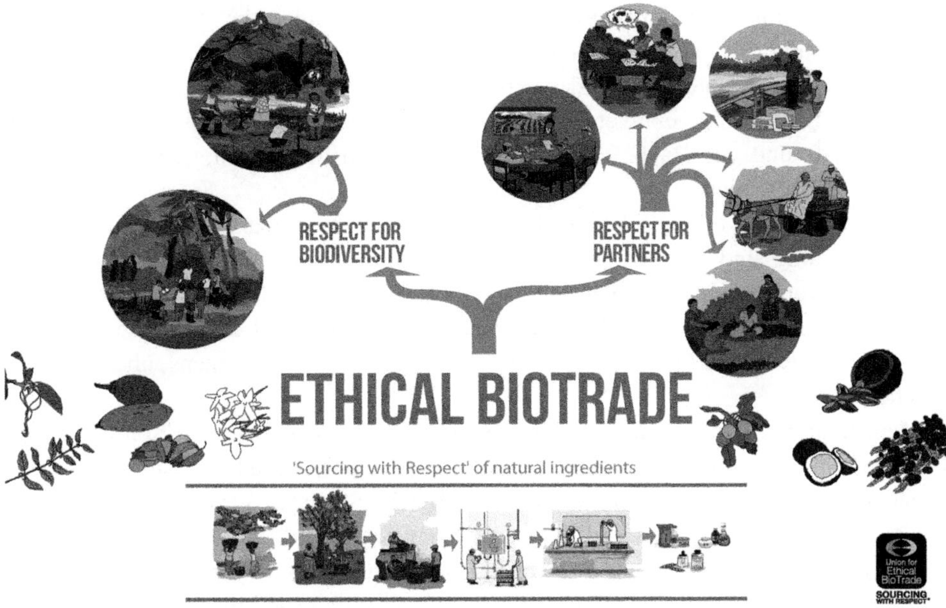

Abb. 39.3 Ethical Biotrade. (Quelle: Union for Ethical Biotrade)

39.3.2.3 Politisches Engagement und gesellschaftlicher Beitrag in der Ökologie

Im Zusammenschluss mit anderen Unternehmen versucht Weleda auch auf politischer Ebene Ziele voranzutreiben. Dieses Handeln geht über die eigenen Unternehmensinteressen hinaus – Weleda sieht darin eine gesellschaftspolitische Aufgabe.

Zum Beispiel setzt sich das Unternehmen aktiv in internationalen Organisationen für die biologische Vielfalt und den nachhaltigen Umgang mit natürlichen Ressourcen ein. Wenn immer mehr gut informierte Konsumenten bewusst hochwertige biologische Pflegeprodukte nutzen, leistet dies einen bedeutenden Beitrag zum weltweiten ökologischen Anbau, zum verantwortungsvollen Umgang mit der Natur und zum sozialen Fortschritt in den Anbauländern. Dieses ganzheitliche Verständnis von Gesundheit und Wachstum ist im Kern des Weleda Menschenbilds und der Unternehmensphilosophie verankert (siehe Abschn. 39.1.1 Von der Gründung des Unternehmens Weleda).

Biodiversity in Good Company

Als aktives Mitglied engagiert sich Weleda im Netzwerk „Biodiversity in Good Company“ (www.business-and-biodiversity.de). Die Organisation wurde 2008 an der UN-Vertragsstaatenkonferenz zur biologischen Vielfalt ins Leben gerufen und vom

Bundesumweltministerium mitinitiiert. Die Initiative bindet die Wirtschaft in den Natur- und Artenschutz ein. Mit der Unterzeichnung der Leadership Declaration folgen inzwischen weltweit Unternehmen der Forderung, Biodiversität als Teil des betrieblichen Managementsystems zu verankern. Die Bandbreite der Firmen reicht von Tourismus, Holzwirtschaft und der Baubranche bis zu Finanzdienstleistungen, Lebensmittelwirtschaft und Naturkosmetik.

Die Erhaltung der biologischen Vielfalt, die nachhaltige Nutzung sowie die gerechte Vorteilsaufteilung sind drei Hauptpunkte der UN-Konvention über die biologische Vielfalt (UN Convention on Biological Diversity, CBD), die Weleda anerkennt und bereits seit vielen Jahren fördert. Weleda ist Partner der Initiative und unterzeichnete bereits 2008 die Leadership-Erklärung zur Umsetzung des Übereinkommens über die biologische Vielfalt.

„Mainstreaming Biodiversity for Well-Being" war das Motto der 13. Konferenz zum Übereinkommen über die biologische Vielfalt. Im Dezember 2016 berieten sich im mexikanischen Cancún Vertreter aus 196 Staaten über Maßnahmen gegen den Verlust von Tier- und Pflanzenarten. Vor dem Beginn der Konferenz wurden weltweit Unternehmen dazu aufgerufen, die sogenannte „Business and Biodiversity Pledge" zu unterstützen. Weleda hat diese Erklärung unterzeichnet. Sie fordert zur nachhaltigen Nutzung der Biodiversität und von Ökosystemdienstleistungen auf und weist auf die Dringlichkeit des Artenschutzes hin.

Forum Nachhaltiges Palmöl

Als eine der ersten Firmen ist Weleda zu zertifiziertem Palmöl aus nachhaltigem, kontrolliert-biologischem Anbau gewechselt, mit fairen Arbeitsbedingungen und einer garantierten Rückverfolgbarkeit. Für viele Produkte werden Emulgatoren und Tenside natürlichen Ursprungs benötigt. Diese basieren oft auf Derivaten aus Palmöl oder Palmkernöl. Die mangelnde Transparenz auf dem Markt für verarbeitete Palmrohstoffe bereitet allerdings Schwierigkeiten, denn hier findet entlang der Lieferketten oftmals keine Trennung von zertifizierten und konventionellen Ausgangsstoffen statt.

Interne Regeln für den Einkauf verarbeiteter Rohstoffe haben zum Ziel, die Stoffe stufenweise besser zurückverfolgen zu können. Eine bloße Mitgliedschaft der Lieferanten beim Roundtable for Sustainable Palmoil (RSPO) ist bei Weitem nicht ausreichend. Als Minimum ist eine Zertifizierung der eingesetzten Rohstoffe nötig.

Um die Ziele politisch zu verankern, wird das Engagement auf internationaler Ebene fortgesetzt. Seit 2013 ist Weleda Mitglied im Forum Nachhaltiges Palmöl (FONAP) und seit 2015 direkt im Vorstand vertreten. Durch die Mitgliedschaft hat Weleda eine stärkere Stimme gegenüber Anbauländern, fordert Verbesserungen bei den Nachhaltigkeitskriterien des RSPO und arbeitet industrie- und organisationsübergreifend an besseren Verhältnissen für Mensch und Natur. Gemeinsam mit Vertretern unterschiedlicher Industrien, Nichtregierungsorganisationen und Zertifizierern nimmt das FONAP Einfluss auf die Situation in den Anbauländern.

39.3.3 Vielfalt im Sozialen

39.3.3.1 Menschenbild

Nach ihrem Leitbild versteht sich Weleda als Ort menschlicher Entwicklung an gemeinsamen Aufgaben. Es entspricht daher der Achtung vor dem Menschen, dass jeder in seinen Anliegen wahrgenommen wird. Im Berufsalltag bedient man sich zum Beispiel des Prinzips der dialogischen Führung als Grundlage einer gesunden Kultur des Gesprächs und der Zusammenarbeit. Das Ziel: Alle sollen in ihrem Aufgabengebiet zu Urteils- und Entscheidungsprozessen beitragen können. Durch den dialogischen Prozess von Begegnung, Transparenz, Beratung und Entscheidung entstehen kreative Freiräume für die Entwicklung der Mitarbeitenden und des Unternehmens. Die dazu nötige soziale und personale Kompetenz entwickeln Führungskräfte und Mitarbeitende in praxisorientierten unternehmensinternen Seminaren der Weleda-Akademie Personalentwicklung weiter.

39.3.3.2 Mitarbeitende

Weleda ist in zahlreichen Ländern und Märkten der Welt vertreten. Die internationale Unternehmensgruppe betrachtet kulturelle Vielfalt als inspirierende Kraft. Auch Studien belegen: Vielfältige Teams haben eine starke Innovationskraft. Sie bringen neue Perspektiven sowie unkonventionelle Blickwinkel ein und sind aufgrund ihrer Vielfalt resistenter gegen Krisen. Voraussetzung für Vielfalt ist Toleranz und Interesse für die Unterschiedlichkeit der Menschen und Aufgaben.

Um diese Vielfalt konsequent zu fördern, gibt es seit 2010 eine Abteilung für Diversitätsmanagement mit den Handlungsfeldern Lebenszyklen, Kulturen, Gender und Gesundheit. Das Motto: Das Leben meistern in seiner ganzen Vielfalt. Im Jahr 2011 folgte die Unterzeichnung der „Charta der Vielfalt", einer Selbstverpflichtung von rund 2400 deutschen Unternehmen zu Chancengleichheit und einem wertschätzenden Arbeitsumfeld. Der größte Nutzen aus Sicht der beteiligten Unternehmen – so eine Bestandsaufnahme im Herbst 2016 – seien Offenheit und Lernfähigkeit, was sich positiv auf die Zukunftsfähigkeit der Unternehmen auswirke.

Personalentwicklung und Ausbildung

Großen Wert legt das Unternehmen auf Handlungs- und Sozialkompetenz sowie Selbstverantwortung in der Leistungsgemeinschaft. Für die berufliche und persönliche Fort- und Weiterbildung bietet die Weleda Akademie ein vielfältiges Seminarprogramm zur Persönlichkeitsentwicklung und zu anthroposophischen Themen. Ergänzt werden die Angebote durch interne Coachings für Führungskräfte und Mitarbeitende. Programme, wie zum Beispiel das verbindliche Führungskräfteprogramm „Führung im Fokus" und Hospitationstage zum Einblick in andere Abteilungen, runden die ganzheitliche Personalentwicklung ab.

Das Thema Ausbildung ist von hoher strategischer Relevanz. Das Unternehmen sichert so den eigenen Fachkräftebedarf und nutzt die Chance, hoch qualifizierte, engagierte sowie werteorientierte junge Menschen mit interessanten Berufsperspektiven zu begeistern. Ein Ausbildungscurriculum mit Formaten, wie Juniorfirma und interkulturelles Lernen, begleitet Lernende durch die Ausbildungszeit. Es unterstützt sie dabei, Eigenverantwortung zu übernehmen und den eigenen Horizont zu erweitern.

Kultur und Identität

In unserer heutigen Gesellschaft suchen immer mehr Menschen nach Sinn – auch in ihrem Berufsleben. Dabei ist die Kultur eines Unternehmens bei der Wahl eines Wunscharbeitgebers entscheidender denn je. Bei Weleda steht der Mensch mit seinem Beitrag sowie mit seinen Bedürfnissen und Talenten im Mittelpunkt. Kultur und Identität sind in der Unternehmensphilosophie täglich gelebte Werte. Zur Pflege und Weiterentwicklung der Weleda-Wertesubstanz wurde 2012 die Abteilung Kultur & Identität geschaffen.

Rund um den Globus erreicht Weleda immer mehr Menschen mit ihren Dienstleistungen und Produkten. Die Kunden sehen in Weleda ein glaubwürdiges und authentisches Unternehmen mit bester Produktqualität und einer besonderen Unternehmensphilosophie. Diese Werte schätzen und leben auch die Mitarbeitenden, die mit einem umfangreichen Angebot an Werkstätten, Seminaren und Workshops gefördert werden. Beispielsweise werden neue Mitarbeitende in der Schweiz und in Deutschland in einem zweitägigen Einführungsprogramm frühzeitig mit der Unternehmenskultur bekannt gemacht. Für ein noch tieferes Verständnis der Identität und Grundwerte wurde ein einzigartiges neuntägiges Curriculum entwickelt.

Auf Wunsch der Mitarbeitenden wurde außerdem eine Identitätswerkstatt gegründet. Einmal im Monat können sie sich an den Standorten Arlesheim und Schwäbisch Gmünd interaktiv im Gespräch mit einem relevanten und identitätsbildenden Thema auseinandersetzen. Einen weiteren offenen Raum bieten die Dialog-Werkstätten. In Arlesheim und Schwäbisch Gmünd haben Mitarbeitende die Möglichkeit, sich mit der Geschäftsführung auch über kritische Themen auszutauschen sowie ein gemeinsames Problemverständnis und Lösungsideen zu entwickeln.

Angebote zur Lebensbalance

Oftmals ist es eine Herausforderung, den Ansprüchen des Arbeits- und Familienlebens gerecht zu werden. Mitarbeitende haben vielleicht betreuungsbedürftige Eltern oder ein krankes Kind zu Hause, die neben der Arbeit umsorgt werden wollen. Wer die Balance halten kann, meistert sein Leben leichter. Achtsamkeit ist Weleda ein wichtiges Anliegen, auch wenn es um die Vereinbarkeit von Beruf und Privatleben geht. Um die Mitarbeitenden dabei zu unterstützen, wurde das Angebot des Diversitätsmanagements kontinuierlich über die Jahre ausgebaut. Neben dem Weleda Generationen-Netzwerk zur Unterstützung in besonderen Lebenslagen und dem Programm „WE CARE – Beruf und Betreuung vereinbaren“ werden inzwischen Programme zur Förderung der individuellen Resilienz wie Eurythmie, Yoga und Lauftreffs angeboten.

Zudem gibt ein jährlich stattfindender Gesundheitsmarktplatz Anregungen rund um das Thema Gesundheit. In das Seminarangebot der Weleda-Akademie wurden die

Themen „Achtsame (Selbst-)Führung“ und „Wertschätzende Kommunikation“ aufgenommen.

Beruf und Familie
Weleda ist bekannt für ihre offene familienbewusste Unternehmenskultur. Flexible Arbeitszeiten, ein Eltern-Kind-Zimmer und Angebote zur Kinderbetreuung, teilweise in eigenen Waldorf-Kindertagesstätten, erleichtern die Vereinbarkeit von Beruf und Familie. Es gibt Unterstützung für Mütter und Väter in Mutterschutz und Elternzeit sowie Teilzeitangebote für ältere Mitarbeitende. Im Jahr 2016 hat das Unternehmen das Zertifikat „audit berufundfamilie“ zum fünften Mal erhalten, das von der berufundfamilie Service GmbH (www.berufundfamilie.de) vergeben wird. Die Institution begleitet Unternehmen bei der Umsetzung einer familien- und lebensphasenbewussten Personalpolitik.

39.3.3.3 Lieferanten
Natürliche Rohstoffe und wertvolle Heilpflanzen werden von Lieferanten rund um den Globus bezogen. Durch verschiedene Initiativen werden die Lebensbedingungen der lokalen Bauern und Pflanzensammler verbessert und auch die Biodiversität in den Herkunftsregionen gefördert. Dazu arbeitet Weleda eng mit Nichtregierungsorganisationen zusammen.

Derzeit gibt es weltweit über 50 Kooperationen für den biologischen Anbau und die Wildsammlung von Rohstoffen. Der soziale Qualitätsanspruch erstreckt sich auf die gesamte Entstehungs- und Wertschöpfungskette der Weleda-Produkte. Deshalb werden die zahlreichen Kleinbauern und Rohstoffproduzenten, insbesondere in Entwicklungs- und Schwellenländern, unterstützt – teils in Zusammenarbeit mit Lieferanten und Händlern, teils auch direkt. Es ist ein zentrales Anliegen, den Menschen, die für das Unternehmen tätig sind, ein geregeltes Einkommen zu sichern und einen aktiven Beitrag zur Verbesserung ihrer Lebensbedingungen zu leisten. Hierfür werden langfristige Partnerschaften entwickelt. Nach Möglichkeit werden Abnahmemengen und Mindestpreise gegenseitig vereinbart. Die Preise richten sich dabei nicht nur nach dem Weltmarkt, sondern vor allem nach den realen Entstehungskosten.

Anhand des UEBT-Standards (siehe Abschn. 39.3.2.2 Union for Ethical Biotrade) wurde ein Management- und Monitoringsystem implementiert. Dieses stellt entlang der Lieferketten faire Bezahlungen sicher und gewährleistet, dass die Menschen- und Arbeitsrechte eingehalten werden. Gleiches gilt für die Ernährungssicherung. Schwachstellen können erkannt und gemeinsam mit den Partnern verbessert werden. Weleda ist das einzige UEBT-Mitglied, das die kompletten Rohstofflieferketten unter diesen Standard stellt. Für diese Leistung wurde das Unternehmen 2016 mit dem Swiss Ethics Award und 2017 mit dem CSR-Preis der deutschen Bundesregierung für verantwortungsvolles Lieferkettenmanagement ausgezeichnet.

Darüber hinaus fördert und fordert Weleda im Zuge ihrer Rohstoffbeschaffung soziale Projekte in verschiedenen Ländern, durch die sichere Arbeitsplätze, regelmäßige Einkommen, partnerschaftliches Miteinander und Vertrauen entstehen. Nur auf diesem Weg kann ein wirksamer und glaubwürdiger Beitrag zur lokalen Stabilität und globalen Entwicklung entstehen.

39.3.3.4 Politisches Engagement und gesellschaftlicher Beitrag im Sozialen

Weleda trennt nicht zwischen Innen und Außen: Mitarbeitende, Lieferanten, Partner in Anbauprojekten, Verwender und Kunden sowie gesellschaftliche Entwicklungen bilden ein großes Ganzes. Mit der Unterzeichnung der Integrationsinitiative „Wir zusammen" hat Weleda 2016 dazu auch politisch Stellung bezogen – in einer Zeit, in der Verbundenheit angesichts von Aus- und Abgrenzung vielerorts immer wichtiger wird. Konkret übernimmt das Unternehmen soziale Verantwortung in dieser Frage und hat Ende 2015 das Programm „Vielfalt gewinnt! Weleda schafft Perspektiven für Menschen mit Fluchterfahrung" gestartet.

Das Programm hat die vier Bausteine Beschäftigung, Engagement & Begegnung, Bewusstseinsbildung sowie Kommunikation & Kooperation. Die Finanzierung für das gesamte Programm wird durch die Weleda AG getragen. Die Finanzierung schließt auch die Koordination durch eine Person und das Ehrenamtsprojekt „Gemeinsam Gärtnern" ein.

Gemeinsam Gärtnern

Im Frühjahr 2016 haben sich erstmals Mitarbeitende und Menschen mit Fluchterfahrung zum „Gemeinsamen Gärtnern" auf einem Feld neben dem Weleda-Heilpflanzengarten in Schwäbisch Gmünd zusammengefunden. Eine bunte Gruppe mit damals 27 Menschen aus 5 Nationen, geboren in 6 unterschiedlichen Jahrzehnten, mit und ohne Gartenerfahrung, vom ausgebildetem Landwirt bis zu Menschen, die zum ersten Mal gärtnern. Im Zentrum dieses Projekts stehen das Miteinander und die Begegnung von Mitarbeitenden und geflüchteten Menschen, indem sie gemeinsam einen Garten erschaffen. So entsteht ein Raum für den interkulturellen Austausch und für das gemeinsame Lernen. Das Ziel: Einen wahrnehmbaren Beitrag für eine vielfältige und zukunftsfähige Gesellschaft zu schaffen, in und am Beispiel der Natur.

Durch das praktische Tun im Garten, der in das Gelände des Heilpflanzengartens eingebettet ist, wird die Natur in ihrer Vielfalt erfahr-, erleb- und begreifbar. Nicht nur für geflüchtete Menschen ist das Arbeiten an der frischen Luft, auf einem Stück Erde und mit Aussicht auf eine gute Ernte beglückend und heilsam.

Ehrenamtliches Engagement

Mit großem Engagement gestalten Mitarbeitende das interkulturelle Miteinander bei Weleda in der Schweiz und in Deutschland. Für die Begegnung mit geflüchteten Menschen entstanden in internen Dialogforen Anfang 2016 viele Ideen. Das Unternehmen bietet den notwendigen Raum zur interkulturellen Begegnung und unterstützt das ehrenamtliche Engagement. In Arlesheim und Schwäbisch Gmünd gründeten Kollegen Initiativkreise auf ehrenamtlicher Basis. Sprachtandems mit geflüchteten Menschen, eine Filmreihe zum

Thema Flucht sowie Kleidersammelaktionen entstanden aus diesen Initiativen. Regelmäßige Vorträge für die Mitarbeitenden innerhalb der Arbeitszeit zum Thema „Kulturelle Vielfalt als inspirierende Kraft" trugen zu einem interkulturellen Verständnis bei.

Gesellschaftlicher Beitrag
Vielfalt fördert langfristig das lebendige und gesunde Miteinander. Weleda ist der Überzeugung, dass sie in der Region und darüber hinaus einen Beitrag zu einer vielfältigen und zukunftsfähigen Gesellschaft leistet. Gesellschaftliche Herausforderungen können aber nur im Brückenschlag zwischen den verschiedenen gesellschaftlichen Akteuren gemeistert werden, zusammen mit Wirtschaft, Wissenschaft, Politik, Kirchen und soziale Institutionen. Daher steht Weleda im engen Austausch mit anderen Unternehmen, Institutionen und Organisationen. Dieses Engagement hat große Beachtung gefunden.

39.3.4 Vielfalt erleben

39.3.4.1 Produkterlebnis
Seit Jahrtausenden ist es den Menschen ein Bedürfnis, ihren Körper zu pflegen: die Haut geschmeidig zu halten, das Haar zum Glänzen zu bringen. Während konventionelle Körperpflege häufig darauf fokussiert ist, der Haut zu geben, was ihr fehlt, verfolgt Weleda einen ganzheitlichen Ansatz. Körperpflege dient dabei nicht nur der Schönheit, sondern auch der Gesunderhaltung. Sie unterstützt die Balance zwischen Körper, Geist und Seele. Das erreichen Weleda-Produkte, indem sie die Vitalität der Haut fördern und die hauteigenen Prozesse aktivieren.

Das Pflegekonzept vereint die Eigenschaften natürlicher Wirkstoffe und stärkt die hauteigenen Kräfte. Jeder Pflegeserie ist eine Leitpflanze zugeordnet, welche zentrale Hautbedürfnisse auf ihre ureigene Weise erfüllt und der Serie einen speziellen Charakter verleiht: Die Iris spendet Feuchtigkeit, die Wildrose schenkt Harmonie und bewahrt die jugendliche Vitalität der Haut, der Granatapfel wirkt dynamisierend und antioxidativ, die Nachtkerze revitalisierend.

Der Duft gehört als integrativer Bestandteil zum Pflegekonzept. Aus anthroposophischer Sicht bringt die Pflanze mit ihrem Duft – genauso wie mit der Gestalt – ihr Wesen zum Ausdruck. Natürliche Düfte sind vielschichtig und komplex. Sie können einen tiefen, signifikanten und elementaren Einfluss auf die Gefühlswelt nehmen und auf eine ganzheitliche Art den Menschen berühren.

39.3.4.2 Weleda Erlebniszentrum
In das Gelände des Heilpflanzengartens in Schwäbisch Gmünd ist das Weleda-Erlebniszentrum integriert. Von hier aus können Besucher das vielfältige Gelände des Heilpflanzengartens erkunden und durch große Sichtfenster verschiedene Herstellungsprozesse der direkt benachbarten Tinkturenherstellung beobachten.

Jedes Jahr besuchen im Durchschnitt 25.000 Menschen den Heilpflanzengarten. Etwa 700 Führungen finden statt, die von Fachkundigen angeleitet werden. Besucher können die Weleda Philosophie hautnah erleben, den Artenreichtum des Gartens kennenlernen sowie Einblicke in die anthroposophische Medizin gewinnen. Das Erlebniszentrum bietet außerdem ein jährliches Erlebnis- und Veranstaltungsprogramm an mit abwechslungsreichen Workshops und Kinderprogrammen.

Zahlreiche Politiker besuchen den größten Heilpflanzengarten Europas (siehe Abschn. 39.3.2.1 Weleda Heilpflanzengärten), um sich von der Qualität des biologisch-dynamisch bewirtschafteten Areals zu überzeugen und einen tieferen Einblick in die Herstellungsprozesse des Unternehmens zu erhalten.

Einen Höhepunkt bildete die Landesgartenschau in Schwäbisch Gmünd im Jahr 2014. Ein vier Hektar großes Gelände am Erlebniszentrum wurde zusätzlich bespielt und von 98.000 Besuchern angesehen. Für diese Fläche wird derzeit ein pädagogisches Konzept entwickelt.

39.3.4.3 Veranstaltungen für Fachkunden

Für Ärzte, Heilpraktiker, Hebammen, Apotheken und Fachhändler konzipiert und organisiert die Weleda-Akademie Veranstaltungen. Themen sind Nachhaltigkeit, besondere Herstellverfahren und die Anthroposophie. Zusammen mit inspirierenden Referenten werden die Seminare zu einem Erlebnis, das Bestnoten in den Bewertungen erhält.

Darüber hinaus bietet die Weleda-Onlineakademie dem Fachpublikum ein umfangreiches Weiterbildungsangebot zu Arzneimitteln und Naturkosmetika an, inklusive der wichtigsten Themenfelder zu natürlicher Schönheit und Gesundheit. Diese Onlineschulungen und Seminarveranstaltungen sind ausschließlich Fachkreisen und Handelspartnern vorbehalten.

39.3.4.4 Weleda-Publikationen und weitere Medien

Stakeholder werden so transparent wie möglich informiert. Dazu werden verschiedene Kommunikationskanäle genutzt, die auf die Bedürfnisse der jeweiligen Zielgruppen zugeschnitten sind. Zu den Zielgruppen gehören beispielsweise Mitarbeitende, Aktionäre, Kunden und Verwender, Medien sowie Lieferanten und Partner.

Mitarbeitermagazine in verschiedenen Sprachen informieren zweimal jährlich über Wissenswertes zu den Standorten, Produkten, strategischen Themen und Mitarbeitenden. Dazu tritt derzeit ein weltweit ausgerolltes Intranet mit vielfältigen Funktionen zur Verbesserung der globalen Zusammenarbeit.

Als mediale Quellen für Information und Inspiration dienen die Weleda-Website wie auch der Weleda-YouTube-Kanal. Über die sozialen Medien tritt das Unternehmen mit neuen Verwendergruppen in den unmittelbaren Austausch.

Zeitschriften spielen in der Kundenkommunikation eine große Rolle. Mit den kostenlosen Weleda-Nachrichten werden viermal jährlich rund 750.000 Abonnenten in der Schweiz, in Deutschland und in Österreich erreicht. Ihr Schwerpunkt liegt auf Informationen rund die Produkte und deren Anwendung. In Deutschland, Österreich und der

Schweiz erscheint die Publikumszeitschrift Werde. Werde versteht sich als Gesellschaftsmagazin, das sich mit Themen rund um einen nachhaltigen, zeitgemäßen Lebensstil beschäftigt und dabei Fachwissen mit Ästhetik verbindet.

Einmal jährlich veröffentlicht das Unternehmen einen Geschäfts- und Nachhaltigkeitsbericht, der über die Entwicklungen im zurückliegenden Geschäftsjahr informiert. Seit 2012 wird ein integrierter Bericht publiziert, der über Ziele und Fortschritte in Ökonomie, Ökologie und Sozialem zusammen mit den Nachhaltigkeitskennzahlen berichtet. Der Geschäfts- und Nachhaltigkeitsbericht 2016 wurde dem Thema Vielfalt gewidmet.

Dr. Isabella Heidinger hat als Erziehungswissenschaftlerin 2008 zum sozialen Nachhaltigkeitsthema „Fürsorglichkeit als geschlechterübergreifende Ressource" promoviert und war nach Weiterbildungen in der Personal- und Organisationsentwicklung viele Jahre freiberuflich als Unternehmensberaterin mit dem Schwerpunkt „Nachhaltige Personal- und Organisationsentwicklung – diversitäts- und lebenszyklensensibel" tätig. Seit 2012 ist sie verantwortlich für das HR Competence Center der Weleda Gruppe. Berufliches wie privates Herzensanliegen ist die Förderung von Selbstverantwortung und individueller Entwicklung im gemeinsamen Wertschöpfungsprozess.

Susi Lotz hat sich als Diplom-Biologin in ihrer Diplomarbeit mit dem Thema Biodiversität auseinandergesetzt. Seit 1998 arbeitet sie als Redakteurin und Pressereferentin in der Biobranche. Von 2002 bis 2017 war sie als Corporate Communications Managerin bei dem Arzneimittel- und Naturkosmetikhersteller Weleda tätig. Zu ihrer Hauptaufgabe gehörte das Projektmanagement und die Redaktion des internationalen Geschäfts- und Nachhaltigkeitsbericht der Weleda Gruppe. Seit Januar 2018 ist Susi Lotz selbstständigselbständig für Text, Redaktion und Lektorat.

Bettina Wyciok ist Bankkauffrau, Diplom- Kauffrau und Diplom-Volkswirtin sowie Heilpraktikerin. Ihre Berufstätigkeiten führte sie durch verschiedene Aufgabengebiete und Unternehmen, während einiger Jahre auch in den USA. Seit Ende 2013 ist sie bei Weleda und seit Mitte 2015 als Leiterin Corporate Sustainability für die Weleda Gruppe tätig. Ihr persönliches wie berufliches Interesse gilt dem „guten Leben", nah am Menschen und im Einklang mit der Natur. Seit 2018 ist sie für die Primavera Life GmbH tätig.

Perspektivwechsel Nachhaltigkeit 40

Stefan Haver

In jedem Unternehmen sind geschäftliche Entscheidungen geprägt von bestehenden Strukturen, Prozessen und Zielsystemen. Die Organisation verrät viel über kulturelle Annahmen, über unternehmerische Prioritäten und gelebte Werte. Die Relevanz eines Themas zeigt sich in seiner strukturellen Verankerung. Das gilt auch für die Nachhaltigkeit und den Bedeutungswandel, den sowohl der Begriff als auch der entsprechende Managementansatz in den zurückliegenden Jahren durchlaufen haben. Dabei zeigt sich: Von einem anderen Standort aus betrachtet, ergeben sich zuweilen überraschende Perspektiven.

Als weltweit agierendes Spezialchemieunternehmen ist Nachhaltigkeit für Evonik ein wichtiges Thema. Zum einen, weil es Anspruch des Unternehmens ist, das Leben der Menschen durch innovative Produkte und Lösungen gesünder, komfortabler und nachhaltiger zu machen. Zum anderen, weil die drei operativen Geschäfte *Nutrition & Care, Resource Efficiency* und *Performance Materials* wesentliche Aspekte von Nachhaltigkeit nicht nur im Namen tragen, sondern auch in Umsatz und Ergebnis abbilden. Mehr als die Hälfte seines Geschäfts erzielt Evonik heute mit ressourcenschonenden Anwendungen.

Wer noch vor zwanzig Jahren an Nachhaltigkeit dachte, der sah in der Chemie vorzugsweise einen Teil des Problems. Heute akzeptieren immer mehr Menschen den unverzichtbaren Beitrag der Branche bei der Lösung drängender Zukunftsfragen. Das ist nicht Ergebnis intensiver PR-Arbeit, sondern Ausdruck eines tief greifenden Lernprozesses, der sich über diesen Zeitraum in den Unternehmen vollzogen hat. Da hat längst eine Entwicklung eingesetzt, die Nachhaltigkeit von den Rändern ins Zentrum der

S. Haver (✉)
Evonik Industries AG, Essen, Deutschland
E-Mail: stefan.haver@evonik.com

M. Englert und A. Ternès (Hrsg.), *Nachhaltiges Management*,
https://doi.org/10.1007/978-3-662-57693-9_40

Geschäftstätigkeit führt. Das Produkt heißt Zukunftsfähigkeit. Ziel ist, immer bessere Produkte auf Basis von immer geringerem Ressourceneinsatz zu ermöglichen.

Dieser Anspruch prägt heute auch die Organisation des Nachhaltigkeitsmanagements von Evonik. Noch bis vor wenigen Jahren war das eine Aufgabe innerhalb der USG-Funktion (Umwelt, Sicherheit, Gesundheit), ein Ansatz, der sich lange Zeit und branchenübergreifend bei vielen Unternehmen bewährt hatte. Der Schönheitsfehler dabei: Leitperspektive von USG ist – und muss sein – die Minimierung von Ereignisrisiken, sind Arbeits- und Anlagensicherheit, Verfahrensoptimierung und Prozessüberwachung. Das ist die starke Defensive, die es als notwendige Basis und als License to operate für den geschäftlichen Erfolg braucht. Diese Risikosicht ist aber nicht deckungsgleich mit den Qualitäten, die man sich für die offensiveren Mannschaftsteile wünscht – das Gespür für neue Chancen in der Erschließung von Zukunftsmärkten oder das Ausloten künftiger Kundenanforderungen und Wachstumspotenziale.

Vor diesem Hintergrund hat Evonik seiner USG-Funktion 2014 den Schwesterbereich Nachhaltigkeit zur Seite gestellt. Das war eine bewusste Entscheidung, um den Blick auf Chancen und Risiken der eigenen Unternehmenstätigkeit im Rahmen nachhaltiger Entwicklung weiter auszudifferenzieren.

In der organisatorischen Veränderung wird eine Entwicklung deutlich, die weit über die Grenzen des Unternehmens oder der Chemiebranche hinausgeht: Das Verständnis von Nachhaltigkeit ist nicht länger beschränkt auf die Bewertung und Eingrenzung ökologischer Risikofaktoren. Es geht heute mindestens ebenso sehr um die umfangreichen Chancen und Möglichkeiten, die sich aus einer balancierten Betrachtung ökologischer, ökonomischer und sozialer Einflussgrößen ergeben.

Im Folgenden wird gezeigt, welche Marktentwicklungen aus Sicht von Evonik hinter einem solchen Perspektivwechsel stehen und welchen Weg das Unternehmen eingeschlagen hat, um sein integriertes Nachhaltigkeitsmanagement weiter zu professionalisieren.

40.1 Vom limitierenden Faktor zum Wachstumstreiber

Zunächst bleibt festzustellen: Mit Nachhaltigkeit ist es so eine Sache. Je mehr darüber geredet wird, desto weniger scheint darüber gesagt. Allein die Annäherung an das Thema gleicht zuweilen dem Versuch, den Heiligen Geist selbst zu fassen zu kriegen. Die Gründe dafür liegen auf der Hand. Unser Verständnis von Nachhaltigkeit ist geprägt von moral-philosophischen Vorstellungen: Gut und Böse, Richtig oder Falsch, progressiv versus rückständig. Unstrittig hat ein solches digitales Denken maßgeblich dazu beigetragen, das Bewusstsein für die gesellschaftlichen Folgen unternehmerischen Handelns zu schärfen und die Kontrollfunktion öffentlicher Meinung zu stärken. Aber ist es auch hilfreich, die komplexe Vielfalt ökonomischer, ökologischer und sozialer Ziele in eine tragfähige Balance zu bringen? Die Frage ist brisant, neu ist sie gleichwohl nicht.

Wer sich davon selbst überzeugen möchte, dem seien Max Webers richtungsweisende Überlegungen zum Thema „Politik als Beruf“ aus dem Jahre 1919 zur erneuten Lektüre empfohlen.[1] Darin begründet Weber sein Verständnis einer grundsätzlichen Differenz von Gesinnungsethik einerseits und Verantwortungsethik andererseits. Kurz gesagt: Gesinnungsethisch handelt, wer dem Grundsatz folgt „Der Christ tut recht. Der Erfolg liegt in Gottes Hand“. Das ist quasi der Basta-Standpunkt moralischen Handelns. Unter Verantwortungsethik versteht Weber dagegen eine Haltung, die die Folgen des eigenen Tuns stets einkalkuliert und bereit ist, dafür einzustehen. Das schließt ein gerüttelt Maß an Pragmatismus, an Kompromissbereitschaft und den Verzicht auf exklusive Wahrheitsansprüche in der Regel mit ein.

Soweit, so gut, so schwierig. Denn in der Praxis erweist sich die festgestellte Differenz von Gesinnungs- und Verantwortungsethik gleich mehrfach als ein dickes Brett.

Da ist zum einen der Prozess öffentlicher Meinungsbildung, der nicht erst seit Social Media und „alternative facts“ dazu neigt, emotionale Gewissheiten höher zu veranschlagen als sachlich-nüchterne Analysen. Da ist weiterhin ein wachsendes Unbehagen, inwieweit die ökonomischen, ökologischen und sozialen Folgen individuellen Handelns überhaupt noch schlüssig kalkulierbar sind angesichts global vernetzter, hoch komplexer Marktprozesse – Stichwort Diffusion von Verantwortung.

Und da ist schließlich auch der unendlich ermüdende Kanon der zahllosen Leitbilder und Absichtserklärungen selbst, die alle auf der gleichen Welle funken: „Wir wollen … , wir werden … , wir müssen … “. Auf den ersten Blick scheint es, als leide die Idee der Nachhaltigkeit unter einem gewissen Übermaß an Gesinnung und einem mindestens ebenso großen Mangel an Handlungsrelevanz.

Konsequenz ist, dass Nachhaltigkeit allzu häufig als reine Verzichtslehre auftritt, als eine Liste all der Dinge und Praktiken, von denen es sich angesichts knapper Ressourcen und eines globalen Bevölkerungswachstums zu verabschieden gilt. Wachstum ist unter solchen Vorzeichen per se problematisch, jedes Eigeninteresse erscheint verdächtig, Fortschritt wird verengt auf Risikovermeidung, Kommunikation wird zur Rechtfertigungsstrategie: Hier sind Geschäft, Nutzengenerierung und Wertschöpfung. Da ist, was ein Unternehmen sonst noch so alles tut, um dem Anspruch als „good corporate citizen“ zu genügen: vom Brunnenbau in Zentralafrika bis zum Tag der offenen Tür in Oer-Erkenschwick. Alles gut und schön. Aber Zukunftsfähigkeit sieht dann doch anders aus.

Ein überraschend neuer Blick eröffnet sich, wo zur Abwechslung einmal auf jede Bittermäusigkeit verzichtet wird. Etwa wenn Michael Braungart die apokalyptischen Drohungen von Ressourcenknappheit und Bevölkerungswachstum mit dem Satz kommentiert: „Wir sind nicht zu viele, wir sind nur zu blöde“.[2] Sein Appell: Statt ein Schuldmanagement zu pflegen, das unsere bloße Existenz wie eine Zumutung für den Planeten erscheinen lässt, wäre es doch klüger, an Produkten zu arbeiten, die wir ohne schlechtes Gewissen konsumieren können. Was wäre, wenn wir nicht weniger vom Falschen, sondern mehr vom Richtigen täten? Wenn unser Abfall nicht weniger schädlich,

[1]Max Weber: Politik als Beruf, Anaconda Verlag, 2014.

[2]Rede von Prof. Michael Braungart in der IHK Lahn-Dill, März 2014.

sondern biologisch nützlich wäre? Wie also wäre eine Welt, die nicht effizient, sondern effektiv ist?

Das ist der Punkt, an dem alle Gesinnungsparolen verpuffen und verantwortliches Handeln von den Rändern unternehmerischen Handelns ins Zentrum von Innovation und Wertschöpfung rückt. Die gute Nachricht: Die Attraktivität eines solchen Denkens nimmt auf breiter Basis zu. Früher galt Nachhaltigkeit häufig als limitierender Faktor. Heute sehen darin immer mehr Unternehmen einen Wachstumstreiber. Es geht um Produkte und Lösungen, die helfen, das Leben für viele Menschen besser zu machen und deren Auswirkungen entlang der gesamten Wertschöpfungskette überprüfbar sind.

Die große Idee, die als Treiber hinter einer solchen Entwicklung steht, hat das World Business Council for Sustainable Development mit seiner Vision 2050 in schöner Klarheit beschrieben: „9 billion people living well, and within the limits of the planet."

Wohlgemerkt: Es geht um das *gute* Leben, nicht um ein bloßes Überleben. Der Weg zu diesem Ziel und die damit eng verbundene Umsetzung der 17 Nachhaltigkeitsziele der Vereinten Nationen ist nicht bloß eine moralische Verpflichtung. Dahinter stehen gleichsam attraktive Wachstumsmärkte wie *Affordable Housing, Ressource Recovery, Health and Nutrition, New Mobility* oder *Clean Energy,* um nur einige zu nennen. Das Marktpotenzial der 60 größten dieser Markttreiber veranschlagt eine Studie der Business & Sustainable Development Commission auf insgesamt rund 12 Billionen US$ im Jahr 2030.[3] Keine Frage: Es gibt einen Business Case für Nachhaltigkeit.

Ein guter und gänzlich unsentimentaler Indikator dafür sind auch die Entwicklungen an den internationalen Finanzmärkten. Lange schon ist das vormalige Nischenthema Socially Responsible Investments (SRI) im Mainstream angekommen. In Zahlen: 2012 lag das Gesamtanlagevolumen von SRI weltweit bei rund 13,3 Billionen US$. 2016 erreichte dieser Wert bereits 22,9 Billion US$. Das entspricht rund 26 % aller professionell gemanagten Assets weltweit.[4]

In einer seiner ersten Grundsatzreden als Generalsekretär der Vereinten Nationen hat António Guterres den Kritikern des Pariser Klimaabkommens eine eindringliche Warnung ins Stammbuch geschrieben. Vor Studierenden der New Yorker Stern Business School kommentierte er die gegenläufigen Entwicklungen in einzelnen Unterzeichnerstaaten betont gelassenen: „The sustainability train has left the station. Get on board or get left behind".[5] Es sieht aus, als sollte er Recht behalten. Die maßgeblichen Treiber nachhaltiger Entwicklung sind längst nicht mehr allein regulatorischer Art. Der Sog geht zunehmend von den Märkten selber aus. So kommt auch die jüngste CEO-Studie von

[3]The report of the Business & Sustainable Development Commission „Better Business Better World", 2017.

[4]Global Sustainable Investment Alliance (GSIA), Global Sustainable Investment Reviews 2014/2016.

[5]UN Secretary-General Antonio Guterres, Address on Climate Action at New York University Stern School of Business, 30 May 2017.

UN Global Compact und Accenture 2016 zu einem bemerkenswerten Ergebnis. Laut Befragung von mehr als 1000 CEOs in über 100 Ländern und mehr als 25 Branchen sehen 87 % der Topentscheider in den Nachhaltigkeitszielen der Vereinten Nationen eine Chance, bestehende Ansätze nachhaltiger Wertschöpfung zu überdenken.[6]

40.2 Neue Managementanforderungen

Veränderte Kundenanforderungen, ein regulatorisches Umfeld, das zunehmend die Berichterstattung nichtfinanzieller Kennzahlen in den Blick nimmt, nicht zuletzt das anhaltende Interesse einer breiten Öffentlichkeit – alles das trägt dazu bei, dass sich nicht alleine die Märkte verändern, auch die Anforderungen an ein zeitgemäßes Nachhaltigkeitsmanagement gehören auf den Prüfstand. Vier Aspekte sind dabei wesentlich.

Erstens die Messbarkeit von Nachhaltigkeitseffekten entlang der gesamten Wertschöpfungskette, einschließlich aller Lebensphasen eines Produktes von der Rohstoffquelle, über Produktion und Nutzungsphase bis hin zu Verwertung oder Wiederaufbereitung.

Zweitens die Sichtbarkeit und Vergleichbarkeit der Nachhaltigkeitsperformance im Rahmen von Ratings & Rankings.

Drittens die Integration des Nachhaltigkeitsmanagements in die Kernprozesse strategischer Führung und Unternehmensentwicklung.

Und **viertens** die Vernetzung von Know-how und Best-Practice-Erfahrungen im Unternehmen und über das Unternehmen hinaus.

Messbarkeit

Grundsätzlich ist es ganz einfach. Gutes Management beginnt bei einer zuverlässigen Bestandsaufnahme dessen, was ist. Oder anders: Nur was sich messen lässt, lässt sich auch managen. Ereigniskennzahlen zu Arbeits- und Anlagensicherheit, eine lückenlose Dokumentation von Emissionen und Abfällen, Wasserverbräuchen, Energie- und Stoffströmen – alles das gilt uns längst und völlig zurecht als selbstverständlich. Hierin liegt gerade auch für die chemische Industrie eine notwendige Grundbedingung, eine Managementverantwortung, die aus guten Gründen noch vor Umsatz und Gewinn kommt.

Was das Wissen um die ökologischen und sozialen Rahmenparameter laufender Produktionsprozesse anbelangt, ist in den zurückliegenden Jahrzehnten unendlich viel passiert. Ebenso richtig ist aber, dass die zunehmend differenzierte Bestandsaufnahme eines solchen „Fußabdrucks“ weiter ergänzt werden muss, um den „Handabdruck“, der sich aus der Nutzung der betreffenden Produkte und Lösungen im Alltag ergibt. Aber wonach bemessen sich vermiedene Emissionen, was ist ein zuverlässiger Indikator für

[6]Accenture: The UN Global Compact-Accenture Strategy CEO Study 2016.

Ressourcenschonung oder Effizienzgewinne im Alltag? Wie lassen sich ökologischer Nutzen oder sozialer Mehrwert schlüssig beziffern?

Spätestens hier wird deutlich: das Thema „Messbarkeit“ beginnt bei verbindlichen Standards, akzeptierten Vergleichsgrößen, einfach replizierbaren Verfahren und Methodiken. Erst auf dieser Grundlage ist es möglich, gesamthafte Kosten-Nutzen-Betrachtungen anzustellen, also etwa den CO_2-Fuß- und -Handabdruck eines Produktes in Verhältnis zueinander zu setzen. Das Ganze nennt sich dann *Life Cycle Management (LCM)* oder zu Deutsch *Lebenszyklusanalyse.*

Zur Umsetzung eines integrierten Nachhaltigkeitsmanagements bei Evonik gehört, dass das Unternehmen über die Jahre ein eigenes erfahrenes LCM-Team aufgebaut hat, das mit seinen Leistungen Zentralfunktionen und operative Einheiten unterstützt. Seit 2009 wurden insgesamt mehr als 300 solcher Projekte im Unternehmen durchgeführt. Darunter fallen neben klassischen Ökobilanzen, wie sie im Rahmen einer fortlaufenden Nachhaltigkeitsanalyse der Geschäfte betrieben werden, seit 2013 auch die Bewertung von Innovationsprojekten der strategischen Forschungseinheit von Evonik oder ein 2016 für die Verfahrenstechnik gestartetes Programm zur nachhaltigen Prozessoptimierung.

Im Ergebnis liegen mittlerweile Nachhaltigkeitsanalysen für rund 94 % des Konzernumsatzes von Evonik vor. Über 70 % des Umsatzes sind abgedeckt durch lebenszyklusbasierte Betrachtungen. Wissenschaftler von Evonik entwickelten außerdem eine Methode, den CO_2-Fußabdruck eines Produkts oder Verfahrens bereits in einem frühen Entwicklungsstadium abzuschätzen. Schrittweise wird der Ansatz auf weitere Umweltkennzahlen und soziale Indikatoren ausgeweitet.

In Anlehnung an Max Webers eingangs vorgestelltes Begriffsverständnis lässt sich bis hierher also feststellen: Der Übergang von Nachhaltigkeit als Gesinnungsarbeit zu gelebter Unternehmensverantwortung vollzieht sich, wo aus hehren Zielen und Ambitionen belastbare Kennzahlen und Steuerungsgrößen werden. Ohne dies ist ein integriertes Management von Nachhaltigkeit nicht zu haben. Mit entsprechender Messbarkeit aber erhalten Unternehmen eine breite Palette neuer Möglichkeiten an die Hand, das eigene Portfolio nicht allein unter Risikogesichtspunkten zu beherrschen, sondern auch in Richtung zusätzlicher profitabler Wachstumspotenziale zu entwickeln.

Sichtbarkeit

Die Messbarkeit von Effekten ist notwendiger Ausgangspunkt für alle weiteren Stufen systematischer Nachhaltigkeitsarbeit. Auf dieser Grundlage müssen Zahlen, Daten und Fakten zuverlässig eingeordnet, bewertet und interpretiert werden können. Die wesentlichen Ergebnisse sind in Beziehung zu setzen zur Performance vergleichbarer Unternehmen. Sichtbarkeit orientiert sich hier also nicht so sehr an der aus dem Marketing bekannten Formel *Tue Gutes und rede darüber.* In der Nachhaltigkeit wird eher leise und gedämpft gesprochen. Jede Form lauten Imponiergehabes erscheint suspekt oder setzt sich gar der Gefahr aus, als Greenwashing diskreditiert zu werden.

Das heißt nicht, mit der Kommunikation erzielter Leistungen und Fortschritte hinter dem Berg halten zu müssen. Wohl aber heißt es, den jeweiligen Nutzen sorgfältig zu objektivieren, transparent und vergleichbar zu machen. Die entsprechenden Anforderungen sind hoch und wachsen weiter stetig. Ein genauerer Blick auf die einschlägigen Ratings, Rankings und Indices macht das offenkundig. Was im einen Jahr noch ausreichte, um eine Topplatzierung im Spitzenfeld seiner Branche zu erzielen, mag im nächsten Jahr nur noch gutes Mittelmaß sein. Die Agenturen tun viel dafür, ihre Analyseraster einzustellen wie gut arbeitende Gegenstromanlagen: Wer auf der Stelle tritt, fällt zurück. Anlass zur Klage besteht gleichwohl nicht. Vielmehr werden so überhaupt erst die enormen Fortschritte sichtbar, die Unternehmen und ganze Branchen im Sinne nachhaltiger Entwicklung durchlaufen. Unzweifelhaft ist die Teilnahme an jedem einzelnen Assessment aber auch eine zeit- und ressourcenintensive Angelegenheit. Entsprechend wichtig ist die unternehmensindividuelle Prüfung, welche Ratings und Rankings ins Pflichtenheft gehören, welche zusätzlich wünschenswert sein mögen und welche außerhalb des eigenen strategischen Fokus liegen. Von hohem Stellenwert für Evonik als Lösungsanbieter rund um die Themen Effizienz und Ressourcenschonung sind etwa das Carbon Disclosure Project (CDP) oder der Dow Jones Sustainability Index.

Das CDP erhebt im Auftrag von Investoren weltweit Treibhausgasdaten von Unternehmen sowie Informationen zu Klimastrategien und deren Umsetzung. Die Organisation vertritt weltweite Investoren mit einem Anlagevermögen von mehr als 100 Billionen US$.[7] Beim sogenannten Climate Disclosure Score, der die Vollständigkeit der Berichterstattung abbildet, erzielte Evonik zuletzt 91 von 100 Punkten. Zum Vergleich: Im Durchschnitt erreichten die Teilnehmer aus Deutschland, Österreich und der Schweiz 69 Punkte. Mit dem Dow Jones Sustainability Index (DJSI) bewertet die Schweizer Agentur RobecoSAM jährlich die rund 2500 größten Unternehmen weltweit hinsichtlich ökonomischer, ökologischer und sozialer Leistungen. Im Jahr 2016 konnte sich Evonik aus dem Stand in der Spitzengruppe der nachhaltigsten Chemieunternehmen positionieren. Weitere wichtige Orientierungsmarken für Evonik sind Börsenindices für verantwortungsbewusstes Investment wie FTSE4Good oder STOXX ESG Leaders, die Bewertung durch Ratingagenturen wie Sustainalytics oder Oekom Research sowie die Teilnahme an renommierten internationalen Business Awards.

Seit dem Börsengang 2013 hat Evonik sich im Nachweis seiner Nachhaltigkeitsleistung kontinuierlich weiter verbessert. Das kommt nicht von ungefähr, schließlich gehen mit der Marktkapitalisierung immer auch höhere Sichtbarkeit und ein wachsendes öffentliches Interesse einher. Nicht zuletzt, weil eine entsprechende Betrachtung wichtige Rückschlüsse zulässt auf die Robustheit eines Portfolios, auf künftige Marktchancen und Risikoprofile. Ratingagenturen sorgen hier nicht nur für die notwendige Transparenz gegenüber unterschiedlichen Stakeholder-Gruppen, vielmehr stellen sie auch eine zuverlässige Vergleichbarkeit von Leistungen sicher. Und auch wenn eine gute Nachhaltigkeitsbewertung noch lange keine Gewähr für dauerhaft sprudelnde Unternehmensgewinne sein kann, so grenzt sie doch zumindest mögliche Risiken aus kurzfristigen

[7] Selbstauskunft unter www.cdp.net

Entscheidungshorizonten und langfristigen Reputationsschäden deutlich ein. Kurz: Eine gute Nachhaltigkeitsstrategie gilt zunehmend als Indiz für eine insgesamt solide Unternehmensführung.

Integration

Nachhaltigkeit ist eine Querschnittsaufgabe. Das sagt sich leicht dahin, tatsächlich aber steckt hinter dem Befund weit mehr als bloß die arbeitsteilige Zusammenarbeit zwischen Funktionen, Regionen und operativen Einheiten. Integriertes Nachhaltigkeitsmanagement bemisst sich heute mehr denn je am Kriterium der Materialität oder Wesentlichkeit. Zentrale Anforderung ist, Nachhaltigkeit durchgängig und stringent in sämtlichen Kernprozessen eines Unternehmens zu verankern: Von Governance und Compliance, über Strategie- und Managementprozesse, bis hin zu Mitarbeiterführung und Marktbearbeitung. Immer geht es darum, die Trias ökonomischer, ökologischer und sozialer Ziele herunterzubrechen auf die konkrete Umsetzung, auf Steuerungsinstrumente und Wertschöpfungsbeiträge.

Dieses Verständnis von Nachhaltigkeit unterscheidet sich grundlegend von dem, was noch vor einer Dekade Standard war in deutschen Unternehmen. Damals hieß *Corporate Social Responsibility (CSR)* vorzugsweise, die Verantwortlichkeit für Unternehmensreputation, für ökologische und soziale Pro-bono-Projekte in einer Funktion zu bündeln. Heute geht es darum, wesentliche Nachhaltigkeitsbeiträge einer Vielzahl von Akteuren im Unternehmen zu identifizieren, zu koordinieren und zu bilanzieren. Impact-Analysen geben Auskunft über die zu erwartenden natürlichen und sozialen Kosten und Erträge im Rahmen eines Investitionsprojektes, Incentivierungssysteme transponieren Umwelt- und gesellschaftliche Ziele auf die Ebene individuellen Verhaltens und Innovationsprozesse werden um Werkzeuge aus der Ökobilanzierung erweitert. Das bedeutet viel Komplexität. Um damit umzugehen, reicht es in großen Organisationen längst nicht mehr aus, die Aufgaben an eine einzelne Zentralfunktion zu delegieren. Die Integration muss organisatorisch an vielen Stellen im Unternehmensalltag greifen.

Evonik nutzt dazu ein Panel, in dem unter Vorsitz von Corporate Responsibility mindestens zweimal jährlich die Verantwortlichen wesentlicher Zentralbereiche wie Unternehmensentwicklung, Controlling oder Human Resources sowie Vertreter der operativen Einheiten und Regionen zusammenkommen. Hier wird über die Initiierung, den Fortschritt, aber auch die Beendigung wichtiger Nachhaltigkeitsprojekte im Unternehmen befunden, finden unterschiedliche Perspektiven und Interessenlagen in einem abgestimmten Vorgehen zusammen, werden Ziele, Ambitionsniveaus und Budgets erörtert.

Die Umsetzung eines integrierten Nachhaltigkeitsmanagements im Unternehmensalltag erfolgt in enger Zusammenarbeit des Zentralbereichs Corporate Responsibility mit CR-Partnern in den operativen Bereichen und entsprechenden Koordinatoren für die weltweiten Regionen. Die enge Verschränkung von Nachhaltigkeit und Marktbearbeitung ist auch in diesem Zusammenspiel strukturgebend: Die CR-Partner der Geschäftssegmente von Evonik sind in Personalunion verantwortlich für das Business

Development ihres jeweiligen Segments. So ist sichergestellt, dass neue Marktentwicklungen und Kundenbedürfnisse unmittelbar in der Weiterentwicklung der Nachhaltigkeitsstrategie, in Zielen und Ambitionsniveaus berücksichtigt werden. Konkret: Bis 2025 hat sich Evonik vorgenommen, in sechs Wachstumsfeldern mehr als 1 Mio. € an zusätzlichem Umsatz zu generieren. Mittelfristig soll der Umsatz mit Produkten und Anwendungen, die jünger als fünf Jahre sind, von 10 % (2016) auf 16 % zulegen.[8]

Innovationsprozesse sind ein besonders wirksamer Hebel, um die Nachhaltigkeitsperformance eines Unternehmens, seiner Produkte und Dienstleistungen zu verbessern. Der Schlüssel liegt gerade in den frühen Phasen des Entwicklungsprozesses. Deshalb hat die Creavis als strategische Innovationseinheit von Evonik gemeinsam mit internen LCM-Experten und dem Wuppertal Institut für Klima, Umwelt, Energie bereits 2012 das Verfahren „Idea-to-People-Planet-Profit (I2P3)" auf den Weg gebracht. Damit werden neue Ideen früh im Entwicklungsprozess unter ökonomischen, ökologischen und gesellschaftlichen Aspekten der Nachhaltigkeit bewertet und auf ihren Innovationsnutzen für neue Produkte und Verfahren hin abgeklopft. Auch für die Forschungsprojekte im Unternehmen gilt also der Thomas Alva Edison zugeschriebene Satz: „Erfinden ist ein Prozent Inspiration und neunundneunzig Prozent Transpiration."

Insgesamt bleibt festzuhalten, dass die Sichtbarkeit nachhaltiger Entwicklung im Unternehmensalltag wesentlich dazu beiträgt, den Wettbewerb um die jeweils besten Konzepte und Ideen zu intensivieren. Das positive Verständnis von Nachhaltigkeit als Wertschöpfungsfaktor ist dafür ausschlaggebend. Die Attraktivität ergibt sich gerade aus dem Erleben, dass es nicht vorrangig um Verzichtsbotschaften, Verbote und Regulierung geht, sondern um zusätzliche Handlungsspielräume, Innovationen und individuelle Entwicklungsmöglichkeiten.

Vernetzung

Es ist im Vorhergehenden mehrfach angeklungen: Die komplexen Anforderungen an ein zeitgemäßes Nachhaltigkeitsmanagement machen ein arbeitsteiliges Vorgehen unbedingt erforderlich. Das gilt für die Organisation interner Prozesse ebenso wie für den unternehmens- und branchenübergreifenden Dialog mit externen Partnern. Warum das so ist? Zu den zentralen Leitsätzen der Kybernetik gehört das Ashbysche Gesetz, wonach die Varietät eines Systems mindestens ebenso groß sein muss wie die Varietät der auftretenden Störungen, damit es die Steuerung ausführen kann. Zweifellos ist die Varietät globaler Wertschöpfungsketten in ökonomischer, ökologischer und sozialer Hinsicht enorm. Sie übersteigt den individuellen Unternehmenshorizont bei Weitem. Notwendig ist eine Netzwerkintelligenz, die sich aus Wissensaustausch, neuen Kooperationsformen, Open Innovation und den exponentiell wachsenden Möglichkeiten der Digitalisierung speist.

Der Bedarf an solchen gemeinsamen Austauschplattformen wird unter anderem eingelöst von internationalen Organisationen wie dem UN Global Compact oder dem World

[8] Evonik Geschäftsbericht 2016.

Business Council Sustainable Development (WBCSD). Er wird noch in weit größerem Umfang bedient von einer zunehmenden Zahl marktorientierter Akteure aus der *New Economy,* die von der Auswertung und Wissensgenerierung auf Grundlage immer gigantischerer Datenmengen leben. Man muss dem viel zitierten Slogan „Daten sind das neue Öl" nicht uneingeschränkt Glauben schenken, um zu der Erkenntnis zu gelangen, dass die smarte Nutzung von Cloud-Computing und Data-Mining gerade im Bereich hochkomplexer Sozial- und Umweltdaten eine maßgebliche Rolle spielen wird für den Erfolg oder Misserfolg auf künftigen Märkten.

Aber auch ohne Vorgriff auf solche Entwicklungen sind Marktintelligenz, steigende Transparenzanforderungen und globale Zusammenarbeit im Nachhaltigkeitsmanagement schon heute gelebte Praxis. Ein prominentes Beispiel dafür ist die Initiative „Together for Sustainability (TfS)", die darauf abzielt, die Nachhaltigkeit in der Lieferkette der chemischen Industrie zu verbessern. Evonik zählte 2011 gemeinsam mit BASF, Bayer, Henkel, Lanxess und Solvay zu den Gründungsmitgliedern der Initiative, der zum Jahresende 2016 bereits 19 Mitgliedsunternehmen angehörten. In Summe hat TfS mittlerweile über 800 Audits und mehr als 7500 Assessments durchgeführt.[9] Ausschlaggebend dafür, die entsprechenden Aktivitäten auf einer Plattform zu bündeln, war die gemeinsame Überzeugung, dass die Harmonisierung globaler Lieferkettenstandards am Ende allen Beteiligten zugutekommt: Auf der Kundenseite können sich die Mitgliedsunternehmen von TfS darauf verlassen, dass sämtliche Assessments und Auditierungen zuverlässig und in Übereinstimmung mit den einschlägigen Standards und Richtlinien, etwa des UN Global Compact, der Responsible Care Global Charter, der Internationalen Organisation für Arbeit (ILO) oder der Internationalen Organisation für Normung (ISO), durchgeführt werden. Die Lieferanten wiederum profitieren davon, dass die TfS-Bewertung für alle angeschlossenen Unternehmen gültig ist, also eine Vielzahl einzelner Auditierungen nach unterschiedlichen Prüfstandards entfällt.

Das Beispiel zeigt, dass auch in einem wettbewerbsintensiven Umfeld neue Kooperationsformen und Partnerschaften möglich und zielführend sind. Das zeigt im Verbandsumfeld auch die Initiative Chemie[3], mit der sich der Verband der Chemischen Industrie (VCI), die Industriegewerkschaft Bergbau, Chemie, Energie (IG BCE) und der Bundesarbeitgeberverband Chemie (BAVC) gemeinsam stark machen für eine nachhaltige Entwicklung. Die Allianzpartner leisten damit einen wichtigen Beitrag, die Messbarkeit und Belegbarkeit von Nachhaltigkeitseffekten in der Branche voranzutreiben. Gerade kleine und mittelständige Unternehmen haben nicht immer die Werkzeuge und Mittel an der Hand, ihr Nachhaltigkeitsmanagement in gleicher Weise zu professionalisieren, wie es Konzernen mit entsprechenden Stabsstellen und größerem

[9]Selbstauskunft unter www.initiative-tfs.com

Ressourceneinsatz möglich ist. Hier stellt Chemie[3] neben konkreten Leitlinien und Kennzahlen auch einen Nachhaltigkeitscheck zur Verfügung, der hilft, bestehende Handlungsbedarfe aufzuzeigen, knappe Ressourcen auf die jeweils wichtigsten Themen zu konzentrieren, Transparenz und Stakeholder-Engagement zu erhöhen und die Identifikation der Beschäftigten mit den Zielen nachhaltiger Entwicklung zu fördern. Darin, dass sich der erhebliche Aufwand für solche und ähnliche Unterstützungsangebote lohnt, sind sich die Allianzpartner ungeachtet unterschiedlicher Positionen und Standpunkte in Einzelfragen einig. Gemeinsames Interesse ist die Wettbewerbsfähigkeit, sind künftige Innovationen und zukunftssichere Arbeitsplätze.

40.3 Wie wollen wir morgen leben?

Messbarkeit, Sichtbarkeit, Integration und Vernetzung – die Professionalisierung und Differenzierung im Management von Nachhaltigkeit sind enorm. Und das Entwicklungstempo wird sich in den kommenden Jahren kaum verlangsamen. Im Gegenteil: Neben der Entwicklung nachhaltiger Produkte und Lösungen steht zunehmend die Frage nach neuen Geschäftsmodellen und Wertschöpfungskreisläufen selbst im Fokus. Ansätze einer „Shared Economy" interessieren ebenso wie die Transformation eingeführter Produkte und Lösungen in neue Dienstleistungen und Serviceangebote.

Wenn sich die Relevanz eines Themas also tatsächlich in seiner strukturellen Verankerung zeigt, dann führt an Nachhaltigkeit als Geschäftsprinzip kaum mehr ein Weg vorbei. Die holistische Betrachtung von ökonomischen, ökologischen und sozialen Kosten-Nutzen-Faktoren, beginnt die Struktur der Märkte fundamental zu verändern. Die Zukunft ist digital und dezentral. Sie wird befeuert von Innovationen, die auf der Nahtstelle unterschiedlicher Fakultäten und Disziplinen entstehen: Zwischen Werkstofftechnik und Biologie, Medizinforschung und IT, Nanowissenschaften und Maschinenbau. Die Chemieindustrie nimmt dabei eine wichtige Scharnierfunktion ein. Als Industrie der Industrien ist sie unverzichtbarer Partner bei der Lösung drängender Zukunftsfragen. Innerhalb der Branche ist dieses Verständnis zu einem wesentlichen Treiber nachhaltiger Entwicklung geworden. Was einstmals allenfalls notwendige Pflicht war, ist längst Teil eines Selbstverständnisses, dass Nachhaltigkeit in einem Atemzug nennt mit Wertschöpfung und Wertschätzung.

Wie wichtig das ist für Eigenmotivation und Mitarbeiterzufriedenheit, unternehmerische Kreativität und Agilität, zeigt sich mit zunehmender Deutlichkeit auch in den Personalbereichen. Die Frage *Wofür arbeiten wir, wenn nicht für Umsatz und Gewinn allein?*, wird nicht nur von jüngeren Jahrgängen mit wachsender Dringlichkeit gestellt. Vom vielversprechenden Talent bis zum erfahrenen Spezialisten, ob in der

Rekrutierung oder im Mitarbeitergespräch – Nachhaltigkeit ist ein Thema. Nach Lage der Dinge wird es das auch bleiben. Die strukturelle Verankerung in den Unternehmen wird komplementiert durch den schrittweisen Übergang zu neuen Arbeitsstilen und Lebensentwürfen. Klar wird es in der Chemie auch in Zukunft um Atome, Bindungen, Moleküle und Reaktionen gehen. Immer deutlicher aber tritt ein weiteres Motiv in den Vordergrund. Es ist eigentlich keine naturwissenschaftliche Frage. Es ist die Frage, wie wir morgen leben wollen.

Stefan Haver ist Leiter des Zentralbereichs Corporate Responsibility bei dem Essener Spezialchemieunternehmen Evonik Industries AG. In vorausgegangenen Stationen bei Evonik verantwortete er zunächst die Abteilung Interne Kommunikation & Konzernmedien, später dann den Zentralbereich Kommunikation & Vorstandsbüro. Während dieser Zeit hat er die Integration der-Degussa AG in die vormalige RAG Aktiengesellschaft sowie Neuaufstellung und Börsengang der daraus hervorgegangenen Evonik Industries AG begleitet. In seiner vorherigen Tätigkeit arbeitete der gelernte Bankkaufmann und Kommunikationswissenschaftler über sechs Jahre für die DüsseldorferKommunikationsberatung Deekeling Identity & Change. Dort betreute er verschiedene große Konzerne in der Kommunikation komplexer Veränderungsprozesse.

Printed by Printforce, the Netherlands